白垩纪松辽盆地松科1井
大陆科学钻探工程

王成善　冯志强　王璞珺 等　著

科 学 出 版 社
北 京

内 容 简 介

“白垩纪松辽盆地大陆科学钻探工程”是由国际大陆科学钻探计划（ICDP，International Continental Scientific Drilling Program）和中国科技部国家重点基础研究发展计划（973 计划）项目“白垩纪地球表层系统重大地质事件与温室气候变化（2006CB701400）”共同资助，为全球首例以陆相白垩系为目的层段的全取心科学钻探。该大陆科学钻探工程包括两个阶段，第一阶段即“松科 1 井”以上白垩统为钻探目标，钻探取心工程已经于 2007 年完成，系列科学研究成果在陆续发表；第二阶段即“松科 2 井”以下白垩统为钻探目标，钻探取心工程正在进行中。为了使国内外地学界能够分享这一科学钻探工程所获得的宝贵原始数据和初步研究成果，借鉴了国际大洋钻探计划的成功经验，正式出版了本书。本书正文第 1 章至第 4 章系统介绍了“松科 1 井”科学意义和地质背景，前期勘探、选址，钻探工程技术和初步科学研究成果（十大基础科学数据系列）；正文第 5 章和附录汇总了“松科 1 井”精细岩心描述、岩性综合柱状图、岩心扫描照片和钻探实施的基础数据资料。

本书面向地球科学领域和工程技术领域从事地球系统科学和钻探工程技术专业的科技工作者、大专院校师生、政府主管人员以及所有关心地球系统科学与全球变化的社会各界人士。

图书在版编目 (CIP) 数据

白垩纪松辽盆地松科 1 井大陆科学钻探工程 / 王成善等著 .—北京：科学出版社，2016

ISBN 978-7-3-049044-5

Ⅰ. ①白… Ⅱ. ①王… Ⅲ. ①白垩纪—松辽盆地—钻探 Ⅳ. ① P634

中国版本图书馆 CIP 数据核字（2016）第 143527 号

责任编辑：韦 沁 韩 鹏 / 责任校对：陈玉凤

责任印制：肖 兴 / 封面设计：黄华斌

科 学 出 版 社 出版

北京东黄城根北街 16 号

邮政编码：100717

http://www.sciencep.com

中国科学院印刷厂 印刷

科学出版社发行 各地新华书店经销

*

2016 年 6 月第 一 版 开本：889×1194 1/16

2016 年 6 月第一次印刷 印张：48 1/4

字数：1 164 000

定价：598.00 元

（如有印装质量问题，我社负责调换）

序一

上天、入地、下海是人类为拓展生存空间向自然界发起挑战的三大壮举。科学钻探是当代地球科学研究中具有划时代意义的入地工程，通过科学钻探，我们可以对知之甚少的岩石圈进行直接观测和获得连续的岩石记录，这对解决人类社会发展所面临的资源、灾害和环境三大问题有十分重要的意义。所以，科学钻探可以被看为人类深入地球内部的望远镜和了解地球演化的时间隧道。20世纪所建立的板块构造理论，就是实施大洋科学钻探所产生的地球科学革命的成果。现在，大洋科学钻探已经从20世纪60年代的深海钻探计划（DSDP）、80年代的大洋钻探计划（ODP）进入了它的第三个阶段，即综合大洋钻探计划（IODP）。

由于大陆地壳更古老，也更复杂，同时它还是人类生息、繁衍的摇篮，人类迫切希望通过科学钻探更深入地了解大陆和地球演化历史。所以，1996年2月，德国、美国和中国共同发起成立了“国际大陆科学钻探计划”（International Continental Scientific Drilling Program，ICDP）。ICDP现有近20个成员国和成员组织，中华人民共和国科学技术部（下称国家科技部）代表中国政府派出代表任ICDP国家理事会（AOG）的理事，制定ICDP政策和进行重大问题的决策。

自这个科学计划实施以来，已经完成了一批大陆科学钻探项目，在地震和火山喷发有关的物理、化学过程，地球气候的变化方式及其原因，撞击事件对气候变化和生物灭绝的影响，沉积盆地和碳氢化合物的起源和演化，以及不同的地质环境中矿床是如何形成的五个重点研究领域取得若干重大发现，在促进全球地球科学理论的发展和地球探测技术水平的提高等方面发挥了重要作用。作为ICDP的发起国和一个以大陆为主的国家，中国科学家在国际大陆科学钻探领域发挥了重要作用，现在已经完成了江苏东海科钻一井的岩石圈钻探和青海湖环境科学钻探两个ICDP科学钻探工程项目。

以国家重点基础研究发展计划（973计划）“白垩纪地球表层系统重大地质事件与温室气候变化”项目研究群体为主，由国家科技部和大庆油田有限责任公司联合资助，中国地质大学（北京）和大庆油田有限责任公司共同组织，于2007年在中国最大油田——大庆油田所在地的松辽盆地实施完成了“松科1井”钻探工程。开展松辽盆地白垩纪大陆科学钻探的重要意义包括两个方面：一是为还原地质历史时期气候变化及其对地球生态环境产生的影响目的服务，鉴古以知今，从而为目前人类社会应对和适应全球气候变暖寻求解决的可能途径；

二是进一步深化陆相生油理论，探讨大型陆内盆地的形成和碳氢化合物的起源和演化，为实现大庆油田原油每年 4000 万吨持续稳产提供科学依据。为了使国内外地学界能够分享这一科学钻探工程所获得的宝贵原始数据和初步研究成果，根据国际大洋钻探计划的成功经验，该项目正式出版这本“松科 1 井”科学钻探的初始报告。

在该书撰写和出版期间，我们欣慰地获知，2008 年中国地质大学（北京）和大庆油田有限责任公司联合，由我国科学家领衔，与美国和奥地利等 10 余个国家科学家联合申请“白垩纪松辽盆地大陆科学钻探：连续高分辨率陆相沉积记录和温室气候变化”大陆科学钻探计划项目，经过多轮评审竞争，于 2009 年 9 月已获得国际大陆科学钻探计划批准，这也是中国科学家为首负责的第三个国际大陆科学钻探工程项目。它包括已经实施完成的“松科 1 井”（K/Pg 界限—上白垩统）和即将实施钻探的“松科 2 井”（下白垩统—J/K 界限），这将在全球首次获取近乎完整的白垩纪陆相沉积记录。中国国家科技部将一如既往地继续支持该科学钻探工程的实施，同时也欢迎国际地球科学界相关领域的科学家分享这一钻探工程的成果和参与后期的科学研究。

我们正在进入探索地球的一个新的和激动人心的时期，科学钻探的成功实施打开了人类探索地球深部和地球历史的新窗口，希望该书的出版能够为这一时期的快速发展起到重要的促进作用。同时，中国国家科技部将继续支持中国地球科学界在这一人类壮举中承担重要的责任，发挥更大的作用。

国家科技部部长 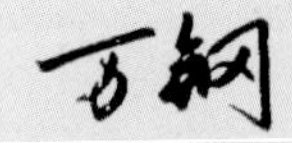

2010 年 1 月 8 日

序二

全世界沉积盆地中蕴藏着人类最宝贵的资源：石油、天然气、煤炭和地下水。尽管这些盆地连续沉积物为我们提供了极有价值的地质历史记录，但目前人们对于地质历史时期中沉积盆地演化还知之甚少。

形成于大陆环境的沉积盆地是陆相沉积物的主要沉积场所。对其详细地层和构造的研究，不仅是了解造山运动和沉积物供给过程的关键，更有助于我们认识陆地环境和气候演化。

国际大陆科学钻探计划高度重视陆相沉积盆地的研究，近期连续支持了两项重要的科学钻探计划，它们分别位于美国西南部的科罗拉多高原和中国东北部松辽盆地，其中后者更为重要。

该书系统总结了松辽盆地从地表到岩心研究的现状。值得一提的是，两口科学钻井，即“松科 1 井”和“松科 2 井”，将使我们对白垩纪温室气候的动态演化特征有更深入的了解。本项研究计划的亮点是围绕海洋和陆地复杂的相互作用进行了深入研究，涉及的科学问题包括在此过程中的生物响应、碳循环扰动以及重大海洋事件在陆相沉积中的响应过程。最先进的方法和设备的大量使用保证了上述成果的可靠性。

由中国科学家领导的国际科研团队内部的通力合作、国家机构的资金支持，以及石油工业业内科研人员和工程师们的积极参与，是该项目取得显著成果的主要原因。项目在科学和工业上取得了相互促进的研究成果：在科学上，打开一个重要陆相沉积盆地深入研究的窗口；在工业方面，取得了对沉积盆地和碳氢化合物成因创新性认识。在将这项硕果累累的工作记录成册的同时，该书也为即将在松辽盆地开始的一项更加令人瞩目的深钻工程拉开了序幕。

ICDP 执行委员会主席 拉尔夫·艾玛曼

2011 年 10 月 25 日

前言

众所周知，科学钻探始于1968年开始实施的“深海钻探计划”（DSDP）。DSDP和随后的大洋钻探计划（ODP）的实施及取得的一系列科学突破，引发了20世纪的地学革命，改变了整个地球科学发展的轨迹（汪品先, 2007）。同时国际科学界发现，作为全球系统的一部分, 大陆在地球科学研究中的作用也日益增强，因此，国际大陆科学钻探计划（ICDP）应运而生（Harms *et al.*, 2007）。

ICDP自1996年正式成立以来, 已从早期的德国、美国和中国三大发起国发展到今天的20多个成员国，并且已在13个国家打了近100多口深浅不一的大陆科学钻孔。这些大陆科学钻探的实施，使得人类在了解和认识大陆的板块运动、地壳应力和地震－火山过程、深部资源、生命起源、地震灾害、全球变化及气候多样性等方面获得了巨大的成功（Truman, 2000；Detlev *et al.*, 2004）。1999年春，在中国科学家的设计和主持下，实施了大洋钻探计划的南海184航次，取得了南海3000多万年来的沉积记录。这不仅揭示了南海地质和气候环境演变的历史，而且发现了大洋碳储库长周期，为探索气候变化的热带驱动打开了新途径（汪品先, 2007）。2005年3月成功完成的东海大陆超深钻探，位于世界上规模最大的超高压变质带——苏鲁超高压变质带南部，是世界上首次在坚硬的超高压变质岩中实施的科学钻探，现已在巨量物质深俯冲、超高压深俯冲与折返的精确定年、超高压岩石的原岩形成背景、上地幔流变学、地幔特殊新矿物发现、地下流体异常及地下微生物发现等方面取得重要进展（Liu *et al.*, 2001；Hartmut *et al.*, 2002；许志琴等, 2005；Zhang *et al.*, 2005, 2006）。坐落于青藏高原东北缘的青海湖，东邻黄土高原，西连荒漠和沙漠，处于东亚季风湿润区和内陆干旱区的过渡带上，对气候和全球环境变化十分敏感，是研究我国西部环境变化、青藏高原隆升过程、环境效应以及它们与全球联系的极佳场所（安芷生等, 2006；Colman *et al.*, 2007）。2005年7月开钻的青海湖环境科学钻探，就是通过青海湖科学钻探的岩心研究，查明青海湖湖盆形成演化、气候变迁、构造演化和青海湖波动的历史，来达到了解东亚季风气候和内陆干旱化变迁目的的（安芷生等, 2006；Colman *et al.*, 2007）。

近百年来全球气候正在经历一次以变暖为主要特征的显著变化，人类文明的发展迫切要求我们对这种变化的发展趋势及其环境与资源效应有更加深入的了解。仅仅对现代和第四纪气候研究是有局限性的，全面了解地球表层及气候系统需要研究整个地质历史时期地球表层系统的发展演化。基于这样一种需求，从沉积记录研究前第四纪地质历史时期的地球古气候变化及重大地质事件，并为未来气候预测提供依据的"深时"（deep time）研究计划在国际地球科学界逐渐形成（孙枢、王成善，2009）。所以，2003 年开始的综合大洋钻探计划（IODP）雄心勃勃地试图进一步扩展对洋底的探索，并且把"环境的变化、过程和影响"作为其着重研究的三个大的科学领域之一。正在实施的国际大陆科学钻探项目有 30 余项，主要研究领域包括全球环境与气候变化、撞击构造、地质生物圈和早期生命、活动断层、火山和热体制、碰撞带与会聚板块边界、自然资源、地幔柱和裂谷等。而其中近一半的项目是针对"全球环境与气候变化"研究。显然，对全球环境的研究已经是全世界科学钻探发展的必然趋势，对未来全球气候长时间尺度的预测已成为科学钻探的共同目标。

最近时期的地球气候主要表现为冰室气候条件下的冰期 / 间冰期逐次轮换的特征（Miller *et al*., 1991；Wang, 2000），并可能主要受地球轨道参数变化的控制。此现象可能与新近纪以来大气 CO_2 含量低于某个临界浓度有关（约 560 ppmV；DeConto and Pollard, 2003）。在此临界浓度之上，两极冰盖消失，地球将可能处于温室气候条件，气候系统的变化将遵循完全不同的模式。随着人类活动影响的加剧，大气 CO_2 含量持续增加，可能在不远的将来突破该临界浓度，从而接近或达到白垩纪时期的浓度水平（Daniel *et al*., 2001; Berner and Kothavala, 2001）。因此，了解温室气候条件下地球气候的变化机制就显得尤为重要。

为了理解白垩纪气候快速变化，必须对海 – 陆相沉积记录进行整合研究。被子植物自 Barremian–Aptian 的起源和快速辐射（Sun *et al*., 1998，2002），为白垩纪早期的环境变化提供了最好的证据（Heimhofer *et al*., 2005）。脊椎动物化石同样可以提供重要的环境信息。白垩纪海平面的上升，使得原来连续的陆地被海水分隔为若干区域，为恐龙等动物的多样性演化提供了条件：小型恐龙主要繁盛在早白垩世；巨型陆地肉食动物（如暴龙）及大型鸭嘴龙则在晚白垩世出现（Ji *et al*., 1998，1999，2001，2002；Chen *et al*., 1999；钱迈平等，2007）。在过去 40 年间，国际科学界在深海和陆地实施了几十口针对白垩纪的海相科学钻探工程，白垩纪气候变化的海洋响应已得到很好的研究。但是，针对陆相沉积的科学钻探仍是空白。作为地球表层系统的另外一个组成部分，大陆和陆相沉积也受地球表层系统重大地质事件的影响与控制。因此，它也是研究地球表层系统重大地质事件与温室气候变化的不可缺少的组成部分（王成善，2006）。

人们对陆地环境与气候响应关系知之甚少的主要原因在于陆地记录匮乏且不连续。白垩纪中期的海平面在过去 250Ma 历史中处于最高位时期（Haq *et al*., 1987），由于高海平面的原因，全球陆地面积减少，最大的陆地出露在东亚地区，即中国松辽盆地所在地区。同时，根据盆地充填历史，位于当时世界最大的陆地上的中国东北的松辽盆地。得以形成近乎完整的白垩纪陆相沉积记录。因此在松辽盆地开展大陆科学钻探，可以将获取完整的白垩纪陆相沉积记录的可能性转变为现实。在此基础上，通过海洋 / 陆地记录的整合，开展古气候重建、沉积环境重建、重大地质事件的陆相沉积响应、陆相大规模烃源岩形成、陆地生物群更替、温室气候状态下快速气候变化等科学问题研究，进而探讨白垩纪温室气候变化的原因、过程和结果，为未来长周期的气候变化提供重要的参照，也会为建设“百年大庆油田”提供新的科学支撑。

“白垩纪松辽盆地大陆科学钻探：连续高分辨率陆相沉积记录和温室气候变化”钻探工程由两个阶段构成。它包括已经实施完成的“松科 1 井”[K/Pg(或 K/T) 界线—上白垩统] 和正在实施钻探的“松科 2 井”（下白垩统—J/K 界线），这将在全球首次获取近乎完整的白垩纪陆相沉积记录。为了使国内外地学界能够分享这一科学钻探工程所获得宝贵原始数据和初步研究成果，根据国际大洋钻探计划的成功经验，编写了已经实施完成的“松科 1 井”[K/Pg(或 K/T) 界线—上白垩统] 研究报告。

在“松科 1 井”实施过程中，为了确保长井段连续岩心高收获率，创新性地集成使用了配套取心技术与管理体系和特殊取心技术，发明了长井段岩心长期保真保存技术，建立了超长连续岩心高密度（厘米级）样品十项基础地质数据系列。根据本研究成果，修改完善了中国陆相晚白垩纪年代地层格架。“松科 1 井”是中国大陆第一口以白垩系为对象的全取心科学探井，获取了连续的、高分辨率的、较少受到后期破坏或影响的白垩纪中—晚期的陆相沉积记录，打出一个连续不断的“金柱子”，这为全球陆相白垩系研究提供了一个绝好对比标尺。“松科 1 井”在钻井、录井、岩心保存等行业领域都具有重要的推动作用，相关系列技术已陆续在业内应用和推广，取得了良好效果，产生了显著的社会效益和经济效益。

参与本书相关项目研究的主要研究人员及其所做的主要贡献分别为王成善（首席科学家）、冯志强（首席科学家）、王璞珺（钻探地质指挥）、冯子辉（地球化学研究）、杨甘生（钻探工程指挥）、吴河勇（选址与论证）、万晓樵（古生物学研究）、任延广（选址与论证）、黄永建（沉积地球化学研究）、迟元林（录井工程）、厉玉乐（南孔钻井工程）、朱永宜（北孔钻井工程）、汪忠兴（岩心保真保存）、邓成龙（古地磁研究）、何明跃（岩心运输与保存）。

本书是集体智慧的结晶，做出贡献的单位和专家学者很多，本书的编著者们在北京、常州、广州和大庆多次召开会议，就编写原则、基本内容和提纲进行了深入讨论。本书的具体分工如下：前言由王成善、冯志强编写；第 1 章、第 2 章由王璞珺、王成善编写；第 3 章由冯志强、杨甘生、王璞珺、吴欣松编写；第 4 章由王成善、冯志强、王璞珺、邓成龙、吴欣松、黄永建、贺怀宇、董海良、宋之光、万晓樵、程日辉、吴怀春等编写；第 5 章由王璞珺编写；附录由王璞珺、王成善、杨甘生编写。研究报告的英文稿件是由加拿大地调局 Lubomir Jansa 博士审校，他还从专业角度对部分章节的内容进行了修改。统稿工作由王成善和冯志强负责完成，王璞珺也参与了部分统稿工作，在此过程中，高有峰和高远两位博士协助做了大量工作。

十分感谢国家科技部部长万刚教授和 ICDP 执行委员会主席 Rolf Emmermann 博士，在百忙期间为本书撰写了序言。

作为人类深入地球内部的望远镜和了解地球演化的时间隧道，在 ICDP 的支持下，为了获取关键层位的连续地质记录，大陆科学钻探工程在全球范围内广泛地开展。从俄罗斯北极

Fennoscandia 地区早期地球钻探计划，到美国科罗拉多高原早三叠世—早侏罗世钻探计划以及现在正在西伯利亚进行的新近纪 El'gygytgyn 湖钻探计划，都说明了国际地球科学界正在进入一个探索地球演化历史的新阶段。白垩纪松辽盆地大陆科学钻探计划正是在这一欣欣向荣的背景下应运而生的，希望本书的完成能够从一个侧面反映出国际地学前缘的这些研究动向和发展趋势。

王成善　冯志强

2010 年 5 月

参与人员

项目首席科学家

王成善 沉积学家
中国地质大学（北京）

冯志强 石油地质学家
大庆油田有限责任公司

项目专家组

王玉普 石油工程学家
大庆油田有限责任公司

王玉华 石油地质学家
大庆油田有限责任公司

迟元林 石油地质学家
大庆油田有限责任公司

吴俊辉 石油工程学家
大庆石油管理局

孙　枢 沉积学家 中国科学院院士
中国科学院地质与地球物理研究所

马宗晋 沉积学家 中国科学院院士
中国地震局

朱日祥 地球物理学家 中国科学院院士
中国科学院地质与地球物理研究所

陈　骏 地球化学家
南京大学

万晓樵 古生物与地层学家
中国地质大学（北京）

彭平安 矿床地球化学家
中国科学院广州地球化学研究所

季　强 古生物与地层学家
中国地质科学院地质研究所

现场科学家组

吴河勇 石油地质学家
大庆油田有限责任公司

孔凡军 “松科1井”施工现场总指挥
大庆油田有限责任公司

王璞珺 “松科1井”钻探地质指挥
吉林大学

杨甘生 “松科1井”钻探工程指挥
中国地质大学（北京）

张世红 “松科1井”钻探科学指挥
中国地质大学（北京）

任延广 石油地质学家
大庆油田有限责任公司

厉玉乐 石油地质学家
大庆油田有限责任公司

冯子辉 石油地质学家
大庆油田有限责任公司

王国民 石油地质学家

大庆油田有限责任公司

郎东升 石油地质学家
大庆油田有限责任公司

张　野 石油地质学家
大庆油田有限责任公司

姜道华 石油地质学家
大庆油田有限责任公司

蒋丽君 “松科1井”南孔地质设计
大庆油田有限责任公司

黄清华 “973”项目大庆办公室主任
大庆油田有限责任公司

张　顺 “松科1井”选址
大庆油田有限责任公司

宋之光 有机地球化学家
中国科学院广州地球化学研究所

程日辉 沉积学家
吉林大学

李祥辉 沉积学家
成都理工大学

王永栋 古生物与地层学家
中国科学院南京地质古生物研究所

黄永建 沉积地球化学家
中国地质大学（北京）

李　罡 古生物与地层学家
中国科学院南京地质古生物研究所

卢　鸿 地球化学家
中国科学院广州地球化学研究所

现场技术人员

张伟东 石油地质学家
大庆油田有限责任公司

张世忠 “松科1井”南孔施工现场井队钻井监督
大庆石油管理局

朱永宜 “松科1井”北孔钻探取心工程项目经理
中国地质科学院勘探技术研究所

王树学 “松科1井”南北两孔施工现场地质监督
大庆油田有限责任公司

党毅敏 “973”项目大庆办公室成员
大庆油田有限责任公司

张　建 “松科1井”南孔施工现场钻井监督
中国地质科学院勘探技术研究所

李旭东 “松科1井”北孔施工现场钻井监督
江苏省第六地质大队

王国栋 “松科1井”南孔施工现场岩心编录
吉林大学

高有峰 “松科1井”北孔施工现场岩心编录
吉林大学

林志强 “松科1井”南孔施工现场钻井监督
中国地质大学（北京）

王晓鹏 “松科1井”北孔施工现场钻井监督
中国地质大学（北京）

李金山 “松科1井”南孔钻井施工30645队队长
大庆石油管理局

白　刚 “松科1井”南孔施工现场录井03队队长
大庆油田有限责任公司

张　伟 “松科1井”南孔钻井施工30645队书记
大庆石油管理局钻探集团

白志喜 “松科1井”南孔取心工程师
大庆石油管理局钻探集团

张玉泉 “松科1井”南孔取心工程师
大庆石油管理局钻探集团

袁福祥 “松科1井”南孔取心工程师
大庆石油管理局钻探集团

李自远 “松科1井”南孔保形取心工程师
辽河石油勘探局

孙少亮 “松科1井”南孔定向取心工程师
辽河石油勘探局

辛明峰 “松科1井”南孔钻井施工现场录井03队仪器工程师
大庆油田有限责任公司

班玉东 “松科 1 井”南孔钻井施工现场录井03 队地质技术员
大庆油田有限责任公司

王炳洋 “松科 1 井”南孔钻井施工现场录井03 队仪器技术员
大庆油田有限责任公司

杨　斌 “松科 1 井”南孔钻井施工 30645 队工程师
大庆石油管理局

李同润 “松科 1 井”南孔钻井施工 30645 队技术员
大庆石油管理局

洪伟东 “松科 1 井”南孔钻井施工 30645 队钻台大班
大庆石油管理局

田连义 “松科 1 井”南孔钻井施工 30645 队机房大班
大庆石油管理局

张相臣 “松科 1 井”南孔钻井施工 30645 队电工大班
大庆石油管理局

于凯林 “松科 1 井”南孔钻井施工 30645 队泥浆大班
大庆石油管理局

李永刚 松科 1 井”南孔钻井施工 30645 队泥浆大班
大庆石油管理局

李景华 “松科 1 井”南孔钻井施工 30645 队材料员
大庆石油管理局

毕乃华 “松科 1 井”南孔钻井施工 30645 队司钻
大庆石油管理局

王绍峰 “松科 1 井”南孔钻井施工 30645 队司钻
大庆石油管理局

苏玉坤 “松科 1 井”南孔钻井施工 30645 队司钻
大庆石油管理局

贾洪庆 “松科 1 井”南孔钻井施工 30645 队司钻
大庆石油管理局

任晶石 “松科 1 井”南孔钻井施工 30645 队副司钻
大庆石油管理局

陈怀民 “松科 1 井”南孔钻井施工 30645 队副司钻
大庆石油管理局

郑占胜 “松科 1 井”南孔钻井施工 30645 队副司钻
大庆石油管理局

付东启 “松科 1 井”南孔钻井施工 30645 队副司钻
大庆石油管理局

张广明 “松科 1 井”南孔钻井施工 30645 队井架工
大庆石油管理局

徐国辉 “松科 1 井”南孔钻井施工 30645 队井架工
大庆石油管理局

喻庆军 “松科 1 井”南孔钻井施工 30645 队井架工
大庆石油管理局

许振军 “松科 1 井”南孔钻井施工 30645 队井架工
大庆石油管理局

张国平 “松科 1 井”南孔钻井施工 30645 队内钳工
大庆石油管理局

李建国 “松科 1 井”南孔钻井施工 30645 队内钳工
大庆石油管理局

王金春 “松科 1 井”南孔钻井施工 30645 队内钳工
大庆石油管理局

赵洪涛 “松科 1 井”南孔钻井施工 30645 队内钳工
大庆石油管理局

蔡　祥 “松科 1 井”南孔钻井施工 30645 队外钳工
大庆石油管理局

张希龙 “松科 1 井”南孔钻井施工 30645 队外钳工
大庆石油管理局

蔡景学 “松科 1 井”南孔钻井施工 30645 队外钳工
大庆石油管理局

高　涛 “松科 1 井”南孔钻井施工 30645 队外钳工
大庆石油管理局

李　博 “松科 1 井”南孔钻井施工 30645 队场地工
大庆石油管理局

宋晓伟 “松科 1 井”南孔钻井施工 30645 队场地工
大庆石油管理局

毕志泉 “松科 1 井”南孔钻井施工 30645 队泥浆工
大庆石油管理局

孟宪晋 “松科 1 井”南孔钻井施工 30645 队泥浆工
大庆石油管理局

周　博 “松科 1 井”南孔钻井施工 30645 队泥浆工
大庆石油管理局

宋振庆 “松科 1 井”南孔钻井施工 30645 队泥浆工
大庆石油管理局

姚　峻 “松科 1 井”南孔钻井施工 30645 队司机
大庆石油管理局

李双河 “松科 1 井”南孔钻井施工 30645 队司机
大庆石油管理局

王玉涛 “松科 1 井”南孔钻井施工 30645 队司机
大庆石油管理局

刘　浪 “松科 1 井”南孔钻井施工 30645 队司机
大庆石油管理局

李　晶 “松科 1 井”南孔钻井施工 30645 队发电工
大庆石油管理局

冯占龙 “松科 1 井”南孔钻井施工 30645 队实习技术员
大庆石油管理局

代宏伟 “松科 1 井”南孔钻井施工现场录井 03 队采集员
大庆油田有限责任公司

周润花 “松科 1 井”南孔钻井施工现场录井 03 队采集员
大庆油田有限责任公司

王福平 “松科 1 井”南孔钻井施工现场录井 03 队采集员
大庆油田有限责任公司

李　伟 “松科 1 井”南孔钻井施工现场录井 03 队操作员
大庆油田有限责任公司

从锡杰 “松科 1 井”南孔钻井施工现场录井 03 队操作员
大庆油田有限责任公司

陈　旋 “松科 1 井”南孔钻井施工现场录井 03 队操作员
大庆油田有限责任公司

张秋冬 “松科 1 井”北孔钻井施工队副经理
河南省地质矿产勘查开发局

杨利伟 “松科 1 井”北孔施工现场录井 34 队队长
大庆油田有限责任公司

毕建国 “松科 1 井”北孔钻井施工钻井一号机机长
河南省地质矿产勘查开发局

张传波 “松科 1 井”北孔施工现场录井 34 队副队长
大庆油田有限责任公司

邹定远 “松科 1 井”北孔钻探取心工程项目部外聘钻探技师
安徽省地质矿产勘查局

乌效鸣 “松科 1 井”北孔施工现场泥浆技术总负责人
中国地质大学（武汉）

蔡记华 “松科 1 井”北孔施工现场泥浆技术负责人
中国地质大学（武汉）

王稳石 “松科 1 井”北孔钻探取心工程项目部助理工程师
中国地质科学院勘探技术研究所

张文龙 “松科 1 井”北孔钻井施工钻井一号机副机长
河南省地质矿产勘查开发局

董振波 “松科 1 井”北孔钻井施工钻井一号机副机长
河南省地质矿产勘查开发局

张志明 “松科 1 井”北孔钻探取心工程项目部助理技工
中国地质科学院勘探技术研究所

白令安 “松科 1 井”北孔施工现场录井 34 队地质技术员
大庆油田有限责任公司

郭　宇 “松科 1 井”北孔施工现场录井 34 队地质技术员
大庆油田有限责任公司

赵德超 “松科 1 井”北孔施工现场录井 34 队仪器技术员
大庆油田有限责任公司

梁志勇 “松科 1 井”北孔施工现场录井 34 队资料采集员
大庆油田有限责任公司

李铭瑜 “松科 1 井”北孔施工现场录井 34 队操作员
大庆油田有限责任公司

刘小雷 “松科 1 井”北孔施工现场录井 34 队操作员
大庆油田有限责任公司

佟玉刚 “松科 1 井”北孔施工现场录井 34 队操作员
大庆油田有限责任公司

吴　楠 “松科 1 井”北孔施工现场录井 34 队操作员
大庆油田有限责任公司

汪玉春 “松科 1 井”北孔施工现场录井 34 队采集员
大庆油田有限责任公司

崔　光 “松科 1 井”北孔施工现场录井 34 队采集员
大庆油田有限责任公司

王　志 “松科 1 井”北孔施工现场录井 34 队采集员
大庆油田有限责任公司

李晓芬 “松科 1 井”北孔施工现场泥浆工程师
中国地质大学（武汉）

谷　穗 “松科 1 井”北孔施工现场泥浆工程师
中国地质大学（武汉）

张晓静 “松科 1 井”北孔施工现场泥浆工程师
中国地质大学（武汉）

刘运亮 “松科 1 井”北孔施工现场泥浆工程师
中国地质大学（武汉）

孙平贺 “松科 1 井”北孔施工现场泥浆工程师
中国地质大学（武汉）

鞠新栋 “松科 1 井”北孔钻井施工钻井一号机班长
河南省地质矿产勘查开发局

贾绍鹏 “松科 1 井”北孔钻井施工钻井一号机班长
河南省地质矿产勘查开发局

杜彦通 “松科 1 井”北孔钻井施工钻井一号机班长
河南省地质矿产勘查开发局

李　强 “松科 1 井”北孔钻井施工钻井一号机副班长
河南省地质矿产勘查开发局

徐全军 “松科 1 井”北孔钻井施工钻井一号机副班长
河南省地质矿产勘查开发局

李红卫 “松科 1 井”北孔钻井施工钻井一号机副班长
河南省地质矿产勘查开发局

吴富政 “松科 1 井”北孔钻井施工钻井一号机材料员
河南省地质矿产勘查开发局

王瑶瑶 “松科 1 井”北孔钻井施工钻井一号机记录员
河南省地质矿产勘查开发局

陈　飞 “松科 1 井”北孔钻井施工钻井一号机记录员
河南省地质矿产勘查开发局

李自依 “松科 1 井”北孔钻井施工钻井一号机记录员
河南省地质矿产勘查开发局

张付涛 “松科 1 井”北孔钻井施工钻井一号机泥浆工
河南省地质矿产勘查开发局

毛克华 “松科 1 井”北孔钻井施工钻井一号机泥浆工
河南省地质矿产勘查开发局

邹建华 “松科 1 井”北孔钻井施工钻井一号机泥浆工
河南省地质矿产勘查开发局

吕青松 “松科 1 井”北孔钻井施工钻井一号机井架工
河南省地质矿产勘查开发局

娄洪源 “松科 1 井”北孔钻井施工钻井一号机井架工
河南省地质矿产勘查开发局

李志伟 “松科 1 井”北孔钻井施工钻井一号机钻工
河南省地质矿产勘查开发局

目录

第 1 章
松辽盆地地质概况

松辽盆地位于中国东北，长轴呈北东向展布，长750km，宽330~370km，面积约为26万km^2。松辽盆地按区域隆起和拗陷的发育特征划分成六个一级构造单元，分别为北部倾没区、中央拗陷区、东北隆起区、东南隆起区、西南隆起区和西部斜坡区（图1.1），其中中央拗陷区，包括大庆长垣、齐家－古龙凹陷、三肇凹陷、长岭凹陷和朝阳沟阶地，是油气主要分布区。

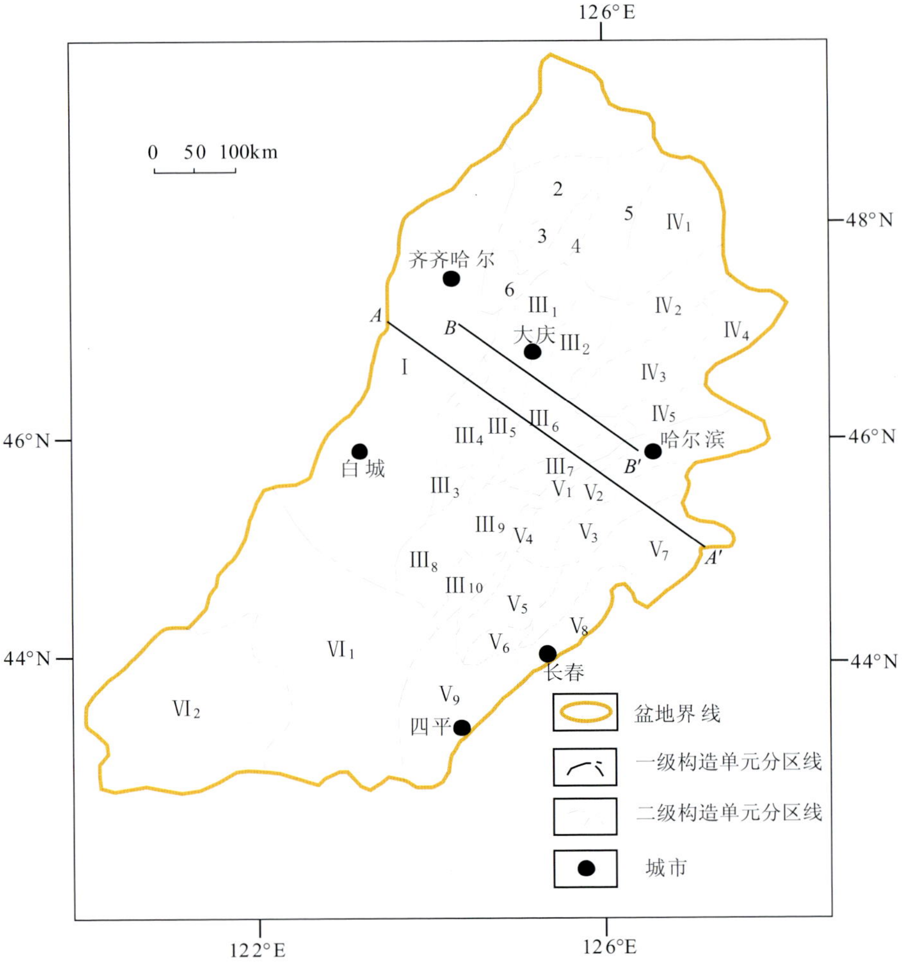
126°E
0 50 100km
48°N
46°N
44°N
122°E
126°E
齐齐哈尔
大庆
哈尔滨
白城
长春
四平
A
A′
B
B′
盆地界线
一级构造单元分区线
二级构造单元分区线
城市

图1.1 松辽盆地构造单元划分

A—A'和B—B'分别为图1.2和图1.8中地震剖面的位置。

Ⅰ.西部斜坡区；Ⅱ.北部倾没区：Ⅱ$_1$.嫩江阶地，Ⅱ$_2$.依安凹陷，Ⅱ$_3$.三兴背斜带，Ⅱ$_4$.克山－依龙背斜带，Ⅱ$_5$.乾元背斜带，Ⅱ$_6$.乌裕尔凹陷；Ⅲ.中央拗陷区：Ⅲ$_1$.黑鱼泡凹陷，Ⅲ$_2$.明水阶地，Ⅲ$_3$.龙虎泡－大安阶地，Ⅲ$_4$.齐家－古龙凹陷，Ⅲ$_5$.大庆长垣，Ⅲ$_6$.三肇凹陷，Ⅲ$_7$.朝阳沟阶地，Ⅲ$_8$.长岭凹陷，Ⅲ$_9$.扶余隆起，Ⅲ$_{10}$.双坨子阶地；Ⅳ.东北隆起区：Ⅳ$_1$.海伦隆起带，Ⅳ$_2$.绥棱背斜带，Ⅳ$_3$.绥化凹陷，Ⅳ$_4$.庆安隆起，Ⅳ$_5$.呼兰隆起带；Ⅴ.东南隆起区：Ⅴ$_1$.长春岭背斜带，Ⅴ$_2$.宾县－王府凹陷，Ⅴ$_3$.青山口隆起带，Ⅴ$_4$.登娄库背斜带，Ⅴ$_5$.钓鱼台隆起带，Ⅴ$_6$.杨大城子背斜带，Ⅴ$_7$.榆树－德惠凹陷，Ⅴ$_8$.九台阶地，Ⅴ$_9$.怀德－梨树凹陷；Ⅵ.西南隆起区：Ⅵ$_1$.伽玛吐隆起带，Ⅵ$_2$.开鲁凹陷

盆地包含侏罗系、白垩系、古近系和新近系碎屑岩沉积，盆地中心沉积最大厚度约为10km，盆

地边缘沉积厚度变薄，在纵向剖面上看呈现牛角状（图 1.2）。这些层序下伏为古生代变质岩、火成岩和火山岩（Tian and Han，1993；Gao and Cai，1997）。松辽盆地构造演化分为四个阶段，即热隆张裂、伸展断陷、热沉降拗陷和构造反转阶段。热隆张裂阶段经历了晚侏罗世—早白垩世早期，伴随强烈和广泛的火山作用。上侏罗统—下白垩统前裂谷和同裂谷沉积时期，在十屋和德惠断陷沉积最厚达 7000m 的地层（Xie *et al.*，2003）。下白垩统—上白垩统后裂谷时期，沉积厚度达 3000~4000m（最大 6000m），不整合并超覆于同裂谷时期，在整个盆地范围内分布。古近系和新近系沉积层厚 0~510m，在盆地西部分布。松辽盆地地层综合柱状图如图 1.3 所示。

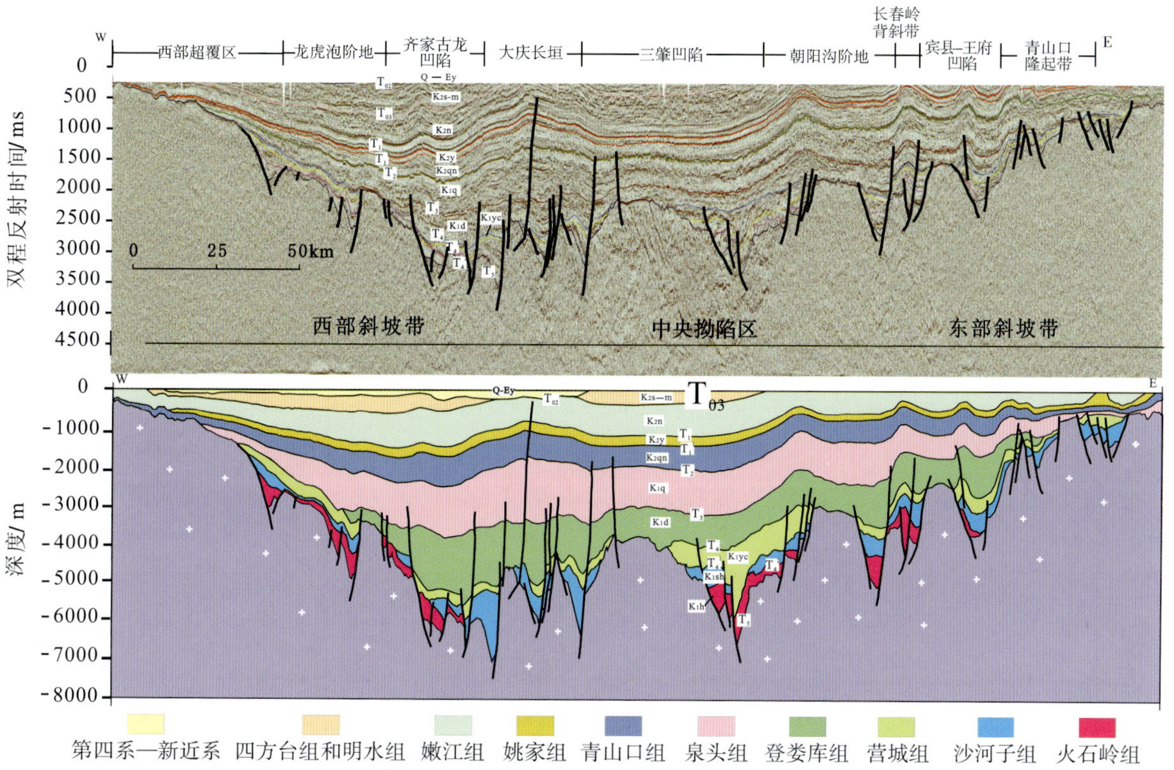
W
西部超覆区
龙虎泡阶地
齐家古龙凹陷
大庆长垣
三肇凹陷
朝阳沟阶地
长春岭背斜带
宾县–王府凹陷
青山口隆起带
E
双程反射时间/ms
0
500
1000
1500
2000
2500
3000
3500
4000
4500
0　25　50km
西部斜坡带
中央拗陷区
东部斜坡带
深度/m
0
-1000
-2000
-3000
-4000
-5000
-6000
-7000
-8000
第四系—新近系
四方台组和明水组
嫩江组
姚家组
青山口组
泉头组
登娄库组
营城组
沙河子组
火石岭组

图 1.2　过松辽盆地中部区域地震剖面和构造横剖面图

岩性和组段信息来源于地球物理测井和岩心，剖面位置见图 1.1（*A-A'*）

松辽盆地大规模的石油地质调查始于 1956 年。1959 年 9 月 26 日第一口高产油井（称为“松基 3 喷油井”）钻探成功，开启了大庆油田的历史。自此之后，松辽盆地开展了大量的石油勘探工作。到 2000 年为止，已经完成总长度超过 250000km 的地震反射剖面。地震网比例尺精度达到 0.5m × 0.5m 至 2m × 4m，相当一部分区块还开展了三维地震反射。约 50000 口钻井已经完成，累积钻探深度约为 4×10^7m。近年来，更多钻井已经钻探至下白垩统，这不仅为科学钻探的选址提供了重要依据和资料基础，也为科学钻探工程提供了丰富的钻探工作经验。

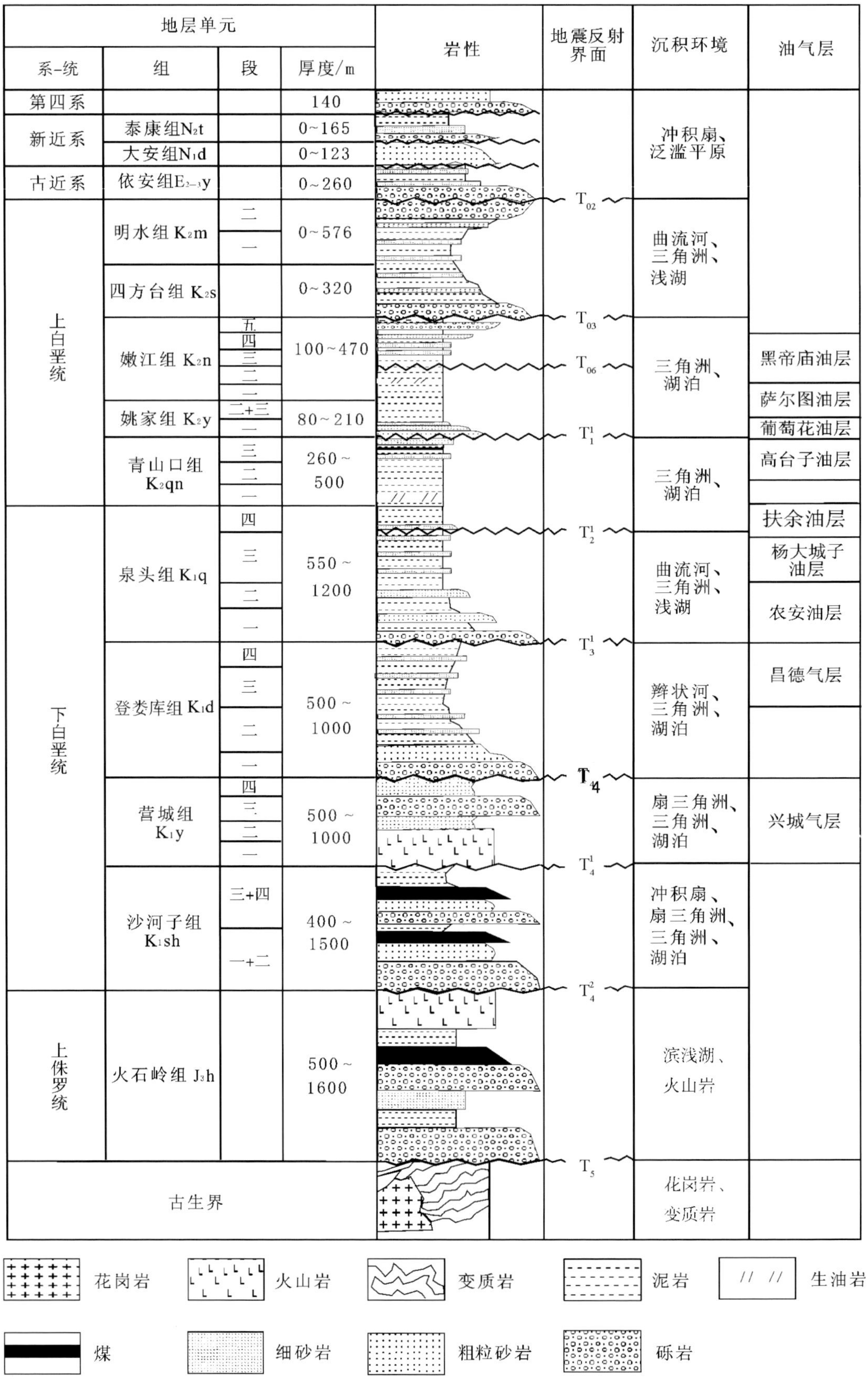
地层单元
系-统
组
段
厚度/m
岩性
地震反射界面
沉积环境
油气层
第四系
140
新近系
泰康组N2t
0~165
大安组N1d
0~123
古近系
依安组E2-3y
0~260
冲积扇、泛滥平原
T02
上白垩统
明水组 K2m
二
一
0~576
曲流河、三角洲、浅湖
四方台组 K2s
0~320
T03
嫩江组 K2n
五
四
三
二
一
100~470
T06
三角洲、湖泊
黑帝庙油层
萨尔图油层
姚家组 K2y
二+三
一
80~210
葡萄花油层
T1
青山口组 K2qn
三
二
一
260~500
三角洲、湖泊
高台子油层
下白垩统
泉头组 K1q
四
三
二
一
550~1200
T2
扶余油层
杨大城子油层
曲流河、三角洲、浅湖
农安油层
登娄库组 K1d
四
三
二
一
500~1000
T3
辫状河、三角洲、湖泊
昌德气层
T4
营城组 K1y
四
三
二
一
500~1000
扇三角洲、三角洲、湖泊
兴城气层
T4
沙河子组 K1sh
三+四
一+二
400~1500
冲积扇、扇三角洲、三角洲、湖泊
T4
上侏罗统
火石岭组 J3h
500~1600
滨浅湖、火山岩
T5
古生界
花岗岩、变质岩
花岗岩
火山岩
变质岩
泥岩
生油岩
煤
细砂岩
粗粒砂岩
砾岩

图 1.3 松辽盆地地层综合柱状图

1.1　松辽盆地构造演化

松辽盆地的构造演化分为四个阶段，即热隆张裂阶段、伸展断陷阶段、热沉降拗陷阶段和构造反转阶段。

热隆张裂阶段：中、晚侏罗世，上地幔岩浆房上拱，使莫霍面大幅度拱起，地壳拉张变薄最终发生断裂，导致盆地发生初始张裂，形成规模不等的裂陷，同时沿断裂发生强烈的岩浆活动，此时盆地西部地壳破裂较强，火山活动强烈，而东部地壳破裂不完全，以产生裂陷为主，充填了巨厚的火山 – 沉积建造（Wang *et al.*，2006）。

伸展断陷阶段：早白垩世早期，盆地中部莫霍面拱起异常，地幔作用明显，造成持续拉张。此时孙吴 – 双辽断裂活跃，中央断裂带隆起上升，两侧形成拉张断陷，断陷沉降速度快，物源多，水动力强，沉积补偿作用好，因而沉积物以较粗屑类复理石建造为主，并形成目前盆地的雏形。沙河子组形成时期盆地以伸展为主，伴随大规模的火山活动，形成一系列新的北东、北北东向展布的断陷盆地。营城组形成时期，松辽盆地受到太平洋板块向西挤压，初始裂谷未能继续扩展，导致断陷趋于萎缩，伸展率减小，构造沉降幅度降低，盆地周缘开始隆起。

热沉降拗陷阶段：早白垩世中期，岩石圈逐渐冷却，产生热收缩，盆地大幅度沉降，沉降速度和规模不断扩大，在上地幔拱起最高地带，形成中央深拗陷，并分别在青山口组和嫩江组发生了两次大规模的湖侵，使松辽盆地在 35Ma（100~65Ma）内形成了厚达 3000m 的河流、湖泊、三角洲相沉积的砂、泥岩互层含油建造。地壳沉陷的不均一性使松辽盆地在发育的前期形成东部和中部两个沉降中心，中、后期，东部沉降中心逐渐消失，造成东部发育早期断陷，中部多数发育中期拗陷，西部为长期斜坡带。早白垩世末，由于蒙古鄂霍茨克洋的关闭，中国东北拼贴板块（包括松辽地块）与西伯利亚板块碰撞，产生强烈挤压，同时日本海开始扩张，向西推挤波及盆地，即所谓的“嫩江运动”，产生压扭应力场，地壳普遍抬升，盆地东部地区抬升比较明显。因此，形成了盆地的二级构造单元，从而结束了热沉降拗陷阶段。

构造反转阶段：白垩纪末期，嫩江运动以后，盆地深部地质结构逐渐趋于均衡，地壳整体上升，湖盆收缩，仅为前期的 1/4。挤压运动一方面使先期地层发生褶皱，另一方面，挤压力也使盆地边缘差异性隆起，盆地中心差异性沉降。因此，在总体上升的背景下，盆地东部差异性抬升，沉积中心再次西移，沉降速度缓慢，盆地东、中部构造幅度进一步加大，西部形成一批浅层构造。在挤压应力作用下，形成一种特殊类型的叠加构造 – 反转构造。反转构造分为断裂型正反转构造和背斜型反转构造。断裂型正反转构造下部为正断层，上部为逆断层，如弧店、大安、林甸、任民镇断层等；背斜型反转构造下部为断陷式（向斜）构造，上部为背斜构造，如大庆长垣。古近系、新近系和第四系是在侵蚀夷平的基础上沉积的一套磨拉石建造，盆地活动性很弱，呈现出渐趋消亡的特征。

1.2 松辽盆地构造地层特征

1.2.1 前裂谷期和裂谷期构造地层单元

前裂谷期和裂谷期构造地层单元由上侏罗统火石岭组和下白垩统沙河子组、营城组组成。火石岭组沉积于盆地初始张裂阶段，沉积厚度为500~1600m。由于断陷内次级同向正断层和反向正断层的发育，断陷地层分割性明显，地形起伏大，物源距离近，超补偿供给，以深水粗碎屑和火山碎屑的快速充填为主，沉积过程中伴随着控盆断裂的强烈运动，岩浆向断陷边界上涌，形成大规模的火山岩，火山间歇期粗碎屑沉积物由断陷边缘向中心快速充填，形成冲积扇、砾质辫状河体系，远离喷发中心的部位，形成以湖泊为中心的冲积扇、扇三角洲和湖泊相配置的沉积体系，沉积地层呈南北条带状分布，东西向较窄，沉积范围受东西边界断层控制。

沙河子组受东部及中部断裂带的制约，沉积厚度通常为400~1500m，最厚可达2500m，分布于徐家围子和长岭断陷。沙河子组岩性主要以灰黑色泥岩、粉砂岩为主，夹灰色砂岩和砂砾岩，底部夹有薄层酸性凝灰岩、熔结凝灰岩和凝灰角砾岩，中部含五层煤层。在盆地西部，本组地层是以灰黑色细砂岩、粉砂岩夹灰白色粗砂岩为主，间夹少量凝灰质砂岩。沙河子组沉积于断陷阶段中期，随着构造沉降的加速，沉积范围扩大，湖平面上升，一系列小湖泊沿古中央隆起带两侧各自相互连通，形成两个较大的湖泊，沉积了近千米的黑色泥岩层段。沙河子组二、三段黑色泥岩有机质含量较高，有机碳含量平均为2.1%，埋藏较深，成熟度较高，是松辽盆地最重要的气源岩。

营城组岩性主要由中酸性火山岩（以酸性火山岩为主）及火山碎屑岩组成，并夹正常碎屑沉积岩和不稳定的煤层。地层厚度一般为500~1000m，但在徐家围子断陷，最大厚度可达2900m。主要分布在盆地的东部和中部断陷中，西部不发育。营城组沉积初期，伴随着强烈的火山喷发作用，形成广泛分布的火山喷发岩，沉积中心具有向北迁移的趋势。营城组二段沉积中、晚期总体上为一套以湖泊为主体的砂泥岩夹砾岩。靠近控陷断裂一侧以冲积扇、扇三角洲相沉积为主，远离控陷断裂发育滨浅湖相沉积。营城组顶部为一套砾岩，砾石成分主要为火山岩、变质岩和花岗岩。

1.2.2 热沉降早期地层层序

热沉降构造地层单元由登娄库组、泉头组、青山口组、姚家组、嫩江组、四方台组和明水组组成。该构造地层单元底部为一个角度不整合面，相当于地震反射界面T_4；顶面是另一个角度不整合面，相当于地震反射界面T_{02}，位于明水组和依安组之间。后裂谷早期地层由不整合面分为三个二级层序（$Ⅱ_1$、$Ⅱ_2$和$Ⅱ_3$），主要发育冲积扇、河流、泛滥盆地、浅湖和三角洲相。

层序$Ⅱ_1$由登娄库组组成，登娄库组（K_1d）沉积于裂陷向拗陷转化期，该时期盆地具多物源、多沉降中心的特点，地层厚度一般为500~1000m，最大可达2000m，发育于古龙凹陷。岩性主要为灰白色块状砂岩、暗色砂质泥岩、杂色砂、泥岩和砂砾岩等频繁互层的类复理石沉积，底部为砂砾岩夹少量凝灰岩薄层。登娄库组一段沉积时期，盆地处于断－拗转换阶段，地层分布局限，主要集中于古龙－大安和安达－三站地区，以冲积扇－砾质辫状河沉积为特征；登娄库组二段沉积时期，盆地沉降加剧，沉积范围扩大，古中央隆起区开始接受沉积，该时期发生了大规模的湖侵，冲积扇直接入湖形成扇三角洲沉积。登娄库组三段沉积时期，沉积范围进一步扩大，此时仍具多沉积中心的特点，较深湖相沉积发育于古中央隆起两侧、大安－茂兴和徐家围子－三站地区。登娄库组四段沉积时期，由于盆地沉降平稳，地形平坦，基本上继承了登娄库组三段（K_1d_3）沉积特征，但冲积平原相中，曲流河沉积增多。

层序Ⅱ$_2$由泉头组一段、二段和三段组成，岩性为棕红、紫红、紫褐色泥岩、砂质泥岩与灰绿、灰白、紫灰色砂岩、泥质粉砂岩。层序Ⅱ$_2$的地层逐渐超覆盆地边缘，最大沉积厚度发育于古龙和三肇凹陷。泉头组一段和二段基本继承了登娄库组四段的沉积特点，但沉积范围进一步扩大。古中央隆起对东西部沉降区仍有分割作用，西部沉降中心位于大同一带，东部沉降中心位于王府地区。自盆地边缘向中心，依次出现冲积扇－冲积平原－滨浅湖相，相带呈环带状展布，冲积平原相分布广，以曲流河、低弯度河沉积为主。泉头组三段相带总体上呈环带状展布，由盆地边缘向中心依次为冲积扇、冲积平原、浅水三角洲和浅湖相，中心相带为浅水三角洲和滨浅湖相。发源于盆地周边的六条水系向拗陷中心汇集，洪水期入湖形成三角洲，枯水期各水系河流交汇，向东流出盆地（图 1.4）。层序Ⅱ$_2$沉积厚度通常为 550~1200m，最大厚度为 1650m，发育于古龙凹陷。

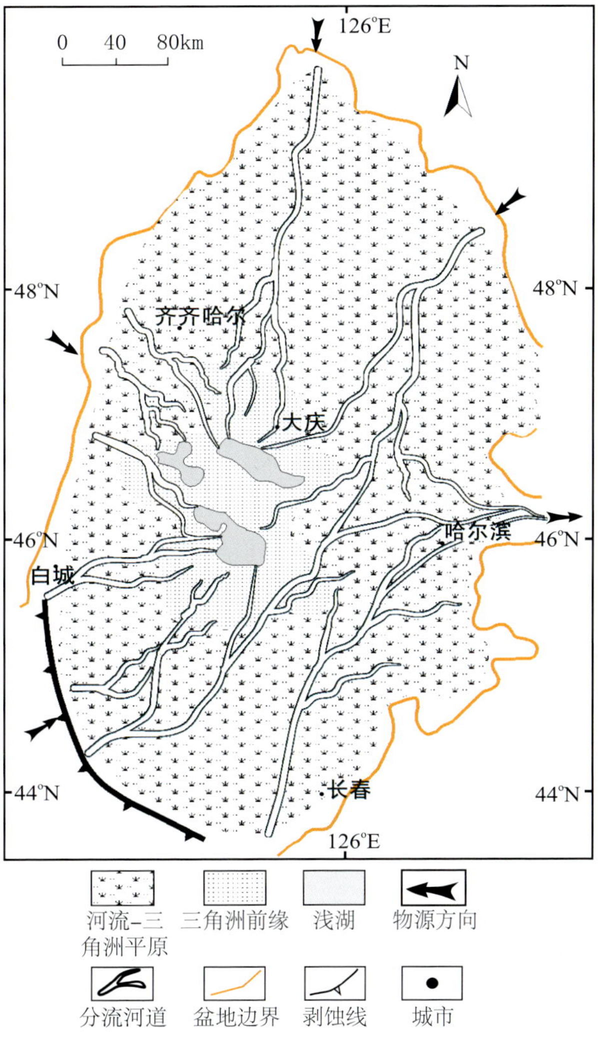

0　40　80km
126°E
N
48°N
48°N
齐齐哈尔
大庆
46°N
46°N
哈尔滨
白城
44°N
44°N
长春
126°E
河流–三角洲平原
三角洲前缘
浅湖
物源方向
分流河道
盆地边界
剥蚀线
城市

图 1.4　泉三段沉积相图

层序Ⅱ$_3$由泉头组四段和青山口组组成，厚度一般为 260~500m，最大厚度 635m。泉头组四段为一套河湖相灰绿色或黑色泥岩、粉砂岩、砂岩；青山口组为一套灰、深灰、黑色泥岩夹油页岩、灰色砂岩和粉砂岩沉积，以三角洲相和浅湖相为主。青山口组一段沉积时期，湖泊达到最大范围和最大深度［图 1.5（a）］，覆盖面积 87000km^2，深湖相泥岩发育 60~100m，是松辽盆地重要的烃源岩层。青山口组二、三段沉积时期，为一套大型三角洲沉积体系［图 1.5（b）］，物源来自北部和西部，上部最大覆盖面积 41000km^2（杨万里，1985），深湖相页岩厚 200~300m。

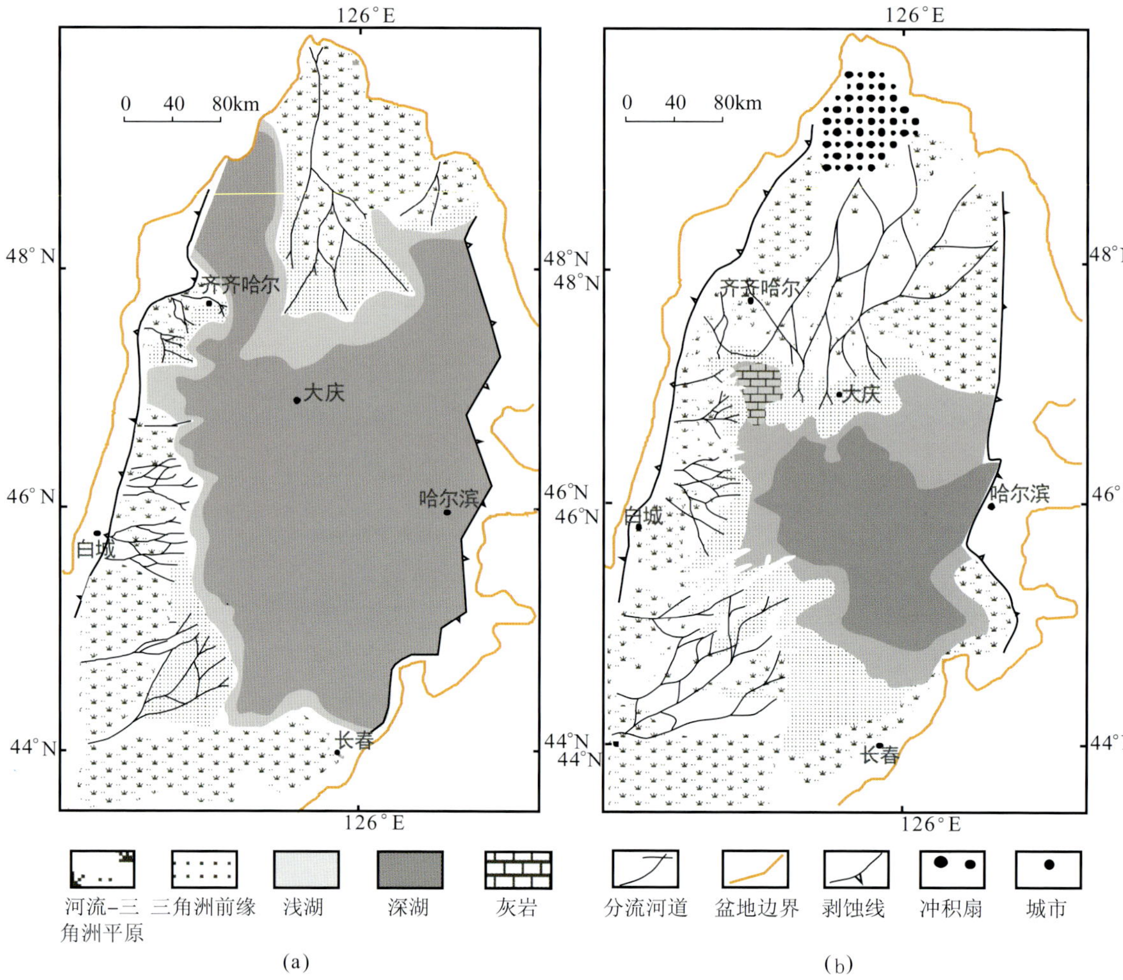
126°E
0 40 80km
48°N
齐齐哈尔
大庆
哈尔滨
46°N
白城
44°N
长春
河流-三角洲平原
三角洲前缘
浅湖
深湖
灰岩
分流河道
盆地边界
剥蚀线
冲积扇
城市
(a)
(b)

图 1.5 青一段（a）和青二、三段（b）沉积相图

1.2.3 热沉降晚期地层层序

热沉降晚期地层可根据不整合面划分为三个二级层序，分别为Ⅱ$_4$、Ⅱ$_5$和Ⅱ$_6$，一般为细碎屑沉积，这些层序的基本特征为由一系列正旋回组成，并被陆相不整合面覆盖。

层序Ⅱ$_4$包括姚家组、嫩江组一段（嫩一段）和嫩江组二段（嫩二段），主要由一套灰绿、黑色泥岩、粉砂岩、砂岩组成，沉积相为河流相、三角洲相和湖相。姚家组在盆地大部分地区与下伏地层呈不整合接触，仅在盆地中心部位为整合接触，地层厚度一般为 80~210m。主要特征为盆地外围地区河流相冲刷底面直接与下伏青山口组灰黑色泥岩接触，并存在介形虫生物带缺失现象[图 1.6（a）、（b）]。在盆地的中部常见水下侵蚀和沉积间断，如滞留泥砾岩、干裂及强烈的生物扰动泥岩。盆地边缘的相对抬升，造成侵蚀基准面向盆地内迁移。嫩江组一段和二段厚 100~470m，嫩一段沉积时期，湖盆沉降速度加大，湖水迅速扩张并近乎覆盖全盆地，这是松辽古湖盆继青山口组一

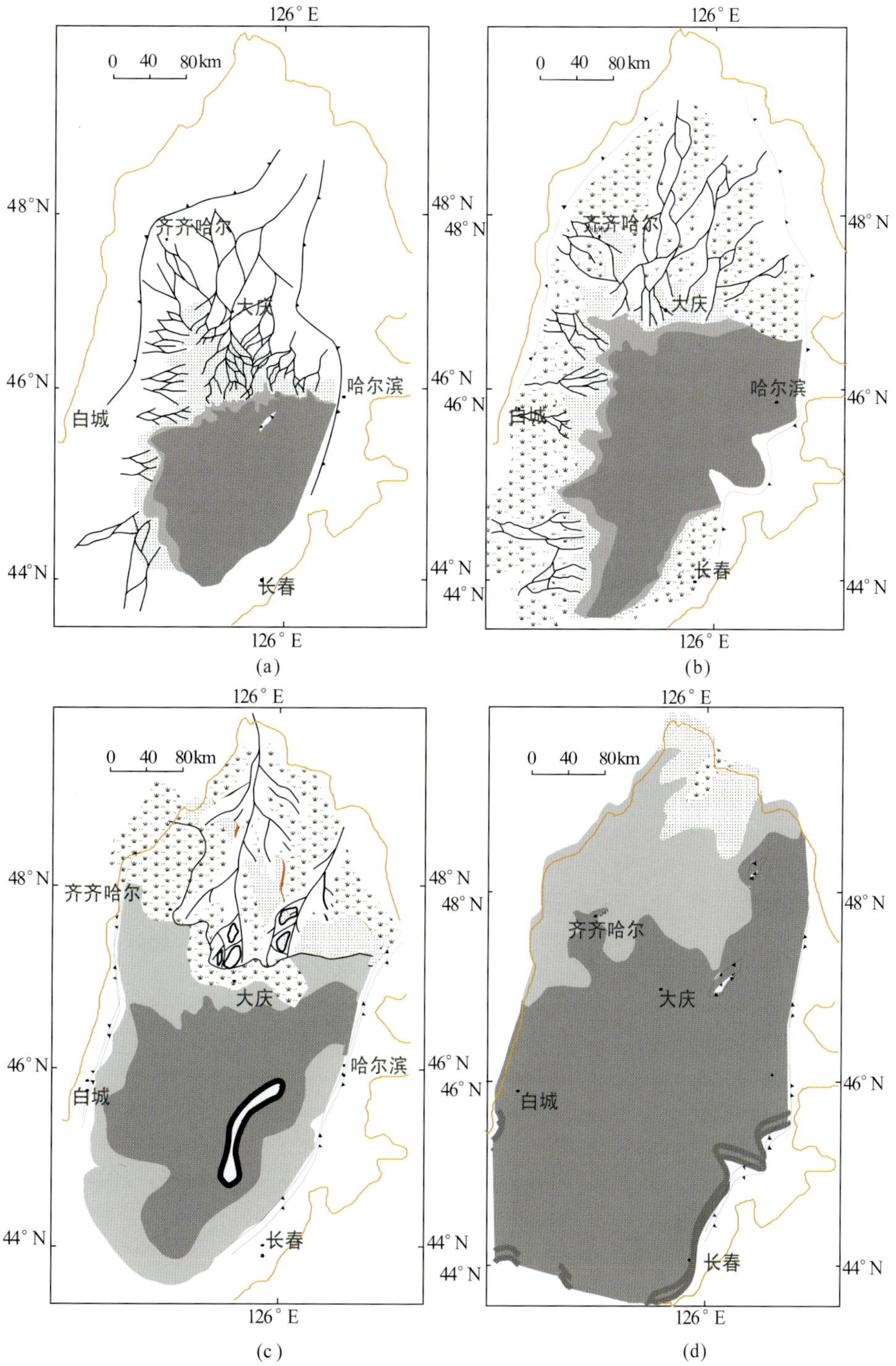
126° E
0 40 80km
48°N
46°N
44°N
齐齐哈尔
大庆
哈尔滨
白城
长春
(a)
(b)
(c)
(d)

图 1.6　姚家组一段（a）、姚家组二、三段（b）、嫩江组一段（c）和嫩江组二段（d）沉积相图

图例同图 1.5

段之后发生的第二次大规模的湖侵，盆地中部广泛发育半深湖 – 深湖相，而盆地北部发育浊流相，盆地南部发育滨浅湖相［图 1.6（c）］。嫩二段沉积时期，湖盆面积进一步扩大，并超出现今盆地边界，湖盆区范围内几乎全部为半深湖 – 深湖相［图 1.6（d）］，仅在盆地北部北安附近发育小范围

的浅湖沉积，在盆地西部和东南近岸处发育滨浅湖相沉积，湖泊面积为 20 万 km^2，沉积了大面积的黑色页岩，夹薄层泥灰岩、介壳灰岩、油页岩。

层序Ⅱ$_5$包括嫩江组三段（嫩三段）、四段（嫩四段）和五段（嫩五段），为一套灰、灰绿、黑色泥岩、粉砂岩和砂岩，以湖相和三角洲相为主。嫩三段（K_2n_3）沉积时期，湖盆开始逐渐抬升，湖盆面积有所减小，随着沉积基准面的下降，水体逐渐变浅，湖岸线向盆地中心退缩，自盆地边缘向盆地中心，三角洲–滨浅湖–半深湖–深湖相带呈环带状分布［图 1.7（a）］。中部古龙–大同地区存在浅湖–半深湖相，盆地北部、南部地区及肇东一带发育三角洲相，泰康地区发育浊流相。从嫩三段至嫩五段，沉积范围和湖区面积显著减小［图 1.7（a）～（c）］，嫩三段早期沉积范围约 151000km^2，缩减到湖区面积 110000km^2，而到嫩五段沉积时期沉积范围减至 40000km^2，晚期湖区面积缩小到 10000km^2（叶得泉等，2002）。

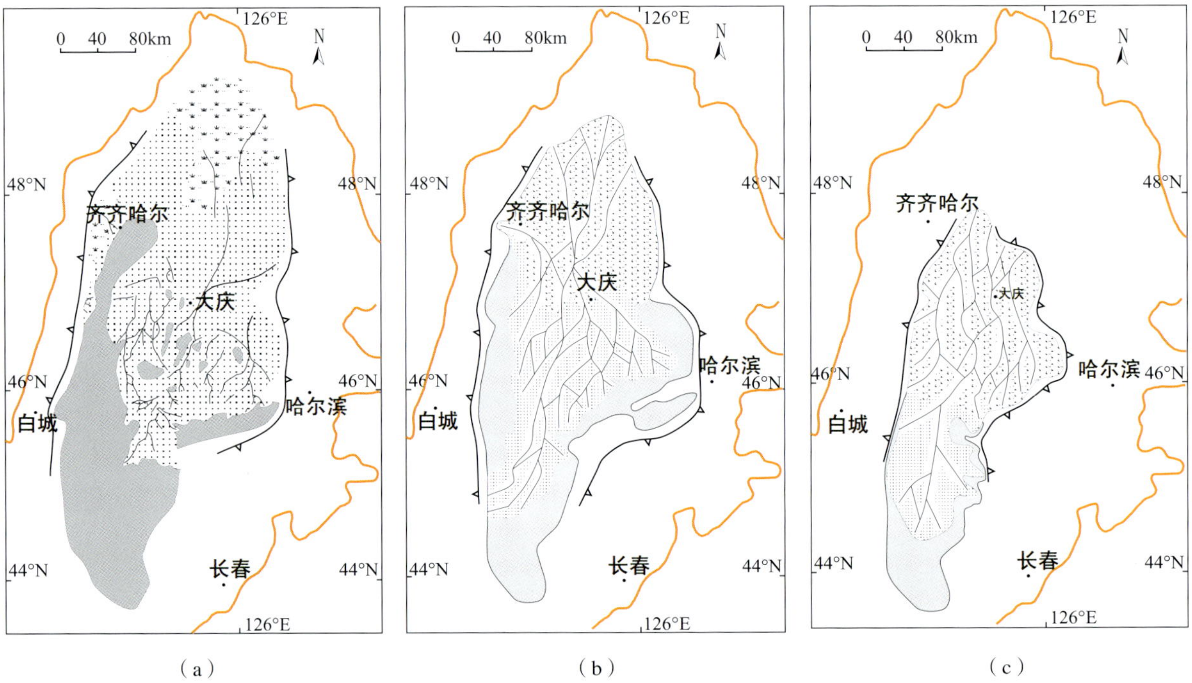
0 40 80km
126°E
N
48°N
48°N
齐齐哈尔
大庆
46°N
46°N
白城
哈尔滨
44°N
44°N
长春
126°E
(a)
0 40 80km
126°E
N
48°N
48°N
齐齐哈尔
大庆
哈尔滨
46°N
46°N
白城
44°N
44°N
长春
126°E
(b)
0 40 80km
126°E
N
48°N
48°N
齐齐哈尔
大庆
哈尔滨
46°N
46°N
白城
44°N
44°N
长春
126°E
(c)

图 1.7　嫩江组三段（a）、嫩江组四段（b）和嫩江组五段（c）沉积相图

图例同图 1.5

层序Ⅱ$_6$由四方台组和明水组组成。四方台组沉积期，盆地开始整体缓慢沉降，地层厚度为 0 ～ 320m。岩性下部为砖红色含细砾砂、泥岩，夹棕灰、灰绿色砂岩和泥质粉砂岩，呈正韵律层；中部为灰白、灰色细砂岩、粉砂岩、泥质粉砂岩与砖红、紫红色泥岩互层；上部以红、紫红色泥岩为主，夹少量灰白、灰绿色粉砂岩或泥质粉砂岩。盆地南部灰绿色泥岩增多，并夹薄层黑色泥岩。沉积地层主要分布在盆地中部和西部，东部仅在绥化凹陷有局部分布，盆地东南部没有沉积。受北部和西北部两个物源控制，沉积格局呈南北向展布，主要发育浅水湖泊、曲流河三角洲及河流相沉积［图 1.8（a）］。明水组沉积时期盆地继续缓慢沉降，地层厚度一般为 0 ～ 576m，岩性主要由灰绿、灰黑、

棕红色泥岩与灰、灰绿及少量杂色砂岩组成，粒度较粗，含钙质。沉积地层主要分布在盆地中部和西部，东部缺失。明水组一段（明一段）沉积时期，主要受南、北和东部三个物源控制，从东向西分布，依次发育辫状河—辫状河三角洲平原—辫状河三角洲前缘—滨浅湖相沉积，三角洲前缘主要发育在古龙凹陷，是该时期沉积物的主要沉积场所。明水组二段（明二段）沉积时期，主要受东部和西部两个物源控制，自东向西分别发育了辫状河三角洲平原、辫状河三角洲前缘，各相带呈北北东向带状分布［图 1.8（b）］。

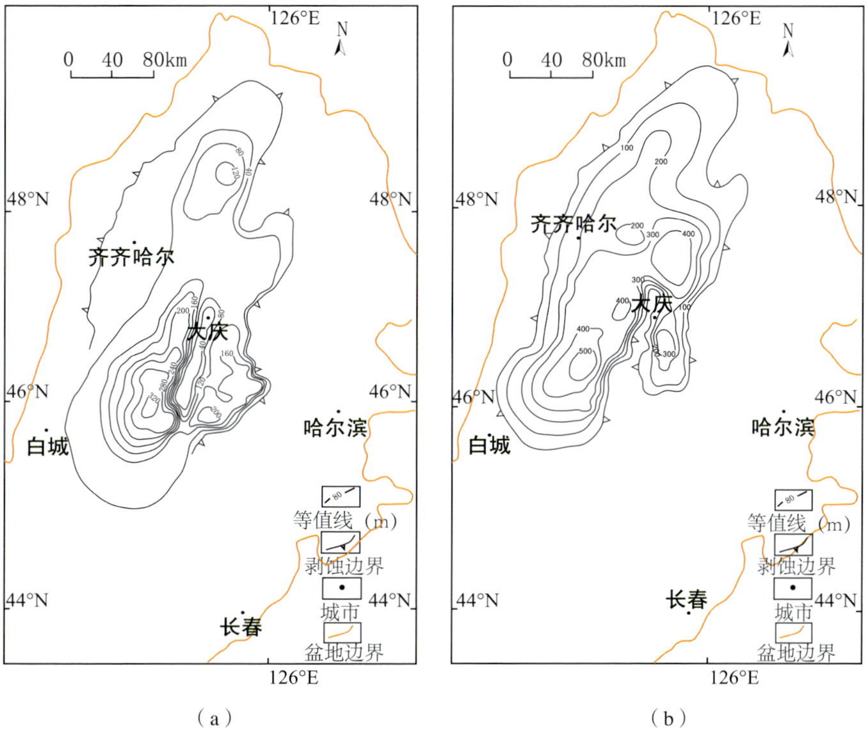
126°E
N
0 40 80km
48°N
齐齐哈尔
大庆
46°N
哈尔滨
白城
等值线（m）
剥蚀边界
城市
盆地边界
44°N
长春
（a）
（b）

图 1.8　四方台组（a）和明水组（b）地层等厚图

1.3　松辽盆地古环境、古气候研究

白垩纪是温室气候时期，为我们提供了温室气候时期独一无二的全球气候变化记录（Skelton，2003；Bice *et al.*，2006）。因此，包含近乎完整的白垩纪湖相沉积记录的松辽盆地，是理解陆相背景下白垩纪古气候的绝佳天然气实验室（Chen，1987；Chen and Chang，1994）。在松辽盆地，可以分以下四方面重建白垩纪古气候，分别是：孢粉和植物化石、氧同位素、古生态和气候敏感沉积物。

长久以来，研究者通过使用孢粉化石种类的百分比来推测温度（Liu and Leopold，1994；White *et al.*，1997；Liu *et al.*，2002）、湿度（van der Zwan *et al.*，1985；Barron *et al.*，2006）以及生态环境（Hubbard and Boulter，1983；Kalkreuth *et al.*，1993；Larsson *et al.*，2010）。通过对松辽盆地超

过 500 口钻孔中的 20000 余块样品进行分析，高瑞祺等（1999）重建了松辽盆地的古气候演变历史，表明松辽盆地白垩纪总的植被景观是以针叶林和草原、草丛为主（图 1.9）。从气温演变看，松辽盆地白垩系各组段沉积时期有较频繁的变化，但主要还是处于湿润、半湿润的亚热带环境，在此期间气候出现了四次降温、三次升温以及三次半干旱事件（图 1.9）。四次降温事件出现于白垩纪的早期与末期：①火石岭组以及沙河子组一、二段沉积时期；②登娄库组四段沉积时期；③嫩江组沉积时期；④明水组二段沉积时期。三次升温事件分别出现在：①登娄库组一、二段沉积时期；②青山口组与姚家组沉积时期；③四方台组沉积时期。三次半干旱事件出现在：①沙河子组三、四段沉积时期；②登娄库组四段沉积时期；③四方台组沉积时期。

Chamberlain 等（2013）首次报道了松辽盆地“松科 1 井”的氧同位素结果（图 1.9），这些数据来源于对松辽盆地中青山口组到明水组介形类化石的研究。这些数据记录了明显的同位素偏移变化，青山口组中氧同位素值发生了明显的负偏，从大约 –10‰ 降到 –18‰。这个负偏之后，从青山口组到嫩江组，氧同位素整体为增加的趋势。然后在四方台组氧同位素逐渐变小，此后在大多情况下都为正偏状态。我们同样收集了远东地区的海相氧同位素数据（Zakharov *et al*., 1999, 2009，2011；图 1.9），因为白垩纪远东地区与松辽盆地所处的纬度类似，因此可以对两组数据进行对比，分析当时的气候变化情况。大体上来说，远东地区的氧同位素温度记录与松辽盆地的数据很相似。在远东海相记录中，白垩纪的气候变化相对频繁，并且主要为温带气候条件，即温度通常高于 5℃，并且最高温度可以超过 25℃。一般升温和降温温差可达 5~10℃，有时甚至可以接近 15~20℃。但是，松辽盆地中同位素数据偏移的幅度远远大于海相地层的记录。

早白垩世的深部结构单元时的松辽盆地见有大量的植物化石、孢粉以及广泛出现的煤（图 1.9），反映出当时植物生态系统较为发育（Wang *et al*., 1995; Gao *et al*., 1999）。植物群反映了温暖湿润的温带气候，如湖相的热河生物群（Huang *et al*.,1999）。下部结构单元沉积时的松辽盆地与深部充填单元沉积时的生态系统类似，也见有大量的植物化石和孢粉化石（Wang *et al*., 1995; Gao *et al*., 1999）。中部结构单元沉积时的松辽盆地是各种生态系统最为发育的时期，无论是生物的门类还是其种属的丰度都达到了鼎盛，反映出当时无论是植物生态系统还是水生生态系统都较为发育。许多种类的有孔虫、轮藻和鱼类在这一时期首次出现。在上部结构单元时，生物化石主要为轮藻和介形类（Wang *et al*., 1985; Ye *et al*., 2002）。与中部结构单元相比，明水动物群的化石门类与种属均大量减少，显示了伴随盆地的萎缩，整个生态系统也处于萧条时期。

煤的分布可以指示一系列不同温度条件下的湿润气候环境（Meyerhoff and Teichert, 1971; Boucot *et al*., 2009）。煤层在下白垩统沙河子组和营城组分布广泛，指示了松辽盆地早白垩世湿润的气候条件（图 1.9）。但是煤层从登娄库组到明水组并没有沉积，反映了松辽盆地的古环境转变为较干旱的河湖相环境。陆相红层可以用来指示温暖干旱或者有季节性降雨的气候环境（Parrish, 1998; Du *et al*., 2011），松辽盆地中存在四个大范围的红层沉积事件，分别发生在泉头组，青山口组的二、三段以及姚家组（Du *et al*., 2011），四方台组和明水组的第二段。

综合以上资料，我们可以得出结论：松辽盆地主要处于湿润、半湿润的炎热带环境。孢粉数据以及来自于松辽盆地以及远东的氧同位素数据所反映的温度趋势是相似的：温度通常高于 5℃，并且最高温度可以超过 25℃，一般升温和降温温差可达 5~10℃，有时甚至可以达到 15~20℃（图 1.9）。此外，全球的古植被模拟提供了相同的结论（Upchurch *et al.*，1998；Sewall *et al.*，2007）。在整个白垩纪，植被类型以常绿阔叶林为主，反映了温暖湿润的气候条件，南部与干旱气候地区相邻，显示了白垩纪部分时期、地区可能略偏干旱的气候条件，常年温度应处于 0℃以上，雨量较充沛。

我们的结论同样得到了基于气候敏感沉积物的全球古气候重建的支持（Boucot *et al.*，2009）。整个东亚，包括松辽盆地，在白垩纪的绝大多数时期都处于暖温带，并且没有经历大的变化（Boucot *et al.*，2009）。在一个缺乏两极冰盖的温室世界，古洋流的流动是大陆气候变化的主要控制因素（DeConto *et al.*，1999；Hay，2008，2011）。在白垩纪，松辽盆地东临古太平洋，主要受到太平洋赤道地区向北流动的暖流和北极地区向南流动的寒流的影响（Puceat *et al.*，2005；Haggart *et al.*，2006），这两个古洋流交汇处在松辽盆地的东部。这些洋流基本与现代的日本暖流与千岛寒流相类似，因为整个白垩纪时期松辽盆地附近的太平洋洋流模式与现今相比没有发生明显变化，始终保持着较稳定的状态（Gordon，1973；Klinger *et al.*，1984）。

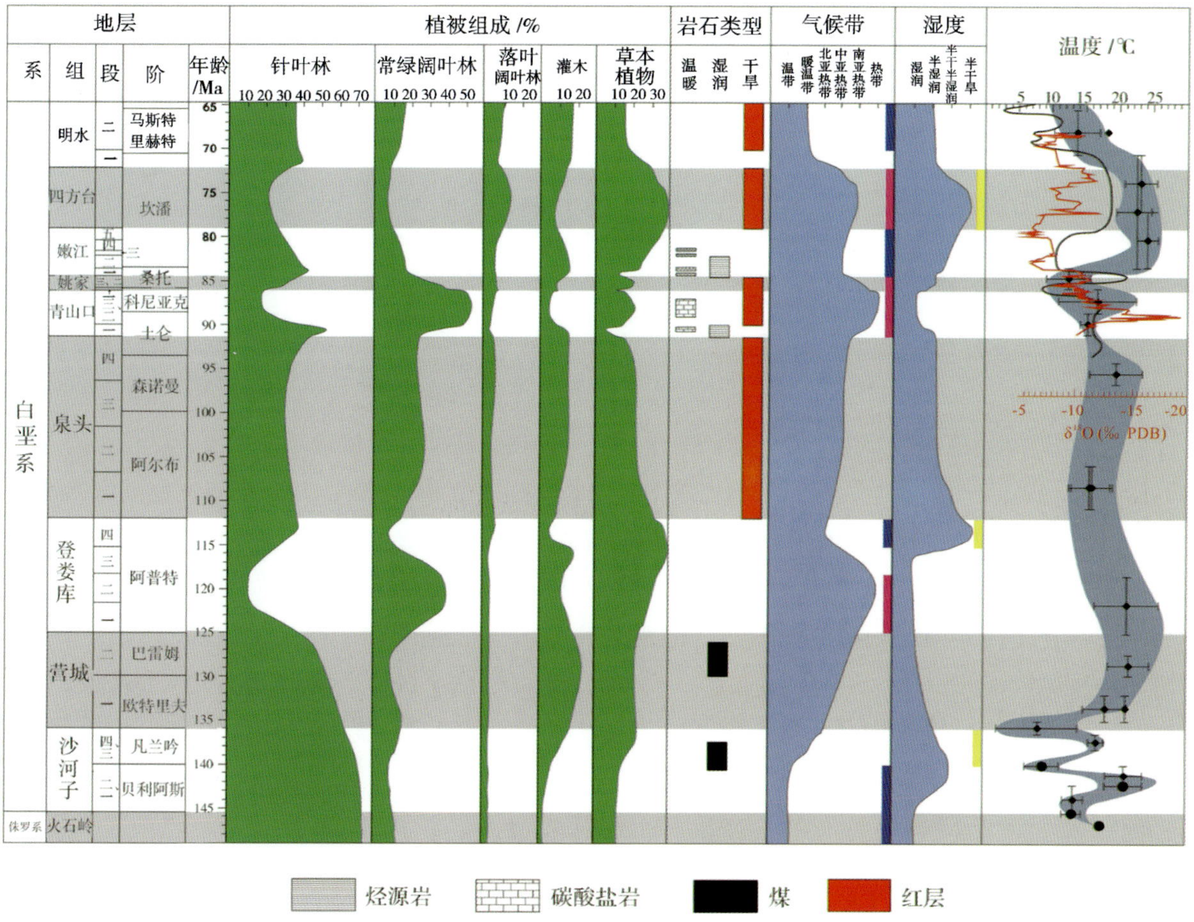
地层
植被组成 /%
岩石类型
气候带
湿度
系
组
段
阶
年龄 /Ma
针叶林
常绿阔叶林
落叶阔叶林
灌木
草本植物
温暖
湿润
干旱
温带
暖温带
北亚热带
中亚热带
南亚热带
热带
湿润
半湿润
半干半湿润
半干旱
温度 /℃
白垩系
侏罗系
明水
四方台
嫩江
姚家
青山口
泉头
登娄库
营城
沙河子
火石岭
马斯特里赫特
坎潘
桑托
科尼亚克
土仑
森诺曼
阿尔布
阿普特
巴雷姆
欧特里夫
凡兰吟
贝利阿斯
δ18O (‰ PDB)
烃源岩
碳酸盐岩
煤
红层

图 1.9　松辽盆地白垩纪古气候演变

孢粉相对丰度、古温度带和古湿度资料来源于高瑞祺等（1999），气候敏感性沉积物资料来自王东坡等（1994）。温度数据（黑色曲线、黑点、菱形）来自 Zakharov 等（1999，2009，2011）。氧同位素数据（红色曲线）来自 Chamberlain 等（2013）。温度带的分类是依据孢粉划分热带、热带－亚热带、亚热带、热带－温带以及温带气候。干湿度是依据孢粉化石的母体植物分为旱生植物、湿生植物、喜湿植物、沼生植物和水生植物，分别对应干旱、半干旱、半干旱－半湿润、半湿润、湿润气候。红色竖条表示变暖事件，蓝色竖条表示变冷事件，黄色竖条表示半干旱事件总之，火石岭组代表了湿润温带环境。火石岭组之上的沙河子组则更为干旱且低温，伴随着针叶林的减少和灌木、草本植物的增多。营城组为半湿润、湿润的亚热带环境，温度逐渐降低（主要为 15~20℃），但湿度逐渐增高（Gao *et al.*，1999；Zarkharov *et al.*，2009，2011），该组中有煤层出现，针叶林逐渐减少，灌木和草本植物继续增加。登娄库组的气候变化快速且剧烈，针叶林急剧减少，伴随着常绿阔叶树和草本植物的急剧增加。泉头组的温度和湿度均比较稳定（Gao *et al.*，1999；Zarkharov *et al.*，2011），未发生大的变化，为半湿润亚热带环境。红层的出现和煤层的消失可能代表了比深部结构单元更加干旱的环境和环境由河流相向湖相的转变。青山口组为湿润的亚热带、热带环境，针叶林发生了急剧的减少，而常绿阔叶树和草本植物则急剧增加（Gao *et al.*，1999），红层的出现指示了气候的快速变化。姚家组的气候比青山口组更冷更干旱，而嫩江组温度主要为 5~10℃（Zarkharov *et al.*，1999）。四方台组为半湿润亚热带环境（Gao *et al.*，1999；Zarkharov *et al.*，1999，2011；Chamberlain *et al.*，2013），并有红层出现，温度主要为 20℃左右，并且伴随着针叶林的减少和常绿落叶林和草本植物的增多。明水组为半湿润温带气候（Gao *et al.*，1999；Zarkharov *et al.*，1999，2011；Chamberlain *et al.*，2013）。

1.4 钻探的目的和意义

松辽盆地大陆科学钻探将获得松辽盆地连续完整的白垩纪陆相沉积记录，其中“松科 1 井”已经获得晚白垩世至早古近纪的连续沉积记录。获取的岩心将为地球科学界进一步研究白垩纪温室地球世界气候变化和这一时期与碳循环有关的重大地质事件提供宝贵的机会。该大陆科学钻探工程将探究地球科学界的重大科学问题，包括重要地层界线的识别和海陆地层对比、生物演化对陆地环境变化响应的原因、陆地对白垩纪大洋缺氧事件的响应、陆相大规模烃源岩的形成、白垩纪正极性超时的形成机制等。

1.4.1 地层界线和海 – 陆地层对比

松辽盆地白垩纪地层格架主要依据生物地层资料建立（Ye *et al.*，1990，2002；Gao *et al.*，1994；Wang *et al.*，1996；Chen *et al.*，2003；Zhang *et al.*，2003；Huang *et al.*，2007）。但是研究松辽盆地陆地古气候和古环境变化必须首先精确陆相地层年代，并将其与海相地层对比，因为海相地层是国际年代地层系统的基础。松辽盆地白垩纪陆 – 海地层对比包括陆相地层界线（侏罗纪 – 白垩纪界线简称 J/K 界线和白垩纪 – 古近纪界线简称 K/Pg 界线）的识别以及河流 – 湖泊沉积体系与同期海洋沉积体系的时间相关性和阶间界线的准确定位。

J/K 界线是显生宙最有争议的界线之一，此前争论已经很久，但是从全球范围来讲至今仍未被解决。北欧体系的 J/K 界线识别没能成功，原因在于地层上可用的化石组合缺乏（Batten，1996）。对于 J/K 界线所发生的生物绝灭事件的理解，受动物区系隔离以及北方和特提斯动物区系间的磁性和生物地层对比缺乏的制约。这种生物绝灭是一个突然性的事件还是地质历史过程中的长期事件，区域因素相比全球因素有多重要等问题都需要解答。一些不同的地质过程被认为导致了 J/K 界线的绝灭，包括火山作用、区域构造运动和多重陨石撞击事件（McDonald *et al.*，2006）。中国 J/K 界线定年遇到同样的困难。幸运的是，松辽盆地保存了 J/K 界线附近大量的侵入岩和喷发岩，进而能通过精确的定年来帮助确定陆相 J/K 界线（Wang *et al.*，2002）。

松辽盆地可能保存着另一条重要的地层界线——K/Pg 界线。K/Pg 界线通过一个包含冲击变质矿物和痕量地外物质的薄层进行全球范围的确定，地外物质缘于在如今墨西哥湾曾发生的一次大规模的撞击事件，撞击所形成的“奇克苏卢布（Chicxulub）”陨石坑的直径达 200km（Schulte *et al.*，2010）。尽管全球许多地方存在保存完好的 K/Pg 界线剖面，但是在中国或者东亚其他地区记录较少（Kiessling and Claeys，2001）。因此，在东亚寻找一个保存完好的 K/Pg 界线将能够更好地量化陨石撞击喷出物的分布、沉积机制和环境效应。中国东北地区有可能发现这一界线，因为近年来一些野外露头工作表明，在松辽盆地北部发现一个很有希望的剖面，孢粉分析和可靠的 SHRIMP U–Pb 锆石年龄显示其年代至少在马斯特里赫特阶最上层。根据孢粉、轮藻和磁性地层学研究，我们期望“松科 1 井”岩心中保存有 K/Pg 界线（Wan *et al.*，2013）。

1.4.2　生物对陆地环境变化的响应和深层生物圈（化石 DNA）

松辽盆地西南部发现一组存在于火山沉积岩底部含化石的沉积夹层，其中包含早期鸟类、被子植物和带有羽毛的恐龙化石，还包含双壳类、腹足类、叶肢介、介形类、虾类、昆虫类、鱼类、两栖类、原始哺乳类和其他爬行类动物化石（即著名的“热河生物群”；Ji *et al.*，1998，1999，2001，2002；Chen *et al.*，1999）。“热河生物群”并非东亚地区所特有，其地理分布广泛，所涵盖的面积有欧洲面积的一半之多。生物群的许多种和晚侏罗世欧洲的对应种有着密切的关系，例如，*Confuciusornis* 和 *Archaeopteryx* 都为早期鸟类；*Sinosauropteryx* 具有与 *Compsognathus* 相似的骨骼结构；介形类组合与英国的普尔贝克（Purbeck）岩层的介形类组合关系密切；以及 *Aeschnidium* 见于德国的索伦霍芬（Solnhofen）组。另外，大量多种属的化石生物群在松辽盆地的中部和上部地层保存完好。Ye 和 Zhong（1990）、Ye 等（2002）将从登娄库组到嫩江组的生物群命名为“松花江生物群”，从四方台组到明水组的生物群命名为“明水生物群”。这些生物群主要由微体动植物组成，其中包括大量的介形类、介甲类、轮藻类、双鞭甲藻类、孢粉化石，这些资料的累积始于 20 世纪 40 年代的研究工作。包括鱼类、双壳类和植物类的大量大化石在盆地中和盆地周围区域也有发现（Zhang *et al.*，1976，1977；Deng *et al.*，1998；Gu *et al.*，1999）。生物群的演化模式将会带来更多关于盆地演化不同阶段的古气候、古环境信息以及为盆地沉积充填研究提供依据。

传统意义上，过去生态系统的重建集中于研究多细胞生物遗留的视觉可辨别的化石遗迹。然而，脂类生物标志物特性研究和更多近年来古 DNA 分析经过近 20 年的发展，目前能对微生物和藻群落作极详细的探究。在受热成熟的沉积物中，藿烷（细菌）、甾烷（藻类）、高支化型聚合类异戊二烯（硅藻）、甲藻甾烷（甲藻）、甲基藿烷（蓝细菌）、不规则的类异戊二烯（古细菌）和异胡萝卜素衍生物（绿硫细菌；Pancost *et al.*，2004）的存在指示这些群落的一些主要特征。在成熟度较差的沉积物中，存在更加广泛的生物标志物，可以更为清晰地描绘微生物群落。例如，特定有机体的生物标志物，像硝化远洋泉古菌、硫酸盐还原细菌、嗜甲烷菌、金藻和黄绿藻（Volkman *et al.*，1998），已全部被识别。这类脂类生物标志物分析为古代微生物特征研究提供了一种强有力的平台。

近来发展迅速的化石DNA分析要比当前可使用的脂类生物标志物更能指示过去微有机体特征。研究表明，对保存在沉积物和沉积岩中的化石DNA和分子生物标志物的研究，能对重建古微生物群落和古环境给予很大帮助（Coolen and Overmann，2007）。2005年，Inagaki等成功从一个采自"Serre des Castets"地区（位于法国马赛附近）的白垩纪黑色页岩岩心样品中提取和扩增DNA，证实此岩心没有受到污染，并且所观察到的微生物均为原生。基于此项研究，Inagaki等（2005）提出用术语"Paleome"来描述"利用保存的DNA和微生物来诠释过去"。当然，此术语对于过去20年间基于上述脂类生物标志物开展的类似研究也是适用的。松辽盆地大陆科学钻探给我们提供了绝佳机会来进一步检验"Paleome"这一概念以及解决当前的科学问题（Coolen and Overmann，2007）。

1.4.3 陆地对大洋缺氧事件的响应和大规模陆相烃源岩的形成

白垩纪大洋缺氧事件的发生常伴随着海洋和陆源碳酸盐和有机质 ^{13}C 记录的大幅波动，这种波动反映了当时全球碳循环存在着显著的变化（Grocke *et al*. 1999；Hesselbo *et al.* 2007）。不同方面的证据也表明大洋缺氧事件期间存在显著的气候波动（Kuypers *et al.*，1999；Wilson and Norris，2001；Heimhofer *et al.*，2005），并强烈影响着陆地环境。其中的一些影响已经通过对海洋沉积中陆相标志记录的研究被识别，如Toarcian期OAE期间的Os同位素模式指示风化和侵蚀过程中的巨大变化（Cohen *et al*. 2004）。Kuypers等（1999）研究OAE2时已经提到于C3植物到C4植物的演化导致 P_{CO_2} 降低。另外，OAE1b（Herrle *et al*. 2003）、OAE1d（Bornemann *et al.* 2005）和OAE3（Beckmann *et al*. 2005）时期的降水和大陆淡水径流均存在着显著波动。为了更好地理解全球海洋－大气系统不同层间的相互作用，就需要对白垩纪OAEs期间的大陆环境进行更加详细的研究。例如，利用"松科1井"岩心中分离出的介形虫壳体进行的碳、氧和锶同位素分析表明，碳氧同位素存在快速和长期的显著变化（Wang *et al.*，2013）。同时，松辽盆地和"松科1井"岩心中均发现大套红色沉积，其与白垩纪大洋红层（CORBs）的关系也并不清楚（Wang *et al.*，2005，2009；Hu *et al.*，2005）。

另一个让人感兴趣的问题就是陆相烃源岩的形成和OAEs发生间的关系，因为大庆油田烃源岩形成于青山口组一段和嫩江组一二段，基于当前的地层数据（Huang *et al.*，2007），其大致与同期的海洋OAEs相对应（Huang and Huang，1998；Huang *et al.*，1999）。有证据表明松辽盆地陆相烃源岩大致与有机碳同位素正偏相一致，这可能与大洋中的OAEs发生有关（Wang *et al.*，2005；Huang *et al.*，2007）。尽管松辽古湖泊在它的大部分时间里是一个淡水湖，但是古生物、地球化学和矿物学资料却均表明松辽盆地的烃源岩是在一种咸水条件下沉积形成的（Wang *et al.*，1994，2001；Hou *et al.*，2000）。一些作者认为海侵作用造成了湖泊的盐化，而且这样的海侵是在OAEs某些时期发生的，并且导致水体分层和缺氧，从而有利于陆相烃源岩的形成（Wang *et al.*，1994，2001；Hou *et al.*，

2000）。但就此问题至今还没有一个最终的答案。

通过同位素、元素和有机地球化学以及孢粉分析技术相结合的方法，可以对研究白垩纪中期陆地和湖泊环境动力学、气候和碳循环以及松辽盆地陆相烃源岩的形成提供一种新的途径。以下科学问题将会重点探讨：①海相有机碳埋藏事件是否在陆相沉积中有响应？②一个巨型白垩纪湖泊环境是如何对全球 OAEs 事件做出响应的？③ OAEs 期间陆地气候的重大变化能否被记录下来？④中纬度植物群对这类气候扰动都有哪些响应？⑤盐度是否对陆相烃源岩的形成起到了一定的作用以及咸化环境形成的原因是什么？

1.4.4 来自陆相记录的白垩纪正极性超时

白垩纪中期一个重要的地质学难题就是白垩纪正极性超时（CNS），当时的地球磁场一直保持稳定以致不能由正极性变换为反极性长达约 40Ma（Aptian to Santonian，124~84Ma；He *et al.*，2012）。对这一问题目前存在两种截然相反的观点：其中一种观点（McFadden and Merrill，1984，2000）认为，由于这段时间的地幔对流，CNS 是作为一种极性反转速率降低的自然产物；另一种观点（Gallet and Hulot，1997；Hulot and Gallet，2003）认为 CNS 可能代表了正极性和反极性状态间的一种突然的非线性地球动力转变。目前对于 CNS 的起源问题仍没有最终答案。

获得松辽盆地完整的白垩系剖面对于回答上面的问题是非常重要的：①理解 CNS 随时间演变的情况以及岩浆和构造过程之间的关联；②确定高分辨率磁性地层；③确定中国白垩纪古地磁极移曲线；④提供有关地球动力学和地球内部的新认识。在完全或部分回答上述问题后，我们可以继续关注其他重要的科学问题：①反转速率和平均古应力存在相关性吗？②新数据的定向离散能够支持 McFadden 等（1991）较早期的研究结果，认为二次谐波（甚至阶次）族与反转速率高时相比 CNS 期间是处于低值吗？③数据支持 Hulot 和 Gallet（2003）的意见，认为 CNS 可能由于一个高的非线性系统向一个不同（非反转）状态的一种突然的翻转而发生的，本质上在磁场中没有演进的变化引起这种超时现象吗？最近对“松科 1 井”岩心高精度磁性地层结果以及 SIMS U–Pb 锆石分析表明 CNS 终止时间约为距今 83.4Ma，并且发现了 CNS 中位于 Santonian 阶早期的反极性时间（He *et al.*，2012）。接下来对“松科 2 井”的工作将进一步揭示上述假说。

第 2 章
“松科 1 井”井位论证与选址

大陆科学钻探选址的前提和基础是科学、正确地抓住重大关键性地球科学问题。科学钻探孔位选定要经过以下三个步骤：一是选址先行研究——选出科学目标明确而且工程上可行的世界级地质场址作为首选地区；二是靶区的选定——在确定的选区进一步筛选出能全面实现科学目标的地段，并通过国际研讨会确定科学钻探靶区；三是孔位的选定——在通过对靶区进行精细的地质和地球物理调查后，建立三维的地质地球物理模型，据此确定孔位坐标（王达等，2007）。

为了达到这一目标，从 2005 年起，项目组汇集地质与钻探工程专家，开展了大量的调研和井位论证工作。项目组成员在充分总结和整理松辽盆地 50 余年勘探成果的基础上，利用大庆油田有限责任公司勘探开发研究院地震资料处理与解释工作站，最终确定“松科 1 井”的钻探井址，并根据邻井揭示地层发育情况模拟出科探井岩心柱状图。

2.1 “松科 1 井”井位论证过程

2005 年 3 月，国家重点基础研究发展计划（973 计划）“白垩纪地球表层系统重大地质事件与温室气候变化”申请立项时，计划实施“松辽盆地白垩系科学钻探”工程。项目拟在松辽盆地大庆长垣以东三肇地区关键层段（包括青山口、姚家、嫩江和四方台组）实施全取心钻探（计划取心约 1000m），称之为“陆相白垩钻”（松辽盆地白垩系科学钻探 1 井，简称“松科 1 井”）。对于白垩系钻探，拟开展高分辨率稳定同位素地层学、生物地层学、磁性地层学、同位素年代学、岩石地层学和层序地层学、物源区分析、化学地层学等方面的研究。

2005 年 9 月 27~28 日在大庆油田有限责任公司勘探开发研究院进行了“‘松科 1 井’井址论证会”，会上在冯子辉总地质师代表井位论证组所作的“‘松科 1 井’井位论证报告”中提供了四个可供选择的井位（松科Ⅰ–1 井、松科Ⅰ–2 井、松科Ⅰ–3 井、松科Ⅰ–4 井），同时在会议上明确了“松科 1 井”选址的六点基本原则。

2006 年 1 月在中国地质大学（北京）召开的工作会议上，基于松辽盆地地层发育的特征，从已有的四个备选井位中优选了位于松辽盆地北部中央拗陷区古龙凹陷敖南鼻状构造上的松科Ⅰ–4 井位作为“松科 1 井”的井位。由于白垩纪末的构造运动和湖盆中心的迁移，该井位缺少明水组地层。故设计四方台组、明水组地层在西部斜坡正在进行的勘探井中补充岩心，作为“松科 1a 井”，该结构框架写入了“中国白垩纪大陆科学钻探工程——‘松科 1 井’总体设计（初稿）”。

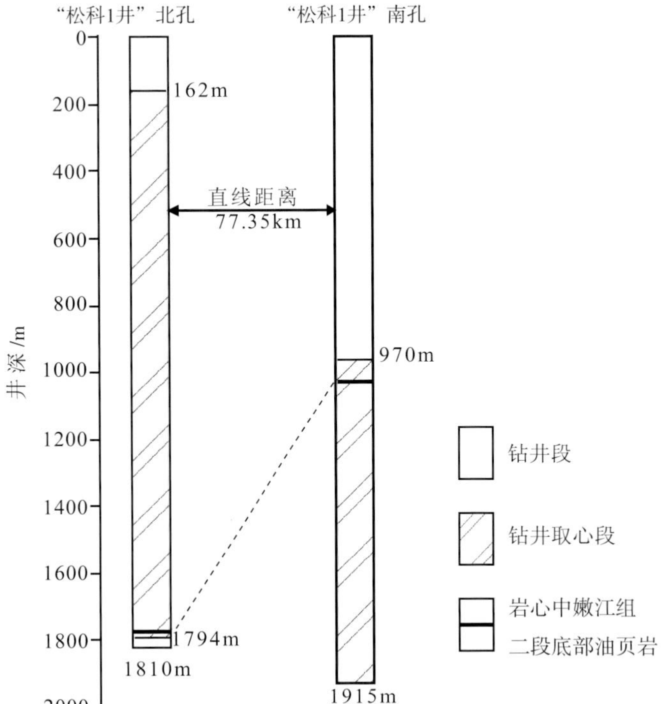
“松科1井”北孔
“松科1井”南孔
0
200
400
600
800
1000
1200
1400
1600
1800
2000
井深/m
162m
直线距离
77.35km
970m
1794m
1810m
1915m
钻井段
钻井取心段
岩心中嫩江组
二段底部油页岩
图 2.1 “松科 1 井”“一井双孔”结构示意图

2006 年 2 月 15 日在大庆召开以技术专家参加为主的“‘松科 1 井’工程论证会”，基于松辽盆地地层发育和盆地演化过程中沉积中心曾发生过南东 – 北西向迁移的历史，以王达为首的工程技术专家在此次会议上首次明确提出“一井双孔”的施工方案。“一井双孔”的施工方案由“松科 1 井”南孔和“松科 1 井”北孔钻探构成，在层位上两孔不重复，在空间上两孔相距一定距离。这种方案使两孔同时钻探，钻探施工周期大大加快；同时，虽然钻探进尺总长度有所增加，但由于钻探深度大大减少，因此大大节省了工程资金。更为重要的是，由于“松科 1 井”南孔时代较老的地层埋深浅，热演化程度低，使得受地温控制的生物标记化合物等得到保存，对后续研究极为有利。“一井双孔”施工方案充分利用大庆油田 50 多年来油气勘探的资料基础，利用被松辽科技人员称为铁板标志层的嫩二段底部的油页岩层全盆地可准确对比的特点，使得两口相距数十千米的钻井层位得以精确对比、无一缺漏（图 2.1）。根据“一井双孔”的施工方案，通过对过设计井位三维地震剖面进一步解释分析，结合 6 点选址基本原则，对“松科 1 井”南孔和北孔井位位置再次进行了微调。

2006 年 2 月 20 日，科探井地质 – 工程联合科研组进行了野外踏勘，考虑到井址地面因素限制，对设计井位进行了调整。3 月 12 日进行了第二次野外踏勘，为了便于施工，在野外对设计井位再次进行了微调。对微调结果进行了三维地震剖面解释，认为新移动的点完全满足选址要求，录井分公司通过高精度卫星定位系统对新井位进行了现场精确的定位，从而确定了“松科 1 井”南孔的最终井位。

井位最终确定后，由大庆油田有限责任公司地质录井分公司与科探井地质组于 2006 年 3 月末共同完成“松科 1 井”南孔钻井地质设计，并通过科探井审核组和大庆油田相关部门的联合审核。项目组在 2006 年 5 月野外考察的北票会议中，就北孔井位设计方案进行了详细的讨论。地质指挥王璞珺通过将原设计井位与邻井塔 21 井在剖面上地层发育的厚度和地层发育的连续性，特别对可能存在 K/Pg 界线层位保存上的对比，认为目前的设计井位是一个非常理想的井位，完全满足科学钻探目的。会上以首席科学家王成善教授为首的项目组成员与大庆油田勘探专家经过讨论，最后决定“松科 1 井”北孔的现井位不移动，设计井深按吴河勇总地质师提出的建议，由 1810m 改为 1780m，岩心取至 1764m，即嫩二段底界（1762m）打穿后再取 2m 岩心，然后再钻 16m 不取心（为测井留出空间）。井位最终确定后，由大庆油田有限责任公司地质录井分公司与科探井地质组于 2006 年 7 月末共同完成“松科 1 井”北孔钻井地质设计，并通过审核。

2006 年 7 月在大庆召开的“松科 1 井”钻探大庆工作会议中对“松科 1 井”两孔名称进行规范化处理，其中，中文名称分别为“‘松科 1 井’南孔”和“‘松科 1 井’北孔”，对应英文为“SK-Is”、“SK-In”。

2.2 “松科 1 井”选址

根据国内外调研和本次科学钻探的目的，课题组确定“松科 1 井”井址选择遵循以下六点基本原则：①地层连续，无缺失。科学钻探的重要特征是对钻遇地层进行取心，连续取心获得的高精度、连续的沉积记录是进行古气候研究的基础。同时由于陆相地层容易受构造运动、气候变化等因素影响，连续性较海相地层差，因此更应该选择连续的、无间断的地区开展科学钻探。②以深湖相泥岩沉积为主，尽量避免外源碎屑的影响。在构造活动较弱的地区，湖相沉积物受气候的影响明显，尤其是含有较少外源碎屑的深湖相泥岩蕴涵了丰富的古气候信息，是科学钻探的理想目标层位。③沉积厚度小。松辽盆地沉积地层最深处厚度可达近万米，选择在沉积厚度小的地区开展钻探，可以大大节省资金。④没有构造断裂影响。构造断裂发育可能会导致地层缺失、倒转、重复，甚至发生轻微变质作用，从而引起地层不连续或者原始沉积记录被破坏，影响古气候研究的效果。⑤在地质层位上有确定的上、下限。“松科 1 井”的重要科学目标之一是进行海陆地层对比，建立松辽盆地年代地层格架。因此钻探地层的界限应当明确，以便于开展地层划分与对比。⑥工程难度最小。科钻井选区所在地的大庆位于松辽盆地中心，湖沼湿地广布。在地理位置上，科学钻探的井位应当处于既有较好地面施工条件同时交通又便利的位置，以最大限度降低施工与环境风险。

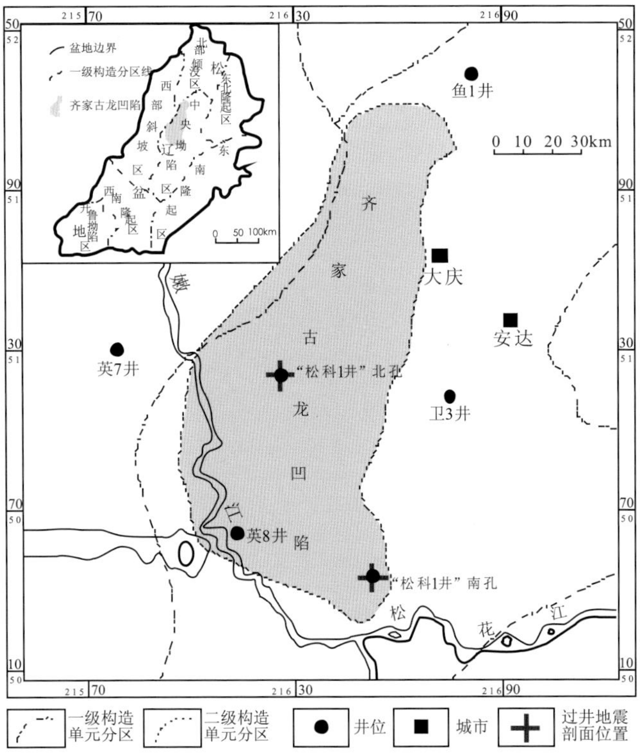
盆地边界
一级构造分区线
齐家古龙凹陷
鱼1井
0 10 20 30km
大庆
安达
英7井
“松科1井”北孔
卫3井
英8井
“松科1井”南孔
齐
家
古
龙
凹
陷
松
花
江
一级构造单元分区
二级构造单元分区
井位
城市
过井地震剖面位置

图 2.2 “松科 1 井”交通位置图

“松科 1 井”所处的松辽盆地中部，位于 119° 40' ~ 128° 24'E、42° 25' ~ 49° 23'N，盆地内部是松花江、嫩江、辽河水系冲积形成的平原沼泽。井位布于黑龙江省大庆市（图 2.2），紧邻杜尔伯特蒙古族自治区，区内地势较平坦，地面海拔为 128 ~ 165m。地面条件较复杂，分布有农田、盐碱地、居民点及水泡子等。本区属中温带大陆性季风气候，春秋两季多大风，最大风速可达 40m/s，年平均气温为 3.2℃，无霜期 130 天左右，年降水量 440mm。早春季节有扬沙、沙尘暴现象。区内公路纵横交错，且有滨洲、齐白两条铁路通过，交通十分便利，联通、移动网络均覆盖该区。

松辽盆地长期继承性发育的深水凹陷中，泥岩发育区因沉积速率低，地层厚度小，地层保存较周边地区全，成为“松科 1 井”井址选择的最优目标区。在松辽盆地中，白垩纪沉积中心虽几经迁移，但总体上都一直位于古龙凹陷内部，从地层的发育和保存来看，古龙凹陷是最佳的靶区。为了保证地层的连续和降低工程难度，在进一步的钻探目标选择要求避开断层、发育的地层厚度最小，利用该区已有的三维地震解释资料（图 2.3、图 2.4），针对“松科 1 井”南孔主要钻探泉三段顶部到嫩二段底部的地层，最后将“松科 1 井”南孔定于黑龙江省大庆市肇源县茂兴镇幸福村赵家窝棚屯东 2.5km 处（图 2.2，表 2.1），构造上位于松辽盆地北部中央坳陷区古龙凹陷敖南鼻状构造的翼部。从邻井资料看，本区从嫩江组到泉头组的地层发育齐全，除了泉头组外，嫩江组、姚家组、青山口组以泥岩为主，受外源碎屑影响小，对于科探井的所有相关研究都非常有利。

表 2.1　“松科 1 井”基本数据表

井号	“松科 1 井”北孔	井别	科探井	井型	直井
地理位置	黑龙江省大庆市大同区小庙子屯东约 150m				
构造位置	松辽盆地北部中央坳陷区古龙凹陷他拉哈向斜				
测线位置	二维				
	三维	Inline782/Crossline1063			
大地坐标	纵（x）	5120461m	经纬度	东经	124° 15′ 56.78″
	横（y）	21597675m		北纬	46° 12′ 44.22″
地面海拔	134m		磁偏角		
设计井深	1810m	完钻层位	嫩江组一段	目的层	泰康组—嫩江组一段
井号	“松科 1 井”南孔	井别	评价井	井型	直井
地理位置	黑龙江省大庆市肇源县茂兴镇幸福村赵家窝棚屯东 2.5km				
构造位置	松辽盆地北部中央坳陷区古龙凹陷敖南鼻状构造				
测线位置	二维				
	三维	Inline480/Xline666			
大地坐标	纵（x）	5049726m	经纬度	东经	124° 40′ 15.59″
	横（y）	21630438m		北纬	45° 34′ 14.42″
地面海拔	135m		磁偏角		
设计井深	1915m	完钻层位	泉头组三段	目的层	黑帝庙、嫩江组二段、泉头组三段
井位水深	高潮　m	水域位置			
	低潮　m				

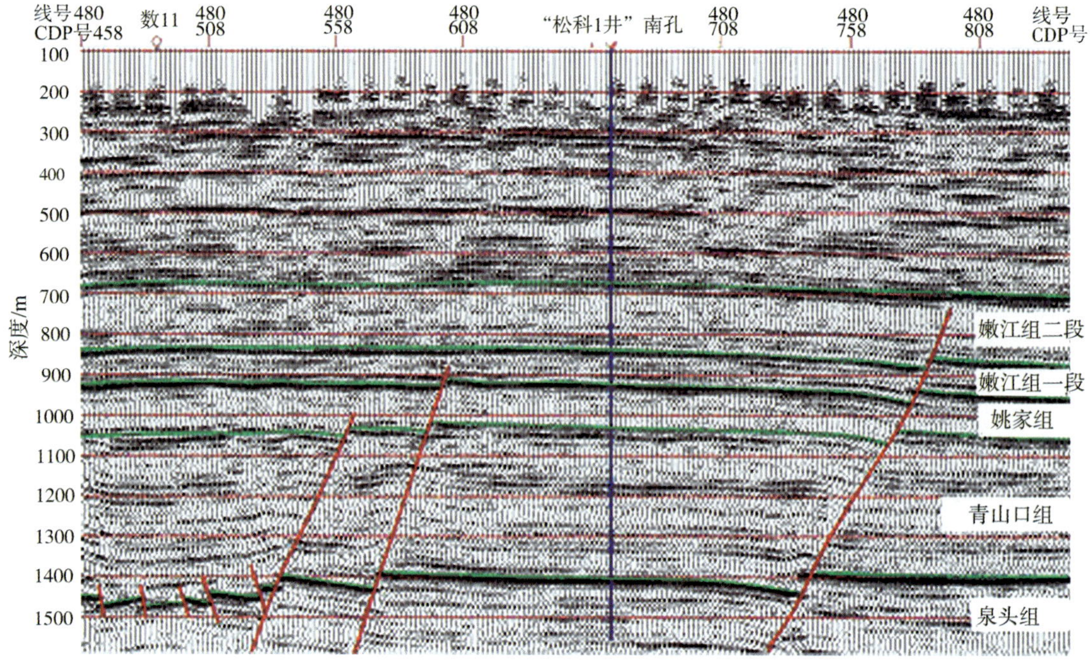
线号480
CDP号458
数11
480
508
480
558
480
608
"松科1井"南孔
480
708
480
758
480
808
线号
CDP号
100
200
300
400
500
600
700
800
900
1000
1100
1200
1300
1400
1500
深度/m
嫩江组二段
嫩江组一段
姚家组
青山口组
泉头组

图 2.3 过"松科 1 井"南孔东西向三维地震剖面图（测线位置见图 2.2）

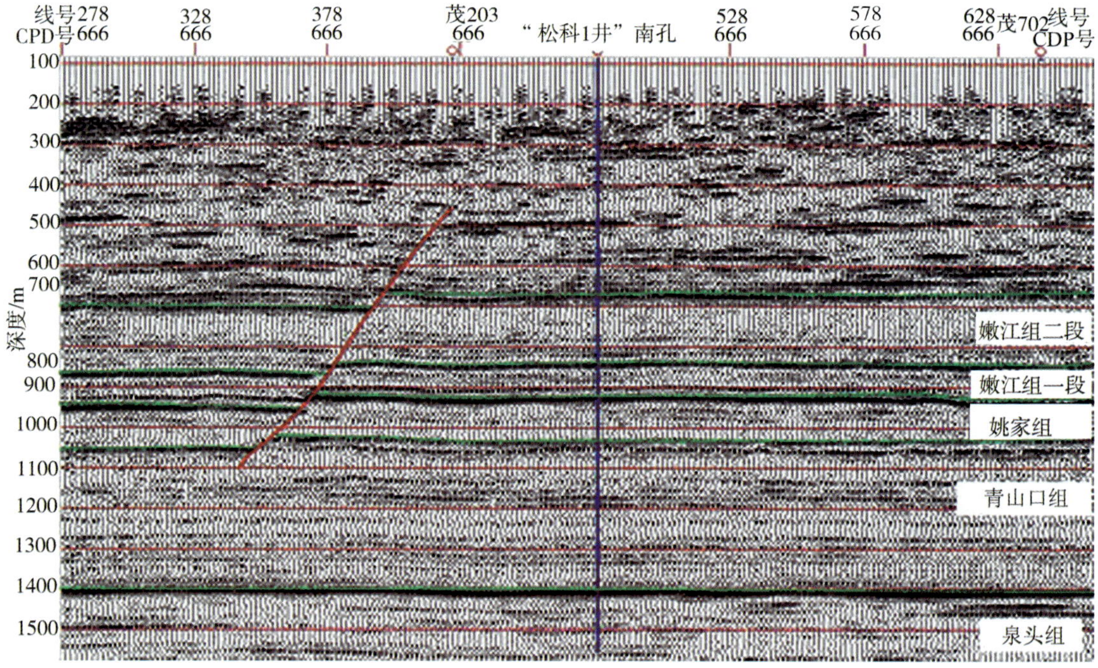
线号278
CPD号666
328
666
378
666
茂203
666
"松科1井"南孔
528
666
578
666
628
666
茂702
线号
CDP号
100
200
300
400
500
600
700
800
900
1000
1100
1200
1300
1400
1500
深度/m
嫩江组二段
嫩江组一段
姚家组
青山口组
泉头组

图 2.4 过"松科 1 井"南孔南北向三维地震剖面图（测线位置见图 2.2）

针对"松科 1 井"北孔主要钻探嫩一段顶部到泰康组底部地层，最后将"松科 1 井"北孔定于黑龙江省大庆市大同区小庙子屯东约 150m 处（图 2.2，表 2.1），构造位置处于松辽盆地北部中央坳陷区古龙凹陷他拉哈向斜上。从邻井及其过井三维地震资料看，本区嫩江组一段至明水组地层发育齐全且厚度相对较小（图 2.5、图 2.6），同时处在目标层位沉积时期水体相对较深的位置，沉积物中泥岩总厚度大且泥质成分含量相对较多，对于白垩纪古气候的研究非常有利。

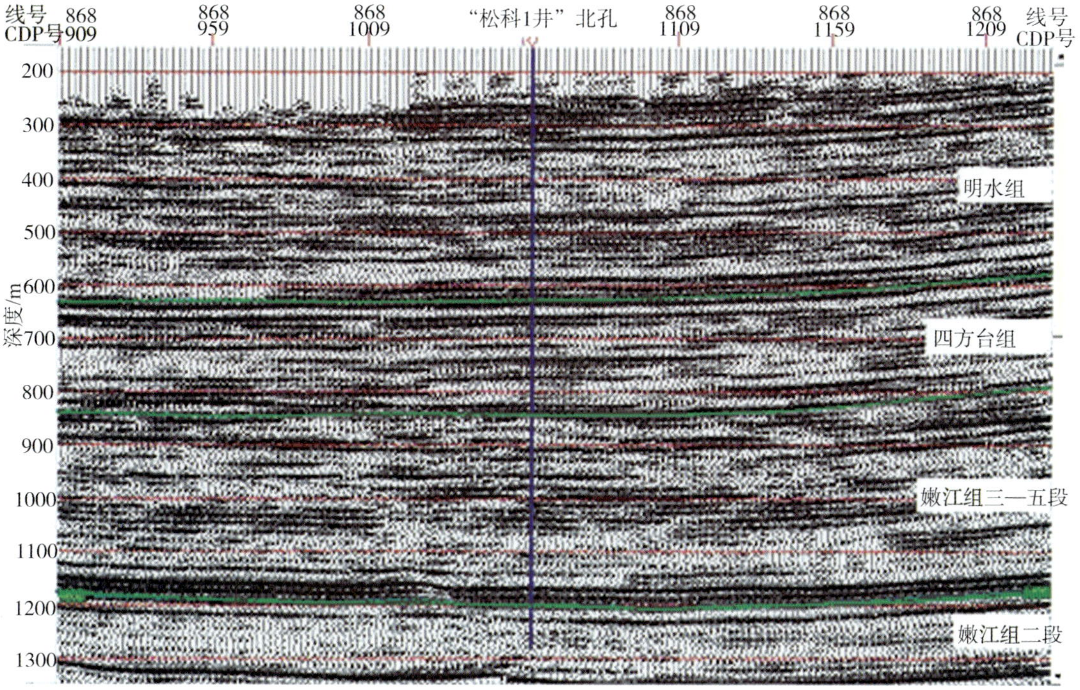
线号 868
CDP号 909
868
959
868
1009
"松科1井"北孔
868
1109
868
1159
868
1209
线号
CDP号
深度/m
200
300
400
500
600
700
800
900
1000
1100
1200
1300
明水组
四方台组
嫩江组三—五段
嫩江组二段

图 2.5 过"松科 1 井"北孔东西向三维地震剖面图（测线位置见图 2.2）

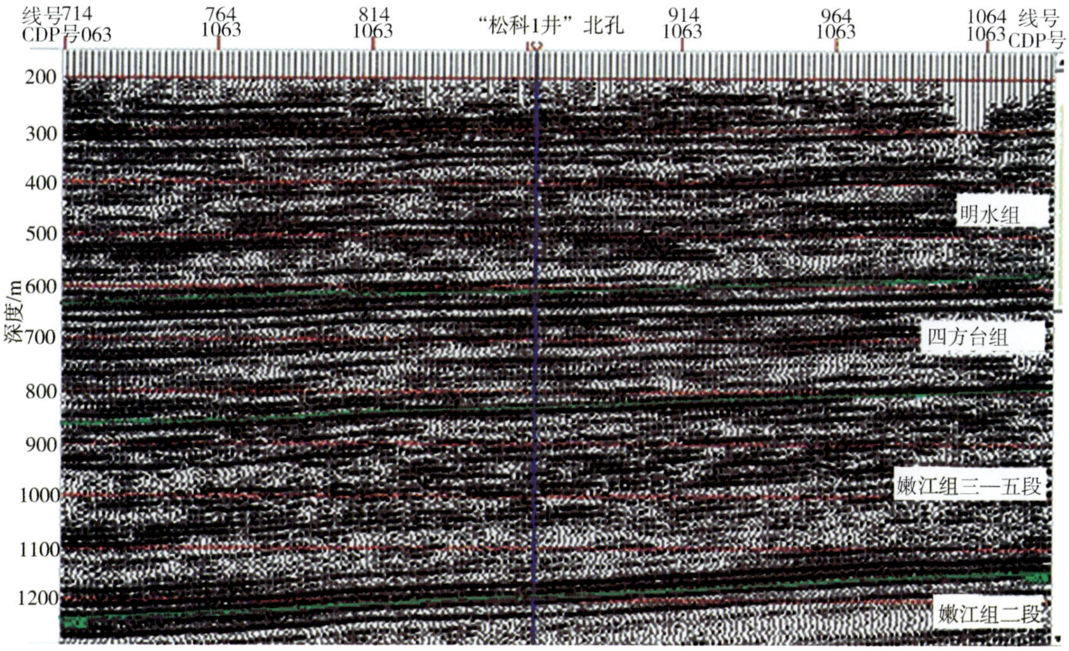
线号714
CDP号063
764
1063
814
1063
"松科1井"北孔
914
1063
964
1063
1064
1063
线号
CDP号
深度/m
200
300
400
500
600
700
800
900
1000
1100
1200
明水组
四方台组
嫩江组三—五段
嫩江组二段

图 2.6 过"松科 1 井"北孔南北向三维地震剖面图（测线位置见图 2.2）

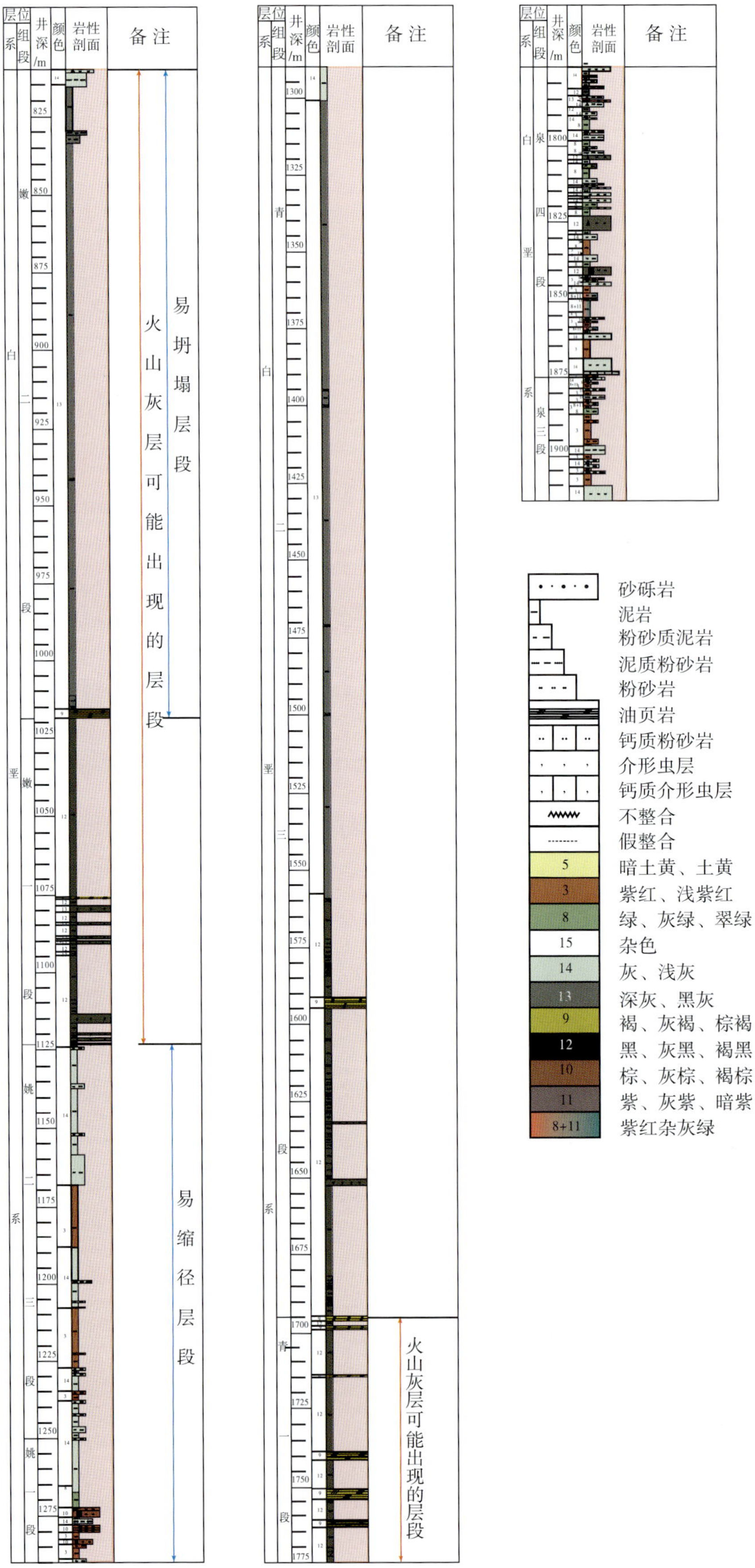
层位
系
组
段
井深/m
颜色
岩性剖面
备注
火山灰层可能出现的层段
易坍塌层段
易缩径层段
砂砾岩
泥岩
粉砂质泥岩
泥质粉砂岩
粉砂岩
油页岩
钙质粉砂岩
介形虫层
钙质介形虫层
不整合
假整合
暗土黄、土黄
紫红、浅紫红
绿、灰绿、翠绿
杂色
灰、浅灰
深灰、黑灰
褐、灰褐、棕褐
黑、灰黑、褐黑
棕、灰棕、褐棕
紫、灰紫、暗紫
紫红杂灰绿

图 2.7 “松科 1 井”南孔模拟岩性柱状图

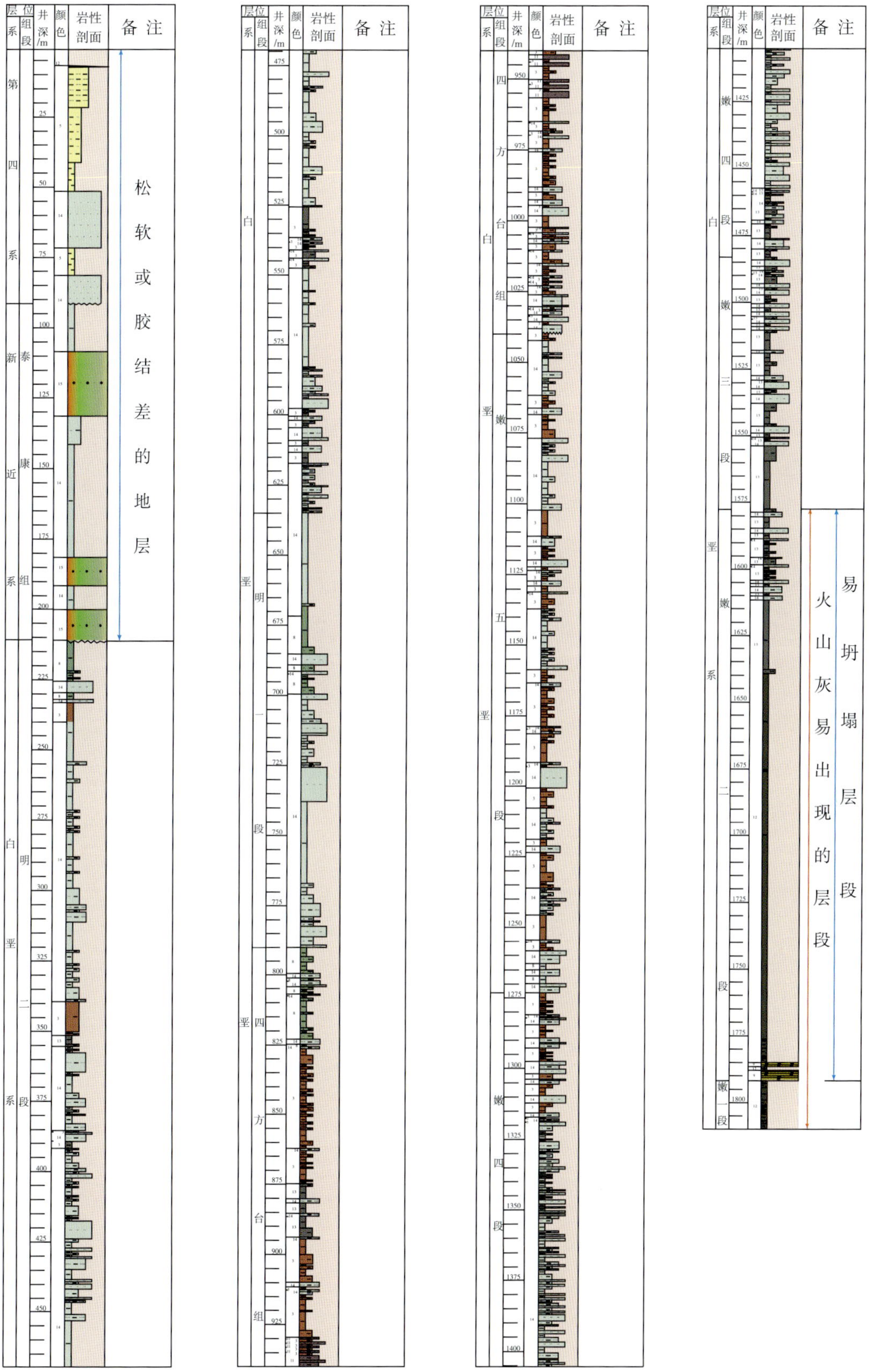

层位
系
组
段
井深/m
颜色
岩性剖面
备 注
第四系
新近系
泰康组
白垩系
明二段
松软或胶结差的地层
明一段
四方台组
嫩五段
嫩四段
嫩三段
嫩二段
嫩一段
火山灰易出现的层段
易坍塌层段

图 2.8　“松科 1 井”北孔模拟岩性柱状图（图例参见图 2.7）

2.3 “松科 1 井”模拟岩性柱状图

在进行“松科 1 井”“一井双孔”方案的论证过程中，充分分析了邻井钻遇地层单元、厚度、地层顶底界面属性和沉积相，结合地震剖面解释分析了地层横向分布特征，进行了“松科 1 井”南、北两口井的钻井地质设计，并根据“松科 1 井”近 10 口邻井（南孔 4 口，北孔 6 口）录井资料和岩心观察资料绘制出两口井的钻前模拟柱状图，即地质层位及其岩性、岩相、序列和厚度变化预测图（图 2.7、图 2.8）。

模拟柱状图中详细预测“松科 1 井”钻遇各组段的岩性特征和序列情况，其中包括岩性、颜色、火山灰可能发育层段预测和易碎地层预测，同时对地温梯度、地层压力和地下流体情况也进行了预测。这些为“松科 1 井”钻探实施过程中的工程、设计岩心描述、钻探施工方案调整和各种钻井技术在不同层位使用等问题提供了翔实可靠的地下地质依据。

最终的钻探结果表明，模拟岩性柱状图与实际结果相符率超过 90%，温度、压力和流体等情况与预测结果一致。在钻探实施过程中，这种模拟岩性柱状图在钻探实施进度、采用的钻探技术方案和泥浆选择等方面都发挥了重要作用。“松科 1 井”的实验结果说明，今后类似的科学钻探在钻前都应该开展模拟岩性、岩相及地层温压条件的综合地层柱状图研究。

第 3 章 “松科 1 井”钻探工程实施与岩心保存

“松科 1 井”是中国大陆第一口以白垩系地层为主的全取心科学探井，也是国际大陆科学钻探计划（ICDP）框架下第一口陆相白垩系科学探井。根据地层情况和工程技术要求，同时在广泛汲取科学钻探经验的基础上，从钻探设计到岩心保存，“松科 1 井”采用了一套完整的设计理念，包括“经济灵活的‘一井双孔’设计方案”、“组合式钻探技术钻进方案”、“超长岩心高收获率集成配套取心技术与管理体系”、“水晶树脂塑封 – 有机玻璃托槽岩心保存技术”四套系统技术，并将四者有机地结合起来，从而形成了一套具有鲜明白垩纪陆相地层钻探特色的钻探方案。

在钻孔设计方面，本次钻探工程采取“一井双孔”的方案，最大孔深达 2000m，累计进尺 3725m。一方面保证了施工的灵活性、岩心采集的全面性与科学性；另一方面也保证了经济性，在达到科学目标的前提下，为国家节约了经费。

本次钻探进行高分辨率长井段连续取心，采用了“纳米荧光羧化微球密闭取心技术”、“系统定向取心技术”、“长井段保形取心技术”相结合的方案，其中很多技术均为国内首次应用。

在岩心管理和保存方面，应用“水晶树脂塑封 – 有机玻璃托槽岩心保存技术”，建立了岩心库和科学的岩心管理体制对岩心进行保存，为未来岩心的利用和后期工作的开展奠定了坚实的基础。

3.1 钻探工程设计

3.1.1 钻探技术任务

根据在最短的钻孔轨迹中取全、取准地层各种资料，降低工程施工难度与施工成本的原则，“松科 1 井”采用了一种特殊的双孔施工方式，即在上部地层保存良好、层序齐全的北部施工北孔，取全、取准上部地层；在埋深较浅的南部，取全、取准下部地层。

“一井双孔”的施工任务是：在黑龙江省大庆市大同区小庙子屯钻进 1810m 深的“松科 1 井”北孔，从地表至终孔深度全部取心，并进行原位测井。在黑龙江省大庆市肇源县茂兴镇幸福村赵家窝棚屯东 2.5km 进行“松科 1 井”南孔钻探，钻进深度 1915m，取心深度从 968.17m 到 1915m，取样，并进行原位测井。

“松科 1 井”南、北两孔具体技术要求如下。

（1）井深：“松科 1 井”北孔为 1810m，南孔 1915m。

（2）终孔直径：北孔 Φ140mm；南孔 Φ215.9mm。

（3）井斜角：北孔 0 ~ 1000m 不超过 3.0°，1000 ~ 1810m 不超过 3.0° ~ 3.8°；南孔 0 ~ 1000m 不超过 3.0°，1000 ~ 1915m 不超过 4.2°。

（4）取心：全孔连续取心。其中，全孔取心率不低于 90%，北孔 1000m 以上岩心总收获率不小于 90%（卡簧选择），1000m 以下为 95%；南孔岩心收获率大于等于 98%，每筒次取心进尺为 9m 以内。每隔 50m 左右增加一次定向取心，进尺在 2m 以上。

（5）协助完成测井、岩屑录井取样和多种井中实验作业。

（6）完井方法：北孔 0 ~ 245m 套管封固，245 ~ 1811.18m 裸眼完井；南孔全孔（0 ~ 1912m）套管固井。

3.1.2 钻探取心任务要求

钻探取心是本次科钻最重要的科学目标之一，它的成功决定了后期工作能否继续进行，是后期工作的基础。

（1）“松科 1 井”北孔的要求是取自泰康组底以上 50m（深度 162m）至嫩二段底以下 2m（深度 1764m）的地层，取心 1602m，岩心收获率不低于 90%。“松科 1 井”南孔钻井取心要求是自嫩二段底以上 50m 至井底（泉三段）进行连续钻井取心，了解所揭示的地层特征，岩心收获率大于等于 98%。

（2）采取特殊的取心工艺技术，以保证所取出岩心保持在地下原始状态；岩心定向误差在 ±15° 以内。

（3）每筒次取心进尺为 9m 以内。每隔 50m 左右增加一次定向取心，进尺在 2m 以上。

（4）为了满足岩心扫描和岩心定向归位的要求，岩心表面应平直光滑平整。

（5）在钻遇易碎的泥、页岩段时，采取保形取心。

（6）对胶结较好的地层岩心用清水清洗，采用 PVC 管取出的岩心不清洗。

（7）取出的岩心用常规方法横向截断，存放于井场专门用于存放岩心的地质房中。

（8）每隔 50m 需取冷冻样品待特殊研究使用，具体要求由项目组现场商定。

3.1.3 “一井双孔”设计技术方案

大陆科学钻探属于科学探索井，钻进过程中存在很多不确定因素，所以在钻井施工设计上往往需要通过技术、经济论证后，采取较为灵活的钻探方法。为了更好地达到科学目标，同时降低施工的风险、保证钻进施工成功，本次钻探施工决定采用“一井双孔”的方案。该方案在其他大陆科学钻探中也有应用，并取得了很好的成果。

德国 KTB 曾经使用过一种双孔方案。所谓双孔方案，是指在正式钻探前，先打出一个先导孔，这个先导孔直径较大，可以通过它来摸清地层状况，再进行北孔施工。德国 KTB 9101m 的钻井，仅先导孔就钻进 4000.1 米深，使钻探成本增加。

中国大陆科学钻探工程（CCSD）在借鉴德国 KTB 科学钻探项目中应用的双孔方案的基础上开发了“灵活的双孔方案”，它实质上是两种施工程序根据不同施工效果而灵活运用的一套整体方案。第一种程序是：先施工 2000m 的先导孔，全井取心，然后在距先导孔 100m 左右的地点施工 5000m 北孔，北孔上部 2000m 可不取心。第二种程序是：如果先导孔施工质量优良以及钻井结构不复杂，可以直接在先导孔基础上扩孔、下套管后进行北孔取心钻进，实现二孔合一。德国 KTB 项目的双孔方案是固定不变的，而 CCSD 的双孔方案是根据施工情况灵活调整的，因此称为“灵活的双孔方案”，该方案具有更好的经济性。

2006 年 2 月在大庆召开以技术专家参加为主的“‘松科 1 井’工程论证会”，基于松辽盆地地层发育和盆地演化过程中沉积中心曾发生过南东－北西向迁移的历史，工程技术专家在此次会议上首次明确提出“一井双孔”的施工方案。“一井双孔”的施工方案由“松科 1 井”南孔和“松科 1 井”北孔钻探构成，在取心层位上两孔不重复，在空间上两孔相距一定距离，由于两孔之间用全盆地发育的标志层嫩二段油页岩联系，因此保证地层连续。这种方案使两孔同时钻探，钻探施工周期大大加快；同时，虽然钻探进尺总长度有所增加，但由于钻探深度减少，因此大大节省了工程资金。

3.1.4 钻孔结构和套管程序

在借鉴多国经验和经过多方论证与考察后，本次决定“松科 1 井”采用“一井双孔”的施工方案，井身穿过古近系、新近系进入明水组稳定泥岩后下入 Φ244.5mm（9–5/8in①）表层套管，根据地质提示，为防备四方台组地层裸露时间过长引起缩径、坍塌，在表套与终孔口径之间增加一级储备井径，并根据中国大陆科学钻探工程科钻 1 井的经验，在储备孔井中下入 Φ177.8mm（7in）活动套管。活动套管的作用有二：①缩小钻杆与表套之间的环状间隙，这样取心钻进时可以使用小泵量循环，防止高速浆流冲蚀岩心与井壁，避免扩大井径和降低岩心采取率。②若下部钻进顺利，则以 Φ140mm 井径（或 Φ152mm 井径）取心钻进至完钻；若下部地层复杂导致钻进困难，则起拔活动套管，扩眼穿过复杂

① 1in=2.54cm。

层位后下 Φ177.8mm（7in）技术套管固井隔离后，再以 Φ140mm 井径（或 Φ152mm 井径）取心钻进至完钻（见表 3.1、表 3.2）。井身结构如图 3.1 和图 3.2 所示。设计的套管措施可同时满足 Φ140mm 和 Φ152mm 两种规格取心钻进的要求，二者比较，Φ140mm 井径钻进成本较低，钻进效率相对较高，但 Φ152mm 井径钻进所形成的岩心较粗，岩心采取率的保证度相对较高。

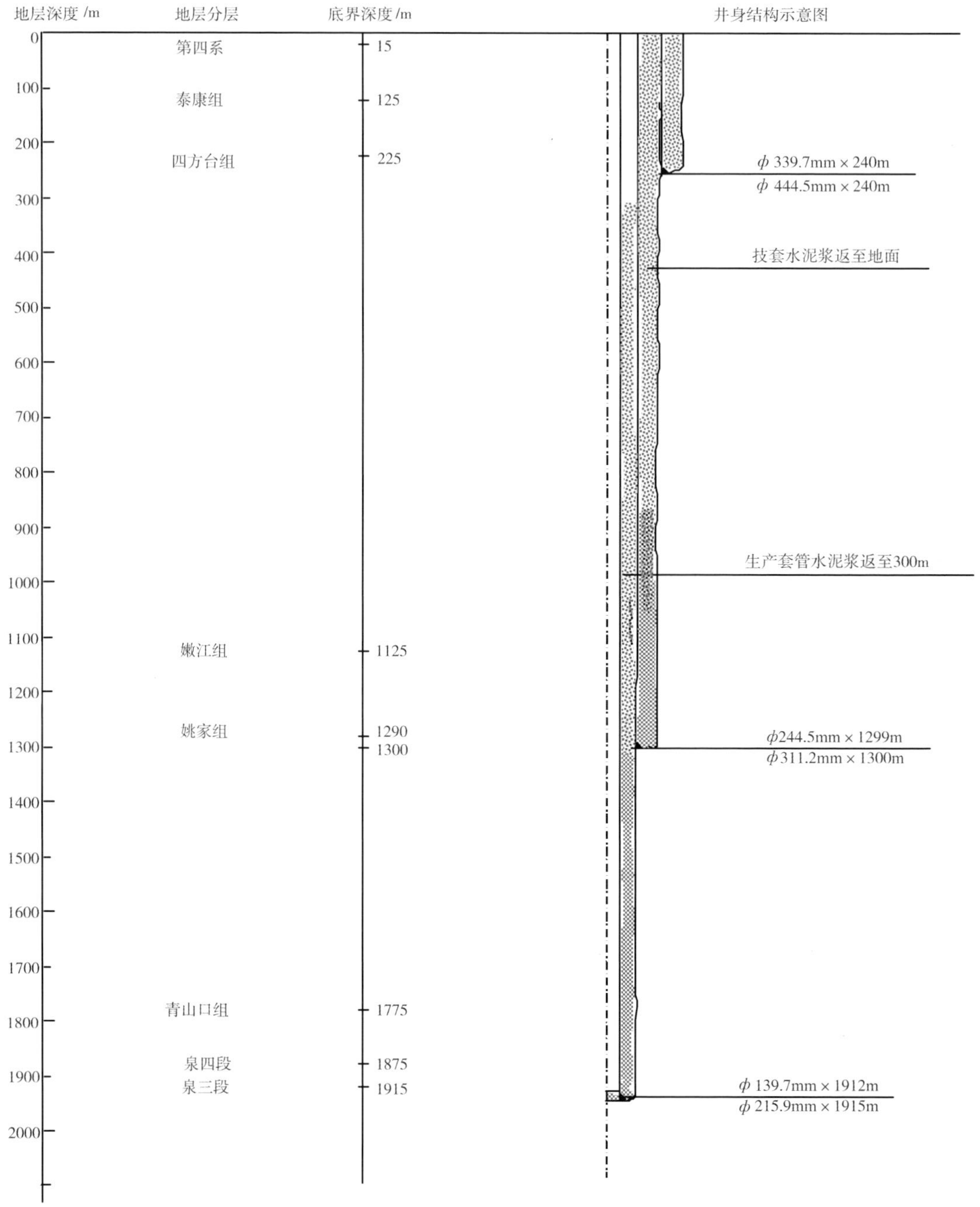
地层深度 /m
地层分层
底界深度 /m
井身结构示意图
0
100
200
300
400
500
600
700
800
900
1000
1100
1200
1300
1400
1500
1600
1700
1800
1900
2000
第四系
15
泰康组
125
四方台组
225
嫩江组
1125
姚家组
1290
1300
青山口组
1775
泉四段
1875
泉三段
1915
ϕ 339.7mm × 240m
ϕ 444.5mm × 240m
技套水泥浆返至地面
生产套管水泥浆返至300m
ϕ244.5mm × 1299m
ϕ311.2mm × 1300m
ϕ 139.7mm × 1912m
ϕ 215.9mm × 1915m

图 3.1 “松科 1 井”南孔井身示意图

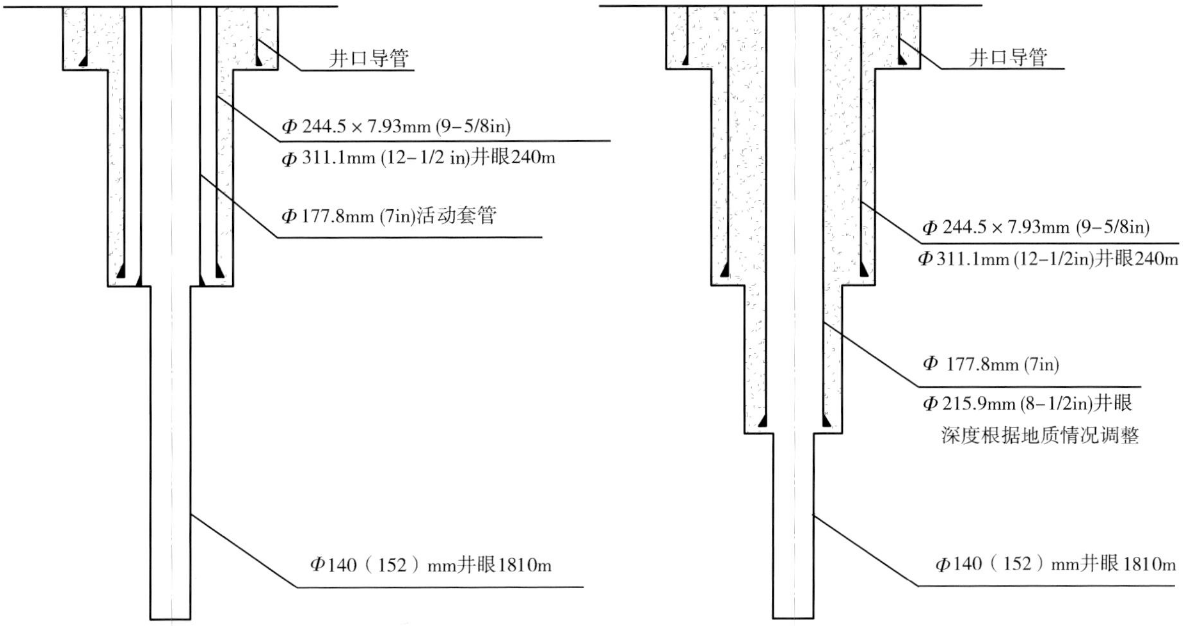
井口导管
Φ 244.5 × 7.93mm (9−5/8in)
Φ 311.1mm (12− 1/2 in)井眼240m
Φ 177.8mm (7in)活动套管
Φ140（152）mm井眼1810m
井口导管
Φ 244.5 × 7.93mm (9−5/8in)
Φ 311.1mm (12−1/2in)井眼240m
Φ 177.8mm (7in)
Φ 215.9mm (8− 1/2in)井眼
深度根据地质情况调整
Φ140（152）mm井眼 1810m

（a）常规方案　　　　（b）储备方案

图 3.2　“松科 1 井”北孔井身结构示意图

表 3.1　“松科 1 井”北孔钻孔结构和套管程序表

开钻次序	钻头尺寸 /mm × 井深 /m	套管尺寸 /mm × 下深 /m	套管下入地层层位	环空水泥浆返深 /m	备注
一开	Φ311. × 240	Φ244.5 × 240	明水组	地面	常规固井
二开	Φ215.9 × 240	Φ177.8 × 1020	四方台组	地面	常规固井，也可能不下套管
三开	Φ140 × 1780				

表 3.2　“松科 1 井”南孔钻孔结构和套管程序表

开钻次序	钻头尺寸 /mm × 井深 /m	套管尺寸 /mm × 下深 /m	套管下入地层层位	环空水泥浆返深 /m	备注
一开	Φ444.5 × 240	Φ339.7 × 240	嫩五段	地面	插入式固井
二开	Φ311.2 × 1300	Φ244.5 × 1299	青二、三段	地面	常规固井
三开	Φ215.9 × 1915	Φ139.7 × 1912	泉三段	300	常规固井

3.1.5　钻探设备

根据本次需要实现的钻探目标，在“松科 1 井”北孔采用 TSJ−2000 重型水源钻机，在“松科 1 井”南孔采用 ZJ−30DJ 钻机。

1. TSJ-2000 重型水源钻机

TSJ-2000 重型水源钻机及配套设备为石家庄煤机厂生产，配 6135AG 型柴油机，25M 四脚钻塔，TBW-1200/7 （1000/8 ）泥浆泵，功率 110kW（150 马力），为 TSJ-1000 型水井钻机改进型。单绳提升负荷 80kN，转盘通径 435mm，转盘转速有（正、反）46rpm[1]、69rpm、110rpm、190rpm 四档，转盘扭矩 18kN·m，转盘搓扣扭矩 53kN·m，主机质量 6t，配备有双联水刹车、油缸搓扣装置、锚头轮等辅助设备。使用 Φ73mm（2-7/8in）石油钻杆，Φ190. 5mm（7-1/2in）钻头钻深 2000m；使用 Φ89mm（3-1/2in）钻杆钻深 1350m。

该机型标准配置的游车与大钩额定载荷 640kN，天车额定载荷 1000kN。经与制造厂家联合改造后，游车与大钩额定载荷提高到 800kN（水刹车同时改造），天车额定载荷提高到 1200kN。

2. ZJ-30DJ 钻机

ZJ30/1700TB 钻机是一种针对陕北和内蒙古一带油气区域而开发的新型石油钻机。它在大庆油田原 130-Ⅱ型钻机的设备配置的基础上，采用目前先进的 K 型井架及底座结构组合而研制开发的一种新型钻机。该钻机适合用于作业 3000m 的直井和 2500m 的定向井，钻机的基本参数符合 GB1806-86《石油钻机型式与基本参数》的规定。其技术参数见表 3.3，其特点是：

（1）钻机继承了大庆 130-II 型钻机的基本设备配置，互换性好，性能稳定可靠，操作简单。

（2）双机联动，动力特性好，可选择多种动力配置。

（3）具有现代最先进钻机的结构特点，井架快速起升，稳定性好，该钻机可整体拖移。

（4）该钻机可经底座加高达 5m 标准底座，安装 1 类井口装置，用于高压油气井和煤层气的钻探作业。

表 3.3 ZJ-30DJ 钻机技术参数

<table>
<tr><th>项目</th><th colspan="3">参数</th><th>项目</th><th colspan="2">参数</th></tr>
<tr><td rowspan="2">名义钻探范围 /m</td><td rowspan="2">钻杆直径</td><td>Φ</td><td></td><td rowspan="2">井架</td><td>型号</td><td>JJ170/41-K</td></tr>
<tr><td>Φ</td><td></td><td>有效高度 /m</td><td>41</td></tr>
<tr><td>最大钩载 /kN</td><td colspan="3">200</td><td rowspan="2">底座</td><td>型号</td><td>DZ170/3.5-T</td></tr>
<tr><td>绞车输入功率 /kW</td><td colspan="3">600</td><td>高度 /m</td><td>前台 2.8
底座 1.4</td></tr>
<tr><td>游车绳数</td><td colspan="3"></td><td rowspan="3">柴油机</td><td>型号</td><td>PZ12V190B</td></tr>
<tr><td>钢丝绳直径 /mm</td><td colspan="3">Φ28</td><td>台数</td><td>2</td></tr>
<tr><td rowspan="2">转盘</td><td colspan="2">型号</td><td>ZP520</td><td>总装机功率 /kW</td><td>1200 × 2</td></tr>
<tr><td colspan="2">开口直径 /mm</td><td>Φ520</td><td>传送方式</td><td colspan="2"></td></tr>
</table>

① 1rpm=1r/min。

3.2 超长岩心高收获率集成配套取心技术

3.2.1 取心工具特点

1. 钻头选择

取心钻头是钻取岩心的关键工具。岩心形成的好与坏，直接影响岩心收获率的高低，因此取心钻头选择是否合理直接影响取心的质量与效率。本井保形取心钻头选用布齿密度小、切削齿尺寸大的直通水眼 PDC 取心钻头，该钻头吃入地层深，切削快，且不容易泥包。取心钻头内腔有一环状 U 形槽，可保证钻井液不冲蚀岩心。钻头下部开有六对直径 10mm 的回水孔，使冲洗液能有效地润滑岩心，提高钻进效率和岩心收获率。

2. 采用透明复合材料 PVC 管作保形内衬管

选择透明复合材料 PVC 管作内衬管，主要是出筒时保护松散岩心结构不受破坏，减少岩心组分损失，出心方便，岩心可随内衬管切割、冷冻、运输。并且岩心与 PVC 管间的间隙小（3mm 左右），岩心进筒不易变形和损坏。PVC 管有较好的刚性和韧性，摩擦阻力小（PVC 管摩阻系数仅为钢质内岩心筒的 1/10），既提高了岩心质量，又便于冷冻取样。另外，使用透明 PVC 管能使地质录井人员不切割内衬管就能对里面的岩心进行简单的岩性描述。PVC 管现场使用效果如图 3.3 所示。

3. 岩心爪收缩效果

岩心爪是取心钻进结束时割心及起钻时将岩心保持在岩心筒里面的关键部件。本钻具采用液力

图 3.3 保形取心所取岩心

加压工具割心，投球后憋压，使岩心爪收缩。岩心爪为隐蔽式全封岩心爪，与钻头内表面斜坡啮合。取心时不与岩心直接接触，毫不妨碍岩心进入内筒；割心后，全封岩心爪关闭，起钻时防止松散岩心掉落井底。现场岩心爪使用收缩后的效果如图 3.4 所示。

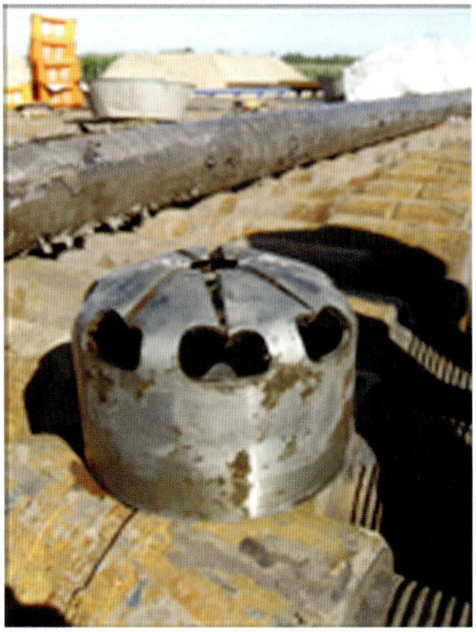

图 3.4 取心后的岩心爪

3.2.2 取心技术特点

1. 主要技术参数

取心工具型号为 BX101；取心筒长度 5.68m；取心钻头外径 215.9mm，内径 101.6mm；可取岩心直径 100mm，可取岩心长度 5m；PVC 管外径 115mm，内径 108mm，长度 5.10m；加压钢球直径 50.8mm，循环钢球直径 30mm；悬挂销钉直径 11.5mm，材质 45 号钢；岩心爪全封后最小孔径 6mm。

2. 钻具组合与工作原理

1）钻具组合

钻具组合为：保形 PDC 钻头 + 取心筒 +178mm 钻铤 9 根 +159mm 钻铤 3 根 +127mm 钻杆 + 方钻杆。

2）工作原理

取心筒结构如图 3.5 所示。装好悬挂销钉（图 3.5 中 6），接上加压装置，下钻。钻具下到孔底前，先不投钢球，大泵量冲孔，清除孔底残留物以保证取心质量。冲洗完内筒之后，投入 1 个 30mm 循环钢球（图 3.5 中 10），使钻井液从内外筒环空流至钻头，对钻头进行冷却和携带岩屑，以有利于保护岩心。下放钻具校核方入后，启动转盘开始取心钻进。取心钻进完成后，向钻柱内投入 50.8mm 的加压钢球（图 3.5 中 3），憋压 6 ~ 8MPa，剪断悬挂销钉（图 3.5 中 6），内外岩心筒脱离，内筒下行，当加压装置下行一定距离之后，加压活塞（图 3.5 中 2）的旁通孔打开，泵压下降，岩心爪（图 3.5 中 15）在内筒（包括岩心和 PVC 管）和加压装置的重力作用下变形收缩达到割心目的。液力加压工具克服了传统的机械加压取心工具加压装置长、剪切力小、销钉悬挂提前失效等缺点，且可在钻进前大排量清洗内岩心筒泥砂，因此特别适用于松软地层。

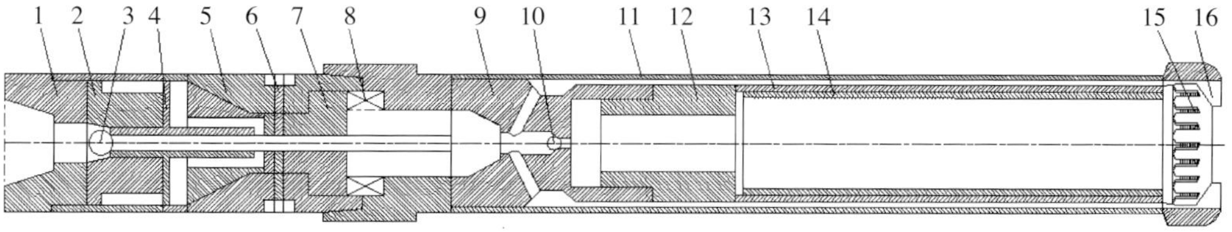
1
2
3
4
5
6
7
8
9
10
11
12
13
14
15
16

图 3.5 保形取心筒结构示意图

1. 上接头；2. 加压活塞；3. 加压钢球；4. 加压杆；5. 定位接头；6. 悬挂销钉；7. 悬挂接头；8. 悬挂轴承；9. 外管异径接头；10. 循环钢球；11. 外岩心筒；12. 内管异径接头；13. 内岩心筒；14.PVC 管；15. 岩心爪；16. 取心钻头

3. 取心效果

保形取心的设计井段为 1060 ~ 1100m、1645 ~ 1675m 和 1715 ~ 1755m，其层位分别在嫩江组一段，青山口二、三段上部和泉四段上部。但从青二、三段 1646.01 ~ 1647.10m 和泉四段 1714.47 ~ 1715.27m 两段取心效果看，由于岩心成柱性好、硬度高、钻时大（平均约 0.29m/h），造成割心困难，岩心爪无法完全收拢，特别是岩心爪卡不断岩心成为最大的问题。为确保收获率和井下安全，取消了原设计 1645 ~ 1675m 和 1715 ~ 1755m 两段保形取心任务，改为常规取心。保形取心作业效果见表 3.4。

表 3.4 “松科 1 井”保形取心作业统计表

筒次	时间（时：分）	取心井段 /m	进尺 /m	岩心长度 /m	收获率 /%	层段
1	08：29	971.76~972.26	0.50	4.09	818.00	嫩江组一段
2	09：04	1060.25~1065.19	4.94	4.94	100.00	嫩江组一段
3	09：04	1065.19~1069.21	4.02	4.02	100.00	嫩江组一段
4	09：05	1069.21~1074.32	5.11	5.11	100.00	嫩江组一段
5	09：05	1074.32~1078.82	4.50	4.50	100.00	嫩江组一段
6	09：05	1078.82~1083.50	4.68	4.68	100.00	嫩江组一段
7	09：06	1083.50~1087.96	4.46	4.46	100.00	嫩江组一段
8	09：06	1087.96~1092.54	4.58	4.58	100.00	嫩江组一段
9	09：06	1092.54~1097.12	4.58	4.58	100.00	嫩江组一段
10	09：07	1097.12~1100.57	3.45	3.45	100.00	嫩江组一段
11	09：08	1105.14~1105.24	0.10	0.67	670.00	嫩江组一段
12	10：20	1646.01~1647.10	1.09	1.09	100.00	青山口二、三段
13	10：24	1714.47~1715.27	0.80	0.80	100.00	青山口一段

3.2.3 定向取心技术

定向取心是指在取心时对岩心沿其轴线方向进行刻痕，并同时对此时尚未改变原始位态的岩心定向数据进行测量记录。它是一种能够确定岩心所处地层裂缝的倾角、倾向等要素的取心技术，其实质是将取出的岩心恢复到在地层中所处的真实状态。定向取心主要由定向取心工具、无磁钻铤、多点电子测斜仪和岩心复位仪组成。

1. 结构特点

定向取心工具是在常规自锁式取心工具的基础上发展起来的，办法是将常规自锁式取心工具悬挂轴下端的钢球座换成定向座，将内筒下接头的岩心爪座换成带刻刀的岩心爪座。工具结构特点如下：

（1）多点电子测斜仪主要包括磁力计传感器组、数据存储器、电池组，还有一些辅助构件，如减震器、扶正器、堵头、加长杆等，如图3.6所示。多点电子测斜仪与取心工具上的仪器支撑座采用插入式连接，装卸仪器方便。工作时，它位于无磁钻铤适当部位，并带有高温隔热筒，避免了磁性干扰，提高了耐温能力。取心完毕，只需把多点电子测斜仪从井下取出来，与地面数据处理装置连接，启动软件中数据读取程序就可将测量数据显示，操作简单方便。

（2）在岩心爪座内锥面下部岩心入口处，开出三条圆周角不等的小槽，槽内嵌入顶角为55° 的等腰三角截面的硬质合金条。刻刀呈固定角度分布在岩心爪座最下端，刀刃出露高度和吃入岩心深度适宜，降低岩心进入阻力，保证岩心定向标记槽的清晰准确度。为保证内外管具有良好的同心度，设计3把刻刀分布于岩心爪座上，结构如图3.7所示，从而保证了岩心定向的成功。

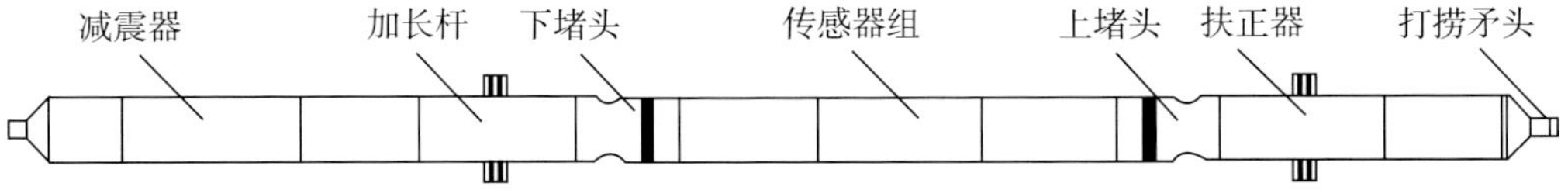
减震器
加长杆
下堵头
传感器组
上堵头
扶正器
打捞矛头

图3.6 多点电子测斜仪

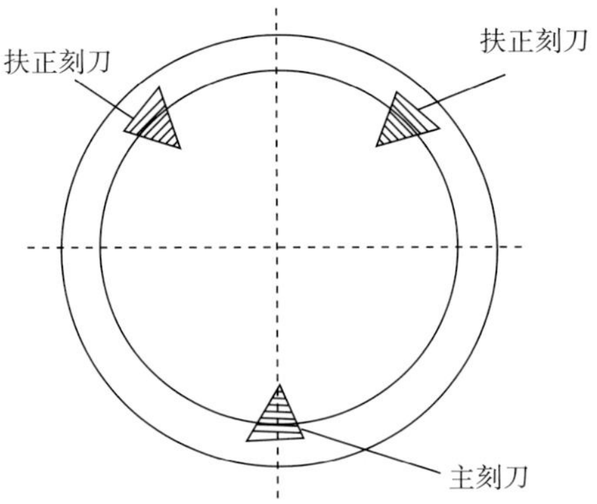
扶正刻刀
扶正刻刀
主刻刀

图3.7 岩心爪座上的刻刀

（3）岩心爪内表面由镶焊碳化钨的方凸块组成，在自由状态下内径较岩心直径小2 ~ 3mm，取心钻进时，岩心可撑开岩心爪，并使岩心爪沿岩心爪座锥面上行。割心时，岩心爪在弹性作用下包紧岩心并随岩心爪座锥面下滑。由于碳化钨颗粒硬度高，在岩心爪收紧过程中能压入岩心表面，增加与岩心接触的摩擦力。

2．取心技术原理

在内岩心筒、岩心爪座外圆周面沿轴向方向上设计刻有一条方位标记槽，在定位接头上有一键槽，键槽中心线与方位标记槽中心线在同一母线上。内岩心筒与定位接头直接焊接，以保证方位固定，岩心爪座上的主刻刀与方位标记槽也在同一直线上，因此所测的工具面角即为岩心刻痕的方位角。取心钻进时，岩心在改变原始状态之前，固定在岩心爪座上的刻刀在岩心表面连续刻画上标记槽，并用多点电子测斜仪随钻定时测量主刀刻痕方位角、井斜角和井斜方位角。取心技术人员可用同步时间所对应的方位，确定每个测点对应的井深。多点电子测斜仪配有电池供电装置，可预编程序，延迟测量的启动时间可达 36 小时。还可预编采集资料的频率，每钻 0.3m 岩心至少可进行六次测量记录。多点电子测斜仪对测量的数据可储存在仪器的电子存储器中，储存量可达 1023 次。在地面，将测斜系统的电子存储系统根据预计的起下钻时间，预调好测量的间隔时间、启动时间和能采集最多资料的状态，然后在取心操作开始时轻轻地下入到定向接头内。当完成测量从井下起出时，测量数据转载到地面计算机，在现场就能进行处理，并能打印出测量报告。根据测得的定向参数（主刀刻痕方位角、井斜角和井斜方位角），用复位实测法或公式计算法就可求出岩层或裂缝的倾角、倾向。

3．基本技术参数和钻具组合

1）技术参数

工具型号为 DX101；取心筒长度 8.63m，钻头长度 0.29m；钻头外径 215.9mm，内径 101.26mm；多点电子测斜仪外径 34.9mm；刻刀顶角 55°，主刻刀半径 49.2mm，两扶正刻刀半径 49.5mm；可取岩心长度 7.0m，岩心直径 99 ~ 100mm；适用地层为胶结良好的中硬、硬地层。

2）钻具组合

钻具组合为定向 PDC 钻头 + 定向取心筒 +178mm 无磁钻铤 +178mm 钻铤 9 根 +159mm 钻铤 3 根 +127mm 钻杆 + 方钻杆。定向取心工具结构如图 3.8 所示。

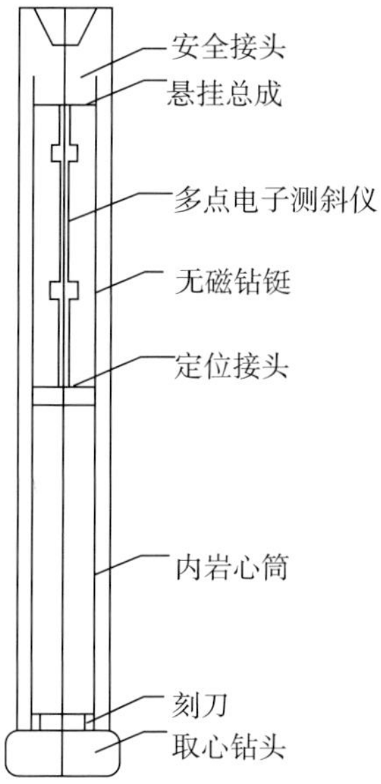
安全接头
悬挂总成
多点电子测斜仪
无磁钻铤
定位接头
内岩心筒
刻刀
取心钻头
图 3.8 定向取心工具结构简图

4．现场应用及效果

根据设计，第一筒要求定向取心，以后每隔 50m 或六个筒次定向取心一次，要求每次定向取心长度在 2m 以上。根据以上原则，定向取心创造了较好的技术指标：岩心直径普遍在 95mm 以上，满足了科学钻探的要求，因为研究内容涉及元素地球化学、重矿物、古地磁、微体古生物等多个方面，足够粗的岩心才能满足多种分析测试的样品需求；圆满地获取了地层的倾向及倾角，满足了地质设计的要求。定向取心应用情况良好，在完整岩层效果特别明显，图 3.9 为获取的带刻痕的岩心。表3.5为“松科1井”南孔现场施工的定向取心统计表，前两筒空筒的原因为岩心在岩心爪里面上下行动的阻力小于岩心爪在岩心爪座内锥面中上下行的阻力。上提岩心筒割心，岩心在内筒中相对下行时，不能带着岩心爪同时下行。后来对取心工具进行了稍微改进，取得良好的效果，达到了预期的取心目的。

图3.9 定向取心所取带刻痕的岩心

表3.5 “松科1井”南孔定向取心作业统计表

筒次	取心井段/m	进尺/m	心长/m	收获率/%	层段
1	968.17~968.27	0.10	0	0	嫩江组二段
2	968.27~971.76	3.49	0	0	嫩江组二段
3	1022.50~1025.13	2.63	2.63	100	嫩江组一段
4	1100.57~1105.14	4.57	3.35	73.30	嫩江组一段
5	1150.54~1153.42	2.88	2.70	93.75	姚家组二、三段
6	1200.72~1204.76	4.04	4.22	104.46	姚家组二、三段
7	1249.95~1256.53	6.58	6.58	100	姚家组一段
8	1310.00~1315.00	5.00	5.00	100	青山口二、三段
9	1356.21~1361.84	5.63	6.60	117.23	青山口二、三段
10	1410.42~1416.93	6.51	6.51	100	青山口二、三段
11	1464.48~1471.24	6.76	6.76	100	青山口二、三段
12	1516.39~1523.23	6.84	6.84	100	青山口二、三段
13	1569.34~1576.07	6.73	6.73	100	青山口二、三段
14	1620.97~1627.69	6.72	6.72	100	青山口二、三段
15	1671.87~1678.73	6.86	6.86	100	青山口二、三段
16	1751.63~1758.46	6.83	6.83	100	青山口一段
17	1806.32~1813.20	6.88	6.88	100	泉头组四段

续表

筒次	取心井段 /m	进尺 /m	心长 /m	收获率 /%	层段
18	1857.61~1864.54	6.93	6.93	100	泉头组四段
19	1911.70~1915.00	3.30	3.30	100	泉头组三段

3.2.4 荧光羧化微球示踪及密闭取心技术

通过荧光羧化微球示踪剂在井中的循环，检验在取心的整个过程中泥浆对岩心柱表层的污染影响深度。

1．荧光羧化微球示踪目的层段

设计层位为泉头组四段 1815.00~1822.00m 的粉砂岩层。地质预测存在一定的误差，给出的井段只能作为参考井段。项目组驻井人员与录井队通过对目的层位之上两筒岩心岩性的观察，认为无需再多下钻取一筒不到 2m 的岩心而达到设计层位的顶部，根据现有取心筒的长度，从 1813.20m 提前开始荧光羧化微球示踪完全能钻透设计层位中的重点层段，而达到示踪目的，故对原设计层位进行了适时调整，决定从 1813.20m 开始本次示踪。

2．示踪方案的确定

示踪方案制订的难点在于：①如何使有限量的示踪剂在井下与岩心充分接触且时间最长；②采用的方案不影响岩心收获率；③技术可行性；④示踪剂稀释。

“松科 1 井”南孔取心钻具要求在钻具下抵井底时，必须开钻循环清理井身，循环完成后，投入钢球，将取心筒顶部封闭，在钻井过程中，钻井液只在钻头位置循环，确保已经进入取心筒的岩心不被循环的钻井液冲刺，保护岩心。

原有方案如下：

（1）将稀释过的示踪液直接灌入排空的钻井液管道中循环，问题在于在循环的过程中，示踪液会被进一步稀释，对示踪液的浓度很难控制。此外，投球导致钻井液的循环在取心筒的内筒和外筒之间，不能与岩心进行大面积的接触，而且循环时间短，很难达到实验的目的。

（2）在取心完成时，将示踪剂装入塑料袋中，从钻杆中心悬吊入井中，到达取心筒顶部位置时，将塑料袋刺破，使示踪剂进入取心筒内部，随着钻井液，示踪剂将在取心内筒循环一周，问题在于这种方案要求取心时不投钢球，致使岩心被泥浆冲刺，很有可能导致岩心过细或冲刺成碎块，岩心无法提起来，酿成严重的取心事故，而且示踪剂的有效循环时间为 2~3min，循环时间太短。

鉴于以上原因，项目组同钻井一线经验丰富的技术人员交流、讨论后，认为采用密闭取心的方案是最佳选择，与常规密闭取心的区别在于：密闭液被用泥浆稀释的荧光羧化微球混合液替代，这样增加了示踪液与岩心的长时间、大面积接触，示踪液的浓度完全可以控制；此外，钻井队对密闭取心工艺非常熟悉，确保了技术上的可行性，不影响岩心的收获率。

确定示踪工艺后，将 100mL 的荧光羧化微球固 – 乳液（solids-latex）用泥浆稀释约 1090 倍达到 109L。

3．密闭取心技术方案

密闭取心技术方案如下。

（1）密闭取心装配完过程中有三道密封，装配完下井操作平稳，控制下放速度，防止冲击剪断销钉后密封失效。

（2）下钻过程中遇阻不能超过30kN，否则起钻，下牙轮钻头通井。

（3）下到距井底1m时开泵循环，充分循环完后，缓慢下放到井底。

（4）放到井底后加压50~110kN，剪断销钉后钻进，钻进时先加20~30kN钻压，钻进0.3m后正常加压30~60kN。

（5）钻进参数：钻压：30~60kN，转速：60~120rpm，排量：25~40L/s。

（6）割心前0.5~1m比正常钻压多1/3，以利岩心变粗，利于抓住岩心。

（7）割心前停转盘，停泵，缓慢上提钻具拉断岩心，一般不超过15kN。

4．示踪过程简介

2006年10月29日15：15，按照施工设计，将100mL荧光羧化微球（fluoresbrite TM carboxylate microspheres 0.50μm）示踪剂的泥浆密闭液灌取心内筒，17：00灌满内筒并下密闭取心钻具。钻具到达井底后，开泵循环，清理井身，开泵循环时间为19：20至20：15，钻进时间为29日20：15至30日1：15，用时300分钟。30日早上6：00出心。出心后，岩心概况为纯粉砂岩约2.5m，有1.7m连续，能满足研究需求；其余岩心为粉砂质泥岩、泥质粉砂岩和泥岩。对于重点部位的岩心，出筒后直接放入岩心盒，不进行冲洗处理，确保不影响示踪结果。整个示踪过程都及时的做了书面、照相和录像记录。

实际钻井参数见表3.6。

表3.6 “松科1井”南孔荧光羧化微球示踪钻井参数表

钻头尺寸及型号	井段/m	进尺/m	心长/m	收获率/%	钻时（时：分）	钻速/（m/h）	钻井参数				钻井液性能		
							钻压/kN	转速/rpm	排量/（L/s）	泵压/MPa	密度/（g/cm^3）	黏度/s	失水/mL
MB-FG5G6	1813.20~1821.88	8.68	8.68	100	5:00	1.74	35~40	60	28	10.0	1.32	65	3.0

3.2.5 水力出心技术

传统的出心方法是卸下内管将其悬挂后敲击出心。对于大口径钻具，这种方法不仅劳动强度大、出心时间长、操作过程较危险，还因管内堵卡、机械振动以及岩心自由下落等原因，造成塑性与酥性岩心样变形，地层的原始信息被人为破坏，更给岩心描述、扫描及剖切、分析增加了困难。

所研制的水力出心装置，出心时只要在钻具上联接送浆管，再封住内、外管下端环隙，利用泥浆泵的压力即可将岩心整体均匀地推出内管。该装置不仅减去了传统出心方法的各个环节，使现场的操作安全性提高，劳动强度与辅助工作时间率有效降低，更为重要的是创造性地做到了岩心无损出管。

这一技术成果的成功应用，为后续地学研究的开展提供了高质量的地层实物资料。装置原理与现场工作情况如图 3.10 所示。

泥浆泵

（a）工作原理　　（b）出心现场

图 3.10　水力出心原理及工作效果

3.2.6　录井岩心标示技术和岩心描述

为了使“松科 1 井”岩心出筒以及后续取样后还能清晰辨别岩心的顶底，本次岩心的方向线采取黑红双线标定的技术，而没有采用以往录井当中的单线＋箭头指向的标定方法。具体标定和判定方向方法如下：清洗后的岩心，根据岩心断裂茬口及磨损关系，对岩心进行最紧密衔接，并按由浅至深的方向在岩心表面画方向线，要求每个自然断裂岩心均应有方向线。方向线由红黑两条相互平行的直线组成，摆放岩心左浅右深，黑线在外、红线在内（或红下黑上），两线间距为 1cm（图 3.11），要求使用记号笔标注方向线。

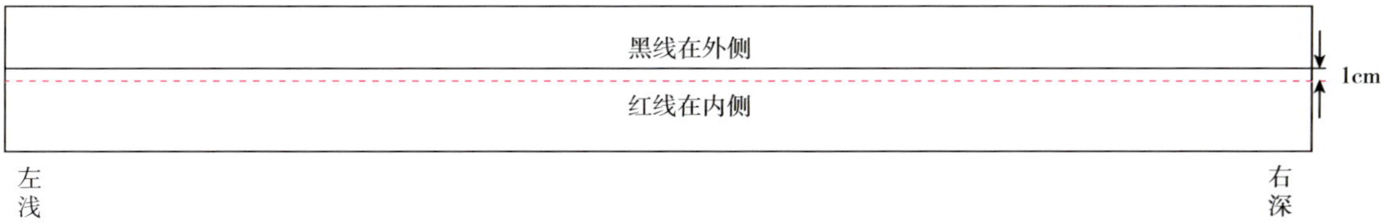
黑线在外侧
红线在内侧
1cm
左
浅
右
深

图 3.11　岩心方向线标注示意图

采用左浅右深、黑上红下的标注方式，能够使得每块岩心都有准确的顶底关系

岩心描述方法和遵循的原则在原有的“中国石油天然气股份有限公司企业标准 Q/SY128–2005”基础上，结合科学钻探的目的和要求做了有针对性的调整和改进，对特殊事件层进行重点描述，颜色描述采用“美国地质学会岩石颜色标准（*The Geological Society of America-Rock-Color Chart*）”。具体分层厚度标准为：一般岩性最小分层厚度为 5cm，小于 5cm 作夹层；特殊岩性（如泥灰岩、白云岩、重结晶灰岩、火山灰）的最小分层厚度为 2cm，小于 2cm 作夹层，颜色、岩性、结构、构造、含有物、油气水产状等有变化的层，均应分层描述。

3.3 “松科 1 井”的施工组织管理

作为一项科学工程项目，保证经济、效率和安全是实现钻探工程和科学目标的基础。一个良好、科学的施工组织管理是必不可少的。“松科 1 井”钻探工程作为大陆科学钻探项目，隶属于 973 计划。它不同于一般的钻探施工项目，在施工过程中具有自身特殊性，需要针对其特点进行研究，建立科学的施工组织管理方案，从而保证工程的顺利进行和科学目标的实现。

本次“松科 1 井”钻探工程施工组织充分借鉴了各国大陆科学钻探以及我国大陆科学钻探（CCSD）施工组织的经验，结合本次项目特点，在保障安全的前提下，实现施工的低消耗和高效率。

“松科 1 井”北孔采用委托管理的方式，现场施工由中国地质大学（北京）采用合同授权与授责的方式委托工程承包单位中国地质科学院勘探技术研究所负责，中国地质大学（北京）派出钻井监督和录井监督对施工质量、施工进度进行监督。具体运作方式为：工程承包单位负责施工设计、施工日常管理。工程指挥负责对施工单位的施工设计进行审批，钻井监督代表工程指挥对生产进行日常监督。地质指挥负责对整个钻探取心情况全程监控和随钻描述、研究，并根据现场动态的地质和钻探工程情况及时提出调整方案。

南井采用直接管理方式，现场由工程指挥委托钻井监督进行日常施工管理。地质指挥的任务同北孔。南井的施工设计由中国地质大学（北京）委托大庆石油管理局钻井研究院完成。施工过程中施工单位必须严格按钻井施工设计和 973 项目组制定的取心施工指令进行施工。中国地质大学（北京）与大庆油田勘探分公司各自派出钻井监督对日常生产进行指挥，对施工质量和施工进度进行监督。钻井监督每天以书面形式下达施工指令。遇到井下复杂情况时，由钻井监督会同施工单位相关工程技术与管理人员进行会商，讨论决定应对措施。

南北两孔都实行钻井日报、周报制度。对于日报，钻井队向钻井分公司和钻探集团汇报，录井队向录井分公司汇报，项目组驻井人员向首席科学家、地质指挥、工程指挥及大庆油田有限责任公司勘探开发研究院汇报；除了日报外，需要每周进行一次周报，主要对上一周取心情况、工程进展和地质情况进行总结，上报相关部门和项目组。

3.4 测井工程实施与技术

测井参数是对地层岩石类型、岩石物性及地球化学特征的综合反映，是开展各种固体矿产资源、石油天然气、煤等化石能源探测的重要手段。地层岩性的变化以及沉积旋回性都直接或者间接地反映到测井曲线的形态和幅度中，因此也是研究沉积岩形成的古地理、古环境、古气候的重要资料。测井资料具有连续性强、垂向分辨率高以及信息丰富的优势，从而可以为科学钻探研究的科学目标实现提供宝贵的研究资料。通过测井，可以提供岩心测试无法获得的资料：测井可提供地面岩心测试不能提供的井温、压力、水文条件等参数。钻探施工本身也离不开测井支持，如井斜和井径监测、固井质量检查、卡点和井中落物位置确定等。对“松科 1 井”北孔和“松科 1 井”南孔地球物理测井解释方面的突破可以建立反映古气候变化的地球物理替代性指标，从而为我们的科学目标服务。

测井提供的是地下深处高温高压条件下的原位无偏信息，测井的分辨率和探测范围介于地面地球物理和岩心测试之间，在无岩心段重建岩心剖面，钻孔中地层深度一般以测井为准。测井提供的原位参数一般与地面地球物理和岩心提供的参数有所差异，三种数据应互相印证和补充。

对“松科 1 井”北孔和“松科 1 井”南孔实施地球物理测井工作，可以为建立岩心和测井曲线之间的对应关系、开展岩心深度归位、寻求建立反映古气候变化的地球物理替代性指标、建立完整的有机地球化学剖面等科学钻探的科学研究目标的实现提供重要的地球物理依据。

3.4.1 “松科 1 井”的测井设计

“松科 1 井”钻遇地层以主要为砂岩和泥岩，以灰色粉砂岩、泥质粉砂岩和泥岩为主，但泥岩的颜色类型多样，有黑、深灰、紫红、灰绿、杂色等。对于这种类型的岩性组合，采用目前国际先进的 ECLIPS-5700 测井仪，获取反映岩性的测井 [自然伽马（GR）、自然电位（SP）、中子俘获测井（PE）等] 资料、反映储层及流体性质的三侧向电阻率测井资料 [深侧向（R_d）、浅侧向（R_s）、微侧向（R_{mll}）] 、反映岩石物性特征的孔隙度测井资料 [包括声波（AC）、中子（CNL）和密度（DEN）等] 以及反映黏土矿物类型的自然伽马能谱测井（SGR）资料，就能够为岩性深度归位、岩性识别、旋回地层研究等提供可靠的参数。

本次常规的测井方法包括电阻率测井、声波测井和放射性测井，具体的项目包括：反映地层岩性变化的自然伽马能谱测井、自然电位测井、井径测井，反映地层导电特性的电阻率测井，反映地层孔隙变化的中子和声波时差测井。北孔井眼条件差，没有设计密度测井。

“松科 1 井”南北两孔测井项目见表 3.7 和表 3.8。此外，“松科 1 井”南孔还设计的新技术测井项目见表 3.9。

表 3.7 "松科 1 井"南孔测井项目

序号	测井井段 /m	地层	裸眼测井项目（包括标准和组合测井）	比例	井壁取心数量	特殊要求（钻井液和测井时间要求等）	备注
1	240~1300	全井	双侧向、自然伽马、井径、井温、流体电阻率、井斜与方位	1 ∶ 500			完钻测井（ECLIPS-5700）
2	445~970 有油气显示井段	H	双侧向、自然伽马、井径、井温、流体电阻率、井斜与方位、微侧向、阵列感应、自然电位、数字声波、补偿中子、Z 密度	1 ∶ 200			
3	970~1300	P	双侧向、自然伽马、井径、井温、流体电阻率、井斜与方位、微侧向、阵列感应、自然电位、数字声波、补偿中子、Z 密度、自然伽马能谱	1 ∶ 200			完钻测井（ECLIPS-5700）
4	1300~1915	F、Y	双侧向、自然伽马、井径、井温、流体电阻率、井斜与方位	1 ∶ 500			
5	1300~1915	F、Y	双侧向、自然伽马、井径、井温、流体电阻率、井斜与方位、微侧向、阵列感应、自然电位、数字声波、补偿中子、Z 密度、自然伽马能谱	1 ∶ 200			

表 3.8 "松科 1 井"北孔测井项目

序号	测井井段 /m	地层	裸眼测井项目（包括标准和组合测井）	比例	井壁取心数量	特殊要求（钻井液和测井时间要求等）	备注
1	228~1798	全井	双侧向、自然伽马、流体电阻率、井径	1 ∶ 500			完钻测井（ECLIPS-5700）
2	228~1798	全井	双侧向、自然伽马、井径、微侧向、自然电位、中子俘获、数字声波、补偿中子、自然伽马能谱	1 ∶ 200			

表 3.9 新技术测井项目

序号	测井井段 /m	地层	新技术测井项目	地层动态测试	特殊要求（钻井液和测井时间要求等）	备注
1	970~1300	P	FMI/XRMS			MAXIS-500
2	970~1300	P	XMAC			ECLIPS-5700
3	1300~1915	F、Y	FMI/XRMS			MAXIS-500
4	1300~1915	F、Y	XMAC			ECLIPS-5700

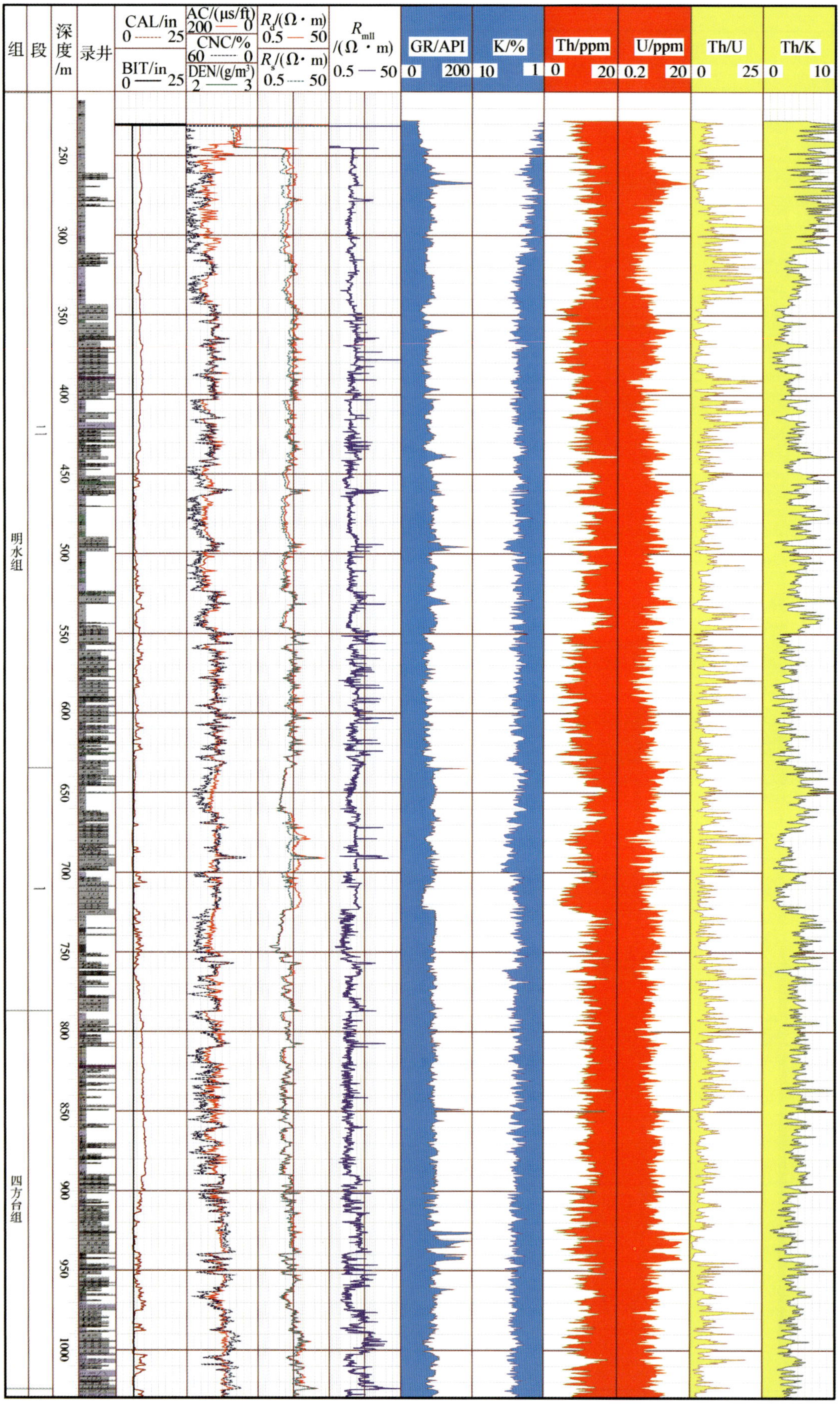

组
段
深度/m
录井
CAL/in
0 25
BIT/in
0 25
AC/(μs/ft)
200 0
CNC/%
60 0
DEN/(g/m³)
2 3
R_d/(Ω·m)
0.5 50
R_s/(Ω·m)
0.5 50
R_{mll}/(Ω·m)
0.5 50
GR/API
0 200
K/%
10 1
Th/ppm
0 20
U/ppm
0.2 20
Th/U
0 25
Th/K
0 10
明水组
四方台组
二
一
250
300
350
400
450
500
550
600
650
700
750
800
850
900
950
1000

图 3.12　“松科 1 井”北孔测井 – 录井综合剖面

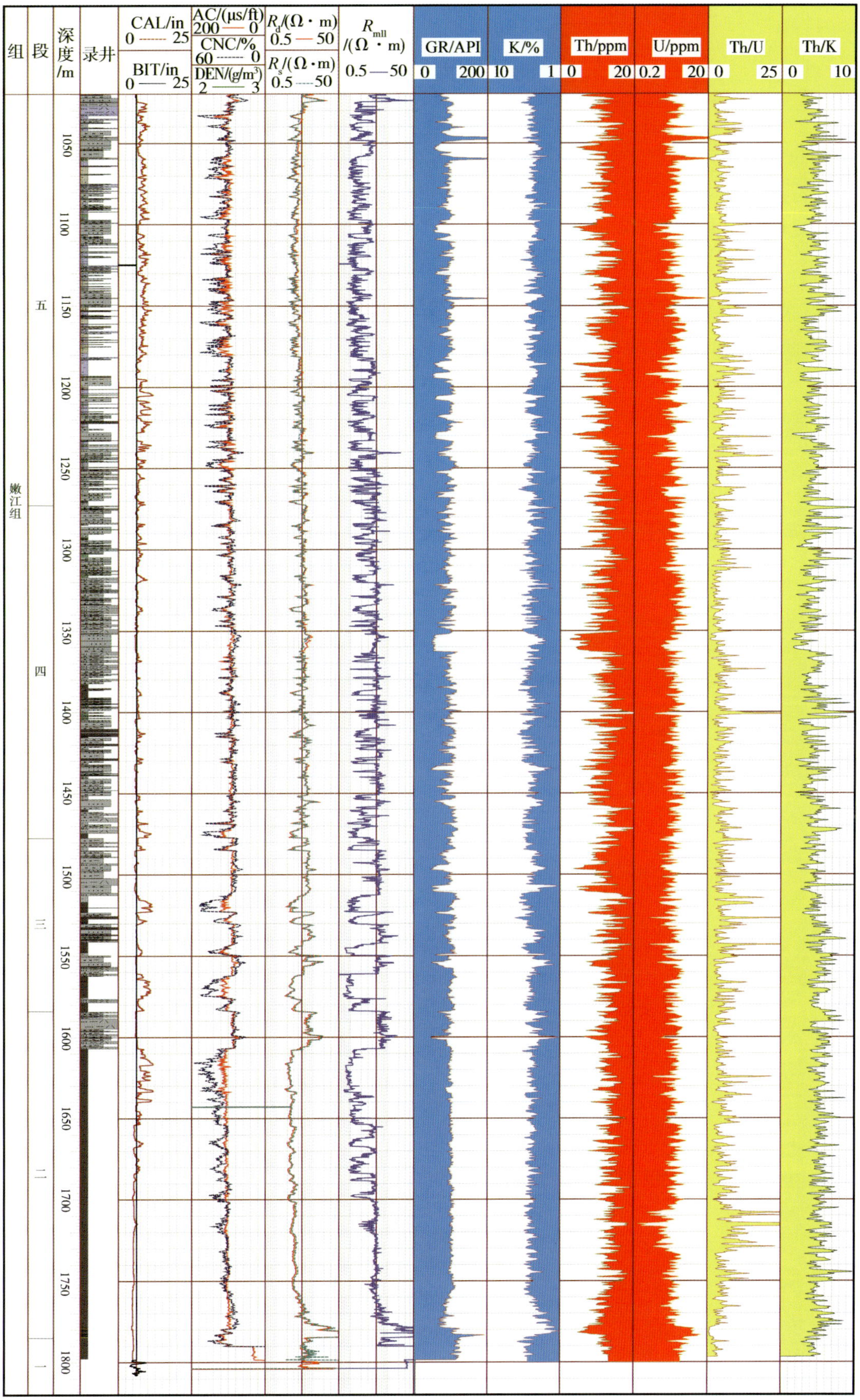
组
段
深度/m
录井
CAL/in 0 25
BIT/in 0 25
AC/(μs/ft) 200 0
CNC/% 60 0
DEN/(g/m³) 2 3
R_d/(Ω·m) 0.5 50
R_s/(Ω·m) 0.5 50
R_{mll}/(Ω·m) 0.5 50
GR/API 0 200
K/% 10 1
Th/ppm 0 20
U/ppm 0.2 20
Th/U 0 25
Th/K 0 10
嫩江组
五
四
三
二
一
1050
1100
1150
1200
1250
1300
1350
1400
1450
1500
1550
1600
1650
1700
1750
1800

图3.12 “松科1井”北孔测井-录井综合剖面（续）

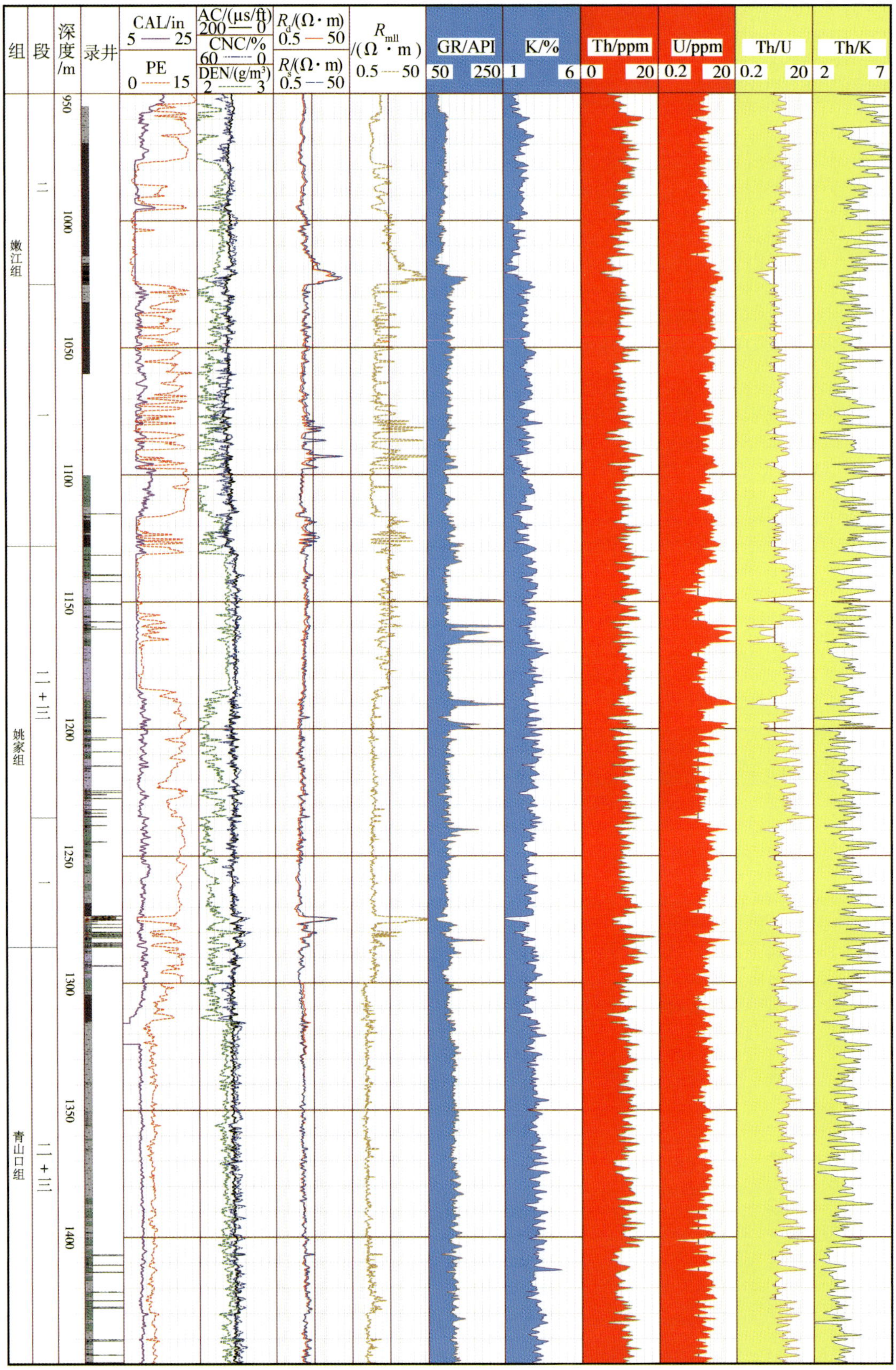

组
段
深度/m
录井
CAL/in 5 25
PE 0 15
AC/(μs/ft) 200 0
CNC/% 60 0
DEN/(g/m³) 2 3
Rd/(Ω·m) 0.5 50
Rs/(Ω·m) 0.5 50
Rmll/(Ω·m) 0.5 50
GR/API 50 250
K/% 1 6
Th/ppm 0 20
U/ppm 0.2 20
Th/U 0.2 20
Th/K 2 7
嫩江组
姚家组
青山口组
二
一
二+三
一
二+三
950
1000
1050
1100
1150
1200
1250
1300
1350
1400

图 3.13　“松科 1 井”南孔测井 - 录井综合剖面

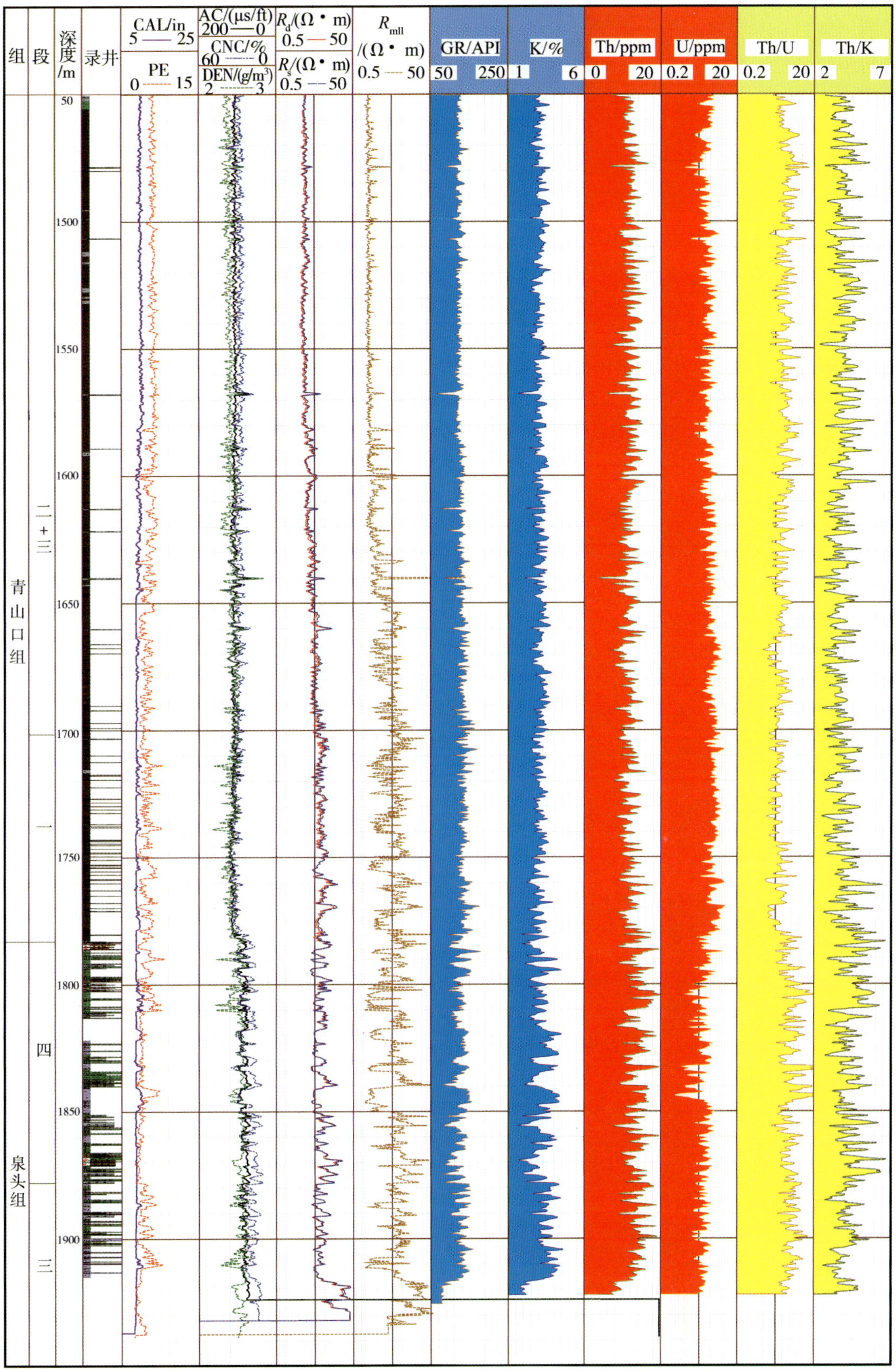
组
段
深度/m
录井
CAL/in 5 25
PE 0 15
AC/(μs/ft) 200 0
CNC/% 60 0
DEN/(g/m³) 2 3
R_d/(Ω·m) 0.5 50
R_s/(Ω·m) 0.5 50
R_{mll}/(Ω·m) 0.5 50
GR/API 50 250
K/% 1 6
Th/ppm 0 20
U/ppm 0.2 20
Th/U 0.2 20
Th/K 2 7
青山口组
泉头组
二+三
一
四
三
1500
1550
1600
1650
1700
1750
1800
1850
1900

图 3.13 “松科1井”南孔测井－录井综合剖面（续）

3.4.2 “松科1井”测井项目的实施

根据设计，在“松科1井”南孔进行了测井，除常规测井方法以外，南孔还增测了反映不同地层深度电阻率变化的阵列感应测井。

2008年10月23日，辽河测井公司5700–3测井队进驻“松科1井”北孔井场，采用美国阿特拉斯公司生产的5700测井仪器，在对井场和井筒结构进行分析的基础上，对“松科1井”北孔245~1805m井段进行了测井过程，测量项目包括数字能谱测井和综合测井，其中综合测井包括自然伽马测井、井径测井、自然电位测井、中子俘获截面测井、三侧向电阻率测井、声波时差测井、中子测井。由于施工条件限制，没有实施岩性密度测井。

2006年9月21日，大港油田测井队采用美国阿特拉斯公司生产的5700测井仪器，在对井场和井筒结构进行分析的基础上，对“松科1井”南孔钻井现场开始第一次测井作业，9月25日完成第一次测井作业。11月5日“松科1井”南孔开始进行第二次测井作业，到11月9日9：00，“松科1井”南孔测井项目全部顺利完成。

3.4.3 “松科1井”测井项目实施的结果

“松科1井”南、北两孔数字能谱测井主要测量自然伽马能谱，经数字资料处理后得到自然伽马曲线及铀、钍、钾等曲线。“松科1井”南、北两孔测井 – 录井综合剖面如图3.12和图3.13所示。

3.5 “一井双孔”设计与实施完成工作量的对比、评价

3.5.1 “松科1井”北孔工作量

“松科1井”北孔自2006年8月29日开钻，于2006年10月23日一开完钻，进入冬季后受钻井施工条件限制，下完表层套管后停止钻井取心施工作业。2007年4月10日二开，于2007年10月22日二开完钻，完成全部设计取心任务。完钻井深为1811.18m，一开共完成90回次取心，进尺为80.23m，心长为66.71m，取心收获率为83.15%，二开共完成285回次取心，进尺为1550.18m，心长1474.94m，收获率为95.15%，综合一开、二开的总取心进尺为1630.41m，总心长为1541.65m，总收获率为94.56%，高于设计的90%。钻井取心工程由国土资源部勘探技术研究所组织实施，钻井队伍是河南省地质矿产勘查开发局第二水文地质工程地质队，录井队伍是大庆油田地质录井分公司资料采集一大队录井34队，泥浆工程由中国地质大学（武汉）负责，钻探技师来自安徽省地质矿产勘查局三二一地质队，973项目组聘请了地质监督和工程监督各一位，聘请两位研究生负责现场岩心编录和工程记录。

“松科1井”北孔设计应完成量与实际完成量的对比见表3.10。

表 3.10 “松科 1 井”北孔钻探取心及其相关工作设计量与实际完成量对比表

项目		设计量	实际完成量	备注
取心		设计井深：1810m； 取心井段：162~1794m； 岩心总长度：1632m； 岩心收获率：≥ 90%； 对于松散和易碎层段采用保形取心工艺	实际井深：1811.18m； 取心井段：164.77~1795.18m； 岩心总长度：1541.65m； 岩心收获率：94.56%； 保形取心：共 70 筒，52.96m	保形取心层位主要集中在泰康组底部，以砂质砾岩和含砾砂岩为主，未成岩，松散
录井		录井间距：自井口至取心层位，每 10m 取样一次；自取心开始至井底，每 2m 取样一次	岩屑取样间距按设计执行，共取得岩屑样 786 件	按照“‘松科 1 井’北孔地质设计执行”设计执行
		钻时、气测录井、钻井参数、气体参数、钻井液参数	综合录井仪实时不间断监测、记录	
		每隔 50m 进行一次地微生物样及对应的泥浆样	取得岩心样 33 件，对应泥浆样 33 件	执行“‘松科 1 井’北孔地微生物取样通知单”
测井	常规测井	自然电位、自然伽马、井径、双侧向、微球形聚焦、自然伽马能谱、补偿声波、补偿中子； 测井井段：245 ~ 1810m	自然电位、自然伽马、井径、双侧向、微球形聚焦、自然伽马能谱、补偿声波、补偿中子； 测井井段：245 ~ 1810m	测量至井底
其他	技术要求	岩心表面粗糙度不大于 0.5mm；最大井斜不超过 4°；岩心直径不小于 90mm	大部分岩心满足表面粗糙度不大于0.5mm，个别井段没有达到这个要求；最大井斜不超过 1°；岩心直径 90 ~ 110mm	
周期			4958 小时 21 分钟	

3.5.2 “松科 1 井”南孔工作量

“松科 1 井”南孔钻探取心工程比设计周期大大提前，成功完成并超越了设计中的要求。取心 900 多米、要求不低于 98% 的设计取心率在中国乃至世界科探井钻井取心中都比较少，而“松科 1 井”南孔实际取心率高达 99.73%，是迄今世界上科探井长井段取心收获率最高的。由于大庆油田在多年的勘探中以找油为主，因而所取岩心主要是油层砂岩，泥岩非常少，而“松科 1 井”南孔设计目的层段主要为泥岩，这对大庆油田钻井队伍是一个极大的挑战。“松科 1 井”南孔设计应完成量与实际完成量的对比见表 3.11。

表 3.11 “松科 1 井”南孔设计量与实际完成量对比表

项目	设计量	实际完成量	备注
取心	设计井深：1915m； 取心井段：970~1915m； 岩心总长度：945m； 岩心收获率：≥ 98%； 保形取心：≥ 110m； 定向取心：不少于 18 筒，总长度≥ 36m	实际井深：1935m； 取心井段：968.17~1915m； 岩心总长度：944.23m； 岩心收获率：99.73%； 保形取心：共 13 筒，46.97m； 定向取心：共 19 筒，95.44m； 密闭取心：共 1 筒，8.68m	进入青山口组，岩心硬度高，钻时大（2.5~3 小时 /m），割心困难，岩心爪无法完全收拢，为确保收获率和井下安全，经项目组同意，取消了原设计 1645~1675m 和 1715~1755m 两段的取心

续表

项目		设计量	实际完成量	备注
录井		录井间距： 0~220m，件 /10m； 220~1220m，件 /5m； 1220~1320m，件 /2m； 1320~1720m，件 /5m； 1720~1915m，件 /2m	岩屑取样间距按设计执行，共取得岩屑样 464 件	按照“‘松科 1 井’南孔地质设计执行”设计执行
		钻时、气测录井、钻井参数、气体参数、钻井液参数	综合录井仪实时不间断监测、记录	
		每隔 50m 进行一次地微生物样及对应的泥浆样	取得岩心样 20 件，对应泥浆样 20 件	执行“‘松科 1 井’南孔地微生物取样通知单”
测井	常规测井	常规 5700 系列测井（共 12 项）： 245.0 ~ 1915.0m，测 6 项，1∶500； 445.0 ~ 1915.0m，测 12 项，1∶200	常规 5700 系列测井（共 12 项）： 245.0 ~ 1935.0m，测 6 项，1∶500； 445.0 ~ 1935.0m，测 12 项，1∶200	测量至井底，比设计深 20m
	非常规测井	自然伽马能谱，950~1915m，1∶100 放大	自然伽马能谱，950~1915m，1∶100 放大	按照“‘松科 1 井’南孔测井设计”执行
		X-MAC，950~1915m，1∶100 放大	X-MAC，950~1915m，1∶100 放大	
		FMI，970~1915m，1∶100 放大	FMI，970~1915m，1∶100 放大	
	固井质量检查测井	声波变密度、磁定位、自然伽马 0~1300m，1∶200，250~1915m，1∶200	声波变密度、磁定位、自然伽马 0~1300m，1∶200，250~1915m，1∶200	按照“‘松科 1 井’南孔测井设计”执行
其他	荧光羧化微球示踪	采用“密闭取心方案”在泉头组四段 1815.00~1822.00m，进行一次荧光羧化微球示踪实验	实际井段为 1813.20 ~ 1821.88m，取得的 8.68m 岩心中，粉砂岩约为 2.5m，其中，有 1.7m 的连续段，满足研究需求	根据现场取心情况，分析认为提前 1.80m，完全能钻穿设计目的层段中的重点岩性段，同时可以节省一筒取心成本、时间
	技术要求	岩心表面粗糙度不大于 0.5mm；最大井斜不超过 4°；岩心直径不小于 90mm	大部分岩心满足表面粗糙度不大于 0.5mm，个别井段没有达到这个要求；最大井斜不超过 1°；岩心直径 90 ~ 110mm	
周期		180 天	100 天（实际钻井周期 78 天 0.43 小时）	

3.5.3 “松科 1 井”双孔施工质量评价

1. 测井仪器使用状况

“松科 1 井”采用“一井两孔”的方式，为“松科 1 井”南孔和北孔分别钻进，南孔和北孔均采用的是 ECLIPS-5700 仪器，其中南孔分别于 2006 年 9 月 21~23 日和 2006 年 11 月 4~6 日进行两次测量，而北孔于 2007 年 10 月 23 日进行了一次测量。

2．测井质量评价

1）测井资料验收评价

在南北两孔的施工中，采取了严格的操作流程，测井刻度合理，符合操作规范。同时，两支施工队伍长期在松辽盆地施工，具有较好的施工经验，有力地保证了施工质量（表 3.12、表 3.13）。

表 3.12 “松科 1 井”南孔施工质量评价表

序号	曲线名称	测量井段 /m	质量评比	深度比例	备注
1	DLL–MLL–GR–SP	445.0~1315.0 1295.68~1935.00	合格	1：200	
2	DAL	445.0~1315.0 1295.68~1935.00	合格	1：200	
3	HDIL	445.0~1315.0 1295.68~1935.00	合格	1：200	
4	ZDEN–CN	445.0~1315.0 1295.68~1935.00	合格	1：200	
5	SL	955.0~1315.0 1295.68~1935.00	合格	1：200	
6	4CAL	445.0~1315.0 1295.68~1935.00	合格	1：200	
7	XMAC–Ⅱ	955.0~1315.0 1295.68~1915.00	合格	1：200	
8	DLL–MLL–GR–SP	950.0~1315.0 1295.68~1918.00	合格	1：100	
9	DLL–MLL–GR–SP	245.0~1315.0 1295.68~1935.00	合格	1：500	
10	4CAL	245.0~1315.0 1295.68~1935.00	合格	1：500	
11	STAR	968.5~1308.5 1766.0~1885.1	合格	1：200	MAXIS-500
		合格率：100%			

表 3.13 “松科 1 井”北孔施工质量评价表

序号	曲线名称	测量井段 /m	质量评比	深度比例	备注
1	GR	229.972	合格	1：200	
2	SP	229.972	合格	1：200	
3	CAL	231.267~1803.730	合格	1：200	
4	RD	231.572~1803.730	合格	1：200	
5	RS	231.572~1803.730	合格	1：200	
6	RMSL	230.657~1803.730	合格	1：200	
7	DT24	229.972~1803.730	合格	1：200	
8	CNCF	229.972~1803.730	合格	1：100	
9	GRSL–U–TH–K	227.990~1790.852	合格	1：500	
		合格率：100%			

2）重复测量井段的资料对比

南孔中分别于 2006 年 9 月 21~23 日和 2006 年 11 月 4~6 日对 445.0~1315m 和 1295.68~1935.0m

进行了两次测量，重复井段为 1295.68~1315m，从资料获取的情况看，资料重复性好（图 3.14），表明仪器性能指标正常。

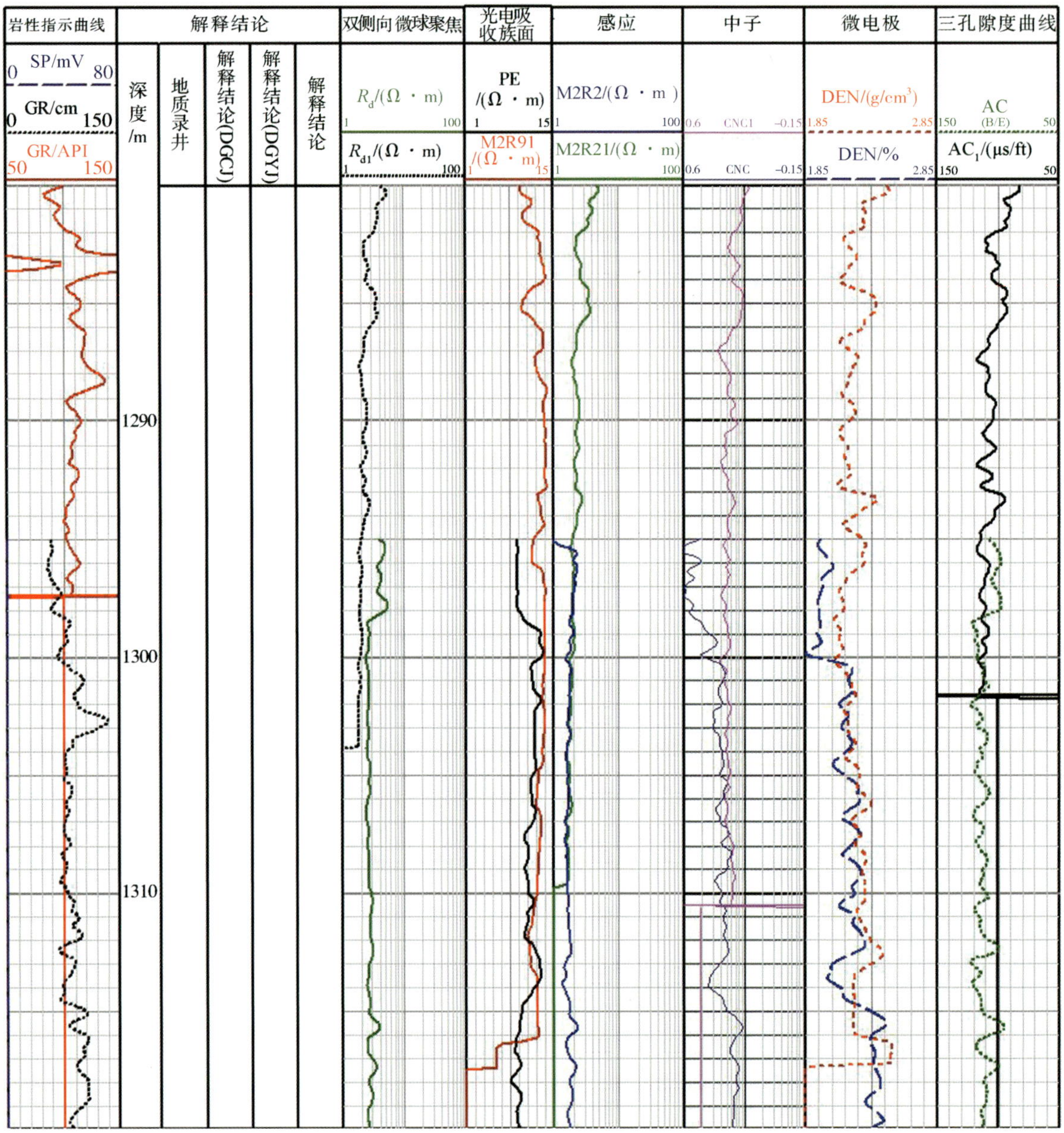

图 3.14 “松科 1 井”重复测量井段的资料对比

3）两孔之间的资料对比

“松科 1 井”“一井双孔”的设计主要是以松辽盆地嫩二段底部的黑褐色油页岩为主要对比标志层，嫩二段也是两井所钻遇地层中岩性相同的层段。而反映岩性最有效的测井曲线有两种：一是自然伽马（GR）曲线，二是钍含量（Th）曲线。从理论上分析，GR 曲线在一定程度上受有机质对放射性铀元素的吸附的影响较大，而 Th 曲线在反应岩性方面具有更大的优势。通过选取两口井可对比层段（南孔 958 ~ 983m 和北孔 1718 ~ 1743m）自然伽马和钍测井曲线进行统计分析发现，二者具有相同分布特征和基本一致的特征参数（图 3.15、图 3.16）。

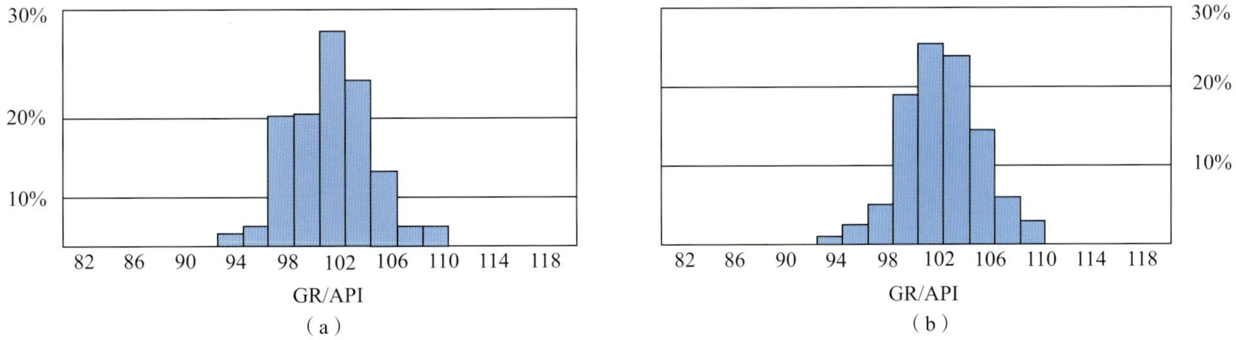
30%
20%
10%
82 86 90 94 98 102 106 110 114 118
GR/API
（a）
30%
20%
10%
82 86 90 94 98 102 106 110 114 118
GR/API
（b）

图 3.15 “松科 1 井”南孔 958~983m 井段（a）和北孔 1718~1743m 井段（b）GR 值对比

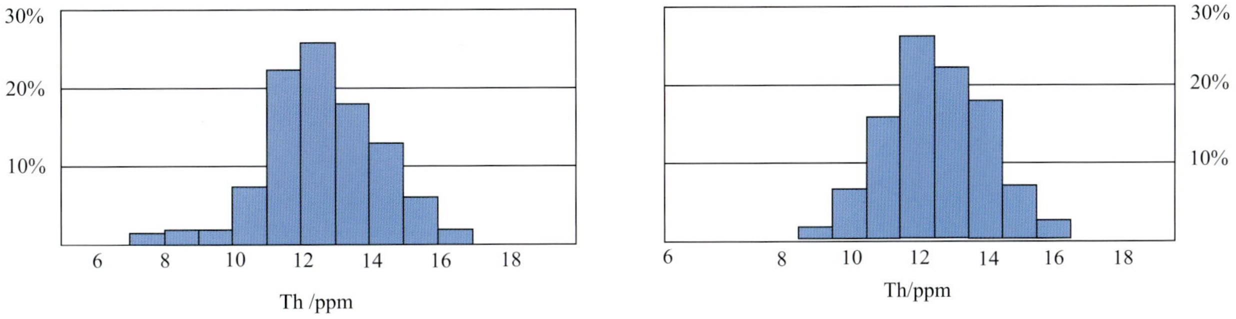
30%
20%
10%
6 8 10 12 14 16 18
Th /ppm
（a）
30%
20%
10%
6 8 10 12 14 16 18
Th/ppm
（b）

图 3.16 “松科 1 井”南孔 958~983m 井段（a）和北孔 1718~1743m 井段（b）Th 值对比

南孔 958 ~ 983m 井段 GR 曲线数值分布范围最小值为 92API，最大值为 108API，平均值为 101API；而北孔 1718 ~ 1743m 井段相应数据分别为 87API、109API 和 100API。南孔 958 ~ 983m 井段 Th 曲线最小值为 7.7ppm，最大值 16.4ppm，平均值为 12.6ppm；而北孔 1718 ~ 1743m 井段相应数据分别为 9.9ppm、17.0ppm 和 13.1ppm。二者相差均低于 5%，表明两套仪器的测量结果具有非常好的一致性。

3.5.4 “松科 1 井”岩心深度归位

“松科 1 井”南、北两孔共获取岩心 2485.89m，为建立松辽盆地完整的白垩系地质 – 地球化学剖面提供了重要的地质资料。取心深度是以钻具长度来计量，而测井曲线是以电缆的长度来计量，钻具和电缆的伸缩系数不同，必然会造成岩心录井剖面与测井曲线之间可能在深度上有误差。岩心深度归位就是要将钻井深度与测井深度相匹配，以测井深度为依据，确定不同取心层段的深度误差，它是分析岩性、物性、含油性及其他地质 – 地球化学特征与测井响应之间关系的重要基础。

1. 岩性归位的方法与步骤

岩心深度归位主要依据的是特殊岩性标志层，也就是岩性比较特殊、电性特征明显的岩层，如砂泥岩剖面中的灰岩、泥灰岩、煤层、高盐层以及石灰岩剖面中的泥质层等。在砂泥岩剖面中如果缺乏特殊岩性标志层，也可以根据明显的岩性分界面所显示的电性特征的突变来开展岩性深度归位。

岩心深度归位的步骤如下。

（1）通过岩心观察，识别特殊岩性标志层或者岩性段。

（2）确定特殊岩性标志层的测井深度，可以利用微电极曲线的拐点、微梯度的极值点的位置确定钻井深度和测井深度的差值。

（3）首先对收获率高的筒次进行岩心归位，以每筒岩心为对象，以测井深度为依据，确定岩心录井剖面上提或下放数值。先从最上的一个标志层开始，上推归位至取心井段顶部，再依次向下归位，达到岩性与电性吻合。

（4）对于收获率低的筒次，在本筒顶底界内，根据标志层、岩性组合进行分段控制达到岩心归位的目标。

对于特殊情况下的岩心归位必须要采取有针对性的措施，具体如下。

（1）破碎岩心归位：破碎岩心的长度一般有丈量误差，按测井解释厚度，消除误差归位，视破碎程度适当拉长、压缩均可。

（2）存在磨损的岩心归位：在磨损面位置，为达到岩性、电性吻合，可根据测井厚度适当将岩心拉开进行归位，拉开处为空心位置。

（3）实取岩心长度大于测井解释厚度，岩心也较完整的情况：这种情况可视为岩心取至地面改变了在井下原始压力状态而膨胀，可按比例压缩归位，以恢复其真实长度（即测井解释的厚度）。

（4）乱心处理：由于某种原因在岩心出筒时岩心顺序倒乱，整理时应认真对茬口，尽量恢复岩心的真实顺序并详细记录现场情况。在归位时按测井解释结合岩性特征使岩性电性吻合。

2.“松科 1 井”北孔岩心归位

“松科 1 井”北孔取心层位为古近系泰康组至白垩系嫩江组一段的顶部，取心深度范围为 164.77 ~ 1795.18m，取心进尺 1630.41m，岩心总长 1541.66m，取心收获率为 94.56%。浅部地层成岩性差，岩心较为疏松，在一定程度上影响了取心收获率，增加了岩心归位的难度。

“松科 1 井”取心结果表明，嫩江组底部以大段黑色泥岩和油页岩为主，嫩四段以上以及四方台组和明水组主要表现为砂泥岩的互层。在深度归位过程中，主要利用不同岩性的测井响应差异、砂泥岩界面形成的测井响应和突变以及薄层特殊岩性、油页岩及其特殊的测井响应特征。采用从最上的一个标志层开始，上推归位至取心井段顶部，再依次向下归位，从而达到岩性与电性吻合的目标。

在“松科 1 井”北孔砂泥岩剖面上，泥灰岩地层不发育，但是仍可以找到一些薄层特殊岩性，如砾岩和砂砾岩层段。四方台组 807~807.4m、809.25~809.6m 存在两个微电阻率的高异常，对应于取心中的两个砂砾岩薄层，据此可以确定出该段取心的岩心深度比测井深度位置高 2.31m（图 3.17）。

岩石类型及其测井响应的差异性是开展“松科 1 井”北孔岩心深度归位的主要依据之一。以图 3.18 为例，嫩五段主要表现为砂泥岩互层，在微电阻率曲线上，砂岩的电阻率明显高于泥岩，砂岩为 4Ω · m，而泥岩小于 1.54Ω · m，据此可以确定岩心深度和测井深度的误差，其值在 1200 左右达到 3.96m（图 3.18）。

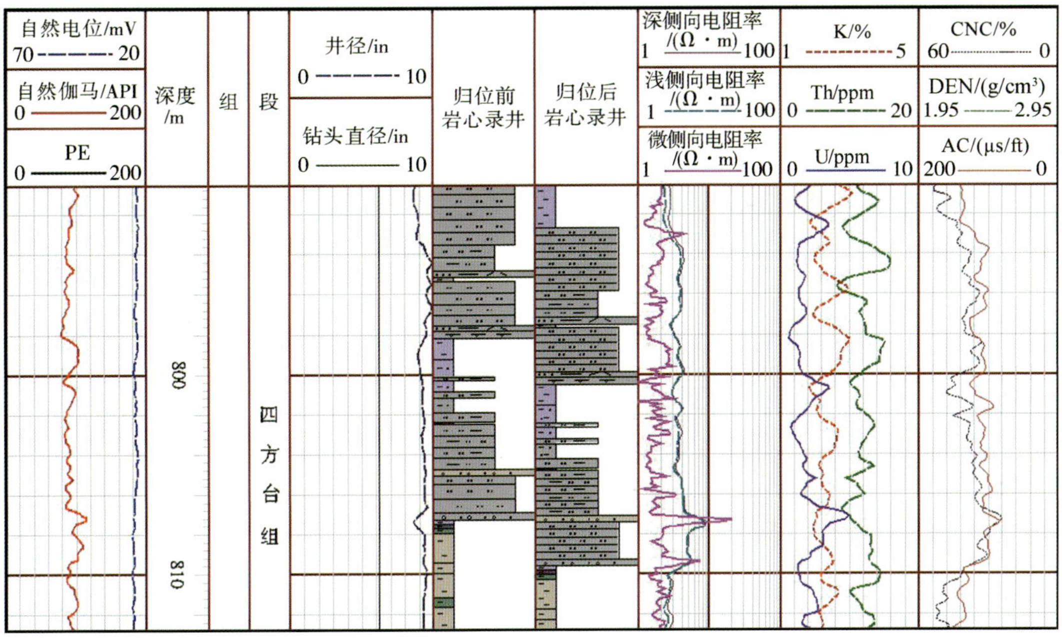
自然电位/mV
70 20
自然伽马/API
0 200
PE
0 200
深度/m
组
段
井径/in
0 10
钻头直径/in
0 10
归位前岩心录井
归位后岩心录井
深侧向电阻率/(Ω·m)
1 100
浅侧向电阻率/(Ω·m)
1 100
微侧向电阻率/(Ω·m)
1 100
K/%
1 5
Th/ppm
0 20
U/ppm
0 10
CNC/%
60 0
DEN/(g/cm³)
1.95 2.95
AC/(μs/ft)
200 0
800
810
四方台组

图 3.17 利用薄层砂砾岩进行岩心深度归位效果图

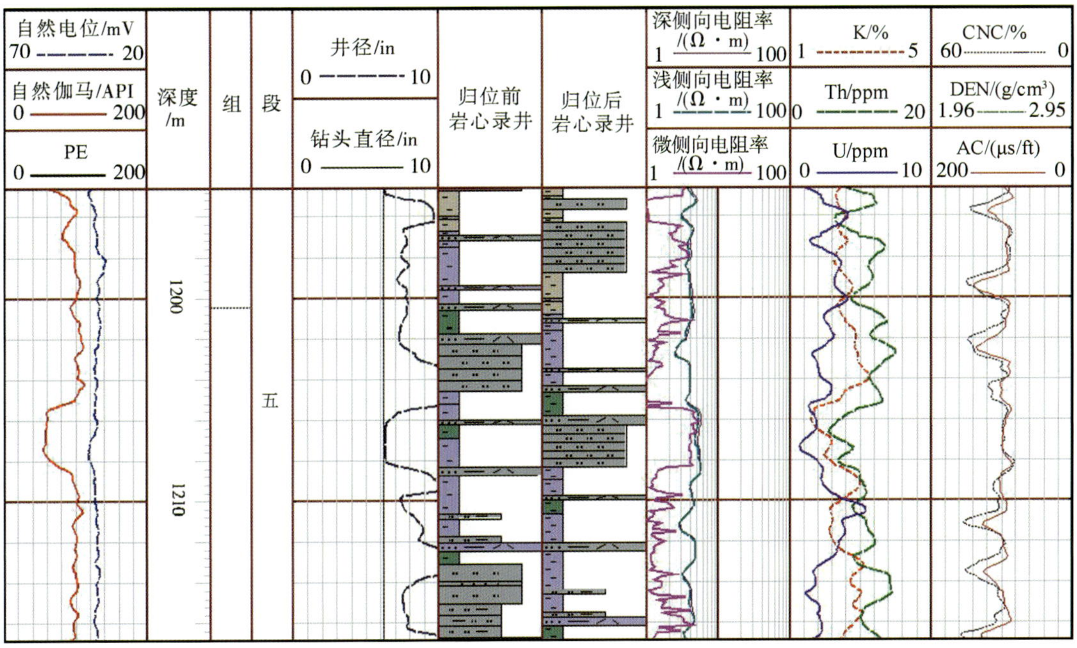
自然电位/mV
70 20
自然伽马/API
0 200
PE
0 200
深度/m
组
段
井径/in
0 10
钻头直径/in
0 10
归位前岩心录井
归位后岩心录井
深侧向电阻率/(Ω·m)
1 100
浅侧向电阻率/(Ω·m)
1 100
微侧向电阻率/(Ω·m)
1 100
K/%
1 5
Th/ppm
0 20
U/ppm
0 10
CNC/%
60 0
DEN/(g/cm³)
1.96 2.95
AC/(μs/ft)
200 0
1200
1210
五

图 3.18 利用薄层砂砾岩进行岩心深度归位效果图

松辽盆地嫩江组嫩二段底部全区广泛分布的油页岩，是区域地层对比的重要标志层，也是本次岩心深度归位的宏观标志层之一。该段油页岩由于有机质含量高，在自然伽马能谱测井曲线和电阻率测井曲线上存在明显的异常，构成了北孔岩心归位最底部的一个显著标志层（图 3.19）。

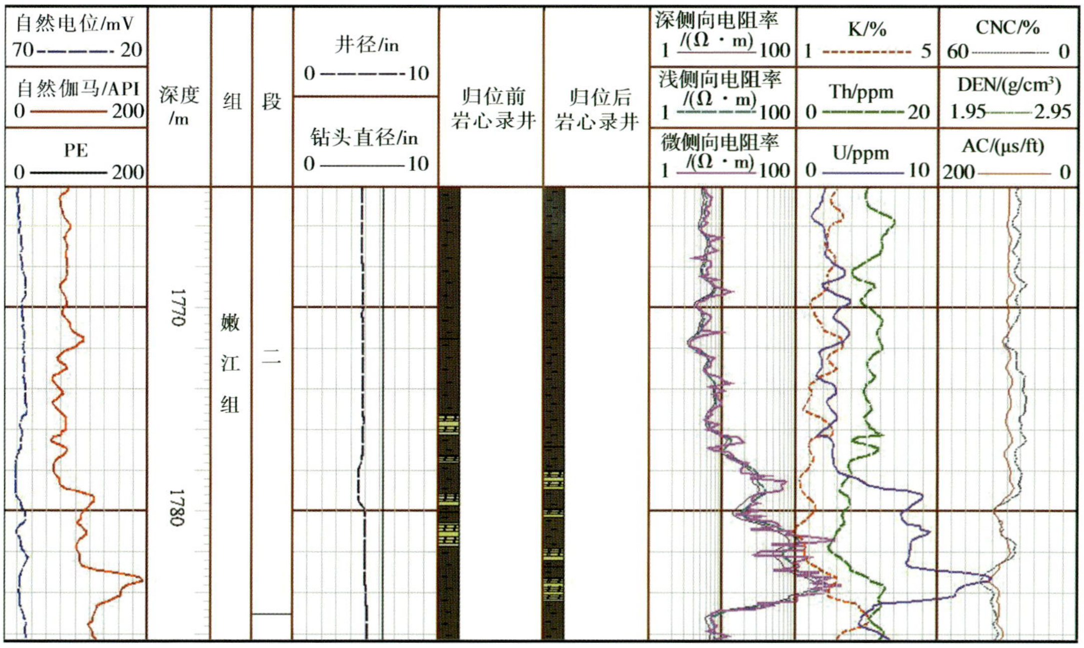
自然电位/mV
70 20
自然伽马/API
0 200
PE
0 200
深度/m
组
段
井径/in
0 10
钻头直径/in
0 10
归位前岩心录井
归位后岩心录井
深侧向电阻率/(Ω·m)
1 100
浅侧向电阻率/(Ω·m)
1 100
微侧向电阻率/(Ω·m)
1 100
K/%
1 5
Th/ppm
0 20
U/ppm
0 10
CNC/%
60 0
DEN/(g/cm³)
1.95 2.95
AC/(μs/ft)
200 0
1770
1780
嫩江组
二

图 3.19 利用嫩二段底部的油页岩进行岩心深度归位效果图

对于收获率较低的取心筒次的岩心归位采取了“空心”处理。例如，明二段 579.11 ~ 592.83m，大段粉砂岩中存在岩心磨损情况，岩心长度低于取心进尺，所以根据粉砂岩中的细砂岩和含砾粉砂岩砂层为主要标志层，开展岩心归位（图 3.20），并根据磨损面的存在进行合理的“空心”处理。

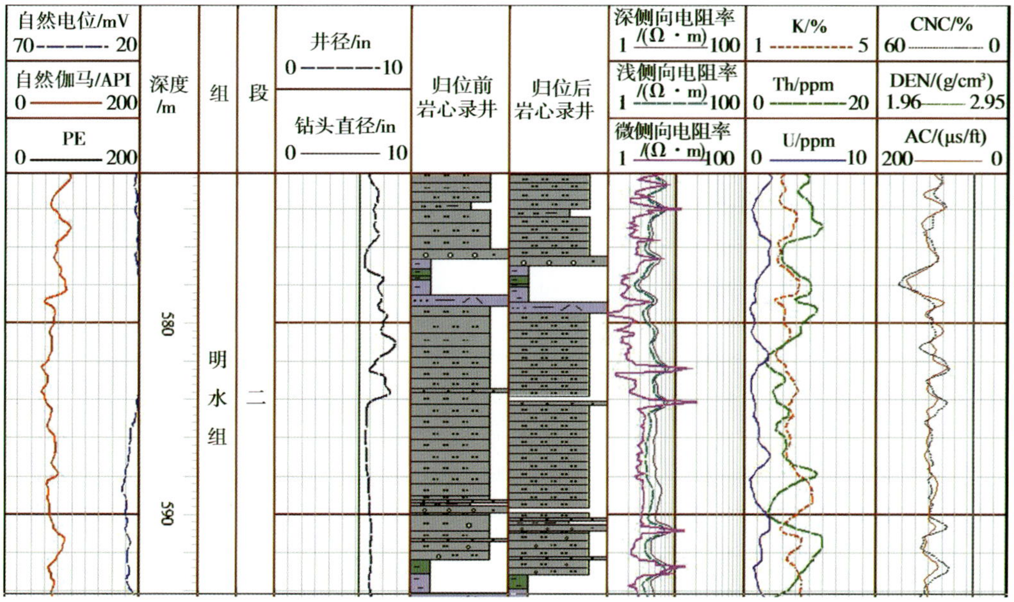
自然电位/mV
70 20
自然伽马/API
0 200
PE
0 200
深度/m
组
段
井径/in
0 10
钻头直径/in
0 10
归位前岩心录井
归位后岩心录井
深侧向电阻率/(Ω·m)
1 100
浅侧向电阻率/(Ω·m)
1 100
微侧向电阻率/(Ω·m)
1 100
K/%
1 5
Th/ppm
0 20
U/ppm
0 10
CNC/%
60 0
DEN/(g/cm³)
1.96 2.95
AC/(μs/ft)
200 0
580
590
明水组
二

图 3.20 存在岩心磨损条件岩心深度归位的“空心”处理

而对于实取岩心长度大于测井解释厚度（主要是泥岩段）、岩心也较完整的情况，可以视为岩心被取至地面后，因原始压力改变而发生膨胀，可按照比例压缩归位，以恢复真实长度，即测井解释的厚度。

3. “松科 1 井”南孔岩心归位

“松科 1 井”南孔取心井段为嫩江组二段至泉头组三段，取心深度 968.17 ~ 1915m，取心进尺 946.83m，岩心长度 944.23m，取心收获率为 99.73%。由于收获率高，加之具有先进的 5700 数字测井曲线，为岩心的准确归位提供了较好的基础。

取心结果表明，“松科 1 井”南孔岩心剖面除泉头组泉三段上部和泉四段、姚家组姚一段下部为砂泥岩互层之外，总体以泥岩占绝对优势。该井岩心深度归位针对不同的岩性组合采用不同的归位思路。对于泉头组泉三段和泉四段、姚家组姚一段地层，主要是根据砂泥岩组合及其界面所对应的测井响应的突变实施深度归位。绝大部分砂岩底界面位置与微球聚焦电阻率测线极值位置对应（图 3.21）。

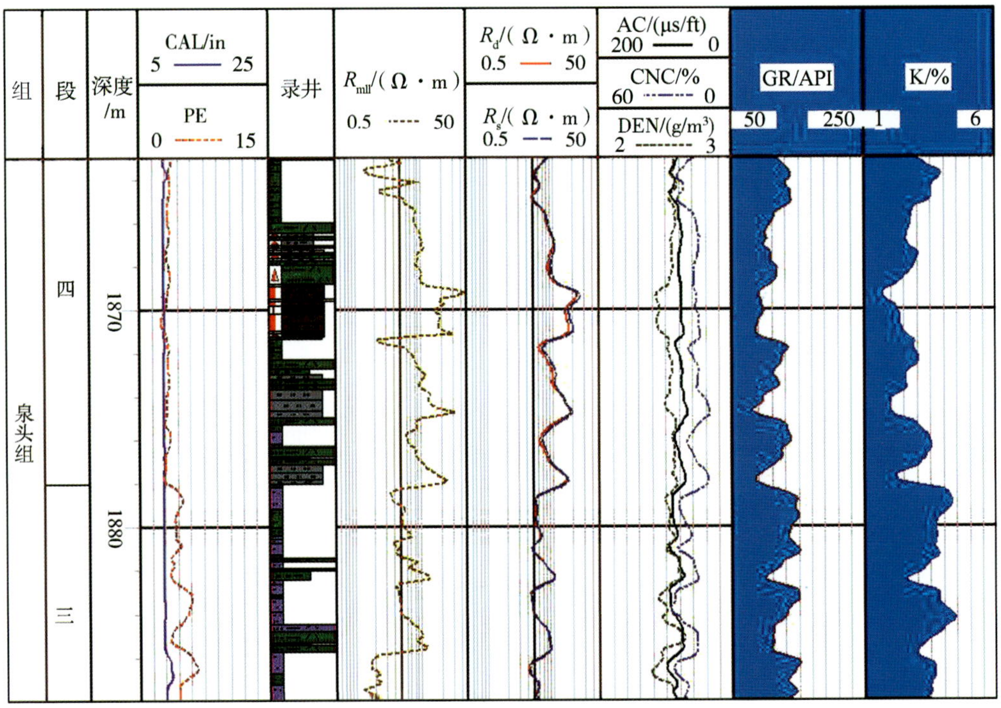
组
段
深度/m
CAL/in
5 25
PE
0 15
录井
R_{mll}/(Ω·m)
0.5 50
R_d/(Ω·m)
0.5 50
R_s/(Ω·m)
0.5 50
AC/(μs/ft)
200 0
CNC/%
60 0
DEN/(g/m³)
2 3
GR/API
50 250
K/%
1 6
泉头组
四
三
1870
1880

图 3.21 利用岩性组合与突变接触面进行岩心深度归位效果图

对于青山口组和嫩江组大段泥岩的深度归位，主要是利用大段泥岩内部保存的泥灰岩（青山口组）和白云岩（嫩江组）作为标志层。泥灰岩层在泥质剖面中表现为高密度、低声波、低放射性的特征，在电阻率曲线上表现为明显齿状尖峰（图 3.22）。

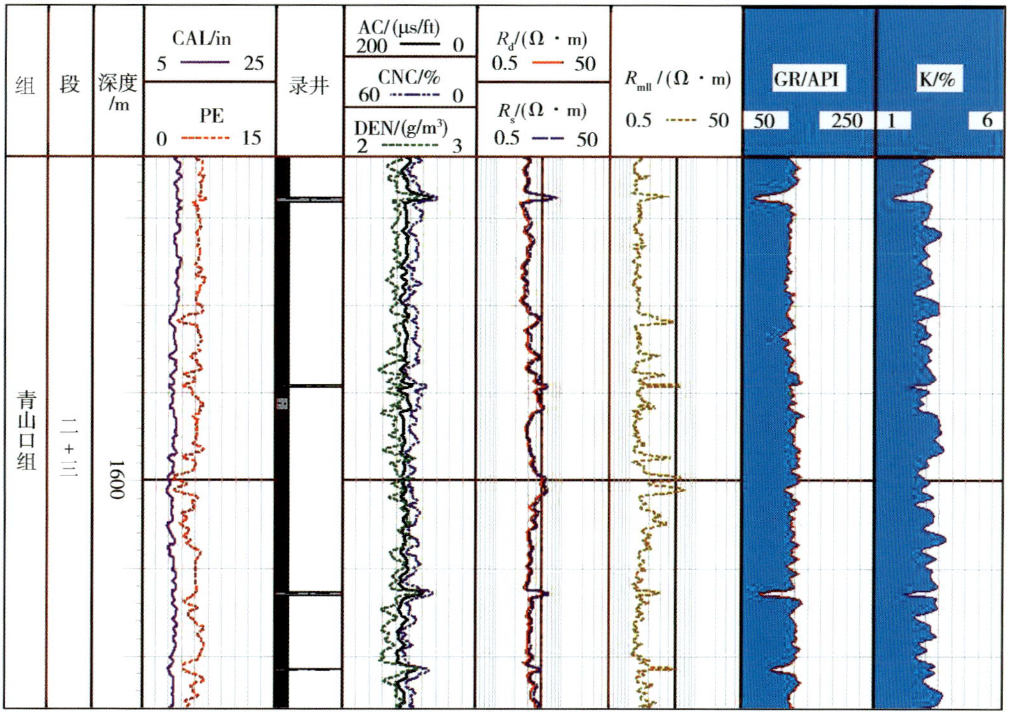
组
段
深度/m
CAL/in
5 25
PE
0 15
录井
AC/(μs/ft)
200 0
CNC/%
60 0
DEN/(g/m³)
2 3
Rd/(Ω · m)
0.5 50
Rs/(Ω · m)
0.5 50
Rmll /(Ω · m)
0.5 50
GR/API
50 250
K/%
1 6
青山口组
二+三
1600

图 3.22　利用大段泥岩中的薄层泥灰岩进行岩心深度归位效果图

在“松科 1 井”嫩江组深湖相暗色泥岩中发育的深湖相白云岩也是嫩江组岩心归位的重要标志层。白云岩在电阻率曲线表现为正偏小尖峰状，自然伽马曲线表现为负偏小尖峰状。单层厚度一般为几厘米到十几厘米，是进行高精度岩心深度归为的重要参照标志（图 3.23）。

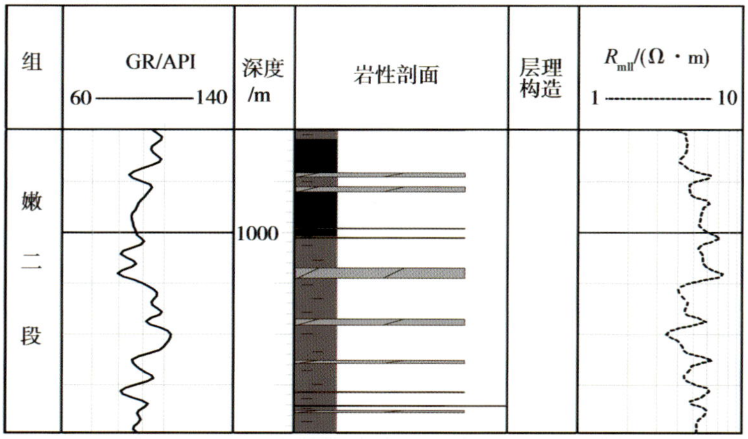
组
GR/API
60 140
深度/m
岩性剖面
层理构造
Rmll/(Ω · m)
1 10
嫩二段
1000

图 3.23　利用大段泥岩中的薄层白云岩进行岩心深度归位效果图

从粗至细分别采用岩性组合、特殊岩性标志层、砂岩或泥岩段内部的薄层特殊岩性段归位，从而达到了“松科 1 井”高井段岩心深度归位的目标，为地质、地球化学与地球物理响应关系的分析建立了深度的桥梁。

3.6 岩心处理方案与保存技术

岩心从出筒到取样研究是一个长期的过程，所以对岩心从出筒到库存的各个环节要十分注意。“松科1井”的岩心在取心前就形成了一套完整的后续保存方案，从出筒后的暂存井场到最后岩心室库存都有合理的安排，保证了岩心的原始状态和完整性。由于“松科1井”岩心样品极其珍贵，加之数量有限，为了为后续的观察和研究，需要将全井段岩心预留部分用于长久保存，其余用于当前研究。经项目办与大庆油田有限责任公司研究决定，将整个井段岩心横剖面的1/3用于长久保存，并开展岩心长久保存的样品制备工作。

3.6.1 钻井现场岩心处理与存放

“松科1井”南孔岩心出筒由大庆油田录井队负责，岩心在竖起的取心筒中依靠自身的重力滑出。“松科1井”北孔岩心出筒由现场钻井队负责，录井队配合，采用液压出心技术。将装有岩心的取心筒水平放置，在取心筒顶端接通泥浆输送管，加压后泥浆将岩心逐渐推出取心筒，出心的速度可以用施加压力的大小控制，这样不仅保证了出筒的岩心顺序不乱，而且还避免了常规岩心出筒时对岩心外形的破坏。出筒后按照茬口将岩心对接，用清水将岩心表面泥浆进行清洗，进入冬季用水蒸气进行清洗。等岩心表面干了以后，画红黑两条平行线构成的方向线，再进行岩心的丈量、贴标签、装筒、描述。在钻井现场，岩心暂时放在录井公司的岩心房里。

3.6.2 岩心的扫描与库存

钻井现场岩心累积一定数量后，将统一运送到大庆油田有限责任公司岩心库“松科1井”岩心存放室进行岩心的表面图像扫描。扫描工作分两个地点完成：“松科1井”南孔岩心扫描在大庆油田地质录井分公司岩心扫描室进行，“松科1井”北孔岩心扫描在大庆油田岩心库进行。扫描分为两种：一种为纵向扫描，即扫描岩心从顶部到底部的一个侧面；另一种为外表面扫描，即对保存较完整的岩心进行旋转360°扫描，使得扫描图像可观察到岩心整个外表面情况。在表面图像扫描完成后，岩心将被送到大庆油田有限责任公司岩心库专门用来存放“松科1井”岩心的“‘松科1井’岩心存储室”存放，岩心存储室装有大功率空调、电热板，可以调节岩心存储室的湿度和温度。岩心统一摆放于专用岩心架中，装卸方便，便于岩心的观察与取样。

3.6.3 “松科1井”岩心的剖切、浇铸与长久保存

为了保证岩心样品制备质量，由成都理工大学材料系与大庆油田有限责任公司勘探开发研究院岩心室共同承担了专为“松科1井”岩心保存而设立的研究课题“‘松科1井’岩心样品制备与保存技术研究”，主要目的是研究“松科1井”岩心样品制备浇铸材料及其应用工艺技术、岩心U形

托槽设计及其材料，以及岩心样品制备工艺技术等。

通过研究，对比试验了六种不同材料的浇铸性能，结果表明水晶树脂的综合性能优越，具有透明性好、黏度低、不污染岩心、操作工艺方便以及力学性能与耐老化性能好等特点和优势，因此确定水晶树脂为“松科1井”岩心样品制备浇铸材料；通过促进剂、固化剂、温度和岩心含水量等因素对水晶树脂固化时间、力学性能及应用效果的影响等研究，确定了水晶树脂的应用工艺参数；通过水晶树脂紫外灯照射耐老化实验样品的颜色、透光率及黄色指数等随时间变化特征的测试分析，以及红外吸收光谱（IR）及X射线衍射（XRD）分析，证明水晶树脂浇铸材料的耐老化性能优良；完成了U形托槽的外观设计，并研究确定采用有机玻璃（PMMA）作为“松科1井”岩心样品制备的U形托槽材料，因为有机玻璃具有透明性好，综合性能优越，生产工艺成熟，并与水晶树脂相容性好等突出优点；红外吸收光谱分析结果表明，水晶树脂与有机玻璃托槽的结合界面没有发生化学反应，也没有新物质的特征峰产生，其界面黏结较好，属物理结合。

根据以上研究结果，确定了岩心样品制备工艺，并完成了近3000m岩心样品制备，其工程应用效果优良。岩心样品制备工艺包括岩心归位剖切工艺、岩心规整工艺、岩心浇铸工艺、岩心浇铸体剖切工艺、岩心表面封护工艺、岩心表面抛光工艺六个步骤。

岩心归位剖切工艺中，切割机切割尺寸控制是根据U形托槽的设计大小而定的。岩心规整工艺是下面岩心浇铸工艺成败的前提条件，保证岩心表面无灰尘、无污染、无水迹是这个工艺的重心工作，也要保证岩心位置的固定，不能随意移动，确保岩心尽可能与地下原始状态一致。岩心浇铸工艺是这一系列工艺中最核心的工艺，里面主要涉及浇铸材料的配制、岩心浇铸、凝胶定型和固化定型等几个步骤，前面已经做了详细的研究。岩心浇铸体剖切工艺和上述钻孔岩心归位剖切工艺基本相似，应与有机玻璃U形托槽尺寸相吻合。岩心表面封护工艺与表面抛光工艺是这一系列工艺中最重要的工艺，因为表面封护与抛光效果将会直接影响到钻孔岩心表面的观赏性。

根据以上研究，结合现场实施特点，研究总结出岩心样品制备工艺技术流程（图3.24、图3.25），通过现场工程应用，达到了预期效果。

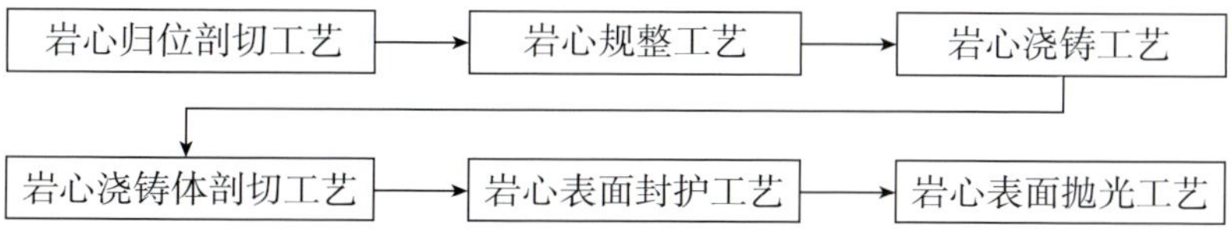
岩心归位剖切工艺
岩心规整工艺
岩心浇铸工艺
岩心浇铸体剖切工艺
岩心表面封护工艺
岩心表面抛光工艺

图3.24 岩心样品制备工艺流程图

岩心横向剖切机

岩心纵向剖切机

图3.25 “松科1井”岩心剖切、浇铸、抛光流程

清理岩心切割留在岩心表面的粉尘

岩心的归位和整理

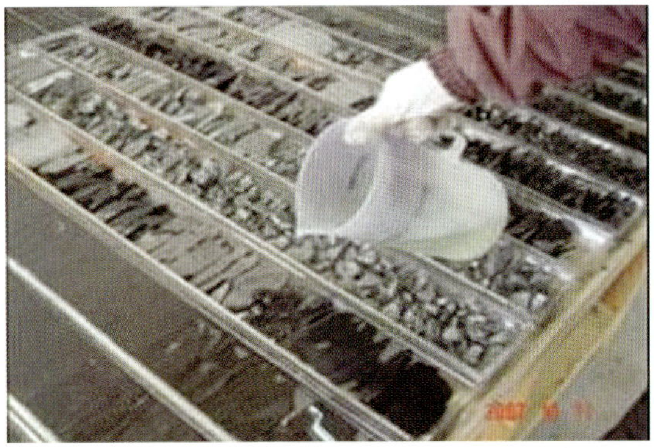

岩心一次浇铸

岩心二次浇铸

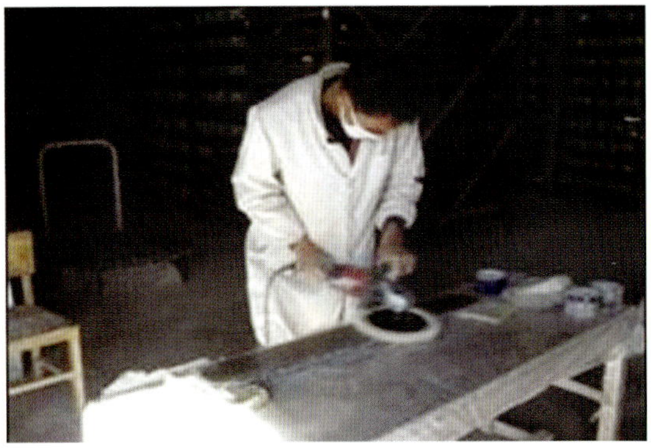

浇铸完岩心表面的打磨与抛光

1 2 3 4 5 6 7 8 9 40 1 2 3

浇铸完岩心表面效果

图 3.25 “松科1井”岩心剖切、浇铸、抛光流程（续）

岩心样品制备工艺总结：①岩心样品制备工艺主要包括岩心归位剖切工艺、岩心规整工艺、岩心浇铸工艺、岩心浇铸体剖切工艺、岩心表面封护工艺、岩心表面抛光工艺等。其中，岩心浇铸工艺是这一系列工艺中核心工艺。②岩心样品剖切尺寸大小与有机玻璃、PPU形拖槽设计生产尺寸大小相吻合。③有机玻璃拖槽里的浇铸材料固化后，会产生约3%的收缩率，所以，要对它进行二次浇铸。④试验表明，烘箱烘烤时温度若超过80℃，有机玻璃拖槽可能会产生破裂现象。⑤固化后的浇铸材料与PPU形拖槽界面脱模性好，而与有机玻璃拖槽界面的黏结性好。

3.6.4 “松科 1 井”岩心取样

岩心的表面图像扫描和切分完成后，项目组组织了多次统一的岩心取样工作。具体过程是：首先各个课题组拟定自身的取样方案，提交地质指挥审核、归并和调整，然后交付首席科学家批准。审查和批准后，按照取样方案，由地质指挥统一组织和协调。参照 ICDP 国际标准，结合本项目研究，特制定“‘松科 1 井’岩心样品取样原则和取样规则”，按照该标准开展取样工作。

取样原则：“松科 1 井”累计取心 2485.89m，其中要留出一半用于馆藏，所以岩心非常有限，加之取样单位较多，因此任何单位取样前，必须对提出的取样申请进行细致的讨论，然后提交 973 项目办公室审批。973 项目办公室对取样单位或个人提交的取样申请进行审查，遇到两家以上的单位对同一块岩心取样时，项目办公室应进行协调处理，充分利用有限的岩心，完成更多的科研项目。“松科 1 井”岩心将被纵向对半切割，标记有方向线的一半（上面有岩心标签）用于馆藏，取样将在另一半上进行，同时要求在岩心的同一个地方取样不能超过 1/4 个岩心横截面，长度不大于 5cm。

取样规则：①取样单位或个人必须向项目办公室提出取样申请，得到批准后方可按取样规范取样；②取样者必须按照所申请的层位、深度、岩性和大小来取，不能多取或串取，并填写好“岩心取样记录”；③在取样过程中，必须要有岩心资料室专人监督、验收和登记，方可带出岩心室；④带有标签和方向线的岩心不能取走；⑤取样时应用取样器取，若需要将某半块整体拿走时，必须经项目办公室批准，按规范取走岩心，并在岩心盒对应的位置留有标示；⑥使用后，应及时将剩余岩心归回岩心盒内，岩心资料室人员应检查验收。

按上述原则和规则取得样品后，向项目组提交实际取样的位置、样品大小、样品用途等数据，取样工作结束。“松科 1 井”的样品主要分为：岩性样品（取样间距：1m/ 样）、古地磁样品（取样间距：20cm/ 样）、环境磁学样品（取样间距：5cm/ 样）、岩石地球化学样品（取样间距：20cm ~ 1m/ 样）、介形类化石样品（取样间距：1~2m/ 样）、介形虫壳体同位素样品（取样间距：1m/ 样）、有机地化样品（取样间距：1m/ 样）、沟鞭藻化石样品（取样间距：1m/ 样）、孢粉样品（取样间距：1m/ 样）等，累计样品总量达到 3 万多件，具体取样情况见表 3.14。

表 3.14 “松科 1 井”取样情况表

样品类型	样品质量 /g	取样密度 /（个 /m）		样品数量 / 个		
		南孔	北孔	南孔	北孔	合计
岩性样品	50	0.7	1.5	702	2245	2947
古地磁样品	20	4.8	4.1	4533	6302	10835
环境磁学样品	10	13.7	0	12892	0	12892
岩石地球化学样品	100	0.9	0	808	0	808
介形类化石样品	100	0.5	0.4	435	655	1090
介形虫壳体同位素样品	150	1.1	0	1003	0	1003
有机地化样品	150	0.9	1.0	860	1527	2387
沟鞭藻化石样品	150	0.5	0.5	472	771	1243
孢粉样品	100	0.6	0.4	579	688	1267
样品总量 / 个				22284	12188	34472

第 4 章 “松科 1 井”钻探初步科学研究成果

科学钻探的主要目标是通过钻孔获取岩心、流体等样品以及各种地球物理、地球化学数据，为科学家们提供大量的、可靠的、其他方法难以得到的地球科学信息，使人类对地球的了解有更大的准确性，并进入更深的层次（刘广志，2005）。国际大陆科学钻探计划（ICDP）以全球性重要的基础科学问题为目标，通过科学钻探，对地壳成分、结构和各种地质过程有更加准确和深入的了解(Harms *et al.*，2007)。“白垩纪松辽盆地大陆科学钻探——‘松科 1 井’”获取了松辽盆地白垩纪 2500m 连续沉积记录，并通过地球物理、地球化学分析测试手段获得了大量宝贵的科学数据，为开展后续科学研究奠定了坚实基础。

“松科 1 井”科学钻探的完成和已获得的原始科学资料和数据，建立了超长连续岩心高密度（厘米级）样品十项基础地质数据系列（十大剖面），它们包括连续岩性剖面、高分辨率古地磁剖面、测井剖面、元素地球化学与矿物剖面、综合年代地层剖面、地质微生物剖面、有机地球化学剖面、稳定同位素地球化学剖面、高分辨率旋回地层剖面和生物演化剖面。本章将详细论述十项基础地质数据系列取得的初步科学研究成果。

4.1 连续岩性剖面

4.1.1 岩心描述的目的、意义以及方法和原则

“松科 1 井”连续取心是岩心精细描述的基础，而连续岩心的精细描述又是后续研究的基础，同时也为钻探工程和测井工程的顺利实施提供重要信息。因此，建立“松科 1 井”十大剖面的第一个剖面——连续岩性剖面具有重要意义。

“松科 1 井”的岩心精细描述工作在钻井现场随钻进行，目的是尽可能在第一时间掌握岩心的原始面貌和主要地质特征。连续取心资料对松辽盆地白垩系泉三段顶部至泰康组底部的地层进行了完整的揭示，岩心描述方法和遵循的原则在原有的“中国石油天然气股份有限公司企业标准 Q/SY 128–2005”基础上，结合科学钻探的目的和要求做了有针对性的调整和改进，如对特殊事件层的重点描述和颜色描述的标准等。以往油田对钻井岩心描述工作的重点主要集中在碎屑岩段，对泥岩段的取心和详细描述内容较少，由于“松科 1 井”南孔选址在松辽盆地，沉积记录尽可能完整保存的地区，其泥岩段厚度较大，而且预计在泥岩层中会存在火山灰、介形虫灰岩、白云岩等特殊事件层，这些事件层对反映松辽盆地陆相地质事件与海相的相关性、提出大陆环境白垩纪温室气候变化的可能地质原因都有重要的作用。因此，对“松科 1 井”泥岩段的岩心精细描述也极为重要。另外，在对岩心的颜色描述方面也有很大改进，油田对探井岩心的颜色描述没有特定的颜色标准，主要是靠技术员的经验对岩心颜色的判断确定，本次岩心描述工作使用了“美国地质学会岩石颜色标准（*The Geological Society of America:Rock–Color Chart*）”（简称 GSA 色标），这将使岩石的颜色描述更加准确。例如，在以往综合录井图中常出现的深灰色，用 GSA 色标可再细分确定出深灰、中深灰、橄榄灰等颜色。

“松科 1 井”岩心描述的原则如下：

（1）常见岩性，厚度大于或等于 5cm，颜色、岩性、结构、构造、含有物、油气水产状等有变化的层，均分层描述；厚度小于 5cm，作条带或薄夹层描述，不再分层；特殊岩性（如泥灰岩、白云岩、重结晶灰岩、火山灰）的最小分层厚度为 2cm，小于 2cm 作夹层描述。

（2）对岩心分层后进行岩性、颜色、结构、沉积构造和含有物五项描述，现场填写“松科 1 井”岩心描述表。

（3）颜色描述使用“美国地质学会岩石颜色标准（*The Geological Society of America:Rock–Color Chart*）”，从而建立统一的客观标准，便于后续研究以及计算机处理。

4.1.2 “松科 1 井”岩心岩性综述

“松科 1 井”对松辽盆地古近系泰康组底部至白垩系泉头组三段顶部进行了连续的钻探取心。通过对这口钻井岩心的精细描述，建立了松辽盆地下白垩统上部和上白垩统完整的岩性剖面。对“松

科 1 井”连续取心各组段岩性特征分述如下。

泰康组底部：发育浅灰色砂质砾岩和含砾砂岩。

明水组：以粉砂岩、泥岩为主，其次为泥质粉砂岩和粉砂质泥岩，砂质砾岩、含砂砾岩、细砂岩、中砂岩仅在局部出现且层较薄。砂岩颜色和部分泥岩颜色以灰色为主，泥岩颜色有灰色、灰黑色、黑色、紫红色、绿灰色、灰绿色。在粉砂岩、细砂岩中发育平行层理、浪成沙纹层理、浪成交错层理，局部见小型槽状交错层理，滑塌变形层理较常见，偶见正粒序层理；紫红色、绿灰色、灰绿色泥岩发育块状层理，灰色、灰黑色、黑色泥岩中发育水平层理和水平波纹层理；砂质砾岩发育块状构造和变形构造。砂岩中见较多炭屑，在局部的砂岩层理面上见植物炭屑富集。动物化石少，偶见蚌化石和螺化石。属于滨湖和浅湖沉积环境。

四方台组：中下部以粉砂岩为主，上部以泥岩为主；其次为泥质粉砂岩和粉砂质泥岩，含钙粉砂岩、砂质砾岩、泥砾岩、细砂岩、中砂岩在中、下部和顶部出现且层较薄。砂岩、砾岩颜色和部分泥岩颜色为灰色，泥岩颜色以紫红色、绿灰色、灰绿色以及紫红色杂灰绿色为主，其次为灰色，黑色和灰黑色泥岩非常少。在粉砂岩、细砂岩中发育平行层理、浪成波纹层理、浪成交错层理，局部见小型槽状交错层理，偶见楔状交错层理，滑塌变形层理较常见；紫红色、绿灰色、灰绿色、紫红色杂灰绿色泥岩发育块状层理，偶见水平波纹层理，灰色、灰黑色、黑色泥岩中发育水平层理和水平波纹层理。砂岩中见较多炭屑，在局部的砂岩层理面上见植物炭屑富集。动物化石少，偶见蚌化石和螺化石，属于滨湖和浅湖交互沉积环境。

嫩江组五段：紫红色泥岩和紫红色杂灰绿色泥岩占很大比例，其次为灰色粉砂岩、细砂岩和泥质粉砂岩沉积，灰色泥岩和灰绿色泥岩仅在局部发育。砂岩中发育浪成交错层理和波状层理，见炭屑，泥岩以块状层理为主，在砂泥岩界面处常见变形层理，属于浅湖沉积环境。

嫩江组四段：发育一系列的反旋回沉积，岩性主要由灰色细砂岩、粉砂岩、泥质粉砂岩和粉砂质泥岩构成，灰色泥岩、绿灰色泥岩占的比例很小。砂岩中见前积交错层理，波状层理，在局部细砂岩和粉砂岩中见槽状交错层理。局部发育滑塌变形层理和冲刷面。砂岩中见炭屑。属于三角洲沉积环境，且以前缘沉积为主。

嫩江组三段：中下部黑色泥岩、灰色泥岩沉积占总心长比例非常大，上部则主要以灰色细砂岩、粉砂岩、泥质粉砂岩和粉砂质泥岩沉积为主。中下部砂体中发育槽状交错层理、波状层理，偶见攀升层理，局部见变形层理；上部砂岩主要发育浪成交错层理和波状层理。暗色泥岩发育水平层理。沉积环境由下部的半深湖变成上部的浅湖。

嫩江组二段：主要发育黑色、灰黑色泥岩，发育水平层理，局部见砂岩条带。在该段底部发育一套劣质油页岩，发育页理构造，具油味。嫩二段顶部发育由灰色、深灰色粉砂质泥岩、泥质粉砂岩、粉砂岩组成三个反旋回，在砂岩中主要见浪成交错层理、前积交错层理，粉砂质泥岩和泥质粉砂岩主要发育水平波纹层理，局部见变形层理。黑色泥岩中见介形虫化石、叶肢介化石和其他生物碎片，砂岩中偶见炭屑，属于半深湖 – 深湖沉积。

嫩江组一段：发育深湖相，岩性为大段深灰色、中深灰色、橄榄灰色、深绿灰色泥岩夹薄层油页岩及介形虫泥岩。与下伏地层呈整合接触。

姚家组二、三段：发育半深湖 – 深湖相，岩性为微带绿灰色、深绿灰色、微带灰棕色泥岩夹深绿灰色、

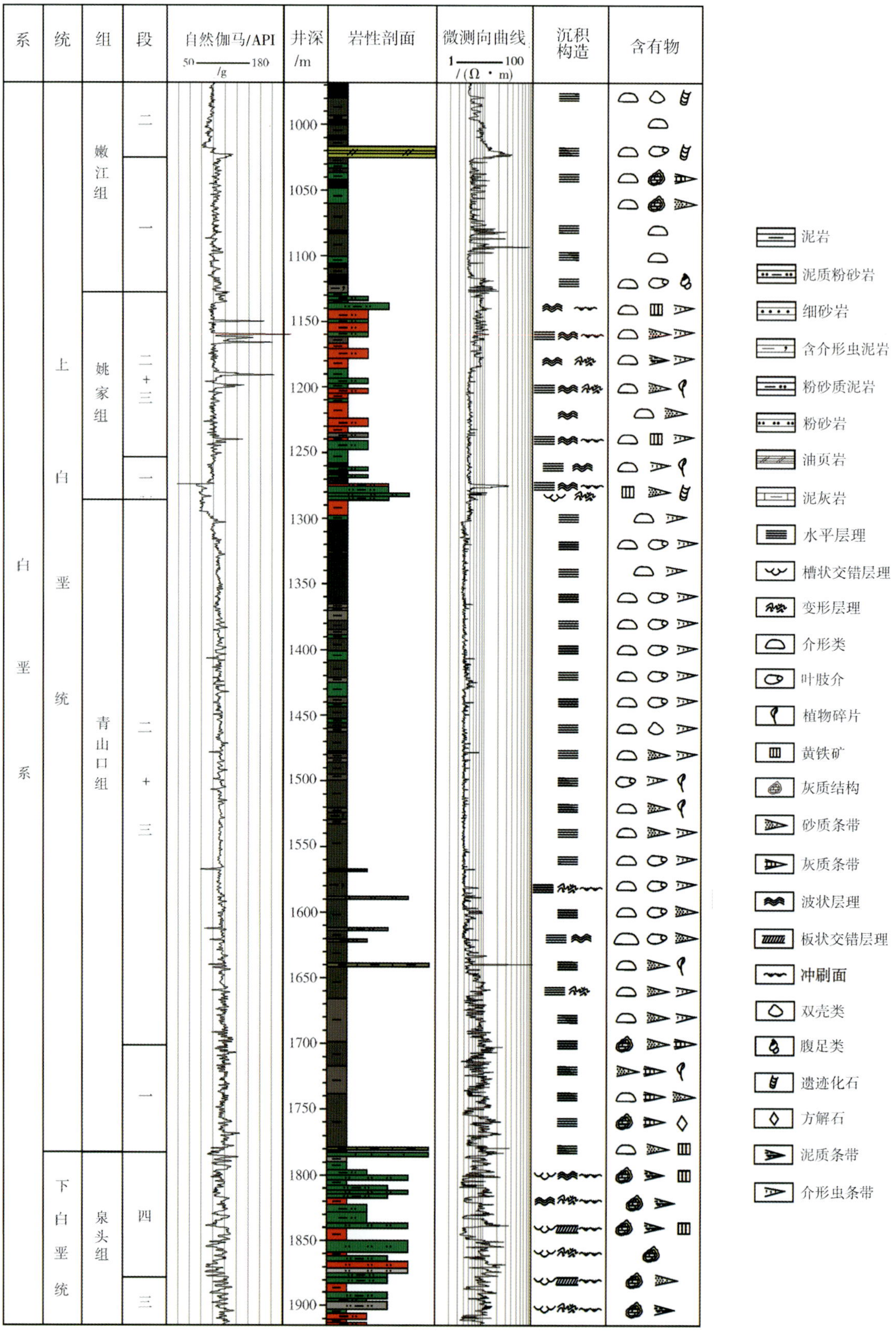
系
统
组
段
自然伽马/API
50
180
/g
井深
/m
岩性剖面
微测向曲线
1
100
/(Ω·m)
沉积构造
含有物
白垩系
上白垩统
下白垩统
嫩江组
姚家组
青山口组
泉头组
二
一
二+三
一
二+三
一
四
三
1000
1050
1100
1150
1200
1250
1300
1350
1400
1450
1500
1550
1600
1650
1700
1750
1800
1850
1900
泥岩
泥质粉砂岩
细砂岩
含介形虫泥岩
粉砂质泥岩
粉砂岩
油页岩
泥灰岩
水平层理
槽状交错层理
变形层理
介形类
叶肢介
植物碎片
黄铁矿
灰质结构
砂质条带
灰质条带
波状层理
板状交错层理
冲刷面
双壳类
腹足类
遗迹化石
方解石
泥质条带
介形虫条带

图 4.1 “松科 1 井”南孔岩心综合柱状图

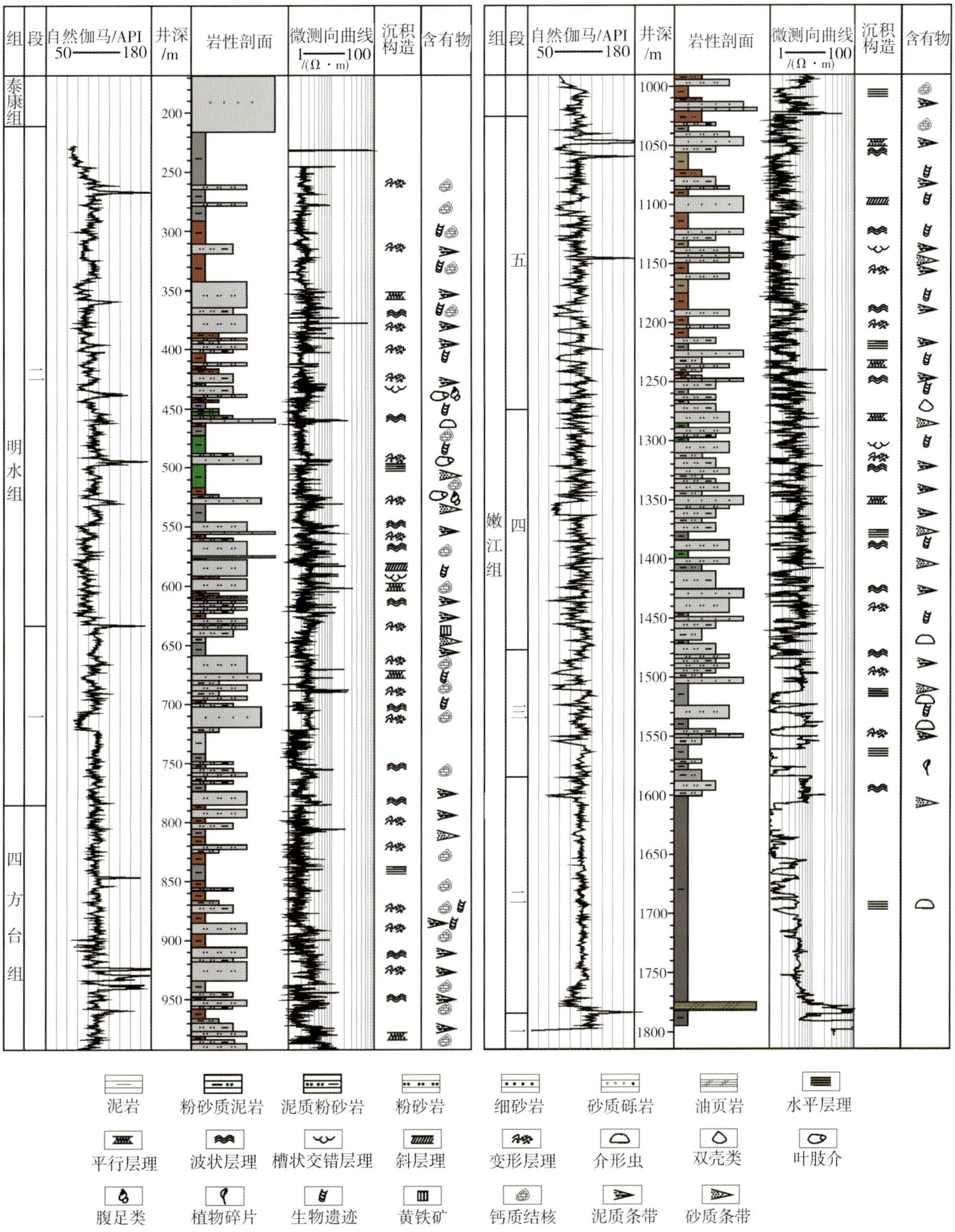
组
段
自然伽马/API 50—180
井深/m
岩性剖面
微测向曲线 1—100 /(Ω·m)
沉积构造
含有物
泰康组
明水组
四方台组
嫩江组
二
一
五
四
三
二
一
泥岩
粉砂质泥岩
泥质粉砂岩
粉砂岩
细砂岩
砂质砾岩
油页岩
水平层理
平行层理
波状层理
槽状交错层理
斜层理
变形层理
介形虫
双壳类
叶肢介
腹足类
植物碎片
生物遗迹
黄铁矿
钙质结核
泥质条带
砂质条带

图 4.2 “松科 1 井”北孔岩心综合柱状图

微带绿灰色泥质粉砂岩、粉砂质泥岩薄层。

姚家组一段：上部为浅湖相，以微带绿灰色、深绿灰色泥岩为主，中、下部为三角洲前缘亚相，岩性为微带灰棕色泥岩与深绿灰色泥质粉砂岩、灰棕色含油粉砂岩呈不等厚互层。与下伏地层呈假整合接触。

青山口组二、三段：发育深湖相，岩性为大段深灰色、中深灰色、微带绿灰色、深绿灰色泥岩为主，见薄层橄榄灰色油页岩，介形虫泥岩。

青山口组一段：发育深湖相，岩性以深灰色、橄榄灰色、橄榄黑色泥岩为主，下部见深灰色、中深灰色粉砂质泥岩、泥质粉砂岩薄层。与下伏地层呈整合接触。

泉头组四段：发育河流泛滥盆地亚相，微带绿灰色、深绿灰色、微带棕灰色、微带灰棕色泥岩、泥质粉砂岩不等厚互层，少量含油的微带棕灰色粉砂岩、细砂岩。

泉头组三段（未穿）：河流相泛滥盆地亚相，岩性为微带绿灰色、深绿灰色、微带棕灰色、微带灰棕色泥岩、粉砂质泥岩为主，见微带绿灰色细砂岩薄层。

“松科1井”南孔和“松科1井”北孔的综合柱状图如图4.1和图4.2所示。

4.1.3 “松科1井”特殊沉积及其地质意义

（1）火山灰层：在“松科1井”中共识别出14层火山灰，主要以薄夹层的形式分布在嫩一、二段和青山口组暗色泥岩中，厚度为5~40mm。火山灰层一般很松散，呈灰白色、浅灰色或绿灰色，主要由细小的石英、长石晶屑和凝灰质物质组成。对其中的5个样品进行高精度的SIMS锆石U–Pb年代学研究，具体测试结果见本章4.5节。火山灰层的发现及年代学研究为松辽盆地陆相地层与全球海相地层的对比提供了直接依据。

（2）湖底水道系统：首次在中央拗陷区大庆长垣嫩江组一段湖相泥岩中发现了发育完整的大型湖底水道系统，该系统由三个主干水道和四个末梢分支水道构成，沿大庆长垣自北向南延伸，水道系统延伸最大直线距离71km，水道最大宽度600m。研究认为该水道系统可能为河流直接入湖而形成，电测解释和岩心观察表明水道砂体具有很好的含油气性。因此，这一水道系统的发现为在松辽盆地中央指出拗陷区广泛发育的湖相泥岩中寻找油气储层提供了一个新勘探领域，具有极其重要的石油地质意义。

（3）震积岩：通过对“松科1井”南孔岩心的精细描述，在钻遇的青山口组二、三段识别出4段深水震积岩，主要分布在青二段底部到青三段底部。震积构造主要发育在被深湖相深灰色厚层泥岩所夹的薄层砂岩中，识别出的震积构造有阶梯状断层、震裂缝、角砾状构造、重荷构造、砂球–砂枕构造（假结核）、液化扭曲变形构造、肠状构造、液化砂岩脉、假泥裂。这些震积岩厚度一般为几毫米到几厘米。软沉积物变形构造以及缺少震浊积岩表明在“松科1井”南孔中发育的震积岩属原地震积岩。通过分析钻井揭示的青山口期水下火山岩喷溢与控制松辽盆地拗陷期沉积的孙吴–双辽壳断裂展布的时空关系，认为青山口组震积岩是在青山口期盆地整体强烈沉降背景下伴随的壳断裂拉张以及火山沿壳断裂水下喷溢导致的地震活动在深水沉积中的记录。

（4）白云岩：在“松科1井”南孔嫩江组地层中发育层状白云岩和椭球状白云岩，共62层。

白云岩结核的特点是垂向截面的透镜形状与结核内部发育上凸下凹两端收敛的层理，在显微镜下观察到的白云石的雾心亮边结构和泥灰岩被局部交代产生的“豹斑状”白云石聚集，均显示嫩江组白云岩是湖相泥灰岩在准同生期被交代的产物。白云岩的形成机制是在晚白垩世松辽盆地海侵背景下 Mg^{2+} 在准同生期交代由浊积事件、介形虫灭绝事件所带来的泥灰岩沉积而成。“松科 1 井”钻探发现的白云岩，可作为新的特殊储集层，由于这类储集层夹在生油岩中，具有形成岩性油气藏的条件，可作为下一步勘探的新的目标。

4.2 高分辨率古地磁剖面

4.2.1 研究目的与意义

松辽盆地的磁性地层定年工作最初由 Fang 等（1990）开展，由于当时客观条件的制约，未能开展高分辨率的磁性地层学研究工作。本项工作的目的就是通过高分辨率磁性地层学研究，建立“松科 1 井”的磁极性序列，并与地磁极性年表对比，从而建立“松科 1 井”的年代框架，实现松辽盆地陆相上白垩统与全球海相地层的准确对比。

4.2.2 古地磁取样与分析

1．古地磁采样

北孔和南孔分别采集古地磁样品 6302 块和 4565 块，共计 10867 块，平均采样间距 24cm。

2．退磁和剩磁测量

对 4459 块样品（其中，北孔 2546 块，南孔 1913 块）进行系统的热退磁或者热退磁和交变退磁混合退磁（其中，热退磁 2323 块，混合退磁 2136 块），并对每一步退磁进行了剩磁测量。已分析样品的平均间距为 58cm。

热退磁实验使用的是 MMTD60 或 MMTD80 型英制热退磁炉，交变退磁实验使用的是 2G 760–R 低温超导磁力仪的交变退磁系统。剩磁测量使用 2G760-R 或 2G755 低温超导磁力仪。所有退磁实验和剩磁测量均在磁屏蔽空间（<300nT）中进行。

通过逐步退磁实验，在去除掉一到两个次生磁组分之后，成功分离出了特征剩磁（ChRM）组分。利用 Craig H. Jones 和 Joya Tetreault 编写的 PaleoMag 软件进行主成分分析，并通过最小二乘法拟合方法计算得到样品的特征剩磁方向。所分析的 4459 块样品中，有 2494 块（占 56%）获得可靠的特征剩磁（其中，以磁铁矿为载体的有 2043 块，以赤铁矿为载体的有 451 块）。由于样品的磁偏角是任意的，因此，我们利用获得的特征剩磁方向的磁倾角数据建立了“松科 1 井”的磁极性序列（图 4.3）。

上述古地磁学实验在中国科学院地质与地球物理研究所“古地磁学与地质年代学实验室”（隶属岩石圈演化国家重点实验室）完成。

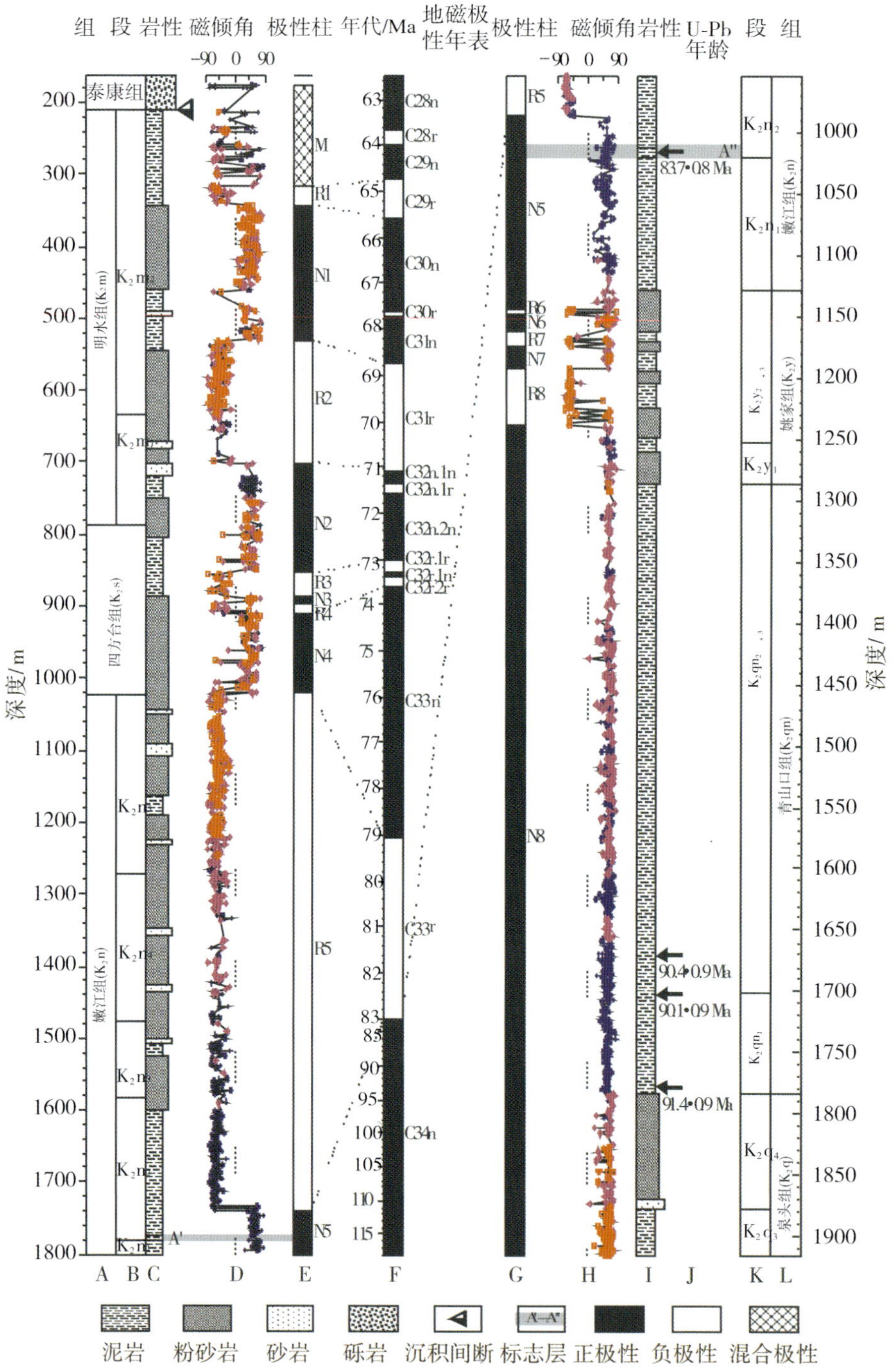
组 段 岩性 磁倾角 极性柱 年代/Ma 地磁极性年表 极性柱 磁倾角 岩性 U-Pb年龄 段 组
深度/m
83.7±0.8 Ma
90.4±0.9 Ma
90.1±0.9 Ma
91.4±0.9 Ma
A B C D E F G H I J K L
泥岩 粉砂岩 砂岩 砾岩 沉积间断 标志层 正极性 负极性 混合极性

图 4.3 “松科 1 井”北孔和南孔的岩石地层划分、离子探针锆石 U–Pb 年代学、磁极性序列及其与地磁极性年表的对比

A—E 和 G—L 分别为北孔（Deng *et al.*，2013）和南孔（He *et al.*，2012）的结果，F 为地磁极性年表 CK95（Cande and Kent，1995）。D、H 中的红色圆圈表示采用热退磁方法并且特征剩磁载体为赤铁矿的样品，紫色菱形表示采用热退磁方法并且特征剩磁载体为磁铁矿的样品，蓝色十字表示采用混合退磁方法并且特征剩磁载体为磁铁矿的样品

4.2.3 古地磁结果

1. “松科 1 井”磁极性序列

根据图 4.3 所示的磁极性序列，北孔记录了 11 个磁极性带，顶部标记为混合极性带 M（175~317.03m），之下为五个负极性，即 R1（317.03~342.1m）、R2（530.78~700.88m）、R3（852.6~887.8m）、R4（895.8~910.2m）、R5（1020.4~1739.3m）；以及五个正极性，即 N1（342.1~530.78m）、N2（700.88~852.6m）、N3（887.8~895.8m）、N4（910.2~1020.4m）、N5（1739.3~1800m）。南孔记录了八个极性带，包括四个负极性，即 R5（955.45~987.95m）、R6（1144.4~1149.8m）、R7（1163.85~1175.9m）、R8（1193.15~1239.9m）以及四个正极性，即 N5（987.95~1144.4m）、N6（1149.8~1163.85m）、N7（1175.9~1193.15m）、N8（1239.9~1915m）。

2. 与地磁极性年表的对比

将上述磁极性序列与古地磁学界广泛使用的地磁极性年表 CK95（即 Cande 和 Kent 于 1995 年建立的年表）对比，获得了“松科 1 井”的磁性地层年代学框架。

根据白垩纪古地磁场特征以及“松科 1 井”南孔的四个离子探针锆石 U–Pb 年代学数据（见第 4 章 4.5 节及图 4.3），可以将南孔的磁极性带 N5–R6–N6–R7–N7–R8–N8 与白垩纪超静磁带（简称 CNS，在地磁极性年表中的编号为 C34n）对比。由于北孔与南孔可以通过嫩江组二段底部的油页岩进行对接，因此，北孔底部与南孔顶部的磁极性带 R5 就相当于 C33r 负极性时。总之，北孔记录了 C29r 负极性时和 C34n 正极性时之间的沉积，南孔记录了 C33r 负极性时和 C34n 正极性时之间的沉积。详细的对比如图 4.3 所示。

3. “松科 1 井”年代框架及其与全球海相层序的对比

基于上述与地磁极性年表的对比方案，我们建立了“松科 1 井”的年代框架，并与全球海相层序进行了对比（图 4.4）。在确定“松科 1 井”各组、段的年龄时，我们确定如下原则：首先尽量采用离子探针锆石 U–Pb 年代学数据或地磁极性倒转界线年龄作为岩石地层界线的年龄，然后通过线性内插获得其他岩石地层单元的界线年龄。

北孔中，四方台组和嫩江组的界线接近于 C33r 与 C33n 界线处，因此，四方台组和嫩江组的界线年龄定为 79.075Ma。南孔中，嫩江组一段与二段、青山口组一段与二、三段、泉头组与青山口组的界线附近获得了离子探针锆石 U–Pb 年代数据，分别为 83.7Ma、90.1Ma、91.4Ma，因此，嫩江组一段、二段的界线年龄定为 83.7Ma，青山口组一段、二 + 三段的界线年龄定为 90.1Ma，泉头组、青山口组的界线年龄定为 91.4Ma（图 4.3）。

北孔中，对 R2（即 C31r）进行线性内插，得到明水组一段、二段的界线年龄为 70.153Ma；对 N2（即 C32n）进行线性内插，得到四方台组与明水组的界线年龄为 72.168Ma；对 R5（即 C33r）进行线性内插，得到嫩江组四段、五段的界线年龄为 80.449Ma，三段、四段的界线年龄为 81.568Ma，二段、三段的界线年龄为 82.152Ma（图 4.3）。

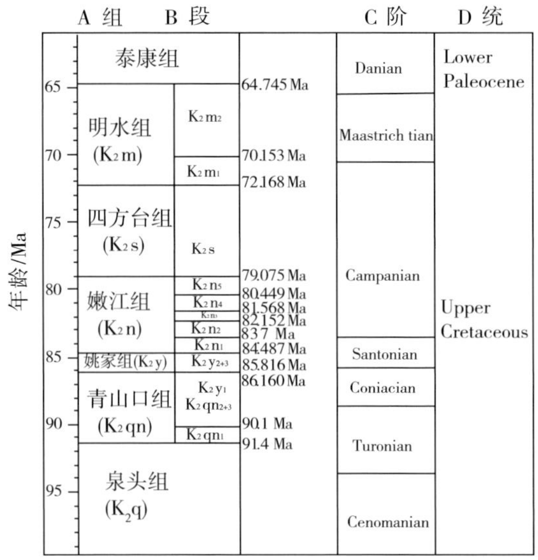
A 组
B 段
C 阶
D 统
年龄/Ma
泰康组
明水组 (K2m)
四方台组 (K2s)
嫩江组 (K2n)
姚家组(K2y)
青山口组 (K2qn)
泉头组 (K2q)
64.745 Ma
70.153 Ma
72.168 Ma
79.075 Ma
80.449 Ma
81.568 Ma
82.152 Ma
83.7 Ma
84.487 Ma
85.816 Ma
86.160 Ma
90.1 Ma
91.4 Ma
Danian
Maastrich tian
Campanian
Santonian
Coniacian
Turonian
Cenomanian
Lower Paleocene
Upper Cretaceous

图 4.4 "松科1井"年代地层学框架（He *et al*.，2012；Deng *et al*.，2013）及其全球海相地层（Skelton *et al*., 2003; Gradstein *et al*., 2004）的对比

南孔中，对1780m深度处的年龄（91.4Ma）和C34n的上界（即CNS的结束，深度为987.95m）年龄（83Ma）进行线性内插，得到姚家组和嫩江组的界线年龄为84.487Ma，姚家组一段和二+三段的界线年龄为85.816Ma，青山口组和姚家组的界线年龄为86.160Ma（图4.3）。

根据的上述磁性地层年代学和离子探针锆石U–Pb年代学结果，我们建立了"松科1井"的年代地层框架，并与全球海相层序进行了对比（图4.4）。该综合年代学结果表明，"松科1井"的青山口组到明水组的时代为Turonian中期至Maastrichtian期。另外，根据上述对比方案，白垩纪/古近纪（K/Pg）界线位于明水组二段上部。

4.3 测井剖面

4.3.1 测井剖面研究的目的与意义

地球物理测井技术是用专门的测井仪器测量井剖面的各种地球物理参数，并对这些参数进行分析和处理，用于对地层特征进行分析，确定地层的各种物理参数的一门科学。主要的测井技术包括电法测井、声波测井和放射性测井。地球物理测井资料具有深度信息连续性好、垂向分辨率高等特点。

建立测井剖面的目的在于：

（1）由于测井资料在深度上具有连续性好、一致性强、人为误差小的特点，利用特殊的电性标志层（泥灰岩、白云岩、煤层等）可以进行岩心深度归位，为地质采样提供统一的深度标准，也为岩性、物性、电性关系研究打下良好的基础。

（2）测井数据类型多，信息量大，通过岩性、物性、电性（测井响应）关系的分析，为反演出连续的地质信息提供了可能。利用测井曲线可以计算岩性（岩石粒径大小、泥质含量）、岩性物性（密度、孔隙度、渗透率等）、烃源岩特征（如有机质丰度等）参数，从而可以达到减少地质测试分析成本、缩短地质分析周期的目的。

（3）测井信息具有分辨率较高的特点，特别是在“松科 1 井”岩性变化不大的大段泥岩发育段，利用测井曲线（参数）的变化特征，通过信号处理分析技术，可以提取反映古气候变化的信息，确定古气候变化的替代性地球物理参数，充分发挥地球物理资料在古气候研究中的作用。

利用测井资料开展古气候变化特征的研究的理论基础是 1920 年前南斯拉夫塞尔维亚人米兰科维奇证明了的米兰科维奇天文周期（即地球轨道的岁差、地轴斜率及偏心率周期），这些周期影响气候，并通过气候影响沉积物供应、沉积水体的大小，并以岩相、单层厚度、物性的变化记录在地层中，地层沉积过程中的周期性规律会深刻体现在测井资料所包含的信息中，利用傅里叶变换或小波变换可以得到测井曲线的谱特征，通过谱特征分析及其韵律识别方法可以用于沉积旋回的识别，而这种沉积旋回与古气候变化存在着某种对应关系。设计一定的数据处理系统就可以提取这种周期信号。因此可以说米兰科维奇周期是一类记录在地层中的时钟，是一种地层剖面中的不变量，因此利用测井资料的旋回性特征开展古气候变化的研究成为可能。

对于烃源岩分布规律和特征的研究主要包括两个方面：一方面烃源岩的发育受古气候变化的控制，通过研究气候变化对烃源岩分布规律影响的研究具有指导意义；另一方面，地层中的有机碳含量及其他地球化学指标与测井资料有着十分重要的关系，因此利用测井资料开展烃源岩分布特征及规律的研究成为可能。

测井剖面的建立旨在通过利用高精度的测井信息，提取隐藏的地层序列周期性特征，寻找其主要周期与天文轨道周期的关系，利用测井曲线的能谱特征开展旋回地层学研究，在此基础上研究影响气候变化的主要因素及其对应的重大地质历史事件，探索利用测井资料开展旋回地层学及古气候变化等研究的方法，并研究在气候变化周期下烃源岩的发育特点与分布特征。

4.3.2 取样与分析

（1）利用岩心资料，开展地质旋回分析，划分米级旋回（六级旋回）以及五级、四级旋回的划分。

（2）利用傅里叶变换和小波变换等分析技术，对“松科 1 井”开展基础测井资料的旋回分析。

（3）利用实验室得到的有机碳含量，建立测井曲线与有机碳含量的定量关系，为进一步利用测井资料开展烃源岩预测与评价打下坚实的基础。

4.3.3 初步结果

（1）以“松科 1 井”南孔的泉头组为对象，开展米级旋回的识别与划分，确定了地层变化的周期性，并与采用深侧向测井（RD）曲线进行移动平均所确定的沉积旋回具有较好的吻合度（图 4.5）。

（2）初步分析了沉积岩石学特征与地球物理响应特征之间的关系，认为自然伽马能谱测井对古气候变化具有较好的反映，是下一步优选古气候变化替代指标的重要参数。

（3）相关分析发现，自然伽马能谱曲线（U、Th/U）与声波时差（AC）、深电阻率 R_d 等测井参数与烃源岩有机质丰度具有良好的相关性，通过多元逐步回归分析，建立了烃源岩有机质丰度的测井解释模型，为有效烃源岩的分布预测奠定了良好的基础（图 4.6）。

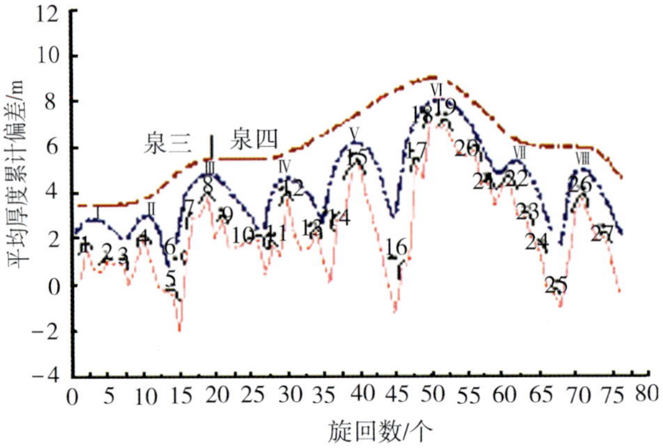
平均厚度累计偏差/m
旋回数/个
泉三
泉四
12
10
8
6
4
2
0
−2
−4
0 5 10 15 20 25 30 35 40 45 50 55 60 65 70 75 80

图 4.5 “松科 1 井”南孔泉头组 Fischer 分析曲线

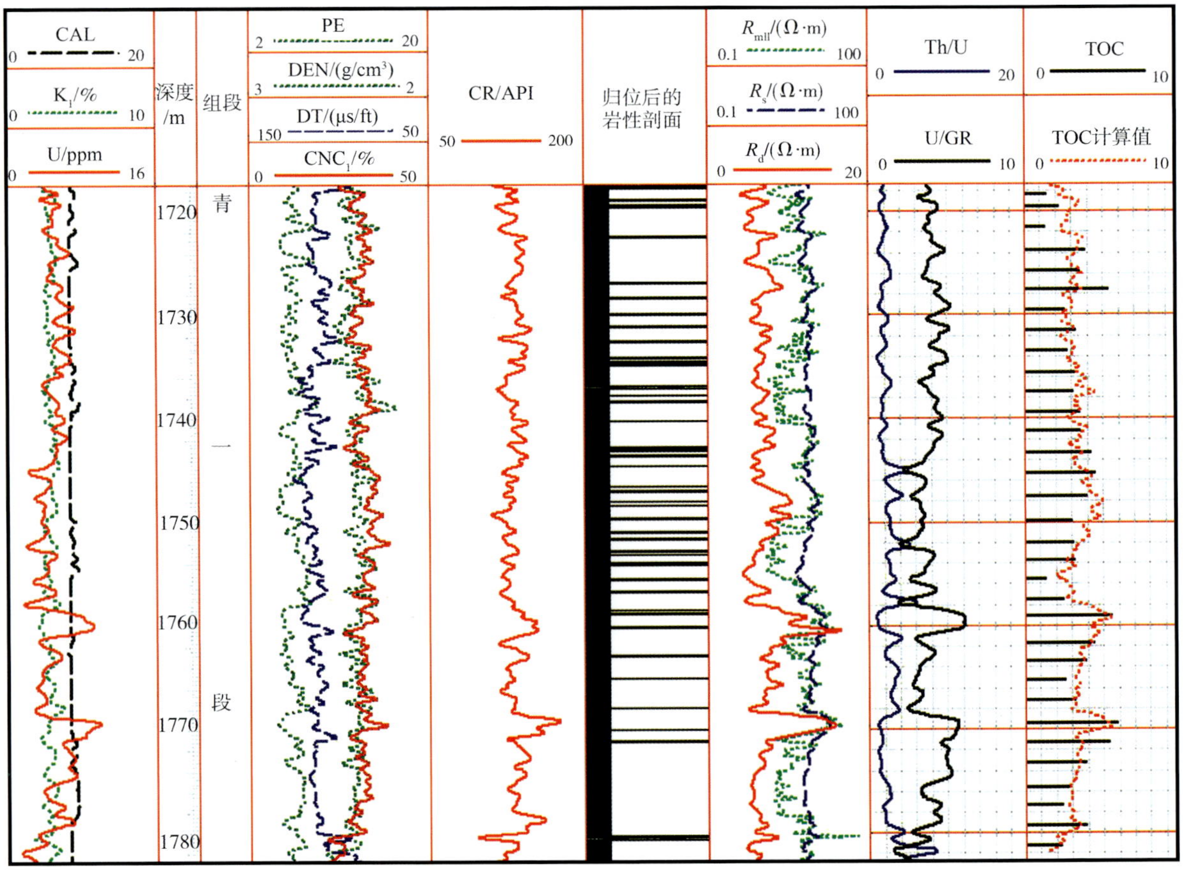
CAL
0 20
K1/%
0 10
U/ppm
0 16
深度/m
组段
PE
2 20
DEN/(g/cm³)
3 2
DT/(μs/ft)
150 50
CNC1/%
0 50
CR/API
50 200
归位后的岩性剖面
Rmll/(Ω·m)
0.1 100
Rs/(Ω·m)
0.1 100
Rd/(Ω·m)
0 20
Th/U
0 20
U/GR
0 10
TOC
0 10
TOC计算值
0 10
1720
1730
1740
1750
1760
1770
1780
青
一
段

图 4.6 测井计算的有机质丰度与实测有机质丰度对比

4.4 元素地球化学与矿物学剖面

4.4.1 研究目的与意义

沉积物的元素、矿物与同位素成分能够比较灵敏地反映从沉积物源区风化、搬运、沉积和成岩过程中的一系列地质作用的信息。元素、矿物与（硫）同位素剖面，可以作为恢复松辽盆地古湖泊和古气候变化的重要手段和基础资料。

4.4.2 分析方法

由于“松科 1 井”岩心长达 2600m 左右，各取样分析的密度还较低，只是在关键层段（如青山口组一段等）作了加密取样。元素分析的取样密度为 2~10m，分析主要在大庆石油学院进行，常量元素分析采用硅酸盐岩石化学分析方法，GB/T14506.28–93，仪器为飞利浦 PW2404–X 射线荧光光谱仪；微量元素采用原子发射光谱分析，仪器为 ICPS–7510 原子发射分光光度计。矿物分析的取样密度为 10~20m，其中黏土矿物分析在大庆油田有限责任公司勘探开发研究院和中国地质大学（北京）进行，依照“沉积岩黏土矿物相对含量 X 射线衍射分析方法，SY/T5163–1995”，分析仪器为 D/max–2200–X 射线衍射仪。黄铁矿形态分析集中在青山口组一段，主要是在中国地质大学（北京）和中国地质科学院完成的，使用的仪器包括反射光显微镜和扫描电镜（SEM）。黄铁矿硫同位素分析的 51 个样品具体来自泉头组顶部 10m 及青山口组一段，平均取样间距约为 1.8m，分析在中国科学院地质与地球物理研究所完成，仪器型号为 Delta–S 质谱仪。

4.4.3 初步结果

1．常量元素

基于“松科 1 井”北孔、“松科 1 井”南孔 179 块和朝 73 至朝 87 井岩心样品所获得的常量元素检测结果（图 4.7），现将松辽盆地中浅层常量元素纵向演化特征简述如下。

（1）氧化钙（CaO）：“松科 1 井”南孔泉头组泉三、四段的氧化钙变化不明显，其含量一般小于 5.00%。泉头组与青山口组界线附近，氧化钙含量出现一个明显的跃迁，最大值达 19.93%（1780.72m）。青山口组至姚家组，氧化钙的含量变化呈明显的宽幅度振荡，其值大体位于0.6%~10.00%。嫩江组嫩一段的氧化钙含量呈现三段式变化，上、下部为宽幅振荡，中部大体平稳，尤其是其上部，呈现显著的快速跃迁到迅速下降的过程，分别由 1065.00m 处的 1.69% 上升到 1045.00m 处的 16.96%，再下降到 1029.00m 处的 2.72%。而至界线之上的嫩二段底部则再次出现迅速上升和快速下降，分别为 1021.00m 处的 16.86% 和 1017.00m 处的 0.32%。在此之后，氧化钙的含量总体位于一种低水平状态。朝73至朝87井所获得的泉四段至青一段氧化钙含量变化与“松科1井”南孔大体相似，界线附近呈现一种跃迁态势，由844.02m处的4.978%迅速下降至843.32m处的0.75%，尔后再快速跃迁至840.42m处的6.398%，再回落至836.87m处的0.73%。青一段中下部的氧化钙含量变化相对平稳，偶见小幅度跃迁。但在青一段中上部，氧化钙的含量则呈现多个峰值，分别为7.148%（797.28m）、8.852%（786.46m）和6.87%（771.90m）。

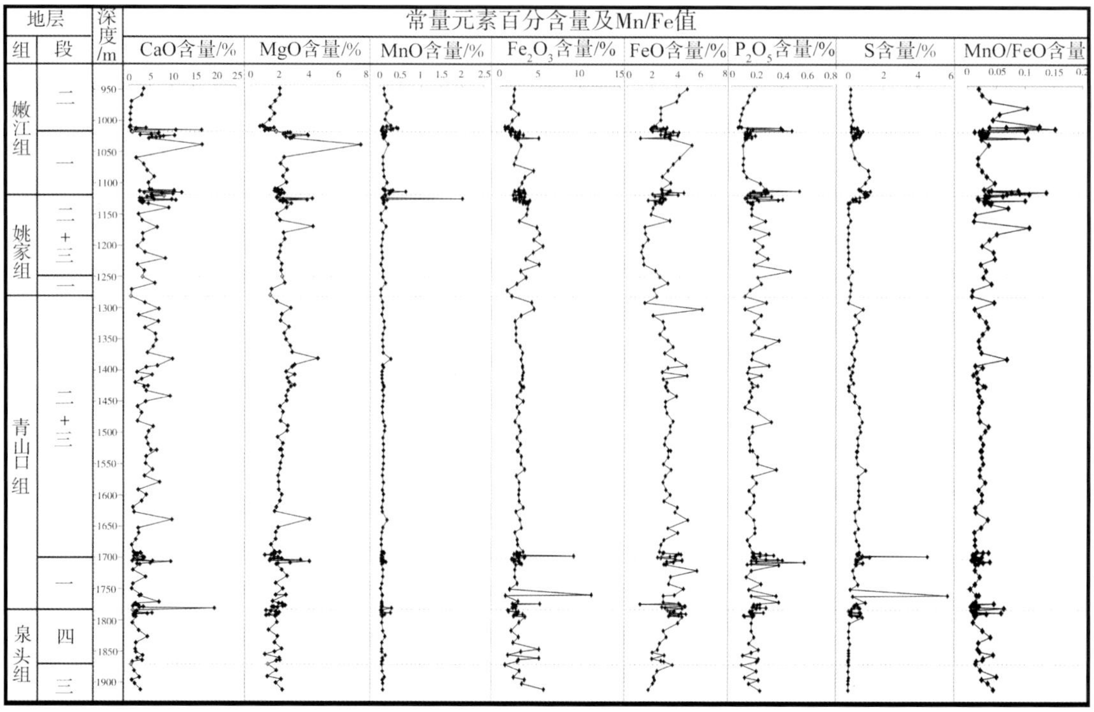
地层
组
段
深度/m
常量元素百分含量及Mn/Fe值
CaO含量/%
MgO含量/%
MnO含量/%
Fe_2O_3含量/%
FeO含量/%
P_2O_5含量/%
S含量/%
MnO/FeO含量
嫩江组
姚家组
青山口组
泉头组
二
一
二+三
一
二+三
一
四
三

图4.7 “松科1井”南孔泉头组—嫩江组常量元素纵向演化剖面图

（2）氧化镁（MgO）：“松科1井”南孔泉头组泉三、四段的氧化镁含量变化不大，一般为1.00%～2.20%。青山口组青一段的氧化镁含量与泉头组大体相似，但在其顶部出现明显的变化，由1711.27m处的1.76%迅速上升至1707.27m处的4.04%，尔后又迅速降低至1706.27m处的1.29%。青山口组青二、三段至嫩江组嫩一段中下部，氧化镁的含量总体呈平稳态势（2.00%左右），偶然出现一些异常高值点，分别为4.00%（1640.11m）、4.62%（1385.00m）、4.27%（1175.00m）和4.24%（1131.00m）。嫩江组嫩一段上部，氧化镁的含量出现一次显著的迅速跃迁与下降过程，由1065.00m处的2.29%迅速上升至1045.00m处的7.55%，尔后又快速下降至1035.00m处的2.70%。嫩二段氧化镁的含量整体偏低，一般小于2.00%。朝73至朝87井所获得的泉四段至青一段氧化镁含量与“松科1井”南孔大体类似，仅在青一段顶部出现一个相对异常点，由763.20m处的1.11%迅速跃迁至761.40m处的2.306%，然后再回落到基准点附近的1.197%。

（3）氧化锰（MnO）：“松科1井”南孔泉头组泉三段至嫩江组嫩二段下部的氧化锰含量变化不大，一般小于0.1%。仅在姚家组顶部和嫩一段底部出现两个异常数值点区域，分别为2.0%（1131.00m）和0.63%（1120.00m）。泉头组和青山口组界线以及嫩一段与嫩二段界线附近，氧化锰的含量也出现小幅度的异常，分别由 1793.93m 处的 0.062% 上升至 1780.72m 处的 0.29%，由 1028.00m 处的 0.078% 上升至 1019.00m 处的 0.44%。而从朝 73 至朝 87 井所获得的泉四段至青一段实验数据来看，锰的含量总体在 0.05% 左右，其中一个异常跳跃点出现在二者界线附近，由 842.92m 处的 0.019% 迅速跃迁到 840.77m 处的 0.133%，尔后再快速回落到 837.42m 处的 0.025%。

（4）三氧化二铁（Fe_2O_3）：纵向上，“松科 1 井”南孔自泉三段上部至嫩二段下部的 Fe_2O_3 含量变化不大。泉头组的 Fe_2O_3 含量总体上呈现一种小幅度振荡，其值区间为 0.63% ~ 4.88%。青山口组的 Fe_2O_3 含量大体在 2.0% 构筑成一个平台，其间偶然出现两个异常高值点，分别为 11.44%（1759.96m）、9.24%（1697.27m）。青山口组顶部的 Fe_2O_3 含量呈现一个小幅度跃升态势，尔后在界线附近再下降。姚家组的 Fe_2O_3 含量基值呈现明显的攀升势态，最大值达 5.37%。嫩江组的 Fe_2O_3 含量基值与青山口组大体相似，总体维持在一个相对低值水平，为 2.00% 左右。

（5）氧化亚铁（FeO）：“松科 1 井”南孔泉三段至泉四段，氧化亚铁的含量总体呈现一种逐渐增大的趋势，由 1.75%（1910.67m）增大至 4.80%（1788.93m）。泉头组与青山口组界线附近，氧化亚铁的含量变化较为频繁，最小值出现于界线之上的 1774.22m（1.05%）。青一段氧化亚铁的含量总体呈频繁的振荡态势，最大值为 5.70%（1720.27m）。青二、三段氧化亚铁的含量变化较小，大体在 3.0%~4.0% 构成一个平台，仅在其顶部出现一个异常高值点，为 6.1%（1305.00m）。姚家组的氧化亚铁含量总体上小于青山口组，并在 1.3% 左右构成一个低值平台。姚二、三段上部至嫩一段，氧化亚铁的含量总体呈现一个上升态势，在姚家组与嫩江组的界线附近，其含量有一个小幅度的振荡。嫩一段顶部至嫩二段底部，氧化亚铁的含量变化较为显著，由 1045.00m 处的 5.30% 迅速下降至 1034.00m 处的 1.05%，然后再快速上升至 1025.00m 处的 4.20%，并在此后再次下探至 1.90%（1020.00m），随后再逐渐回升，至 955.00m 处的 4.90%。

（6）五氧化二磷（P_2O_5）：“松科 1 井”南孔泉头组的 P_2O_5 含量变化不大，其值为 0.084%~0.23%，尤其是泉四段。青山口组一段的 P_2O_5 含量变化较为明显，上部和下部有多次明显的跃迁：下部由 1773.22m 处的 0.18% 迅速跃迁至 1770.46m 处的 0.38%，尔后迅速降至 1760.46m 处的 0.16%，再上升至 1759.96m 处的 0.36%；上部由 1720.27m 处的 0.16% 迅速上升至 1711.27m 处的 0.38%，再迅速下降至 1710.27m 处的 0.13%，尔后再迅速上升至 1707.27m 处的 0.58% 等。青二、三段的 P_2O_5 含量总体上在 0.16% ~ 0.19% 平台的基础上，偶然出现一些异常高值点，分别为 0.36%（1560.28m）、0.32%（1484.05m）和 0.38%（1355.00m）。姚家组的 P_2O_5 含量总体上呈小幅度振荡，最小值为 0.11%（1285.00m），最大值为 0.47%（1245.00m）。在姚家组顶部，P_2O_5 含量出现快速的跳跃，由 0.13%（1134.00m）迅速上升至 0.41%（1131.00m），再下降至 0.11%（1129.00m）。嫩江组一、二段底部的 P_2O_5 含量呈异常跳跃式变化，分别由 0.12%（1128.00m）跃迁至 0.54%（1117.00m），由 0.11%（1025.00m）跃迁至 0.48%（1022.00m）。嫩一段中、上部的 P_2O_5 含量变化不明显，总体上在 0.09%~0.12% 构成一个平台，嫩二段下部则由最小值 0.051%（1017.00m）呈现缓慢回升态势，至 955.00m 处的 0.18%。而从朝 73 至朝 87 井实验数据来看，泉四段至青一段的磷的含量一般小于 0.10%，总体呈现一种小幅波动状态，仅在 829.97 ~ 818.02m 井段出现一组异常高值，分别为 826.37m 处的 0.369% 和 818.92m 处的 0.231%。

（7）硫（S）：“松科 1 井”南孔泉三段至泉四段中、下部硫的含量较低，一般小于 0.10%。

泉四段上部，硫的含量变化较明显，呈窄幅振荡，其值范围为0.13%~0.87%。青一段硫的含量为0.15%~1.00%，其间出现一个异常高值点，为5.78%（1759.96m）。青二、三段硫的含量总体高于泉头组，大体在0.4%~0.80%构成一个平台，在其底部出现一个异常高值点，为4.62%（1697.27m）。姚家组的硫含量明显小于青山口组，与泉头组大体相似，一般小于0.15%。姚家组顶部至嫩江组，硫的含量呈现一个小幅度的跃迁，由0.039%（1138.00m）跃迁至1.29%（1118.00m）。嫩一段下部的硫含量相对较高，一般大于0.7%，而其上部，硫含量逐渐降低，最小值为0.19%（1045.00m）。嫩二段底部，硫的含量有一个小幅度抬升，最大值为0.87%（1023.00m），其后逐渐下降，其值一般小于0.20%。而从朝73至朝87井所获得的实验数据来看，泉四段与青一段硫的含量差异明显。泉四段的硫含量一般小于0.20%，而青一段硫的含量呈三段式变化，下部呈“凹”字形，最小值为0.244%，最大值为0.994%；中部呈“山”字形，最小值为0.097%，最大值为1.043%；上部则在相对较高含量的平台上偶见尖峰状突起，最小值为0.44%，最大值为1.707%。

（8）锰/铁值（MnO/Fe）：“松科1井”南孔沉积岩中的MnO/Fe值总体变化不明显，一般小于0.02，但在姚家组与嫩江组、嫩一段与嫩二段之间，二者比值变化较为明显，形成两个相对高值区间。在姚家组与嫩江组界线附近，其比值最大达0.338（1131.00m）；在嫩一段与嫩二段之间，二者比值最大为0.0978（1019.00m）。

2. *矿物*

1）黏土矿物

黏土矿物是沉积岩石的重要组成部分，在盆地石油地质研究中具有十分重要的作用。王行信（1988）通过对松辽盆地白垩系泥岩中黏土矿物的系统研究，论述了黏土矿物成岩演化规律以及其与油气分布关系。高瑞祺等（1994a）探讨了黏土矿物在地层划分对比中的作用，提出了利用黏土矿物来划分对比地层。

对“松科1井”北孔223块泰康组—嫩江组、“松科1井”南孔179块泉头组三段至嫩江组二段岩石样品中的黏土矿物进行了分析检测。现以“松科1井”北孔和“松科1井”南孔实测黏土矿物资料为例（图4.8），将松辽盆地中浅层纵向上黏土矿物的组成特征简述如下。

伊利石（I）：黏土矿物伊利石含量在纵向上变化不明显，总体上呈现相对窄幅的振荡态势。由泉四段到青一段界线，伊利石含量有一个相对明显的减小态势，由1785.93m处的10.06%迅速下降至1780.72m处的3.3%，随后略经反复，下探到青一段的最小值0.92%（1770.46m）。在青二、三段底部，伊利石含量有一个显著的高值异常点，为14.38%（1700.27m）。姚家组与嫩江组界线附近，伊利石的含量也呈现一种相对明显的下降态势，由1130.00m处的10.81%迅速下降至1123.00m处的2.94%，尔后再回升到10.80%（1105.00m），随后下降并在嫩一、二段保持低水平含量状态，一般小于5.50%。嫩三段以上，伊利石含量略高，并呈锯齿状起伏。明水组一段出现一个伊利石含量异常点，为17.34%（667.92m），明二段上部（420m以上）的伊利石含量迅速降低，一般小于2.5%。

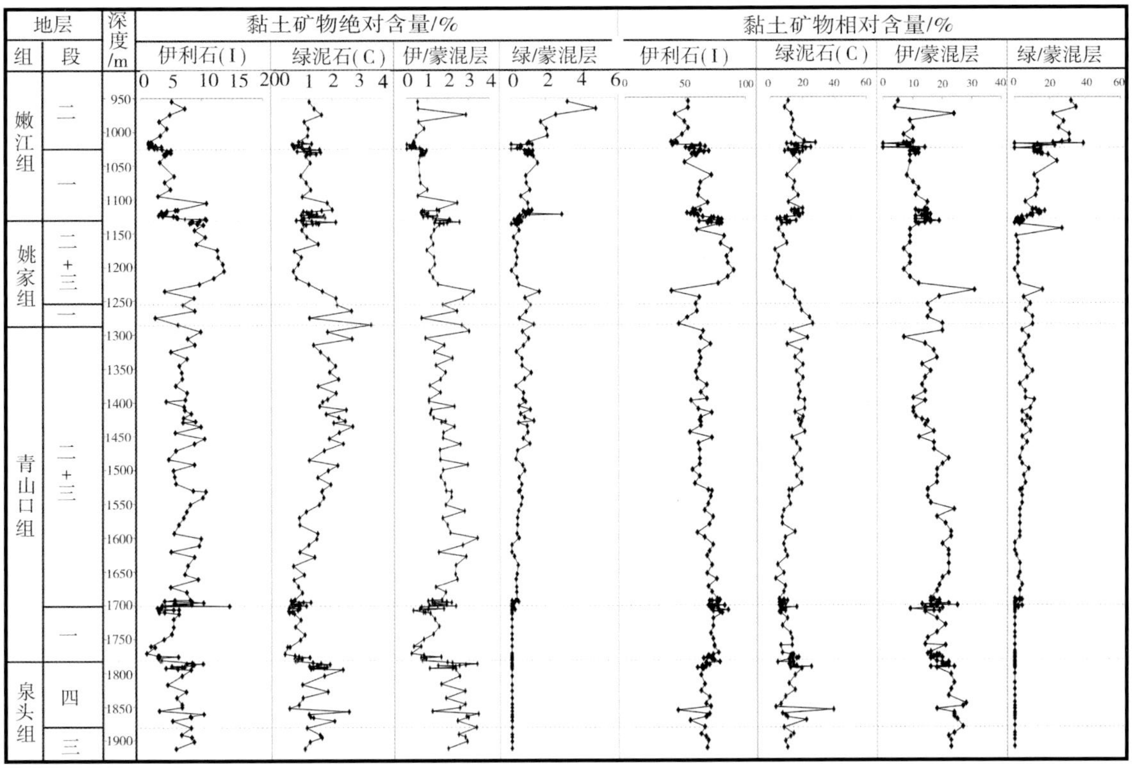

图 4.8　“松科 1 井”南孔泉头组—嫩江组黏土矿物含量纵向演化剖面图

绿泥石（C）：泉三、四段的绿泥石含量总体呈现一种宽幅振荡态势，最小值为 0.26%，最大值为 2.63%；青一段和青二、三段下部，绿泥石的含量整体偏低，一般小于 1.4%，且自下而上其含量总体呈现一种逐渐增大的趋势，在姚家组底部达到最大，为 3.53%（1285.00m）；姚二、三段的绿泥石含量自下而上则呈现一种减小态势，由 2.18%（1255.00m）迅速减小至 0.43%（1205.00m）。姚二、三段上部至嫩二段下部，绿泥石含量整体呈现一个“山”字形组合特征，峰值位于嫩一段与姚家组界线附近，为 2.14% 左右。嫩一至三段，绿泥石含量均较低，一般小于 1.7%；嫩四段略高，呈宽幅振荡；嫩五段绿泥石基值又降低，呈小锯齿状起伏，一般小于 2.0%，这种状态一直持续到四方台组。明一段的绿泥石含量变化幅度较大，呈频繁的尖峰状起伏；至明二段，绿泥石含量总体降低，呈小幅度起伏，其中出现一个异常高值点，为 8.4%（450m）。

蒙脱石（S）：嫩五段以下地层中的蒙脱石含量很低，几乎全部为 0。嫩五段中、上部，蒙脱石具一定含量，但其基值仍较低，一般小于 6.20%。蒙脱石含量在四方台组仍很低，但在明水组呈现明显的跃迁态势，并形成两个明显的高峰区域，峰值分别为 17.28%（699.27m）和 25.27%（634.52m）。至明二段，蒙脱石含量又明显降低，一般小于 8.6%。

高岭石（K）：嫩二段以下地层高岭石含量很低，一般小于 1.00%。至嫩三、四段，其含量明显升高，呈显著的尖峰状，最大值达 8.14%（1360.00m）。嫩五段，高岭石含量又降低，一般小于 1.5%。四方台组的高岭石含量几乎为 0，仅在其顶部 807.40m 以上地层中见到较低含量，最大值为 2.78%。

明水组的高岭石具一定含量，但仍较低，一般小于 1.80%。

伊 / 蒙混层（I/S）：伊 / 蒙混层分布于泉三段至四方台组，泉头组—嫩江组的黏土矿物伊 / 蒙混层整体呈现一种窄幅频繁振荡态势，其间出现两个低值区域，分别位于青一段和姚二、三段至嫩三段之间。而嫩江组四段—四方台组的伊 / 蒙混层含量相对较高，为宽幅尖峰状。总体来看，在组一级界线之间，伊 / 蒙混层的含量均有所反映：或变大，如青山口组与姚家组以及姚家组和嫩江组之间；或变小，如泉头组和青山口组以及嫩江组和四方台组之间。

绿 / 蒙混层（C/S）：黏土矿物绿 / 蒙混层分布于青山口二、三段—四方台组之间，自下而上整体呈现一种逐渐增大趋势。青山口二、三段至姚家组，绿 / 蒙混层的含量变化幅度较小，基值呈渐变式逐渐抬升态势，但在姚家组二、三段略有所降低。嫩江组至四方台组的绿 / 蒙混层含量波动幅度较大，略显宽幅振荡态势，最大值出现在嫩二段，为 4.88%（965.00m）。

2）黄铁矿形态学

作为湖相沉积，青山口一段中黄铁矿含量较低，但是形态多变，包括单个自形晶、自形晶集合体、莓球单体、黄铁矿、莓球集合体黄铁矿、他形晶（半自形晶）黄铁矿。在整个青山口一段岩心样品中，单个自形晶黄铁矿以立方体、五角十二面体、八面体和球粒状存在，以立方体形态为主，一般呈弥散状，局部见顺层展布，自形晶粒径大小变化范围较广（1~15μm），但多数样品中，自形晶平均粒径大小则为 2~4μm（图 4.9）。莓球单体黄铁矿为由微晶体组成的球形集合体，外表光亮，铜黄色。莓球多由粒径较均一的立方体微晶组成，部分立方体集合体外由粒径非常小的球粒状自形晶所包围，组成莓球外表面的微晶呈球状。莓球相对自形晶黄铁矿数量较少，且分布不连续。在深度区间为 1704 ~1751m 的样品中，莓球单体直径变化范围较宽，为 4~25μm，平均直径 7.1~18.5μm；相比之下，在深度区间为 1751~1770m 的样品中，莓球单体直径变化范围窄，为 3~8μm，平均直径 4.3~6.2μm；在深度区间为 1770~1783m 的样品中，莓球单体直径变化范围相对变大，为 4~16μm，平均直径 6.7~10.4μm。箱须图（box-and-whisker plot）是描述沉积序列中莓球单体黄铁矿大小分布变化的一种有用方法。从箱须图（图 4.10）同样可以看出 1750~1770m 深度区间相比其他深度区间具有直径相对较小、变化范围较窄的特点。根据青一段莓球单体直径的变化，推测在青山口组一段沉积时期，古湖泊底层水存在氧化还原条件的波动。

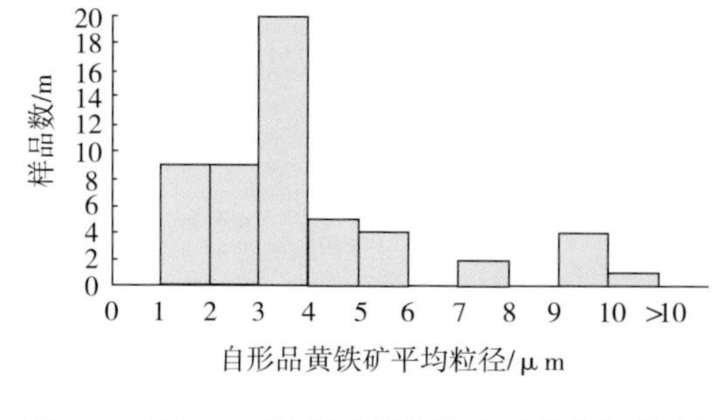
样品数/m
0
2
4
6
8
10
12
14
16
18
20
0 1 2 3 4 5 6 7 8 9 10 >10
自形晶黄铁矿平均粒径/μm

图 4.9 青山口一段自形晶黄铁矿平均粒径分布图

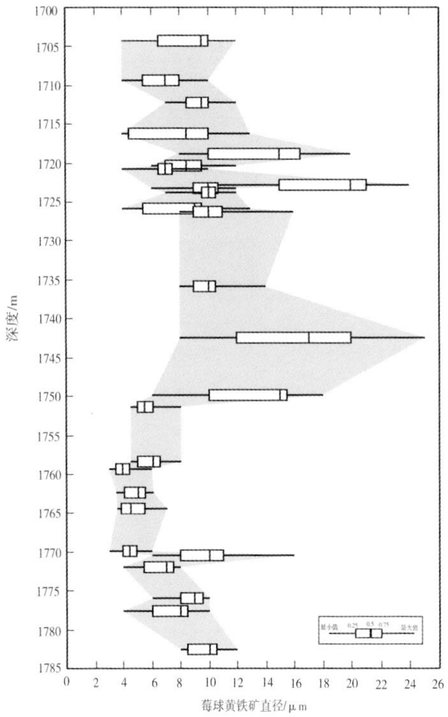
深度/m
莓球黄铁矿直径/μm
最小值
0.25
0.5
0.75
最大值

图 4.10　青山口组一段莓球黄铁矿直径分布箱须图

“箱”范围从四分位数 Q=0.25 到四分位数 Q=0.75，并被中位数 Q=0.5 分割开；

“箱”左右两端的“须”分别代表最小值与最大值

3. 硫同位素

对松辽盆地“松科 1 井”南孔泉四段、青一段岩心进行了系统的采样，共采集了样品 282 件，对其中 51 件样品进行了黄铁矿硫的质量分数及其硫同位素组成、TOC 的测定。泉四段中，黄铁矿硫质量分数变化范围为 0.003%~0.96%，平均值为 0.55%；黄铁矿 $\delta^{34}S$ 值变化范围为 17.29%~21.51‰，平均值为 19.47‰；TOC 变化范围 0.003%~0.97%，平均值为 0.35%。青一段中，黄铁矿硫质量分数变化范围为 0.03%~1.74%，平均值为 0.59%；黄铁矿 $\delta^{34}S$ 值的变化范围为 14.4%~24.06‰，平均值为 18.48‰；TOC 变化范围 1.02%~8.63%，平均值为 3.25%。就所有样品而言，黄铁矿硫质量分数分布范围是 0.003% ~ 1.74%，平均值为 0.55%；$\delta^{34}S$ 值分布范围是 14.4%~24.06‰，平均值为 18.61‰；TOC 变化范围 0.003%~8.63%，平均值为 2.77%。

泉四段、青一段样品中黄铁矿硫质量分数随深度变化曲线如图 4.11 所示。黄铁矿硫质量分数从泉四段 1802m 开始，在最初的近 10m 范围内较低，再向上近 30m 的范围内，一直到青一段底部 1760m 深度，都保持在一个较高的范围内，在青一段上部 60m 又有所下降。整体来看，青一段黄铁矿硫质量分数要明显高于泉四段顶部 10m。

泉四段、青一段黄铁矿硫同位素随深度变化曲线如图 4.11 所示。总体上来看，黄铁矿 $\delta^{34}S$ 值在泉四段顶部和青一段底部 30m 范围内保持在一个较高的水平，具有波动性，在青一段 1768m 深度达到了峰值 24.6‰，青一段上部 50m 则略微有所下降。泉四段顶部 10m 黄铁矿 $\delta^{34}S$ 值要略高于青一段。基于其他许多环境中硫酸盐浓度与黄铁矿 $\delta^{34}S$ 的关系，以及样品在碳（有机碳）– 硫（硫化物硫）关

系图上的主要分布区域，青一段黄铁矿 $\delta^{34}S$ 值明显正偏，碳－硫关系指示了青一段沉积时期湖水中硫酸盐浓度应当不高，且介于淡水和海洋环境之间。青一段黄铁矿 $\delta^{34}S$ 值除了明显正偏之外，其特征与白垩纪海相硫酸盐的硫同位素组成非常相似，明显有别于陆源输入的硫同位素组成，因此当时湖水中硫酸盐很可能是海相来源的，也就是说青一段沉积时期，松辽盆地很可能存在海侵。又由于水体中硫酸盐浓度不高，海侵可能是阶段性的，且规模有限。

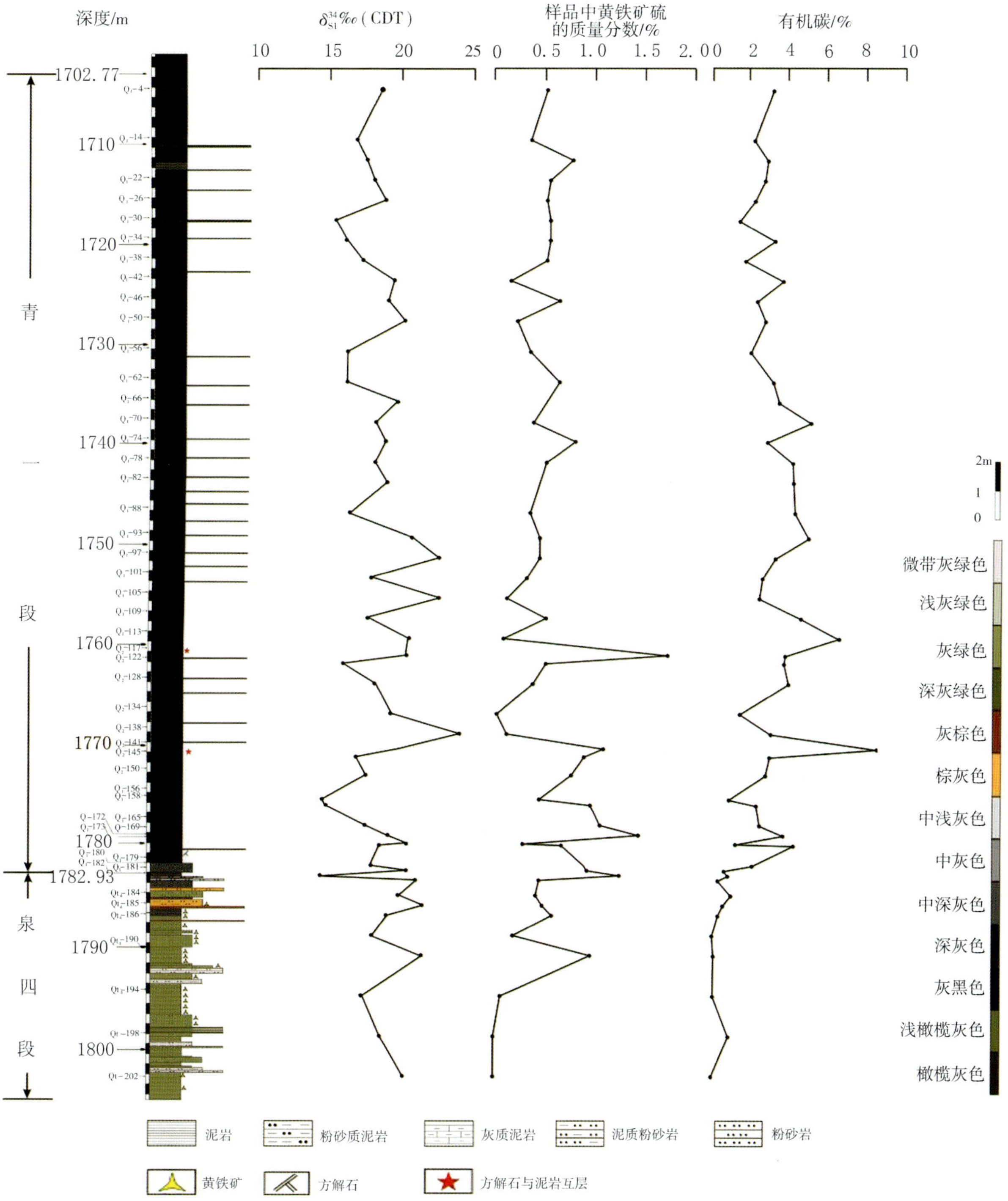

深度/m
δ^{34}_{S1}‰ (CDT)
样品中黄铁矿硫的质量分数/%
有机碳/%
1702.77
1710
1720
1730
1740
1750
1760
1770
1780
1782.93
1790
1800
青一段
泉四段
微带灰绿色
浅灰绿色
灰绿色
深灰绿色
灰棕色
棕灰色
中浅灰色
中灰色
中深灰色
深灰色
灰黑色
浅橄榄灰色
橄榄灰色
泥岩
粉砂质泥岩
灰质泥岩
泥质粉砂岩
粉砂岩
黄铁矿
方解石
方解石与泥岩互层

图 4.11　泉四段、青一段岩性柱状图及黄铁矿硫质量分数、黄铁矿 $\delta^{34}S$ 值、TOC 变化曲线

4.5 年代地层学剖面

4.5.1 目的及意义

松辽盆地年代地层工作前人已有广泛开展，包括地磁极性 - 代地层（方大钧和叶得泉，1989）、放射性同位素地层（王璞珺等，1995；黄清华等，1999）、孢粉地层（高瑞祺等，1999）、介形虫地层（黎文本，2001；叶得泉等，2002；黎文本和李建国，2005），叶肢介地层（Li and Batten，2005），碳、氧同位素地层（万晓樵等，2005）等，逐渐建立了松辽盆地的年代地层框架，用于指导生产和科研工作。然而，随着近年来钻井岩心资料的日益丰富和分析测试水平的提高，新近得出的研究结果与现有年代地层框架存在较大差异，特别是放射性同位素年代研究，如对于营城组顶界的年龄趋向于 110Ma（丁日新等，2007；章凤奇等，2007，2008；舒萍等，2007；贾军涛等，2008），比原来上提了约 9Ma。前人研究过程中样品数量偏少、连续性不好是普遍存在的客观原因，而“松科 1 井”连续取样为松辽盆地年代地层研究提供了前所未有的资料源。本次年代地层工作旨在建立松辽盆地精确的年代地层序列和格架，为进行海 - 陆地层对比建立基础。

4.5.2 取样与分析测试

用于年代地层研究的样品主要分为三大类：①火山灰夹层；②古地磁样品；③古生物样品，包括孢粉和被子植物化石。中国科学院地质与地球物理研究所分析测试火山灰夹层和古地磁样品，中国科学院南京地质古生物研究所分析孢粉和被子植物化石，大庆油田有限责任公司勘探开发研究院分析藻类样品。目前，已经完成“松科 1 井”五个火山灰样品高精度 SIMS 锆石 U–Pb 年代学测试以及 4459 块古地磁样品测试，同时完成了“松科 1 井”南、北两孔各组段的孢粉样品分析、“松科 1 井”南孔介形虫样品分析测试。其中，孢粉连续取样平均间距 20m，部分层位加密至 5m 左右；古地磁和介形虫取样可以参见 4.2 节和 4.10 节。此外，齐家 - 古龙凹陷金 6 井青山口组在井深 1791.5~1982.5m 发育火山岩，对 1972.8m 处的火山岩样品进行了 $^{40}Ar/^{39}Ar$ 同位素年龄测定（图 4.12）。

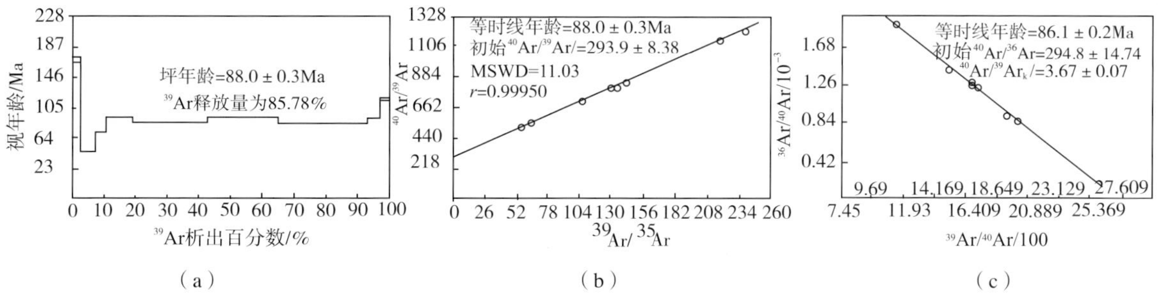
坪年龄=88.0 ± 0.3Ma
39Ar释放量为85.78%
视年龄/Ma
39Ar析出百分数/%
等时线年龄=88.0 ± 0.3Ma
初始40Ar/39Ar/=293.9 ± 8.38
MSWD=11.03
r=0.99950
40Ar/39Ar
39Ar/35Ar
等时线年龄=86.1 ± 0.2Ma
初始40Ar/36Ar=294.8 ± 14.74
40Ar/39Ark/=3.67 ± 0.07
36Ar/40Ar/10−3
39Ar/40Ar/100
（a）
（b）
（c）

图 4.12　青山口组火山岩 $^{40}Ar/^{39}Ar$ 年龄谱图（a）及与之对应的等时线（b）和反等时线图（c）

4.5.3　初步结果

1. 火山灰夹层的锆石 U–Pb 年龄

尽管火山灰夹层比较薄且蚀变严重，但项目组通过精细岩心观察、镜下鉴定，仍然成功提取出 5 个火山灰样品，并进行了高精度的 SIMS 锆石 U–Pb 年代学研究，在南孔的四个斑脱岩层获得的年龄为 91.4 ± 0.5Ma（1780m）、90.1 ± 0.6Ma（1705m）、90.4 ± 0.4Ma（1673m）、83.7 ± 0.5Ma（1019m；图 4.13）。这四个年龄可以解释为相应层位的沉积年龄，其中 1705m 和 1673m 处的两个年龄倒置，但是在误差范围内一致。北孔 1594m 处样品表现出多个年龄峰值，其最小年龄（84.5Ma）为该层位地层年龄的最大值。这些年龄数据为“松科 1 井”岩心磁性地层提供了准确的年龄控制点。更重要的是，南孔三个斑脱岩样品非常接近于重要地层界线，考虑到定年误差，可以直接将这些样品的年龄作为相应地层界线的年龄，即青山口组和泉头组界线为 91.4Ma，青一段和青二、三段界线为 90.1Ma，嫩一段和嫩二段界线为 83.7Ma（图 4.3、图 4.4）。这就为松辽盆地陆相地层与全球海相地层的对比提供了直接依据。

2. 金 6 井青山口组火山岩同位素年龄

年龄测试样品位于金 6 井青二段内部，距青二段底部 35m 处，岩性为橄榄粗安岩。

坪年龄 88.0 ± 0.3Ma 解释为火山岩的冷凝年龄（图 4.12）。按照青山口组平均沉积速率估算，位于青二段的火山岩底部距离青二段底部 35m，沉积时限约 0.8Ma。考虑到测年及沉积速率计算误差等因素，依据本次火山岩同位素年龄，暂且将青二、三段与青一段的时代界线与 Coniacian 期和 Turonian 期之间的界线对应。

3. 磁性地层学

对 4459 块样品进行分析后，得到“松科 1 井”磁极性序列，并与 GPTS 对比。结合火山灰样品 SIMS 锆石 U–Pb 年龄及地磁场特征，将白垩纪超静磁带 CNS（约 121~83.5Ma）的上界置于嫩二段最下部，嫩二段中上部至嫩五段的负极性对应于 C33r，根据地磁极性倒转界线年龄将四方台组 / 嫩江

组界线年龄定为 79.1Ma，青山口组和泉头组界线、青一段和青二、三段界线、嫩一段和嫩二段界线年龄可以根据火山灰同位素年龄获得，其他组段界线年龄可以根据内插法获得（图 4.4、图 4.13）。

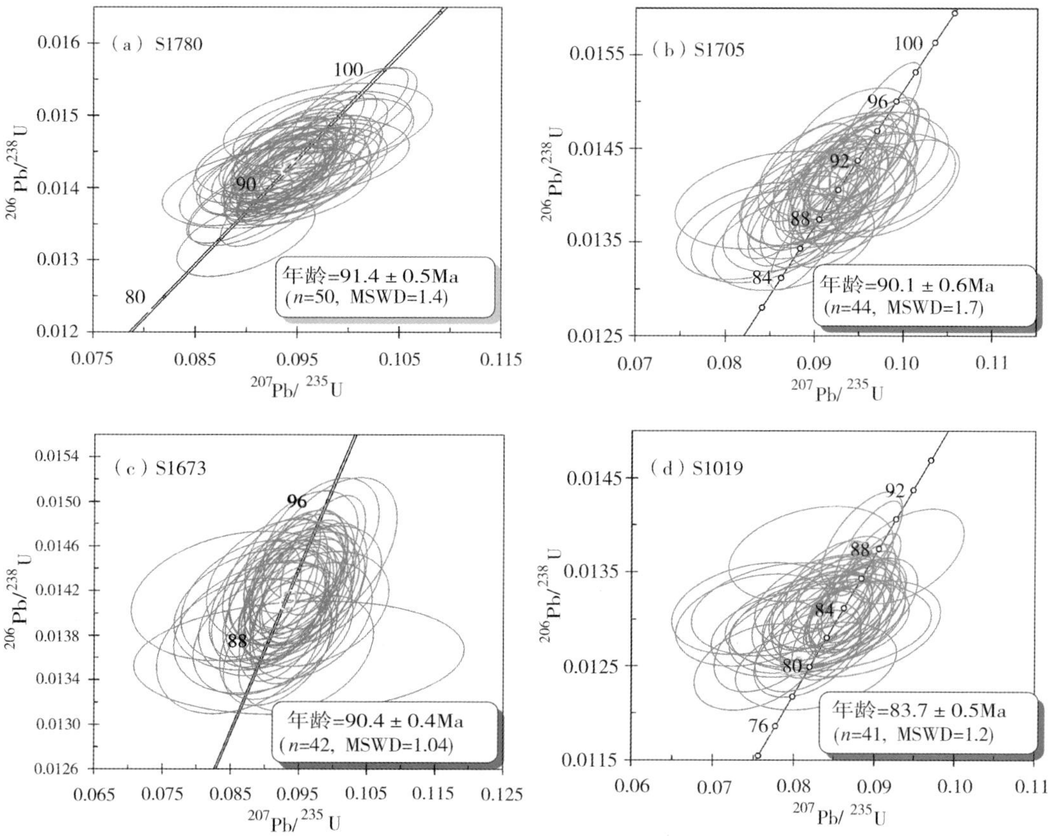

（a）S1780
年龄=91.4 ± 0.5Ma
(n=50, MSWD=1.4)
（b）S1705
年龄=90.1 ± 0.6Ma
(n=44, MSWD=1.7)
（c）S1673
年龄=90.4 ± 0.4Ma
(n=42, MSWD=1.04)
（d）S1019
年龄=83.7 ± 0.5Ma
(n=41, MSWD=1.2)
206Pb/238U
207Pb/235U

图 4.13 "松科 1 井"南孔 SIMS 锆石 U–Pb 年代学

4．孢粉、被子植物年代地层

孢粉化石组合是生物地层划分的重要指标，"松科 1 井"南北两孔的所有层位均已完成了孢粉分析。综合形态、研究程度等因素，本书选取以下被子植物花粉作为分带的主要指示分子：Aquilapollenites、Betpakdalina、Borealipollis、Buttinia、Callistopollenites、Complexiopollis、Cranwellia、Integricorpus、Kurtzipites、Lythraites、Ulmipollenites、Ulmoideipites 及 Wodehouseia。一些裸子植物花粉和蕨类孢子也具有毋庸置疑的重要性，其中最重要者是 Quantonenpollenites。根据指示分子的产出情况，"松科 1 井"钻井揭露地层可以划分出八个孢粉带（图 4.14）。其中南孔包括带 1 至带 3，北孔包括带 2 至带 8，两孔可以通过带 2、带 3 对比连接。

当前国际陆相白垩系孢粉地层研究较为详细的地区主要是北美加拿大和美国，俄罗斯东部西伯利亚也是代表之一。在加拿大 Alberta，Jarzen、Norris（1975），Norris 等（1975）研究提出了一个晚白垩世被子植物花粉演化序列（表 4.1）。

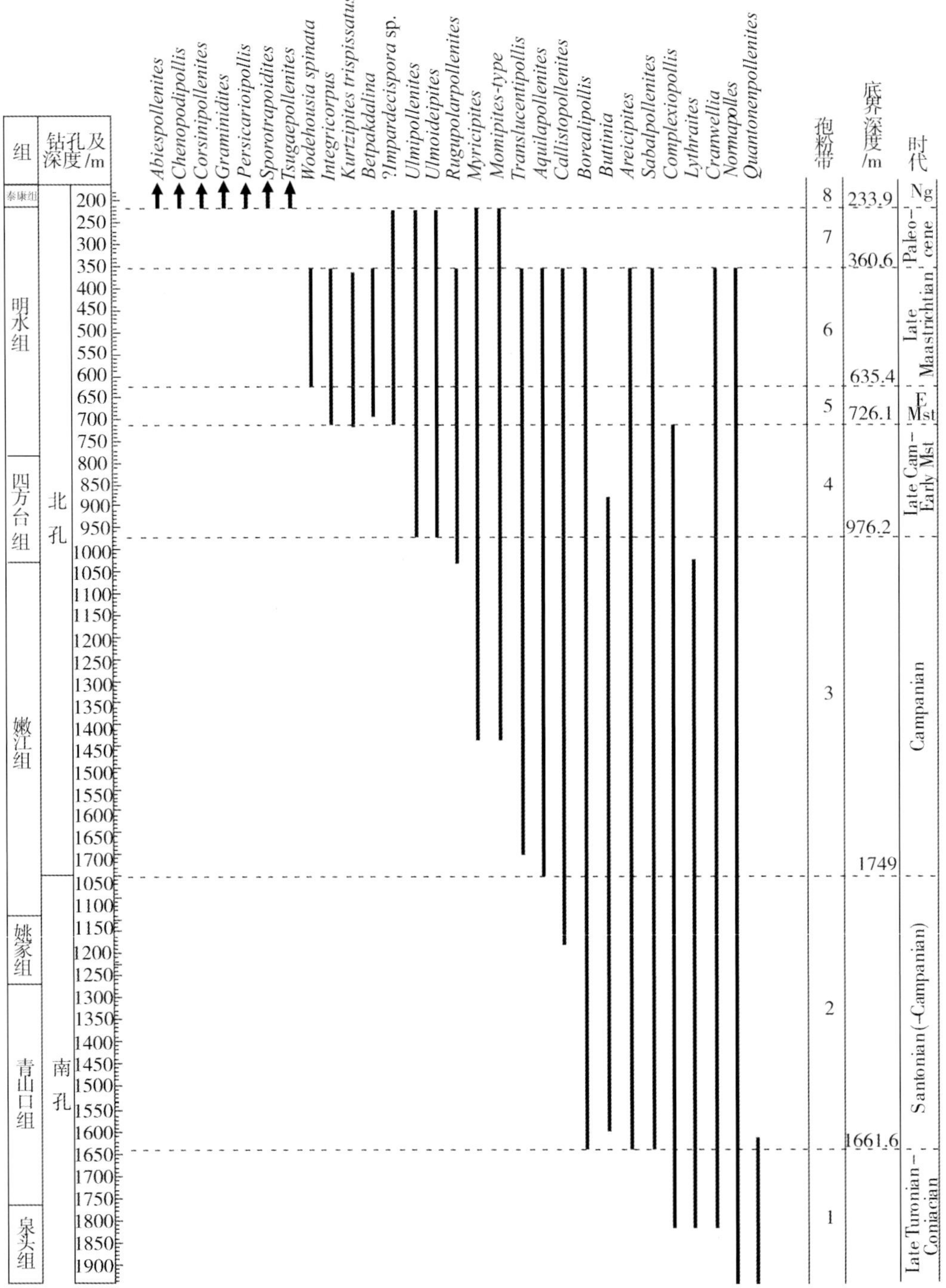
组
钻孔及深度/m
泰康组
明水组
四方台组
嫩江组
姚家组
青山口组
泉头组
北孔
南孔
Abiespollenites
Chenopodipollis
Corsinipollenites
Graminidites
Persicarioipollis
Sporotrapoidites
Tsugaepollenites
Wodehousia spinata
Integricorpus
Kurtzipites trispissatus
Betpakdalina
?Impardecispora sp.
Ulmipollenites
Ulmoideipites
Rugupolarpollenites
Myricipites
Momipites-type
Translucentipollis
Aquilapollenites
Callistopollenites
Borealipollis
Buttinia
Areicipites
Sabalpollenites
Complexiopollis
Lythraites
Cranwellia
Nomapolles
Quantonenpollenites
孢粉带
底界深度/m
时代
8
7
6
5
4
3
2
1
233.9
360.6
635.4
726.1
976.2
1749
1661.6
Ng
Paleo-cene
Late Maastrichtian
E Mst
Late Cam-Early Mst
Campanian
Santonian(-Campanian)
late Turonian-Coniacian

图 4.14 “松科 1 井”综合孢粉分带

表 4.1　“松科 1 井”白垩系孢粉分带与一些国际分带的对比

松科 1 井（本研究）		加拿大 Alberta	美国西部	西伯利亚
时代	孢粉带	（Jarzen and Norris, 1975; Norris *et al*., 1975）	（Nichols and Sweet, 1993）	（Markevitch, 1994）
L. Mst.	6		9~10	XII. *O. lucidus-W.avita*
E. Mst.	5			XI.*W. spinata-A.subtilis*
L. Cam—E. Mst.	4		7~8	X. *Cranwellia striata-Aquilapollenites trialatus*
Cam.	3	*Cranwellia* 阶段	4~6	
		Trudopollis 阶段		
		进步被子植物阶段		
		晚期桑寄生类阶段		
		早期桑寄生类阶段		
San.(—Cam.)	2	早期三孔粉阶段	3	IX. *Lobatia involucrata-Kuprianipollis santaloides*
L Tur.—Con.	1	*Nyssapollenites* 阶段	2	

将“松科 1 井”孢粉带与国际陆相白垩系孢粉地层对比后，得出以下时代意见。

首先，泉头组的时代根据本书的研究，其上部三、四段已是晚 Turonian 晚期至 Coniacian 期，则其下部一、二段很难达到目前许多人认为的早白垩世（高瑞祺等，1999；Sha, 2007）。因此整个泉头组很可能均属于晚白垩世，松辽盆地上、下白垩统的界线当在泉头组以下某个层位，是在泉头组—登娄库组之间，还是在登娄库组上部，则还需进一步研究。

其次，泉头组上方的青山口组和姚家组的时代也比目前主流观点要新。目前这两个组被广泛置于晚白垩世早期，或 Cenomanian 期至 Turonian—Coniacian 期（高瑞祺等，1999；Sha, 2007）。而本研究认为，青山口组和姚家组主体上应当是 Coniacian 至 Santonian 期的沉积。

最后，关于白垩纪—古近纪（K/Pg）界线也是松辽盆地研究的一个重点，具体位于哪一层位，生物群如何演变，一直缺乏有力证据。“松科 1 井”的孢粉研究首次发现了一个疑似的白垩纪末绝灭事件，在该层位大量白垩纪孢粉类群消失，代之以组成非常单调的新生代孢粉植物组合，其层位在明二段上部。这一发现对于全球白垩纪末绝灭事件认识以及陆相 K/Pg 界线地层研究都具有参照意义。

5.“松科 1 井”多重地层格架

根据“松科 1 井”同位素地质年代数据、古地磁年代数据及孢粉组合数据，初步建立了“松科 1 井”多重地层格架，并尝试与国际地质年代对比（图 4.15）。

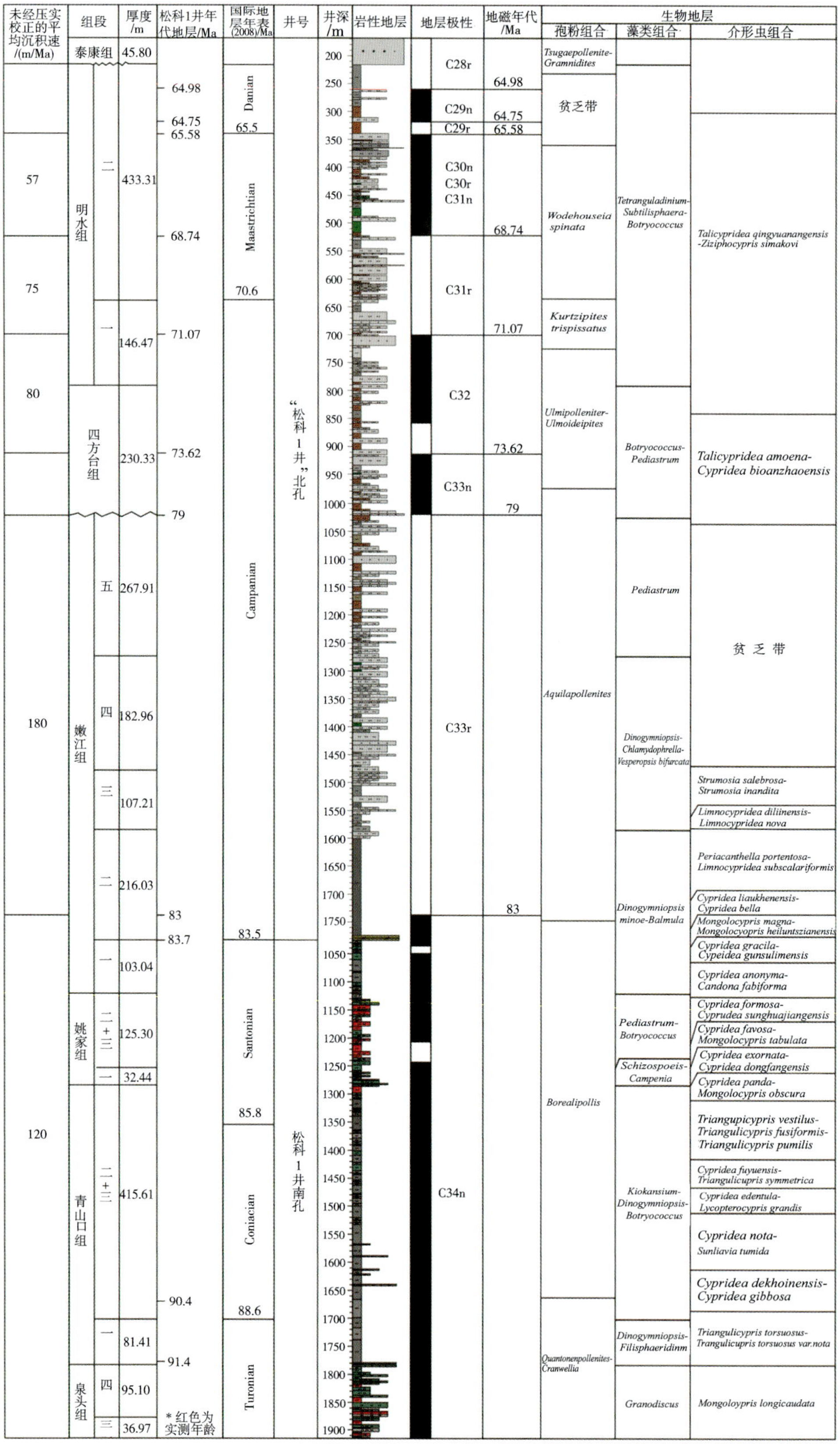

未经压实校正的平均沉积速/(m/Ma)
组段
厚度/m
松科1井年代地层/Ma
国际地层年表(2008)/Ma
井号
井深/m
岩性地层
地层极性
地磁年代/Ma
生物地层
孢粉组合
藻类组合
介形虫组合
泰康组
45.80
57
75
80
180
120
明水组
四方台组
嫩江组
姚家组
青山口组
泉头组
二
一
五
四
三
二
一
二+三
一
二+三
一
四
三
433.31
146.47
230.33
267.91
182.96
107.21
216.03
103.04
125.30
32.44
415.61
81.41
95.10
36.97
64.98
64.75
65.58
68.74
71.07
73.62
79
83
83.7
90.4
91.4
*红色为实测年龄
Danian
Maastrichtian
Campanian
Santonian
Coniacian
Turonian
65.5
70.6
83.5
85.8
88.6
“松科1井”北孔
松科1井南孔
C28r
C29n
C29r
C30n
C30r
C31n
C31r
C32
C33n
C33r
C34n
64.98
64.75
65.58
68.74
71.07
73.62
79
83
Tsugaepollenite-Gramnidites
贫乏带
Wodehouseia spinata
Kurtzipites trispissatus
Ulmipolleniter-Ulmoideipites
Aquilapollenites
Borealipollis
Quantonenpollenites-Cranwellia
Tetranguladinium-Subtilisphaera-Botryococcus
Botryococcus-Pediastrum
Pediastrum
Dinogymniopsis-Chlamydophrella-Vesperopsis bifurcata
Dinogymniopsis minoe-Balmula
Pediastrum-Botryococcus
Schizospoeis-Campenia
Kiokansium-Dinogymniopsis-Botryococcus
Dinogymniopsis-Filisphaeridinm
Granodiscus
Talicypridea qingyuanangensis -Ziziphocypris simakovi
Talicypridea amoena-Cypridea bioanzhaoensis
贫乏带
Strumosia salebrosa-Strumosia inandita
Limnocypridea diliinensis-Limnocypridea nova
Periacanthella portentosa-Limnocypridea subscalariformis
Cypridea liaukhenensis-Cypridea bella
Mongolocypris magna-Mongolocyopris heiluntszianensis
Cypridea gracila-Cypeidea gunsulimensis
Cypridea anonyma-Candona fabiforma
Cypridea formosa-Cyprudea sunghuajiangensis
Cypridea favosa-Mongolocypris tabulata
Cypridea exornata-Cypridea dongfangensis
Cypridea panda-Mongolocypris obscura
Triangupicypris vestilus-Triangulicypris fusiformis-Triangulicypris pumilis
Cypridea fuyuensis-Triangulicupris symmetrica
Cypridea edentula-Lycopterocypris grandis
Cypridea nota-Sunliavia tumida
Cypridea dekhoinensis-Cypridea gibbosa
Triangulicypris torsuosus-Trangulicupris torsuosus var.nota
Mongoloypris longicaudata

图 4.15 “松科1井”多重地层格架

4.6 地质微生物剖面

4.6.1 研究目的与意义

微生物广泛分布于各种地质环境中，并影响地球化学环境和地球化学过程。由于微生物的新陈代谢过程主要与 CO_2 和 CH_4 有关，而这两种气体又是最重要的温室气体（陈骏和姚素平，2005），因此微生物也是影响地球历史时期碳循环和温室气候变化的重要因素。通过现代分子生物学技术，可以通过重建DNA，鉴定几乎所有的微生物种属（陈骏和姚素平，2005），通过比较现代微生物的基因，可以对从岩石中恢复的古DNA进行正确分类，探讨其演化过程和新陈代谢机理，进而推断古环境。以白垩纪大陆科学钻探工程的地质微生物样品为研究对象，从微生物群落组成、新陈代谢机制角度对其生物相进行分析，并与岩相分析结合，作沉积相分析，为当时的沉积环境、古气候特征、地球表层系统重大地质事件的沉积记录以及海陆相对比提供重要的依据。

4.6.2 取样与分析

1. 取样密度取样与保存过程

（1）取样密度：每50m取一个样品。

（2）从井下起钻后立即挑取合适大小的岩心作为样品进行取样操作，因为微生物无处不在，所以在收集过程中要注意无菌操作，避免污染。取样时，戴上一次性手套，将岩心样品放入无菌塑料袋中，贴上标签，密封保存于 -20℃冰箱，一般认为低温可停止微生物的发育和活动，能保持土样原来的菌数。另外，为了减少被污染的可能性，全部取样过程在岩心钻出后10分钟之内完成。岩心样品直径120mm，长度在10cm左右。

2. 实验室采用的分析手段和仪器

实验室采用的分析手段和仪器主要包括X射线衍射物相分析（X-Ray Diffraction，XRD）、16S rRNA基因分析技术、基因序列分析等技术。

16SrRNA基因分析技术：不同种的微生物，其rRNA和rRNA基因具有高度的保守性，所以它们的核苷酸相似程度可以说明它们的系统发育关系（phylogenetic relationship）。而16SrRNA基因有如下特点：① 16SrRNA普遍存在于原核细胞中，可用以比较它们在进化上的相互关系；②细胞中存在较大量的易于提取的16SrRNA基因；③ 16SrRNA分子中的碱基顺序非常保守；④ 16SrRNA相对分子质量适中，易于分析；⑤现已有较完善的16SrRNA数据库，是理想的研究材料，通过PCR技术对16S rRNA进行扩增，从而可以测定16SrRNA基因序列。

基因序列分析：将通过PCR扩增得到的16SrRNA基因序列进行细菌多样性分析，从而可以对其进化谱系关系，进行讨论。

4.6.3 初步结果

1. 地质微生物样品描述

地质微生物样品描述见表4.2。

表 4.2 “松科1井8”地质微生物分析样品描述

岩心样编号	筒次	取样井深 /m	岩性
B2–03	156	1117.00	上部深灰色、灰黑色泥岩夹黄灰色泥灰岩；下部深灰、灰黑、黑色泥岩，产丰富的介形类、叶肢介及少量双壳类、腹足类化石，有时介形类成层产出，偶见黄铁矿晶体
B2–05	129	1215.00	暗红色厚层泥岩夹绿灰色薄层含砂泥岩，产丰富的介形类化石

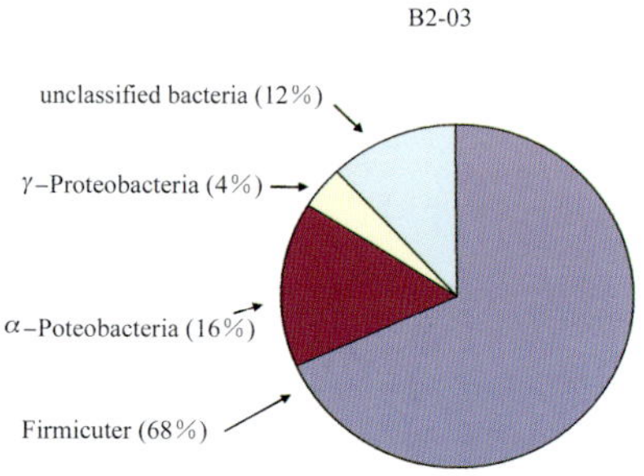
B2-03
unclassified bacteria (12%)
γ–Proteobacteria (4%)
α–Poteobacteria (16%)
Firmicuter (68%)

图 4.16 B2–03 样品中基因分类比例示意图

2. 系统发育分析

将B2–03岩心用16SrRNA基因细菌通用引物扩增后得到的16个不同的克隆，分属于10个OTU分类单位，其中，α–Proteobacteria 亚纲1个，占16%；γ–Proteobacteria 亚纲1个，占4%；Firmicutes 亚纲6个，占68%（图4.16）。其相似性分析的BLAST结果见表4.3，系统性分析结果如图4.17所示。

表 4.3 B2–03 岩心样品 DNA 相似性分析的 BLAST 结果

克隆编号	丰度 /%	属类	基因库相似菌种	相似性 /%
1	4.0	Firmicutes	*Alkalibacterium olivapovliticus* (AF143512)	98
27	4.0	Unclassified bacteria	*Alkalibacterium olivapovliticus* (AJ576348)	96
30	4.0	Firmicutes	*Soehngenia saccharolytica* (AY353956)	95
34	12.0	Firmicutes	*Planococcus* sp. ZD22 (DQ177334)	99
31	4.0	γ–Proteobacteria	*Gamma proteobacterium* HTB082 (AB010842)	96
32	4.0	Firmicutes	*Halolactibacillus miurensis* (AB196784)	98
33	16.0	Firmicute s	*Tissierella praeacuta* (X80833)	92
82	28.0	Firmicutes	Uncultured low G+C Gram-positive bacterium (DQ206408)	95
63	16.0	α–Proteobacteria	Antarctic bacterium R–9219 (AJ441009)	98
76	8.0	Unclassified bacteria	Uncultured candidate division JS1 bacterium (AJ535219)	97

结果显示，细菌克隆序列几乎都属于低G+C(%)含量的革兰氏阳性变形菌，与已知细菌的序列进行对比，这些序列与那些经常在已知环境中发现的嗜盐、嗜碱菌的序列相似度很高。B2–03B37的克隆最多，占28%，它与未培养低G+C含量革兰氏阳性（DQ206408）相似性高，而未培养低G+C含量革兰氏阳性菌（DQ206408）是从内蒙古海拉尔地区苏打碱湖中分离出的嗜碱厌氧菌菌株；B2–03B27与 *Alkalibacterium olivapovliticus* (AJ576348) 的相似性很高，而 *Alkalibacterium olivapovliticus* (AJ576348) 是在甲虫的消化道中分离出的厌氧菌；B2-03B28 与 Li 等（2006）在大庆土壤中分离的厌氧嗜寒、中度嗜盐碱菌 *planococcus* sp. ZD22 (DQ177334) 相似性比较高；B2-03B32 与 *Halolactibacillus miurensis* (AB196784) 相似性高，而 *Halolactibacillus miurensis* (AB196784) 是嗜盐、嗜碱的海洋菌种。

将 B2-05 岩心用 16S rRNA 基因细菌通用引物扩增后得到的 21 个不同的克隆，分属于 21 个 OTU 分类单位，其中，α-Proteobacteria 亚纲 2 个，占 6%；Firmicutes 亚纲 16 个，占 80%（图 4.18）。其相似性分析的 BLAST 结果见表 4.4。系统性分析结果见图 4.17。

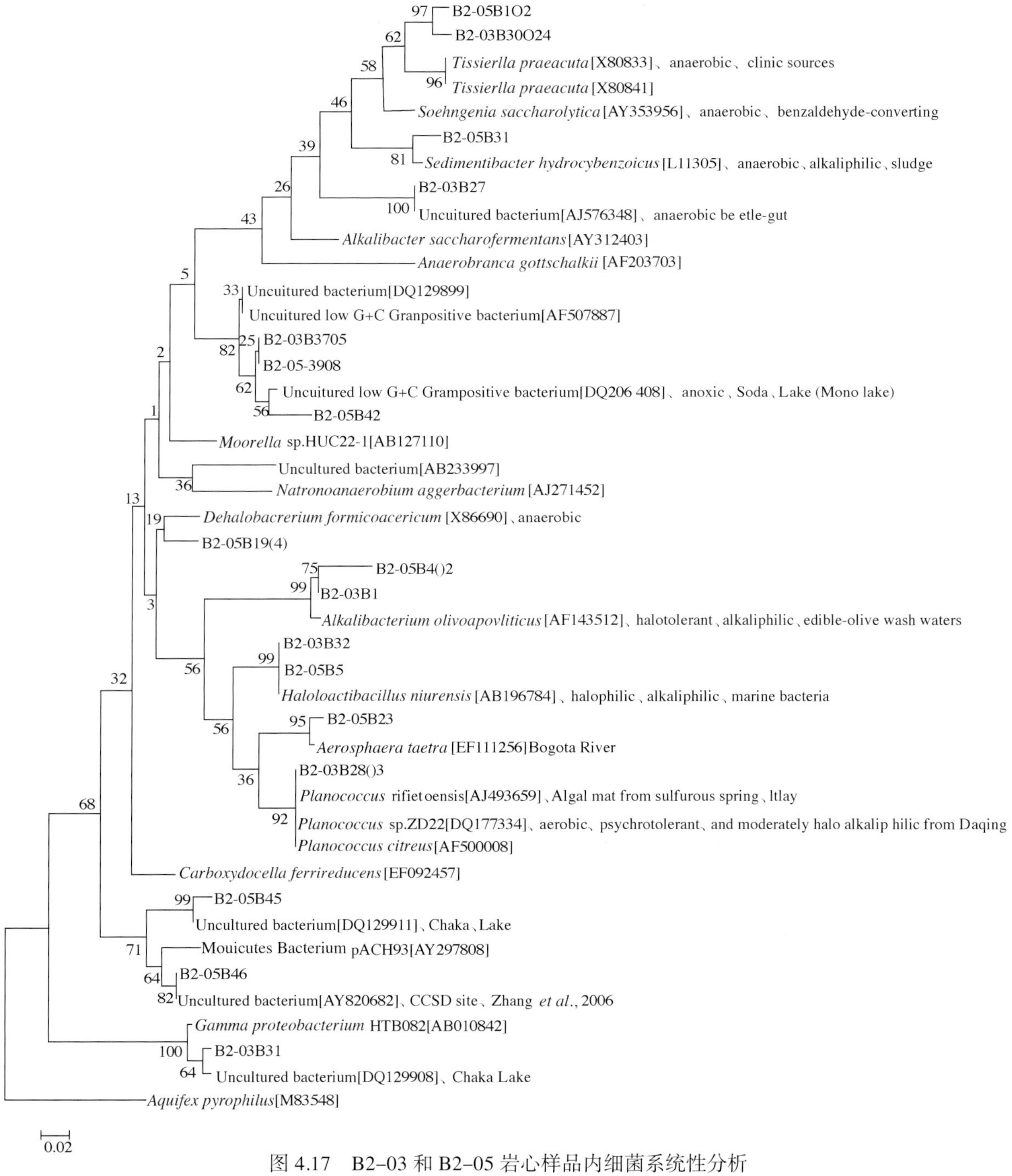

97
B2-05B1O2
B2-03B30O24
62
Tissierlla praeacuta[X80833]、anaerobic、clinic sources
58
96
Tissierlla praeacuta[X80841]
46
Soehngenia saccharolytica[AY353956]、anaerobic、benzaldehyde-converting
B2-05B31
39
81
Sedimentibacter hydrocybenzoicus[L11305]、anaerobic、alkaliphilic、sludge
B2-03B27
26
100
Uncuitured bacterium[AJ576348]、anaerobic be etle-gut
43
Alkalibacter saccharofermentans[AY312403]
Anaerobranca gottschalkii [AF203703]
5
33
Uncuitured bacterium[DQ129899]
Uncuitured low G+C Granpositive bacterium[AF507887]
25
B2-03B3705
2
82
B2-05-3908
62
Uncuitured low G+C Grampositive bacterium[DQ206 408]、anoxic、Soda、Lake (Mono lake)
56
B2-05B42
1
Moorella sp.HUC22-1[AB127110]
Uncultured bacterium[AB233997]
36
Natronoanaerobium aggerbacterium[AJ271452]
13
19
Dehalobacrerium formicoacericum [X86690]、anaerobic
B2-05B19(4)
75
B2-05B4()2
99
B2-03B1
3
Alkalibacterium olivoapovliticus[AF143512]、halotolerant、alkaliphilic、edible-olive wash waters
B2-03B32
99
B2-05B5
56
32
Haloloactibacillus niurensis[AB196784]、halophilic、alkaliphilic、marine bacteria
95
B2-05B23
56
Aerosphaera taetra[EF111256]Bogota River
B2-03B28()3
36
Planococcus rifietoensis[AJ493659]、Algal mat from sulfurous spring、ltlay
92
Planococcus sp.ZD22[DQ177334]、aerobic、psychrotolerant、and moderately halo alkalip hilic from Daqing
68
Planococcus citreus[AF500008]
Carboxydocella ferrireducens[EF092457]
99
B2-05B45
Uncultured bacterium[DQ129911]、Chaka、Lake
71
Mouicutes Bacterium pACH93[AY297808]
64
B2-05B46
82
Uncultured bacterium[AY820682]、CCSD site、Zhang et al., 2006
Gamma proteobacterium HTB082[AB010842]
100
B2-03B31
64
Uncultured bacterium[DQ129908]、Chaka Lake
Aquifex pyrophilus[M83548]
0.02

图 4.17 B2-03 和 B2-05 岩心样品内细菌系统性分析

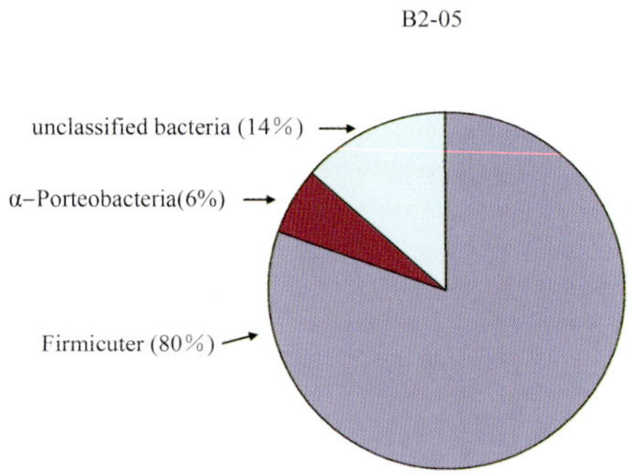
B2-05
unclassified bacteria (14%)
α-Porteobacteria(6%)
Firmicuter (80%)

图 4.18　B2-05 样品中基因分类比例示意图

表 4.4　B2-05 岩心样品 DNA 相似性分析的 BLAST 结果

克隆编号	丰度 /%	属类	基因库相似菌种	相似性 /%
1	5.9	Firmicutes	*Soehngenia saccharolytica* (AY353956)	95
4	2.0	Firmicutes	*Alkalibacterium olivapovliticus* (AF143512)	94
5	2.0	Firmicutes	*Halolactibacillus miurensis* (AB196784)	97
10	9.8	unclassified bacteria	Uncultured bacterium (DQ129899)	96
13	2.0	Firmicutes	*Alkalibacterium olivapovliticus* (AF143512)	94
19	2.0	Firmicutes	*Dehalobacterium formicoaceticum* (X86690)	91
23	2.0	Firmicutes	*Aerosphaera taetra* (EF111256)	98
31	3.9	Firmicutes	*Tissierella praeacuta* (X80841)	93
37	3.9	Firmicutes	*Alkalibacter saccharofermentans* (AY312403)	88
44	2.0	Firmicutes	*Dehalobacterium formicoaceticum* (X86690)	89
48	19.6	Firmicutes	Uncultured low G+C Gram-positive bacterium (AF507887)	95
54	23.5	Firmicutes	Mollicutes bacterium pACH93 (AY297808)	92
46	2.0	unclassified bacteria	Uncultured bacterium (AY820682)	96
52	2.0	α -Proteobacteria	Uncultured alpha proteobacterium (AY921836)	97
60	2.0	unclassified bacteria	Uncultured bacterium (DQ125843)	98
65	3.9	Firmicutes	*Clostridium* sp. Z-7036 (EF382660)	92
71	3.9	α -Proteobacteria	*Caulobacter leidyia* (AJ227812)	97
75	2.0	Firmicutes	*Halolactibacillus miurensis* (AB196784)	95
83	2.0	Firmicutes	Uncultured low G+C Gram-positive bacterium (DQ206408)	96
88	2.0	Firmicutes	*Soehngenia saccharolytica* (AY353956)	94
90	2.0	Firmicutes	*Soehngenia saccharolytica* (AY353956)	94

结果显示，B2-05 与 B2-03 相似，得到的细菌克隆序列几乎都属于低 GC 含量的革兰氏阳性蛋白菌，与已知细菌的序列进行对比，这些序列与那些经常在已知环境中发现的嗜盐、嗜碱菌的序列相似度很高。不同的是，B2-05 中仅有 α-Proteobacteria 亚纲，而没有 γ-Proteobacteria 亚纲。B2-

05B23 与 *Aerosphaera taetra*（EF111256）相似性高，而 *Aerosphaera taetra*（EF111256）是从哥伦比亚的波勾塔河中分离出来的金属氧化菌；另外，也发现了与嗜盐、嗜碱海洋菌种 *Halolactibacillus miurensis*（AB196784）相似性高的 B2–05B5，只是克隆数比 B2–03 中少。并且，从系统性分析显示，B2–05 中得到的克隆与厌氧菌的相似性很小，如与淤泥中分离得到的嗜碱厌氧菌 *Sedimentibacter hydroxybenzoicus*（L11305）的相似性只有 81%，与厌氧菌 *Dehalobacterium formicoaceticum*（X86690）的相似性只有 19%，一般认为相似性在 97% 以上才为同一个 OTU 分类单位，而在 90% 以下就可认为是新发现的菌种了。而从内蒙古海拉尔地区苏打碱湖中分离出的嗜碱厌氧菌菌株未培养低 G+C 含量革兰氏阳性（DQ206408），在 B2–03B 中最多的克隆与它相似性很高，而与 B2–05 中克隆的相似性也只有 56%。

3．XRD 和地球化学分析

对岩心样品 B2–03 黑色泥岩和岩心样品 B2–05 暗红色泥岩进行 XRD 分析，该分析在美国 Miami 大学完成（图 4.19）。

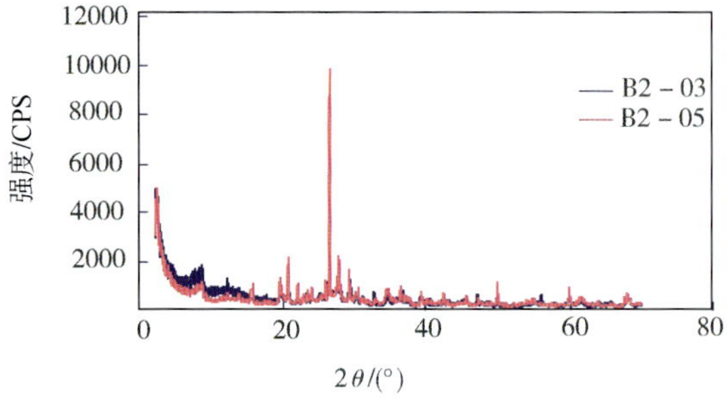
12000
10000
8000
6000
4000
2000
强度/CPS
B2 – 03
B2 – 05
0
20
40
60
80
2θ/(°)

图 4.19 B2–03 和 B2–05 岩心样品 XRD 分析结果图

矿物分析结果见表 4.5，其他地球化学数据见表 4.6。

表 4.5 B2–03 和 B2–05 岩心样品中所含矿物

岩心样品	所含矿物						
B2–03	石英	钠长石	高岭石	方解石	蒙脱石	伊利石	黄铁矿
B2–05	石英	方解石	钙长石	方沸石	蒙脱石	伊利石	

表 4.6 B2–03 和 B2–05 岩心样品的地球化学分析结果

岩心	总 Fe/%	Fe^{2+}/%	Fe^{3+}/%	N/%	总 C/%	TIC/%	pH	可溶盐 /(mS/cm)	SO_4^{2-}–S /(μg/g)
B2–03	3.1			0.37	9.23	1.12	10.1	0.95	8
B2–05	3.8	0.453	3.368	0.12	0.73	0.62	9.9	1.05	1

从矿物组成看，B2–03 黑色泥岩中含有黄铁矿（FeS_2），大部分的黄铁矿是在海洋沿岸形成的，但黄铁矿的形成却不仅局限于海洋环境，其他一些沉积环境也可形成黄铁矿，如湖泊、沼泽、土壤、废水池等。在沉积岩中，黄铁矿的出现通常与有机物在还原条件下分解作用有关，因此通常认为指示一种还原条件。在 B2–05 暗红色泥岩样品中，通常认为含有赤铁矿，但是实验结果却缺失了，但

是样品中含有方沸石。方沸石一般看作一种高温沸石，形成的温度上限很高。沉积岩中，方沸石作为一种自身矿物常见于湖相沉积中，通常认为指示偏氧化环境。

从元素成分看，两个样品中Fe的含量都较高，pH都偏碱性。B2–03中的有机碳含量很高，许多富有机碳页岩被认为形成于缺氧条件下（Demaison and Moore，1980；Demaison.*et al*，1984），这与白垩纪大洋缺氧事件层OAE黑色页岩的特点相似。B2–03中的有机碳含量很低，指示氧化环境。

4．结论

研究结论如下：

（1）没有发现古菌。这与前人研究类似。

（2）大多数DNA基因序列指示嗜盐、嗜碱环境，与地球化学指标一致，反映了岩石所处的地质环境。

（3）大多数DNA基因序列指示的是湖相环境，并非陆地。这说明我们所探测到的DNA是古DNA，反映的是古环境。

（4）初步结果显示，黑红岩石中的DNA序列反映了不同的氧化还原环境，但还需更多数据证实。

4.7 有机地球化学剖面

4.7.1 研究目的和意义

湖泊沉积物保留和承载了反映当时区域性乃至全球性古气候环境变化的重要信息，其沉积有机质丰度、组成、生物标记物及其碳同位素组成等是沉积发育时期湖泊环境和物源区古气候恢复重建的重要研究内容。松辽盆地发育了世界范围内难得的白垩系连续陆相沉积地层，保存了反映当时古气候环境及其变化的地质地球化学信息，是研究白垩纪陆相古气候环境、判识全球性重大地质事件在区域性陆地环境响应机制及其影响作用的理想场所。对松辽盆地白垩纪连续钻井——“松科1井”岩心剖面应用有机地球化学技术手段，进行高分辨率的有机质丰度组成、环境专属性标记物及其碳-氢同位素组成和剖面分布变化等分析，综合研究具有环境意义的陆相生物标记物指征体系，确定古湖泊沉积时期关键环境参数——水体温度、盐度、分层和氧化还原状态，恢复重建古湖泊环境演变过程及古气候面貌，探讨大洋缺氧事件、海侵事件等的陆相有机质响应，建立国际上首个陆相白垩纪高分辨有机地球化学剖面，对于认识地球自身系统气候变化规律、预测未来气候变化、探讨区域性陆地环境的响应机制及其对松辽盆地富有机质烃源岩形成的控制作用等有重大科学与应用价值。

4.7.2 取样与分析

1. 样品采集

在参考岩性变化的前提下，剖面岩心样品的选取主要按每 0.5~1m 的密度间距采集，样品所覆盖的地层包括嫩二段底部、嫩一段、姚家组、青山口组和泉三段顶部。

2. 样品前处理及分析项目

将岩石块状样品表面用乙醇清洗、吹干，磨碎至 200 目①，并置于真空干燥器中干燥备用。目前对部分样品开展了有机碳及有机碳同位素、可溶有机质丰度、族组成、饱和烃和芳烃色谱、色谱 – 质谱分析，部分正构烷烃、异构烷烃、芳烃化合物的单烃碳同位素、岩石热解色谱、炭黑等多相分析测试，获取了大量数据资料。

3. 主要分析及仪器设备

主要分析及仪器设备如下。

（1）CS–400 型有机碳分析仪测定有机碳含量，实验条件为室温。

（2）气相色谱分析：使用 Finnigan 公司生产的 Thermo Finnigan Trace Ultra 型气相色谱仪，配以氢火焰离子检测器（FID），使用 JW–DB–5 型 30m × 0.25mm × 0.25μm 硅熔毛细柱，注射室和检测器的温度分别为 290℃和 300℃。采用无分流模式进样，氮气为载气。柱箱升温程序：初温 60℃（5min），升温速率 3℃ /min，终温 290℃（20 分钟）。

（3）气相色谱 – 质谱分析：使用 HP6890PLatform Ⅱ质谱仪，离子源为电子轰击源（70eV），使用 JW–DB–5 型 30m × 0.25mm × 0.25μm 硅熔毛细柱。样品采用无分流进样法，气化室温度为 290℃，色谱柱箱初始温度为 80℃，5 分钟后以 3℃ /min 增至 290℃，并恒温 10min；氮气为载气，质谱扫描范围 50 ~ 600U。

（4）有机碳同位素分析：用 LECOCS–400 碳硫分析仪，执行标准为 GB/T19145–2003。基本原理：在制样装置上将干酪根燃烧，释放出全部碳和氢，燃烧同时氧化为 CO_2 和 H_2O，CO_2 用来测定碳同位素。

（5）岩石热解参数分析使用仪器为 Rock–Eval6Plus 型岩石热解仪。

需要指出的是，上述所有实验分析均在中国科学院广州地球化学研究所“有机地球化学重点实验室”进行。

4.7.3 初步结果

图 4.20 和图 4.21 分别是有机碳含量和有机碳同位素组成，以及岩石热解分析相关参数剖面变化图。

有机碳含量及碳同位素组成剖面分布显示，无论是有机碳丰度还是碳同位素组成在剖面上具有明

① 200 目 =0.075mm。

显阶段性分布特征。“松科1井”所在区域的嫩二段大部和嫩一段大部厚度超过150m，以及青一段和青二、三段底部总厚153.64m的沉积层段有机质丰度高且具有较大的变化幅度，有机质类型以腐泥质Ⅰ型为主，HI指数为355~594mg/g，生烃潜力指数为11.8~27.0mg/g，是具有极高生烃潜力的优质烃源岩。青二、三段中上部有机碳含量相对较低，岩石热解参数显示有机质类型以Ⅱ－Ⅲ型为主，但有机质HI指数较高，综合生烃潜力指数表明，青二、三段仍具有一定的生烃潜力，属于中等至良好烃源岩。

剖面上高丰度有机质层段总体上呈现有机碳同位素组成偏负的特征，而低有机碳层段碳同位素则总体上呈正偏且变化幅度比较大。TOC与HI的在低有机碳浓度时所呈现的正相关性以及TOC.$-\delta^{13}C$呈现一定的负相关性表明，无论是有机质丰度，还是有机质的类型以及有机碳同位素组成可能主要受原始有机质埋葬保存条件的控制，即在沉积环境条件不利于有机质埋葬保存时，大量有机质（菌藻离来源）被大量氧化分解，而植物来源的腐殖型有机质得以保存，造成有机质丰度降低、类型变差和有机碳同位素的正偏；而当水体沉积环境有利于有机质埋藏保存时，造成高有机碳堆积和优质有机质的形成，并得以保留原始偏负的碳同位素组成特征。

在“松科1井”岩心样品可溶有机质芳烃组分中发现的长链烷基萘系列化合物是前人未曾报道过的烃类化合物。该系列化合物不受有机质丰度、有机质类型以及埋深（成熟度）的影响，比较稳定地出现在整个剖面上，其生源成因意义仍在研究之中。

对正构烷单烃碳同位素组成分析发现，在剖面上出现了异常正偏，该正偏出现在低有机质丰度、有机碳总体上处于正偏层段中。由于该正偏不同于任何已有的关于大洋缺氧事件所表现的碳酸盐、有机质碳同位素正偏，同时又缺乏确定的地层年龄数据，对其成因属性上处于分析研究之中。

“松科1井”岩心样品中普遍检测到众多类型的生物标记物，以藿烷系列为主，包括C_{27}—C_{34}藿烷系列、新藿烷系列和重排藿烷，以及莫烷系列及γ蜡烷。但其丰度明显受埋藏深度的控制，埋深和成熟度低的嫩江组岩心样品明显含有较高丰度和类型更为丰富的生物标记物，而埋深较大的青山口组样品则要逊色不少。值得指出的是，所有样品中均没有检测到具陆源植物专属性的奥利烷、乌散烷、羽扇烷等，特别是奥利烷的缺失可能意味着当时被子植物在松辽盆地及临近湖盆物源区的分布相当有限或者尚未发育。

在“松科1井”南孔青一段地层中检出芳基类异戊二烯类化合物。该类化合物是光合绿硫细菌的成岩衍生产物，反映了有机质生产过程中绿硫菌（Chlorobiaceae）的存在。绿硫菌是一种厌氧型光合硫细菌，以光和H_2S为能源进行反羧酸循环（RTAC）固碳，所生成的有机质具有较重的碳同位素组成，因此芳基类异戊二烯类化合物的存在，反映了源岩形成于水体分层发育的厌氧环境，通常与高盐、富硫相沉积相关。在加拿大西部Williston盆地，美国Michigan盆地，中国的江汉盆地、塔里木盆地等地的源岩中，也发现了类似的生标，表明其出现具有很强的环境专属性，对探讨陆相大规模烃源岩的形成环境具有重要的意义。

另外，在剖面相关层段还检测到具有反映水体盐度特征、水体分层及反映海侵事件的系列化合物，如脱羟基维生素E（MTTCs）、γ蜡烷系列化合物以及24-正丙基胆甾烷系列化合物（C_{30}甾烷）等，其在剖面上的分布、环境意义等仍在进一步深入研究之中。

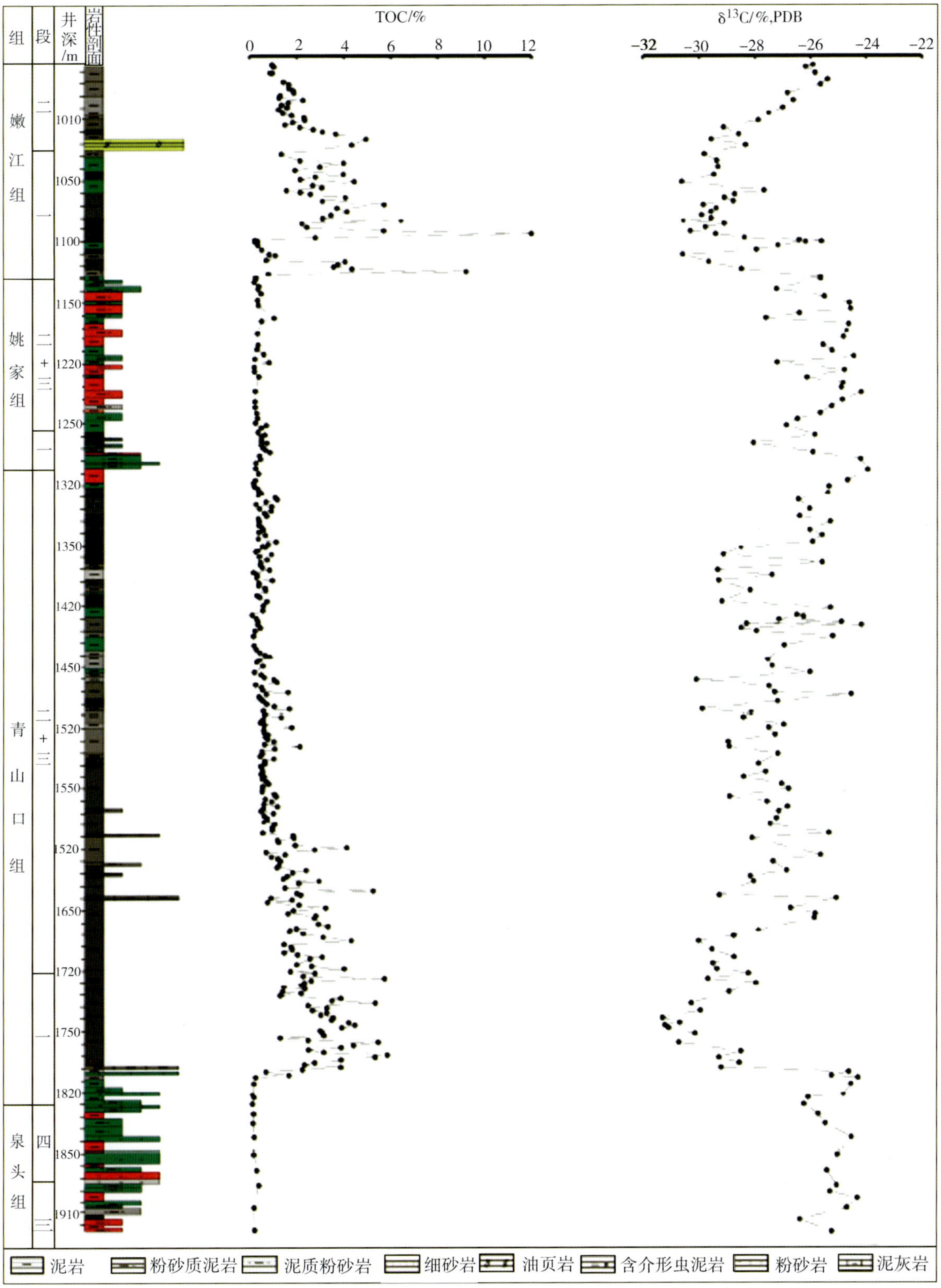
组
段
井深/m
岩性剖面
TOC/%
δ13C/‰,PDB
嫩江组
姚家组
青山口组
泉头组
泥岩
粉砂质泥岩
泥质粉砂岩
细砂岩
油页岩
含介形虫泥岩
粉砂岩
泥灰岩

图 4.20 “松科 1 井”南孔有机碳丰度和有机质碳同位素组成剖面分布

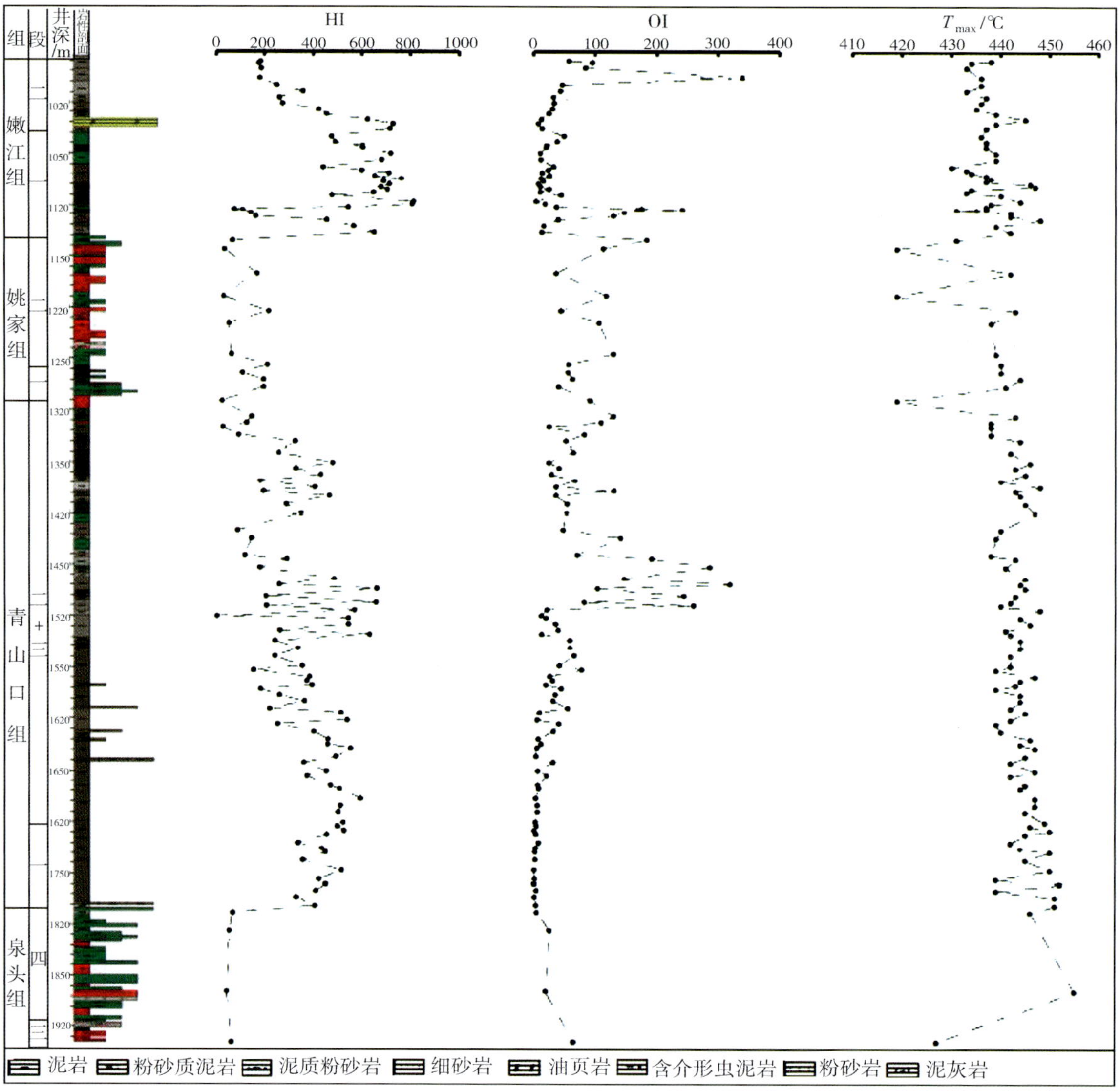
组
段
井深/m
岩性剖面
HI
OI
T_{max}/℃
嫩江组
姚家组
青山口组
泉头组
泥岩
粉砂质泥岩
泥质粉砂岩
细砂岩
油页岩
含介形虫泥岩
粉砂岩
泥灰岩

图 4.21 "松科 1 井"南孔岩心热解参数剖面分布特征

4.8 稳定同位素剖面

4.8.1 研究目的与意义

松辽盆地晚白垩世已有扎实的生物地层学基础，而其他地层序列的研究相对薄弱。地层中的特殊化学记录不仅是古环境变化的重要显示，而且作为地层学研究的替代指标备受关注。根据松辽盆地上白垩统的发育特征，选择碳、氧稳定同位素进行研究，由地质事件所形成的同位素指标无疑具有全球或大区域的一致性，可成为区域地层对比的依据。

富有机质的湖相沉积物中难以获取足量碳酸钙来进行稳定同位素测试。介形虫是陆相淡水－半咸水－咸水沉积物中唯一具有相当丰度的能够分泌钙质外壳的微体化石，并且由于底栖的介形虫生活在沉积物表层，它们的壳体化学组成直接和水体条件相关，因此本研究主要思路是利用介形虫化石壳体为材料，进行稳定同位素和微量元素的高精度测定。

4.8.2 取样与分析

自 2007 年起，采集了连续的、高分辨率的、较少受到后期破坏或影响的“松科 1 井”（南孔）岩心，进行了 1m 间距的介形虫化石分析，完成样品 1003 个，并从中发现介形类化石或含介形虫痕迹的样品 557 个，首先完成介形虫化石的分类学研究（见生物演化剖面）。随后，将古生物学研究后的化石进行测试。

碳、氧同位素壳体分析测试遵循 McCrea 于 1950 年所起用的磷酸消化法。经严密挑选分离出的纯净壳体样品称量 0.1~0.3mg，装入密封的反应器皿中，注入氦气，然后在 72℃下进行反应。在器皿顶部空间产生的 CO_2 即是待测气体样品。最终的同位素比值由斯坦福大学生物地球化学实验室 Finnigan MAT+XL 质谱仪得出。同时平行测定 NBS–19 和 MERCK 两种碳酸盐标准物，以保证精确度在 ±2‰以内。所有的同位素测试结果用 PDB 标准校正表述。

微量元素壳体分析测试中，挑选、分离纯净的化石壳体及称量步骤与上述同位素相同。称量后的样品首先溶解于浓硝酸，再用水稀释并过滤、静置，待所有的 Sr、Ca 和 Mg 都溶解后，由斯坦福大学元素地球化学实验室感耦等离子体原子发射光谱仪 (ICP–AES) 测试。平行测验空白样和标准物样品，以保证 Sr 和 Ca、Mg 的精确度分别为 1μg/L 和 15μg/L，Sr/Ca 与 Mg/Ca 值的精确度小于 0.1mmol/mol。

在美国加州斯坦福大学生物地球化学实验室和元素地球化学实验室成功分离出纯净的介形虫化石壳体，并测得 252 组碳、氧稳定同位素数据和 189 组微量元素（Sr/Ca、Mg/Ca）数据。在此之前，对围岩、纯净壳体和含充填物的样品进行抽样对比。结果表明三组数据没有呈正相关变化，即印证了纯净介形虫样品的可靠性。最终数据显示，碳、氧同位素曲线大部分为正相关变化，氧同位素分为三个变化阶段，碳同位素分为五个变化阶段；微量元素比值曲线基本为正相关变化，两组曲线都分为五个变化阶段。

其中氧同位素的主要变化序列为：①泉头组四段至青山口组二段间，$\delta^{18}O$ 值由 –11.5‰减少到 –18‰，负偏了 7‰~8‰。②青山口组三段至嫩江组一段化石样品的 $\delta^{18}O$ 值逐渐地增加了 10‰。③嫩江组二段 $\delta^{18}O$ 值由 –7‰降到 –10‰，负偏了近 3‰。

碳同位素的主要变化序列为：① 泉四段至青二段间，$\delta^{13}C$ 与 $\delta^{18}O$ 一致变化，由 4.5‰降为 1‰。② 深度 1570~1330m，$\delta^{13}C$ 从 1‰增加到 4‰，增幅近 3‰。③ 深度 1330~1500m，$\delta^{13}C$ 出现一个剧烈负偏移，偏移了 4.5‰，这里也是 $\delta^{13}C$ 值中的最低点。④ 从姚一段到嫩一段，$\delta^{13}C$ 再次增加，由 –0.5‰增至 4‰。⑤ 在嫩二段，$\delta^{13}C$ 大致减少 3‰。

以上变化都与已知的湖盆演化阶段紧密相关，实际研究正在进行中。

4.8.3 初步结果

介形虫在性成熟前会很快地脱壳 8~9 次（大约几周时间），脱壳后介形虫则以生物矿化的方式在外套膜表层迅速形成新的壳体，由于这一过程相对短暂，我们假定这个矿化过程可以反映壳体形成时的水体化学性质，即生物体的碳酸钙和水体处于平衡。据此分析及数据统计，初步认为：①“松科1井”（南孔）介形虫壳体碳氧同位素和微量元素保存了长期的、连续的气候历史记录（图 4.22）；②氧同位素数据的绝对值未必能精确反映量化温度，但是可以说明地质历史时期温度的变化，它主要反映的是湖盆演化，符合局部气候信息，与同期海相研究成果对比，气候升温信息相一致，并推测嫩二段开始可能属于全球气候的降温信号；③碳同位素揭示了古生产力的变化，测试结果显示在生油层附近 ^{13}C 的富集，认为是由于封闭的盆地中，有机物质优先移去了 ^{12}C。这一结论与介形化石的丰度、分异度记录结果相一致。

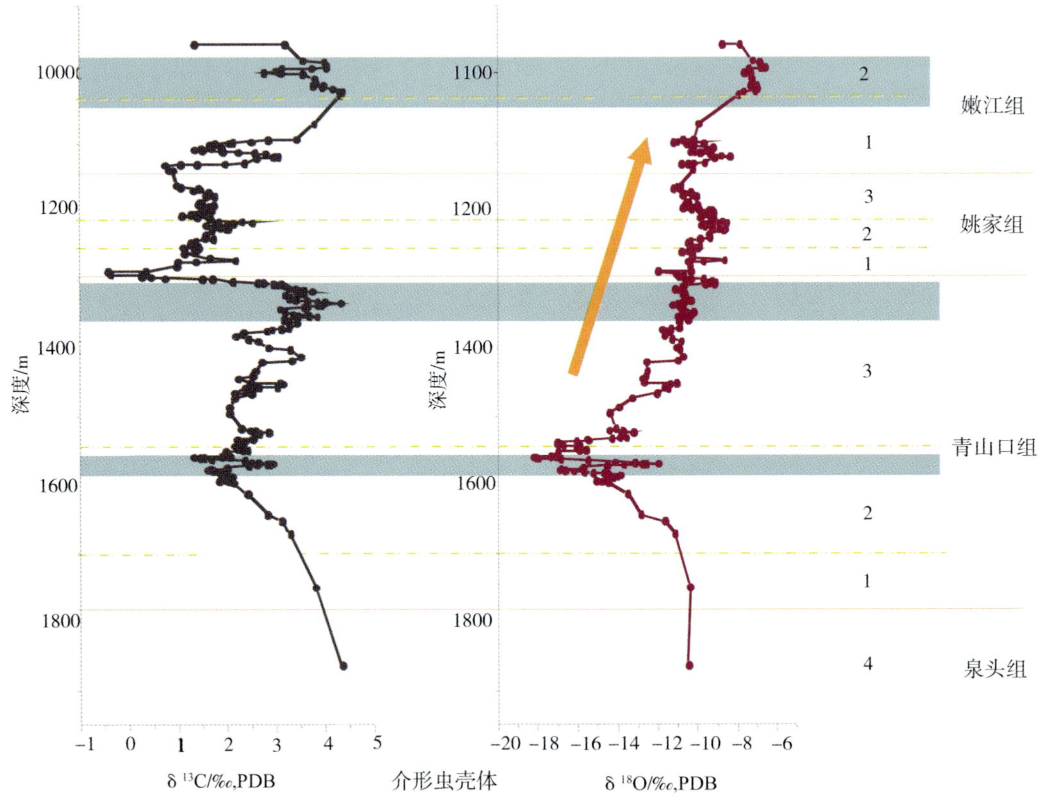
1000
1200
1400
1600
1800
深度/m
−1 0 1 2 3 4 5
δ 13C/‰,PDB
介形虫壳体
1100
1200
1400
1600
1800
深度/m
−20 −18 −16 −14 −12 −10 −8 −6
δ 18O/‰,PDB
2
1
3
2
1
3
2
1
4
嫩江组
姚家组
青山口组
泉头组

图 4.22 “松科1井”（南孔）介形虫壳体碳、氧同位素曲线

4.9 旋回地层学剖面

旋回地层剖面旨在展现沉积序列中天文驱动机制下的由气候旋回控制的盆地沉积物的旋回沉积特征。大量的古气候和天文学研究使人们广泛认识到地球轨道参数的周期性变化引起了地球气候的周期性变化，并记录在对气候变化响应明显的陆地和海洋沉积系统中（Milankovtich，1941，Hays，1976；Berger and Loutre，1994；Laskar *et al.*，2004）。近年发展起来的天文年代学（astrochronology）就是对沉积地层中能够反映气候变化的、连续的地球物理或地球化学参数进行频谱分析、滤波和调谐处理，建立年代分辨率达到 0.02~0.4Ma 的天文年代标尺（Hilgen *et al.*，1997；Hinnov，2000；Rio *et al.*，2003；Argenio *et al.*，2004；Gradstein *et al.*，2004；Hinnov and Ogg，2007）。天文年代学是独立于放射性年龄之外的新的年代学研究方法，同时具备了地层学和年代学意义，具有以下优点：①年代分辨率为 0.02~0.4Ma，突破了放射性同位素年代学的定年精度瓶颈，能够精确地标定出沉积地层或地质事件的持续时间；②在纵向上保持放射性年龄的精度和准确度；③适用于研究的参数多种，选择面广，且研究方法成熟（Hinnov and Ogg，2007）。基于天文年代学建立的中新生代以来的天文地质年代表已基本完善（Gradstern *et al.*，2004；Hinnov and Ogg，2007）。对海相白垩系来说，已经积累了大量的天文旋回地层学研究成果，并在确定地质事件持续时间和校正白垩纪国际年代表方面取得较大进展（Prokoph *et al.*，2001；Buonocunto *et al.*，2002；Gale *et al.*，2002；Hennebert and Dupuis，2003；Sprovieri *et al.*，2006; Latta *et al.*，2006; Fiet *et al.*，2006; Locklair and Sageman，2008）。据估计，海相白垩系精度为 0.4Ma 的天文地质年代表将很快确立（Gradstern *et al.*，2004；Hinnov and Ogg，2007），但国内外对陆相白垩系地层开展的旋回地层学研究极为缺乏（Wu *et al.*，2007；程日辉等，2008）。

“松科 1 井”是世界上第一口以白垩系地层为主的全取心科学探井，其钻遇的白垩系地层由上而下依次为明水组、四方台组、嫩江组、姚家组、青山口组和泉三、四段。对其开展高精度的天文年代学研究，建立松辽盆地白垩纪天文年代标尺 (astronomical time scale)，具有重要的科学意义。具体体现在以下几方面：①年代分辨率达 0.02~0.4Ma 的天文年代标尺能够准确地标定出沉积地层和地质事件的持续时间，对人们深入认识松辽盆地白垩纪生物演化、地质过程、完善年代地层学框架和中国陆相白垩系的建阶方案均具有重要意义。由天文轨道周期造成的地层旋回厚度在数米至数十米，可实现松辽盆地高分辨率地层划分与对比，甚至可能为海、陆相地层的高精度对比提供新的约束。②对确定白垩纪温室气候背景下古湖盆对地球轨道力驱动的气候变化的沉积响应，并反演白垩纪古气候变化具有重要意义。③天文年代标尺的建立为确定松辽盆地烃源岩（青山口组和嫩江组）的堆积速率、探讨大规模烃源岩的形成与地球轨道周期的耦合关系均具有重要意义。本书主要介绍基于岩石旋回地层和测井旋回地层所开展的天文年代学研究。

4.9.1 岩石旋回地层

“松科 1 井”南孔泉头组顶部—嫩江组底部的连续取心为这一研究提供了非常完好的研究对象，

通过对岩心的厘米级精细描述和精细沉积微相划分（Cheng *et al.*，2007；高有峰等，2008；程日辉等，2009；王璞珺等，2009；高有峰等，2009；王国栋等，2009），识别出了取心层段的所有米级旋回。“松科1井”南孔中识别出三大类16亚类共计862个米级旋回，其中泉三段顶部与泉四段共76个、青山口组503个、姚家组151个、嫩一段与嫩二段底部共132个。

Fischer图解展示了由每一个米级旋回新代表的旋回时限（每个米级旋回跨越的时间）和米级旋回的平均厚度累计偏移（可容纳空间）表达的米级旋回在垂向上的发育特征（图4.23）。米级旋回组合所展现的可容纳空间由小变大再变小的旋回演化，是一个五级旋回的发育过程，同样由五级旋回组合体现的可容纳空间由小变大再变小的旋回演化是一个四级旋回的发育过程。图解结果表明，“松科1井”南孔泉三段顶部至嫩二段底部发育的米级旋回以4∶1和3∶1的方式叠加成五级旋回，五级旋回以2∶1~6∶1的方式叠加形成四级旋回。同位素年龄的旋回周期估算显示，米级旋回周期为22.9k~29.8ka，五级旋回周期为75.0k~104.7ka，四级旋回周期为225.0k~460.0ka，分别与米兰科维奇岁差周期19k~24ka、偏心率短周期85k~140ka和偏心率长周期350k~400ka存在着对应关系，说明“松科1井”南孔旋回地层的形成受米兰科维奇旋回的控制（程日辉等，2008）。

下一步将在精确的年代地层框架下，获得各级别旋回的精确旋回周期，分析轨道旋回机制下的气候旋回在沉积物中的响应；同时在年代框架下，初步完成与同时期海相地层的对比。

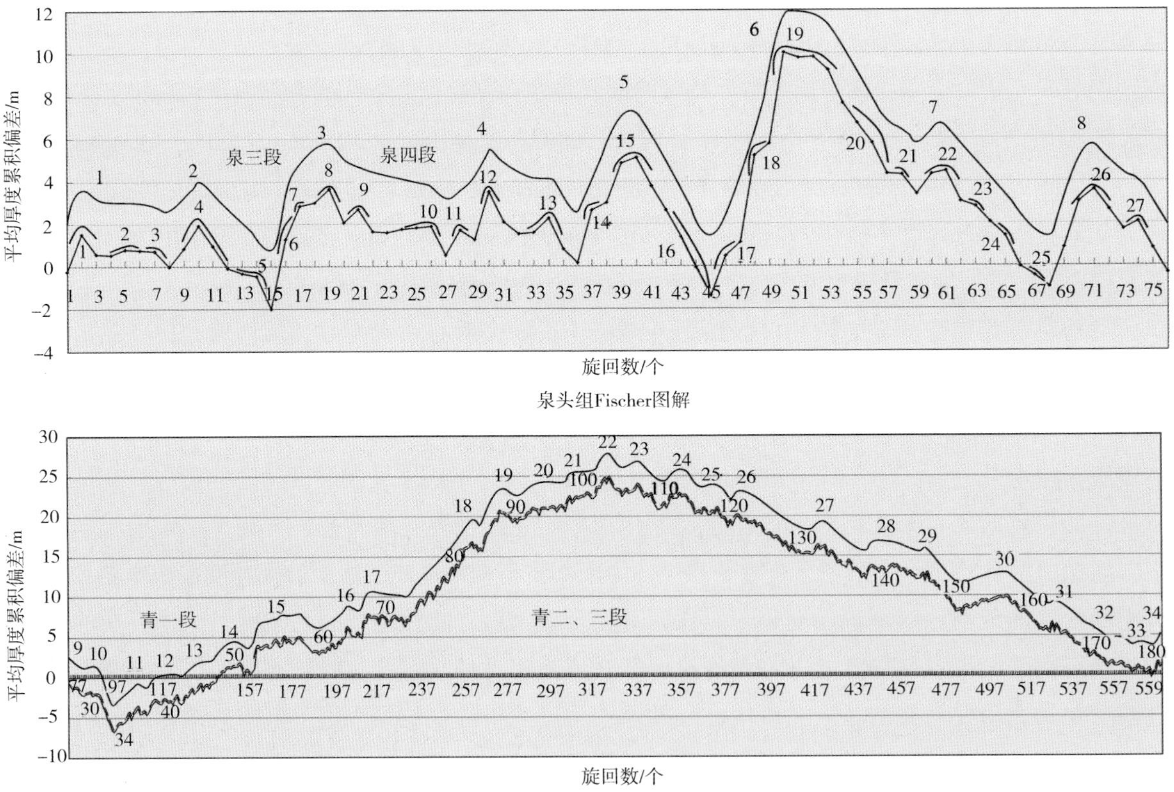
平均厚度累积偏差/m
泉三段
泉四段
旋回数/个
泉头组Fischer图解
平均厚度累积偏差/m
青一段
青二、三段
旋回数/个
青山口组Fischer图解

图4.23 “松科1井”南孔泉头组、青山口组、姚家组和嫩江组米级旋回的Fischer图解

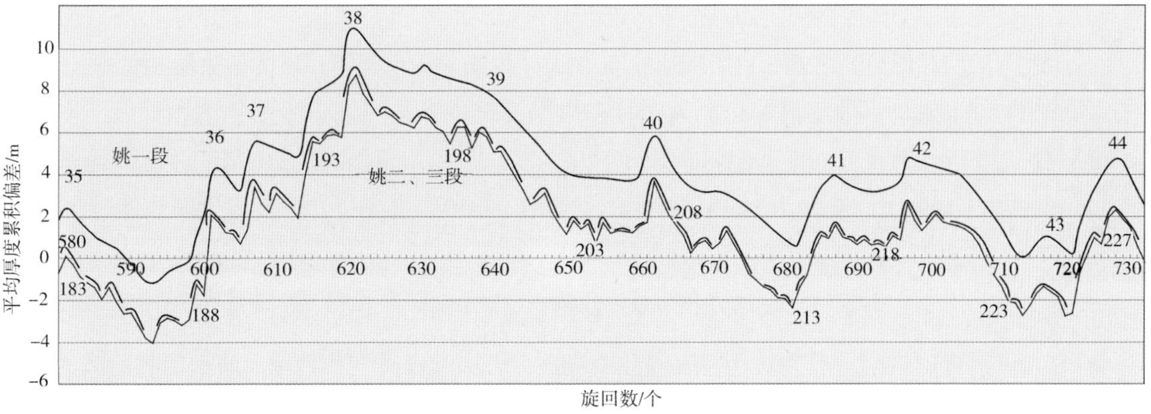
平均厚度累积偏差/m
旋回数/个
姚一段
姚二、三段

姚家组Fischer图解

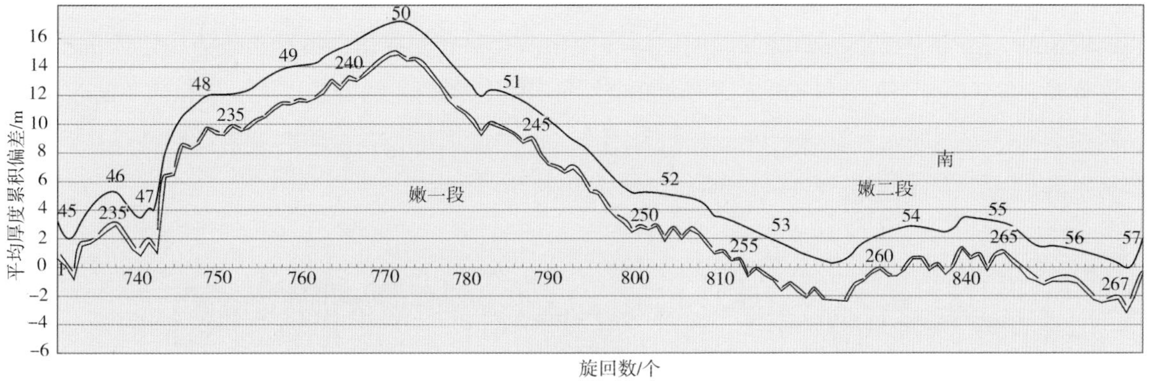
平均厚度累积偏差/m
旋回数/个
嫩一段
嫩二段
南

嫩江组Fischer图解

图 4.23 “松科 1 井”南孔泉头组、青山口组、姚家组和嫩江组米级旋回的 Fischer 图解（续）

4.9.2 测井旋回地层

1. 数据选择和处理方法

地层中连续的地球化学参数（如稳定碳、氧同位素）和地球物理参数（如自然伽马、磁化率、岩石密度等）均可用于旋回地层学的分析（Hinnov，2004）。自然伽马测井是在井内测量岩层中的放射性元素原子核衰变过程中放射出的伽马射线的强度。黏土物质和有机质对放射性物质的吸附能力较强，而且泥质物质颗粒小，沉积缓慢，使得放射性元素有足够的时间从溶液中分离出来。因此，自然伽马曲线（GR 曲线）能够反映沉积物中的泥质和有机质含量变化，进而反映古环境和古气候的变化（Liu *et al.*，2001；Prkoph and Thurow，2001）。密度测井是测量井下岩层的相对密度，能够用于确定地层的岩性和孔隙度。

“松科 1 井”南井青山口组测井数据的间距为 0.125m。自然伽马测井数据范围为 60~180API，其中低值与地层中的泥灰岩夹层对应，高值与黑色页岩和泥岩对应，在顶部自然伽马值明显降低，与其岩性变为红色的粉砂岩有关。“松科 1 井”南孔密度测井值范围为 2.2~2.6g/cm^3，其顶部密度值变小至 1.7~2.3g/cm^3，可能是岩性粒度变粗孔隙度增大造成的。自然伽马和密度测井曲线均显示出较好的旋回性变化。

为了确定测井曲线中的旋回性是否与天文轨道气候旋回相关，我们采用了连续小波分析和频谱分析。在进行地层旋回分析之前，利用带通滤波方法对数据进行预处理，目的是去除超低频（>100m）和超高频信号（<1m）。功率谱分析能够估算随时间变化的各类周期信号的频率和长度，本书采用 Redfit 软件包进行计算（Schulz and Mudelsee，2002），使用 Analyseries 2.0 程序进行带通滤波分析（Paillard *et al*.，1996）。连续小波分析使用了由 Torrence 和 Compo（1998）提供的软件包。

2. 青山口组旋回地层学研究结果

研究人员对青山口组自然伽马和密度测井曲线进行了连续小波变换处理。两个测井曲线的小波色谱图中均显示出较为连续的 68m、39m、9~13.5m、3.8~5m 和 1.7~2.5m 的旋回（吴怀春等，2008；图 4.24）。但总体来说，密度测井的旋回信号没有自然伽马数据的连续，能量谱也没有自然伽马的强。波长较长的 39m 和 9~13.5m 的旋回周期随深度变化没有明显的变化，显示出较为稳定的沉积速率。而较短波长的 3.8~5m 和 1.7~2.5m 旋回周期波谱特征具有较大变化的特征指示了沉积速率的较小变化。自然伽马和密度测井两种地球物理参数均表现出相同的旋回特征，说明两者的旋回性受到同一外部机制驱动，而非一些随机的噪声（Prokoph and Agterberg，1999）。

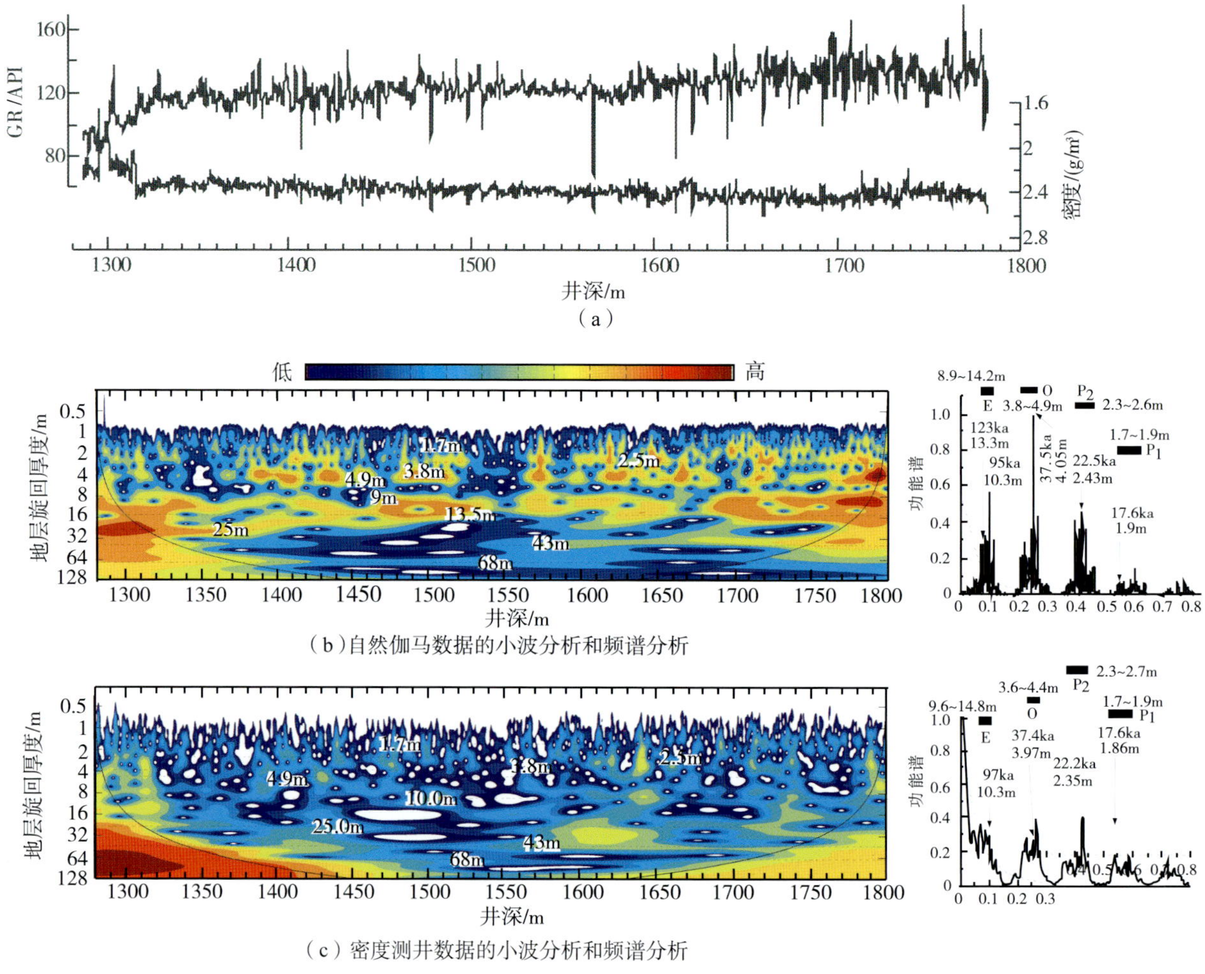

GR/API
密度/(g/m³)
井深/m
(a)
低
高
地层旋回厚度/m
功能谱
8.9~14.2m
E
3.8~4.9m
O
P2
2.3~2.6m
123ka
13.3m
95ka
10.3m
37.5ka
4.05m
22.5ka
2.43m
1.7~1.9m
P1
17.6ka
1.9m
1.7m
2.5m
3.8m
4.9m
9m
13.5m
25m
43m
68m
(b)自然伽马数据的小波分析和频谱分析
9.6~14.8m
3.6~4.4m
2.3~2.7m
97ka
10.3m
37.4ka
3.97m
22.2ka
2.35m
17.6ka
1.86m
10.0m
25.0m
(c)密度测井数据的小波分析和频谱分析

图 4.24 “松科 1 井”青山口组自然伽马和密度测井曲线

确定沉积地层是否记录了轨道旋回周期的常用方法就是将频谱分析得出的地层旋回厚度比值与天文周期参数之间的固有比值进行对比，如果两者一致，则表明地层的旋回性是由天文轨道周期造成。自然伽马与密度测井数据所具有的 39m、9~13.5m、3.8~5m 和 1.7~2.5m 的地层旋回厚度之比大约为 20 : 5 : 2 : 1。对自然伽马测井数据序列进行频谱分析，结果显示频谱结构具有能够明显区分开的 4 个优势频率带，分别为 8.9~14.2m、3.8~4.9m、2.3~2.6m 和 1.7~1.9m（图 4.24）。其中 5 个频率谱峰值对应的周期之比为 13.3 : 10.3 : 4.05 : 2.43 : 1.9，与 96.5~95Ma 间的 65° N 夏季日照量的频谱分析周期（Milankovitch 气候旋回周期）之比极为一致（125 : 97 : 37.5 : 22.5 : 18.4）。可以确定出 39m、9~13.5m、3.8~5m 和 1.7~2.5m 的地层旋回分别由地球轨道参数的长偏心率、短偏心率、地轴斜率和岁差造成。设计出相应的高斯带通滤波器对由长、短偏心率、斜率和偏心率旋回引起的旋回周期进行滤波（图 4.25），确定出“松科 1 井”青山口组的沉积速率为 9.55cm/ka，沉积时限为 5.20Ma。

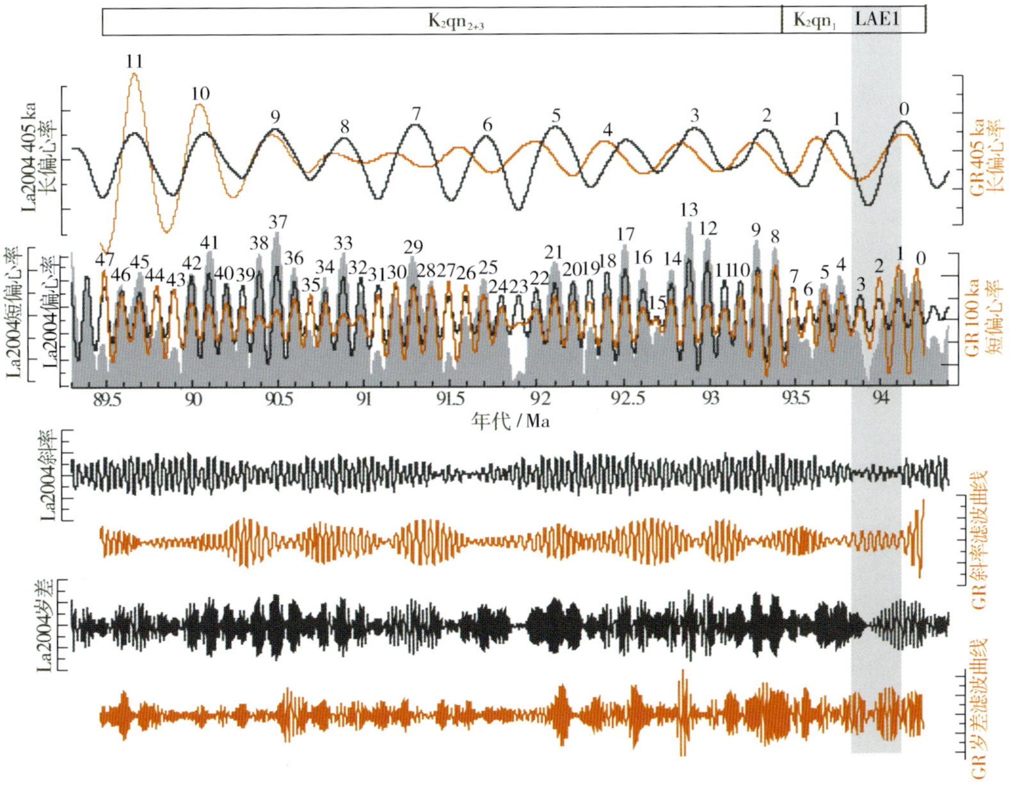

K_2qn_{2+3}
K_2qn_1
LAE1
La2004 405 ka 长偏心率
GR 405 ka 长偏心率
La2004短偏心率
La2004偏心率
GR 100 ka 短偏心率
89.5
90
90.5
91
91.5
92
92.5
93
93.5
94
年代 / Ma
La2004斜率
GR斜率滤波曲线
La2004岁差
GR岁差滤波曲线

图 4.25　“松科 1 井”青山口组天文年代标尺的建立

利用天文理论值的短偏心率曲线和偏心率曲线对“松科 1 井”青山口组自然伽马曲线短偏心率旋回进行天文年龄校正。同时，图中还显示青山口组长偏心率、斜率和岁差（红色）与天文理论曲线（黑色）的对比

利用相同的方法，对松辽盆地中央拗陷区、西部斜坡区、北部倾没区、东北隆起区和东南隆起区的其他九口钻井青山口组的自然伽马测井曲线进行旋回地层学分析，均揭示了显著的 Milankovitch 旋回（Wu *et al.*，2009）。

由于地球轨道参数的长偏心率（405ka）周期自250Ma以来保持稳定，一些学者建议将其用于建立中生代的浮动天文年代标尺（Laskar *et al.*，2004；Hinnov and Ogg，2007）。然而，松辽盆地10井的青山口组的旋回地层学揭示出短偏心率要比长偏心率更为稳定（Wu *et al.*，2009），因此，我们选择短偏心率用于建立青山口组的天文年代标尺。

通过对比，"松科1井"青山口组记录的Milankovitch旋回最为稳定，沉积持续时间最长，且没有明显的沉积间断，因此，选择该井的短偏心率进行天文年代标尺的调谐。以Wang等（2007）确定的青山口组底界年龄94Ma作为锚点，将"松科1井"青山口组的短偏心率曲线调谐到Lasker等（2004）的理论短偏心率曲线上。调谐结果显示，"松科1井"青山口的持续年代为94.27~89.07Ma（晚Cenomanian期至早Coniacian期；图4.25）。西部斜坡区的J32井的青山口组沉积持续时间最短，为1.09Ma。不同相区青山口组的沉积持续时间不同表明了其内部存在一些沉积间断，尤其是其顶部（存在平行不整合；Wu *et al.*，2009）。

由青山口组一段获得的各类证据表明，油页岩发育层段发生了广泛的第一次湖泊缺氧事件（LAE1），主要包括：①发育纹层状富有机碳和黄铁矿的黑色页岩和油页岩，δ^{13}Corg具有正偏峰值特征（黄清华，2007）；②在缺氧期间发生了生物大绝灭，缺氧事件之后发生了生物的繁盛（黄清华等，2007）；③在青山口组一段具有指示缺氧环境的各种地球化学特征，如出现28，30-双降藿烷，保存了相对较为完整的C_{34}或C_{35}藿烷，重排甾烷的含量很低和存在γ蜡烷等（侯读杰等，2003）。由于缺乏可靠的碳稳定同位素研究，青山口组一段的缺氧事件以发育了三套油页岩为标志。根据所建立的青山口组天文年代标尺，"松科1井"的缺氧事件持续时间最长（310ka），朝503井的持续时间最短（210ka；Wu *et al.*，2009）。

黄清华等（1998，2007）认为发生于青山口组一段的海侵事件可与全球第二次大洋缺氧事件（OAE2）对比。目前，对第二次大洋缺氧事件（OAE2）的持续时间估计为320~900ka。根据古生物证据和地质年代插值方法，Arthur等（1989）和Caron等（1999）估计OAE2的持续时间大约分别为0.5~0.8Ma和0.4Ma。旋回地层学已经多次应用于估计OAE2的时限，其结果包括来自美国科罗拉多的720ka（Sageman *et al.*，1999）、加拿大西部的320ka（Prokoph *et al.*，2001）和摩洛哥Tarfaya盆地的440ka（Kuhnt *et al.*，2005）。我们对松辽盆地青一段的湖泊缺氧事件的持续时间的估计为210~310ka，开始时间为94.21~94.18Ma，为松辽盆地青一段古湖泊缺氧事件与白垩纪古海洋Cenomanian–Turonian期界线附近的缺氧事件（OAE2）提供了新证据（Wu *et al.*，2009）。

4.10 生物演化剖面

4.10.1 研究目的与意义

环境的变化影响和控制着生物的发生、发展、繁盛、衰退乃至消亡，不同的环境条件下，具有不同的生物组成。微体生物群是松辽盆地晚白垩世松花江和明水生物群中属种数量最丰富、演化特征最明显的化石门类。松辽盆地白垩纪陆相沉积剖面出露多不完整，“松科 1 井”获取了连续的白垩纪中期到末期的陆相沉积记录，为精细地层古生物学研究提供了难得的资料。通过 SK-1 井微体生物群特征及其演化规律的分析，可以探询松辽盆地白垩纪沉积时期环境的演变规律。

4.10.2 取样与分析

所获取的岩心中含有丰富的微体化石，有可能建立连续的生物演化剖面。依据化石保存的连续性，计划建立介形虫、孢粉和沟鞭藻的生物演化剖面。第一阶段开展对对“松科 1 井”（南孔）的研究。实验室研究工作自 2008 年中期开始，经过分析处理和鉴定，目前，基本得出了介形类的地层分布。孢粉和沟鞭藻的分析研究正在进行中。

4.10.3 初步结果

1. 有孔虫

经过细致的微体古生物研究，首次在“松科 1 井”嫩一段相关层位发现有孔虫，同时，这也是在松辽盆地内首次发现有孔虫。所有的有孔虫标本是用细毛刷和反射光在处理后的沉积物中发现，在双目显微镜下鉴定的。根据对有孔虫不同形态的初步观察，“松科 1 井”发现的有孔虫大多数属于 trochspiral（螺旋）类型。化石有两种壳壁成分，主要为分泌钙质壳体和少量胶结壳。它们属于 *Rotaliina* 属和 *Textulariina* 属。值得指出的是，有些化石显示出浮游有孔虫的特征，可能属于 *Hedbergella* 和（或）*Whiteinella* 族。有孔虫发现于各种海相环境中，根据生存模式的不同可能属于浮游类或者底栖类。虽然各种研究工作刚开始展开，但发现的有孔虫化石已经可以初步表明在嫩江组沉积早期有海水侵入松辽盆地。

2. 介形虫

对“松科 1 井”南孔岩心按 1m 间距和 100g 样品的标准进行处理和分析，最后得到丰富的保存较好的介形类化石。对这些化石进行了详细的鉴定，初步建立了化石组合序列（表 4.7）。

表 4.7 "松科 1 井"（南孔）介形虫化石组合分布

年代	组	段	化石组合编号	组合名称	主要化石
晚白垩世	嫩江组	二	14	*Cypridea liaukhenensis-Periacanthella magifica*	*Cypridea liaukhenensis, C. stellata, C. spongvosa, Periacanthella magifica, Ilyocypmorpha* sp., *Harbinia hapla*
			13	*Mongolocypris magna-Mongolocypris heiluntszianensis*	*Mongolocypris magnata, M. heiluntszianensis, M.* sp.
		一	12	*Cypridea gunsulinensis- Cypridea gracila*	*Cypridea gunsulinensis, C. gracila, C. acclinia, C. ardua*
			11	*Cypridea anonyma-Candona fabiforma*	*Cypridea anonyma, C. obolonga, C. maculata, Candona fabiforma, C. daqingensis, C. ovta, Advenocypris mundulaformis, Mongolocypris magna, M. heiluntszianensis*
	姚家组	二+三	10	*Cypridea formasa-Cypridea sunhuajiangensis*	*Cypridea formasa, C. sunhuajiangensis, Mongolocypris tabulate, Lycopterocypris retractilis, Ziziphocypris rugosa*
			9	*Cypridea favosa-Mongolocypris tabulata*	Cypridea favosa, Mongolocypris tabulata, Lycopterocypris retractilis, Ziziphocypris rugosa
		一	8	*Cypridea exornata-Cypridea donfangensis*	*Cypridea exornata, C. Donfangensis, Mongolocypris infidelis, M.tera, M.magna, Lycopterocypris retractilis*
	青山口组	二+三	7	*Cypridea panda-Lycopterocypris subovatus*	*Cypridea panda, Lycopterocypris subovatus, Mongolocypris obsura, M. tera*
			6	*Triangulicypris pumilis-Triangulicypris fusiformis*	*Triangulicypris pumilis, T. fusiformis, T. uniformis, T. vestilus T. symmetrica, Kaitunia implata, Mongolocypris obsura, M. tera*
			5	*Cypridea edentula-Lycopterocypris grandia*	*Cypridea nota, C. fuyuensis, C. edentula, Lycopterocypris grandia*
			4	*Cypridea nota-Sunliavia tumida*	*Cypridea nota, C. fuyuensis, Triangulicypris torsuosus, Limnocypridea buccerusa, L. succinata, Sunliavia tumida, S. fuyuensis, Kaitunia implata, Ziziphocypris rugosa*
			3	*Cypridea dekhionensis-Cypridea gibbosa*	*Cypridea dekhionensis, C. gibbosa, C. bistyloformis, C. adumalata, C. tubeaculata, Triangulicypris torsuosus, T. torsuosus* var. *nota, T. fertilis*
		一	2	*Triangulicypris torsuosus-Triangulicypris torsuosus* var. *nota*	*Triangulicypris torsuosus, T. torsuosus* var. *nota, Cypridea adumalata*
	泉头组	四	1	*Mongolocypris longicallata*	*Mongolocypris longicallata, Cypridea* sp.

共鉴定化石 13 属 70 余种，分布层位为泉头组三段至嫩江组二段下部。根据化石的组合和垂向上的变化特征，初步将其划分为 14 个化石组合。

（1）*Mongolocypris longicallata* 组合，主要分布于泉头组四段上部，化石稀少，只在个别层位出现，除了 *Mongolocypris longicallata* 之外，还发现少量 *Mongolocypris* sp. 和 *Cypridea* sp.，以 *Mongolocypris* 占优势。

（2）*Triangulicypris torsuosus-Triangulicypris torsuosus* var. *nota* 组合，分布于青山口组一段，主要化石有光滑的 *Triangulicypris torsuosus* 和具瘤的 *T. torsuosus* var. *nota*，此外还有少量 *Cypridea adumalata*。该组合中介形类化石的属种比较单一，含量也比较低。

（3）*Cypridea dekhionensis-Cypridea gibbosa* 组合，分布于青山口组二段下部，主要化石有 *Cypridea dekhionensis*、*C. gibbosa*、*C. bistyloformis*、*C. adumalata*、*C. tubeaculata*、*Triangulicypris torsuosus*、*T. torsuosus* var. *nota*、*T. fertilis*，以壳体具瘤和具刺的类型为主，并含有少量壳体光滑的类型。该组合中介形类的分异度比较高，丰度也有了明显提高。

（4）*Cypridea nota-Sunliavia tumida* 组合，分布于青二段中、上部，所含化石主要有 *Cypridea nota*、*C. fuyuemsis*、*Triangulicypris torsuosus*、*Limnocypridea buccerusa*、*L. succinata*、*Sunliavia tumida*、*S. fuyuensis*、*Kaitunia implata*、*Z. rugosa*，壳体光滑或者具网纹状蜂孔。该组合中介形类化石的丰度和分异度均比较高。

（5）*Cypridea edentula-Lycopterocypris grandia* 组合，主要分布于青山口组二段上部，所含化石主要有 *Cypridea nota*、*C. fuyuensis*、*C. edentula*、*Lycopterocypris grandia* 等，化石壳体光滑或者具网纹状蜂孔，丰度和分异度均中等。

（6）*Triangulicypris pumilis-Triangulicypris fusiformis* 组合，主要分布于青山口组三段中下部，所含化石主要有 *Triangulicypris pumilis*、*T. fusiformis*、*T. uniformis*、*T. vestilus*、*T. symmetrica*、*Kaitunia implata*、*Mongolocypris obsura*、*M. tera*，其中在底部还有少量 *C. fuyuensis* 等化石，该化石带以 *Triangulicypris* 的占优为特征，向上出现比较多的 *Mongolocypris*，壳体大小混杂，多数比较光滑，丰度较高，分异度中等。

（7）*Cypridea panda-Lycopterocypris subovatus* 组合，主要分布于青上口组三段上部，所含化石主要有 *Cypridea panda*、*Lycopterocypris subovatus*、*Mongolocypris obsura*、*M. tera*，以大小混杂为特征，以壳体光滑的类型为主，丰度较高，但是分异度比较低。

（8）*Cypridea exornata-Cypridea donfangensis* 组合，分布于姚家组一段，所含化石主要有 *Cypridea exornata*、*C. Donfangensis*、*Mongolocypris infidelis*、*M. tera*、*M. magna*、*Lycopterocypris retractilis*，以 *Cypridea* 和 *Mongolocypris* 的混和为特征，壳体总体比较大，光滑或者具浅蜂孔，丰度较高，但分异度较低。

（9）*Cypridea favosa-Mongolocypris tabulata* 组合，分布于姚家组二段，主要化石有 *Cypridea favosa*、*Mongolocypris tabulata*、*Lycopterocypris retractilis*、*Ziziphocypris rugosa*，化石的保存特征与组合（8）比较相近，出现了比较多的壳体外壁被侵染为红色的化石。

（10）*Cypridea formasa-Cypridea sunhuajiangensis* 组合，分布于姚家组三段，所含化石主要有 *Cypridea formasa*、*Cypridea sunhuajiangensis*、*Mongolocypris tabulata*、*Lycopterocypris retractilis*、*Ziziphocypris rugosa*，化石组成和保存特征与（8）和（9）比较相近。

（11）*Cypridea anonayma-Candona fabiforma* 组合，所含化石主要有 *Cypridea anonayma*、*C. obolonga*、*C. maculata*、*Candona fabiforma*、*C. daqingensis*、*C. ovta*、*Advenocypris mundulaformis*、*Mongolocypris magna*、*M. Heiluntszianensis* 分布于嫩江组一段下部，其中以个体较大的 *Cypridea anonayma* 为主，向上出现数量比较多的个体微小的 *Candona*。该组合中化石的丰度和分异度总体都比较高，壳表具蜂孔或光滑。

（12）*Cypridea gunsulinensis-Cypridea gracila* 组合，分布于嫩江组一段上部，所含化石主要有

Cypridea gunsulinensis、*C. gracila*、*C. acclinia*、*C. ardua*、*Cypridea*，壳体光滑，腹部膨胀，保存较差，数量不丰富。

（13）*Mongolocypris agna-Mongolocypris heiluntszianensis* 组合，所含化石主要为 *Mongolocypris agna*、*M. heiluntszianensis*、*M.* sp.，这些化石主要分布于嫩江组二段底部的黑色页岩中，个体很大，有些长度甚至达到 4mm。

（14）*Cypridea liaukensis-Periacanthella magifica* 组合，所含化石主要为 *Cypridea liaukensis*、*C. stellata*、*C. spongvosa*、*Periacanthella magifica*、*Ilyocypmorpha* sp.、*Harbinia hapla*、*Mongolocypris agna*、*M. heiluntszianensis*, 主要分布于嫩江组二段下部，黑色页岩夹油页岩层之上。该化石组合以壳体具刺的类型和具有深大蜂孔的 *Cypridea liaukensis* 和 *C. liaukensis* 为主，化石的数量虽然不是很多，但是具有大量地方性的属种。

“松科 1 井”介形类的生态特征还反映了生活环境的演变序列。在泉头组，湖水浅而动荡，并不利于介形类的生长和壳体的保存。在青山口组一段沉积期，松辽盆地发生了大规模的湖侵，湖水迅速加深，这期间介形类主要以个体小的 *Triangulicypris torsuosus* 和 *Triangulicypris torsuosus* var.*nota* 为主，数量不是很多，可能与缺氧和偏酸性的湖底环境有关。至青山口组二段下部沉积期，湖泊处于缓慢的湖退过程中，湖水总体比较稳定，有利于介形虫的繁盛和保存，发育了大量壳体具瘤的类型，向上随着湖水的变浅，具瘤类型消失，与此同时，其他很多新的属种出现，丰度和分异度均比较高。到了姚家组沉积期，由于湖水的急剧变浅，介形类的分异度下降，以 *Cypridea* 和 *Mongolocypris* 为主，壳体的壳壁比较厚，其中在一些层位壳体的外壁由于侵染而成红色，反映了当时比较浅而氧化的水体环境。由于研究区位于湖盆中心位置，因此在姚家组仍产有比较丰富的介形类化石。到了嫩江组一段沉积期，松辽古湖泊再次发生了大规模的湖侵，湖侵过后，介形类大量繁盛，丰度和分异度均比较高。到了嫩江组一段上部，由于湖水逐渐变浅，开始出现了壳体光滑、腹部膨大的类型，但是在该研究区保存得比较差，可能反映了当时的水动力条件比较动荡。在嫩江组二段底部沉积期，松辽盆地发生了历史上最大规模的湖侵，形成了一套黑色页岩夹油页岩。与以前研究不同的是，此次研究在黑色页岩中发现了丰富的大个体介形类化石，以 *Mongolocypris* 为主，可能为一种游泳类型。最大湖侵期过后，湖水总体比较静和深，富集大量营养物质，造成了大量地方性属种的繁盛，壳体以具刺和具有深大蜂孔的类型为主。

上述介形虫演化剖面初步显示，松辽盆地晚白垩世早期是盆地发展的全盛时期，湖泊水域宽阔，湖生生物极度繁盛。其中在青一段和嫩一、二段沉积时期，发生了盆地演化史上的三次规模最大的湖侵事件，引发了全盆地缺氧环境的出现，并导致了湖生生物的革新和随后的繁盛。三次大规模的湖侵，在盆地内形成了三套巨厚层的暗色泥岩、页岩和油页岩，为盆地后期油气的生成提供了丰富的油源母岩和良好的盖层。研究初步认为生物的革新是古湖泊缺氧事件的结果，它与白垩纪古海洋缺氧事件具有相类似的成因机制。但是，是否受全球同一气候演化的控制，尚需更全面的研究。

通过十项基础地质数据系列的建立，“松科 1 井”在微体古生物学、地质年代学、沉积学与有机地球化学等领域内取得了重要进展：首次在松辽盆地上白垩统发现典型海相有孔虫化石，从而为松辽盆地存在海侵沉积层提供了一锤定音的古生物证据；大型湖底水道系统在松辽盆地中央拗陷区的首次发现，开拓了油气勘探新领域；夹在生油岩中的深水相白云岩的发现可以作为油气勘探新目标；芳基类异戊二烯类化合物反映了绿硫细菌的存在，对探讨陆相大规模烃源岩的形成环境具有重要的意义；通过“松科 1 井”钻探在上白垩统地层中发现火山灰层并取得了精确的同位素地质年代的年龄，结合详细的磁性地层学、生物地层学、旋回地层学等研究，修改和完善了我国陆相白垩纪地层格架。上述研究成果及重要进展为“松科 1 井”的深入研究和松辽盆地“未解之谜”的逐步揭示奠定了坚实的基础。

第 5 章
“松科 1 井”岩心描述及扫描照片

“松科 1 井”完钻取心层位从上白垩统泉头组三段顶部到古近系泰康组底部，取心总进尺2577.24m，岩心总长2485.89m，取心平均收获率为96.46%。对“松科 1 井”岩心照相扫描和精细描述的工作在“松科 1 井”钻探现场取心后立即进行，以保证岩心扫描照片和岩心描述的准确性。

本章重点展示“松科 1 井”岩心精细描述成果与岩心扫描照片。岩心描述成果分两部分展示，分别为岩心描述和岩心综合柱状图，按组段分别描述制图。

岩心扫描照片下的编号“*x*–*y*–*z*”（*x* 为取心筒次，*y* 为相应筒次的岩心总块数，*z* 为扫描照片对应的岩心块数号）与“5.3‘松科 1 井’岩心照片对应表”中的岩心编号对应，可以查询到岩心扫描照片的层位、筒次、深度等信息。

5.1 “松科 1 井”岩心描述及综合柱状图

本节介绍“松科 1 井”岩心精细描述成果及结合测井数据整合完成的岩心综合柱状图，编写顺序根据地层年代由老到新，从泉头组开始，到泰康组结束。松科 1 井所选位置的沉积记录是连续完整的，下文描述的各组段之间的地层接触关系主要指该界面在全盆地范围内的特点，相当于“不整合与相关整合”的关系。

5.1.1 泉头组三、四段岩心描述及综合柱状图

泉头组的精细描述如下。

泉四段上覆地层为青山口组一段，二者呈整合接触，岩心描述见下文；下伏地层为泉三段，二者呈平行不整合接触（图 5.1）。

泉四段岩心描述：

92–1	1782.93~1783.03m	0.10m	中 – 浅灰色薄层状钙质粉砂岩夹中 – 深灰色微层状泥岩，波状层理，较多中 – 深灰色泥岩条带与薄层
92–2	1783.03~1783.09m	0.06m	浅灰色薄层状钙质粉砂岩，槽状交错层理，少量泥质条带
92–3	1783.09~1783.19m	0.10m	中 – 浅灰色薄层状钙质粉砂岩夹中 – 深灰色微层状泥岩，波状层理，较多中 – 深灰色泥岩条带与薄层
92–4	1783.19~1783.36m	0.17m	浅灰色薄层状钙质粉砂岩，槽状交错层理，夹几层中 – 深灰色泥岩层，下部夹一条极浅灰色细砂岩薄层
92–5	1783.36~1783.47m	0.11m	中灰色薄层状泥岩，水平层理，夹几层中 – 浅灰色粉砂岩层
92–6	1783.47~1783.70m	0.23m	浅灰色、棕灰色中层状钙质粉砂岩，波状层理，含少量泥质条带，普遍含油，上部见极浅灰色细砂岩条带
92–7	1783.70~1784.03m	0.33m	中 – 深灰色泥岩与绿灰色泥质粉砂岩薄互层，水平层理，下部夹几条含油钙质细砂岩条带
92–8	1784.03~1784.32m	0.29m	棕灰色钙质细砂岩，波状层理，槽状交错层理，含油
92–9	1784.32~1785.03m	0.71m	棕灰色细砂岩与中 – 深灰色泥岩薄互层，波状层理，细砂岩中含油，偶见介形虫化石，下部见一条不含油浅灰色钙质细砂岩条带，底部见冲刷面
92–10	1785.03~1785.18m	0.15m	浅灰色中层状钙质细砂岩，槽状交错层理。局部见油斑，发育砂球、砂枕构造
92–11	1785.18~1785.36m	0.18m	棕灰色中层状钙质细砂岩，槽状交错层理，局部平行层理，底部有一层厚 2cm 泥岩薄层，见冲刷面和砂球、砂枕构造，较多黄铁矿团块

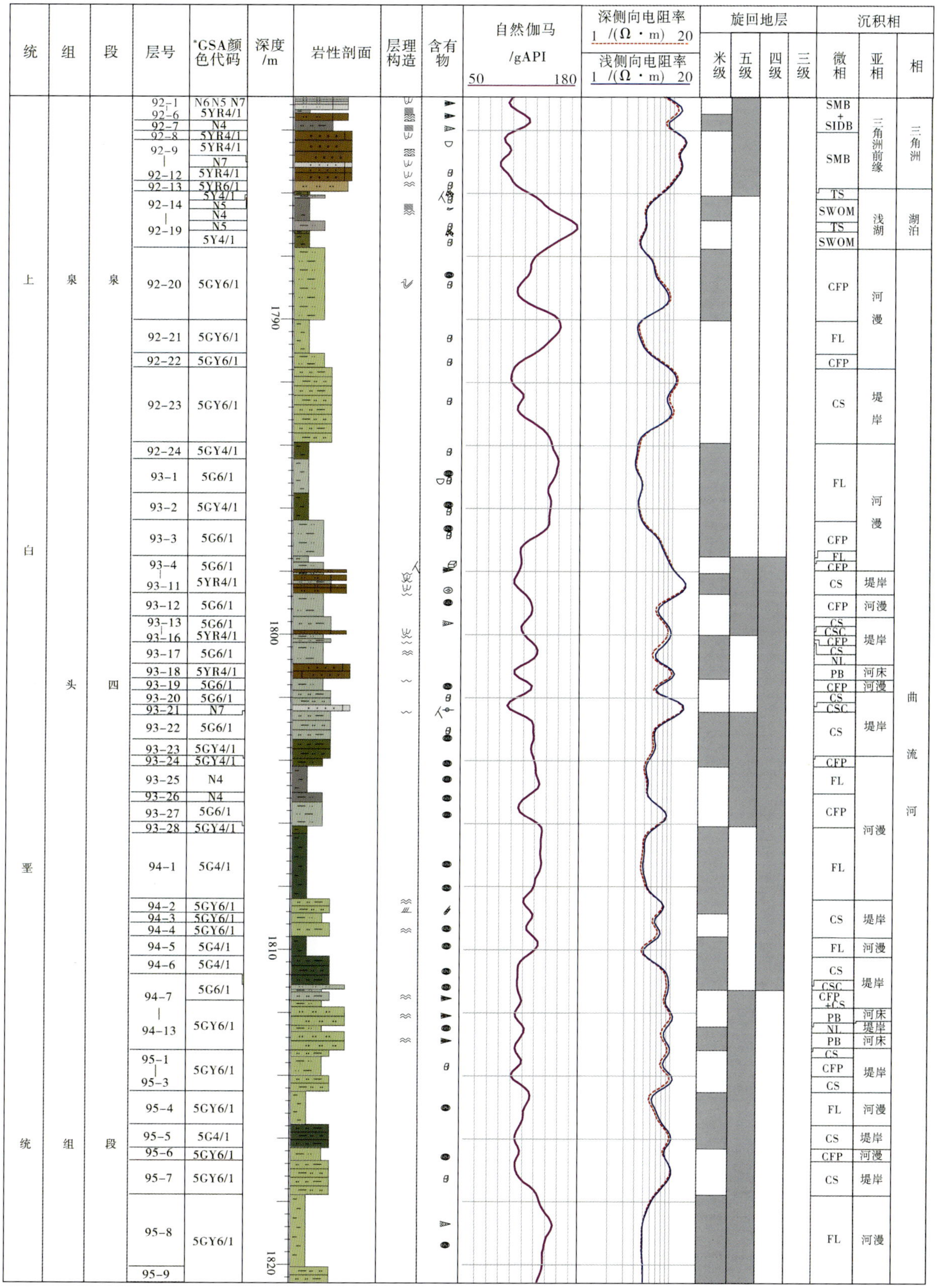
统
组
段
层号
*GSA颜色代码
深度/m
岩性剖面
层理构造
含有物
自然伽马/gAPI
50 180
深侧向电阻率 1 /(Ω·m) 20
浅侧向电阻率 1 /(Ω·m) 20
旋回地层
米级
五级
四级
三级
沉积相
微相
亚相
相
上白垩统
泉头组
泉四段
1790
1800
1810
1820
三角洲前缘
三角洲
浅湖
湖泊
曲流河
河漫
堤岸
河床
SMB+SIDB
SMB
TS
SWOM
CFP
FL
CS
CSC
NL
PB

图 5.1 泉头组三、四段综合柱状图

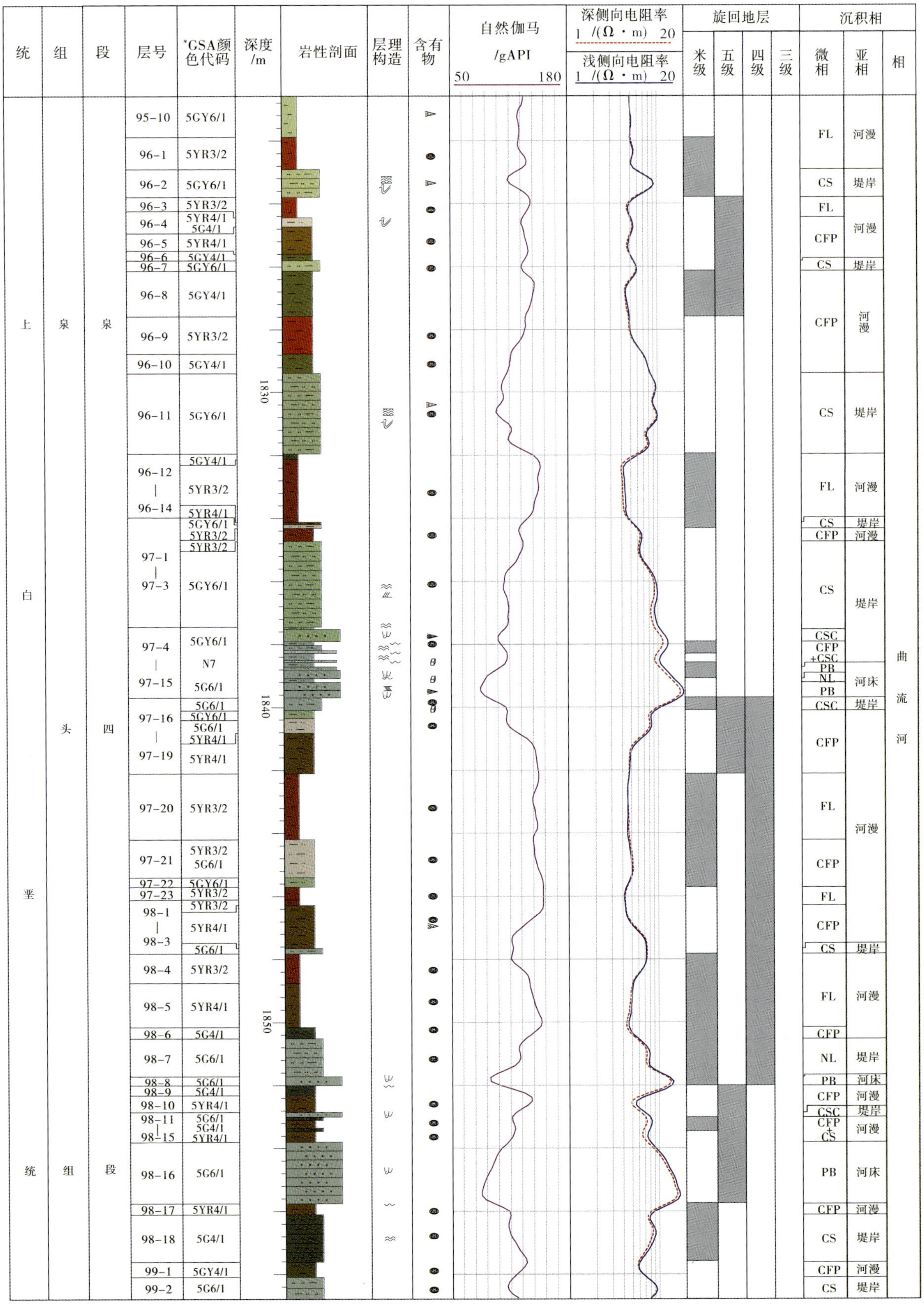

统
组
段
层号
*GSA颜色代码
深度/m
岩性剖面
层理构造
含有物
自然伽马/gAPI
50 180
深侧向电阻率 1 /(Ω·m) 20
浅侧向电阻率 1 /(Ω·m) 20
旋回地层
米级
五级
四级
三级
沉积相
微相
亚相
相
上白垩统
泉头组
泉四段
1830
1840
1850
曲流河

图 5.1 泉头组三、四段综合柱状图（续）

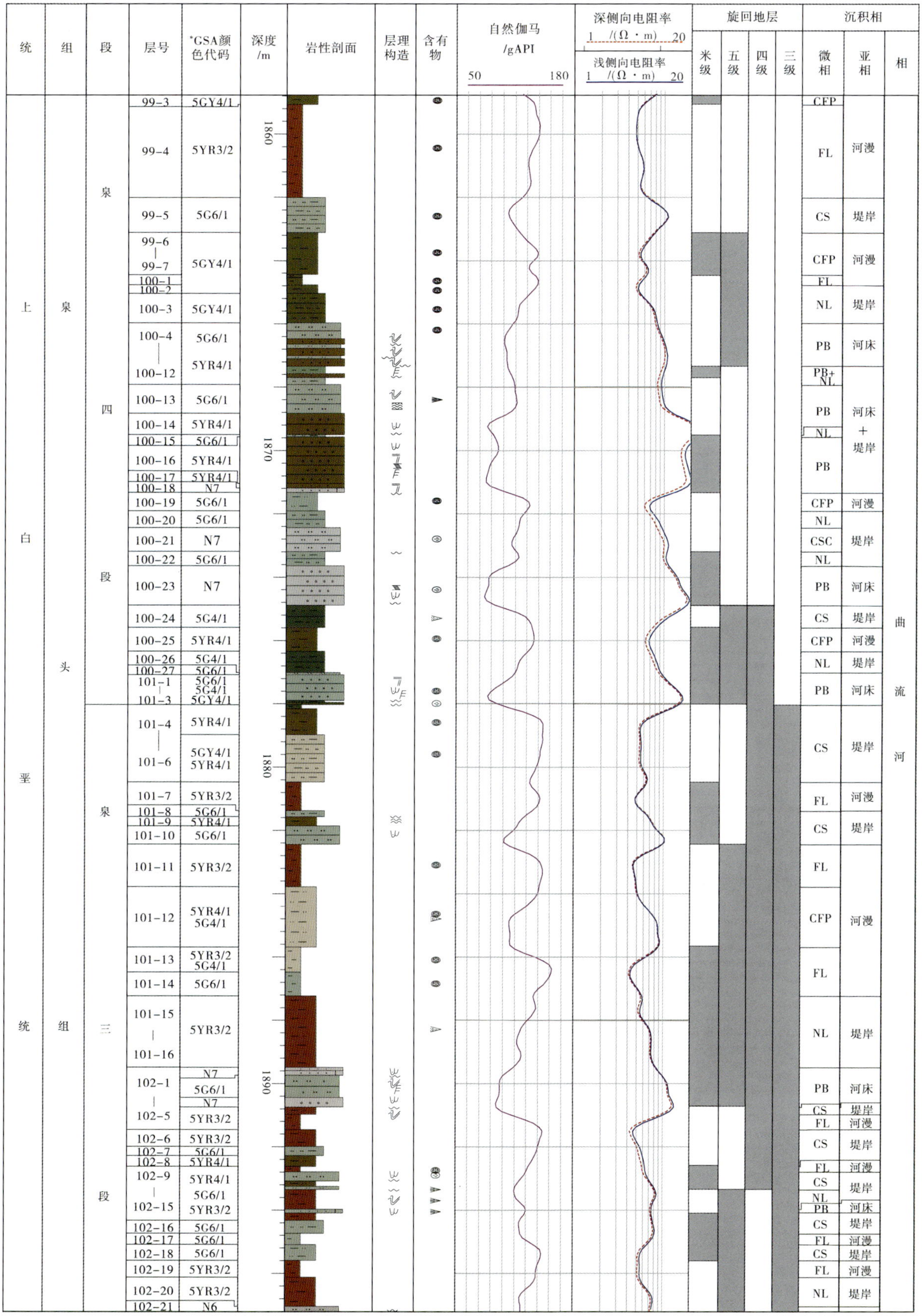

图 5.1 泉头组三、四段综合柱状图（续）

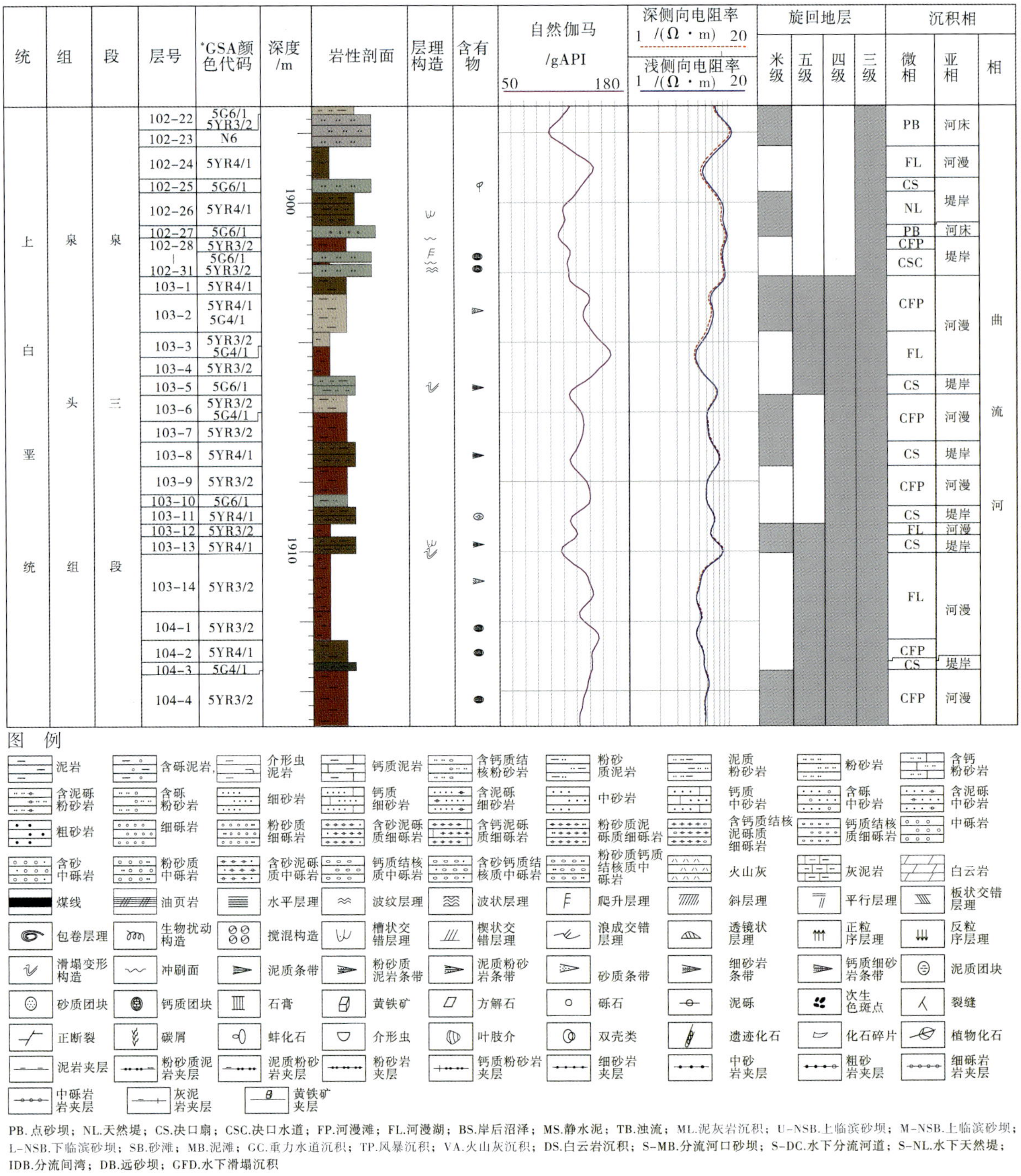
统
组
段
层号
*GSA颜色代码
深度/m
岩性剖面
层理构造
含有物
自然伽马/gAPI
50 180
深侧向电阻率 1 /(Ω·m) 20
浅侧向电阻率 1 /(Ω·m) 20
旋回地层
米级
五级
四级
三级
沉积相
微相
亚相
相
上白垩统
泉头组
泉三段
1900
1910
曲流河
河床
河漫
堤岸
图 例
泥岩
含砾泥岩
介形虫泥岩
钙质泥岩
含钙质结核粉砂岩
粉砂质泥岩
泥质粉砂岩
粉砂岩
含钙粉砂岩
含泥砾粉砂岩
含砾粉砂岩
细砂岩
钙质细砂岩
含泥砾细砂岩
中砂岩
钙质中砂岩
含砾中砂岩
含泥砾中砂岩
粗砂岩
细砾岩
粉砂质细砾岩
含砂泥砾质细砾岩
含钙泥砾质细砾岩
粉砂质泥砾质细砾岩
含钙质结核泥砾质细砾岩
钙质结核质细砾岩
中砾岩
含砂中砾岩
粉砂质中砾岩
含砂泥砾质中砾岩
钙质结核质中砾岩
含砂钙质结核质中砾岩
粉砂质钙质结核质中砾岩
火山灰
灰质岩
白云岩
煤线
油页岩
水平层理
波纹层理
波状层理
爬升层理
斜层理
平行层理
板状交错层理
包卷层理
生物扰动构造
搅混构造
槽状交错层理
楔状交错层理
浪成交错层理
透镜状层理
正粒序层理
反粒序层理
滑塌变形构造
冲刷面
泥质条带
粉砂质泥岩条带
泥质粉砂岩条带
砂质条带
细砂岩条带
钙质细砂岩条带
泥质团块
砂质团块
钙质团块
石膏
黄铁矿
方解石
砾石
泥砾
次生色斑点
裂缝
正断裂
碳屑
蚌化石
介形虫
叶肢介
双壳类
遗迹化石
化石碎片
植物化石
泥岩夹层
粉砂质泥岩夹层
泥质粉砂岩夹层
粉砂岩夹层
钙质粉砂岩夹层
细砂岩夹层
中砂岩夹层
粗砂岩夹层
细砾岩夹层
中砾岩夹层
灰泥岩夹层
黄铁矿夹层
PB.点砂坝；NL.天然堤；CS.决口扇；CSC.决口水道；FP.河漫滩；FL.河漫湖；BS.岸后沼泽；MS.静水泥；TB.浊流；ML.泥灰岩沉积；U-NSB.上临滨砂坝；M-NSB.上临滨砂坝；L-NSB.下临滨砂坝；SB.砂滩；MB.泥滩；GC.重力水道沉积；TP.风暴沉积；VA.火山灰沉积；DS.白云岩沉积；S-MB.分流河口砂坝；S-DC.水下分流河道；S-NL.水下天然堤；IDB.分流间湾；DB.远砂坝；GFD.水下滑塌沉积

图 5.1　泉头组三、四段综合柱状图（续）

92–12	1785.36~1785.62m	0.26m	棕灰色钙质细砂岩与中－深灰色泥岩薄互层，波状层理，细砂岩普遍含油，见少量黄铁矿团块
92–13	1785.62~1785.95m	0.33m	浅棕灰色中层状粉砂岩，水平－波纹层理，含油，局部见黄铁矿团块和条带
92–14	1785.95~1786.06m	0.11m	橄榄灰色薄层状含灰质泥岩，块状构造，裂缝极发育且被方解石充填，裂缝中方解石部分溶蚀形成次生孔隙
92–15	1786.06~1786.16m	0.10m	中灰色薄层状粉砂质泥岩，块状构造，含较多黄铁矿团块

92–16	1786.16~1786.88m	0.72m	中－深灰色中层状泥岩夹浅绿灰色粉砂质泥岩，水平－波纹层理、水平层理、透镜状层理，局部层理面见生物化石碎片
92–17	1786.88~1787.19m	0.31m	中灰色中层状粉砂质泥岩，块状构造，较多黄铁矿团块
92–18	1787.19~1787.28m	0.09m	橄榄灰色薄层状含灰质泥岩，块状构造，裂缝中方解石部分溶蚀形成次生孔隙
92–19	1787.28~1787.73m	0.45m	橄榄灰色中层状泥岩，块状构造，见较多黄铁矿团块
92–20	1787.73~1790.03m	2.30m	绿灰色块状层粉砂质泥岩，块状构造，局部见变形层理，含有较多钙质团块，钙质团块最大直径可达 8cm，局部见黄铁矿团块
92–21	1790.03~1791.08m	1.05m	绿灰色厚层状泥岩，块状构造，较多草莓状黄铁矿颗粒
92–22	1791.08~1791.53m	0.45m	绿灰色中层状粉砂质泥岩，块状构造，较多草莓状黄铁矿颗粒
92–23	1791.53~1793.91m	2.38m	绿灰色块状层泥质粉砂岩，块状构造，较多放射状、草莓状黄铁矿颗粒，顶部少量细砂岩混入
92–24	1793.91~1794.44m	0.53m	深绿灰色厚层状泥岩，块状构造，较多黄铁矿颗粒
93–1	1794.44~1795.53m	1.09m	绿灰色厚层状泥岩，块状构造，偶见介形虫，含钙质团块、黄铁矿团块、条带及分散颗粒
93–2	1795.53~1796.38m	0.85m	深绿灰色厚层状泥岩，块状构造，钙质团块，含非常细小的黄铁矿
93–3	1796.38~1797.52m	1.14m	绿灰色厚层状粉砂质泥岩，块状构造，钙质团块，含非常细小的黄铁矿
93–4	1797.52~1797.71m	0.19m	绿灰色中层状泥岩，块状构造，棕灰色含油粉砂岩团块，偶见黄铁矿
93–5	1797.71~1797.94m	0.23m	绿灰色中层状粉砂质泥岩，水平－波纹层理，夹黄铁矿条带
93–6	1797.94~1798.04m	0.10m	棕灰色粉砂岩，交错层理，底部见冲刷，夹粉砂质泥岩条带，见虫迹，含油
93–7	1798.04~1798.11m	0.07m	绿灰色薄层状粉砂质泥岩，块状构造
93–8	1798.11~1798.29m	0.18m	棕灰色中层状钙质粉砂岩，小型槽状交错层理，向上规模变小，底部见冲刷面、小型正断层，偶见泥砾
93–9	1798.29~1798.40m	0.11m	绿灰色中层状泥质粉砂岩，块状构造
93–10	1798.40~1798.52m	0.12m	棕灰色中层状钙质粉砂岩，小型槽状交错层理，底部见冲刷面和泥砾
93–11	1798.52~1798.70m	0.18m	棕灰色钙质粉砂岩与绿灰色泥质粉砂岩薄互层，底部发育小型槽状交错层理，发育冲刷面，中上部发育变形构造，见泥砾，粉砂岩中含油
93–12	1798.70~1799.44m	0.74m	绿灰色厚层状粉砂质泥岩，块状构造，钙质团块
93–13	1799.44~1799.88m	0.44m	绿灰色中层状泥质粉砂岩，块状构造，不规则泥岩条纹，偶见钙质粉砂岩条纹
93–14	1799.88~1800.00m	0.12m	棕灰色中层状钙质粉砂岩，小型槽状交错层理，底部见冲刷面
93–15	1800.00~1800.14m	0.14m	绿灰色中层状粉砂质泥岩，水平波纹层理，底部见冲刷面，冲刷面之上发育一层厚 1cm 含油钙质粉砂岩
93–16	1800.14~1800.26m	0.12m	绿灰色中层状泥质粉砂岩，块状构造，底部见冲刷面，偶见絮状泥岩
93–17	1800.26~1800.94m	0.68m	绿灰色厚层状粉砂质泥岩，发育不连续波纹层理，水平层理，底部见深绿灰色泥质条带，含油钙质粉砂岩团块及冲刷充填构造
93–18	1800.94~1801.40m	0.46m	棕灰色中层状钙质细砂岩，块状构造，底部见冲刷，偶见黄铁矿

93–19	1801.40~1801.78m	0.38m	绿灰色中层状粉砂质泥岩，块状构造，含钙质团块
93–20	1801.78~1802.25m	0.47m	绿灰色中层状泥质粉砂岩，块状构造，含黄铁矿
93–21	1802.25~1802.44m	0.19m	浅灰色中层状钙质细砂岩，块状构造，底部见冲刷面及砾岩，发育近垂向裂缝
93–22	1802.44~1803.34m	0.90m	绿灰色厚层状泥质粉砂岩，块状构造，偶见黄铁矿及少量钙质团块
93–23	1803.34~1803.94m	0.60m	深绿灰色厚层状泥质粉砂岩，块状构造，偶见黄铁矿及少量钙质团块
93–24	1803.94~1804.19m	0.25m	深绿灰色中层状粉砂质泥岩，块状构造，含钙质团块
93–25	1804.19~1805.02m	0.83m	中深灰色厚层状泥岩，块状构造，含较多钙质团块，大小不一
93–26	1805.02~1805.31m	0.29m	中深灰色中层状粉砂质泥岩，块状构造，含钙质团块
93–27	1805.31~1806.09m	0.78m	绿灰色厚层状粉砂质泥岩，块状构造，含较多钙质团块，局部见钙质粉砂岩团块
93–28	1806.09~1806.32m	0.23m	深绿灰色中层状泥岩，块状构造，含少量钙质团块
94–1	1806.32~1808.39m	2.07m	深绿灰色块状层泥岩，块状构造，含较多钙质团块，形状大小不一
94–2	1808.39~1808.84m	0.45m	绿灰色中层状泥质粉砂岩上部层理不明显，中下部发育波纹层理、楔状交错层理，见钙质团块，中下部见浅灰色钙质粉砂岩团块，底部见一近水平的生物遗迹
94–3	1808.84~1809.16m	0.32m	绿灰色中层状粉砂质泥岩，块状构造，含较多钙质团块
94–4	1809.16~1809.59m	0.43m	绿灰色中层状泥质粉砂岩，发育水平、波纹层理，见钙质团块
94–5	1809.59~1810.21m	0.62m	深绿灰色中层状泥岩，块状构造，含少量钙质团块
94–6	1810.21~1811.12m	0.91m	深绿灰色中层状泥质粉砂岩，块状构造，含较多钙质团块
94–7	1811.12~1811.26m	0.14m	绿灰色中层状粉砂岩，块状构造，含钙质团块
94–8	1811.26~1811.35m	0.09m	绿灰色薄层状粉沙质泥岩，块状构造，底部见一层钙质团块，个体直径最大可达 5cm
94–9	1811.35~1811.62m	0.27m	绿灰色中层状泥质粉砂岩，发育波纹层理，含极少量钙质团块，夹泥质条带
94–10	1811.62~1811.82m	0.20m	绿灰色中层状粉砂质泥岩，块状构造，含较大的钙质团块
94–11	1811.82~1812.42m	0.60m	绿灰色厚层状粉砂岩，波纹层理，含泥质条带及少量泥砾
94–12	1812.42~1812.61m	0.19m	绿灰色中层状粉砂质泥岩，块状构造，含钙质团块
94–13	1812.61~1813.20m	0.59m	绿灰色厚层状粉砂岩，发育水平 – 波纹层理，含较多泥质条带
95–1	1813.20~1813.40m	0.20m	绿灰色中层状泥质粉砂岩，块状构造，含钙质团块
95–2	1813.40~1814.00m	0.60m	绿灰色厚层状粉砂质泥岩，块状构造，含黄铁矿
95–3	1814.00~1814.50m	0.50m	绿灰色厚层状泥质粉砂岩，块状构造
95–4	1814.50~1815.55m	1.05m	绿灰色厚层状泥岩，块状构造，含钙质团块
95–5	1815.55~1816.30m	0.75m	深绿灰色厚层状泥质粉砂岩，块状构造
95–6	1816.30~1816.70m	0.40m	绿灰色厚中层状粉砂质泥岩，块状构造，含钙质团块
95–7	1816.70~1817.78m	1.08m	绿灰色厚层状泥质粉砂岩，块状构造，含黄铁矿
95–8	1817.78~1820.15m	2.37m	绿灰色厚层状泥岩，块状构造，含钙质团块和砂质条带

95-9	1820.15~1820.61m	0.46m	绿灰色中层状泥质粉砂岩，块状构造
95-10	1820.61~1821.88m	1.27m	绿灰色厚层状泥岩，块状构造，含钙质团块和砂质条带
96-1	1821.88~1822.90m	1.02m	灰棕色厚层状泥岩，块状构造，含较多钙质团块
96-2	1822.90~1823.79m	0.89m	绿灰色泥质粉砂岩，块状构造，含较多浅灰色钙质粉砂岩条带、团块，混杂在泥质粉砂岩中
96-3	1823.79~1824.43m	0.64m	灰棕色厚层状泥岩，块状构造，含较多钙质团块
96-4	1824.43~1824.73m	0.30m	棕灰色粉砂质泥岩杂深绿灰色粉砂质泥岩，变形层理、滑塌构造
96-5	1824.73~1825.59m	0.86m	棕灰色厚层状粉砂质泥岩，块状构造，含钙质团块
96-6	1825.59~1825.80m	0.21m	深绿灰色中层状粉砂质泥岩，块状构造
96-7	1825.80~1826.13m	0.33m	绿灰色泥质粉砂岩，块状构造，含较多钙质团块，少量浅灰色钙质粉砂岩条带、团块
96-8	1826.13~1827.58m	1.45m	深绿灰色厚层状粉砂质泥岩，块状构造，局部混杂有灰棕色粉砂质泥岩
96-9	1827.58~1828.76m	1.18m	灰棕色粉砂质泥岩，块状构造，较多钙质团块
96-10	1828.76~1829.38m	0.62m	深绿灰色厚层状粉砂质泥岩，块状构造，含较多钙质团块，局部杂棕灰色粉砂质泥岩
96-11	1829.38~1831.95m	2.57m	绿灰色块状层泥质粉砂岩，块状构造，局部粉砂岩中见波纹层理、变形层理，局部夹钙质粉砂岩条带、团块，含少量钙质团块
96-12	1831.95~1832.13m	0.18m	深绿灰色中层状泥岩，块状构造
96-13	1832.13~1834.12m	1.99m	灰棕色厚层状泥岩，块状构造，较多钙质团块
96-14	1834.12~1834.20m	0.08m	棕灰色薄层状泥质粉砂岩，块状构造，有少量深绿灰色泥质粉砂岩混入
97-1	1834.20~1834.32m	0.12m	绿灰－杂灰棕色中层状泥质粉砂岩，块状构造，顶部见厚度小于1cm的粉砂岩夹层，含少量钙质团块
97-2	1834.32~1834.73m	0.41m	灰棕色中层状粉砂质泥岩，块状构造，中、下部含较多绿灰色斑点，钙质团块
97-3	1834.73~1837.45m	2.72m	绿灰色块状泥质粉砂岩，发育楔状交错层理、波纹层理；顶部具块状构造，含较多泥质条带，见泥砾，钙质团块较少，局部见粉砂岩团块
97-4	1837.45~1837.52m	0.07m	绿灰色薄层状粉砂质泥岩,水平－波纹层理,偶见粉砂岩条带、团块
97-5	1837.52~1837.91m	0.39m	绿灰色中层状细砂岩，下部发育槽状交错层理、中部发育水平－波纹层理，上部发育小型槽状交错层理，底部见冲刷面，中部偶见泥质条带
97-6	1837.91~1838.03m	0.12m	绿灰色中层状粉砂质泥岩，波纹层理，见钙质团块
97-7	1838.03~1838.19m	0.16m	绿灰色中层状泥质粉砂岩，水平－波纹层理，底部见冲刷面，偶见泥质条带
97-8	1838.19~1838.28m	0.09m	浅灰色薄层状粉砂岩，水平－波纹层理，底部见冲刷，之下见薄层泥岩，厚1cm,见泥质砾和草莓状黄铁矿
97-9	1838.28~1838.50m	0.22m	绿灰色中层状粉砂质泥岩，波纹层理及小型槽状交错层理，偶见粉砂岩团块
97-10	1838.50~1838.57m	0.07m	浅灰色薄层状粉砂岩，发育小型槽状交错层理，底部发育冲刷面，偶见泥砾和泥质条带
97-11	1838.57~1838.71m	0.14m	绿灰色中层状粉砂质泥岩，波纹层理，粉砂岩团块

97–12	1838.71~1838.81m	0.10m	绿灰色中层状粉砂岩，槽状交错层理
97–13	1838.81~1839.08m	0.27m	绿灰色中层状细砂岩，底部发育槽状交错层理；中上部发育中型板状交错层理，底部见冲刷面，偶见泥砾
97–14	1839.08~1839.20m	0.12m	绿灰色中层状粉砂质泥岩，发育波纹层理，见粉砂岩条带和黄铁矿
97–15	1839.20~1839.69m	0.49m	绿灰色中层状细砂岩，底部 2cm 为块状构造，向上 6cm 发育槽状交错层理，向上 5cm 发育平行层理，再向上 23cm 发育中型板状交错层理，其余为槽状交错层理，但较底部的层理规模小，泥砾、泥质条带分布其中
97–16	1839.69~1840.10m	0.41m	绿灰色中层状泥质粉砂岩，块状构造，钙质团块，顶部见一厚 1.5cm 的粉砂质泥岩，含黄铁矿
97–17	1840.10~1840.35m	0.25m	绿灰色中层状粉砂质泥岩，块状构造，较多钙质团块，局部钙质团块中见变形层理
97–18	1840.35~1840.81m	0.46m	绿灰色杂棕灰色粉砂质泥岩，块状构造，中下部钙质团块中见滑塌变形构造
97–19	1840.81~1842.10m	1.29m	棕灰色厚层状粉砂质泥岩，块状构造，顶部见绿灰色斑点，偶见炭化生物碎片
97–20	1842.10~1844.20m	2.10m	灰棕色厚层状泥岩，块状构造，钙质团块
97–21	1844.20~1845.40m	1.20m	灰棕色杂绿灰色厚层状粉砂质泥岩，块状构造，少量钙质团块
97–22	1845.40~1845.70m	0.30m	绿灰色中层状粉砂质泥岩，块状构造
97–23	1845.70~1846.11m	0.41m	灰棕色中层状泥岩，块状构造，偶见钙质团块
98–1	1846.10~1846.28m	0.18m	灰棕色中层状泥岩，块状构造，较多钙质团块
98–2	1846.28~1847.65m	1.37m	棕灰色粉砂质泥岩，块状构造，含较多钙质团块，局部夹杂有绿灰色泥质粉砂岩条带、团块
98–3	1847.65~1847.82m	0.17m	绿灰色中层状泥质粉砂岩，块状构造，局部混入棕灰色粉砂质泥岩
98–4	1847.82~1848.75m	0.93m	灰棕色厚层状泥岩，块状构造，含较多钙质团块
98–5	1848.75~1850.15m	1.40m	棕灰色厚层状泥岩，块状构造，含较多钙质团块，局部发育少量绿灰色泥质粉砂岩团块
98–6	1850.15~1850.52m	0.37m	深绿灰色中层状粉砂质泥岩，块状构造，含少量钙质团块，上部夹杂少量棕灰色泥岩
98–7	1850.52~1851.72m	1.20m	绿灰色泥质粉砂岩，块状构造，含较多钙质团块，局部混入棕灰色泥岩斑点
98–8	1851.72~1852.00m	0.28m	绿灰色中层状细砂岩，下部为平行层理，上部为小型槽状交错层理，底部见冲刷面，偶见绿灰色泥砾
98–9	1852.00~1852.31m	0.31m	深绿灰色中层状粉砂质泥岩，块状构造
98–10	1852.31~1852.85m	0.54m	棕灰色厚层状粉砂质泥岩，块状构造，下部含较多钙质团块，围绕钙质团块边缘的一圈粉砂质泥岩的颜色为绿灰色
98–11	1852.85~1853.00m	0.15m	绿灰色中层状细砂岩，小型槽状交错层理，含少量泥质粉砂岩团块
98–12	1853.00~1853.10m	0.10m	深绿灰色薄层状泥质粉砂岩，下部发育爬升层理，含细砂岩条带与团块
98–13	1853.10~1853.35m	0.25m	棕灰色中层状粉砂质泥岩，块状构造，含较多钙质团块，最大直径 3cm
98–14	1853.35~1853.45m	0.10m	深绿灰色薄层状泥质粉砂岩，块状构造，含少量钙质团块

98–15	1853.45~1853.80m	0.35m	棕灰色中层状粉砂质泥岩，块状构造，含较多钙质团块，团块周围粉砂岩颜色变为深绿灰色
98–16	1853.80~1855.75m	1.95m	绿灰色中层状细砂岩，小型槽状交错层理，底部发育冲刷面
98–17	1855.75~1856.10m	0.35m	棕灰色粉砂质泥岩，块状构造，含较多钙质团块
98–18	1856.10~1857.61m	1.51m	深绿灰色厚层状泥质粉砂岩，块状构造，局部发育水平波纹层理，较多钙质团块，局部夹绿灰色细砂岩条带与团块
99–1	1857.61~1858.09m	0.48m	深绿灰色中层状粉砂质泥岩，块状构造，含较多钙质团块
99–2	1858.09~1858.78m	0.69m	绿灰色厚层状泥质粉砂岩，块状构造，局部钙质粉砂岩见变形层理，上部含较多钙质团块和钙质粉砂岩条带、团块
99–3	1858.78~1859.07m	0.29m	深绿灰色中层状粉砂质泥岩，块状构造，含较多钙质团块
99–4	1859.07~1862.01m	2.94m	灰棕色块状层泥岩，块状构造，大量钙质团块，在与上层和下层的边界附近混入少量深绿灰色粉砂质泥岩
99–5	1862.01~1863.11m	1.10m	绿灰色厚层状泥质粉砂岩，块状构造，含较多钙质团块，局部有呈不规则状钙质粉砂岩和细砂岩条带
99–6	1863.11~1864.44m	1.33m	深绿灰色厚层状粉砂质泥岩，块状构造，含较多钙质团块
99–7	1864.44~1864.54m	0.10m	深绿灰色薄层状泥岩，块状构造，含较多钙质团块
100–1	1864.54~1864.77m	0.23m	深绿灰色中层状泥岩，块状构造，含钙质团块
100–2	1864.77~1865.04m	0.27m	深绿灰色中层状粉砂质泥岩，块状构造，偶见钙质团块
100–3	1865.04~1865.97m	0.93m	深绿灰色厚层状泥质粉砂岩，块状构造，钙质团块
100–4	1865.97~1866.47m	0.50m	绿灰色厚层状粉砂岩，块状构造，偶见泥砾，较多钙质团块
100–5	1866.47~1866.64m	0.17m	棕灰色中层状细粒砂岩，发育槽状交错层理，滑塌构造较发育，底部发育冲刷面，绿灰色粉砂岩团块，细砂岩具油味，不污手
100–6	1866.64~1866.77m	0.13m	绿灰色中层状粉砂岩，块状构造，少量云母
100–7	1866.77~1867.00m	0.23m	棕灰色细砂岩夹绿灰色粉砂岩，上部发育滑塌变形构造，中部发育粉砂岩团块，下部细砂岩中发育槽状交错层理，底部发育冲刷面，细砂岩含油
100–8	1867.00~1867.10m	0.10m	绿灰色薄层状粉砂岩，块状构造，细砂岩团块
100–9	1867.10~1867.33m	0.23m	棕灰色中层状细砂岩，滑塌变形构造，下部细粒砂岩具块状构造，底部发育冲刷面。绿灰色粉砂质泥岩砾石，大小形状不一，不具定向性，细粒砂岩有含油痕迹
100–10	1867.33~1867.57m	0.24m	绿灰色中层状泥质粉砂岩，发育水平波纹层理，下部发育细砂质条带与团块，发育变形层理，底部发育重荷构造
100–11	1867.57~1867.70m	0.13m	棕灰色中层状细砂岩，下部发育爬升层理，底部冲刷面，含泥质粉砂岩团块、条带
100–12	1867.70~1867.92m	0.22m	绿灰色中层状泥质粉砂岩，发育水平波纹层理，底部冲刷面，冲刷面之下见一厚 1cm 的泥岩薄夹层
100–13	1867.92~1868.83m	0.91m	绿灰色厚层状粉砂岩，发育滑塌变形构造及断续波纹层理，发育不规则，含油细砂岩团块、条带、泥质条带和云母片
100–14	1868.83~1869.50m	0.67m	棕灰色厚层状细砂岩，上部发育平行层理，中下部发育小型槽状交错层理，底部发育冲刷面及砾石。细砂岩中发育少量泥砾、云母片细砂岩，具较淡油味
100–15	1869.50~1869.56m	0.06m	绿灰色薄层状泥质粉砂岩，块状构造，发育云母片和含油细砂岩条带

100–16	1869.56~1871.04m	1.48m	棕灰色厚层状细砂岩，由底部到顶部依次发育槽状交错层理、平行层理、板状交错层理、爬升层理和水平层理，底部见冲刷面
100–17	1871.04~1871.19m	0.15m	棕灰色中层状细砂岩，平行层理，细砂岩具油味
100–18	1871.19~1871.33m	0.14m	浅灰色中层状钙质细砂岩，平行层理，底部发育冲刷面和少量泥砾
100–19	1871.33~1871.91m	0.58m	绿灰色厚层状粉砂质泥岩，块状构造，少量炭屑及钙质团块
100–20	1871.91~1872.44m	0.53m	绿灰色厚层状泥质粉砂岩，块状构造，含少量炭屑
100–21	1872.44~1873.18m	0.74m	浅灰色厚层状粉砂岩，块状构造，局部发育绿灰色粉砂质泥岩团块
100–22	1873.18~1873.64m	0.46m	绿灰色泥质粉砂岩，块状构造，偶见泥砾
100–23	1873.64~1874.89m	1.25m	浅灰色厚层状细砂岩，中上部发育板状交错层理，下部发育槽状交错层理，底部发育冲刷面。下部细砂岩中见泥砾，泥砾形状不一，中部局部见泥砾
100–24	1874.89~1875.59m	0.70m	深绿灰色厚层状泥质粉砂岩，块状构造
100–25	1875.59~1876.34m	0.75m	棕灰色粉砂质泥岩，块状构造，较多钙质团块，团块周围粉砂质泥岩颜色变为绿灰色
100–26	1876.34~1877.01m	0.67m	深绿灰色厚层状泥质粉砂岩，块状构造，偶见钙质团块，局部见棕灰色泥质粉砂岩，呈斑状分布
100–27	1877.01~1877.08m	0.07m	绿灰色薄层状粉砂岩，槽状交错层理
101–1	1877.08~1877.90m	0.82m	绿灰色厚层状细砂岩，上部发育平行层理，下部发育槽状交错层理、爬升层理，底部发育冲刷面，下部含泥砾和钙质团块
101–2	1877.90~1877.96m	0.06m	深绿灰色薄层状泥质粉砂岩，水平波纹层理，泥质条带和泥质团块
101–3	1877.96~1878.03m	0.07m	绿灰色薄层状细砂岩，小型槽状交错层理，底部发育冲刷面，下部含泥砾和钙质团块

泉头组三段上覆地层为泉头组四段，两者呈平行不整合接触，岩心描述见下文；底部未穿。

泉头组三段岩心描述：

101–4	1878.03~1878.16m	0.13m	深绿灰色中层状泥岩，块状构造
101–5	1878.16~1878.98m	0.82m	棕灰色厚层状粉砂质泥岩，块状构造，含较多钙质团块
101–6	1878.98~1880.47m	1.49m	深绿灰色杂棕灰色厚层状泥质粉砂岩，块状构造，下部含较多钙质团块
101–7	1880.47~1881.38m	0.91m	灰棕色厚层状泥岩，块状构造
101–8	1881.38~1881.56m	0.18m	绿灰色中层状泥质粉砂岩，块状构造，底部发育冲刷面
101–9	1881.56~1881.86m	0.30m	棕灰色中层状粉砂质泥岩，波纹层理，顶部见砂球、砂枕构造和绿灰色砂球
101–10	1881.86~1882.43m	0.57m	绿灰色中层状粉砂岩，小型槽状交错层理，底部发育冲刷面和泥砾，冲刷面下面为2.5cm厚的粉砂质泥岩薄层
101–11	1882.43~1883.78m	1.35m	灰棕色厚层状泥岩，块状构造，较多形状不规则的钙质团块，中部和下部局部见深绿色斑点
101–12	1883.78~1885.68m	1.90m	棕灰色杂深绿灰色厚层状粉砂质泥岩，块状构造，较多不规则状钙质团块
101–13	1883.68~1886.48m	2.80m	灰棕色杂深绿灰色厚层状泥岩，块状构造，较多不规则状钙质团块

101–14	1886.48~1887.23m	0.75m	绿灰色厚层状泥岩，块状构造，少量钙质团块
101–15	1887.23~1889.49m	2.26m	灰棕色块状粉砂质泥岩，块状构造，偶见钙质团块，局部混入不规则状的绿灰色粉砂岩团块，底部发育变形层理的浅灰色细砂岩条带、团块
101–16	1889.49~1889.59m	0.10m	浅灰色薄层状细砂岩，小型槽状交错层理
102–1	1889.59~1889.74m	0.15m	浅灰色中层状含钙细砂岩，发育小型槽状交错层理，底部发育冲刷面，偶见泥砾、虫迹
102–2	1889.74~1890.44m	0.70m	绿灰色厚层状细砂质粉砂岩，上部发育滑塌变形构造，下部发育爬升层理，含大量棕灰色泥砾，形状、大小不一，层理面上见云母，偶见钙质细砂岩薄夹层
102–3	1890.44~1890.74m	0.30m	浅灰色中层状细砂岩，发育槽状交错层理，中部夹层发育变形层理。见绿灰色、棕灰色泥岩及绿灰色粉砂岩薄夹层
102–4	1890.74~1890.97m	0.23m	灰棕色杂绿灰色中层状粉砂质泥岩，顶部发育滑塌变形构造、包卷层理，见有泥质粉砂岩团块，中下部发育块状构造
102–5	1890.97~1891.46m	0.49m	灰棕色中层状泥岩，块状构造
102–6	1891.46~1891.99m	0.53m	绿灰色中层状粉砂质泥岩，块状构造，绿灰色斑点
102–7	1891.99~1892.28m	0.29m	绿灰色中层状泥质粉砂岩，块状构造，底部发育绿灰色中层状泥质粉砂岩
102–8	1892.28~1892.62m	0.34m	棕灰色中层状粉砂质泥岩，块状构造，绿灰色斑点
102–9	1892.62~1892.79m	0.17m	灰棕色中层状泥岩，块状构造，钙质团块
102–10	1892.79~1893.08m	0.29m	绿灰色中层状粉砂岩，发育槽状交错层理，底部发育冲刷面，夹杂棕灰色粉砂质泥岩团块、钙质粉砂岩团块
102–11	1893.08~1893.25m	0.17m	棕灰色中层状粉砂质泥岩，块状构造，底部发育水平波纹层理，夹杂绿灰色泥质粉砂岩团块
102–12	1893.25~1893.35m	0.10m	绿灰色薄层状粉砂岩，发育槽状交错层理，底部发育冲刷面，局部夹泥质条带
102–13	1893.35~1893.97m	0.62m	灰棕色厚层状粉砂质泥岩，滑塌构造，发育大量绿灰色泥质粉砂岩、粉砂岩团块及泥质条带和钙质团块
102–14	1893.97~1894.09m	0.12m	绿灰色中层状钙质细砂岩，发育槽状交错层理，见深绿灰色泥质条带
102–15	1894.09~1894.32m	0.23m	灰棕色中层状粉砂质泥岩，块状构造，偶见粉砂岩团块
102–16	1894.32~1894.74m	0.42m	绿灰色中层状泥质粉砂岩，发育波纹层理，夹钙质粉砂岩条带
102–17	1894.74~1895.09m	0.35m	绿灰色中层状泥岩，块状构造，夹杂灰棕色斑点
102–18	1895.09~1895.59m	0.50m	绿灰色厚层状粉砂质泥岩，块状构造
102–19	1895.59~1896.12m	0.53m	灰棕色厚层状泥岩，块状构造，偶见钙质团块与绿灰色斑点
102–20	1896.12~1897.04m	0.92m	灰棕色厚层状粉砂质泥岩，块状构造，下部发育较多钙质团块与绿灰色泥质粉砂岩团块
102–21	1897.04~1897.22m	0.18m	中浅灰色中层状粉砂岩，波状层理，发育灰棕色斑点，底部发育冲刷面
102–22	1897.22~1897.46m	0.24m	绿灰色杂灰棕色中层状泥质粉砂岩，块状构造，偶见钙质团块
102–23	1897.46~1898.38m	0.92m	中浅灰色厚层状粉砂岩，块状构造，偶见钙质团块
102–24	1898.38~1899.30m	0.92m	棕灰色厚层状泥岩，块状构造，下部发育绿灰色粉砂质泥岩斑块

102–25	1899.30~1899.69m	0.39m	绿灰色中层状粉砂岩，块状构造，见少量植物碎片，下部发育棕灰色斑点
102–26	1899.69~1900.64m	0.95m	棕灰色厚层状泥质粉砂岩，块状构造，较多绿灰色粉砂岩团块，少量钙质团块
102–27	1900.64~1900.99m	0.35m	绿灰色中层状细砂岩，发育少量棕灰色斑点，小型槽状交错层理，底部发育冲刷
102–28	1900.99~1901.39m	0.40m	灰棕色中层状粉砂质泥岩，块状构造，发育绿灰色泥质粉砂岩斑块
102–29	1901.39~1901.69m	0.30m	绿灰色中层状粉砂岩，水平波纹层理，灰棕色粉砂质泥岩斑块、条带、钙质团块，底部发育冲刷面
102–30	1901.69~1901.75m	0.06m	灰棕色薄层状泥岩，块状构造
102–31	1901.75~1902.10m	0.35m	绿灰色中层状粉砂岩，水平波纹层理，见少量钙质团块
103–1	1902.10~1902.60m	0.50m	棕灰色中层状粉砂质泥岩，块状构造，偶见钙质团块，局部见深绿色斑点
103–2	1902.60~1903.70m	1.10m	深绿灰色杂棕灰色厚层状粉砂质泥岩，块状构造，上部见绿灰色细砂岩条带，局部含钙质
103–3	1903.70~1904.10m	0.40m	灰棕色杂深绿灰色中层状泥岩，块状构造
103–4	1904.10~1904.95m	0.85m	灰棕色厚层状泥岩，块状构造，下部含少量绿灰色泥质粉砂岩团块
103–5	1904.95~1905.50m	0.55m	绿灰色厚层状泥质粉砂岩，块状构造，局部混有少量灰棕色泥岩，偶见变形层理
103–6	1905.50~1906.00m	0.50m	灰棕色杂深绿灰色中层状粉砂质泥岩，块状构造
103–7	1906.00~1906.85m	0.85m	灰棕色厚层状粉砂质泥岩，块状构造，局部偶见绿灰色粉砂质泥岩团块
103–8	1906.85~1907.55m	0.70m	棕灰色厚层状泥质粉砂岩，块状构造，局部有少量灰棕色泥岩团块、条带，下部发育绿灰色泥质粉砂岩团块
103–9	1907.55~1908.35m	0.80m	灰棕色厚层状粉砂质泥岩，块状构造，局部发育水平层理
103–10	1908.35~1908.70m	0.35m	绿灰色中层状粉砂质泥岩，块状构造，偶见钙质团块
103–11	1908.70~1909.18m	0.48m	棕灰色中层状泥质粉砂岩，块状构造，局部见灰棕色泥岩团块
103–12	1909.18~1909.55m	0.37m	灰棕色中层状泥岩，块状构造，偶见深绿灰色斑点和钙质团块
103–13	1909.55~1910.05m	0.50m	棕灰色中层状泥质粉砂岩，发育小型槽状交错层理，局部发育变形层理，有灰棕色泥岩和绿灰色粉砂质泥岩混入，呈不规则状
103–14	1910.05~1911.70m	1.65m	灰棕色厚层状泥岩，块状构造，少量钙质团块。偶见深绿灰色泥质粉砂岩团块和绿灰色粉砂岩条带，局部含钙质
104–1	1911.70~1912.52m	0.82m	灰棕色厚层状泥岩，块状构造，含较多钙质团块
104–2	1912.52~1913.15m	0.63m	棕灰色厚层状粉砂质泥岩，块状构造，含较多钙质团块和深绿灰色斑点
104–3	1913.15~1913.40m	0.25m	深绿灰色中层状泥质粉砂岩，块状构造，混入较多棕灰色粉砂质泥岩团块
104–4	1913.40~1915.00m	1.60m	灰棕色厚层状粉砂质泥岩，块状构造，较多钙质团块，上部少量深绿灰色粉砂质泥岩团块

5.1.2 青山口组一段岩心描述及综合柱状图

青山口组一段井段为 1701.52~1782.93m，厚 81.41m，上覆地层为青山口组二、三段，呈整合接触，青山口组一段岩心描述见下文；下伏地层为泉头组，呈整合接触（见图 5.2）。

青山口组一段岩心描述：

83–15	1701.52~1701.57m	0.05m	橄榄黑色白云岩，块状构造
83–16	1701.57~1702.12m	0.55m	深灰色泥岩，水平层理，顶部见一白云岩透镜体，偶见生物碎片化石
83–17	1702.12~1702.15m	0.03m	橄榄灰色白云岩，块状构造
83–18	1702.15~1702.77m	0.62m	深灰色泥岩，水平层理，夹几条钙质粉砂岩条带
84–1	1702.77~1703.13m	0.36m	深灰色泥岩，水平层理，见生物化石碎片
84–2	1703.13~1703.38m	0.25m	橄榄黑色白云岩，块状构造
84–3	1703.38~1707.32m	3.94m	深灰色泥岩，水平层理；在 1703.97m、1704.62m 见椭球状白云岩，周围见较多极薄层的钙质粉砂岩；距顶 1705.22m 处见一溶蚀孔洞，充填沥青；1705.77m 处见厚 0.5cm 的微带绿灰色疑似火山灰层
84–4	1707.32~1707.49m	0.17m	上部为白色灰岩薄层与深灰色泥岩互层；下部为一薄层重结晶灰岩，含油
84–5	1707.49~1709.83m	2.34m	深灰色泥岩，水平层理；1707.57m 见薄层重结晶灰岩层；1708.87m、1709.47m、1709.77m 发育三层具变形层理的粉砂岩条带，密集分布在泥岩中，形状不规则，有顺层分布也有部分穿层分布；偶见植物化石
84–6	1709.83~1709.97m	0.14m	橄榄黑色白云岩，块状构造
84–7	1709.97~1710.37m	0.40m	深灰色泥岩，水平层理，见生物化石碎片
84–8	1710.37~1712.32m	1.95m	中深灰色泥岩，水平层理，见生物化石碎片；见一条方解石充填垂向裂缝
84–9	1712.32~1712.47m	0.15m	橄榄黑色白云岩，块状构造
84–10	1712.47~1712.77m	0.30m	中深灰色泥岩，水平层理，偶见生物化石碎片
84–11	1712.77~1714.47m	1.70m	深灰色泥岩，水平层理，偶见生物化石碎片；局部夹橄榄黑色白云岩薄层
85–1	1714.47~1715.27m	0.80m	深灰色泥岩，水平层理，偶见生物化石碎片；局部夹橄榄黑色白云岩薄层
86–1	1715.27~1717.27m	2.00m	深灰色泥岩，水平层理，见钙质粉砂岩条带，在 1715.82m 及 1715.97m 处见介形虫碎屑岩薄夹层；在 1716.12m 及 1716.27m 处见两薄层重结晶灰岩
86–2	1717.27~1717.42m	0.15m	橄榄黑色白云岩，块状构造
86–3	1717.42~1717.62m	0.20m	深灰色泥岩与浅灰色钙质粉砂岩薄互层，水平波纹层理，底部见轻微冲刷
86–4	1717.62~1717.84m	0.22m	深灰色泥岩与橄榄灰色白云岩薄互层
86–5	1717.84~1718.89m	1.05m	深灰色泥岩，水平层理，偶见生物遗迹；在 1718.27m 处见橄榄灰色白云岩薄夹层，底部见具水平波纹层理的粉砂岩条带
86–6	1718.89~1718.96m	0.07m	橄榄灰色白云岩，块状构造
86–7	1718.96~1719.48m	0.52m	深灰色泥岩，水平层理，偶见生物遗迹

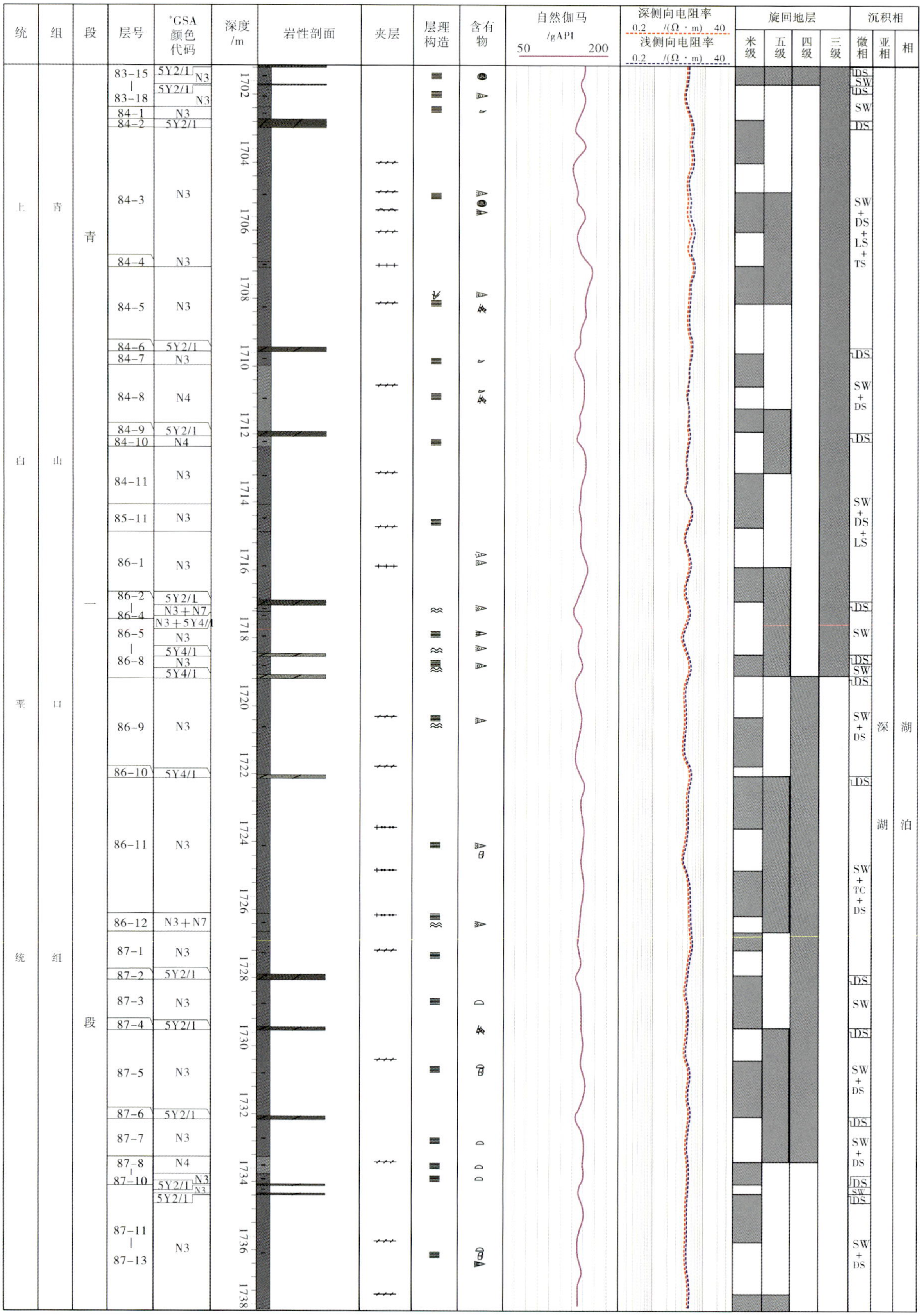

统
组
段
层号
*GSA颜色代码
深度/m
岩性剖面
夹层
层理构造
含有物
自然伽马 /gAPI 50 200
深侧向电阻率 0.2 /(Ω·m) 40
浅侧向电阻率 0.2 /(Ω·m) 40
旋回地层
米级
五级
四级
三级
沉积相
微相
亚相
相
上白垩统
青山口组
青一段
83-15 | 83-18
84-1
84-2
84-3
84-4
84-5
84-6
84-7
84-8
84-9
84-10
84-11
85-11
86-1
86-2 | 86-4
86-5 | 86-8
86-9
86-10
86-11
86-12
87-1
87-2
87-3
87-4
87-5
87-6
87-7
87-8 | 87-10
87-11 | 87-13
5Y2/1
N3
N4
N3+N7
N3+5Y4/1
5Y4/1
1702
1704
1706
1708
1710
1712
1714
1716
1718
1720
1722
1724
1726
1728
1730
1732
1734
1736
1738
DS
SW
SW+DS+LS+TS
SW+DS
SW+DS+LS
SW+TC+DS
深湖
湖泊

图 5.2 青一段综合柱状图

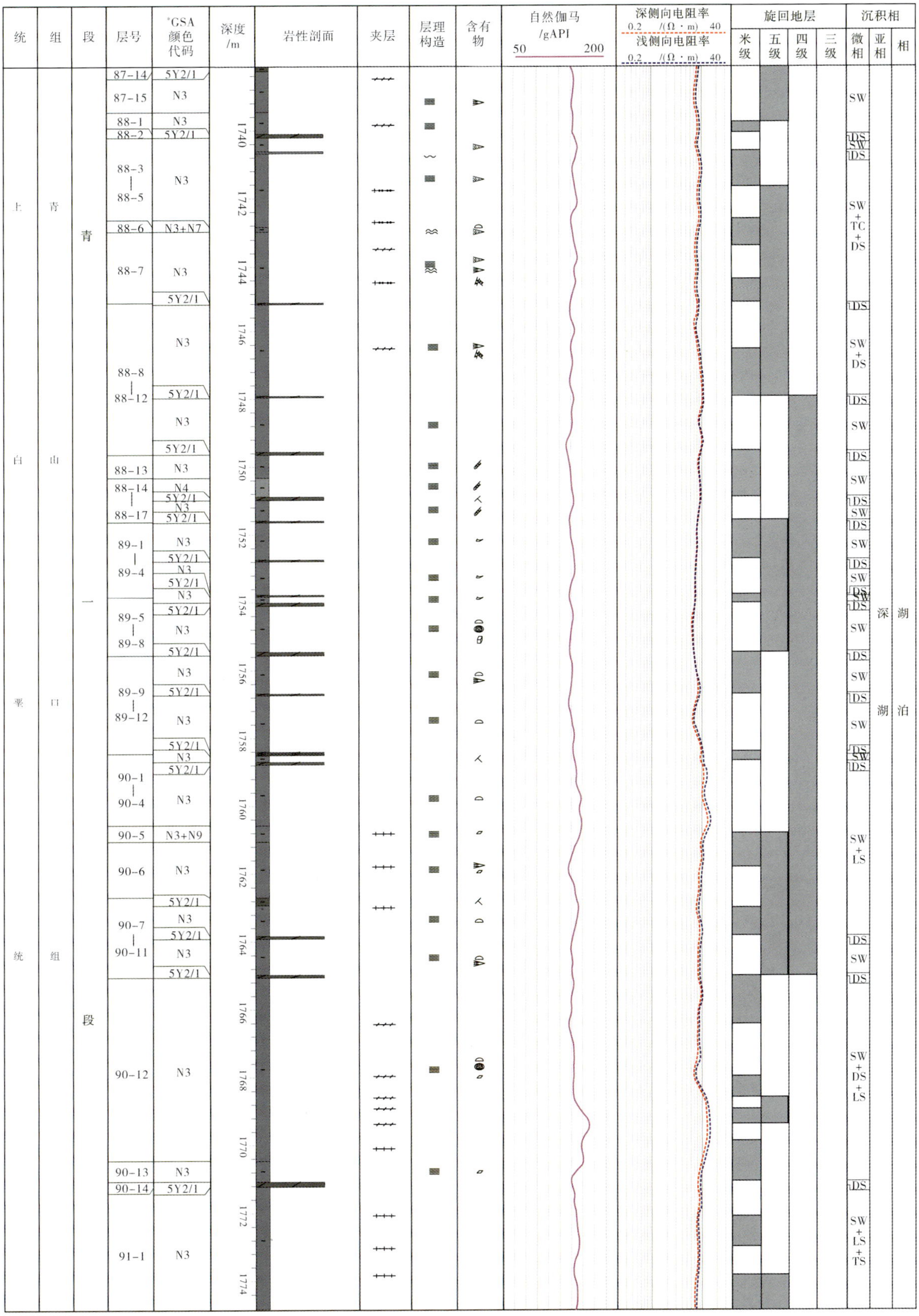
统
组
段
层号
*GSA 颜色代码
深度 /m
岩性剖面
夹层
层理构造
含有物
自然伽马 /gAPI
50 200
深侧向电阻率
0.2 /(Ω·m) 40
浅侧向电阻率
0.2 /(Ω·m) 40
旋回地层
米级
五级
四级
三级
沉积相
微相
亚相
相
上白垩统
青山口组
青一段
深湖
湖泊
87-14
87-15
88-1
88-2
88-3
88-5
88-6
88-7
88-8
88-12
88-13
88-14
88-17
89-1
89-4
89-5
89-8
89-9
89-12
90-1
90-4
90-5
90-6
90-7
90-11
90-12
90-13
90-14
91-1
5Y2/1
N3
N4
N3+N7
N3+N9
1740
1742
1744
1746
1748
1750
1752
1754
1756
1758
1760
1762
1764
1766
1768
1770
1772
1774
SW
DS
SW+TC+DS
SW+DS
SW+LS
SW+DS+LS
SW+LS+TS
图 5.2 青一段综合柱状图（续）

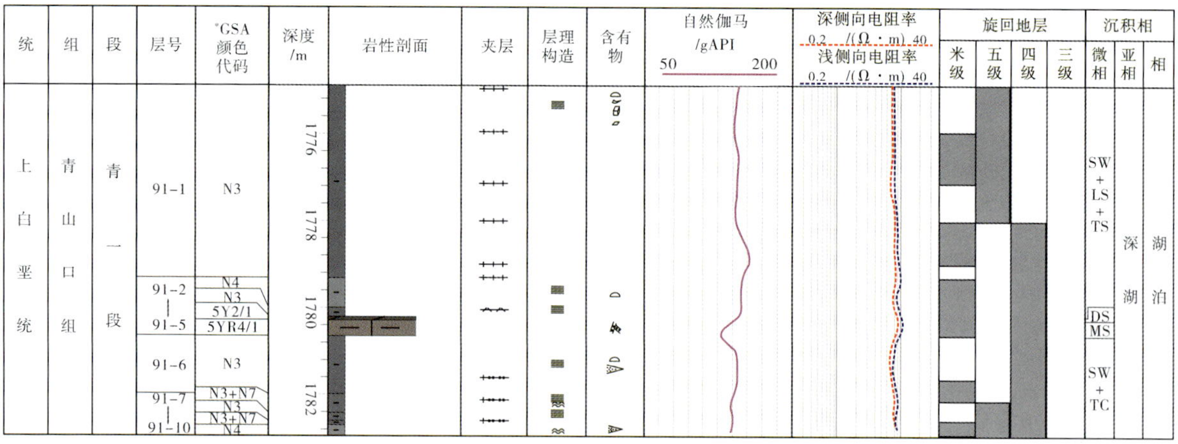

图 5.2 青一段综合柱状图（续）

图例、图注同图 5.1

86–8	1719.48~1719.59m	0.11m	橄榄灰色白云岩，块状构造
86–9	1719.59~1722.42m	2.83m	深灰色泥岩，水平层理，见灰色钙质粉砂岩条带，见少量生物化石残片；在 1722.27m 处见薄层白云岩夹层
86–10	1722.42~1722.52m	0.10m	橄榄灰色白云岩，块状构造
86–11	1722.52~1726.50m	3.98m	深灰色泥岩，水平层理，偶见钙质粉砂岩条带和黄铁矿颗粒
86–12	1726.50~1727.03m	0.53m	深灰色泥岩夹浅灰色微层状钙质粉砂岩，见水平层理和水平波纹层理
87–1	1727.03~1728.28m	1.25m	深灰色泥岩，水平层理，偶见夹极薄层白云岩条带
87–2	1728.28~1728.46m	0.18m	橄榄黑色白云岩，块状，见不规则的溶蚀孔，部分被沥青充填
87–3	1728.46~1729.84m	1.38m	深灰色泥岩，水平层理，局部见介形虫化石
87–4	1729.84~1729.94m	0.10m	橄榄黑色白云岩，块状见垂直层理面的方解石脉
87–5	1729.94~1732.46m	2.52m	深灰色泥岩，水平层理，见介形虫化石，局部层面富集；在 1730.83m 处见夹一黄铁矿富集条带；局部见夹橄榄黑色白云岩薄层
87–6	1732.46~1732.56m	0.10m	橄榄黑色白云岩，块状构造
87–7	1732.56~1733.65m	1.09m	深灰色泥岩，水平层理，见介形虫化石，局部层面富集
87–8	1733.65~1734.16m	0.51m	中深灰色泥岩，水平层理，见介形虫化石，局部层面富集
87–9	1734.16~1734.48m	0.32m	深灰色泥岩，水平层理，见介形虫化石。局部夹条带状和透镜状的白云岩
87–10	1734.48~1734.54m	0.06m	橄榄黑色白云岩，块状构造，夹层中见溶蚀孔洞并有沥青充填
87–11	1734.54~1734.73m	0.19m	深灰色泥岩，水平层理，见介形虫化石局部夹条带状和透镜状的白云岩
87–12	1734.73~1734.79m	0.06m	橄榄黑色白云岩，块状构造，夹层中见溶蚀孔洞，并有沥青充填
87–13	1734.79~1738.21m	3.42m	深灰色泥岩，水平层理，见介形虫化石。局部夹条带状和透镜状的白云岩
87–14	1738.21~1738.35m	0.14m	橄榄黑色泥岩，块状构造

87–15	1738.35~1739.54m	1.19m	深灰色泥岩，水平层理，偶见介形虫化石，局部夹橄榄黑色白云岩
88–1	1739.54~1740.19m	0.65m	深灰色泥岩，水平层理，个别层面见生物遗迹，偶见黄铁矿颗粒富集条带
88–2	1740.19~1740.29m	0.10m	橄榄黑色白云岩，块状构造
88–3	1740.29~1740.70m	0.41m	深灰色泥岩，水平层理，见钙质粉砂岩条带和薄夹层
88–4	1740.70~1740.74m	0.04m	深灰色介形虫灰岩，介形虫都较完整，底部见冲刷面
88–5	1740.74~1742.92m	2.18m	深灰色泥岩，水平层理，见钙质粉砂岩条带和薄夹层
88–6	1742.92~1743.06m	0.14m	深灰色泥岩与浅灰色钙质粉砂岩薄互层，水平波纹层理，底部见冲刷面
88–7	1743.06~1745.15m	2.09m	深灰色泥岩，水平层理，在 1743.50m 和 1745.01m 处见夹橄榄黑色白云岩夹层；在 1744.54m 处见钙质粉砂岩夹层，底部略见冲刷
88–8	1745.15~1745.19m	0.04m	橄榄黑色白云岩，块状构造
88–9	1745.19~1747.94m	2.75m	深灰色泥岩，水平层理，局部见橄榄黑色白云岩薄夹层
88–10	1747.94~1747.98m	0.04m	橄榄黑色白云岩，块状构造
88–11	1747.98~1749.54m	1.56m	深灰色泥岩，水平层理，在 1748.33m 和 1748.46m 处见夹橄榄黑色白云岩夹层
88–12	1749.54~1749.64m	0.10m	橄榄黑色白云岩，块状构造
88–13	1749.64~1750.32m	0.68m	深灰色泥岩，水平层理，偶见生物遗迹化石
88–14	1750.32~1750.88m	0.56m	中深灰色泥岩，水平层理，偶见生物遗迹化石
88–15	1750.88~1750.98m	0.10m	橄榄黑色白云岩，块状，发育大量裂缝，见油膜覆盖裂缝表面，有油味
88–16	1750.98~1751.59m	0.61m	深灰色泥岩，水平层理，偶见生物遗迹化石
88–17	1751.59~1751.63m	0.04m	橄榄黑色白云岩，块状构造
89–1	1751.63~1752.75m	1.12m	深灰色泥岩，水平层理，局部层面生物化石碎片富集
89–2	1752.75~1752.80m	0.05m	橄榄黑色白云岩，块状构造
89–3	1752.80~1753.80m	1.00m	深灰色泥岩，水平层理，局部层面生物化石碎片富集
89–4	1753.80~1753.85m	0.05m	橄榄黑色白云岩，块状构造
89–5	1753.85~1754.00m	0.15m	深灰色泥岩，水平层理，局部层面生物化石碎片富集
89–6	1754.00~1754.10m	0.10m	橄榄黑色白云岩，块状构造
89–7	1754.10~1755.45m	1.35m	深灰色泥岩，水平层理，偶见植物化石碎片和介形虫化石；在 1754.77m 和 1755.13m 处见两个透镜状橄榄灰色椭球状白云岩；在 1755.28m 处见一条黄铁矿颗粒富集条带
89–8	1755.45~1755.55m	0.10m	橄榄黑色白云岩，块状构造
89–9	1755.55~1756.71m	1.16m	深灰色泥岩，水平层理，偶见介形虫化石；在 1756.13m、1756.63m、1757.13m 和 1758.43m 处见 4 条橄榄灰色白云岩条带
89–10	1756.71~1756.76m	0.05m	橄榄黑色白云岩，块状构造
89–11	1756.76~1758.43m	1.67m	深灰色泥岩，水平层理，偶见介形虫化石
89–12	1758.43~1758.46m	0.03m	橄榄黑色白云岩，块状构造
90–1	1758.46~1758.48m	0.02m	橄榄黑色白云岩，块状构造

90–2	1758.48~1758.71m	0.23m	深灰色泥岩，水平层理，偶见介形虫化石，在 1760.02m 处见一条与水平面呈 30° 的裂缝，方解石充填
90–3	1758.71~1758.78m	0.07m	橄榄黑色白云岩，块状构造
90–4	1758.78~1760.56m	1.78m	深灰色泥岩，水平层理，偶见介形虫化石
90–5	1760.56~1761.04m	0.48m	深灰色泥岩与白色重结晶灰岩薄互层，上部互层频繁，下部较稀疏
90–6	1761.04~1762.68m	1.64m	深灰色泥岩，水平层理，局部见夹白色重结晶灰岩层和白云岩薄层或条带
90–7	1762.68~1762.91m	0.23m	橄榄黑色泥岩，块状，见一条垂向裂缝表面有油膜
90–8	1762.91~1763.91m	1.00m	深灰色泥岩，水平层理，局部见介形虫化石和生物化石碎片，局部层面上见暗黄色不规则状黏土矿物团块
90–9	1763.91~1763.96m	0.05m	橄榄黑色白云岩，块状构造
90–10	1763.96~1765.01m	1.05m	深灰色泥岩，水平层理，局部见介形虫化石和生物化石碎片，局部层面上见暗黄色不规则状黏土矿物团块
90–11	1765.01~1765.06m	0.05m	橄榄黑色白云岩，块状构造
90–12	1765.06~1770.46m	5.40m	深灰色泥岩，水平层理，局部见介形虫化石和生物化石碎片，局部层面上见暗黄色不规则状黏土矿物团块，在 1766.56m、1767.96 和 1769.96m 处见夹三层白云岩夹层；在 1770.16m 处见夹一重结晶灰岩层
90–13	1770.46~1771.07m	0.61m	深灰色含钙泥岩，水平层理，见夹较多条带状重结晶灰岩
90–14	1771.07~1771.22m	0.15m	橄榄黑色白云岩，块状构造
91–1	1771.22~1779.30m	8.08m	深灰色泥岩，水平层理，个别层面见生物碎片富集，见介形虫化石，夹几层白色重结晶灰岩薄层，在 1775.30m 处见黄铁矿颗粒富集条带
91–2	1779.30~1779.99m	0.69m	中深灰色泥岩，水平层理，见介形虫化石
91–3	1779.99~1780.22m	0.23m	深灰色泥岩，水平层理，在 1780.05m 处见厚 1.5cm 的疑似火山灰层
91–4	1780.22~1780.27m	0.05m	橄榄灰色白云岩层，具油味
91–5	1780.27~1780.64m	0.37m	棕灰色泥灰岩，块状，中上部含油，下部饱含油，顶底均见重结晶灰岩层
91–6	1780.64~1781.98m	1.34m	深灰色泥岩，水平层理，见介形虫化石；底部偶见钙质粉砂岩条带
91–7	1781.98~1782.40m	0.42m	深灰色泥岩与浅灰色钙质粉砂薄互层，水平层理、水平波纹层理
91–8	1782.40~1782.59m	0.19m	深灰色泥岩，水平层理，偶见钙质粉砂岩条带
91–9	1782.59~1782.69m	0.10m	深灰色泥岩与浅灰色钙质粉砂岩薄互层，断续水平波纹层理，包卷层理
91–10	1782.69~1782.93m	0.24m	中深灰色泥岩，水平波纹层理，见钙质粉砂岩条带

5.1.3 青山口组二、三段岩心描述及综合柱状图

青山口组二、三段井段 1285.91~1701.52m，厚 415.61m，上覆地层为姚家组，呈整合接触，精细描述见下文；下伏地层为青山口组一段，呈融合接触（见图 5.3）。

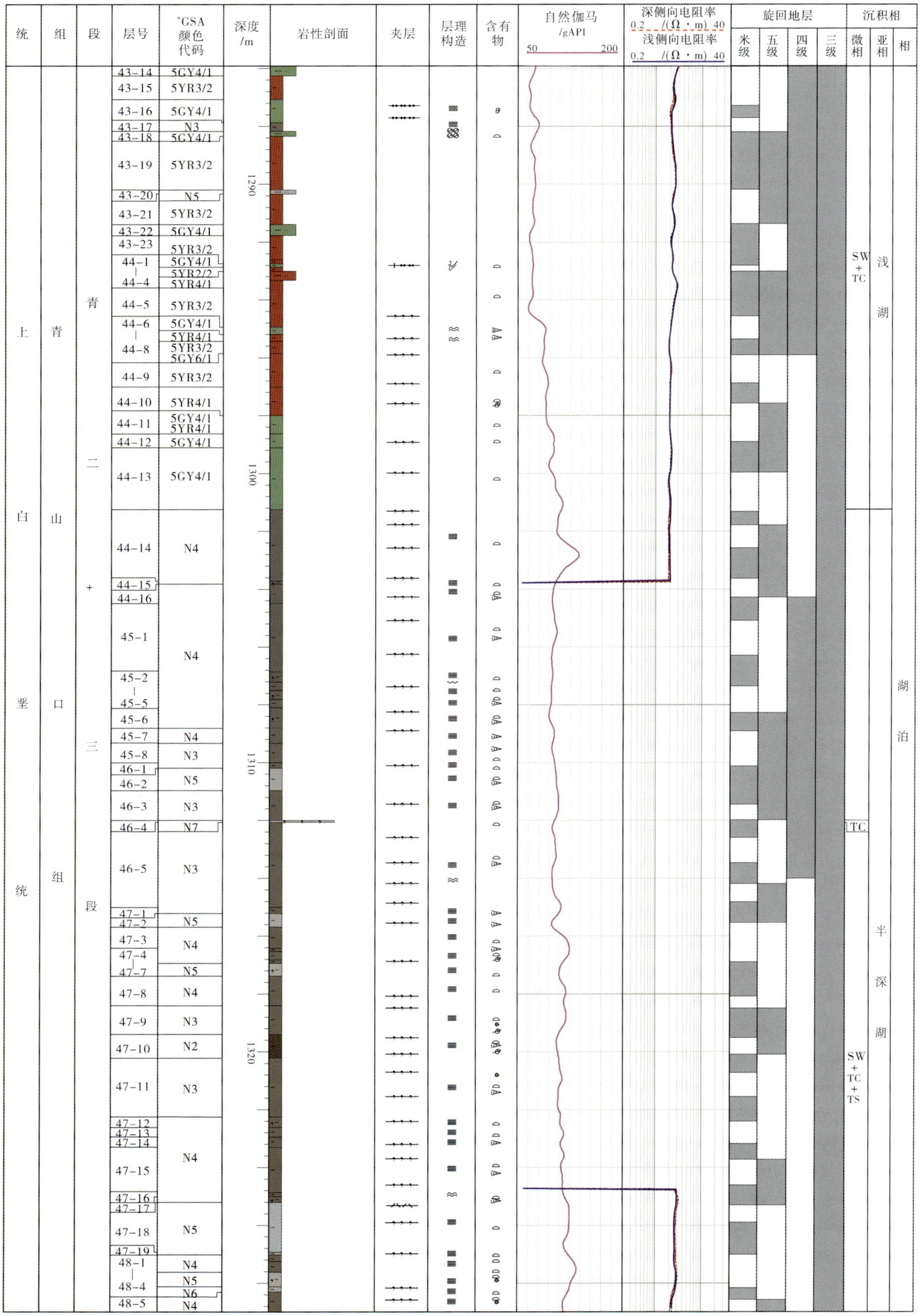
统
组
段
层号
*GSA 颜色代码
深度/m
岩性剖面
夹层
层理构造
含有物
自然伽马/gAPI
50 200
深侧向电阻率 0.2 /(Ω·m) 40
浅侧向电阻率 0.2 /(Ω·m) 40
旋回地层
米级
五级
四级
三级
沉积相
微相
亚相
相
上白垩统
青山口组
青二+三段
43-14 5GY4/1
43-15 5YR3/2
43-16 5GY4/1
43-17 N3
43-18 5GY4/1
43-19 5YR3/2
43-20 N5
43-21 5YR3/2
43-22 5GY4/1
43-23 5YR3/2
44-1 — 44-4 5GY4/1 5YR2/2 5YR4/1
44-5 5YR3/2
44-6 — 44-8 5GY4/1 5YR4/1 5YR3/2 5GY6/1
44-9 5YR3/2
44-10 5YR4/1
44-11 5GY4/1 5YR4/1
44-12 5GY4/1
44-13 5GY4/1
44-14 N4
44-15
44-16
45-1 N4
45-2 — 45-5
45-6
45-7 N4
45-8 N3
46-1
46-2 N5
46-3 N3
46-4 N7
46-5 N3
47-1
47-2 N5
47-3 N4
47-4 — 47-7 N5
47-8 N4
47-9 N3
47-10 N2
47-11 N3
47-12
47-13
47-14
47-15 N4
47-16
47-17
47-18 N5
47-19
48-1 — 48-4 N4 N5 N6
48-5 N4
1290
1300
1310
1320
SW+TC
TC
SW+TC+TS
浅湖
半深湖
湖泊

图 5.3 青二、三段综合柱状图

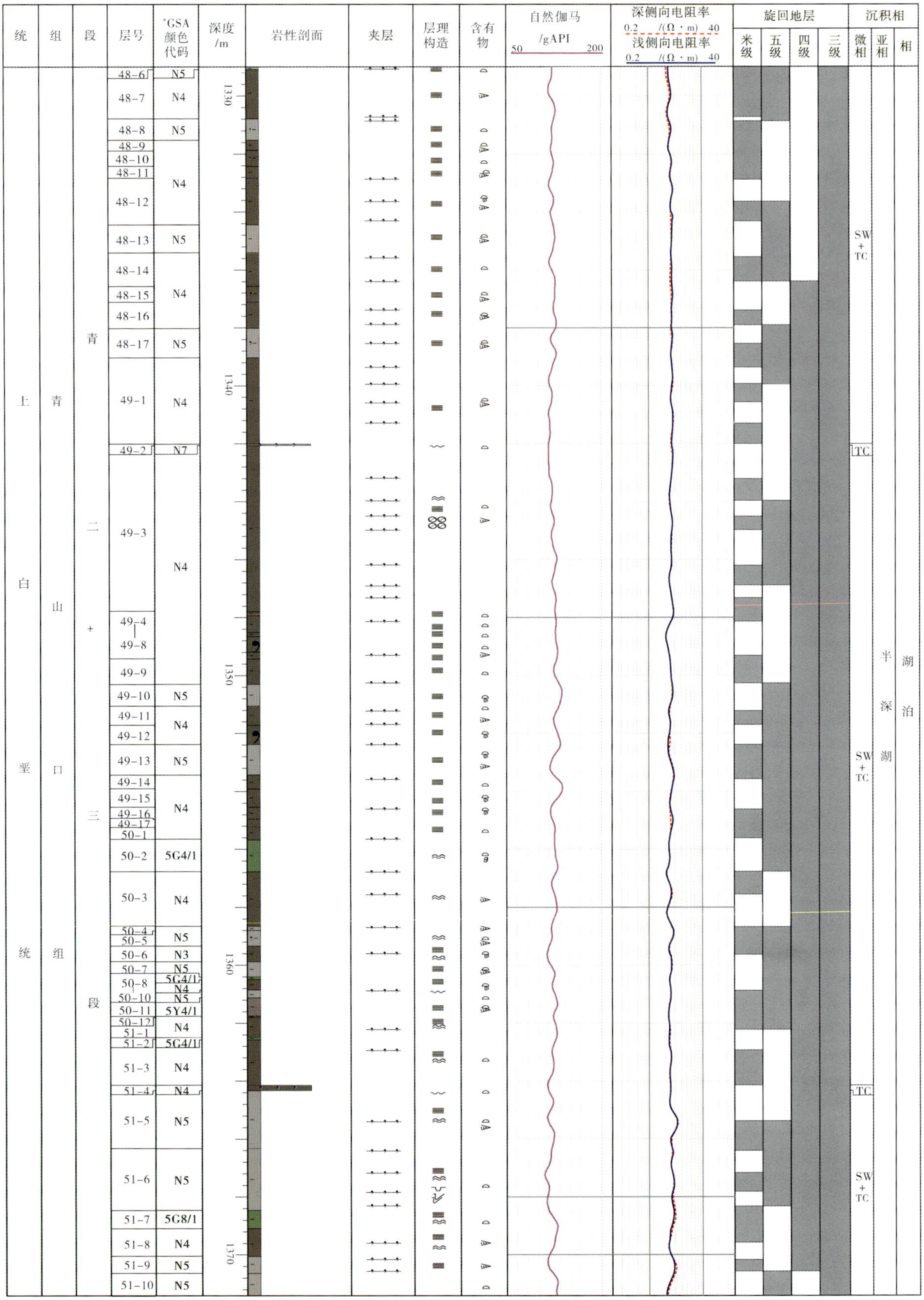
统
组
段
层号
*GSA颜色代码
深度/m
岩性剖面
夹层
层理构造
含有物
自然伽马/gAPI
50 200
深侧向电阻率
0.2 /(Ω·m) 40
浅侧向电阻率
0.2 /(Ω·m) 40
旋回地层
米级
五级
四级
三级
沉积相
微相
亚相
相
上白垩统
青山口组
青二+三段
48-6 N5
48-7 N4
48-8 N5
48-9
48-10
48-11
48-12 N4
48-13 N5
48-14
48-15
48-16 N4
48-17 N5
49-1 N4
49-2 N7
49-3
49-4
49-8
49-9 N4
49-10 N5
49-11
49-12 N4
49-13 N5
49-14
49-15
49-16
49-17
50-1 N4
50-2 5G4/1
50-3 N4
50-4
50-5 N5
50-6 N3
50-7 N5
50-8 5G4/1
N4
50-10 N5
50-11 5Y4/1
50-12
51-1 N4
51-2 5G4/1
51-3 N4
51-4 N4
51-5 N5
51-6 N5
51-7 5G8/1
51-8 N4
51-9 N5
51-10 N5
1330
1340
1350
1360
1370
SW+TC
TC
SW+TC
TC
SW+TC
半深湖
湖泊

图 5.3 青二、三段综合柱状图（续）

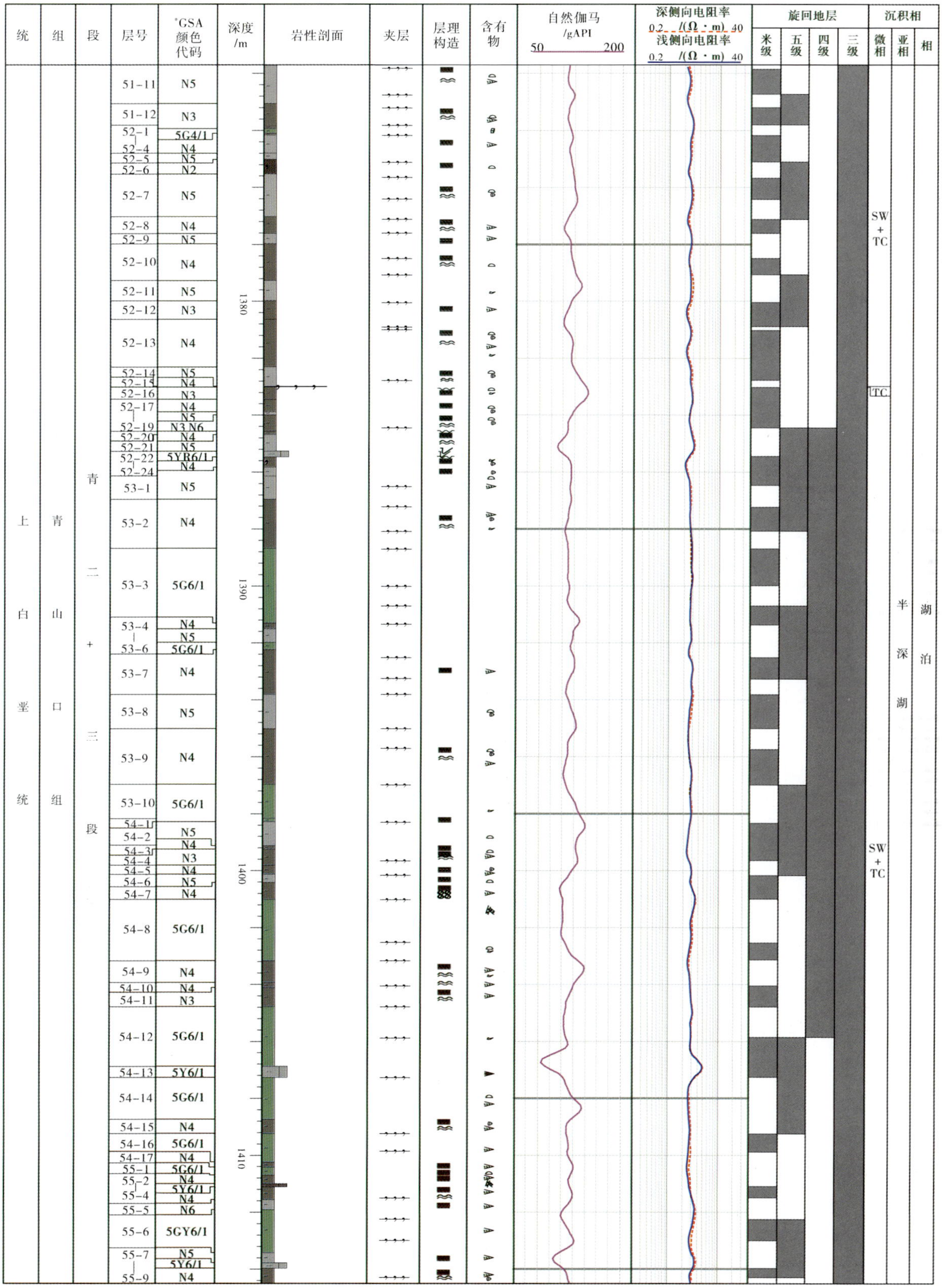

统
组
段
层号
*GSA 颜色代码
深度 /m
岩性剖面
夹层
层理构造
含有物
自然伽马 /gAPI
50 200
深侧向电阻率
0.2 /(Ω·m) 40
浅侧向电阻率
0.2 /(Ω·m) 40
旋回地层
米级
五级
四级
三级
沉积相
微相
亚相
相
上白垩统
青山口组
青二+三段
51-11 N5
51-12 N3
52-1 5G4/1
52-4 N4
52-5 N5
52-6 N2
52-7 N5
52-8 N4
52-9 N5
52-10 N4
52-11 N5
52-12 N3
52-13 N4
52-14 N5
52-15 N4
52-16 N3
52-17 N4
N5
52-19 N3 N6
52-20 N4
52-21 N5
52-22 5YR6/1
52-24 N4
53-1 N5
53-2 N4
53-3 5G6/1
53-4 N4
N5
53-6 5G6/1
53-7 N4
53-8 N5
53-9 N4
53-10 5G6/1
54-1
54-2 N5
N4
54-3
54-4 N3
54-5 N4
54-6 N5
54-7 N4
54-8 5G6/1
54-9 N4
54-10 N4
54-11 N3
54-12 5G6/1
54-13 5Y6/1
54-14 5G6/1
54-15 N4
54-16 5G6/1
54-17 N4
55-1 5G6/1
55-2 N4
5Y6/1
55-4 N4
55-5 N6
55-6 5GY6/1
55-7 N5
5Y6/1
55-9 N4
1380
1390
1400
1410
SW + TC
TC
SW + TC
半深湖
湖泊

图 5.3 青二、三段综合柱状图（续）

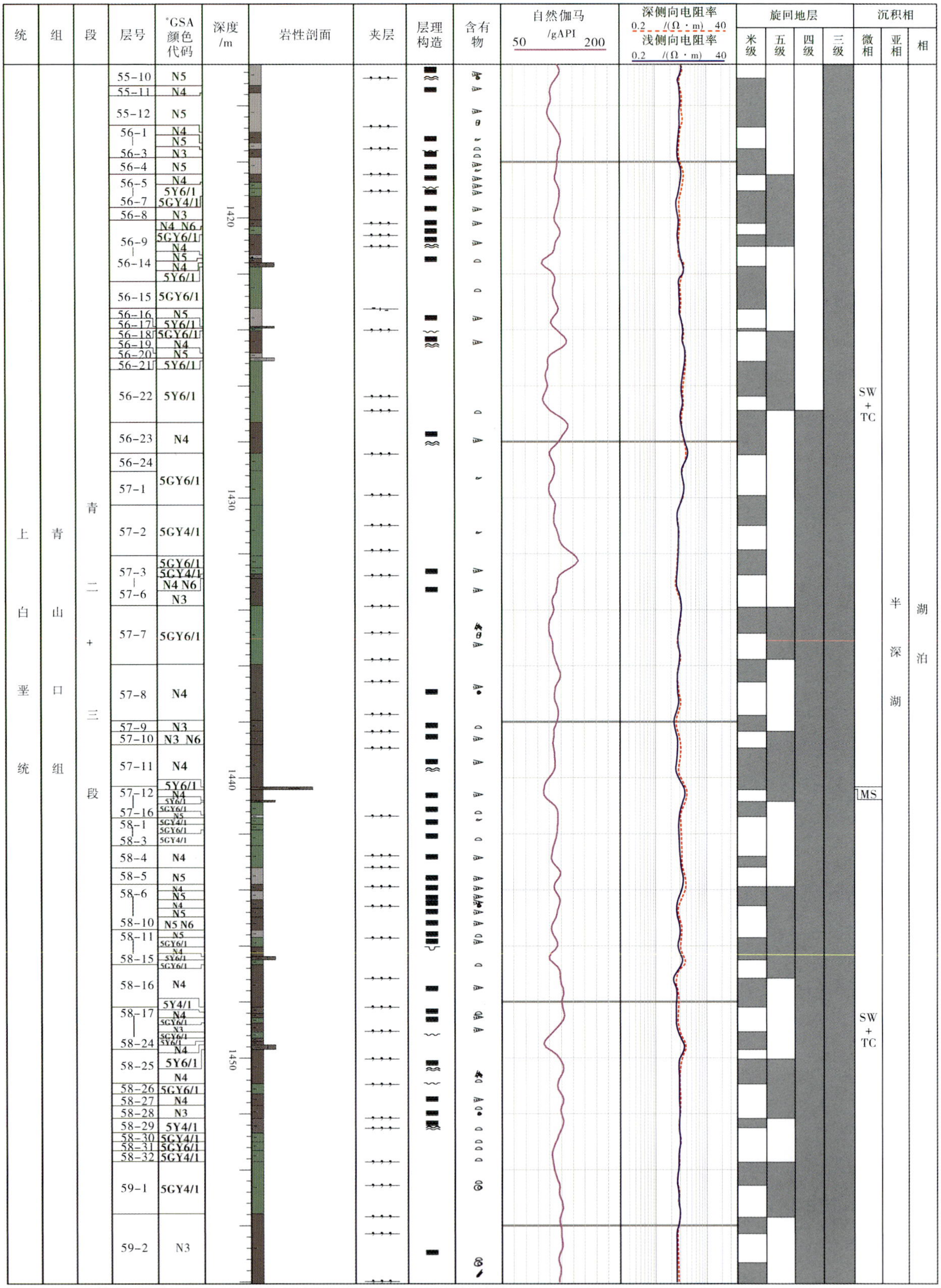
统
组
段
层号
*GSA颜色代码
深度/m
岩性剖面
夹层
层理构造
含有物
自然伽马/gAPI
50
200
深侧向电阻率
0.2 /(Ω·m) 40
浅侧向电阻率
0.2 /(Ω·m) 40
旋回地层
米级
五级
四级
三级
沉积相
微相
亚相
相
上白垩统
青山口组
青二+三段
1420
1430
1440
1450
SW+TC
MS
SW+TC
半深湖
湖泊
55-10 N5
55-11 N4
55-12 N5
56-1 N4
N5
56-3 N3
56-4 N5
56-5 N4
5Y6/1
56-7 5GY4/1
56-8 N3
N4 N6
56-9 5GY6/1
N4
N5
56-14 N4
5Y6/1
56-15 5GY6/1
56-16 N5
56-17 5Y6/1
56-18 5GY6/1
56-19 N4
56-20 N5
56-21 5Y6/1
56-22 5Y6/1
56-23 N4
56-24
57-1 5GY6/1
57-2 5GY4/1
57-3 5GY6/1
5GY4/1
N4 N6
57-6 N3
57-7 5GY6/1
57-8 N4
57-9 N3
57-10 N3 N6
57-11 N4
5Y6/1
57-12 N4
57-16
58-1
58-3 5GY4/1
58-4 N4
58-5 N5
58-6 N4
N5
N4
N5
58-10 N5 N6
58-11 N5
5GY6/1
58-15
58-16 N4
5Y4/1
58-17 N4
N3
58-24
N4
58-25 5Y6/1
N4
58-26 5GY6/1
58-27 N4
58-28 N3
58-29 5Y4/1
58-30 5GY4/1
58-31 5GY6/1
58-32 5GY4/1
59-1 5GY4/1
59-2 N3

图 5.3 青二、三段综合柱状图（续）

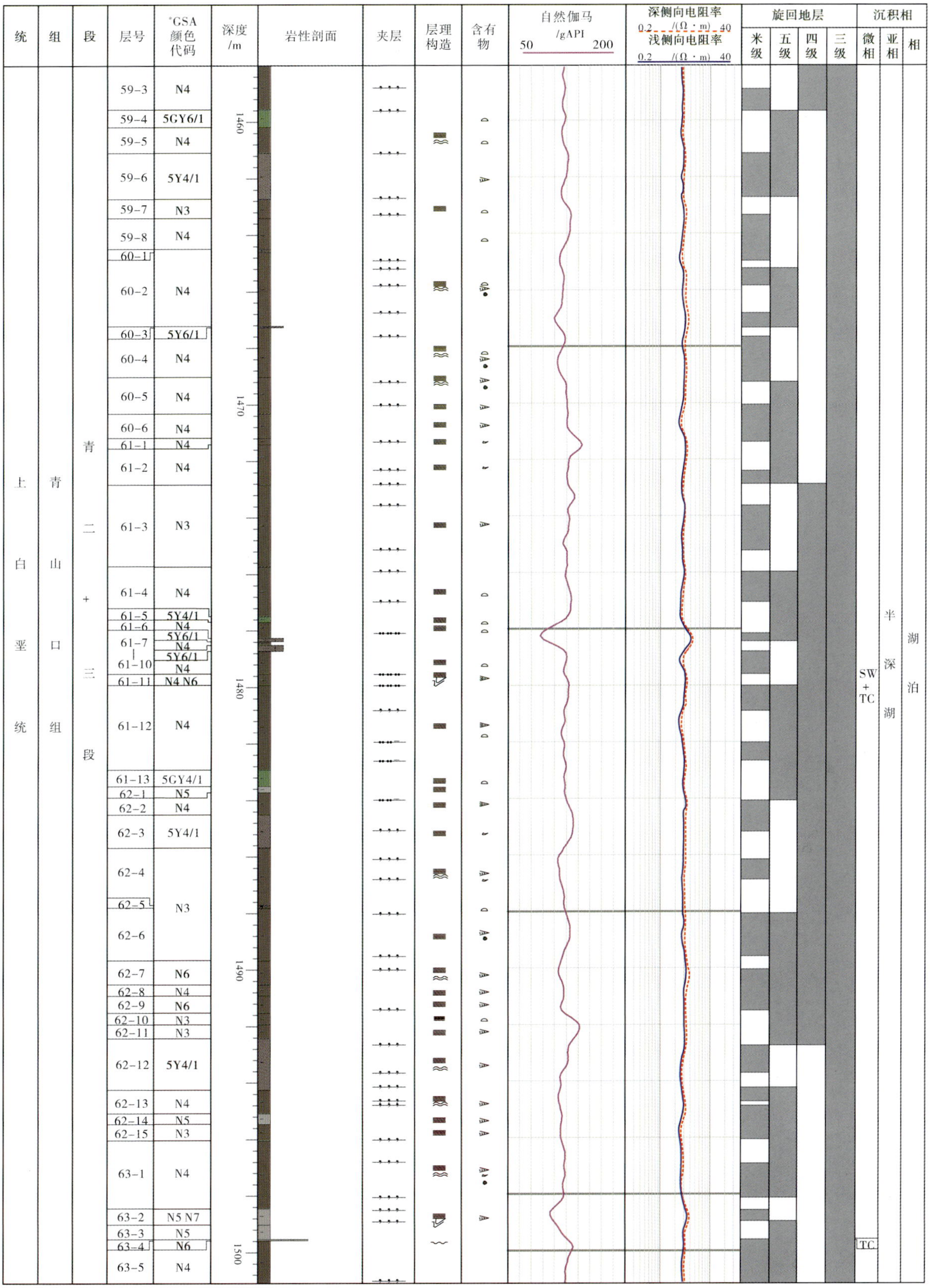
统
组
段
层号
*GSA 颜色代码
深度 /m
岩性剖面
夹层
层理构造
含有物
自然伽马 /gAPI 50 200
深侧向电阻率 0.2 /(Ω · m) 40
浅侧向电阻率 0.2 /(Ω · m) 40
旋回地层
米级
五级
四级
三级
沉积相
微相
亚相
相
上白垩统
青山口组
青二+三段
59-3 N4
59-4 5GY6/1
59-5 N4
59-6 5Y4/1
59-7 N3
59-8 N4
60-1
60-2 N4
60-3 5Y6/1
60-4 N4
60-5 N4
60-6 N4
61-1 N4
61-2 N4
61-3 N3
61-4 N4
61-5 5Y4/1
61-6 N4
61-7 5Y6/1
N4
61-10 5Y6/1
N4
61-11 N4 N6
61-12 N4
61-13 5GY4/1
62-1 N5
62-2 N4
62-3 5Y4/1
62-4
62-5 N3
62-6
62-7 N6
62-8 N4
62-9 N6
62-10 N3
62-11 N3
62-12 5Y4/1
62-13 N4
62-14 N5
62-15 N3
63-1 N4
63-2 N5 N7
63-3 N5
63-4 N6
63-5 N4
1460
1470
1480
1490
1500
SW + TC
TC
半深湖
湖泊
图 5.3 青二、三段综合柱状图（续）

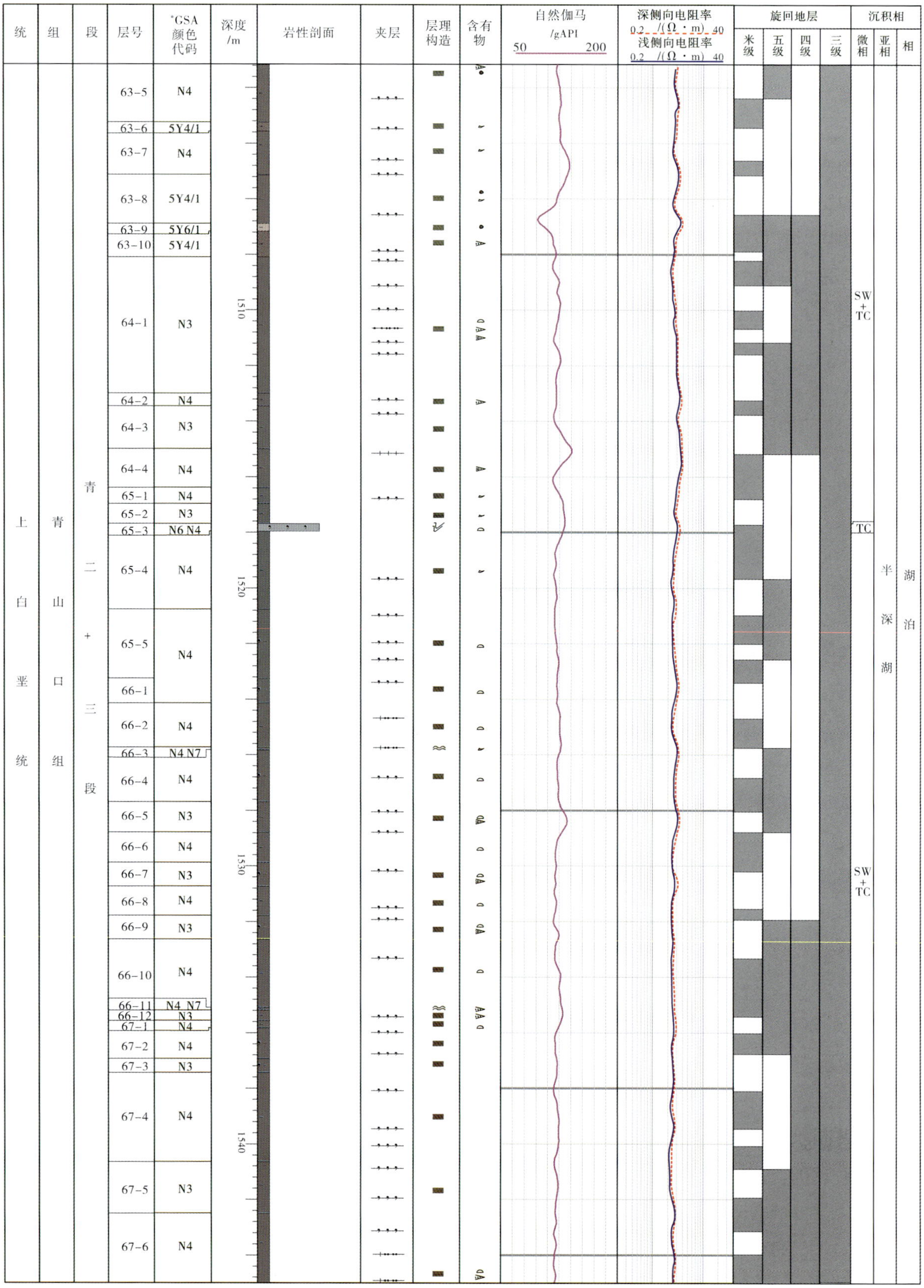
统
组
段
层号
*GSA 颜色 代码
深度 /m
岩性剖面
夹层
层理 构造
含有物
自然伽马 /gAPI 50 200
深侧向电阻率 0.2 /(Ω·m) 40
浅侧向电阻率 0.2 /(Ω·m) 40
旋回地层
米级
五级
四级
三级
沉积相
微相
亚相
相
上白垩统
青山口组
青二+三段
63-5 N4
63-6 5Y4/1
63-7 N4
63-8 5Y4/1
63-9 5Y6/1
63-10 5Y4/1
64-1 N3
64-2 N4
64-3 N3
64-4 N4
65-1 N4
65-2 N3
65-3 N6 N4
65-4 N4
65-5 N4
66-1
66-2 N4
66-3 N4 N7
66-4 N4
66-5 N3
66-6 N4
66-7 N3
66-8 N4
66-9 N3
66-10 N4
66-11 N4 N7
66-12 N3
67-1 N4
67-2 N4
67-3 N3
67-4 N4
67-5 N3
67-6 N4
1510
1520
1530
1540
SW+TC
TC
SW+TC
半深湖
湖泊
图5.3 青二、三段综合柱状图(续)

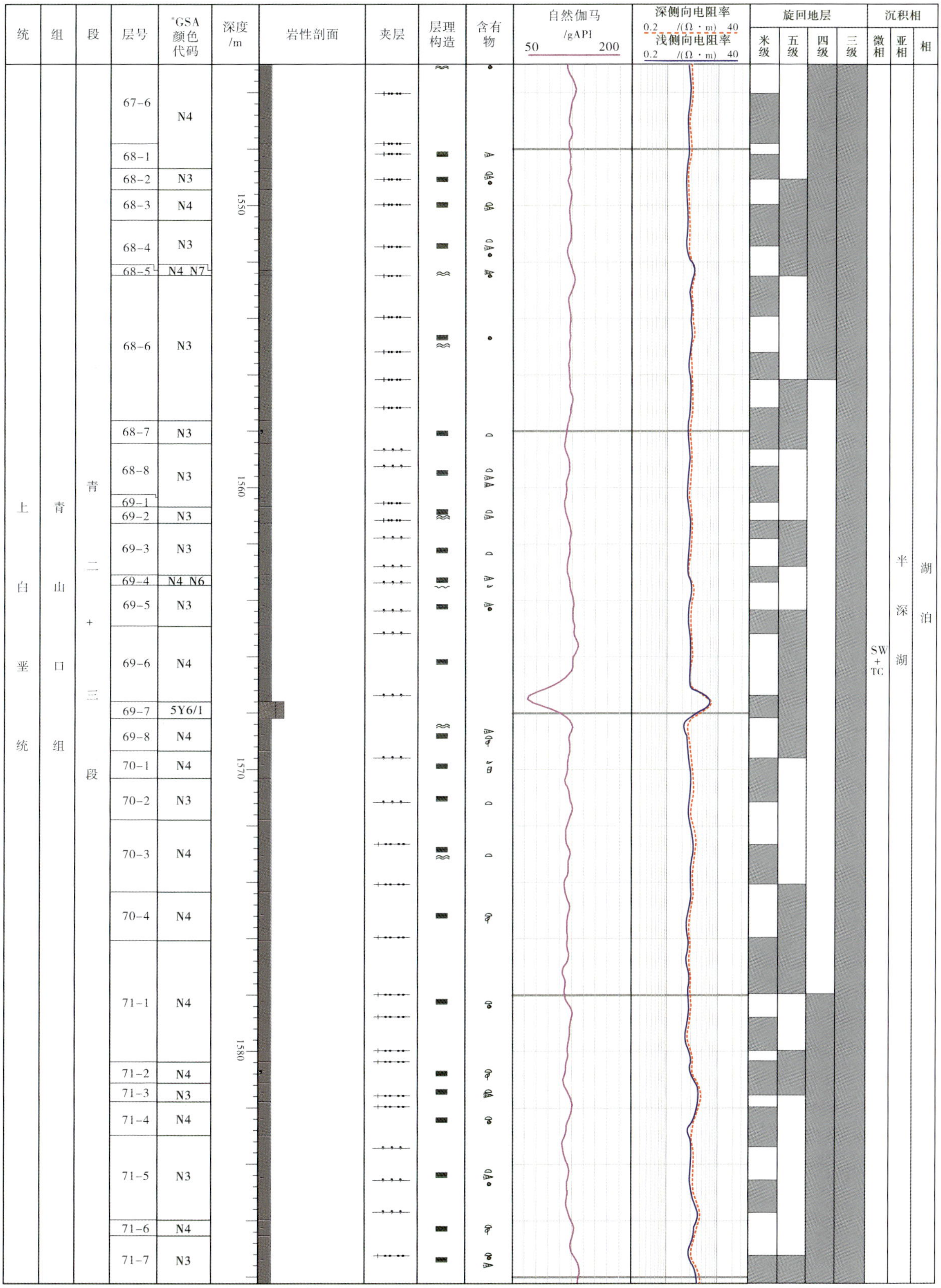
统
组
段
层号
*GSA 颜色 代码
深度 /m
岩性剖面
夹层
层理 构造
含有 物
自然伽马 /gAPI
50 200
深侧向电阻率
0.2 /(Ω·m) 40
浅侧向电阻率
0.2 /(Ω·m) 40
旋回地层
米级
五级
四级
三级
沉积相
微相
亚相
相
上白垩统
青山口组
青二+三段
67-6
68-1
68-2
68-3
68-4
68-5
68-6
68-7
68-8
69-1
69-2
69-3
69-4
69-5
69-6
69-7
69-8
70-1
70-2
70-3
70-4
71-1
71-2
71-3
71-4
71-5
71-6
71-7
N4
N3
N4 N7
N4 N6
5Y6/1
1550
1560
1570
1580
SW+TC
半深湖
湖泊

图 5.3 青二、三段综合柱状图（续）

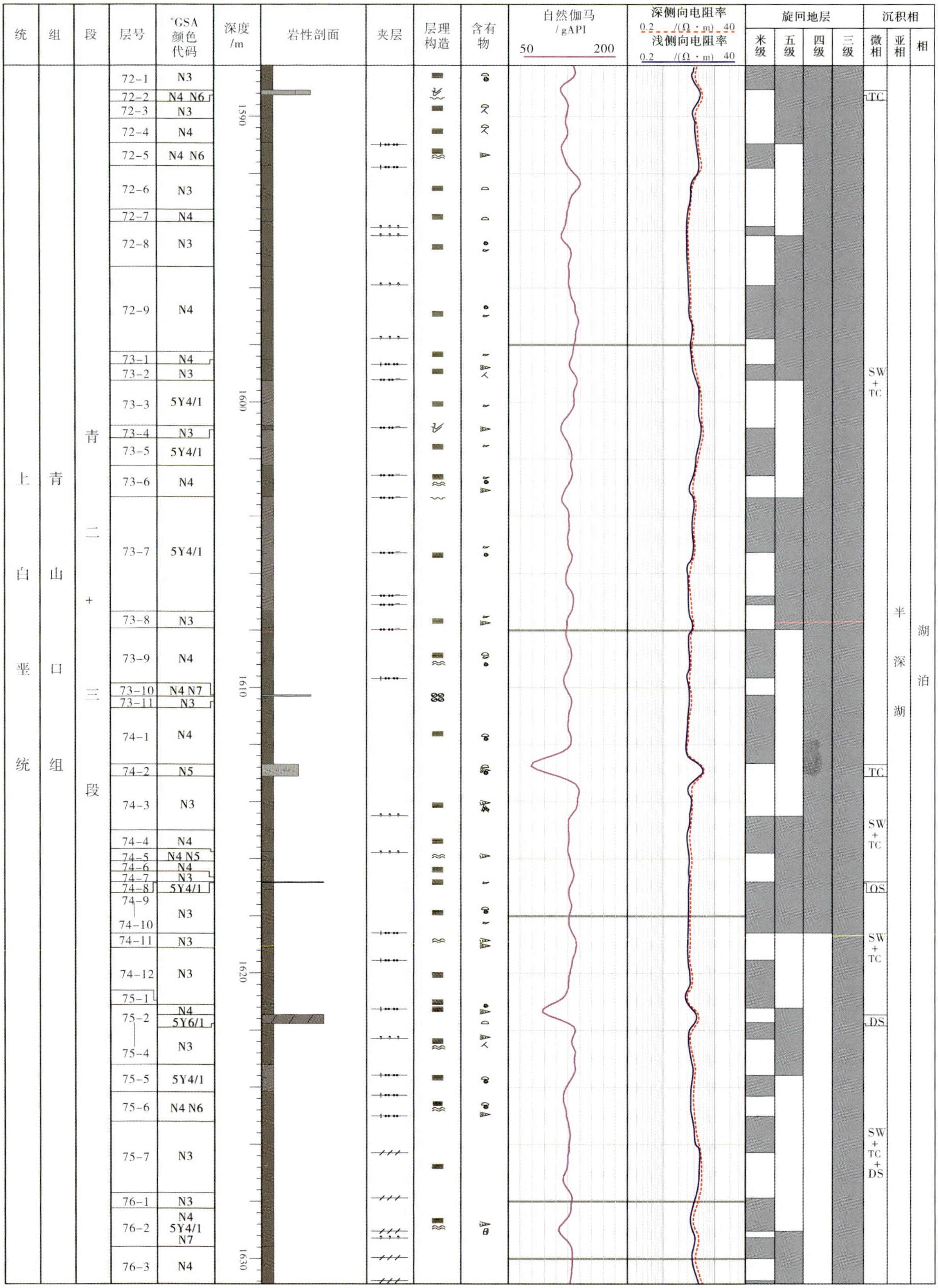
统
组
段
层号
°GSA 颜色 代码
深度 /m
岩性剖面
夹层
层理 构造
含有 物
自然伽马 / gAPI
50 200
深侧向电阻率
0.2 /(Ω · m) 40
浅侧向电阻率
0.2 /(Ω · m) 40
旋回地层
米级
五级
四级
三级
沉积相
微相
亚相
相
上白垩统
青山口组
青二+三段
72-1 N3
72-2 N4 N6
72-3 N3
72-4 N4
72-5 N4 N6
72-6 N3
72-7 N4
72-8 N3
72-9 N4
73-1 N4
73-2 N3
73-3 5Y4/1
73-4 N3
73-5 5Y4/1
73-6 N4
73-7 5Y4/1
73-8 N3
73-9 N4
73-10 N4 N7
73-11 N3
74-1 N4
74-2 N5
74-3 N3
74-4 N4
74-5 N4 N5
74-6 N4
74-7 N3
74-8 5Y4/1
74-9
74-10 N3
74-11 N3
74-12 N3
75-1
75-2 N4 5Y6/1
75-4 N3
75-5 5Y4/1
75-6 N4 N6
75-7 N3
76-1 N3
76-2 N4 5Y4/1 N7
76-3 N4
1590
1600
1610
1620
1630
TC
SW + TC
TC
SW + TC
OS
SW + TC
DS
SW + TC + DS
半深湖
湖泊

图 5.3 青二、三段综合柱状图（续）

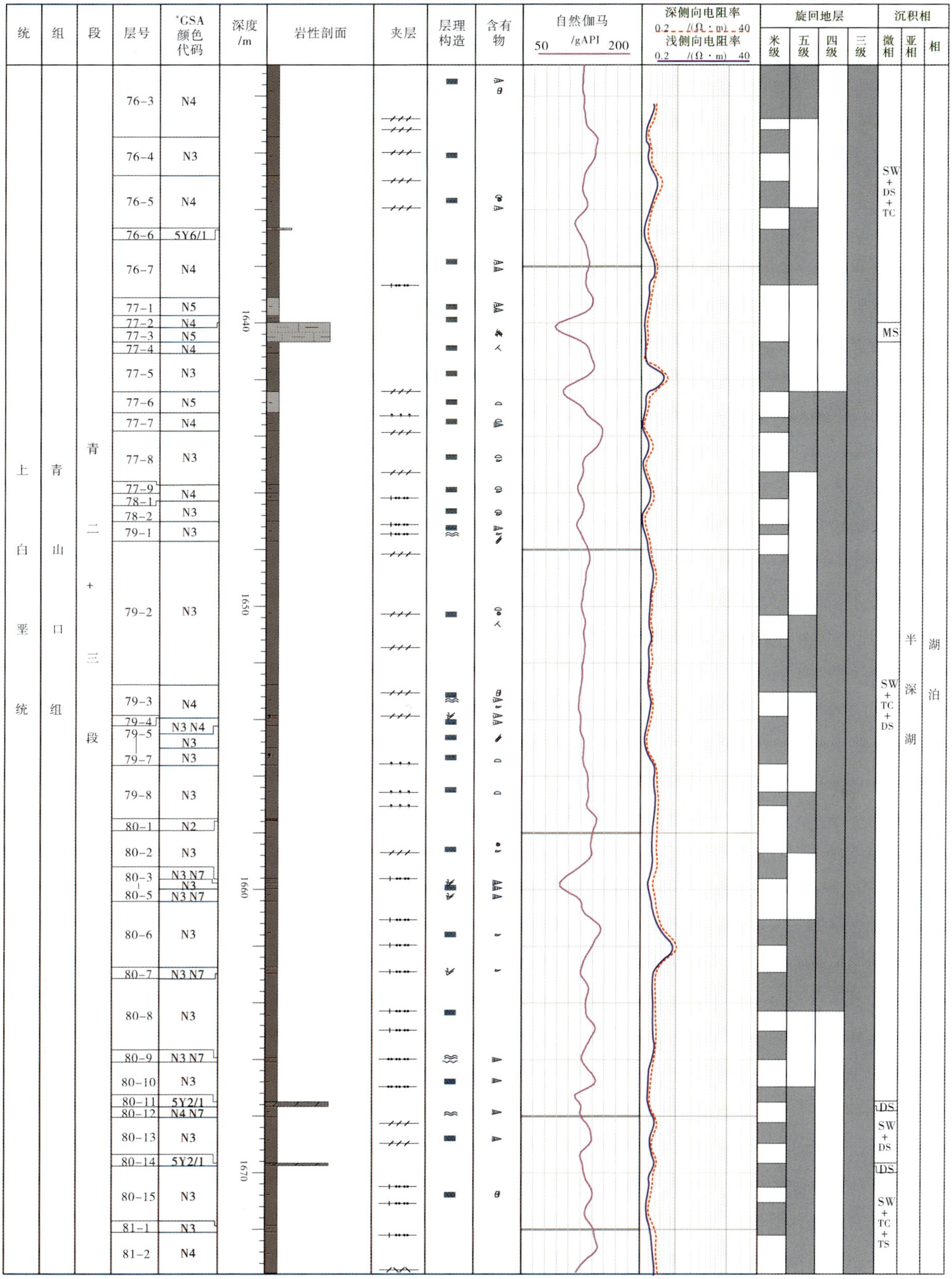
统
组
段
层号
*GSA 颜色代码
深度 /m
岩性剖面
夹层
层理构造
含有物
自然伽马 50 /gAPI 200
深侧向电阻率 0.2 /(Ω·m) 40
浅侧向电阻率 0.2 /(Ω·m) 40
旋回地层
米级
五级
四级
三级
沉积相
微相
亚相
相
上白垩统
青山口组
青二+三段
76-3 N4
76-4 N3
76-5 N4
76-6 5Y6/1
76-7 N4
77-1 N5
77-2 N4
77-3 N5
77-4 N4
77-5 N3
77-6 N5
77-7 N4
77-8 N3
77-9
78-1 N4
78-2 N3
79-1 N3
79-2 N3
79-3 N4
79-4 N3 N4
79-5 N3
79-7 N3
79-8 N3
80-1 N2
80-2 N3
80-3 N3 N7
80-5 N3 N3 N7
80-6 N3
80-7 N3 N7
80-8 N3
80-9 N3 N7
80-10 N3
80-11 5Y2/1
80-12 N4 N7
80-13 N3
80-14 5Y2/1
80-15 N3
81-1 N3
81-2 N4
1640
1650
1660
1670
SW+DS+TC
MS
SW+TC+DS
DS
SW+DS
DS
SW+TC+TS
半深湖
湖泊

图 5.3 青二、三段综合柱状图（续）

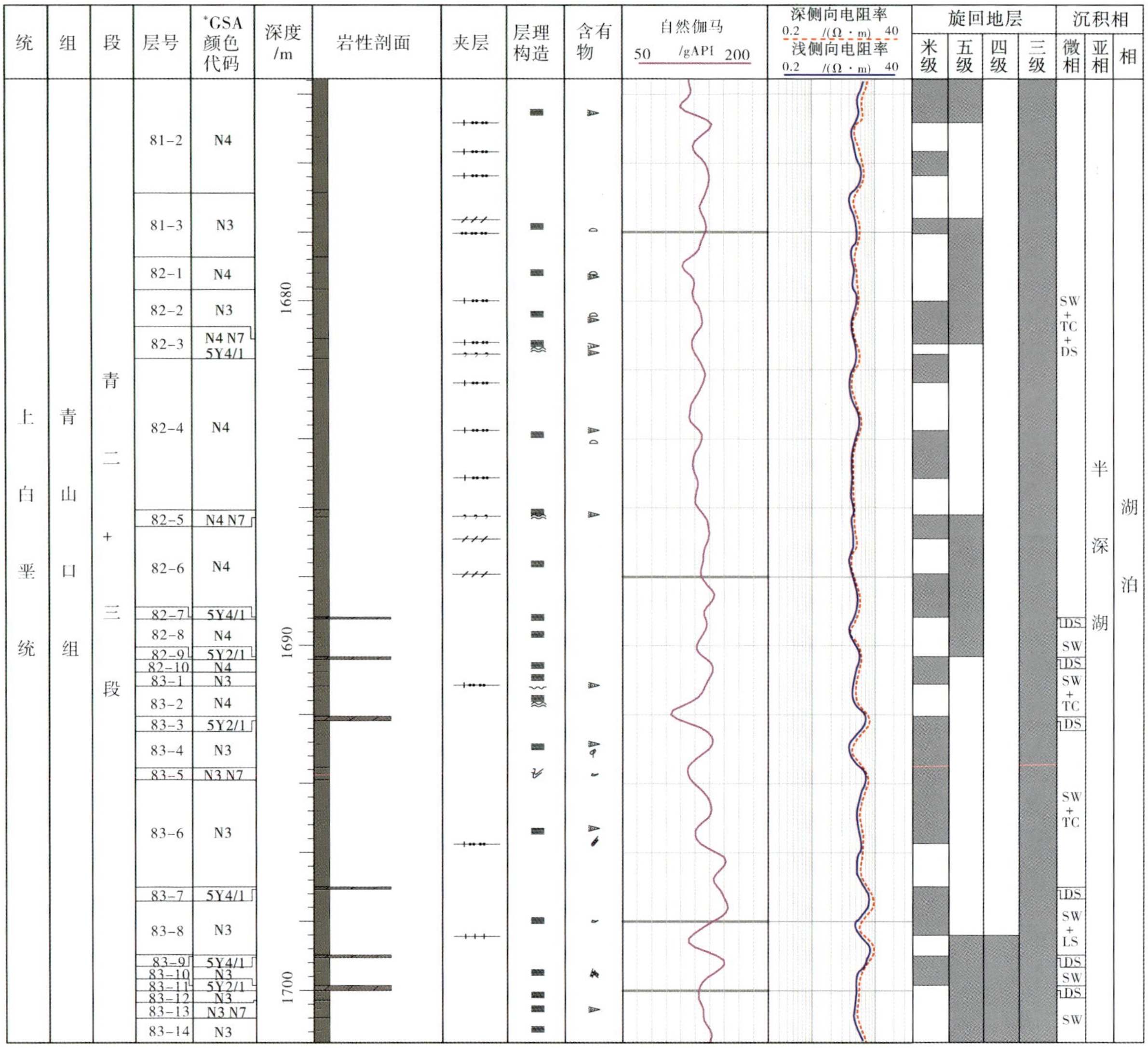
统
组
段
层号
*GSA 颜色 代码
深度 /m
岩性剖面
夹层
层理 构造
含有 物
自然伽马
50 /gAPI 200
深侧向电阻率
0.2 /(Ω·m) 40
浅侧向电阻率
0.2 /(Ω·m) 40
旋回地层
米级
五级
四级
三级
沉积相
微相
亚相
相
上白垩统
青山口组
青二+三段
81-2 N4
81-3 N3
82-1 N4
82-2 N3
82-3 N4 N7 5Y4/1
82-4 N4
82-5 N4 N7
82-6 N4
82-7 5Y4/1
82-8 N4
82-9 5Y2/1
82-10 N4
83-1 N3
83-2 N4
83-3 5Y2/1
83-4 N3
83-5 N3 N7
83-6 N3
83-7 5Y4/1
83-8 N3
83-9 5Y4/1
83-10 N3
83-11 5Y2/1
83-12 N3
83-13 N3 N7
83-14 N3
1680
1690
1700
SW+TC+DS
DS
SW
DS
SW+TC
DS
SW+TC
DS
SW+LS
DS
SW
DS
SW
半深湖
湖泊

图 5.3 青二、三段综合柱状图（续）

图例、图注同图 5.1

青山口组二、三段岩心描述：

43-14	1285.91~1286.26m	0.35m	深绿灰色粉砂质泥岩，块状构造，见少量含钙粉砂质团块
43-15	1286.26~1287.07m	0.81m	灰棕色泥岩，块状构造，顶部及底部见深灰色斑点
43-16	1287.07~1287.87m	0.8m	深绿灰色泥岩夹浅灰色粉砂岩，断续水平层理，见浅灰色粉砂质条带
43-17	1287.87~1288.16m	0.29m	深灰色泥岩夹浅灰色粉砂岩，水平纹理，局部见透镜状层理。底部具搅浑构造，见粉砂岩砂球、砂质团块
43-18	1288.16~1288.34m	0.18m	深绿灰色粉砂质泥岩，断续波状层理、变形层理，底部块状构造，见浅灰色钙质粉砂岩透镜体、团块，偶见介形虫化石
43-19	1288.34~1290.20m	1.86m	灰棕色泥岩，块状构造，局部见绿灰色斑点
43-20	1290.20~1290.34m	0.14m	灰色粉砂质泥岩，块状构造
43-21	1290.34~1291.39m	1.05m	灰棕色泥岩，块状构造

43–22	1291.39~1291.77m	0.38m	深绿灰色粉砂质泥岩，块状构造
43–23	1291.77~1292.63m	0.86m	灰棕色泥岩，块状构造
44–1	1292.63~1292.74m	0.11m	灰棕色泥岩，块状构造，见深绿灰色泥质粉砂岩团块（具变形层理）
44–2	1292.74~1292.86m	0.12m	深绿灰色泥岩夹极浅灰色含钙粉砂岩，泥岩透镜状层理、变形层理；粉砂岩断续波纹层理，含钙质粉砂条带、团块，偶见介形虫化石
44–3	1292.86~1293.00m	0.14m	暗棕色泥岩，块状构造，见深绿灰色泥岩团块、见介形虫化石及钙质团块
44–4	1293.00~1293.33m	0.33m	棕灰色含钙粉砂质泥岩，块状构造，偶见介形虫化石、钙质团块
44–5	1293.33~1294.94m	1.61m	灰棕色泥岩，块状构造，偶见介形虫化石、钙质团块
44–6	1294.94~1295.18m	0.24m	深绿灰色泥岩，水平层理，见具水平波纹层理浅灰色粉砂岩条带
44–7	1295.18~1295.42m	0.24m	棕灰色泥岩，水平层理，见一薄层极浅灰色介形虫灰岩
44–8	1295.42~1295.85m	0.43m	灰棕色杂绿灰色泥岩，块状构造
44–9	1295.85~1297.01m	1.16m	灰棕色泥岩，块状构造，偶见介形虫化石和介形虫碎屑岩薄层
44–10	1297.01~1298.00m	0.99m	棕灰色泥岩，块状构造，偶见介形虫化石和介形虫碎屑岩薄层
44–11	1298.00~1298.63m	0.63m	棕灰色杂深绿灰色泥岩，块状构造，偶见介形虫化石
44–12	1298.63~1299.11m	0.48m	深绿灰色泥岩，块状构造，含灰黑色泥砾，偶见介形虫碎屑岩薄层
44–13	1299.11~1301.25m	2.14m	深绿灰色泥岩，块状构造，偶见介形虫化石
44–14	1301.25~1303.72m	2.47m	中深灰色泥岩，水平层理，见介形虫化石，局部夹介形虫碎屑岩薄层
44–15	1303.72~1303.82m	0.10m	中深灰色含介形虫泥岩，水平层理，见介形虫化石
44–16	1303.82~1304.50m	0.68m	深灰色泥岩夹中浅灰色介形虫碎屑岩，水平层理、水平波纹层理，含见介形虫化石、介形虫碎屑岩条带、薄层
45–1	1304.50~1306.85m	2.35m	深灰色泥岩，水平层理，见介形虫碎屑岩条带和完整介形虫化石
45–2	1306.85~1307.21m	0.36m	深灰色含介形虫泥岩，水平层理，见介形虫碎屑岩夹层
45–3	1307.21~1307.50m	0.29m	深灰色泥岩，水平层理，见介形虫碎屑岩薄层和完整介形虫化石
45–4	1307.50~1307.80m	0.30m	深灰色含介形虫泥岩，水平层理，见介形虫碎屑岩条带
45–5	1307.80~1308.10m	0.30m	深灰色泥岩，水平层理，见介形虫化石、介形虫碎屑岩条带
45–6	1308.10~1308.80m	0.70m	深灰色含介形虫泥岩夹薄层介形虫碎屑岩，水平层理，局部透镜状层理，正粒序层理，见介形虫化石、介形虫碎屑岩条带
45–7	1308.80~1309.33m	0.53m	中深灰色泥岩夹薄层介形虫碎屑岩，水平层理，局部透镜状层理，底部介形虫碎屑岩具水平波纹层理，见介形虫化石、介形虫碎屑岩条带
45–8	1309.33~1310.00m	0.67m	深灰色泥岩夹薄层介形虫岩，水平层理，水平波纹层理

46–1	1310.00~1310.18m	0.18m	深灰色泥岩，水平层理，见具水平波纹层理介形虫碎屑岩薄层和条带
46–2	1310.18~1310.96m	0.78m	灰色泥岩，水平层理，见介形虫化石和具水平波纹层理介形虫碎屑岩条带
46–3	1310.96~1312.00m	1.04m	深灰色泥岩夹薄层介形虫碎屑岩，水平波纹层理，见介形虫碎屑岩条带
46–4	1312.00~1312.07m	0.07m	浅灰色介形虫岩
46–5	1312.07~1315.00m	2.93m	深灰色泥岩夹介形虫碎屑岩薄层，水平波纹层理，见介形虫化石
47–1	1315.00~1315.22m	0.22m	深灰色泥岩，水平层理，见具水平波纹层理介形虫碎屑岩条带
47–2	1315.22~1315.68m	0.46m	中灰色泥岩，水平层理，见具水平波纹层理介形虫碎屑岩薄层
47–3	1315.68~1316.41m	0.73m	中深灰色泥岩，水平层理，见介形虫化石，个体较小
47–4	1316.41~1316.53m	0.12m	中深灰色泥岩夹介形虫碎屑岩，水平层理，水平波纹层理，见介形虫碎屑岩条带和介形虫化石
47–5	1316.53~1316.82m	0.29m	中深灰色泥岩，水平层理，见介形虫碎屑，植物化石碎片
47–6	1316.82~1316.94m	0.12m	中深灰色泥岩与介形虫碎屑岩薄互层，水平层理，水平波纹层理
47–7	1316.94~1317.38m	0.44m	中灰色含介形虫泥岩，水平层理，底部见灰质泥岩薄层
47–8	1317.38~1318.40m	1.02m	中深灰色泥岩，水平层理，见介形虫碎屑薄层和完整介形虫化石
47–9	1318.40~1319.40m	1.00m	深灰色含介形虫泥岩，水平层理，局部夹具水平波纹层理介形虫碎屑岩薄层，见介形虫化石、叶肢介化石、植物化石残片
47–10	1319.40~1320.22m	0.82m	灰黑色泥岩夹介形虫碎屑岩，水平层理，水平波纹层理，见介形虫碎屑岩薄层、条带，见介形虫化石，硅化生物化石
47–11	1320.22~1322.25m	2.03m	深灰色泥岩夹介形虫碎屑岩，水平层理，水平波纹层理，见叶肢介化石，见介形虫化石，介形虫碎屑岩条带和薄层
47–12	1322.25~1322.62m	0.37m	中深灰色含介形虫泥岩，水平层理，见介形虫化石及介形虫碎屑岩薄层
47–13	1322.62~1322.95m	0.33m	中深灰色泥岩，水平层理，见介形虫化石
47–14	1322.95~1323.29m	0.34m	中深灰色泥岩与介形虫碎屑岩薄互层，水平层理，水平波纹层理，见介形虫碎屑岩条带、透镜体，见介形虫化石
47–15	1323.39~1324.88m	1.49m	中深灰色泥岩，水平层理，见介形虫化石、介形虫碎屑岩条带、薄层
47–16	1324.88~1325.00m	0.12m	中深灰色泥岩与介形虫碎屑岩薄互层，水平波纹层理，见介形虫化石
47–17	1325.00~1325.20m	0.20m	中深灰色含介形虫泥岩夹介形虫碎屑岩，水平层理，水平波纹层理，见介形虫化石，冲刷面之上见生物碎片
47–18	1325.20~1326.92m	1.72m	中灰色泥岩夹介形虫碎屑岩，水平层理，水平波纹层理，见介形虫化石，在1325.31m处见一厚8mm的疑似火山灰层
47–19	1326.92~1327.02m	0.10m	中灰色泥岩与介形虫碎屑岩薄互层，水平层理，水平波纹层理，见介形虫化石，生物化石碎片
48–1	1327.02~1327.25m	0.23m	中深灰色泥岩夹介形虫碎屑岩，水平层理，见介形虫化石

48–2	1327.25~1327.62m	0.37m	中深灰色泥岩，水平层理，见少量见介形虫化石
48–3	1327.62~1328.12m	0.50m	中灰色含介形虫泥岩，水平层理，见介形虫化石，偶见叶肢介化石
48–4	1328.12~1328.29m	0.17m	中浅灰色泥岩，水平层理，见介形虫碎屑岩薄层，偶见叶肢介化石
48–5	1328.29~1328.99m	0.70m	中深灰色泥岩夹介形虫碎屑岩，水平层理，水平波纹层理，见介形虫化石
48–6	1328.99~1329.09m	0.10m	中灰色泥岩，水平层理，底部见一薄层介形虫碎屑岩，见介形虫化石
48–7	1329.09~1330.78m	1.69m	中深灰色泥岩，水平层理，底部见介形虫碎屑岩薄层
48–8	1330.78~1331.52m	0.74m	中灰色含介形虫泥岩，水平层理，见介形虫化石，偶见介形虫碎屑岩薄层
48–9	1331.52~1331.87m	0.35m	中深灰色泥岩，水平层理，见介形虫化石，底部见具水平波纹层理介形虫碎屑岩条带及一层介形虫碎屑岩薄层，见冲刷面
48–10	1331.87~1332.42m	0.55m	中深灰色含介形虫泥岩，水平层理，见介形虫化石、少量叶肢介化石
48–11	1332.42~1332.84m	0.42m	中深灰色泥岩，水平层理，见叶肢介、介形虫化石及介形虫碎屑岩条带
48–12	1332.84~1334.45m	1.61m	中深灰色泥岩夹介形虫碎屑岩，水平层理，水平波纹层理，见介形虫化石、叶肢介化石、介形虫碎屑岩薄层、条带
48–13	1334.45~1335.40m	0.95m	中深灰色泥岩，水平层理，见介形虫碎屑岩条带、介形虫化石
48–14	1335.40~1336.57m	1.17m	中深灰色泥岩，水平层理，见介形虫化石及介形虫碎屑岩薄层、条带
48–15	1336.57~1337.12m	0.55m	中深灰色含介形虫泥岩，水平层理，见介形虫化石
48–16	1337.12~1338.02m	0.90m	中深灰色泥岩，水平层理，见介形虫化石及介形虫碎屑岩条带、薄层
48–17	1338.02~1339.03m	1.01m	中灰色含介形虫泥岩夹介形虫碎屑岩，水平层理，水平波纹层理，见介形虫化石、介形虫碎屑岩条带
49–1	1339.03~1342.01m	2.98m	中深灰色泥岩与介形虫碎屑岩薄互层，水平层理，水平波纹层理，局部见搅混构造，见介形虫化石及介形虫碎屑岩条带、团块
49–2	1342.01~1342.06m	0.05m	浅灰色介形虫碎屑岩，水平波纹层理，顶部见泥质条带
49–3	1342.06~1347.80m	5.74m	中深灰色泥岩夹介形虫碎屑岩薄层，水平层理，水平波纹层理，局部见搅混构造，见介形虫化石，见夹 3 层深绿灰色泥岩薄夹层
49–4	1347.80~1347.95m	0.15m	中深灰色泥岩，水平层理，见介形虫化石
49–5	1347.95~1348.52m	0.57m	中深灰色泥岩与浅灰色介形虫碎屑岩薄互层，水平波纹层理，水平层理，见介形虫化石和介形虫碎屑岩条带
49–6	1348.52~1348.66m	0.14m	中深灰色泥岩，水平层理，见极少量介形虫化石
49–7	1348.66~1349.20m	0.54m	中深灰色含介形虫泥岩，水平层理，见介形虫化石，大小不一
49–8	1349.20~1349.44m	0.24m	中深灰色泥岩，水平层理，少量介形虫碎屑岩条带和薄层
49–9	1349.44~1350.30m	0.86m	中深灰色泥岩夹微层状介形虫碎屑岩，水平波纹层理，水平层理，见介形虫化石及介形虫碎屑岩条带和薄层

49–10	1350.30~1351.05m	0.75m	中灰色泥岩，水平层理，水平波纹层理，见介形虫化石
49–11	1351.05~1351.69m	0.64m	中深灰色泥岩夹微层状介形虫碎屑岩，水平层理，水平波纹层理，见介形虫化石、叶肢介化石、介形虫碎屑岩条带
49–12	1351.69~1352.38m	0.69m	中深灰色含介形虫泥岩，水平层理，见介形虫化石、叶肢介化石
49–13	1352.38~1353.43m	1.05m	中灰色泥岩夹微层状介形虫碎屑岩,水平层理,水平波纹层理,介形虫碎屑岩底部见轻微冲刷，见叶肢介化石、介形虫化石、介形虫碎屑岩条带
49–14	1353.43~1353.91m	0.48m	中深灰色泥岩夹微层状介形虫碎屑岩，水平层理，水平波纹层理，见叶肢介化石、介形虫化石、介形虫碎屑岩条带
49–15	1353.91~1354.54m	0.63m	中深灰色泥岩，水平层理，见介形虫化石，叶肢介化石
49–16	1354.54~1354.96m	0.42m	中深灰色泥岩夹微层状介形虫碎屑岩，水平层理，水平波纹层理，偶见叶肢介化石，见介形虫化石、介形虫碎屑岩条带
49–17	354.96~1355.23m	0.27m	中深灰色泥岩，水平层理，见介形虫化石
50–1	1355.23~1355.65m	0.42m	中深灰色泥岩，水平层理，见介形虫化石，底部见介形虫碎屑薄层岩
50–2	1355.65~1356.77m	1.12m	深绿灰色泥岩，不明显的水平波纹层理，见介形虫和黄铁矿颗粒富集层
50–3	1356.77~1358.65m	1.88m	中深灰色泥岩夹微层状浅灰色介形虫碎屑岩，水平波纹层理
50–4	1358.65~1358.80m	0.15m	中灰色介形虫碎屑岩与泥岩薄互层，水平波纹层理，见介形虫化石
50–5	1358.80~1359.35m	0.55m	中灰色含介形虫泥岩与介形虫碎屑岩薄互层，水平波纹层理，见介形虫化石、介形虫碎屑岩条带
50–6	1359.35~1359.88m	0.53m	深灰色泥岩与介形虫碎屑岩薄互层,水平波纹层理,水平层理,见介形虫化石、介形虫碎屑岩条带，偶见叶肢介化石
50–7	1359.88~1360.40m	0.52m	中灰色介形虫碎屑岩与泥岩薄互层，水平波纹层理，水平层理，见介形虫化石、介形虫碎屑岩条带
50–8	1360.40~1360.49m	0.09m	深绿灰色泥岩与橄榄灰色介形虫碎屑岩薄互层，水平波纹层理，水平层理，见介形虫化石、介形虫碎屑岩条带
50–9	1360.49~1360.86m	0.37m	中深灰色泥岩夹微层状介形虫碎屑岩，水平波纹层理，水平层理，见叶肢介化石、介形虫化石、介形虫碎屑岩条带
50–10	1360.86~1361.12m	0.26m	中灰色泥岩夹微层状介形虫碎屑岩，水平波纹层理，水平层理，见叶肢介化石、介形虫化石，介形虫碎屑岩条带
50–11	1361.12~1361.75m	0.63m	橄榄灰色泥岩夹微层状介形虫碎屑岩，水平波纹层理，水平层理，见介形虫化石、介形虫碎屑岩条带
50–12	1361.75~1361.83m	0.08m	中深灰色泥岩，水平层理，偶见介形虫化石
51–1	1361.84~1362.46m	0.62m	中深灰色泥岩，水平波纹层理，水平层理，偶见介形虫化石
51–2	1362.46~1362.51m	0.05m	深绿灰色泥岩，块状构造，成层性差
51–3	1362.51~1364.14m	1.63m	中深灰色泥岩夹微层状介形虫碎屑岩，水平波纹层理，见介形虫化石
51–4	1364.14~1364.34m	0.20m	中深灰色介形虫碎屑岩与泥岩薄互层，水平波纹层理，水平层理，见介形虫化石、介形虫碎屑岩条带
51–5	1364.34~1366.34m	2.00m	中灰色泥岩，水平层理，见介形虫化石、介形虫碎屑岩条带

51–6	1366.34~1368.47m	2.13m	中灰色泥岩与介形虫碎屑岩薄互层，水平波纹层理，水平层理，挤压变形构造，重荷构造，见介形虫和少量叶肢介化石，见介形虫碎屑岩条带
51–7	1368.47~1369.10m	0.63m	浅绿灰色泥岩，不明显的水平层理，见介形虫碎屑
51–8	1369.10~1370.06m	0.96m	中深灰色泥岩，水平层理，见具水平波纹层理的介形虫碎屑岩条带
51–9	1370.06~1370.64m	0.58m	中灰色泥岩与介形虫碎屑岩薄互层，水平层理，水平波纹层理
51–10	1370.64~1371.41m	0.77m	中灰色泥岩，不明显的水平层理，局部见介形虫化石富集
51–11	1371.41~1373.06m	1.65m	中灰色泥岩夹介形虫碎屑岩，水平层理，水平波纹层理
51–12	1373.06~1373.77m	0.71m	深灰色泥岩夹微层状介形虫碎屑岩，水平层理，水平波纹层理，见介形虫化石、介形虫碎屑岩条带，上部见深绿灰色斑点
52–1	1373.77~1373.91m	0.14m	深灰色泥岩夹微层状介形虫碎屑岩，水平层理，水平波纹层理
52–2	1373.91~1374.10m	0.19m	深绿灰色泥岩，不明显水平层理，少量介形虫碎屑岩、黄铁矿颗粒
52–3	1374.10~1374.17m	0.07m	深灰色泥岩，水平层理，见介形虫碎屑
52–4	1374.17~1374.80m	0.63m	中深灰色泥岩，水平层理，见介形虫碎屑岩条带，底部见深绿灰色斑点
52–5	1374.80~1375.02m	0.22m	中灰色泥岩，水平层理，见浅绿灰色斑点，顶部见一厚度小于1cm的深绿灰色含介形虫泥岩
52–6	1375.02~1375.53m	0.51m	灰黑色含介形虫碎屑泥岩，水平层理，介形虫碎屑
52–7	1375.53~1377.03m	1.50m	中灰色泥岩，水平层理，见介形虫、叶肢介化石、介形虫碎屑岩薄层
52–8	1377.03~1377.62m	0.59m	中深灰色泥岩，水平层理，水平波纹层理，见介形虫碎屑岩薄层，见完整介形虫化石，见几层叶肢介化石富集层
52–9	1377.62~1377.98m	0.36m	中灰色泥岩，水平层理，见具水平波纹层理介形虫碎屑岩条带
52–10	1377.98~1379.27m	1.29m	中深灰色含介形虫碎屑泥岩，水平层理，水平波纹层理，见较多介形虫碎屑，偶见介形虫碎屑岩夹层
52–11	1379.27~1379.99m	0.72m	中灰色泥岩，不明显的水平层理，见较多生物残片
52–12	1379.99~1380.64m	0.65m	深灰色泥岩，水平层理，见少量介形虫碎屑岩条带和薄层
52–13	1380.64~1382.32m	1.68m	中深灰色泥岩，水平层理，见介形虫碎屑岩薄夹层、条带，以及叶肢介化石植物化石、生物化石残片，垂向裂缝
52–14	1382.32~1382.99m	0.67m	中灰色泥岩，水平层理，见植物碎片、叶肢介化石和介形虫碎屑岩薄层
52–15	1382.99~1383.01m	0.02m	中深灰色介形虫碎屑岩，水平波纹层理，见介形虫碎屑岩
52–16	1383.01~1383.46m	0.45m	深灰色泥岩，水平层理，偶见生物化石碎片
52–17	1383.46~1383.89m	0.43m	中深灰色泥岩，水平层理，见一垂向裂缝被介形虫碎屑充填
52–18	1383.89~1384.00m	0.11m	中灰色泥岩，不明显的水平层理，少量介形虫碎屑，较多叶肢介化石
52–19	1384.00~1384.58m	0.58m	深灰色泥岩夹中浅灰色微层状介形虫碎屑岩，水平层理，水平波纹层理，见较多生物化石碎片，见叶肢介化石、介形虫碎屑岩条带

52-20	1384.58~1384.70m	0.12m	中深灰色泥岩，水平层理，少量介形虫碎屑
52-21	1384.70~1385.27m	0.57m	中灰色泥岩，水平层理，顶部见深绿灰色泥岩薄层，成层性差
52-22	1385.27~1385.47m	0.20m	浅橄榄灰色灰质泥岩与深灰色泥岩薄互层，水平层理，水平波纹层理，变形层理，切穿灌入构造，重荷构造，泥岩中见介形虫碎屑岩、叶肢介化石
52-23	1385.47~1385.84m	0.37m	中深灰色含介形虫泥岩，水平层理，见较多生物碎屑，见叶肢介化石
52-24	1385.84~1386.14m	0.30m	中灰色泥岩，水平层理，见少量介形虫碎屑，见叶肢介化石
53-1	1386.14~1386.96m	0.82m	中灰色泥岩，水平层理，顶部见一厚度小于 5mm 的深绿灰色泥岩夹层，见少量具水平波纹层理介形虫碎屑岩薄夹层和条带，底部见冲刷
53-2	1386.96~1388.68m	1.72m	中深灰色泥岩夹微层状介形虫碎屑岩，水平层理，水平波纹层理，见介形虫碎屑岩条带，较多生物化石碎片和叶肢介化石
53-3	1388.68~1391.32m	2.64m	绿灰色泥岩，不明显水平层理，局部见介形虫碎屑岩薄层
53-4	1391.32~1391.51m	0.19m	中深灰色泥岩，不明显水平层理，顶部见介形虫碎屑岩薄层
53-5	1391.51~1391.98m	0.47m	中灰色泥岩，不明显水平层理
53-6	1391.98~1392.24m	0.26m	绿灰色泥岩，不明显水平层理，局部见中灰色斑点
53-7	1392.24~1393.81m	1.57m	中深灰色泥岩，水平层理，见介形虫碎屑岩条带和薄层
53-8	1393.81~1395.02m	1.21m	中灰色泥岩，块状构造，局部见不明显水平层理，局部见叶肢介化石富集，见少量介形虫碎屑及其化石
53-9	1395.02~1396.97m	1.95m	中深灰色泥岩夹介形虫碎屑岩，水平层理，水平波纹层理，介形虫碎屑岩条带，见介形虫化石和叶肢介化石
53-10	1396.97~1398.16m	1.19m	绿灰色泥岩，块状构造，底部见不明显水平层理，见生物化石碎片
54-1	1398.16~1398.28m	0.12m	绿灰色泥岩，水平层理，底部见介形虫碎屑岩薄层
54-2	1398.28~1399.13m	0.85m	中灰色泥岩，不明显水平层理，少量介形虫碎屑及绿灰色斑点
54-3	1399.13~1399.25m	0.12m	中深灰色泥岩，水平层理，少量介形虫碎屑
54-4	1399.25~1399.82m	0.57m	深灰色泥岩，水平层理，见介形虫碎屑岩条带，底部见生物化石碎片
54-5	1399.82~1400.13m	0.31m	中深灰色泥岩，水平层理，见介形虫和叶肢介化石，介形虫碎屑岩条带
54-6	1400.13~1400.42m	0.29m	中灰色泥岩，水平层理，见少量介形虫碎屑岩薄层
54-7	1400.42~1401.01m	0.59m	中深灰色泥岩夹中浅灰色微层状介形虫碎屑岩，水平层理，水平波纹层理，搅混构造，冲刷 - 充填构造，见介形虫碎屑岩条带
54-8	1401.01~1403.17m	2.16m	绿灰色泥岩，块状构造，上部见较多不规则裂隙被方解石充填，下部见介形虫化石及较多的生物化石碎片，见介形虫碎屑岩薄层
54-9	1403.17~1403.94m	0.77m	中深灰色泥岩，水平层理，见介形虫碎屑岩条带，少量生物化石碎片

54–10	1403.94~1404.11m	0.17m	中深灰色泥岩与介形虫碎屑岩薄互层，水平层理，水平波纹层理
54–11	1404.11~1404.78m	0.67m	深灰色泥岩，水平波纹层理，底部见一层厚度小于1.5cm的介形虫碎屑岩，上部较多生物化石碎片及介形虫碎屑
54–12	1404.78~1406.88m	2.10m	绿灰色泥岩，块状构造，底部见生物化石碎片，中部见介形虫碎屑岩条带
54–13	1406.88~1407.27m	0.39m	浅橄榄灰色灰质泥岩，块状构造，见绿灰色泥岩薄夹层
54–14	1407.27~1408.73m	1.46m	绿灰色泥岩，块状构造，底部见介形虫碎屑，介形虫碎屑岩条带
54–15	1408.73~1409.23m	0.50m	中深灰色泥岩，水平层理，顶部见叶肢介化石，少量生物碎屑，介形虫碎屑岩条带，底部见绿灰色泥砾
54–16	1409.23~1410.24m	1.01m	绿灰色泥岩，块状构造，介形虫碎屑岩薄层和灰泥质团块
54–17	1410.24~1410.42m	0.18m	中深灰色泥岩，水平层理，见具水平波纹层理的介形虫碎屑岩条带
55–1	1410.42~1410.71m	0.29m	绿灰色泥岩，水平层理，见中灰色斑点，底部见较多介形虫碎屑，偶见完整的介形虫化石
55–2	1410.71~1411.00m	0.29m	中深灰色泥岩，水平层理，见介形虫碎屑岩条带，上部偶见绿灰色斑点
55–3	1411.00~1411.11m	0.11m	浅橄榄灰色灰质泥岩，块状构造，中部见一近水平裂隙，被方解石充填
55–4	1411.11~1411.57m	0.46m	中深灰色泥岩与介形虫碎屑岩薄互层，水平层理，水平波纹层理
55–5	1411.57~1411.91m	0.34m	中浅灰色泥岩，水平层理，见较多生物碎片，底部见介形虫碎屑岩条带
55–6	1411.91~1413.42m	1.51m	绿灰色泥岩，不明显水平层理，见较多介形虫碎屑岩条带，且向下增多
55–7	1413.42~1413.77m	0.35m	中灰色泥岩，水平层理，见少量介形虫碎屑岩条带
55–8	1413.77~1413.97m	0.20m	浅橄榄灰色灰质泥岩，块状构造
55–9	1413.97~1414.51m	0.54m	中深灰色泥岩，水平层理，见较多介形虫碎屑岩薄层，偶见叶肢介化石
55–10	1414.51~1415.26m	0.75m	中灰色泥岩夹介形虫碎屑岩，水平波纹层理，水平层理，见叶肢介化石，中上部见较多生物碎片，介形虫碎屑岩条带、薄层
55–11	1415.26~1415.53m	0.27m	中深灰色泥岩，水平层理，见具水平波纹层理介形虫碎屑岩条带
55–12	1415.53~1416.93m	1.40m	中灰色泥岩，不明显的水平层理，顶部见灰泥质团块，见少量介形虫碎屑岩条带，局部见绿灰色斑点，下部见黄铁矿颗粒、介形虫碎屑岩薄层
56–1	1416.93~1417.32m	0.39m	中深灰色泥岩，水平层理，顶部见一绿灰色泥岩薄夹层，见生物化石碎片
56–2	1417.32~1417.54m	0.22m	中灰色泥岩夹介形虫碎屑岩，水平层理，介形虫碎屑岩条带、叶肢介化石
56–3	1417.54~1417.83m	0.29m	深灰色含介形虫碎屑泥岩，水平层理，偶见生物化石碎片
56–4	1417.83~1418.42m	0.59m	中灰色泥岩，水平层理，介形虫碎屑及条带，生物化石碎片
56–5	1418.42~1418.72m	0.30m	中深灰色泥岩，水平层理，见具水平波纹层理介形虫碎屑岩条带

56-6	1418.72~1418.94m	0.22m	绿灰色泥岩，不明显的水平层理，介形虫碎屑岩薄层、见中灰色斑点
56-7	1418.94~1419.23m	0.29m	深绿灰色泥岩与浅橄榄灰色介形虫碎屑岩薄互层，水平层理，水平波纹层理，介形虫碎屑岩条带
56-8	1419.23~1420.07m	0.84m	深灰色泥岩，水平层理，局部见介形虫碎屑岩条带
56-9	1420.07~1420.29m	0.22m	中深灰色泥岩夹中浅灰色介形虫碎屑岩，水平层理，局部水平波纹层理
56-10	1420.29~1420.60m	0.31m	绿灰色杂中深灰色泥岩，水平层理，见介形虫碎屑和介形虫碎屑岩条带
56-11	1420.60~1421.31m	0.71m	中深灰色泥岩，水平层理，水平波纹层理，局部见介形虫碎屑岩条带
56-12	1421.31~1421.44m	0.13m	中灰色含介形虫泥岩，水平层理，水平波纹层理
56-13	1421.44~1421.60m	0.16m	中深灰色泥岩，水平层理
56-14	1421.60~1421.75m	0.15m	浅橄榄灰色灰质泥岩，块状构造
56-15	1421.75~1423.24m	1.49m	绿灰色泥岩，块状构造或不明显的水平层理，局部见介形虫碎屑
56-16	1423.24~1423.88m	0.64m	中灰色泥岩，水平层理，底部为前积层理，局部见灰质泥岩条带，底部见介形虫碎屑岩条带
56-17	1423.88~1423.94m	0.06m	浅橄榄灰色灰质泥岩，块状构造
56-18	1423.94~1424.03m	0.09m	绿灰色泥岩，下部为具水平波纹层理薄层中灰色介形虫碎屑岩
56-19	1424.03~1424.83m	0.80m	中深灰色泥岩，水平层理，见具水平波纹层理介形虫碎屑岩条带
56-20	1424.83~1425.00m	0.17m	中灰色泥岩，块状构造，底部见介形虫碎屑岩条带
56-21	1425.00~1425.11m	0.11m	浅橄榄灰色灰质泥岩，顶部见 1cm 厚的绿灰色泥岩，块状构造
56-22	1425.11~1427.30m	2.19m	绿灰色泥岩，块状构造，底部见介形虫碎屑薄层
56-23	1427.30~1428.39m	1.09m	中深灰色泥岩，水平层理，介形虫碎屑岩条带、生物碎屑在局部层面富集
56-24	1428.39~1429.05m	0.66m	绿灰色泥岩，块状构造
57-1	1429.05~1430.25m	1.20m	绿灰色泥岩，块状构造，见生物碎片、局部见介形虫碎屑岩薄层
57-2	1430.25~1432.06m	1.81m	深绿灰色泥岩，块状构造，见生物碎片，局部见介形虫碎屑岩薄层
57-3	1432.06~1432.49m	0.43m	绿灰色泥岩，块状构造或不明显的水平层理，见生物碎片、植物化石
57-4	1432.49~1432.71m	0.22m	深绿灰色泥岩，水平层理，见具水平波纹层理介形虫碎屑岩条带
57-5	1432.71~1432.87m	0.16m	中深灰色泥岩与中浅灰色介形虫碎屑岩薄互层，水平层理，水平波纹层理
57-6	1432.87~1433.84m	0.97m	深灰色泥岩，水平层理，含少量介形虫碎屑岩条带，见植物化石碎片
57-7	1433.84~1435.93m	2.09m	绿灰色泥岩，块状构造，局部见不规则裂隙被方解石充填，下部见草莓状黄铁矿，偶见介形虫碎屑岩条带、薄层
57-8	1435.93~1437.94m	2.01m	中深灰色泥岩，水平层理，见少量介形虫碎屑岩条带，局部见叶肢介化石

57–9	1437.94~1438.32m	0.38m	深灰色泥岩，水平层理，见介形虫碎屑
57–10	1438.32~1438.80m	0.48m	深灰色泥岩与中浅灰色介形虫碎屑岩薄互层，水平层理，水平波纹层理，见介形虫碎屑岩条带，局部泥岩中含大量的介形虫碎屑（中下部）
57–11	1438.80~1440.32m	1.52m	中深灰色泥岩夹微层状介形虫碎屑岩，水平层理，水平波纹层理，介形虫碎屑岩条带，偶见叶肢介化石，局部泥岩中见大量介形虫碎屑
57–12	1440.32~1440.41m	0.09m	浅橄榄灰色泥灰岩，块状构造
57–13	1440.41~1440.79m	0.38m	中深灰色泥岩，水平层理，见介形虫碎屑岩条带，底部较多生物碎屑
57–14	1440.79~1440.86m	0.07m	浅橄榄灰色灰质泥岩，块状构造
57–15	1440.86~1441.32m	0.46m	绿灰色泥岩，水平层理，少量介形虫碎屑
57–16	1441.32~1441.41m	0.09m	中灰色泥岩，水平层理，底部见少量介形虫碎屑条带
58–1	1441.41~1441.64m	0.23m	深绿灰色泥岩，水平层理，见生物碎片
58–2	1441.64~1441.85m	0.21m	绿灰色泥岩，水平层理，偶见介形虫碎屑
58–3	1441.85~1442.40m	0.55m	深绿灰色泥岩，水平层理，见具水平波纹层理介形虫碎屑岩条带
58–4	1442.40~1443.28m	0.88m	深绿灰色泥岩夹微层状介形虫碎屑岩，水平层理，水平波纹层理
58–5	1443.28~1443.79m	0.51m	中灰色泥岩，水平层理，见具水平波纹层理介形虫碎屑岩条带
58–6	1443.79~1444.02m	0.23m	中深灰色泥岩与介形虫碎屑岩薄互层，水平层理，水平波纹层理
58–7	1444.02~1444.35m	0.33m	中灰色泥岩，水平层理，见具水平波纹层理介形虫碎屑岩条带
58–8	1444.35~1444.64m	0.29m	中深灰色泥岩夹介形虫碎屑岩，水平层理，水平波纹层理，顶部见一厚度小于 1cm 的中蓝灰色（5B 5/1）泥岩，见叶肢介化石、介形虫碎屑岩条带
58–9	1444.64~1444.96m	0.32m	中深灰色泥岩，水平层理，偶见介形虫碎屑岩条带
58–10	1444.96~1445.42m	0.46m	深灰色泥岩夹细层状介形虫碎屑岩，水平层理，水平波纹层理
58–11	1445.42~1445.68m	0.26m	中灰色泥岩，水平层理，见少量介形虫碎屑，底部见水平波纹层理介形虫碎屑岩薄层
58–12	1445.68~1446.02m	0.34m	绿灰色泥岩，水平层理，见具水平波纹层理介形虫碎屑岩条带
58–13	1446.02~1446.37m	0.35m	中深灰色泥岩，不明显水平层理，见少量介形虫碎屑
58–14	1446.37~1446.50m	0.13m	浅橄榄灰色灰质泥岩，块状构造
58–15	1446.50~1446.66m	0.16m	绿灰色泥岩，块状构造，见介形虫碎屑
58–16	1446.66~1448.17m	1.51m	中深灰色泥岩，水平层理，偶见介形虫碎屑岩条带和薄层
58–17	1448.17~1448.40m	0.23m	橄榄灰色泥岩，水平层理，少量介形虫碎屑
58–18	1448.40~1448.55m	0.15m	中深灰色泥岩，水平层理，少量介形虫碎屑岩条带
58–19	1448.55~1448.75m	0.20m	绿灰色泥岩，不明显水平层理或块状构造，含少量介形虫碎屑，不规则裂缝中充填中深灰色泥岩及介形虫碎屑
58–20	1448.75~1449.07m	0.32m	深灰色泥岩夹微层状介形虫碎屑岩，水平层理，水平波纹层理

58–21	1449.07~1449.27m	0.20m	绿灰色泥岩，不明显水平层理
58–22	1449.27~1449.39m	0.12m	浅橄榄灰色灰质泥岩，块状构造
58–23	1449.39~1449.52m	0.13m	中深灰色泥岩，水平层理，偶见介形虫碎屑岩团块，底部见方解石脉及微层状含介形虫泥岩
58–24	1449.52~1449.68m	0.16m	浅橄榄灰色灰质泥岩，块状构造
58–25	1449.68~1450.91m	1.23m	中深灰色泥岩夹介形虫碎屑岩，水平层理，水平波纹层理
58–26	1450.91~1451.27m	0.36m	绿灰色泥岩，水平层理，见含介形虫碎屑
58–27	1451.27~1451.68m	0.41m	中深灰色泥岩，水平层理，见介形虫碎屑岩条带和叶肢介化石
58–28	1451.68~1452.14m	0.46m	深灰色泥岩，水平层理，见水平波纹层理介形虫碎屑岩条带和叶肢介化石
58–29	1452.14~1452.67m	0.53m	橄榄灰色泥岩，水平层理，局部见介形虫碎屑岩薄层
58–30	1452.67~1452.99m	0.32m	深绿灰色泥岩，不明显水平层理，局部见介形虫碎屑
58–31	1452.99~1453.29m	0.30m	绿灰色泥岩，不明显水平层理，局部见介形虫碎屑
58–32	1453.29~1453.69m	0.40m	深绿灰色泥岩，不明显水平层理，局部见介形虫碎屑
59–1	1453.69~1455.57m	1.88m	深绿灰色泥岩，块状构造，局部见不明显水平层理，见少量介形虫化石，偶见双壳类化石
59–2	1455.57~1458.07m	2.50m	深灰色泥岩，水平层理，见介形虫化石，偶见双壳类化石，局部见夹微层状介形虫碎屑岩，见有生物逃逸迹（穿透生物碎屑岩层）
59–3	1458.07~1459.62m	1.55m	中深灰色泥岩，水平层理，见介形虫化石，偶见双壳类化石残片，顶部见一层绿灰色泥岩，局部见夹微层中灰色介形虫碎屑岩
59–4	1459.62~1460.24m	0.62m	绿灰色泥岩，不明显水平层理，见介形虫生物化石，局部富集；局部见浅绿色泥岩条带、团块；局部见夹介形虫碎屑岩薄层与条带
59–5	1460.24~1461.15m	0.91m	中深灰色泥岩，水平层理，见夹介形虫碎屑岩薄层和条带，底部见一薄层介形虫碎屑岩，具冲刷面
59–6	1461.15~1462.78m	1.63m	橄榄灰色泥岩，不明显水平层理，局部夹深灰色泥岩条带、团块；下部见夹几层介形虫碎屑岩薄层和条带
59–7	1462.78~1463.46m	0.68m	深灰色泥岩，水平层理，局部夹介形虫碎屑岩薄层，见介形虫化石
59–8	1463.46~1464.49m	1.03m	中深灰色泥岩，不明显水平层理，见介形虫化石
60–1	1464.48~1464.66m	0.18m	中深灰色泥岩，不明显水平层理，见介形虫碎屑岩条带
60–2	1464.66~1467.28m	2.62m	中深灰色泥岩与深灰色介形虫碎屑岩薄互层，水平层理，水平波纹层理，含大量深灰色、浅橄榄灰色介形虫碎屑岩薄层和条带；偶见叶肢介化石
60–3	1467.28~1467.33m	0.05m	浅橄榄灰色灰质泥岩，块状构造，偶见介形虫碎屑岩团块
60–4	1467.33~1469.08m	1.75m	中深灰色泥岩与深灰色介形虫碎屑岩薄互层，水平层理，水平波纹层理，含大量深灰色、浅橄榄灰色介形虫碎屑岩薄层和条带；偶见叶肢介化石
60–5	1469.08~1470.38m	1.30m	中深灰色泥岩夹深灰色介形虫碎屑岩层，水平层理，水平波纹层理
60–6	1470.38~1471.24m	0.86m	中深灰色泥岩，水平层理，偶见深灰色介形虫碎屑岩薄层和条带

61–1	1471.24~1471.47m	0.23m	深灰色泥岩，水平层理，偶见钙质生物化石残片
61–2	1471.47~1472.89m	1.42m	中深灰色泥岩，水平层理，偶见介形虫化石和生物化石残片
61–3	1472.89~1475.79m	2.90m	深灰色泥岩，水平层理，见介形虫和叶肢介化石和几条介形虫碎屑岩条带
61–4	1475.79~1477.54m	1.75m	中深灰色泥岩，水平层理，局部见介形虫化石，顶部见夹绿灰色泥岩条带、团块，局部见介形虫碎屑岩薄层
61–5	1477.54~1477.74m	0.20m	深绿灰色泥岩，水平层理，偶见介形虫化石
61–6	1477.74~1478.31m	0.57m	中深灰色泥岩，水平层理，偶见介形虫化石和生物化石碎片；局部夹浅灰色泥质粉砂岩条带和绿灰色泥岩条带、团块
61–7	1478.31~1478.44m	0.13m	浅橄榄灰色灰质泥岩，块状构造，底部含介形虫碎屑，见中深灰色泥岩团块，见收缩缝、方解石充填
61–8	1478.44~1478.56m	0.12m	中深灰色泥岩，水平层理，偶见介形虫化石和生物化石碎片；局部夹浅灰色泥质粉砂岩条带和绿灰色泥岩条带、团块
61–9	1478.56~1478.78m	0.22m	浅橄榄灰色灰质泥岩，块状构造，局部见薄层介形虫碎屑岩层
61–10	1478.78~1479.58m	0.80m	中深灰色泥岩，水平层理，局部夹浅灰色泥质粉砂岩薄层，见介形虫化石
61–11	1479.58~1479.98m	0.40m	中深灰色泥岩夹中浅灰色粉砂岩，水平层理，水平波纹层理，变形层理，包卷层理，见中浅灰色粉砂岩条带、薄层
61–12	1479.98~1482.98m	3.00m	中深灰色泥岩，水平层理，局部见夹条带状泥质粉砂岩；偶见介形虫化石
61–13	1482.98~1483.55m	0.57m	深绿灰色泥岩，水平层理，偶见介形虫化石和其他生物化石残片
62–1	1483.55~1483.78m	0.23m	中灰色泥岩，水平层理，水平波纹层理，少量介形虫碎屑
62–2	1483.78~1484.55m	0.77m	中深灰色泥岩，水平层理，见少量钙质粉砂岩条带；上部见不规则裂缝被方解石充填，局部见钙质粉砂岩团块
62–3	1484.55~1485.74m	1.19m	橄榄灰色泥岩，水平层理，见介形虫碎屑和生物化石残片
62–4	1485.74~1487.77m	2.03m	深灰色泥岩，水平层理，见介形虫碎屑及介形虫碎屑岩条带
62–5	1487.77~1487.87m	0.10m	深灰色介形虫碎屑质泥岩，水平波纹层理，偶见完整介形虫化石
62–6	1487.87~1489.74m	1.87m	深灰色泥岩，水平层理，见介形虫碎屑岩条带，见叶肢介化石
62–7	1489.74~1490.58m	0.84m	深灰色泥岩及中浅灰色微层状介形虫碎屑岩，水平层理，水平波纹层理
62–8	1490.58~1490.97m	0.39m	中深灰色泥岩，水平层理，水平波纹层理，见介形虫碎屑岩条带
62–9	1490.97~1491.58m	0.61m	深灰色泥岩夹介形虫碎屑岩，水平层理，水平波纹层理
62–10	1491.58~1491.99m	0.41m	深灰色含介形虫泥岩，水平层理，偶见介形虫碎屑岩条带
62–11	1491.99~1492.48m	0.49m	深灰色泥岩，水平层理，偶见介形虫碎屑岩条带
62–12	1492.48~1494.30m	1.82m	橄榄灰色泥岩，水平层理，见少量具水平波纹层理的介形虫碎屑岩条带
62–13	1494.30~1495.14m	0.84m	中深灰色泥岩，水平层理，见少量具水平波纹层理的介形虫碎屑岩条带

62–14	1495.14~1495.51m	0.37m	中灰色泥岩，水平层理，见少量具水平波纹层理的介形虫碎屑岩条带
62–15	1495.51~1496.09m	0.58m	深灰色泥岩，水平层理，见少量具水平波纹层理的介形虫碎屑岩条带
63–1	1496.09~1498.51m	2.42m	中深灰色泥岩，水平层理，中、下部偶见介形虫碎屑岩条带，层面上见生物碎屑，底部见叶肢介化石
63–2	1498.51~1499.08m	0.57m	中灰色泥岩夹浅灰色微层状介形虫碎屑岩，水平层理，水平波纹层理，局部见挤压变形层理，见少量钙质粉砂岩条带，团块
63–3	1499.08~1499.59m	0.51m	中灰色泥岩，水平层理，见生物化石残片，偶见介形虫碎屑岩条带
63–4	1499.59~1499.64m	0.05m	中浅灰色钙质粉砂岩，水平波纹层理，重荷构造，见中深灰色泥岩条带
63–5	1499.64~1503.24m	3.60m	中深灰色泥岩，水平层理，见介形虫碎屑岩条带、叶肢介化石、生物碎屑
63–6	1503.24~1503.57m	0.33m	橄榄灰色泥岩，水平层理，见生物化石残片
63–7	1503.57~1505.12m	1.55m	中深灰色泥岩，水平层理，见生物化石残片
63–8	1505.12~1506.89m	1.77m	橄榄灰色泥岩，水平层理，见叶肢介化石、生物化石残片
63–9	1506.89~1507.16m	0.27m	浅橄榄灰色泥岩夹橄榄灰色泥岩，块状构造；水平层理，偶见叶肢介化石
63–10	1507.16~1508.09m	0.93m	橄榄灰色泥岩，水平层理，见介形虫碎屑岩条带、生物碎片
64–1	1508.09~1512.99m	4.90m	深灰色泥岩，水平层理，偶见介形虫化石，局部夹介形虫碎屑岩条带，含介形虫碎屑粉砂岩条带；中部见深绿灰色泥岩薄层和浊流成因的含泥砾介形虫碎屑岩；下部见介形虫碎屑岩薄层和浅灰色钙质粉砂岩条带
64–2	1512.99~1513.45m	0.46m	中深灰色泥岩，水平层理，偶见介形虫化石；局部见夹介形虫碎屑岩条带和含介形虫碎屑粉砂岩条带
64–3	1513.45~1514.99m	1.54m	深灰色泥岩，水平层理，偶见介形虫化石
64–4	1514.99~1516.39m	1.40m	中深灰色泥岩，水平层理，偶见介形虫化石，局部见夹极薄层的含介形虫碎屑粉砂岩条带和重结晶灰岩层
65–1	1516.39~1516.96m	0.57m	中深灰色泥岩，水平层理，见介形虫碎屑和生物化石碎片
65–2	1516.96~1517.69m	0.73m	深灰色泥岩，水平层理，见介形虫碎屑和生物化石碎片
65–3	1517.69~1517.96m	0.27m	中浅灰色介形虫碎屑岩夹中深灰色微层状泥岩，具滑塌变形构造，挤压变形层理，见介形虫碎屑岩条带
65–4	1517.96~1520.76m	2.80m	中深灰色泥岩，水平层理，见介形虫碎屑和生物碎屑
65–5	1520.76~1523.23m	2.47m	中深灰色含介形虫泥岩，水平层理，见介形虫化石、介形虫碎屑
66–1	1523.23~1524.13m	0.90m	中深灰色含介形虫泥岩，水平层理，见较多介形虫化石，局部层富集，局部见浅灰色钙质粉砂岩薄层
66–2	1524.13~1525.73m	1.60m	中深灰色泥岩，水平层理，局部介形虫化石富集，见夹浅灰色粉砂岩层
66–3	1525.73~1525.83m	0.10m	中深灰色泥岩与浅灰色钙质粉砂岩薄互层，水平波纹层理，偶见介形虫
66–4	1525.83~1527.68m	1.85m	中深灰色含介形虫泥岩，水平层理，见较多介形虫化石，局部层富集

66–5	1527.68~1528.78m	1.10m	深灰色泥岩，水平层理，局部见介形虫化石富集层和浅灰色粉砂岩条带
66–6	1528.78~1529.88m	1.10m	中深灰色泥岩，不明显水平层理，局部见介形虫化石富集
66–7	1529.88~1530.73m	0.85m	深灰色含介形虫泥岩，水平层理，含较多介形虫化石，局部见浅灰色钙质粉砂岩条带
66–8	1530.73~1531.78m	1.05m	中深灰色泥岩，水平层理，局部见介形虫化石富集
66–9	1531.78~1532.63m	0.85m	深灰色含介形虫泥岩，水平层理，含较多介形虫化石和钙质粉砂岩条带
66–10	1532.63~1535.09m	2.46m	中深灰色泥岩，水平层理，局部见介形虫化石富集
66–11	1535.09~1535.19m	0.10m	中深灰色泥岩与浅灰色介形虫碎屑岩薄互层，水平波纹层理
66–12	1535.19~1535.55m	0.36m	深灰色泥岩，水平层理，局部夹介形虫碎屑岩薄层、条带
67–1	1535.55~1535.81m	0.26m	中深灰色泥岩，水平层理，见介形虫化石
67–2	1535.81~1536.94m	1.13m	中深灰色含介形虫泥岩，水平层理，下部偶见介形虫碎屑岩条带；偶见叶肢介化石
67–3	1536.94~1537.44m	0.50m	深灰色含介形虫泥岩，水平层理，偶见介形虫碎屑岩条带和叶肢介化石
67–4	1537.44~1540.65m	3.21m	中深灰色泥岩，水平层理，偶见介形虫碎屑岩条带和叶肢介化石
67–5	1540.65~1542.50m	1.85m	深灰色泥岩，水平层理，偶见介形虫碎屑岩条带
67–6	1542.50~1547.78m	5.28m	中深灰色泥岩，水平层理，水平波纹层理，见介形虫碎屑岩条带，部分层面见介形虫和叶肢介富集
68–1	1547.78~1548.68m	0.90m	中深灰色泥岩，水平层理，见介形虫生物化石，局部夹介形虫碎屑岩条带
68–2	1548.68~1549.43m	0.75m	深灰色泥岩，水平层理，见介形虫、叶肢介化石与化石碎片；局部见夹介形虫碎屑岩薄层、条带
68–3	1549.43~1550.51m	1.08m	中深灰色泥岩，水平层理，见介形虫生物化石；局部夹介形虫碎屑岩条带
68–4	1550.51~1552.28m	1.77m	深灰色泥岩，水平层理，见介形虫、叶肢介化石与化石碎片；局部见夹介形虫碎屑岩薄层、条带；局部见叶肢介化石富集
68–5	1552.28~1552.48m	0.20m	中深灰色泥岩夹浅灰色钙质粉砂岩条带与薄层，水平波纹层理，泥岩中见叶肢介化石，见夹较多浅灰色钙质粉砂岩条带，底部为一层钙质粉砂岩层
68–6	1552.48~1557.63m	5.15m	深灰色泥岩，水平层理，见较多完整叶肢介化石和残片，局部形成富集层
68–7	1557.63~1558.43m	0.80m	深灰色含介形虫泥岩，水平层理，见较多钙质粉砂岩薄层分布在泥岩中
68–8	1558.43~1560.38m	1.95m	深灰色泥岩，水平层理，局部见介形虫化石富集层和浅灰色钙质粉砂岩、浅橄榄灰色介形虫碎屑岩薄层和条带
69–1	1560.38~1560.69m	0.31m	深灰色泥岩，水平层理，见介形虫化石和介形虫碎屑岩条带、团块
69–2	1560.69~1561.26m	0.57m	深灰色含介形虫泥岩，水平层理，见介形虫化石
69–3	1561.26~1563.10m	1.84m	深灰色泥岩，水平层理，见介形虫、叶肢介化石；见介形虫碎屑岩条带

69–4	1563.10~1563.46m	0.36m	中深灰色泥岩夹中浅灰色介形虫碎屑岩，水平层理，介形虫碎屑岩中见水平波纹层理，见介形虫碎屑岩条带和生物化石碎片
69–5	1563.46~1564.91m	1.45m	深灰色泥岩，水平层理，见介形虫碎屑岩条带，叶肢介化石和介形虫碎屑
69–6	1564.91~1567.59m	2.68m	中深灰色泥岩，水平层理，偶见介形虫碎屑岩条带和薄层
69–7	1567.59~1568.18m	0.59m	浅橄榄灰色灰质泥岩，块状构造
69–8	1568.18~1569.34m	1.16m	中深灰色泥岩，水平层理，顶部见具水平波纹层理介形虫碎屑岩条带和介形虫碎屑，偶见叶肢介化石和其他生物化石碎片
70–1	1569.34~1570.30m	0.96m	中深灰色泥岩，水平层理，见较多介形虫碎屑、生物化石碎片、植物碎片和黄铁矿颗粒
70–2	1570.30~1571.78m	1.48m	深灰色泥岩，水平层理，见介形虫碎屑岩薄层，但分布不均匀
70–3	1571.78~1574.34m	2.56m	中深灰色含介形虫泥岩，水平层理，见介形虫碎屑岩及铅质介粉砂岩薄层
70–4	1574.34~1576.07m	1.73m	中深灰色泥岩，水平层理，见介形虫化石和少量植物碎片
71–1	1576.07~1580.37m	4.30m	中深灰色泥岩，水平层理，见介形虫化石不均匀分布，局部富集；见叶肢介化石；偶见钙质粉砂岩条带与团块
71–2	1580.37~1581.12m	0.75m	中深灰色含介形虫泥岩，水平层理，见较多介形虫化石；中部见植物化石
71–3	1581.12~1581.77m	0.65m	深灰色泥岩，水平层理，局部见介形虫化石富集，见夹较多具水平波纹层理浅灰色钙质粉砂岩条带和团块
71–4	1581.77~1582.97m	1.20m	中深灰色泥岩，水平层理，局部见介形虫和叶肢介化石富集
71–5	1582.97~1585.97m	3.00m	深灰色泥岩，水平层理，局部见完整的和呈碎屑状的介形虫和叶肢介化石；局部见浅橄榄灰色介形虫碎屑岩薄层与条带
71–6	1585.97~1586.52m	0.55m	中深灰色泥岩，水平层理，局部见介形虫化石，偶见植物化石碎片
71–7	1586.52~1588.23m	1.71m	深灰色泥岩，水平层理，局部见完整的和呈碎屑状的介形虫和叶肢介化石；局部见浅橄榄灰色介形虫碎屑岩薄层与条带
72–1	1588.23~1589.10m	0.87m	深灰色泥岩，水平层理，见介形虫化石、叶肢介化石，局部富集
72–2	1589.10~1589.26m	0.16m	中浅灰色钙质粉砂岩夹中深灰色微层状泥岩，水平波纹层理，挤压变形层理；局部见包卷层理；顶部见爬升层理，见介形虫碎屑、砂球、砂枕
72–3	1589.26~1590.09m	0.83m	深灰色泥岩，水平层理，见介形虫化石，见一垂向裂缝将岩心分成两半，裂缝面覆盖方解石，方解石之上见油膜；偶见叶肢介化石
72–4	1590.09~1590.93m	0.84m	中深灰色泥岩，水平层理，见介形虫化石，见一垂向裂缝将岩心分成两半，裂缝面覆盖方解石，方解石之上见油膜；偶见叶肢介化石
72–5	1590.93~1591.73m	0.80m	中深灰色泥岩夹中浅灰色微层状钙质粉砂岩，水平层理，水平波纹层理，局部见包卷层理，见钙质粉砂岩条带，砂球砂枕

72–6	1591.73~1593.26m	1.53m	深灰色泥岩，水平层理，见少量介形虫，偶见钙质粉砂岩条带
72–7	1593.26~1593.70m	0.44m	中深灰色泥岩，水平层理，见少量介形虫化石
72–8	1593.70~1595.26m	1.56m	深灰色泥岩，水平层理，偶见介形虫碎屑岩条带，见叶肢介化石，在部分层面富集，见较多生物碎片
72–9	1595.26~1598.23m	2.97m	中深灰色泥岩，水平层理，偶见介形虫碎屑岩条带，见叶肢介化石部分层面富集，见较多生物碎片
73–1	1598.23~1598.52m	0.29m	中深灰色泥岩，水平层理，见较多生物化石碎片
73–2	1598.52~1599.25m	0.73m	深灰色泥岩，水平层理，顶部见浅灰色钙质粉砂岩条带、团块
73–3	1599.25~1600.85m	1.60m	橄榄灰色泥岩，水平层理，见生物碎屑，个别层面富集
73–4	1600.85~1600.98m	0.13m	深灰色泥岩，搅动变形层理，水平波纹层理，见大量钙质粉砂岩团块条带
73–5	1600.98~1602.23m	1.25m	橄榄灰色泥岩，水平层理，见生物碎屑，个别层面非常富集
73–6	1602.23~1603.33m	1.10m	中深灰色泥岩，水平层理，见生物化石碎片、叶肢介富集面，见介形虫化石，见钙质粉砂岩条带、团块；冲刷面上见含生物碎屑的钙质粉砂岩薄层
73–7	1603.33~1607.34m	4.01m	橄榄灰色泥岩，水平层理，见较多生物化石碎片，叶肢介化石在个别层面富集，偶见钙质粉砂岩条带、团块
73–8	1607.34~1607.92m	0.58m	深灰色泥岩，水平层理，见生物化石碎片，底部见钙质粉砂岩条带
73–9	1607.92~1610.26m	2.34m	中深灰色泥岩，水平层理，见生物化石碎片，见介形虫化石，偶见浅灰色含钙粉砂岩条带、叶肢介化石
73–10	1610.26~1610.31m	0.05m	浅灰色钙质粉砂岩与中深灰色泥岩薄互层，顶部水平波纹层理，中下部搅混构造，局部见浅灰色钙质粉砂岩团块、条带
73–11	1610.31~1610.49m	0.18m	深灰色泥岩，水平层理，见少量介形虫化石
74–1	1610.49~1612.70m	2.21m	中深灰色泥岩，水平层理，见介形虫和叶肢介化石在局部富集
74–2	1612.70~1613.11m	0.41m	中灰色泥质粉砂岩，块状构造，局部水平波纹层理，见较多叶肢介、介形虫化石和介形虫碎屑粉砂岩条带
74–3	1613.11~1614.99m	1.88m	深灰色泥岩，水平层理，见叶肢介和介形虫化石，局部介形虫碎屑岩条带
74–4	1614.99~1615.76m	0.77m	中深灰色泥岩，水平层理，偶见介形虫化石和其他生物化石残片
74–5	1615.79~1616.09m	0.3m	中深灰色泥岩夹中灰色介形虫碎屑岩，水平波纹层理，见夹较多介形虫碎屑岩条带和薄层
74–6	1616.09~1616.64m	0.55m	中深灰色泥岩，水平层理，偶见介形虫化石和植物化石碎片
74–7	1616.64~1616.83m	0.19m	深灰色泥岩，水平层理，见植物化石残片，局部富集
74–8	1616.83~1616.85m	0.02m	橄榄灰色油页岩，页理构造
74–9	1616.85~1617.09m	0.24m	深灰色泥岩，水平层理，见植物化石残片，局部富集
74–10	1617.09~1618.61m	1.52m	中深灰色泥岩，水平层理，见完整介形虫、叶肢介化石和植物化石残片

74–11	1618.61~1619.11m	0.50m	中深灰色泥岩夹中深灰色介形虫碎屑岩和中浅灰色钙质介形虫碎屑粉砂岩，水平波纹层理，见夹较多介形虫碎屑岩和钙质介形虫碎屑粉砂岩条带
74–12	1619.11~1620.97m	1.86m	深灰色泥岩，水平层理，偶见介形虫化石
75–1	1620.97~1621.11m	0.14m	深灰色泥岩，水平层理
75–2	1621.11~1621.47m	0.36m	中深灰色泥岩，水平层理，见大量叶肢介化石、含钙粉砂岩条带
75–3	1621.47~1621.77m	0.3m	浅橄榄灰色白云岩，块状构造，个别层面见叶肢介化石和介形虫化石
75–4	1621.77~1623.22m	1.45m	深灰色泥岩，水平层理，局部见水平波纹层理，偶见叶肢介化石和介形虫化石，个别层面富集；见浅灰色钙质粉砂岩条带；见一近垂向裂缝
75–5	1623.22~1624.17m	0.95m	橄榄灰色泥岩，水平层理，见生物碎屑和少叶肢介化石，见介形虫化石
75–6	1624.17~1625.21m	1.04m	中深灰色泥岩夹中浅灰色微层状含钙泥质粉砂岩，水平层理，水平波纹层理，见叶肢介化石、介形虫化石，且在个别层面富集
75–7	1625.21~1627.69m	2.48m	深灰色泥岩，水平层理，见白云岩薄夹层，偶见叶肢介、介形虫化石
76–1	1627.69~1628.24m	0.55m	深灰色泥岩，水平层理，见白云岩薄夹层，见少量介形虫和叶肢介化石
76–2	1628.24~1629.59m	1.35m	中深灰色泥岩与浅灰色介形虫碎屑岩互层，水平波纹层理，见介形虫化石碎屑条带，局部饱含油；部分薄层与条带中见方解石和黄铁矿
76–3	1629.59~1633.44m	3.85m	中深灰色泥岩，水平层理，局部见夹浅灰色、橄榄灰色白云岩薄夹层与条带；中部横截面见一较完整的动物化石；局部见黄铁矿团块
76–4	1633.44~1634.79m	1.35m	深灰色泥岩，水平层理，偶见介形虫化石，见白云岩薄夹层
76–5	1634.79~1636.64m	1.85m	中深灰色泥岩，水平层理，见介形虫、叶肢介化石，局部见富集层；偶见介形虫碎屑岩条带
76–6	1636.64~1636.72m	0.08m	浅橄榄灰色白云岩，块状构造
76–7	1636.72~1639.11m	2.39m	中深灰色泥岩，水平层理，局部夹介形虫碎屑岩薄层与条带；偶见浅灰色钙质粉砂岩薄层；泥岩中见少量介形虫化石
77–1	1639.11~1639.74m	0.63m	中灰色泥岩，水平层理，见较多介形虫碎屑岩、钙质粉砂岩条带，局部截面见少量生物化石残片
77–2	1639.74~1639.99m	0.25m	中深灰色泥岩，水平层理，见少量介形虫化石和其他化石残片
77–3	1639.99~1640.66m	0.67m	中灰色泥灰岩，块状构造，见较多杂乱分布的裂缝，方解石充填
77–4	1640.66~1641.06m	0.40m	中深灰色泥岩，水平层理，偶见生物化石残片
77–5	1641.06~1642.41m	1.35m	深灰色泥岩，水平层理，偶见介形虫化石和已炭化的生物化石残片
77–6	1642.41~1643.16m	0.75m	中灰色泥岩，水平层理，见介形虫及其他生物化石残片；见中灰色泥岩和橄榄灰色生物碎屑灰岩条带、团块
77–7	1643.16~1643.81m	0.65m	中深灰色泥岩，水平层理，下部见夹介形虫碎屑岩条带，局部见介形虫化石富集层

77–8	1643.81~1645.71m	1.9m	深灰色泥岩，水平层理，偶见介形虫化石和橄榄灰色白云岩薄层
77–9	1645.71~1646.01m	0.30m	中深灰色泥岩，水平层理，见较多介形虫化石和其他生物化石残片
78–1	1646.01~1646.27m	0.26m	中深灰色泥岩，水平层理，见较多介形虫化石和钙质粉砂岩薄层
78–2	1646.27~1647.01m	0.74m	深灰色泥岩，水平层理，见介形虫化石
79–1	1647.10~1647.71m	0.61m	深灰色泥岩，水平层理，见较多钙质粉砂岩薄层，见生物遗迹及化石碎片
79–2	1647.71~1652.77m	5.06m	深灰色泥岩，水平层理，见少量介形虫、叶肢介化石，在个别层面富集生物碎片；见一垂向裂缝，裂缝表面见方解石
79–3	1652.77~1653.86m	1.09m	中深灰色泥岩，水平层理，顶部见黄铁矿，见夹白云岩薄层
79–4	1653.86~1653.93m	0.07m	中深灰色介形虫质泥岩，不连续水平波纹层理，变形层理
79–5	1653.93~1654.22m	0.29m	深灰色泥岩与中深灰色含介形虫泥岩薄互层，水平层理，水平波纹层理
79–6	1654.22~1655.01m	0.79m	深灰色泥岩，水平层理，见生物遗迹
79–7	1655.01~1655.62m	0.61m	深灰色含介形虫泥岩，水平层理，见介形虫化石，偶见生物遗迹，底部见 1.5cm 厚的介形虫碎屑岩
79–8	1655.62~1657.50m	1.88m	深灰色泥岩，水平层理，偶见介形虫碎屑岩薄层，见介形虫化石
80–1	1657.50~1657.58m	0.08m	灰黑色含硅质泥岩，块状构造
80–2	1657.58~1659.63m	2.05m	深灰色泥岩，水平层理，见叶肢介化石，生物碎片在个别层面较富集，局部见橄榄灰色白云岩薄层
80–3	1659.63~1659.77m	0.14m	深灰色泥岩与浅灰色钙质粉砂岩薄互层，断续的水平波纹层理，变形层理及包卷层理，具砂球、砂枕构造，见不规则钙质粉砂岩条带、团块
80–4	1659.77~1659.98m	0.21m	深灰色泥岩，水平层理，见具水平波纹层理浅灰色钙质粉砂岩条带
80–5	1659.98~1660.41m	0.43m	深灰色泥岩与浅灰色钙质粉砂岩薄互层，断续水平波纹层理，包卷层理，揉皱变形层理，砂体切穿灌入，钙质粉砂岩条带
80–6	1660.41~1662.75m	2.34m	深灰色泥岩，水平层理，见生物化石碎片
80–7	1662.75~1662.97m	0.22m	深灰色泥岩夹浅灰色微层状粉砂岩，泥岩水平层理，粉砂岩包卷层理，断续波纹层理及变形层理，泥岩中见生物化石碎片
80–8	1662.97~1665.93m	2.96m	深灰色泥岩，水平层理，偶见生物化石碎片
80–9	1665.93~1666.09m	0.16m	深灰色泥岩与浅灰色钙质粉砂岩薄互层，水平波纹层理，包卷层理，局部变形构造、滑塌构造，具旋转样式，见钙质粉砂岩条带
80–10	1666.09~1667.50m	1.41m	深灰色泥岩，水平层理，见钙质粉砂岩条带及少量生物化石
80–11	1667.50~1667.66m	0.16m	橄榄黑色白云岩，块状构造
80–12	1667.66~1668.03m	0.37m	中深灰色泥岩夹浅灰色微层状钙质粉砂岩，水平波纹层理，砂球、砂枕构造，见钙质粉砂岩，团块，条带
80–13	1668.03~1669.65m	1.62m	深灰色泥岩，水平层理，偶见橄榄灰色白云岩薄层
80–14	1669.65~1669.75m	0.10m	橄榄黑色白云岩，块状构造

80–15	1669.75~1671.87m	2.12m	深灰色泥岩，水平层理，局部见具水平波纹层理浅灰色钙质粉砂岩薄层、条带及少量团块；见介形虫化石、生物化石碎片
81–1	1671.87~1672.10m	0.23m	深灰色泥岩，水平层理，见黄铁矿条带
81–2	1672.10~1676.87m	4.77m	中深灰色泥岩，水平层理，偶见介形虫化石和化石碎片；局部夹浅灰色钙质粉砂岩条带、薄层和团块；上部见厚0.5cm的绿灰色疑似火山灰层
81–3	1676.87~1678.73m	1.86m	深灰色泥岩，水平层理，局部见介形虫化石富集，偶见橄榄灰色白云岩薄层和浅灰色粉砂岩薄层
82–1	1678.73~1679.67m	0.94m	中深灰色泥岩，水平层理，见介形虫化石，局部富集；偶见炭化植物碎片；局部夹浅灰色钙质粉砂岩微层和条带
82–2	1679.67~1681.10m	1.43m	深灰色泥岩，水平层理，见介形虫化石，局部富集；偶见炭化植物碎片，局部夹浅灰色钙质粉砂岩微层、条带和团块
82–3	1681.10~1681.67m	0.57m	中深灰色泥岩夹浅灰色钙质粉砂岩和橄榄灰色介形虫碎屑岩，水平层理，水平波纹层理，见夹较多介形虫碎屑岩和钙质粉砂岩条带、薄层和团块
82–4	1681.67~1686.07m	4.40m	中深灰色泥岩，水平层理，见夹少量钙质粉砂岩条带和薄层，见少量介形虫化石富集层；偶见黄铁矿条带
82–5	1686.07~1686.29m	0.22m	中深灰色泥岩夹介形虫碎屑岩薄层，水平层理，水平波纹层理，上部见夹较多浅灰色钙质粉砂岩条带，下部见一薄层介形虫碎屑岩
82–6	1686.29~1689.17m	2.88m	中深灰色泥岩，水平层理，偶见介形虫化石和炭化植物动物化石碎片，见橄榄灰色白云岩薄层
82–7	1689.17~1689.23m	0.06m	橄榄灰色白云岩，水平层理
82–8	1689.23~1690.33m	1.10m	中深灰色泥岩，水平层理，偶见介形虫化石和炭化动植物碎片
82–9	1690.33~1690.41m	0.08m	橄榄黑色白云岩，块状构造，底部见包卷层理
82–10	1690.41~1690.77m	0.36m	中深灰色泥岩，水平层理，偶见介形虫化石和钙质粉砂岩条带
83–1	1690.77~1691.22m	0.45m	深灰色泥岩，水平层理，偶见生物化石碎片；见浅灰色钙质粉砂岩条带，局部向下切入泥岩中
83–2	1691.22~1692.05m	0.83m	中深灰色泥岩，水平层理，见浅灰色钙质粉砂岩透镜体及生物化石碎片
83–3	1692.05~1692.19m	0.14m	橄榄黑色白云岩，不明显水平层理
83–4	1692.19~1693.54m	1.35m	深灰色泥岩，水平层理，局部见水平波纹层理浅灰色钙质粉砂岩条带，局部层面上见炭化植物化石及叶肢介化石
83–5	1693.54~1693.90m	0.36m	深灰色泥岩夹浅灰色微层状钙质粉砂岩，断续波纹层理、变形层理、少量包卷层理、具砂球砂枕构造，砂体内部保留原有层理，见生物化石碎片
83–6	1693.90~1697.00m	3.10m	深灰色泥岩，水平层理，偶见生物遗迹，中部夹钙质粉砂岩薄层
83–7	1697.00~1697.07m	0.07m	橄榄灰色白云岩，块状构造
83–8	1697.07~1698.98m	1.91m	深灰色泥岩，水平层理，见少量生物化石碎片，中部见两条重结晶灰岩薄夹层，偶见钙质粉砂岩条带
83–9	1698.98~1699.06m	0.08m	橄榄黑色白云岩，块状构造

83–10	1699.06~1699.86m	0.80m	深灰色泥岩，水平层理，偶见生物化石碎片；下部见重结晶灰岩薄层；偶见浅灰色钙质粉砂岩条带
83–11	1699.86~1700.01m	0.15m	橄榄黑色白云岩，块状构造
83–12	1700.01~1700.29m	0.28m	深灰色泥岩，水平层理，偶见生物化石残片
83–13	1700.29~1700.80m	0.51m	深灰色泥岩与浅灰色钙质粉砂岩薄互层，水平层理，钙质粉砂岩条带
83–14	1700.80~1701.52m	0.72m	深灰色泥岩，水平层理，偶见钙质粉砂岩条带

5.1.4 姚家组岩心描述及综合柱状图

姚家组的精细描述如下。

姚家组二、三段上覆地层为嫩江组，呈整合接触，岩心描述见下文；下伏地层为姚家组一段，呈整合接触（图 5.4）。

姚家组二、三段岩心描述：

27–2	1128.17~1129.19m	1.02m	深绿灰色泥岩，水平层理，发育介形虫碎屑灰岩夹层
27–3	1129.19~1129.69m	0.50m	深绿灰色泥岩，水平层理，夹有发育波纹层理的浅绿灰色介形虫碎屑灰岩
27–4	1129.69~1130.98m	1.29m	深绿灰色泥岩，水平层理，见介形虫化石
27–5	1130.98~1131.62m	0.64m	绿灰色粉砂质泥岩，块状构造，见少量介形虫化石
27–6	1131.62~1131.74m	0.12m	绿灰色泥岩与浅灰色含钙粉砂岩薄互层，发育浪成沙纹层理，少量介形虫化石
27–7	1131.74~1131.99m	0.25m	绿灰色粉砂质泥岩，块状构造，少量介形虫化石
27–8	1131.99~1133.33m	1.34m	绿灰色泥质粉砂岩，块状构造，少量介形虫化石
27–9	1133.33~1133.79m	0.46m	绿灰色粉砂质泥岩，块状构造，见黄铁矿颗粒
27–10	1133.79~1135.94m	2.15m	绿灰色泥岩，块状构造，见黄铁矿颗粒及介形虫碎屑夹层
27–11	1135.94~1136.54m	0.60m	绿灰色泥质粉砂岩，块状构造，发育两组近正交垂向裂隙
27–12	1136.54~1137.83m	1.29m	深绿灰色泥质粉砂岩，块状构造
27–13	1137.83~1138.35m	0.52m	灰棕色含钙粉砂质泥岩，块状构造，见不规则粉砂岩团块
27–14	1138.35~1138.49m	0.14m	浅绿灰色粉砂质泥岩，块状构造，上部见一薄层介形虫碎屑灰岩
27–15	1138.49~1138.94m	0.45m	深绿灰色粉砂质泥岩，块状构造
27–16	1138.94~1139.19m	0.25m	灰绿色泥质粉砂岩，块状构造
27–17	1139.19~1139.54m	0.35m	灰绿色粉砂质泥岩，块状构造，底部见介形虫碎屑灰岩薄夹层
28–1	1139.54~1139.92m	0.38m	绿灰色泥质粉砂岩，块状构造，局部见黄铁矿颗粒、介形虫碎屑灰岩和饱含油的细砂岩条带
28–2	1139.92~1140.82m	0.90m	深绿灰色泥质粉砂岩，块状构造，见黄铁矿颗粒，含油的细砂岩薄夹层
28–3	1140.82~1141.62m	0.80m	灰棕色泥质粉砂岩，块状构造，见双壳类化石，近垂向裂缝

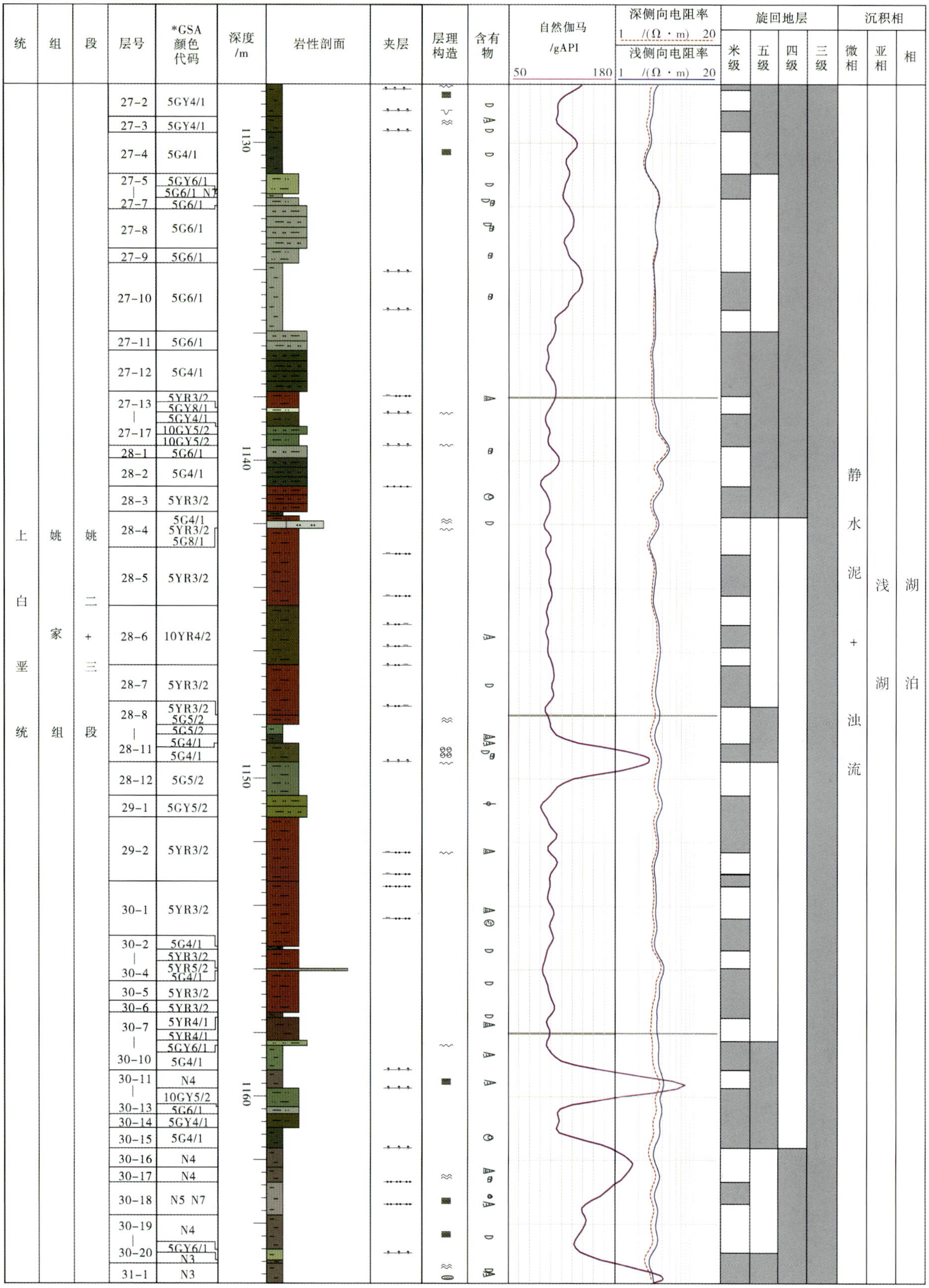

统
组
段
层号
*GSA 颜色 代码
深度 /m
岩性剖面
夹层
层理 构造
含有 物
自然伽马 /gAPI
50
180
深侧向电阻率
1 /(Ω·m) 20
浅侧向电阻率
1 /(Ω·m) 20
旋回地层
米级
五级
四级
三级
沉积相
微相
亚相
相
1130
1140
1150
1160
上白垩统
姚家组
姚二+三段
静水泥+浊流
浅湖
湖泊

图 5.4 姚家组综合柱状图

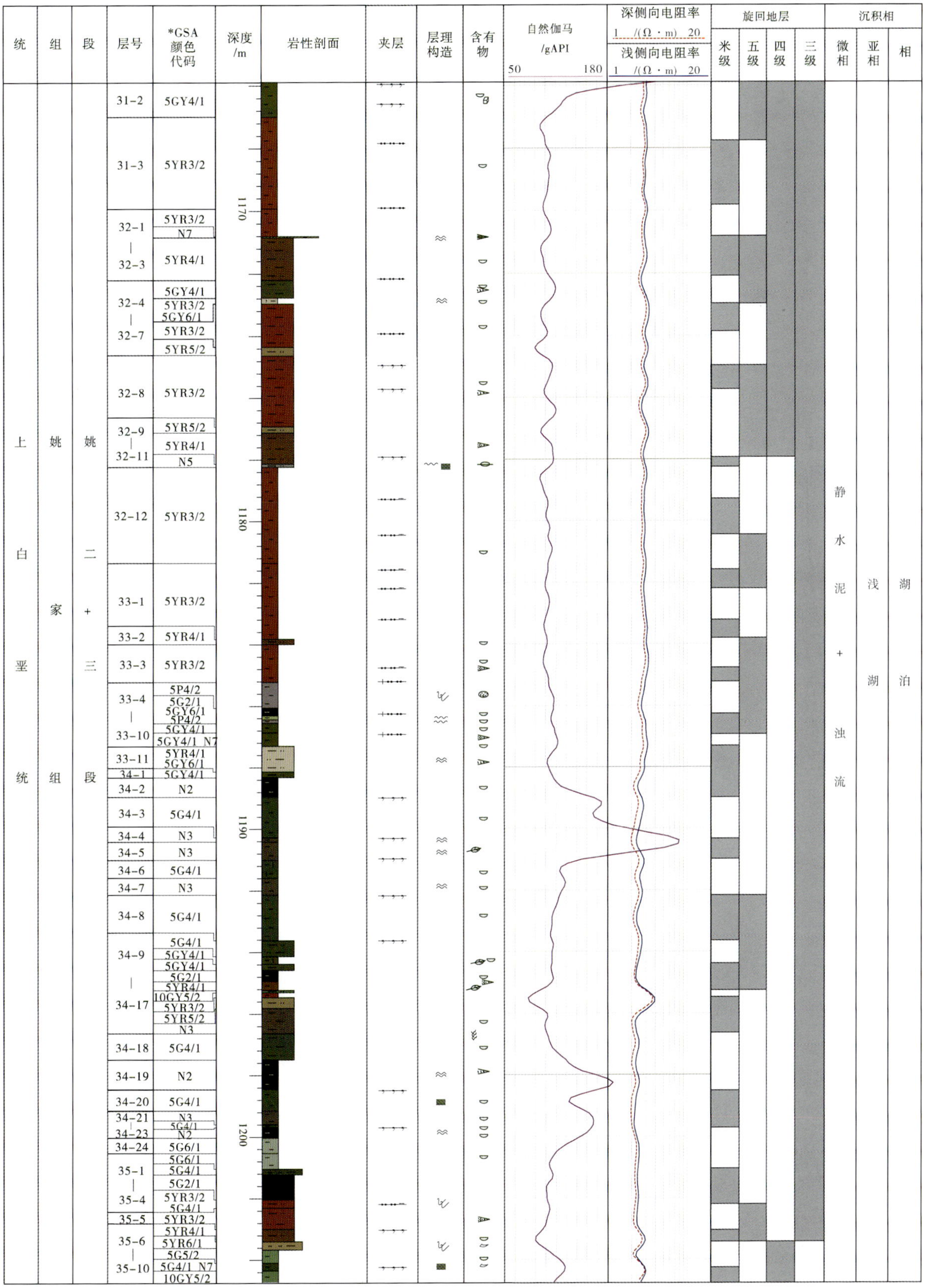

统
组
段
层号
*GSA颜色代码
深度/m
岩性剖面
夹层
层理构造
含有物
自然伽马/gAPI
50 180
深侧向电阻率
1 /(Ω·m) 20
浅侧向电阻率
1 /(Ω·m) 20
旋回地层
米级
五级
四级
三级
沉积相
微相
亚相
相
上白垩统
姚家组
姚二+三段
31-2 5GY4/1
31-3 5YR3/2
32-1 5YR3/2 N7
32-3 5YR4/1
32-4 5GY4/1 5YR3/2 5GY6/1
32-7 5YR3/2 5YR5/2
32-8 5YR3/2
32-9 5YR5/2 5YR4/1
32-11 N5
32-12 5YR3/2
33-1 5YR3/2
33-2 5YR4/1
33-3 5YR3/2
33-4 5P4/2 5G2/1 5GY6/1 5P4/2 5GY4/1
33-10 5GY4/1 N7
33-11 5YR4/1 5GY6/1
34-1 5GY4/1
34-2 N2
34-3 5G4/1
34-4 N3
34-5 N3
34-6 5G4/1
34-7 N3
34-8 5G4/1
34-9 5G4/1 5GY4/1 5GY4/1 5G2/1 5YR4/1
34-17 10GY5/2 5YR3/2 5YR5/2 N3
34-18 5G4/1
34-19 N2
34-20 5G4/1
34-21 N3 5G4/1
34-23 N2
34-24 5G6/1
35-1 5G6/1 5G4/1 5G2/1
35-4 5YR3/2 5G4/1
35-5 5YR3/2
35-6 5YR4/1 5YR6/1 5G5/2
35-10 5G4/1 N7 10GY5/2
1170
1180
1190
1200
静水泥+浊流
浅湖
湖泊

图 5.4 姚家组综合柱状图（续）

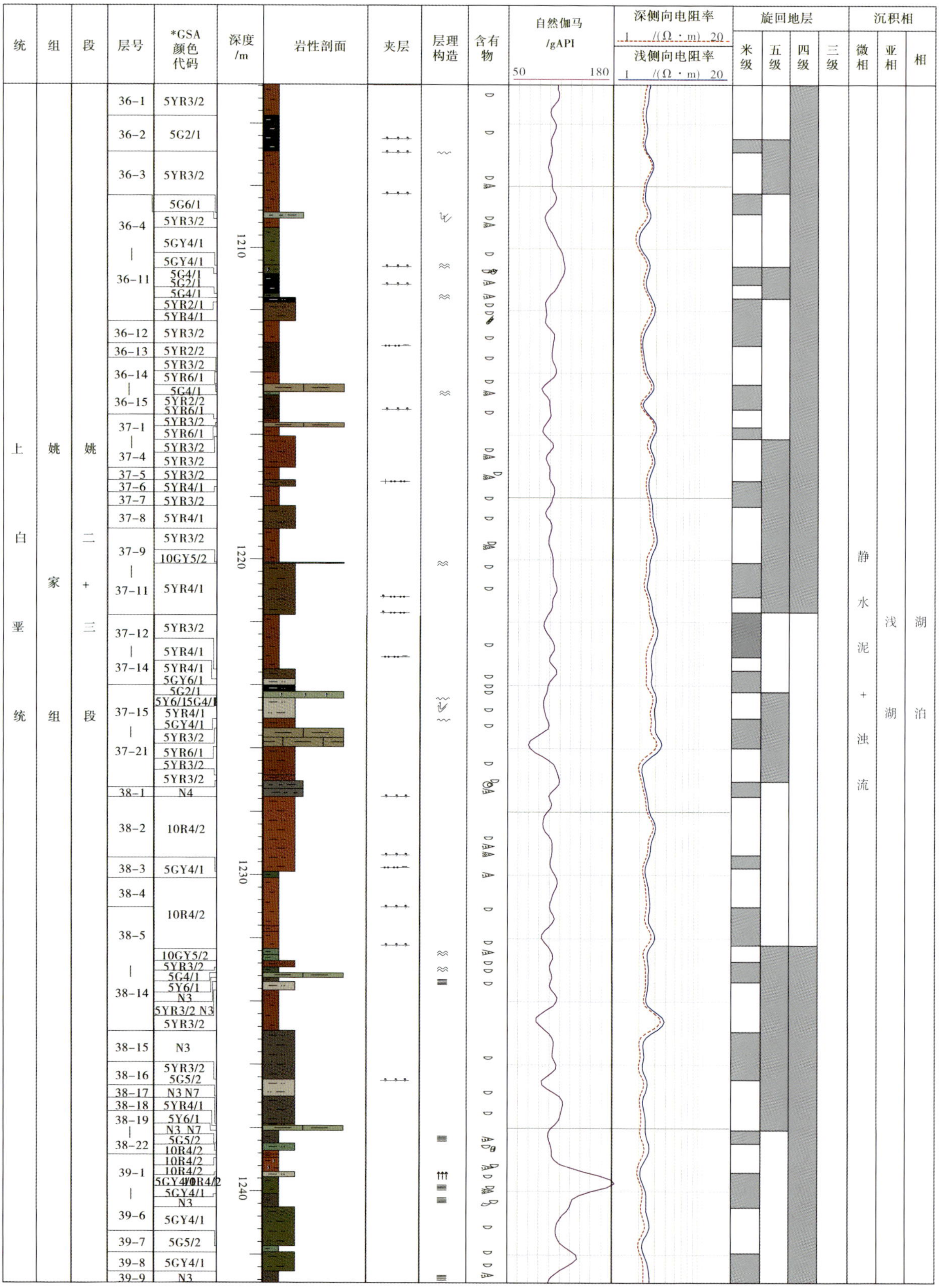

统
组
段
层号
*GSA 颜色代码
深度 /m
岩性剖面
夹层
层理构造
含有物
自然伽马 /gAPI
50 180
深侧向电阻率 1 /(Ω·m) 20
浅侧向电阻率 1 /(Ω·m) 20
旋回地层
米级
五级
四级
三级
沉积相
微相
亚相
相
上白垩统
姚家组
姚二+三段
1210
1220
1230
1240
静水泥+浊流
浅湖
湖泊

图 5.4 姚家组综合柱状图（续）

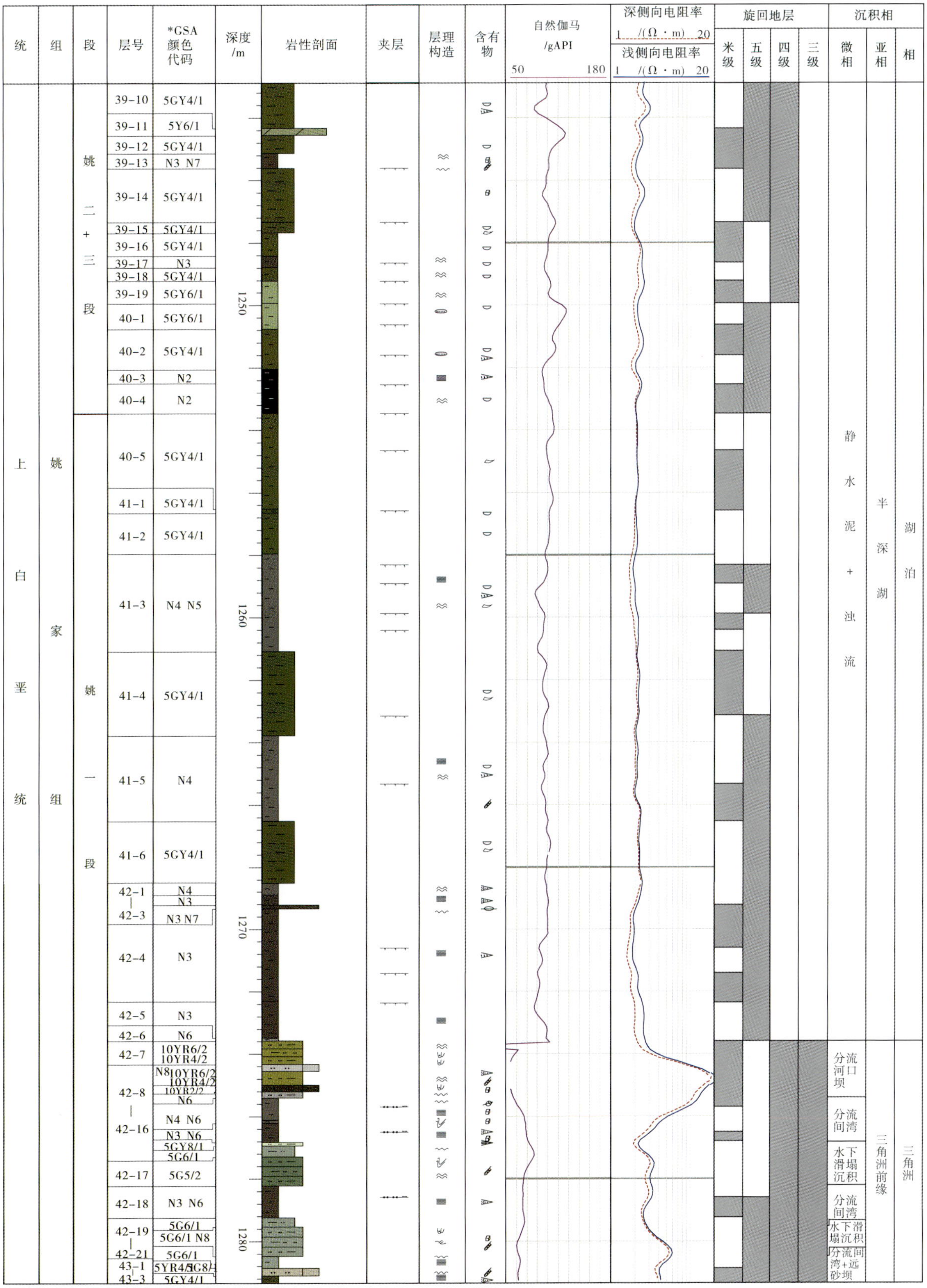

统
组
段
层号
*GSA 颜色代码
深度/m
岩性剖面
夹层
层理构造
含有物
自然伽马 /gAPI
50 180
深侧向电阻率
1 /(Ω·m) 20
浅侧向电阻率
1 /(Ω·m) 20
旋回地层
米级
五级
四级
三级
沉积相
微相
亚相
相
上白垩统
姚家组
姚二+三段
姚一段
39-10 5GY4/1
39-11 5Y6/1
39-12 5GY4/1
39-13 N3 N7
39-14 5GY4/1
39-15 5GY4/1
39-16 5GY4/1
39-17 N3
39-18 5GY4/1
39-19 5GY6/1
40-1 5GY6/1
40-2 5GY4/1
40-3 N2
40-4 N2
40-5 5GY4/1
41-1 5GY4/1
41-2 5GY4/1
41-3 N4 N5
41-4 5GY4/1
41-5 N4
41-6 5GY4/1
42-1 N4
N3
42-3 N3 N7
42-4 N3
42-5 N3
42-6 N6
42-7 10YR6/2 10YR4/2
42-8 N8 10YR6/2 10YR4/2 10YR2/2 N6
42-16 N4 N6 N3 N6 5GY8/1 5G6/1
42-17 5G5/2
42-18 N3 N6
42-19 5G6/1
42-21 5G6/1 N8 5G6/1
43-1 5YR4/5 5G8/1
43-3 5GY4/1
1250
1260
1270
1280
静水泥+浊流
半深湖
湖泊
分流河口坝
分流间湾
水下滑塌沉积
分流间湾
水下滑塌沉积
分流间湾+远砂坝
三角洲前缘
三角洲

图 5.4 姚家组综合柱状图（续）

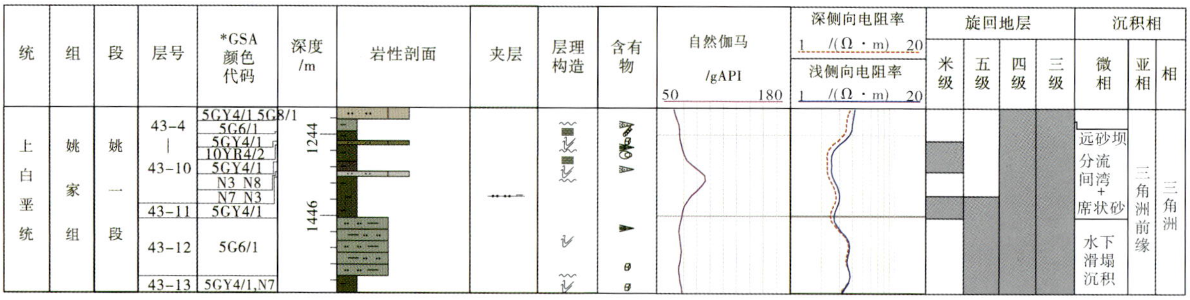

统
组
段
层号
*GSA 颜色代码
深度 /m
岩性剖面
夹层
层理构造
含有物
自然伽马 /gAPI
50
180
深侧向电阻率
1 /(Ω·m) 20
浅侧向电阻率
1 /(Ω·m) 20
旋回地层
米级
五级
四级
三级
沉积相
微相
亚相
相
上白垩统
姚家组
姚一段
43-4
43-10
43-11
43-12
43-13
5GY4/1 5G8/1
5G6/1
5GY4/1
10YR4/2
5GY4/1
N3 N8
N7 N3
5GY4/1
5G6/1
5GY4/1,N7
1244
1446
远砂坝
分流间湾+席状砂
水下滑塌沉积
三角洲前缘
三角洲

图 5.4　姚家组综合柱状图（续）

图例、图注同图 5.1

28-4	1141.62~1142.14m	0.52m	浅绿灰色含钙粉砂岩、深绿灰色泥岩或灰棕色粉砂质泥岩组成的三个向上变细的沉积旋回，向上砂质含量减少，粉砂岩发育粒序，泥岩发育块状或水平层理
28-5	1142.14~1144.56m	2.42m	灰棕色粉砂质泥岩，块状构造，发育一条近垂向裂缝，裂缝表面见油膜
28-6	1144.56~1146.44m	1.88m	深黄棕色粉砂质泥岩，块状构造，发育收缩缝及垂向裂缝，局部见介形虫化石
28-7	1146.44~1148.01m	1.57m	灰棕色粉砂质泥岩，块状构造，发育一组近垂向裂缝，裂缝表面见油膜，偶见介形虫化石
28-8	1148.01~1148.30m	0.29m	灰棕色粉砂质泥岩与灰绿色泥岩薄互层，泥岩中见不明显的水平波纹层理，局部见含钙粉砂岩团块
28-9	1148.30~1148.62m	0.32m	灰绿色泥岩，块状构造
28-10	1148.62~1148.90m	0.28m	深绿灰色泥岩，水平层理，见含钙粉砂岩条带及团块、少量介形虫碎屑条带
28-11	1148.90~1149.49m	0.59m	橄榄灰色粉砂质泥岩夹浅橄榄灰色含介形虫碎屑粉砂岩条带、团块，底部见冲刷、介形虫碎屑粉砂岩，饱含油
28-12	1149.49~1150.54m	1.05m	灰绿色粉砂质泥岩，块状构造，发育不规则裂缝
29-1	1150.54~1151.22m	0.68m	暗黄绿色泥质粉砂岩，块状构造，局部见泥砾，发育不规则裂缝
29-2	1151.22~1153.24m	2.02m	灰棕色粉砂质泥岩，块状构造，下部见含钙泥质粉砂岩
30-1	1153.24~1155.29m	2.05m	灰棕色粉砂质泥岩，块状构造，局部见不规则裂缝，泥质充填
30-2	1155.29~1155.39m	0.10m	深绿灰色含介形虫泥岩，发育水平波纹层理，底部见薄层介形虫碎屑灰岩
30-3	1155.39~1155.98m	0.59m	灰棕色粉砂质泥岩，块状构造
30-4	1155.98~1156.05m	0.07m	淡棕色介形虫碎屑灰岩与深绿灰色含介形虫泥岩薄互层，介形虫碎屑灰岩发育正粒序层理，泥岩发育水平层理
30-5	1156.05~1157.36m	1.31m	灰棕色粉砂质泥岩，块状构造，偶见介形虫化石
30-6	1157.36~1157.52m	0.16m	灰棕色泥岩，块状构造，偶见介形虫化石
30-7	1157.52~1157.69m	0.17m	棕灰色中层状粉砂质泥岩，块状构造，见不规则裂缝
30-8	1157.69~1158.24m	0.55m	棕灰色粉砂质泥岩，块状构造，发育不规则裂缝，局部夹灰绿色含钙泥质粉砂岩条带、团块
30-9	1158.24~1158.40m	0.16m	绿灰色泥质粉砂岩夹灰棕色泥岩，发育波纹层理、变形层理，底部发育冲刷面

30–10	1158.40~1159.19m	0.79m	深绿灰色泥岩，块状构造。中下部夹钙质粉砂岩，见介形虫碎屑岩条带、透镜体
30–11	1159.19~1159.75m	0.56m	中深灰色泥岩与淡黄棕色饱含油介形虫碎屑岩薄互层，发育水平层理
30–12	1159.75~1160.33m	0.58m	灰绿色粉砂质泥岩，块状构造
30–13	1160.33~1160.55m	0.22m	绿灰色粉砂质泥岩，块状构造
30–14	1160.55~1160.99m	0.44m	深绿灰色粉砂质泥岩，块状构造
30–15	1160.99~1161.63m	0.64m	深绿灰色泥岩，块状构造，偶见双壳类化石碎片
30–16	1161.63~1162.24m	0.61m	中深灰色泥岩，水平层理
30–17	1162.24~1162.71m	0.47m	中深灰色泥岩，水平层理，局部变形构造，见中深灰色钙质粉砂岩砂球、砂质团块、砂质条带、黄铁矿颗粒
30–18	1162.71~1163.74m	1.03m	中灰色泥岩与浅灰色含介形虫碎屑钙质粉砂岩薄互层，泥岩发育水平层理，粉砂岩发育正粒序层理。偶见叶肢介化石
30–19	1163.74~1164.82m	1.08m	中深灰色泥岩，不明显水平层理，见介形虫化石
30–20	1164.82~1165.15m	0.33m	绿灰色泥岩，块状构造
30–21	1165.15~1165.19m	0.04m	深灰色泥岩，块状构造
31–1	1165.25~1165.88m	0.63m	深灰色泥岩，块状构造，水平层理，底部见介形虫碎屑条带
31–2	1165.88~1166.99m	1.11m	深绿灰色泥岩，块状构造，见较多个体完整的介形虫化石、黄铁矿颗粒及介形虫碎屑
31–3	1166.99~1169.92m	2.93m	灰棕色泥岩，块状构造，偶见介形虫化石，个体完整，局部见深绿灰色斑点
32–1	1169.92~1170.80m	0.88m	灰棕色泥岩，块状构造，顶部含浅灰色泥砾及泥质碎屑，见有介形虫化石，个体完整
32–2	1170.80~1170.84m	0.04m	浅灰色含钙粉砂岩，水平波纹层理，偶见介形虫化石，见一层深绿灰色泥岩夹层
32–3	1170.84~1172.20m	1.36m	棕灰色粉砂质泥岩，块状构造，偶见介形虫化石，中部见薄层含介形虫粉砂岩
32–4	1172.20~1172.77m	0.57m	深绿灰色含钙粉砂质泥岩，块状构造，见浅灰色介形虫碎屑岩条带和团块
32–5	1172.77~1172.96m	0.19m	灰棕色含介形虫泥岩与绿灰色介形虫碎屑岩互层，水平波纹层理，见大量介形虫生物碎屑
32–6	1172.96~1174.34m	1.38m	灰棕色粉砂质泥岩，块状构造，绿灰色钙质含介形虫碎屑粉砂岩条带，个别介形虫化石完整
32–7	1174.34~1174.62m	0.28m	淡棕色粉砂质泥岩，块状构造，见一组垂向不规则裂缝，被微带灰棕色粉砂质泥岩充填
32–8	1174.62~1176.92m	2.30m	棕灰色粉砂质泥岩，块状构造。见 3 层绿灰色介形虫碎屑条带
32–9	1176.92~1177.12m	0.20m	淡棕色粉砂质泥岩，块状构造
32–10	1177.12~1178.13m	1.01m	棕灰色粉砂质泥岩，块状构造。下部见绿灰色含介形虫碎屑粉砂岩条带、团块
32–11	1178.13~1178.23m	0.10m	中灰色粉砂质泥岩，水平层理，底部见冲刷构造
32–12	1178.23~1181.35m	3.12m	灰棕色泥岩，块状构造，中上部和底部见不规则裂缝被灰棕色泥岩充填，偶见介形虫化石
33–1	1181.35~1183.83m	2.48m	灰棕色泥岩，块状构造

33–2	1183.83~1183.99m	0.16m	棕灰色粉砂质泥岩，块状构造，偶见介形虫化石
33–3	1183.99~1185.22m	1.23m	灰棕色泥岩，块状构造，见介形虫化石，局部夹浅绿灰色含钙泥质粉砂岩条带、团块
33–4	1185.22~1186.05m	0.83m	灰紫色泥岩杂绿灰色含钙粉砂岩，块状构造、滑塌变形构造、包卷构造，含较多绿灰色含钙粉砂岩团块
33–5	1186.05~1186.32m	0.27m	绿黑色泥岩，块状构造，底部见冲刷面，冲刷面之上见一层厚约4mm的介形虫碎屑层
33–6	1186.32~1186.45m	0.13m	绿灰色泥岩，块状构造，上部泥岩收缩缝中充填含钙粉砂岩
33–7	1186.45~1186.55m	0.10m	灰紫色泥岩，块状构造，偶见介形虫化石
33–8	1186.55~1186.86m	0.31m	深绿灰色泥岩，块状构造，见介形虫化石
33–9	1186.86~1187.20m	0.34m	深绿灰色泥岩，块状构造，见浅灰色钙质粉砂岩条带团块
33–10	1187.20~1187.30m	0.10m	深绿灰色泥岩，块状构造，见介形虫化石
33–11	1187.30~1188.13m	0.83m	棕灰色粉砂质泥岩夹绿灰色钙质粉砂岩，泥岩中发育块状构造，粉砂岩中发育水平波纹层理。下部见一介形虫碎屑薄夹层
34–1	1188.13~1188.32m	0.19m	深绿灰色粉砂质泥岩，块状构造。偶见介形虫化石
34–2	1188.32~1188.95m	0.63m	灰黑色泥岩，水平层理。底部见介形虫碎屑薄层，其下发育冲刷面
34–3	1188.95~1190.27m	1.32m	深绿灰色泥岩，块状构造，见介形虫化石
34–4	1190.27~1190.41m	0.14m	深灰色泥岩，水平波纹层理，见收缩缝
34–5	1190.41~1191.00m	0.59m	深灰色泥岩与介形虫灰岩的3个互层，水平波纹层理，底部见泥砾和冲刷面
34–6	1191.00~1191.58m	0.58m	深灰色含钙泥岩，块状构造，见介形虫化石
34–7	1191.58~1192.13m	0.55m	深灰色泥岩与介形虫灰岩的3个互层，水平波纹层理，底部见泥砾和冲刷面
34–8	1192.13~1193.62m	1.49m	深绿灰色泥岩，块状构造，见介形虫化石
34–9	1193.62~1194.13m	0.51m	棕灰色粉砂质泥岩，块状构造。偶见介形虫化石，中部见深绿灰色泥岩夹层
34–10	1194.13~1194.38m	0.25m	深绿灰色含钙泥岩，块状构造，局部见介形虫化石聚集，见植物碎片
34–11	1194.38~1194.58m	0.20m	棕灰色粉砂质泥岩，块状构造，偶见介形虫化石
34–12	1194.58~1194.93m	0.35m	绿黑色泥岩，块状构造，偶见介形虫化石
34–13	1194.93~1195.23m	0.30m	棕灰色泥岩，块状构造，局部见泥质粉砂岩和介形虫碎屑条带，底部见泥砾岩和冲刷面
34–14	1195.23~1195.30m	0.07m	灰绿色粉砂质泥岩，块状构造，底部发育重荷构造
34–15	1195.30~1195.46m	0.16m	灰棕色泥岩，块状构造
34–16	1195.46~1195.82m	0.36m	淡棕色粉砂质泥岩，块状构造
34–17	1195.82~1196.63m	0.81m	深灰色粉砂质泥岩，块状构造，见介形虫化石，局部较富集
34–18	1196.63~1197.49m	0.86m	深绿灰色粉砂质泥岩，块状构造，局部见介形虫碎屑富集，顶部见炭屑
34–19	1197.49~1198.45m	0.96m	灰黑色泥岩夹介形虫碎屑灰岩，波纹层理，局部变形层理，底部见冲刷
34–20	1198.45~1199.14m	0.69m	深绿灰色泥岩，水平层理，局部见介形虫碎屑

34–21	1199.14~1199.59m	0.45m	深灰色泥岩，水平层理，见介形虫化石
34–22	1199.59~1199.69m	0.10m	深绿灰色泥岩，发育水平层理，底部见 3cm 厚的介形虫碎屑灰岩，底部见泥砾及冲刷面
34–23	1199.69~1200.02m	0.33m	灰黑色泥岩与深灰色介形虫碎屑灰岩薄互层，发育水平波纹层理，底部见冲刷面
34–24	1200.02~1200.53m	0.51m	绿灰色泥岩，块状构造，局部见介形虫碎屑
35–1	1200.53~1201.04m	0.51m	绿灰色泥岩，块状构造，局部见介形虫碎屑
35–2	1201.04~1201.22m	0.18m	深绿灰色含钙泥质粉砂岩，块状构造
35–3	1201.22~1202.03m	0.81m	绿灰色含钙粉砂质泥岩，块状构造
35–4	1202.03~1202.30m	0.27m	灰棕色粉砂质泥岩杂深绿灰色含钙泥质粉砂岩，滑塌构造
35–5	1202.30~1202.99m	0.69m	灰棕色粉砂质泥岩，块状构造，局部夹深绿灰色含钙泥质粉砂岩条带，底部见厚 1.5cm 含泥介形虫碎屑岩
35–6	1202.99~1203.39m	0.40m	棕色中层状粉砂质泥岩，块状构造，局部见介形虫富集
35–7	1203.39~1203.66m	0.27m	棕灰色泥质粉砂岩，滑塌变形构造，偶见介形虫化石
35–8	1203.66~1204.09m	0.43m	灰绿色泥岩，块状构造，偶见介形虫化石
35–9	1204.09~1204.34m	0.25m	深绿灰色泥岩与浅灰色介形虫碎屑灰岩薄互层，泥岩发育水平层理
35–10	1204.34~1204.75m	0.41m	灰绿色泥岩，块状构造，偶见生物化石
36–1	1204.76~1205.76m	1.00m	灰棕色泥岩，块状构造，偶见个体完整的介形虫
36–2	1205.76~1206.91m	1.15m	绿黑色泥岩，块状构造，见两层介形虫碎屑夹层，底部见冲刷面
36–3	1206.91~1208.87m	1.96m	灰棕色泥岩，块状构造。见较多介形虫碎屑条带和泥质粉砂岩薄夹层
36–4	1208.87~1209.06m	0.19m	绿灰色含介形虫碎屑泥质粉砂岩杂灰棕色泥岩，滑塌变形构造
36–5	1209.06~1209.36m	0.30m	暗棕色泥岩，块状构造，滑塌构造，顶部见深绿灰色含介形虫碎屑泥质粉砂岩条带和团块
36–6	1209.36~1210.56m	1.20m	深绿灰色泥岩，块状构造，见介形虫化石，个体完整，局部见夹绿黑色泥质条带和团块
36–7	1210.56~1210.84m	0.28m	深绿灰色含介形虫泥岩，水平层理，夹介形虫碎屑薄夹层，见植物化石
36–8	1210.84~1211.47m	0.63m	绿黑色泥岩、杂深绿灰色泥岩，块状构造，顶部见介形虫碎屑岩条带，底部见冲刷面
36–9	1211.47~1211.61m	0.14m	深绿灰色泥岩，向上发育水平层理，见多层介形虫碎屑薄夹层，见生物遗迹
36–10	1211.61~1211.76m	0.15m	棕黑色粉砂质泥岩，块状构造，偶见介形虫化石
36–11	1211.76~1212.36m	0.60m	棕灰色粉砂质泥岩，块状构造，见不规则裂缝被泥质充填，偶见介形虫和生物遗迹化石
36–12	1212.36~1213.06m	0.70m	灰棕色泥岩，块状构造，偶见介形虫化石
36–13	1213.06~1214.00m	0.94m	暗棕色泥岩，块状构造，偶见介形虫化石
36–14	1214.00~1214.38m	0.38m	灰棕色泥岩，块状构造，偶见介形虫化石
36–15	1214.38~1214.63m	0.25m	浅棕灰色泥质灰岩，块状构造，见不规则的垂向裂缝被灰棕色泥岩充填

36–16	1214.63~1214.73m	0.10m	深绿灰色泥岩，水平层理，见绿灰色粉砂岩条带及不规则裂缝
36–17	1214.73~1215.51m	0.78m	暗棕色泥岩，块状构造，底部见3层绿灰色钙质粉砂岩薄夹层，底部发育冲刷面
37–1	1215.51~1215.63m	0.12m	灰棕色泥岩，块状构造
37–2	1215.63~1215.77m	0.14m	棕灰色泥质灰岩，块状构造，偶见植物残片，偶见个体完整的介形虫化石和粉砂岩条带
37–3	1215.77~1216.06m	0.29m	灰棕色泥岩，块状构造
37–4	1216.06~1217.06m	1.00m	灰棕色粉砂质泥岩，块状构造，偶见个体完整的介形虫化石
37–5	1217.06~1217.46m	0.40m	灰棕色泥岩，块状构造，见较多垂向杂乱不规则裂缝，偶见个体完整的介形虫化石及灰绿色泥质粉砂岩薄夹层
37–6	1217.46~1217.67m	0.21m	棕灰色粉砂质泥岩，块状构造
37–7	1217.67~1218.29m	0.62m	灰棕色泥岩、块状构造，偶见个体完整介形虫化石
37–8	1218.29~1219.03m	0.74m	棕灰色粉砂质泥岩，块状构造，偶见个体完整介形虫化石
37–9	1219.03~1220.11m	1.08m	灰棕色泥岩，块状构造，偶见个体完整的介形虫化石，见夹较多灰绿色泥质粉砂岩条带和团块
37–10	1220.11~1220.15m	0.04m	灰绿色泥质介形虫碎屑岩，滑塌构造
37–11	1220.15~1221.79m	1.64m	棕灰色粉砂质泥岩，块状构造，偶见个体完整的介形虫化石及见两薄层灰绿色钙质介形虫碎屑粉砂岩
37–12	1221.79~1223.51m	1.72m	灰棕色泥岩，块状构造，偶见个体完整的介形虫化石
37–13	1223.51~1223.81m	0.30m	棕灰色粉砂质泥岩，块状构造，偶见个体完整的介形虫化石
37–14	1223.81~1224.01m	0.20m	绿灰色杂棕灰色含介形虫粉砂质泥岩，块状构造，见较多个体完整的介形虫化石
37–15	1224.01~1224.21m	0.20m	绿黑色粉砂质泥岩，块状构造，少量完整的介形虫化石
37–16	1224.21~1224.38m	0.17m	浅橄榄灰色介形虫碎屑灰岩，发育正粒序层理，底部见泥砾和冲刷面
37–17	1224.38~1225.07m	0.69m	灰棕色杂深绿灰色粉砂质泥岩，滑塌构造，见介形虫碎屑，底部发育冲刷面
37–18	1225.07~1225.37m	0.30m	灰棕色粉砂质泥岩，块状构造，见个体完整的介形虫化石
37–19	1225.37~1225.96m	0.59m	浅棕灰色泥质灰岩，块状构造
37–20	1225.96~1226.86m	0.90m	灰棕色粉砂质泥岩，块状构造，见不规则裂缝及个体完整的介形虫化石
37–21	1226.86~1227.04m	0.18m	灰棕色粉砂质泥岩，块状构造，见个体完整的介形虫化石，以及浅绿灰色斑点
38–1	1227.04~1227.54m	0.50m	中深灰色含介形虫泥质粉砂岩，变形构造，见双壳类化石和介形虫化石
38–2	1227.54~1229.91m	2.37m	灰红色粉砂质泥岩，块状构造，见少量介形虫化石
38–3	1229.91~1230.11m	0.20m	深绿灰色泥岩，块状构造，底部见介形虫碎屑岩条带
38–4	1230.11~1231.63m	1.52m	灰红色泥岩，块状构造
38–5	1231.63~1231.80m	0.17m	灰红色泥岩，块状构造
38–6	1231.80~1232.34m	0.54m	灰红色泥岩，块状构造，见介形虫化石，夹灰绿色含介形虫碎屑钙质泥岩条带

38–7	1232.34~1232.54m	0.20m	灰绿色泥岩夹浅灰色钙质粉砂岩，水平波纹层理，中部见介形虫碎屑岩条带、团块，钙质粉砂岩条带、团块
38–8	1232.54~1232.73m	0.19m	灰绿色泥岩，块状构造，偶见介形虫化石
38–9	1232.73~1232.94m	0.21m	灰棕色粉砂质泥岩，块状构造，偶见介形虫化石
38–10	1232.94~1233.11m	0.17m	深绿灰色泥岩，水平层理，底部见薄层介形虫碎屑，具粒序层理，见冲刷面
38–11	1233.11~1233.26m	0.15m	浅橄榄灰色泥灰岩，块状构造
38–12	1233.26~1233.39m	0.13m	深灰色泥岩夹浅灰色介形虫碎屑灰岩，断续水平波纹层理，底部见冲刷面
38–13	1233.39~1233.66m	0.27m	灰棕色杂深灰色粉砂质泥岩，块状构造，见一层淡棕色含钙粉砂质泥岩
38–14	1233.66~1234.94m	1.28m	灰棕色泥岩，块状构造，见一层淡棕色含钙粉砂质泥岩
38–15	1234.94~1236.48m	1.54m	深灰色粉砂质泥岩，块状构造，偶见介形虫化石，局部见微带灰棕色斑点
38–16	1236.48~1237.01m	0.53m	灰棕色粉砂质泥岩夹灰绿色粉砂质泥岩，水平层理，见介形虫化石
38–17	1237.01~1237.87m	0.86m	深灰色粉砂质泥岩与浅灰色介形虫碎屑岩薄互层，水平波纹层理，断续波纹层理，见介形虫化石
38–18	1237.87~1237.94m	0.07m	棕灰色粉砂质泥岩，块状构造，偶见介形虫化石
38–19	1237.94~1238.09m	0.15m	浅橄榄灰色泥灰岩，块状构造
38–20	1238.09~1238.49m	0.40m	深灰色泥岩夹浅灰色介形虫碎屑岩薄层，水平层理，波纹层理，见介形虫碎屑夹层，底部见冲刷面
38–21	1238.49~1238.72m	0.23m	灰绿色粉砂质泥岩，块状构造，见黄铁矿颗粒、介形虫化石
38–22	1238.72~1238.84m	0.12m	灰红色泥岩，块状构造，偶见介形虫化石
39–1	1238.84~1238.95m	0.11m	灰红色泥岩，块状构造，偶见介形虫化石
39–2	1238.95~1239.40m	0.45m	灰红色含介形虫泥岩，块状构造，中下部夹深绿灰色介形虫碎屑岩条带、团块
39–3	1239.40~1239.56m	0.16m	深绿灰色杂灰红色粉砂质泥岩，块状构造，局部见介形虫富集，底部见泥砾及冲刷面
39–4	1239.56~1240.10m	0.54m	深绿灰色泥岩，发育水平层理、水平波纹层理，底部见钙质粉砂岩条带，底部见冲刷面
39–5	1240.10~1240.51m	0.41m	深灰色泥岩与介形虫灰岩薄互层，发育水平层理、水平波纹层理，底部见泥砾及冲刷面
39–6	1240.51~1241.74m	1.23m	深绿灰色粉砂质泥岩，块状构造，见介形虫化石
39–7	1241.74~1241.94m	0.20m	灰绿色泥岩，块状构造，见泥岩收缩缝，偶见介形虫化石
39–8	1241.94~1242.54m	0.60m	深绿灰色粉砂质泥岩，块状构造，见介形虫化石
39–9	1242.54~1242.90m	0.36m	深灰色泥岩与浅橄榄灰色介形虫碎屑灰岩薄互层，发育水平层理、水平波纹层理，底部见冲刷面
39–10	1242.90~1244.34m	1.44m	深绿灰色粉砂质泥岩，块状构造，见介形虫化石，局部见介形虫碎屑条带
39–11	1244.34~1244.57m	0.23m	浅橄榄灰色白云岩，块状构造
39–12	1244.57~1245.14m	0.57m	深绿灰色粉砂质泥岩，块状构造，见介形虫碎屑
39–13	1245.14~1245.62m	0.48m	深灰色泥岩与浅灰色介形虫碎屑灰岩薄互层，正粒序层理和水平波纹层理，底部见方解石脉、泥砾和冲刷面

39–14	1245.62~1247.34m	1.72m	深绿灰色粉砂质泥岩，块状构造，顶部见黄铁矿，局部见介形虫化石
39–15	1247.34~1247.68m	0.34m	深绿灰色含泥砾粉砂质泥岩，块状构造，偶见个体完整的介形虫化石，见较多生物碎片
39–16	1247.68~1248.42m	0.74m	深绿灰色泥岩，块状构造，见介形虫碎屑
39–17	1248.42~1248.79m	0.37m	深灰色泥岩与介形虫碎屑灰岩薄互层，水平波纹层理，底部见冲刷面
39–18	1248.79~1249.22m	0.43m	深绿灰色泥岩与介形虫碎屑灰岩薄互层，水平波纹层理，底部见冲刷面和挤压变形层理
39–19	1249.22~1249.95m	0.73m	绿灰色泥岩，水平波纹层理，见较多介形虫碎屑岩条带
40–1	1249.95~1250.77m	0.82m	绿灰色泥岩，水平层理，见较多介形虫碎屑岩条带
40–2	1250.77~1252.05m	1.28m	深绿灰色泥岩夹薄层介形虫碎屑灰岩，水平波纹层理，见夹较多薄层状介形虫碎屑岩，底部普遍冲刷
40–3	1252.05~1252.50m	0.45m	灰黑色泥岩，水平层理，见泥岩收缩缝，被完整的介形虫和介形虫碎屑充填
40–4	1252.50~1253.47m	0.97m	灰黑色泥岩夹薄层状介形虫碎屑灰岩，水平波纹层理，偶见个体完整的介形虫，见大量介形虫碎屑

姚家组一段上覆地层为姚家组二、三段，呈整合接触，岩心描述见下文；下伏地层为青山口组，呈整合接触。

姚家组一段岩心描述：

40–5	1253.47~1256.53m	3.06m	深绿灰色泥岩，块状构造，见较多个体完整的生物碎屑
41–1	1256.53~1256.66m	0.13m	深绿灰色含介形虫泥岩，块状构造，见较多介形虫化石
41–2	1256.66~1257.96m	1.30m	深绿灰色泥岩，块状构造，见少量介形虫化石
41–3	1257.96~1261.09m	3.13m	中深灰色泥岩夹中浅灰色薄层状介形虫碎屑岩，水平层理、水平波纹层理，底部正粒序层理，见多个冲刷面
41–4	1261.09~1263.79m	2.70m	深绿灰色粉砂质泥岩，块状构造，见介形虫碎屑条带，偶见较完整介形虫化石
41–5	1263.79~1266.52m	2.73m	中深灰色泥岩夹薄层介形虫碎屑岩，发育水平层理、波纹层理、正粒序层理，底部见冲刷面
41–6	1266.52~1268.51m	1.99m	深灰绿色粉砂质泥岩，块状构造，偶见个别完整介形虫化石
42–1	1268.51~1268.91m	0.40m	中深灰色泥岩，水平波纹层理，夹几条粉砂岩条带
42–2	1268.91~1269.23m	0.32m	深灰色泥岩，水平层理，夹几条粉砂岩条带
42–3	1269.23~1269.35m	0.12m	浅灰色薄层状粉砂岩，水平波纹层理，上部见泥砾，底部见冲刷面
42–4	1269.35~1272.31m	2.96m	深灰色泥岩夹薄介形虫碎屑岩，介形虫碎屑岩发育正粒序层理，泥岩中发育水平层理，底部见冲刷面
42–5	1272.31~1273.48m	1.17m	深灰色泥岩，水平层理，下部夹介形虫碎屑薄层和浅灰色泥质粉砂岩条带，见黄铁矿团块，底部见冲刷
42–6	1273.51~1273.59m	0.08m	中浅灰色泥岩，块状构造，局部见油斑
42–7	1273.59~1274.34m	0.75m	淡黄棕色泥质粉砂岩夹深黄棕色钙质粉砂岩，小型槽状交错层理

42–8	1274.34~1274.57m	0.23m	极浅灰色钙质粉砂岩夹淡黄棕色薄层泥质粉砂岩，发育小型槽状交错层理，泥质粉砂岩发育波纹层理。底部见轻微冲刷，见油斑和油迹
42–9	1274.57~1275.00m	0.43m	淡黄棕色泥质粉砂岩夹深黄棕色薄层钙质粉砂岩，泥质粉砂岩发育水平波纹层理，钙质粉砂岩发育小型槽状交错层理，底部见冲刷面
42–10	1275.00~1275.21m	0.21m	暗黄褐色钙质粉砂岩，下部发育小型槽状交错层理，上部发育水平波纹层理底部见冲刷，见黄铁矿
42–11	1275.21~1275.41m	0.20m	中浅灰色泥质粉砂岩，油浸，发育波纹层理、水平层理，局部见冲刷－填充构造
42–12	1275.41~1276.12m	0.71m	中深灰色泥岩夹中浅灰色泥质粉砂岩薄层，发育水平层理、波纹层理，见大量植物碎片化石、黄铁矿团块
42–13	1276.12~1276.22m	0.10m	中深灰色泥岩夹中浅灰色泥质粉砂岩薄层，发育滑塌构造，见包卷层理，见黄铁矿，见中浅灰色泥质粉砂岩团块、条带
42–14	1276.22~1276.83m	0.61m	深灰色泥岩夹中浅灰色薄层粉砂质泥岩，发育水平层理、水平波纹层理，见黄铁矿，见中浅灰色泥质粉砂岩团块、条带
42–15	1276.83~1276.95m	0.12m	浅灰绿色泥质粉砂岩，发育滑塌变形构造、包卷层理、泄水构造，底部见泥砾和冲刷面
42–16	1276.95~1277.30m	0.35m	浅灰色粉砂质泥岩，块状构造
42–17	1277.30~1278.23m	0.93m	绿灰色泥质粉砂岩，滑塌变形构造，发育包卷层理，见浅绿灰色泥质粉砂岩、砂球、砂枕，且部分保留了内部层理构造，见逃逸迹
42–18	1278.23~1279.25m	1.02m	深灰色泥岩与中浅灰色泥质粉砂岩薄互层，水平层理，水平波状层理，局部油浸
42–19	1279.25~1279.54m	0.29m	绿灰色粉砂质泥岩，块状构造
42–20	1279.54~1280.49m	0.95m	绿灰色泥质粉砂岩与极浅灰色钙质粉砂岩薄互层，水平层理，浪成沙纹层理，见黄铁矿颗粒，见较多生物遗迹，底部见冲刷面
42–21	1280.49~1280.85m	0.36m	绿灰色泥岩，块状构造
43–1	1280.85~1280.87m	0.02m	绿灰色泥岩，水平层理，见饱含油钙质粉砂岩团块
43–2	1280.87~1281.11m	0.24m	棕灰色杂浅绿灰色钙质粉砂岩，断续水平层理，浪成交错层理，爬升层理，局部见泥质薄夹层、生物遗迹，底部见轻微冲刷
43–3	1281.11~1281.35m	0.24m	深绿灰色泥岩，发育水平层理，部夹一层含油钙质粉砂岩条带
43–4	1281.35~1281.64m	0.29m	棕灰色钙质粉砂岩夹浅绿灰色薄层泥岩
43–5	1281.64~1281.93m	0.29m	绿灰色中层状泥岩，发育水平层理、水平波纹层理、局部变形层理，夹含钙粉砂岩条带，见生物遗迹
43–6	1281.93~1282.17m	0.24m	深绿灰色泥岩，水平层理
43–7	1282.17~1282.27m	0.10m	深黄棕色钙质粉砂岩，滑塌变形构造，局部见不连续水平层理、包卷层理，见砂球、砂枕、渠模、黄铁矿颗粒，底部见冲刷
43–8	1282.27~1282.69m	0.42m	深绿灰色泥岩，发育水平层理，见双壳化石
43–9	1282.69~1282.92m	0.23m	深灰色泥岩与极浅灰色粉砂岩互层，发育水平层理、波纹层理

43–10	1282.92~1283.05m	0.13m	浅灰色钙质粉砂岩夹深灰色泥岩，滑塌变形构造，包卷层理，底部冲刷－充填构造，见钙质粉砂岩砂球、砂枕
43–11	1283.05~1284.07m	1.02m	深绿灰色泥岩，块状构造，局部见灰棕色斑点
43–12	1284.07~1285.50m	1.43m	绿灰色泥质粉砂岩，滑塌变形构造、变形层理、包卷层理，底部发育泥砾岩和冲刷，见钙质粉砂岩砂球、砂枕和黄铁矿团块
43–13	1285.50~1285.91m	0.41m	深绿灰色泥岩夹浅灰色粉砂岩薄层，滑塌变形构造、包卷层理，见浅灰色粉砂岩砂球、砂枕、黄铁矿团块

5.1.5 嫩江组一段和嫩江组二段岩心描述及综合柱状图

嫩江组二段上覆地层为嫩江组三段，呈整合接触，岩心描述见下文；下伏地层为嫩江组一段，呈整合接触（图5.5）。

嫩江组二段岩心描述：

349–14	1582.93~1583.05m	0.12m	浅灰色细砂岩，波状层理，见炭屑
349–15	1583.05~1583.83m	0.78m	深灰色泥岩，水平层理，含细砂薄夹层
349–16	1583.83~1583.86m	0.03m	橄榄灰色白云岩，块状构造
349–17	1583.86~1584.33m	0.47m	深灰色泥岩，水平层理，含细砂薄夹层
349–18	1584.33~1584.37m	0.04m	橄榄灰色白云岩，块状构造
349–19	1584.37~1586.42m	2.05m	深灰色泥岩，水平层理，在1584.62m和1586.12m处见两层5cm厚含细砂薄夹层
349–20	1586.42~1586.57m	0.15m	浅灰色细砂岩，波状层理，见炭屑
349–21	1586.57~1587.97m	1.40m	中深灰色粉砂质泥岩，水平层理，含较多炭屑
349–22	1587.97~1588.07m	0.10m	浅灰色细砂岩，波状交错层理，见含泥质条带和炭屑层
349–23	1588.07~1588.25m	0.18m	中深灰色泥岩，水平层理，含较多炭屑
350–1	1588.25~1588.50m	0.25m	中灰色泥质粉砂岩，块状构造，含较多植物化石碎片
350–2	1588.50~1588.70m	0.20m	浅灰色粉砂岩，波状层理，含较多泥质薄层、条带，见炭屑
350–3	1588.70~1588.85m	0.15m	中灰色泥质粉砂岩，块状构造，含较多植物化石碎片
350–4	1588.85~1589.00m	0.15m	浅灰色粉砂岩，波状层理，含较多泥质薄层、条带，见炭屑
350–5	1589.00~1589.25m	0.25m	中灰色泥质粉砂岩，块状构造，含较多植物化石碎片
350–6	1589.25~1589.65m	0.40m	浅灰色细砂岩，浪成交错层理，见炭屑层沿层理面分布
350–7	1589.65~1590.00m	0.35m	中灰色泥质粉砂岩，波纹层理，含较多植物化石碎片和砂质条带
350–8	1590.00~1590.50m	0.50m	浅灰色细砂岩，浪成交错层理，见炭屑层沿层理面分布
350–9	1590.50~1590.75m	0.25m	中灰色泥质粉砂岩，波纹层理，含较多植物化石碎片和砂质条带
350–10	1590.75~1591.05m	0.30m	浅灰色细砂岩，浪成交错层理，见炭屑层沿层理面分布
350–11	1591.05~1592.60m	1.55m	中深灰色粉砂质泥岩，水平波纹层理，含较多炭屑、粉砂条带和薄层
350–12	1592.60~1592.70m	0.10m	浅灰色中粒砂岩，波状层理
350–13	1592.70~1592.80m	0.10m	深灰色泥岩，水平层理

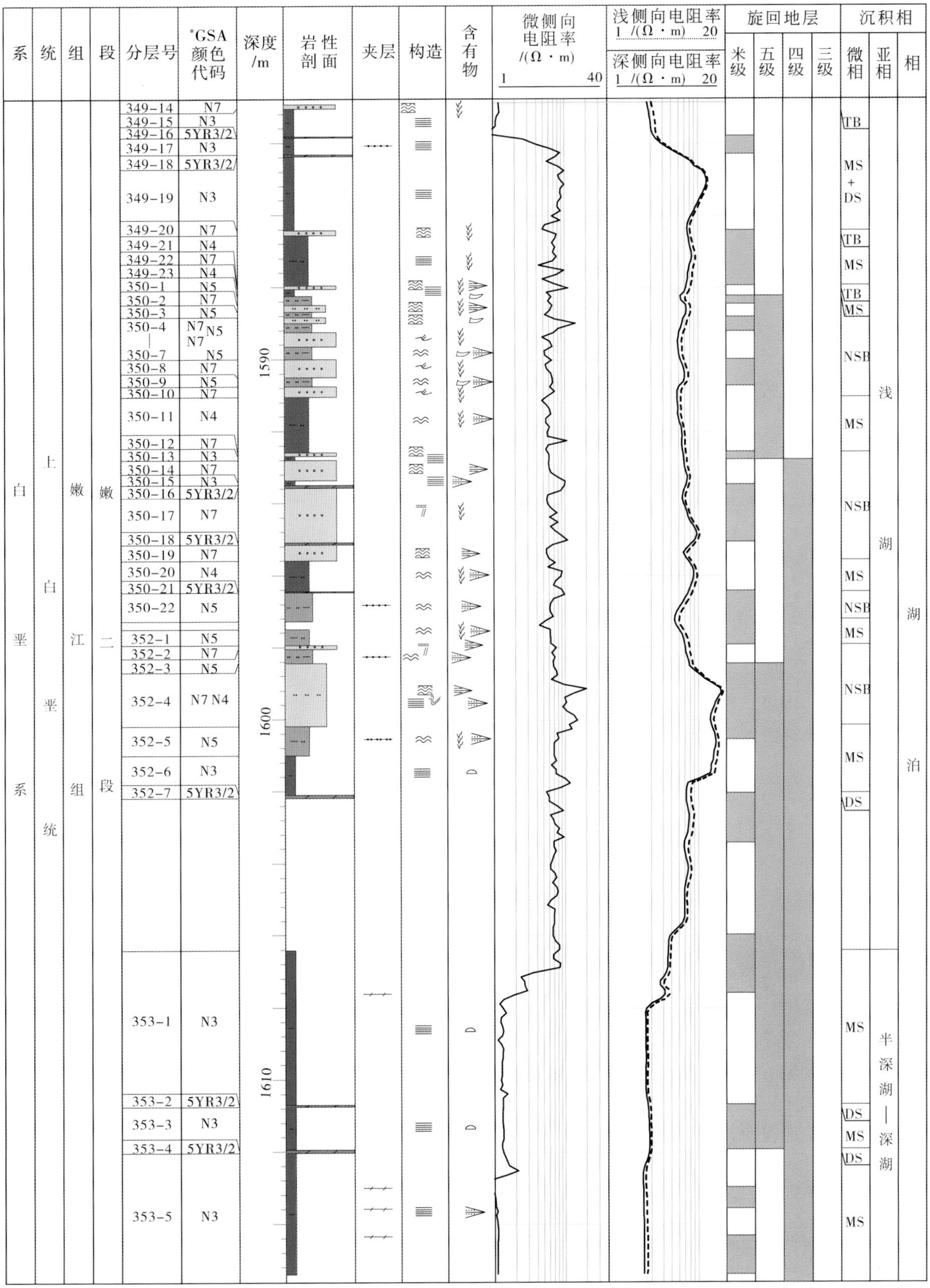

系
统
组
段
分层号
*GSA 颜色代码
深度 /m
岩性剖面
夹层
构造
含有物
微侧向电阻率 /(Ω · m)
1 40
浅侧向电阻率 1 /(Ω · m) 20
深侧向电阻率 1 /(Ω · m) 20
旋回地层
米级
五级
四级
三级
沉积相
微相
亚相
相
白垩系
上白垩统
嫩江组
嫩二段
349-14 N7
349-15 N3
349-16 5YR3/2
349-17 N3
349-18 5YR3/2
349-19 N3
349-20 N7
349-21 N4
349-22 N7
349-23 N4
350-1 N5
350-2 N7
350-3 N5
350-4 N7 N5
350-7 N7 N5
350-8 N7
350-9 N5
350-10 N7
350-11 N4
350-12 N7
350-13 N3
350-14 N7
350-15 N3
350-16 5YR3/2
350-17 N7
350-18 5YR3/2
350-19 N7
350-20 N4
350-21 5YR3/2
350-22 N5
352-1 N5
352-2 N7
352-3 N5
352-4 N7 N4
352-5 N5
352-6 N3
352-7 5YR3/2
353-1 N3
353-2 5YR3/2
353-3 N3
353-4 5YR3/2
353-5 N3
1590
1600
1610
TB
MS + DS
TB
MS
TB
MS
NSB
MS
NSB
MS
NSB
MS
NSB
MS
DS
MS
DS
MS
DS
MS
浅湖
半深湖—深湖
湖泊

图 5.5 嫩一段和嫩二段综合柱状图

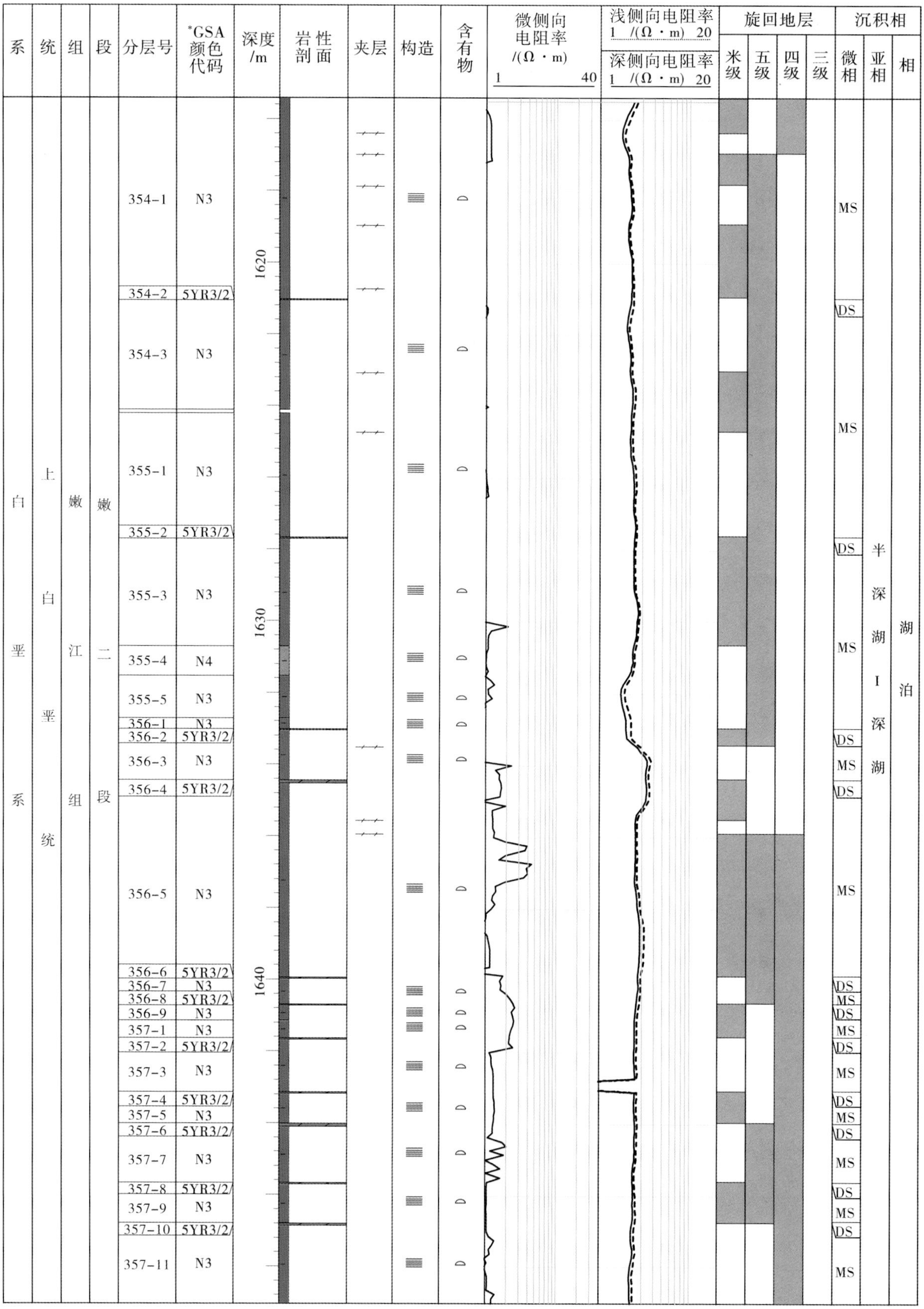
系
统
组
段
分层号
*GSA 颜色代码
深度/m
岩性剖面
夹层
构造
含有物
微侧向电阻率/(Ω·m)
1
40
浅侧向电阻率
1 /(Ω·m) 20
深侧向电阻率
1 /(Ω·m) 20
旋回地层
米级
五级
四级
三级
沉积相
微相
亚相
相
白垩系
上白垩统
嫩江组
嫩二段
354-1 N3
354-2 5YR3/2
354-3 N3
355-1 N3
355-2 5YR3/2
355-3 N3
355-4 N4
355-5 N3
356-1 N3
356-2 5YR3/2
356-3 N3
356-4 5YR3/2
356-5 N3
356-6 5YR3/2
356-7 N3
356-8 5YR3/2
356-9 N3
357-1 N3
357-2 5YR3/2
357-3 N3
357-4 5YR3/2
357-5 N3
357-6 5YR3/2
357-7 N3
357-8 5YR3/2
357-9 N3
357-10 5YR3/2
357-11 N3
1620
1630
1640
MS
DS
半深湖-深湖
湖泊

图 5.5 嫩一段和嫩二段综合柱状图（续）

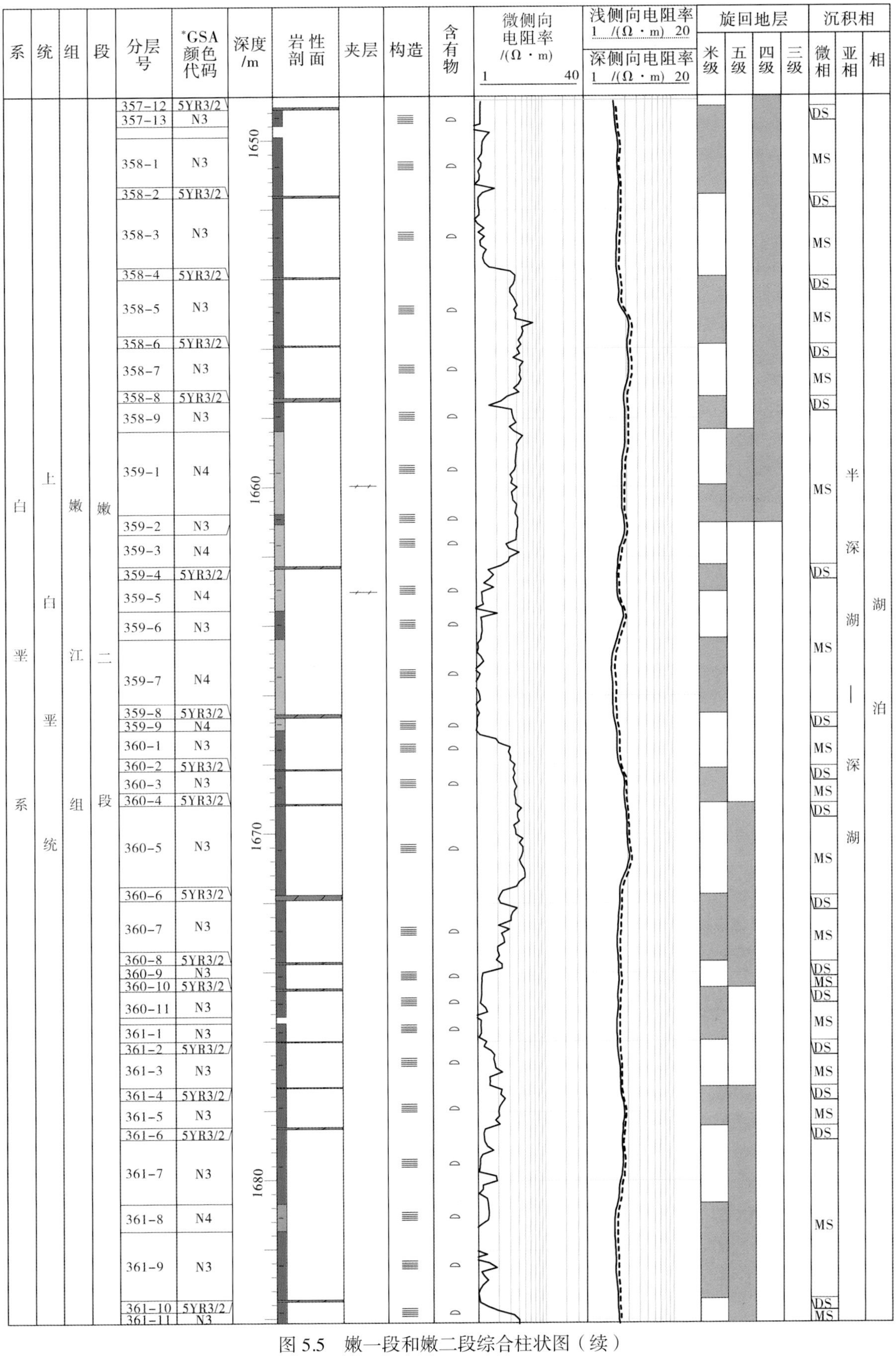
系
统
组
段
分层号
*GSA颜色代码
深度/m
岩性剖面
夹层
构造
含有物
微侧向电阻率/(Ω·m)
1 40
浅侧向电阻率
1 /(Ω·m) 20
深侧向电阻率
1 /(Ω·m) 20
旋回地层
米级
五级
四级
三级
沉积相
微相
亚相
相
白垩系
上白垩统
嫩江组
嫩二段
357-12 5YR3/2
357-13 N3
358-1 N3
358-2 5YR3/2
358-3 N3
358-4 5YR3/2
358-5 N3
358-6 5YR3/2
358-7 N3
358-8 5YR3/2
358-9 N3
359-1 N4
359-2 N3
359-3 N4
359-4 5YR3/2
359-5 N4
359-6 N3
359-7 N4
359-8 5YR3/2
359-9 N4
360-1 N3
360-2 5YR3/2
360-3 N3
360-4 5YR3/2
360-5 N3
360-6 5YR3/2
360-7 N3
360-8 5YR3/2
360-9 N3
360-10 5YR3/2
360-11 N3
361-1 N3
361-2 5YR3/2
361-3 N3
361-4 5YR3/2
361-5 N3
361-6 5YR3/2
361-7 N3
361-8 N4
361-9 N3
361-10 5YR3/2
361-11 N3
1650
1660
1670
1680
DS
MS
半深湖—深湖
湖泊

图 5.5 嫩一段和嫩二段综合柱状图（续）

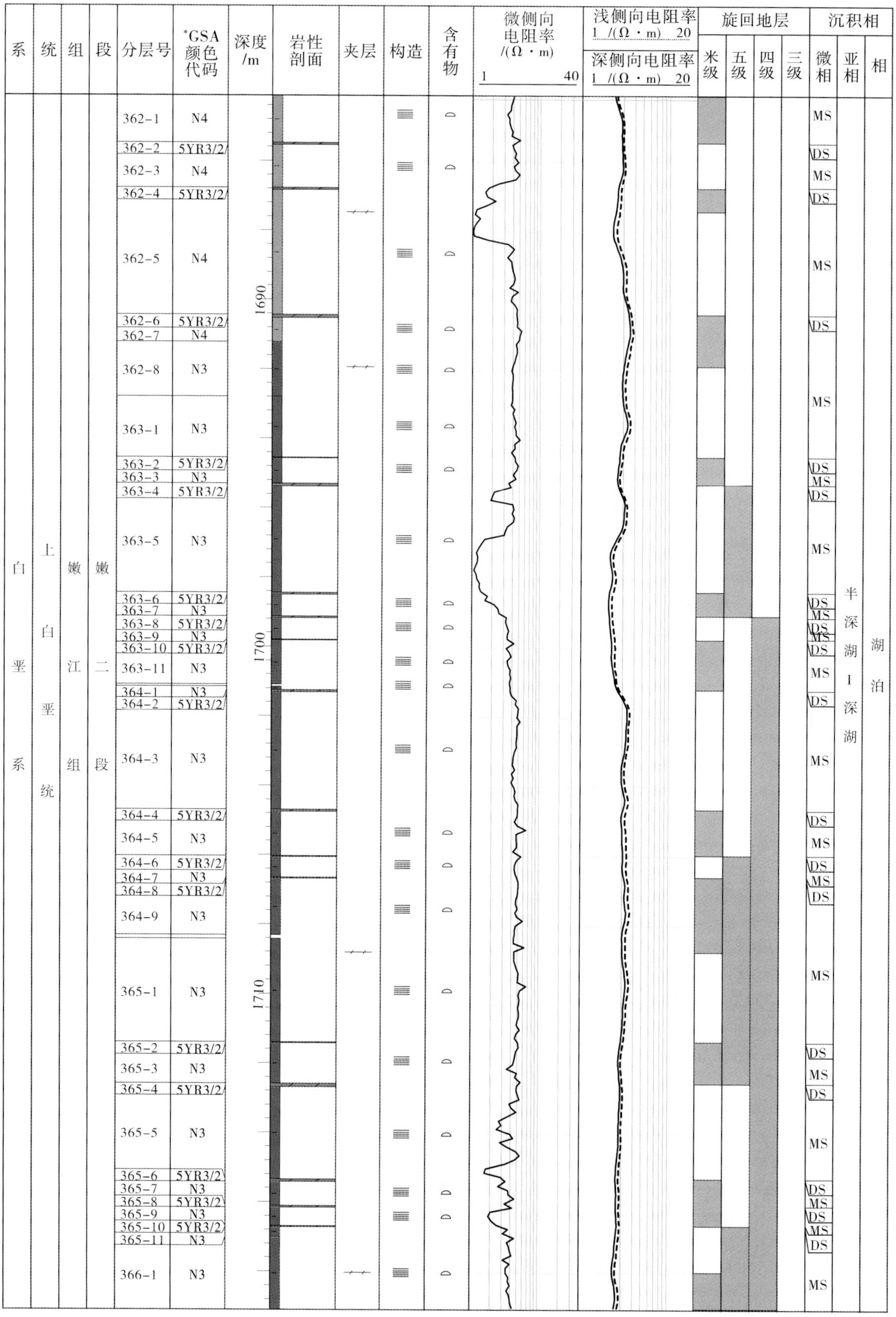
系
统
组
段
分层号
*GSA 颜色代码
深度 /m
岩性剖面
夹层
构造
含有物
微侧向电阻率 /(Ω·m)
1 40
浅侧向电阻率 1 /(Ω·m) 20
深侧向电阻率 1 /(Ω·m) 20
旋回地层
米级
五级
四级
三级
沉积相
微相
亚相
相
白垩系
上白垩统
嫩江组
嫩二段
362-1 N4
362-2 5YR3/2
362-3 N4
362-4 5YR3/2
362-5 N4
362-6 5YR3/2
362-7 N4
362-8 N3
363-1 N3
363-2 5YR3/2
363-3 N3
363-4 5YR3/2
363-5 N3
363-6 5YR3/2
363-7 N3
363-8 5YR3/2
363-9 N3
363-10 5YR3/2
363-11 N3
364-1 N3
364-2 5YR3/2
364-3 N3
364-4 5YR3/2
364-5 N3
364-6 5YR3/2
364-7 N3
364-8 5YR3/2
364-9 N3
365-1 N3
365-2 5YR3/2
365-3 N3
365-4 5YR3/2
365-5 N3
365-6 5YR3/2
365-7 N3
365-8 5YR3/2
365-9 N3
365-10 5YR3/2
365-11 N3
366-1 N3
1690
1700
1710
MS
DS
半深湖-深湖
湖泊
图 5.5　嫩一段和嫩二段综合柱状图（续）

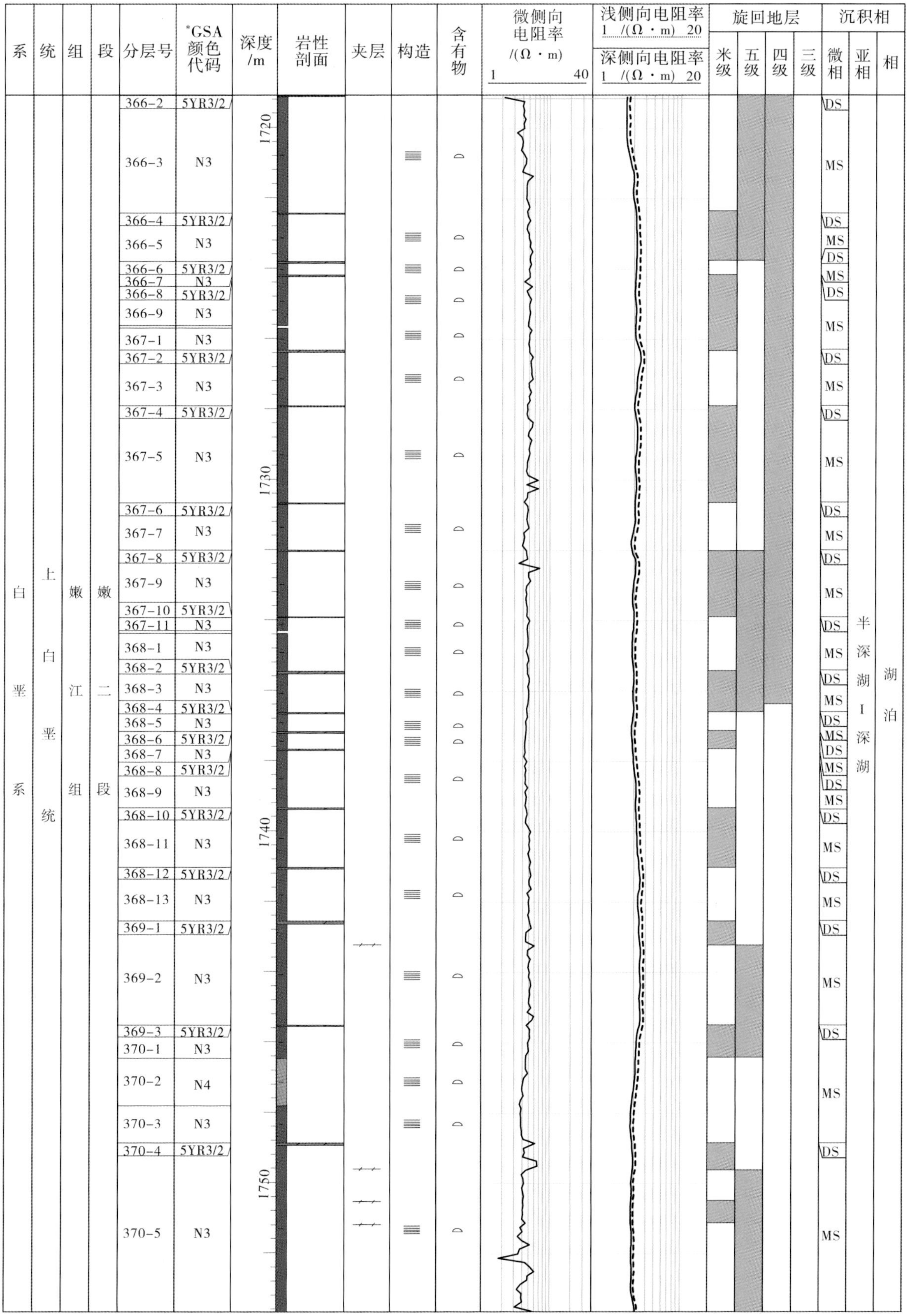
系
统
组
段
分层号
*GSA 颜色代码
深度 /m
岩性剖面
夹层
构造
含有物
微侧向电阻率 /(Ω·m) 1 40
浅侧向电阻率 1 /(Ω·m) 20
深侧向电阻率 1 /(Ω·m) 20
旋回地层
米级
五级
四级
三级
沉积相
微相
亚相
相
白垩系
上白垩统
嫩江组
嫩二段
366-2 5YR3/2
366-3 N3
366-4 5YR3/2
366-5 N3
366-6 5YR3/2
366-7 N3
366-8 5YR3/2
366-9 N3
367-1 N3
367-2 5YR3/2
367-3 N3
367-4 5YR3/2
367-5 N3
367-6 5YR3/2
367-7 N3
367-8 5YR3/2
367-9 N3
367-10 5YR3/2
367-11 N3
368-1 N3
368-2 5YR3/2
368-3 N3
368-4 5YR3/2
368-5 N3
368-6 5YR3/2
368-7 N3
368-8 5YR3/2
368-9 N3
368-10 5YR3/2
368-11 N3
368-12 5YR3/2
368-13 N3
369-1 5YR3/2
369-2 N3
369-3 5YR3/2
370-1 N3
370-2 N4
370-3 N3
370-4 5YR3/2
370-5 N3
1720
1730
1740
1750
DS
MS
半深湖–深湖
湖泊

图 5.5 嫩一段和嫩二段综合柱状图（续）

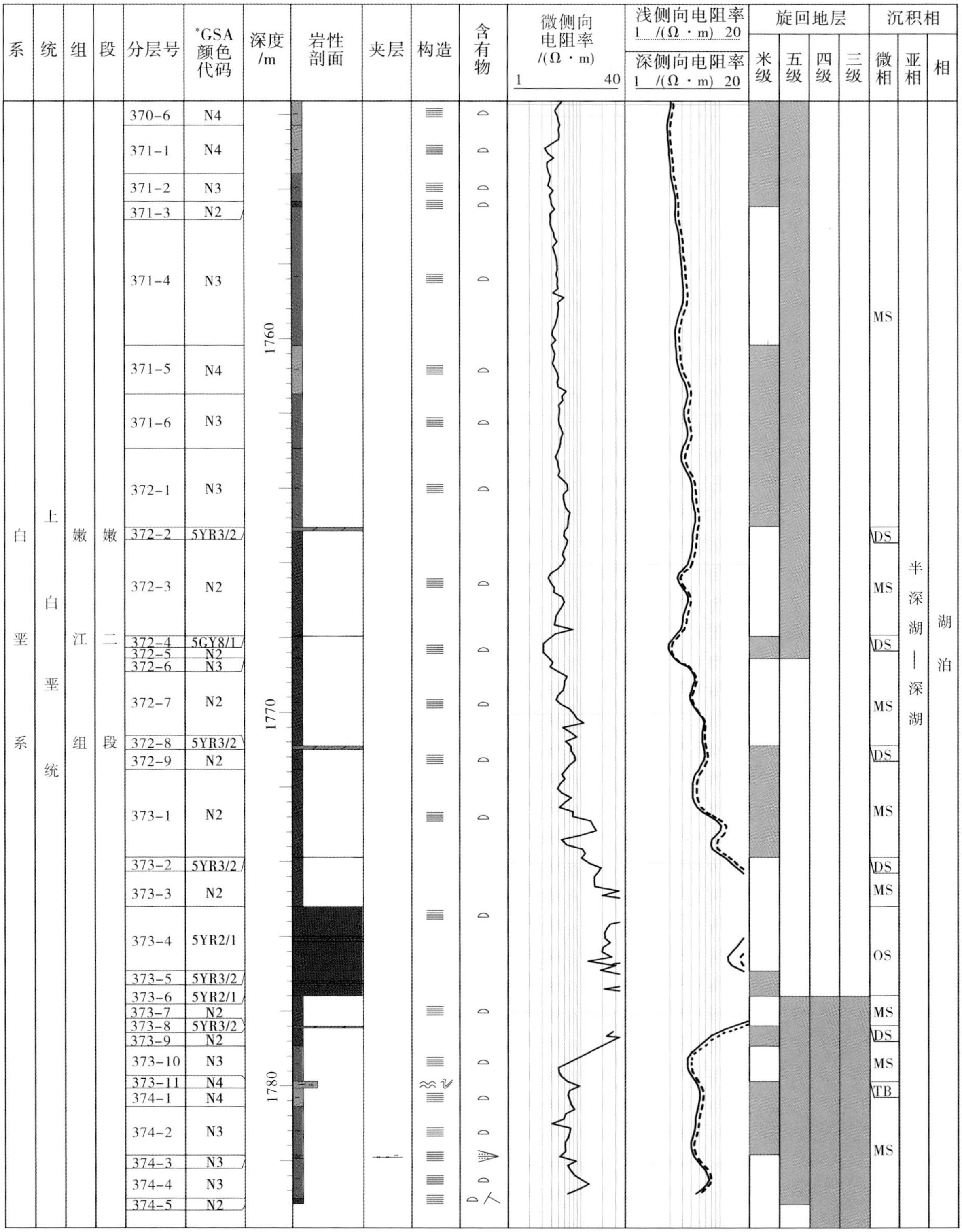
系
统
组
段
分层号
*GSA颜色代码
深度/m
岩性剖面
夹层
构造
含有物
微侧向电阻率/(Ω·m)
1 40
浅侧向电阻率 1 /(Ω·m) 20
深侧向电阻率 1 /(Ω·m) 20
旋回地层
米级
五级
四级
三级
沉积相
微相
亚相
相
370-6 N4
371-1 N4
371-2 N3
371-3 N2
371-4 N3
371-5 N4
371-6 N3
372-1 N3
372-2 5YR3/2
372-3 N2
372-4 5GY8/1
372-5 N2
372-6 N3
372-7 N2
372-8 5YR3/2
372-9 N2
373-1 N2
373-2 5YR3/2
373-3 N2
373-4 5YR2/1
373-5 5YR3/2
373-6 5YR2/1
373-7 N2
373-8 5YR3/2
373-9 N2
373-10 N3
373-11 N4
374-1 N4
374-2 N3
374-3 N3
374-4 N3
374-5 N2
1760
1770
1780
白垩系
上白垩统
嫩江组
嫩二段
MS
DS
MS
DS
MS
DS
MS
DS
MS
OS
MS
DS
MS
TB
MS
半深湖—深湖
湖泊
图 5.5 嫩一段和嫩二段综合柱状图（续）

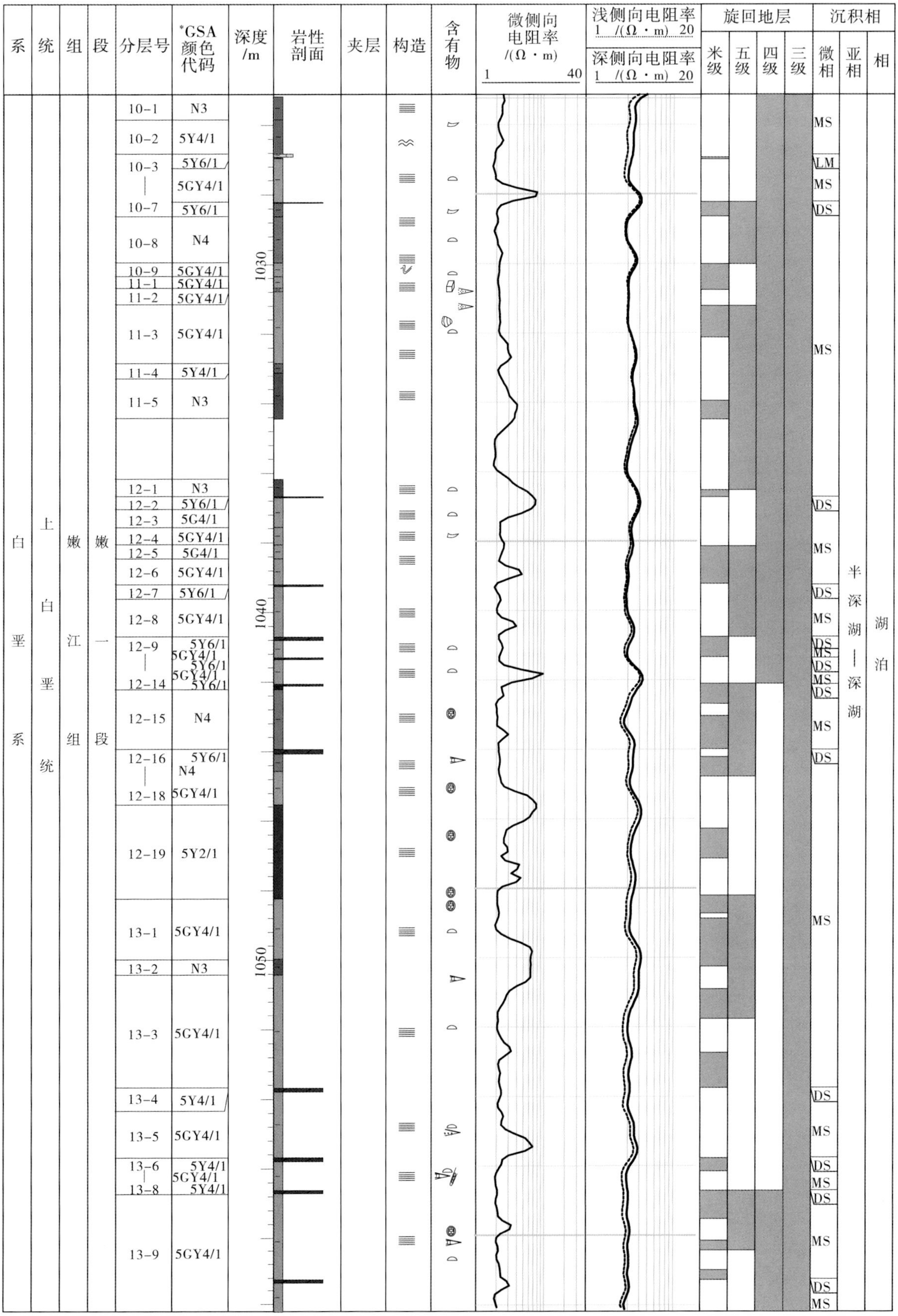

系
统
组
段
分层号
*GSA 颜色代码
深度 /m
岩性剖面
夹层
构造
含有物
微侧向电阻率 /(Ω·m) 1 40
浅侧向电阻率 1 /(Ω·m) 20
深侧向电阻率 1 /(Ω·m) 20
旋回地层
米级
五级
四级
三级
沉积相
微相
亚相
相
10-1 N3
10-2 5Y4/1
10-3 5Y6/1
5GY4/1
10-7 5Y6/1
10-8 N4
10-9 5GY4/1
11-1 5GY4/1
11-2 5GY4/1
11-3 5GY4/1
11-4 5Y4/1
11-5 N3
12-1 N3
12-2 5Y6/1
12-3 5G4/1
12-4 5GY4/1
12-5 5G4/1
12-6 5GY4/1
12-7 5Y6/1
12-8 5GY4/1
12-9 5Y6/1
5GY4/1
5Y6/1
5GY4/1
12-14 5Y6/1
12-15 N4
12-16 5Y6/1
N4
12-18 5GY4/1
12-19 5Y2/1
13-1 5GY4/1
13-2 N3
13-3 5GY4/1
13-4 5Y4/1
13-5 5GY4/1
13-6 5Y4/1
5GY4/1
13-8 5Y4/1
13-9 5GY4/1
1030
1040
1050
白垩系
上白垩统
嫩江组
嫩一段
MS
LM
MS
DS
MS
DS
MS
DS
MS
DS
MS
DS
MS
DS
MS
DS
MS
DS
MS
DS
MS
DS
MS
DS
MS
半深湖—深湖
湖泊

图 5.5 嫩一段和嫩二段综合柱状图（续）

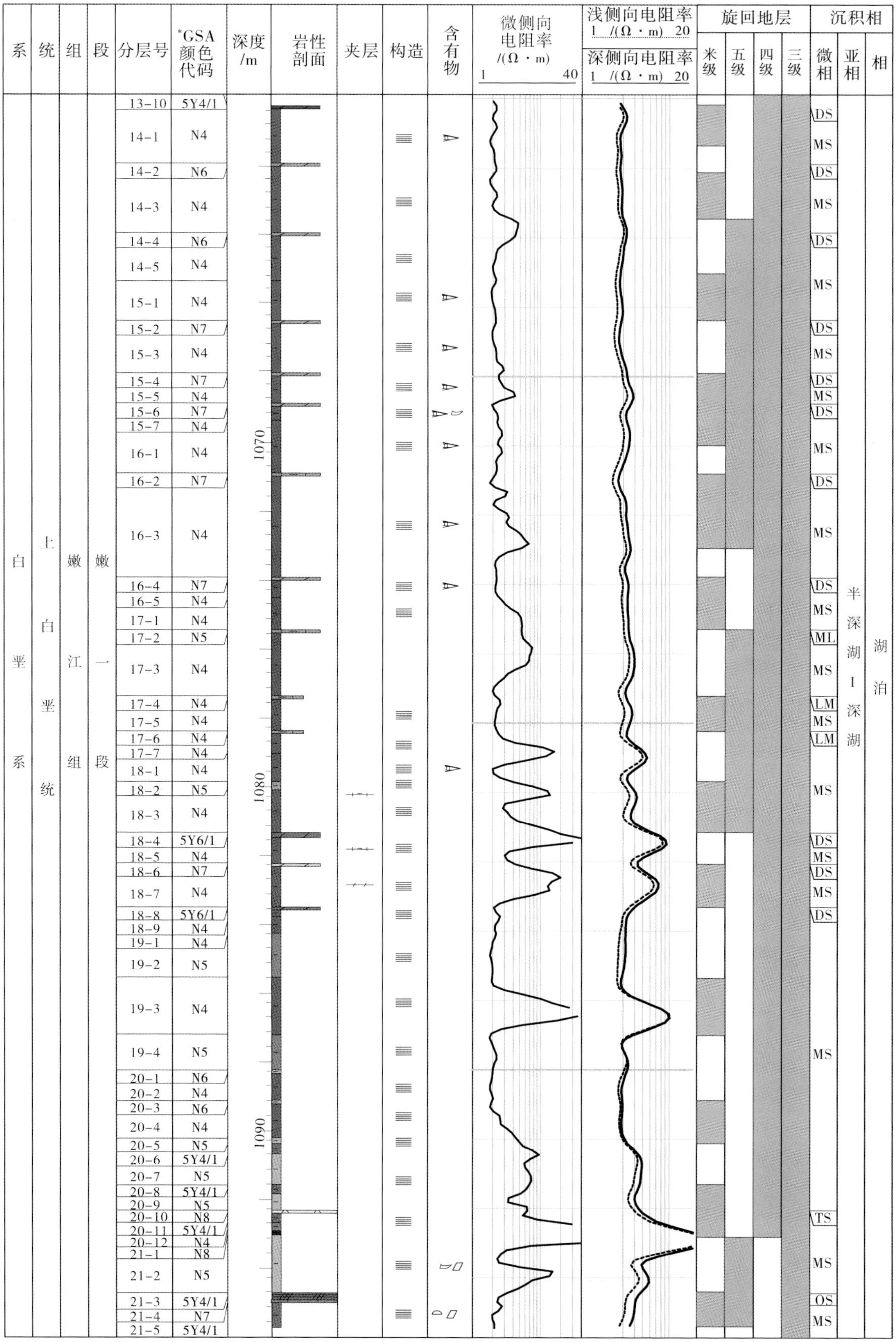

系
统
组
段
分层号
*GSA 颜色代码
深度 /m
岩性剖面
夹层
构造
含有物
微侧向电阻率 /(Ω·m) 1 40
浅侧向电阻率 1 /(Ω·m) 20
深侧向电阻率 1 /(Ω·m) 20
旋回地层
米级
五级
四级
三级
沉积相
微相
亚相
相
白垩系
上白垩统
嫩江组
嫩一段
13-10 5Y4/1
14-1 N4
14-2 N6
14-3 N4
14-4 N6
14-5 N4
15-1 N4
15-2 N7
15-3 N4
15-4 N7
15-5 N4
15-6 N7
15-7 N4
16-1 N4
16-2 N7
16-3 N4
16-4 N7
16-5 N4
17-1 N4
17-2 N5
17-3 N4
17-4 N4
17-5 N4
17-6 N4
17-7 N4
18-1 N4
18-2 N5
18-3 N4
18-4 5Y6/1
18-5 N4
18-6 N7
18-7 N4
18-8 5Y6/1
18-9 N4
19-1 N4
19-2 N5
19-3 N4
19-4 N5
20-1 N6
20-2 N4
20-3 N6
20-4 N4
20-5 N5
20-6 5Y4/1
20-7 N5
20-8 5Y4/1
20-9 N5
20-10 N8
20-11 5Y4/1
20-12 N4
21-1 N8
21-2 N5
21-3 5Y4/1
21-4 N7
21-5 5Y4/1
1070
1080
1090
DS
MS
DS
MS
DS
MS
DS
MS
DS
MS
DS
MS
DS
MS
DS
MS
ML
MS
LM
MS
LM
MS
DS
MS
DS
MS
DS
MS
TS
MS
OS
MS
半深湖—深湖
湖泊

图 5.5 嫩一段和嫩二段综合柱状图（续）

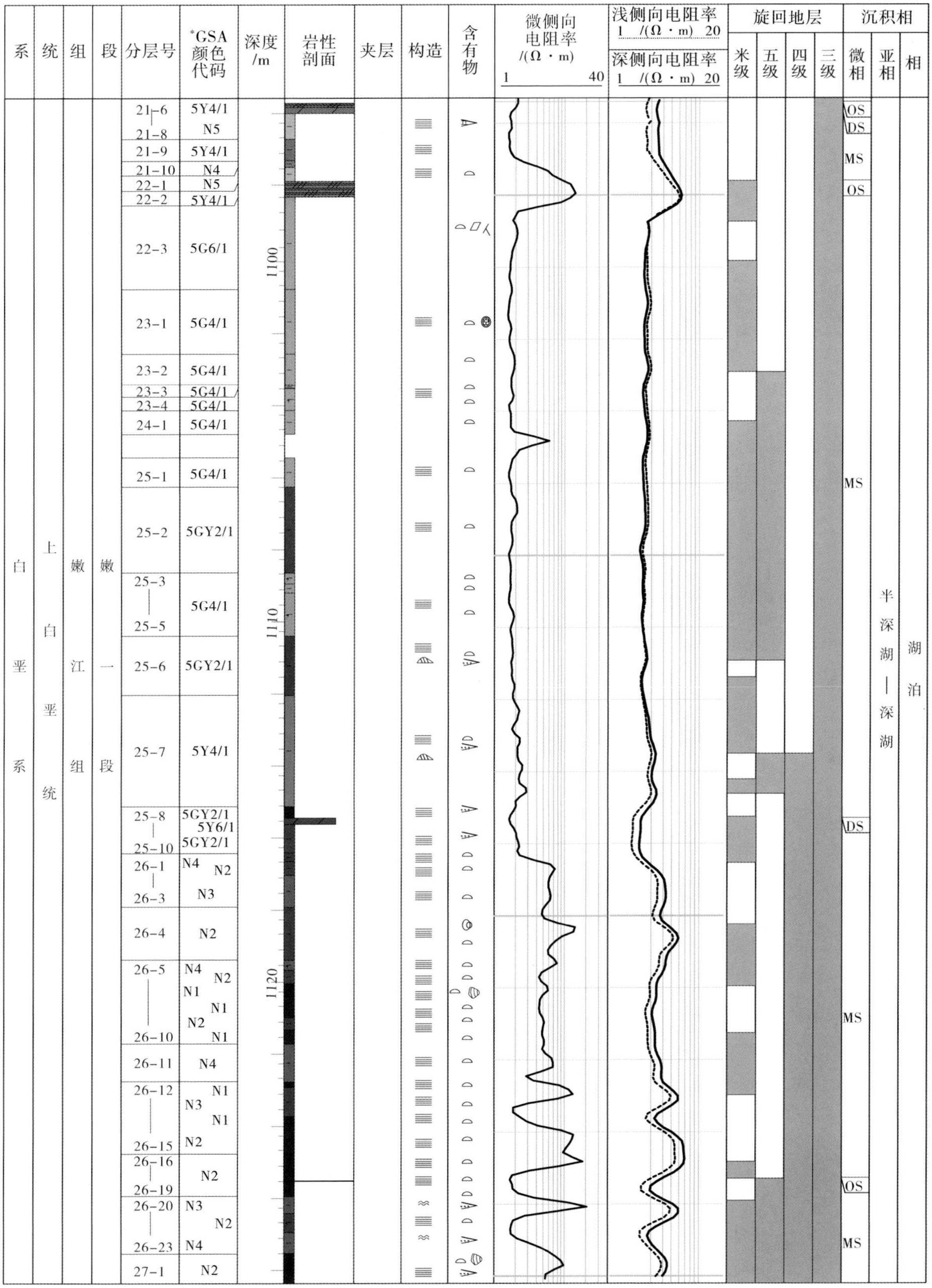
系
统
组
段
分层号
*GSA 颜色代码
深度 /m
岩性剖面
夹层
构造
含有物
微侧向电阻率 /(Ω·m) 1 40
浅侧向电阻率 1 /(Ω·m) 20
深侧向电阻率 1 /(Ω·m) 20
旋回地层
米级
五级
四级
三级
沉积相
微相
亚相
相
白垩系
上白垩统
嫩江组
嫩一段
21-6 — 21-8 5Y4/1 N5
21-9 5Y4/1
21-10 N4
22-1 N5
22-2 5Y4/1
22-3 5G6/1
23-1 5G4/1
23-2 5G4/1
23-3 5G4/1
23-4 5G4/1
24-1 5G4/1
25-1 5G4/1
25-2 5GY2/1
25-3 — 25-5 5G4/1
25-6 5GY2/1
25-7 5Y4/1
25-8 — 25-10 5GY2/1 5Y6/1 5GY2/1
26-1 — 26-3 N4 N2 N3
26-4 N2
26-5 — 26-10 N4 N2 N1 N1 N2 N1
26-11 N4
26-12 — 26-15 N1 N3 N1 N2
26-16 — 26-19 N2
26-20 — 26-23 N3 N2 N4
27-1 N2
1100
1110
1120
OS
DS
MS
OS
MS
DS
MS
OS
MS
半深湖—深湖
湖泊

图 5.5 嫩一段和嫩二段综合柱状图（续）

图例、图注同图 5.1

350–14	1592.80~1593.37m	0.57m	浅灰色细砂岩，波状层理，局部见泥质条带
350–15	1593.37~1593.50m	0.13m	深灰色泥岩，水平层理，局部见细砂岩条带
350–16	1593.50~1593.56m	0.06m	橄榄灰色白云岩，块状构造
350–17	1593.56~1595.10m	1.54m	浅灰色中粒砂岩，平行层理，见炭屑富集层
350–18	1595.10~1595.15m	0.05m	橄榄灰色白云岩，块状构造
350–19	1595.15~1595.60m	0.45m	浅灰色细砂岩，波状层理，局部见泥质条带
350–20	1595.60~1596.45m	0.85m	中深灰色粉砂质泥岩，水平波纹层理，含较多炭屑，粉砂条带和薄层
350–21	1596.45~1596.48m	0.03m	橄榄灰色白云岩，块状构造
350–22	1596.48~1597.28m	0.80m	中灰色泥质粉砂岩，波纹层理，局部见透镜状细砂岩砂体和细砂岩薄层
352–1	1597.50~1597.95m	0.45m	中灰色粉砂质泥岩，水平波纹层理，含较多炭屑、粉砂条带和薄层
352–2	1597.95~1598.05m	0.10m	浅灰色细砂岩，平行层理，局部见泥质条带
352–3	1598.05~1598.45m	0.40m	中灰色泥质粉砂岩，波纹层理，局部见透镜状细砂岩砂体和细砂岩薄层
352–4	1598.45~1600.20m	1.75m	浅灰色粉砂岩与中灰色泥岩互层，波状互层层理，水平层理，局部见波状交错层理、变形层理、粉砂岩条带、泥岩条带
352–5	1600.20~1601.00m	0.80m	中灰色粉砂质泥岩，水平波纹层理，含较多炭屑，粉砂条带和薄层
352–6	1601.00~1602.10m	1.10m	深灰色泥岩，水平层理，偶见介形虫
352–7	1602.10~1602.18m	0.08m	橄榄灰色白云岩质泥岩，块状构造
353–1	1606.41~1610.71m	4.30m	深灰色泥岩，水平层理，偶见介形虫
353–2	1610.71~1610.75m	0.04m	橄榄灰色白云岩质泥岩，块状构造
353–3	1610.75~1611.96m	1.21m	深灰色泥岩，水平层理，偶见介形虫
353–4	1611.96~1612.04m	0.08m	橄榄灰色白云岩质泥岩，块状构造
353–5	1612.04~1615.41m	3.37m	深灰色泥岩，水平层理，局部见细砂岩条带
354–1	1615.41~1621.03m	5.62m	深灰色泥岩，水平层理，偶见介形虫
354–2	1621.03~1621.06m	0.03m	橄榄灰色白云岩质泥岩，块状构造
354–3	1621.06~1624.12m	3.06m	深灰色泥岩，水平层理，偶见介形虫
355–1	1624.22~1627.67m	3.45m	深灰色泥岩，水平层理，偶见介形虫
355–2	1627.67~1627.72m	0.05m	橄榄灰色白云岩，块状构造
355–3	1627.72~1630.72m	3.00m	深灰色泥岩，水平层理，偶见介形虫
355–4	1630.72~1631.53m	0.81m	中深灰色泥岩，水平层理，偶见介形虫
355–5	1631.53~1632.72m	1.19m	深灰色泥岩，水平层理，偶见介形虫
356–1	1632.72~1633.02m	0.30m	深灰色泥岩，水平层理，偶见介形虫
356–2	1633.02~1633.05m	0.03m	橄榄灰色白云岩，块状构造
356–3	1633.05~1634.45m	1.40m	深灰色泥岩，水平层理，偶见介形虫
356–4	1634.45~1634.53m	0.08m	橄榄灰色白云岩，块状构造

356–5	1634.53~1639.95m	5.42m	深灰色泥岩，水平层理，偶见介形虫
356–6	1639.95~1639.99m	0.04m	橄榄灰色白云岩，块状构造
356–7	1639.99~1640.70m	0.71m	深灰色泥岩，水平层理，偶见介形虫
356–8	1640.70~1640.73m	0.03m	橄榄灰色白云岩，块状构造
356–9	1640.73~1641.14m	0.41m	深灰色泥岩，水平层理，偶见介形虫
357–1	1641.14~1641.63m	0.49m	深灰色泥岩，水平层理，偶见介形虫
357–2	1641.63~1641.67m	0.04m	橄榄灰色白云岩质泥岩，块状构造
357–3	1641.67~1643.14m	1.47m	深灰色泥岩，水平层理，偶见介形虫
357–4	1643.14~1643.17m	0.03m	橄榄灰色白云岩，块状构造
357–5	1643.17~1644.01m	0.84m	深灰色泥岩，水平层理，偶见介形虫
357–6	1644.01~1644.11m	0.10m	橄榄灰色白云岩，块状构造
357–7	1644.11~1645.67m	1.56m	深灰色泥岩，水平层理，偶见介形虫
357–8	1645.67~1645.72m	0.05m	橄榄灰色白云岩，块状构造
357–9	1645.72~1646.79m	1.07m	深灰色泥岩，水平层理，偶见介形虫
357–10	1646.79~1646.87m	0.08m	橄榄灰色白云岩，块状构造
357–11	1646.87~1649.04m	2.17m	深灰色泥岩，水平层理，偶见介形虫
357–12	1649.04~1649.12m	0.08m	橄榄灰色白云岩，块状构造
357–13	1649.12~1649.59m	0.47m	深灰色泥岩，水平层理，偶见介形虫
358–1	1649.90~1651.62m	1.72m	深灰色泥岩，水平层理，偶见介形虫
358–2	1651.62~1651.65m	0.03m	橄榄灰色白云岩，块状构造
358–3	1651.65~1653.95m	2.30m	深灰色泥岩，水平层理，偶见介形虫
358–4	1653.95~1654.00m	0.05m	橄榄灰色白云岩，块状构造
358–5	1654.00~1655.91m	1.91m	深灰色泥岩，水平层理，偶见介形虫
358–6	1655.91~1655.96m	0.05m	橄榄灰色白云岩，块状构造
358–7	1655.96~1657.44m	1.48m	深灰色泥岩，水平层理，偶见介形虫
358–8	1657.44~1657.54m	0.10m	橄榄灰色白云岩，块状构造
358–9	1657.54~1658.38m	0.84m	深灰色泥岩，水平层理，偶见介形虫
359–1	1658.38~1660.78m	2.40m	中深灰色泥岩，水平层理，偶见介形虫
359–2	1660.78~1661.08m	0.30m	深灰色泥岩，水平层理，偶见介形虫
359–3	1661.08~1662.28m	1.20m	中深灰色泥岩，水平层理，偶见介形虫
359–4	1662.28~1662.36m	0.08m	橄榄灰色白云岩，块状构造
359–5	1662.36~1663.58m	1.22m	中深灰色泥岩，水平层理，偶见介形虫
359–6	1663.58~1664.38m	0.80m	深灰色泥岩，水平层理，偶见介形虫
359–7	1664.38~1666.56m	2.18m	中深灰色泥岩，水平层理，偶见介形虫
359–8	1666.56~1666.60m	0.04m	橄榄灰色白云岩，块状构造
359–9	1666.66~1667.02m	0.36m	中深灰色泥岩，水平层理，偶见介形虫
360–1	1667.02~1668.14m	1.12m	深灰色泥岩，水平层理，偶见介形虫

360–2	1668.14~1668.19m	0.05m	橄榄灰色白云岩，块状构造
360–3	1668.19~1669.14m	0.95m	深灰色泥岩，水平层理，偶见介形虫
360–4	1669.14~1669.17m	0.03m	橄榄灰色白云岩，块状构造
360–5	1669.17~1671.77m	2.60m	深灰色泥岩，水平层理，偶见介形虫
360–6	1671.77~1671.92m	0.15m	橄榄灰色白云岩，块状构造
360–7	1671.92~1673.72m	1.80m	深灰色泥岩，水平层理，偶见介形虫
360–8	1673.72~1673.77m	0.05m	橄榄灰色白云岩，块状构造
360–9	1673.77~1674.48m	0.71m	深灰色泥岩，水平层理，偶见介形虫
360–10	1674.48~1674.53m	0.05m	橄榄灰色白云岩，块状构造
360–11	1674.53~1675.28m	0.75m	深灰色泥岩，水平层理，偶见介形虫
361–1	1675.48~1676.00m	0.52m	深灰色泥岩，水平层理，偶见介形虫
361–2	1676.00~1676.03m	0.03m	橄榄灰色白云岩，块状构造
361–3	1676.03~1677.33m	1.30m	深灰色泥岩，水平层理，偶见介形虫
361–4	1677.33~1677.35m	0.02m	橄榄灰色白云岩，块状构造
361–5	1677.35~1678.48m	1.13m	深灰色泥岩，水平层理，偶见介形虫
361–6	1678.48~1678.53m	0.05m	橄榄灰色白云岩，块状构造
361–7	1678.53~1680.68m	2.15m	深灰色泥岩，水平层理，偶见介形虫
361–8	1680.68~1681.48m	0.80m	中深灰色泥岩，水平层理，偶见介形虫
361–9	1681.48~1683.46m	1.98m	深灰色泥岩，水平层理，偶见介形虫
361–10	1683.46~1683.51m	0.05m	橄榄灰色白云岩，块状构造
361–11	1683.51~1684.13m	0.62m	深灰色泥岩，水平层理，偶见介形虫
362–1	1684.13~1685.49m	1.36m	中深灰色泥岩，水平层理，偶见介形虫
362–2	1685.49~1685.53m	0.04m	橄榄灰色白云岩，块状构造
362–3	1685.53~1686.78m	1.25m	中深灰色泥岩，水平层理，偶见介形虫
362–4	1686.78~1686.85m	0.07m	橄榄灰色白云岩，块状构造
362–5	1686.85~1690.45m	3.60m	中深灰色泥岩，水平层理，偶见介形虫
362–6	1690.45~1690.53m	0.08m	橄榄灰色白云岩，块状构造
362–7	1690.53~1691.23m	0.70m	中深灰色泥岩，水平层理，偶见介形虫
362–8	1691.23~1692.80m	1.57m	深灰色泥岩，水平层理，偶见介形虫
363–1	1692.80~1694.55m	1.75m	深灰色泥岩，水平层理，偶见介形虫
363–2	1694.55~1694.58m	0.03m	橄榄灰色白云岩，块状构造
363–3	1694.58~1695.30m	0.72m	深灰色泥岩，水平层理，偶见介形虫
363–4	1695.30~1695.38m	0.08m	橄榄灰色白云岩，块状构造
363–5	1695.38~1698.45m	3.07m	深灰色泥岩，水平层理，偶见介形虫
363–6	1698.45~1698.50m	0.05m	橄榄灰色白云岩，块状构造
363–7	1698.50~1699.13m	0.63m	深灰色泥岩，水平层理，偶见介形虫
363–8	1699.13~1699.18m	0.05m	橄榄灰色白云岩，块状构造

363–9	1699.18~1699.80m	0.62m	深灰色泥岩，水平层理，偶见介形虫
363–10	1699.80~1699.83m	0.03m	橄榄灰色白云岩，块状构造
363–11	1699.83~1701.10m	1.27m	深灰色泥岩，水平层理，偶见介形虫
364–1	1701.15~1701.25m	0.10m	深灰色泥岩，水平层理，偶见介形虫
364–2	1701.25~1701.31m	0.06m	橄榄灰色白云岩，块状构造
364–3	1701.31~1704.70m	3.39m	深灰色泥岩，水平层理，偶见介形虫
364–4	1704.70~1704.75m	0.05m	橄榄灰色白云岩，块状构造
364–5	1704.75~1706.03m	1.28m	深灰色泥岩，水平层理，偶见介形虫
364–6	1706.03~1706.06m	0.03m	橄榄灰色白云岩，块状构造
364–7	1706.06~1706.65m	0.59m	深灰色泥岩，水平层理，偶见介形虫
364–8	1706.65~1706.68m	0.03m	橄榄灰色白云岩，块状构造
364–9	1706.68~1708.31m	1.63m	深灰色泥岩，水平层理，偶见介形虫
365–1	1708.42~1711.40m	2.98m	深灰色泥岩，水平层理，偶见介形虫
365–2	1711.40~1711.43m	0.03m	橄榄灰色白云岩，块状构造
365–3	1711.43~1712.60m	1.17m	深灰色泥岩，水平层理，偶见介形虫
365–4	1712.60~1712.70m	0.10m	橄榄灰色白云岩，块状构造
365–5	1712.70~1715.36m	2.66m	深灰色泥岩，水平层理，偶见介形虫
365–6	1715.36~1715.42m	0.06m	橄榄灰色白云岩，块状构造
365–7	1715.42~1716.12m	0.70m	深灰色泥岩，水平层理，偶见介形虫
365–8	1716.12~1716.16m	0.04m	橄榄灰色白云岩，块状构造
365–9	1716.16~1716.70m	0.54m	深灰色泥岩，水平层理，偶见介形虫
365–10	1716.70~1716.73m	0.03m	橄榄灰色白云岩，块状构造
365–11	1716.73~1717.01m	0.28m	深灰色泥岩，水平层理，偶见介形虫
366–1	1717.01~1719.11m	2.10m	深灰色泥岩，水平层理，偶见介形虫
366–2	1719.11~1719.14m	0.03m	橄榄灰色白云岩，块状构造
366–3	1719.14~1722.45m	3.31m	深灰色泥岩，水平层理，偶见介形虫
366–4	1722.45~1722.48m	0.03m	橄榄灰色白云岩，块状构造
366–5	1722.48~1723.81m	1.33m	深灰色泥岩，水平层理，偶见介形虫
366–6	1723.81~1723.87m	0.06m	橄榄灰色白云岩，块状构造
366–7	1723.87~1724.21m	0.34m	深灰色泥岩，水平层理，偶见介形虫
366–8	1724.21~1724.25m	0.04m	橄榄灰色白云岩，块状构造
366–9	1724.25~1725.64m	1.39m	深灰色泥岩，水平层理，偶见介形虫
367–1	725.72~1726.34m	0.62m	深灰色泥岩，水平层理，偶见介形虫
367–2	1726.34~1726.39m	0.05m	橄榄灰色白云岩，块状构造
367–3	1726.39~1727.92m	1.53m	深灰色泥岩，水平层理，偶见介形虫
367–4	1727.92~1727.96m	0.04m	橄榄灰色白云岩，块状构造
367–5	1727.96~1730.69m	2.73m	深灰色泥岩，水平层理，偶见介形虫

367-6	1730.69~1730.73m	0.04m	橄榄灰色白云岩，块状构造
367-7	1730.73~1732.02m	1.29m	深灰色泥岩，水平层理，偶见介形虫
367-8	1732.02~1732.06m	0.04m	橄榄灰色白云岩，块状构造
367-9	1732.06~1733.92m	1.86m	深灰色泥岩，水平层理，偶见介形虫
367-10	1733.92~1733.95m	0.03m	橄榄灰色白云岩，块状构造
367-11	1733.95~1734.32m	0.37m	深灰色泥岩，水平层理，偶见介形虫
368-1	1734.39~1735.47m	1.08m	深灰色泥岩，水平层理，偶见介形虫
368-2	1735.47~1735.54m	0.07m	橄榄灰色白云岩，块状构造
368-3	1735.54~1736.64m	1.10m	深灰色泥岩，水平层理，偶见介形虫
368-4	1736.64~1736.69m	0.05m	橄榄灰色白云岩，块状构造
368-5	1736.69~1737.19m	0.50m	深灰色泥岩，水平层理，偶见介形虫
368-6	1737.19~1737.24m	0.05m	橄榄灰色白云岩，块状构造
368-7	1737.24~1737.69m	0.45m	深灰色泥岩，水平层理，偶见介形虫
368-8	1737.69~1737.71m	0.02m	橄榄灰色白云岩，块状构造
368-9	1737.71~1739.36m	1.65m	深灰色泥岩，水平层理，偶见介形虫
368-10	1739.36~1739.40m	0.04m	橄榄灰色白云岩，块状构造
368-11	1739.40~1741.04m	1.64m	深灰色泥岩，水平层理，偶见介形虫
368-12	1741.04~1741.09m	0.05m	橄榄灰色白云岩，块状构造
368-13	1741.09~1742.58m	1.49m	深灰色泥岩，水平层理，偶见介形虫
369-1	1742.58~1742.66m	0.08m	橄榄灰色白云岩，块状构造
369-2	1742.66~1745.53m	2.87m	深灰色泥岩，水平层理，偶见介形虫
369-3	1745.53~1745.58m	0.05m	橄榄灰色白云岩，块状构造
370-1	1745.58~1746.48m	0.90m	深灰色泥岩，水平层理，偶见介形虫
370-2	1746.48~1747.83m	1.35m	中深灰色泥岩，水平层理，偶见介形虫
370-3	1747.83~1748.88m	1.05m	深灰色泥岩，水平层理，偶见介形虫
370-4	1748.88~1748.96m	0.08m	橄榄灰色白云岩，块状构造
370-5	1748.96~1753.68m	4.72m	深灰色泥岩，水平层理，偶见介形虫
370-6	1753.68~1754.29m	0.61m	中深灰色泥岩，水平层理，偶见介形虫
371-1	1754.29~1755.59m	1.30m	中深灰色泥岩，水平层理，偶见介形虫
371-2	1755.59~1756.34m	0.75m	深灰色泥岩，水平层理，偶见介形虫
371-3	1756.34~1756.49m	0.15m	灰黑色泥岩，水平层理，偶见介形虫，具油味
371-4	1756.49~1760.19m	3.70m	深灰色泥岩，水平层理，偶见介形虫
371-5	1760.19~1761.49m	1.30m	中深灰色泥岩，水平层理，偶见介形虫
371-6	1761.49~1762.94m	1.45m	深灰色泥岩，水平层理，偶见介形虫
372-1	1762.94~1765.05m	2.10m	深灰色泥岩，水平层理，偶见介形虫
372-2	1765.05~1765.15m	0.10m	橄榄灰色白云岩，块状构造
372-3	1765.15~1767.97m	2.82m	灰黑色泥岩，水平层理，偶见介形虫，具油味

372–4	1767.97~1767.98m	0.01m	疑似火山灰层
372–5	1767.98~1768.55m	0.57m	灰黑色泥岩，水平层理，偶见介形虫，具油味
372–6	1768.55~1768.56m	0.01m	深灰色泥岩，水平层理，偶见介形虫
372–7	1768.56~1770.90m	2.34m	灰黑色泥岩，水平层理，偶见介形虫，具油味
372–8	1770.90~1771.00m	0.10m	橄榄灰色白云岩，块状构造
372–9	1771.00~1771.53m	0.53m	灰黑色泥岩，水平层理，偶见介形虫，具油味
373–1	1771.53~1773.88m	2.35m	灰黑色泥岩，水平层理，偶见介形虫，具油味
373–2	1773.88~1773.89m	0.01m	橄榄灰色白云岩，块状构造
373–3	1773.89~1775.26m	1.37m	灰黑色泥岩，水平层理，偶见介形虫，具油味
373–4	1775.26~1776.93m	1.67m	橄榄黑色劣质油页岩，页理构造，具油味
373–5	1776.93~1776.94m	0.01m	橄榄灰色白云岩，块状构造
373–6	1776.94~1777.62m	0.68m	橄榄黑色劣质油页岩，页理构造，具油味
373–7	1777.62~1778.43m	0.81m	灰黑色泥岩，水平层理，偶见介形虫，具油味
373–8	1778.43~1778.46m	0.03m	橄榄灰色白云岩，块状构造
373–9	1778.46~1778.93m	0.47m	灰黑色泥岩，水平层理，偶见介形虫，具油味
373–10	1778.93~1779.88m	0.95m	深灰色泥岩，水平层理，偶见介形虫
373–11	1779.88~1780.06m	0.18m	中深灰色粉砂质泥岩，波纹层理，局部变形
374–1	1780.06~1780.56m	0.50m	中深灰色泥岩，水平层理，偶见介形虫
374–2	1780.56~1781.86m	1.30m	深灰色泥岩，水平层理，偶见介形虫
374–3	1781.86~1781.96m	0.10m	深灰色泥岩与泥质粉砂岩互层，水平层理，夹泥粉条带
374–4	1781.96~1783.01m	1.05m	深灰色泥岩，水平层理，偶见介形虫
374–5	1783.01~1783.16m	0.15m	灰黑色泥岩，水平层理，偶见介形虫，具油味，裂缝发育，正在生油

嫩江组一段上覆地层为嫩江组二段，呈整合接触，岩心描述见下文；下伏地层为姚家组，呈整合接触。

嫩江组一段（“松科 1 井”南孔）岩心描述：

10–1	1025.13~1025.82m	0.69m	深灰色泥岩，水平纹理，偶见生物碎片
10–2	1025.82~1026.77m	0.95m	橄榄灰色泥岩，块状构造，贝壳状断口，底部发育水平波纹层理，偶见生物化石碎片
10–3	1026.77~1026.87m	0.10m	浅橄榄灰色灰质泥岩，块状构造，发育镜面擦痕
10–4	1026.87~1026.90m	0.03m	浅橄榄灰色泥岩夹透镜状浅橄榄灰色粉砂岩，波状层理
10–5	1026.90~1028.17m	1.27m	深绿灰色泥岩，水平纹理，偶见不完整介形虫化石
10–6	1028.17~1028.20m	0.03m	浅橄榄灰色白云岩，底部发育透镜状层理，中部发育同沉积变形构造（泄水构造、液化变形构造、层间同沉积团块）；上部层间液化物流拖动构造、雁列状前积构造、充填构造
10–7	1028.20~1028.59m	0.39m	橄榄灰色泥岩，水平纹理，见生物化石碎片

10–8	1028.59~1029.91m	1.32m	中深灰色泥岩，水平纹理，见较多介形虫化石，见个别生物化石残片；在 1028.82m 处见一扁平透镜状介形虫灰岩
10–9	1029.91~1030.32m	0.41m	深绿灰色泥岩夹中浅灰色钙质粗粉砂岩，顶部见一生物碎屑层，不连续；中部发育滑塌，变形揉皱构造；见砂球、砂枕、重荷构造、火焰状构造、包卷构造；发育变形层理、透镜状层理（属原地滑塌，未被搬动）；底部砂岩呈透镜状、条带状，内部发育水平波纹层理，未见明显侵蚀面，顶部见有一生物碎屑薄层，不连续
11–1	1030.32~1030.64m	0.32m	深绿灰色含钙质泥岩，块状构造，贝壳状断口，介形虫化石较多，但个体不完整；见黄铁矿颗粒
11–2	1030.64~1030.75m	0.11m	深绿灰色泥岩夹中浅灰色含钙粗粉砂岩，泥岩中发育水平纹理，波状纹理，变形纹理，粗砂岩中发育平行层理；发育变形构造、包卷构造，粗粉砂岩中见钙质化石碎片
11–3	1030.75~1032.82m	2.07m	深绿灰色泥岩，水平纹理，见叶肢介化石、介形虫化石，但不完整
11–4	1032.82~1033.09m	0.27m	橄榄灰色泥岩，水平纹理，但不明显
11–5	1033.09~1034.41m	1.32m	深灰色泥岩，发育水平层理
12–1	1036.13~1036.65m	0.52m	深灰色泥岩，水平纹理，底部见介形虫化石，不完整；在 1036.54m 处见一同生的浅橄榄灰色白云岩结核（顺层产出，内部保留水平纹理）
12–2	1036.65~1036.68m	0.03m	浅橄榄灰色白云岩与深灰色泥岩薄互层，水平纹理
12–3	1036.68~1037.53m	0.85m	深绿灰色泥岩，水平纹理，偶见介形虫化石
12–4	1037.53~1038.03m	0.50m	深绿灰色泥岩，水平纹理，偶见生物化石残片
12–5	1038.03~1038.43m	0.40m	深绿灰色泥岩，水平纹理
12–6	1038.43~1039.18m	0.75m	深绿灰色泥岩，水平纹理
12–7	1039.18~1039.24m	0.06m	橄榄灰色白云岩，块状构造
12–8	1039.24~1040.70m	1.46m	深绿灰色泥岩，水平纹理
12–9	1040.70~1040.79m	0.09m	浅橄榄灰色白云岩，白云岩结核顺层产出，内部纹层具发散状
12–10	1040.79~1041.29m	0.50m	深绿灰色泥岩，发育水平纹理，见介形虫化石碎片
12–11	1041.29~1041.35m	0.06m	浅橄榄灰色白云岩，发育水平纹理
12–12	1041.35~1042.05m	0.70m	深绿灰色泥岩，发育水平纹理，见介形虫化石碎片
12–13	1042.05~1042.12m	0.07m	浅橄榄灰色白云岩，白云岩顺层产出，内部纹层具发散状
12–14	1042.12~1042.21m	0.09m	橄榄灰色泥岩，发育水平纹理，见浅橄榄灰色白云岩结核、条带
12–15	1042.21~1043.93m	1.72m	中深灰色泥岩，发育水平纹理，在 1042.70m 及 1042.83m 处见两层浅橄榄灰色白云岩结核，最厚处为 7cm，最薄处为 3cm
12–16	1043.93~1044.07m	0.14m	浅橄榄灰色白云岩，块状构造
12–17	1044.07~1044.57m	0.50m	中深灰色泥岩，发育水平纹理，顶部见砾屑白云岩及砂屑白云岩条带、透镜体（浊流成因），底部见冲刷面
12–18	1044.57~1045.53m	0.96m	深绿灰色泥岩，发育水平纹理，在 1044.79m 及 1044.86m 处见两层浅橄榄灰色白云岩结核，最厚处为 5cm，最薄处为 2cm
12–19	1045.53~1048.24m	2.71m	橄榄黑色泥岩，发育水平纹理，在 1046.27m 及 1048.24m 处见两层浅橄榄灰色白云岩结核，最厚处为 5cm，最薄处为 2cm；在 1047.12m 处见一钙质生物碎屑层

13–1	1048.24~1049.98m	1.74m	深绿灰色泥岩，发育水平纹理；结核周围泥岩中的层理连续，沿结核边部绕行，偶见介形虫化石；1048.69m 处见一直径 12cm 的同沉积浅橄榄灰色白云岩结核
13–2	1049.98~1050.44m	0.46m	深灰色泥岩，块状构造
13–3	1050.44~1053.70m	3.26m	深绿灰色泥岩，发育水平纹理，偶见介形虫化石；1050.44m 处见夹两薄层不连续浅橄榄灰色白云岩层，层厚 1cm；1056.88m 见一 5cm 厚夹层；1051.76m 处见一厚度不均夹层厚 1~2.5cm
13–4	1053.70~1053.80m	0.10m	橄榄灰色白云岩，块状构造
13–5	1053.80~1055.71m	1.91m	深绿灰色泥岩，发育水平纹理，见介形虫化石，个体完整，大小一般在 1mm 左右，局部可见介形虫呈条带状或片状富集
13–6	1055.71~1055.81m	0.10m	橄榄灰色白云岩，发育水平纹理，岩心外表面见有生物化石被泥浆冲走留下的孔洞，大小 2mm
13–7	1055.81~1056.64m	0.83m	深绿灰色泥岩，发育水平纹理，偶见介形虫化石，1056.12m 处见有一层厚 2cm 的橄榄灰色白云岩层，其上见有 4 处生物逃逸迹（在白云岩上下层的水平泥岩中有穿层现象）；1056.14m 处见第二层橄榄灰色白云岩层，厚度不均匀，0.5~2cm
13–8	1056.64~1056.74m	0.10m	橄榄灰色白云岩，块状构造
13–9	1056.74~1060.14m	3.40m	深绿灰色泥岩，发育水平纹理，见介形虫化石，个体完整，大小一般在 1mm 左右，局部可见介形虫呈条带状或片状富集；1057.46m 处见 5cm 厚橄榄灰色白云岩层；1058.16m 见一白云岩结核，最厚 6cm，内部见有一条方解石脉；1058.39m 见一白云岩结核，最厚 6cm；1058.94m 处见一厚度不均匀的白云岩层（5~8cm 厚）；1059.39m 处见一白云岩结核，最厚 5cm；1059.50m 处见一厚度不均匀的白云岩层（5~8cm 厚）
13–10	1060.14~1060.25m	0.11m	橄榄灰色白云岩，块状构造
14–1	1060.25~1061.82m	1.57m	中深灰色泥岩，水平层理，见断续的泥灰岩条带，厚度在 1mm 左右，偶见介形虫
14–2	1061.82~1061.86m	0.04m	中浅灰色白云岩，扁椭球状，见宿主泥岩沉积纹理与椭球外表一致
14–3	1061.86~1063.85m	1.99m	中深灰色泥岩，水平纹理，局部偶见断续泥灰岩条带
14–4	1063.85~1063.9m	0.05m	中浅灰色白云岩，层状、层理不清楚，有油味
14–5	1063.90~1065.19m	1.29m	中深灰色泥岩，水平层理，局部偶见泥灰岩条带
15–1	1065.19~1066.34m	1.15m	中深灰色泥岩，水平层理发育，局部见浅灰色断续的泥灰岩条带
15–2	1066.34~1066.37m	0.03m	浅灰色白云岩，层状，层理不清楚
15–3	1066.37~1067.85m	1.48m	中深灰色泥岩，水平纹理，局部见浅灰色断续的泥灰岩条带
15–4	1067.85~1067.89m	0.04m	浅灰色白云岩，层状，层理不清楚，含油，油味较浓
15–5	1067.89~1068.69m	0.80m	中深灰色泥岩，水平层理，局部见浅灰色断续的泥灰岩条带
15–6	1068.69~1068.78m	0.09m	浅灰色白云岩，层状，内部见水平层理
15–7	1068.78~1069.21m	0.43m	中深灰色泥岩，发育水平层理，局部见断续的泥灰岩条带，见生物碎片，局部富集
16–1	1069.21~1070.71m	1.50m	中深灰色泥岩，水平层理，局部夹浅灰色泥灰岩条带

16–2	1070.71~1070.76m	0.05m	浅灰色泥灰岩，水平波纹层理
16–3	1070.76~1073.71m	2.95m	中深灰色泥岩，水平层理，局部夹浅灰色泥灰岩条带
16–4	1073.71~1073.74m	0.03m	浅灰色白云岩，块状构造
16–5	1073.74~1074.32m	0.58m	中深灰色泥岩，水平层理，局部夹浅灰色泥灰岩条带
17–1	1074.32~1075.27m	0.95m	中深灰色泥岩，水平层理，局部偶见断续泥灰岩条带
17–2	1075.27~1075.30m	0.03m	中灰色泥灰岩，块状构造
17–3	1075.30~1077.22m	1.92m	中深灰色泥岩，水平层理，局部偶见断续泥灰岩条带
17–4	1077.22~1077.47m	0.25m	中深灰色灰质泥岩，水平纹理
17–5	1077.47~1078.17m	0.70m	中深灰色泥岩，水平纹理，局部偶见断续泥灰岩条带
17–6	1078.17~1078.26m	0.09m	中深灰色灰质泥岩，水平纹理
17–7	1078.26~1078.82m	0.56m	中深灰色泥岩，水平层理
18–1	1078.82~1079.62m	0.80m	中深灰色泥岩，水平层理，局部层间夹有浅灰色泥灰岩条带
18–2	1079.62~1079.82m	0.20m	中灰色泥岩，水平层理
18–3	1079.82~1081.12m	1.30m	中深灰色泥岩，水平层理，在 1.1m 处见浅灰色泥灰岩夹层
18–4	1081.12~1081.34m	0.22m	浅橄榄灰色白云岩，层状，层内见水平纹理，具有油味
18–5	1081.34~1081.97m	0.63m	中深灰色泥岩，水平层理，见浅灰色泥灰岩夹层
18–6	1081.97~1082.00m	0.03m	浅灰色白云岩，层状，层内见水平纹理
18–7	1082.00~1083.28m	1.28m	中深灰色泥岩，水平层理，在 3.65m，3.80m 各见一层白云岩夹层，后约 1cm，含油
18–8	1083.28~1083.36m	0.08m	浅橄榄色白云岩，层理不清楚，成层性差（角砾），裂缝发育，油味浓
18–9	1083.36~1083.50m	0.14m	中深灰色泥岩，水平层理
19–1	1083.50~1084.00m	0.50m	中深灰色泥岩，水平层理
19–2	1084.00~1085.30m	1.30m	中灰色泥岩，水平层理
19–3	1085.30~1086.90m	1.60m	中深灰色泥岩，水平层理
19–4	1086.90~1087.96m	1.06m	中灰色泥岩，水平层理
20–1	1087.96~1088.06m	0.10m	中浅灰色泥岩，水平层理
20–2	1088.06~1088.86m	0.80m	中深灰色泥岩，水平层理
20–3	1088.86~1088.96m	0.10m	中浅灰色泥岩，水平层理
20–4	1088.96~1089.86m	0.90m	中深灰色泥岩，水平层理
20–5	1089.86~1090.06m	0.20m	中灰色泥岩，水平层理
20–6	1090.06~1090.36m	0.30m	橄榄灰色泥岩，水平层理，有油味，可能正在生油
20–7	1090.36~1091.29m	0.93m	中灰色泥岩，水平纹理
20–8	1091.29~1091.53m	0.24m	橄榄灰色泥岩，水平纹理
20–9	1091.53~1092.00m	0.47m	中灰色泥岩，水平纹理
20–10	1092.00~1092.10m	0.10m	极浅灰色火山灰，层理不明显
20–11	1092.10~1092.30m	0.20m	橄榄灰色泥岩，水平纹理，有油味

20–12	1092.30~1092.54m	0.24m	中深灰色泥岩，水平层理
21–1	1092.54~1093.10m	0.56m	灰黑色泥岩，水平层理
21–2	1093.10~1094.44m	1.34m	中灰色泥岩，水平层理，在1.0m处夹一层方解石和生物碎屑层，厚1cm
21–3	1094.44~1094.67m	0.23m	橄榄灰色油页岩，页理构造，轻微油味
21–4	1094.67~1094.72m	0.05m	浅灰色重结晶灰岩，层状
21–5	1094.72~1095.44m	0.72m	橄榄灰色泥岩，水平层理，2.55m处夹一层厚1cm的重结晶灰岩，含较多介形虫
21–6	1095.44~1095.54m	0.10m	橄榄灰色油页岩，页理构造
21–7	1095.54~1095.74m	0.20m	浅橄榄灰色白云岩，水平波纹层理，夹几层泥质条带
21–8	1095.74~1096.38m	0.64m	中灰色泥岩，水平层理
21–9	1096.38~1096.98m	0.60m	橄榄灰色泥岩，水平层理，局部夹几层灰质条带
21–10	1096.98~1097.12m	0.14m	中深灰色泥岩，水平层理，夹灰质条带
22–1	1097.12~1097.52m	0.40m	中灰色泥岩，水平层理，局部见介形虫富集
22–2	1097.52~1098.09m	0.57m	橄榄灰色油页岩，页理构造
22–3	1098.09~1100.57m	2.48m	微带绿灰色泥岩，块状构造，偶见介形虫生物，有裂缝，方解石完全充填
23–1	1100.57~1102.37m	1.80m	深绿灰色泥岩，发育不明显水平层理（依据饼状碎裂且碎裂面平整推测），见少量介形虫化石，局部含钙质团块
23–2	1102.37~1103.23m	0.86m	深绿灰色含钙泥岩，发育不明显水平层理（依据饼状碎裂且碎裂面平整推测），见少量介形虫化石，局部含钙质团块
23–3	1103.23~1103.31m	0.08m	深绿灰色泥岩与微带绿灰色亮晶介形虫灰岩互层，透镜状层理，收缩缝，见介形虫化石
23–4	1103.31~1103.92m	0.61m	深绿灰色含介形虫泥岩，发育不明显水平层理（依据饼状碎裂且碎裂面平整推测），见较多介形虫化石，个体较小，在1mm左右，但较完整
24–1	1103.92~1104.59m	0.67m	深绿灰色含钙泥岩，发育不明显水平层理（依据饼状碎裂且碎裂面平整推测），见介形虫化石碎片
25–1	1105.24~1106.04m	0.80m	深绿灰色含钙泥岩，发育不明显水平层理（依据饼状碎裂且碎裂面平整推测），偶见介形虫化石
25–2	1106.04~1108.44m	2.40m	微带绿黑色含钙质泥岩，发育不明显水平层理（依据饼状碎裂且碎裂面平整推测），见少量介形虫化石，个体完整，大小为0.5~1mm
25–3	1108.44~1108.74m	0.30m	深绿灰色含介形虫泥岩，发育不明显水平层理（依据饼状碎裂且碎裂面平整推测），见较多介形虫化石，个体完整，大小为0.5~1mm
25–4	1108.74~1108.99m	0.25m	深绿灰色含钙泥岩，发育不明显水平层理（依据饼状碎裂且碎裂面平整推测），见少量介形虫化石，个体完整，大小为0.5~1mm
25–5	1108.99~1110.19m	1.20m	深绿灰色含介形虫泥岩，发育不明显水平层理（依据饼状碎裂且碎裂面平整推测），见较多介形虫化石，个体较完整，大小为0.5~1mm
25–6	1110.19~1111.84m	1.65m	微带绿黑色泥岩夹薄层状、条带状、透镜体灰黑色介形虫碎屑岩，发育不明显水平层理（依据饼状碎裂且碎裂面平整推测）；透镜状层理；介形虫岩条带底部见冲刷面，见大量介形虫呈条带状堆积，个体不完整，呈碎屑状（浊流搬运成因）

25–7	1111.84~1114.91m	3.07m	橄榄灰色泥岩夹浅橄榄灰色薄层状、条带状、透镜状介形虫碎屑岩，发育水平层理、透镜状层理；介形虫碎屑岩内部见波纹层理，见较多介形虫化石，个体大部分不完整，呈碎屑状；介形虫碎屑岩呈条带状、透镜状、薄层状分布于泥岩中（浊流成因）部分饱含油；1112.24m 处见一层深灰色蚀变火山灰层，厚 2cm，其下是一层 0.5~1cm 灰黑色介形虫富集层；1112.79m、1113.84m 处见腹足类化石
25–8	1114.91~1115.24m	0.33m	微带绿灰色泥岩夹中深灰色薄层状、条带状、透镜状介形虫碎屑岩，发育水平层理、透镜状层理；介形虫碎屑岩内部见波纹层理，见较多介形虫化石，个体大部分不完整，呈碎屑状；介形虫碎屑岩呈条带状、透镜状、薄层状分布于泥岩中（浊流成因），部分饱含油；底部见少量叶肢介化石
25–9	1115.24~1115.41m	0.17m	浅橄榄灰色微晶白云岩，不明显波纹层理，与上部泥岩接触部位可见少量生物碎屑化石
25–10	1115.41~1116.22m	0.81m	微带绿灰色泥岩夹中深灰色薄层状、条带状、透镜状介形虫碎屑岩，发育水平层理、透镜状层理；介形虫碎屑岩内部见波纹层理，见较多介形虫化石，个体大部分不完整，呈碎屑状；介形虫碎屑岩呈条带状、透镜状、薄层状分布于泥岩中（浊流成因），部分饱含油
26–1	1116.22~1116.39m	0.17m	中深灰色泥岩，水平纹理，见介形虫化石
26–2	1116.39~1116.83m	0.44m	灰黑色含钙质泥岩，水平纹理，在 1116.50m 处见厚 0.5cm 的劣质油页岩，在 1116.49m 处见鱼化石及介形虫富集层
26–3	1116.83~1117.72m	0.89m	深灰色泥岩，水平层理，在个别碎裂层面可见到介形虫富集层
26–4	1117.72~1119.19m	1.47m	灰黑色泥岩，水平层理，见介形虫化石，在个别层面较富集，在 1118.52m 处见双壳类化石
26–5	1119.19~1119.47m	0.28m	中深灰色介形虫泥岩，水平层理，见大量介形虫化石
26–6	1119.47~1119.84m	0.37m	灰黑色泥岩，水平层理，见介形虫化石，大小不一
26–7	1119.84~1120.19m	0.35m	黑色含钙质泥岩，水平层理，见介形虫化石，在个别层面较富集；见金黄色叶肢介化石
26–8	1120.19~1120.77m	0.58m	黑色泥岩，水平层理，见介形虫化石，大小不一
26–9	1120.77~1121.12m	0.35m	灰黑色含钙泥岩，水平层理，见介形虫化石
26–10	1121.12~1121.51m	0.39m	黑色泥岩，水平层理，见介形虫化石
26–11	1121.51~1122.57m	1.06m	中深灰色含介形虫泥岩，水平层理，见介形虫化石，在个别层面较富集
26–12	1122.57~1122.72m	0.15m	黑色泥岩，水平层理，见介形虫化石，分布不均匀
26–13	1122.72~1123.52m	0.80m	深灰色含介形虫泥岩，水平层理，见不完整的介形虫化石
26–14	1123.52~1123.72m	0.20m	黑色泥岩，水平纹理，见不完整的介形虫化石
26–15	1123.72~1124.56m	0.84m	灰黑色含介形虫泥岩，水平层理，见不完整的介形虫化石
26–16	1124.56~1125.04m	0.48m	灰黑色泥岩，水平层理，偶见介形虫化石，个别层面上有富集
26–17	1125.04~1125.3m	0.26m	灰黑色含介形虫泥岩，水平层理，见较多介形虫化石，但个体不完整；见叶肢介化石，在个别层面富集
26–18	1125.30~1125.34m	0.04m	深灰色劣质油页岩，发育页理但不明显，层面极平整，见介形虫化石，有油味，荧光显示

26–19	1125.34~1125.75m	0.41m	灰黑色含介形虫泥岩，水平层理，见叶肢介化石、介形虫化石、双壳类化石，偶见黄铁矿颗粒
26–20	1125.75~1126.22m	0.47m	深灰色泥岩夹介形虫碎屑岩条带、透镜体，泥岩发育水平波纹层理，透镜状层理；介形虫岩内部发育水平波纹层理，见介形虫化石
26–21	1126.22~1126.74m	0.52m	灰黑色介形虫泥岩，水平层理，见介形虫化石，偶见叶肢介化石
26–22	1126.74~1127.22m	0.48m	中深灰色泥岩夹深灰色介形虫碎屑泥岩，泥岩发育水平层理，水平波纹层理；含钙质生物碎屑泥岩发育水平波纹层理，前积纹层，见介形虫岩透镜体；生物碎屑
26–23	1127.22~1127.33m	0.11m	中深灰色泥岩，水平层理，含少量介形虫化石
27–1	1127.33~1128.17m	0.84m	灰黑色泥岩，发育水平层理，见较多介形虫化石，底部见叶肢介化石、介形虫碎屑岩条带

5.1.6 嫩江组三段至嫩江组五段岩心描述及综合柱状图

嫩江组五段上覆地层为四方台组，呈角度不整合接触，岩心描述见下文；下伏地层为嫩江组四段，呈整合接触。

嫩江组五段岩心描述：

248–2	1021.60~1021.94m	0.34m	淡红色粉砂质泥岩，块状构造，上部见钙质结核
248–3	1021.94~1022.63m	0.69m	淡红棕色泥岩，块状构造，偶见钙质结核
248–4	1022.63~1023.69m	1.06m	淡红棕色粉砂质泥岩，块状构造，局部见浅绿灰色粉砂岩条带，偶见钙质结核
248–5	1023.69~1023.91m	0.22m	淡红色粉砂质泥岩，块状构造，局部见浅绿灰色浸染斑点
248–6	1023.91~1024.31m	0.40m	浅绿灰色泥质粉砂岩，块状构造，下部见灰棕色浸染斑点
248–7	1024.31~1024.52m	0.21m	浅绿灰色粉砂岩，块状构造
248–8	1024.52~1025.31m	0.79m	淡红棕色泥质粉砂岩，块状构造，偶见钙质结核，局部见绿灰色浸染斑点
248–9	1025.31~1025.81m	0.50m	淡红棕色粉砂质泥岩，块状构造
248–10	1025.81~1026.52m	0.71m	淡红棕色泥质粉砂岩，块状构造，偶见钙质结核
248–11	1026.52~1026.87m	0.35m	灰红色泥岩，块状构造，见少量浅绿灰色斑点
248–12	1026.87~1027.32m	0.40m	浅绿灰色泥质粉砂岩，块状构造，下部见灰棕色浸染斑点
248–13	1027.32~1027.57m	0.25m	灰红色粉砂岩，块状构造，顶部见浅绿灰色浸染斑点
248–14	1027.57~1027.77m	0.20m	淡红棕色泥质粉砂岩，块状构造，偶见浅绿灰色浸染斑点
248–15	1027.77~1028.33m	0.56m	淡红棕色粉砂岩，块状构造
248–16	1028.33~1028.44m	0.11m	灰红色泥岩，块状构造
250–1	1028.70~1029.80m	1.10m	灰红色泥岩，块状构造
250–2	1029.80~1031.75m	1.95m	灰红色泥岩，块状构造，见较多绿灰色浸染斑点，少量钙质结核
250–3	1031.75~1032.40m	0.65m	灰红色粉砂质泥岩，块状构造，见绿灰色浸染斑点
250–4	1032.40~1032.86m	0.46m	浅绿灰色杂灰红色粉砂岩，具滑塌变形构造

250–5	1032.86~1033.43m	0.57m	灰红色泥质粉砂岩，浪成沙纹层理，见粉砂岩条带及泥岩条带
250–6	1033.43~1034.01m	0.58m	浅绿灰色粉砂岩，浪成沙纹层理，见细砂岩及泥岩薄夹层
251–1	1034.01~1034.49m	0.48m	浅灰色细砂岩，上部斜层理，下部冲洗交错层理，底部平行层理
251–2	1034.49~1034.86m	0.37m	浅灰色泥质粉砂岩，波状层理，见夹中浅灰色泥岩薄层和条带
251–3	1034.86~1035.41m	0.55m	中浅灰色泥岩夹中浅灰色泥质粉砂岩，波状层理，见夹泥质粉砂岩条带
251–4	1035.41~1036.31m	0.90m	中浅灰色泥岩，水平层理，局部夹泥质粉砂岩薄层
251–5	1036.31~1037.16m	0.85m	中灰色泥岩，波状层理，夹较多钙质粉砂岩透镜体和条带
251–6	1037.16~1037.41m	0.25m	浅灰色粉砂岩，波状层理，局部变形层理，见夹泥质条带
251–7	1037.41~1037.63m	0.22m	淡红色泥质粉砂岩，块状构造，见含少量钙质结核
251–8	1037.63~1039.13m	1.5m	灰红色粉砂质泥岩，块状构造，偶见钙质团块
251–9	1039.13~1039.36m	0.23m	浅绿灰色细砂岩，块状构造，见灰红色粉砂质泥岩团块和条带
251–10	1039.36~1039.51m	0.15m	灰红色泥质粉砂岩，块状构造，见浅绿灰色细砂岩团块和条带
251–11	1039.51~1040.61m	1.10m	浅绿灰色细砂岩，变形层理，见夹灰红色粉砂质泥岩团块与条带
251–12	1040.61~1040.83m	0.22m	淡红色细砂岩，块状构造，1040.66m 处夹灰红色粉砂质泥岩薄层
251–13	1040.83~1041.16m	0.33m	灰红色粉砂质泥岩，变形层理，见浅绿灰色细砂岩团块和条带
251–14	1041.16~1041.77m	0.61m	浅绿灰色细砂岩，波状层理，局部轻微变形，见夹灰红色粉砂质泥岩条带
252–1	1041.77~1041.92m	0.15m	浅绿灰色细砂岩，浪成沙纹层理，见夹泥质条带和薄层
252–2	1041.92~1042.92m	1.00m	浅绿灰色粉砂岩，波状层理，见夹泥质条带
252–3	1042.92~1043.72m	0.80m	中浅灰色泥岩，水平波纹层理，见夹透镜状细砂岩和条带状细砂岩
252–4	1043.72~1044.32m	0.60m	浅灰色细砂岩，波状层理，夹较多泥岩薄层和泥质条带
252–5	1044.32~1044.42m	0.10m	中浅灰色泥岩，水平波纹层理
252–6	1044.42~1045.07m	0.65m	浅绿灰色粉砂岩，块状构造，偶见钙质结核
252–7	1045.07~1045.39m	0.32m	浅灰色粉砂岩，块状构造
252–8	1045.39~1046.45m	1.06m	浅绿灰色细砂岩，波状交错层理，底部见冲刷面，层理面间见夹少量泥质条带
252–9	1046.45~1046.52m	0.07m	灰红色泥质粉砂岩，波纹层理，见浅绿灰色砂质团块
252–10	1046.52~1047.44m	0.92m	浅灰色细砂岩，波状交错层理，1046.92m 处见含泥砾及轻微变形
253–1	1047.44~1048.24m	0.80m	浅绿灰色细砂岩，波状交错层理，层理面间见夹少量泥质条带
253–2	1048.24~1048.54m	0.30m	浅灰色中砂岩，波状交错层理，局部夹泥质条带
253–3	1048.54~1049.24m	0.70m	浅灰色中砂岩，斜层理，层理面间夹泥质薄层

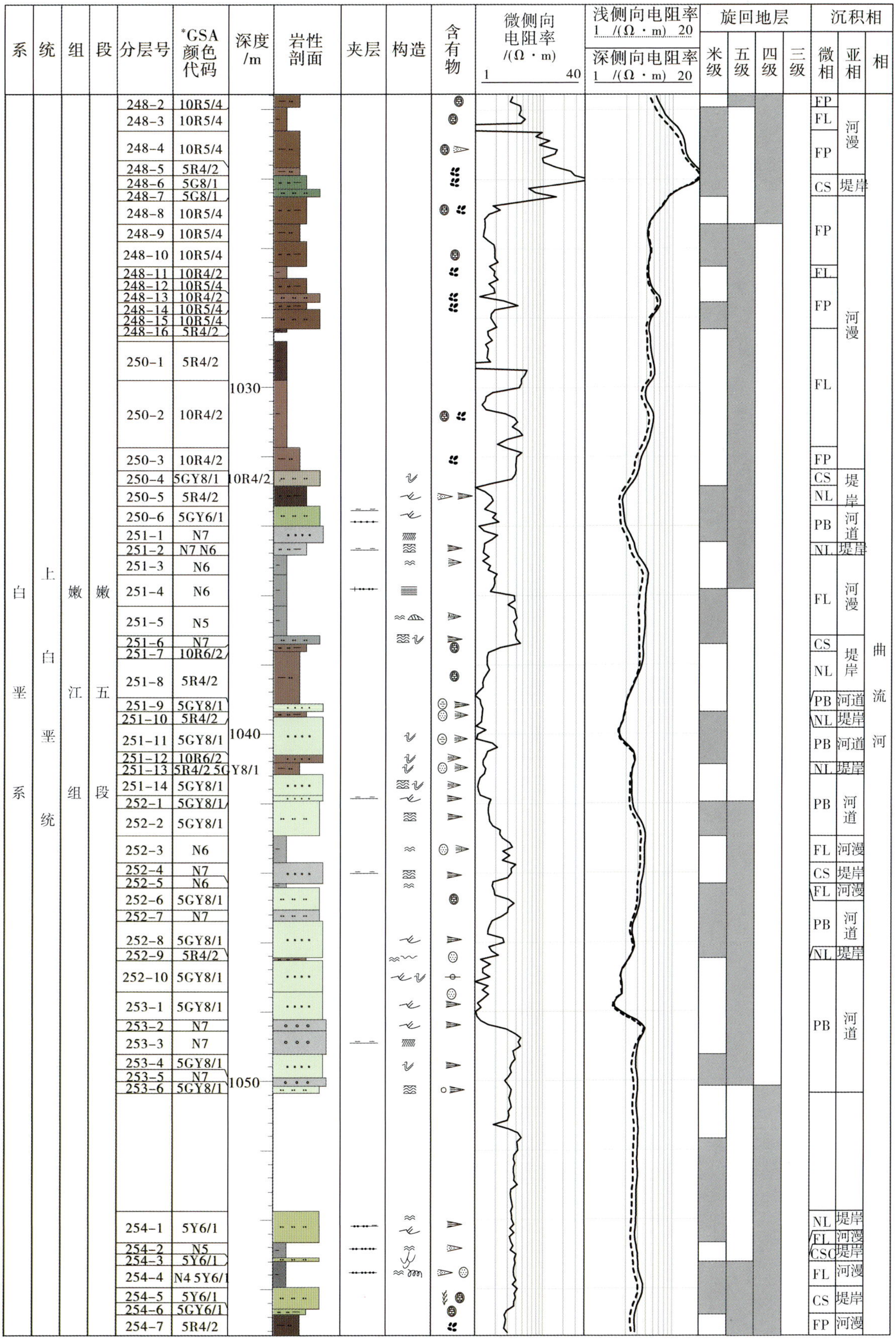

系
统
组
段
分层号
*GSA 颜色代码
深度/m
岩性剖面
夹层
构造
含有物
微侧向电阻率/(Ω·m)
1
40
浅侧向电阻率 1 /(Ω·m) 20
深侧向电阻率 1 /(Ω·m) 20
旋回地层
米级
五级
四级
三级
沉积相
微相
亚相
相
白垩系
上白垩统
嫩江组
嫩五段
1030
1040
1050
曲流河

图 5.6 嫩三段至嫩五段综合柱状图

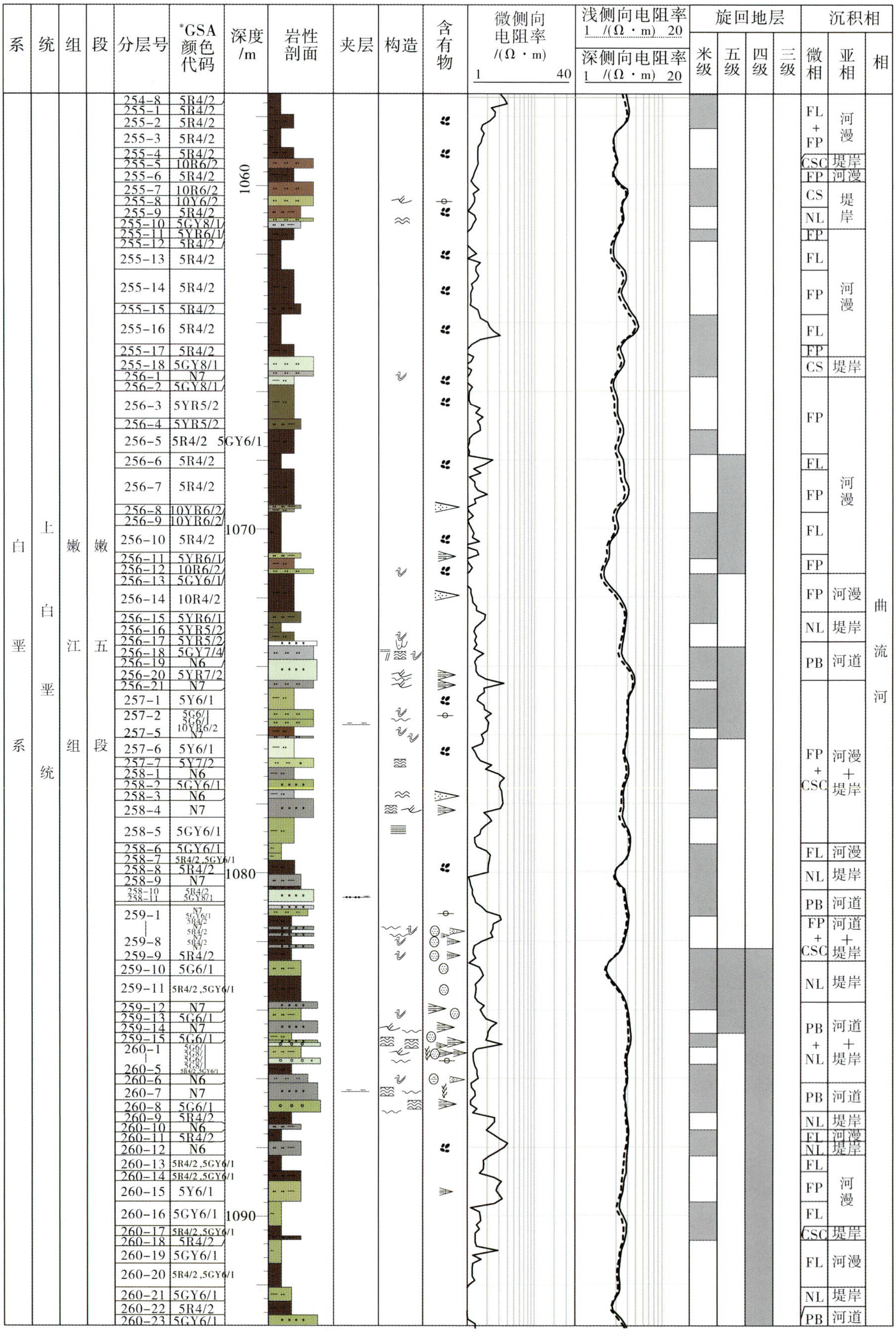
系
统
组
段
分层号
*GSA 颜色代码
深度 /m
岩性剖面
夹层
构造
含有物
微侧向电阻率 /(Ω · m)
1
40
浅侧向电阻率
1 /(Ω · m) 20
深侧向电阻率
1 /(Ω · m) 20
旋回地层
米级
五级
四级
三级
沉积相
微相
亚相
相
白垩系
上白垩统
嫩江组
嫩五段
1060
1070
1080
1090
曲流河

图 5.6 嫩三段至嫩五段综合柱状图（续）

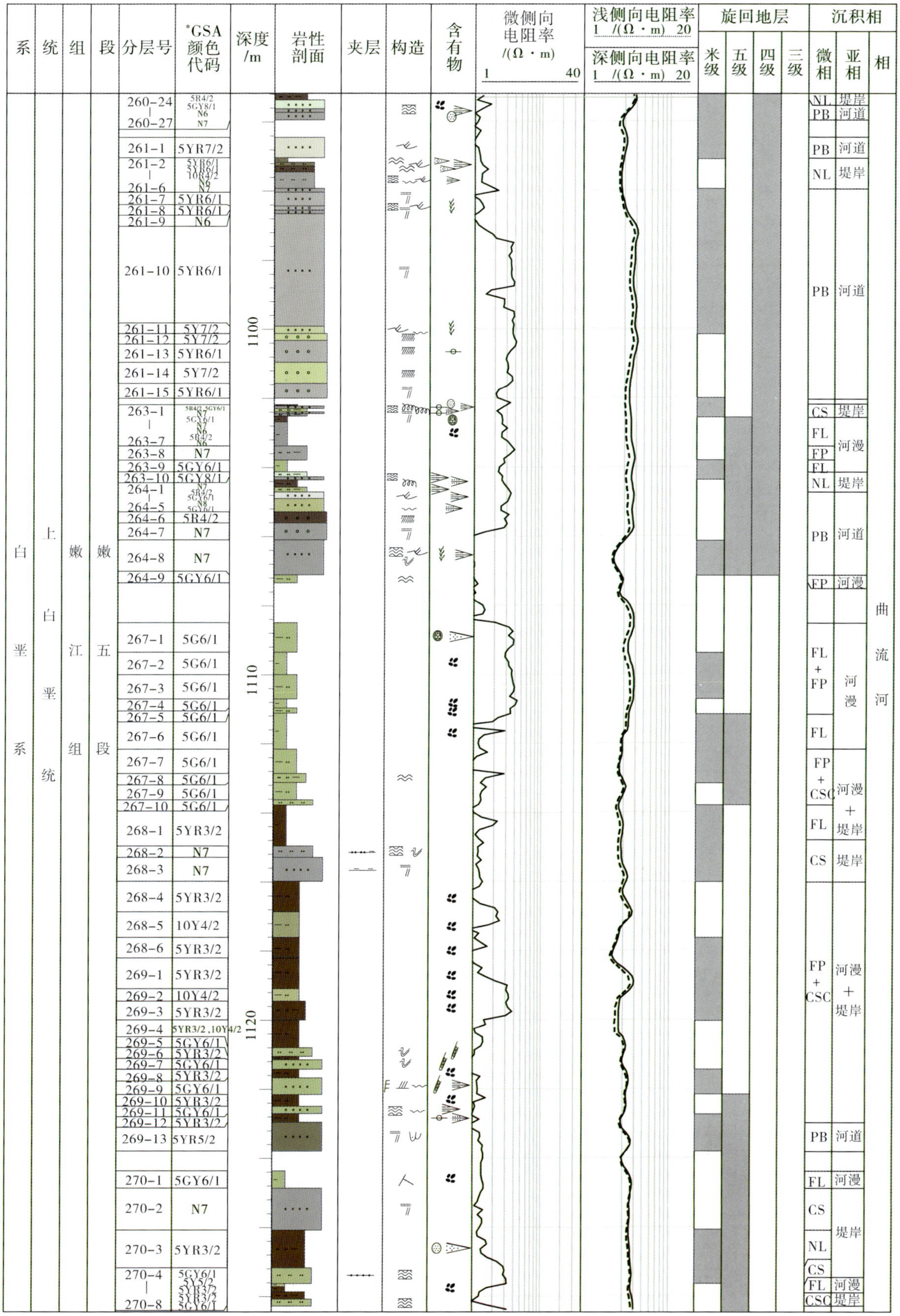
系
统
组
段
分层号
*GSA 颜色代码
深度 /m
岩性剖面
夹层
构造
含有物
微侧向电阻率 /(Ω·m)
1 40
浅侧向电阻率 1 /(Ω·m) 20
深侧向电阻率 1 /(Ω·m) 20
旋回地层
米级
五级
四级
三级
沉积相
微相
亚相
相
白垩系
上白垩统
嫩江组
嫩五段
1100
1110
1120
曲流河
河道
堤岸
河漫
河漫 + 堤岸

图 5.6 嫩三段至嫩五段综合柱状图（续）

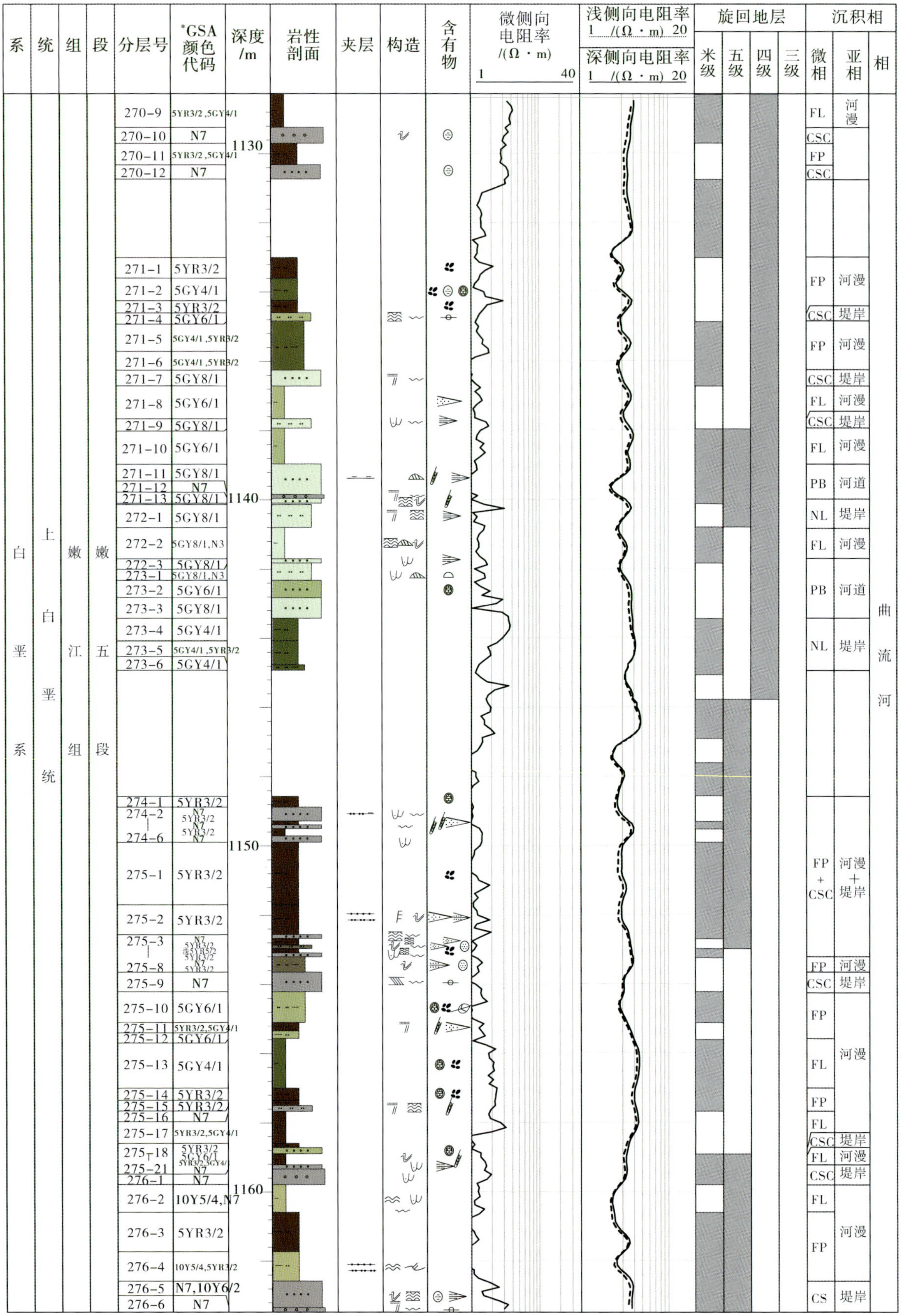

系
统
组
段
分层号
*GSA 颜色代码
深度/m
岩性剖面
夹层
构造
含有物
微侧向电阻率/(Ω·m)
1
40
浅侧向电阻率 1 /(Ω·m) 20
深侧向电阻率 1 /(Ω·m) 20
旋回地层
米级
五级
四级
三级
沉积相
微相
亚相
相
白垩系
上白垩统
嫩江组
嫩五段
270-9 5YR3/2,5GY4/1
270-10 N7
270-11 5YR3/2,5GY4/1
270-12 N7
271-1 5YR3/2
271-2 5GY4/1
271-3 5YR3/2
271-4 5GY6/1
271-5 5GY4/1,5YR3/2
271-6 5GY4/1,5YR3/2
271-7 5GY8/1
271-8 5GY6/1
271-9 5GY8/1
271-10 5GY6/1
271-11 5GY8/1
271-12 N7
271-13 5GY8/1
272-1 5GY8/1
272-2 5GY8/1,N3
272-3 5GY8/1
273-1 5GY8/1,N3
273-2 5GY6/1
273-3 5GY8/1
273-4 5GY4/1
273-5 5GY4/1,5YR3/2
273-6 5GY4/1
274-1 5YR3/2
274-2 | 274-6 N7 5YR3/2 N7 5YR3/2 N7
275-1 5YR3/2
275-2 5YR3/2
275-3 | 275-8
275-9 N7
275-10 5GY6/1
275-11 5YR3/2,5GY4/1
275-12 5GY6/1
275-13 5GY4/1
275-14 5YR3/2
275-15 5YR3/2
275-16 N7
275-17 5YR3/2,5GY4/1
275-18 | 275-21
276-1 N7
276-2 10Y5/4,N7
276-3 5YR3/2
276-4 10Y5/4,5YR3/2
276-5 N7,10Y6/2
276-6 N7
1130
1140
1150
1160
FL 河漫
CSC
FP
CSC
FP 河漫
CSC 堤岸
FP 河漫
CSC 堤岸
FL 河漫
CSC 堤岸
FL 河漫
PB 河道
NL 堤岸
FL 河漫
PB 河道
NL 堤岸
FP + CSC 河漫 + 堤岸
FP 河漫
CSC 堤岸
FP
FL 河漫
FP
FL
CSC 堤岸
FL 河漫
CSC 堤岸
FL
FP 河漫
CS 堤岸
曲流河

图 5.6 嫩三段至嫩五段综合柱状图（续）

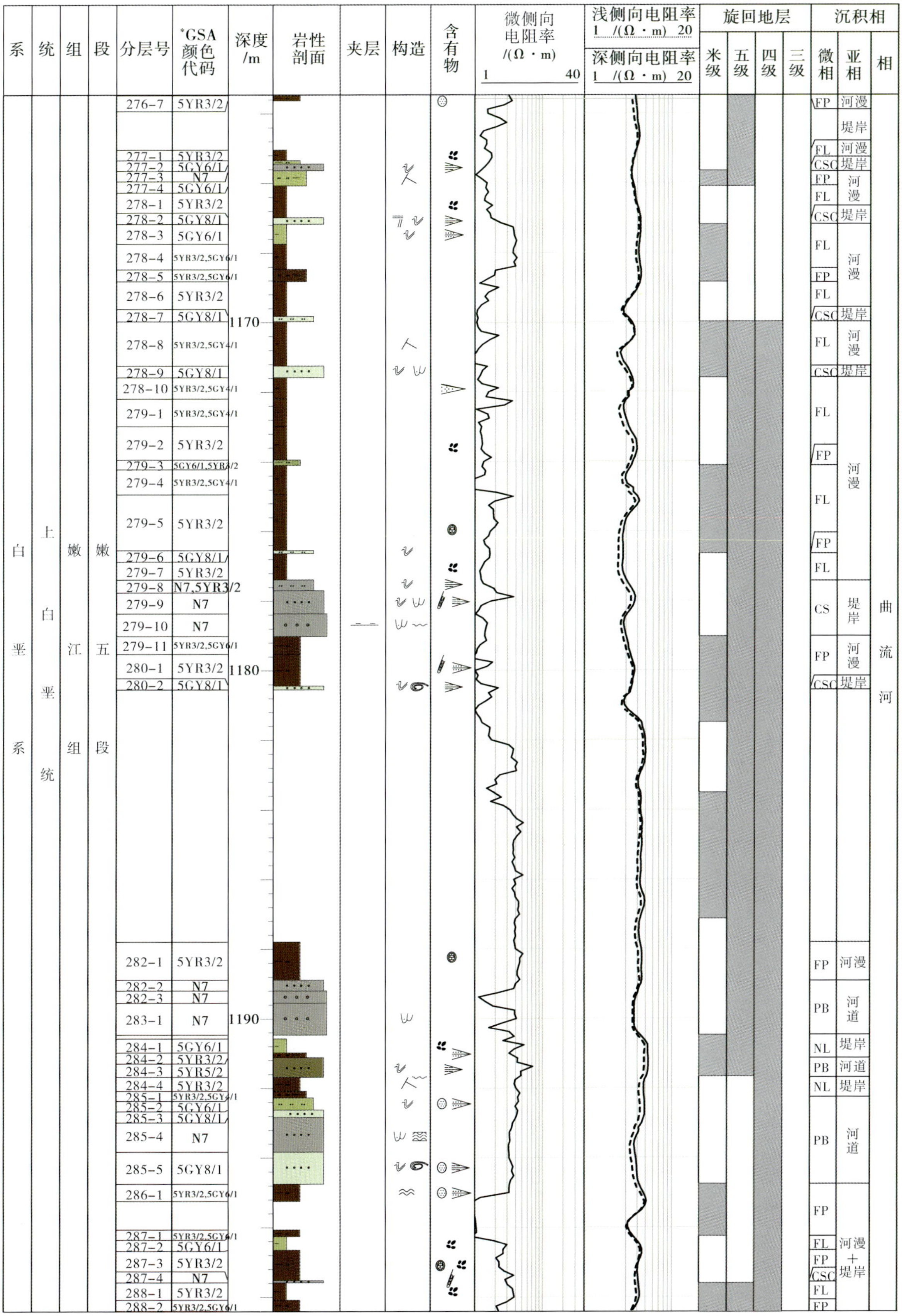
系
统
组
段
分层号
*GSA 颜色代码
深度 /m
岩性剖面
夹层
构造
含有物
微侧向电阻率 /(Ω·m)
1 40
浅侧向电阻率 1 /(Ω·m) 20
深侧向电阻率 1 /(Ω·m) 20
旋回地层
米级
五级
四级
三级
沉积相
微相
亚相
相
白垩系
上白垩统
嫩江组
嫩五段
276-7 5YR3/2
277-1 5YR3/2
277-2 5GY6/1
277-3 N7
277-4 5GY6/1
278-1 5YR3/2
278-2 5GY8/1
278-3 5GY6/1
278-4 5YR3/2,5GY6/1
278-5 5YR3/2,5GY6/1
278-6 5YR3/2
278-7 5GY8/1
278-8 5YR3/2,5GY4/1
278-9 5GY8/1
278-10 5YR3/2,5GY4/1
279-1 5YR3/2,5GY4/1
279-2 5YR3/2
279-3 5GY6/1,5YR3/2
279-4 5YR3/2,5GY4/1
279-5 5YR3/2
279-6 5GY8/1
279-7 5YR3/2
279-8 N7,5YR3/2
279-9 N7
279-10 N7
279-11 5YR3/2,5GY6/1
280-1 5YR3/2
280-2 5GY8/1
282-1 5YR3/2
282-2 N7
282-3 N7
283-1 N7
284-1 5GY6/1
284-2 5YR3/2
284-3 5YR5/2
284-4 5YR3/2
285-1 5YR3/2,5GY6/1
285-2 5GY6/1
285-3 5GY8/1
285-4 N7
285-5 5GY8/1
286-1 5YR3/2,5GY6/1
287-1 5YR3/2,5GY6/1
287-2 5GY6/1
287-3 5YR3/2
287-4 N7
288-1 5YR3/2
288-2 5YR3/2,5GY6/1
1170
1180
1190
FP 河漫
堤岸
FL 河漫
CSC 堤岸
FP
FL 河漫
CSC 堤岸
FL
FP 河漫
FL
CSC 堤岸
FL 河漫
CSC 堤岸
FL
FP
FL 河漫
FP
FL
CS 堤岸
FP 河漫
CSC 堤岸
FP 河漫
PB 河道
NL 堤岸
PB 河道
NL 堤岸
PB 河道
FP
FL
FP 河漫+堤岸
CSC
FL
FP
曲流河

图 5.6 嫩三段至嫩五段综合柱状图（续）

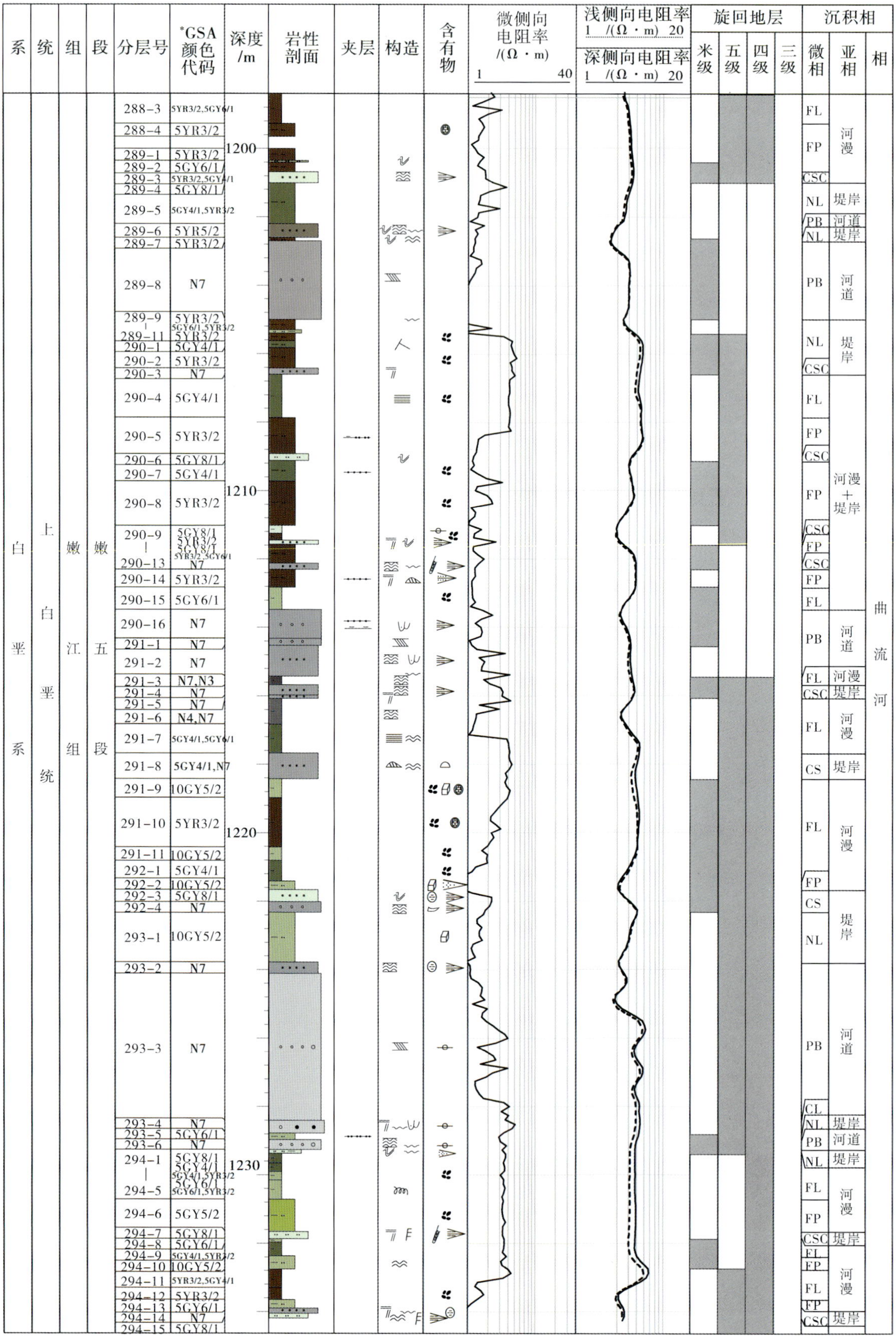
系
统
组
段
分层号
*GSA颜色代码
深度/m
岩性剖面
夹层
构造
含有物
微侧向电阻率/(Ω・m)
1
40
浅侧向电阻率
1 /(Ω・m) 20
深侧向电阻率
1 /(Ω・m) 20
旋回地层
米级
五级
四级
三级
沉积相
微相
亚相
相
白垩系
上白垩统
嫩江组
嫩五段
1200
1210
1220
1230
曲流河
河漫
堤岸
河道
河漫+堤岸

图 5.6 嫩三段至嫩五段综合柱状图（续）

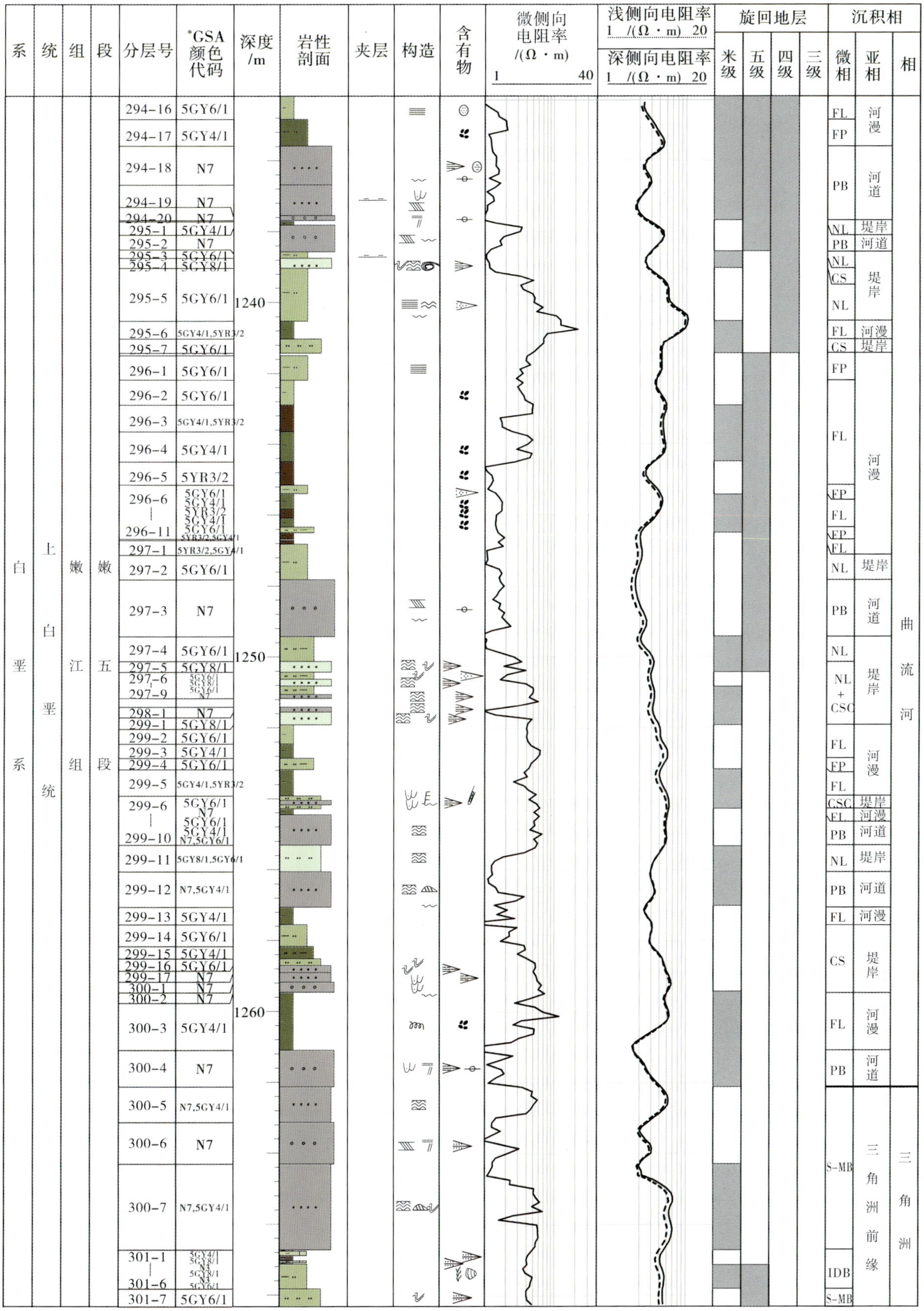
系
统
组
段
分层号
*GSA 颜色代码
深度 /m
岩性剖面
夹层
构造
含有物
微侧向电阻率 /(Ω·m)
1
40
浅侧向电阻率 1 /(Ω·m) 20
深侧向电阻率 1 /(Ω·m) 20
旋回地层
米级
五级
四级
三级
沉积相
微相
亚相
相
白垩系
上白垩统
嫩江组
嫩五段
294-16 5GY6/1
294-17 5GY4/1
294-18 N7
294-19 N7
294-20 N7
295-1 5GY4/1
295-2 N7
295-3 5GY6/1
295-4 5GY8/1
295-5 5GY6/1
295-6 5GY4/1,5YR3/2
295-7 5GY6/1
296-1 5GY6/1
296-2 5GY6/1
296-3 5GY4/1,5YR3/2
296-4 5GY4/1
296-5 5YR3/2
296-6 | 296-11 5GY6/1 5GY4/1 5YR3/2 5GY4/1 5GY6/1 5YR3/2,5GY4/1
297-1 5YR3/2,5GY4/1
297-2 5GY6/1
297-3 N7
297-4 5GY6/1
297-5 5GY8/1
297-6 297-9 5GY8/1 5GY8/1 5GY6/1 N7
298-1 N7
299-1 5GY8/1
299-2 5GY6/1
299-3 5GY4/1
299-4 5GY6/1
299-5 5GY4/1,5YR3/2
299-6 | 299-10 5GY6/1 N7 5GY6/1 5GY4/1 N7,5GY6/1
299-11 5GY8/1,5GY6/1
299-12 N7,5GY4/1
299-13 5GY4/1
299-14 5GY6/1
299-15 5GY4/1
299-16 5GY6/1
299-17 N7
300-1 N7
300-2 N7
300-3 5GY4/1
300-4 N7
300-5 N7,5GY4/1
300-6 N7
300-7 N7,5GY4/1
301-1 | 301-6 5GY4/1 5GY8/1 N3 5GY8/1 N3 5GY6/1
301-7 5GY6/1
1240
1250
1260
FL 河漫
FP
PB 河道
NL 堤岸
PB 河道
NL
CS 堤岸
NL
FL 河漫
CS 堤岸
FP
FL 河漫
FP
FL
FP
FL
NL 堤岸
PB 河道
NL
NL + CSC 堤岸
FL
FP 河漫
FL
CSC 堤岸
FL 河漫
PB 河道
NL 堤岸
PB 河道
FL 河漫
CS 堤岸
FL 河漫
PB 河道
曲流河
S-MB
IDB
S-MB
三角洲前缘
三角洲

图 5.6 嫩三段至嫩五段综合柱状图（续）

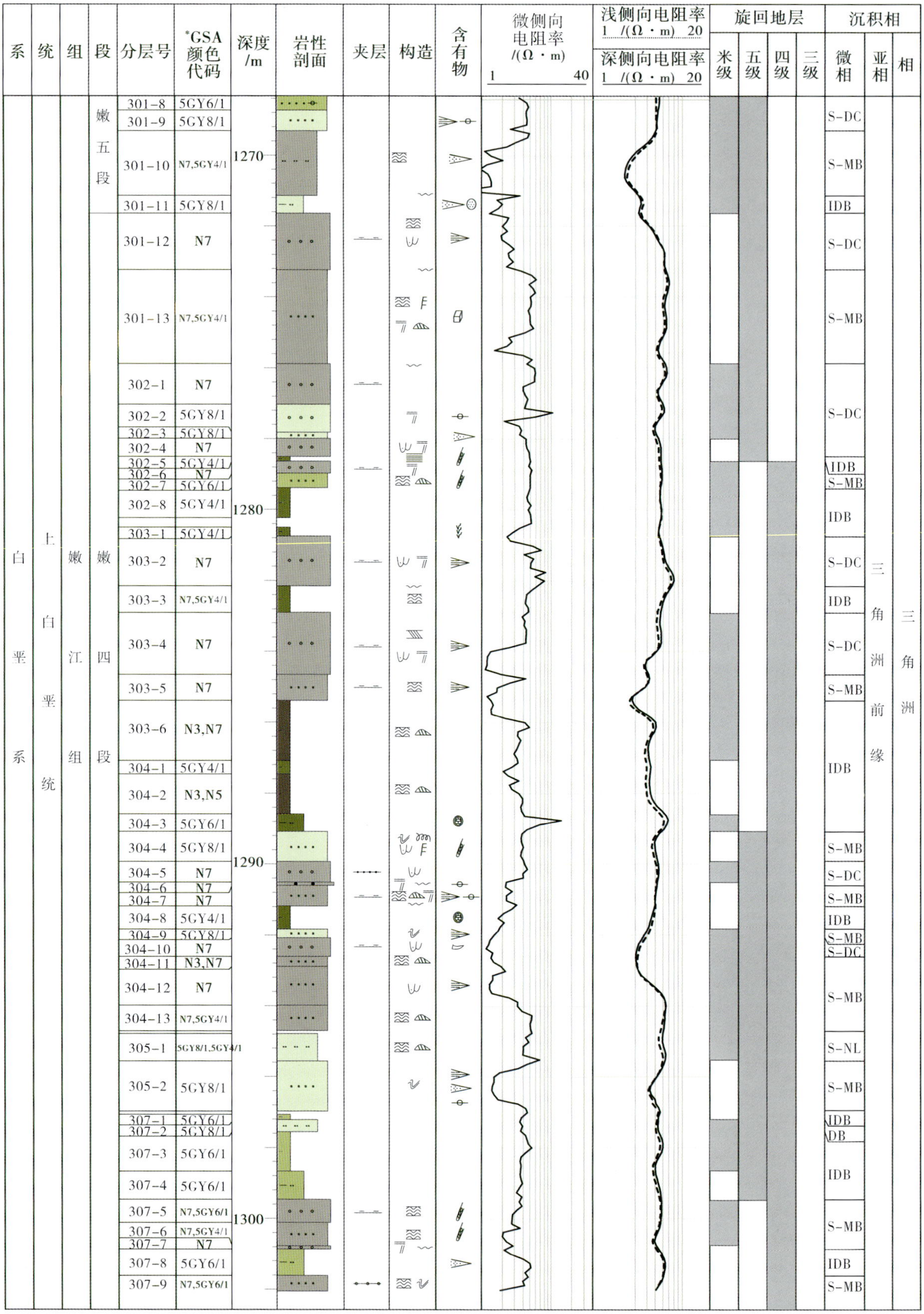

系
统
组
段
分层号
*GSA颜色代码
深度/m
岩性剖面
夹层
构造
含有物
微侧向电阻率/(Ω·m)
1 40
浅侧向电阻率
1 /(Ω·m) 20
深侧向电阻率
1 /(Ω·m) 20
旋回地层
米级
五级
四级
三级
沉积相
微相
亚相
相
白垩系
上白垩统
嫩江组
嫩五段
嫩四段
301-8 5GY6/1
301-9 5GY8/1
301-10 N7,5GY4/1
301-11 5GY8/1
301-12 N7
301-13 N7,5GY4/1
302-1 N7
302-2 5GY8/1
302-3 5GY8/1
302-4 N7
302-5 5GY4/1
302-6 N7
302-7 5GY6/1
302-8 5GY4/1
303-1 5GY4/1
303-2 N7
303-3 N7,5GY4/1
303-4 N7
303-5 N7
303-6 N3,N7
304-1 5GY4/1
304-2 N3,N5
304-3 5GY6/1
304-4 5GY8/1
304-5 N7
304-6 N7
304-7 N7
304-8 5GY4/1
304-9 5GY8/1
304-10 N7
304-11 N3,N7
304-12 N7
304-13 N7,5GY4/1
305-1 5GY8/1,5GY4/1
305-2 5GY8/1
307-1 5GY6/1
307-2 5GY8/1
307-3 5GY6/1
307-4 5GY6/1
307-5 N7,5GY6/1
307-6 N7,5GY4/1
307-7 N7
307-8 5GY6/1
307-9 N7,5GY6/1
1270
1280
1290
1300
S-DC
S-MB
IDB
S-DC
S-MB
S-DC
IDB
S-MB
IDB
S-DC
IDB
S-DC
S-MB
IDB
S-MB
S-DC
S-MB
IDB
S-MB
S-DC
S-MB
S-NL
S-MB
IDB
IDB
IDB
S-MB
IDB
S-MB
三角洲前缘
三角洲

图 5.6　嫩三段至嫩五段综合柱状图（续）

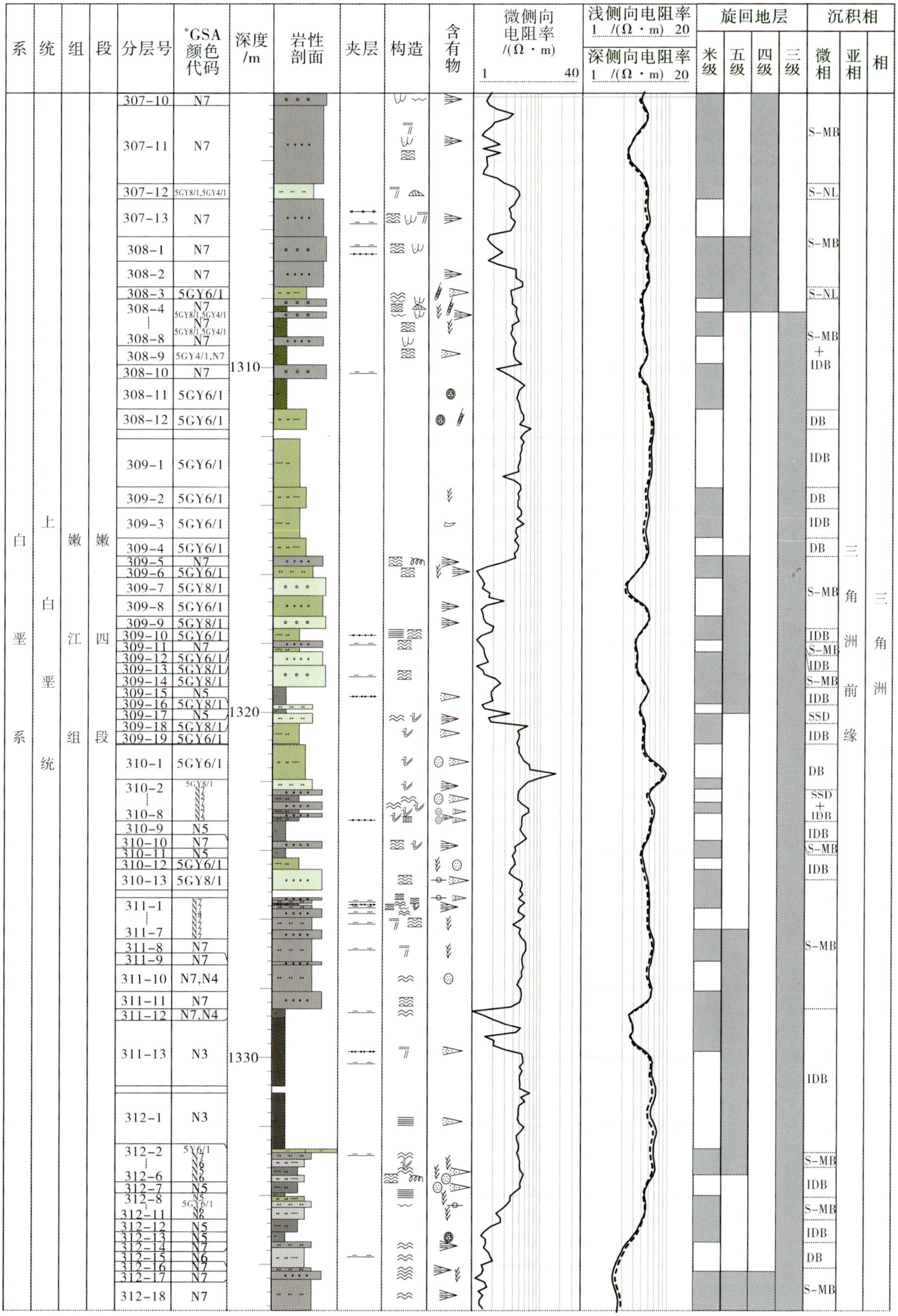

系
统
组
段
分层号
*GSA 颜色代码
深度/m
岩性剖面
夹层
构造
含有物
微侧向电阻率/(Ω·m)
1
40
浅侧向电阻率 1 /(Ω·m) 20
深侧向电阻率 1 /(Ω·m) 20
旋回地层
米级
五级
四级
三级
沉积相
微相
亚相
相
白垩系
上白垩统
嫩江组
嫩四段
1310
1320
1330
307-10 N7
307-11 N7
307-12 5GY8/1,5GY4/1
307-13 N7
308-1 N7
308-2 N7
308-3 5GY6/1
308-4 N7
308-8 N7
308-9 5GY4/1,N7
308-10 N7
308-11 5GY6/1
308-12 5GY6/1
309-1 5GY6/1
309-2 5GY6/1
309-3 5GY6/1
309-4 5GY6/1
309-5 N7
309-6 5GY6/1
309-7 5GY8/1
309-8 5GY6/1
309-9 5GY8/1
309-10 5GY6/1
309-11 N7
309-12 5GY6/1
309-13 5GY8/1
309-14 5GY8/1
309-15 N5
309-16 5GY8/1
309-17 N5
309-18 5GY8/1
309-19 5GY6/1
310-1 5GY6/1
310-2
310-8
310-9 N5
310-10 N7
310-11 N5
310-12 5GY6/1
310-13 5GY8/1
311-1
311-7
311-8 N7
311-9 N7
311-10 N7,N4
311-11 N7
311-12 N7,N4
311-13 N3
312-1 N3
312-2
312-6
312-7 N5
312-8
312-11
312-12 N5
312-18 N7
S-MB
S-NL
S-MB + IDB
DB
IDB
SSD
SSD + IDB
三角洲前缘
三角洲

图5.6 嫩三段至嫩五段综合柱状图（续）

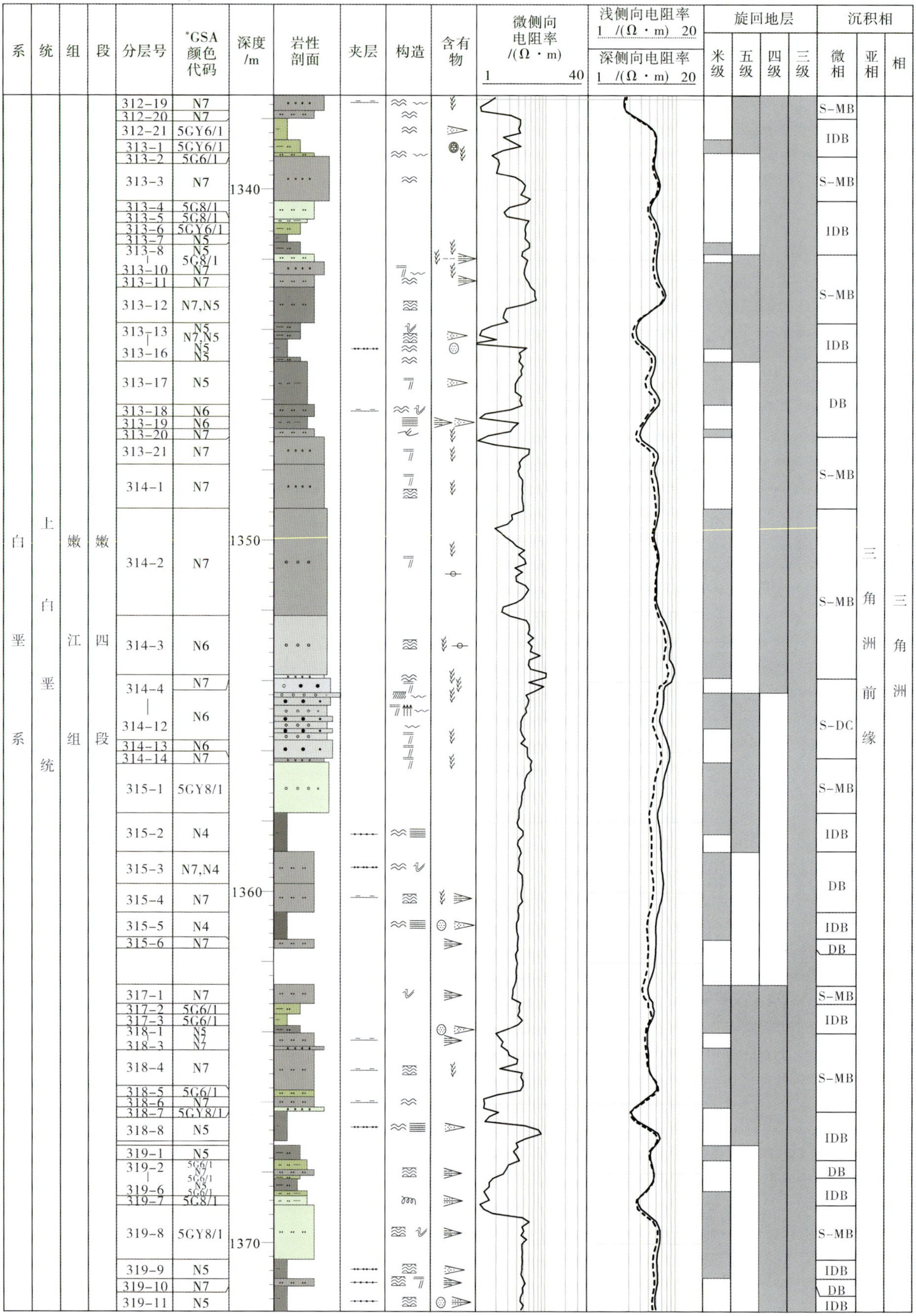

系
统
组
段
分层号
*GSA颜色代码
深度/m
岩性剖面
夹层
构造
含有物
微侧向电阻率/(Ω·m)
1 40
浅侧向电阻率
1 /(Ω·m) 20
深侧向电阻率
1 /(Ω·m) 20
旋回地层
米级
五级
四级
三级
沉积相
微相
亚相
相
白垩系
上白垩统
嫩江组
嫩四段
312-19 N7
312-20 N7
312-21 5GY6/1
313-1 5GY6/1
313-2 5G6/1
313-3 N7
313-4 5G8/1
313-5 5G8/1
313-6 5GY6/1
313-7 N5
313-8 N5
5G8/1
313-10 N7
313-11 N7
313-12 N7,N5
313-13 N5
N7,N5
313-16 N5
313-17 N5
313-18 N6
313-19 N6
313-20 N7
313-21 N7
314-1 N7
314-2 N7
314-3 N6
314-4 N7
314-12 N6
314-13 N6
314-14 N7
315-1 5GY8/1
315-2 N4
315-3 N7,N4
315-4 N7
315-5 N4
315-6 N7
317-1 N7
317-2 5G6/1
317-3 5G6/1
318-1 N5
318-3 N7
318-4 N7
318-5 5G6/1
318-6 N7
318-7 5GY8/1
318-8 N5
319-1 N5
319-2 5G6/1
319-6 5G6/1
319-7 5G8/1
319-8 5GY8/1
319-9 N5
319-10 N7
319-11 N5
1340
1350
1360
1370
S-MB
IDB
S-MB
IDB
S-MB
IDB
DB
S-MB
S-MB
S-DC
S-MB
IDB
DB
IDB
DB
S-MB
IDB
S-MB
IDB
DB
IDB
S-MB
IDB
DB
IDB
三角洲前缘
三角洲

图 5.6 嫩三段至嫩五段综合柱状图（续）

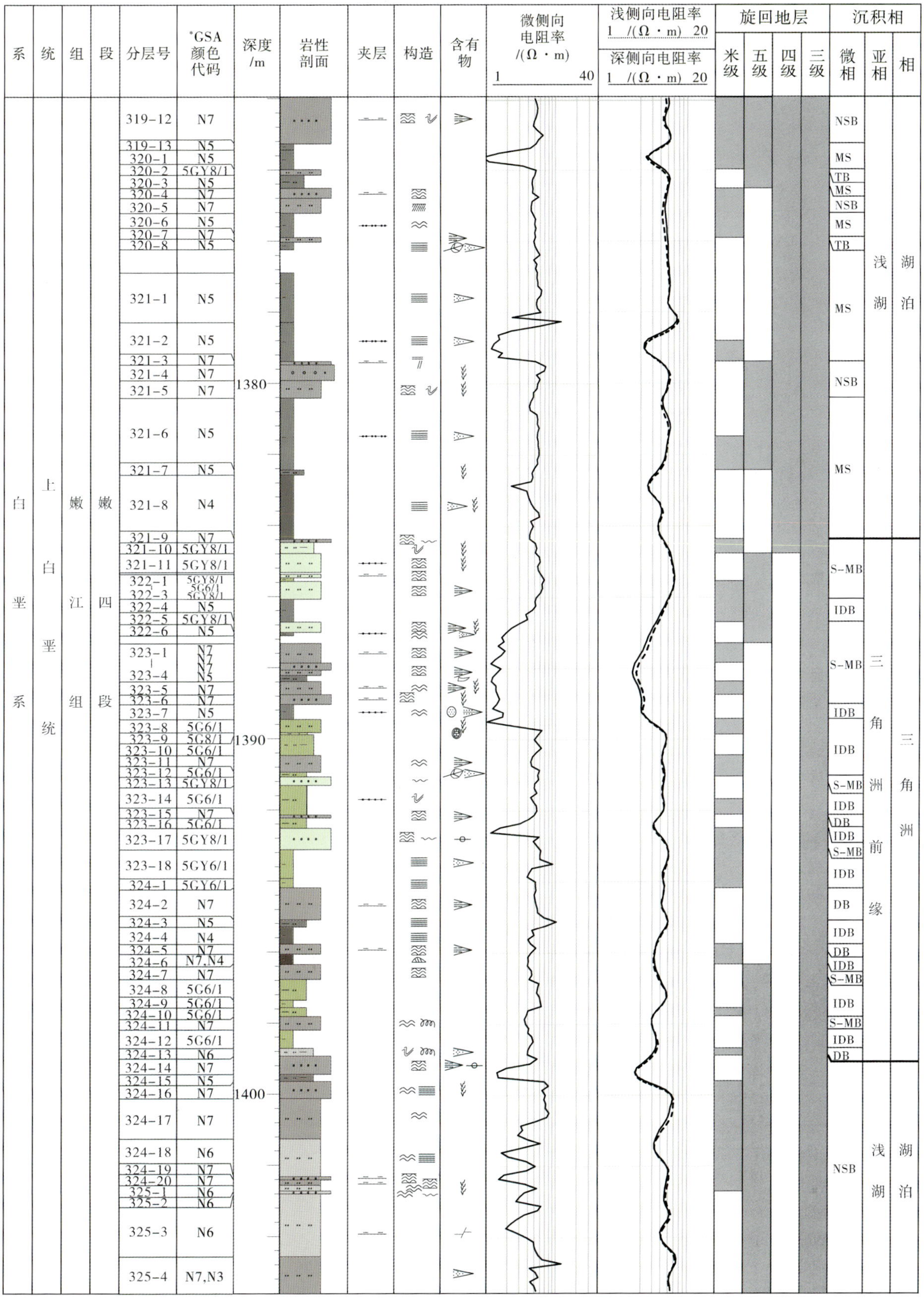

系
统
组
段
分层号
*GSA颜色代码
深度/m
岩性剖面
夹层
构造
含有物
微侧向电阻率/(Ω·m)
1 40
浅侧向电阻率 1 /(Ω·m) 20
深侧向电阻率 1 /(Ω·m) 20
旋回地层
米级
五级
四级
三级
沉积相
微相
亚相
相
白垩系
上白垩统
嫩江组
嫩四段
1380
1390
1400
浅湖
湖泊
三角洲前缘
三角洲
浅湖
湖泊

图 5.6 嫩三段至嫩五段综合柱状图（续）

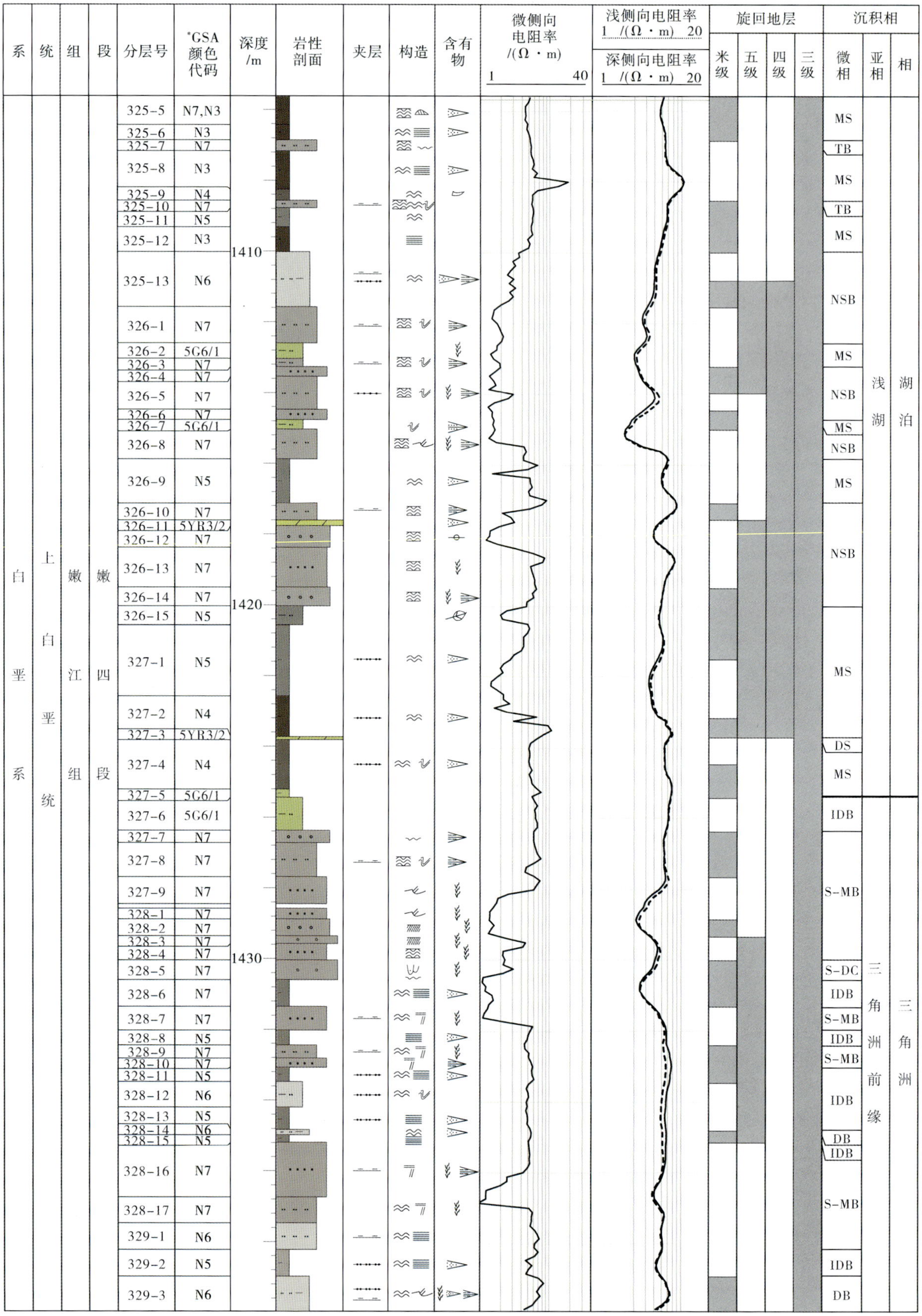
系
统
组
段
分层号
*GSA颜色代码
深度/m
岩性剖面
夹层
构造
含有物
微侧向电阻率/(Ω·m)
1 40
浅侧向电阻率 1 /(Ω·m) 20
深侧向电阻率 1 /(Ω·m) 20
旋回地层
米级
五级
四级
三级
沉积相
微相
亚相
相
白垩系
上白垩统
嫩江组
嫩四段
1410
1420
1430
浅湖
湖泊
三角洲前缘
三角洲

图 5.6 嫩三段至嫩五段综合柱状图（续）

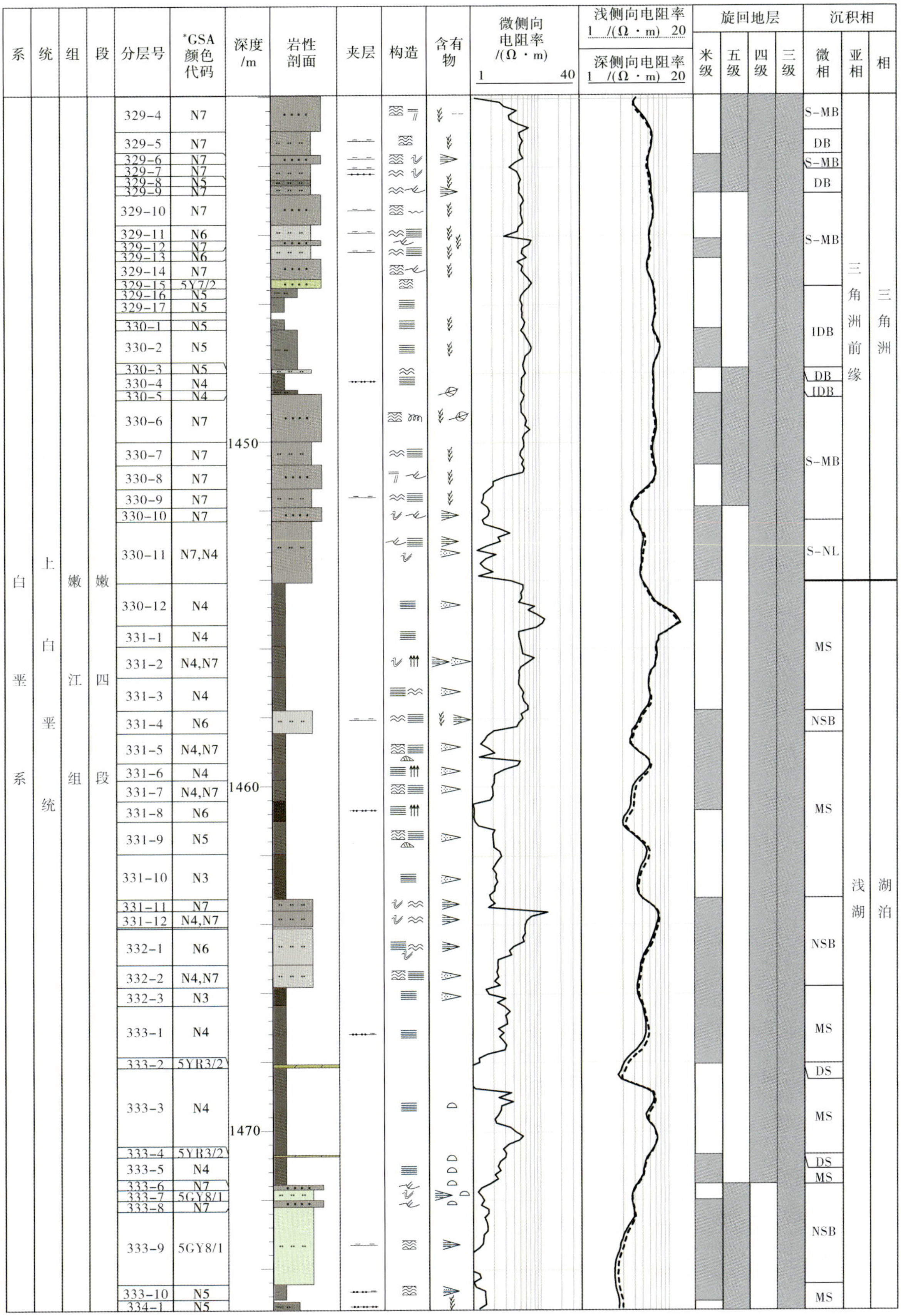

系
统
组
段
分层号
*GSA颜色代码
深度/m
岩性剖面
夹层
构造
含有物
微侧向电阻率/(Ω·m)
1 40
浅侧向电阻率 1 /(Ω·m) 20
深侧向电阻率 1 /(Ω·m) 20
旋回地层
米级
五级
四级
三级
沉积相
微相
亚相
相
白垩系
上白垩统
嫩江组
嫩四段
329-4 N7
329-5 N7
329-6 N7
329-7 N7
329-8 N5
329-9 N7
329-10 N7
329-11 N6
329-12 N7
329-13 N6
329-14 N7
329-15 5Y7/2
329-16 N5
329-17 N5
330-1 N5
330-2 N5
330-3 N5
330-4 N4
330-5 N4
330-6 N7
330-7 N7
330-8 N7
330-9 N7
330-10 N7
330-11 N7,N4
330-12 N4
331-1 N4
331-2 N4,N7
331-3 N4
331-4 N6
331-5 N4,N7
331-6 N4
331-7 N4,N7
331-8 N6
331-9 N5
331-10 N3
331-11 N7
331-12 N4,N7
332-1 N6
332-2 N4,N7
332-3 N3
333-1 N4
333-2 5YR3/2
333-3 N4
333-4 5YR3/2
333-5 N4
333-6 N7
333-7 5GY8/1
333-8 N7
333-9 5GY8/1
333-10 N5
334-1 N5
1450
1460
1470
S-MB
DB
S-MB
DB
S-MB
IDB
DB
IDB
S-MB
S-NL
MS
NSB
MS
NSB
MS
DS
MS
DS
MS
NSB
MS
三角洲前缘
三角洲
浅湖
湖泊

图 5.6 嫩三段至嫩五段综合柱状图（续）

系
统
组
段
分层号
*GSA颜色代码
深度/m
岩性剖面
夹层
构造
含有物
微侧向电阻率/(Ω·m)
1 40
浅侧向电阻率 1 /(Ω·m) 20
深侧向电阻率 1 /(Ω·m) 20
旋回地层
米级
五级
四级
三级
沉积相
微相
亚相
相
白垩系
上白垩统
嫩江组
嫩四段
嫩三段
334-2 N7
334-3 5YR3/2
334-4 N7
334-5 N7
334-6 N5
334-12
334-13 N7
334-14 N7
334-15 N5
334-16 N7
335-1 N7
335-2 N5
335-3 N7
335-4 N5
335-5 N7
335-6 N4
335-7 N5
335-8 N7
335-9 N4
335-10 N7
335-11 N7
335-12 N7
335-13 N7
335-14 N7
335-15 N7
336-1 N7
336-2 N7
336-3 N5
336-4 N5
336-5 N5
336-6 N7
336-7 N7
336-8 N5
336-9 N7
336-10 N5
336-11 N6
336-12 N6
336-13 N7
336-14 N4
336-15 N7
337-1 N7
337-2 N7
337-3 N7
337-4 N7
337-5 N5
337-6 N4
337-7 N4
337-8 N3
1480
1490
1500
1510
NSB
MS
DS
IDB
DB
S-MB
S-DC
浅湖
湖泊
三角洲前缘
三角洲

图5.6　嫩三段至嫩五段综合柱状图（续）

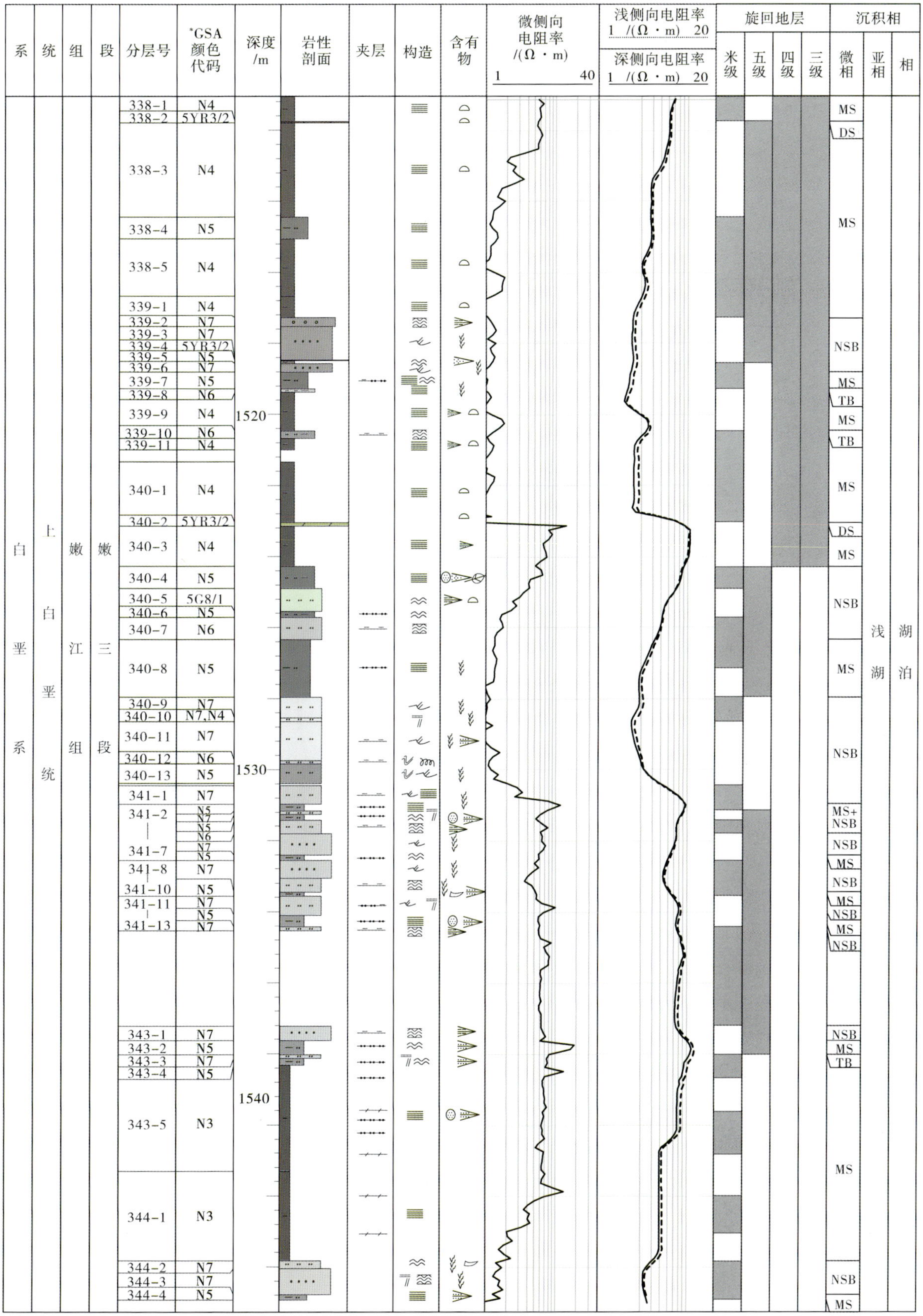
系
统
组
段
分层号
*GSA颜色代码
深度/m
岩性剖面
夹层
构造
含有物
微侧向电阻率/(Ω·m)
1
40
浅侧向电阻率
1 /(Ω·m) 20
深侧向电阻率
1 /(Ω·m) 20
旋回地层
米级
五级
四级
三级
沉积相
微相
亚相
相
白垩系
上白垩统
嫩江组
嫩三段
338-1 N4
338-2 5YR3/2
338-3 N4
338-4 N5
338-5 N4
339-1 N4
339-2 N7
339-3 N7
339-4 5YR3/2
339-5 N5
339-6 N7
339-7 N5
339-8 N6
339-9 N4
339-10 N6
339-11 N4
340-1 N4
340-2 5YR3/2
340-3 N4
340-4 N5
340-5 5G8/1
340-6 N5
340-7 N6
340-8 N5
340-9 N7
340-10 N7,N4
340-11 N7
340-12 N6
340-13 N5
341-1 N7
341-2 N5
N7
N5
N6
341-7 N7
N5
341-8 N7
341-10 N5
341-11 N7
N5
341-13 N7
343-1 N7
343-2 N5
343-3 N7
343-4 N5
343-5 N3
344-1 N3
344-2 N7
344-3 N7
344-4 N5
1520
1530
1540
MS
DS
MS
NSB
MS
TB
MS
TB
MS
DS
MS
NSB
MS
NSB
MS+NSB
NSB
MS
NSB
MS
NSB
MS
NSB
NSB
MS
TB
MS
NSB
MS
浅湖
湖泊
图5.6 嫩三段至嫩五段综合柱状图（续）

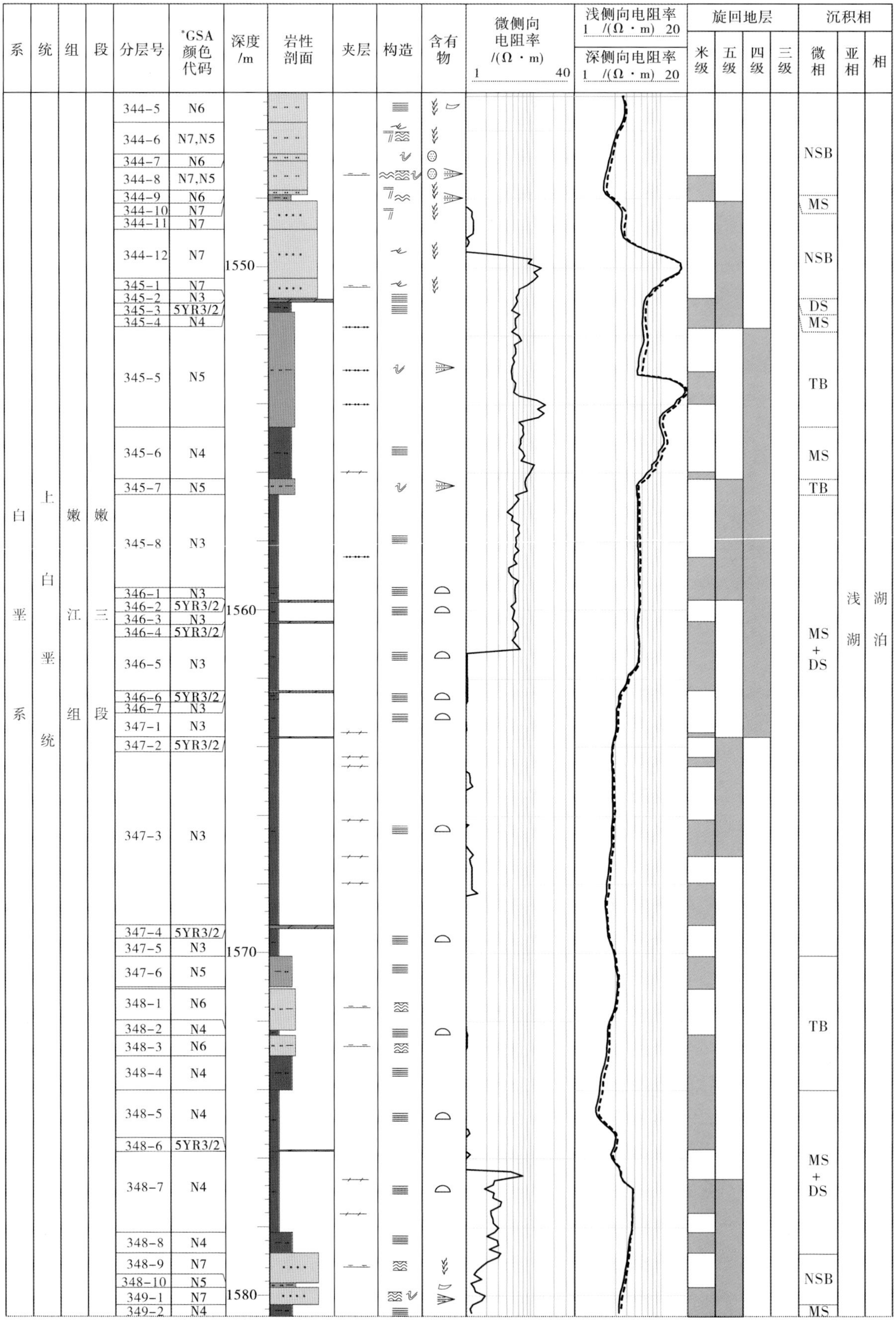
系
统
组
段
分层号
*GSA 颜色代码
深度/m
岩性剖面
夹层
构造
含有物
微侧向电阻率/(Ω·m)
1 40
浅侧向电阻率 1 /(Ω·m) 20
深侧向电阻率 1 /(Ω·m) 20
旋回地层
米级
五级
四级
三级
沉积相
微相
亚相
相
白垩系
上白垩统
嫩江组
嫩三段
344-5 N6
344-6 N7,N5
344-7 N6
344-8 N7,N5
344-9 N6
344-10 N7
344-11 N7
344-12 N7
345-1 N7
345-2 N3
345-3 5YR3/2
345-4 N4
345-5 N5
345-6 N4
345-7 N5
345-8 N3
346-1 N3
346-2 5YR3/2
346-3 N3
346-4 5YR3/2
346-5 N3
346-6 5YR3/2
346-7 N3
347-1 N3
347-2 5YR3/2
347-3 N3
347-4 5YR3/2
347-5 N3
347-6 N5
348-1 N6
348-2 N4
348-3 N6
348-4 N4
348-5 N4
348-6 5YR3/2
348-7 N4
348-8 N4
348-9 N7
348-10 N5
349-1 N7
349-2 N4
1550
1560
1570
1580
NSB
MS
NSB
DS
MS
TB
MS
TB
MS + DS
TB
MS + DS
NSB
MS
浅湖
湖泊

图 5.6 嫩三段至嫩五段综合柱状图（续）

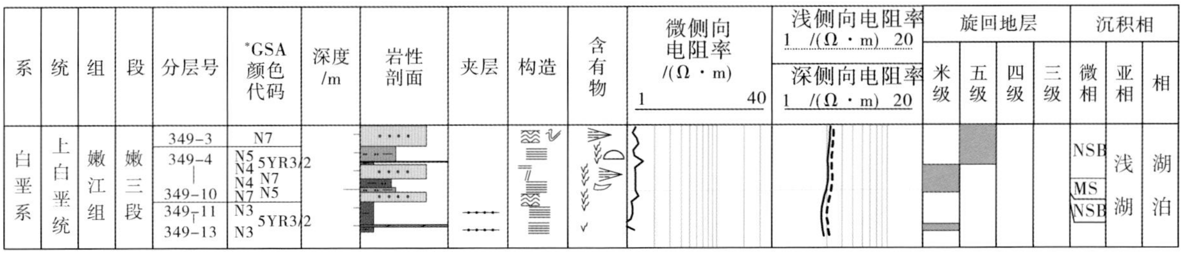
系
统
组
段
分层号
*GSA 颜色代码
深度 /m
岩性剖面
夹层
构造
含有物
微侧向电阻率 /(Ω·m) 1 40
浅侧向电阻率 1 /(Ω·m) 20
深侧向电阻率 1 /(Ω·m) 20
旋回地层
米级
五级
四级
三级
沉积相
微相
亚相
相
白垩系
上白垩统
嫩江组
嫩三段
349-3
349-4
349-10
349-11
349-13
N7
N5
N4
N7
5YR3/2
N5
N3
NSB
MS
NSB
浅湖
湖泊

图 5.6 嫩三段至嫩五段综合柱状图（续）
图例、图注同图 5.1

253–4	1049.24~1049.91m	0.67m	浅绿灰色细砂岩，局部发育变形层理，局部夹泥质条带
253–5	1049.91~1050.14m	0.23m	浅灰色中砂岩，块状构造
253–6	1050.14~1050.36m	0.22m	浅绿灰色粉砂岩，波状层理，1050.24m 处见含砾石层，局部含泥质条带
254–1	1053.75~1054.64m	0.89m	浅橄榄灰色粉砂岩，发育波纹层理、水平层理，局部见波状交错层理，见泥岩、粉砂质泥岩薄夹层
254–2	1054.64~1055.09m	0.45m	中灰色泥岩，水平纹理，见粉砂岩条带（断续），下部见粉砂岩薄夹层
254–3	1055.09~1055.19m	0.10m	浅橄榄灰色粉砂岩，见碟状构造、泄水构造
254–4	1055.19~1055.96m	0.77m	中灰色泥岩与浅橄榄灰色粉砂岩互层，砂泥岩具波状互层层理，底部见砂岩重荷，见砂岩条带，生物扰动
254–5	1055.96~1056.57m	0.61m	浅橄榄灰色粉砂岩，块状构造，见较多炭屑，钙质结核
254–6	1056.57~1056.73m	0.16m	浅绿灰色泥质粉砂岩，块状构造，见少量钙质结核
254–7	1056.73~1057.35m	0.62m	灰红色粉砂质泥岩，块状构造，见少量绿灰色浸染斑点
254–8	1057.35~1057.55m	0.20m	灰红色泥岩，块状构造
255–1	1057.55~1057.95m	0.40m	灰红色泥岩，块状构造
255–2	1057.95~1058.35m	0.40m	灰红色粉砂质泥岩，块状构造，见绿灰色浸染斑点
255–3	1058.35~1058.91m	0.56m	灰红色泥岩，块状构造
255–4	1058.91~1059.23m	0.32m	灰红色粉砂质泥岩，块状构造，见绿灰色浸染斑点
255–5	1059.23~1059.51m	0.28m	淡红色粉砂岩，块状构造
255–6	1059.51~1059.91m	0.40m	灰红色粉砂质泥岩，块状构造
255–7	1059.91~1060.31m	0.40m	淡红色粉砂岩，块状构造
255–8	1060.31~1060.60m	0.29m	淡橄榄色粉砂岩，波状交错层理，偶见泥砾
255–9	1060.60~1060.95m	0.35m	灰红色泥质粉砂岩，块状构造，见浅绿灰色浸染斑点
255–10	1060.95~1061.05m	0.10m	绿灰色粉砂岩，波纹层理
255–11	1061.05~1061.25m	0.20m	浅棕灰色泥质粉砂岩，块状构造
255–12	1061.25~1061.59m	0.34m	灰红色粉砂质泥岩，块状构造
255–13	1061.59~1062.45m	0.86m	灰红色泥岩，块状构造，见少量绿灰色浸染斑点
255–14	1062.45~1063.45m	1.00m	灰红色粉砂质泥岩，块状构造，见少量绿灰色浸染斑点
255–15	1063.45~1063.75m	0.30m	灰红色泥质粉砂岩，块状构造
255–16	1063.75~1064.63m	0.88m	灰红色泥岩，块状构造，见少量绿灰色浸染斑点

255–17	1064.63~1064.98m	0.35m	灰红色粉砂质泥岩，块状构造
255–18	1064.98~1065.40m	0.42m	浅绿灰色粉砂岩，块状构造
256–1	1065.40~1065.55m	0.15m	浅灰色粉砂岩，块状构造，局部见变形构造
256–2	1065.55~1065.80m	0.25m	浅绿灰色粉砂质泥岩，块状构造，见灰红色浸染斑点
256–3	1065.80~1066.80m	1.00m	淡棕色粉砂质泥岩，块状构造，见浅绿灰色浸染斑点
256–4	1066.80~1067.10m	0.30m	淡棕色泥质粉砂岩，块状构造
256–5	1067.10~1067.80m	0.70m	灰红色杂绿灰色粉砂质泥岩，块状构造
256–6	1067.80~1068.25m	0.45m	灰红色泥岩，块状构造，下部见绿灰色浸染斑点
256–7	1068.25~1069.30m	1.05m	灰红色粉砂质泥岩，块状构造
256–8	1069.30~1069.40m	0.10m	淡黄棕色泥质粉砂岩，块状构造，见少量粉砂岩条带
256–9	1069.40~1069.50m	0.10m	淡黄棕色粉砂质泥岩，块状构造
256–10	1069.50~1070.70m	1.20m	灰红色泥岩，块状构造，见绿灰色浸染斑点
256–11	1070.70~1070.85m	0.15m	浅橄榄灰色泥质粉砂岩，块状构造，见灰红色泥岩条带
256–12	1070.85~1071.16m	0.31m	淡红色粉砂质泥岩，块状构造
256–13	1071.16~1071.30m	0.14m	绿灰色粉砂岩，块状构造，见灰红色泥岩斑点
256–14	1071.30~1072.40m	1.10m	灰红色粉砂质泥岩，块状构造，局部见变形构造，见不规则含砂岩条带
256–15	1072.40~1072.73m	0.33m	淡棕色泥质粉砂岩，块状构造，见生物扰动
256–16	1072.73~1073.00m	0.27m	淡棕色泥岩，块状构造
256–17	1073.00~1073.26m	0.26m	淡棕色粉砂质泥岩，块状构造，局部见变形构造
256–18	1073.26~1073.40m	0.14m	中黄绿色细砂岩，不明显的槽状交错层理
256–19	1073.40~1073.80m	0.40m	中浅灰色粉砂岩，平行层理、局部波状层理，变形层理，底部见 5cm 厚的砂泥岩互层
256–20	1073.80~1074.40m	0.60m	灰桔粉色细砂岩，平缓浪成交错层理，中、下部见波状和波状交错层理，底面见不明显的冲刷面，见少量泥岩条带
256–21	1074.40~1074.63m	0.23m	浅灰色粉砂岩，波状交错层理，见少量泥岩条带
257–1	1074.63~1075.25m	0.62m	浅橄榄灰色粉砂质泥岩，块状构造，见灰红色浸染斑点
257–2	1075.25~1075.53m	0.28m	微带绿灰色粉砂岩，块状构造，局部见变形层理，底面见冲刷，底部见少量泥砾
257–3	1075.53~1075.75m	0.22m	微带绿灰色粉砂岩，块状构造，底部见泥岩薄层
257–4	1075.75~1076.03m	0.28m	淡红棕色粉砂质泥岩，块状构造，局部见变形层理
257–5	1076.03~1076.09m	0.06m	浅灰色粉砂岩，具滑塌变形构造
257–6	1076.09~1076.67m	0.58m	浅橄榄灰色粉砂质泥岩，块状构造，局部见灰红色浸染斑点
257–7	1076.67~1076.94m	0.27m	黄灰色细砂质粉砂岩，波状层理
258–1	1076.94~1077.29m	0.35m	中浅灰色粉砂质泥岩，块状构造
258–2	1077.29~1077.59m	0.30m	绿灰色粉砂岩，块状构造
258–3	1077.59~1077.84m	0.25m	中浅灰色粉砂质泥岩，波纹层理，夹较多细砂岩条带
258–4	1077.84~1078.39m	0.55m	浅灰色粉砂岩，波状层理，局部波纹交错层理，夹浅橄榄灰色泥质条带

258–5	1078.39~1079.14m	0.75m	绿灰色粉砂质泥岩，水平层理，水平波纹层理，局部夹粉砂岩条带
258–6	1079.14~1079.44m	0.30m	绿灰色泥岩，块状构造
258–7	1079.44~1079.64m	0.20m	灰红色夹微带绿灰色泥岩，块状构造
258–8	1079.64~1080.04m	0.40m	灰红色粉砂质泥岩，块状构造，局部见绿灰色斑点
258–9	1080.04~1080.39m	0.35m	中浅灰色泥质粉砂岩，块状构造
258–10	1080.39~1080.49m	0.10m	灰红色泥质粉砂岩，块状构造
258–11	1080.49~1080.85m	0.36m	浅绿灰色细砂岩，块状构造，夹绿灰色粉砂质泥岩薄层
259–1	1080.95~1081.05m	0.10m	浅灰色细砂岩，块状构造
259–2	1081.05~1081.25m	0.20m	绿灰色粉砂岩，块状构造，局部混入灰红色斑点状泥岩角砾
259–3	1081.25~1081.55m	0.30m	灰红色粉砂质泥岩，块状构造，局部混入绿灰色细砂岩
259–4	1081.55~1081.65m	0.10m	浅灰色细砂岩，块状构造，底部见冲刷面
259–5	1081.65~1081.75m	0.10m	灰红色粉砂质泥岩，变形层理，见浅灰色砂质团块和条带混入
259–6	1081.75~1081.85m	0.10m	浅灰色细砂岩，块状构造，底部见冲刷面，见夹灰红色泥质条带
259–7	1081.85~1082.10m	0.25m	灰红色粉砂质泥岩，块状构造，局部变形构造，局部见夹细砂岩团块和条带
259–8	1082.10~1082.20m	0.10m	浅灰色细砂岩，块状构造
259–9	1082.20~1082.55m	0.35m	灰红色粉砂质泥岩，块状构造，局部变形构造，见浅绿灰色细砂岩团块和条带
259–10	1082.55~1083.00m	0.45m	绿灰色泥质粉砂岩，块状构造，见浅灰色细砂岩团块
259–11	1083.00~1083.75m	0.75m	灰红色杂绿灰色泥质粉砂岩，块状构造，见细砂岩团块
259–12	1083.75~1083.95m	0.20m	浅灰色细砂岩，块状构造，见夹泥质条带
259–13	1083.95~1084.30m	0.35m	绿灰色泥质粉砂岩，块状构造，局部变形构造，见细砂岩团块
259–14	1084.30~1084.65m	0.35m	浅灰色细砂岩，波状交错层理，底部见冲刷面，见夹灰红色泥质条带
259–15	1084.65~1084.87m	0.22m	绿灰色粉砂质泥岩，块状构造，见细砂质团块
260–1	1084.87~1084.94m	0.07m	绿灰色细砂岩，波状层理，夹泥质条带
260–2	1084.94~1085.04m	0.10m	浅绿灰色中砂岩，波状层理，底部夹泥质条带
260–3	1085.04~1085.39m	0.35m	浅橄榄灰色泥质粉砂岩，波状交错层理，含较多细砂岩条带和团块，见炭屑，底部夹灰红色泥质条带
260–4	1085.39~1085.57m	0.18m	浅绿灰色粗粒质中砂岩，块状构造，底部见冲刷面和泥砾
260–5	1085.57~1085.87m	0.30m	灰红色杂绿灰色粉砂质泥岩，块状构造
260–6	1085.87~1086.12m	0.25m	中浅灰色粉砂岩，块状构造，局部见变形，见细砂岩条带和灰红色泥岩团块
260–7	1086.12~1086.62m	0.50m	浅灰色细砂岩，波状层理，底部见冲刷面，层理面间见夹含炭屑的泥质薄层，底部见 2cm 的泥岩层，泥岩顶部被冲刷
260–8	1086.62~1086.97m	0.35m	绿灰色中砂岩，波状层理，底部见冲刷面，见夹泥质条带
260–9	1086.97~1087.32m	0.35m	灰红色粉砂质泥岩，块状构造
260–10	1087.32~1087.47m	0.15m	中浅灰色泥质粉砂岩，块状构造

260–11	1087.47~1087.80m	0.33m	灰红色泥岩，块状构造
260–12	1087.80~1088.22m	0.42m	中浅灰色泥质粉砂岩，块状构造，局部灰红色浸染现象
260–13	1088.22~1088.67m	0.45m	灰红色杂绿灰色泥岩，块状构造
260–14	1088.67~1088.97m	0.30m	灰红色杂绿灰色泥质粉砂岩，块状构造
260–15	1088.97~1089.57m	0.60m	浅橄榄灰色泥质粉砂岩，块状构造，局部见细砂岩条带混入
260–16	1089.57~1090.27m	0.70m	绿灰色泥岩，块状构造
260–17	1090.27~1090.57m	0.30m	灰红色杂绿灰色泥岩，块状构造
260–18	1090.57~1090.67m	0.10m	灰红色泥质粉砂岩，块状构造
260–19	1090.67~1091.37m	0.70m	绿灰色泥岩，块状构造
260–20	1091.37~1092.07m	0.70m	灰红色杂绿灰色泥岩，块状构造
260–21	1092.07~1092.47m	0.40m	绿灰色粉砂质泥岩，块状构造
260–22	1092.47~1092.87m	0.40m	灰红色粉砂质泥岩，块状构造
260–23	1092.87~1093.17m	0.30m	绿灰色细砂岩，块状构造，偶见钙质结核
260–24	1093.17~1093.36m	0.19m	灰红色泥质粉砂岩，块状构造
260–25	1093.36~1093.62m	0.26m	浅绿灰色细砂岩，块状构造，见灰红色泥岩浸染斑点
260–26	1093.62~1093.72m	0.10m	中浅灰色细砂岩，波状交错层理
260–27	1093.72~1093.94m	0.22m	浅灰色细砂岩，块状构造，1093.77m 处见夹一层灰红色泥岩条带，有砂球、砂枕构造
261–1	1094.44~1095.02m	0.58m	灰橘粉色细砂岩，波状交错层理
261–2	1095.02~1095.15m	0.13m	浅棕色泥岩，波纹层理，见粉砂岩条带
261–3	1095.15~1095.26m	0.11m	浅棕色粉砂岩，波状交错层理，见较多泥岩条带
261–4	1095.26~1095.44m	0.18m	灰红色粉砂岩，波纹层理，见粉砂岩条带
261–5	1095.44~1095.91m	0.47m	中浅灰色粉砂岩，波状层理、波状交错层理，底面见弱冲刷，与底面岩性界面明显，见粉砂质泥岩条带
261–6	1095.91~1096.02m	0.11m	浅灰色细砂岩，块状构造
261–7	1096.02~1096.42m	0.40m	浅棕灰色细砂岩，平行层理
261–8	1096.42~1096.54m	0.12m	浅棕灰色含中砂质细砂岩，波状层理，局部见交错层理，见少量炭屑
261–9	1096.54~1096.64m	0.10m	中浅灰色细砂岩，平行层理
261–10	1096.64~1099.90m	3.26m	浅棕灰色细砂岩，平行层理
261–11	1099.90~1100.12m	0.22m	浅黄灰色细砂岩，波状交错层理，底面见冲刷，见少量炭屑
261–12	1100.12~1100.31m	0.19m	黄灰色中砂岩，具斜层理
261–13	1100.31~1100.95m	0.64m	浅棕灰色中砂岩，具斜层理，中下部见泥砾
261–14	1100.95~1101.55m	0.60m	黄灰色中砂岩，斜层理
261–15	1101.55~1101.99m	0.44m	浅棕灰色中砂岩，平行层理，下部见泥砾
263–1	1102.17~1102.22m	0.05m	灰红色杂绿灰色粉砂质泥岩，块状构造，见细砂岩团块
263–2	1102.22~1102.28m	0.06m	浅灰色细砂岩，块状构造，见泥质条带和泥砾，见生物扰动
263–3	1102.28~1102.38m	0.10m	绿灰色泥质粉砂岩，波状层理，见细砂岩条带、生物扰动

263–4	1102.38~1102.43m	0.05m	浅灰色细砂岩，块状构造，见泥砾
263–5	1102.43~1102.50m	0.07m	中浅灰色泥质粉砂岩，平行层理
263–6	1102.50~1102.67m	0.17m	灰红色泥岩，块状构造，见钙质结核
263–7	1102.67~1103.37m	0.70m	中浅灰色泥岩，块状构造，局部见灰红色斑点
263–8	1103.37~1103.77m	0.40m	浅灰色泥质粉砂岩，块状构造
263–9	1103.77~1104.12m	0.35m	绿灰色泥岩，块状构造
263–10	1104.12~1104.25m	0.13m	浅绿灰色泥质粉砂岩，块状构造
264–1	1104.25~1104.35m	0.10m	浅灰色细砂岩，波状层理，含灰红色泥岩条带
264–2	1104.35~1104.55m	0.20m	灰红色粉砂质泥岩，块状构造，见夹砂质条带，生物扰动明显
264–3	1104.55~1104.70m	0.15m	绿灰色泥质粉砂岩，块状构造，见泥质条带
264–4	1104.70~1104.88m	0.18m	极浅灰色细砂岩，波状交错层理，见泥质条带
264–5	1104.88~1105.27m	0.39m	浅橄榄灰色细砂岩，块状构造，底部见 4cm 厚含泥质条带细砂岩，底部见冲刷面
264–6	1105.27~1105.60m	0.33m	灰红色中砂岩，斜层理
264–7	1105.60~1106.09m	0.49m	浅灰色中砂岩，平行层理
264–8	1106.09~1107.10m	1.01m	浅灰色细砂岩，波状层理，局部波状交错层理，局部轻微变形，见夹绿灰色泥岩条带和炭屑薄层
264–9	1107.10~1107.33m	0.23m	绿灰色粉砂质泥岩，水平波纹层理
267–1	1108.49~1109.34m	0.85m	绿灰色粉砂质泥岩，块状构造，顶部见粉砂岩条带，钙质结核
267–2	1109.34~1109.99m	0.65m	绿灰色泥岩，块状构造，见浅灰红色斑点浸染
267–3	1109.99~1110.69m	0.70m	绿灰色粉砂质泥岩，块状构造
267–4	1110.69~1110.95m	0.26m	绿灰色泥岩，块状构造，见浅灰红色斑点浸染
267–5	1110.95~1111.11m	0.16m	绿灰色粉砂质泥岩，块状构造，见浅灰红色斑点浸染
267–6	1111.11~1112.14m	1.03m	绿灰色泥岩，块状构造，见浅灰红色斑点浸染
267–7	1112.14~1112.85m	0.71m	绿灰色粉砂质泥岩，块状构造
267–8	1112.85~1113.11m	0.26m	绿灰色泥质粉砂岩，水平波纹层理
267–9	1113.11~1113.61m	0.50m	绿灰色粉砂质泥岩，块状构造
267–10	1113.61~1113.75m	0.14m	绿灰色粉砂岩，块状构造
268–1	1113.75~1114.95m	1.20m	灰棕色泥岩，块状构造
268–2	1114.95~1115.27m	0.32m	浅灰色粉砂岩，波状层理，局部变形层理，见夹 5 层厚 1 ~ 3cm 的橄榄灰色粉砂质泥岩
268–3	1115.27~1115.97m	0.70m	浅灰色细砂岩，断续平行层理，1115.9m 处见一层厚 1cm 的灰棕色泥岩
268–4	1115.97~1116.85m	0.88m	灰棕色粉砂质泥岩，块状构造，局部见灰橄榄色斑点状浸染
268–5	1116.85~1117.60m	0.75m	灰橄榄色粉砂质泥岩，块状构造，局部见灰棕色斑点
268–6	1117.60~1118.18m	0.58m	灰棕色粉砂质泥岩，块状构造，局部见灰橄榄色（10Y4/2）斑点
269–1	1118.18~1119.08m	0.90m	灰棕色粉砂质泥岩，块状构造，局部见灰橄榄色（10Y4/2）斑点

269–2	1119.08~1119.43m	0.35m	灰橄榄色粉砂质泥岩，块状构造，局部见灰棕色斑点
269–3	1119.43~1119.98m	0.55m	灰棕色泥质粉砂岩，块状构造，局部见浅绿灰色斑点
269–4	1119.98~1120.78m	0.80m	灰棕色杂灰橄榄色粉砂质泥岩，块状构造
269–5	1120.78~1121.03m	0.25m	绿灰色粉砂岩，变形层理，见生物遗迹
269–6	1121.03~1121.13m	0.10m	灰棕色粉砂质泥岩，块状构造
269–7	1121.13~1121.40m	0.27m	绿灰色细砂岩，变形层理，见生物遗迹
269–8	1121.40~1121.65m	0.25m	灰棕色粉砂质泥岩，块状构造，局部见灰橄榄色（10Y4/2）斑点
269–9	1121.65~1122.13m	0.48m	绿灰色细砂岩，爬升层理，楔状交错层理，底部为一冲刷面，见泥砾，见生物遗迹，局部夹灰棕色泥质条带
269–10	1122.13~1122.48m	0.35m	灰棕色粉砂质泥岩，块状构造，局部见灰橄榄色斑点
269–11	1122.48~1122.69m	0.21m	绿灰色细砂岩，波状层理，底部见冲刷面，局部见泥质条带
269–12	1122.69~1122.93m	0.24m	灰棕色粉砂质泥岩，块状构造，1122.78m 处见一条厚 2cm 的细砂岩条带，见泥砾
269–13	1122.93~1123.77m	0.84m	淡棕色细砂岩，平行层理，小型槽状交错层理
270–1	1124.35~1124.85m	0.50m	绿灰色泥岩，块状构造，见有不规则裂缝，裂缝中有上部沉积的砂质灌入现象，局部见灰棕色斑点
270–2	1124.85~1126.05m	1.20m	浅灰色细砂岩，平行层理
270–3	1126.05~1127.15m	1.10m	灰棕色泥质粉砂岩，块状构造，局部见浅绿灰色斑点，局部夹绿灰色粉砂岩团块及条带
270–4	1127.15~1127.61m	0.46m	绿灰色粉砂岩，波状层理，局部夹细砂岩薄层
270–5	1127.61~1127.70m	0.09m	浅橄榄灰色泥岩，块状构造
270–6	1127.70~1127.85m	0.15m	灰棕色泥岩，块状构造，局部见绿灰色斑点
270–7	1127.85~1128.05m	0.20m	灰棕色泥质粉砂岩，块状构造
270–8	1128.05~1128.25m	0.20m	绿灰色粉砂岩，断续波状层理
270–9	1128.25~1129.22m	0.97m	灰棕色杂深绿灰色泥岩，块状构造
270–10	1129.22~1129.67m	0.45m	浅灰色中粒砂岩，变形层理，见灰棕色泥质团块，直径最大达 10cm
270–11	1129.67~1130.29m	0.62m	灰棕色杂深绿灰色粉砂质泥岩，块状构造
270–12	1130.29~1130.72m	0.43m	浅灰色细砂岩，块状构造，见泥质团块
271–1	1132.98~1133.58m	0.60m	灰棕色粉砂质泥岩，块状构造，局部见绿灰色斑点
271–2	1133.58~1134.23m	0.65m	深绿灰色粉砂质泥岩，块状构造，局部见灰棕色斑点，底部见钙质团块和灰棕色泥质团块
271–3	1134.23~1134.58m	0.35m	灰棕色粉砂质泥岩，块状构造，局部见绿灰色斑点
271–4	1134.58~1134.82m	0.24m	绿灰色粉砂岩，具断续波状层理，底部见冲刷面，局部见泥砾
271–5	1134.82~1135.68m	0.86m	深绿灰色杂灰棕色泥质粉砂岩，块状构造
271–6	1135.68~1136.23m	0.55m	深绿灰色杂灰棕色粉砂质泥岩，块状构造
271–7	1136.23~1136.68m	0.45m	浅绿灰色细砂岩，平行层理，底部见冲刷面
271–8	1136.68~1137.63m	0.95m	绿灰色泥岩，块状构造，1136.78m 处见具变形层理的砂质条带

271–9	1137.63~1137.90m	0.27m	浅绿灰色粉砂岩，小型槽状交错层理，底部见冲刷面，见泥质条带
271–10	1137.90~1138.93m	1.03m	绿灰色泥岩，块状构造
271–11	1138.93~1139.83m	0.90m	浅绿灰色细砂岩，波状层理，透镜状层理，局部见泥质条带和薄层，见生物遗迹
271–12	1139.83~1139.93m	0.10m	浅灰色中粒砂岩，平行层理
271–13	1139.93~1140.08m	0.15m	浅绿灰色粉砂岩，波状层理，底部见冲刷面，顶部见变形层理见生物遗迹
272–1	1140.12~1140.77m	0.65m	浅绿灰色粉砂岩，上部平行层理，下部波状层理，局部见泥质条带
272–2	1140.77~1141.67m	0.90m	浅绿灰色粉砂岩与深灰色泥岩互层，波状层理，透镜状层理，局部变形层理，由上到下粉砂岩逐渐减少，泥岩逐渐增多
272–3	1141.67~1141.79m	0.12m	浅绿灰色细砂岩，槽状交错层理，底部见夹深灰色泥质条带
273–1	1141.79~1142.29m	0.50m	浅绿灰色粉砂岩与深灰色泥岩互层，透镜状层理，粉砂岩中见小型槽状交错层理，泥岩中见介形虫化石
273–2	1142.29~1142.79m	0.50m	绿灰色细砂岩，块状层理，见均匀分布较多钙质团块
273–3	1142.79~1143.39m	0.60m	浅绿灰色细砂岩，层理构造不明显
273–4	1143.39~1144.04m	0.65m	深绿灰色粉砂质泥岩，块状构造
273–5	1144.04~1144.74m	0.70m	深绿灰色杂灰棕色粉砂质泥岩，块状构造
273–6	1144.74~1144.89m	0.15m	深绿灰色泥质粉砂岩，块状构造
274–1	1148.53~1148.85m	0.32m	灰棕色粉砂质泥岩，块状构造，见较多钙质团块
274–2	1148.85~1149.25m	0.40m	浅灰色细砂岩，槽状交错层理，局部夹灰棕色粉砂质泥岩薄层
274–3	1149.25~1149.37m	0.12m	灰棕色粉砂质泥岩，块状构造，局部夹砂质条带，见生物遗迹
274–4	1149.37~1149.48m	0.11m	浅灰色细砂岩，层理构造不明显，见生物遗迹
274–5	1149.48~1149.68m	0.20m	灰棕色泥岩，块状构造
274–6	1149.68~1149.87m	0.19m	浅灰色细砂岩，槽状交错层理
275–1	1149.87~1151.66m	1.79m	灰棕色粉砂质泥岩，块状构造，局部见绿灰色斑点
275–2	1151.66~1152.53m	0.87m	灰棕色粉砂质泥岩，变形层理，爬升层理，见较多粉砂岩、细砂岩条带和薄层，具变形层理
275–3	1152.53~1152.64m	0.11m	浅灰色细砂岩，断续波状层理，底部见冲刷面
275–4	1152.64~1152.84m	0.20m	灰棕色粉砂质泥岩，块状构造，见夹一层波状层理粉砂岩，厚 2cm
275–5	1152.84~1152.94m	0.10m	淡棕色粉砂岩，变形层理，见少量细砂岩条带和团块
275–6	1152.94~1153.07m	0.13m	灰棕色泥质粉砂岩，波状层理，底部见冲刷面，局部见绿灰色斑点
275–7	1153.07~1153.17m	0.10m	浅灰色细砂岩，具不明显槽状交错层理
275–8	1153.17~1153.62m	0.45m	灰棕色泥质粉砂岩，块状构造，变形层理，见夹具变形层理粉细砂岩条带和团块
275–9	1153.62~1154.17m	0.55m	浅灰色细砂岩，不明显的板状交错层理，底部见冲刷面和泥砾

275–10	1154.17~1155.07m	0.90m	绿灰色泥质粉砂岩，块状构造，局部见灰棕色斑点，偶见植物碎片和钙质团块
275–11	1155.07~1155.32m	0.25m	灰棕色杂深绿灰色粉砂质泥岩，水平层理，见生物遗迹，局部夹粉砂岩条带
275–12	1155.32~1155.53m	0.21m	绿灰色粉砂质泥岩，块状构造
275–13	1155.53~1156.97m	1.44m	深绿灰色泥岩，块状构造，局部见灰棕色斑点和钙质团块
275–14	1156.97~1157.32m	0.35m	灰棕色粉砂质泥岩，块状构造，局部见深绿灰色斑点和钙质团块
275–15	1157.32~1157.47m	0.15m	灰棕色粉砂质泥岩，块状构造
275–16	1157.47~1157.63m	0.16m	浅灰色粉砂岩，不明显波状层理，水平层理，见生物遗迹
275–17	1157.63~1158.57m	0.94m	灰棕色杂绿灰色泥岩，块状构造
275–18	1158.57~1158.69m	0.12m	灰棕色粉砂质泥岩，块状构造，偶见钙质团块
275–19	1158.69~1158.87m	0.18m	绿灰色细砂岩，具变形层理，见生物遗迹
275–20	1158.87~1159.19m	0.32m	灰棕色杂深绿灰色泥岩，块状构造
275–21	1159.19~1159.30m	0.11m	浅灰色细砂岩，小型槽状交错层理，见夹少量灰棕色泥质条带
276–1	1159.30~1159.75m	0.45m	浅灰色中粒砂岩，具小型槽状交错层理
276–2	1159.75~1160.55m	0.80m	浅橄榄灰色泥岩与浅灰色粉砂岩互层，水平波纹层理，槽状交错层理，底部见冲刷面
276–3	1160.55~1161.70m	1.15m	灰棕色泥质粉砂岩，块状构造
276–4	1161.70~1162.54m	0.84m	浅橄榄灰色杂灰棕色粉砂质泥岩，水平波纹层理，波状层理，见夹几层薄层状粉砂岩和细砂岩层
276–5	1162.54~1163.30m	0.76m	浅灰色杂淡橄榄灰色细砂岩，变形层理，波状层理，见夹灰棕色泥质条带和团块
276–6	1163.30~1163.43m	0.13m	浅灰色中粒砂岩，平行层理，底部见冲刷面，含泥砾
276–7	1163.43~1163.60m	0.17m	灰棕色泥质粉砂岩，块状构造，见砂质团块具变形层理
277–1	1165.00~1165.30m	0.30m	灰棕色泥岩，块状构造，见绿灰色斑点
277–2	1165.30~1165.40m	0.10m	绿灰色粉砂质泥岩，块状构造
277–3	1165.40~1165.60m	0.20m	浅灰色细砂岩，变形层理，见灰棕色泥质条带
278–1	1166.03~1166.95m	0.92m	灰棕色泥岩，块状构造，局部见绿灰色斑点
278–2	1166.95~1167.13m	0.18m	浅绿灰色细砂岩，平行层理，泄水构造，见绿灰色泥质条带
278–3	1167.13~1167.71m	0.58m	绿灰色泥岩，块状构造，变形层理，见不规则状细砂岩条带
278–4	1167.71~1168.43m	0.72m	灰棕色杂绿灰色泥岩，块状构造
278–5	1168.43~1168.78m	0.35m	灰棕色杂绿灰色泥质粉砂岩，块状构造
278–6	1168.78~1169.78m	1.00m	灰棕色泥岩，块状构造
278–7	1169.78~1169.94m	0.16m	浅绿灰色粉砂岩，块状构造，与上下层泥岩的接触界线不明显
278–8	1169.94~1171.21m	1.27m	灰棕色杂深绿灰色泥岩，块状构造，上部见有不规则裂缝，裂缝中有粉砂岩充填
278–9	1171.21~1171.53m	0.32m	浅绿灰色细砂岩，变形层理，槽状交错层理
278–10	1171.53~1172.15m	0.62m	灰棕色杂深绿灰色泥岩，块状构造，底部见绿灰色粉砂岩条带

279–1	1172.15~1172.95m	0.80m	灰棕色杂深绿灰色泥岩，块状构造
279–2	1172.95~1173.90m	0.95m	灰棕色泥岩，块状构造，局部见深绿灰色斑点
279–3	1173.90~1174.05m	0.15m	绿灰色杂灰棕色粉砂质泥岩，块状构造
279–4	1174.05~1174.90m	0.85m	灰棕色杂深绿灰色泥岩，块状构造
279–5	1174.90~1176.50m	1.60m	灰棕色泥岩，块状构造，见较多钙质团块
279–6	1176.50~1176.60m	0.10m	浅绿灰色粉砂岩，滑塌变形构造
279–7	1176.60~1177.35m	0.75m	灰棕色泥岩，块状构造，见深绿灰色斑点
279–8	1177.35~1177.65m	0.30m	浅灰色粉砂岩，滑塌变形构造，见灰棕色泥质条带
279–9	1177.65~1178.33m	0.68m	浅灰色细砂岩，槽状交错层理，局部变形层理，见含较多灰棕色泥质条带，见生物遗迹
279–10	1178.33~1178.98m	0.65m	浅灰色中粒砂岩，槽状交错层理，1178.70m 处夹一层灰棕色泥岩，厚 6cm
279–11	1178.98~1179.49m	0.51m	灰棕色杂绿灰色粉砂质泥岩，块状构造
280–1	1179.49~1180.39m	0.90m	灰棕色粉砂质泥岩，块状构造，见较多生物遗迹，底部见细砂岩条带
280–2	1180.39~1180.50m	0.11m	浅绿灰色细砂岩，变形层理，包卷层理，见灰棕色泥质条带
282–1	1187.75~1188.85m	1.10m	灰棕色粉砂质泥岩，块状构造，在 1188.50m 处见一直径大于 9.5cm 的钙质团块，局部见体积较小的钙质团块
282–2	1188.85~1189.15m	0.30m	浅灰色细砂岩，层理构造不明显
282–3	1189.15~1189.50m	0.35m	浅灰色中粒砂岩，层理构造不明显
283–1	1189.50~1190.42m	0.92m	浅灰色中粒砂岩，不明显的槽状交错层理
284–1	1190.53~1190.93m	0.40m	绿灰色泥岩，块状构造，见灰棕色斑点不均匀分布
284–2	1190.93~1191.08m	0.15m	灰棕色泥质粉砂岩，块状构造，见细砂岩条带
284–3	1191.08~1191.63m	0.55m	淡棕色细砂岩，滑塌变形层理，见灰棕色泥质条带
284–4	1191.63~1192.03m	0.40m	灰棕色粉砂质泥岩，块状构造，见裂缝中充填细砂质物质
285–1	1192.03~1192.23m	0.20m	灰棕色杂深绿灰色泥质粉砂岩，块状构造
285–2	1192.23~1192.58m	0.35m	绿灰色粉砂岩，变形层理，见具变形层理细砂岩条带和团块混入
285–3	1192.58~1192.78m	0.20m	浅绿灰色细砂岩，层理构造不明显
285–4	1192.78~1193.78m	1.00m	浅灰色细砂岩，槽状交错层理，波状层理
285–5	1193.78~1194.71m	0.93m	浅绿灰色细砂岩，滑塌变形层理，包卷层理，见不规则状泥质条带和浅灰色中粒砂岩条带团块混入
286–1	1194.71~1195.2m	0.49m	灰棕色杂绿灰色粉砂质泥岩，水平波纹层理，见含细砂岩条带与团块，周围颜色变为绿灰色
287–1	1196.01~1196.21m	0.20m	灰棕色杂绿灰色粉砂质泥岩，块状构造
287–2	1196.21~1196.61m	0.40m	绿灰色泥岩，块状构造，见灰棕色斑点
287–3	1196.61~1197.48m	0.87m	灰棕色粉砂质泥岩，块状构造，见钙质团块和绿灰色浸染斑点
287–4	1197.48~1197.53m	0.05m	浅灰色细砂岩，层理构造不明显，见生物遗迹
288–1	1197.53~1198.03m	0.50m	灰棕色泥岩，块状构造，见绿灰色斑点
288–2	1198.03~1198.36m	0.33m	灰棕色杂绿灰色粉砂质泥岩，块状构造

288–3	1198.36~1199.23m	0.87m	灰棕色杂绿灰色泥岩，块状构造
288–4	1199.23~1199.61m	0.38m	灰棕色粉砂质泥岩，块状构造，见含钙质团块
289–1	1199.61~1199.96m	0.35m	灰棕色粉砂质泥岩，块状构造
289–2	1199.96~1200.01m	0.05m	绿灰色粉砂岩，变形层理
289–3	1200.01~1200.29m	0.28m	灰棕色杂深绿灰色粉砂质泥岩，块状构造
289–4	1200.29~1200.61m	0.32m	浅绿灰色细砂岩，波状层理，见绿灰色泥质条带
289–5	1200.61~1201.81m	1.20m	深绿灰色杂灰棕色粉砂质泥岩，块状构造
289–6	1201.81~1202.21m	0.40m	淡棕色细砂岩，波状层理，局部见变形层理，底部见冲刷面，见灰棕色泥质条带
289–7	1202.21~1202.31m	0.10m	灰棕色粉砂质泥岩，波纹层理，滑塌变形层理，顶部见砂球砂枕构造
289–8	1202.31~1204.61m	2.30m	浅灰色中粒砂岩，板状交错层理，底部见冲刷面，局部泥浆浸入呈深棕色
289–9	1204.61~1204.91m	0.30m	灰棕色粉砂质泥岩，块状构造
289–10	1204.91~1205.01m	0.10m	绿灰色杂灰棕色泥质粉砂岩，块状构造
289–11	1205.01~1205.23m	0.22m	灰棕色粉砂质泥岩，块状构造，见绿灰色斑点
290–1	1205.23~1205.43m	0.20m	深绿灰色粉砂质泥岩，块状构造，见裂缝，裂缝中充填灰棕色粉砂质泥岩
290–2	1205.43~1206.03m	0.60m	灰棕色粉砂质泥岩，块状构造，底部见深绿灰色斑点
290–3	1206.03~1206.21m	0.18m	浅灰色细砂岩，平行层理，底部见冲刷面
290–4	1206.21~1207.48m	1.27m	深绿灰色泥岩，块状构造，局部见水平层理，见灰棕色斑点均匀分布在深绿灰色泥岩中
290–5	1207.48~1208.53m	1.05m	灰棕色粉砂质泥岩，块状构造，在1208.13m、1208.33m处见夹两层绿灰色泥质粉砂岩层，厚5cm
290–6	1208.53~1208.73m	0.20m	浅绿灰色粉砂岩，层理构造不明显，局部变形层理
290–7	1208.73~1209.33m	0.60m	深绿灰色粉砂质泥岩，块状构造，见灰棕色斑点，1209.13m处见滑塌变形细砂岩层
290–8	1209.33~1210.63m	1.30m	灰棕色粉砂质泥岩，块状构造，局部见绿灰色斑点（砂质条带周围）
290–9	1210.63~1210.86m	0.23m	浅绿灰色泥岩，层理构造不明显，见含泥砾
290–10	1210.86~1211.06m	0.20m	灰棕色泥岩，块状构造，见绿灰色斑点
290–11	1211.06~1211.18m	0.12m	浅绿灰色细砂岩，平行层理，局部见泄水构造，见夹绿灰色泥质条带
290–12	1211.18~1211.73m	0.55m	灰棕色杂绿灰色粉砂质泥岩，块状构造
290–13	1211.73~1211.91m	0.18m	浅灰色细砂岩，波状层理，底部见冲刷面，见泥质条带和生物遗迹
290–14	1211.91~1212.43m	0.52m	灰棕色粉砂质泥岩，水平层理，透镜状层理，见夹较多浅灰色细砂岩薄层与条带
290–15	1212.43~1213.08m	0.65m	绿灰色泥岩，块状构造，局部见灰棕色斑点
290–16	1213.08~1213.93m	0.85m	浅灰色中粒砂岩，不明显的槽状交错层理，在1213.38和1213.48m处见夹两层具板状交错层理的细砂岩层，厚5cm，局部见夹泥质条带和薄层
291–1	1213.93~1214.13m	0.20m	浅灰色中粒砂岩，板状交错层理

291–2	1214.13~1215.03m	0.90m	浅灰色细砂岩，槽状交错层理，波状层理，局部见泥质条带
291–3	1215.03~1215.28m	0.25m	深灰色泥岩与浅灰色细砂岩互层分布，波状层理
291–4	1215.28~1215.58m	0.30m	浅灰色细砂岩，波状层理，见夹泥质条带
291–5	1215.58~1215.68m	0.10m	浅灰色细砂岩，不明显平行层理
291–6	1215.68~1216.43m	0.75m	中深灰色泥岩与浅灰色细砂岩互层分布，波状层理，透镜状层理
291–7	1216.43~1217.28m	0.85m	深绿灰色泥岩与绿灰色粉砂岩互层，水平层理，波纹层理
291–8	1217.28~1218.03m	0.75m	深绿灰色泥岩与浅灰色细砂岩互层，透镜状层理，波纹层理，底部见冲刷，在细砂岩中见有介形虫化石，个体较完整
291–9	1218.03~1218.58m	0.55m	灰绿色泥岩，块状构造，见较多钙质团块，局部见灰棕色斑点，见黄铁矿颗粒
291–10	1218.58~1220.03m	1.45m	灰棕色泥岩，块状构造，偶见钙质团块，局部见深绿灰色斑点
291–11	1220.03~1220.42m	0.39m	灰绿色泥岩，块状构造，局部见灰棕色斑点
292–1	1220.42~1221.02m	0.60m	深绿灰色泥岩，块状构造，见灰棕色斑点
292–2	1221.02~1221.27m	0.25m	灰绿色粉砂质泥岩，块状构造，见较多黄铁矿颗粒，见两条粉砂岩条带，形状不规则
292–3	1221.27~1221.62m	0.35m	浅绿灰色细砂岩，变形层理，见夹较多泥质条带与团块
292–4	1221.62~1221.93m	0.31m	浅灰色中粒砂岩，波状层理，局部夹绿灰色泥质条带和生物碎屑
293–1	1222.25~1223.73m	1.48m	灰绿色粉砂质泥岩，块状构造，局部见具变形层理的粉砂岩混入，见黄铁矿颗粒
293–2	1223.73~1224.05m	0.32m	浅灰色细砂岩，波状层理，板状交错层理，偶见泥质条带和团块
293–3	1224.05~1228.35m	4.30m	浅灰色含砾中砂岩，板状交错层理，局部不明显，局部含泥砾
293–4	1228.35~1228.72m	0.37m	浅灰色含砾粗砂岩，平行层理，槽状交错层理，底部见冲刷面，含较多泥砾，在 1228.55m 处见一黑色椭球状物质，推测为介形虫大规模死亡后形成的介形虫灰岩，被强水动力搬运磨蚀形成
293–5	1228.72~1228.90m	0.18m	灰绿色粉砂质泥岩，块状构造，1228.75m 处见一层厚 5cm 的浅灰色粉砂岩层
293–6	1228.90~1229.20m	0.30m	浅灰色含砾中粒砂岩，不明显波状层理，底部见冲刷面和泥砾
294–1	1229.20~1229.30m	0.10m	浅绿灰色泥质粉砂岩，变形层理，底部见冲刷面，见砂质条带
294–2	1229.30~1229.60m	0.30m	深绿灰色泥岩，块状构造
294–3	1229.60~1229.85m	0.25m	深绿灰色杂灰棕色泥岩，块状构造
294–4	1229.85~1230.10m	0.25m	绿灰色泥岩，块状构造，局部见灰棕色斑点
294–5	1230.10~1230.65m	0.55m	绿灰色杂灰棕色泥岩，块状构造，灰棕色可能是由于生物扰动形成
294–6	1230.65~1231.60m	0.95m	暗黄绿色粉砂质泥岩，块状构造，局部见灰棕色斑点
294–7	1231.60~1231.80m	0.20m	浅绿灰色粉砂岩，平行层理，局部见爬升层理，见生物遗迹、泥质条带

294–8	1231.80~1231.90m	0.10m	绿灰色泥岩，块状构造
294–9	1231.90~1232.30m	0.40m	深绿灰色杂灰棕色泥岩，块状构造
294–10	1232.30~1232.70m	0.40m	灰绿色粉砂质泥岩，块状构造，局部见不明显的波纹层理
294–11	1232.70~1233.30m	0.60m	灰棕色杂深绿灰色泥岩，块状构造
294–12	1233.30~1233.65m	0.35m	灰棕色泥岩，块状构造，局部见绿灰色斑点
294–13	1233.65~1233.90m	0.25m	绿灰色粉砂质泥岩，块状构造
294–14	1233.90~1234.05m	0.15m	浅灰色细砂岩，平行层理，底部见冲刷面，见泥质团块
294–15	1234.05~1234.20m	0.15m	浅绿灰色粉砂岩，见生物遗迹，波纹层理，爬升层理，见绿灰色泥质条带
294–16	1234.20~1234.85m	0.65m	绿灰色泥岩，不明显的水平层理，局部见砂质团块
294–17	1234.85~1235.60m	0.75m	深绿灰色粉砂质泥岩，块状构造，局部见灰棕色斑点
294–18	1235.60~1236.70m	1.10m	浅灰色细砂岩，槽状交错层理，底部见冲刷面和泥砾，局部见泥质条带和团块
294–19	1236.70~1237.55m	0.85m	浅灰色细砂岩，上部槽状交错层理，下部为板状交错层理，顶部为一层厚2cm的绿灰色泥岩层
294–20	1237.55~1237.70m	0.15m	浅灰色中粒砂岩，平行层理，见较多泥砾
295–1	1237.73~1237.83m	0.10m	深绿灰色泥岩，块状构造
295–2	1237.83~1238.58m	0.75m	浅灰色中粒砂岩，板状交错层理，底部见冲刷面
295–3	1238.58~1238.75m	0.17m	绿灰色粉砂质泥岩，块状构造，见泥岩薄层
295–4	1238.75~1239.03m	0.28m	浅绿灰色细砂岩，滑塌变形层理，包卷层理，波状层理，见泥质条带
295–5	1239.03~1240.53m	1.50m	绿灰色粉砂质泥岩，水平层理，水平波纹层理，在1239.75m、1240.13m、1240.28m处分别见夹3层厚3cm、10cm、4cm的中粗粒砂岩层，底部均具冲刷面
295–6	1240.53~1241.03m	0.50m	深绿灰色杂灰棕色泥岩，块状构造
295–7	1241.03~1241.43m	0.40m	绿灰色粉砂岩，块状构造
296–1	1241.50~1242.20m	0.70m	绿灰色粉砂质泥岩，块状构造，局部见水平层理
296–2	1242.20~1242.90m	0.70m	绿灰色泥岩，块状构造，局部见灰棕色斑点
296–3	1242.90~1243.65m	0.75m	灰棕色杂深绿灰色泥岩，块状构造
296–4	1243.65~1244.50m	0.85m	深绿灰色泥岩，块状构造，局部见灰棕色斑点
296–5	1244.50~1245.15m	0.65m	灰棕色泥岩，块状构造，顶部见绿灰色斑点
296–6	1245.15~1245.40m	0.25m	绿灰色粉砂质泥岩，块状构造，局部见具变形层理的砂质条带
296–7	1245.40~1245.85m	0.45m	深绿灰色泥岩，块状构造，局部见灰棕色斑点
296–8	1245.85~1246.10m	0.25m	灰棕色泥岩，块状构造，局部见绿灰色斑点
296–9	1246.10~1246.35m	0.25m	深绿灰色泥岩，块状构造，局部见灰棕色斑点
296–10	1246.35~1246.50m	0.15m	绿灰色泥质粉砂岩，块状构造
296–11	1246.50~1246.68m	0.18m	灰棕色杂深绿灰色泥岩，块状构造
297–1	1246.73~1246.83m	0.10m	灰棕色杂深绿灰色泥岩，块状构造

297–2	1246.83~1247.83m	1.00m	绿灰色粉砂质泥岩，块状构造
297–3	1247.83~1249.43m	1.60m	浅灰色中粒砂岩，不明显的板状交错层理，底部见泥砾
297–4	1249.43~1250.13m	0.70m	绿灰色泥质粉砂岩，块状构造
297–5	1250.13~1250.43m	0.30m	浅绿灰色细砂岩，波状层理，局部变形层理，见较多泥质条带
297–6	1250.43~1250.63m	0.20m	绿灰色泥质粉砂岩，块状构造，局部变形层理，局部见砂质条带
297–7	1250.63~1250.83m	0.20m	浅绿灰色细砂岩，波状层理，见较多泥质条带
297–8	1250.83~1251.07m	0.24m	绿灰色泥质粉砂岩，块状构造
297–9	1251.07~1251.17m	0.10m	浅灰色细砂岩，波状层理，见较多泥质条带
298–1	1251.42~1251.57m	0.15m	浅灰色细砂岩，波状层理，见较多泥质条带
299–1	1251.57~1251.92m	0.35m	浅绿灰色细砂岩，波状层理，局部变形层理，见泥质条带
299–2	1251.92~1252.47m	0.55m	绿灰色泥岩，块状构造
299–3	1252.47~1252.87m	0.40m	深绿灰色泥岩，块状构造
299–4	1252.87~1253.19m	0.32m	绿灰色泥质粉砂岩，块状构造
299–5	1253.19~1253.92m	0.73m	深绿灰色杂灰棕色泥岩，块状构造
299–6	1253.92~1254.05m	0.13m	绿灰色粉砂岩，不明显的槽状交错层理，爬升层理，见生物遗迹
299–7	1254.05~1254.17m	0.12m	浅灰色细砂岩，不明显的槽状交错层理，见泥质条带
299–8	1254.17~1254.29m	0.12m	绿灰色粉砂岩，层理构造不明显
299–9	1254.29~1254.47m	0.18m	深绿灰色泥岩，块状构造
299–10	1254.47~1255.32m	0.85m	浅灰色细砂岩与绿灰色泥岩互层，波状层理
299–11	1255.32~1256.07m	0.75m	浅绿灰色粉砂岩与绿灰色泥岩互层，波状层理
299–12	1256.07~1257.07m	1.00m	浅灰色细砂岩与深绿灰色泥岩互层，波状层理，透镜状层理，每层细砂岩底部均见冲刷面
299–13	1257.07~1257.57m	0.50m	深绿灰色泥岩，块状构造
299–14	1257.57~1258.17m	0.60m	绿灰色粉砂质泥岩，块状构造
299–15	1258.17~1258.52m	0.35m	深绿灰色泥质粉砂岩，块状构造
299–16	1258.52~1258.72m	0.20m	绿灰色粉砂岩，变形层理
299–17	1258.72~1258.91m	0.19m	浅灰色细砂岩，变形层理，见泥质条带
300–1	1258.91~1259.18m	0.27m	浅灰色细砂岩，槽状交错层理，局部见泥质条带
300–2	1259.18~1259.47m	0.29m	浅灰色中粒砂岩，槽状交错层理，底部见冲刷面，见较多泥质条带，见黄铁矿作为胶结物充填在颗粒之间
300–3	1259.47~1261.11m	1.64m	深绿灰色泥岩，块状构造，局部见灰棕色斑点和生物扰动的痕迹
300–4	1261.11~1262.13m	1.02m	浅灰色中粒砂岩，不明显的槽状交错层理，平行层理，局部夹泥质条带，泥砾
300–5	1262.13~1263.13m	1.00m	浅灰色细砂岩与深绿灰色泥岩互层，波状层理
300–6	1263.13~1264.31m	1.18m	浅灰色中粒砂岩，板状交错层理，平行层理，局部见夹泥质条带细砂岩条带，底部见夹有机质薄层
300–7	1264.31~1266.74m	2.43m	浅灰色细砂岩与深灰色泥岩互层，波状层理，透镜状层理，滑塌变形层理，1266.21 ~ 1266.56m 见砂质液化现象

301–1	1266.74~1266.77m	0.03m	深绿灰色泥岩，块状构造
301–2	1266.77~1266.89m	0.12m	微带黄灰色灰质泥岩，块状构造
301–3	1266.89~1267.04m	0.15m	深灰色泥岩，水平层理，见夹几层钙质胶结的细砂岩条带
301–4	1267.04~1267.10m	0.06m	微带黄灰色灰质泥岩，块状构造
301–5	1267.10~1267.13m	0.03m	深灰色泥岩，水平层理，见夹几层钙质胶结的细砂岩条带
301–6	1267.13~1267.84m	0.71m	绿灰色粉砂质泥岩，块状构造，偶见炭屑和叶肢介化石
301–7	1267.84~1268.34m	0.50m	绿灰色粉砂岩，局部变形层理，局部见泥质条带
301–8	1268.34~1268.74m	0.40m	绿灰色含泥砾细砂岩，层理构造不明显，见含大量泥砾
301–9	1268.74~1269.32m	0.58m	浅绿灰色细砂岩，层理构造不明显，局部见泥质条带和泥砾定向排列富集
301–10	1269.32~1271.14m	1.82m	浅灰色粉砂岩、细砂岩与深绿灰色泥岩薄互层，波状层理，局部见中粒砂岩薄层
301–11	1271.14~1271.64m	0.50m	浅绿灰色泥质粉砂岩，块状构造，局部见砂质条带和团块

嫩江组四段上覆地层为嫩江组五段，呈整合接触，岩心描述见下文；下伏地层为嫩江组三段，呈整合接触。

嫩江组四段岩心描述：

301–12	1271.64~1273.24m	1.60m	浅灰色中粒砂岩，槽状交错层理，上部夹较多泥质薄层和条带
301–13	1273.24~1275.88m	2.64m	浅灰色细砂岩与深绿灰色泥岩互层，波状层理，细砂岩层内具爬升层理、平行层理、透镜状层理，局部见黄铁矿团块
302–1	1275.88~1277.03m	1.15m	浅灰色中粒砂岩，脉状层理，见夹较多薄层状深灰色泥岩，局部见砂球
302–2	1277.03~1277.83m	0.80m	浅绿灰色中粒砂岩，平行层理，下部见少量泥砾
302–3	1277.83~1278.00m	0.17m	浅绿灰色细砂岩，层理构造不明显，局部见中粒砂岩条带
302–4	1278.00~1278.50m	0.50m	浅灰色中粒砂岩，槽状交错层理，平行层理，下部见夹两条泥质条带，见生物遗迹
302–5	1278.50~1278.63m	0.13m	深绿灰色泥岩，水平层理，见生物遗迹
302–6	1278.63~1278.98m	0.35m	浅灰色中粒砂岩，平行层理，见泥质薄夹层
302–7	1278.98~1279.38m	0.40m	绿灰色细砂岩与泥岩互层，波状层理，透镜状层理，见生物遗迹
302–8	1279.38~1280.24m	0.86m	深绿灰色泥岩，块状构造
303–1	1280.50~1280.75m	0.25m	深绿灰色泥岩，块状构造，见少量炭屑
303–2	1280.75~1282.15m	1.40m	浅灰色中粒砂岩，槽状交错层理，平行层理，局部夹泥质薄层和条带
303–3	1282.15~1282.90m	0.75m	深绿灰色泥岩与浅灰色细砂岩互层，波状层理
303–4	1282.90~1284.65m	1.75m	浅灰色中粒砂岩，上部板状交错层理，下部槽状交错层理，平行层理，局部夹泥质薄层和条带
303–5	1284.65~1285.38m	0.73m	浅灰色细砂岩，波状层理，见较多泥质薄层和条带
303–6	1285.38~1287.09m	1.71m	深灰色泥岩与浅灰色细砂岩互层，波状层理，透镜状层理
304–1	1287.09~1287.47m	0.38m	深绿灰色泥岩，块状构造

304–2	1287.47~1288.59m	1.12m	深灰色泥岩与中灰色细砂岩薄互层，波状层理，透镜状层理
304–3	1288.59~1289.09m	0.50m	绿灰色粉砂质泥岩，块状构造，偶见钙质团块
304–4	1289.09~1289.94m	0.85m	浅绿灰色细砂岩，上部见变形层理，下部见槽状交错层理、爬升层理，见生物遗迹，生物扰动
304–5	1289.94~1290.51m	0.57m	浅灰色中粒砂岩，见不明显的槽状交错层理，见夹两层绿灰色粉细砂岩薄层
304–6	1290.51~1290.61m	0.10m	浅灰色粗粒砂岩，平行层理，底部见泥砾
304–7	1290.61~1291.19m	0.58m	浅灰色细砂岩，波状层理，透镜状层理，局部平行层理，含较多深绿灰色泥岩薄层和条带，底部见泥砾
304–8	1291.19~1291.84m	0.65m	深绿灰色泥岩，块状构造，偶见钙质团块
304–9	1291.84~1292.09m	0.25m	浅绿灰色细砂岩，变形层理构造，泥质条带
304–10	1292.09~1292.62m	0.53m	浅灰色中粒砂岩，槽状交错层理，1292.47m 处见夹深灰色泥岩薄层，厚 3cm，见个体较大的生物化石
304–11	1292.62~1292.89m	0.27m	浅灰色细砂岩与深灰色泥岩互层，波状层理，透镜状层理
304–12	1292.89~1293.99m	1.10m	浅灰色细砂岩，槽状交错层理，偶见泥质条带，底部见搅混构造
304–13	1293.99~1294.71m	0.72m	浅灰色粉砂细砂岩与深绿灰色泥岩互层，波状层理，透镜状层理
305–1	1294.78~1295.56m	0.78m	浅绿灰色粉砂岩、细砂岩与深绿灰色泥岩互层，波状层理，透镜状层理
305–2	1295.56~1296.98m	1.42m	浅绿灰色细砂岩，变形层理，见泥质条带，中粗粒砂岩条带，局部见泥砾
307–1	1297.07~1297.22m	0.15m	绿灰色泥岩，块状构造
307–2	1297.22~1297.55m	0.33m	浅绿灰色粉砂岩，块状构造
307–3	1297.55~1298.67m	1.12m	绿灰色泥岩，块状构造
307–4	1298.67~1299.47m	0.80m	绿灰色粉砂质泥岩，块状构造
307–5	1299.47~1300.12m	0.65m	浅灰色中粒砂岩，波状层理，见生物遗迹，见夹较多绿灰色泥岩薄层
307–6	1300.12~1300.77m	0.65m	浅灰色细砂岩与深绿灰色泥岩互层，波状层理，见生物遗迹
307–7	1300.77~1300.87m	0.10m	浅灰色中粒砂岩，不明显平行层理
307–8	1300.87~1301.62m	0.75m	绿灰色粉砂质泥岩，块状构造，局部见砂质条带，不规则状混入
307–9	1301.62~1302.05m	0.43m	浅灰色细砂岩与绿灰色泥岩薄互层，波状层理，变形层理，局部见中粒砂薄层
307–10	1302.05~1302.40m	0.35m	浅灰色中粒砂岩，槽状交错层理，见泥质条带
307–11	1302.40~1304.67m	2.27m	浅灰色细砂岩，平行层理，局部槽状交错层理，波状层理，见夹较多薄层状绿灰色泥质条带
307–12	1304.67~1305.12m	0.45m	浅绿灰色粉砂岩与深绿灰色泥岩薄互层，水平层理，透镜状层理
307–13	1305.12~1306.21m	1.09m	浅灰色细砂岩，槽状交错层理，平行层理，波状层理，见少量泥质薄层和条带和中粒砂岩薄层
308–1	1306.21~1306.91m	0.70m	浅灰色中粒砂岩，波状层理，槽状交错层理，见夹深灰色泥岩薄层，浅灰色细砂岩薄层，1306.70m 处见一层浅灰橄榄色泥岩，厚 0.5cm

308–2	1306.91~1307.66m	0.75m	浅灰色细砂岩，脉状层理，见夹少量泥质条带
308–3	1307.66~1308.01m	0.35m	绿灰色泥质粉砂岩，块状构造，下部见波纹层理，见生物遗迹，有粉砂岩条带混入
308–4	1308.01~1308.23m	0.22m	浅灰色中粒砂岩，槽状交错层理，底部具冲刷面
308–5	1308.23~1308.38m	0.15m	深绿灰色泥岩与浅绿灰色细砂岩互层，波状层理，透镜状层理，见生物遗迹
308–6	1308.38~1308.56m	0.18m	浅灰色中粒砂岩，槽状交错层理，底部具冲刷面，见少量炭屑和泥质条带
308–7	1308.56~1309.11m	0.55m	深绿灰色泥岩与浅绿灰色细砂岩互层，波状层理，见炭屑
308–8	1309.11~1309.37m	0.26m	浅灰色细砂岩，槽状交错层理
308–9	1309.37~1309.91m	0.54m	深绿灰色泥岩与浅灰色细砂岩互层，波状层理，局部见黄铁矿胶结中粒砂岩条带
308–10	1309.91~1310.31m	0.40m	浅灰色中粒砂岩，脉状层理，下部见夹两深绿灰色泥岩薄层
308–11	1310.31~1311.21m	0.90m	绿灰色泥岩，块状构造，1310.81m 处见灰质团块
308–12	1311.21~1311.79m	0.58m	绿灰色泥质粉砂岩，块状构造，在 1311.41m 处见含灰质团块，见生物遗迹
309–1	1312.07~1313.47m	1.40m	绿灰色粉砂质泥岩，块状构造
309–2	1313.47~1314.08m	0.61m	绿灰色泥质粉砂岩，块状构造，见粉砂质物质中含炭屑
309–3	1314.08~1314.95m	0.87m	绿灰色粉砂质泥岩，块状构造，偶见生物化石碎片
309–4	1314.95~1315.47m	0.52m	绿灰色泥质粉砂岩，块状构造
309–5	1315.47~1315.75m	0.28m	浅灰色细砂岩，波状层理，见含泥质条带、生物扰动构造
309–6	1315.75~1316.09m	0.34m	绿灰色粉砂岩，波状层理，见泥质条带、炭屑
309–7	1316.09~1316.62m	0.53m	浅绿灰色中粒砂岩，层理构造不明显
309–8	1316.62~1317.22m	0.60m	绿灰色细砂岩，层理构造不明显，局部见夹泥质条带
309–9	1317.22~1317.57m	0.35m	浅绿灰色中粒砂岩，层理构造不明显，局部见夹泥质条带
309–10	1317.57~1317.92m	0.35m	绿灰色粉砂质泥岩，水平波纹层理，波状层理，夹砂质薄层
309–11	1317.92~1318.12m	0.20m	浅灰色细砂岩，波状层理，夹较多泥质薄层
309–12	1318.12~1318.24m	0.12m	绿灰色粉砂质泥岩，块状构造
309–13	1318.24~1318.63m	0.39m	浅绿灰色细砂岩，不明显的波状层理
309–14	1318.63~1319.25m	0.62m	浅绿灰色中粒砂岩，波状层理，局部见夹泥质薄层
309–15	1319.25~1319.77m	0.52m	中灰色泥岩，块状构造，局部见粉砂岩薄层和条带
309–16	1319.77~1319.90m	0.13m	浅绿灰色粉砂岩，块状构造
309–17	1319.90~1320.02m	0.12m	中灰色泥岩，块状构造
309–18	1320.02~1320.31m	0.29m	浅绿灰色粉砂岩，波纹层理，局部变形层理，偶见泥质条带
309–19	1320.31~1320.90m	0.59m	绿灰色粉砂质泥岩，块状构造，局部变形层理，局部见夹砂质条带
310–1	1320.94~1321.94m	1.00m	绿灰色泥质粉砂岩，局部发育变形层理，见含有粉砂质团块和条带
310–2	1321.94~1322.24m	0.30m	浅绿灰色粉砂岩，变形层理，夹较多泥质条带
310–3	1322.24~1322.39m	0.15m	浅灰色细砂岩，层理不明显

310–4	1322.39~1322.59m	0.20m	中灰色粉砂质泥岩，水平波纹层理，见砂质条带和团块
310–5	1322.59~1322.82m	0.23m	浅灰色细砂岩，波纹层理，局部变形层理，局部夹泥质条带
310–6	1322.82~1322.92m	0.10m	中灰色粉砂质泥岩，变形层理，夹较多砂质团块和条带
310–7	1322.92~1323.03m	0.11m	浅灰色细砂岩，滑塌变形构造，泥质条带
310–8	1323.03~1323.14m	0.11m	中灰色粉砂质泥岩，波状层理，夹较多砂质薄层、条带和团块
310–9	1323.14~1323.74m	0.60m	中灰色泥岩，块状构造
310–10	1323.74~1323.94m	0.20m	浅灰色细砂岩，波状层理，局部变形，见泥质条带
310–11	1323.94~1324.22m	0.28m	中灰色泥岩，块状构造
310–12	1324.22~1324.54m	0.32m	绿灰色粉砂质泥岩，块状构造，见少量砂质团块和黑色炭屑
310–13	1324.54~1325.14m	0.60m	浅绿灰色细砂岩，波状层理，局部夹泥砾和砂质条带
311–1	1325.37~1325.43m	0.06m	浅灰色细砂岩，断续波状层理，局部变形，见断续的泥质条带
311–2	1325.43~1325.52m	0.09m	浅灰色粉砂岩，波状层理，见泥岩薄夹层
311–3	1325.52~1325.59m	0.07m	中深灰色粉砂质泥岩，水平波纹层理，见粉砂岩夹层，砂岩局部发育包卷层理
311–4	1325.59~1325.69m	0.10m	浅灰色粉砂岩，波状层理，局部见变形层理，见泥岩薄夹层及泥岩条带
311–5	1325.69~1325.95m	0.26m	浅灰色细砂岩，水平波纹层理，局部见泥岩薄夹层，见断续的泥岩条带，个别泥岩条带并未顺层产出
311–6	1325.95~1326.30m	0.35m	浅灰色粉砂岩，发育平行层理，下部见波状层理，上部多见泥岩薄夹层，层面上见炭屑富集，下部见较少的炭屑
311–7	1326.30~1326.57m	0.27m	浅灰色细砂岩，不明显的平行层理
311–8	1326.57~1327.23m	0.66m	浅灰色粉砂岩，平行层理，上部和下部层面上见大量炭屑富集，中部比较少，下部见泥岩薄夹层（局部互层）
311–9	1327.23~1327.31m	0.08m	浅灰色细砂岩，不明显的平行层理
311–10	1327.31~1328.09m	0.78m	浅灰色粉砂岩与中深灰色泥岩薄互层，砂泥岩水平波状互层层理，下部见砂岩搅混构造，偶见砂球
311–11	1328.09~1328.59m	0.50m	浅灰色细砂岩，断续的波状层理
311–12	1328.59~1328.86m	0.27m	中深灰色泥岩与浅灰色粉砂岩，水平波纹层理，砂、泥岩薄层互层层理
311–13	1328.86~1330.83m	1.97m	深灰色泥岩，发育平行层理，见粉砂岩条带及少量薄夹层，其中在底部见浅橄榄灰色泥灰岩夹层
312–1	1331.02~1332.65m	1.63m	深灰色泥岩，水平层理，见粉砂岩条带
312–2	1332.65~1332.76m	0.11m	浅橄榄灰色泥灰岩，不明显水平纹层
312–3	1332.76~1332.96m	0.20m	浅灰色粉砂岩，波纹层理，顶部见 3cm 厚的深灰色泥岩，见泥岩薄夹层，泥岩中见蠕虫状砂脉
312–4	1332.96~1333.17m	0.21m	中浅灰色泥质粉砂岩，变形构造，块状构造，见较多炭屑，顶部见 1.5cm 的泥岩层
312–5	1333.17~1333.41m	0.24m	中灰色粉砂质泥岩，水平波纹层理，偶见炭屑，下部见少量粉砂岩条带
312–6	1333.41~1333.61m	0.20m	中浅灰色泥质粉砂岩，波状层理，局部变形，见生物扰动、不规则粉砂岩团块
312–7	1333.61~1333.92m	0.31m	中灰色粉砂质泥岩，水平层理，见粉砂岩条带、砂球

312–8	1333.92~1334.02m	0.10m	中灰色泥岩，水平层理
312–9	1334.02~1334.16m	0.14m	绿灰色泥质粉砂岩，不明显水平纹层，顶部见 4cm 厚深绿灰色泥质粉砂岩，含较多炭屑
312–10	1334.16~1334.35m	0.19m	中浅灰色粉砂岩，层理构造不明显，见泥砾
312–11	1334.35~1334.68m	0.33m	中浅灰色泥质粉砂岩，块状构造，偶见较大的炭屑
312–12	1334.68~1335.05m	0.37m	中灰色粉砂质泥岩，块状构造
312–13	1335.05~1335.35m	0.30m	中灰色泥岩，不明显水平纹层，偶见钙质结核
312–14	1335.35~1335.51m	0.16m	浅灰色粉砂岩，水平波纹层理，见少量泥岩条带
312–15	1335.51~1336.10m	0.59m	中浅灰色泥质粉砂岩，水平波纹层理，见较多泥质薄夹层
312–16	1336.10~1336.20m	0.10m	浅灰色粉砂岩，波纹层理，顶部见泥岩条带
312–17	1336.20~1336.44m	0.24m	浅灰色细砂岩，波纹层理，极少量泥岩条带，层面上见炭屑富集
312–18	1336.44~1337.34m	0.90m	浅灰色粉砂岩，波纹层理，泥岩条带，个别层面见炭屑
312–19	1337.34~1337.76m	0.42m	浅灰色细砂岩，波纹层理，底部见冲刷面，见泥岩薄夹层、掉落的砂脉，冲刷面上见较大炭屑
312–20	1337.76~1337.99m	0.23m	浅灰色粉砂岩，波纹层理，偶见泥岩条带
312–21	1337.99~1338.60m	0.61m	绿灰色泥岩，水平波纹层理，见少量粉砂岩条带
313–1	1338.60~1338.97m	0.37m	绿灰色粉砂质泥岩，块状构造，偶见钙质结核
313–2	1338.97~1339.07m	0.10m	绿灰色粉砂岩，断续的水平波纹层理，底面见轻微冲刷，见炭屑
313–3	1339.07~1340.34m	1.27m	浅灰色细砂岩，不明显的平行层理
313–4	1340.34~1340.86m	0.52m	浅绿灰色粉砂岩，断续的水平波纹层理
313–5	1340.86~1340.96m	0.10m	浅绿灰色泥质粉砂岩，块状构造
313–6	1340.96~1341.28m	0.32m	绿灰色粉砂质泥岩，块状构造
313–7	1341.28~1341.50m	0.22m	中灰色泥岩，水平纹层
313–8	1341.50~1341.85m	0.35m	中灰色粉砂质泥岩，水平纹层，偶见炭屑
313–9	1341.85~1342.07m	0.22m	浅绿灰色粉砂岩，块状构造，局部轻微变形，偶见炭屑、泥岩条带和云母碎片
313–10	1342.07~1342.43m	0.36m	浅灰色细砂岩，平行层理，底面见轻微冲刷，见少量炭屑
313–11	1342.43~1342.79m	0.36m	浅灰色粉砂岩，水平波纹层理，偶见泥岩条带
313–12	1342.79~1343.80m	1.01m	浅灰色粉砂岩与中灰色泥岩互层，波状层理
313–13	1343.80~1344.05m	0.25m	中灰色粉砂质泥岩，见变形构造，上部见粉砂岩混入
313–14	1344.05~1344.26m	0.21m	中灰色粉砂质泥岩夹浅灰色粉砂岩，波状层理，砂岩层厚度不稳定，局部见楔状砂岩条带
313–15	1344.26~1344.78m	0.52m	中灰色泥岩，波纹层理，见极薄层粉砂岩夹层，个别断续，偶见砂球
313–16	1344.78~1344.90m	0.12m	中灰色粉砂质泥岩，波纹层理
313–17	1344.90~1346.13m	1.23m	中灰色泥质粉砂岩，平行层理，见粉砂岩条带
313–18	1346.13~1346.48m	0.35m	中浅灰色粉砂岩，波纹层理，局部见前积层理，液化变形层理，见泥岩薄夹层

313–19	1346.48~1346.83m	0.35m	中浅灰色泥质粉砂岩，水平纹层，局部见粉砂岩条带、泥岩条带，偶见虫迹
313–20	1346.83~1347.05m	0.22m	浅灰色粉砂岩，波状交错层理，见炭屑
313–21	1347.05~1347.84m	0.79m	浅灰色细砂岩，不明显的平行层理，偶见炭屑
314–1	1347.84~1349.10m	1.26m	浅灰色细砂岩，发育平行层理，底部见波状层理，底部见顺层产出的炭屑
314–2	1349.10~1352.14m	3.04m	浅灰色中粒砂岩，发育平行层理，个别层面见炭屑，偶见泥砾
314–3	1352.14~1353.83m	1.69m	中浅灰色中粒砂岩，波状层理，见炭屑，在1353.56m、1353.68m处见泥砾及砂砾石，次圆状
314–4	1353.83~1353.92m	0.09m	浅灰色细砂岩，断续的波纹层理，见炭屑
314–5	1353.92~1354.34m	0.42m	中灰色含细砾中粒质粗粒砂岩，平行层理，见少量炭屑
314–6	1354.34~1354.47m	0.13m	中浅灰色粗砂质细砾岩，斜层理，见冲刷面，偶见炭屑
314–7	1354.47~1354.70m	0.23m	中浅灰色含细砾中粒质粗砂岩，不明显的平行层理，见个别中砾石英颗粒
314–8	1354.70~1355.01m	0.31m	中浅灰色粗砂质中粒砂岩，平行层理，正粒序层理
314–9	1355.01~1355.16m	0.15m	中浅灰色含细砾中粒质粗粒砂岩，块状或层理不明显
314–10	1355.16~1355.37m	0.21m	中浅灰色中粒砂岩，块状或层理不明显
314–11	1355.37~1355.49m	0.12m	中浅灰色含细砾中粒质粗粒砂岩，块状或层理不明显
314–12	1355.49~1355.69m	0.20m	中浅灰色中粒砂岩，平行层理，偶见炭化植物
314–13	1355.69~1356.21m	0.52m	中浅灰色含细砾中粒质粗砂岩，平行层理，见个别细砾石英颗粒
314–14	1356.21~1356.31m	0.10m	浅灰色细砂岩，平行层理，见炭屑
315–1	1356.37~1357.75m	1.38m	浅绿灰色粗粒质中粒砂岩，层理构造不明显，偶见石英质砾石，0.98m处见白色团块，滴酸不起泡，周围被黑色炭质包裹
315–2	1357.75~1358.87m	1.12m	中深灰色泥岩，水平层理，波纹层理，局部夹砂质条带或薄层
315–3	1358.87~1359.77m	0.90m	浅灰色粉砂岩，波纹层理，局部变形层理，粉砂岩薄层与泥岩互层分布，粉砂岩稍多
315–4	1359.77~1360.59m	0.82m	浅灰色粉砂岩，波状层理，见泥质薄层，条带和团块，炭屑富集层
315–5	1360.59~1361.37m	0.78m	中深灰色泥岩，水平层理，波纹层理，局部见粉砂岩条带、团块
315–6	1361.37~1361.62m	0.25m	浅灰色粉砂岩，块状构造，偶见泥质条带
317–1	1362.64~1363.19m	0.55m	浅灰色粉砂岩，块状构造，局部见变形层理，1363.14m处夹泥质条带
317–2	1363.19~1363.49m	0.30m	绿灰色粉砂质泥岩，块状构造
317–3	1363.49~1363.81m	0.32m	绿灰色泥岩，块状构造
318–1	1363.81~1364.03m	0.22m	中灰色粉砂质泥岩，块状构造，见少量砂质团块和条带
318–2	1364.03~1364.41m	0.38m	浅灰色粉砂岩，块状构造，夹少量泥质条带和薄层
318–3	1364.41~1364.51m	0.10m	浅灰色细砂岩，平行层理，偶见泥质条带
318–4	1364.51~1365.65m	1.14m	浅灰色粉砂岩，波状层理，见泥质薄夹层和极薄的炭屑层

318–5	1365.65~1365.85m	0.20m	绿灰色粉砂岩，块状构造
318–6	1365.85~1366.13m	0.28m	浅灰色粉砂岩，水平波纹层理，砂泥岩互层层理，夹较多泥质薄层
318–7	1366.13~1366.25m	0.12m	浅绿灰色细砂岩，层理构造不明显
318–8	1366.25~1367.11m	0.86m	中灰色泥岩，水平层理，水平波纹层理，局部轻微变形，见含较多粉砂岩条带和薄夹层
319–1	1367.24~1367.64m	0.40m	中灰色粉砂质泥岩，块状构造
319–2	1367.64~1367.92m	0.28m	绿灰色泥质粉砂岩，块状构造
319–3	1367.92~1368.09m	0.17m	浅灰色粉砂岩，波状层理，偶见泥质条带
319–4	1368.09~1368.19m	0.10m	绿灰色粉砂质泥岩，块状构造
319–5	1368.19~1368.52m	0.33m	中灰色粉砂质泥岩，块状构造
319–6	1368.52~1368.66m	0.14m	绿灰色泥质粉砂岩，块状构造
319–7	1368.66~1368.92m	0.26m	浅绿灰色泥质粉砂岩，块状构造，见细砂质条带和较多生物扰动
319–8	1368.92~1370.48m	1.56m	浅绿灰色粉砂岩，波状层理，局部变形层理，见夹中灰色泥质条带
319–9	1370.48~1371.02m	0.54m	中灰色泥岩夹浅灰色粉砂岩，波状层理，砂泥岩互层层理，见夹较多粉砂岩条带和薄层
319–10	1371.02~1371.24m	0.22m	浅灰色粉砂岩，平行层理，波状层理，局部夹细砂岩薄层和泥质条带
319–11	1371.24~1371.96m	0.72m	中灰色泥岩，波状层理，局部夹细砂岩薄层、条带和团块
319–12	1371.96~1373.26m	1.30m	浅灰色细砂岩，波状层理，局部变形层理，夹较多中灰色泥质薄层和条带
319–13	1373.26~1373.44m	0.18m	中灰色泥岩，块状构造
320–1	1373.44~1373.99m	0.55m	中灰色泥岩，块状构造
320–2	1373.99~1374.14m	0.15m	浅灰色粉砂岩，块状构造
320–3	1374.14~1374.51m	0.37m	中灰色粉砂质泥岩，块状构造
320–4	1374.51~1374.79m	0.28m	浅灰色细砂岩，波状层理，夹泥质条带
320–5	1374.79~1375.22m	0.43m	浅灰色粉砂岩，斜层理
320–6	1375.22~1375.89m	0.67m	中灰色泥岩，波纹层理，见粉砂岩薄层与泥岩互层分布
320–7	1375.89~1376.02m	0.13m	浅灰色粉砂岩，层理构造不明显，夹少量泥质条带
320–8	1376.02~1376.24m	0.22m	中灰色泥岩，水平层理，局部夹粉砂岩条带，断面偶见植物碎片
321–1	1376.88~1378.28m	1.40m	中灰色泥岩，水平层理，偶见粉砂质条带
321–2	1378.28~1379.38m	1.10m	中灰色泥岩，水平层理，夹较多粉砂质条带和薄层
321–3	1379.38~1379.48m	0.10m	浅灰色细砂岩，平行层理，层理间夹泥质薄层
321–4	1379.48~1379.91m	0.43m	浅灰色粗粒质中粒砂岩，层理构造不明显，见炭屑
321–5	1379.91~1380.41m	0.50m	浅灰色粉砂岩，滑塌变形层理，波状层理，见含较多炭屑
321–6	1380.41~1382.43m	2.02m	中灰色泥岩，水平层理，由上至下粉砂岩薄夹层和条带逐渐减少
321–7	1382.43~1382.58m	0.15m	中灰色粉砂质泥岩，块状构造，见少量炭屑

321–8	1382.58~1384.38m	1.80m	中深灰色泥岩，平行层理，偶见夹砂质条带和炭屑，1384.02m 夹砂质条带
321–9	1384.38~1384.48m	0.10m	浅灰色细砂岩，不明显的波状层理，偶见泥质团块
321–10	1384.48~1384.78m	0.30m	浅绿灰色泥质粉砂岩，局部见变形层理，见砂球和炭屑
321–11	1384.78~1385.31m	0.53m	浅绿灰色粉砂岩，波状层理，层理面见夹炭屑层，见夹细砂岩薄层
322–1	1385.37~1385.47m	0.10m	浅绿灰色粉砂岩，波状层理，见泥质薄夹层
322–2	1385.47~1385.57m	0.10m	绿灰色泥岩，块状构造
322–3	1385.57~1386.07m	0.50m	浅绿灰色粉砂岩，波状层理，见夹少量泥质条带
322–4	1386.07~1386.72m	0.65m	中灰色泥岩，块状构造，局部见波纹层理
322–5	1386.72~1387.00m	0.28m	浅绿灰色粉砂岩，波状层理，层理面见炭屑富集，并夹泥质条带
322–6	1387.00~1387.10m	0.10m	中灰色泥岩，水平波纹层理，见砂质条带和薄层
323–1	1387.32~1387.87m	0.55m	浅灰色粉砂岩，波状层理，夹较多泥岩薄层和条带
323–2	1387.87~1388.06m	0.19m	浅灰色细砂岩，层理构造不明显
323–3	1388.06~1388.22m	0.16m	浅灰色粉砂岩，波状层理，局部轻微变形，层理面间偶见夹泥质条带
323–4	1388.22~1388.38m	0.16m	中灰色粉砂质泥岩，块状构造，偶见生物碎片化石
323–5	1388.38~1388.75m	0.37m	浅灰色粉砂岩，水平波纹层理，层理面间夹泥质薄层和条带和炭屑富集层
323–6	1388.75~1389.02m	0.27m	浅灰色细砂岩，波状层理，见夹泥岩薄层，见少量炭屑
323–7	1389.02~1389.46m	0.44m	中灰色泥岩，水平波纹层理，夹较多粉细砂岩薄层、团块和条带
323–8	1389.46~1389.83m	0.37m	绿灰色粉砂岩，块状构造，见少量炭屑
323–9	1389.83~1389.88m	0.05m	黄灰色灰质泥岩，块状构造，偶见钙质结核
323–10	1389.88~1390.47m	0.59m	绿灰色泥质粉砂岩，块状构造
323–11	1390.47~1390.94m	0.47m	浅灰色粉砂岩，波纹层理，泥质条带
323–12	1390.94~1391.06m	0.12m	绿灰色粉砂质泥岩，块状构造，见植物碎片和粉砂岩条带
323–13	1391.06~1391.30m	0.24m	浅绿灰色细砂岩，层理构造不明显
323–14	1391.30~1392.13m	0.83m	绿灰色泥质粉砂岩，局部见变形层理，粉砂岩混入细砂薄层
323–15	1392.13~1392.23m	0.10m	浅灰色细砂岩，波状层理，夹泥质条带
323–16	1392.23~1392.51m	0.28m	绿灰色粉砂质泥岩，块状构造
323–17	1392.51~1393.12m	0.61m	浅绿灰色细砂岩，波状层理，1392.43m 处见含泥砾，圆状
323–18	1393.12~1393.92m	0.80m	绿灰色泥岩，水平层理，局部见粉砂岩条带
324–1	1393.92~1394.18m	0.26m	绿灰色泥岩，水平纹理
324–2	1394.18~1395.09m	0.91m	浅灰色粉砂岩，波状层理，见中灰色泥岩薄夹层和条带
324–3	1395.09~1395.29m	0.20m	中灰色粉砂质泥岩，水平层理
324–4	1395.29~1395.77m	0.48m	中深灰色泥岩，水平层理，偶见砂泥岩条带
324–5	1395.77~1396.05m	0.28m	浅灰色粉砂岩，中上部见波状层理，底部为脉状层理，见泥岩薄夹层及泥质条带

324-6	1396.05~1396.35m	0.30m	深灰色泥岩与浅灰色粉砂岩互层，中上部为透镜状层理，下部为压扁层理，见砂球
324-7	1396.35~1396.76m	0.41m	浅灰色粉砂岩，脉状 - 波状复合层理
324-8	1396.76~1397.35m	0.59m	绿灰色粉砂质泥岩，块状构造
324-9	1397.35~1397.55m	0.20m	绿灰色泥岩，块状构造
324-10	1397.55~1397.80m	0.25m	绿灰色粉砂质泥岩，块状构造
324-11	1397.80~1398.19m	0.39m	浅灰色粉砂岩，水平波纹层理，见较弱的生物扰动现象
324-12	1398.19~1398.71m	0.52m	绿灰色泥岩，块状构造
324-13	1398.71~1398.92m	0.21m	中浅灰色泥质粉砂岩，变形层理构造，见粉砂岩砂质条带、砂球，见生物扰动
324-14	1398.92~1399.43m	0.51m	浅灰色细砂岩，波状层理，偶见泥质条带，顶部见泥砾、包卷泥岩
324-15	1399.43~1399.63m	0.20m	中灰色泥质粉砂岩，块状构造，偶见混入的粉砂岩
324-16	1399.63~1400.12m	0.49m	浅灰色细砂岩，平行层理，水平波纹层理，在 1399.92m 和 1400.02m 处见炭屑夹层
324-17	1400.12~1401.25m	1.13m	浅灰色粉砂岩，波纹层理，在 1400.15m、1400.25m 处见粉砂质泥岩夹层，中下部多见炭屑富集层，砂质的粒度含量向下变小
324-18	1401.25~1402.31m	1.06m	中浅灰色粉砂岩，顶部以水平波纹和水平层理为主，1401.42m 以下以砂岩夹泥岩的水平波状互层层理为主
324-19	1402.31~1402.40m	0.09m	浅灰色细砂岩，波状层理，见泥岩夹层
324-20	1402.40~1402.55m	0.15m	浅灰色粉砂岩，波状层理，见泥岩夹层
325-1	1402.55~1402.72m	0.17m	中浅灰色粉砂岩，水平波纹层理，见少量炭屑
325-2	1402.72~1402.79m	0.07m	中浅灰色细砂岩，水平波纹层理，底面见轻微冲刷
325-3	1402.79~1404.57m	1.78m	中浅灰色粉砂岩，平缓的波状层理，见中深灰色泥岩薄夹层及泥岩中陷落的砂球，在 1403.65m 处见阶梯状正断裂
325-4	1404.57~1405.61m	1.04m	浅灰色粉砂岩与深灰色泥岩薄互层，砂泥岩水平波纹互层层理，见粉砂岩透镜体和条带
325-5	1405.61~1406.41m	0.80m	深灰色泥岩与浅灰色粉砂岩薄互层，波状层理，透镜状层理，局部变形层理，见粉砂岩条带、透镜体和陷落的砂球
325-6	1406.41~1406.85m	0.44m	深灰色泥岩，水平层理和水平波纹层理，见粉砂岩断续状条带，顶部见透镜体
325-7	1406.85~1407.15m	0.30m	浅灰色粉砂岩，上部见波状层理，中部以压扁层理为主，下部块状层理
325-8	1407.15~1408.25m	1.10m	深灰色泥岩，水平层理和水平波纹层理，见粉砂岩条带，在 1407.95m 处见透镜状灰岩
325-9	1408.25~1408.55m	0.30m	中深灰色泥岩，水平波纹层理，含钙质生物碎屑
325-10	1408.55~1408.76m	0.21m	浅灰色粉砂岩，波状层理，水平波纹层理，滑塌变形层理，见泥岩薄夹层
325-11	1408.76~1409.30m	0.54m	中灰色泥岩，水平波纹层理，见粉砂岩条带
325-12	1409.30~1410.00m	0.70m	深灰色泥岩，水平层理
325-13	1410.00~1411.57m	1.57m	中浅灰色泥质粉砂岩，水平波纹层理，见泥岩条带，薄夹层，粉砂岩薄夹层，局部见砂球

326–1	1411.57~1412.59m	1.02m	浅灰色粉砂岩，波状层理，局部变形层理，见夹较多中深灰色泥质薄层和条带
326–2	1412.59~1413.02m	0.43m	绿灰色粉砂质泥岩，块状构造，见少量炭屑
326–3	1413.02~1413.25m	0.23m	浅灰色粉砂质泥岩，波状层理，局部变形层理，见夹较多中深灰色泥质薄层和条带
326–4	1413.25~1413.52m	0.27m	浅灰色细砂岩，层理构造不明显
326–5	1413.52~1414.47m	0.95m	浅灰色粉砂岩，波状层理，局部变形层理，局部夹泥质条带和薄层细砂岩条带，见炭屑
326–6	1414.47~1414.75m	0.28m	浅灰色细砂岩，层理构造不明显
326–7	1414.75~1415.02m	0.27m	绿灰色粉砂质泥岩，块状构造，局部变形，见较多粉细砂岩条带
326–8	1415.02~1415.87m	0.85m	浅灰色粉砂岩，波状层理，前积交错层理，见少量泥质条带，见炭屑
326–9	1415.87~1417.12m	1.25m	中灰色泥岩，波纹层理，均匀夹浅灰色粉砂质泥岩或粉砂岩条带、薄层；1416.73m 处见厚 2cm 的白云岩薄层
326–10	1417.12~1417.60m	0.48m	浅灰色粉砂岩，波状层理，夹较多泥质条带和薄层
326–11	1417.60~1417.75m	0.15m	橄榄灰色白云岩，块状构造，见粉砂岩条带和砂球
326–12	1417.75~1418.37m	0.62m	浅灰色中粒砂岩，波状层理，见含较多泥砾，泥砾大小为 2mm 至 1cm
326–13	1418.37~1419.49m	1.12m	浅灰色细砂岩，波状层理，见较多炭屑富集形成的条带和薄层
326–14	1419.49~1420.01m	0.52m	浅灰色中粒砂岩，波状层理，见含较多炭屑聚集层和少量泥质条带
326–15	1420.01~1420.55m	0.54m	中灰色粉砂质泥岩，块状构造，见较多植物碎片，1420.27m 处见几层粉砂薄层与水平面斜交
327–1	1420.57~1422.57m	2.00m	中灰色泥岩，水平波纹层理，见夹较多浅灰色粉砂岩条带和薄层，局部层数较多
327–2	1422.57~1423.72m	1.15m	中深灰色泥岩，水平波纹层理，见夹较多浅灰色粉砂岩条带和薄层，局部层数较多
327–3	1423.72~1423.80m	0.08m	橄榄灰色白云岩，块状构造
327–4	1423.80~1425.20m	1.40m	中深灰色泥岩，水平波纹层理，局部见粉砂岩层变形构造，见夹较多浅灰色粉砂岩条带和薄层、砂球
327–5	1425.20~1425.42m	0.22m	绿灰色泥岩，块状构造
327–6	1425.42~1426.37m	0.95m	绿灰色粉砂质泥岩，块状构造
327–7	1426.37~1426.72m	0.35m	浅灰色中粒砂岩，层理构造不明显，局部见泄水构造，偶见泥质条带
327–8	1426.72~1427.67m	0.95m	浅灰色粉砂岩，波状层理，局部变形层理，下部见夹较多泥质条带和薄层
327–9	1427.67~1428.44m	0.77m	浅灰色细砂岩，前积交错层理，偶见炭屑富集层
328–1	1428.57~1428.87m	0.30m	浅灰色细砂岩，前积交错层理，见少量炭屑
328–2	1428.87~1429.35m	0.48m	浅灰色中粒砂岩，单向斜层理，见前积特征，偶见炭屑
328–3	1429.35~1429.56m	0.21m	浅灰色粗砂岩，单向斜层理，见前积特征，偶见炭屑
328–4	1429.56~1430.02m	0.46m	浅灰色细砂岩，断续波状层理，偶见炭屑
328–5	1430.02~1430.59m	0.57m	浅灰色粗砂岩，不明显小型槽状交错层理，层间见少量炭屑

328-6	1430.59~1431.34m	0.75m	中灰色泥岩，波纹层理，水平层理，局部变形层理，见粉砂岩条带，砂球，向上增多变厚
328-7	1431.34~1432.00m	0.66m	浅灰色细砂岩，波纹层理，断续波纹层理，局部平行层理，层面上见大量炭屑及少量泥岩薄夹层
328-8	1432.00~1432.43m	0.43m	中灰色泥岩，水平纹理，底部见少量粉砂岩条带
328-9	1432.43~1432.80m	0.37m	浅灰色粉砂岩，水平波纹层理，局部平行层理，见较多炭屑及泥岩薄夹层
328-10	1432.80~1433.07m	0.27m	浅灰色细砂岩，平行层理，局部水平波纹层理，见泥岩条带
328-11	1433.07~1433.47m	0.40m	中灰色泥岩，发育水平层理，水平波纹层理，见浅灰色粉砂岩条带及薄夹层
328-12	1433.47~1434.18m	0.71m	中浅灰色粉砂质泥岩，发育波纹层理，局部见变形层理，见粉砂岩薄夹层及砂球
328-13	1434.18~1434.82m	0.64m	中灰色泥岩，见水平层理及少量波纹层理，见少量粉砂岩条带及薄夹层
328-14	1434.82~1434.97m	0.15m	中浅灰色泥质粉砂岩，水平波纹层理，局部变形层理，见粉砂岩条带
328-15	1434.97~1435.17m	0.20m	中灰色泥岩，水平层理，偶见粉砂岩
328-16	1435.17~1436.73m	1.56m	浅灰色细砂岩，发育平行层理，局部见泄水构造，偶见泥岩条带及薄夹层，偶见炭屑
328-17	1436.73~1437.46m	0.73m	浅灰色粉砂岩，平行层理，水平波纹层理，见较多泥岩薄夹层及炭屑富集层，在 1437.03 ~ 1437.09m 处见细砂岩夹层
329-1	1437.46~1438.21m	0.75m	中浅灰色粉砂岩，发育水平波纹层理，局部水平层理，见较多泥岩薄层，其中见陷落砂球
329-2	1438.21~1438.97m	0.76m	中灰色泥岩，发育水平层理，局部水平波纹层理，见粉砂岩条带及薄夹层
329-3	1438.97~1439.96m	0.99m	中浅灰色泥质粉砂岩，中上部发育水平波纹层理，自 1439.76m 以下变形，交错层理，上部层间见炭屑，见泥岩条带及薄夹层，粉砂岩条带及薄夹层，向下砂质增多
329-4	1439.96~1440.98m	1.02m	浅灰色细砂岩，发育平行层理，局部为波状层理，层面上见大量云母片及少量炭屑
329-5	1440.98~1441.66m	0.68m	浅灰色粉砂岩，下部发育脉状层理；上部波状层理，见泥岩薄夹层及少量炭屑
329-6	1441.66~1441.91m	0.25m	浅灰色细砂岩，不明显波状层理，底部见变形层理及砂球，底部见泥岩条带及薄夹层
329-7	1441.91~1442.38m	0.47m	浅灰色粉砂岩，中上部为水平波纹层理，下部见变形层理，中上部见泥岩薄夹层，下部见细砂岩夹层
329-8	1442.38~1442.55m	0.17m	中灰色粉砂岩，不明显的波状层理，见炭屑
329-9	1442.55~1442.82m	0.27m	浅灰色粉砂岩，发育水平波纹层理，局部水平层理及波状交错层理，见泥岩条带
329-10	1442.82~1443.69m	0.87m	浅灰色细砂岩，波状层理，断续波状层理，局部弱变形，在 1443.16 ~ 1443.31m 见多层泥岩夹层，见较多炭屑
329-11	1443.69~1444.13m	0.44m	中浅灰色粉砂岩，水平波纹层理，局部水平层理及弱变形，见较多炭屑分布于层面上泥岩夹层中
329-12	1444.13~1444.28m	0.15m	浅灰色细砂岩，波状交错层理，层面上见大量炭屑
329-13	1444.28~1444.67m	0.39m	中浅灰色粉砂岩，水平波纹层理，局部水平层理及变形层理，见泥岩薄夹层及炭屑

329–14	1444.67~1445.26m	0.59m	浅灰色细砂岩，发育波状层理，在 1444.76m 处见较大交错层理，层面上见大量炭屑
329–15	1445.26~1445.52m	0.26m	黄灰色细砂岩，波状层理
329–16	1445.52~1445.79m	0.27m	中灰色粉砂质泥岩，不明显水平波纹层理
329–17	1445.79~1446.22m	0.43m	中灰色泥岩，水平层理
330–1	1446.44~1446.74m	0.30m	中灰色泥岩，水平层理，见少量炭屑
330–2	1446.74~1447.88m	1.14m	中灰色粉砂质泥岩，水平层理，见少量炭屑
330–3	1447.88~1447.99m	0.11m	中浅灰色粉砂岩，水平波纹层理
330–4	1447.99~1448.48m	0.49m	中深灰色泥岩，水平层理，在 1448.30 ~ 1448.34m 处见椭球状白云岩，顶部见粉砂岩薄层
330–5	1448.48~1448.61m	0.13m	中深灰色粉砂质泥岩，不明显水平层理，见较大炭化植物碎片
330–6	1448.61~1449.99m	1.38m	浅灰色细砂岩，波状层理，断续波状层理，中上部见生物扰动及炭化植物化石，层间见炭屑
330–7	1449.99~1450.65m	0.66m	浅灰色粉砂岩，水平波纹层理，水平层理，偶见变形层理，层面上见大量炭屑
330–8	1450.65~1451.35m	0.70m	浅灰色细砂岩，平行层理，局部见波状交错层理，层面上见大量炭屑
330–9	1451.35~1451.89m	0.54m	浅灰色粉砂岩，水平层理，水平波纹层理（低角度交错层理），见泥岩薄夹层，层面上见少量炭屑
330–10	1451.89~1452.29m	0.40m	浅灰色细砂岩，液化变形层理，底部见波状层理，见不规则泥岩条带
330–11	1452.29~1454.08m	1.79m	浅灰色粉砂岩与中灰色泥岩互层，波状互层层理，水平层理，局部见波状交错层理，变形层理，粉砂岩条带，泥岩条带
330–12	1454.08~1455.30m	1.22m	中深灰色泥岩，水平层理，上部见粉砂岩条带
331–1	1455.30~1455.91m	0.61m	中深灰色泥岩，水平层理
331–2	1455.91~1456.82m	0.91m	中深灰色泥岩与浅灰色粉砂岩互层，水平（波状）互层层理，局部见变形层理，粉砂岩发育水平或正粒序层理，粉砂岩条带、泥岩条带
331–3	1456.82~1457.78m	0.96m	中深灰色泥岩，水平层理，局部水平波纹层理，见粉砂岩条带
331–4	1457.78~1458.45m	0.67m	中浅灰色粉砂岩，水平波纹层理，水平层理，局部见泄水构造，见少量炭屑，透镜砂、泥岩条带及薄夹层
331–5	1458.45~1459.30m	0.85m	中深灰色泥岩与浅灰色粉砂岩互层，水平波状互层层理，局部见透镜状层理，透镜砂、砂泥条带
331–6	1459.30~1459.80m	0.50m	中深灰色泥岩，水平层理，砂岩见正粒序层理，粉砂岩条带（发育水平波纹层理或正粒序层理，下部轻微冲刷（浊积岩））
331–7	1459.80~1460.40m	0.60m	中深灰色泥岩与浅灰色粉砂岩薄互层，水平波状互层层理，局部见透镜状层理，见透镜砂、砂泥条带
331–8	1460.40~1461.00m	0.60m	中深灰色泥岩，水平层理，砂岩见正粒序层理，底部见 4cm 的粉砂岩
331–9	1461.00~1461.95m	0.95m	中深灰色泥岩与浅灰色粉砂岩薄互层，水平波状互层层理，局部见透镜状层理，粉砂岩条带（发育水平波纹层理或正粒序层理，下部轻微冲刷）

331–10	1461.95~1463.25m	1.30m	深灰色泥岩，水平层理，透镜砂、砂泥条带
331–11	1463.25~1463.60m	0.35m	浅灰色粉砂岩，变形层理，底部见断续波纹层理，见泥岩条带
331–12	1463.60~1464.07m	0.47m	浅灰色粉砂岩夹中深灰色泥岩薄层，水平波纹层理，局部变形层理，见泥岩条带及砂球
332–1	1464.12~1465.16m	1.04m	中浅灰色粉砂岩，水平层理，水平波纹层理，局部见变形层理，见陷落砂球，具转动特征，泥岩条带、薄夹层
332–2	1465.16~1465.82m	0.66m	中浅灰色粉砂岩与中深灰色泥岩薄互层，水平波状互层层理，粉砂岩条带
332–3	1465.82~1466.35m	0.53m	深灰色泥岩，水平层理，顶部见粉砂岩条带
333–1	1466.35~1468.07m	1.72m	中深灰色泥岩，水平层理，偶夹粉砂质泥岩薄层
333–2	1468.07~1468.15m	0.08m	橄榄灰色白云岩，块状层理
333–3	1468.15~1470.70m	2.55m	中深灰色泥岩，水平层理，偶见介形虫生物化石
333–4	1470.70~1470.75m	0.05m	橄榄灰色白云岩，块状层理，见介形虫化石
333–5	1470.75~1471.55m	0.80m	中深灰色泥岩，水平层理，偶见介形虫生物化石
333–6	1471.55~1471.70m	0.15m	浅灰色细砂岩，浪成交错层理，见介形虫碎屑富集层，夹在层理面之间
333–7	1471.70~1472.00m	0.30m	浅绿灰色粉砂岩，变形层理，粉砂岩中见少量介形虫化石、泥质条带
333–8	1472.00~1472.20m	0.20m	浅灰色细砂岩，浪成交错层理，见介形虫碎屑富集，夹在层理面之间
333–9	1472.20~1474.45m	2.25m	浅绿灰色粉砂岩，波状层理，夹较多泥质薄层和条带
333–10	1474.45~1474.88m	0.43m	中灰色泥岩，波纹层理，夹较多浅灰色粉砂质泥岩或粉砂岩条带和薄层
334–1	1474.96~1475.21m	0.25m	中灰色粉砂质泥岩，块状层理，见较多炭屑，见少量粉砂岩薄夹层
334–2	1475.21~1475.91m	0.70m	浅灰色粉砂岩，波状层理，见炭屑富集层，分布在层理面之间
334–3	1475.91~1475.96m	0.05m	橄榄灰色白云岩，块状层理
334–4	1475.96~1476.41m	0.45m	浅灰色粉砂岩，波状层理，夹中深灰色泥岩薄层，含较多炭屑
334–5	1476.41~1479.26m	2.85m	中深灰色泥岩，水平层理，偶见介形虫生物化石

嫩江组三段上覆地层为嫩江组四段，呈整合接触，岩心描述见下文；下伏地层为嫩江组二段，呈整合接触。

嫩江组三段岩心描述：

334–6	1479.26~1479.42m	0.16m	中灰色粉砂质泥岩，波纹层理，少量粉砂岩条带
334–7	1479.42~1479.50m	0.08m	橄榄灰色白云岩，块状构造，见细砂碎屑混入
334–8	1479.50~1479.80m	0.30m	中灰色泥岩，波纹层理，局部混入细砂岩条带（呈变形层理）
334–9	1479.80~1480.06m	0.26m	浅灰色细砂岩，波状层理，见泥质条带，炭屑富集层
334–10	1480.06~1480.16m	0.10m	中灰色粉砂质泥岩，块状层理，底部见白云岩条带，见砂球
334–11	1480.16~1480.46m	0.30m	浅灰色粉砂质泥岩，波状层理，生物扰动强烈

334–12	1480.46~1480.76m	0.30m	中灰色粉砂质泥岩，波纹层理，夹较多粉砂岩薄层和条带
334–13	1480.76~1482.54m	1.78m	浅灰色细砂岩，下部：浪成交错层理，中部：波状层理，下部：平行层理，局部层理面见有炭屑富集
334–14	1482.54~1483.21m	0.67m	浅灰色粉砂岩，波状层理（丘状），夹泥质薄层，细砂岩薄层，1483.11m 处见厚 1cm 的白云岩夹层
334–15	1483.21~1483.56m	0.35m	中灰色泥质粉砂岩，波状层理，见粉砂岩条带、炭屑
334–16	1483.56~1483.96m	0.40m	浅灰色粉砂岩，波状层理，见少量泥质条带，顺层面分布
335–1	1483.96~1485.56m	1.60m	浅灰色粉砂岩，波状层理，浪成交错层理，局部夹泥岩条带，1484.64m、1484.86m、1484.88m 处夹 3 层橄榄灰色白云岩
335–2	1485.56~1485.81m	0.25m	中灰色泥质粉砂岩，波纹层理，夹粉砂岩薄层、条带
335–3	1485.81~1486.41m	0.60m	浅灰色粉砂岩，波状层理，偶见炭屑富集层
335–4	1486.41~1486.66m	0.25m	中灰色粉砂质泥岩，波纹层理，夹粉砂岩条带、薄层
335–5	1486.66~1487.11m	0.45m	浅灰色粉砂岩，波状层理，局部变形层理，夹少量泥质条带，较多炭屑
335–6	1487.11~1487.36m	0.25m	中深灰色泥岩，波纹层理
335–7	1487.36~1488.11m	0.75m	中灰色粉砂质泥岩，波纹层理，局部变形层理，粉砂岩条带、薄层；1487.56m 处见一长 10cm 的植物碎片近垂直保存在粉砂质泥岩中
335–8	1488.11~1488.34m	0.23m	浅灰色粉砂岩，波状层理，下部夹泥岩条带和薄层
335–9	1488.34~1488.56m	0.22m	中深灰色泥岩，波纹层理，夹粉砂岩条带、薄层
335–10	1488.56~1490.96m	2.40m	浅灰色细砂岩，平行层理、波状层理，偶见泥质条带和泥砾
335–11	1490.96~1491.83m	0.87m	浅灰色中砂岩，平行层理，偶见泥砾局部富集
335–12	1491.83~1491.96m	0.13m	浅灰色细砂岩，平行层理
335–13	1491.96~1492.17m	0.21m	浅灰色粉砂岩，波纹层理，局部变形层理，夹泥质条带和薄层，底部 4cm 厚深灰色泥岩
335–14	1492.17~1492.60m	0.43m	浅灰色细砂岩，波状层理，1492.34m 处夹一层粉砂岩薄层
335–15	1492.60~1492.86m	0.26m	浅灰色粉砂岩，水平波纹层理，见泥岩薄层和泥质条带
336–1	1492.98~1493.16m	0.18m	浅灰色粉砂岩，浪成交错层理，少量泥岩条带，层面上见炭屑
336–2	1493.16~1493.65m	0.49m	浅灰色粉砂岩，水平层理，局部浪成交错层理，1493.43~1493.51m 见两层厚约 3cm 的泥岩夹层，层间见较多炭屑
336–3	1493.65~1494.37m	0.72m	中灰色粉砂质泥岩，水平层理，见粉砂岩极薄层（条带），在 1494.28m 处见大量炭屑及植物碎片
336–4	1494.37~1495.88m	1.51m	中灰色泥质粉砂岩，中上部水平层理，水平波纹层理，底部见变形层理，偶见炭屑及粉砂质泥岩夹层、粉砂岩条带
336–5	1495.88~1496.46m	0.58m	中灰色粉砂质泥岩，水平层理，见泥质粉砂岩条带
336–6	1496.46~1496.78m	0.32m	浅灰色粉砂岩，粉砂岩内部呈块状构造，见泥岩条带呈波状，顶部见变形构造，见少量泥岩条带
336–7	1496.78~1497.18m	0.40m	浅灰色粉砂岩，波状层理，局部交错，见泥岩条带及薄夹层，且向上增多，底部见砂球、细砂岩夹层
336–8	1497.18~1497.53m	0.35m	中灰色粉砂质泥岩，水平波纹层理，见泥岩及粉砂岩条带、薄夹层

336–9	1497.53~1498.01m	0.48m	浅灰色粉砂岩，上部发育断续波状层理，中下部发育水平层理，上部见砂球、中下部层面上见炭屑，上部见一高角度裂缝，泥质充填
336–10	1498.01~1499.07m	1.06m	中灰色粉砂质泥岩，中上部水平层理、水平波纹层理，下部弱变形层理，中上部见粉砂岩条带，下部见蠕虫状、不规则状粉砂岩，下部见少量炭屑
336–11	1499.07~1499.60m	0.53m	中浅灰色泥质粉砂岩，断续波纹层理，局部弱变形层理，见粉砂岩条带，向下增多，少量泥岩条带，顶部见不规则泥砾
336–12	1499.60~1500.25m	0.65m	中浅灰色粉砂岩，下部为断续波状层理，中上部发育变形层理，局部波状层理，夹泥岩条带及薄夹层，砂球
336–13	1500.25~1500.48m	0.23m	浅灰色粉砂岩，浪成交错层理，少量炭屑
336–14	1500.48~1500.58m	0.10m	中深灰色粉砂质泥岩，水平波纹层理，少量粉砂岩条带，少量炭屑
336–15	1500.58~1501.97m	1.39m	浅灰色细砂岩，平行层理，在 1500.81m 处见夹一层中灰色泥岩，水平层理
337–1	1501.97~1502.85m	0.88m	浅灰色细砂岩，平行层理
337–2	1502.85~1503.37m	0.52m	浅灰色细砂岩，波状层理，层面上见较多炭屑
337–3	1503.37~1505.32m	1.95m	浅灰色中砂岩，平行层理，见少量炭屑，其中 1503.53m 处见砾石
337–4	1505.32~1505.59m	0.27m	浅灰色粉砂岩，上部平行层理，中部浪成交错层理，下部波状层理，层面上见较多炭屑
337–5	1505.59~1506.07m	0.48m	中灰色粉砂质泥岩，水平波纹层理，见粉砂岩条带
337–6	1506.07~1506.97m	0.90m	中深灰色泥岩，水平层理，局部水平波纹层理，见粉砂岩条带
337–7	1506.97~1507.50m	0.53m	中深灰色粉砂质泥岩，不明显水平层理
337–8	1507.50~1511.06m	3.56m	深灰色泥岩，水平层理，其中在 1508.81m、1509.29m 处见夹两层白云岩夹层，1510.13m 处见 0.8cm 厚的白云岩条带
338–1	1511.06~1511.76m	0.70m	中深灰色泥岩，水平层理，偶见介形虫生物化石
338–2	1511.76~1511.80m	0.04m	橄榄灰色白云岩，块状层理，见较多介形虫化石
338–3	1511.80~1514.46m	2.66m	中深灰色泥岩，水平层理，偶见介形虫化石
338–4	1514.46~1515.06m	0.60m	中灰色粉砂质泥岩，水平层理
338–5	1515.06~1516.68m	1.62m	中深灰色泥岩，水平层理，偶见介形虫化石
339–1	1516.68~1517.28m	0.60m	中深灰色泥岩，水平层理，偶见介形虫化石
339–2	1517.28~1517.53m	0.25m	浅灰色中砂岩，波状层理，顶部夹泥质条带
339–3	1517.53~1518.48m	0.95m	浅灰色细砂岩，浪成交错层理，层面上见炭屑富集层
339–4	1518.48~1518.50m	0.02m	橄榄灰色白云岩，块状层理
339–5	1518.50~1518.58m	0.08m	中灰色泥岩，波纹层理，见粉砂岩条带
339–6	1518.58~1518.81m	0.23m	浅灰色细砂岩，浪成交错层理，层面上见炭屑富集层
339–7	1518.81~1519.28m	0.47m	中灰色粉砂质泥岩，波纹层理，水平层理，夹较多泥质粉砂岩薄层
339–8	1519.28~1519.38m	0.10m	中浅灰色泥质粉砂岩，水平层理，见少量炭屑

339–9	1519.38~1520.48m	1.10m	中深灰色泥岩，水平层理，少量泥质粉砂岩条带，偶见介形虫化石
339–10	1520.48~1520.68m	0.20m	中浅灰色泥质粉砂岩，波状层理，夹泥岩薄层
339–11	1520.68~1521.00m	0.32m	中深灰色泥岩，水平层理，少量泥质粉砂岩条带，偶见介形虫化石
340–1	1521.35~1523.05m	1.70m	中深灰色泥岩，水平层理，偶见介形虫化石
340–2	1523.05~1523.15m	0.10m	橄榄灰色白云岩，块状构造，含少量粉砂和介形虫
340–3	1523.15~1524.28m	1.13m	中深灰色泥岩，水平层理，偶见泥质粉砂或粉砂泥条带
340–4	1524.28~1524.90m	0.62m	中灰色泥质粉砂岩，波状层理，见粉砂团块和条带，见较多植物碎片
340–5	1524.90~1525.55m	0.65m	浅绿灰色粉砂岩，水平波纹层理，见少量泥质条带，介形虫化石
340–6	1525.55~1525.73m	0.18m	中灰色泥质粉砂岩，波纹层理，见粉砂薄夹层
340–7	1525.73~1526.35m	0.62m	中浅灰色粉砂岩，波状层理，见夹较多泥岩薄夹层
340–8	1526.35~1527.97m	1.62m	中灰色粉砂质泥岩，水平层理，顶部夹几层粉砂岩薄层，见炭屑
340–9	1527.97~1528.55m	0.58m	浅灰色粉砂岩，浪成交错层理，炭屑富集层，分布在层理面之间
340–10	1528.55~1528.65m	0.10m	浅灰色粉砂岩与中深灰色粉砂岩互层，平行层理，炭屑
340–11	1528.65~1529.75m	1.10m	浅灰色粉砂岩，浪成交错层理，1529.05m 处夹厚 4cm 厚的细砂岩层，偶见炭屑富集层和泥岩薄夹层
340–12	1529.75~1529.85m	0.10m	中浅灰色粉砂岩，变形层理，生物扰动，泥岩薄夹层
340–13	1529.85~1530.39m	0.54m	浅灰色粉砂岩，顶部变形层理，下部为浪成交错层理，见炭屑富集层沿层理面分布
341–1	1530.46~1530.98m	0.52m	浅灰色粉砂岩，浪成交错层理，局部平行层理，泥岩薄层，炭屑富集层沿层理面分布
341–2	1530.98~1531.16m	0.18m	中灰色粉砂质泥岩，水平层理，植物碎片、粉砂岩条带
341–3	1531.16~1531.26m	0.10m	浅灰色粉砂岩，平行层理
341–4	1531.26~1531.43m	0.17m	中灰色粉砂质泥岩，波纹层理，粉砂岩薄层、条带、团块
341–5	1531.43~1531.81m	0.38m	中浅灰色粉砂岩，波状层理，夹较多泥质薄层和条带
341–6	1531.81~1532.41m	0.60m	浅灰色细砂岩，浪成交错层理，见炭屑富集层沿层理面分布
341–7	1532.41~1532.56m	0.15m	中灰色粉砂质泥岩，波纹层理，粉砂岩薄层，细砂岩透镜体
341–8	1532.56~1533.06m	0.50m	浅灰色细砂岩，浪成交错层理，偶见炭屑富集层
341–9	1533.06~1533.46m	0.40m	浅灰色粉砂岩，波状层理，局部平行层理，均匀夹较多中深灰色泥岩薄层，富含炭屑
341–10	1533.46~1533.56m	0.10m	中灰色粉砂质泥岩，层理不明显，植物碎片，少量粉砂条带
341–11	1533.56~1534.11m	0.55m	浅灰色粉砂岩，浪成交错层理，平行层理，夹较多中灰色粉砂质泥岩薄层
341–12	1534.11~1534.43m	0.32m	中灰色粉砂质泥岩，水平层理，粉砂岩薄层、条带、团块
341–13	1534.43~1534.54m	0.11m	浅灰色粉砂岩，波状层理，炭屑富集层沿层理面分布
343–1	1537.23~1537.63m	0.40m	浅灰色细砂岩，波状层理，夹泥质条带和薄层

343–2	1537.63~1538.03m	0.40m	中灰色粉砂质泥岩，波纹层理，粉砂岩薄层和条带
343–3	1538.03~1538.13m	0.10m	浅灰色粉砂岩，平行层理
343–4	1538.13~1538.33m	0.20m	中灰色粉砂质泥岩，波纹层理，粉砂岩薄层和条带
343–5	1538.33~1541.96m	3.63m	深灰色泥岩，水平层理，局部略含砂，砂质呈薄层及团块状分布
344–1	1541.31~1543.84m	2.53m	深灰色泥岩，水平层理，其中在 1542.02m 和 1543.02m 处见白云岩夹层
344–2	1543.84~1544.05m	0.21m	浅灰色粉砂岩，水平波纹层理，层间较多炭屑及植物碎片
344–3	1544.05~1544.78m	0.73m	浅灰色细砂岩，平行层理，局部波状层理，层间见少量炭屑
344–4	1544.78~1544.94m	0.16m	中灰色泥质粉砂岩，水平层理，见粉砂岩条带
344–5	1544.94~1545.79m	0.85m	中浅灰色粉砂岩，水平层理，层面上见大量生物碎片、炭屑，局部见泥岩薄夹层
344–6	1545.79~1546.72m	0.93m	浅灰色粉砂岩夹中灰色泥岩薄层，平行层理，波状层理，水平波纹层理，顶部见浪成交错层理，粉砂岩层面上见少量炭屑
344–7	1546.72~1546.91m	0.19m	中浅灰色粉砂岩，波状层理，液化变形层理，砂球、泥岩夹层
344–8	1546.91~1547.77m	0.86m	浅灰色粉砂岩夹中灰色泥岩薄层，波状层理，水平波纹层理，局部变形层理，砂球及粉砂岩条带
344–9	1547.77~1547.90m	0.13m	浅灰色粉砂岩，平行层理，层面上见较多炭屑
344–10	1547.90~1548.09m	0.19m	中灰色粉砂质泥岩，水平波纹层理，在 1547.93m 处为疑似白云岩，底部见粉砂岩条带
344–11	1548.09~1548.91m	0.82m	浅灰色细砂岩，平行层理，局部见少量炭屑
344–12	1548.91~1550.34m	1.43m	浅灰色细砂岩，浪成交错层理，在 1549.21m、1549.61m 处层面上见较多炭屑
345–1	1550.34~1550.92m	0.58m	浅灰色细砂岩，浪成交错层理，夹泥岩薄层和炭屑层
345–2	1550.92~1550.96m	0.04m	深灰色泥岩，水平层理
345–3	1550.96~1551.04m	0.08m	橄榄灰色白云岩，块状构造
345–4	1551.04~1551.34m	0.30m	中深灰色粉砂质泥岩，水平层理
345–5	1551.34~1554.69m	3.35m	中灰色泥质粉砂岩，块状构造，局部变形构造，局部见混有变形层理的细砂岩
345–6	1554.69~1556.19m	1.50m	中深灰色粉砂质泥岩，见水平层理
345–7	1556.19~1556.64m	0.45m	中灰色泥质粉砂岩，块状构造，局部变形构造，局部见混有变形层理的细砂岩
345–8	1556.64~1559.36m	2.72m	深灰色泥岩，水平层理
346–1	1559.36~1559.73m	0.37m	深灰色泥岩，水平层理，偶见介形虫
346–2	1559.73~1559.78m	0.05m	橄榄灰色白云岩，块状构造
346–3	1559.78~1560.35m	0.57m	深灰色泥岩，水平层理，偶见介形虫
346–4	1560.35~1560.39m	0.04m	橄榄灰色白云岩，块状构造
346–5	1560.39~1562.37m	1.98m	深灰色泥岩，水平层理，偶见介形虫
346–6	1562.37~1562.41m	0.04m	橄榄灰色白云岩，块状构造
346–7	1562.41~1562.62m	0.21m	深灰色泥岩，水平层理，偶见介形虫

347–1	1562.62~1563.72m	1.10m	深灰色泥岩，水平层理，偶见介形虫
347–2	1563.72~1563.75m	0.03m	橄榄灰色白云岩，块状构造
347–3	1563.75~1569.20m	5.45m	深灰色泥岩，水平层理，偶见介形虫
347–4	1569.20~1569.30m	0.10m	橄榄灰色白云岩，块状构造
347–5	1569.30~1570.12m	0.82m	深灰色泥岩，水平层理，偶见介形虫
347–6	1570.12~1571.00m	0.88m	中灰色粉砂质泥岩，水平层理
348–1	1571.06~1572.26m	1.20m	中浅灰色泥质粉砂岩，波状层理，局部夹泥质条带
348–2	1572.26~1572.41m	0.15m	中深灰色泥岩，水平层理，偶见介形虫
348–3	1572.41~1573.02m	0.61m	中浅灰色泥质粉砂岩，波状层理，局部夹泥质条带
348–4	1573.02~1574.01m	0.99m	中深灰色粉砂质泥岩，水平层理
348–5	1574.01~1575.76m	1.75m	中深灰色泥岩，水平层理，偶见介形虫
348–6	1575.76~1575.80m	0.04m	橄榄灰色白云岩，块状构造
348–7	1575.80~1578.16m	2.36m	中深灰色泥岩，水平层理，偶见介形虫
348–8	1578.16~1578.76m	0.60m	中深灰色粉砂质泥岩，水平层理
348–9	1578.76~1579.64m	0.88m	浅灰色细砂岩，波状层理，夹泥质薄层和炭屑层
348–10	1579.64~1579.77m	0.13m	中灰色泥质粉砂岩，块状构造，含较多植物化石碎片
349–1	1579.77~1580.27m	0.50m	浅灰色细砂岩，波状层理，局部变形，见含泥质条带
349–2	1580.27~1580.62m	0.35m	中深灰色粉砂质泥岩，水平层理
349–3	1580.62~1581.07m	0.45m	浅灰色细砂岩，波状层理，局部变形，见含泥质条带
349–4	1581.07~1581.39m	0.32m	中灰色泥质粉砂岩，上部块状构造；下部水平层理，含较多炭屑
349–5	1581.39~1581.41m	0.02m	橄榄灰色白云岩，块状构造
349–6	1581.41~1581.47m	0.06m	中深灰色泥岩，水平层理，偶见介形虫
349–7	1581.47~1581.77m	0.30m	浅灰色细砂岩，平行层理，见含泥质条带、炭屑层
349–8	1581.77~1581.97m	0.20m	中深灰色粉砂质泥岩，水平层理
349–9	1581.97~1582.07m	0.10m	中灰色泥质粉砂岩，块状构造，含较多植物化石碎片
349–10	1582.07~1582.27m	0.20m	浅灰色细砂岩，波状层理，见炭屑
349–11	1582.27~1582.77m	0.50m	深灰色泥岩，水平层理，含细砂薄夹层
349–12	1582.77~1582.83m	0.06m	橄榄灰色白云岩，块状构造
349–13	1582.83~1582.93m	0.10m	深灰色泥岩，水平层理，含细砂薄夹层

5.1.7 四方台组岩心描述及综合柱状图

四方台组上覆地层为明水组，呈平行不整合接触，岩心描述见下文；下伏地层为嫩江组，呈不整合接触（见图 5.7）。

四方台组岩心描述:

207–6	807.12 ~ 807.34m	0.22m	浅绿灰色含钙质结核泥质粉砂岩，块状层理，底部发育强冲刷面，生物化石碎片

207-7	807.34 ~ 807.47m	0.13m	灰棕色泥岩，波纹层理
208-1	807.47 ~ 807.67m	0.20m	棕灰色泥岩，波纹层理，发育虫迹
208-2	807.67 ~ 807.81m	0.14m	灰绿色泥岩，水平层理，底部发育约 1cm 厚的钙质粉砂岩，且发育冲刷面
208-3	807.81 ~ 807.97m	0.16m	绿灰色粉砂质泥岩，块状层理，生物化石碎片，偶发育介形虫化石
208-4	807.97 ~ 808.57m	0.60m	灰红色粉砂质泥岩，块状层理，较多绿灰色斑块，发育介形虫化石
208-5	808.57 ~ 809.52m	0.95m	中棕色泥岩，块状层理，发育不规则绿灰色泥岩条带、斑点，偶发育钙质结核
208-6	809.52 ~ 809.92m	0.40m	绿灰色泥岩，块状层理，偶发育钙质结核
208-7	809.92 ~ 811.13m	1.21m	中棕色泥岩，波纹层理，顶部发育裂缝，其中被方解石充填，发育生物化石碎片
208-8	811.13 ~ 811.61m	0.48m	绿灰色粉砂质泥岩，块状层理，发育生物碎片
208-9	811.61 ~ 812.97m	1.36m	中棕色泥岩，块状层理，发育少量钙质结核，局部偶尔发育绿灰色斑点
208-10	812.97 ~ 813.51m	0.54m	绿灰色泥岩，块状层理，发育生物碎片，不规则裂缝中充填中棕色泥岩
208-11	813.51 ~ 813.89m	0.38m	绿灰色杂灰棕色粉砂质泥岩，块状层理，发育不规则裂缝
208-12	813.89 ~ 814.67m	0.78m	中棕色泥岩，块状层理，发育少量钙质结核，发育裂缝
208-13	814.67 ~ 815.08m	0.41m	淡棕色泥岩，块状层理
209-1	815.08 ~ 816.38m	1.30m	绿灰色粉砂质泥岩，块状层理，发育少量钙质结核和极少量绿灰色斑点
209-2	816.39 ~ 816.63m	0.24m	绿灰色粉砂质泥岩，块状层理，发育钙质结核
209-3	816.63 ~ 817.26m	0.63m	淡棕色泥岩，块状层理，见少量钙质结核，极少量微带绿灰色斑点
209-4	817.26 ~ 817.78m	0.52m	绿灰色粉砂质泥岩，块状层理，顶部发育淡棕色斑点
209-5	817.78 ~ 818.03m	0.25m	浅橄榄灰色泥质粉砂岩，块状层理，少量介形虫化石
209-6	818.03 ~ 818.48m	0.45m	淡棕色粉砂质泥岩，块状层理，底部发育绿灰色泥质粉砂岩条带
209-7	818.48 ~ 818.58m	0.10m	绿灰色粉砂岩，断续波纹层理，局部变形层理，发育较强生物扰动，底面弱冲刷，局部发育泥岩团块
209-8	818.58 ~ 818.69m	0.11m	淡棕色粉砂质泥岩，水平层理，底部发育一厚 1cm 泥岩
209-9	818.69 ~ 819.92m	1.23m	淡棕色粉砂质泥岩，滑塌变形构造，底部发育粉砂岩条带，局部发育泥岩薄夹层
209-10	819.92 ~ 820.03m	0.11m	淡棕色泥岩，块状层理
209-11	820.03 ~ 820.99m	0.96m	中浅灰色泥质粉砂岩，滑塌变形构造，发育不规则泥岩条带、粉砂岩条带，局部生物扰动强烈
209-12	820.99 ~ 821.80m	0.81m	中浅灰色泥质粉砂岩，滑塌变形构造，发育较多不规则粉砂岩条带、极少量泥质条带
209-13	821.80 ~ 822.03m	0.23m	中浅灰色粉砂岩，块状层理，局部变形层理，底面弱冲刷
209-14	822.03 ~ 822.34m	0.31m	中灰色粉砂岩，沙纹层理，底部见一厚 2cm 的粉砂质细砾岩，底面弱冲刷。层间发育炭化生物碎片

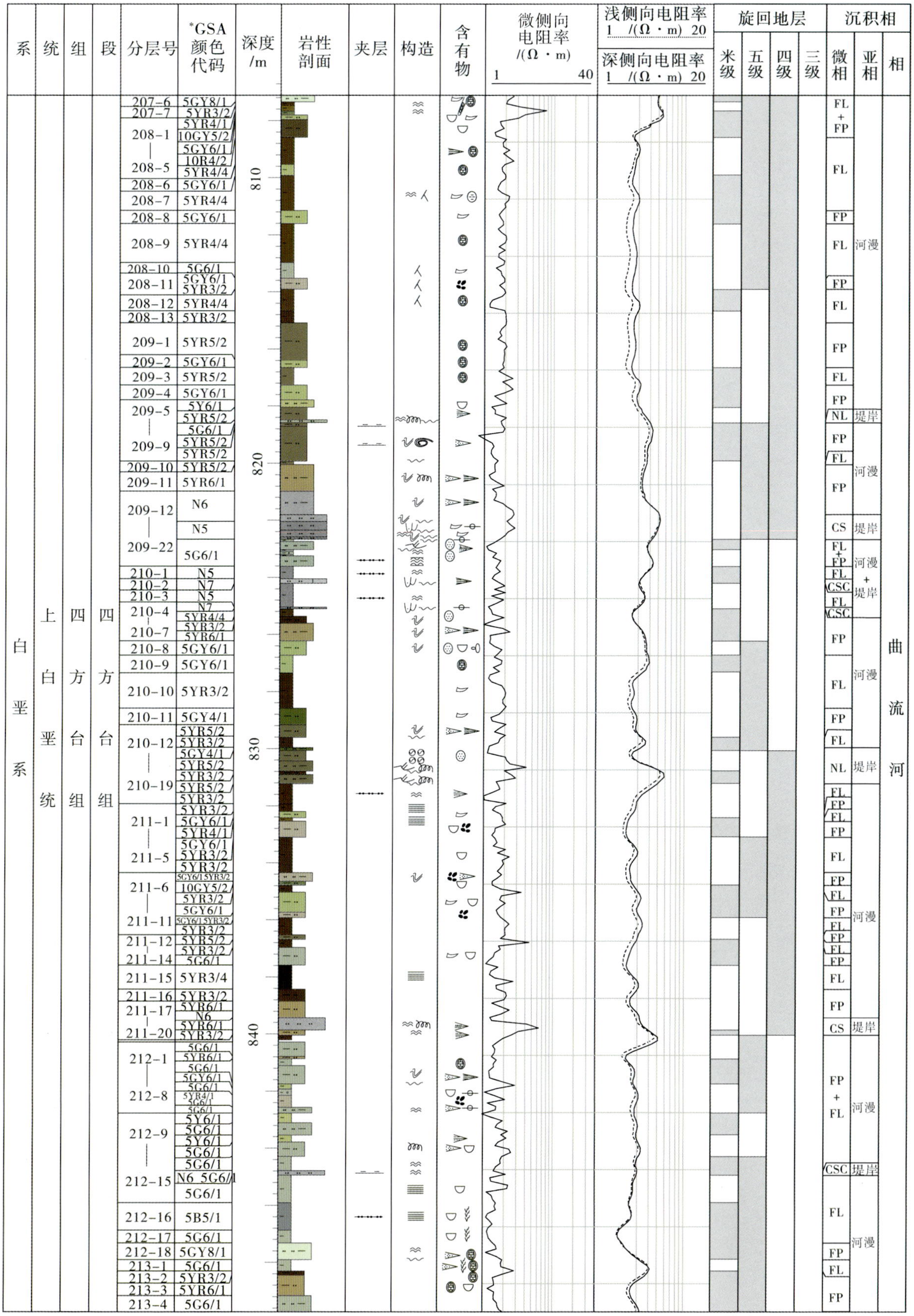
系
统
组
段
分层号
*GSA 颜色代码
深度 /m
岩性剖面
夹层
构造
含有物
微侧向电阻率 /(Ω · m)
1 40
浅侧向电阻率 1 /(Ω · m) 20
深侧向电阻率 1 /(Ω · m) 20
旋回地层
米级
五级
四级
三级
沉积相
微相
亚相
相
白垩系
上白垩统
四方台组
四方台组
810
820
830
840
河漫
堤岸
曲流河

图 5.7 四方台组综合柱状图

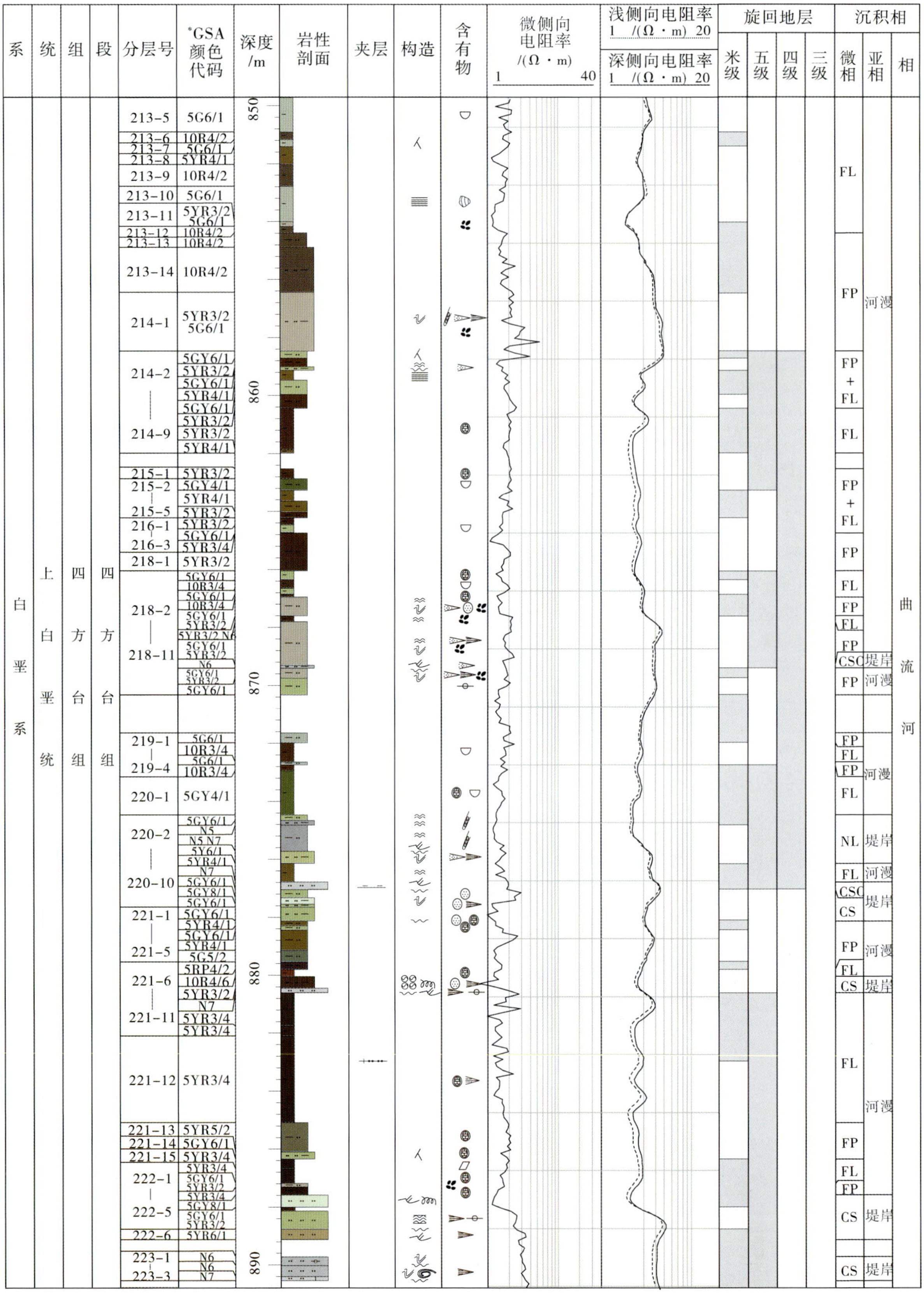
系
统
组
段
分层号
*GSA 颜色代码
深度 /m
岩性剖面
夹层
构造
含有物
微侧向电阻率 /(Ω · m)
浅侧向电阻率 /(Ω · m)
深侧向电阻率 /(Ω · m)
旋回地层
米级
五级
四级
三级
沉积相
微相
亚相
相
白垩系
上白垩统
四方台组
四方台组
曲流河
河漫
堤岸
850
860
870
880
890

图 5.7　四方台组综合柱状图（续）

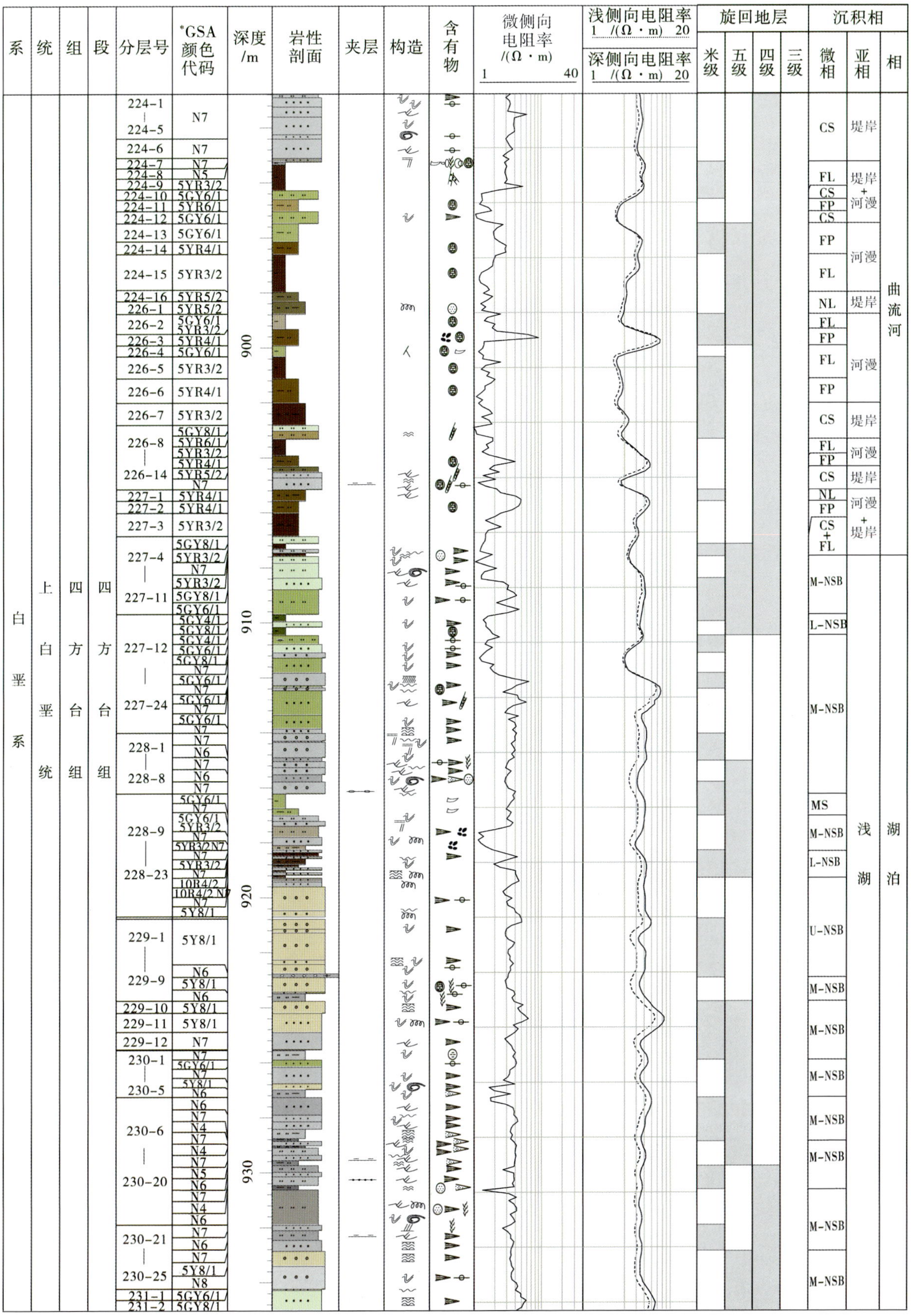

系
统
组
段
分层号
*GSA 颜色代码
深度 /m
岩性剖面
夹层
构造
含有物
微侧向电阻率 /(Ω・m) 1 40
浅侧向电阻率 1 /(Ω・m) 20
深侧向电阻率 1 /(Ω・m) 20
旋回地层
米级
五级
四级
三级
沉积相
微相
亚相
相
白垩系
上白垩统
四方台组
四方台组
900
910
920
930
CS
FL
FP
NL
M-NSB
L-NSB
MS
U-NSB
堤岸
河漫
堤岸+河漫
曲流河
浅湖
湖泊

图 5.7 四方台组综合柱状图（续）

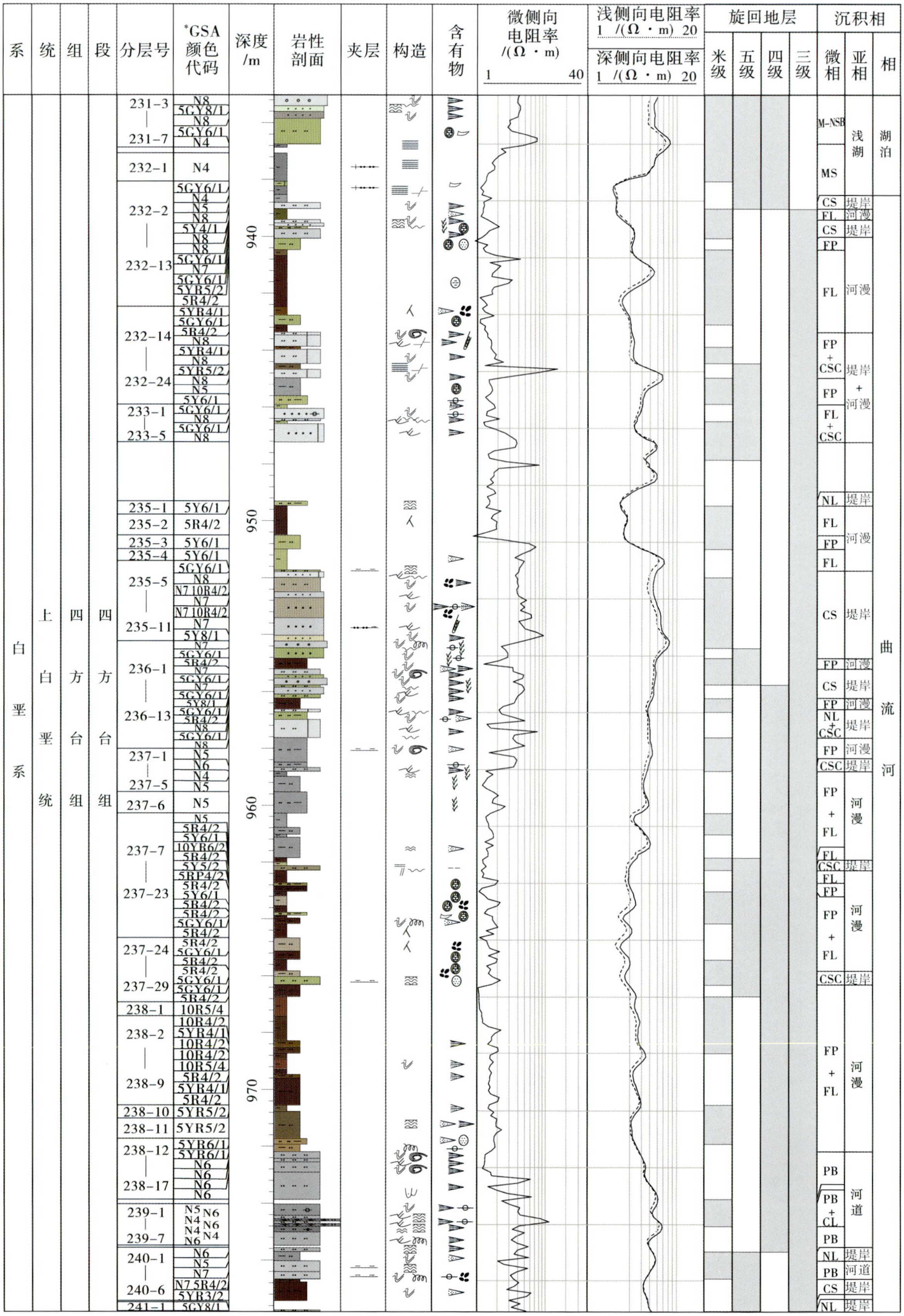
系
统
组
段
分层号
*GSA 颜色代码
深度 /m
岩性剖面
夹层
构造
含有物
微侧向电阻率 /(Ω · m)
1
40
浅侧向电阻率 1 /(Ω · m) 20
深侧向电阻率 1 /(Ω · m) 20
旋回地层
米级
五级
四级
三级
沉积相
微相
亚相
相
白垩系
上白垩统
四方台组
四方台组
231-3
231-7
232-1
232-2
232-13
232-14
232-24
233-1
233-5
235-1
235-2
235-3
235-4
235-5
235-11
236-1
236-13
237-1
237-5
237-6
237-7
237-23
237-24
237-29
238-1
238-2
238-9
238-10
238-11
238-12
238-17
239-1
239-7
240-1
240-6
241-1
940
950
960
970
浅湖
湖泊
曲流河
堤岸
河漫
河道

图 5.7　四方台组综合柱状图（续）

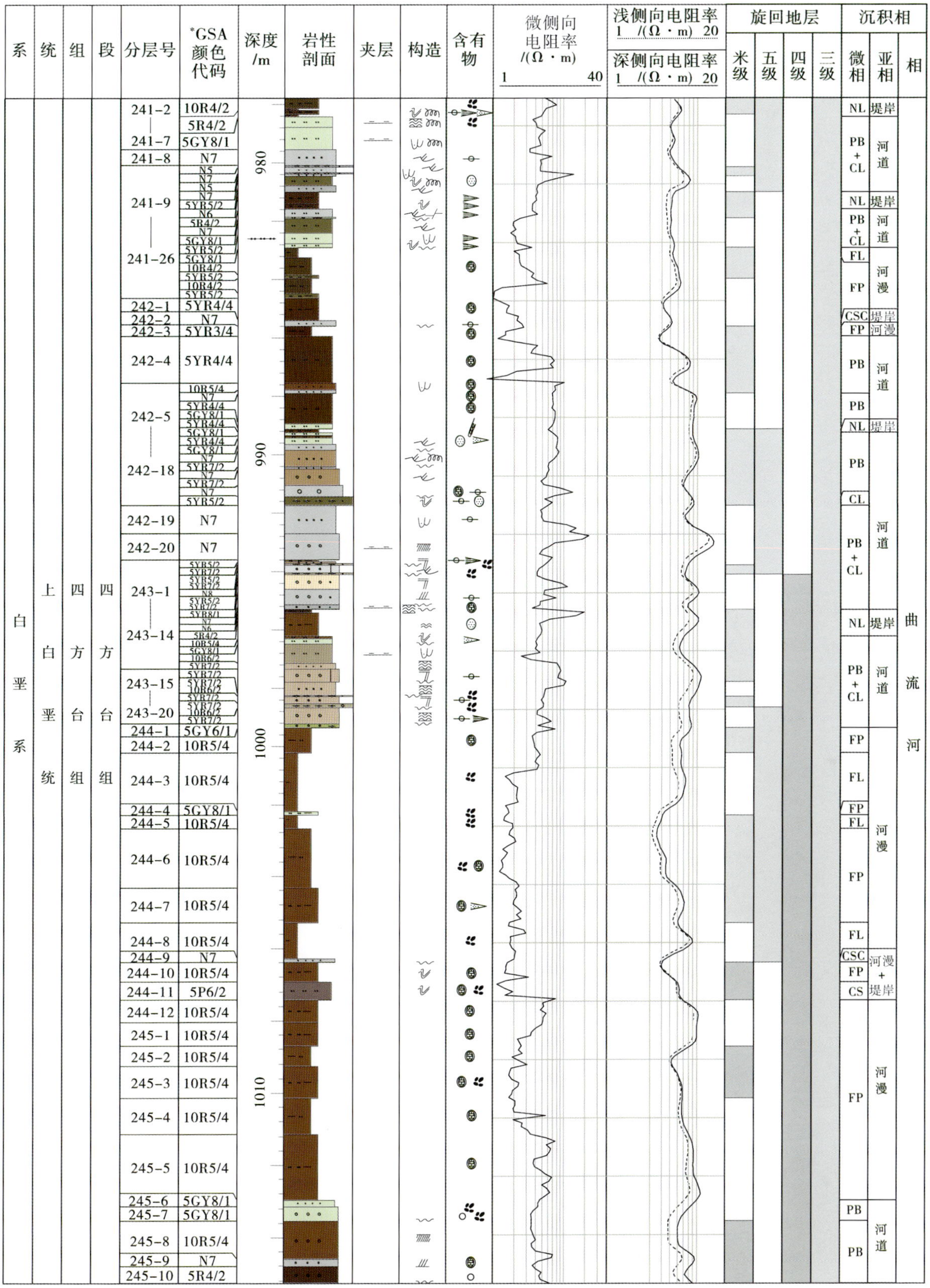

系
统
组
段
分层号
*GSA 颜色代码
深度 /m
岩性剖面
夹层
构造
含有物
微侧向电阻率 /(Ω · m) 1 40
浅侧向电阻率 1 /(Ω · m) 20
深侧向电阻率 1 /(Ω · m) 20
旋回地层
米级
五级
四级
三级
沉积相
微相
亚相
相
白垩系
上白垩统
四方台组
四方台组
980
990
1000
1010
241-2
241-7
241-8
241-9
241-26
242-1
242-2
242-3
242-4
242-5
242-18
242-19
242-20
243-1
243-14
243-15
243-20
244-1
244-2
244-3
244-4
244-5
244-6
244-7
244-8
244-9
244-10
244-11
244-12
245-1
245-2
245-3
245-4
245-5
245-6
245-7
245-8
245-9
245-10
10R4/2
5R4/2
5GY8/1
N7
5YR4/4
5YR3/4
10R5/4
5GY6/1
5P6/2
NL 提岸
PB + CL 河道
FL
FP 河漫
CSC 提岸
FP 河漫
PB 河道
CL
NL 提岸
CSC 河漫 + 提岸
CS
曲流河

图 5.7 四方台组综合柱状图（续）

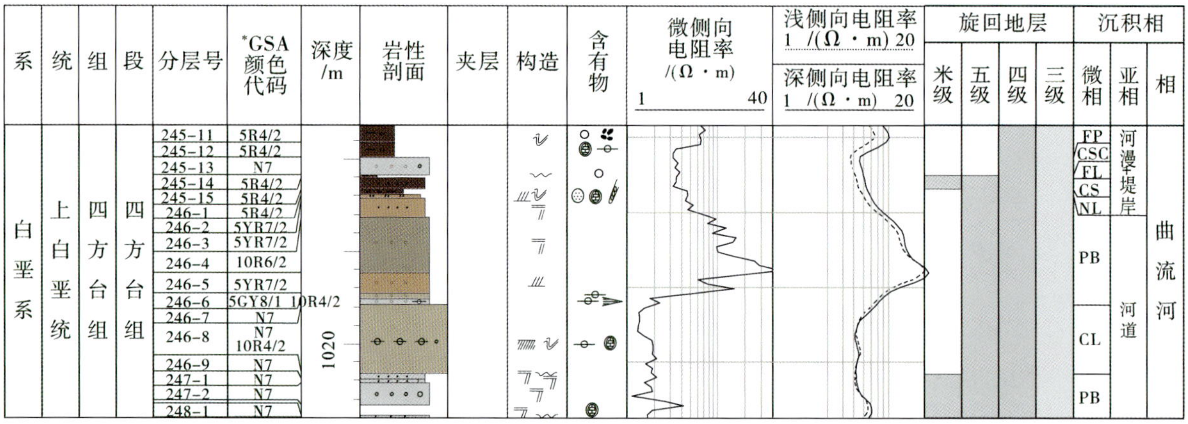

系
统
组
段
分层号
*GSA颜色代码
深度/m
岩性剖面
夹层
构造
含有物
微侧向电阻率/(Ω·m)
1 40
浅侧向电阻率 1 /(Ω·m) 20
深侧向电阻率 1 /(Ω·m) 20
旋回地层
米级
五级
四级
三级
沉积相
微相
亚相
相
白垩系
上白垩统
四方台组
四方台组
245-11 5R4/2
245-12 5R4/2
245-13 N7
245-14 5R4/2
245-15 5R4/2
246-1 5R4/2
246-2 5YR7/2
246-3 5YR7/2
246-4 10R6/2
246-5 5YR7/2
246-6 5GY8/1 10R4/2
246-7 N7
246-8 N7 10R4/2
246-9 N7
247-1 N7
247-2 N7
248-1 N7
1020
FP
CSC
FL
CS
NL
PB
CL
PB
河漫堤岸
河道
曲流河

图 5.7 四方台组综合柱状图（续）

图例、图注同图 5.1

209–15	822.34 ~ 822.57m	0.23m	中灰色粉砂岩，中、上部滑塌变形构造，下部断续波纹层理，底部（3cm）发育正粒序层理，底面冲刷。发育生物化石碎片
209–16	822.57 ~ 822.65m	0.08m	中灰色粉砂岩，上部断续波纹层理，下部正粒序层理，底部发育 2cm 厚的粉砂质细砾岩（泥砾，少量石英），底面冲刷
209–17	822.65 ~ 822.74m	0.09m	绿灰色泥岩，块状层理，局部粉砂岩混入
209–18	822.74 ~ 823.01m	0.27m	中灰色泥质粉砂岩，中、上部变形层理，下部见浪成交错层理，底面发育冲刷面，发育大量不规则钙质粉砂岩条带
209–19	823.01 ~ 823.08m	0.07m	绿灰色泥岩，块状层理，局部粉砂岩混入
209–20	823.08 ~ 823.19m	0.11m	中灰色含粉砂粗砂质泥岩，上部浪成沙纹层理（4cm），中部波状层理（5cm），底部正粒序层理（2cm），底面弱冲刷
209–21	823.19 ~ 823.24m	0.05m	绿灰色泥岩，波纹层理，上部粉砂岩混入
209–22	823.24 ~ 823.61m	0.37m	绿灰色泥质粉砂岩夹粉砂岩薄层，波状层理、波状交错层理，底部层面上发育大量生物碎片
210–1	823.61 ~ 824.05m	0.44m	中灰色泥岩夹中浅灰色粉砂岩，泥岩发育波纹层理，粉砂岩发育浪成沙纹层理，粉砂岩夹层分别发育在 823.73 ~ 823.76m、823.86 ~ 823.93m、824.00 ~ 824.02m，粉砂岩层底面弱冲刷
210–2	824.05 ~ 824.19m	0.14m	浅灰色钙质粉砂岩，小型槽状交错层理，底面弱冲刷，发育泥质条带
210–3	824.19 ~ 825.05m	0.86m	中灰色泥岩夹浅灰色粉砂岩薄层，泥岩发育水平层理，粉砂岩发育波纹层理。824.24 ~ 0.64m 夹一层含砾泥岩，824.32m、824.73m、824.96m 间夹粉砂岩薄层
210–4	825.05 ~ 825.11m	0.06m	浅灰色粉砂岩，沙纹层理，底面弱冲刷，偶发育扁平泥砾
210–5	825.11 ~ 825.36m	0.25m	中棕色泥岩，块状层理，偶有粉砂岩混入
210–6	825.36 ~ 825.61m	0.25m	灰棕色粉砂质泥岩，块状层理，底部变形层理，底部有粉砂岩混入
210–7	825.61 ~ 826.23m	0.62m	浅棕灰色泥质粉砂岩，滑塌变形构造，局部发育不规则粉砂岩条带、泥岩条带

210–8	826.23 ~ 826.73m	0.50m	绿灰色粉砂质泥岩，滑塌变形构造，不规则粉砂岩条带，发育蚌、介形虫化石
210–9	826.73 ~ 827.33m	0.60m	绿灰色泥岩，块状层理，少量钙质结核，局部发育棕灰色斑点
210–10	827.33 ~ 828.58m	1.25m	灰棕色泥岩，块状层理，局部发育绿灰色斑点和生物碎片
210–11	828.58 ~ 829.15m	0.57m	深绿灰色粉砂质泥岩，块状层理，少量生物碎片
210–12	829.15 ~ 829.61m	0.46m	淡棕色粉砂质泥岩，滑塌变形构造，弱冲刷，发育粉砂岩条带和泥岩条带
210–13	829.61 ~ 829.95m	0.34m	灰棕色泥岩，块状层理
210–14	829.95 ~ 830.06m	0.11m	深绿灰色泥质粉砂岩，块状层理
210–15	830.06 ~ 830.43m	0.37m	淡棕色粉砂质泥岩，变形层理，发育粉砂岩砂球
210–16	830.43 ~ 830.79m	0.36m	淡棕色泥质粉砂岩，沙纹层理，生物扰动较强，底面弱冲刷。见较多粉砂岩团块、条带
210–17	830.79 ~ 830.90m	0.11m	灰棕色粉砂质泥岩，块状层理
210–18	830.90 ~ 831.23m	0.33m	淡棕色含泥粉砂岩，沙纹层理，生物扰动较强，底面弱冲刷
210–19	831.23 ~ 831.92m	0.69m	灰棕色泥岩，水平纹理，偶发育泥质粉砂岩条带。831.65 ~ 831.73m 夹一粉砂岩层
211–1	831.92 ~ 832.20m	0.28m	灰棕色泥岩，水平层理
211–2	832.20 ~ 832.42m	0.22m	绿灰色粉砂质泥岩，块状层理，发育少量生物碎片
211–3	832.42 ~ 832.55m	0.13m	中棕色泥岩，水平层理
211–4	832.55 ~ 833.09m	0.54m	灰棕色杂绿灰色粉砂质泥岩，块状层理，偶发育介形虫化石
211–5	833.09 ~ 834.34m	1.25m	灰棕色泥岩，块状层理，偶发育介形虫化石
211–6	834.34 ~ 834.64m	0.30m	灰棕色杂绿灰色泥质粉砂岩，滑塌变形构造，发育不规则粉砂岩条带
211–7	834.64 ~ 834.78m	0.14m	灰绿色粉砂质泥岩，块状层理，偶发育介形虫化石
211–8	834.78 ~ 835.01m	0.23m	灰棕色泥岩，块状层理，发育少量绿灰色斑点
211–9	835.01 ~ 835.72m	0.71m	灰色粉砂质泥岩，块状层理，发育少量生物碎片、少量介形虫化石，局部发育灰棕色斑点
211–10	835.72 ~ 835.92m	0.20m	灰棕色杂绿灰色粉砂质泥岩，块状层理
211–11	835.92 ~ 836.51m	0.59m	灰棕色泥岩，块状层理
211–12	836.51 ~ 836.68m	0.17m	淡棕色粉砂质泥岩，块状层理
211–13	836.68 ~ 836.96m	0.28m	灰棕色泥岩，块状层理
211–14	836.96 ~ 837.57m	0.61m	绿灰色粉砂质泥岩，块状层理，偶发育介形虫化石和生物化石碎片
211–15	837.57 ~ 838.42m	0.85m	中棕色泥岩，水平层理
211–16	838.42 ~ 838.84m	0.42m	灰棕色粉砂质泥岩，块状层理
211–17	838.84 ~ 839.42m	0.58m	浅棕灰色粉砂质泥岩，块状层理，发育绿灰色斑点
211–18	839.42 ~ 839.86m	0.44m	中浅灰色粉砂岩，断续波纹层理，生物扰动较强，发育粉砂质泥岩条带
211–19	839.86 ~ 840.03m	0.17m	浅棕灰色粉砂质泥岩，波纹层理，发育泥质粉砂岩条带
211–20	840.03 ~ 840.19m	0.16m	灰棕色泥岩，块状层理

212–1	840.29 ~ 840.77m	0.48m	绿灰色粉砂质泥岩，块状层理
212–2	840.77 ~ 840.87m	0.10m	浅棕灰色粉砂质泥岩，块状层理
212–3	840.87 ~ 841.09m	0.22m	绿灰色泥岩，块状层理，偶发育钙质结核
212–4	841.09 ~ 841.74m	0.65m	绿灰色粉砂质泥岩，滑塌变形构造，底面发育弱冲刷，发育泥岩条带和粉砂岩条带
212–5	841.74 ~ 841.92m	0.18m	绿灰色泥岩，块状层理
212–6	841.92 ~ 842.14m	0.22m	绿灰色含泥砾泥岩，块状层理，发育片状泥砾、介形虫化石
212–7	842.14 ~ 842.56m	0.42m	绿灰色杂棕灰色泥岩，块状层理
212–8	842.56 ~ 842.75m	0.19m	绿灰色泥质粉砂岩，断续波纹层理，局部发育粉砂岩条带，底部发育少量泥砾
212–9	842.75 ~ 843.09m	0.34m	浅橄榄灰色泥岩，块状层理
212–10	843.09 ~ 843.54m	0.45m	绿灰色泥质粉砂岩，块状层理
212–11	843.54 ~ 843.79m	0.25m	浅橄榄灰色泥岩，块状层理，发育泥质粉砂岩薄夹层
212–12	843.79 ~ 844.29m	0.50m	绿灰色粉砂质泥岩，块状层理，生物扰动构造，843.89 ~ 843.99m 发育粉砂岩条带，含介形虫化石
212–13	844.29 ~ 844.77m	0.48m	绿灰色泥岩，波纹层理
212–14	844.77 ~ 844.94m	0.17m	绿灰色泥岩与中浅灰色粉砂岩薄互层，泥岩发育水平层理，粉砂岩发育波纹层理，局部发育变形层理
212–15	844.94 ~ 845.89m	0.95m	绿灰色泥岩，水平层理，发育较多保存完整的介形虫化石，在局部层理面上富集
212–16	845.89 ~ 846.87m	0.98m	中蓝灰色泥岩，水平层理，发育介形虫化石，在底部发育一层厚度小于 2cm 的含炭屑粉砂岩薄层
212–17	846.87 ~ 847.32m	0.45m	绿灰色泥岩，块状层理，发育介形虫化石和少量炭屑
212–18	847.32 ~ 847.91m	0.59m	浅绿灰色泥质粉砂岩，断续波纹层理，局部变形层理，底面弱冲刷，发育较多粉砂岩条带，见钙质结核
213–1	847.91 ~ 848.31m	0.40m	绿灰色泥岩，块状层理，发育介形虫化石、钙质结核和少量炭屑
213–2	848.31 ~ 848.44m	0.13m	灰棕色粉砂质泥岩，块状层理，发育钙质结核和绿灰色斑点
213–3	848.44 ~ 849.17m	0.73m	浅棕灰色粉砂质泥岩，块状层理，发育较多介形虫化石和少量钙质结核
213–4	849.17 ~ 849.71m	0.54m	绿灰色泥质粉砂岩，块状层理，发育少量灰棕色斑点
213–5	849.71 ~ 850.91m	1.20m	绿灰色泥岩，块状层理，发育介形虫化石、灰棕色斑点
213–6	850.91 ~ 851.16m	0.25m	灰红色泥岩，块状层理
213–7	851.16 ~ 851.39m	0.23m	绿灰色泥岩，块状层理，发育被方解石充填的不规则裂缝
213–8	851.39 ~ 852.01m	0.62m	棕灰色泥岩，块状层理
213–9	852.01 ~ 852.78m	0.77m	灰红色泥岩，块状层理
213–10	852.78 ~ 854.00m	1.22m	绿灰色泥岩，水平层理，偶发育叶肢介化石
213–11	854.00 ~ 854.16m	0.16m	灰棕色杂绿灰色泥岩，块状层理
213–12	854.16 ~ 854.38m	0.22m	灰红色泥岩，块状层理
213–13	854.38 ~ 854.88m	0.50m	灰红色粉砂质泥岩，块状层理，绿灰色斑点
213–14	854.88 ~ 856.44m	1.56m	灰红色泥质粉砂岩，块状层理，绿灰色斑点

214–1	856.44 ~ 858.47m	2.03m	灰棕色杂绿灰色泥质粉砂岩，变形构造，生物扰动。发育粉砂岩条带、泥质条带
214–2	858.47 ~ 858.69m	0.22m	绿灰色粉砂质泥岩，块状层理，不规则裂缝中充填灰棕色泥岩
214–3	858.69 ~ 859.00m	0.31m	灰棕色粉砂质泥岩，块状层理
214–4	859.00 ~ 859.12m	0.12m	绿灰色泥质粉砂岩，断续波纹层理，底部弱冲刷，见粉砂岩条带
214–5	859.12 ~ 859.45m	0.33m	棕灰色泥岩，水平层理
214–6	859.45 ~ 859.97m	0.52m	绿灰色粉砂质泥岩，块状层理，向下见较多灰棕色斑点
214–7	859.97 ~ 860.44m	0.47m	灰棕色粉砂质泥岩，块状层理，偶发育绿灰色斑点
214–8	860.44 ~ 861.86m	1.42m	灰棕色泥岩，块状层理，发育钙质结核
214–9	861.86 ~ 861.99m	0.13m	棕灰色泥岩，块状层理
215–1	862.51 ~ 862.86m	0.35m	灰棕色泥岩，块状层理，发育钙质结核
215–2	862.86 ~ 863.26m	0.40m	深绿灰色粉砂质泥岩，块状层理，发育介形虫化石
215–3	863.26 ~ 863.63m	0.37m	棕灰色泥岩，块状层理
215–4	863.63 ~ 864.01m	0.38m	绿灰色粉砂质泥岩，块状层理，见灰棕色斑点
215–5	864.01 ~ 864.23m	0.22m	灰棕色粉砂质泥岩，块状层理，见绿灰色斑点
216–1	864.23 ~ 864.46m	0.23m	灰棕色泥岩，块状层理
216–2	864.46 ~ 864.73m	0.27m	绿灰色泥岩，块状层理，发育介形虫化石
216–3	864.73 ~ 864.74m	0.01m	中棕色泥岩，块状层理
218–1	864.74 ~ 866.04m	1.30m	灰棕色粉砂质泥岩，块状层理
218–2	866.04 ~ 866.34m	0.30m	绿灰色泥岩，块状层理，偶发育钙质结核
218–3	866.34 ~ 866.64m	0.30m	深红棕色泥岩，块状层理，发育介形虫化石
218–4	866.64 ~ 866.84m	0.20m	绿灰色泥岩，块状层理，发育灰棕色斑点
218–5	866.84 ~ 866.94m	0.10m	深红棕色泥岩，块状层理，偶发育钙质结核
218–6	866.94 ~ 867.60m	0.66m	绿灰色杂灰棕色粉砂质泥岩，滑塌变形构造，底部发育断续波纹层理，发育粉砂岩条带和砂球
218–7	867.60 ~ 867.81m	0.21m	灰棕色泥岩夹中浅灰色泥质粉砂岩，发育波纹层理
218–8	867.81 ~ 869.31m	1.50m	绿灰色杂灰棕色粉砂质泥岩，滑塌变形构造，底部发育断续波纹层理，发育不规则粉砂岩条带、泥岩条带
218–9	869.31 ~ 869.41m	0.10m	中浅灰色泥质粉砂岩，浪成交错层理，底部弱冲刷，发育粉砂岩条带
218–10	869.41 ~ 869.74m	0.33m	绿灰色杂灰棕色粉砂质泥岩，滑塌变形构造，底部发育断续波纹层理。发育不规则粉砂岩条带、泥岩条带
218–11	869.74 ~ 870.32m	0.58m	绿灰色粉砂质泥岩，块状层理，局部发育泥砾
219–1	871.64 ~ 871.99m	0.35m	绿灰色粉砂质泥岩，块状层理
219–2	871.99 ~ 872.64m	0.65m	深红棕色泥岩，块状层理，偶发育介形虫化石
219–3	872.64 ~ 872.74m	0.10m	绿灰色粉砂质泥岩，块状层理
219–4	872.74 ~ 872.94m	0.20m	红棕色泥岩，块状层理
220–1	872.94 ~ 874.46m	1.52m	深绿灰色泥岩，水平层理，发育介形虫化石，局部夹泥质粉砂岩条带

220–2	874.46 ~ 874.65m	0.19m	绿灰色粉砂质泥岩，波纹层理
220–3	874.65 ~ 874.82m	0.17m	中灰色泥质粉砂岩，波纹层理，层面上发育虫迹
220–4	874.82 ~ 875.71m	0.89m	中灰色粉砂质泥岩与浅灰色粉砂岩薄互层，发育波纹层理、浪成沙纹层理和水平层理，局部见变形层理，底面冲刷。发育大量虫迹，生物扰动强烈
220–5	875.71 ~ 876.14m	0.43m	浅橄榄灰色含砾泥质粉砂岩，滑塌变形构造，局部见粉砂岩砂球，见少量泥岩条带
220–6	876.14 ~ 876.79m	0.65m	棕灰色泥岩，波纹层理
220–7	876.79 ~ 877.04m	0.25m	浅灰色粉砂岩夹泥岩，波纹层理，底部发育浪成沙纹层理，底面冲刷，偶发育砾石。876.88 ~ 876.91m 夹一层棕灰色泥岩
220–8	877.04 ~ 877.32m	0.28m	绿灰色粉砂质泥岩，块状层理，有粉砂岩混入
220–9	877.32 ~ 877.54m	0.22m	浅绿灰色泥质粉砂岩，滑塌变形构造，中、上部发育大量粉砂岩砂球，顶部发育泥质条带
220–10	877.54 ~ 877.64m	0.10m	绿灰色泥质粉砂岩，块状层理
221–1	877.64 ~ 878.12m	0.48m	绿灰色泥质粉砂岩，块状层理，底部弱冲刷，大量粉砂岩混入，底部发育较多钙质结核
221–2	878.12 ~ 878.30m	0.18m	棕灰色粉砂质泥岩，块状层理，发育较多钙质结核和绿灰色斑点
221–3	878.30 ~ 878.44m	0.14m	绿灰色粉砂质泥岩，块状层理
221–4	878.44 ~ 879.14m	0.70m	棕灰色粉砂质泥岩，块状层理，发育绿灰色斑点
221–5	879.44 ~ 879.54m	0.10m	灰绿色粉砂质泥岩，块状层理，灰棕色斑点
221–6	879.54 ~ 879.81m	0.27m	灰红紫色粉砂质泥岩，块状层理
221–7	879.81 ~ 880.05m	0.24m	中红棕色泥岩，块状层理，偶发育钙质结核
221–8	880.05 ~ 880.44m	0.39m	灰棕色泥质粉砂岩，变形层理，虫迹，发育粉砂岩团块和不规则泥岩条带
221–9	880.44 ~ 880.61m	0.17m	浅灰色粉砂岩，中、下部发育平行层理，上部发育成沙纹层理，底面冲刷，少量泥砾，生物扰动强烈，底面发育小于 1cm 绿灰色泥岩
221–10	880.61 ~ 881.74m	1.13m	中棕色泥岩，块状层理，顶部偶发育绿灰色泥岩条带
221–11	881.74 ~ 882.09m	0.35m	中棕色泥岩，块状层理
221–12	882.09 ~ 885.07m	2.98m	中棕色泥岩，块状层理，883.09m 处发育绿灰色泥质粉砂岩条带，钙质结核
221–13	885.07 ~ 886.09m	1.02m	淡棕色粉砂质泥岩，块状层理，偶发育钙质结核
221–14	886.09 ~ 886.34m	0.25m	绿灰色泥质粉砂岩，块状层理，灰棕色泥岩充填的不规则裂缝，偶发育钙质结核
221–15	886.34 ~ 886.68m	0.34m	中棕色泥岩，块状层理，发育方解石
222–1	886.68 ~ 887.18m	0.50m	中棕色泥岩，块状层理，偶发育钙质结核
222–2	887.18 ~ 887.31m	0.13m	绿灰色杂灰棕色粉砂质泥岩，块状层理
222–3	887.31 ~ 887.58m	0.27m	中棕色粉砂质泥岩，块状层理，发育少量钙质结核
222–4	887.58 ~ 888.00m	0.42m	浅绿灰色粉砂岩，滑塌变形构造，局部发育浪成沙纹层理，生物扰动较强

222–5	888.00 ~ 888.76m	0.76m	绿灰色粉砂岩与灰棕色泥岩互层，波状层理、波状交错层理，底部发育变形层理，底面见冲刷，冲刷面上发育厚 2cm 的滞留泥砾沉积。发育不规则泥质条带
222–6	888.76 ~ 889.12m	0.36m	浅棕灰色粉砂岩，浪成沙纹层理，局部变形，发育较多泥质条带
223–1	889.71 ~ 890.01m	0.30m	中浅灰色含泥砾粉砂岩，滑塌变形构造，底部弱冲刷
223–2	890.01 ~ 890.40m	0.39m	中浅灰色粉砂岩，包卷层理、变形层理，发育不规则泥质条带
223–3	890.40 ~ 890.53m	0.13m	浅灰色含钙粉砂岩，变形层理，底面弱冲刷
223–4	890.53 ~ 890.79m	0.26m	中浅灰色粉砂岩，变形层理，发育不规则泥质条带
224–1	890.79 ~ 890.89m	0.10m	浅灰色粉砂岩，变形层理
224–2	890.89 ~ 891.24m	0.35m	浅灰色细砂岩，变形层理，局部发育泥砾
224–3	891.24 ~ 891.59m	0.35m	浅灰色细砂岩，浪成交错层理
224–4	891.59 ~ 892.24m	0.65m	浅灰色细砂岩，滑塌变形层理
224–5	892.24 ~ 892.39m	0.15m	浅灰色细砂岩，包卷层理，局部发育泥砾
224–6	892.39 ~ 893.09m	1.70m	浅灰色细砂岩，上部浪成交错层理，下部为变形层理，底部发育泥砾
224–7	893.09 ~ 893.24m	0.15m	浅灰色细砂岩，平行层理
224–8	893.24 ~ 893.34m	0.10m	中灰色泥岩，水平层理，较多生物碎片、腹足类、双壳类化石和炭屑，发育钙质结核
224–9	893.34 ~ 894.29m	0.95m	灰棕色泥岩，块状层理，894.04m 处发育方解石脉
224–10	894.29 ~ 894.59m	0.30m	绿灰色粉砂岩，块状层理
224–11	894.59 ~ 895.05m	0.46m	浅棕灰色粉砂质泥岩，块状层理，含较多钙质结核
224–12	895.05 ~ 895.49m	0.44m	绿灰色粉砂岩，块状层理，局部见变形层理，底部含少量变形的泥岩条带
224–13	895.49 ~ 896.14m	0.65m	绿灰色粉砂质泥岩，块状层理
224–14	896.14 ~ 896.59m	0.45m	棕灰色粉砂质泥岩，块状层理，发育钙质结核
224–15	896.59 ~ 897.99m	1.40m	灰棕色泥岩，块状层理，发育少量钙质结核
224–16	897.99 ~ 898.32m	0.33m	淡棕色粉砂质泥岩，块状层理
226–1	898.32 ~ 898.77m	0.45m	淡棕色泥质粉砂岩，块状层理，发育生物扰动构造和砂球
226–2	898.77 ~ 899.32m	0.55m	绿灰色杂灰棕色泥岩，块状层理，发育钙质结核
226–3	899.32 ~ 899.92m	0.60m	棕灰色粉砂质泥岩，块状层理，发育绿灰色斑点和钙质结核
226–4	899.92 ~ 900.32m	0.40m	绿灰色泥岩，块状层理，发育钙质结核、生物化石和棕红色泥岩充填的裂缝
226–5	900.32 ~ 901.12m	0.80m	灰棕色泥岩，块状层理，发育钙质结核
226–6	901.12 ~ 902.02m	0.90m	棕灰色粉砂质泥岩，块状层理，发育较多钙质结核
226–7	902.02 ~ 902.82m	0.80m	灰棕色泥质粉砂岩，块状层理
226–8	902.82 ~ 903.02m	0.20m	浅绿灰色粉砂岩，块状层理
226–9	903.02 ~ 903.32m	0.30m	淡棕色粉砂岩，波纹层理，发育较多生物遗迹
226–10	903.32 ~ 903.92m	0.60m	灰棕色泥岩，块状层理

226-11	903.92 ~ 904.32m	0.40m	棕灰色粉砂质泥岩，块状层理，发育少量钙质结核
226-12	904.32 ~ 904.52m	0.20m	淡棕色粉砂岩，块状层理
226-13	904.52 ~ 904.72m	0.20m	浅灰色细砂岩，浪成交错层理，发育较多生物遗迹
226-14	904.72 ~ 905.17m	0.45m	浅灰色细砂岩与棕灰色泥岩互层，波纹层理，下部发育浪成交错层理，含较多钙质结核、生物遗迹，局部发育泥砾
227-1	905.17 ~ 905.57m	0.40m	棕灰色泥质粉砂岩，浪成沙纹层理，局部发育变形层理
227-2	905.57 ~ 906.02m	0.45m	棕灰色粉砂质泥岩，块状层理，发育较多钙质结核
227-3	906.02 ~ 906.87m	0.85m	灰棕色粉砂质泥岩，块状层理
227-4	906.87 ~ 907.12m	0.25m	浅绿灰色粉砂岩，块状层理
227-5	907.12 ~ 907.32m	0.20m	灰棕色泥岩，块状层理
227-6	907.32 ~ 907.47m	0.15m	浅灰色粉砂岩，变形层理，底部冲刷，发育泥质条带
227-7	907.47 ~ 907.57m	0.10m	灰棕色泥质粉砂岩，波纹层理，底部发育砂球
227-8	907.57 ~ 907.82m	0.25m	浅绿灰色粉砂岩，变形层理
227-9	907.82 ~ 908.37m	0.55m	浅绿灰色粉砂岩，浪成交错层理，局部变形层理，发育泥质条带
227-10	908.37 ~ 908.77m	0.40m	浅绿灰色细砂岩，浪成交错层理，发育较多泥质条带
227-11	908.77 ~ 909.70m	0.93m	绿灰色粉砂岩，局部变形层理，含较多泥砾和泥质条带
227-12	909.70 ~ 909.97m	0.27m	深绿灰色泥岩，块状层理
227-13	909.97 ~ 910.17m	0.20m	浅绿灰色细砂岩，变形层理，发育较多泥质条带
227-14	910.17 ~ 910.47m	0.30m	深绿灰色泥岩，块状层理，发育少量钙质结核
227-15	910.47 ~ 910.77m	0.30m	绿灰色含泥砾粉砂岩，层理不明显，局部泥砾定向排列，大小不等
227-16	910.77 ~ 911.07m	0.30m	浅绿灰色细砂岩，变形层理，局部见泥砾
227-17	911.07 ~ 911.27m	0.20m	浅灰色中砂岩，变形层理，发育泥质条带
227-18	911.27 ~ 911.82m	0.55m	绿灰色细砂岩，变形层理，偶发育泥质条带
227-19	911.82 ~ 912.27m	0.45m	浅灰色中砂岩，斜层理，底部冲刷
227-20	912.27 ~ 912.37m	0.10m	绿灰色细砂岩，局部变形层理，泥质条带
227-21	912.37 ~ 912.47m	0.10m	浅灰色中砂岩，块状层理，底部发育冲刷面，发育较多钙质结核
227-22	912.47 ~ 913.37m	0.90m	绿灰色细砂岩，浪成交错层理，局部变形层理，发育泥质条带和生物遗迹
227-23	913.37 ~ 913.87m	0.50m	绿灰色细砂岩，变形层理，发育较多泥质条带
227-24	913.87 ~ 914.01m	0.14m	浅灰色细砂岩，平行层理
228-1	914.01 ~ 914.30m	0.29m	浅灰色中砂岩，平行层理，底部轻微冲刷
228-2	914.30 ~ 914.35m	0.05m	浅灰色细砂岩，变形层理，泄水构造，不规则泥质条带
228-3	914.35 ~ 914.91m	0.56m	浅灰色中砂岩，平行层理
228-4	914.91 ~ 915.03m	0.12m	中浅灰色细砂岩，变形层理
228-5	915.03 ~ 915.25m	0.22m	浅灰色中砂岩，波状交错层理，底部发育冲刷面，冲刷面上发育滞留砾石、炭屑和泥质条带

228–6	915.25 ～ 915.51m	0.26m	浅灰色中砂岩，波状交错层理，底部发育较多泥质条带
228–7	915.51 ～ 915.78m	0.27m	中浅灰色细砂岩，变形层理，局部包卷层理，发育砂球、砂质条带和较多不规则泥岩条带
228–8	915.78 ～ 916.21m	0.43m	浅灰色中砂岩，浪成交错层理，底面冲刷，冲刷面上发育厚 3cm 的泥质细砾岩
228–9	916.21 ～ 916.76m	0.55m	绿灰色泥岩，块状层理，偶发育生物碎片
228–10	916.76 ～ 917.01m	0.25m	绿灰色粉砂质泥岩，块状层理，偶发育生物碎片
228–11	917.01 ～ 917.21m	0.20m	浅灰色粉砂岩，轻微变形构造
228–12	917.21 ～ 917.39m	0.18m	浅灰色中砂岩，平行层理
228–13	917.39 ～ 917.81m	0.42m	灰棕色杂绿灰色粉砂岩，块状层理，偶发育深灰色泥岩条带
228–14	917.81 ～ 918.10m	0.29m	浅灰色细砂岩，变形层理，发育虫孔
228–15	918.10 ～ 918.26m	0.16m	灰棕色杂绿灰色泥质粉砂岩，块状层理
228–16	918.26 ～ 918.36m	0.10m	浅灰色细砂岩，块状层理
228–17	918.36 ～ 918.50m	0.14m	灰棕色粉砂岩，块状层理
228–18	918.50 ～ 918.58m	0.08m	浅灰色细砂岩，块状层理，底面冲刷，发育少量泥质条带
228–19	918.58 ～ 918.81m	0.23m	灰红色泥质粉砂岩，块状层理，局部变形层理
228–20	918.81 ～ 919.43m	0.62m	灰红色粉砂质泥岩与浅灰色细砂岩薄互层，波状层理，局部变形层理，发育生物扰动构造
228–21	919.43 ～ 919.61m	0.18m	浅灰色细砂岩，块状层理，偶发育生物扰动
228–22	919.61 ～ 920.46m	0.85m	黄灰色中砂岩，块状层理，底面见冲刷，冲刷面上见泥砾和泥质条带
228–23	920.46 ～ 920.69m	0.23m	黄灰色中砂岩，块状层理，生物扰动构造
229–1	920.79 ～ 921.14m	0.35m	黄灰色中砂岩，块状层理
229–2	921.14 ～ 921.29m	0.15m	黄灰色中砂岩，滑塌变形构造，发育较多中灰色泥质条带
229–3	921.29 ～ 922.26m	0.97m	黄灰色中砂岩，块状层理
229–4	922.26 ～ 922.42m	0.16m	黄灰色中砂岩，波状层理，具轻微变形，发育泥岩条带
229–5	922.42 ～ 922.75m	0.33m	黄灰色中砂岩，块状层理，底部具较轻微变形，底部发育 3 层薄泥砾夹层
229–6	922.75 ～ 922.89m	0.14m	中灰色含泥砾钙质结核质细砾岩，块状层理
229–7	922.89 ～ 923.42m	0.53m	黄灰色中砂岩，滑塌变形层理，底部冲刷，中部发育大量钙质结核、泥砾和炭屑
229–8	923.42 ～ 923.49m	0.07m	黄灰色中砂岩，块状层理，偶发育泥砾
229–9	923.49 ～ 923.75m	0.26m	中灰色泥质粉砂岩，顶部块状层理，中、下部发育变形层理，偶发育炭屑
229–10	923.75 ～ 924.19m	0.44m	黄灰色中砂岩，波状层理，偶发育泥质条带
229–11	924.19 ～ 924.89m	0.70m	黄灰色细砂岩，滑塌变形构造和生物扰动构造，发育较多泥质条带、泥砾
229–12	924.89 ～ 925.54m	0.65m	浅灰色细砂岩，浪成沙纹层理，偶发育泥岩条带
230–1	925.56 ～ 925.89m	0.33m	浅灰色泥质粉砂岩，变形构造，发育不规则中灰色泥岩条带
230–2	925.89 ～ 926.16m	0.27m	浅灰色含泥砾粉砂岩，块状层理，含大量次圆状泥砾

230–3	926.16 ~ 926.76m	0.60m	浅灰色细砂岩，变形层理，发育较多不规则泥岩条带
230–4	926.76 ~ 926.99m	0.23m	浅灰色细砂岩，变形层理，上部发育包卷层理，少量泥岩条带
230–5	926.99 ~ 927.26m	0.27m	中浅灰色泥质粉砂岩，变形层理，发育粉砂岩条带
230–6	927.26 ~ 927.90m	0.64m	浅灰色细砂岩，小型浪成交错层理，底面冲刷，偶发育泥岩条带
230–7	927.90 ~ 928.13m	0.23m	浅灰色细砂岩，变形层理，发育少量泥岩条带
230–8	928.13 ~ 928.43m	0.30m	浅灰色细砂岩，浪成交错层理，发育少量泥岩条带
230–9	928.43 ~ 928.76m	0.33m	浅灰色泥质粉砂岩，变形层理，局部波状层理，发育粉砂岩条带
230–10	928.76 ~ 928.86m	0.10m	中深灰色粉砂质泥岩，波纹层理，发育少量粉砂质条带
230–11	928.86 ~ 929.01m	0.15m	浅灰色细砂岩，浪成交错层理，少量泥质条带
230–12	929.01 ~ 929.10m	0.09m	中深灰色泥质粉砂岩，变形层理，发育粉砂岩条带
230–13	929.10 ~ 929.36m	0.26m	浅灰色粉砂岩，变形构造，底面冲刷，发育少量泥质条带
230–14	929.36 ~ 929.56m	0.20m	浅灰色细砂岩，浪成交错层理，在 928.46m 和 929.36m 处发育厚约 0.8cm 的泥岩夹层
230–15	929.56 ~ 929.74m	0.18m	中灰色粉砂质泥岩，发育波纹层理，见粉砂岩条带
230–16	929.74 ~ 929.98m	0.24m	中浅灰色粉砂岩，浪成交错层理，见泥岩条带
230–17	929.98 ~ 930.13m	0.15m	浅灰色细砂岩，浪成交错层理
230–18	930.13 ~ 930.46m	0.33m	浅灰色粉砂岩，浪成交错层理，上部轻微变形，发育泥岩条带，底部发育厚 1cm 的细砂岩薄层
230–19	930.46 ~ 930.62m	0.16m	中深灰色粉砂质泥岩，波纹层理，局部变形层理，发育少量粉砂岩砂球、砂质条带
230–20	930.62 ~ 931.91m	1.29m	中浅灰色粉砂岩，浪成交错层理，局部变形层理，局部生物扰动较强，偶发育包卷层理，局部发育较多泥岩薄夹层及条带，见少量炭屑
230–21	931.91 ~ 932.11m	0.20m	浅灰色细砂岩，单向斜层理，偶发育炭屑
230–22	932.11 ~ 932.46m	0.35m	中浅灰色粉砂岩，浪成交错层理，局部变形层理，发育泥岩夹层及条带
230–23	932.46 ~ 932.86m	0.40m	浅灰色细砂岩，发育变形的波状层理，泥岩条带
230–24	932.86 ~ 933.41m	0.55m	黄灰色中砂岩，波状层理，局部发育泥岩条带
230–25	933.41 ~ 934.24m	0.83m	极浅灰色中砂岩，块状层理、变形层理，局部发育泥岩薄夹层和泥砾
231–1	934.24 ~ 934.29m	0.05m	绿灰色细砂岩，波状层理，底部发育冲刷面
231–2	934.29 ~ 935.02m	0.73m	浅绿灰色细砂岩，波状层理，偶发育泥质条带
231–3	935.02 ~ 935.39m	0.37m	极浅灰色中砂岩，变形层理，底部冲刷，偶发育泥质条带
231–4	935.39 ~ 935.59m	0.20m	浅绿灰色细砂岩，波状层理，局部发生变形，夹较多泥质条带
231–5	935.59 ~ 935.84m	0.25m	极浅灰色细砂岩，变形层理，夹泥质条带
231–6	935.84 ~ 936.74m	0.90m	绿灰色粉砂岩，块状层理，发育钙质结核和少量生物化石碎片
231–7	936.74 ~ 936.86m	0.12m	中深灰色泥岩，水平层理

232–1	937.06 ~ 938.06m	1.00m	中深灰色泥岩，水平层理，局部夹钙质粉砂岩薄层
232–2	938.06 ~ 938.21m	0.15m	绿灰色钙质泥岩，块状层理，发育较多生物化石碎片
232–3	938.21 ~ 938.51m	0.30m	中深灰色泥岩，水平层理，局部夹钙质粉砂岩薄层，938.36m 处发育一同沉积正断层
232–4	938.51 ~ 938.81m	0.30m	中灰色泥岩，块状层理
232–5	938.81 ~ 939.01m	0.20m	极浅灰色粉砂岩，变形层理，发育泥质条带
232–6	939.01 ~ 939.41m	0.40m	橄榄灰色泥岩，块状层理，发育少量粉砂岩条带
232–7	939.41 ~ 939.51m	0.10m	极浅灰色粉砂岩，变形层理，发育泥质条带
232–8	939.51 ~ 939.63m	0.12m	极浅灰色细砂岩，波状层理，底部发育冲刷面，含较多炭屑
232–9	939.63 ~ 939.73m	0.10m	绿灰色泥质粉砂岩，块状层理，偶发育钙质结核
232–10	939.73 ~ 940.06m	0.33m	浅灰色粉砂岩，波纹层理，偶夹泥质条带
232–11	940.06 ~ 940.46m	0.40m	绿灰色粉砂质泥岩，块状层理，局部含较多钙质结核和粉砂质团块
232–12	940.46 ~ 940.66m	0.20m	淡棕色泥岩，块状层理
232–13	940.66 ~ 942.46m	1.80m	灰红色泥岩，块状层理，局部发育深绿灰色泥质团块
232–14	942.46 ~ 942.76m	0.30m	绿灰色杂棕灰色泥岩，块状层理，局部夹粉砂岩条带，942.66m 处发育裂缝
232–15	942.76 ~ 943.11m	0.35m	绿灰色粉砂质泥岩，块状层理，偶发育钙质结核
232–16	943.11 ~ 943.36m	0.25m	灰红色泥岩，块状层理
232–17	943.36 ~ 943.46m	0.10m	极浅灰色钙质粉砂岩，变形层理、包卷层理，发育泥质条带
232–18	943.46 ~ 943.86m	0.40m	极浅灰色钙质粉砂岩，浪成交错层理，局部夹泥质条带，943.66m 处发育一同生正断层且发育生物遗迹
232–19	943.86 ~ 943.96m	0.10m	棕灰色粉砂质泥岩，块状层理
232–20	943.96 ~ 944.46m	0.50m	极浅灰色钙质粉砂岩，滑塌变形层理，发育淡棕色泥质条带
232–21	944.46 ~ 944.66m	0.20m	淡棕色粉砂质泥岩，水平层理
232–22	944.66 ~ 944.96m	0.30m	极浅灰色钙质粉砂岩，滑塌变形层理，发育泥质条带
232–23	944.96 ~ 945.61m	0.65m	中灰色粉砂质泥岩，块状层理，偶发育钙质结核
232–24	945.61 ~ 945.89m	0.28m	浅橄榄灰色含泥砾泥质粉砂岩，块状层理，发育较多绿灰色泥砾
233–1	945.89 ~ 946.04m	0.15m	绿灰色泥岩，块状层理，含钙质粉砂条带
233–2	946.04 ~ 946.39m	0.35m	极浅灰色含泥砾细砂岩，滑塌变形构造，底部发育冲刷面，含较多泥砾，分选极差，呈次棱角 – 次圆状
233–3	946.39 ~ 946.49m	0.10m	极浅灰色粉砂岩，浪成交错层理，底部发育冲刷面，泥质条带
233–4	946.49 ~ 946.57m	0.08m	绿灰色泥岩，块状层理
233–5	946.57 ~ 947.22m	0.65m	极浅灰色钙质细砂岩，浪成交错层理，在 947.09m 处夹一层厚 2cm 的泥质条带
235–1	949.30 ~ 949.45m	0.15m	浅橄榄灰色泥质粉砂岩，波状层理
235–2	949.45 ~ 950.50m	1.05m	灰红色泥岩，块状层理，发育不规则的垂向裂缝
235–3	950.50 ~ 950.98m	0.48m	浅橄榄灰色粉砂质泥岩，块状层理

235-4	950.98 ~ 951.71m	0.73m	浅橄榄灰色泥岩，块状层理，局部发育粉砂岩条带
235-5	951.71 ~ 951.78m	0.07m	绿灰色粉砂岩，波状层理，发育泥岩薄夹层
235-6	951.78 ~ 951.98m	0.20m	极浅灰色含钙细砂岩，浪成交错层理，底面冲刷
235-7	951.98 ~ 952.48m	0.50m	浅灰色杂灰红色粉砂岩，滑塌变形层理，发育不规则泥岩条带
235-8	952.48 ~ 952.70m	0.22m	浅灰色细砂岩，浪成交错层理
235-9	952.70 ~ 953.40m	0.70m	浅灰色杂灰红色细砂岩，滑塌变形构造，中、下部发育泥砾、泥岩条带和细砂岩条带
235-10	953.40 ~ 954.02m	0.62m	浅灰色细砂岩，浪成交错层理，局部发育同沉积变形构造，发育生物遗迹。在 953.60m ~ 953.65m 发育灰红色粉砂质泥岩夹层
235-11	954.02 ~ 954.22m	0.20m	黄灰色细砂岩，变形层理，发育不规则泥岩条带
236-1	954.22 ~ 954.45m	0.23m	浅灰色中砂岩，变形层理，发育生物扰动构造，底部发育冲刷面，发育较多炭屑和少量泥砾
236-2	954.45 ~ 954.82m	0.37m	绿灰色细砂岩，变形层理，发育少量炭屑，偶发育泥砾
236-3	954.82 ~ 955.19m	0.37m	灰红色泥质粉砂岩，变形层理，发育粉砂岩条带和泥岩条带
236-4	955.19 ~ 955.40m	0.21m	浅灰色粉砂岩，包卷层理，发育泥岩条带
236-5	955.40 ~ 955.52m	0.12m	绿灰色细砂岩，变形层理，泄水构造，偶发育泥砾、泥质条带
236-6	955.52 ~ 955.76m	0.24m	浅灰色中粒砂岩，块状层理、底部轻微变形，偶发育泥岩条带
236-7	955.76 ~ 955.84m	0.08m	绿灰色粉砂岩，块状层理，偶发育炭屑
236-8	955.84 ~ 956.07m	0.23m	黄灰色细砂岩，浪成交错层理，发育泥质条带
236-9	956.07 ~ 956.22m	0.15m	绿灰色粉砂岩，滑塌变形构造，发育灰红色泥岩条带
236-10	956.22 ~ 956.62m	0.40m	灰红色粉砂质泥岩，块状层理
236-11	956.62 ~ 956.73m	0.11m	极浅灰色含钙粉砂岩，浪成交错层理，底部冲刷，发育泥质条带
236-12	956.73 ~ 956.99m	0.26m	绿灰色泥质粉砂岩，变形层理，发育泥砾及粉砂岩条带
236-13	956.99 ~ 957.62m	0.63m	极浅灰色含钙粉砂岩，浪成交错层理，底部冲刷，发育少量泥岩条带
237-1	957.62 ~ 958.49m	0.87m	中灰色泥质粉砂岩，上部变形层理，中、下部发育包卷层理，发育大量粉砂岩条带顶部发育一厚约 1cm 的泥岩
237-2	958.49 ~ 958.67m	0.18m	中灰色含泥砾泥质粉砂岩，块状层理，具轻微变形，顶部发育少量泥砾
237-3	958.67 ~ 958.80m	0.13m	中浅灰色粉砂岩，浪成交错层理，轻微变形构造，发育泥岩条带
237-4	958.80 ~ 958.99m	0.19m	中深灰色泥岩，波纹层理，底部发育炭屑
237-5	958.99 ~ 959.52m	0.53m	中灰色粉砂质泥岩，块状层理，偶发育炭屑
237-6	959.52 ~ 960.29m	0.77m	中灰色泥质粉砂岩，块状层理，偶发育炭屑
237-7	960.29 ~ 960.77m	0.48m	中灰色泥岩，块状层理
237-8	960.77 ~ 961.02m	0.25m	中灰色粉砂质泥岩，块状层理
237-9	961.02 ~ 961.12m	0.10m	中灰色泥岩，块状层理

237–10	961.12 ~ 961.84m	0.72m	中灰色粉砂质泥岩，块状层理，局部波纹层理，偶发育粉砂岩条带，局部发育灰棕色斑点
237–11	961.84 ~ 962.00m	0.16m	灰红色泥岩，块状层理
237–12	962.00 ~ 962.12m	0.12m	浅橄榄灰色泥岩，块状层理
237–13	962.12 ~ 962.29m	0.17m	淡黄棕色粉砂岩，平行层理，底部冲刷，层面上发育较多云母
237–14	962.29 ~ 962.72m	0.43m	灰红色泥岩，块状层理
237–15	962.72 ~ 962.82m	0.10m	浅橄榄灰色泥质粉砂岩，块状层理，偶发育钙质结核
237–16	962.82 ~ 963.02m	0.20m	灰红紫色泥质粉砂岩，块状层理，发育浅橄榄灰色斑点
237–17	963.02 ~ 963.18m	0.16m	灰红色泥岩，块状层理，偶发育钙质结核
237–18	963.18 ~ 963.52m	0.34m	浅橄榄灰色杂灰红色泥岩，块状层理，偶发育钙质结核
237–19	963.52 ~ 963.76m	0.24m	灰红色泥岩，块状层理
237–20	963.76 ~ 963.87m	0.11m	绿灰色泥质粉砂岩，块状层理，偶发育生物化石碎片和钙质结核
237–21	963.87 ~ 963.97m	0.10m	灰红色泥岩，块状层理
237–22	963.97 ~ 964.15m	0.18m	灰红色粉砂质泥岩，块状层理，底部发育变形构造，局部发育生物扰动构造，粉砂岩条带
237–23	964.15 ~ 964.67m	0.52m	灰红色泥岩，块状层理，发育不规则裂缝
237–24	964.67 ~ 965.12m	0.45m	灰红色杂绿灰色粉砂质泥岩，块状层理，发育不规则裂缝
237–25	965.12 ~ 965.42m	0.30m	灰红色粉砂质泥岩，块状层理，偶发育钙质结核
237–26	965.42 ~ 965.82m	0.40m	灰红色泥岩，块状层理，偶发育钙质结核
237–27	965.82 ~ 966.02m	0.20m	灰红色杂绿灰色粉砂质泥岩，块状层理
237–28	966.02 ~ 966.30m	0.28m	绿灰色粉砂岩与灰红色泥岩薄互层，波状层理，泥岩中发育砂球
237–29	966.30 ~ 966.73m	0.43m	灰红色粉砂质泥岩，块状层理
238–1	966.73 ~ 967.41m	0.68m	淡红棕色泥岩，块状层理
238–2	967.41 ~ 968.28m	0.87m	灰红色泥岩，块状层理
238–3	968.28 ~ 968.47m	0.19m	棕灰色粉砂质泥岩，块状层理，局部发育灰绿色泥岩条带
238–4	968.47 ~ 968.73m	0.26m	灰红色粉砂质泥岩，块状层理，发育浅灰色条带
238–5	968.73 ~ 968.93m	0.20m	灰红色泥岩，块状层理
238–6	968.93 ~ 969.28m	0.35m	淡红棕色泥岩，上部发育变形层理、中部发育块状层理、下部发育波纹层理，发育浅灰色泥质粉砂岩条带
238–7	969.28 ~ 969.46m	0.18m	灰红色泥岩，块状层理
238–8	969.46 ~ 969.58m	0.12m	棕灰色粉砂质泥岩，块状层理，局部发育浅灰色泥质粉砂岩条带
238–9	969.58 ~ 970.53m	0.95m	灰红色粉砂质泥岩，块状层理
238–10	970.53 ~ 970.76m	0.23m	淡棕色泥岩，块状层理，偶发育浅灰色泥质粉砂岩条带
238–11	970.76 ~ 971.72m	0.96m	淡棕色粉砂质泥岩，波状层理，局部变形层理，发育浅灰色粉砂岩条带和灰红色泥岩条带
238–12	971.72 ~ 971.93m	0.21m	浅棕色泥质粉砂岩，块状层理，发育粉砂岩条带及砂球
238–13	971.93 ~ 972.18m	0.25m	浅棕色粉砂质泥岩，块状层理，生物扰动，发育少量泥砾

238–14	972.18 ~ 972.42m	0.24m	中浅灰色粉砂岩，滑塌变形构造，局部包卷层理，发育变形泥岩条带
238–15	972.42 ~ 972.53m	0.11m	中浅灰色粉砂岩，浪成交错层理，发育泥岩条带
238–16	972.53 ~ 972.91m	0.38m	中浅灰色粉砂岩，滑塌变形构造，局部包卷层理，发育不规则泥岩条带
238–17	972.91 ~ 973.86m	0.95m	中浅灰色粉砂岩，槽状交错层理，发育泥岩条带
239–1	974.02 ~ 974.42m	0.40m	中灰色含泥砾粉砂岩，滑塌变形构造，发育不规则泥岩条带，较多泥砾
239–2	974.42 ~ 974.53m	0.11m	中浅灰色粉砂岩，浪成交错层理，底部发育冲刷面，局部发育泥岩条带和泥砾
239–3	974.53 ~ 974.62m	0.09m	中深灰色粉砂质泥质细砾岩，下部发育平行层理，上部发育波状层理
239–4	974.62 ~ 974.69m	0.07m	中浅灰色粉砂岩，发育浪成交错层理，泥岩条带，偶发育泥砾
239–5	974.69 ~ 974.81m	0.12m	中深灰色含粉砂泥质细砾岩，块状层理，局部变形层理，发育泥岩条带
239–6	974.81 ~ 975.00m	0.19m	中深灰色含泥砾粉砂岩，波纹层理
239–7	975.00 ~ 975.49m	0.49m	中浅灰色粉砂岩，浪成交错层理，局部发育生物扰动、泥岩条带
240–1	975.56 ~ 975.69m	0.13m	中浅灰色粉砂岩，波状层理，发育泥岩条带
240–2	975.69 ~ 976.02m	0.33m	中灰色粉砂质泥岩，变形层理，发育粉砂岩条带
240–3	976.02 ~ 976.39m	0.37m	浅灰色粉砂岩，脉状层理，底部发育冲刷面，在976.18和976.32m处分别发育厚5mm和1mm的深灰色泥岩夹层，在976.32 ~ 976.37m发育厚5cm的含生物碎屑粉砂岩
240–4	976.39 ~ 976.67m	0.28m	浅灰色粉砂岩杂灰红色泥岩，滑塌变形构造，生物扰动构造，发育泥砾和泥岩条带
240–5	976.67 ~ 976.76m	0.09m	灰棕色粉砂质泥岩，块状层理
240–6	976.76 ~ 977.42m	0.66m	灰棕色泥质粉砂岩，滑塌变形构造，发育浅灰色粉砂岩条带
241–1	977.74 ~ 977.77m	0.03m	浅绿灰色粉砂岩，块状层理
241–2	977.77 ~ 978.14m	0.37m	灰红色泥质粉砂岩，块状层理，浅绿灰色斑点
241–3	978.14 ~ 978.20m	0.06m	灰红色泥岩，块状层理
241–4	978.20 ~ 978.35m	0.15m	灰红色泥质粉砂岩，滑塌变形构造，生物扰动构造，见不规则泥砾、泥岩条带及粉砂岩条带
241–5	978.35 ~ 978.42m	0.07m	灰红色泥岩，块状层理，发育砂球
241–6	978.42 ~ 978.77m	0.35m	浅绿灰色粉砂岩杂灰红色粉砂质泥岩，波状层理，局部变形层理，生物扰动构造，发育灰红色泥岩条带
241–7	978.77 ~ 979.54m	0.77m	浅绿灰色粉砂岩，波状层理、浪成交错层理，局部发育生物扰动构造。发育泥岩条带，砂岩局部侵染成灰红色
241–8	979.54 ~ 980.07m	0.53m	浅灰色细砂岩，浪成交错层理，偶发育次圆状泥砾
241–9	980.07 ~ 980.14m	0.07m	中灰色细砂质泥质细砾岩，块状层理
241–10	980.14 ~ 980.34m	0.20m	浅灰色细砂岩，波状交错层理
241–11	980.34 ~ 980.38m	0.04m	中灰色细砂质泥质细砾岩，块状层理
241–12	980.38 ~ 980.46m	0.08m	浅灰色细砂岩，槽状交错层理，偶发育泥砾

241-13	980.46 ~ 980.78m	0.32m	淡棕色粉砂岩，变形层理，发育砂球及生物扰动
241-14	980.78 ~ 981.00m	0.22m	中浅灰色细砂岩，浪成交错层理，偶发育淡棕色条带
241-15	981.00 ~ 981.40m	0.40m	灰红色含钙质结核质泥质粉砂岩，块状层理，偶发育泥岩条带
241-16	981.40 ~ 981.57m	0.17m	灰红色泥质粉砂岩，滑塌变形构造，发育不规则的泥岩条带
241-17	981.57 ~ 981.86m	0.29m	浅灰色粉砂岩，浪成交错层理，局部发育波状层理，上部发育同沉积断裂，泥质条带
241-18	981.86 ~ 981.89m	0.03m	浅绿灰色含泥砾粉砂岩，块状层理，底部发育冲刷面
241-19	981.89 ~ 982.39m	0.50m	淡棕色粉砂岩，浪成交错层理，上部轻微变形
241-20	982.39 ~ 982.76m	0.37m	浅绿灰色粉砂岩，槽状交错层理，底部发育含生物碎屑的粉砂岩薄层、泥岩条带
241-21	982.76 ~ 982.90m	0.14m	浅绿灰色粉砂岩，变形层理，底部发育冲刷面，泥岩条带
241-22	982.90 ~ 983.24m	0.34m	灰棕色泥岩，块状层理
241-23	983.24 ~ 983.84m	0.60m	灰棕色粉砂质泥岩，块状层理，发育较多钙质结核
241-24	983.84 ~ 983.96m	0.12m	淡棕色泥质粉砂岩，块状层理
241-25	983.96 ~ 984.49m	0.53m	灰棕色粉砂质泥岩，块状层理
241-26	984.49 ~ 984.64m	0.15m	淡棕色泥质粉砂岩，块状层理
242-1	984.64 ~ 985.39m	0.75m	中棕色泥质粉砂岩，块状层理，局部变形层理，发育钙质结核
242-2	985.39 ~ 985.59m	0.20m	浅灰色细砂岩，块状层理，底部发育冲刷面，冲刷面上发育冲刷泥砾
242-3	985.59 ~ 985.94m	0.35m	中棕色粉砂质泥岩，块状层理，发育钙质结核
242-4	985.94 ~ 987.54m	1.60m	中棕色粉砂岩，块状层理，发育较多钙质结核
242-5	987.54 ~ 987.79m	0.25m	淡红棕色细砂岩，槽状交错层理，发育钙质结核
242-6	987.79 ~ 987.89m	0.10m	浅灰色细砂岩，块状层理，发育钙质结核
242-7	987.89 ~ 988.94m	1.05m	中棕色粉砂岩，块状层理，局部发育钙质结核
242-8	988.94 ~ 989.12m	0.18m	绿灰色粉砂岩，块状层理，局部发育灰棕色斑点
242-9	989.12 ~ 989.24m	0.12m	中棕色泥质粉砂岩，块状层理，发育生物遗迹
242-10	989.24 ~ 989.34m	0.10m	浅绿灰色粉砂岩，块状层理
242-11	989.34 ~ 989.42m	0.08m	中棕色粉砂岩，块状层理
242-12	989.42 ~ 989.64m	0.22m	浅绿灰色粉砂岩，块状层理，发育中棕色粉砂岩团块和条带
242-13	989.64 ~ 989.84m	0.20m	浅灰色细砂岩，浪成交错层理，底部发育冲刷面，局部发育中棕色粉砂岩团块
242-14	989.84 ~ 990.39m	0.55m	灰桔粉色细砂岩，浪成交错层理，发育生物扰动构造，底部见冲刷面
242-15	990.39 ~ 990.49m	0.10m	浅灰色细砂岩，浪成交错层理
242-16	990.49 ~ 991.04m	0.55m	灰橘粉色中砂岩，浪成交错层理
242-17	991.04 ~ 991.44m	0.40m	浅灰色粗砂岩，块状层理，底部发育冲刷面，含较多泥砾和钙质结核
242-18	991.44 ~ 991.74m	0.30m	淡棕色粉砂质泥砾质砾岩，局部变形层理，发育较多棱角状泥砾（砾径在 2 ~ 20mm 不等），局部含砂质团块

242-19	991.74 ~ 992.69m	0.95m	浅灰色细砂岩，浪成交错层理，底部发育较多泥砾
242-20	992.69 ~ 993.59m	0.90m	浅灰色中砂岩，斜层理，在993.14m处夹泥质薄层
243-1	993.59 ~ 993.67m	0.08m	淡棕色泥质粉砂岩，块状层理
243-2	993.67 ~ 993.73m	0.06m	灰桔粉色细砂岩，平行层理，层间发育顺层排列的泥砾和泥岩条带
243-3	993.73 ~ 993.77m	0.04m	淡棕色杂灰桔粉色细砂质泥砾质细砾岩，块状层理，底部发育冲刷面
243-4	993.77 ~ 994.04m	0.27m	极浅灰色含钙中砂岩，中上部发育前积交错层理，下部发育平行层理
243-5	994.04 ~ 994.09m	0.05m	淡棕色杂灰橘粉色细砂质泥砾质细砾岩，个别泥砾较大，最大直径可达1.5cm，块状层理，底面见冲刷
243-6	994.09 ~ 994.60m	0.51m	粉灰色细砂质中砂岩，平行层理
243-7	994.60 ~ 995.14m	0.54m	浅灰色含钙质细砂质中砂岩，楔状交错层理，底面冲刷，偶发育泥砾
243-8	995.14 ~ 995.30m	0.16m	粉灰色含泥砾细砂质中砂岩，变形层理，局部波状层理。底面发育冲刷面、不规则泥岩条带和少量钙质团块
243-9	995.30 ~ 995.43m	0.13m	灰红色粉砂质泥岩，块状层理
243-10	995.43 ~ 996.21m	0.78m	淡红棕色泥质粉砂岩，波纹层理，发育浅灰色含钙质粉砂岩团块
243-11	996.21 ~ 996.31m	0.10m	淡红棕色粉砂岩，波纹层理，局部变形层理，底部冲刷，发育浅灰色粉砂岩条带
243-12	996.31 ~ 996.49m	0.18m	浅绿灰色粉砂岩，块状层理，局部被浸染成灰红色
243-13	996.49 ~ 997.14m	0.65m	淡红色粉砂岩，波状层理、浪成交错层理，在996.83m处发育薄层泥岩
243-14	997.14 ~ 997.35m	0.21m	灰橘粉色细砂岩，波状层理
243-15	997.35 ~ 997.79m	0.44m	灰橘粉色含钙中砂岩，平行层理，局部波状层理，底面见轻微冲刷，冲刷面上发育泥砾
243-16	997.79 ~ 998.24m	0.45m	灰橘粉色细砂岩，波状层理
243-17	998.24 ~ 998.29m	0.05m	灰橘粉色杂淡红色细砂质泥砾质细砾岩，块状层理，底面轻微冲刷
243-18	998.29 ~ 998.52m	0.23m	灰橘粉色中砂岩，平行层理，偶发育泥砾
243-19	998.52 ~ 998.67m	0.15m	灰橘粉色杂淡红色中砂质泥砾质细砾岩，块状层理，底部发育冲刷
243-20	998.67 ~ 999.23m	0.56m	灰橘粉色中砂岩，平行层理，局部波状层理，发育泥砾条带及薄夹层，在998.99m处发育冲刷面，底部发育较多泥砾
244-1	999.23 ~ 999.36m	0.13m	绿灰色泥砾质中砂岩，块状层理，发育较多大小不一泥砾，最大泥砾直径可达1cm
244-2	999.36 ~ 1000.21m	0.85m	淡红棕色粉砂质泥岩，块状层理，偶发育钙质结核
244-3	1000.21 ~ 1002.21m	2.00m	淡红棕色泥岩，块状层理，发育具碳质核心的绿灰色斑点
244-4	1002.21 ~ 1002.23m	0.02m	浅绿灰色泥质粉砂岩，块状层理，顶底均有淡红棕色浸染的现象
244-5	1002.23 ~ 1002.63m	0.40m	淡红棕色泥岩，块状层理，发育具碳质核心的绿灰色斑点
244-6	1002.63 ~ 1004.33m	1.70m	淡红棕色粉砂质泥岩，块状层理，偶发育钙质结核和绿灰色斑点

244–7	1004.33 ~ 1005.29m	0.96m	淡红棕色泥质粉砂岩，块状层理，发育少量钙质结核，在 1006.63m 和 1005.23m 处有浅绿灰色粉砂岩混入
244–8	1005.29 ~ 1006.29m	1.00m	淡红棕色泥岩，块状层理，局部发育浅绿灰色斑点
244–9	1006.29 ~ 1006.39m	0.10m	浅灰色细砂岩，块状层理，底部发育冲刷面
244–10	1006.39 ~ 1006.93m	0.54m	淡红棕色泥质粉砂岩，块状层理、底部轻微变形，发育少量钙质结核
244–11	1006.93 ~ 1007.43m	0.50m	淡紫色粉砂岩，块状层理、局部轻微变形，发育较多钙质结核，局部发育浅绿灰色浸染现象
244–12	1007.43 ~ 1008.06m	0.63m	淡红色棕色泥质粉砂岩，块状层理，发育少量钙质结核
245–1	1008.06 ~ 1008.71m	0.65m	淡红棕色泥质粉砂岩，块状层理，发育较多钙质结核，最大可达 3cm
245–2	1008.71 ~ 1009.26m	0.55m	淡红棕色粉砂质泥岩，块状层理，发育较多钙质结核，最大可达 3cm
245–3	1009.26 ~ 1010.16m	0.90m	淡红棕色泥质粉砂岩，块状层理，发育较多钙质结核，局部发育浅绿灰色浸染
245–4	1010.16 ~ 1011.16m	1.00m	淡红棕色粉砂质泥岩，块状层理，发育钙质结核
245–5	1011.16 ~ 1012.96m	1.80m	淡红棕色泥质粉砂岩，块状层理，偶发育钙质结核
245–6	1012.96 ~ 1013.16m	0.20m	浅绿灰色细砂岩，块状层理，局部发育淡红棕色浸染现象
245–7	1013.16 ~ 1013.56m	0.40m	浅绿灰色中砂岩，块状层理，底部发育冲刷面，冲刷面上发育滞留砾石。局部发育淡红棕色浸染现象，砾石最大可达 8mm
245–8	1013.56 ~ 1014.61m	1.05m	淡红棕色中砂岩，斜层理
245–9	1014.61 ~ 1014.81m	0.20m	浅灰色中砂岩，前积交错层理，偶发育钙质团块
245–10	1014.81 ~ 1015.26m	0.45m	灰红色中砂岩，块状层理，在 1015.06m 处发育砾石
245–11	1015.26 ~ 1015.66m	0.40m	灰红色粉砂质泥岩，变形层理，发育砾石
245–12	1015.66 ~ 1015.96m	0.30m	灰红色含泥砾粉砂质泥岩，块状层理，含较多泥砾和钙质结核
245–13	1015.96 ~ 1016.36m	0.40m	浅灰色含砾粗砂质中砂岩，块状层理，底部发育冲刷面，冲刷面上发育滞留砾石
245–14	1016.36 ~ 1016.41m	0.05m	灰红色泥岩，块状层理
245–15	1016.41 ~ 1016.66m	0.25m	灰红色细砂岩，块状层理
246–1	1016.66 ~ 1016.77m	0.11m	灰红色泥质粉砂岩，滑塌变形构造，发育浅绿灰色粉砂岩团块，少量钙质结核、虫孔
246–2	1016.77 ~ 1016.84m	0.07m	灰桔粉色粉砂岩，前积交错层理
246–3	1016.84 ~ 1017.26m	0.42m	灰桔粉色细砂岩，平行层理
246–4	1017.26 ~ 1018.46m	1.20m	淡红色中砂岩，平行层理
246–5	1018.46 ~ 1018.90m	0.44m	灰桔粉色中砂岩，楔状交错层理、局部块状层理，发育较多泥砾条带，发育淡红色浸染
246–6	1018.90 ~ 1019.03m	0.13m	浅绿灰色杂灰红色泥砾质中砂岩，块状层理
246–7	1019.03 ~ 1019.16m	0.13m	浅灰色含钙中砂岩，斜层理，发育泥砾
246–8	1019.16 ~ 1020.66m	1.50m	浅灰色杂灰红色中砂质泥砾质细砾岩，斜层理、块状层理，局部变形层理，底部发育冲刷面。在 1019.71m 处发育一个 6cm × 2cm 的流纹岩砾石，砾石周围见砂岩包裹，偶发育钙质结核

246–9	1020.66 ~ 1020.76m	0.10m	浅灰色细砂岩，水平层理
247–1	1020.76 ~ 1020.86m	0.10m	浅灰色含钙细砂岩，平行层理
247–2	1020.86 ~ 1021.32m	0.46m	浅灰色含砾中砂岩，上部发育平行层理，中、下部发育块状层理，在1021.16m处发育冲刷面
248–1	1021.57 ~ 1021.60m	0.03m	浅灰色中砂岩，平行层理，底面冲刷，冲刷面上发育钙质结核（滞留沉积）

5.1.8 明水组岩心描述及综合柱状图

明水组的精细描述如下。

明水组二段上覆地层为泰康组，呈角度不整合接触，岩心描述见下文；下伏地层为明水组一段，呈整合接触（见图5.8）。

明水组二段岩心描述：

58–1	210.66 ~ 211.44mm	0.78m	橄榄灰色泥岩，块状构造
60–1	212.16 ~ 213.03m	0.87m	橄榄灰色泥岩，块状构造
62–1	213.03 ~ 214.62m	1.59m	浅橄榄灰色粉砂质泥岩，块状构造
64–1	215.08 ~ 216.48m	1.40m	深黄棕色泥岩，块状构造
65–1	216.48 ~ 217.18m	0.70m	深黄棕色粉砂质泥岩，块状构造
66–1	217.18 ~ 218.58m	1.40m	深黄棕色泥岩，块状构造
67–1	218.58 ~ 218.95m	0.37m	橄榄灰色泥岩，块状构造
67–2	218.95 ~ 219.56m	0.61m	黄灰色细砂岩，平行层理，底部发育冲刷面
67–3	219.56 ~ 219.73m	0.17m	橄榄灰色泥岩，块状构造
68–1	219.89 ~ 220.49m	0.60m	深绿灰色泥岩，块状构造
68–2	220.49 ~ 221.29m	0.80m	淡黄棕色泥岩，块状构造
69–1	221.29 ~ 222.85m	1.56m	黄灰色泥岩，块状构造
71–1	223.22 ~ 224.78m	1.56m	橄榄灰色粉砂质泥岩，块状构造
72–1	224.78 ~ 226.36m	1.58m	橄榄灰色泥岩，块状构造
73–1	226.36 ~ 227.59m	1.23m	橄榄灰色粉砂质泥岩，块状构造
74–1	227.59 ~ 229.19m	1.60m	橄榄灰色泥岩，块状构造
75–1	229.19 ~ 230.19m	1.00m	橄榄灰色粉砂质泥岩，块状构造
76–1	230.82 ~ 232.09m	1.27m	橄榄灰色泥岩，块状构造
79–1	233.71 ~ 234.24m	0.53m	中灰色泥岩，块状构造
80–1	234.24 ~ 234.66m	0.42m	中灰色泥岩，块状构造
81–1	234.66 ~ 235.78m	1.12m	中灰色粉砂质泥岩，块状构造
82–1	235.78 ~ 236.88m	1.10m	中灰色泥岩，块状构造
83–1	236.88 ~ 237.35m	0.47m	中灰色泥岩，块状构造
84–1	237.35 ~ 237.60m	0.25m	中灰色泥岩，块状构造
84–2	237.60 ~ 238.08m	0.48m	浅灰色粉砂岩，断续波状层理

85–1	238.15 ~ 238.65m	0.50m	浅灰色粉砂岩，断续波状层理，偶发育石英质砾石，粒径 2~4mm，呈次棱角状
86–1	239.18 ~ 239.38m	0.20m	浅灰色粉砂岩，断续波状层理
86–2	239.38 ~ 239.88m	0.50m	中灰色泥岩，断续波纹层理
86–3	239.88 ~ 239.98m	0.10m	中灰色泥岩与浅灰色粉砂互层，波状互层层理
87–1	240.04 ~ 240.29m	0.25m	中灰色泥岩与浅灰色粉砂岩互层，波状互层层理
87–2	240.29 ~ 241.23m	0.94m	中灰色泥岩，块状层理
88–1	241.23 ~ 241.73m	0.50m	中灰色泥岩，块状层理
88–2	241.73 ~ 242.46m	0.73m	中浅灰色粉砂质泥岩，块状构造
89–1	242.73 ~ 243.63m	0.90m	中浅灰色粉砂质泥岩，块状构造，贝壳化石碎片
90–1	243.85 ~ 243.98m	0.13m	中浅灰色粉砂质泥岩，块状构造
90–2	243.98 ~ 244.45m	0.47m	橄榄灰色泥岩与浅灰色粉砂岩互层，波状层理、透镜状层理
90–3	244.45 ~ 244.98m	0.53m	橄榄灰色泥岩，块状构造，局部发育浅灰色粉砂岩条带
92–1	244.98 ~ 245.17m	0.19m	中灰色泥岩，块状构造，含较多钙质团块
92–2	245.17 ~ 245.92m	0.75m	橄榄灰色泥岩，块状构造
93–1	245.92 ~ 247.11m	1.19m	橄榄灰色泥岩，块状构造，其中在 246.42 ~ 246.57m 见较多钙质团块
93–2	247.11 ~ 247.41m	0.30m	浅橄榄灰色粉砂质泥岩，块状构造
94–1	247.42 ~ 247.52m	0.10m	浅橄榄灰色粉砂质泥岩，块状构造
94–2	247.52 ~ 248.78m	1.26m	橄榄灰色泥岩，波纹层理，底部发育较大钙质团块，直径可达 2.5cm
95–1	248.79 ~ 250.25m	1.46m	橄榄灰色泥岩，水平波纹层理，底部发育钙质团块
95–2	250.25 ~ 250.75m	0.50m	浅橄榄灰色泥岩，块状构造
95–3	250.75 ~ 250.92m	0.17m	淡棕色泥岩，块状构造
95–4	250.92 ~ 250.97m	0.05m	橄榄灰色泥岩，块状构造
96–1	251.04 ~ 255.40m	4.36m	浅绿灰色泥岩，块状构造
96–2	255.40 ~ 255.94m	0.54m	浅绿灰色粉砂质泥岩，块状构造
96–3	255.94 ~ 256.08m	0.14m	浅绿灰色泥岩，块状构造
99–1	260.24 ~ 260.59m	0.35m	中深灰色泥岩，水平纹理
99–2	260.59 ~ 260.85m	0.26m	中浅灰色粉砂岩，变形构造，发育大量不规则泥质条带
99–3	260.85 ~ 261.24m	0.39m	浅绿灰色细砂岩，波状交错层理，局部发育变形层理，底部发育冲刷面
99–4	261.24 ~ 261.44m	0.20m	浅绿灰色粉砂岩，小型楔状交错层理及变形层理，底部发育冲刷构造。见不规则泥质条带、细砂岩条带及少量植物碎片化石
99–5	261.44 ~ 261.72m	0.28m	浅绿灰色细砂岩，发育波状层理，局部发育交错层理。发育泥岩、泥质粉砂岩薄夹层
99–6	261.72 ~ 261.83m	0.11m	中浅灰色细砂岩，块状构造。发育不规则泥岩条带、炭屑
99–7	261.83 ~ 261.91m	0.08m	中灰色泥质粉砂岩，变形层理，断续波状层理，发育炭屑、不规则泥质条带及细砂岩条带

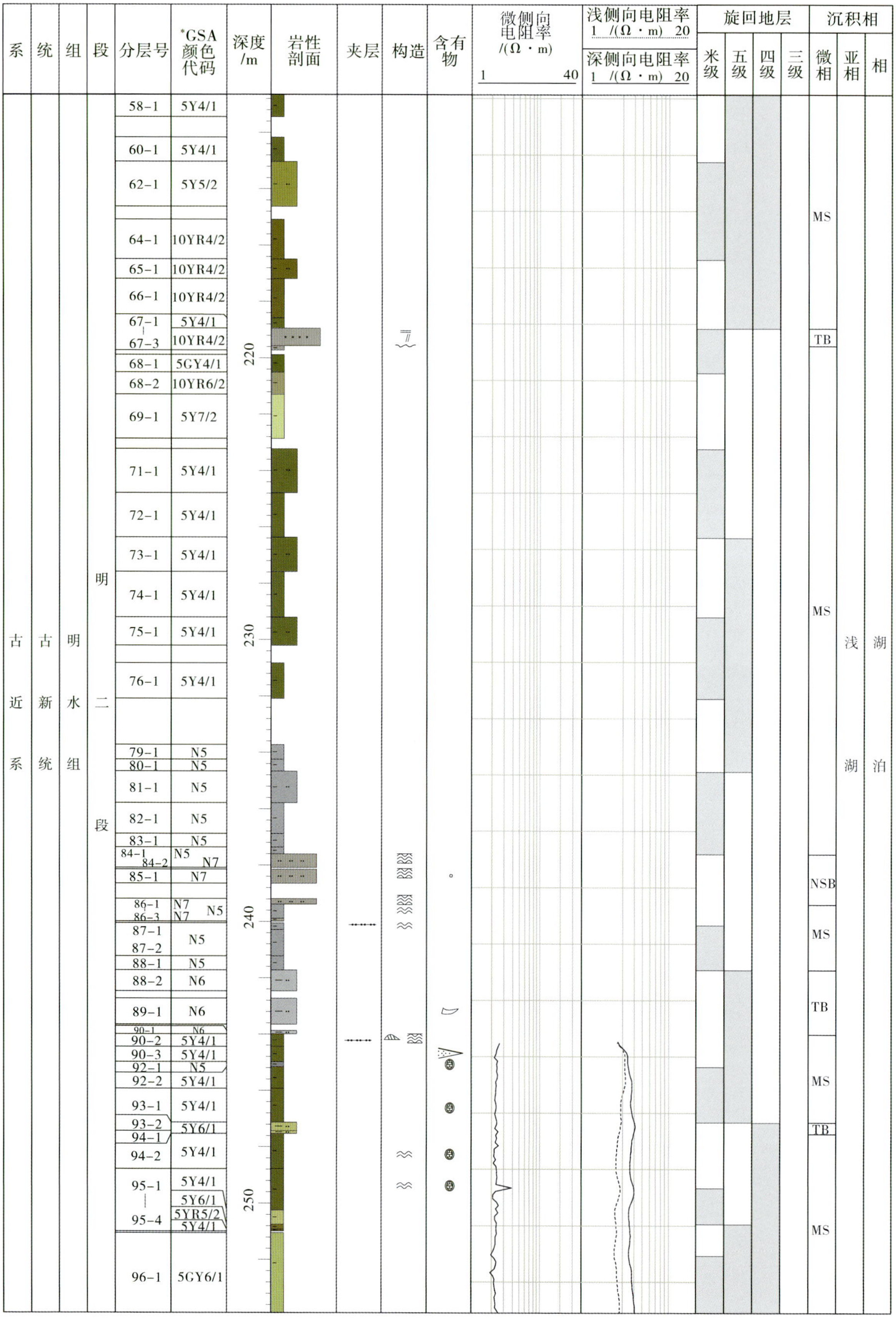
系
统
组
段
分层号
*GSA颜色代码
深度/m
岩性剖面
夹层
构造
含有物
微侧向电阻率/(Ω·m)
1 40
浅侧向电阻率 1 /(Ω·m) 20
深侧向电阻率 1 /(Ω·m) 20
旋回地层
米级
五级
四级
三级
沉积相
微相
亚相
相
古近系
古新统
明水组
明二段
58-1 5Y4/1
60-1 5Y4/1
62-1 5Y5/2
64-1 10YR4/2
65-1 10YR4/2
66-1 10YR4/2
67-1 5Y4/1
67-3 10YR4/2
68-1 5GY4/1
68-2 10YR6/2
69-1 5Y7/2
71-1 5Y4/1
72-1 5Y4/1
73-1 5Y4/1
74-1 5Y4/1
75-1 5Y4/1
76-1 5Y4/1
79-1 N5
80-1 N5
81-1 N5
82-1 N5
83-1 N5
84-1 N5
84-2 N7
85-1 N7
86-1 N7
86-3 N7 N5
87-1
87-2 N5
88-1 N5
88-2 N6
89-1 N6
90-1 N6
90-2 5Y4/1
90-3 5Y4/1
92-1 N5
92-2 5Y4/1
93-1 5Y4/1
93-2 5Y6/1
94-1
94-2 5Y4/1
95-1 5Y4/1
5Y6/1
5YR5/2
95-4 5Y4/1
96-1 5GY6/1
220
230
240
250
MS
TB
MS
NSB
MS
TB
MS
TB
MS
浅湖
湖泊

图 5.8 明水组综合柱状图

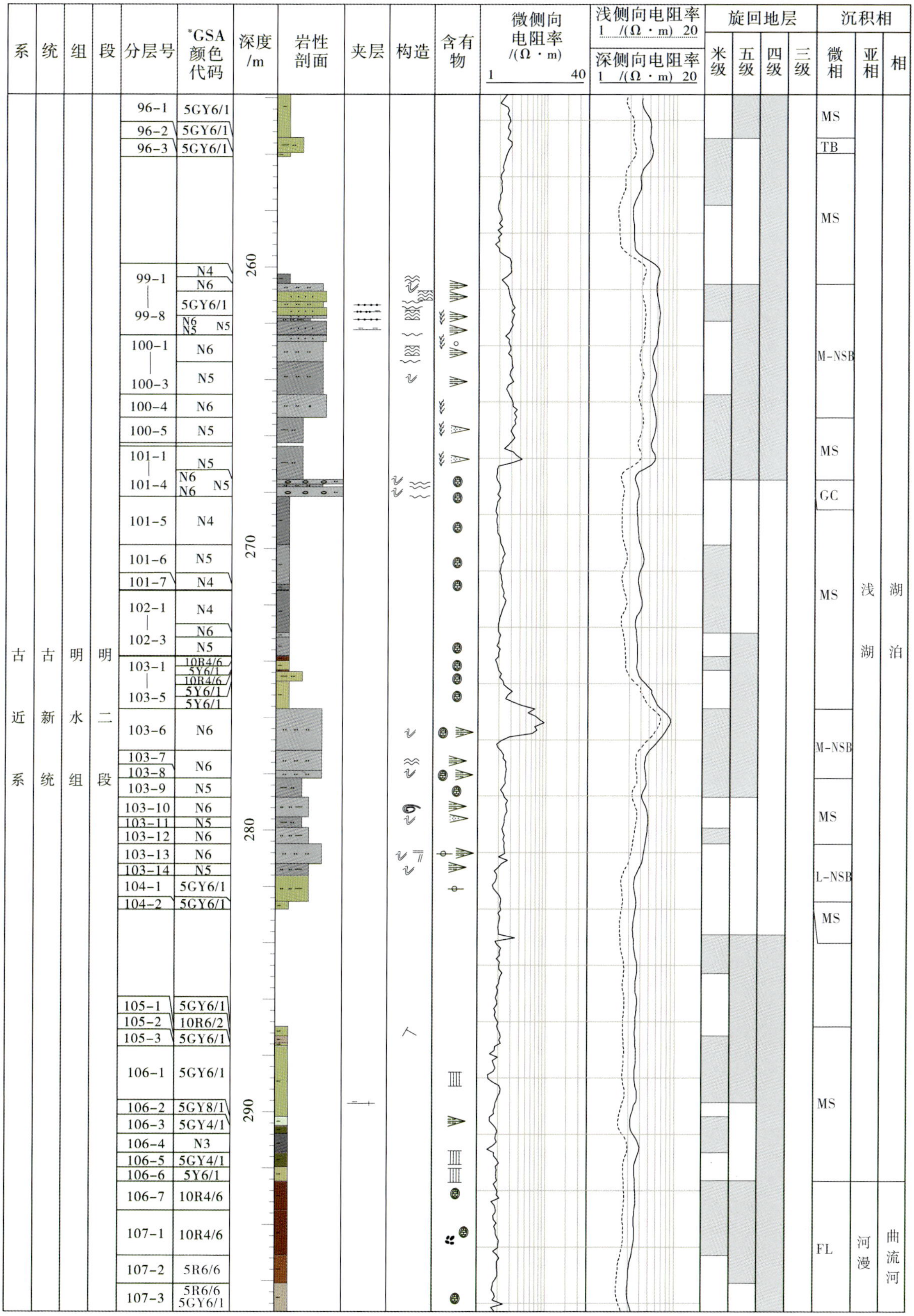
系
统
组
段
分层号
*GSA 颜色代码
深度/m
岩性剖面
夹层
构造
含有物
微侧向电阻率/(Ω·m)
1 40
浅侧向电阻率 1 /(Ω·m) 20
深侧向电阻率 1 /(Ω·m) 20
旋回地层
米级
五级
四级
三级
沉积相
微相
亚相
相
古近系
古新统
明水组
明二段
260
270
280
290
MS
TB
M-NSB
GC
L-NSB
FL
浅湖
湖泊
河漫
曲流河

图 5.8 明水组综合柱状图（续）

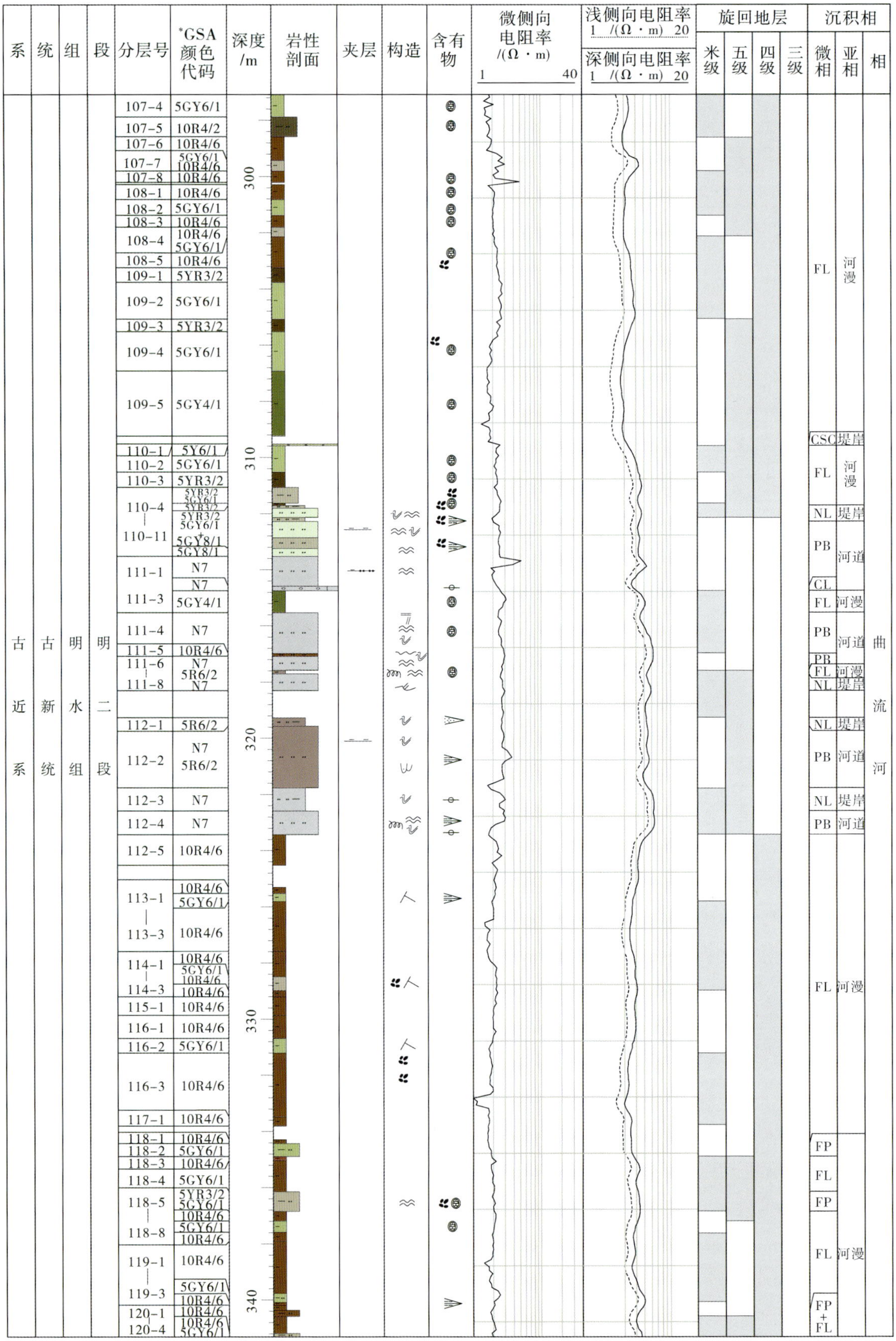
系
统
组
段
分层号
*GSA颜色代码
深度/m
岩性剖面
夹层
构造
含有物
微侧向电阻率/(Ω·m)
1 40
浅侧向电阻率 1 /(Ω·m) 20
深侧向电阻率 1 /(Ω·m) 20
旋回地层
米级
五级
四级
三级
沉积相
微相
亚相
相
古近系
古新统
明水组
明二段
300
310
320
330
340
FL 河漫
CSC 堤岸
NL 堤岸
PB 河道
CL
FP
FP+FL
曲流河

图 5.8　明水组综合柱状图（续）

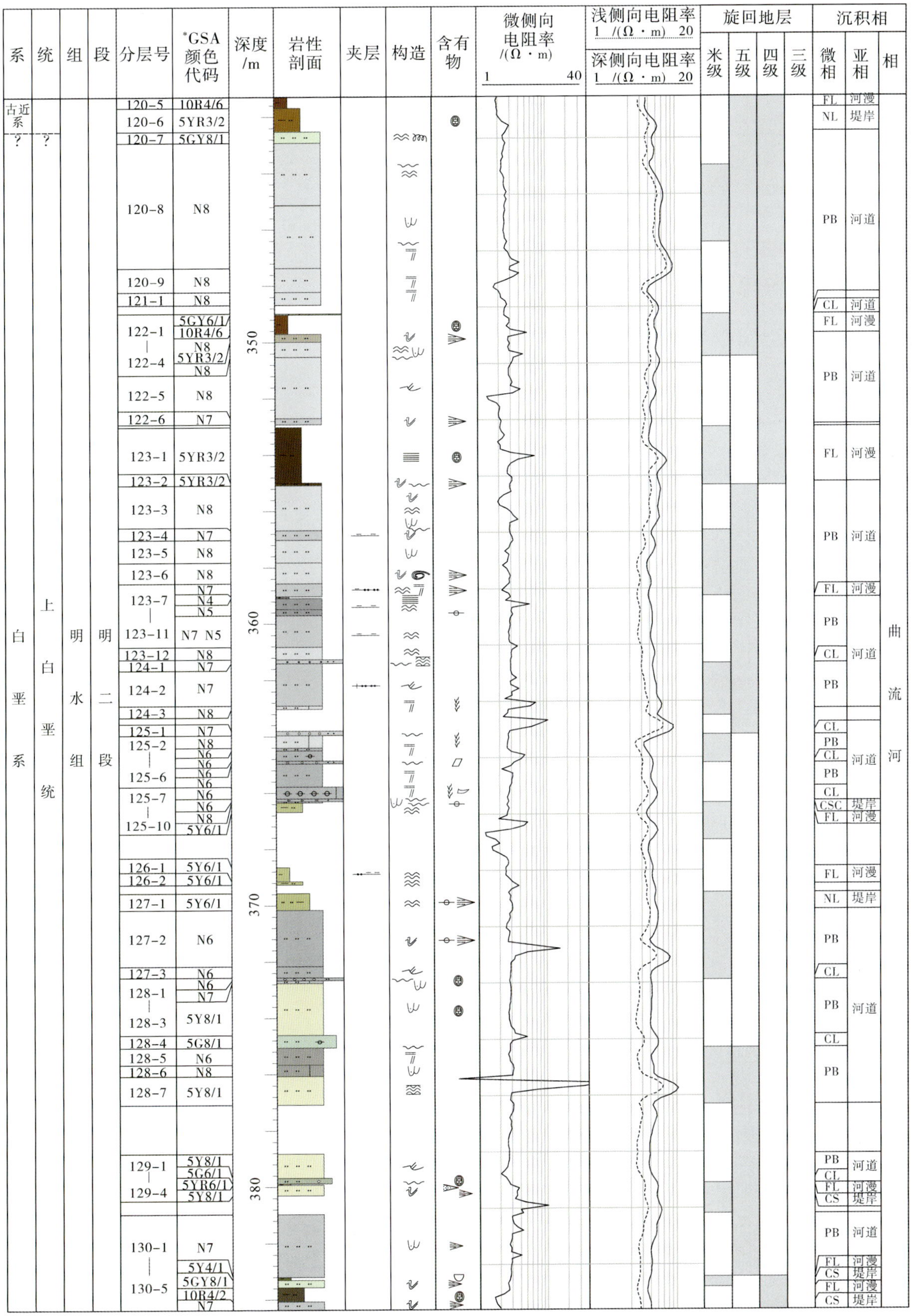
系
统
组
段
分层号
*GSA颜色代码
深度/m
岩性剖面
夹层
构造
含有物
微侧向电阻率/(Ω·m)
1 40
浅侧向电阻率 1 /(Ω·m) 20
深侧向电阻率 1 /(Ω·m) 20
旋回地层
米级
五级
四级
三级
沉积相
微相
亚相
相
古近系
白垩系
上白垩统
明水组
明二段
120-5 10R4/6
120-6 5YR3/2
120-7 5GY8/1
120-8 N8
120-9 N8
121-1 N8
122-1 | 122-4 5GY6/1 10R4/6 N8 5YR3/2 N8
122-5 N8
122-6 N7
123-1 5YR3/2
123-2 5YR3/2
123-3 N8
123-4 N7
123-5 N8
123-6 N8
123-7 | 123-11 N7 N4 N5 N7 N5
123-12 N8
124-1 N7
124-2 N7
124-3 N8
125-1 N7
125-2 | 125-6 N8 N6 N6 N6 N6
125-7 | 125-10 N6 N6 N8 5Y6/1
126-1 5Y6/1
126-2 5Y6/1
127-1 5Y6/1
127-2 N6
127-3 N6
128-1 | 128-3 N6 N7 5Y8/1
128-4 5G8/1
128-5 N6
128-6 N8
128-7 5Y8/1
129-1 | 129-4 5Y8/1 5G6/1 5YR6/1 5Y8/1
130-1 | 130-5 N7 5Y4/1 5GY8/1 10R4/2 N7
350
360
370
380
FL 河漫
NL 堤岸
PB 河道
CL 河道
FL 河漫
PB 河道
FL 河漫
PB 河道
FL 河漫
PB
CL 河道
PB
CL
PB
CL 河道
PB
CL
CSC 堤岸
FL 河漫
FL 河漫
NL 堤岸
PB
CL
PB 河道
CL
PB
PB 河道
CL
FL 河漫
CS 堤岸
PB 河道
FL 河漫
CS 堤岸
FL 河漫
CS 堤岸
曲流河

图 5.8 明水组综合柱状图（续）

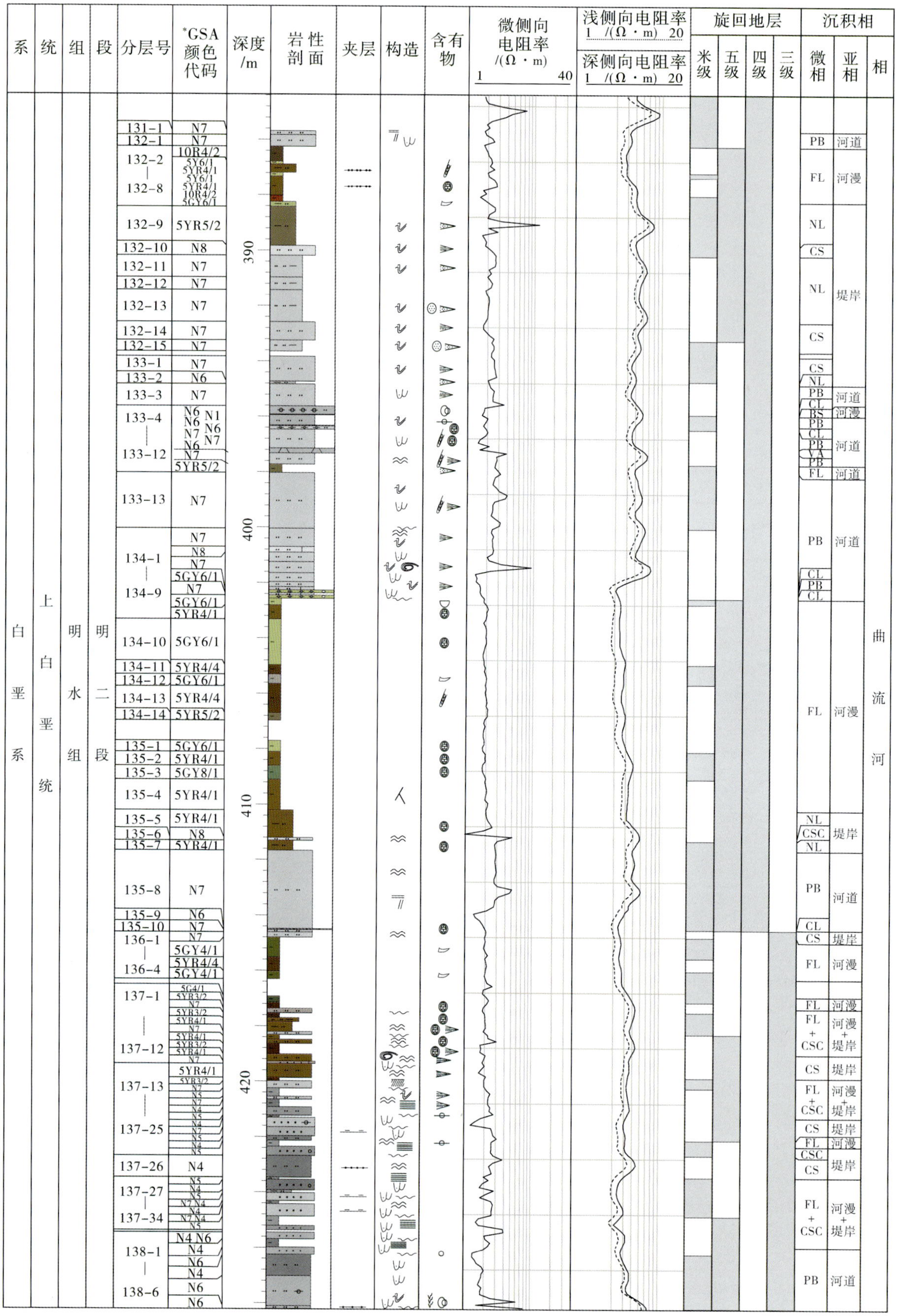
系
统
组
段
分层号
*GSA颜色代码
深度/m
岩性剖面
夹层
构造
含有物
微侧向电阻率/(Ω·m)
1
40
浅侧向电阻率
1 /(Ω·m) 20
深侧向电阻率
1 /(Ω·m) 20
旋回地层
米级
五级
四级
三级
沉积相
微相
亚相
相
白垩系
上白垩统
明水组
明二段
390
400
410
420
曲流河
河道
河漫
堤岸
PB
FL
NL
CS
CL
BS
VA
CSC

图 5.8 明水组综合柱状图（续）

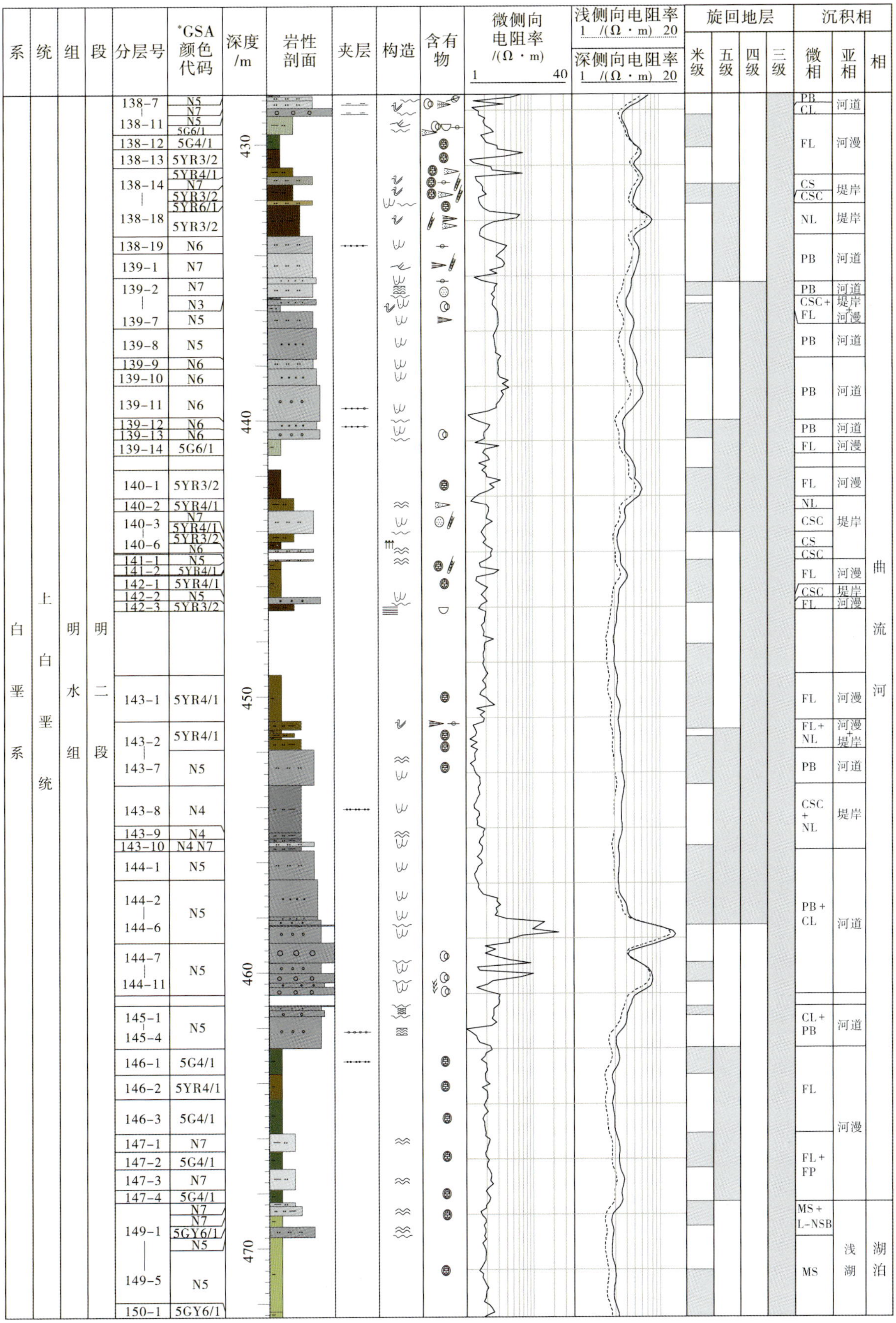

系
统
组
段
分层号
*GSA 颜色代码
深度/m
岩性剖面
夹层
构造
含有物
微侧向电阻率 /(Ω·m) 1 40
浅侧向电阻率 1 /(Ω·m) 20
深侧向电阻率 1 /(Ω·m) 20
旋回地层
米级
五级
四级
三级
沉积相
微相
亚相
相
白垩系
上白垩统
明水组
明二段
138-7
138-11
138-12
138-13
138-14
138-18
138-19
139-1
139-2
139-7
139-8
139-9
139-10
139-11
139-12
139-13
139-14
140-1
140-2
140-3
140-6
141-1
141-2
142-1
142-2
142-3
143-1
143-2
143-7
143-8
143-9
143-10
144-1
144-2
144-6
144-7
144-11
145-1
145-4
146-1
146-2
146-3
147-1
147-2
147-3
147-4
149-1
149-5
150-1
N5
N7
N5
5G6/1
5G4/1
5YR3/2
5YR4/1
N7
5YR3/2
5YR6/1
5YR3/2
N6
N7
N7
N3
N5
N5
N6
N6
N6
N6
N6
5G6/1
5YR3/2
5YR4/1
N7
5YR4/1
5YR3/2
N6
N5
5YR4/1
5YR4/1
N5
5YR3/2
5YR4/1
5YR4/1
N5
N4
N4
N4 N7
N5
N5
N5
N5
5G4/1
5YR4/1
5G4/1
N7
5G4/1
N7
5G4/1
N7
N7
5GY6/1
N5
N5
5GY6/1
430
440
450
460
470
PB
CL
FL
CS
CSC
NL
PB
PB
CSC+FL
PB
PB
PB
FL
FL
NL
CSC
CS
CSC
FL
CSC
FL
FL
FL+NL
PB
CSC+NL
PB+CL
CL+PB
FL
FL+FP
MS+L-NSB
MS
河道
河漫
堤岸
堤岸
河道
河道
堤岸+河漫
河道
河道
河道
河漫
河漫
堤岸
河漫
堤岸
河漫
河漫
河漫+堤岸
河道
堤岸
河道
河道
河漫
浅湖
曲流河
湖泊

图 5.8 明水组综合柱状图（续）

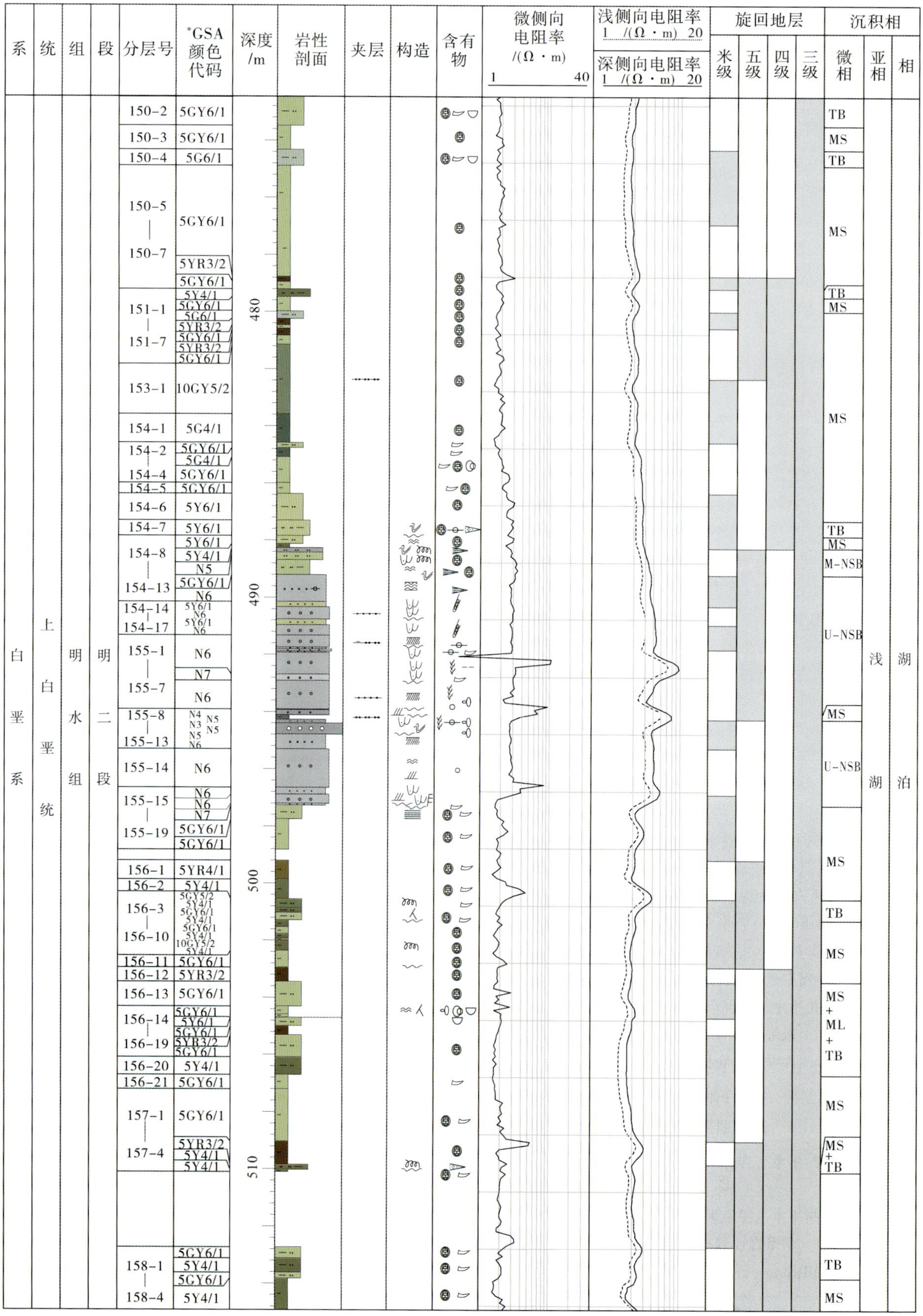

系
统
组
段
分层号
*GSA 颜色代码
深度/m
岩性剖面
夹层
构造
含有物
微侧向电阻率/(Ω·m)
1 40
浅侧向电阻率 1 /(Ω·m) 20
深侧向电阻率 1 /(Ω·m) 20
旋回地层
米级
五级
四级
三级
沉积相
微相
亚相
相
白垩系
上白垩统
明水组
明二段
150-2 5GY6/1
150-3 5GY6/1
150-4 5G6/1
150-5
150-7
5GY6/1
5YR3/2
151-1
151-7
153-1 10GY5/2
154-1 5G4/1
154-2
154-4 5GY6/1
154-5 5GY6/1
154-6 5Y6/1
154-7 5Y6/1
154-8
154-13
154-14
154-17
155-1
155-7
N6
N7
155-8
155-13
155-14 N6
155-15
155-19
156-1 5YR4/1
156-2 5Y4/1
156-3
156-10
156-11 5GY6/1
156-12 5YR3/2
156-13 5GY6/1
156-14
156-19
156-20 5Y4/1
156-21 5GY6/1
157-1 5GY6/1
157-4
158-1
158-4 5Y4/1
480
490
500
510
TB
MS
M-NSB
U-NSB
MS+ML+TB
MS+TB
浅湖
湖泊

图 5.8　明水组综合柱状图（续）

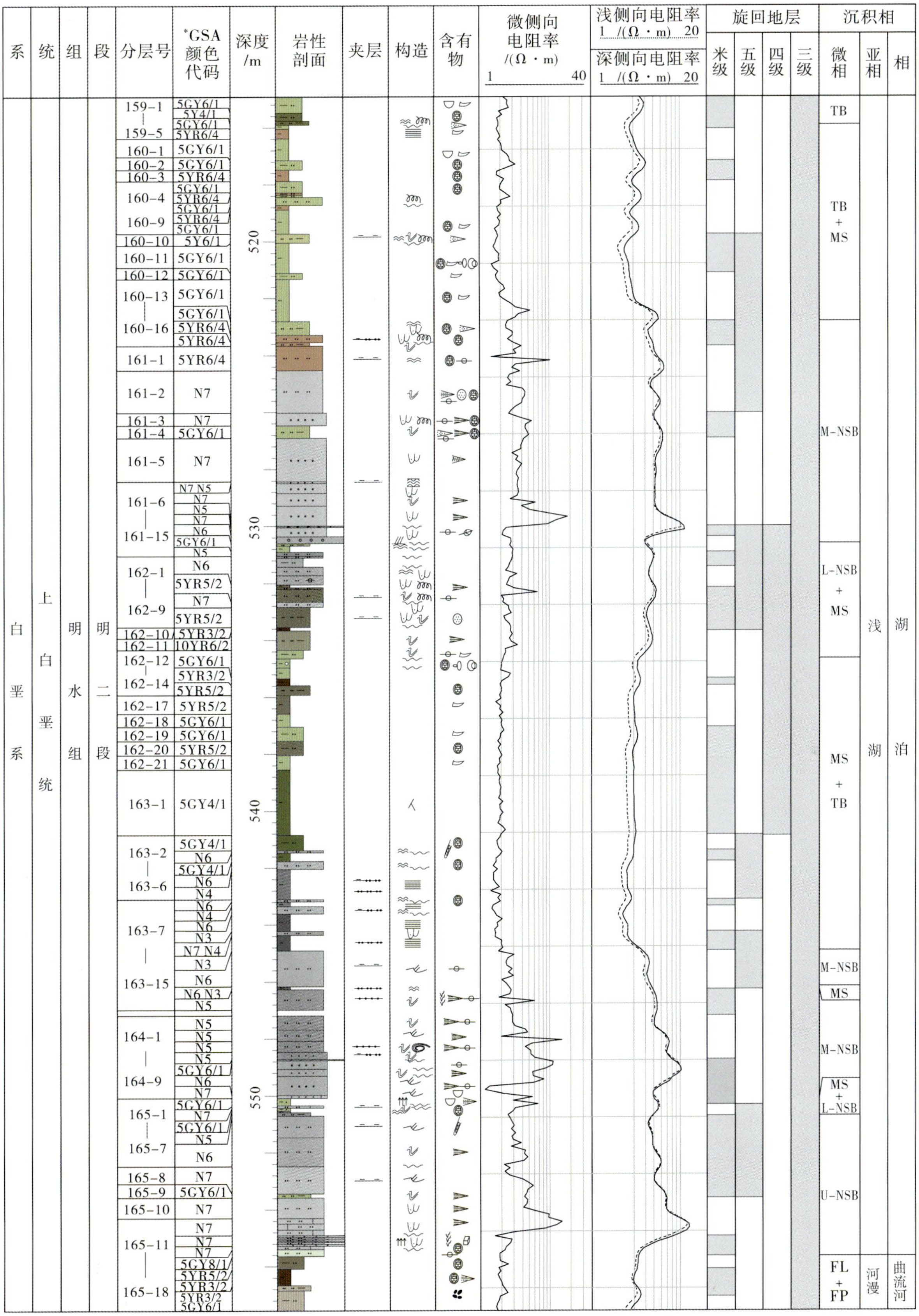
系
统
组
段
分层号
*GSA 颜色代码
深度/m
岩性剖面
夹层
构造
含有物
微侧向电阻率 /(Ω·m) 1 40
浅侧向电阻率 1 /(Ω·m) 20
深侧向电阻率 1 /(Ω·m) 20
旋回地层
米级
五级
四级
三级
沉积相
微相
亚相
相
白垩系
上白垩统
明水组
明二段
520
530
540
550
TB
TB + MS
M-NSB
L-NSB + MS
MS + TB
M-NSB
MS
M-NSB
MS + L-NSB
U-NSB
FL + FP
浅湖
湖泊
河漫
曲流河

图 5.8 明水组综合柱状图（续）

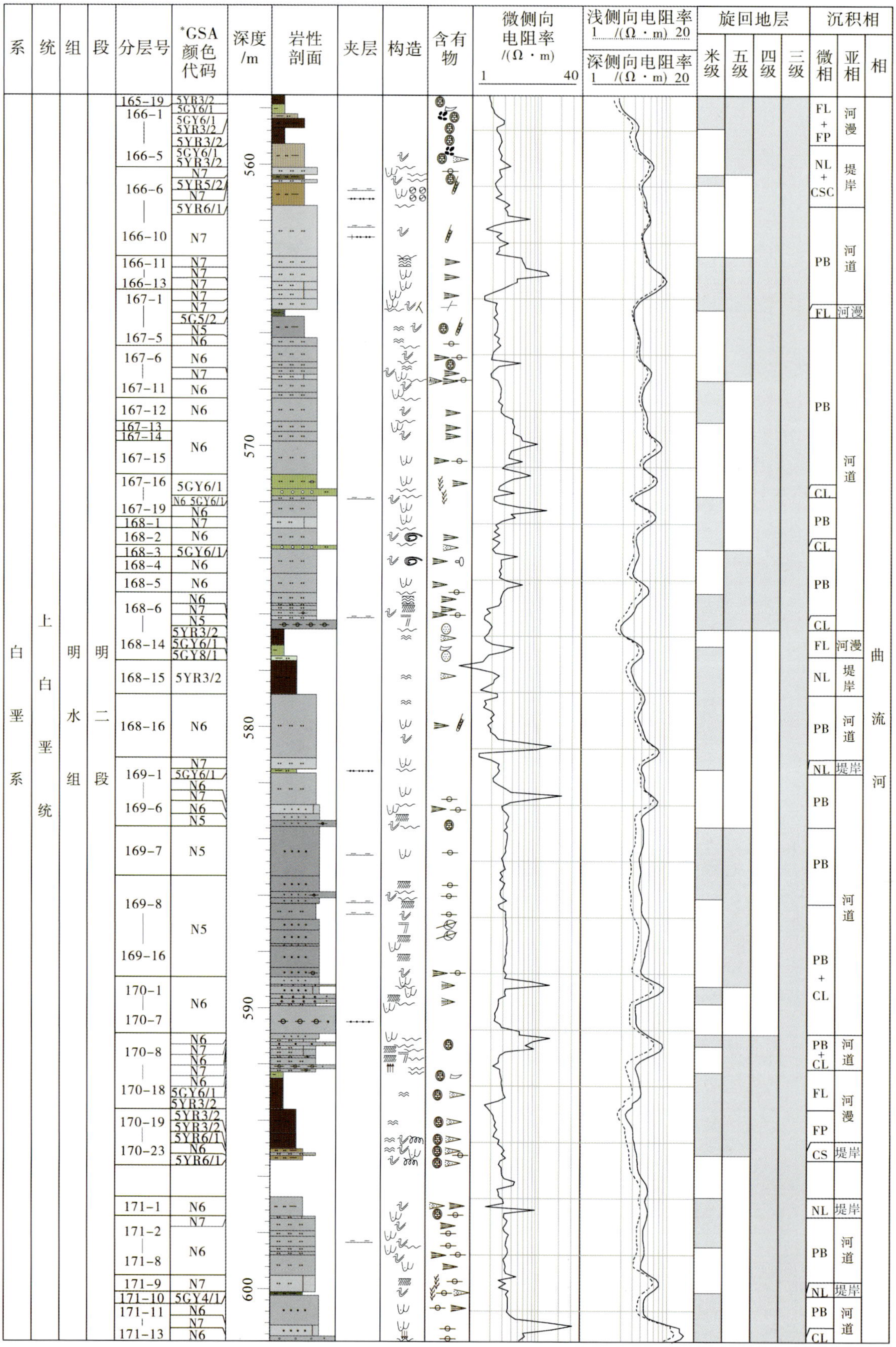

系
统
组
段
分层号
*GSA 颜色代码
深度 /m
岩性剖面
夹层
构造
含有物
微侧向电阻率 /(Ω·m)
1
40
浅侧向电阻率 1 /(Ω·m) 20
深侧向电阻率 1 /(Ω·m) 20
旋回地层
米级
五级
四级
三级
沉积相
微相
亚相
相
白垩系
上白垩统
明水组
明二段
165-19
166-1
166-5
166-6
166-10
166-11
166-13
167-1
167-5
167-6
167-11
167-12
167-13
167-14
167-15
167-16
167-19
168-1
168-2
168-3
168-4
168-5
168-6
168-14
168-15
168-16
169-1
169-6
169-7
169-8
169-16
170-1
170-7
170-8
170-18
170-19
170-23
171-1
171-2
171-8
171-9
171-10
171-11
171-13
5YR3/2
5GY6/1
N7
5YR5/2
5YR6/1
5G5/2
N5
N6
5GY8/1
5GY4/1
560
570
580
590
600
FL+FP
NL+CSC
PB
FL
CL
NL
CS
PB+CL
FP
河漫
堤岸
河道
曲流河

图 5.8　明水组综合柱状图（续）

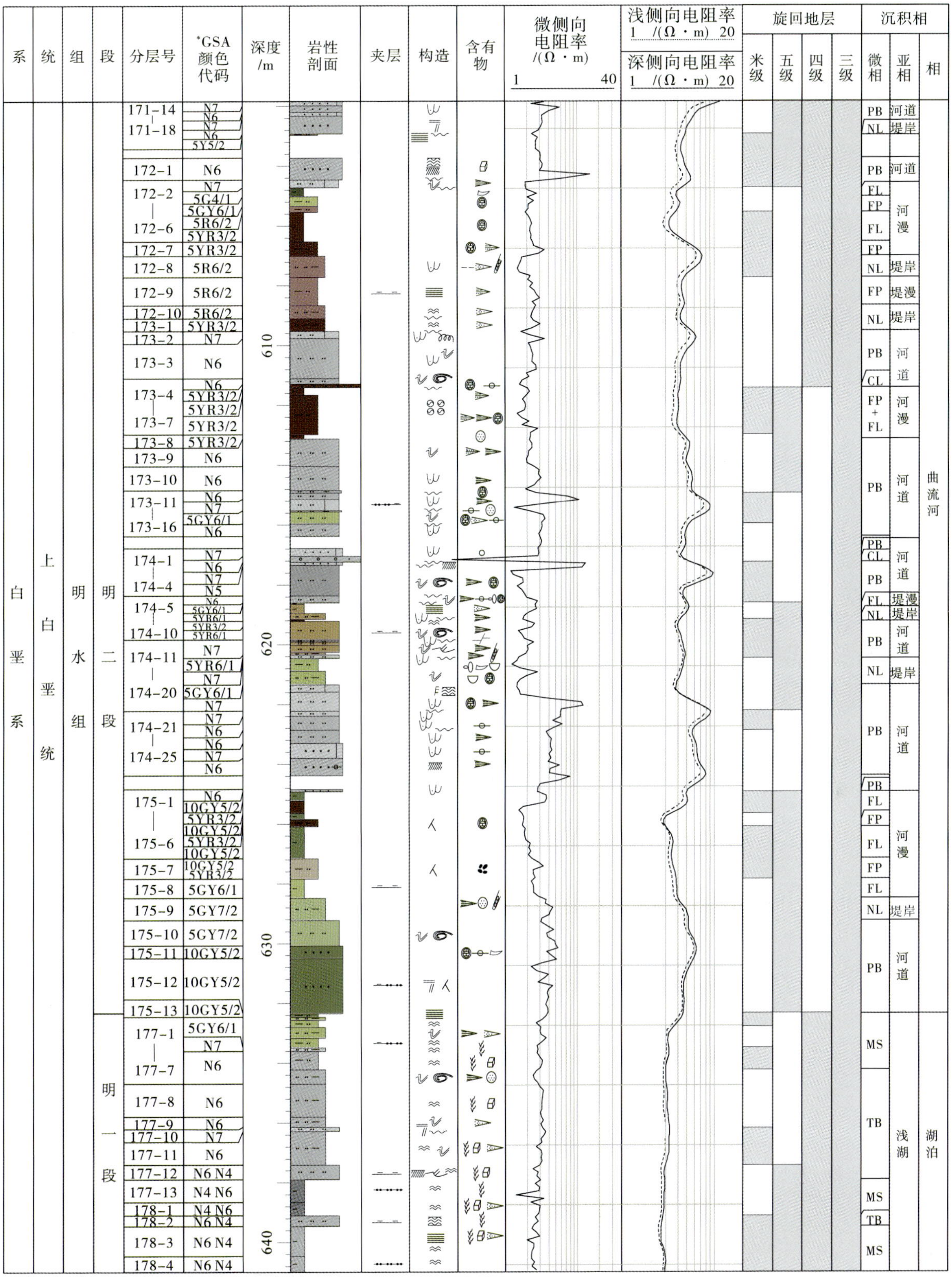

系
统
组
段
分层号
*GSA 颜色代码
深度 /m
岩性剖面
夹层
构造
含有物
微侧向电阻率 /(Ω·m) 1 40
浅侧向电阻率 1 /(Ω·m) 20
深侧向电阻率 1 /(Ω·m) 20
旋回地层
米级
五级
四级
三级
沉积相
微相
亚相
相
白垩系
上白垩统
明水组
明二段
明一段
171-14
171-18
172-1
172-2
172-6
172-7
172-8
172-9
172-10
173-1
173-2
173-3
173-4
173-7
173-8
173-9
173-10
173-11
173-16
174-1
174-4
174-5
174-10
174-11
174-20
174-21
174-25
175-1
175-6
175-7
175-8
175-9
175-10
175-11
175-12
175-13
177-1
177-7
177-8
177-9
177-10
177-11
177-12
177-13
178-1
178-2
178-3
178-4
N7
N6
5Y5/2
5G4/1
5GY6/1
5R6/2
5YR3/2
10GY5/2
5GY7/2
5YR6/1
N5
N4
610
620
630
640
PB
NL
FL
FP
CL
MS
TB
河道
堤岸
河漫
堤漫
浅湖
曲流河
湖泊

图 5.8 明水组综合柱状图（续）

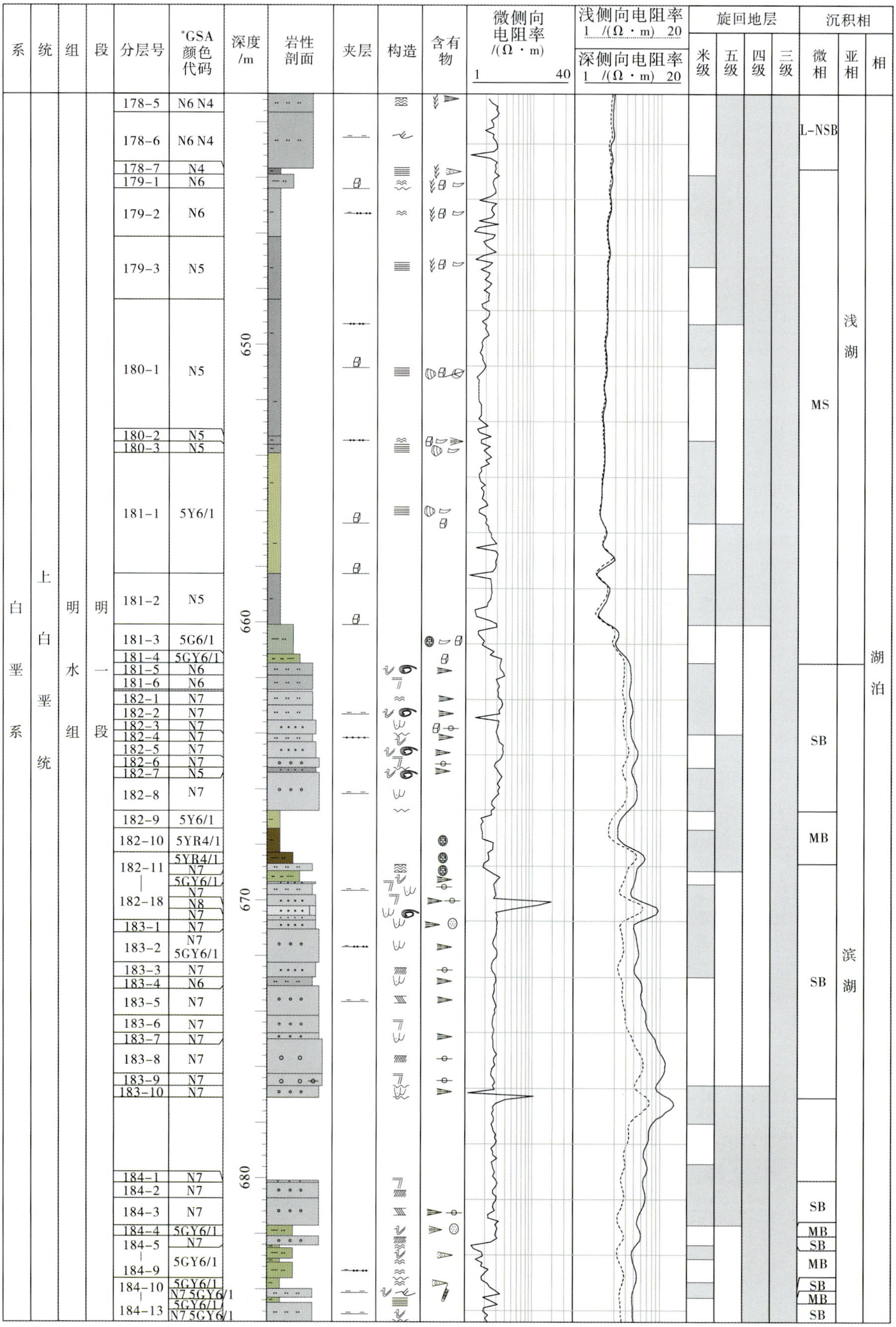

图 5.8　明水组综合柱状图（续）

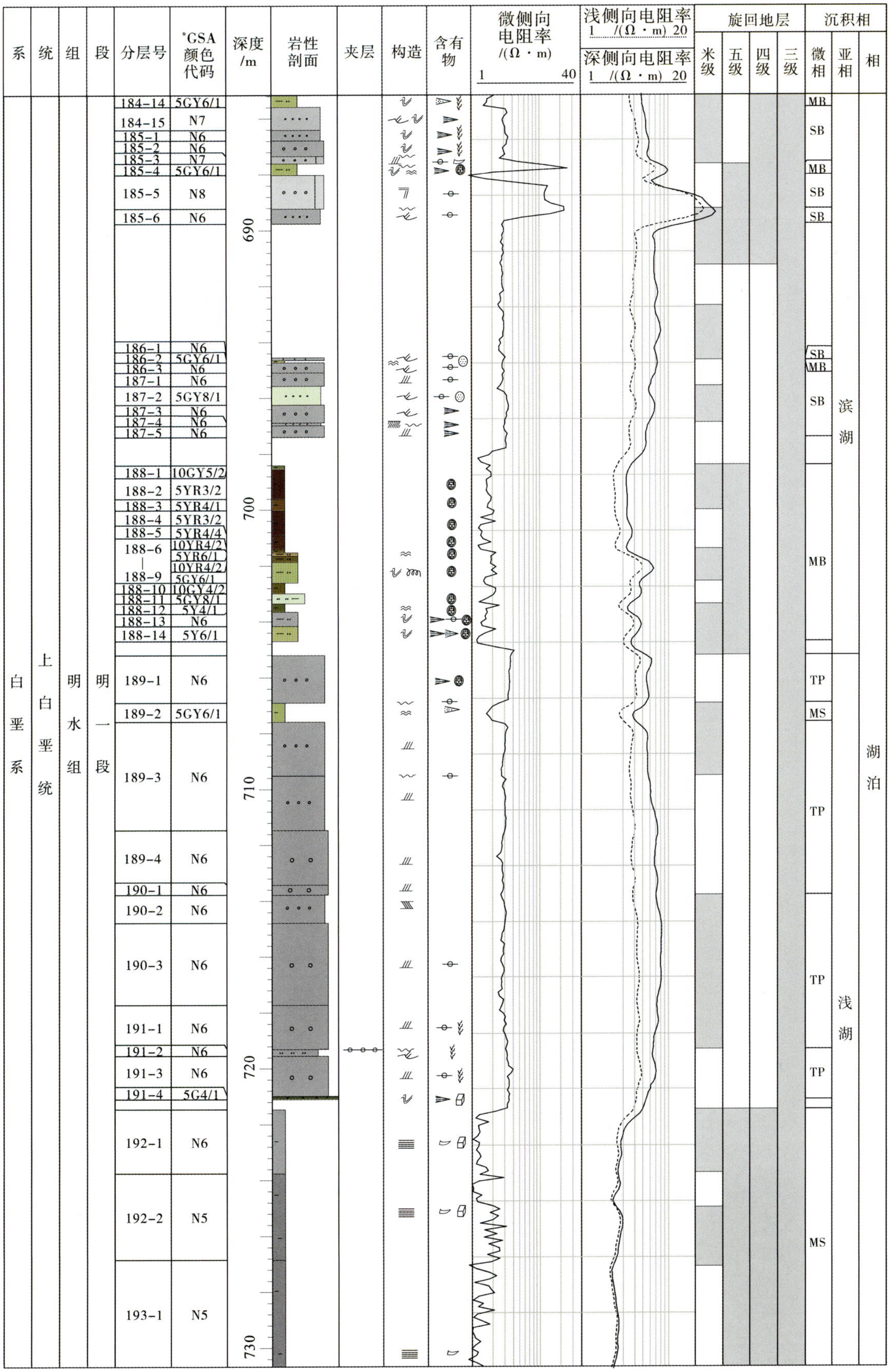
系
统
组
段
分层号
*GSA颜色代码
深度/m
岩性剖面
夹层
构造
含有物
微侧向电阻率/(Ω·m)
1 40
浅侧向电阻率 1 /(Ω·m) 20
深侧向电阻率 1 /(Ω·m) 20
旋回地层
米级
五级
四级
三级
沉积相
微相
亚相
相
白垩系
上白垩统
明水组
明一段
184-14 5GY6/1
184-15 N7
185-1 N6
185-2 N6
185-3 N7
185-4 5GY6/1
185-5 N8
185-6 N6
186-1 N6
186-2 5GY6/1
186-3 N6
187-1 N6
187-2 5GY8/1
187-3 N6
187-4 N6
187-5 N6
188-1 10GY5/2
188-2 5YR3/2
188-3 5YR4/1
188-4 5YR3/2
188-5 5YR4/4
188-6 10YR4/2
5YR6/1
188-9 10YR4/2
5GY6/1
188-10 10GY4/2
188-11 5GY8/1
188-12 5Y4/1
188-13 N6
188-14 5Y6/1
189-1 N6
189-2 5GY6/1
189-3 N6
189-4 N6
190-1 N6
190-2 N6
190-3 N6
191-1 N6
191-2 N6
191-3 N6
191-4 5G4/1
192-1 N6
192-2 N5
193-1 N5
690
700
710
720
730
MB
SB
MB
SB
SB
SB
MB
SB
MB
TP
MS
TP
TP
TP
MS
滨湖
浅湖
湖泊
图5.8 明水组综合柱状图（续）

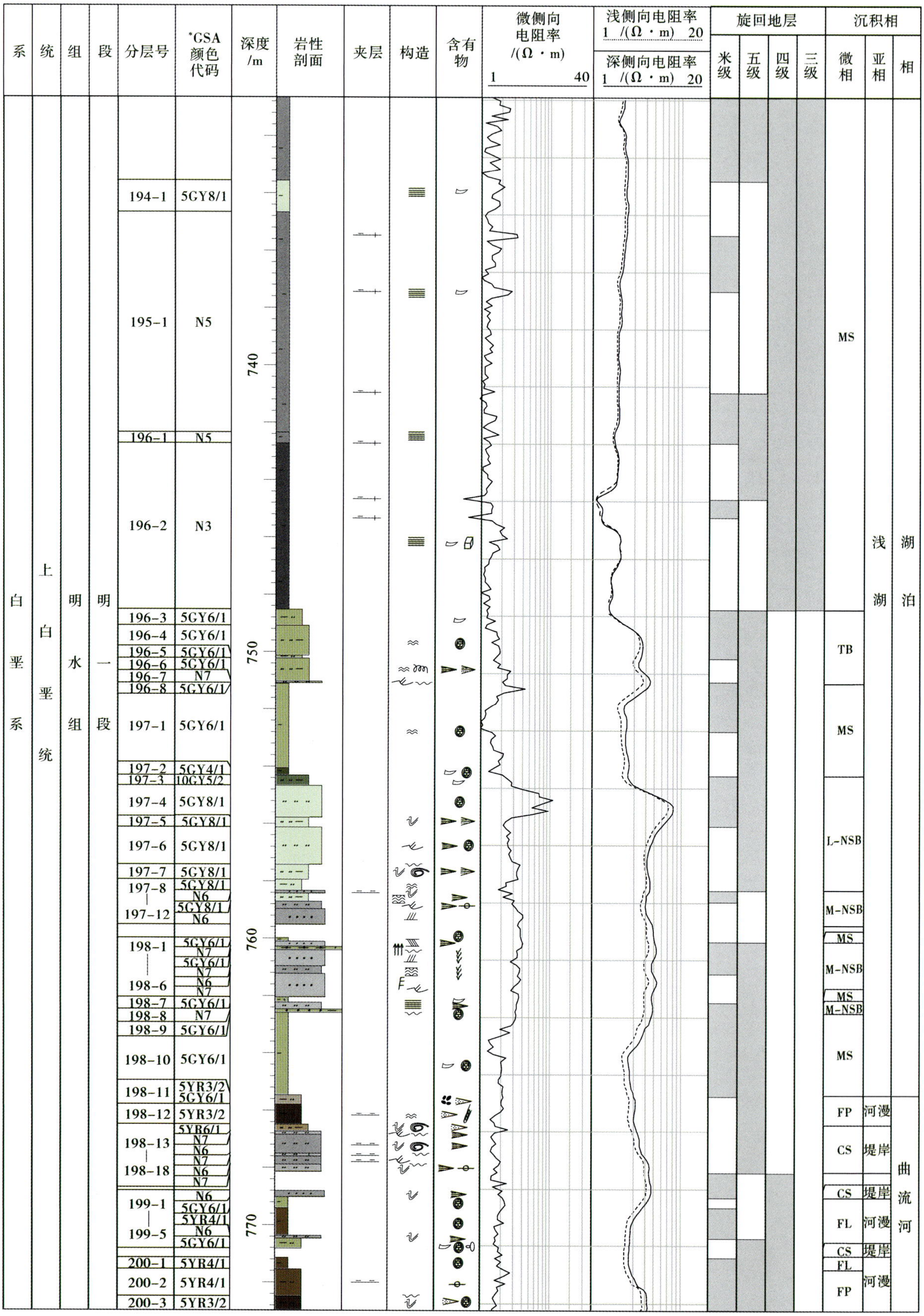
系
统
组
段
分层号
*GSA颜色代码
深度/m
岩性剖面
夹层
构造
含有物
微侧向电阻率/(Ω·m)
1 40
浅侧向电阻率 1 /(Ω·m) 20
深侧向电阻率 1 /(Ω·m) 20
旋回地层
米级
五级
四级
三级
沉积相
微相
亚相
相
白垩系
上白垩统
明水组
明一段
194-1 5GY8/1
195-1 N5
196-1 N5
196-2 N3
196-3 5GY6/1
196-4 5GY6/1
196-5 5GY6/1
196-6 5GY6/1
196-7 N7
196-8 5GY6/1
197-1 5GY6/1
197-2 5GY4/1
197-3 10GY5/2
197-4 5GY8/1
197-5 5GY8/1
197-6 5GY8/1
197-7 5GY8/1
197-8 | 197-12
198-1 | 198-6
198-7 5GY6/1
198-8 N7
198-9 5GY6/1
198-10 5GY6/1
198-11 5YR3/2 5GY6/1
198-12 5YR3/2
198-13 | 198-18
199-1 | 199-5
200-1 5YR4/1
200-2 5YR4/1
200-3 5YR3/2
740
750
760
770
MS
TB
L-NSB
M-NSB
FP
CS
FL
浅湖
湖泊
河漫
堤岸
曲流河

图 5.8 明水组综合柱状图（续）

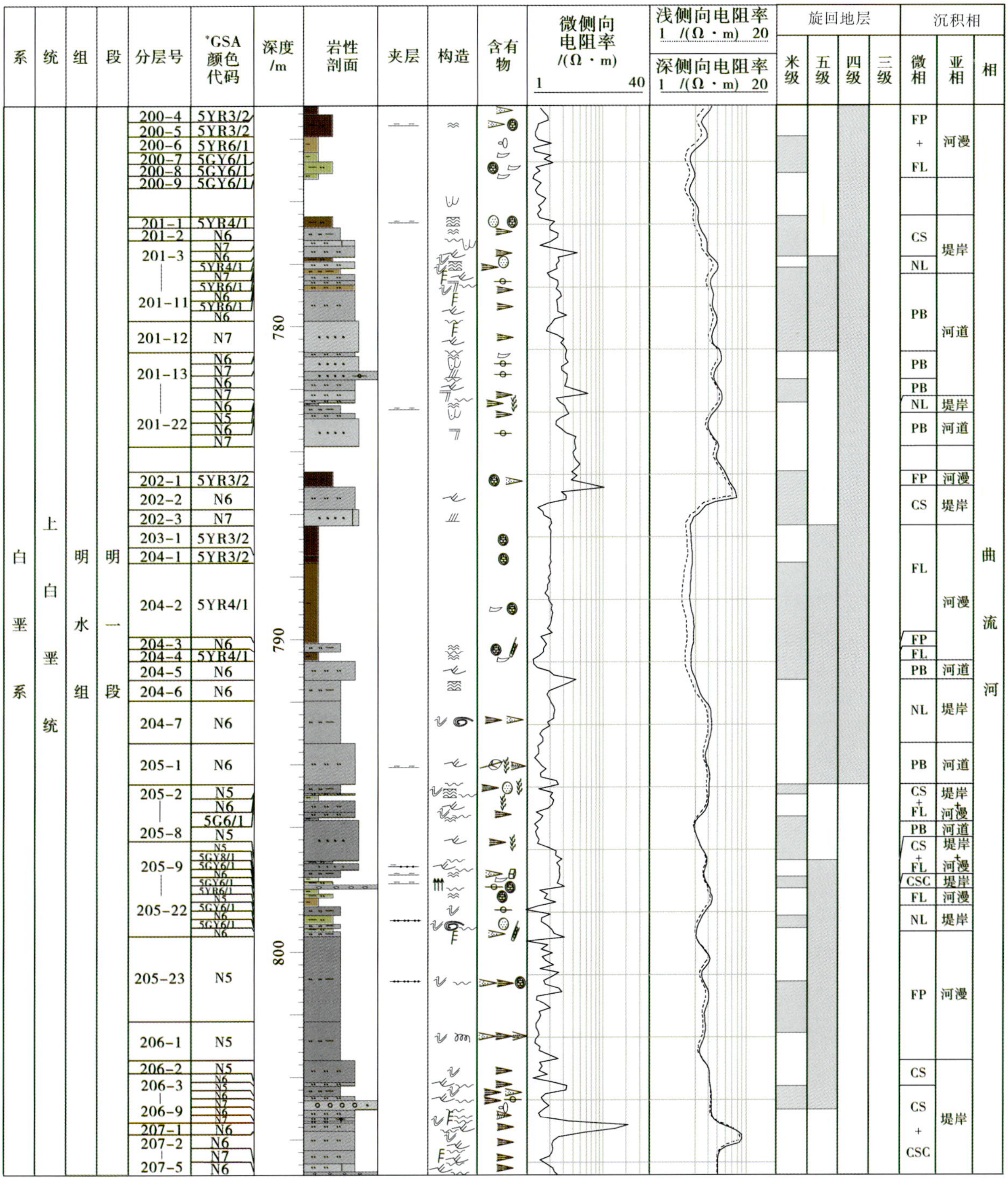

图 5.8 明水组综合柱状图（续）

图例、图注同图 5.1

99–8	261.91 ～ 262.40m	0.49m	中灰色细砂岩，变形层理为主，发育少量波状层理，底部发育冲刷构造
100–1	262.43 ～ 262.63m	0.20m	中浅灰色细砂岩，波状层理，发育炭屑，底部发育砾石
100–2	262.63 ～ 263.35m	0.72m	中浅灰色粉砂岩，顶部发育薄层泥岩而呈波纹层理，中下部为块状构造且底部发育冲刷构造
100–3	263.35 ～ 264.51m	1.16m	中灰色粉砂岩，局部夹细砂岩，向上泥质夹层变多。滑塌变形构造
100–4	264.51 ～ 265.34m	0.83m	中浅灰色细砂质粉砂岩，平行层理，局部发育变形构造，大量炭屑分布于岩石层面上
100–5	265.34 ～ 266.23m	0.89m	中灰色粉砂质泥岩，块状构造，偶发育炭屑和少量粉砂岩条带
101–1	266.35 ～ 267.55m	1.20m	中灰色粉砂质泥岩，块状构造、局部发育变形构造，见较多炭屑，局部粉砂岩混入
101–2	267.55 ～ 267.71m	0.16m	中浅灰色粉砂质钙质结核质中砾岩，砾石分选差，呈次棱角状。底部发育冲刷面，大量钙质结核
101–3	267.71 ～ 267.79m	0.08m	中灰色粉砂岩，变形构造，底部发育冲刷面。发育不规则泥质条带、少量炭屑
101–4	267.79 ～ 268.15m	0.36m	中浅灰色粉砂质钙质结核质中砾岩，砾石分选差，呈次棱角状。变形构造，底部发育冲刷面，大量钙质结核
101–5	268.15 ～ 269.85m	1.70m	中深灰色泥岩，块状构造，见大量大小不一的钙质团块
101–6	269.85 ～ 271.25m	1.40m	中灰色泥岩，块状构造，见大量大小不一的钙质团块
101–7	271.25 ～ 271.45m	0.20m	中深灰色泥岩，块状构造，见大量大小不一的钙质团块
102–1	271.49 ～ 272.99m	1.50m	中深灰色泥岩，块状构造
102–2	272.99 ～ 273.14m	0.15m	中浅灰色泥岩，块状构造
102–3	273.14 ～ 273.79m	0.65m	中灰色泥岩，块状构造，偶发育钙质结核
103–1	273.83 ～ 273.98m	0.15m	中红棕色泥岩，块状构造
103–2	273.98 ～ 274.31m	0.33m	浅橄榄灰色泥岩，块状构造，偶发育钙质结核
103–3	274.31 ～ 274.35m	0.04m	中红棕色泥岩，块状构造
103–4	274.35 ～ 274.70m	0.35m	浅橄榄灰色粉砂质泥岩，块状构造，偶发育钙质结核
103–5	274.70 ～ 275.67m	0.97m	浅橄榄灰色泥岩，块状构造，局部发育较大钙质团块
103–6	275.67 ～ 277.16m	1.49m	中浅灰色粉砂岩，滑塌构造，在局部粉砂岩和混入的泥岩中保留有原有层理，发育大量不规则泥岩条带，局部较多钙质团块
103–7	277.16 ～ 277.88m	0.72m	中浅灰色粉砂岩，断续波纹层理，少量泥质条带
103–8	277.88 ～ 278.13m	0.25m	中浅灰色粉砂岩，变形构造，发育大量不规则泥岩条带、钙质结核
103–9	278.13 ～ 278.83m	0.70m	中灰色粉砂质泥岩，块状构造，少量钙质团块
103–10	278.83 ～ 279.53m	0.70m	中浅灰色泥质粉砂岩，块状构造，局部发育包卷构造，夹泥质条带
103–11	279.53 ～ 279.89m	0.36m	中灰色粉砂质泥岩，块状构造，局部包卷构造，发育粉砂岩团块
103–12	279.89 ～ 280.47m	0.58m	中浅灰色泥质粉砂岩，块状构造
103–13	280.47 ～ 281.18m	0.71m	中浅灰色粉砂岩，变形构造，局部平行层理，发育少量泥砾及泥质条带

103–14	281.18 ~ 281.61m	0.43m	中灰色泥质粉砂岩，变形构造，发育大量不规则泥质条带
104–1	281.61 ~ 282.51m	0.90m	绿灰色泥质粉砂岩，块状构造，局部发育较多泥砾
104–2	282.51 ~ 282.81m	0.30m	绿灰色泥岩，块状构造
105–1	286.96 ~ 287.29m	0.33m	绿灰色泥岩，块状构造，发育裂缝
105–2	287.29 ~ 287.56m	0.27m	浅红色泥岩，块状构造，发育绿灰色还原斑点
105–3	287.56 ~ 287.66m	0.10m	绿灰色泥岩，块状构造
106–1	287.66 ~ 290.16m	2.50m	绿灰色泥岩，块状构造，底部发育石膏，289.66m 处发育厚 1cm 的红色泥岩
106–2	290.16 ~ 290.48m	0.32m	浅绿灰色泥岩，块状构造，发育绿灰色泥岩条带及斑点
106–3	290.48 ~ 290.76m	0.28m	深绿灰色泥岩，块状构造
106–4	290.76 ~ 291.44m	0.68m	深灰色泥岩，块状构造
106–5	291.44 ~ 291.96m	0.52m	深绿灰色泥岩，块状构造
106–6	291.96 ~ 292.46m	0.50m	浅橄榄灰色泥岩，块状构造
106–7	292.46 ~ 293.49m	1.03m	中红棕色泥岩，块状构造，发育钙质结核，个体较大，数量少
107–1	293.49 ~ 295.09m	1.60m	中红棕色泥岩，块状构造，发育钙质结核和少量绿灰色泥岩斑点
107–2	295.09 ~ 296.09m	1.00m	浅红色泥岩，块状构造
107–3	296.09 ~ 297.09m	1.00m	浅红色杂绿灰色泥岩，块状构造，发育较多钙质结核
107–4	297.09 ~ 297.88m	0.79m	绿灰色泥岩，块状构造，发育大量钙质结核
107–5	297.88 ~ 298.59m	0.71m	灰红色粉砂质泥岩，块状构造，发育大量钙质结核
107–6	298.59 ~ 299.42m	0.83m	中红棕色泥岩，块状构造
107–7	299.42 ~ 299.79m	0.37m	中红棕色杂绿灰色泥岩，块状构造
107–8	299.79 ~ 300.19m	0.40m	中红棕色泥岩，块状构造，发育较多钙质结核
108–1	300.28 ~ 300.83m	0.55m	中红棕色泥岩，块状构造，含大量大小不一的钙质团块
108–2	300.83 ~ 301.38m	0.55m	绿灰色泥岩，块状构造，含大量大小不一的钙质团块
108–3	301.38 ~ 301.81m	0.43m	中红棕色泥岩，块状构造，发育较多钙质结核
108–4	301.81 ~ 302.14m	0.33m	中红棕色杂绿灰色泥岩，块状构造
108–5	302.14 ~ 303.25m	1.11m	中红棕色泥岩，块状构造，偶发育绿灰色泥岩斑点及少量钙质结核
109–1	303.25 ~ 303.75m	0.50m	灰棕色泥岩，块状构造，发育较多绿灰色泥岩斑点
109–2	303.75 ~ 305.07m	1.32m	绿灰色泥岩，块状构造，发育灰棕色泥岩斑点
109–3	305.07 ~ 305.51m	0.44m	灰棕色泥岩，块状构造，绿灰色泥岩斑点
109–4	305.51 ~ 306.92m	1.41m	绿灰色泥岩，块状构造，上部发育灰棕色斑点，局部发育少量钙质结核
109–5	306.92 ~ 309.25m	2.33m	深绿灰色泥岩，块状构造，局部发育少量钙质结核
110–1	309.51 ~ 309.59m	0.08m	黄灰色钙结砾岩，块状构造
110–2	309.59 ~ 310.51m	0.92m	深绿灰色泥岩，块状构造，发育少量钙质结核
110–3	310.51 ~ 311.06m	0.55m	灰棕色泥岩，块状构造，发育少量绿灰色斑点及少量钙质结核

110–4	311.06 ~ 311.62m	0.56m	绿灰色杂灰棕色粉砂质泥岩，块状构造
110–5	311.62 ~ 311.70m	0.08m	灰棕色泥岩，块状构造，发育少量钙质结核
110–6	311.70 ~ 311.81m	0.11m	浅棕灰色杂浅绿灰色泥质粉砂岩，块状构造，发育不规则泥岩条带
110–7	311.81 ~ 312.14m	0.33m	浅绿灰色粉砂岩，断续波纹层理、变形层理，局部包卷构造，发育不规则泥岩条带
110–8	312.14 ~ 312.28m	0.14m	浅棕灰色杂浅绿灰色泥质粉砂岩，块状构造，发育不规则泥岩条带
110–9	312.28 ~ 312.85m	0.57m	浅绿灰色粉砂岩，断续波纹层理、变形层理，局部包卷构造，发育不规则泥质条带，在 312.41m 处见 3cm 的泥岩夹层
110–10	312.85 ~ 313.23m	0.38m	浅棕灰色杂浅绿灰色泥质粉砂岩，块状构造，发育不规则泥岩条带
110–11	313.23 ~ 313.53m	0.30m	浅绿灰色粉砂岩，块状构造，偶发育泥质条带
111–1	313.53 ~ 314.58m	1.05m	浅灰色粉砂岩，发育断续的水平波状层理，局部变形构造，交错泥质粉砂岩条带
111–2	314.58 ~ 314.75m	0.17m	浅灰色钙质结核质中砾岩，块状构造，偶发育泥砾
111–3	314.75 ~ 315.51m	0.76m	深绿灰色泥岩，块状构造，偶发育泥砾
111–4	315.51 ~ 316.97m	1.46m	浅灰色粉砂岩，平行层理，断续波状层理，局部变形构造，发育较大钙质结核，其中分别在 315.98m、316.16m 和 316.28m 处见厚度小于 3cm 的钙质结核层，每一结核层底部均见冲刷
111–5	316.97 ~ 317.08m	0.11m	浅灰色粉砂岩，变形层理，发育粉砂岩砂球、条带
111–6	317.08 ~ 317.58m	0.50m	浅灰色粉砂岩，断续波纹层理，局部发育灰棕色氧化斑点
111–7	317.58 ~ 317.71m	0.13m	浅红色泥岩，断续波纹层理，偶发育钙质结核及生物扰动构造
111–8	317.71 ~ 318.30m	0.59m	浅灰色粉砂岩，波状交错层理，局部发育变形层理
112–1	319.26 ~ 319.56m	0.30m	浅红色泥质粉砂岩，变形层理，发育不规则粉砂岩条带
112–2	319.56 ~ 321.76m	2.20m	浅灰色杂浅红色粉砂岩，变形层理、波状层理及局部交错层理，发育泥质条带，在 320.71m 处发育泥岩薄夹层
112–3	321.76 ~ 322.59m	0.83m	浅灰色泥质粉砂岩，块状层理，局部变形层理，发育泥砾，其中在 322.16m 处泥砾较富集
112–4	322.59 ~ 323.43m	0.84m	浅灰色粉砂岩，断续波纹层理，局部变形层理，发育生物扰动构造和不规则泥质条带、泥砾
112–5	323.43 ~ 324.52m	1.09m	中红棕色泥岩，块状构造
113–1	325.31 ~ 325.51m	0.20m	中红棕色泥岩，块状构造
113–2	325.51 ~ 325.81m	0.30m	绿灰色泥岩，块状构造，发育大量不规则裂缝及中红棕色泥岩条带
113–3	325.81 ~ 327.59m	1.78m	中红棕色泥岩，块状构造，顶部发育较多绿灰色还原斑点
114–1	327.59 ~ 328.49m	0.90m	中红棕色泥岩，块状构造
114–2	328.49 ~ 328.99m	0.50m	中红棕色杂绿灰色泥岩，块状构造，发育较多不规则裂缝
114–3	328.99 ~ 329.19m	0.20m	中红棕色泥岩，块状构造
115–1	329.19 ~ 329.87m	0.68m	中红棕色泥岩，块状构造
116–1	329.87 ~ 330.67m	0.80m	中红棕色泥岩，块状构造

116–2	330.67 ~ 331.20m	0.53m	绿灰色泥岩，块状构造，发育较多不规则裂缝，裂缝中充填中红棕色泥岩
116–3	331.20 ~ 333.49m	2.29m	中红棕色泥岩，块状构造，中上部发育绿灰色泥岩还原斑点
117–1	333.49 ~ 333.81m	0.32m	中红棕色泥岩，块状构造
118–1	334.28 ~ 334.41m	0.13m	中红棕色泥岩，块状构造
118–2	334.41 ~ 334.88m	0.47m	绿灰色粉砂质泥岩，块状构造，发育中红棕色氧化斑点
118–3	334.88 ~ 335.02m	0.14m	中红棕色泥岩，块状构造
118–4	335.02 ~ 336.14m	1.12m	绿灰色泥岩，块状构造
118–5	336.14 ~ 336.84m	0.70m	灰棕色杂绿灰色粉砂质泥岩，块状构造，局部发育断续波纹层理，偶发育钙质结核
118–6	336.84 ~ 337.18m	0.34m	中红棕色泥岩，块状构造，底部发育绿灰色还原斑点
118–7	337.18 ~ 337.58m	0.40m	绿灰色泥岩，块状构造，发育少量灰棕色氧化斑点，偶发育钙质结核
118–8	337.58 ~ 337.90m	0.32m	中红棕色泥岩，块状构造
119–1	337.90 ~ 339.76m	1.86m	中红棕色泥岩，块状构造
119–2	339.76 ~ 340.07m	0.31m	绿灰色含粉砂质泥岩，块状构造
119–3	340.07 ~ 340.17m	0.10m	中红棕色泥岩，块状构造，发育不规则绿灰色泥岩条带及斑点
120–1	340.17 ~ 340.37m	0.20m	中红棕色泥岩，块状构造
120–2	340.37 ~ 340.58m	0.21m	中红棕色粉砂质泥岩，块状构造
120–3	340.58 ~ 341.17m	0.59m	中红棕色泥岩，块状构造
120–4	341.17 ~ 341.31m	0.14m	中红棕色杂绿灰色粉砂质泥岩，块状构造
120–5	341.31 ~ 341.67m	0.36m	中红棕色泥岩，块状构造
120–6	341.67 ~ 342.52m	0.85m	灰棕色粉砂质泥岩，块状构造，偶发育钙质结核
120–7	341.67 ~ 342.93m	1.26m	浅绿灰色粉砂岩，块状构造，局部发育断续波纹层理，中上部泥质增多，同时发育生物扰动构造
120–8	342.93 ~ 347.37m	4.44m	极浅灰色粉砂岩，下部发育平行层理、槽状交错层理，上部发育断续波纹层理。在 343.6m 和 346.5m 处发育冲刷面
121–1	348.22 ~ 348.68m	0.46m	极浅灰色粉砂岩，发育平行层理
122–1	348.98 ~ 349.01m	0.03m	绿灰色粉砂质中砾岩，块状构造。砾石主要为泥砾，砂岩砾石和钙质团块，成次棱角 – 次圆状
122–2	349.01 ~ 349.71m	0.70m	中红棕色泥岩，块状构造，发育少量钙质团块，局部含砂
122–3	349.71 ~ 349.98m	0.27m	极浅灰色杂灰棕色粉砂岩，变形构造，发育大量不规则泥质条带
122–4	349.98 ~ 350.52m	0.54m	极浅灰色粉砂岩，局部含钙质，发育断续波状层理、小型槽状交错层理，底部冲刷
122–5	350.52 ~ 352.70m	2.18m	极浅灰色粉砂岩，发育断续波状交错层理
122–6	352.70 ~ 352.92m	0.22m	浅灰色粉砂岩，变形层理，发育少量泥岩条带
123–1	353.03 ~ 354.98m	1.95m	灰棕色粉砂质泥岩，水平层理，偶发育钙质结核
123–2	354.98 ~ 355.08m	0.10m	灰棕色粉砂岩，变形层理，底部发育冲刷面、不规则泥质条带

123-3	355.08 ~ 356.67m	1.59m	极浅灰色粉砂岩，顶部发育断续波纹层理、变形层理，中下部发育小型槽状交错层理，底部冲刷
123-4	356.67 ~ 357.01m	0.34m	浅灰色粉砂岩，变形层理，顶部发育3cm厚的灰色泥岩夹层
123-5	357.01 ~ 357.83m	0.82m	极浅灰色粉砂岩，发育小型浪成交错层理
123-6	357.83 ~ 358.56m	0.73m	极浅灰色粉砂岩，滑塌变形构造，局部包卷构造，发育不规则泥质条带
123-7	358.56 ~ 359.03m	0.47m	浅灰色粉砂岩，断续波纹层理、平行层理，局部发育泥质粉砂岩薄夹层和不规则泥岩条带
123-8	359.03 ~ 359.08m	0.05m	中深灰色泥岩，发育水平层理
123-9	359.08 ~ 359.47m	0.39m	中灰色粉砂岩，断续水平波纹层理，局部变形层理，在359.23m处发育厚8mm的泥岩薄夹层
123-10	359.47 ~ 359.70m	0.23m	中灰色粉砂岩，块状构造，底部发育厚3 ~ 4cm厚的泥质中砾岩
123-11	359.70 ~ 360.83m	1.13m	浅灰色粉砂岩夹中灰色泥岩薄层，发育波纹层理，在359.98m ~ 360.03m发育中深灰色泥岩薄夹层
123-12	360.83 ~ 361.27m	0.44m	极浅灰色粉砂岩，发育波纹层理
124-1	361.27 ~ 361.40m	0.13m	浅灰色粉砂质细砾岩，砾岩主要为泥砾和砂砾，发育波状层理
124-2	361.40 ~ 362.90m	1.50m	浅灰色粉砂岩，波状交错层理，向上层理规模变大，在361.57m处发育厚5cm的钙质粉砂岩夹层
124-3	362.90 ~ 363.01m	0.11m	极浅灰色钙质粉砂岩，平行层理，发育少量炭屑
125-1	363.80 ~ 363.95m	0.15m	中浅灰色粉砂质细砾岩，块状构造，底部发育冲刷面
125-2	363.95 ~ 364.40m	0.45m	极浅灰色钙质粉砂岩，平行层理，发育炭屑
125-3	364.40 ~ 364.50m	0.10m	中浅灰色粉砂岩，平行层理
125-4	364.50 ~ 364.85m	0.35m	中浅灰色含泥砾质粉砂岩，平行层理，发育方解石
125-5	364.85 ~ 364.95m	0.10m	中浅灰色粉砂质中砾岩，砾石主要是砂砾和泥砾，呈次圆状－次棱角状，块状构造，底部发育冲刷面
125-6	364.95 ~ 365.78m	0.83m	中浅灰色粉砂岩，平行层理
125-7	365.78 ~ 366.20m	0.42m	中浅灰色含钙泥砾质细砾岩，平行层理，底部发育冲刷面，偶发育钙质生物壳及炭屑
125-8	366.20 ~ 366.29m	0.09m	中浅灰色含砂钙质结核质中砾岩，砾石呈次圆状，块状构造
125-9	366.29 ~ 366.34m	0.05m	极浅灰色钙质粉砂岩，少量泥砾，发育小型槽状交错层理
125-10	366.34 ~ 366.67m	0.33m	浅橄榄灰色粉砂质泥岩，断续水平波层理，偶发育粉砂岩团块
126-1	368.64 ~ 369.14m	0.50m	浅橄榄灰色泥岩，波纹层理，在368.69m处发育粉砂质泥岩夹层
126-2	369.14 ~ 369.26m	0.12m	浅橄榄灰色粉砂质泥岩，波纹层理
127-1	369.56 ~ 370.16m	0.60m	浅橄榄灰色泥质粉砂岩，断续波纹层理，局部轻微变形层理，发育大量钙质结核
127-2	370.16 ~ 372.16m	2.00m	中浅灰色粉砂岩，变形层理，发育不规则泥岩条带和少量泥砾
127-3	372.16 ~ 372.56m	0.40m	中浅灰色粉砂岩，波状交错层理
128-1	372.56 ~ 372.66m	0.10m	中浅灰色粉砂质钙质结核质细砾岩，次圆状、分选差，个别达粗砾级。底部发育冲刷面

128–2	372.66 ~ 372.76m	0.10m	浅灰色钙质粉砂岩，发育小型槽状交错层理
128–3	372.76 ~ 374.61m	1.85m	黄灰色粉砂岩，槽状交错层理，向上层理规模变小，偶发育钙质结核
128–4	374.61 ~ 375.06m	0.45m	浅绿灰色含泥砾粉砂岩，块状构造，底部发育弱冲刷面
128–5	375.06 ~ 375.66m	0.60m	中浅灰色粉砂岩，平行层理
128–6	375.66 ~ 376.06m	0.40m	极浅灰色钙质粉砂岩，小型槽状交错层理
128–7	376.06 ~ 377.09m	1.03m	黄灰色粉砂岩，发育断续波状层理，局部变形层理
129–1	378.83 ~ 379.68m	0.85m	黄灰色粉砂岩，发育浪成交错层理
129–2	379.68 ~ 379.88m	0.20m	绿灰色含砾粉砂岩，块状构造，底部发育冲刷面，发育少量钙质结核
129–3	379.88 ~ 379.93m	0.05m	浅棕灰色泥岩，变形层理，发育少量粉砂岩条带
129–4	379.93 ~ 380.29m	0.36m	黄灰色粉砂岩，变形层理，底部见泥岩混入
130–1	380.96 ~ 383.21m	2.25m	浅灰色粉砂岩，槽状交错层理，发育少量泥质条带
130–2	383.21 ~ 383.31m	0.10m	橄榄灰色泥岩，块状构造，少量介形虫壳体碎屑和细碎屑矿物颗粒
130–3	383.31 ~ 383.56m	0.25m	浅绿灰色粉砂岩，变形层理，顶部泥质条带混入
130–4	383.56 ~ 384.06m	0.50m	灰红色粉砂质泥岩，块状构造，发育钙质结核
130–5	384.06 ~ 384.37m	0.31m	浅灰色粉砂岩，块状层理，局部变形层理，局部发育泥质条带
131–1	385.68 ~ 385.83m	0.15m	浅灰色粉砂岩，块状层理
132–1	385.83 ~ 386.23m	0.40m	浅灰色粉砂岩，槽状交错层理
132–2	386.23 ~ 386.78m	0.55m	灰红色泥岩，块状层理
132–3	386.78 ~ 386.88m	0.10m	浅橄榄灰色泥岩，块状层理
132–4	386.88 ~ 387.18m	0.30m	棕灰色粉砂质泥岩，发育生物遗迹、砂质薄层和团块混入
132–5	387.18 ~ 387.33m	0.15m	浅橄榄灰色泥岩，块状构造，发育钙质结核
132–6	387.33 ~ 388.03m	0.70m	棕灰色泥岩，块状层理，发育钙质结核，局部发育粉砂岩条带
132–7	388.03 ~ 388.23m	0.20m	灰红色泥岩，块状层理
132–8	388.23 ~ 388.43m	0.20m	绿灰色粉砂质泥岩，块状层理，发育钙质生物残片
132–9	388.43 ~ 389.83m	1.40m	淡棕色粉砂质泥岩，变形层理，局部发育浅灰色粉砂质条带
132–10	389.83 ~ 390.14m	0.31m	极浅灰色粉砂岩，变形层理，发育不规则泥质条带
132–11	390.18 ~ 390.95m	0.77m	浅灰色泥质粉砂岩，变形层理，发育极浅灰色的粉砂质条带
132–12	390.95 ~ 391.43m	0.48m	浅灰色泥质粉砂岩，块状层理
132–13	391.43 ~ 392.58m	1.15m	浅灰色泥质粉砂岩，变形层理，发育粉砂岩条带、团块
132–14	392.58 ~ 393.23m	0.65m	浅灰色粉砂岩，变形层理，发育泥质粉砂岩条带
132–15	393.23 ~ 393.63m	0.40m	浅灰色泥质粉砂岩，变形层理，发育粉砂岩条带、团块
133–1	393.82 ~ 394.72m	0.90m	浅灰色粉砂岩，变形层理，发育泥质粉砂岩条带
133–2	394.72 ~ 394.82m	0.10m	中浅灰色粉砂质泥岩，块状层理，局部发育粉砂岩条带
133–3	394.82 ~ 395.62m	0.80m	浅灰色粉砂岩，小型槽状交错层理，发育浅灰色粉砂质泥岩条带

133-4	395.62 ~ 395.92m	0.30m	中浅灰色粉砂质泥质细砾岩，块状层理，发育较多双壳类化石
133-5	395.92 ~ 395.93m	0.01m	黑色煤线
133-6	395.93 ~ 396.32m	0.39m	中浅灰色粉砂岩，变形层理，顶部夹一层厚 2cm 的泥砾层
133-7	396.32 ~ 396.34m	0.02m	中浅灰色火山灰
133-8	396.34 ~ 396.46m	0.12m	浅灰色粉砂质泥质细砾岩，块状层理，发育钙质结核
133-9	396.46 ~ 397.14m	0.68m	浅灰色粉砂岩，小型槽状交错层理，发育生物遗迹和少量钙质结核
133-10	397.14 ~ 397.32v	0.18m	中浅灰色火山灰
133-11	397.32 ~ 397.72m	0.40m	浅灰色粉砂岩，发育波状层理，生物遗迹，少量淡棕色泥质条带
133-12	397.78 ~ 398.02m	0.24m	淡棕色泥岩，块状构造，发育粉砂质条带
133-13	398.02 ~ 400.05m	2.03m	浅灰色粉砂岩，小型槽状交错层理，局部变形层理，底部发育冲刷面
134-1	400.05 ~ 400.69m	0.64m	浅灰色粉砂岩，小型槽状交错层理，局部变形层理
134-2	400.69 ~ 400.90m	0.21m	极浅灰色含钙质粉砂岩，小型槽状交错层理，发育少量不规则泥岩条带
134-3	400.90 ~ 401.25m	0.35m	浅灰色粉砂岩，小型槽状交错层理
134-4	401.25 ~ 401.63m	0.38m	浅灰色粉砂岩，变形层理，局部包卷层理，发育少量不规则泥质条带
134-5	401.63 ~ 401.95m	0.32m	浅灰色粉砂岩，小型槽状交错层理
134-6	401.95 ~ 402.15m	0.20m	浅灰色粉砂岩，变形层理
134-7	402.15 ~ 402.56m	0.41m	绿灰色钙质结核质泥砾质细砾岩与浅灰色钙质粉砂岩互层，形成有下部砾岩和上部钙质粉砂岩组成的 3 个旋回，总体向上变细。砾岩发育块状层理，钙质粉砂岩发育小型槽状交错层理
134-8	402.56 ~ 402.81m	0.25m	绿灰色泥岩，块状层理，偶发育介形虫
134-9	402.81 ~ 403.33m	0.52m	棕色泥岩，块状层理，偶发育钙质结核
134-10	403.23 ~ 404.95m	1.72m	绿灰色泥岩，块状层理，偶发育钙质结核
134-11	404.95 ~ 405.30m	0.35m	中棕色泥岩，块状层理
134-12	405.30 ~ 405.65m	0.35m	绿灰色泥岩，块状层理，发育生物化石碎片
134-13	405.65 ~ 406.70m	1.05m	中棕色泥岩，块状层理，发育生物遗迹
134-14	406.70 ~ 406.95m	0.25m	淡棕色泥岩，块状层理
135-1	407.71 ~ 408.11m	0.40m	绿灰色泥岩，块状层理，发育钙质结核
135-2	408.11 ~ 408.61m	0.50m	棕灰色泥岩，块状层理，发育钙质结核
135-3	408.61 ~ 409.11m	0.50m	浅绿灰色泥岩，块状层理，发育钙质结核
135-4	409.11 ~ 410.21m	1.10m	棕灰色泥岩，块状层理，发育裂缝，被方解石充填。局部发育绿灰色还原斑点
135-5	410.21 ~ 411.19m	0.98m	棕灰色粉砂质泥岩，块状层理，局部发育钙质结核
135-6	411.19 ~ 411.29m	0.10m	极浅灰色粉砂岩，发育小型槽状交错层理
135-7	411.29 ~ 411.66m	0.37m	棕灰色粉砂质泥岩，块状层理，发育钙质结核

135–8	411.66 ~ 414.51m	2.85m	浅灰色粉砂岩，发育平行层理、小型槽状交错层理
135–9	414.51 ~ 414.53m	0.02m	中浅灰色泥砾质钙质结核质细砾岩，块状构造
135–10	414.53 ~ 414.61m	0.08m	浅灰色粉砂岩，块状层理，岩心易碎
136–1	414.61 ~ 414.79m	0.18m	浅灰色粉砂岩，沙纹层理
136–2	414.79 ~ 415.51m	0.72m	深绿灰色泥岩，块状层理
136–3	415.51 ~ 416.01m	0.50m	中棕色泥岩，块状层理
136–4	416.01 ~ 416.31m	0.30m	深绿灰色泥岩，块状层理，发育较多生物碎片
137–1	416.91 ~ 417.13m	0.22m	深绿灰色泥岩，块状层理
137–2	417.13 ~ 417.36m	0.23m	灰棕色泥岩，块状层理，发育少量钙质团块
137–3	417.36 ~ 417.51m	0.15m	浅灰色粉砂岩，块状构造，底部发育冲刷面
137–4	417.51 ~ 417.69m	0.18m	灰棕色泥岩，块状层理，发育钙质团块
137–5	417.69 ~ 417.84m	0.15m	棕灰色泥质粉砂岩，块状层理，发育钙质团块
137–6	417.84 ~ 418.21m	0.37m	棕灰色粉砂质泥岩，块状层理，局部发育波纹层理，底部发育变形层理，局部发育泥质粉砂岩条带，较多钙质结核
137–7	418.21 ~ 418.31m	0.10m	浅灰色粉砂岩，波纹层理，底部发育弱冲刷面
137–8	418.31 ~ 418.48m	0.17m	棕灰色泥岩，波纹层理，发育钙质结核
137–9	418.58 ~ 418.63m	0.05m	棕灰色粉砂岩，波纹层理，底部发育弱冲刷面，钙质结核
137–10	418.63 ~ 419.01m	0.38m	灰棕色泥岩，块状层理，顶部发育交错层理，局部发育泥质粉砂岩条带和钙质结核
137–11	419.01 ~ 419.28m	0.27m	棕灰色粉砂岩，波纹层理，底部发育包卷层理，局部发育泥质条带和少量钙质结核
137–12	419.28 ~ 419.36m	0.08m	浅灰色薄层状钙质细砂岩，小型槽状交错层理，底部发育冲刷面
137–13	419.36 ~ 419.86m	0.50m	棕灰色粉砂岩，波纹层理、前积纹层，发育较多泥质条带，顶部发育细砂岩条带
137–14	419.86 ~ 419.98m	0.12m	灰棕色泥岩，波纹层理
137–15	419.98 ~ 420.23m	0.25m	浅灰色粉砂岩，斜层理，底部发育冲刷面
137–16	420.23 ~ 420.55m	0.32m	中灰色泥岩，块状层理，底部发育变形层理。中部见较多泥砾，形状不规则，分选差。局部发育泥质粉砂岩条带
137–17	420.55 ~ 420.65m	0.10m	浅灰色粉砂岩，波纹层理
137–18	420.65 ~ 420.93m	0.28m	中深灰色泥岩，水平层理，局部发育泥质粉砂岩、粉砂岩条带
137–19	420.93 ~ 421.22m	0.29m	中灰色粉砂岩，波状交错层理，底部发育冲刷面，中下部发育一泥砾条带
137–20	421.22 ~ 421.29m	0.07m	中深灰色泥岩，水平层理
137–21	421.29 ~ 421.65m	0.36m	浅灰色含泥砾细砂岩，块状层理，底部发育冲刷面
137–22	421.65 ~ 421.95m	0.30m	浅灰色细粒砂岩，发育槽状交错层理，向上层理规模变大，局部夹泥岩薄层
137–23	421.95 ~ 422.12m	0.17m	中灰色粉砂岩与中深灰色泥岩互层，波状层理，局部发育泥砾
137–24	422.12 ~ 422.34m	0.22m	中灰色泥岩，发育水平层理

137–25	422.34 ~ 422.68m	0.34m	中灰色含砾细砂岩，块状层理，底部发育冲刷面
137–26	422.68 ~ 423.45m	0.77m	中深灰色粉砂岩与深灰色泥岩互层，沙纹层理，向上层理规模变大，泥质含量减少，在 423.03 ~ 423.05m 处发育厚 2cm 灰色细砂岩夹层
137–27	423.45 ~ 423.55m	0.10m	中灰色泥岩，发育水平层理
137–28	423.55 ~ 423.93m	0.38m	中灰色含砾细砂岩，小型槽状交错层理，顶部发育变形层理，向上层理规模变大，泥质含量减少
137–29	423.93 ~ 424.01m	0.08m	中灰色粉砂质泥岩，块状层理，底部发育轻微冲刷面和少量泥砾
137–30	424.01 ~ 424.31m	0.30m	中灰色细粒砂岩与中深灰色泥岩互层，槽状交错层理，底部发育冲刷面
137–31	424.31 ~ 424.42m	0.11m	中深灰色泥岩，波纹层理
137–32	424.42 ~ 424.87m	0.45m	中灰色细粒砂岩与中深灰色泥岩互层，槽状交错层理，底部发育冲刷面
137–33	424.87 ~ 425.21m	0.34m	中灰色泥岩，水平层理，底部细砂岩混入、发育变形层理
137–34	425.21 ~ 425.35m	0.14m	中灰色细砂岩，槽状交错层理
138–1	425.44 ~ 425.67m	0.23m	中浅灰色细砂岩，槽状交错层理，底部发育冲刷面
138–2	425.44 ~ 425.67m	0.23m	中深灰色泥岩，水平层理
138–3	425.97 ~ 426.24m	0.27m	中浅灰色细砂岩，槽状交错层理，底部发育冲刷面和厚 3cm 的砾岩，分选差，具正粒序
138–4	426.24 ~ 427.02m	0.78m	中深灰色粉砂岩，槽状交错层理，向上层理规模变大，泥质含量减少，426.30 ~ 426.35m 夹一中深灰色泥岩
138–5	427.02 ~ 428.11m	1.09m	中浅灰色含泥砾粉砂岩，变形层理，局部交错层理，发育泥砾、泥质条带
138–6	428.11 ~ 428.19m	0.08m	中灰色粉砂岩，小型波状交错层理，底部发育冲刷面和厚 2cm 的含炭屑粗粒砂岩，贝壳类生物化石
138–7	428.19 ~ 428.25m	0.06m	中灰色泥岩，水平层理，底部发育充填构造，见炭化植物化石
138–8	428.25 ~ 428.40m	0.15m	浅灰色粉砂岩，块状层理，底部发育冲刷面。中部见细砂岩、粗砂岩及砾石组成的条带，底部见一较大双壳类化石和 2cm 厚含钙质生物碎片砾岩
138–9	428.40 ~ 428.67m	0.27m	浅灰色粉砂岩夹中深灰色泥岩，变形层理，局部包卷层理，底部发育厚 4cm 的中深灰色泥岩
138–10	428.67 ~ 428.96m	0.29m	中灰色复成分砾岩，砾石主要是砂岩砾、泥砾、钙质结核质砾石，砾径 2mm ~ 2cm 不等，平均为 1cm，分选差，次棱角 – 次圆。块状层理
138–11	428.96 ~ 429.62m	0.66m	绿灰色含生物化石粉砂质泥岩，发育单向斜层理，局部小型交错层理，底部发育冲刷面。含大量螺及介形虫化石，且在个别层面较富集。底部发育 3cm 厚泥砾，中上部见钙质粉砂岩条带
138–12	429.62 ~ 430.14m	0.52m	深绿灰色泥岩，块状层理，发育少量钙质结核，底部有灰棕色次生氧化斑点
138–13	430.14 ~ 430.82m	0.68m	灰棕色泥岩，块状层理，发育较大钙质结核
138–14	430.82 ~ 431.14m	0.32m	棕灰色粉砂质泥岩，块状构造，发育少量钙质结核和粉砂岩条带
138–15	431.14 ~ 431.44m	0.30m	浅灰色粉砂岩，变形层理，局部保留原有层理，发育大量钙质结核，底部发育少量泥砾和生物遗迹

138–16	431.44 ~ 432.01m	0.57m	灰棕色粉砂质泥岩，块状层理，局部发育滑塌构造。发育少量钙质结核、不规则粉砂岩条带和生物遗迹
138–17	432.01 ~ 432.18m	0.17m	棕灰色粉砂岩，发育小型槽状交错层理，向上规模变大，底部发育冲刷面。发育少量钙质结核和生物遗迹
138–18	432.18 ~ 433.29m	1.11m	灰棕色泥质粉砂岩，变形层理。发育较多泥质条带及粉砂岩条带，在 432.34 ~ 432.44m 发育较多粉砂岩、虫迹
138–19	433.29 ~ 433.93m	0.64m	中浅灰色粉砂岩，小型槽状交错层理，局部发育呈串珠状分布的泥砾，中部发育细砂岩薄夹层
139–1	433.93 ~ 434.80m	0.87m	浅灰色粉砂岩，小型槽状交错层理，局部发育泥质条带和少量虫迹
139–2	434.80 ~ 435.03m	0.23m	浅灰色细砂岩，小型槽状交错层理，下部发育较多泥砾沿层面分布
139–3	435.03 ~ 435.53m	0.50m	浅灰色粉砂岩，上部发育变形层理，中部波状层理，下部小型槽状交错层理。底部发育冲刷面、细砂岩砂球
139–4	435.53 ~ 435.61m	0.08m	深灰色泥岩，水平层理
139–5	435.61 ~ 435.79m	0.18m	中灰色细砂岩，小型槽状交错层理
139–6	435.79 ~ 436.05m	0.26m	中灰色含砾泥岩，块状构造，顶部细砂岩向上挤入泥岩中形成蠕动变形构造。发育个体较大的双壳类化石
139–7	436.05 ~ 436.63m	0.58m	中灰色粉砂岩，小型槽状交错层理，局部发育泥质条带
139–8	436.63 ~ 437.77m	1.14m	中灰色细砂岩，小型槽状交错层理
139–9	437.77 ~ 438.10m	0.33m	中浅灰色粉砂岩，槽状交错层理，向上层理规模变小
139–10	438.10 ~ 438.70m	0.60m	中浅灰色细砂岩，槽状交错层理
139–11	438.70 ~ 440.03m	1.33m	中浅灰色中砂岩，槽状交错层理，底部发育冲刷面，冲刷面之上发育厚 5cm 含砾中砂岩
139–12	440.03 ~ 440.33m	0.30m	中浅灰色细砂岩，槽状交错层理，底部发育双壳化石和厚 2cm 含砾中砂岩
139–13	440.33 ~ 440.66m	0.33m	中浅灰色中砂岩，槽状交错层理，底部发育冲刷面和厚 1cm 含砾中砂岩
139–14	440.66 ~ 441.23m	0.57m	绿灰色泥岩，块状层理
140–1	441.75 ~ 442.79m	1.04m	灰棕色泥岩，块状层理，发育较多钙质结核
140–2	442.79 ~ 443.25m	0.46m	棕灰色粉砂质泥岩，波纹层理，局部变形层理。发育粉砂质条带及砂球
140–3	443.25 ~ 444.09m	0.84m	浅灰色粉砂岩，槽状交错层理，底部发育冲刷面，发育砂球、较多生物遗迹
140–4	444.09 ~ 444.38m	0.29m	棕灰色粉砂质泥岩，变形层理、波纹层理，发育粉砂岩条带
140–5	444.38 ~ 444.65m	0.27m	灰棕色含砾泥岩与粉砂岩互层，变形层理、粒序层理，底部发育冲刷面
140–6	444.65 ~ 444.75m	0.10m	中灰色粉砂岩，波纹层理
141–1	445.03 ~ 445.08m	0.05m	中灰色粉砂岩，波状层理
141–2	445.08 ~ 445.36m	0.28m	棕灰色泥岩，块状层理，少量钙质结核，生物遗迹
142–1	445.38 ~ 446.38m	1.00m	棕灰色泥岩，块状层理，发育少量钙质结核
142–2	446.38 ~ 446.62m	0.24m	中灰色中砂岩，小型槽状交错层理，底部发育冲刷面
142–3	446.62 ~ 446.88m	0.26m	灰棕色含介形虫粉砂质泥岩，水平层理，发育介形虫化石
143–1	449.21 ~ 450.88m	1.67m	棕灰色泥岩，块状层理，发育少量钙质结核

143-2	450.88 ~ 451.21m	0.33m	棕灰色泥质粉砂岩，块状层理，局部发育滑塌构造，下部发育泥砾，上部发育泥质条带
143-3	451.21 ~ 451.33m	0.12m	棕灰色泥岩，块状层理
143-4	451.33 ~ 451.45m	0.12m	棕灰色粉砂质泥岩，块状层理，发育钙质结核
143-5	451.45 ~ 451.55m	0.10m	棕灰色泥岩，块状层理
143-6	451.55 ~ 451.93m	0.38m	棕灰色泥质粉砂岩，块状层理，发育少量钙质结核
143-7	451.93 ~ 453.21m	1.28m	中灰色粉砂岩，槽状交错层理，局部变形层理、水平波纹层理，发育少量钙质结核
143-8	453.21 ~ 454.93m	1.72m	中深灰色泥质粉砂岩与浅灰色粉砂岩互层，槽状交错层理，夹浅灰色粉砂岩
143-9	454.93 ~ 455.14m	0.21m	中深灰色泥质粉砂岩与浅灰色粉砂岩互层，波状层理
143-10	455.14 ~ 455.59m	0.45m	中深灰色泥质粉砂岩与浅灰色粉砂岩互层，槽状交错层理，层理间多为浅灰色粉砂岩
144-1	455.59 ~ 456.62m	1.03m	中灰色粉砂岩，槽状交错层理，局部受挤压层理变形和剪切错断，细层表现为中深灰色与中灰色的韵律层
144-2	456.62 ~ 457.98m	1.36m	中灰色细砂岩，槽状交错层理，细层表现为深浅颜色韵律层
144-3	457.95 ~ 458.09m	0.14m	中灰色细砂岩，发育包卷层理，槽状交错层理
144-4	458.09 ~ 458.27m	0.18m	中灰色中砂岩，槽状交错层理
144-5	458.27 ~ 458.30m	0.03m	中灰色复成分砾岩，砾石主要为石英砾、泥砾、钙质结核质砾石，分选差，砾径为 0.2 ~ 1cm，块状层理，底部发育冲刷面
144-6	458.30 ~ 458.92m	0.62m	中灰色中砂岩，槽状交错层理
144-7	458.92 ~ 459.64m	0.72m	中灰色复成分砾岩，砾石主要为石英砾、泥砾、钙质结核质砾石，分选差，砾径为0.2 ~ 3cm，块状层理，底部发育冲刷面，发育双壳化石
144-8	459.64 ~ 460.03m	0.39m	中灰色中砂岩，槽状交错层理
144-9	460.03 ~ 460.37m	0.34m	中灰色复成分砾岩，砾石主要为石英砾、泥砾、钙质结核质砾石，分选差，砾径为 0.2 ~ 2.5cm，块状层理，底部发育冲刷面，发育双壳化石
144-10	460.37 ~ 460.52m	0.15m	中灰色含砾粗砂岩，槽状交错层理，发育较多炭屑
144-11	460.52 ~ 460.79m	0.27m	中灰色复成分砾岩，砾石主要为石英砾、泥砾、钙质结核质砾石，分选差，砾径为 0.2 ~ 2.5cm，块状层理，底部发育冲刷面，发育双壳化石
145-1	461.17 ~ 462.22m	1.05m	中灰色复成分砾岩，砾石主要为石英砾、泥砾、钙质结核质砾石，分选差，0.2 ~ 1.0cm，底部发育冲刷面 .
145-2	461.22 ~ 461.36m	0.14m	中灰色中砂岩与粗砂岩互层，波状层理，上部为 5cm 的粗砂岩，下部细砂岩层面上见大量炭化植物碎片
145-3	461.36 ~ 461.59m	0.23m	中灰色中砂岩与粗砂岩互层，块状构造，底部发育冲刷面
145-4	461.59 ~ 462.73m	1.14m	中灰色中砂岩，波状层理，在 462.27m 处发育一楔形砾岩层（3 ~ 10cm）
146-1	462.73 ~ 463.67m	0.94m	深绿灰色泥岩，块状层理，发育少量钙质结核，在 463.03 ~ 463.06m 发育厚 3cm 的平行层理粉砂岩夹层
146-2	463.67 ~ 464.56m	0.89m	棕灰色泥岩，块状层理，发育较多钙质结核
146-3	464.56 ~ 465.82m	1.26m	深绿灰色泥岩，块状层理，发育少量钙质结核

147–1	465.82 ~ 466.54m	0.72m	浅灰色粉砂质泥岩，波纹层理
147–2	466.54 ~ 467.10m	0.56m	绿灰色泥岩，波纹层理，钙质结核
147–3	467.10 ~ 467.82m	0.72m	浅灰色粉砂质泥岩，波纹层理
147–4	467.82 ~ 468.32m	0.50m	绿灰色泥岩，波纹层理，钙质结核
149–1	468.32 ~ 468.45m	0.13m	浅灰色粉砂质泥岩，块状层理，发育较大钙质结核
149–2	468.45 ~ 468.79m	0.34m	浅灰色泥质粉砂岩，波纹层理，发育较大钙质结核
149–3	468.79 ~ 469.19m	0.40m	绿灰色泥岩，块状层理
149–4	469.19 ~ 469.59m	0.40m	中灰色粗粉砂岩，槽状交错层理，底部发育冲刷面
149–5	469.59 ~ 472.28m	2.69m	绿灰色泥岩，块状层理，在 470.75 ~ 470.92m 发育较大钙质结核
150–1	472.28 ~ 472.49m	0.21m	绿灰色泥岩，块状层理，发育少量化石碎片
150–2	472.49 ~ 473.47m	0.98m	绿灰色粉砂质泥岩，块状层理，含化石碎片，发育钙质结核和少量介形虫化石
150–3	473.47 ~ 474.33m	0.86m	绿灰色泥岩，块状层理，发育少量钙质结核
150–4	474.33 ~ 474.88m	0.55m	绿灰色粉砂质泥岩，块状层理，含较多生物化石碎片，发育钙质结核和少量介形虫化石
150–5	474.88 ~ 478.77m	3.89m	绿灰色泥岩，块状层理，发育较大钙质结核（大者可达 3cm），但数量较少
150–6	478.77 ~ 478.94m	0.17m	灰棕色泥岩，块状构造，发育少量钙质结核
150–7	478.94 ~ 479.21m	0.27m	绿灰色泥岩，块状层理，发育较大钙质结核（大者可达 3cm），但数量较少
151–1	479.21 ~ 479.48m	0.27m	橄榄灰色泥质粉砂岩，块状层理
151–2	479.48 ~ 479.98m	0.50m	绿灰色泥岩，块状层理，发育少量钙质结核
151–3	479.98 ~ 480.24m	0.26m	绿灰色粉砂质泥岩，块状层理，发育少量钙质结核
151–4	480.24 ~ 480.45m	0.21m	灰棕色泥岩，块状层理，发育少量个体较大钙质结核（直径可达 3 ~ 4cm）
151–5	480.45 ~ 480.57m	0.12m	绿灰色泥岩，块状层理
151–6	480.57 ~ 480.83m	0.26m	灰棕色泥岩，块状层理，发育少量钙质结核
151–7	480.83 ~ 481.13m	0.30m	绿灰色泥岩，块状层理，发育少量钙质结核
153–1	481.13 ~ 483.59m	2.46m	灰绿色泥岩，块状层理，发育钙质结核，481.23 ~ 481.26m、481.46 ~ 481.73m、482.33 ~ 482.41m 发育浅灰色泥岩夹层发育浪成沙纹层，水平波纹层理的粉砂岩薄夹层
154–1	483.59 ~ 484.59m	1.00m	深绿灰色泥岩，块状层理，发育少量钙质结核
154–2	484.59 ~ 484.75m	0.16m	绿灰色粉砂质泥岩，块状层理，发育少量生物碎片
154–3	484.75 ~ 485.09m	0.34m	深绿灰色泥岩，块状层理，发育少量生物碎片
154–4	485.09 ~ 485.97m	0.88m	绿灰色含生物碎屑泥岩，块状层理，发育大量生物碎片，双壳、腹足类化石、钙质结核，较多镜面擦痕
154–5	485.97 ~ 486.35m	0.38m	绿灰色泥岩，块状层理，发育少量钙质结核、生物碎片
154–6	486.35 ~ 487.29m	0.94m	浅橄榄灰色粉砂质泥岩，块状层理，发育少量钙质结核
154–7	487.29 ~ 487.84m	0.55m	浅橄榄灰色泥质粉砂岩，槽状交错层理，底部变形层理，底面弱冲刷。发育钙质结核和泥砾，少量粉砂岩条带

154–8	487.84 ~ 488.12m	0.28m	浅橄榄灰色粉砂质泥岩，波纹层理，发育钙质团块
154–9	488.12 ~ 488.25m	0.13m	橄榄灰色泥岩，块状层理
154–10	488.25 ~ 488.42m	0.17m	中灰色粉砂岩，中上部发育液化变形层理，下部发育波状层理，生物扰动强，局部发育泥岩条带
154–11	488.42 ~ 488.68m	0.26m	中灰色绿灰色粉砂岩，槽状交错层理，生物扰动强烈，偶发育钙质团块、泥岩团块
154–12	488.68 ~ 489.19m	0.51m	绿灰色泥质粉砂岩，变形层理、断续波纹层理，发育泥质条带、少量钙质团块
154–13	489.19 ~ 490.15m	0.96m	中浅灰色含泥砾细砂岩，变形层理、局部波状层理，在489.89m处见切割构造
154–14	490.15 ~ 490.33m	0.18m	浅橄榄灰色细砂岩，发育槽状交错层理、生物遗迹
154–15	490.33 ~ 490.77m	0.44m	中浅灰色中砂岩，槽状交错层理，底部发育冲刷面。在490.46 ~ 490.51m处发育中浅灰色细砂岩薄夹层
154–16	490.77 ~ 490.96m	0.19m	浅橄榄灰色细砂岩，发育槽状交错层理、生物遗迹
154–17	490.96 ~ 491.33m	0.37m	中浅灰色中砂岩，槽状交错层理，底部发育冲刷面
155–1	491.33 ~ 491.74m	0.41m	中浅灰色中砂岩，冲洗交错层理，底部发育冲刷面，冲刷面上发育砾岩，在491.53m处发育厚1cm的中深灰色泥质粉砂岩薄夹层
155–2	491.74 ~ 491.80m	0.06m	中浅灰色细砂岩，槽状交错层理
155–3	491.80 ~ 491.88m	0.08m	中浅灰色薄层状含砾中砂岩，冲洗交错层理，底部发育冲刷面，冲刷面上发育砾岩。发育泥砾和较多生物碎片
155–4	491.88 ~ 491.92m	0.04m	中浅灰色细砂岩，浪成沙纹层理
155–5	491.92 ~ 492.67m	0.75m	中浅灰色中砂岩，顶部发育槽状交错层理、中、下部发育冲洗交错层理。沿层理面发育较多云母及炭屑
155–6	492.67 ~ 492.90m	0.23m	浅灰色中砂岩，槽状交错层理，底部发育冲刷面，发育较多生物碎片
155–7	492.90 ~ 493.89m	0.99m	中浅灰色中砂岩，冲洗交错层理，顶部4cm发育槽状交错层理的细砂岩，其中在493.03m、493.26m、493.58m、493.71m、493.92m处发育冲刷面，在493.58m、493.71m、493.92m冲刷面上发育滞留砾石。层面上发育大量炭屑。在493.25m及其底部发育蚌化石
155–8	493.89 ~ 493.92m	0.03m	中深灰色泥岩，水平层理
155–9	493.92 ~ 494.10m	0.18m	中灰色中砂岩与粉砂岩薄互层，粉砂岩中发育变形层理，中砂岩中发育楔状层理，底部发育冲刷面，层面上发育大量炭屑
155–10	494.10 ~ 494.26m	0.16m	中深灰色泥岩，水平层理，中部发育一厚1cm的粉砂岩夹层，夹层发育波纹层理，底面冲刷
155–11	494.26 ~ 494.39m	0.13m	中灰色细砂岩，槽状交错层理、断续的水平波纹层理，局部变形层理。底部呈充填形式与下部砾岩层接触。含大量蚌化石，发育泥砾和炭屑
155–12	494.39 ~ 494.78m	0.39m	中灰色复成分副砾岩，基质见变形层理，砾石主要为砂砾、泥砾和钙质结核质砾石，直径多在0.5cm左右。底部发育冲刷面，发育较多蚌化石
155–13	494.78 ~ 495.30m	0.52m	中浅灰色细砂岩，发育斜层理
155–14	495.30 ~ 496.63m	1.33m	中浅灰色中砂岩，中型楔状交错层理，局部发育槽状交错层理，少量泥砾

155–15	496.63 ~ 496.88m	0.25m	中浅灰色细砂岩，发育槽状交错层理
155–16	496.88 ~ 497.19m	0.31m	中浅灰色中砂岩，楔状交错层理，局部槽状交错层理，底部发育冲刷。497.11 ~ 497.15m 含大量炭化植物碎片
155–17	497.19 ~ 497.26m	0.07m	浅灰色细砂岩，楔状交错层理，底部发育冲刷 – 充填构造。层理见夹有绿灰色泥质及大量生物碎屑
155–18	497.26 ~ 497.73m	0.47m	绿灰色粉砂质泥岩，发育水平层理。发育生物化石碎片及钙质团块
155–19	497.73 ~ 498.83m	1.10m	绿灰色泥岩，块状层理，发育生物化石碎片及少量钙质团块
156–1	499.20 ~ 499.86m	0.66m	棕灰色泥岩，块状层理，发育钙质团块、生物化石碎片
156–2	499.86 ~ 500.54m	0.68m	橄榄灰色泥岩，块状层理，发育钙质团块、少量介形虫和螺化石
156–3	500.54 ~ 500.86m	0.32m	灰绿色粉砂质泥岩，块状层理，偶发育生物扰动构造，含较多生物化石碎片
156–4	500.86 ~ 501.03m	0.17m	橄榄灰色粉砂质泥岩，块状层理，发育钙质团块、方解石充填的垂向不规则裂缝
156–5	501.03 ~ 501.28m	0.25m	绿灰色粉砂质泥岩，块状层理，发育少量生物碎片化石和钙质团块
156–6	501.28 ~ 501.51m	0.23m	橄榄灰色泥岩，块状层理，发育大量钙质结核
156–7	501.51 ~ 501.77m	0.26m	绿灰色泥岩，块状层理，发育少量生物碎片化石、钙质团块
156–8	501.77 ~ 501.93m	0.16m	橄榄灰色泥岩，块状层理，发育大量钙质结核
156–9	501.93 ~ 502.02m	0.09m	灰绿色泥岩，块状层理，发育少量钙质结核
156–10	502.02 ~ 502.35m	0.33m	橄榄灰色泥岩，发育断续的水平纹理、生物扰动构造，钙质结核
156–11	502.35 ~ 502.94m	0.59m	绿灰色泥岩，块状层理，发育少量钙质结核
156–12	502.94 ~ 503.44m	0.50m	灰棕色泥岩，块状层理，偶发育钙质结核
156–13	503.44 ~ 504.31m	0.87m	绿灰色粉砂质泥岩，块状层理，发育较多钙质生物化石碎片
156–14	504.31 ~ 504.58m	0.27m	绿灰色泥岩，块状层理
156–15	504.58 ~ 504.68m	0.10m	绿灰色含生物碎屑泥岩，波纹层理，发育方解石充填的不规则裂缝、蚌、螺及介形虫化石
156–16	504.68 ~ 504.71m	0.03m	浅橄榄灰色灰泥岩，块状层理，介形虫化石
156–17	504.71 ~ 504.98m	0.27m	绿灰色粉砂质泥岩，块状层理，504.72m 处裂缝中充填厚 2mm 的石膏层
156–18	504.98 ~ 505.31m	0.33m	棕灰色泥岩，块状层理
156–19	505.31 ~ 506.07m	0.76m	绿灰色粉砂质泥岩，块状层理，发育少量钙质结核
156–20	506.07 ~ 506.70m	0.63m	橄榄灰色粉砂质泥岩，块状层理
156–21	506.70 ~ 507.20m	0.50m	绿灰色泥岩，块状层理，发育生物化石碎片
157–1	507.20 ~ 509.02m	1.82m	绿灰色泥岩，块状层理，发育较多生物碎片、钙质结核
157–2	509.02 ~ 509.84m	0.82m	灰棕色泥岩，块状层理，发育少量钙质结核
157–3	509.84 ~ 510.01m	0.17m	橄榄灰色泥质粉砂岩，变形层理，生物扰动较强，底部发育冲刷。局部发育粉砂岩条带
157–4	510.01 ~ 510.10m	0.09m	绿灰色泥岩，变形层理，发育生物碎片和少量钙质结核
158–1	512.72 ~ 513.12m	0.40m	绿灰色粉砂质泥岩，块状层理，发育生物碎片和钙质结核

158–2	513.12 ~ 513.62m	0.50m	橄榄灰色粉砂质泥岩，块状层理，发育生物碎片和钙质结核
158–3	513.62 ~ 513.82m	0.20m	绿灰色粉砂质泥岩，块状层理，发育生物碎片和钙质结核
158–4	513.82 ~ 514.92m	1.10m	橄榄灰色泥岩，块状层理，发育生物碎屑和少量钙质结核
159–1	514.92 ~ 515.49m	0.57m	绿灰色粉砂质泥岩，块状层理，发育介形虫化石和少量生物碎片
159–2	515.49 ~ 515.75m	0.26m	橄榄灰色粉砂质泥岩，块状层理，偶发育钙质结核
159–3	515.75 ~ 515.90m	0.15m	橄榄灰色泥质粉砂岩，断续水平波纹层理，生物扰动强烈，底部发育冲刷面。局部发育粉砂岩条带
159–4	515.90 ~ 516.04m	0.14m	绿灰色泥岩，水平层理，生物化石碎片
159–5	516.04 ~ 516.38m	0.34m	浅棕色泥岩，水平层理
160–1	516.38 ~ 517.14m	0.76m	绿灰色泥岩，块状层理，发育介形虫化石及较多生物碎片
160–2	517.14 ~ 517.49m	0.35m	绿灰色粉砂质泥岩，块状层理，发育钙质结核
160–3	517.49 ~ 517.88m	0.39m	浅棕色泥岩，块状层理，发育钙质结核
160–4	517.88 ~ 518.27m	0.39m	绿灰色粉砂质泥岩，块状层理，发育钙质结核
160–5	518.27 ~ 518.36m	0.09m	浅棕色粉砂质泥岩，块状层理，发育钙质结核
160–6	518.36 ~ 518.44m	0.08m	绿灰色粉砂质泥岩，块状层理
160–7	518.44 ~ 518.71m	0.27m	绿灰色粉砂岩，块状层理，生物扰动构造，底部发育冲刷面
160–8	518.71 ~ 518.88m	0.17m	浅棕色泥岩，块状层理
160–9	518.88 ~ 519.71m	0.83m	绿灰色泥岩，块状层理，发育钙质结核和少量生物碎片
160–10	519.71 ~ 520.05m	0.34m	浅橄榄灰色泥质粉砂岩，断续水平波纹层理、变形层理，生物扰动构造较强，底部弱冲刷。发育粉砂岩条带，砂球，其中在 519.91 ~ 519.95m 发育一薄层泥岩
160–11	520.05 ~ 521.11m	1.06m	绿灰色泥岩，块状层理，发育大量生物碎片、螺化石、蚌化石和钙质结核
160–12	521.11 ~ 521.32m	0.21m	绿灰色粉砂质泥岩，块状层理，偶发育生物碎片
160–13	521.32 ~ 522.81m	1.49m	绿灰色泥岩，块状层理，发育钙质结核和少量生物化石碎片
160–14	522.81 ~ 523.28m	0.47m	绿灰色泥质粉砂岩，断续水平波纹层理、变形层理，中下部夹粉砂岩。发育较多钙质结核和粉砂岩条带
160–15	523.28 ~ 523.53m	0.25m	浅棕色粉砂岩，槽状交错层理，生物扰动构造。发育泥质粉砂岩夹层和钙质结核
160–16	523.53 ~ 523.65m	0.12m	浅棕色泥质粉砂岩，变形层理
161–1	523.65 ~ 524.51m	0.86m	浅棕色粉砂岩，断续波纹层理、挤压变形层理，发育 4 层不规则灰棕色泥岩夹层，偶发育不规则泥砾和钙质结核
161–2	524.51 ~ 526.02m	1.51m	绿灰色粉砂岩，变形层理，发育细砂岩球、条带、泥砾和少量钙质结核
161–3	526.02 ~ 526.45m	0.43m	浅灰色细砂岩，发育槽状交错层理，局部变形层理、生物扰动，发育泥砾及泥岩条带，偶发育钙质结核
161–4	526.45 ~ 526.89m	0.44m	绿灰色含泥砾泥质粉砂岩，变形层理，局部保留原层理。底面发育冲刷 – 充填构造。上部混入粉砂岩，具变形波纹层理，中下部发育泥砾、泥质条带和少量钙质结核
161–5	526.89 ~ 528.42m	1.53m	浅灰色细砂岩，槽状交错层理，局部发育钙质细砂岩条带
161–6	528.42 ~ 528.49m	0.07m	浅灰色细砂岩与中灰色泥岩薄互层，波状层理

161-7	528.49 ~ 528.85m	0.36m	浅灰色细砂岩，浪成沙纹层理
161-8	528.85 ~ 529.27m	0.42m	浅灰色细砂岩，变形层理，发育不规则泥岩条带
161-9	529.27 ~ 529.99m	0.72m	浅灰色细砂岩，小型槽状交错层理，局部弱变形层理，局部发育泥质条带
161-10	529.99 ~ 530.04m	0.05m	中灰色细砂质泥砾岩，块状层理，底部发育冲刷面
161-11	530.04 ~ 530.37m	0.33m	浅灰色细砂岩，小型槽状交错层理，层理间有大量植物碎片。局部夹泥砾
161-12	530.37 ~ 530.59m	0.22m	中浅灰色细砾岩，楔状交错层理，底部发育冲刷面
161-13	530.59 ~ 530.68m	0.09m	绿灰色泥质粉砂岩，波纹层理，底部发育弱冲刷
161-14	530.68 ~ 530.90m	0.22m	绿灰色泥岩，块状层理，底部发育充填构造
161-15	530.90 ~ 531.03m	0.13m	中灰色粉砂岩，块状层理
162-1	531.03 ~ 531.10m	0.07m	中浅灰色粉砂岩，块状层理，底部发育冲刷面
162-2	531.10 ~ 531.42m	0.32m	中浅灰色粉砂质泥岩，块状层理，底部发育充填构造
162-3	531.42 ~ 531.72m	0.30m	中浅灰色粉砂岩，变形层理，局部发育波纹层理
162-4	531.72 ~ 532.03m	0.31m	中浅灰色含泥砾粉砂岩，块状层理，泥砾呈浅棕色，大小不一
162-5	532.03 ~ 532.13m	0.10m	淡棕色泥岩，块状层理
162-6	532.13 ~ 532.20m	0.07m	淡棕色粉砂岩，槽状交错层理，局部发育泥岩条带和生物扰动
162-7	532.20 ~ 532.66m	0.46m	淡棕色粉砂岩与泥岩互层，变形层理，底部发育冲刷面。局部发育泥砾，生物扰动较强，底部发育厚 1cm 的泥岩
162-8	532.66 ~ 532.83m	0.17m	浅灰色粉砂岩，槽状交错层理
162-9	532.83 ~ 533.54m	0.71m	淡棕色泥质粉砂岩，变形层理，底部（厚 5cm）发育浪成沙纹层理，局部发育波状层理。发育不规则泥质条带，粉砂岩结核
162-10	533.54 ~ 533.67m	0.13m	灰棕色泥岩，块状层理
162-11	533.67 ~ 534.33m	0.66m	淡黄棕色泥质粉砂岩，变形层理，发育不规则泥质条带
162-12	534.33 ~ 534.63m	0.30m	绿灰色含砂粉砂质泥岩，变形层理，底部发育轻微冲刷。含砂及生物碎片，发育少量泥砾
162-13	534.63 ~ 534.96m	0.33m	绿灰色含砾泥岩，块状层理，发育大量大小不一的钙质结核和少量螺、蚌化石
162-14	534.96 ~ 535.33m	0.37m	绿灰色泥岩，块状层理，发育钙质结核
162-15	535.33 ~ 535.57m	0.24m	灰棕色泥岩，块状层理
162-16	535.57 ~ 535.93m	0.36m	淡棕色泥质粉砂岩，块状层理
162-17	535.93 ~ 536.57m	0.64m	淡棕色泥岩块状层理，发育生物碎片
162-18	536.57 ~ 537.03m	0.46m	绿灰色泥岩，块状层理
162-19	537.03 ~ 537.53m	0.50m	绿灰色粉砂质泥岩，块状层理，偶发育生物碎片
162-20	537.53 ~ 538.03m	0.50m	淡棕色粉砂质泥岩，块状层理，偶发育钙质结核
162-21	538.03 ~ 538.53m	0.50m	绿灰色泥岩，块状层理，偶发育少量生物碎片
163-1	538.53 ~ 540.84m	2.31m	深绿灰色泥岩，块状层理，发育较多被方解石充填的裂缝和少量介形虫化石碎片

163–2	540.84 ~ 541.38m	0.54m	深绿灰色粉砂质泥岩，块状层理，底部发育冲刷－充填构造，偶发育钙质结核
163–3	541.38 ~ 541.46m	0.08m	中浅灰色粉砂岩，波纹层理，发育生物遗迹，底部发育冲刷面
163–4	541.46 ~ 541.76m	0.30m	深绿灰色泥岩，块状层理
163–5	541.76 ~ 542.05m	0.29m	中浅灰色粉砂岩，水平层理、波纹层理，底部发育冲刷面，之上偶发育泥砾。发育少量钙质结核，个体大（最大可达4cm）
163–6	542.05 ~ 543.11m	1.06m	中深灰色泥岩，水平层理，在542.58m和542.83m处分别发育厚为1cm、3cm的浅灰色粗粉砂岩夹层，在542.73 ~ 542.77m发育泥质粉砂岩薄夹层
163–7	543.11 ~ 543.18m	0.07m	中浅灰色粉砂岩，波纹层理，底部发育冲刷面，偶发育钙质结核
163–8	543.18 ~ 543.33m	0.15m	中深灰色泥岩，水平层理
163–9	543.33 ~ 543.60m	0.27m	中浅灰色粉砂岩，波纹层理，底部发育冲刷面，发育泥质粉砂岩条带
163–10	543.60 ~ 544.22m	0.62m	深灰色泥岩，水平层理
163–11	544.22 ~ 544.36m	0.14m	浅灰色粉砂岩与中深灰色泥岩薄互层，浪成沙纹层理，向上层理规模变大
163–12	544.36 ~ 544.90m	0.54m	深灰色泥岩，水平层理，发育粉砂岩条带
163–13	544.90 ~ 546.16m	1.26m	中浅灰色粉砂岩，浪成沙纹层理，规模向上变大。发育泥质条带，在546.03m处发育少量泥砾
163–14	546.16 ~ 546.26m	0.10m	中深灰色泥岩与中浅灰色粉砂岩互层，波纹层理
163–15	546.26 ~ 546.98m	0.72m	中灰色粉砂岩，变形层理，发育大量形状不规则泥岩条带、炭屑，其中在546.33 ~ 546.36m发育细砾岩，底部冲刷。细砾岩之上见2cm的细砂岩夹层
164–1	547.25 ~ 547.75m	0.50m	中灰色粉砂岩，变形层理，发育较多泥质条带和少量泥砾
164–2	547.75 ~ 548.14m	0.39m	中灰色粉砂岩夹中深灰色泥岩，浪成沙纹层理，发育较多泥质条带
164–3	548.14 ~ 548.53m	0.39m	中灰色粉砂岩，变形层理，局部包卷构造，发育较多泥质条带，具撕裂状，含少量泥砾，在548.35m处发育厚2cm细砂岩薄夹层
164–4	548.53 ~ 548.78m	0.25m	中灰色细砂岩，变形层理，发育泥质粉砂岩条带
164–5	548.78 ~ 548.83m	0.05m	绿灰色砂质细砾岩，砾石为钙质结核质砾石和沙砾，块状层理，底面强烈冲刷
164–6	548.83 ~ 549.13m	0.30m	中浅灰色细砂岩，小型槽状交错层理，向上层理规模变大，底部弱冲刷，含少量泥砾
164–7	549.13 ~ 549.37m	0.24m	中浅灰色细砂岩，变形层理，底部发育冲刷面，发育少量不规则状泥质条带
164–8	549.37 ~ 550.05m	0.68m	中浅灰色细砂岩，槽状交错层理，局部见泥砾及泥质条带，底部泥质条带中见介形虫
164–9	550.05 ~ 550.15m	0.10m	浅灰色钙质细砂岩，浪成沙纹层理，发育介形虫化石
165–1	550.15 ~ 550.40m	0.25m	绿灰色含砾泥岩，正粒序层理，底部发育冲刷面。发育介形虫化石，有细砂岩混入
165–2	550.40 ~ 550.49m	0.09m	浅灰色钙质粉砂岩夹绿灰色泥岩，变形层理，底部发育冲刷面

165-3	550.49 ~ 550.58m	0.09m	绿灰色含砾泥岩，正粒序层理，底部发育冲刷面，发育介形虫化石
165-4	550.58 ~ 550.65m	0.07m	中灰色泥岩，波纹层理
165-5	550.65 ~ 550.77m	0.12m	中灰色泥质粉砂岩，波纹层理局部变形层理。发育少量钙质结核
165-6	550.77 ~ 551.54m	0.77m	中浅灰色粉砂岩，浪成沙纹层理，发育虫孔，在 551.20m、551.45m、551.51m 发育 3 层厚小于 2cm 的泥岩夹层
165-7	551.51 ~ 552.56m	1.05m	中灰色粉砂岩，变形层理，底部发育冲刷面。顶部发育泥岩夹层，中下部发育不规则泥岩条带、薄夹层
165-8	552.56 ~ 553.51m	0.95m	浅灰色粉砂岩，浪成沙纹层理，553.15m 处发育泥岩薄夹层，具泥火焰构造
165-9	553.51 ~ 553.65m	0.14m	绿灰色泥质粉砂岩，变形层理，发育较多不规则泥岩条带，在顶部发育一薄层泥岩（1cm）
165-10	553.65 ~ 554.37m	0.72m	浅灰色粉砂岩，浪成沙纹层理，发育较多不规则泥岩条带
165-11	554.37 ~ 554.96m	0.59m	浅灰色钙质粉砂岩，小型浪成交错层理，泄水构造，底部弱冲刷，发育少量泥岩条带
165-12	554.96 ~ 555.36m	0.40m	四个沉积旋回：下部为砾岩，向上是钙质细砂岩，顶部为含砂泥岩，厚度分别为 2cm、9cm、5cm、1cm、4cm、2cm、3cm、3cm、3cm。砾岩层发育不明显粒序层理，钙质细砂岩发育浪成交错层理，含砂泥岩发育波状层理。含砂泥岩中发育大量炭化植物碎片及黄铁矿颗粒
165-13	555.36 ~ 555.47m	0.11m	浅灰色钙质粉砂岩，浪成交错层理，底部发育冲刷面，且偶发育钙质结核
165-14	555.47 ~ 555.71m	0.24m	浅绿灰色粉砂岩，块状层理，局部发育泥砾
165-15	555.71 ~ 556.15m	0.44m	淡棕色粉砂质泥岩，块状层理，发育钙质结核
165-16	556.15 ~ 556.73m	0.58m	灰棕色泥岩，块状层理，发育少量钙质结核，在 556.65m 处发育泥质粉砂岩条带
165-17	556.73 ~ 556.90m	0.17m	灰棕色杂绿灰色泥质粉砂岩，块状层理
165-18	556.90 ~ 557.61m	0.71m	灰棕色杂绿灰色粉砂质泥岩，块状层理
165-19	557.61 ~ 557.93m	0.32m	灰棕色泥岩，块状层理，发育少量钙质结核
166-1	557.93 ~ 558.26m	0.33m	绿灰色泥岩，块状层理，发育少量生物碎片
166-2	558.26 ~ 558.43m	0.17m	灰棕色杂绿灰色粉砂质泥岩，块状层理，偶发育钙质结核
166-3	558.43 ~ 558.77m	0.34m	灰棕色粉砂质泥岩，块状层理，发育较多钙质结核
166-4	558.77 ~ 559.33m	0.56m	灰棕色泥岩，块状层理，发育钙质结核
166-5	559.33 ~ 560.17m	0.84m	灰棕色杂绿灰色泥质粉砂岩，变形层理，底部发育充填构造，偶发育钙质团块、粉砂质条带
166-6	560.17 ~ 560.44m	0.27m	浅灰色粉砂岩，槽状交错层理，底部略变形，生物扰动较强，发育生物遗迹。底部弱冲刷，见少量冲刷泥砾
166-7	560.44 ~ 560.60m	0.16m	淡棕色泥质粉砂岩，块状层理，局部发育变形纹层。下部有粉砂岩混入，偶发育钙质结核和粉砂岩砂枕
166-8	560.60 ~ 560.73m	0.13m	浅灰色粉砂岩，槽状交错层理，顶部发育强烈生物扰动构造。发育生物遗迹
166-9	560.73 ~ 561.53m	0.80m	浅棕色泥质粉砂岩，变形层理，发育大量形状不规则泥岩条带，部分具撕裂状，见少量粉砂岩条带

166–10	561.53 ~ 563.33m	1.80m	浅灰色粉砂岩，变形层理，底部轻微冲刷。发育大量不规则泥质条带及钙质粉砂岩条带。其中在 562.27 ~ 562.41m 见钙质粉砂岩夹层，其内发育大量生物遗迹和浅棕色泥岩条带
166–11	563.33 ~ 563.73m	0.40m	浅灰色粉砂岩，波状层理、变形层理，发育少量少量绿灰色泥岩条带
166–12	563.73 ~ 564.24m	0.51m	浅灰色粉砂岩，小型槽状交错层理，发育少量泥岩条带
166–13	564.24 ~ 564.54m	0.30m	浅灰色钙质粉砂岩，小型槽状交错层理
167–1	564.46 ~ 564.77m	0.31m	浅灰色钙质粉砂岩，小型槽状交错层理，局部变形层理，发育少量泥质条带
167–2	564.77 ~ 565.16m	0.39m	浅灰色粉砂岩，上部为变形层理，中部为槽状交错层理，底部为滑塌变形构造。上部发育裂缝，见少量泥质条带及泥岩薄夹层
167–3	565.16 ~ 565.39m	0.23m	灰绿色含砾泥岩，块状层理，发育粉砂岩条带和大量生物碎片
167–4	565.39 ~ 566.16m	0.77m	中灰色泥质粉砂岩，波纹层理，局部变形层理，见少量钙质团块和生物遗迹
167–5	566.16 ~ 566.44m	0.28m	中浅灰色粉砂岩，波纹层理，底部发育冲刷面，偶发育泥砾
167–6	566.44 ~ 567.01m	0.57m	中浅灰色粉砂岩，变形层理，底部发育弱冲刷面。中上部发育不规则泥质条带，下部发育泥砾
167–7	567.01 ~ 567.23m	0.22m	中浅灰色粉砂岩，波纹层理，局部发育弱变形层理，偶发育钙质结核
167–8	567.23 ~ 567.45m	0.22m	中浅灰色粉砂岩，变形层理，发育不规则泥质条带
167–9	567.45 ~ 567.63m	0.18m	浅灰色钙质粉砂岩，槽状交错层理，底部发育冲刷面
167–10	567.63 ~ 568.09m	0.46m	中浅灰色粉砂岩，变形层理，上部发育钙质粉砂岩条带，具包卷特征。发育大量不规则泥岩条带，底部发育少量泥砾。在 567.82m 处发育泥岩薄夹层（0.6cm）
167–11	568.09 ~ 568.31m	0.22m	中浅灰色粉砂岩，小型槽状交错层理，底部发育冲刷面，冲刷面之上发育定向排列的泥砾
167–12	568.31 ~ 569.13m	0.82m	中浅灰色粉砂岩，变形层理，底部发育冲刷面，见不规则泥岩条带
167–13	569.13 ~ 569.49m	0.36m	中浅灰色粉砂岩，小型浪成交错层理，发育少量泥质条带
167–14	569.49 ~ 569.82m	0.33m	中浅灰色粉砂岩，变形层理，发育不规则泥质条带
167–15	569.82 ~ 571.01m	1.19m	中浅灰色粉砂岩，小型槽状交错层理，局部发育泥砾、泥岩条带
167–16	571.01 ~ 571.51m	0.50m	绿灰色含泥砾粉砂岩，小型槽状交错层理，局部变形层理，底部发育冲刷面。发育炭化植物碎片和不规则泥岩条带
167–17	571.51 ~ 571.77m	0.26m	绿灰色粉砂质砾岩，块状层理，底部发育强烈冲刷面。发育砂岩团块和少量炭化植物碎片
167–18	571.77 ~ 571.93m	0.16m	中灰色粉砂岩夹绿灰色泥岩，变形层理
167–19	571.93 ~ 572.53m	0.60m	中灰色粉砂岩，小型槽状交错层理
168–1	572.54 ~ 572.94m	0.40m	浅灰色含钙粉砂岩，小型槽状交错层理，底部发育冲刷面。局部夹绿灰色泥岩薄层（小于 1cm）
168–2	572.94 ~ 573.53m	0.59m	中浅灰色粉砂岩，变形层理，包卷层理，底部弱冲刷。发育少量不规则泥岩条带
168–3	573.53 ~ 573.68m	0.15m	绿灰色含砂泥岩，变形层理，发育砂质条带

168–4	573.68 ~ 574.54m	0.86m	中浅灰色粉砂岩，变形层理，包卷层理，底部弱冲刷。发育少量不规则泥岩条带和蚌化石
168–5	574.54 ~ 575.22m	0.68m	中浅灰色粉砂岩，槽状交错层理，发育泥质条带。底部发育冲刷面，冲刷面上发育泥砾
168–6	575.22 ~ 575.59m	0.37m	中浅灰色粉砂岩，波状交错层理、波状层理，发育泥质条带
168–7	575.59 ~ 575.68m	0.09m	中浅灰色粉砂岩，高角度单斜层理
168–8	575.68 ~ 575.85m	0.17m	中浅灰色粉砂岩，低角度单斜层理，发育少量泥质条带
168–9	575.85 ~ 576.06m	0.21m	中浅灰色含泥砾粉砂岩，变形层理，发育泥砾及不规则泥质条带
168–10	576.06 ~ 576.19m	0.13m	浅灰色粉砂岩，平行层理，发育泥岩薄夹层及泥砾
168–11	576.19 ~ 576.51m	0.32m	中灰色泥砾质细砾岩，块状层理，底面发育冲刷。发育大量砂球砂枕
168–12	576.51 ~ 577.09m	0.58m	灰棕色泥岩，波纹层理，偶发育粉砂岩条带
168–13	577.09 ~ 577.49m	0.40m	绿灰色泥岩，块状层理，发育大量生物碎片
168–14	577.49 ~ 577.64m	0.15m	浅绿灰色粉砂质泥岩，块状层理，偶发育砂球
168–15	577.64 ~ 578.85m	1.21m	灰棕色粉砂质泥岩，波纹层理，底部发育较多粉砂岩条带
168–16	578.85 ~ 581.10m	2.25m	中浅灰色粉砂岩，槽状交错层理，发育不规则泥岩条带和生物遗迹
169–1	581.10 ~ 581.50m	0.40m	浅灰色粉砂岩，槽状交错层理，底部发育冲刷面
169–2	581.50 ~ 581.63m	0.13m	绿灰色粉砂质泥岩，变形层理，发育大量粉砂质条带
169–3	581.63 ~ 582.75m	1.12m	中浅灰色粉砂岩，槽状交错层理，底部发育冲刷面
169–4	582.75 ~ 583.07m	0.32m	浅灰色钙质细砂岩，槽状交错层理，偶发育泥砾及泥岩条带
169–5	583.07 ~ 583.32m	0.25m	中浅灰色细砂岩，发育单斜层理
169–6	583.32 ~ 583.54m	0.22m	中灰色含泥砾细砂岩，变形层理，底部发育冲刷面。发育钙质结核
169–7	583.54 ~ 585.31m	1.77m	中灰色细砂岩，槽状交错层理，其中在 584.2～584.21m、5848～584.84m、584.96 ～ 585m、585.06 ～ 585.11m 夹泥岩薄层，局部发育泥砾
169–8	585.31 ~ 585.86m	0.55m	中灰色细砂岩，单向斜层理，底部发育冲刷面，冲刷面上发育泥砾
169–9	585.86 ~ 586.07m	0.21m	中灰色含泥砾细砂岩，变形层理，底部发育冲刷面，冲刷面上发育泥砾
169–10	586.07 ~ 586.28m	0.21m	中灰色细砂岩，单向斜层理，局部发育泥砾
169–11	586.28 ~ 586.84m	0.56m	中灰色粉砂岩，变形层理，发育大量泥砾及不规则泥岩条带
169–12	586.84 ~ 587.22m	0.38m	中灰色细砂岩，平行层理，层间发育炭化植物碎片
169–13	587.22 ~ 587.72m	0.50m	中灰色细砂岩，单向斜层理，层间发育炭化植物碎片
169–14	587.72 ~ 587.81m	0.09m	中灰色细砂岩，槽状交错层理
169–15	587.81 ~ 588.56m	0.75m	中灰色细砂岩，单向斜层理
169–16	588.56 ~ 588.90m	0.34m	中灰色含泥砾细砂岩，变形层理，发育泥砾及泥质条带
170–1	588.90 ~ 589.16m	0.26m	中浅灰色细砂岩，槽状交错层理
170–2	589.16 ~ 589.23m	0.07m	中浅灰色细砾岩，块状层理，底部发育轻微冲刷，偶发育细砂岩条带

170–3	589.23 ~ 589.50m	0.27m	浅灰色含钙细砂岩，槽状交错层理
170–4	589.50 ~ 589.66m	0.16m	中浅灰色细砂质细砾岩，单向斜层理
170–5	589.66 ~ 589.84m	0.18m	中浅灰色细砂质细砾岩，块状层理，底部发育冲刷面。顶部发育厚3cm的细砂岩层
170–6	589.84 ~ 589.92m	0.08m	中浅灰色粉砂岩，槽状交错层理
170–7	589.92 ~ 590.90m	0.98m	中浅灰色细砂质泥砾岩，块状层理，个别较大泥砾上保留有水平层理。590.30 ~ 590.35m处夹一层细砂岩
170–8	590.90 ~ 591.09m	0.19m	中浅灰色细砂岩，槽状交错层理，底部发育冲刷面
170–9	591.09 ~ 591.19m	0.10m	浅灰色含钙粉砂岩，槽状交错层理，底部发育冲刷面
170–10	591.19 ~ 591.34m	0.15m	中浅灰色粉砂质砾岩，块状层理，底面强烈冲刷。发育钙质团块
170–11	591.34 ~ 591.46m	0.12m	浅灰色钙质粉砂岩，单向斜层理，底部发育冲刷面和砂岩砾石
170–12	591.46 ~ 591.70m	0.24m	中浅灰色含钙粉砂岩，槽状交错层理、平行层理
170–13	591.70 ~ 591.79m	0.09m	中浅灰色含泥砾粉砂岩，单向斜层理，底部发育冲刷面
170–14	591.79 ~ 592.02m	0.23m	中浅灰色粉砂岩，平行层理，底部发育少量泥砾
170–15	592.02 ~ 592.16m	0.14m	中浅灰色粉砂质泥砾岩，正粒序层理，底面发育冲刷面，冲刷面上发育定向排列的泥砾
170–16	592.16 ~ 592.29m	0.13m	中浅灰色含泥砾粉砂岩，块状层理，底部发育冲刷面
170–17	592.29 ~ 592.50m	0.21m	绿灰色泥岩，块状层理
170–18	592.50 ~ 593.60m	1.10m	灰棕色泥岩，波纹层理。发育钙质团块和少量粉砂岩条带
170–19	593.60 ~ 594.47m	0.87m	灰棕色粉砂质泥岩，块状层理，顶部发育水平波纹层理，发育钙质团块及絮状粉砂岩条带
170–20	594.47 ~ 595.00m	0.53m	灰棕色粉砂质泥岩，波纹层理、变形层理，生物扰动强烈。发育大量粉砂条带，偶见钙质团块
170–21	595.00 ~ 595.14m	0.14m	浅棕灰色泥质粉砂岩，变形层理，发育不规则粉砂岩条带、钙质团块。
170–22	595.14 ~ 595.24m	0.10m	中灰色粉砂岩，小型槽状交错层理，底部发育厚2cm的细泥砾岩
170–23	595.24 ~ 595.40m	0.16m	浅棕灰色泥质粉砂岩，变形层理，发育不规则粉砂岩条带、钙质团块
171–1	596.72 ~ 597.41m	0.69m	中浅灰色泥质粉砂岩，变形层理，发育不规则泥岩条带、砂岩条带、泥砾和钙质团块
171–2	597.41 ~ 597.49m	0.08m	浅灰色钙质粉砂岩，槽状交错层理
171–3	597.49 ~ 597.92m	0.43m	中浅灰色粉砂岩，变形层理，含不规则泥岩条带及泥砾
171–4	597.92 ~ 598.12m	0.20m	中浅灰色粉砂岩，槽状交错层理，底部含泥砾
171–5	598.12 ~ 598.48m	0.36m	中浅灰色粉砂岩，变形层理，底面发育强烈冲刷面。发育不规则泥质条带及泥砾。顶部发育厚1cm的泥岩夹层
171–6	598.48 ~ 598.67m	0.19m	中浅灰色粉砂岩，槽状交错层理
171–7	598.67 ~ 598.79m	0.12m	中浅灰色粉砂岩，变形层理，含泥砾及泥质条带
171–8	598.79 ~ 599.52m	0.73m	中浅灰色粉砂岩，槽状交错层理，局部见泥岩条带，在599.36m处发育不规则泥岩夹层
171–9	599.52 ~ 600.09m	0.57m	浅灰色含钙粉砂岩，单向斜层理，局部变形层理。发育大量炭屑，较多泥砾

171–10	600.09 ~ 600.22m	0.13m	深绿灰色泥质粉砂岩，变形层理，底面发育强烈冲刷面。发育泥砾、不规则粉砂岩条带和大量炭屑
171–11	600.22 ~ 601.29m	1.07m	中浅灰色细砂岩，槽状交错层理，偶发育泥砾及不规则泥岩条带
171–12	601.29 ~ 601.66m	0.37m	浅灰色含钙细砂岩，变形层理，底面发育冲刷面，偶发育泥砾
171–13	601.66 ~ 601.84m	0.18m	中浅灰色细砂质砾岩，逆粒序层理，底部强烈冲刷
171–14	601.84 ~ 601.99m	0.15m	浅灰色含钙细砂岩，槽状交错层理
171–15	601.99 ~ 602.19m	0.20m	中浅灰色细砂岩，槽状交错层理
171–16	602.19 ~ 602.32m	0.13m	浅灰色含钙细砂岩，平行层理
171–17	602.32 ~ 602.92m	0.60m	中浅灰色细砂岩，平行层理，底部发育冲刷面，冲刷面上发育冲刷泥砾
171–18	602.92 ~ 602.97m	0.05m	浅橄榄灰色粉砂质泥岩，水平层理
172–1	603.71 ~ 604.47m	0.76m	中浅灰色细砂岩，单向斜层理，偶发育波状层理。底部弱冲刷构造，发育黄铁矿团块
172–2	604.47 ~ 604.71m	0.24m	浅灰色钙质粉砂岩，变形层理，底面发育冲刷面。发育不规则泥岩、泥质粉砂岩条带
172–3	604.71 ~ 605.02m	0.31m	深绿灰色泥岩，块状层理，偶发育生物碎片
172–4	605.02 ~ 605.35m	0.33m	绿灰色粉砂质泥岩，块状层理，底部发育较大钙质团块
172–5	605.35 ~ 605.54m	0.19m	淡红色粉砂质泥岩，块状层理
172–6	605.54 ~ 606.51m	0.97m	灰棕色泥岩，块状层理，发育钙质团块
172–7	606.51 ~ 607.00m	0.49m	灰棕色粉砂质泥岩，块状层理，偶见钙质团块及中浅灰色泥质粉砂岩条带
172–8	607.00 ~ 607.73m	0.73m	淡红色泥质粉砂岩，槽状交错层理，见大量砂岩条带，少量云母碎片，生物遗迹发育
172–9	607.73 ~ 608.65m	0.92m	淡红色粉砂质泥岩，水平层理，在 607.79~607.83m、608.34 ~ 608.39m 发育灰棕色泥岩薄夹层，在 607.91m 和 608.38m 处发育泥质粉砂岩条带
172–10	608.65 ~ 609.09m	0.44m	淡红色泥质粉砂岩，波纹层理，在 608.68 ~ 608.86m 发育含钙粉砂岩薄夹层，底部发育冲刷面
173–1	609.09 ~ 609.52m	0.43m	灰棕色泥质粉砂岩，波状层理，发育粉砂岩条带，底部发育冲刷面，冲刷面之上发育泥砾
173–2	609.52 ~ 609.75m	0.23m	浅灰色钙质粉砂岩，槽状交错层理，生物扰动强烈
173–3	609.75 ~ 611.09m	1.34m	中浅灰色粉砂岩，槽状交错层理，局部见变形层理
173–4	611.09 ~ 611.29m	0.20m	中浅灰色粉砂岩，滑塌变形构造，局部包卷层理，发育不规则泥岩条带
173–5	611.29 ~ 611.39m	0.10m	灰棕色粉砂质细砾岩，块状层理，底部发育冲刷面。发育钙质团块和少量绿灰色泥砾
173–6	611.39 ~ 611.65m	0.26m	灰棕色泥岩，变形层理，发育较多泥质粉砂岩条带
173–7	611.65 ~ 612.98m	1.33m	灰棕色粉砂质泥岩，变形层理，发育较多泥岩条带、泥质粉砂岩条带，偶发育钙质团块
173–8	612.98 ~ 613.12m	0.14m	灰棕色泥岩，块状层理，偶发育粉砂岩条带
173–9	613.12 ~ 614.04m	0.92m	中浅灰色粉砂岩，滑塌变形构造，发育不规则钙质粉砂岩条带及泥岩条带

173–10	614.04 ~ 614.84m	0.80m	中浅灰色粉砂岩，槽状交错层理，偶发育不规则泥岩条带
173–11	614.84 ~ 614.92m	0.08m	中浅灰色含砾粉砂岩，块状层理，发育钙质团块，底部发育冲刷面
173–12	614.92 ~ 615.13m	0.21m	中浅灰色粉砂岩，槽状交错层理，偶发育泥质条带
173–13	615.13 ~ 615.51m	0.38m	浅灰色钙质粉砂岩，槽状交错层理，底部发育冲刷面。在 615.39m 处发育厚 1cm 绿灰色含泥砾泥质粉砂岩薄夹层
173–14	615.51 ~ 615.56m	0.05m	绿灰色含泥砾粉砂岩，块状层理，底部发育冲刷面，发育含泥砾粉砂岩条带
173–15	615.56 ~ 615.96m	0.40m	绿灰色粉砂岩，滑塌变形构造，底部发育冲刷面。发育大量钙质团块、粉砂岩条带，局部含较多泥砾
173–16	615.96 ~ 616.38m	0.42m	中浅灰色粉砂岩，槽状交错层理，其中 616.06~616.12m 为单向斜层理
174–1	616.78 ~ 617.03m	0.25m	浅灰色含钙细砂岩，槽状交错层理，底部发育冲刷面，局部含砾石
174–2	617.03 ~ 617.24m	0.21m	中浅灰色细砂质中砾岩，块状层理，底部发育冲刷面
174–3	617.24 ~ 617.34m	0.10m	浅灰色钙质细砂岩，单斜层理，底部发育强烈冲刷面
174–4	617.34 ~ 618.37m	1.03m	中灰色粉砂岩，滑塌变形构造，局部包卷层理，底部发育冲刷面。发育大量不规则泥质条带和钙质团块
174–5	618.37 ~ 618.59m	0.22m	中浅灰色粉砂岩，滑塌变形构造，底部发育强烈冲刷面，发育泥砾、不规则泥岩条带、蚌化石和钙质结核
174–6	618.59 ~ 618.63m	0.04m	绿灰色泥岩，块状层理
174–7	618.63 ~ 618.95m	0.32m	浅棕灰色泥岩，水平层理，在 618.88m 处发育厚 5mm 的钙质粉砂岩，且冲刷下部泥岩。局部发育粉砂岩条带
174–8	618.95 ~ 619.17m	0.22m	浅棕灰色泥质粉砂岩，含泥质条带。发育槽状交错层理、波纹层理，底部弱冲刷
174–9	619.17 ~ 619.22m	0.05m	灰棕色泥岩，波纹层理，下部发育泥质粉砂岩条带
174–10	619.17 ~ 619.22m	0.05m	浅棕灰色粉砂岩，滑塌变形构造，局部包卷层理，发育不规则泥质条带，在 619.34m 处发育厚 2cm 左右的泥岩薄夹层
174–11	619.83 ~ 619.88m	0.05m	浅灰色钙质粉砂岩，槽状交错层理，局部包卷层理，底部发育冲刷面
174–12	619.88 ~ 619.93m	0.05m	浅棕灰色粉砂岩，滑塌变形构造，局部包卷层理，发育不规则泥质条带
174–13	619.93 ~ 620.02m	0.09m	浅棕灰色粉砂岩，槽状交错层理，顶部发育爬升层理，发育泥岩条带
174–14	620.02 ~ 620.25m	0.23m	浅棕灰色粉砂岩，滑塌变形构造，局部包卷层理，发育不规则泥质条带
174–15	620.25 ~ 620.33m	0.08m	浅棕灰色泥质粉砂岩，波纹层理，发育较多泥岩条带
174–16	620.33 ~ 620.47m	0.14m	浅棕灰色粉砂岩，槽状交错层理，底部发育冲刷面，发育少量泥岩条带和生物遗迹
174–17	620.47 ~ 620.88m	0.41m	绿灰色粉砂质泥岩，块状层理，偶发育介形虫化石、螺化石和少量生物化石碎片
174–18	620.88 ~ 621.34m	0.46m	绿灰色泥质粉砂岩，滑塌构造，偶发育介形化石，底部发育钙质结核
174–19	621.34 ~ 621.57m	0.23m	浅灰色钙质粉砂岩，槽状交错层理，顶部发育波状层理及爬升层理

174–20	621.57 ~ 622.21m	0.64m	浅灰色粉砂岩，槽状交错层理，底面强烈冲刷。发育泥质条带，底部发育较大钙质结核
174–21	622.21 ~ 622.38m	0.17m	浅灰色粉砂岩夹绿灰色泥岩，槽状交错层理，底部发育冲刷面，冲刷面上发育泥砾
174–22	622.38 ~ 622.86m	0.48m	中浅灰色粉砂岩，槽状交错层理。局部发育较多泥砾和泥岩条带
174–23	622.86 ~ 623.31m	0.45m	中浅灰色粉砂岩，槽状交错层理，偶发育泥岩条带
174–24	623.31 ~ 623.81m	0.50m	浅灰色钙质细砂岩，槽状交错层理，偶发育泥砾
174–25	623.81 ~ 624.38m	0.57m	中浅灰色含泥砾细砂岩，单向斜层理，发育泥岩条带
175–1	624.83 ~ 624.93m	0.10m	中浅灰色细砂岩，槽状交错层理
175–2	624.93 ~ 625.23m	0.30m	灰绿色泥岩，块状层理
175–3	625.23 ~ 625.63m	0.40m	灰棕色泥岩，块状层理
175–4	625.63 ~ 625.83m	0.20m	灰绿色泥岩，块状层理
175–5	625.83 ~ 626.07m	0.24m	灰棕色粉砂质泥岩，块状层理，不规则裂缝被灰棕色泥岩充填，发育钙质结核
175–6	626.07 ~ 627.17m	1.10m	绿灰色泥岩，块状层理
175–7	627.17 ~ 627.83m	0.66m	绿灰色杂灰棕色粉砂质泥岩，块状层理，发育裂缝
175–8	627.83 ~ 628.48m	0.65m	绿灰色泥岩，块状层理，偶发育少量灰棕色泥岩条带
175–9	628.48 ~ 629.23m	0.75m	灰黄绿色泥质粉砂岩，块状层理，发育泥岩条带、粉砂岩团块和生物遗迹
175–10	629.23 ~ 630.08m	0.85m	灰黄绿色粉砂岩，发育变形层理和包卷层理
175–11	630.08 ~ 630.50m	0.42m	绿灰色含生物碎屑细砂岩，块状层理，发育大量钙质结核、生物碎片和少量泥砾
175–12	630.50 ~ 632.33m	1.83m	灰绿色细砂岩，平行层理，发育裂缝，在 631.41 ~ 631.46m 夹一层粉砂质泥岩

明一段上覆地层为明二段，呈整合接触，岩心描述见下文；下伏地层为四方台组，呈平行不整合接触。

明一段岩心描述：

175–13	632.33 ~ 632.45m	0.12m	灰绿色粉砂质泥岩，水平层理
177–1	632.45 ~ 632.56m	0.11m	绿灰色泥质粉砂岩，波纹层理
177–2	632.56 ~ 632.81m	0.25m	绿灰色粉砂质泥岩，波纹层理
177–3	632.81 ~ 633.16m	0.35m	绿灰色泥质粉砂岩，滑塌变形构造，发育不规则粉砂岩条带、泥岩条带
177–4	633.16 ~ 633.48m	0.32m	绿灰色粉砂质泥岩，波纹层理，发育泥质粉砂岩夹层
177–5	633.48 ~ 633.61m	0.13m	浅灰色泥质粉砂岩，波纹层理、浪成交错层理，发育炭屑
177–6	633.61 ~ 634.21m	0.60m	中浅灰色粉砂质泥岩，波纹层理，发育炭屑和黄铁矿
177–7	634.21 ~ 634.69m	0.48m	中浅灰色泥质粉砂岩，滑塌变形构造，局部包卷层理，发育不规则泥岩条带、粉砂岩团块
177–8	634.69 ~ 635.80m	1.11m	中浅灰色泥质粉砂岩，波纹层理，发育大量炭屑及少量黄铁矿

177–9	635.80 ~ 636.14m	0.34m	中浅灰色泥质粉砂岩，滑塌变形构造，发育不规则粉砂岩条带
177–10	636.14 ~ 636.27m	0.13m	浅灰色粉砂岩，平行层理，底面弱冲刷
177–11	636.27 ~ 637.40m	1.13m	中浅灰色泥质粉砂岩，波纹层理，局部变形层理，发育大量炭屑，偶发育黄铁矿、粉砂质条带
177–12	637.40 ~ 637.90m	0.50m	中浅灰色粉砂岩夹中深灰色泥岩薄层，粉砂岩发育斜层理、波状交错层理，泥岩发育水平波纹层理。发育大量炭屑、偶发育黄铁矿
177–13	637.90 ~ 638.65m	0.75m	中深灰色泥岩与中浅灰色粉砂岩薄互层，波状交错层理，局部变形层理，发育大量炭屑
178–1	638.65 ~ 639.11m	0.46m	中深灰色泥岩夹中浅灰色粉砂岩，泥岩发育水平层理、水平波纹层理，粉砂岩发育波状层理。岩层面上发育较多炭屑、黄铁矿
178–2	639.11 ~ 639.45m	0.34m	中浅灰色粉砂岩夹中深灰色泥岩薄层，波状层理，层面上发育大量炭屑
178–3	639.45 ~ 640.47m	1.02m	中深灰色泥岩夹中浅灰色粉砂岩，水平层理，水平波纹层理，少量波状层理，见黄铁矿，层理面上见较多炭屑
178–4	640.47 ~ 640.98m	0.51m	中深灰色泥岩与中浅灰色粉砂岩薄互层，水平层理，水平波纹层理，少量波状层理，见黄铁矿，层理面上见较多炭屑
178–5	640.98 ~ 641.63m	0.65m	中浅灰色粉砂岩夹中深灰色泥岩薄互层，波状层理，波状交错层理，水平波纹层理，层理面上见大量炭屑
178–6	641.63 ~ 643.65m	2.02m	中浅灰色粉砂岩与中深灰色泥岩薄互层，波状层理、波状交错层理，层理面上发育大量炭屑
178–7	643.65 ~ 643.88m	0.23m	中深灰色泥岩，水平层理、水平波纹层理，发育粉砂岩条带，层理面上发育大量炭屑
179–1	643.88 ~ 644.38m	0.50m	中浅灰色粉砂质泥岩夹泥质粉砂岩薄层，水平波纹层理，底面发育弱冲刷面。发育黄铁矿，层面上发育炭屑和少量生物碎片
179–2	644.38 ~ 646.12m	1.74m	中浅灰色泥岩夹泥质粉砂岩薄层，水平波纹层理，发育黄铁矿，层面上发育炭屑和少量生物碎片
179–3	646.12 ~ 648.38m	2.26m	中灰色泥岩，水平层理，少量生物碎片和炭屑
180–1	648.38 ~ 653.30m	4.92m	中灰色泥岩，水平层理，发育植物碎片化石及黄铁矿夹层，偶发育叶肢介化石。在650.80m处发育粉砂岩薄夹层
180–2	653.30 ~ 653.60m	0.30m	中灰色泥岩，波纹层理，发育粉砂质泥岩条带、黄铁矿夹层和少量生物碎片。在653.38m处发育粉砂岩薄夹层
180–3	653.60 ~ 653.91m	0.31m	中灰色泥岩，水平层理，偶发育叶肢介化石和少量生物碎片化石
181–1	653.91 ~ 658.24m	4.33m	浅橄榄灰色泥岩，水平层理，偶发育叶肢介化石及生物碎片，底部见1.2cm厚黄铁矿薄夹层
181–2	658.24 ~ 660.07m	1.83m	中灰色泥岩，水平层理，底面冲刷，冲刷面上发育黄铁矿夹层。偶发育叶肢介化石
181–3	660.07 ~ 661.14m	1.07m	绿灰色粉砂质泥岩，块状层理，偶发育黄铁矿、生物碎片，底部发育钙质结核
181–4	661.14 ~ 661.45m	0.31m	绿灰色泥质粉砂岩，块状层理，偶发育黄铁矿
181–5	661.45 ~ 661.90m	0.45m	中浅灰色粉砂岩，滑塌变形构造，发育泥质条带，局部发育生物扰动
181–6	661.90 ~ 662.42m	0.52m	中浅灰色粉砂岩，平行层理

182–1	662.48 ~ 662.98m	0.50m	浅灰色粉砂岩，波纹层理，局部发育泥岩条带
182–2	662.98 ~ 663.51m	0.53m	浅灰色粉砂岩夹薄层泥岩，滑塌变形构造，发育较多不规则泥岩条带和细砂岩夹层，在 663.38 ~ 663.33m 发育泥岩夹层
182–3	662.98 ~ 663.51m	0.53m	浅灰色细砂岩，槽状交错层理，底面强烈冲刷，偶发育黄铁矿和泥砾
182–4	664.01 ~ 664.30m	0.29m	浅灰色粉砂岩，滑塌变形构造，发育大量不规则泥质条带和细砂岩条带
182–5	664.30 ~ 664.88m	0.58m	浅灰色细砂岩，滑塌变形构造，局部发育包卷层理，少量泥质条带
182–6	664.88 ~ 665.21m	0.33m	浅灰色中砂岩，含泥砾，平行层理，底面冲刷
182–7	665.21 ~ 665.40m	0.19m	中灰色细砂岩，滑塌变形构造，局部包卷层理，发育不规则泥岩条带
182–8	665.40 ~ 666.78m	1.38m	浅灰色中砂岩，槽状交错层理，底面冲刷，其中在 666.32m、666.42m、667.02m 处发育厚度不一的泥岩条带或夹层
182–9	666.78 ~ 667.42m	0.64m	绿灰色泥岩，块状层理
182–10	667.42 ~ 668.28m	0.86m	棕灰色泥岩，块状层理，偶发育钙质结核
182–11	668.28 ~ 668.68m	0.40m	绿灰色粉砂质泥岩，块状层理，发育较多钙质结核
182–12	668.68 ~ 668.94m	0.26m	浅灰色粉砂岩，波状层理，钙质结核
182–13	668.94 ~ 669.33m	0.39m	绿灰色泥质粉砂岩，波状层理，顶部具滑塌特征，发育不规则泥岩条带
182–14	669.33 ~ 669.40m	0.07m	浅灰色细砂岩，平行层理，发育少量泥砾
182–15	669.40 ~ 669.80m	0.40m	浅灰色粉砂岩，槽状交错层理，顶部和底部发育泥岩薄夹层
182–16	669.80 ~ 670.19m	0.39m	浅灰色细砂岩，平行层理、波状层理，发育大量泥岩条带、少量泥砾
182–17	670.19 ~ 670.53m	0.34m	极浅灰色钙质细砂岩，槽状交错层理，发育生物扰动构造
182–18	670.53 ~ 670.71m	0.18m	浅灰色细砂岩，槽状交错层理，偶发育生物扰动构造
183–1	670.71 ~ 671.03m	0.32m	浅灰色细砂岩，槽状交错层理，发育钙质粉砂球，局部发育泥岩条带
183–2	671.03 ~ 672.24m	1.21m	浅灰色中砂岩与绿灰色泥质粉砂岩薄互层，槽状交错层理，下部波纹层理，发育较多泥岩条带
183–3	672.24 ~ 672.76m	0.52m	浅灰色细砂岩，单向斜层理，偶发育泥砾
183–4	672.76 ~ 673.07m	0.31m	中浅灰色粉砂岩，槽状交错层理，发育泥质条带
183–5	673.07 ~ 674.14m	1.07m	浅灰色中砂岩，板状交错层理，673.14 ~ 673.18m 发育泥岩薄夹层
183–6	674.14 ~ 674.78m	0.64m	浅灰色中砂岩，平行层理
183–7	674.78 ~ 675.00m	0.22m	浅灰色中砂岩，槽状交错层理，偶发育泥质条带
183–8	675.00 ~ 676.24m	1.24m	浅灰色粗砂岩，单向斜层理，底部发育泥砾
183–9	676.24 ~ 676.68m	0.44m	浅灰色含泥砾粗砂岩，含泥砾，平行层理，底部发育冲刷面和泥砾
183–10	676.68 ~ 677.10m	0.42m	浅灰色中砂岩，槽状交错层理，偶发育泥质条带
184–1	680.08 ~ 680.17m	0.09m	浅灰色中砂岩，平行层理

184–2	680.17 ~ 680.71m	0.54m	浅灰色中砂岩，单向斜层理
184–3	680.71 ~ 681.69m	0.98m	浅灰色中砂岩，板状交错层理，发育较多泥砾和形状不规则的泥质条带
184–4	681.69 ~ 682.08m	0.39m	绿灰色粉砂质泥岩，滑塌变形构造，发育细砂岩条带和团块
184–5	682.08 ~ 682.42m	0.34m	浅灰色中砂岩，上部单向斜层理，下部槽状交错层理
184–6	682.42 ~ 682.52m	0.10m	绿灰色泥岩，波纹层理
184–7	682.52 ~ 682.91m	0.39m	绿灰色粉砂质泥岩，滑塌变形构造，发育粉砂岩条带
184–8	682.91 ~ 683.03m	0.12m	绿灰色泥岩，波纹层理
184–9	683.03 ~ 683.59m	0.56m	绿灰色粉砂质泥岩，水平层理、波纹层理，底部发育 4cm 厚的泥质粉砂岩，冲刷下部地层
184–10	683.59 ~ 683.98m	0.39m	绿灰色泥岩，水平层理、波纹层理，683.74 ~ 683.78 含粉砂岩
184–11	683.98 ~ 684.31m	0.33m	浅灰色粉砂岩夹绿灰色泥岩薄层，顶部见包卷、变形层理，中、下部为浪成沙纹层理，发育生物遗迹
184–12	684.31 ~ 684.48m	0.17m	绿灰色泥岩，水平层理
184–13	684.48 ~ 685.16m	0.68m	浅灰色粉砂岩夹绿灰色泥岩，滑塌变形构造，底部发育冲刷面
184–14	685.16 ~ 685.57m	0.41m	绿灰色粉砂质泥岩，滑塌变形构造，发育不规则粉砂岩条带和少量炭屑
184–15	685.57 ~ 686.39m	0.82m	浅灰色细砂岩，浪成沙纹层理，变形层理，局部具包卷特征，发育不规则泥岩条带
185–1	686.39 ~ 686.79m	0.40m	中浅灰色细砂岩，变形层理，发育不规则泥质条带及炭屑
185–2	686.79 ~ 687.33m	0.54m	中浅灰色中砂岩，变形层理，底部弱冲刷面，发育不规则泥质条带及炭屑
185–3	687.33 ~ 687.61m	0.28m	浅灰色含钙中砂岩，楔状交错层理，底部发育冲刷面。含泥砾和大量生物碎屑
185–4	687.61 ~ 688.01m	0.40m	绿灰色粉砂质泥岩，上部发育变形构造，中、下部发育水平层理、波纹层理，顶部发育泥质条带及钙质结核
185–5	688.01 ~ 689.22m	1.21m	极浅灰色钙质中砂岩，平行层理，底部冲刷，偶发育泥砾
185–6	689.22 ~ 689.76m	0.54m	中浅灰色细砂岩，浪成交错层理，偶发育泥砾
186–1	694.53 ~ 694.63m	0.10m	中浅灰色中砂岩，浪成交错层理，偶发育泥砾
186–2	694.63 ~ 694.73m	0.10m	绿灰色泥岩，波纹层理
186–3	694.73 ~ 695.08m	0.35m	中浅灰色中砂岩，浪成交错层理，偶发育泥砾
187–1	695.08 ~ 695.56m	0.48m	中浅灰色中砂岩，楔状交错层理，底部发育泥砾
187–2	695.56 ~ 696.24m	0.68m	浅绿灰色细砂岩，浪成交错层理，中部发育变形构造，在 695.91m 处发育冲刷面，发育定向排列泥砾
187–3	696.24 ~ 696.88m	0.64m	中浅灰色中砂岩，浪成交错层理，向上规模变小，发育少量泥质条带
187–4	696.88 ~ 696.99m	0.11m	中浅灰色细砂岩，单向斜层理，底部冲刷，发育少量泥质条带
187–5	696.99 ~ 697.40m	0.41m	中浅灰色中砂岩，楔状交错层理，发育少量泥质条带
188–1	698.39 ~ 698.55m	0.16m	灰绿色泥岩，块状层理
188–2	698.55 ~ 699.59v	1.04m	灰棕色泥岩，块状层理，偶发育钙质结核

188-3	699.59 ~ 700.02m	0.43m	棕灰色泥岩，块状层理，发育较多钙质结核
188-4	700.02 ~ 700.89m	0.87m	灰棕色泥岩，块状层理，局部钙质结核富集
188-5	700.89 ~ 701.39m	0.50m	中棕色泥岩，块状层理，局部钙质结核富集
188-6	701.39 ~ 701.52m	0.13m	深黄棕色泥岩，块状层理
188-7	701.52 ~ 701.64m	0.12m	绿灰色粉砂质泥岩，滑塌变形构造，局部发育断续波状层理，钙质结核
188-8	701.64 ~ 701.86m	0.22m	深黄棕色粉砂质泥岩，块状层理
188-9	701.86 ~ 702.61m	0.75m	绿灰色粉砂质泥岩，块状层理，生物扰动构造，底部发育变形构造，发育钙质结核
188-10	702.61 ~ 702.99m	0.38m	深黄棕色泥岩，块状层理
188-11	702.99 ~ 703.34m	0.35m	浅绿灰色泥质粉砂岩，块状层理，偶发育钙质结核
188-12	703.34 ~ 703.64m	0.30m	橄榄灰色泥岩，波纹层理，钙质结核
188-13	703.64 ~ 704.15m	0.51m	中浅灰色粉砂质泥岩，滑塌变形构造，不规则泥岩条带，偶发育泥砾和钙质结核
188-14	704.15 ~ 704.69m	0.54m	浅橄榄灰色粉砂质泥岩，滑塌变形构造，发育不规则泥岩条带及泥质粉砂岩条带，少量钙质结核
189-1	705.20 ~ 706.89m	1.69m	中浅灰色中砂岩，块状层理，底面弱冲刷，顶部发育较多钙质结核，少量不规则泥质条带
189-2	706.89 ~ 707.58m	0.69m	绿灰色泥岩，波纹层理、水平层理，发育粉砂岩条带，向上增多
189-3	707.58 ~ 711.45m	3.87m	中浅灰色中砂岩，楔状交错层理，少量泥砾，在 709.07m 处发育较多泥砾，底部轻微冲刷
189-4	711.45 ~ 713.43m	1.98m	中浅灰色粗砂岩，楔状交错层理
190-1	713.43 ~ 713.79m	0.36m	中浅灰色粗砂岩，楔状交错层理
190-2	713.79 ~ 714.79m	1.00m	中浅灰色中砂岩，板状交错层理
190-3	714.79 ~ 717.72m	2.93m	中浅灰色粗砂岩，楔状交错层理，局部含砾石
191-1	717.72 ~ 719.31m	1.59m	中浅灰色粗砂岩，楔状交错层理，底面发育冲刷面，含少量炭屑，偶发育泥砾
191-2	719.31 ~ 719.53m	0.22m	中浅灰色粉砂岩，波状层理，小型浪成交错层理，层面上发育较多炭屑
191-3	719.53 ~ 720.98m	1.45m	中浅灰色粗砂岩，楔状交错层理，含少量炭屑，偶发育泥砾，720.67m 处发育砾级石英颗粒
191-4	720.98 ~ 721.11m	0.13m	深绿灰色含砾中砂岩，滑塌变形构造，发育有泥岩条带和大量黄铁矿
192-1	721.46 ~ 723.76m	2.30m	中浅灰色泥岩，水平层理，发育少量生物碎片和黄铁矿颗粒
192-2	723.76 ~ 726.84m	3.08m	中灰色泥岩，水平层理，见少量生物碎片及黄铁矿颗粒
193-1	723.84 ~ 733.56m	9.72m	中灰色泥岩，水平层理，极少量生物碎片
194-1	733.56 ~ 734.66m	1.10m	浅绿灰色泥岩，水平层理，极少量生物碎片
195-1	734.66 ~ 742.33m	7.67m	中灰色泥岩，水平层理，偶发育生物碎片
196-1	742.33 ~ 742.73m	0.40m	中灰色泥岩，水平层理
196-2	742.73 ~ 748.51m	5.78m	深灰色泥岩，水平层理，偶发育生物碎片，在 744.55m、744.63m 处发育两层约 2cm 的灰泥夹层，在 744.58m 与 745.21m 处发育两层厚约 2dm 的黄铁矿夹层

196-3	748.51 ~ 749.08m	0.57m	绿灰色粉砂质泥岩，块状层理，极少量生物碎片
196-4	749.08 ~ 750.12m	1.04m	绿灰色泥质粉砂岩，波纹层理，底部发育变形层理，钙质结核
196-5	750.12 ~ 750.23m	0.11m	绿灰色粉砂质泥岩，块状层理
196-6	750.23 ~ 751.01m	0.78m	绿灰色泥质粉砂岩，断续波纹层理、变形层理，弱生物扰动构造，发育不规则泥岩条带、粉砂岩条带
196-7	751.01 ~ 751.07m	0.06m	浅灰色粉砂岩，浪成交错层理，底面发育冲刷
196-8	751.07 ~ 751.09m	0.02m	绿灰色泥岩，波纹层理
197-1	751.09 ~ 754.04m	2.95m	绿灰色泥岩，块状层理，钙质结核
197-2	754.04 ~ 754.30m	0.26m	深绿灰色泥岩，块状层理，发育较多生物碎片和少量钙质结核
197-3	754.30 ~ 754.65m	0.35m	灰绿色泥质粉砂岩，块状层理，偶发育生物碎片
197-4	754.65 ~ 755.77m	1.12m	浅绿灰色粉砂岩，块状层理，发育较多钙质结核
197-5	755.77 ~ 756.12m	0.35m	浅绿灰色泥质粉砂岩，滑塌变形构造，发育不规则粉砂岩条带和泥岩条带
197-6	756.12 ~ 757.43m	1.31m	浅绿灰色粉砂岩，浪成交错层理，底面弱冲刷，发育钙质结核和少量泥质条带。底部发育厚 1cm 的灰棕色泥岩
197-7	757.43 ~ 757.94m	0.51m	浅绿灰色泥质粉砂岩，滑塌变形构造，局部包卷层理，发育不规则泥岩条带和粉砂岩条带
197-8	757.94 ~ 758.32m	0.38m	浅绿灰色粉砂质泥岩，水平层理，底部发育波纹层理，弱冲刷
197-9	758.32 ~ 758.42m	0.10m	中浅灰色细砂岩，滑塌变形构造，发育泥岩夹层和条带
197-10	758.42 ~ 758.70m	0.28m	浅绿灰色泥质粉砂岩，波状层理，发育不规则泥岩条带
197-11	758.70 ~ 758.97m	0.27m	中浅灰色粉砂岩，浪成交错层理，层间夹泥质条带，顶部发育较多泥砾
197-12	758.97 ~ 759.52m	0.55m	中浅灰色细砂岩，楔状交错层理
198-1	759.99 ~ 760.09m	0.10m	绿灰色泥岩，块状层理，发育少量钙质结核
198-2	760.09 ~ 760.29m	0.20m	浅灰色细砂岩，单向斜层理，发育泥岩条带
198-3	760.29 ~ 760.39m	0.10m	绿灰色细砂质泥砾质细砾岩，正粒序层理，底面冲刷
198-4	760.39 ~ 760.96m	0.57m	浅灰色细砂岩，平行层理，顶部楔状交错层理，发育少量炭屑
198-5	760.96 ~ 761.23m	0.27m	中浅灰色粉砂岩，平行层理，底部发育波状层理，底面弱冲刷，层间发育大量炭屑
198-6	761.23 ~ 762.03m	0.80m	浅灰色细砂岩，顶部发育单斜层理，中部发育波状层理、爬升层理，下部发育浪成交错层理
198-7	762.03 ~ 762.22m	0.19m	绿灰色含泥砾泥岩，块状层理，发育较多生物碎片
198-8	762.22 ~ 762.46m	0.24m	浅灰色粉砂岩，平行层理、波纹层理，层间夹泥质条带
198-9	762.46 ~ 762.57m	0.11m	绿灰色泥质细砾岩，块状层理，底部冲刷，发育钙质结核
198-10	762.57 ~ 765.46m	2.89m	绿灰色泥岩，块状层理，发育生物碎片和少量钙质结核
198-11	765.46 ~ 765.78m	0.32m	灰棕色杂绿灰色粉砂质泥岩，块状层理，发育不规则粉砂岩条带
198-12	765.78 ~ 766.48m	0.70m	灰棕色粉砂质泥岩与薄层泥岩互层，波纹层理，生物遗迹，偶发育粉砂岩条带

198–13	766.48 ~ 766.72m	0.24m	浅棕灰色泥质粉砂岩，滑塌变形构造，局部包卷层理，底部弱冲刷，发育不规则泥岩条带和粉砂质泥岩条带
198–14	766.72 ~ 766.83m	0.11m	浅灰色粉砂岩，浪成沙纹层理，底部弱冲刷，发育较多灰棕色泥岩条带
198–15	766.83 ~ 767.50m	0.67m	中浅灰色粉砂岩，滑塌变形构造，局部包卷层理，底部弱冲刷，发育不规则泥岩条带，偶发育泥岩薄夹层
198–16	767.50 ~ 767.61m	0.11m	浅灰色含钙粉砂岩，浪成交错层理，局部变形层理，底面弱冲刷，层间夹泥岩薄夹层
198–17	767.61 ~ 767.88m	0.27m	中浅灰色粉砂岩，浪成交错层理，局部见变形，底面弱冲刷，层间夹泥岩薄夹层
198–18	767.88 ~ 768.14m	0.26m	浅灰色粉砂岩，滑塌变形构造，发育泥岩条带和少量泥砾
199–1	768.80 ~ 769.02m	0.22m	中浅灰色细砂岩，滑塌变形构造，发育不规则泥岩
199–2	769.02 ~ 769.40m	0.38m	绿灰色泥岩，块状层理，少量钙质结核
199–3	769.40 ~ 770.36m	0.96m	棕灰色泥岩，块状层理，少量钙质结核
199–4	770.36 ~ 770.46m	0.10m	中浅灰色粉砂岩，滑塌变形构造，发育不规则泥岩
199–5	770.46 ~ 770.82m	0.36m	绿灰色粉砂质泥岩，块状层理，发育较多钙质结核及生物碎片，螺化石
200–1	771.13 ~ 771.53m	0.40m	棕灰色泥岩，块状层理，偶发育钙质结核
200–2	771.53 ~ 772.48m	0.95m	棕灰色粉砂质泥岩，块状层理，底部弱冲刷底部发育厚 4cm 的绿灰色泥岩夹层，偶发育绿灰色泥砾
200–3	772.48 ~ 772.96m	0.48m	灰棕色粉砂质泥岩，块状层理，中部发育滑塌构造、粉砂岩条带和少量钙质结核
200–4	772.96 ~ 773.22m	0.26m	灰棕色泥岩，块状层理，偶发育粉砂岩条带
200–5	773.22 ~ 773.93m	0.71m	灰棕色粉砂质泥岩，波纹层理，偶发育粉砂岩条带和钙质结核，在 773.47 ~ 773.53m 夹泥岩薄层
200–6	773.93 ~ 774.43m	0.50m	浅棕灰色泥岩，块状层理，发育蚌壳化石
200–7	774.43 ~ 774.73m	0.30m	绿灰色泥岩，块状层理，发育生物碎片
200–8	774.73 ~ 775.09m	0.36m	绿灰色粉砂质泥岩，块状层理，发育少量钙质结核和生物碎片
200–9	775.09 ~ 775.28m	0.19m	绿灰色泥岩，块状层理，发育生物碎片
201–1	776.49 ~ 776.84m	0.35m	棕灰色粉砂质泥岩与泥岩薄互层，波状层理、波纹层理，局部变形，底面弱冲刷。局部发育绿灰色粉砂岩条带，钙质结核
201–2	776.84 ~ 777.24m	0.40m	中浅灰色泥质粉砂岩，波纹层理，底面弱冲刷，发育泥岩条带
201–3	777.24 ~ 777.43m	0.19m	浅灰色含钙粉砂岩，顶部变形构造、泄水构造，中部爬升层理，下部浪成交错层理
201–4	777.43 ~ 777.77m	0.34m	中浅灰色粉砂岩，浪成沙纹层理，向上规模加大，层间泥质条带
201–5	777.77 ~ 777.93m	0.16m	中浅灰色粉砂质泥岩，滑塌变形构造，局部粉砂岩混入
201–6	777.93 ~ 778.13m	0.20m	浅灰色粉砂岩，顶部变形层理，中部爬升、波状层理，中下部平行层理，底部弱冲刷，发育少量泥岩条带
201–7	778.13 ~ 778.32m	0.19m	浅棕灰色泥质粉砂岩，滑塌变形构造，发育不规则泥岩条带
201–8	778.32 ~ 778.51m	0.19m	中浅灰色粉砂岩，上部变形层理，中下部浪成沙纹层理、爬升层理，顶部发育扁平泥砾

201–9	778.51 ~ 778.67m	0.16m	中浅灰色粉砂岩，平行层理，底部弱冲刷，冲刷面上发育少量泥砾
201–10	778.67 ~ 778.84m	0.17m	浅棕灰色粉砂岩，滑塌变形构造，发育大量变形泥岩条带
201–11	778.84 ~ 779.82m	0.98m	中浅灰色粉砂岩，浪成交错层理，局部发育爬升层理和变形层理，底面弱冲刷，发育泥质条带
201–12	779.82 ~ 780.82m	1.00m	浅灰色细砂岩，浪成交错层理，局部爬升层理，底部发育平行层理，弱冲刷，少量泥质条带
201–13	780.82 ~ 780.96m	0.14m	中浅灰色粉砂岩，波纹层理，底部浪成交错层理发育生物碎片
201–14	780.96 ~ 781.42m	0.46m	浅灰色细砂岩，浪成交错层理，局部爬升层理，偶发育泥砾
201–15	781.42 ~ 781.69m	0.27m	中浅灰色含泥砾细砂岩，楔状交错层理，泥砾定向排列，底部发育冲刷面，局部含钙质
201–16	781.69 ~ 782.03m	0.34m	中浅灰色粉砂岩，浪成沙纹层理，向下泥质增多
201–17	781.03 ~ 782.33m	1.30m	浅灰色粉砂岩，平行层理，底面弱冲刷，极少量泥质条带
201–18	782.33 ~ 782.44m	0.11m	中浅灰色粉砂岩，平行层理，层面上含大量炭屑，发育泥岩条带
201–19	782.44 ~ 782.52m	0.08m	中灰色泥岩，波纹层理，少量粉砂岩混入
201–20	782.52 ~ 782.75m	0.23m	中浅灰色泥质粉砂岩夹中灰色泥岩薄层，波状层理
201–21	782.75 ~ 782.94m	0.19m	中浅灰色粉砂岩，爬升层理，发育泥质条带
201–22	782.94 ~ 783.84m	0.90m	浅灰色细砂岩，顶部浪成沙纹层理，中、下部平行层理，底部发育泥砾，弱冲刷
202–1	784.64 ~ 785.12m	0.48m	灰棕色粉砂质泥岩，块状层理，发育少量钙质结核和粉砂岩
202–2	785.12 ~ 785.83m	0.71m	中浅灰色粉砂岩，浪成沙纹层理及波状层理
202–3	785.83 ~ 786.37m	0.54m	浅灰色含钙细砂岩，楔状交错层理
203–1	786.37 ~ 787.33m	0.96m	灰棕色泥岩，块状层理，发育较多钙质结核
204–1	787.33 ~ 787.56m	0.23m	灰棕色泥岩，块状层理，发育较多钙质结核
204–2	787.56 ~ 790.12m	2.56m	棕灰色泥岩，块状层理，发育生物碎片和钙质结核
204–3	790.12 ~ 790.40m	0.28m	中浅灰色泥质粉砂岩，波纹层理，底面冲刷，发育生物遗迹、钙质结核
204–4	790.40 ~ 790.69m	0.29m	棕灰色泥岩，波纹层理，发育少量生物碎片
204–5	790.69 ~ 791.30m	0.61m	中浅灰色粉砂岩，波状交错层理
204–6	791.30 ~ 791.97m	0.67m	中浅灰色泥质粉砂岩，水平层理，局部波状层理
204–7	791.97 ~ 793.32m	1.35m	中浅灰色泥质粉砂岩，滑塌变形构造，局部包卷层理，发育不规则泥质条带、砂岩条带
205–1	793.32 ~ 794.64m	1.32m	中浅灰色含炭屑粉砂岩，波状交错层理，局部波纹层理，底面弱冲刷。层理面上发育大量炭化生物碎片，局部钙质粉砂岩夹层，顶部发育 3 ~ 4cm 泥岩夹层。发育小型同沉积正断层
205–2	794.64 ~ 794.92m	0.28m	中灰色泥质粉砂岩，滑塌变形构造，发育不规则泥岩条带、少量粉砂岩条带，局部发育大量炭屑
205–3	794.92 ~ 794.99m	0.07m	中浅灰色粉砂岩，波状层理弱冲刷，层面见炭屑
205–4	794.99 ~ 795.17m	0.18m	绿灰色泥岩，水平层理，未见
205–5	795.17 ~ 795.52m	0.35m	中灰色粉砂岩，波状交错层理，层面上见较多炭屑

205–6	795.52 ~ 795.70m	0.18m	中灰色粉砂岩，滑塌变形构造，底部弱冲刷，发育少量不规则泥岩条带
205–7	795.70 ~ 795.78m	0.08m	中灰色泥岩，波纹层理
205–8	795.78 ~ 797.07m	1.29m	中灰色细砂岩，浪成沙纹层理，局部见变形构造底面冲刷，见泥岩条带，底部见薄夹层，底部 10cm 粉砂岩含钙，层面上见较多炭屑
205–9	797.07 ~ 797.17m	0.10m	中灰色粉砂质泥岩，波状层理，底面具冲刷 – 充填构造，且发育泥砾
205–10	797.17 ~ 797.38m	0.21m	中灰色细砂岩，浪成沙纹层理，底面冲刷，底部发育厚 4cm 粗砂岩
205–11	797.38 ~ 797.60m	0.22m	中灰色泥质粉砂岩与泥岩薄互层，波纹层理，局部发育波状层理，底面弱冲刷。底部发育 3cm 的薄层粉砂岩，偶发育黄铁矿
205–12	797.60 ~ 797.74m	0.14m	浅绿灰色含生物碎屑泥岩，块状层理，底部发育一厚 1cm 的中深灰色泥岩，见生物碎片
205–13	797.74 ~ 797.83m	0.09m	绿灰色含生物碎屑粉砂质泥岩，块状层理，生物碎屑，底部见 1cm 灰色泥岩，水平层理
205–14	797.83 ~ 797.99m	0.16m	中浅灰色钙质结核质细砾岩，不明显正粒序层理弱冲刷，少量泥砾
205–15	797.99 ~ 798.14m	0.15m	绿灰色泥岩，块状层理，少量钙质结核
205–16	798.14 ~ 798.26m	0.12m	绿灰色粉砂质泥岩，波纹层理，少量钙质结核
205–17	798.26 ~ 798.55m	0.29m	浅棕灰色泥岩，块状层理，发育绿灰色不规则泥岩条带
205–18	798.55 ~ 798.82m	0.27m	中灰色泥质粉砂岩，滑塌变形构造，发育少量扁平泥砾
205–19	798.82 ~ 799.09m	0.27m	浅橄榄灰色粉砂质泥岩，块状层理，少量粉砂岩混入
205–20	799.09 ~ 799.24m	0.15m	中浅灰色泥质粉砂岩，变形构造，局部包卷层理，底面冲刷
205–21	799.24 ~ 799.35m	0.11m	浅橄榄灰色粉砂质泥岩，块状层理
205–22	799.35 ~ 799.50m	0.15m	中浅灰色泥质粉砂岩，中上部爬升层理，下部浪成交错层理，发育粉砂岩条带，局部发育虫迹
205–23	799.50 ~ 802.21m	2.71m	中灰色泥质粉砂岩，滑塌变形构造，发育不规则泥质条带、粉砂岩条带，偶发育钙质结核及泥岩薄夹层
206–1	802.21 ~ 803.46m	1.25m	中灰色泥质粉砂岩，滑塌变形构造，发育不规则泥岩条带、粉砂质泥岩条带、粉砂岩条带，生物扰动
206–2	803.46 ~ 804.17m	0.71m	中灰色粉砂岩，滑塌变形构造，泥岩条带
206–3	804.17 ~ 804.27m	0.10m	中浅灰色粉砂岩，浪成沙纹层理，底面弱冲刷面，发育泥岩条带
206–4	804.27 ~ 804.61m	0.34m	中灰色泥质粉砂岩，滑塌变形构造，不规则泥岩条带、粉砂岩条带
206–5	804.61 ~ 804.74m	0.13m	中浅灰色粉砂岩，浪成沙纹层理，底部弱冲刷，发育泥岩条带，底部发育泥砾薄层
206–6	804.74 ~ 805.04m	0.30m	浅灰色砂质细砾岩，块状层理，底面强烈冲刷，发育蚌化石及其碎片
206–7	805.04 ~ 805.27m	0.23m	中浅灰色粉砂岩，顶部波纹层理及变形层理，中下部爬升层理，底面冲刷，中上部见钙质粉砂岩条带
206–8	805.27 ~ 805.41m	0.14m	中浅灰色含泥砾粉砂岩，滑塌变形构造，底面冲刷
206–9	805.41 ~ 805.46m	0.05m	浅灰色含钙粉砂岩，爬升层理

207–1	805.46 ~ 805.73m	0.27m	中浅灰色粉砂岩，滑塌变形构造，底部7cm为浪成沙纹层理，底面弱冲刷，发育不规则泥质条带
207–2	805.73 ~ 806.35m	0.62m	中浅灰色粉砂岩，滑塌变形构造，浪成沙纹层理，底面弱冲刷。发育不规则泥质条带。底部发育3cm厚的钙质粉砂岩
207–3	806.35 ~ 806.76m	0.41m	中浅灰色粉砂岩，顶部发育波纹层理、爬升层理，中、下部发育浪成沙纹层理，底部发育弱冲刷面，不规则泥质条带
207–4	806.76 ~ 807.02m	0.26m	浅灰色含钙粉砂岩，浪成沙纹层理，局部变形层理，不规则泥质条带，底部发育弱冲刷面
207–5	807.02 ~ 807.12m	0.10m	中浅灰色钙质结核质细砾岩，块状层理，底部发育弱冲刷面

5.1.9 泰康组岩心描述

泰康组（未见顶）的精细描述见下文；下伏地层为明水组，二者呈角度不整合接触。

泰康组岩心描述：

1–1	164.77 ~ 165.32m	0.55m	浅灰色粗砂质砾岩
2–1	165.33 ~ 165.73m	0.40m	浅灰色粗砂质砾岩
3–1	165.87 ~ 166.47m	0.60m	浅灰色中粒质粗砾岩
4–1	166.97 ~ 167.89m	0.92m	浅灰色含砾中粒质粗砂岩
5–1	167.89 ~ 168.39m	0.50m	浅灰色含砾粗砂岩
6–1	168.70 ~ 169.32m	0.62m	浅灰色含砾粗砂岩
7–1	169.36 ~ 170.19m	0.83m	浅灰色含砾粗砂岩
8–1	170.19 ~ 170.83m	0.64m	浅灰色粗砂质砾岩
9–1	171.09 ~ 171.69m	0.60m	浅灰色含砾粗砂岩
10–1	172.27 ~ 172.97m	0.70m	浅灰色粗砂质砾岩
11–1	173.01 ~ 173.53m	0.52m	浅灰色砾岩
12–1	173.53 ~ 174.70m	1.17m	浅灰色粗砂质砾岩
13–1	174.70 ~ 175.20m	0.50m	浅灰色含砾粗砂岩
14–1	175.25 ~ 175.50m	0.25m	浅灰色含砾粗砂岩
14–2	175.50 ~ 176.18m	0.68m	中浅灰色粗砂质砾岩
16–1	176.18 ~ 176.68m	0.50m	中浅灰色粗砂质砾岩
16–2	176.68 ~ 177.96m	1.28m	中浅灰色含砾粗砂岩
17–1	177.96 ~ 178.56m	0.60m	浅灰色粗砂质砾岩
18–1	179.16 ~ 179.72m	0.56m	浅灰色粗砂质砾岩
19–1	179.72 ~ 179.92m	0.20m	浅灰色粗砂质砾岩
19–2	179.92 ~ 180.17m	0.25m	浅灰色细砂岩
20–1	180.30 ~ 180.57m	0.27m	浅灰色细粒质中砂岩
21–1	180.57 ~ 181.26m	0.66m	浅灰色含砾粗砂岩
22–1	181.26 ~ 182.32m	1.06m	浅灰色含砾粗砂岩
23–1	182.32 ~ 183.62m	1.30m	浅灰色含砾粗砂岩

24–1	183.62 ~ 184.07m	0.45m	浅灰色含砾粗砂岩
24–2	184.07 ~ 184.52m	0.45m	浅灰色粗粒质细砾岩
24–3	184.52 ~ 184.71m	0.19m	浅灰色含砾粗砂岩
25–1	184.71 ~ 185.09m	0.38m	浅灰色粗粒质细砾岩
26–1	186.08 ~ 187.31m	1.23m	中浅灰色粗粒质细砾岩
27–1	187.35 ~ 187.81m	0.46m	浅灰色砾石质粗砂岩
29–1	188.80 ~ 189.45m	0.65m	浅灰色粗粒质细砾岩
31–1	189.76 ~ 190.22m	0.45m	浅灰色粗粒质细砾岩
32–1	190.22 ~ 191.11m	0.89m	浅灰色粗粒质细砾岩
33–1	191.22 ~ 191.42m	0.20m	浅灰色粗粒质细砾岩
33–2	191.42 ~ 191.72m	0.30m	浅灰色砾石质粗砂岩
33–3	191.72 ~ 191.82m	0.10m	浅灰色粗粒质细砾岩
34–1	192.2 ~ 192.3m	0.10m	浅灰色粗粒质细砾岩
34–2	192.3 ~ 192.7m	0.40m	中浅灰色粗砂质砾岩夹中粒砂岩
34–3	192.7 ~ 193m	0.30m	中浅灰色细粒砂岩
35–1	193 ~ 193.2m	0.20m	中浅灰色含砾中粒砂岩
35–2	193.2 ~ 193.5m	0.30m	浅灰色粗粒质细砾岩
36–1	193.54 ~ 193.98m	0.44m	浅灰色粗粒质中粒砂岩
38–1	194.2 ~ 194.70m	0.50m	浅灰色含砾粗砂岩
38–2	194.7 ~ 195.52m	1.32m	中浅灰色粗砂质细砾岩
39–1	195.52 ~ 196.15m	0.63m	中浅灰色粗砂质细砾岩
40–1	196.55 ~ 196.87m	0.32m	中浅灰色粗砂质细砾岩
41–1	197.52 ~ 198.05m	0.53m	中浅灰色含砾粗粒砂岩
42–1	198.05 ~ 198.5m	0.45m	中浅灰色含砾粗粒砂岩
42–1	198.5 ~ 198.69m	0.19m	中浅灰色粗砂质细砾岩
43–1	198.69 ~ 199.44m	0.49m	中浅灰色细砂岩
44–1	199.44 ~ 199.49m	0.05m	橄榄灰色泥岩
44–2	199.49 ~ 200.22m	0.73m	浅灰色含细砾粗砂岩
44–3	200.22 ~ 200.32m	0.10m	浅灰色粗砂岩
45–1	200.36 ~ 200.79m	0.43m	浅灰色含砾粗砂质细砂岩
45–2	200.79 ~ 201.19m	0.40m	浅灰色细砂质细砾岩
45–3	201.19 ~ 201.29m	0.10m	浅灰色含砾粗砂质细砂岩
46–1	201.34 ~ 201.63m	0.29m	浅灰色含砾粗砂质细砂岩
46–2	201.63 ~ 201.73m	0.10m	浅灰色细砂质细砾岩
47–1	201.88 ~ 201.98m	0.10m	浅灰色细砂质细砾岩
47–2	201.98 ~ 202.77m	0.79m	浅灰色含砾细砂质粗砂岩
48–1	202.77 ~ 202.90m	0.13m	浅灰色细砂质细砾岩

48–2	202.90 ~ 203.14m	0.24m	浅灰色细砂质粗砂岩
48–3	203.14 ~ 203.32m	0.18m	浅灰色细砂质—中砂质细砾岩
48–4	203.32 ~ 203.74m	0.42m	浅灰色粗砂质中砾岩
49–1	203.74 ~ 204.54m	0.80m	浅灰色粗砂质细砾岩
50–1	204.81 ~ 204.99m	0.18m	浅灰色粗砂质细砾岩
50–2	204.99 ~ 205.41m	0.42m	浅灰色粉砂岩
50–3	205.41 ~ 205.64m	0.23m	浅灰色含中砾粗砂质细砾岩
50–4	205.64 ~ 205.79m	0.15m	浅灰色含砾粗砂岩
50–5	205.79 ~ 205.88m	0.09m	浅灰色粗砂质细砾岩
51–1	205.88 ~ 206.24m	0.36m	浅灰色细砂质细砾岩
51–2	206.24 ~ 206.72m	0.48m	浅灰色含粗砾细砂质细砾岩
51–3	206.72 ~ 207.07m	0.35m	浅灰色粗砂质细砾岩
52–1	207.07 ~ 207.63m	0.56m	浅灰色粗砂质细砾岩
52–2	207.63 ~ 208.24m	0.61m	浅灰色含砾细砂质粗砂岩
53–1	208.24 ~ 208.40m	0.16m	浅灰色含砾细砂质粗砂岩
53–2	208.40 ~ 208.61m	0.21m	浅灰色粗砂质细砾岩
53–3	208.61 ~ 209.01m	0.40m	浅灰色细砂质粗砂岩
54–1	209.43 ~ 209.68m	0.25m	浅灰色细砂质粗砂岩
56–1	209.88 ~ 210.57m	0.69m	浅灰色粗砂质细砾岩

5.2 松科1井岩心扫描照片

5.2.1 松科1井南孔岩心扫描照片

茂206
971.76~972.26米

3-14-(1)

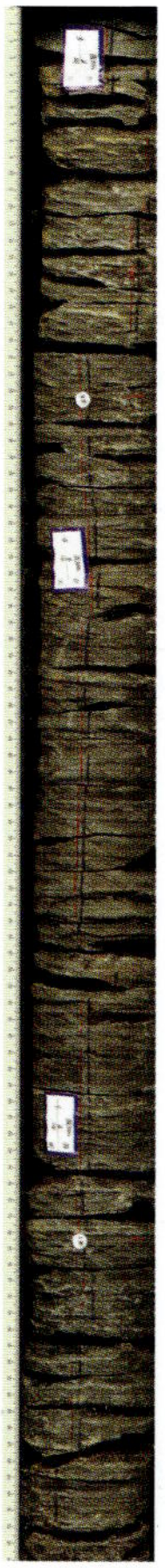

3-14-(2-4)

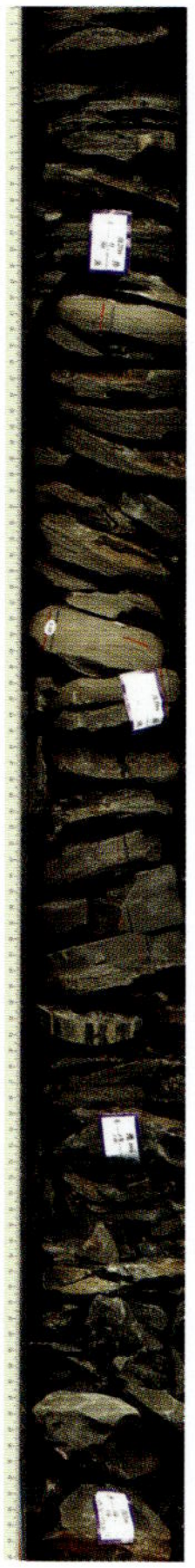

3-14-(5-7)

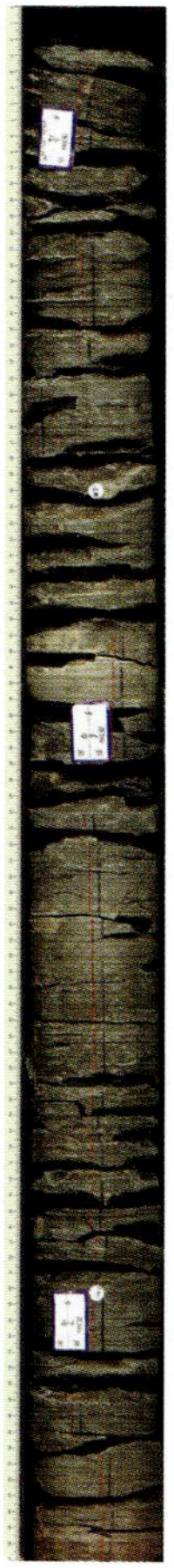

3-14-(8-10)

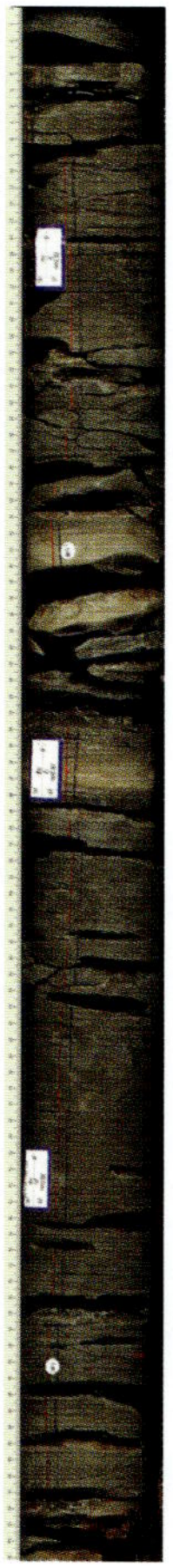

3-14-(11-14)

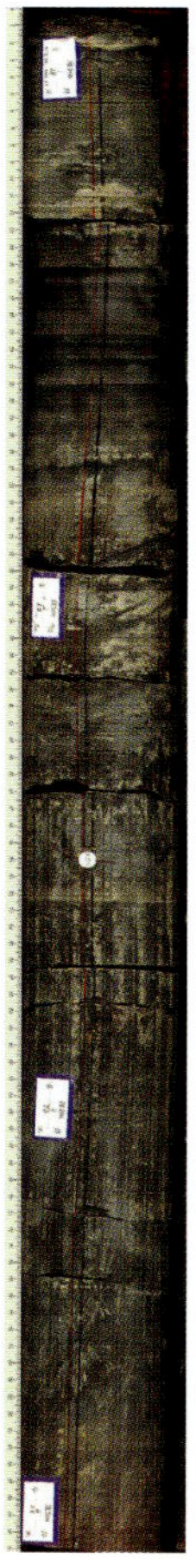

4-28-(1-4)

4-28-(5-7)

4-28-(8-10)

4-28-(11-13)

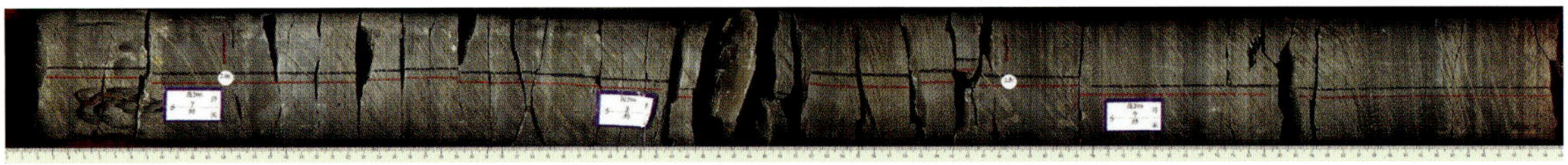
5-33-(10-12)

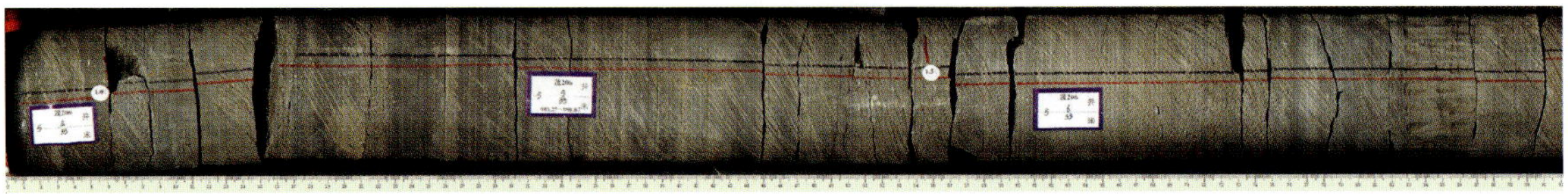
5-33-(7-9)

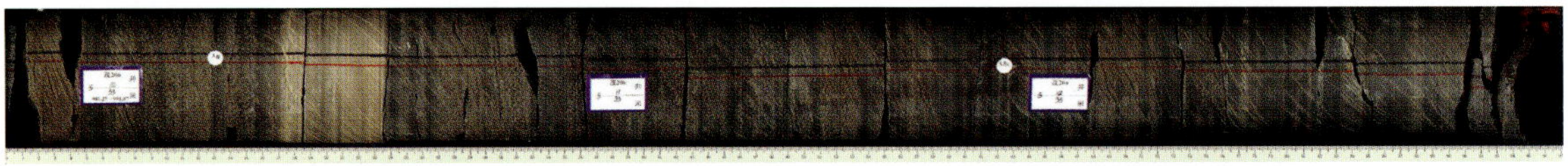
5-33-(4-6)

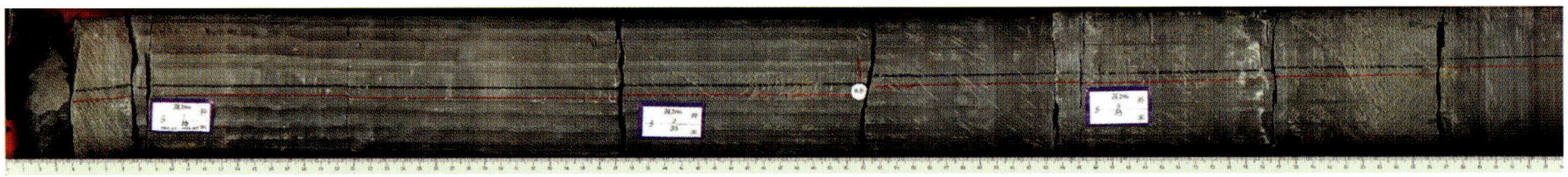
5-33-(1-3)

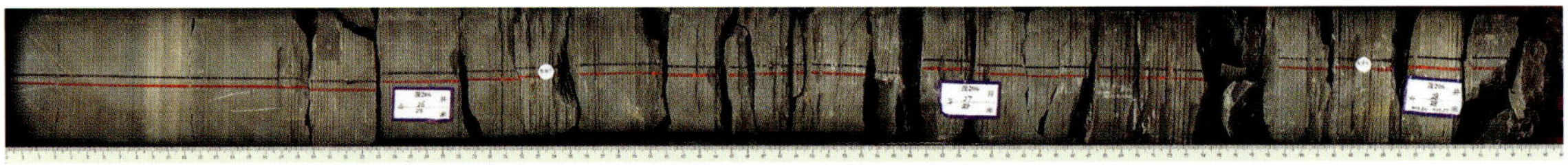
4-28-(26-28)

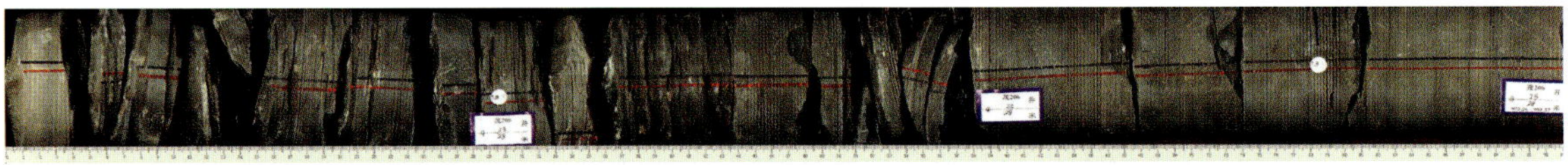
4-28-(23-25)

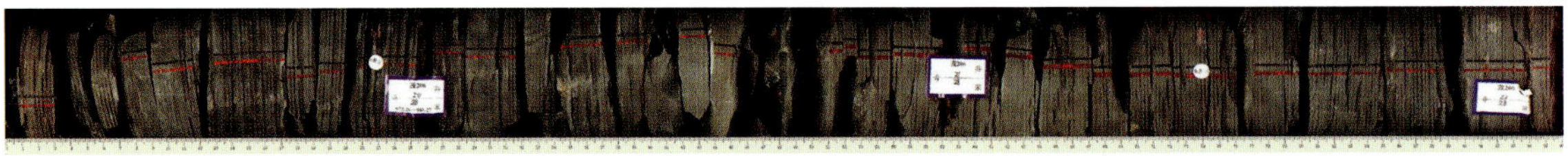
4-28-(20-22)

4-28-(17-19)

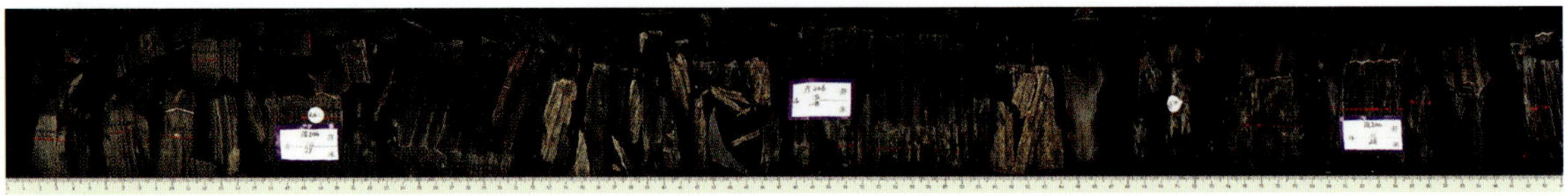
4-28-(14-16)

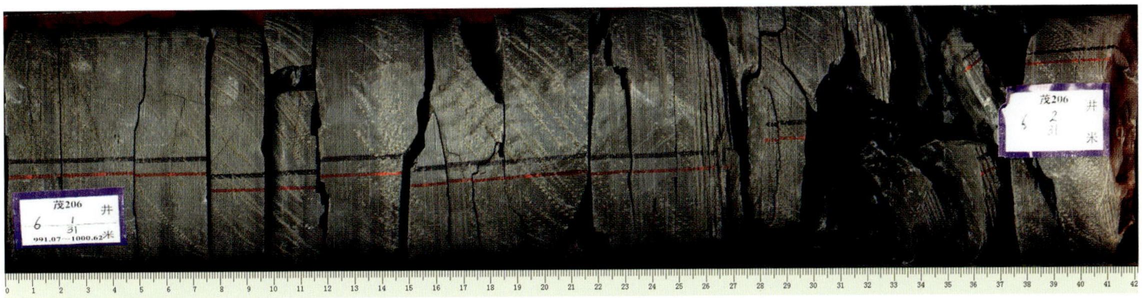
茂206 井
6 1/31 米
991.07—1000.62
茂206 井
6 2/31 米

6-31-(1-2)

茂206 井
5 31/33 米
茂206 井
5 33/33 米
988.27~991.07

5-33-(31-33)

5-33-(28-30)

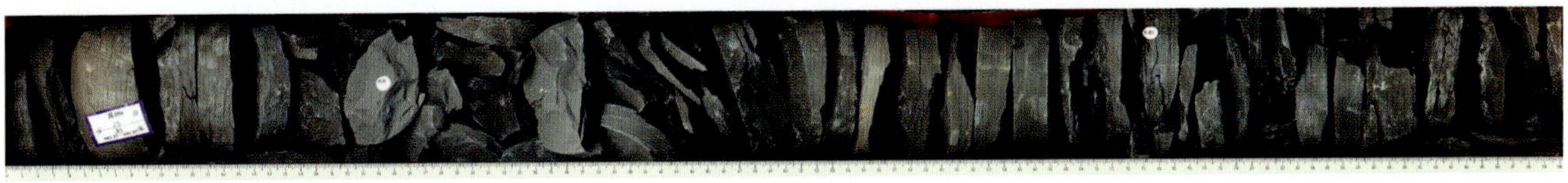

5-33-(25-27)

5-33-(22-24)

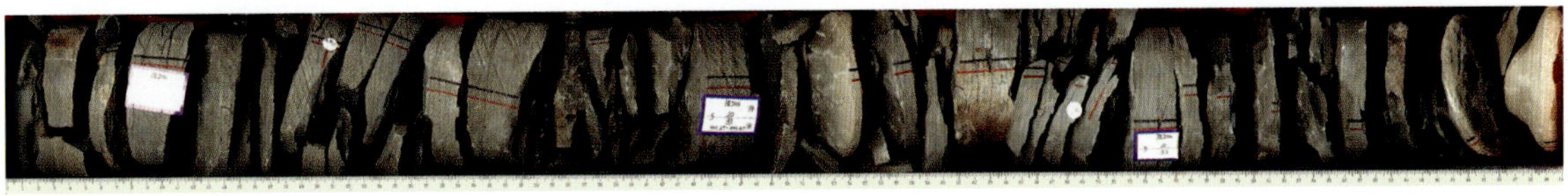

5-33-(19-21)

5-33-(16-18)

5-33-(13-15)

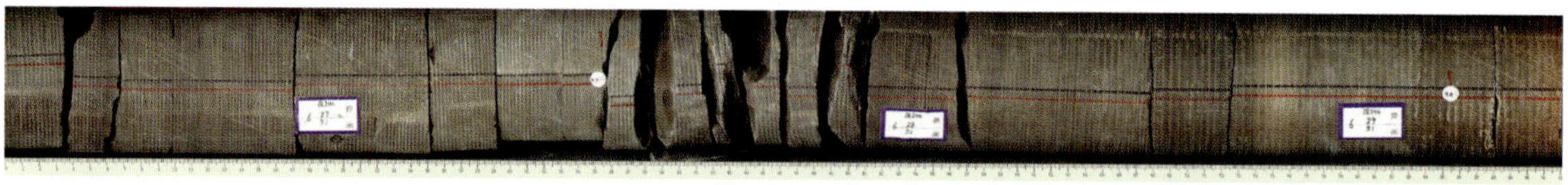
6-31-(27-29)

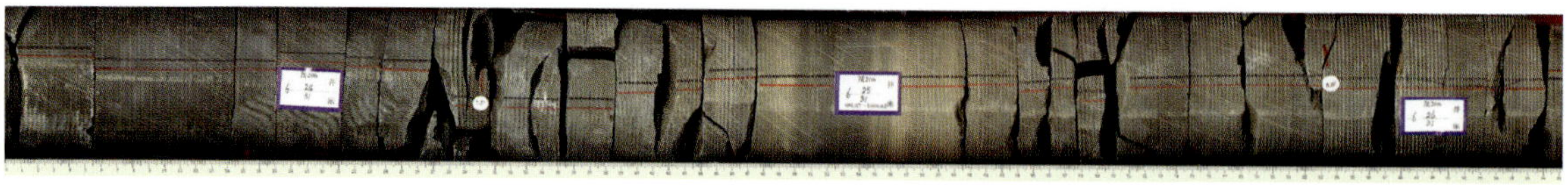
6-31-(24-26)

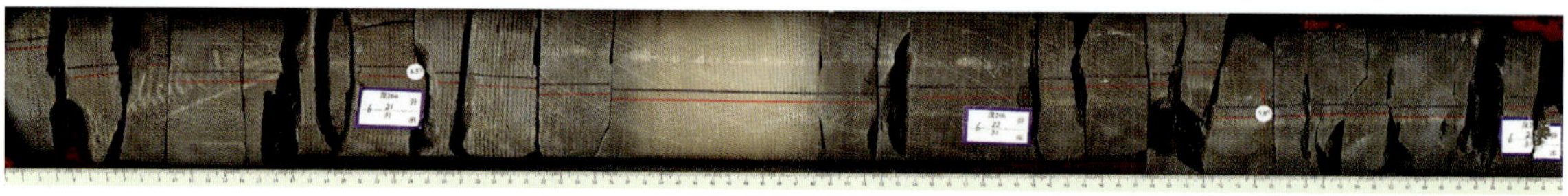
6-31-(21-23)

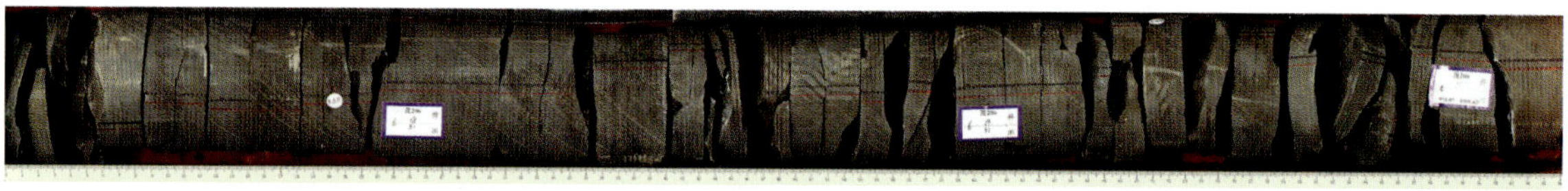
6-31-(18-20)

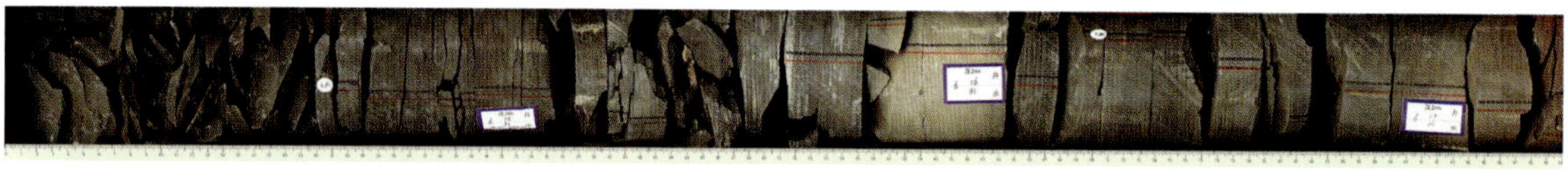
6-31-(15-17)

6-31-(12-14)

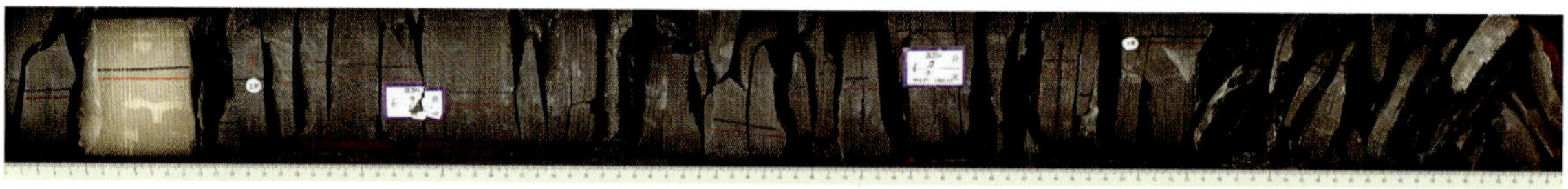
6-31-(9-11)

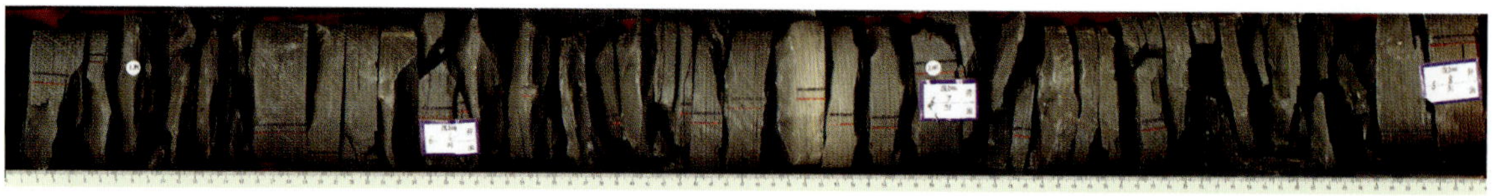
6-31-(6-8)

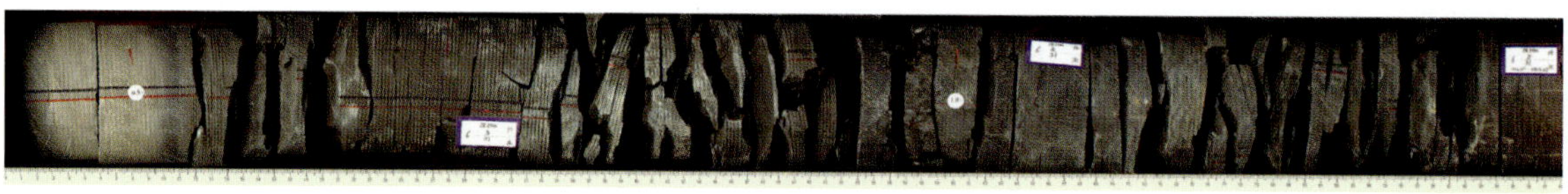
6-31-(3-5)

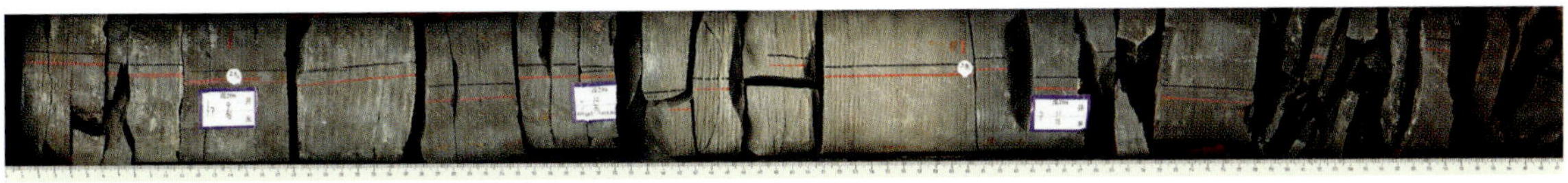
7-36-(18-20)

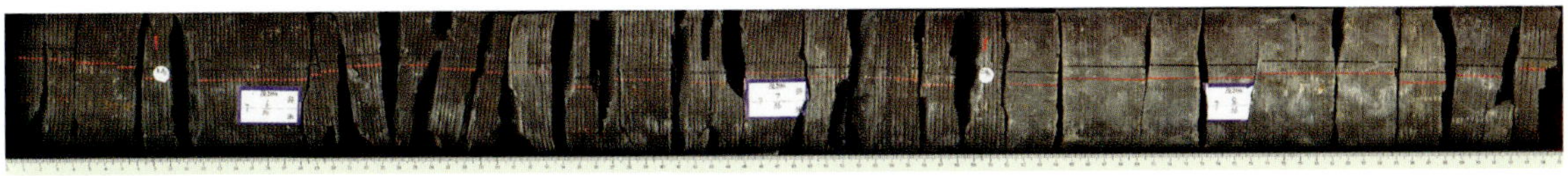
7-36-(15-17)

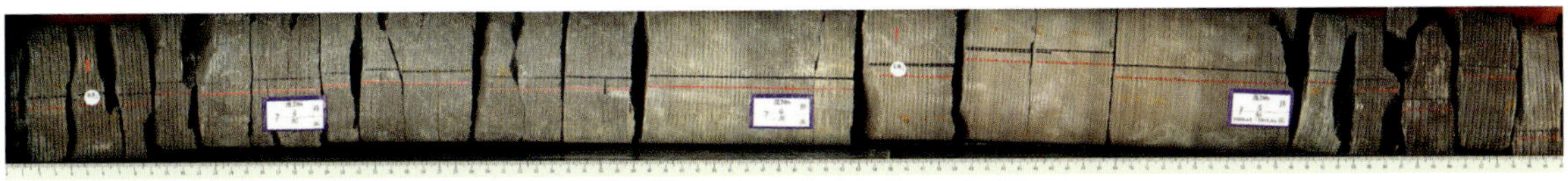
7-36-(12-14)

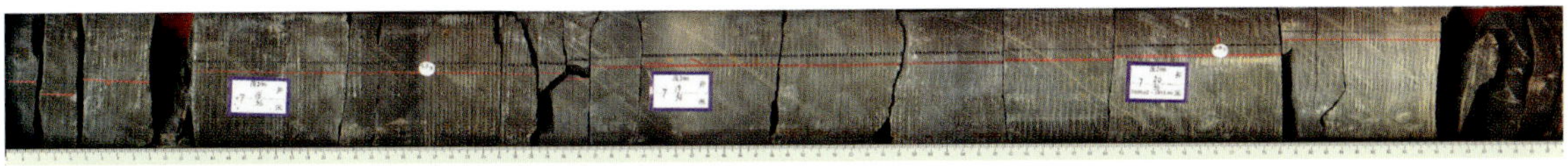
7-36-(9-11)

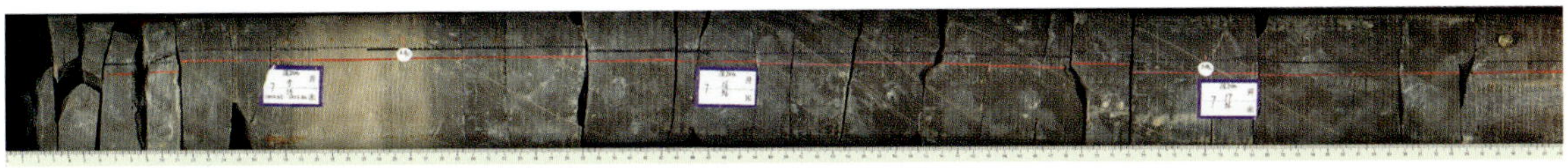
7-36-(6-8)

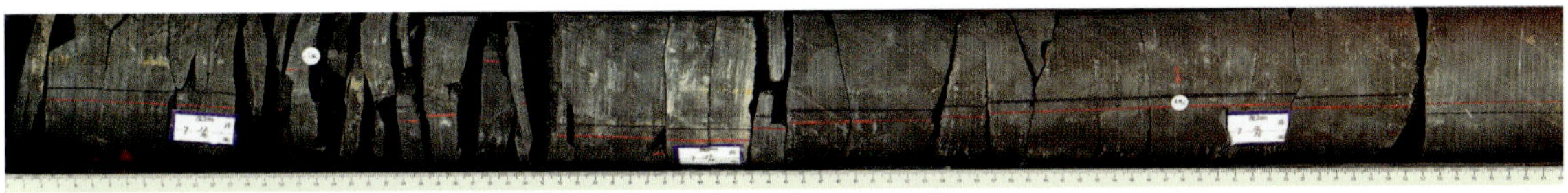
7-36-(3-5)

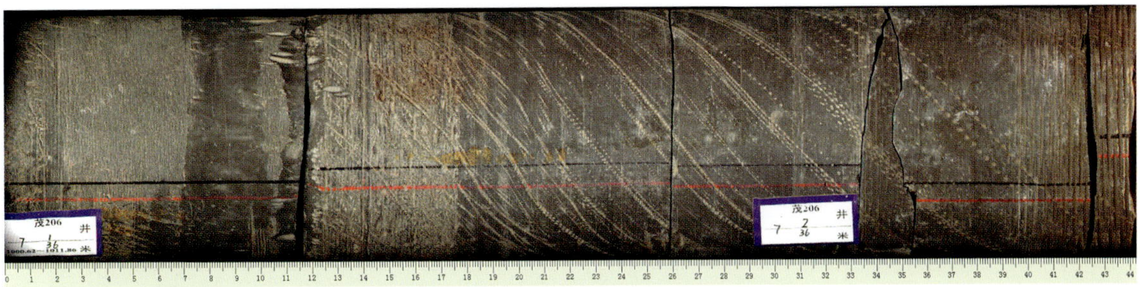
7-36-(1-2)

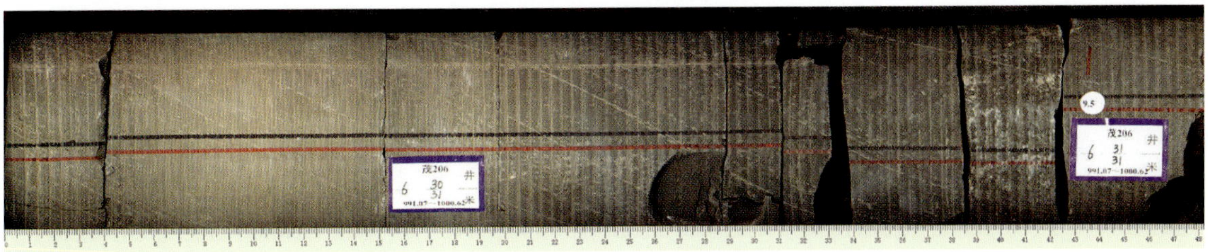
6-31-(30-31)

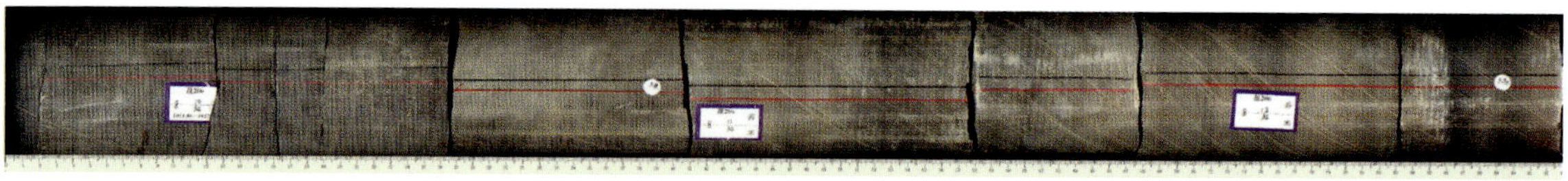

8-34-(10-12)

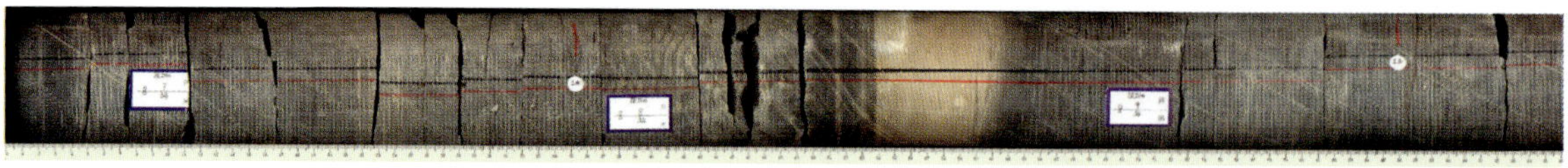

8-34-(7-9)

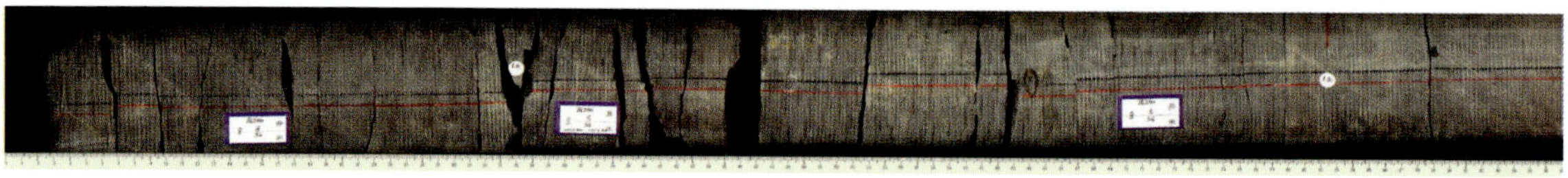

8-34-(4-6)

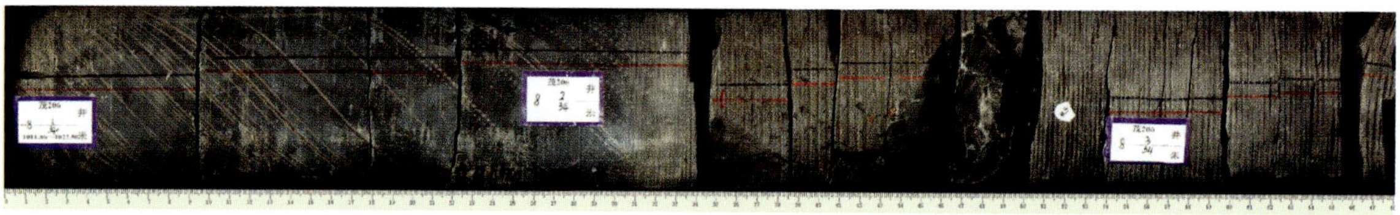

8-34-(1-3)

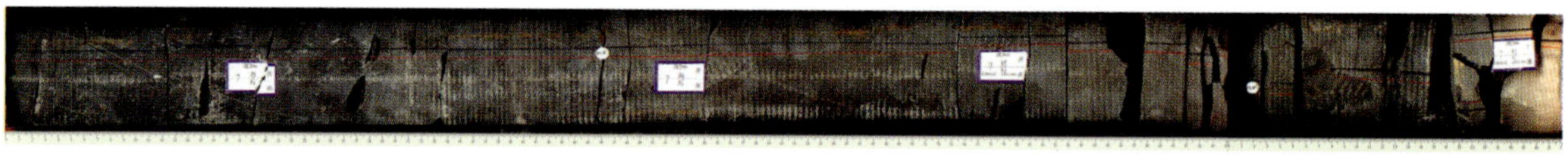

7-36-(33-36)

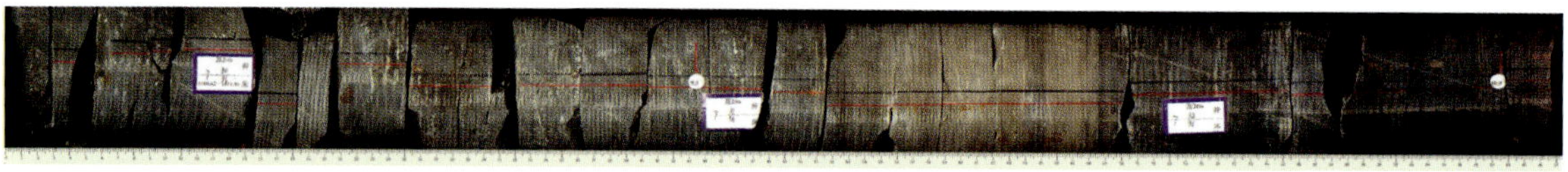

7-36-(30-32)

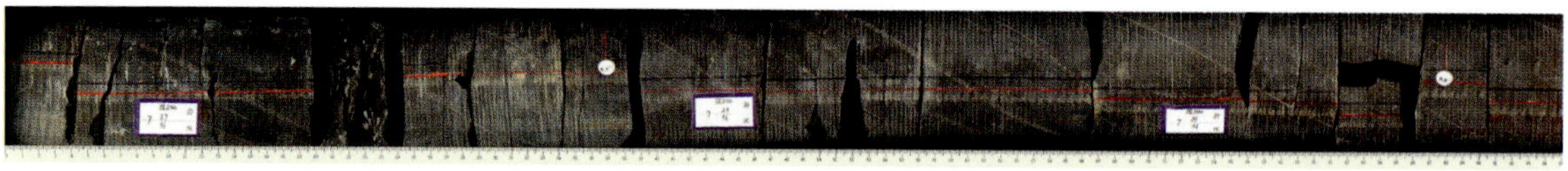

7-36-(27-29)

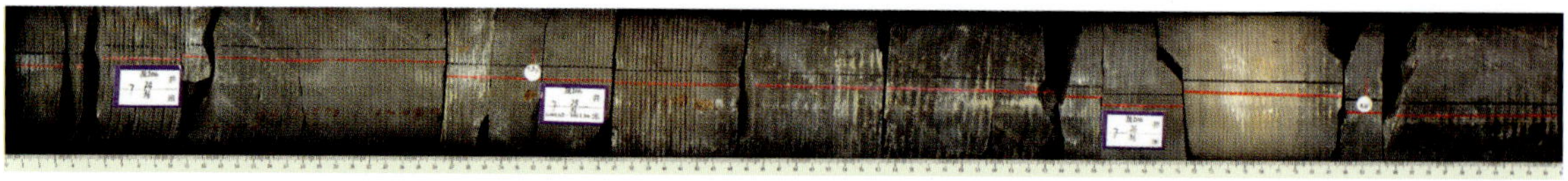

7-36-(24-26)

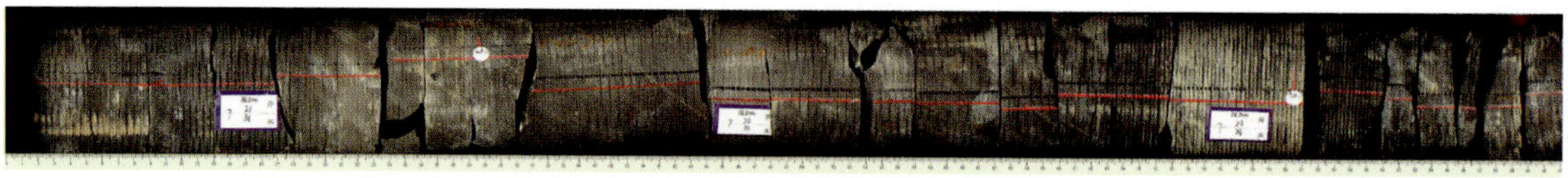

7-36-(21-23)

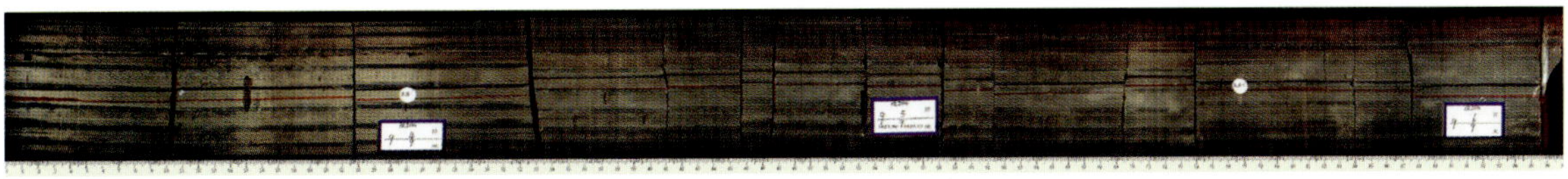

9-9-(4-6)

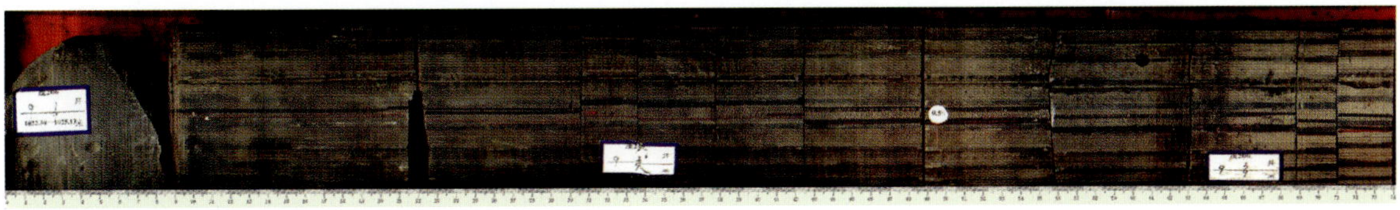

9-9-(1-3)

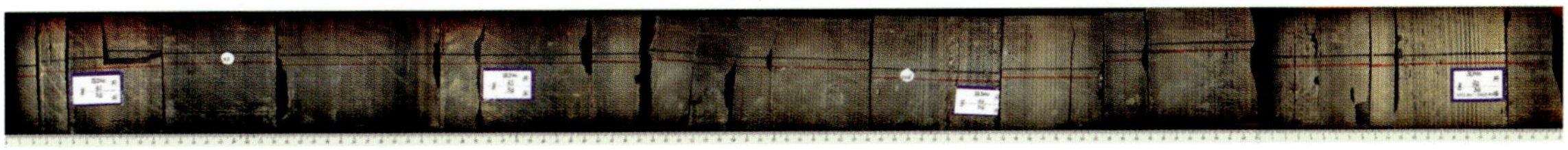

8-34-(31-34)

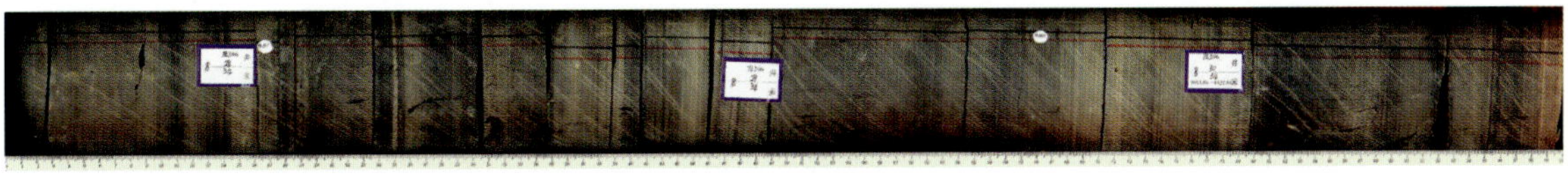

8-34-(28-30)

8-34-(25-27)

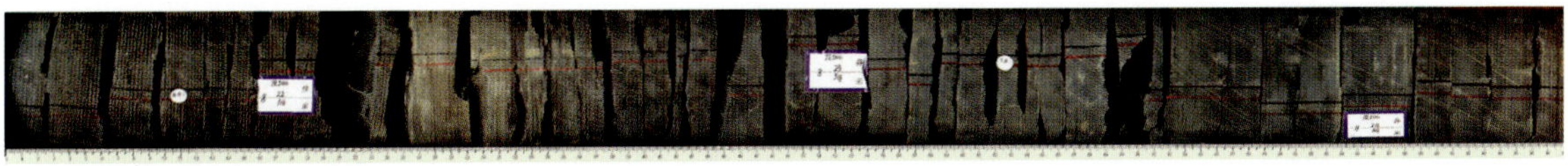

8-34-(22-24)

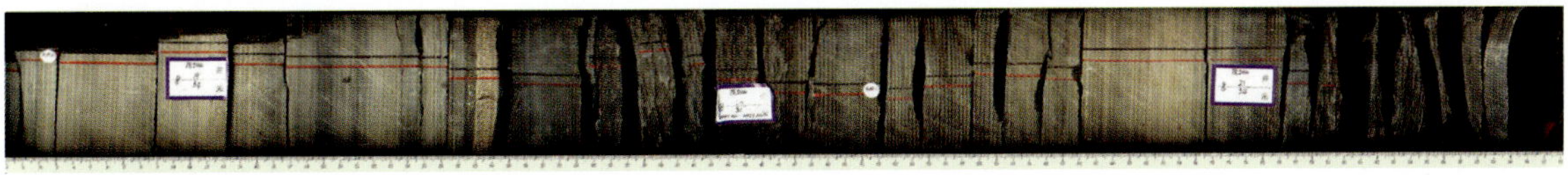

8-34-(19-21)

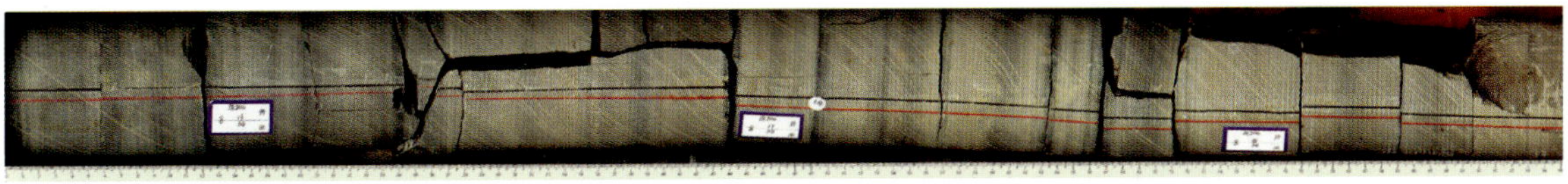

8-34-(16-18)

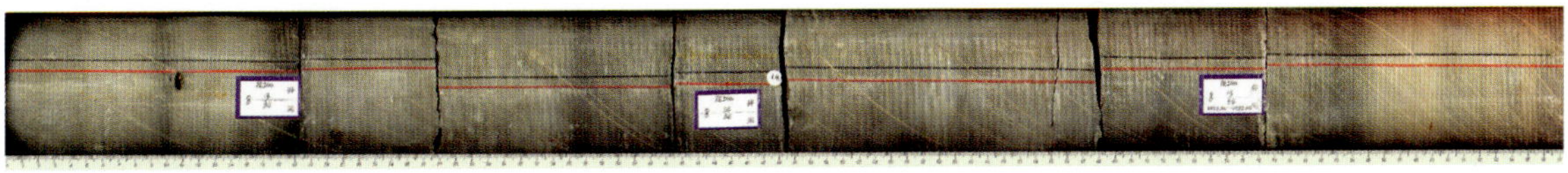

8-34-(13-15)

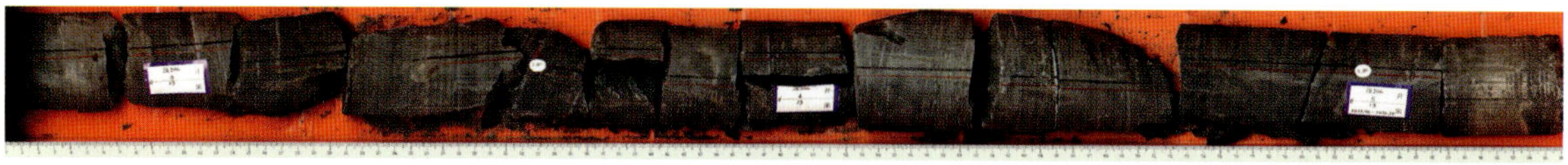

11-13-(3-5)

11-13-(1-2)

5.0
茂206 井
10 17/17
1025.13—1035.96 米

10-17-(16-17)

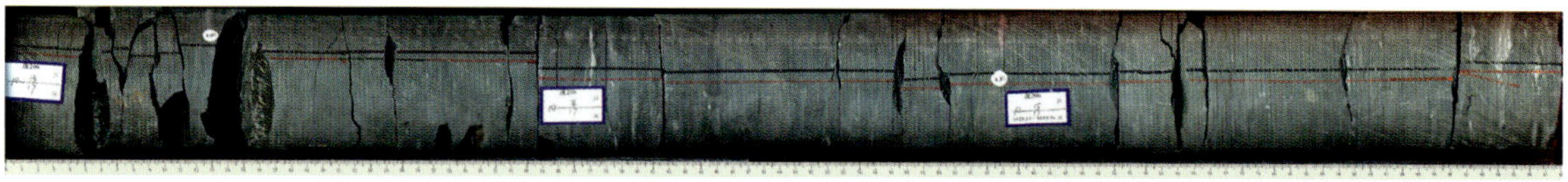

10-17-(13-15)

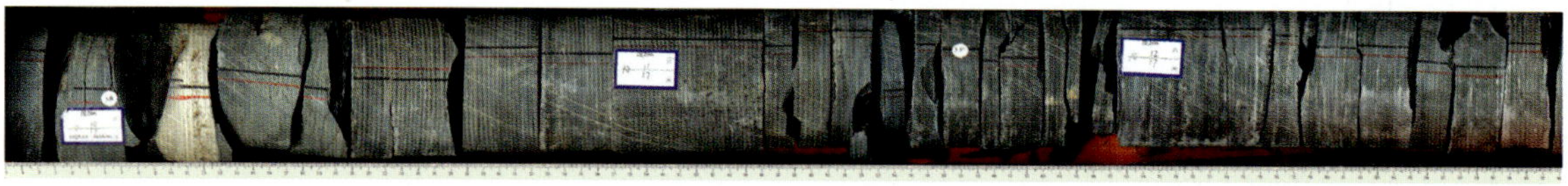

10-17-(10-12)

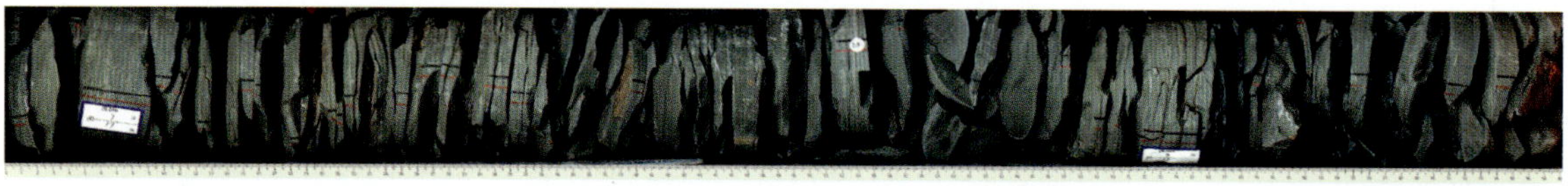

10-17-(7-9)

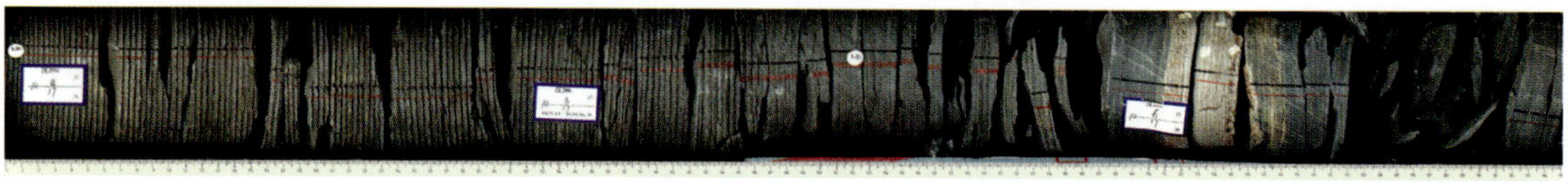

10-17-(4-6)

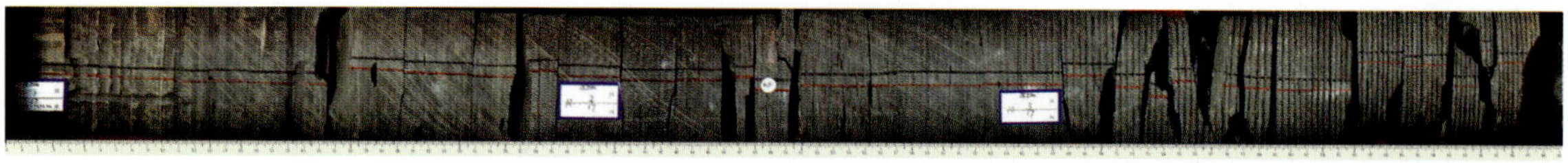

10-17-(1-3)

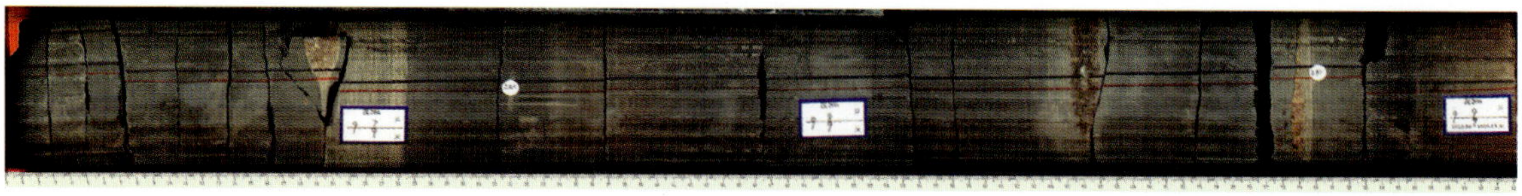

9-9-(7-9)

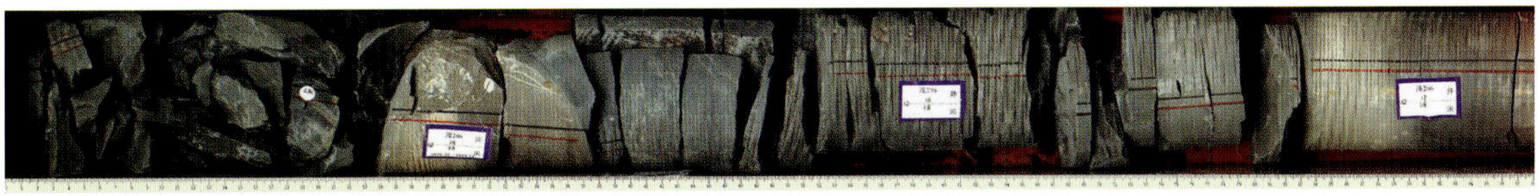

12-38-(15-17)

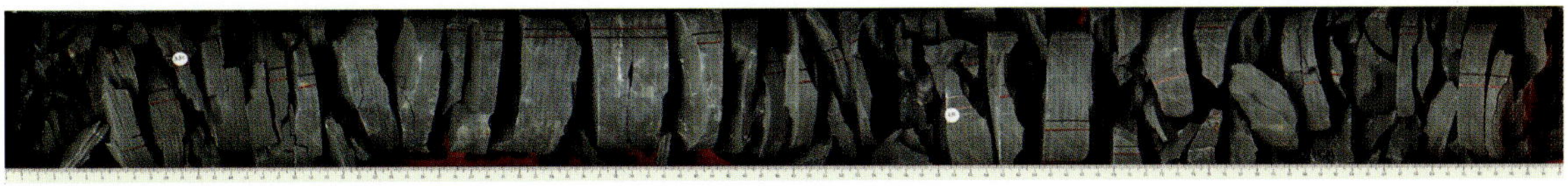

12-38-(12-14)

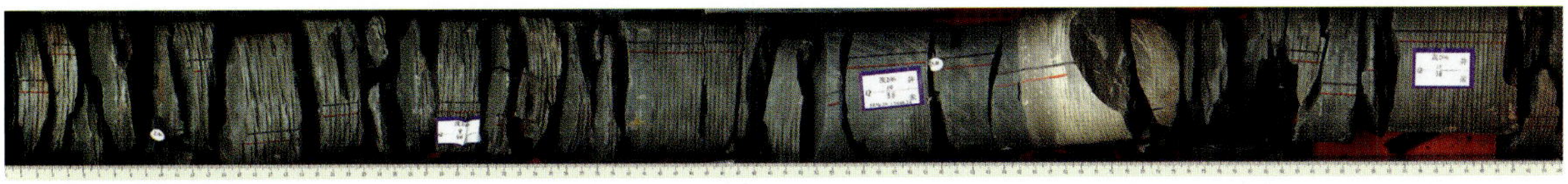

12-38-(9-11)

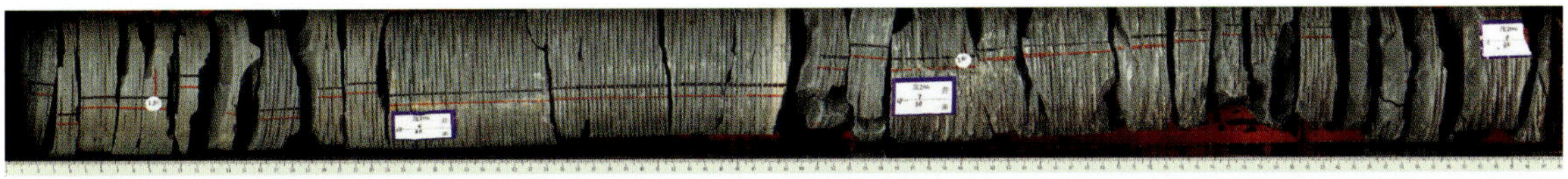

12-38-(6-8)

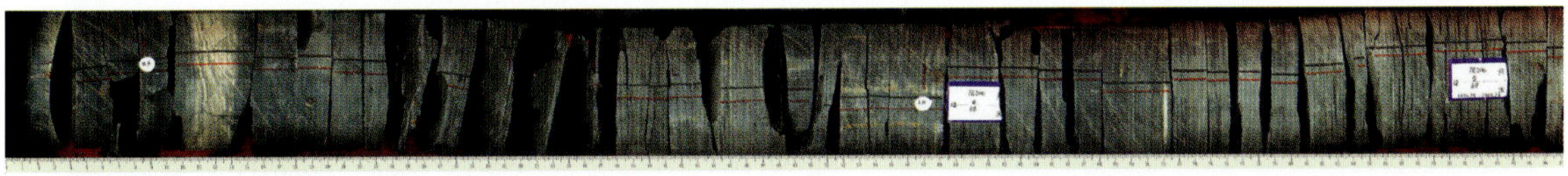

12-38-(3-5)

12-38-(1-2)

11-13-(12-13)

11-13-(9-11)

11-13-(6-8)

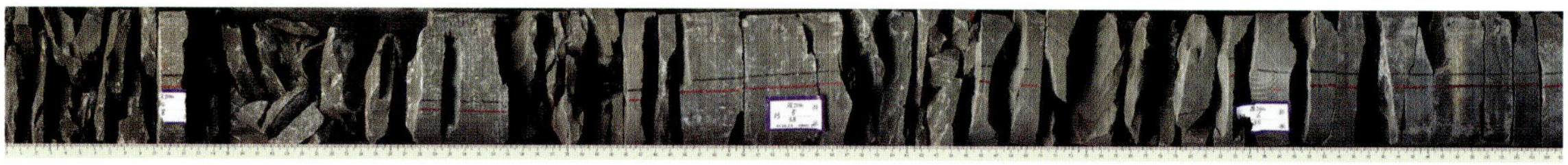
13-38-(4-6)

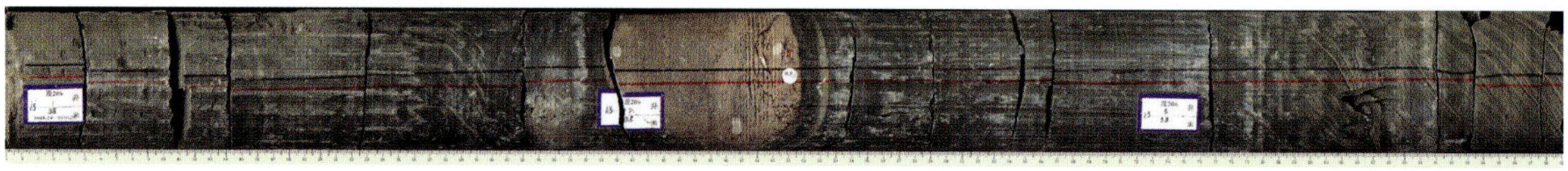
13-38-(1-3)

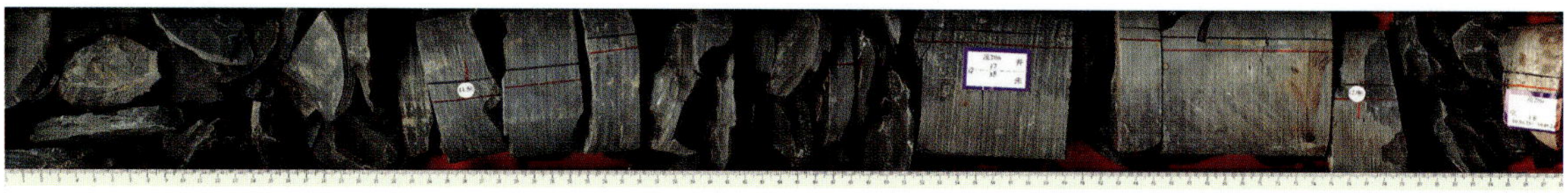
12-38-(36-38)

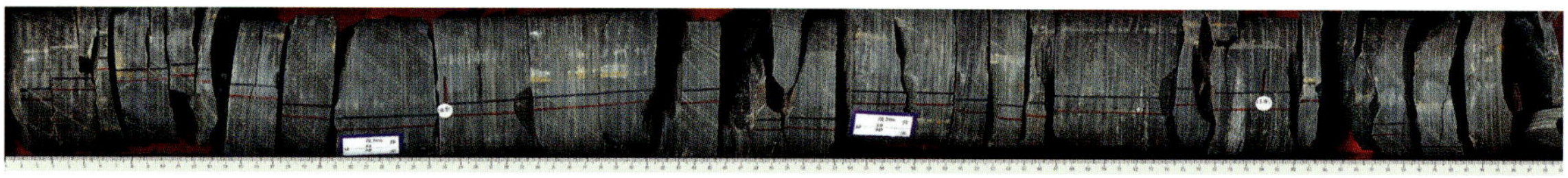
12-38-(33-35)

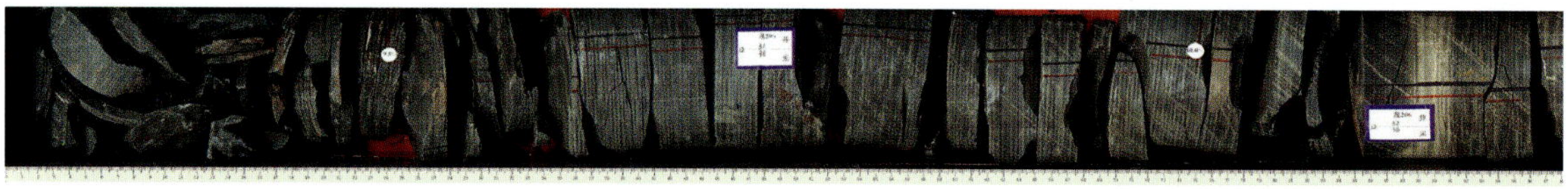
12-38-(30-32)

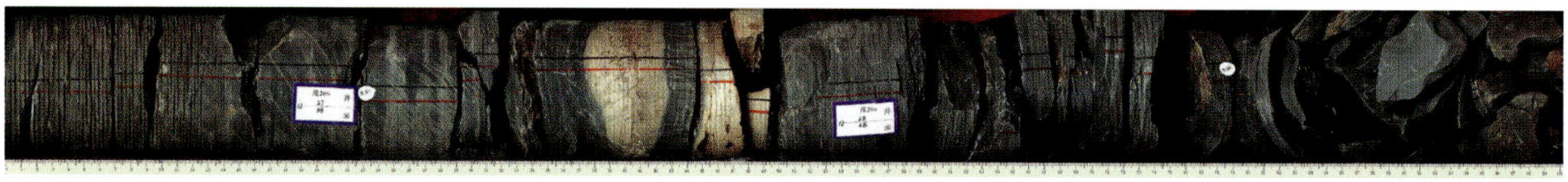
12-38-(27-29)

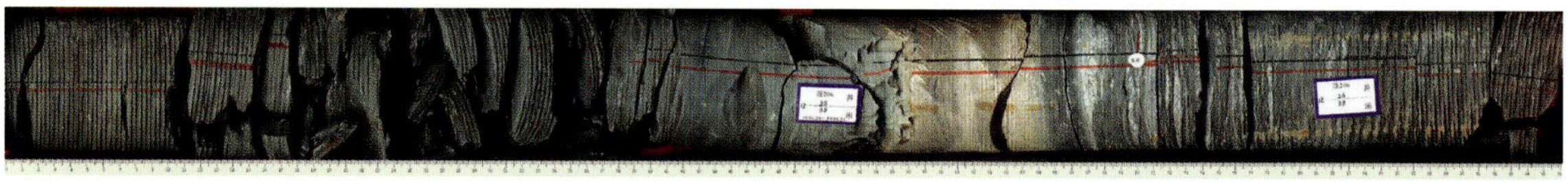
12-38-(24-26)

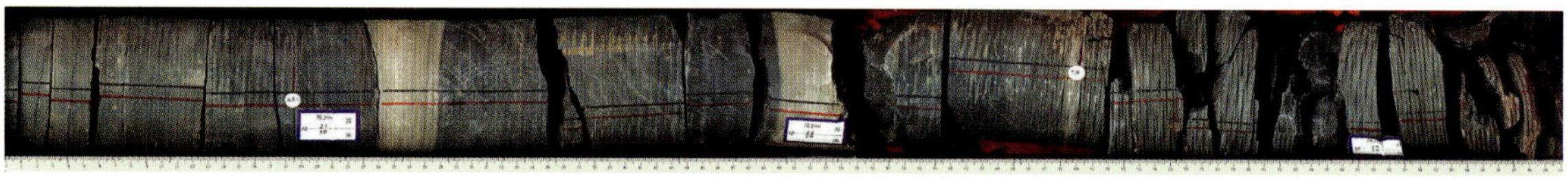
12-38-(21-23)

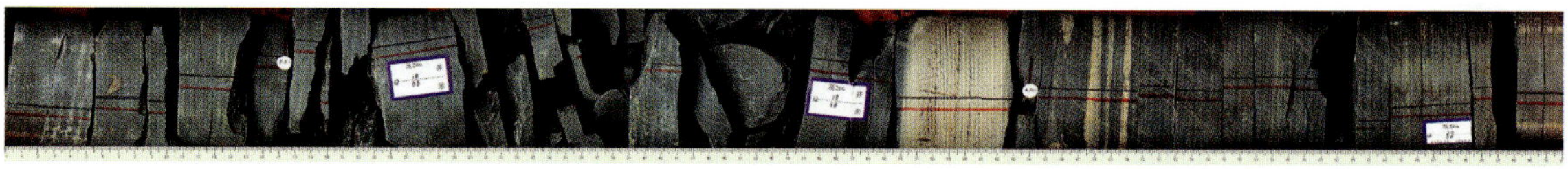
12-38-(18-20)

13-38-(31-33)

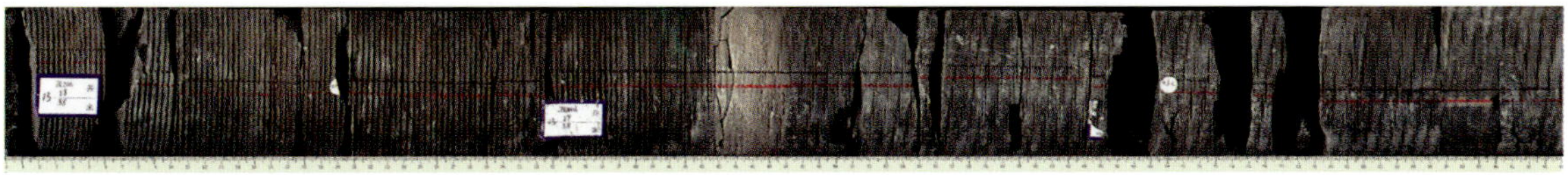

13-38-(28-30)

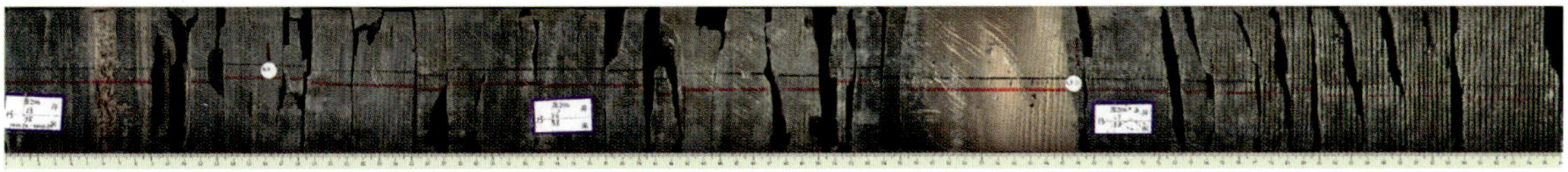

13-38-(25-27)

13-38-(22-24)

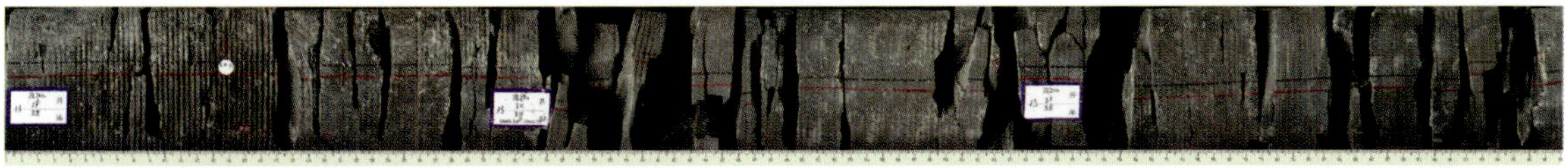

13-38-(19-21)

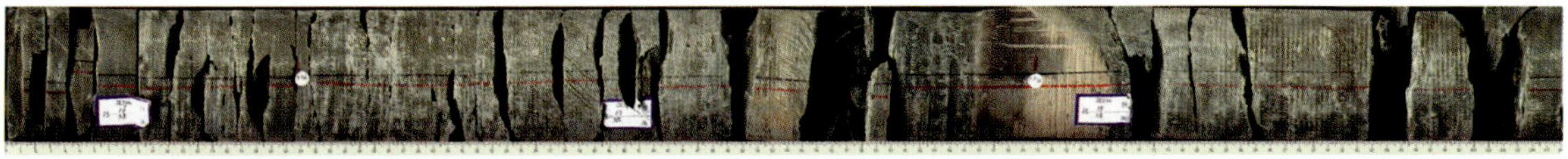

13-38-(16-18)

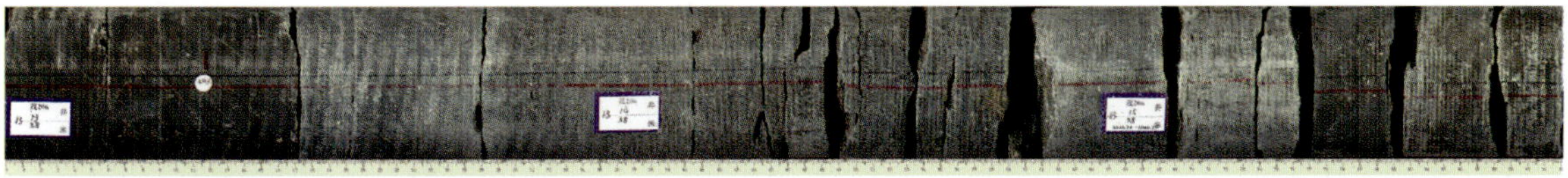

13-38-(13-15)

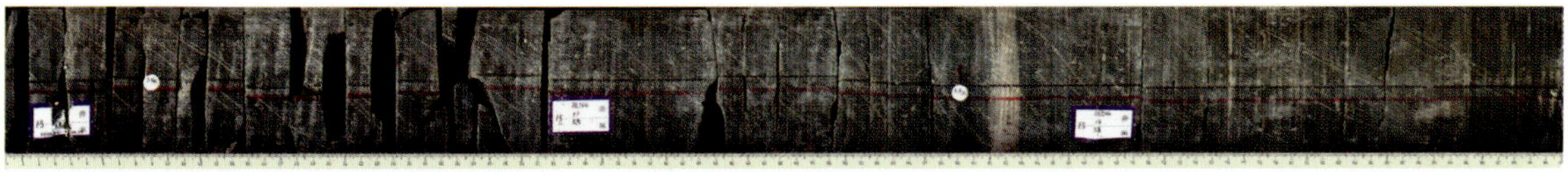

13-38-(10-12)

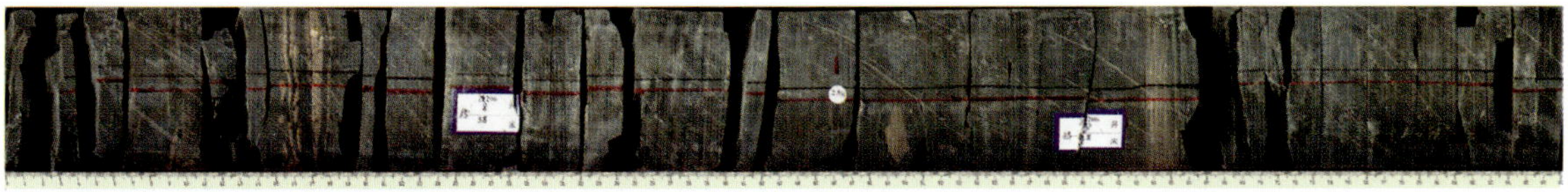

13-38-(7-9)

25-35-(10-12)

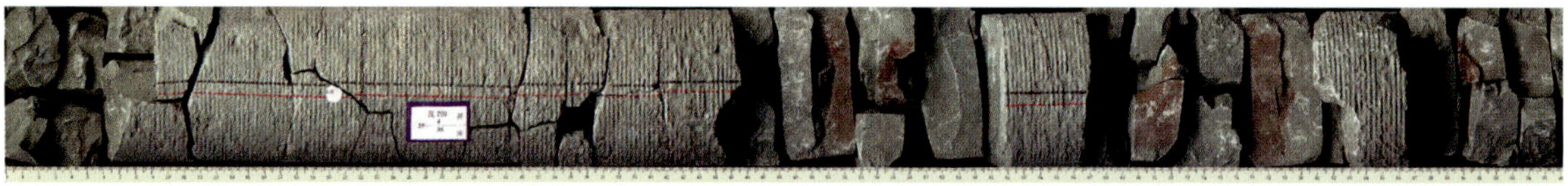
25-35-(7-9)

25-35-(4-6)

25-35-(1-3)

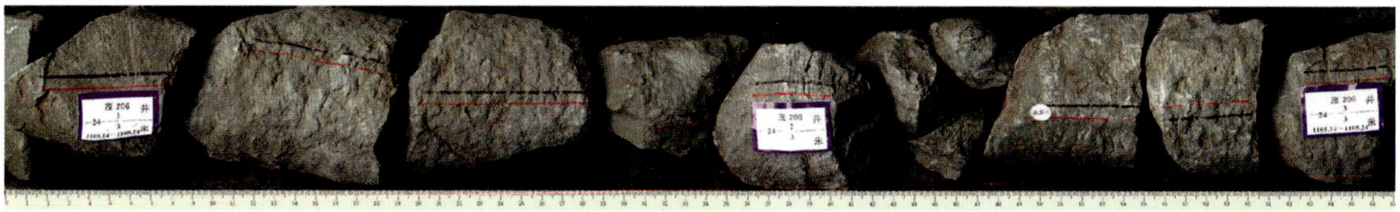
24-3-(1-3)

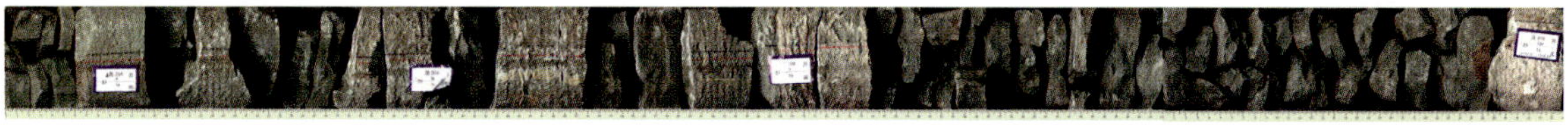
23-11-(7-11)

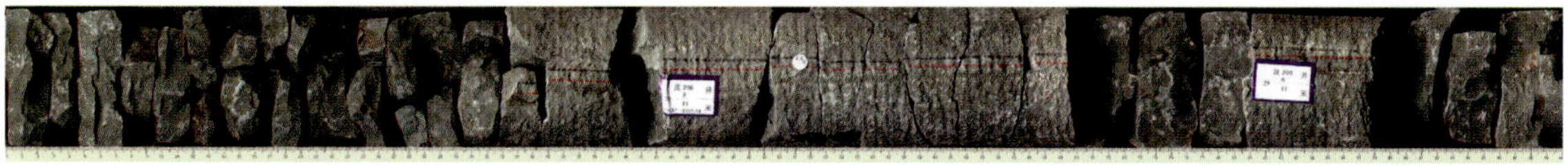
23-11-(4-6)

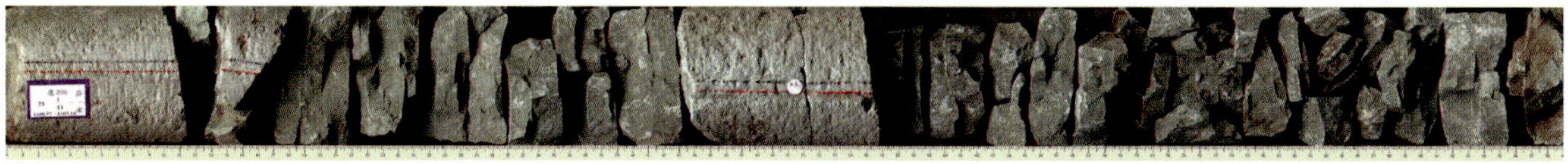
23-11-(1-3)

13-38-(34-38)

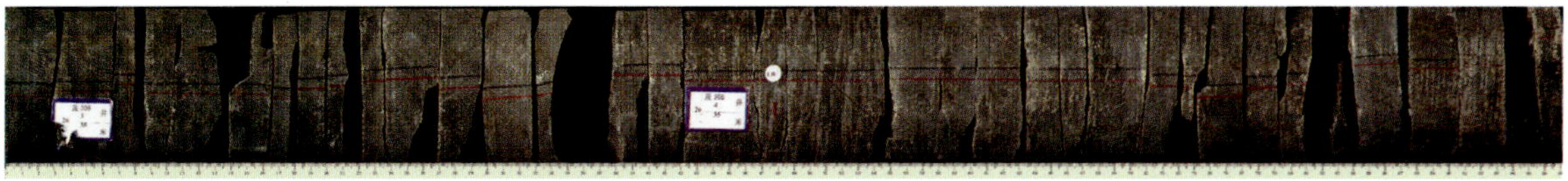

26-35-(3-5)

26-35-(1-2)

25-35-(31-35)

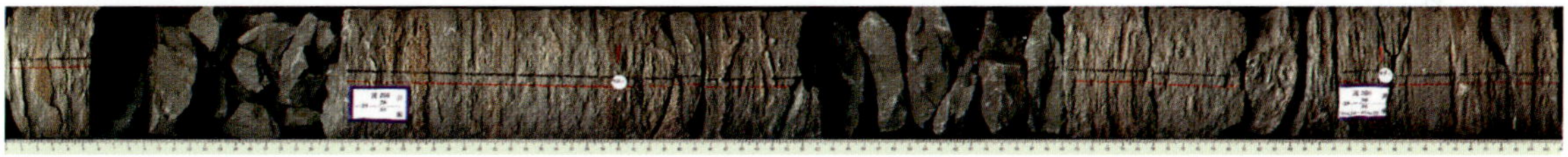

25-35-(28-30)

25-35-(25-27)

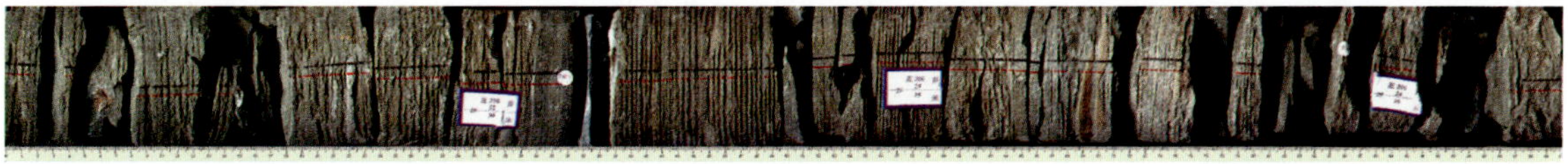

25-35-(22-24)

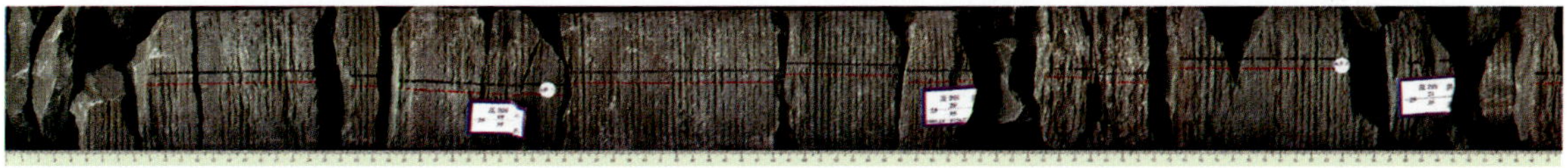

25-35-(19-21)

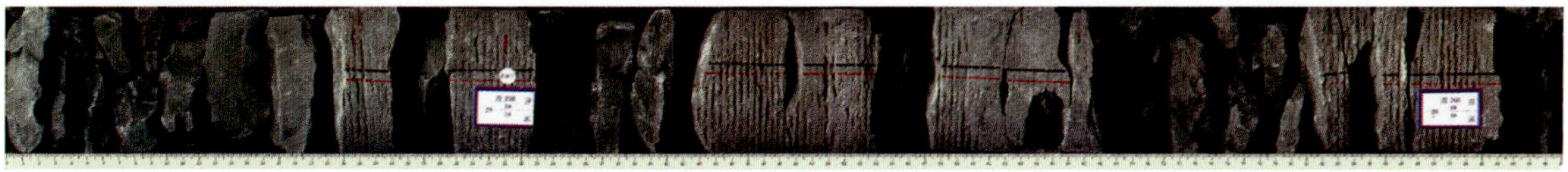

25-35-(16-18)

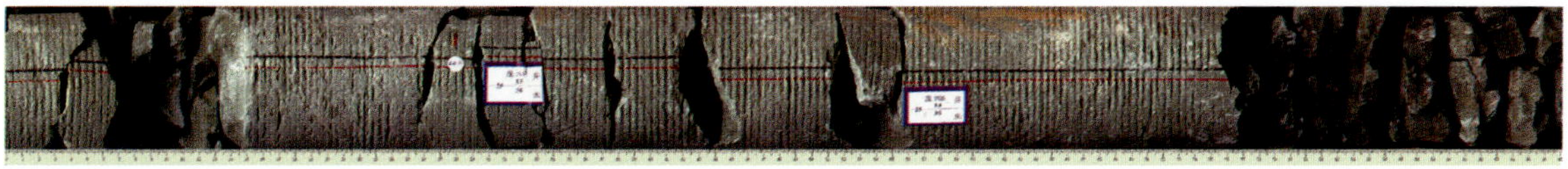

25-35-(13-15)

26-35-(30-32)

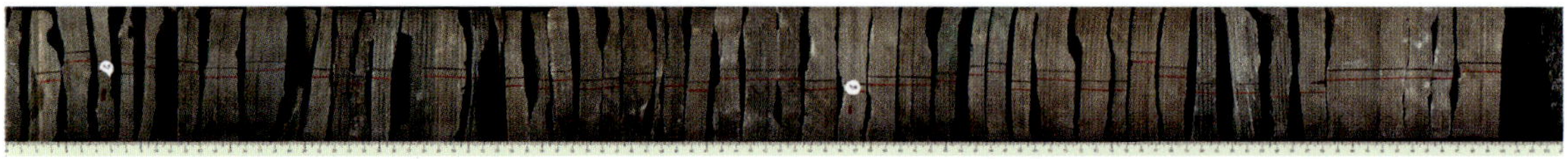
26-35-(27-29)

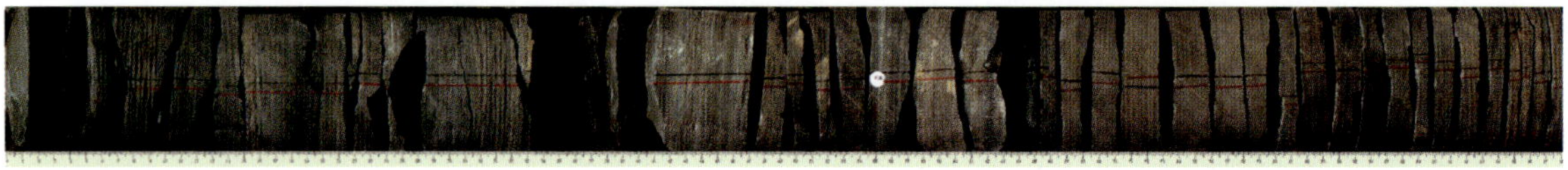
26-35-(24-26)

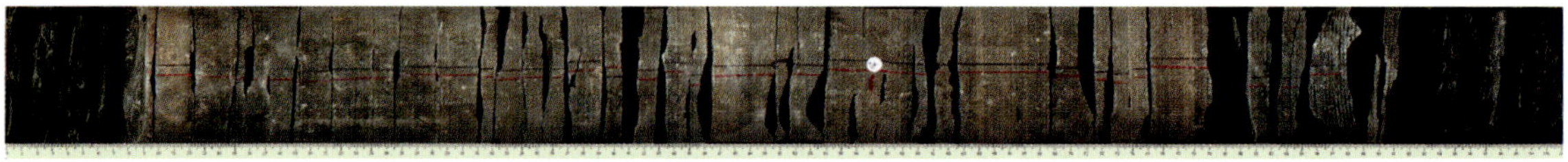
26-35-(21-23)

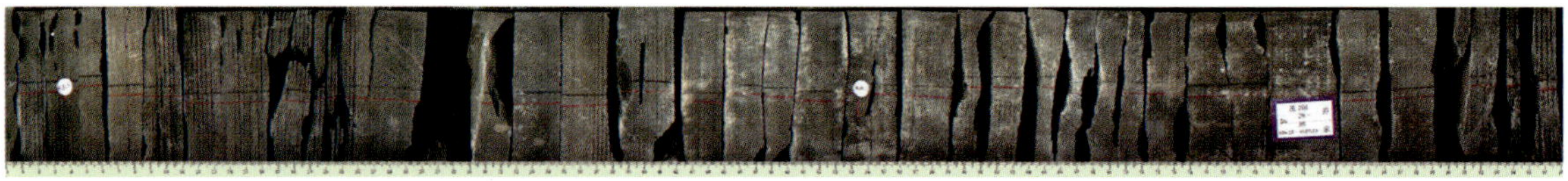
26-35-(18-20)

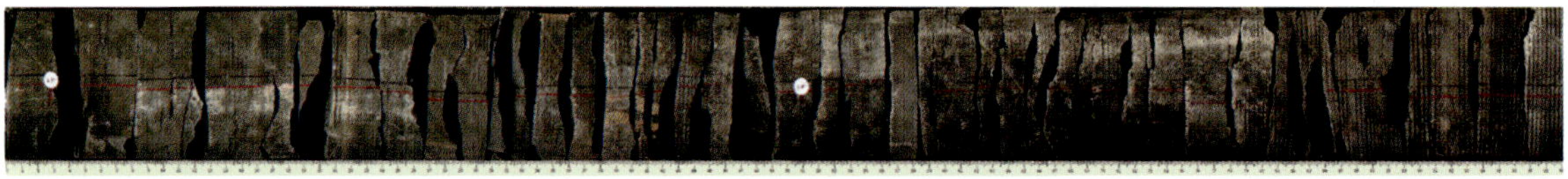
26-35-(15-17)

26-35-(12-14)

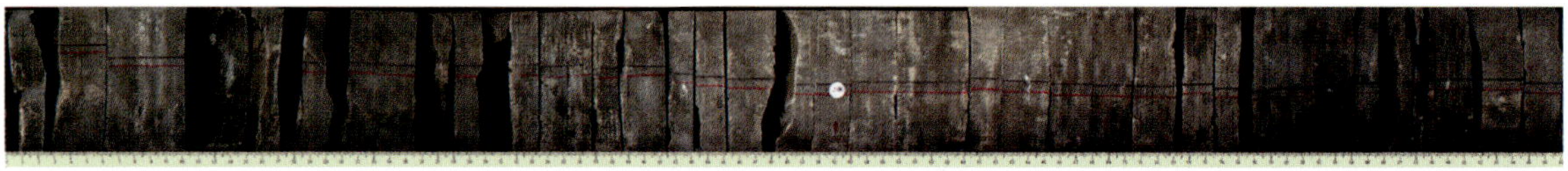
26-35-(9-11)

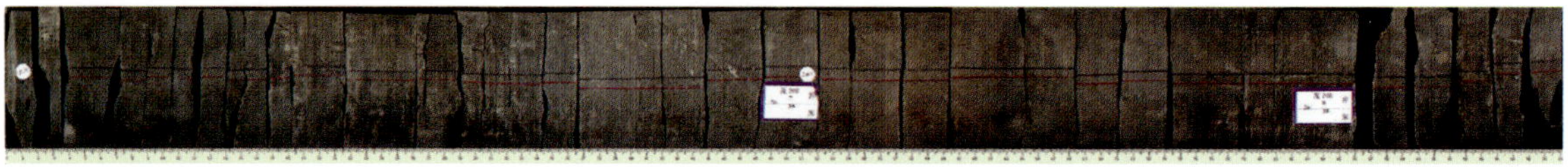
26-35-(6-8)

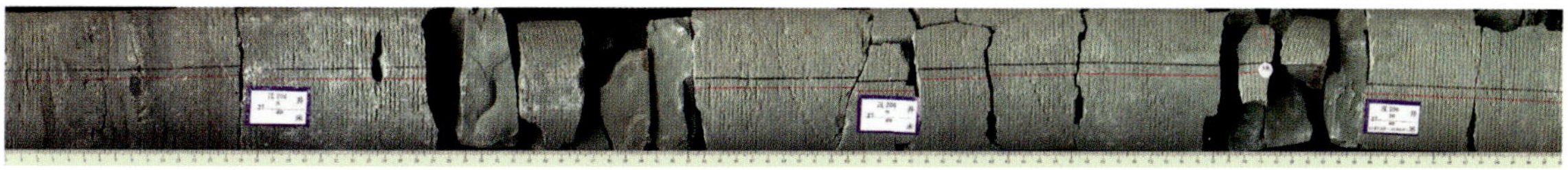
27-40-(23-25)

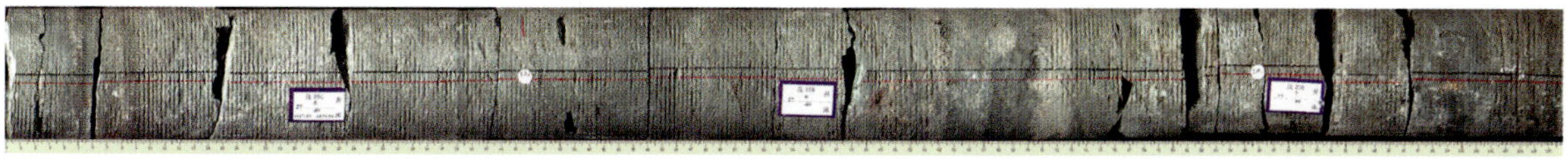
27-40-(20-22)

27-40-(17-19)

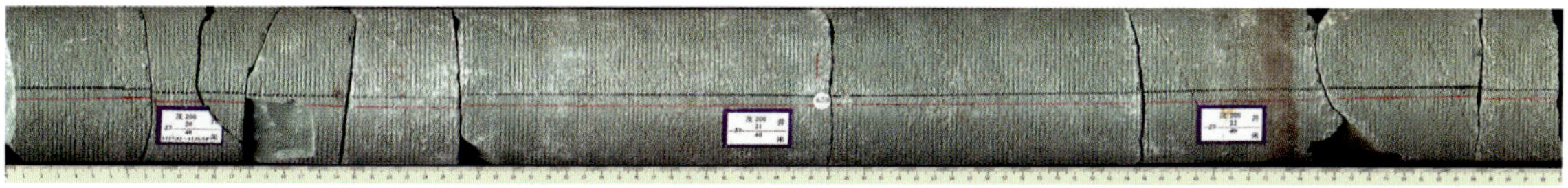
27-40-(14-16)

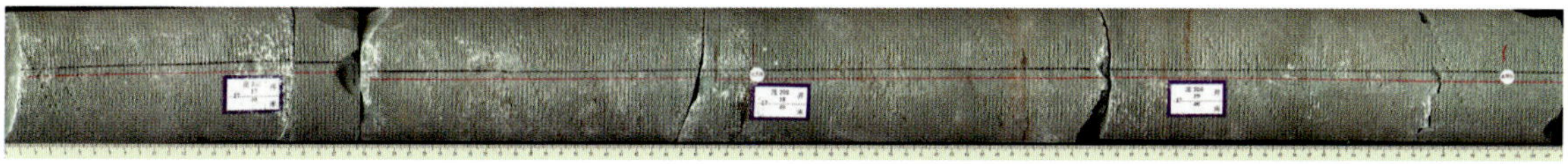
27-40-(11-13)

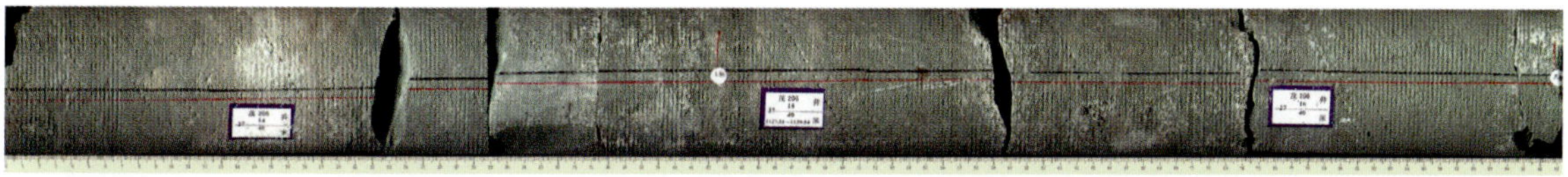
27-40-(8-10)

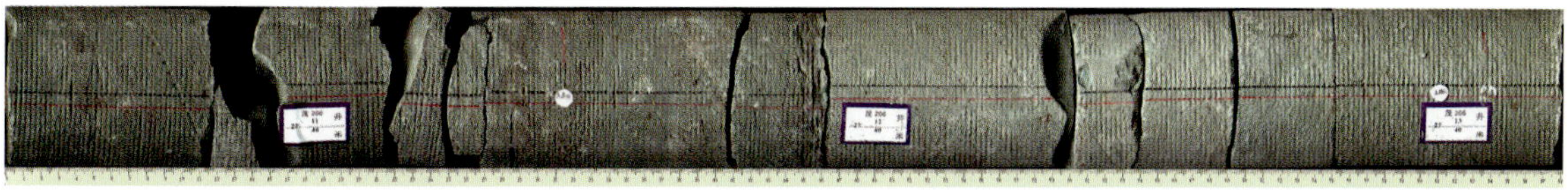
27-40-(5-7)

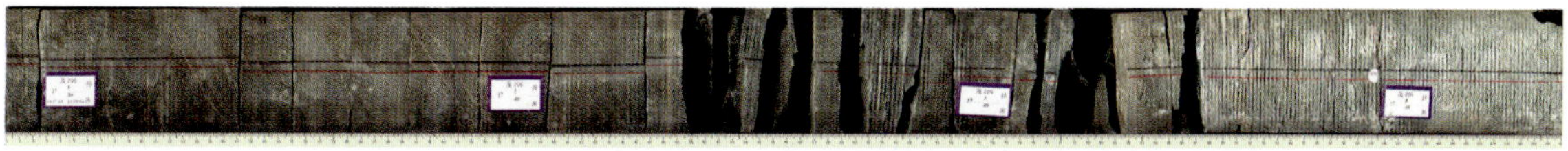
27-40-(1-4)

26-35-(33-35)

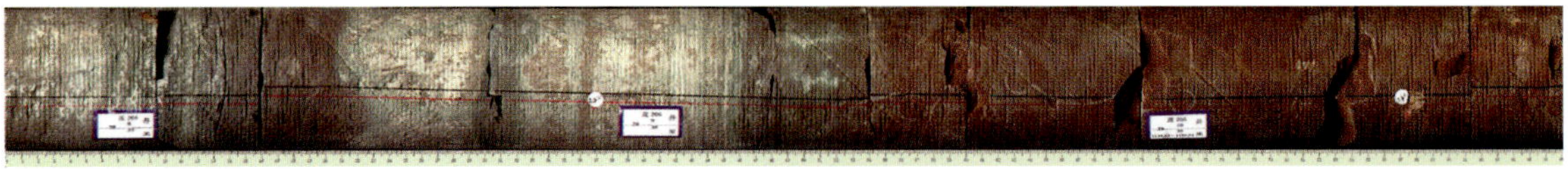
28-35-(11-13)

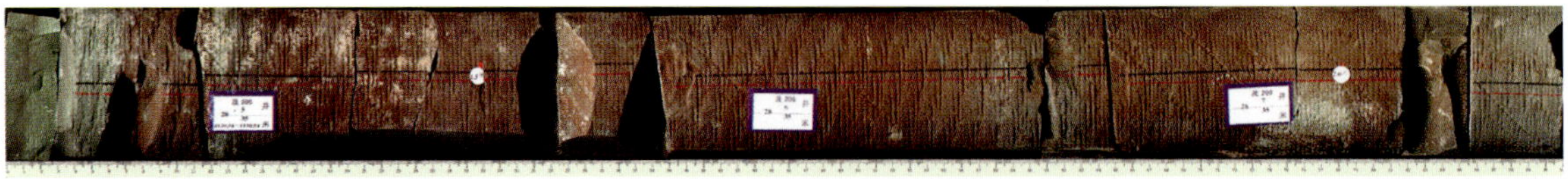
28-35-(8-10)

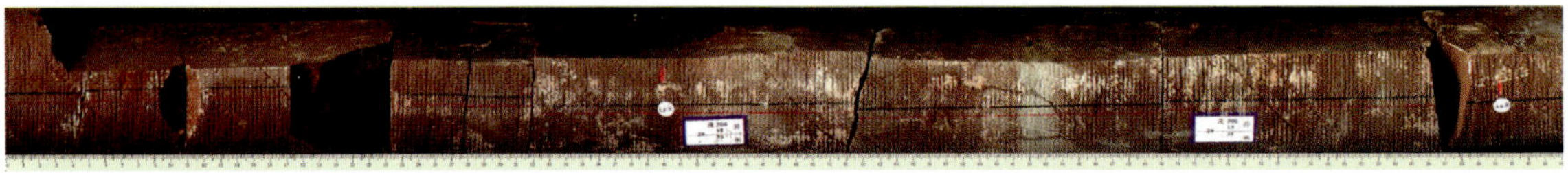
28-35-(5-7)

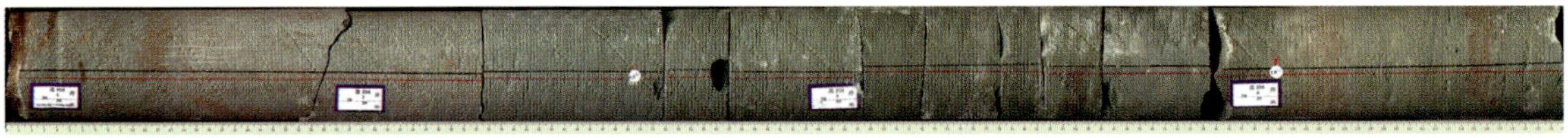
28-35-(1-4)

27-40-(38-40)

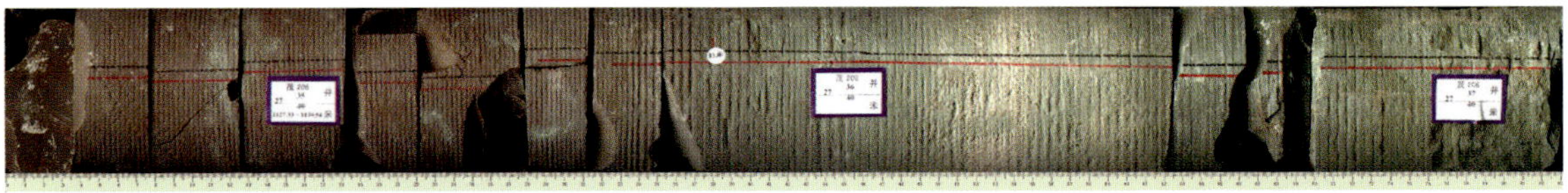
27-40-(35-37)

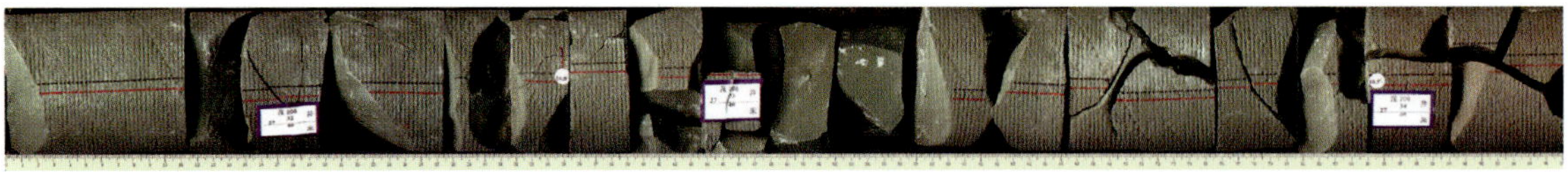
27-40-(32-34)

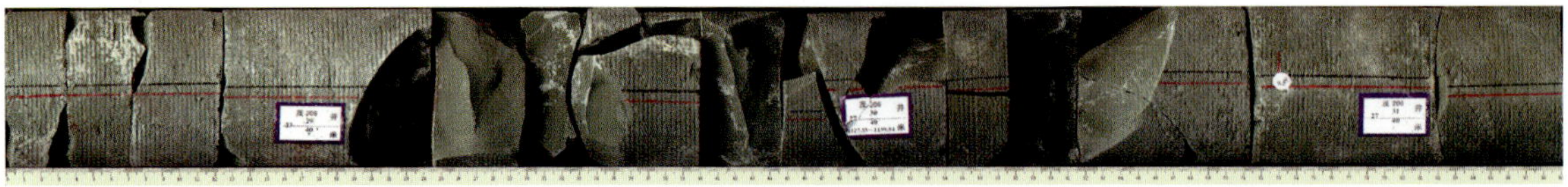
27-40-(29-31)

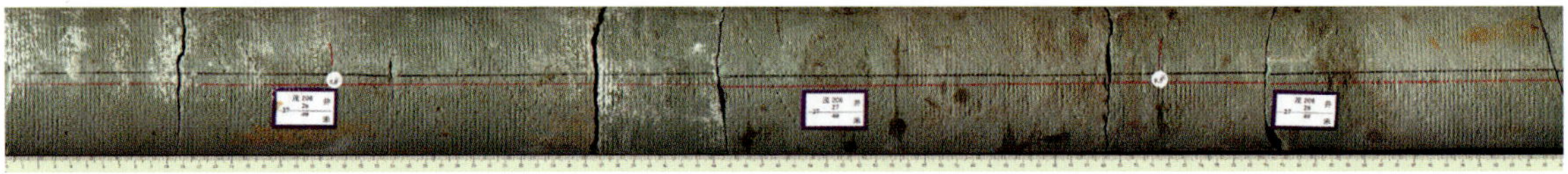
27-40-(26-28)

29-10-(1-3)

28-35-(34-35)

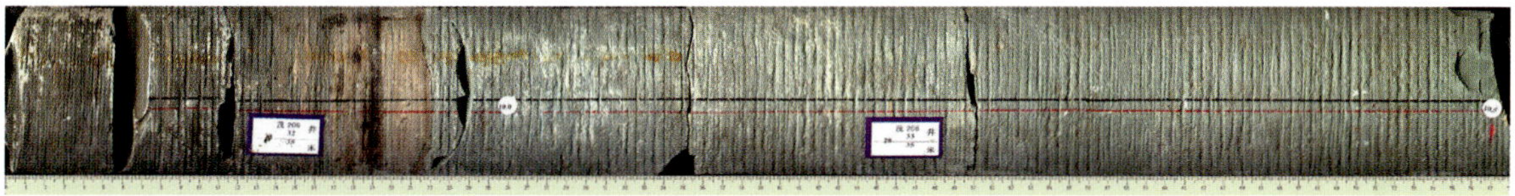

28-35-(32-33)

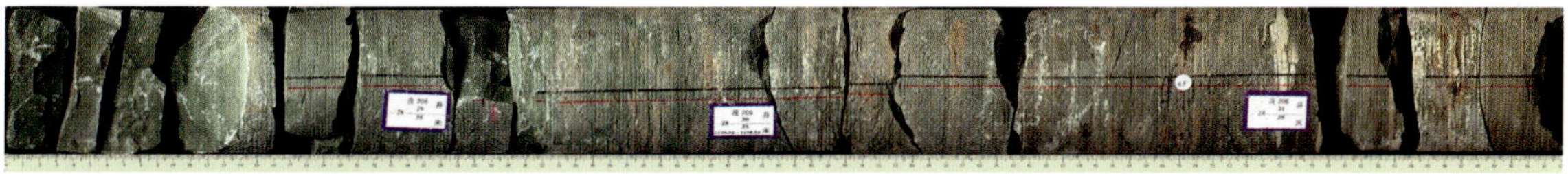

28-35-(29-31)

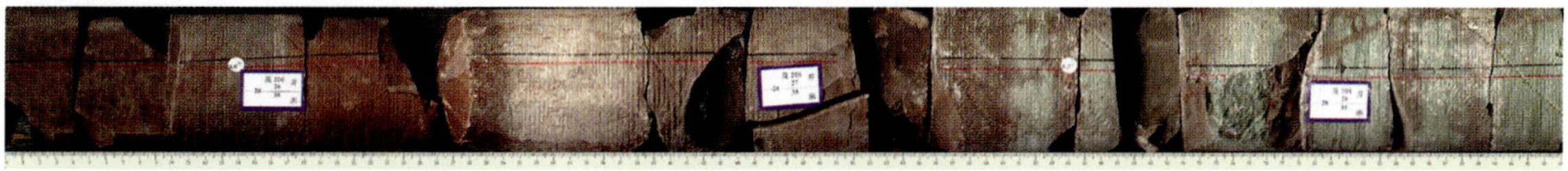

28-35-(26-28)

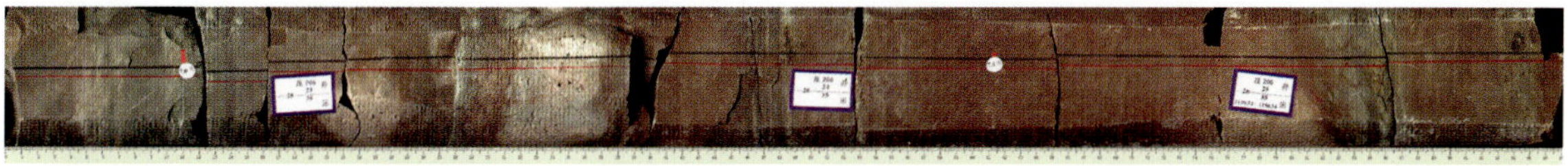

28-35-(23-25)

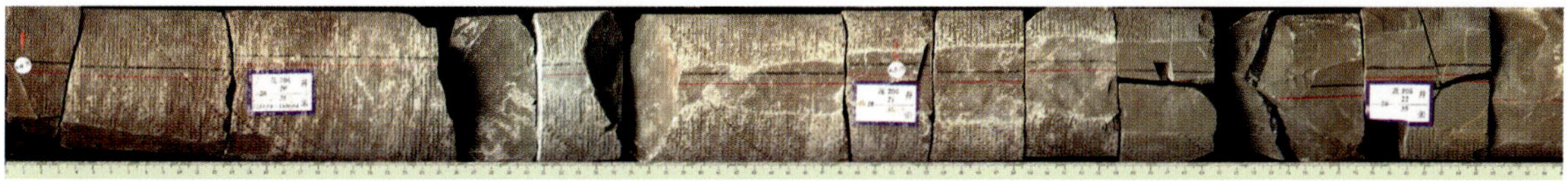

28-35-(20-22)

28-35-(17-19)

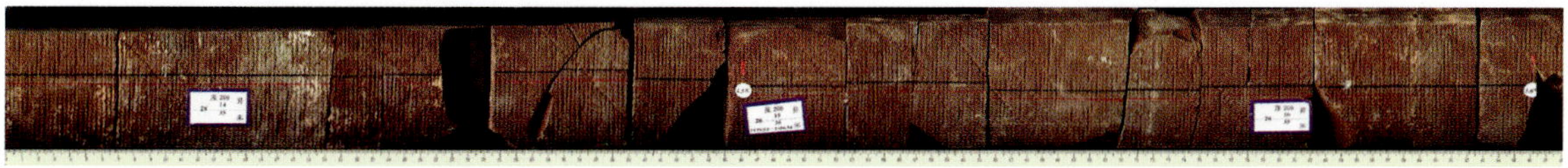

28-35-(14-16)

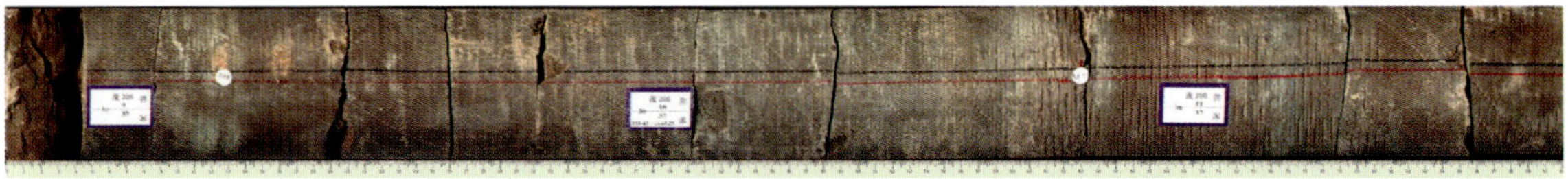
30-37-(15-17)

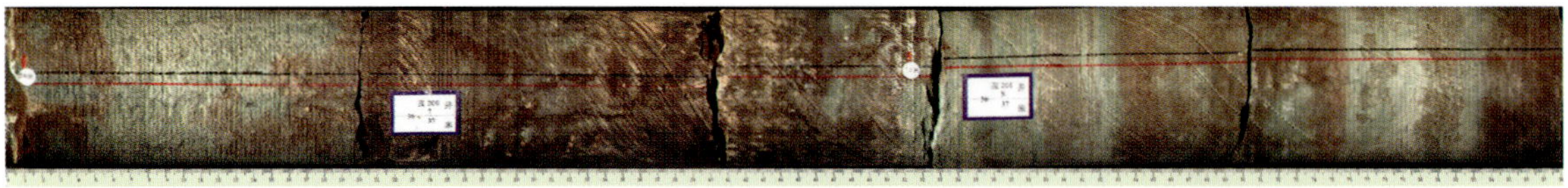
30-37-(12-14)

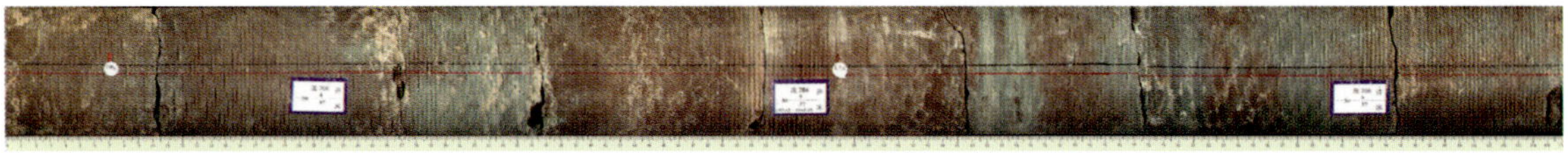
30-37-(9-11)

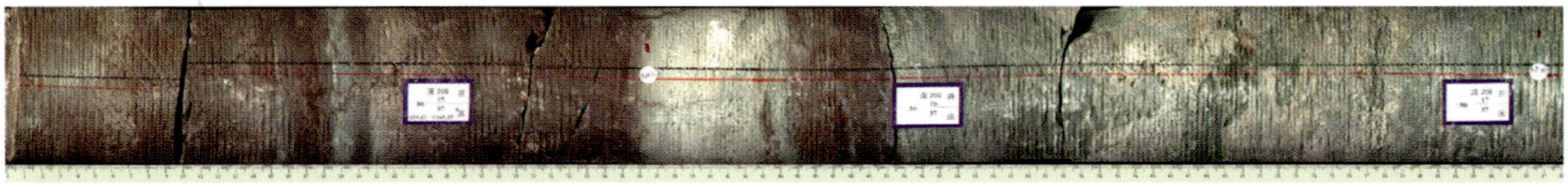
30-37-(7-8)

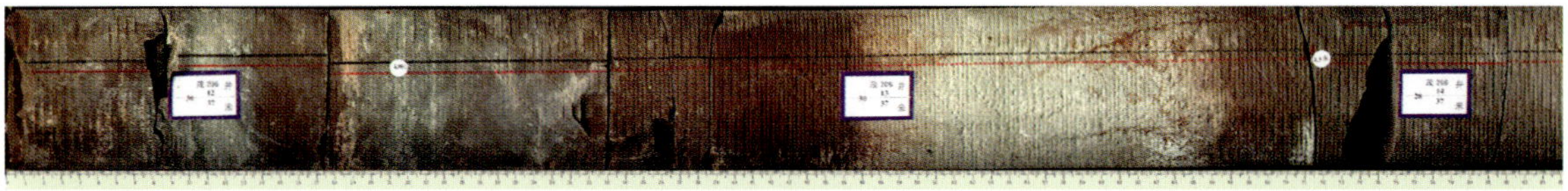
30-37-(4-6)

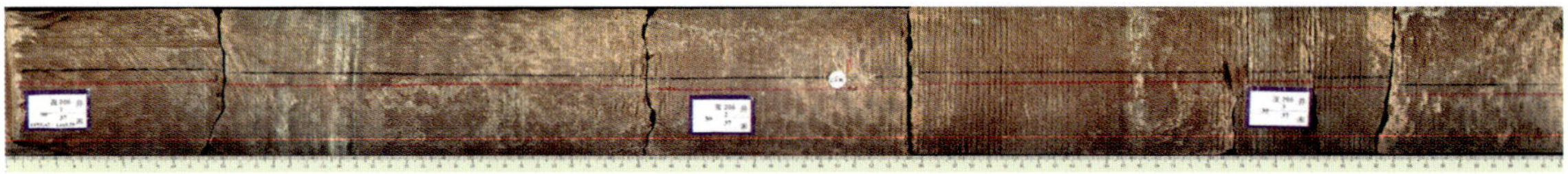
30-37-(1-3)

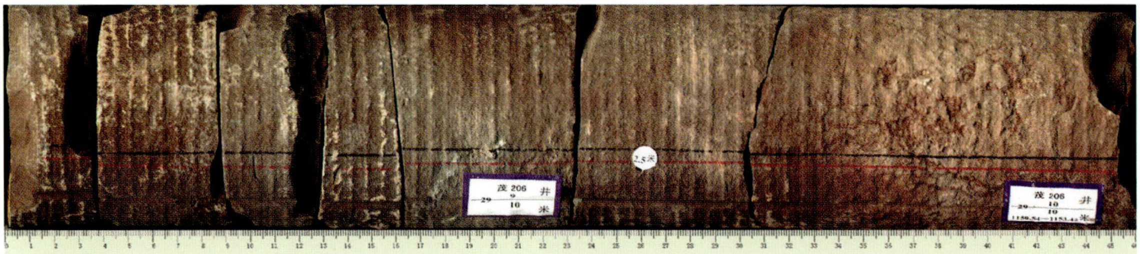
29-10-(9-10)

29-10-(7-8)

29-10-(4-6)

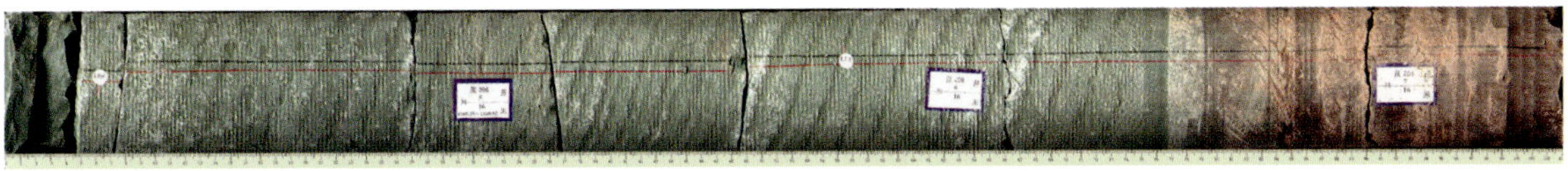

31-16-(5-7)

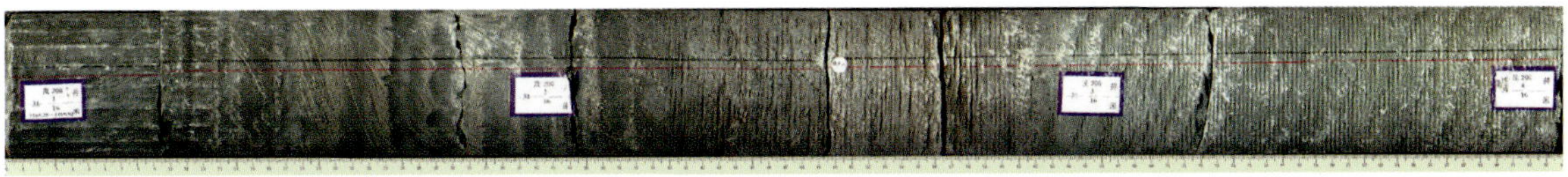

31-16-(1-4)

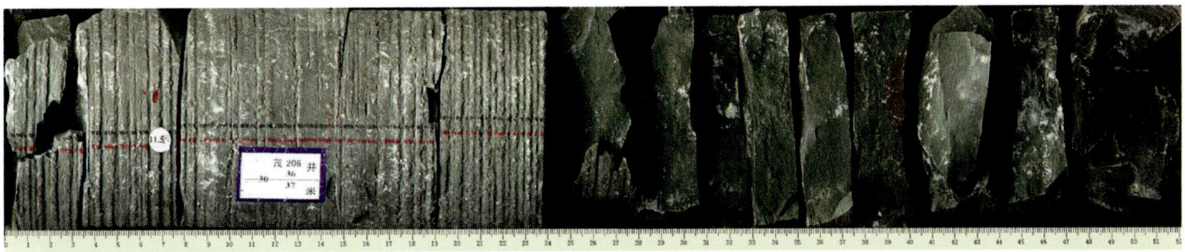
茂 206 井
36
30 37
米

30-37-(36-37)

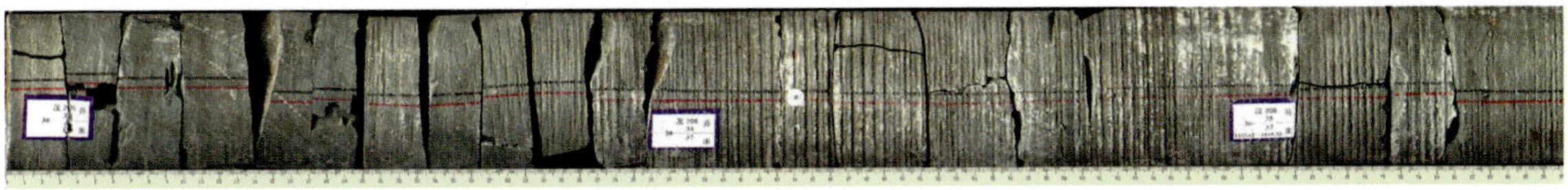

30-37-(33-35)

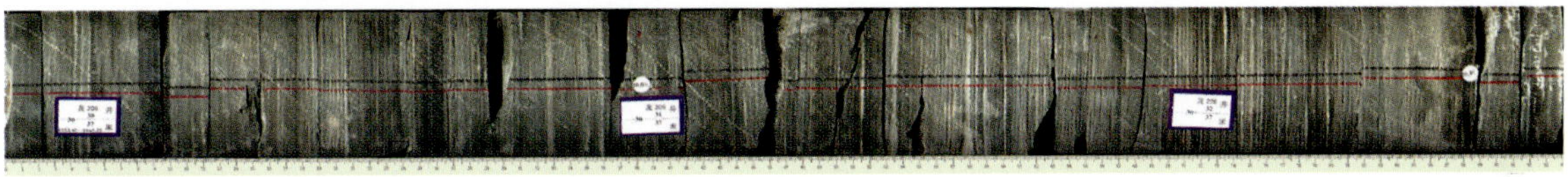

30-37-(30-32)

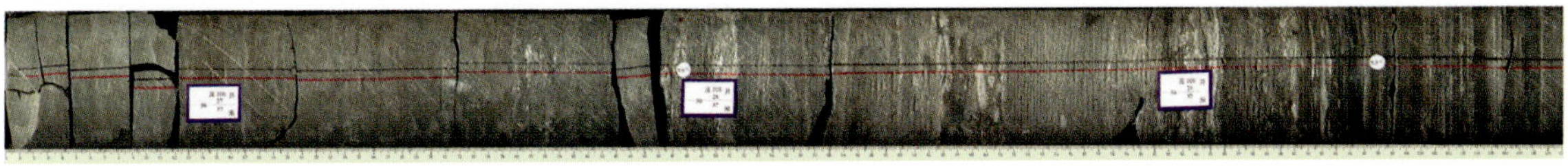

30-37-(27-29)

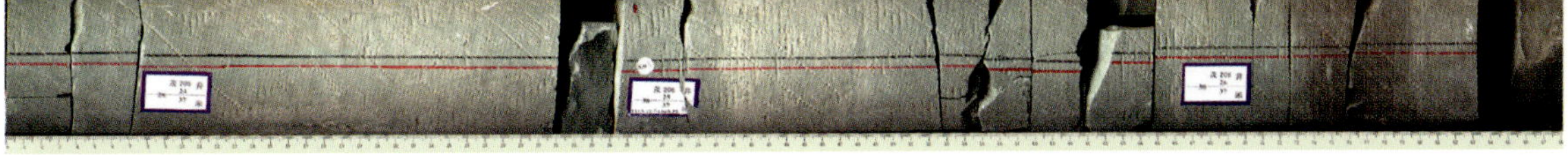

30-37-(24-26)

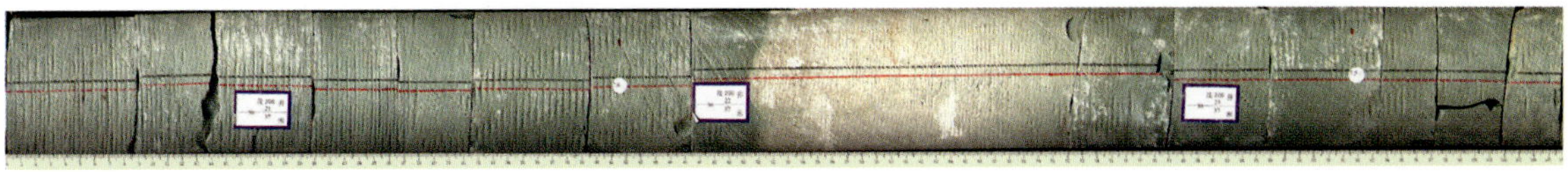

30-37-(21-23)

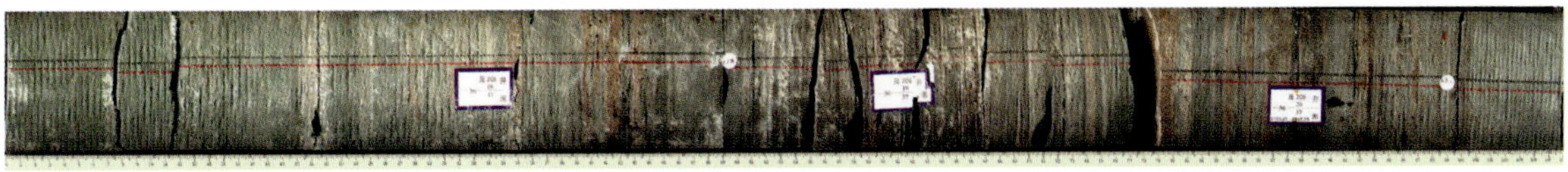

30-37-(18-20)

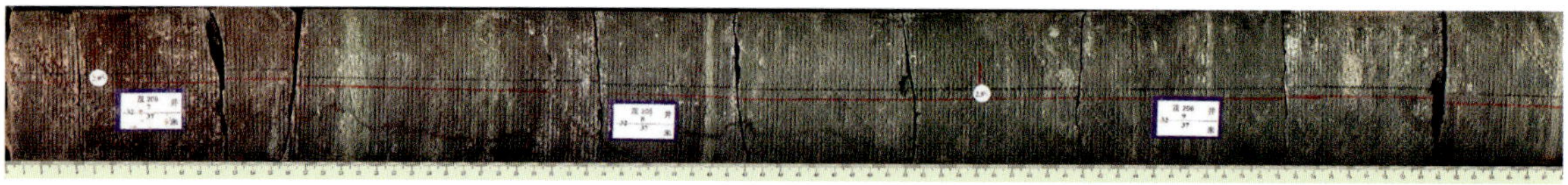

32-37-(16-19)

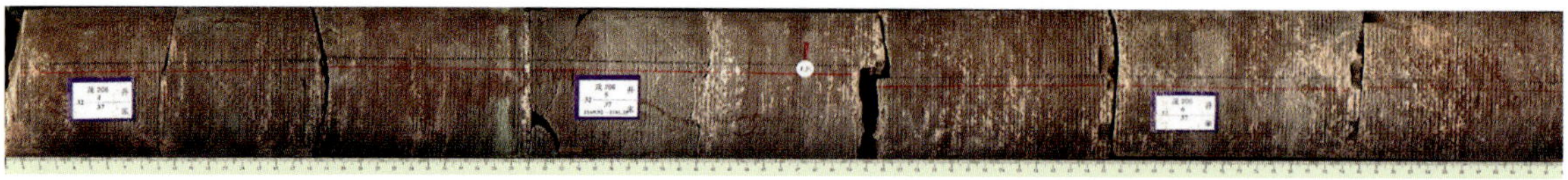

32-37-(13-15)

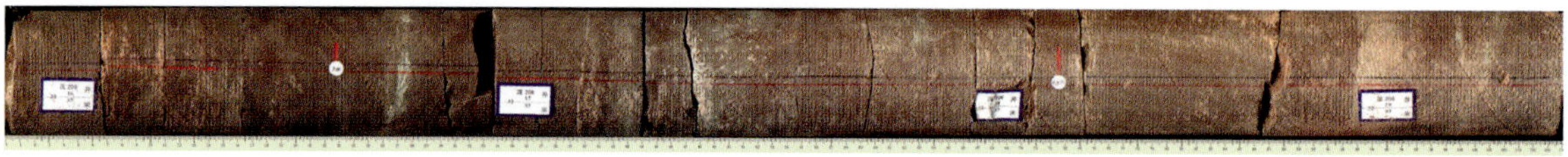

32-37-(10-12)

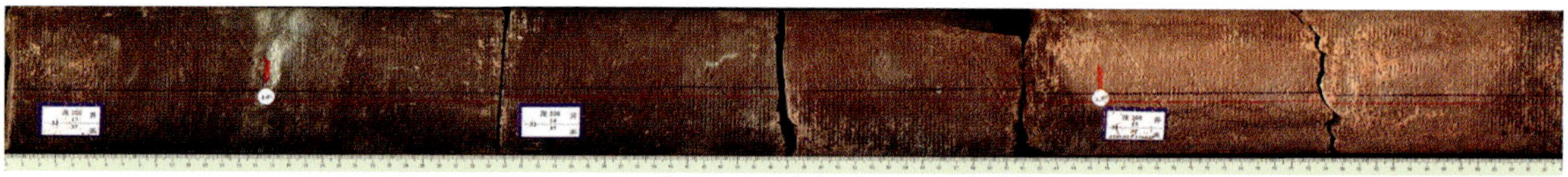

32-37-(7-9)

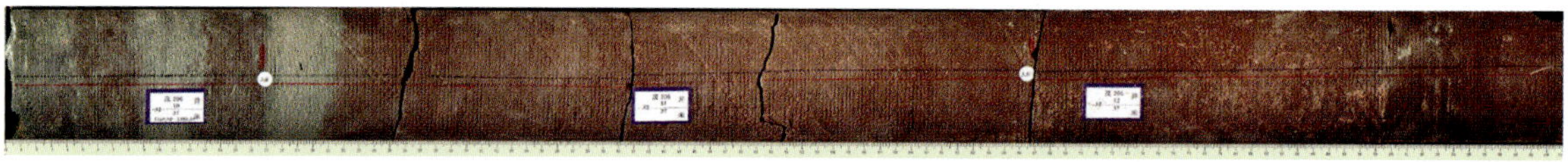

32-37-(4-6)

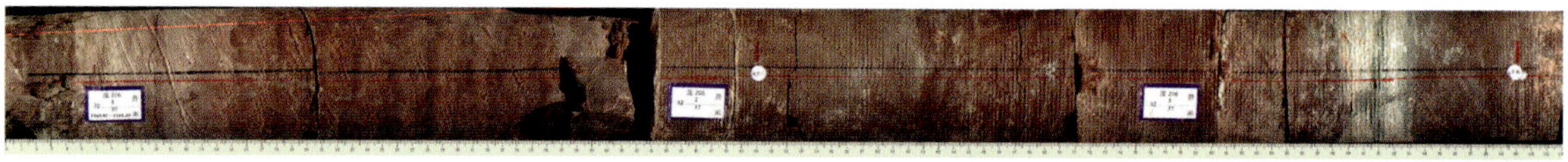

32-37-(1-3)

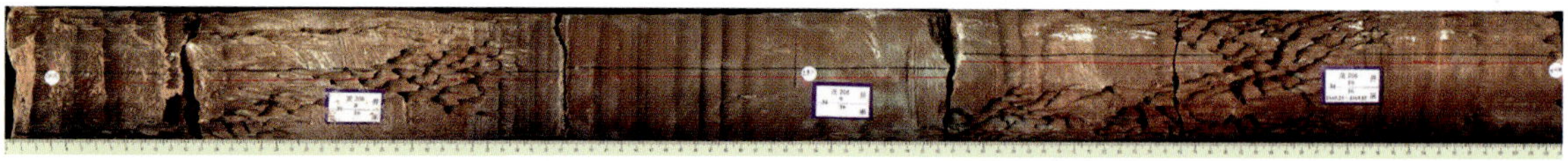

31-16-(14-16)

31-16-(11-13)

31-16-(8-10)

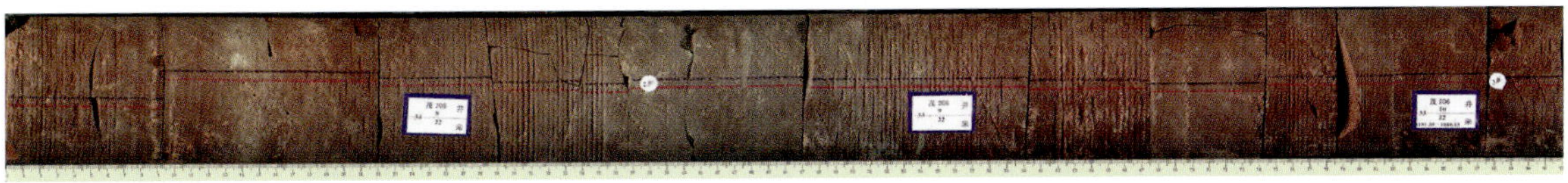
33-22-(8-10)

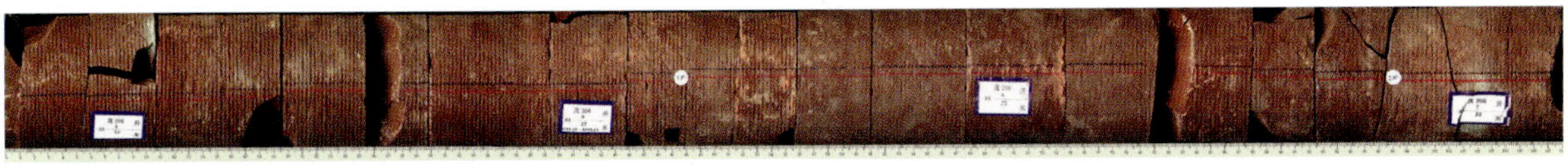
33-22-(4-7)

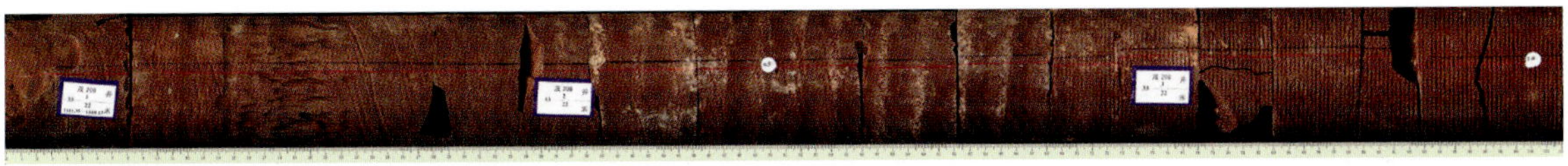
33-22-(1-3)

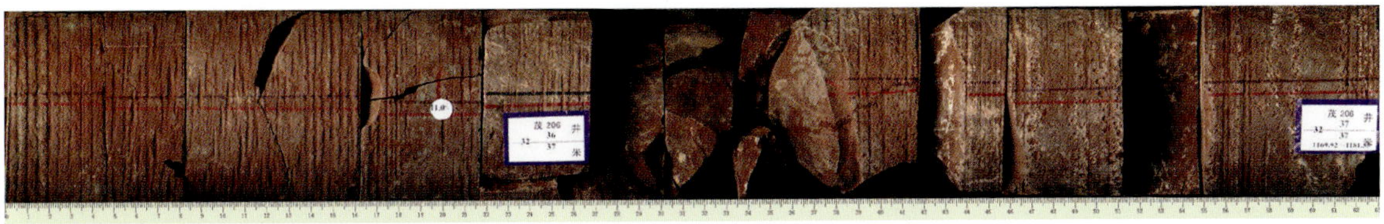
32-37-(36-37)

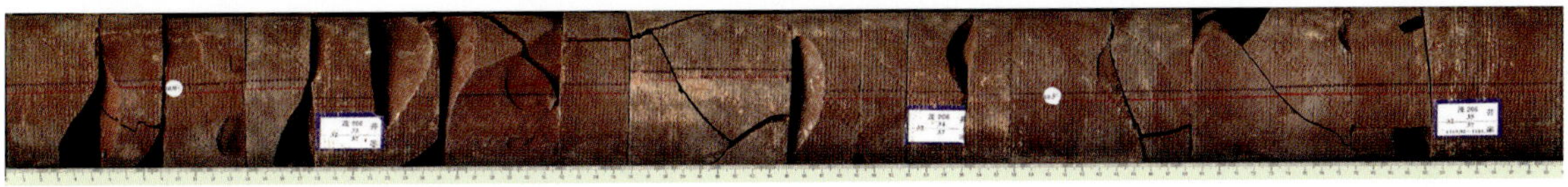
32-37-(33-35)

32-37-(30-32)

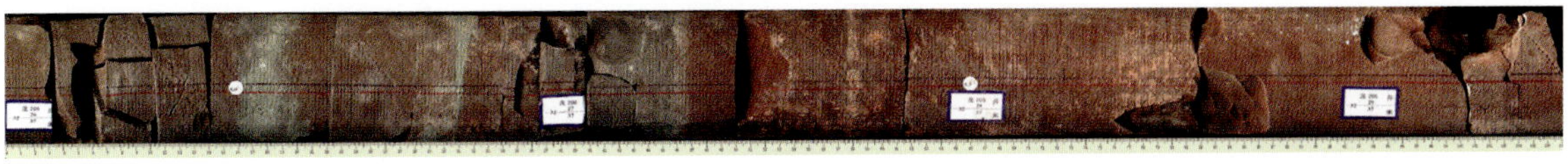
32-37-(26-29)

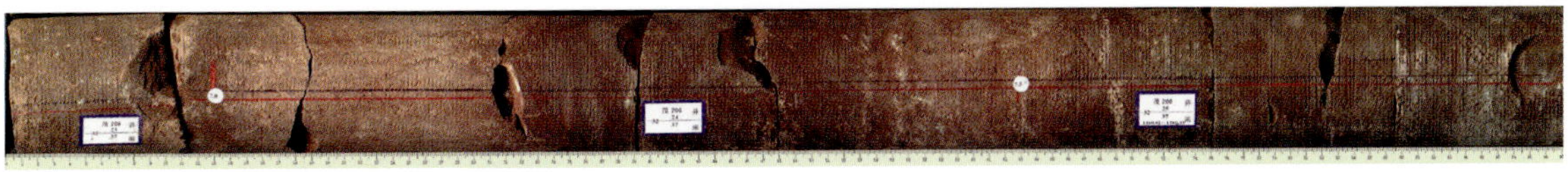
32-37-(23-25)

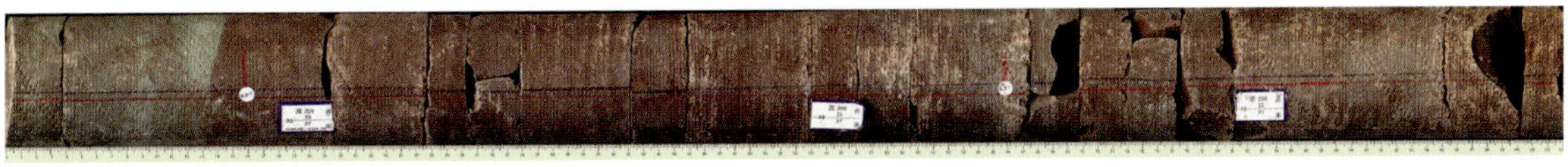
32-37-(20-22)

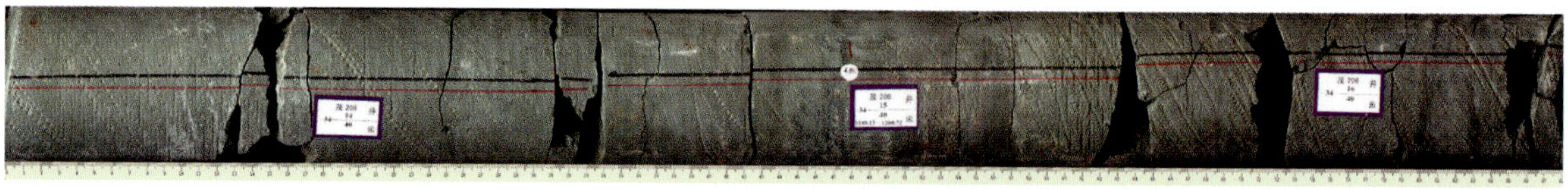
34-40-(14-16)

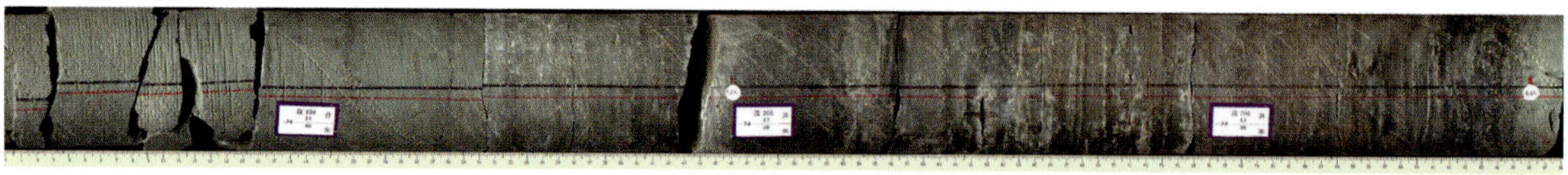
34-40-(11-13)

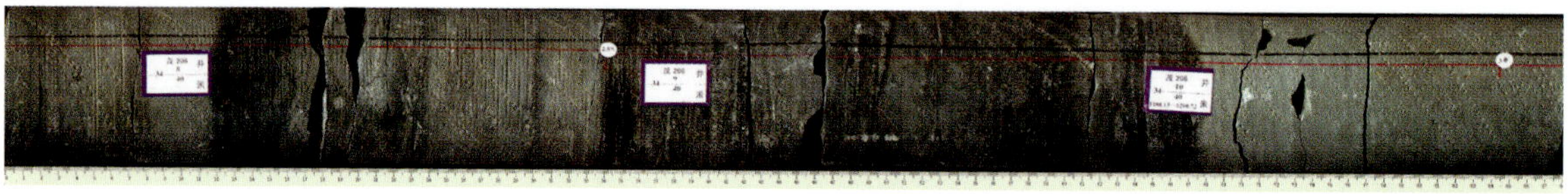
34-40-(8-10)

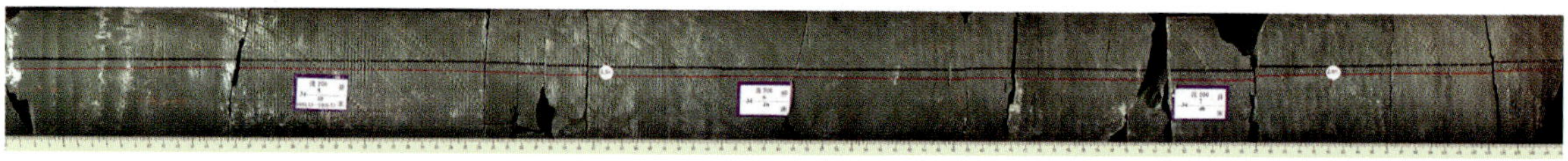
34-40-(5-7)

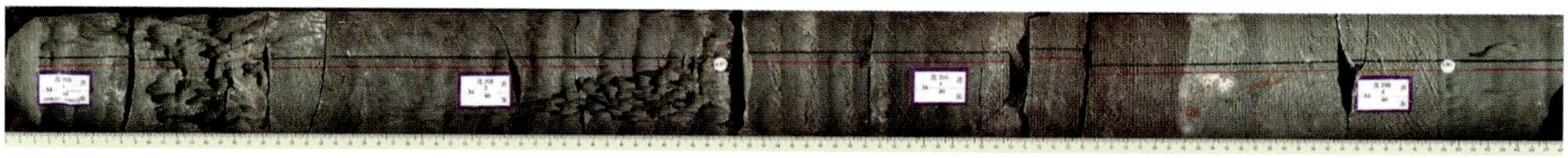
34-40-(1-4)

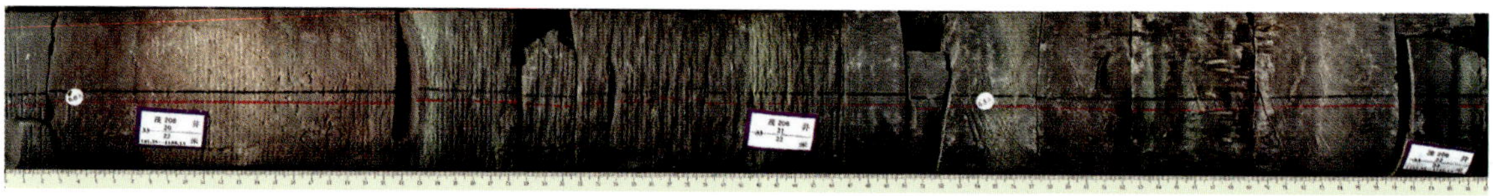
33-22-(20-22)

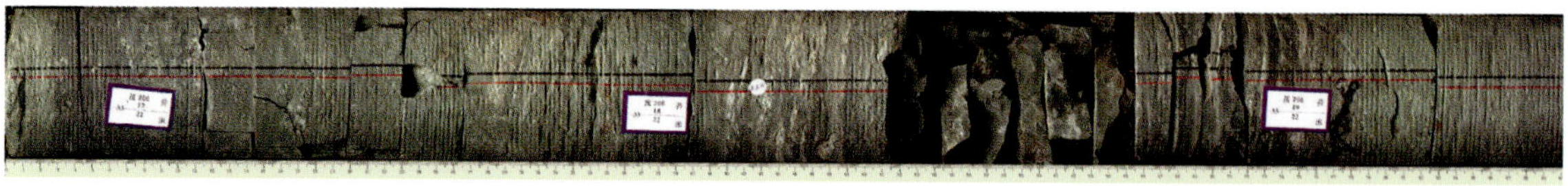
33-22-(17-19)

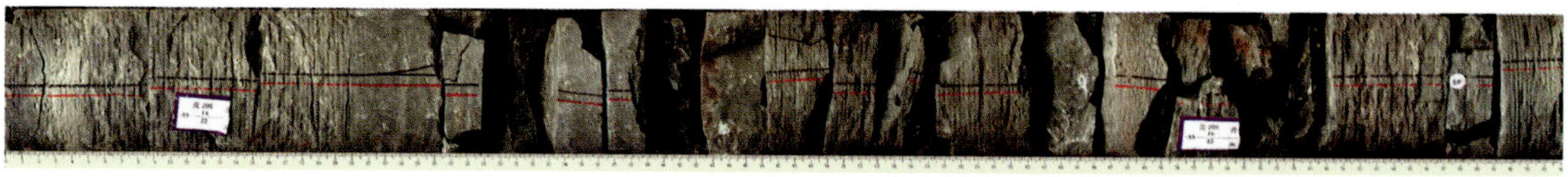
33-22-(14-16)

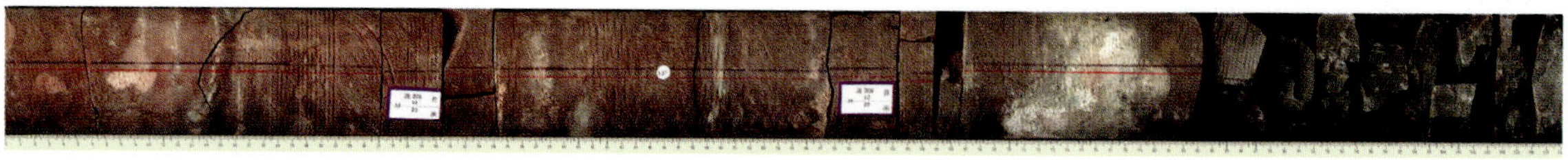
33-22-(11-13)

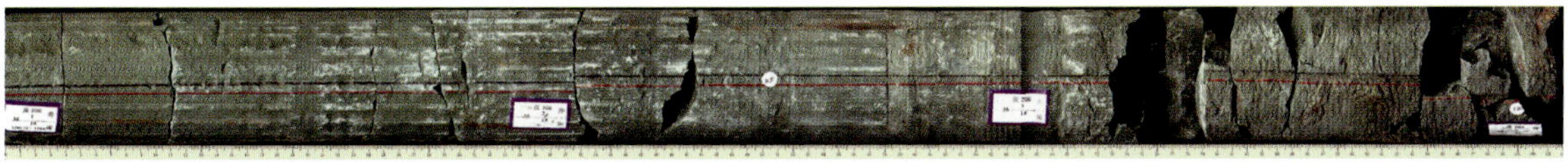
35-15-(1-4)

34-40-(38-40)

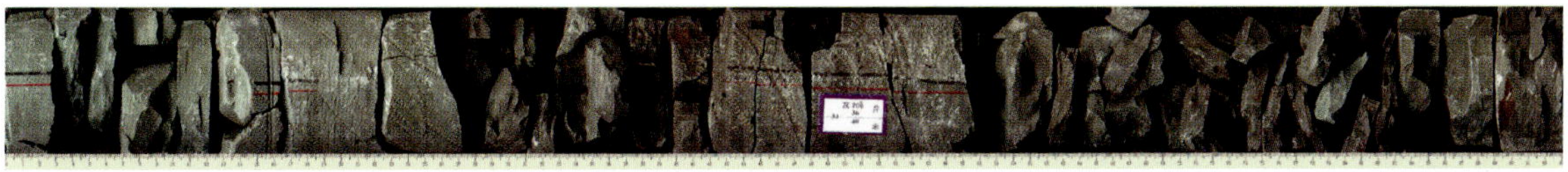
34-40-(35-37)

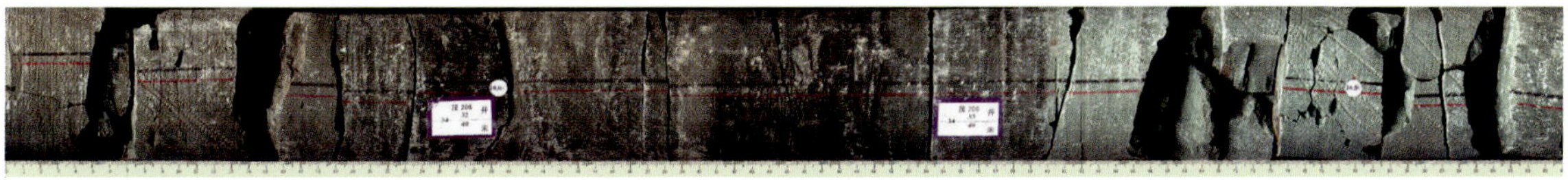
34-40-(32-34)

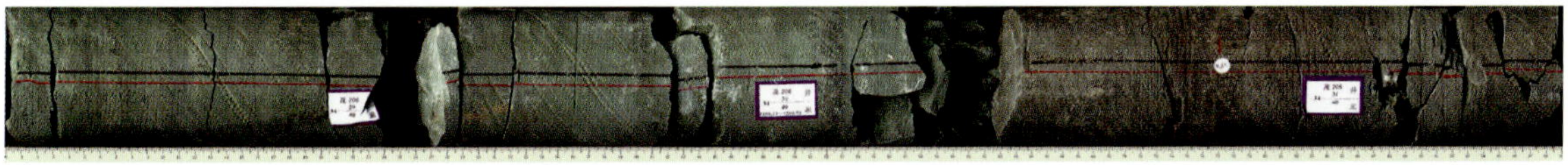
34-40-(29-31)

34-40-(26-28)

34-40-(23-25)

34-40-(20-22)

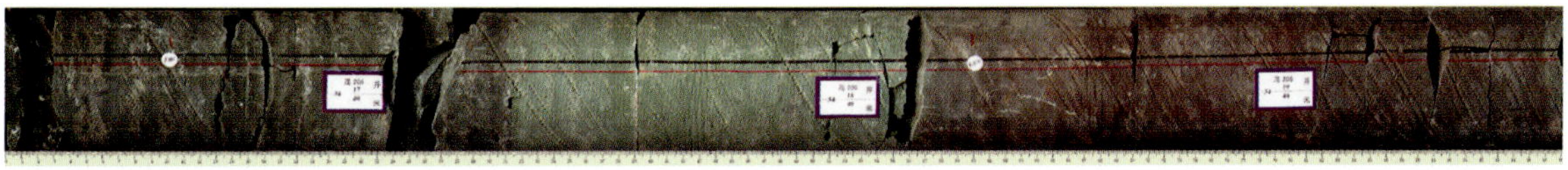
34-40-(17-19)

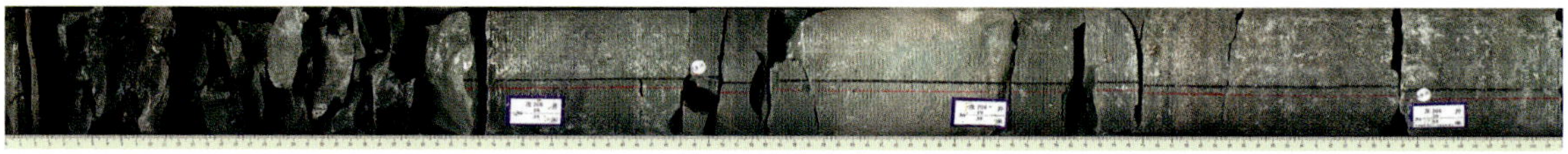
36-35-(17-20)

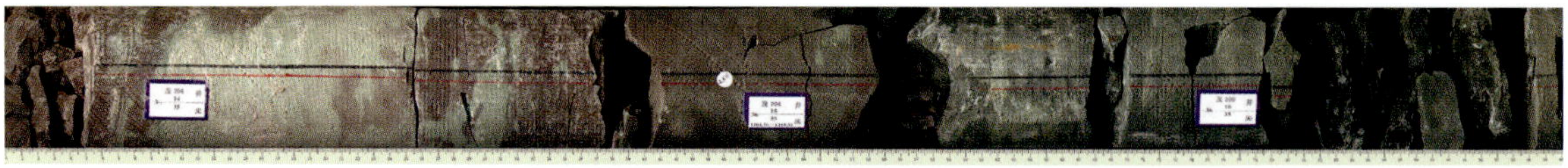
36-35-(14-16)

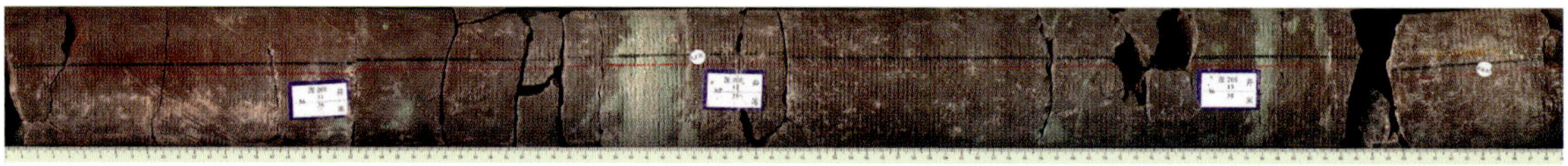
36-35-(11-13)

36-35-(8-10)

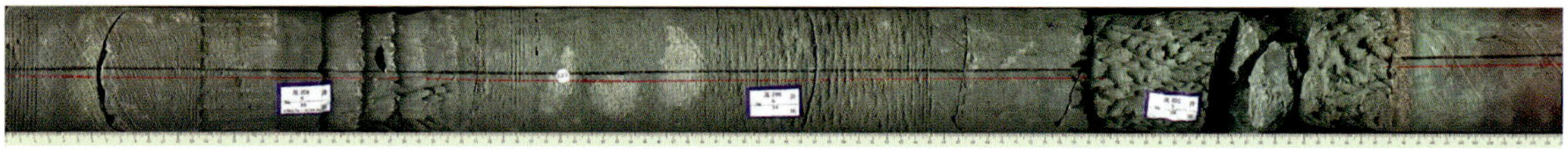
36-35-(5-7)

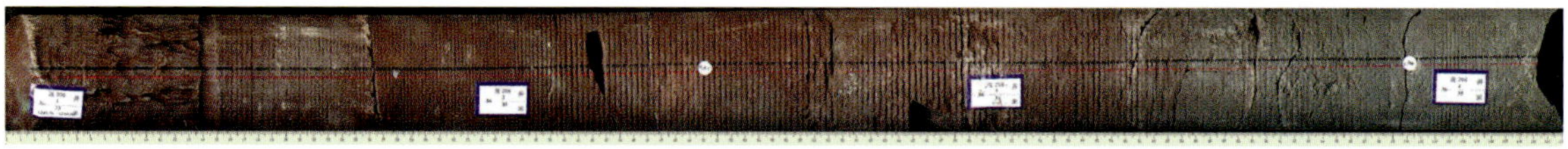
36-35-(1-4)

35-15-(12-15)

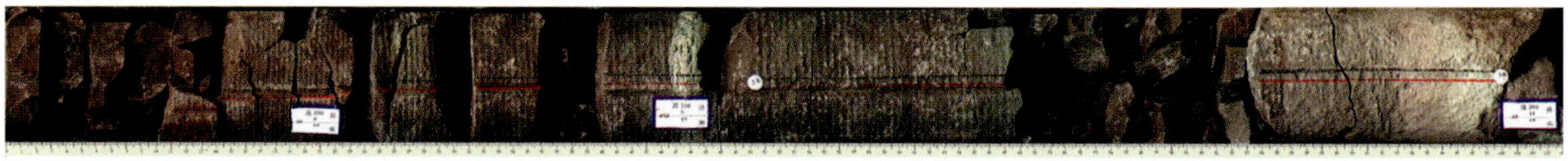
35-15-(8-11)

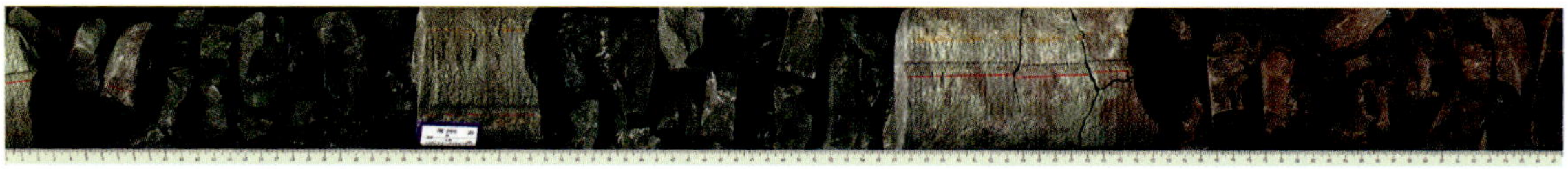
35-15-(5-7)

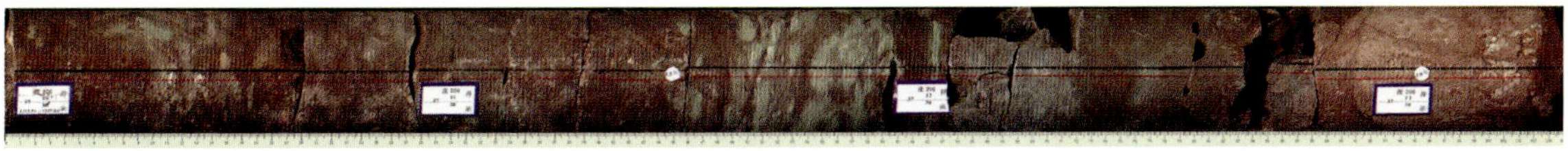
37-38-(10-13)

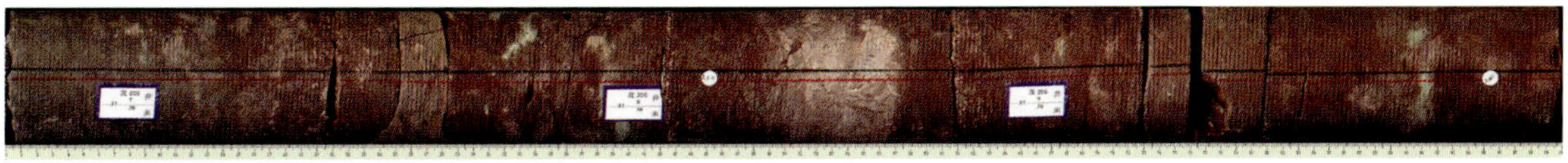
37-38-(7-9)

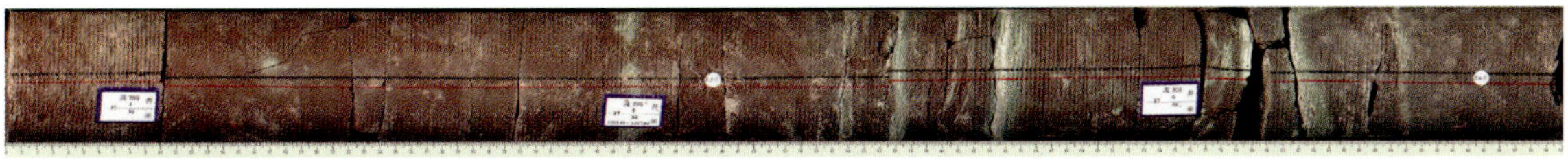
37-38-(4-6)

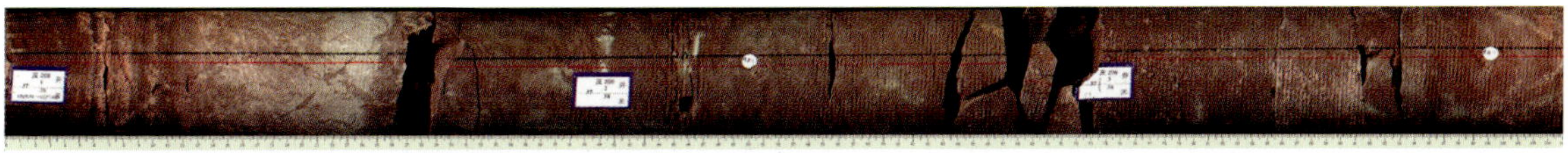
37-38-(1-3)

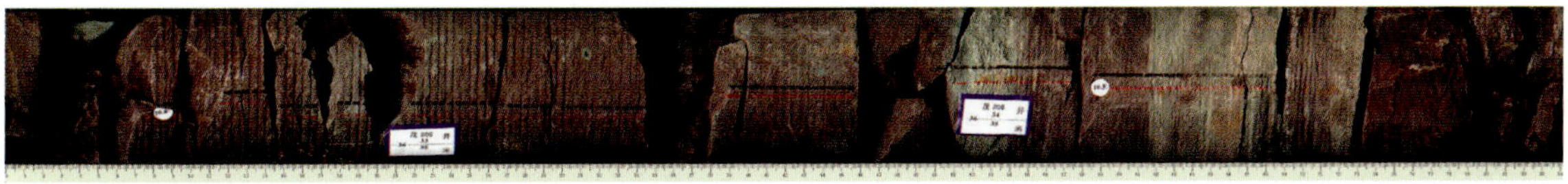
36-35-(33-35)

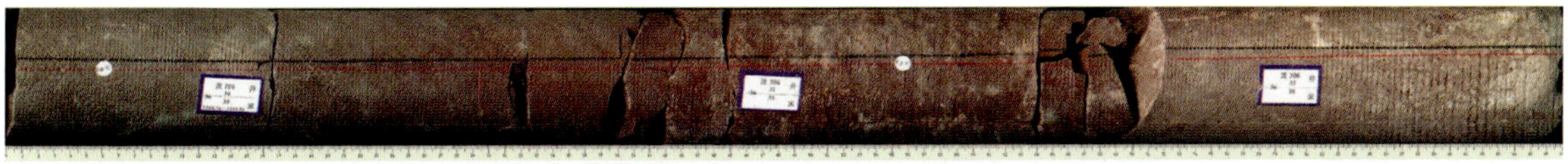
36-35-(30-32)

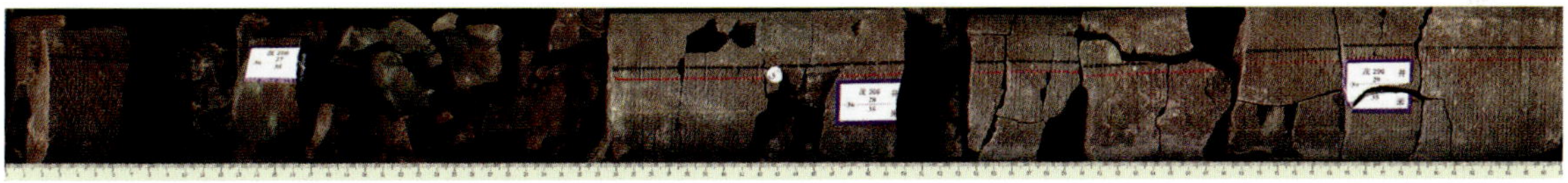
36-35-(27-29)

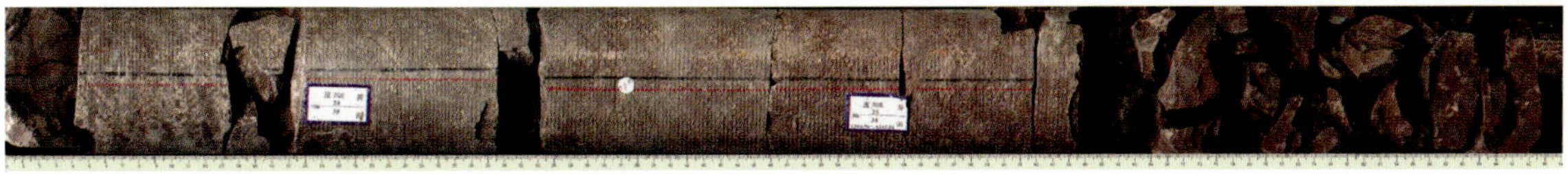
36-35-(24-26)

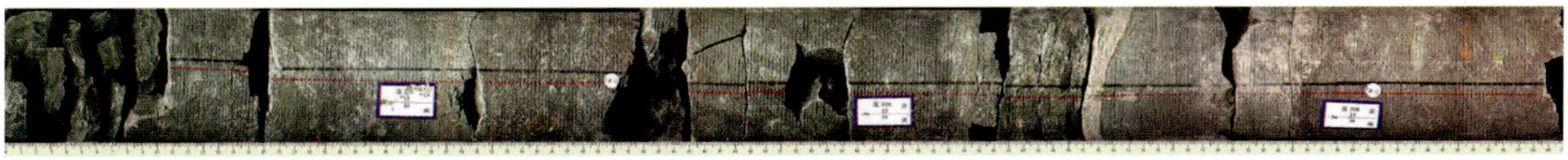
36-35-(21-23)

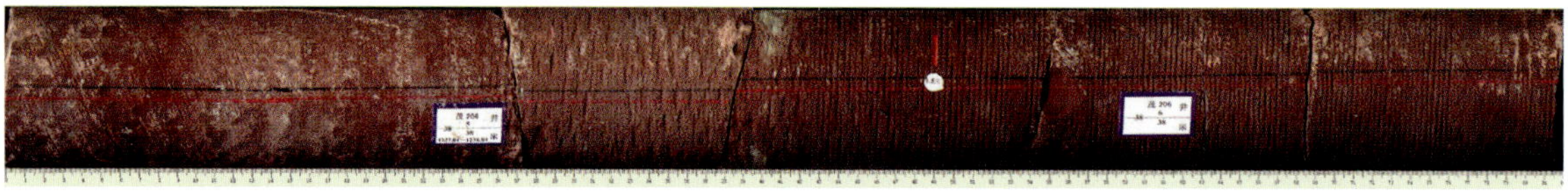
38-38-(5-6)

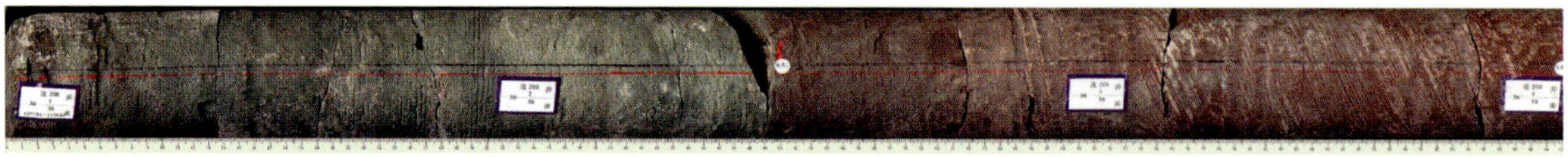
38-38-(1-4)

37-38-(34-38)

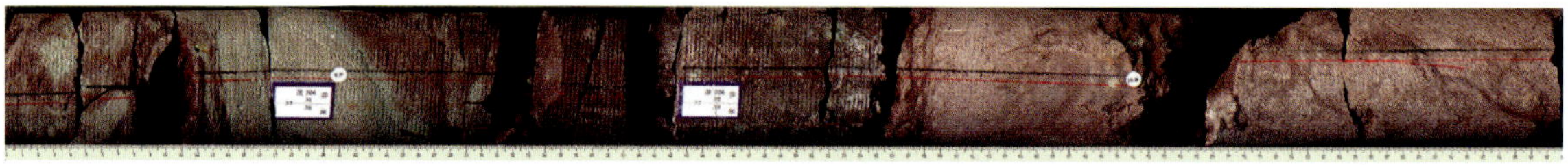
37-38-(31-33)

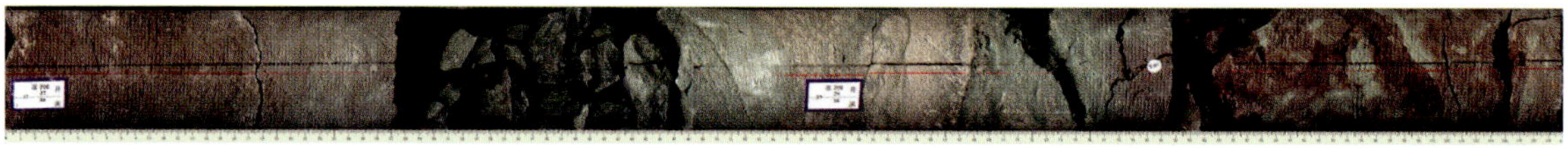
37-38-(27-30)

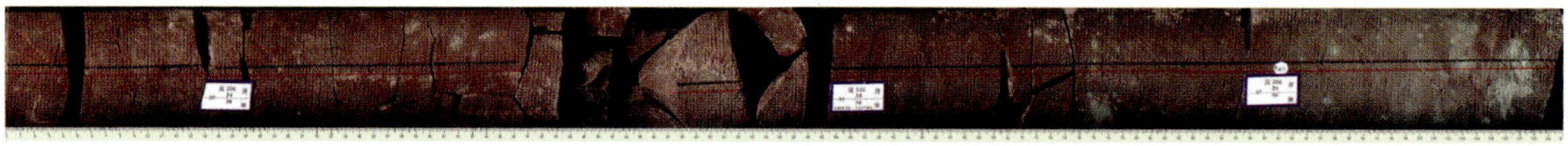
37-38-(24-26)

37-38-(20-23)

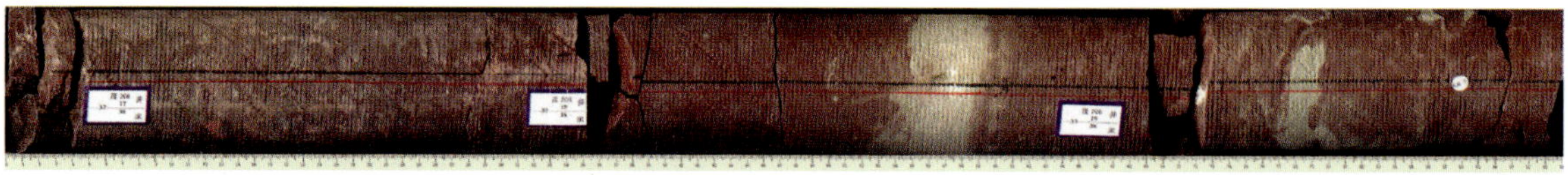
37-38-(17-19)

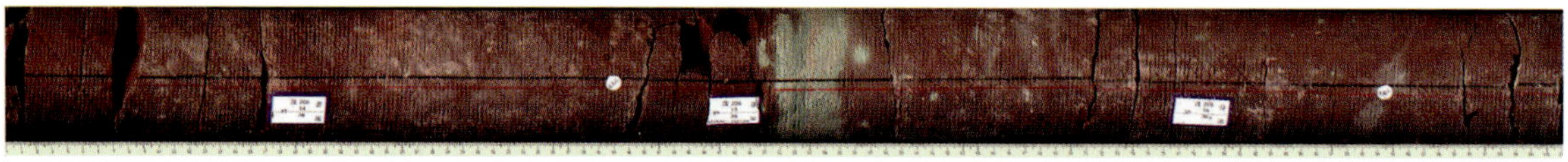
37-38-(14-16)

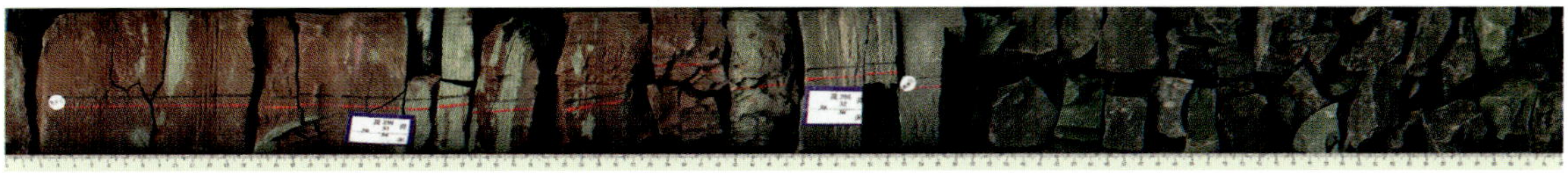

38-38-(31-33)

38-38-(28-30)

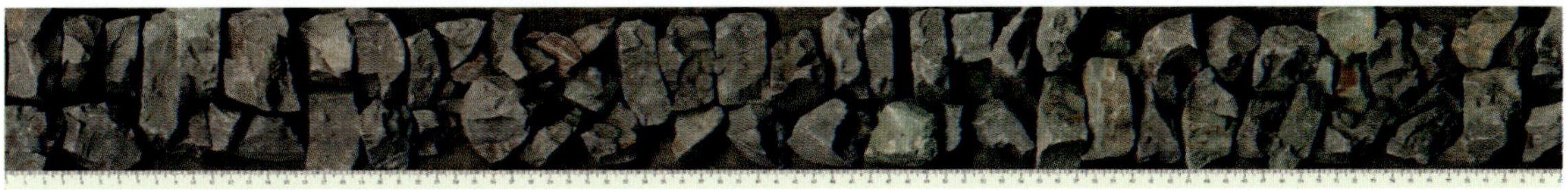

38-38-(26-27)

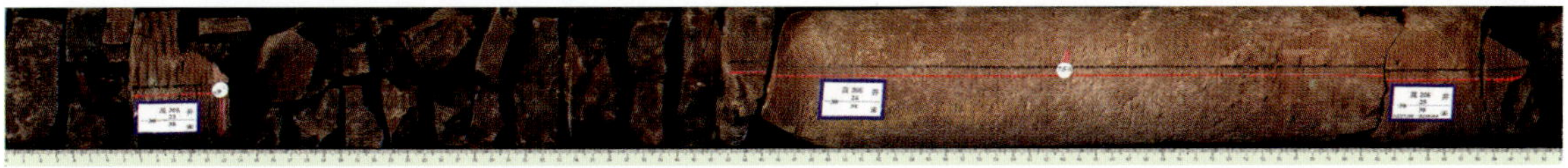

38-38-(23-25)

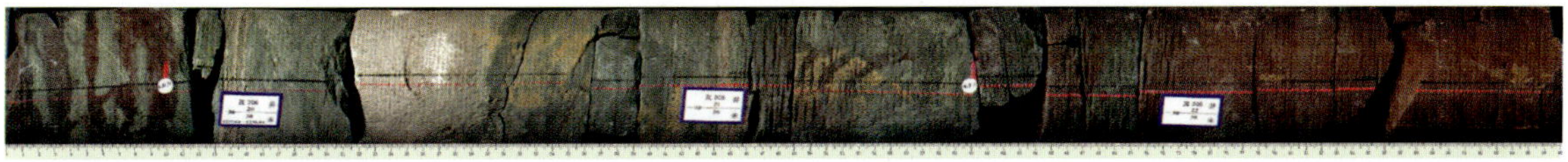

38-38-(20-22)

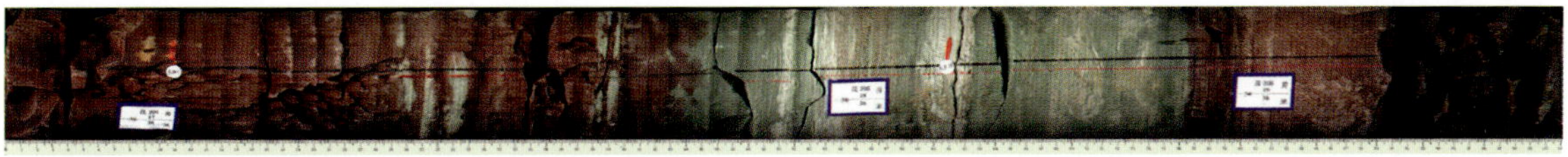

38-38-(17-19)

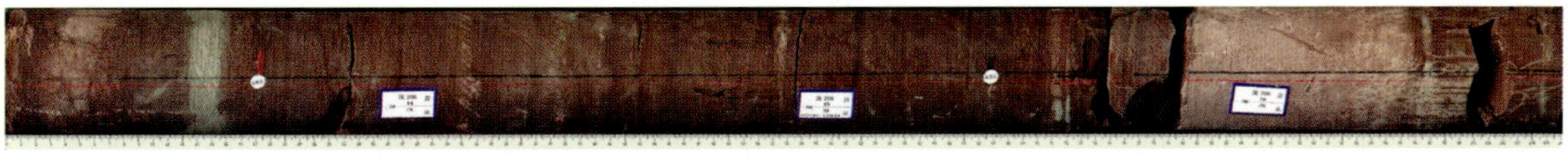

38-38-(14-16)

38-38-(11-13)

38-38-(7-10)

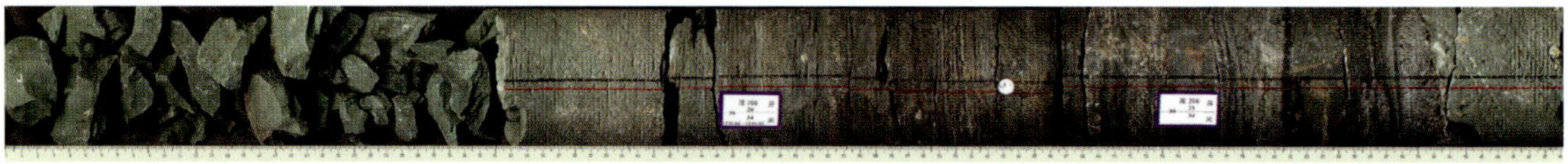
39-34-(19-21)

39-34-(16-18)

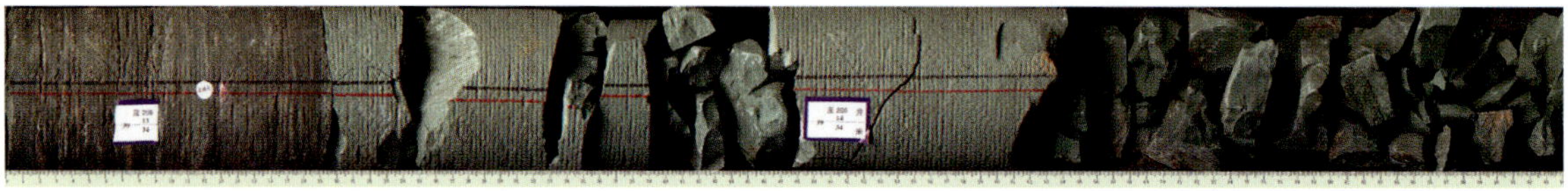
39-34-(13-15)

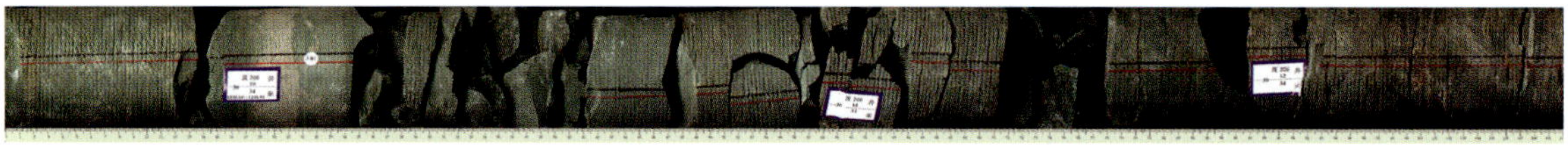
39-34-(10-12)

39-34-(7-9)

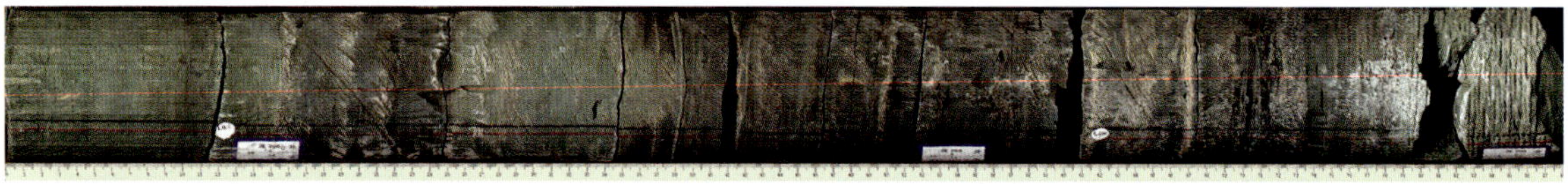
39-34-(4-6)

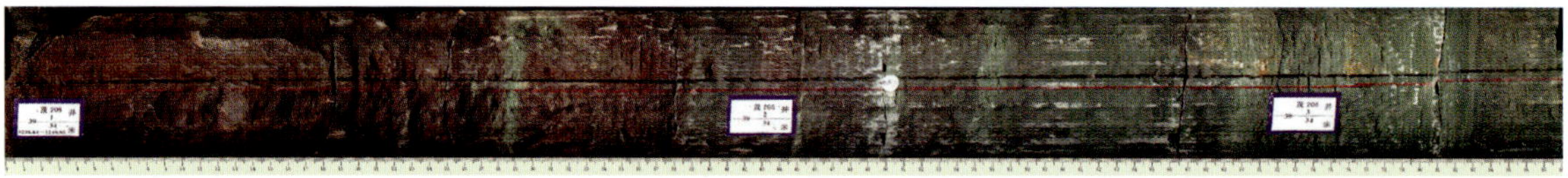
39-34-(1-3)

茂 206 井
36
38
38
米
38-38-(37-38)

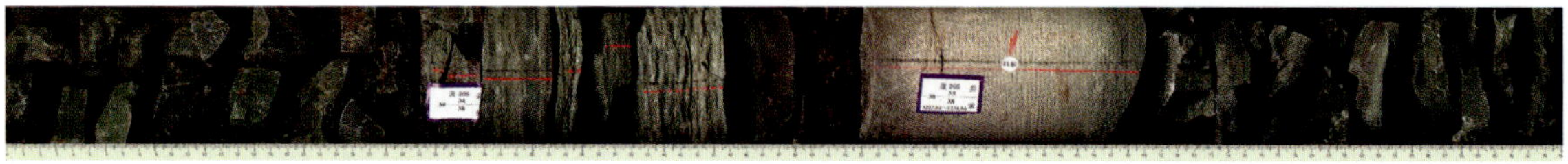
38-38-(34-36)

40-21-(13-15)

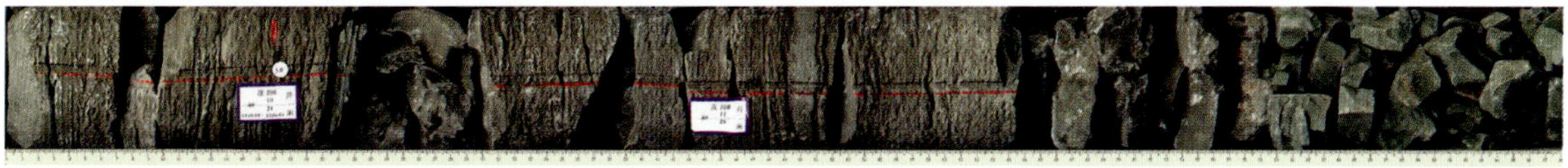

40-21-(10-12)

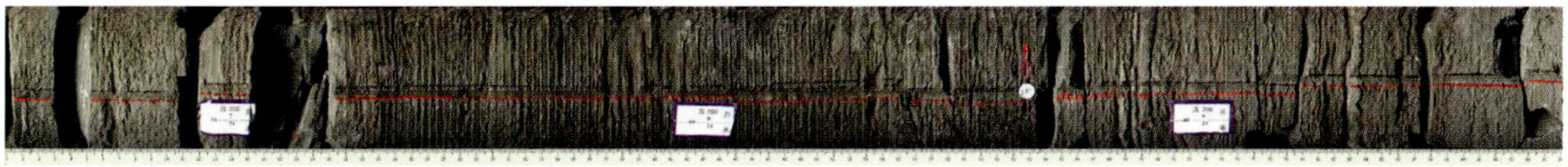

40-21-(7-9)

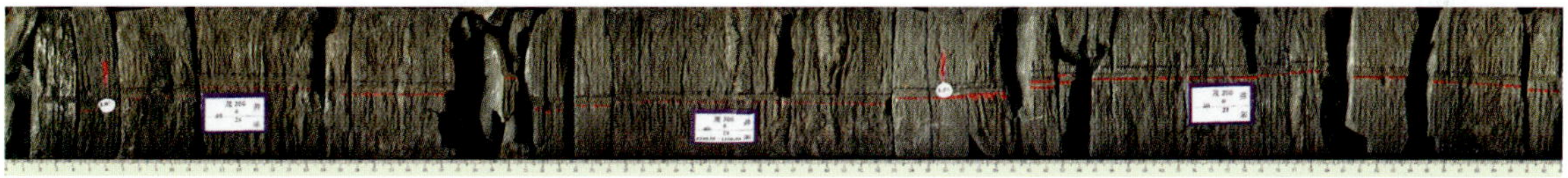

40-21-(4-6)

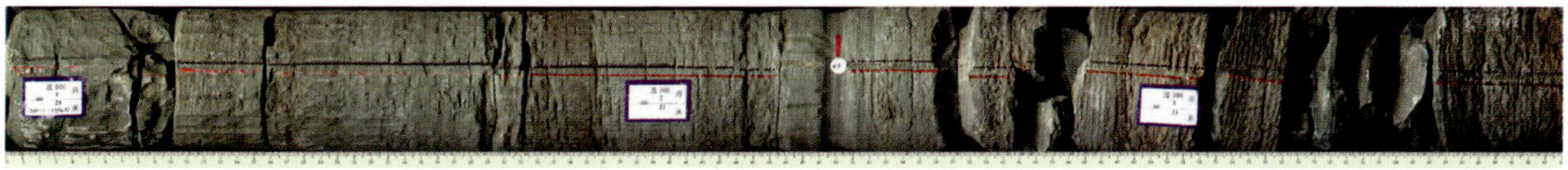

40-21-(1-3)

39-34-(31-34)

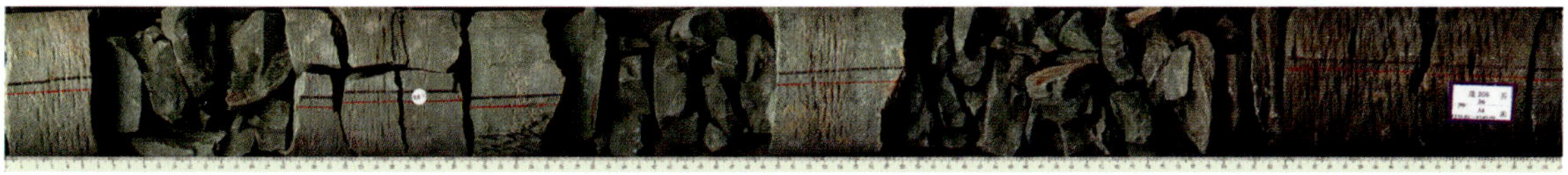

39-34-(28-30)

39-34-(25-27)

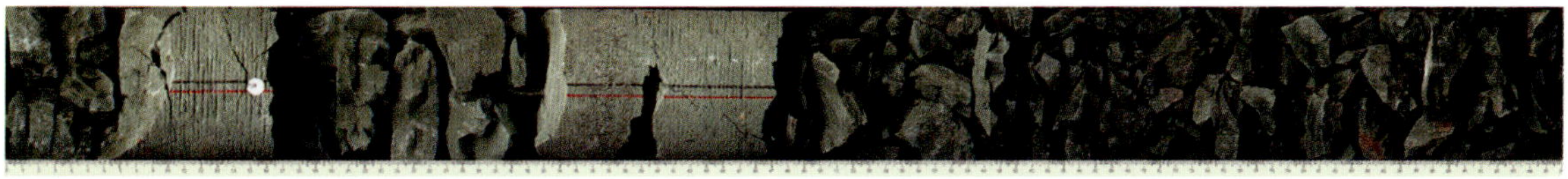

39-34-(22-24)

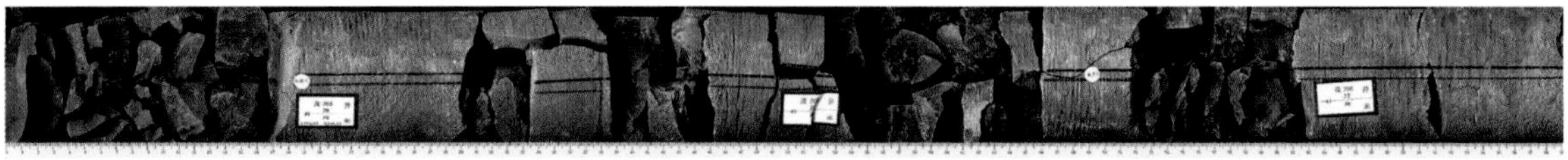

41-38-(20-22)

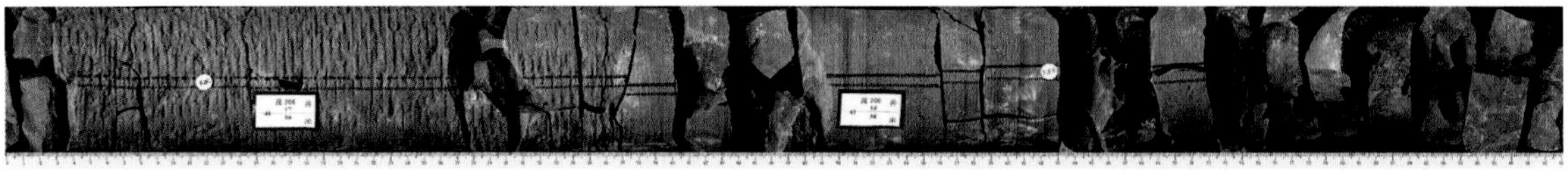

41-38-(17-19)

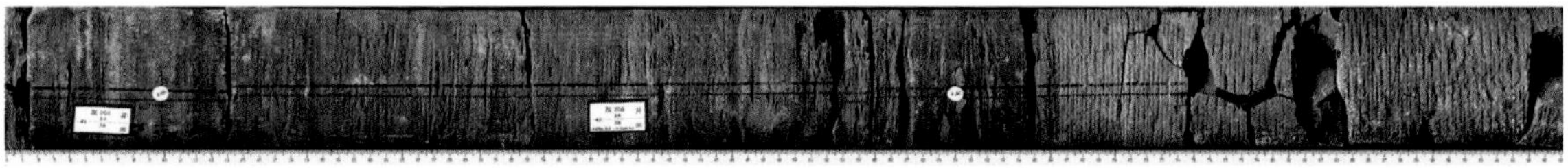

41-38-(14-16)

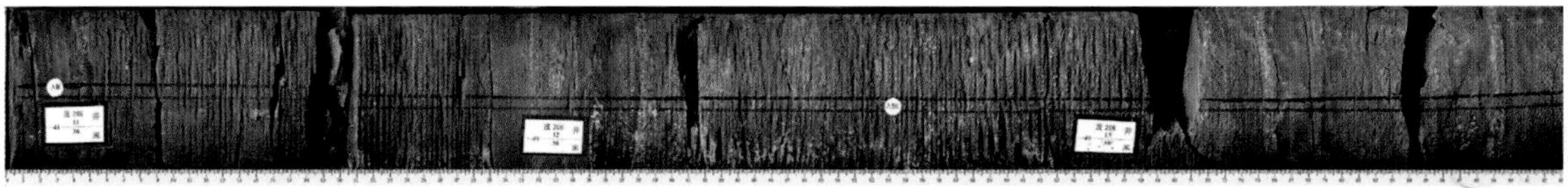

41-38-(11-13)

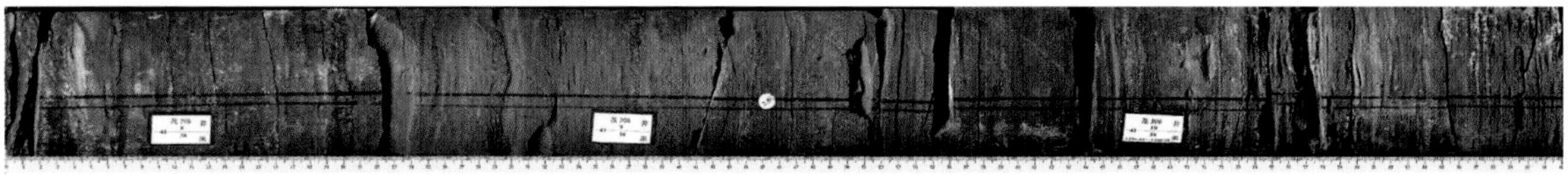

41-38-(8-10)

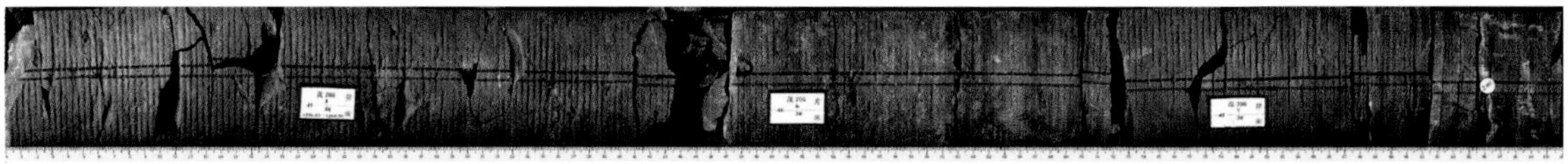

41-38-(5-7)

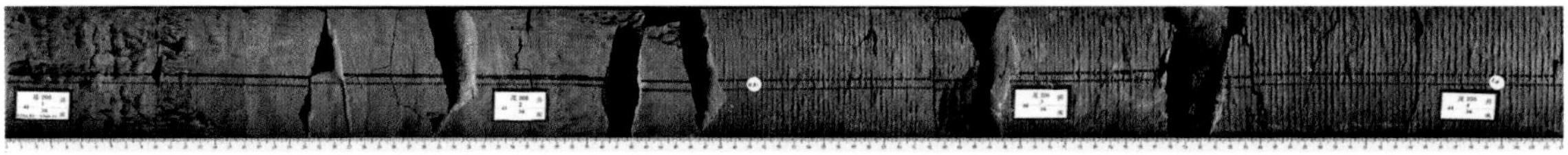

41-38-(1-4)

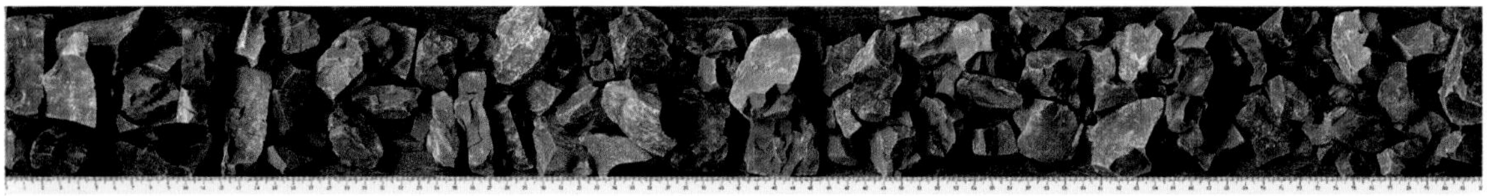

40-21-(19-21)

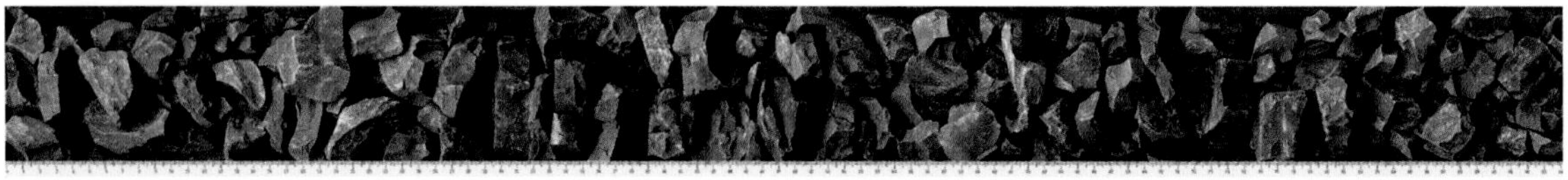

40-21-(16-18)

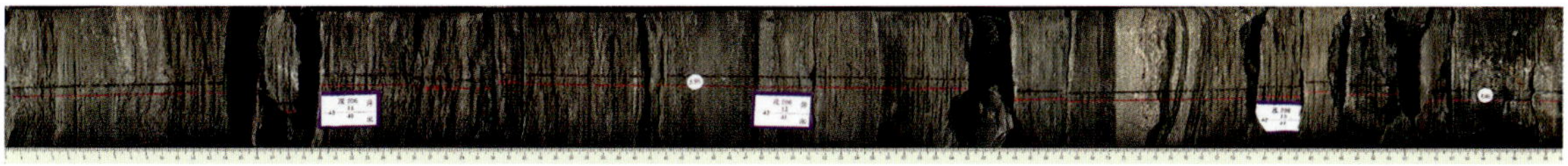

42-41-(11-13)

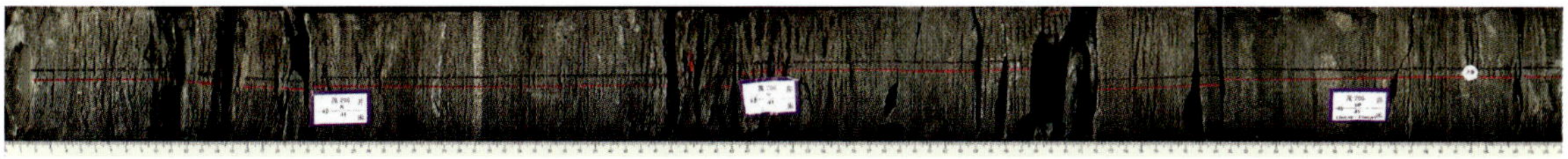

42-41-(8-10)

42-41-(4-7)

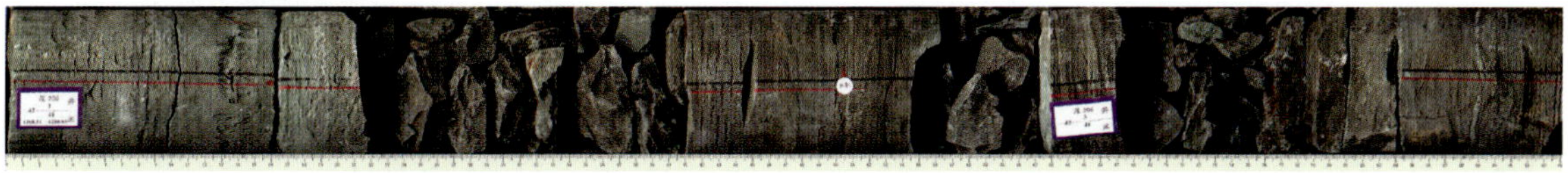

42-41-(1-3)

41-38-(35-38)

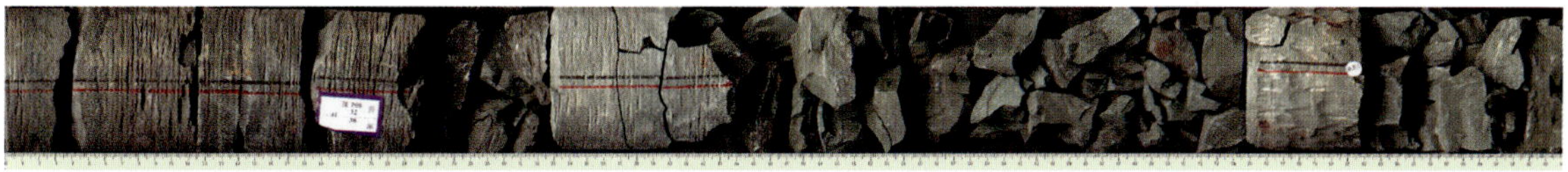

41-38-(32-34)

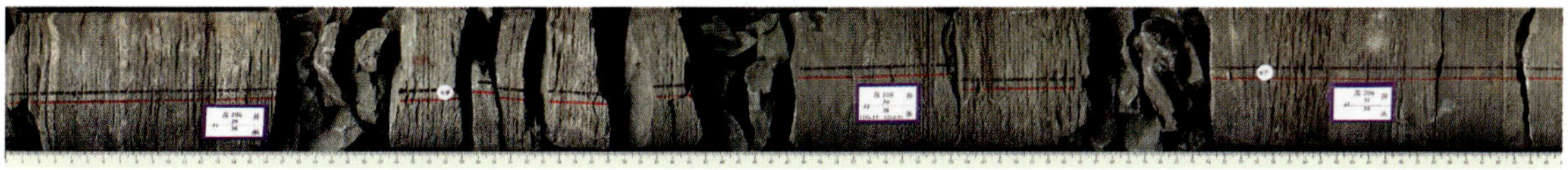

41-38-(29-31)

41-38-(26-28)

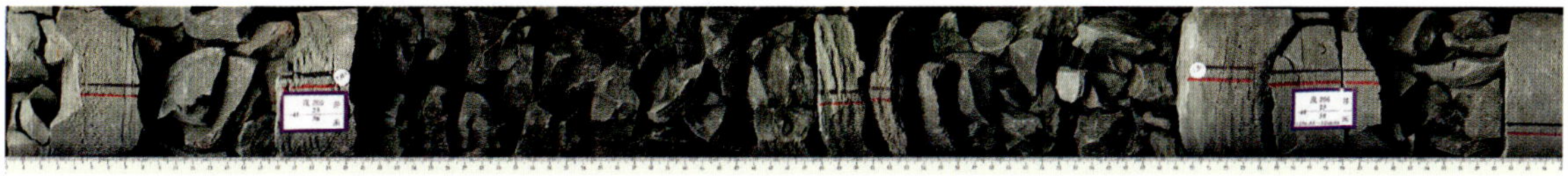

41-38-(23-25)

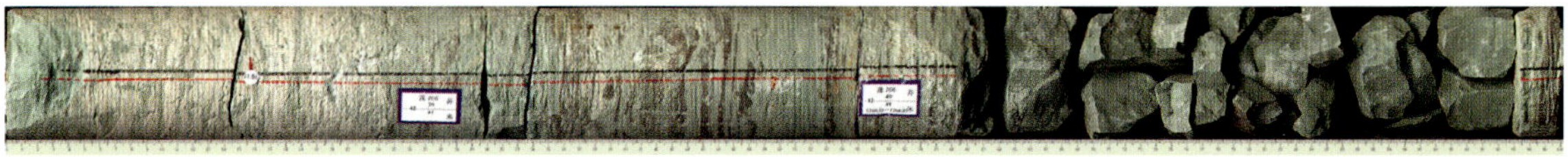
42-41-(39-41)

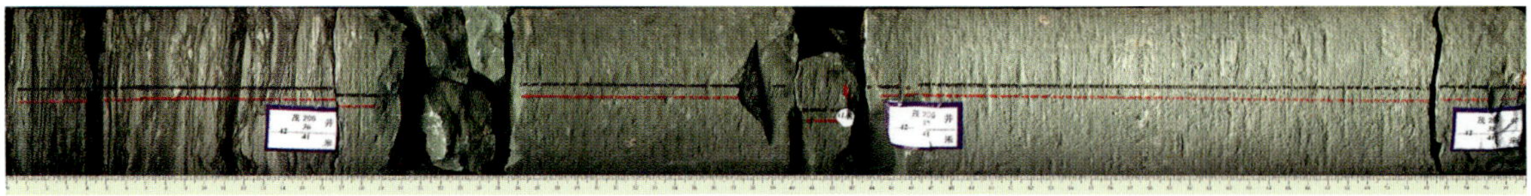
42-41-(36-38)

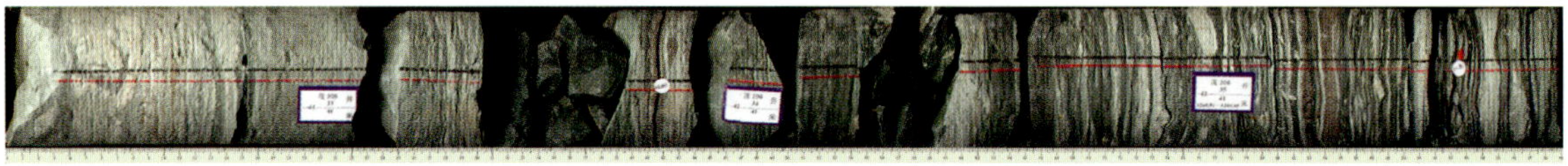
42-41-(33-35)

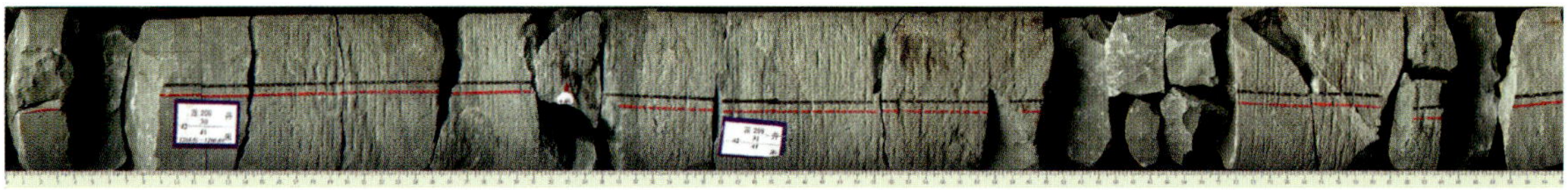
42-41-(30-32)

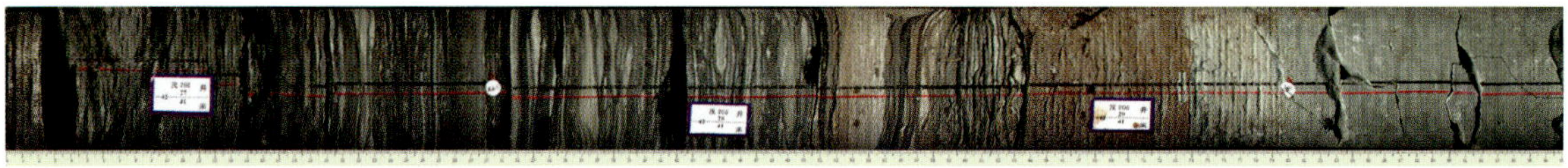
42-41-(27-29)

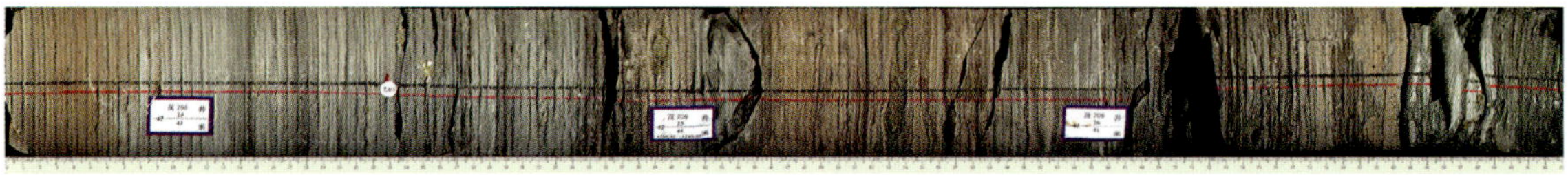
42-41-(24-26)

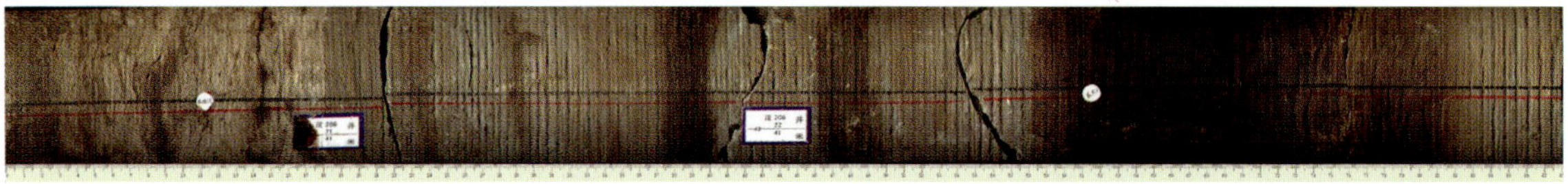
42-41-(21-23)

42-41-(17-20)

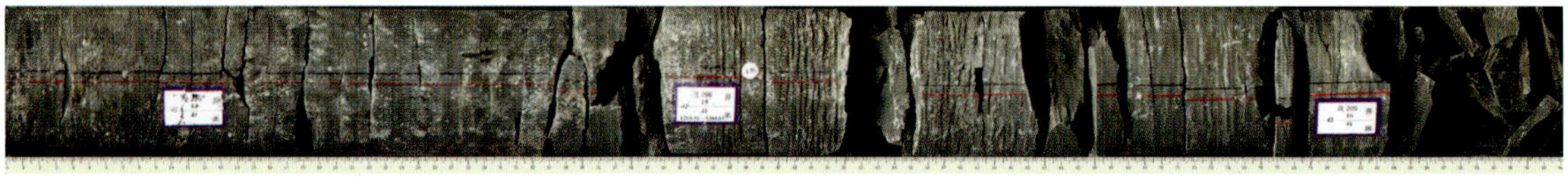
42-41-(14-16)

43-40-(30-32)

43-40-(27-29)

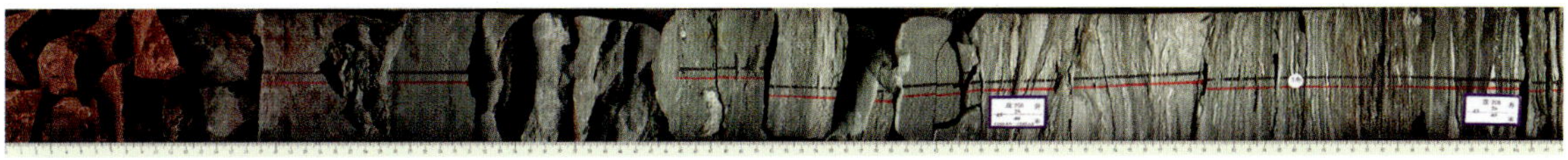
43-40-(24-26)

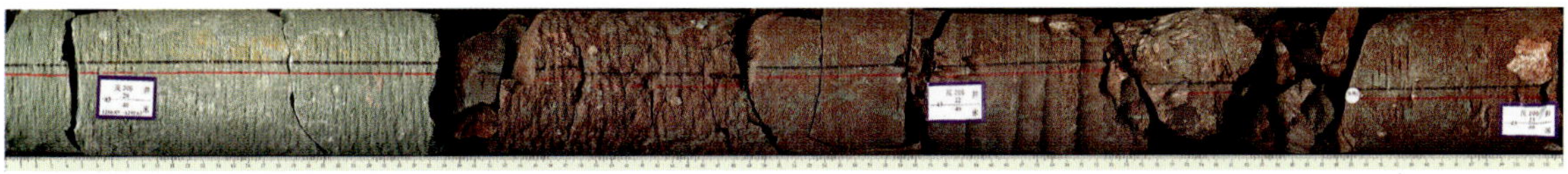
43-40-(20-23)

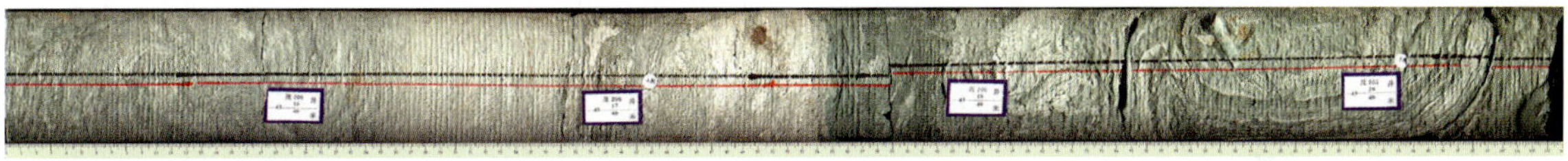
43-40-(16-19)

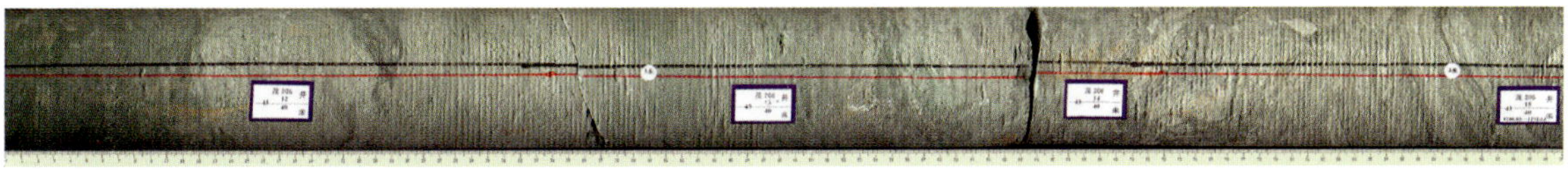
43-40-(12-15)

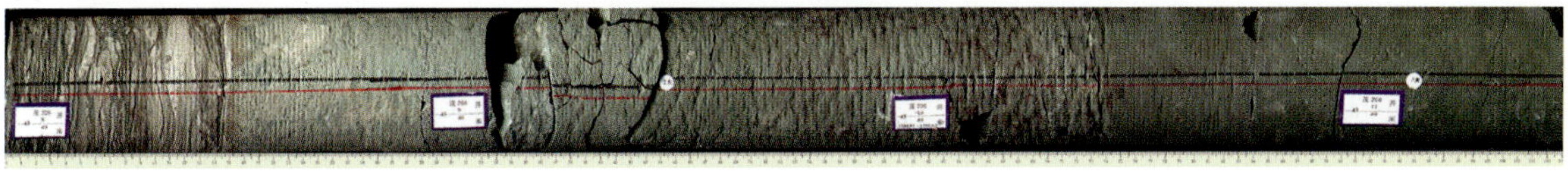
43-40-(8-11)

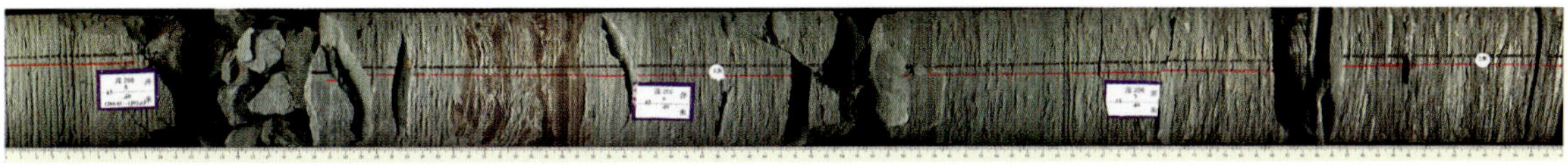
43-40-(5-7)

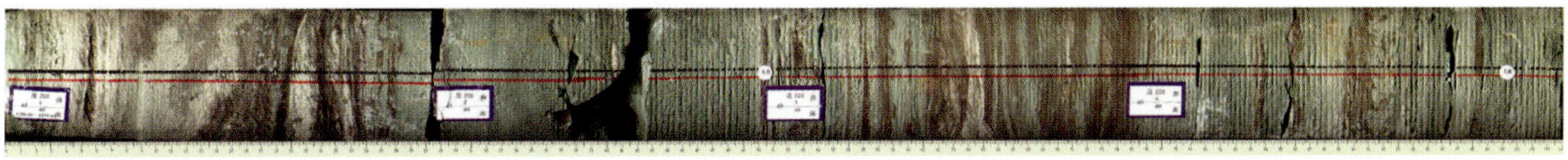
43-40-(1-4)

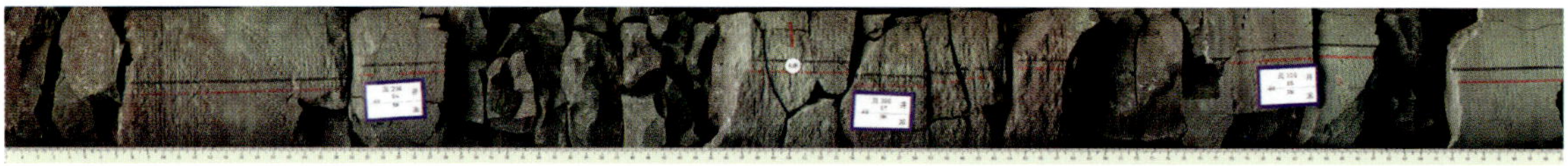

44-38-(16-18)

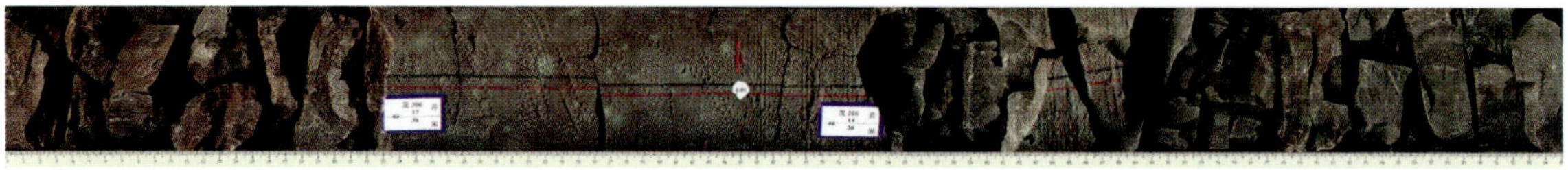

44-38-(13-15)

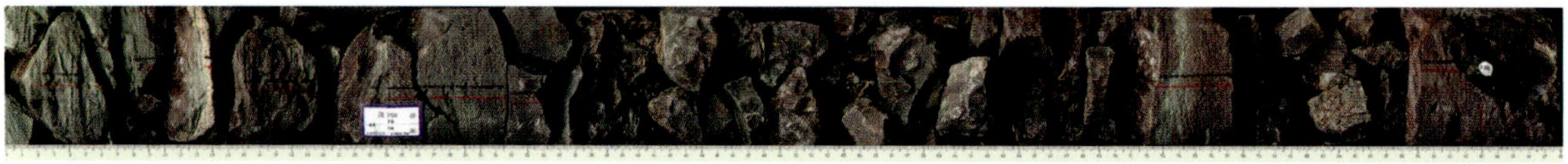

44-38-(10-12)

44-38-(8-9)

44-38-(5-7)

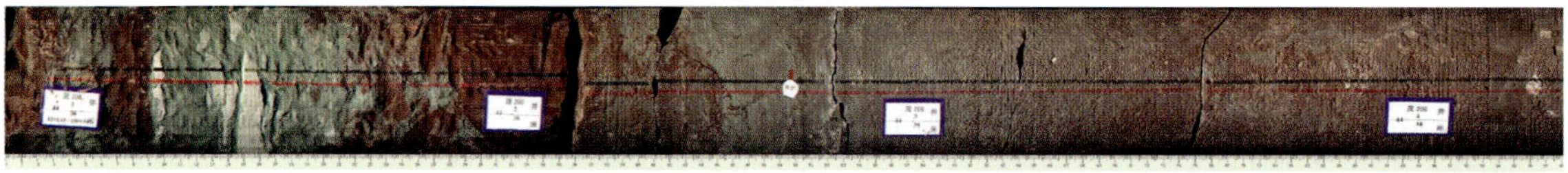

44-38-(1-4)

43-40-(38-40)

43-40-(36-37)

43-40-(33-35)

45-18-(4-7)

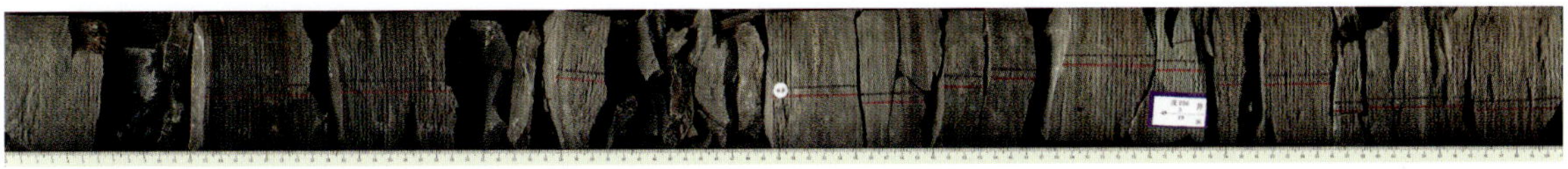
45-18-(1-3)

11.50
茂 206 井
44 37
38 米
44-38-(37-38)

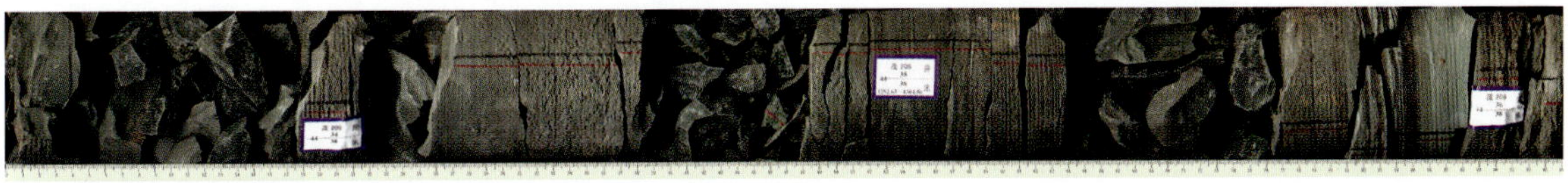
44-38-(34-36)

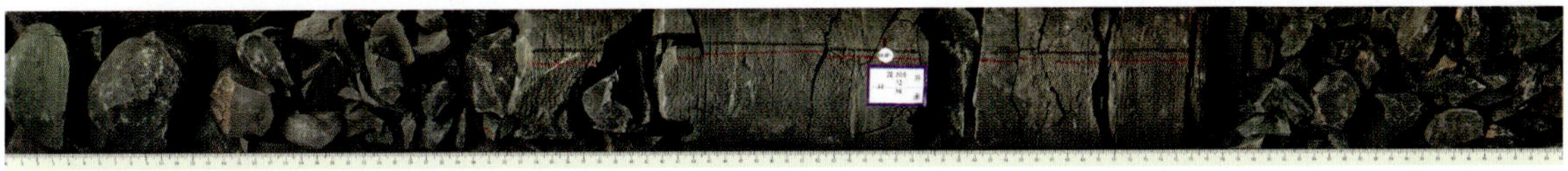
44-38-(31-33)

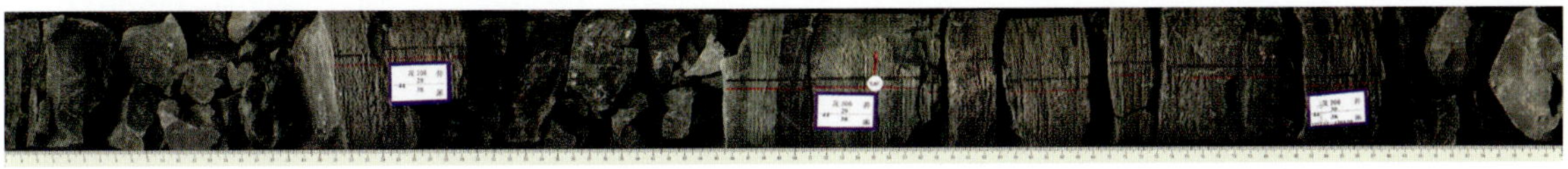
44-38-(28-30)

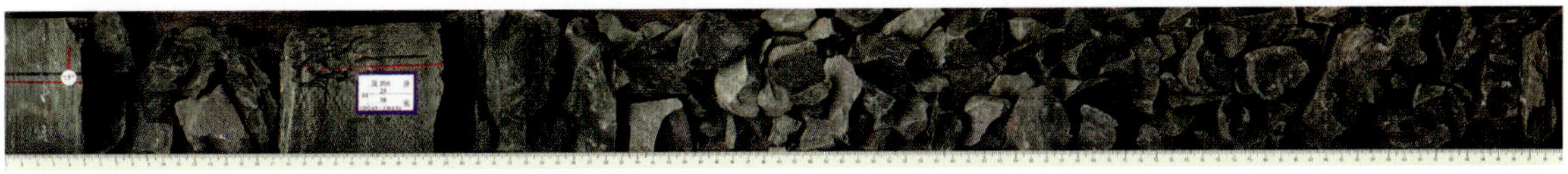
44-38-(25-27)

44-38-(22-24)

44-38-(19-21)

46-16-(13-16)

46-16-(11-12)

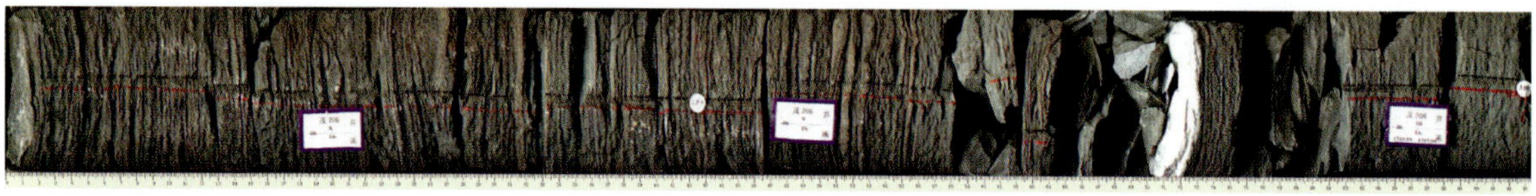

46-16-(9-10)

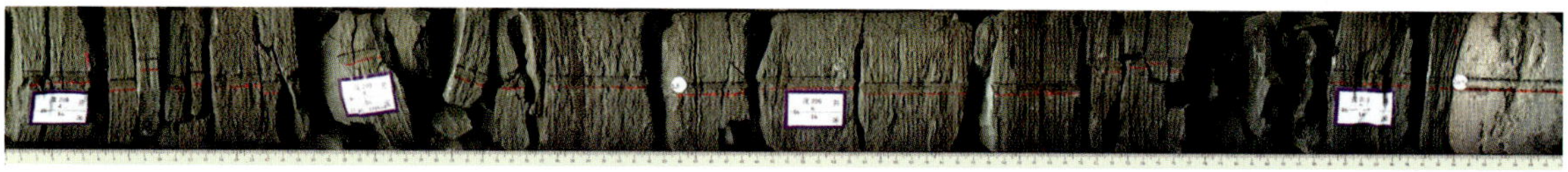

46-16-(5-8)

46-16-(1-4)

45-18-(17-18)

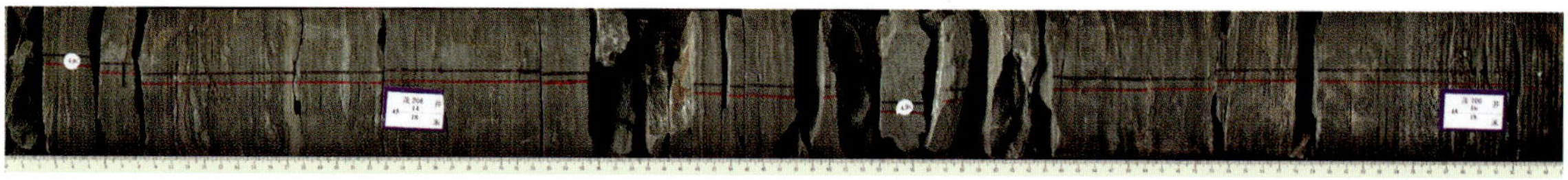

45-18-(14-16)

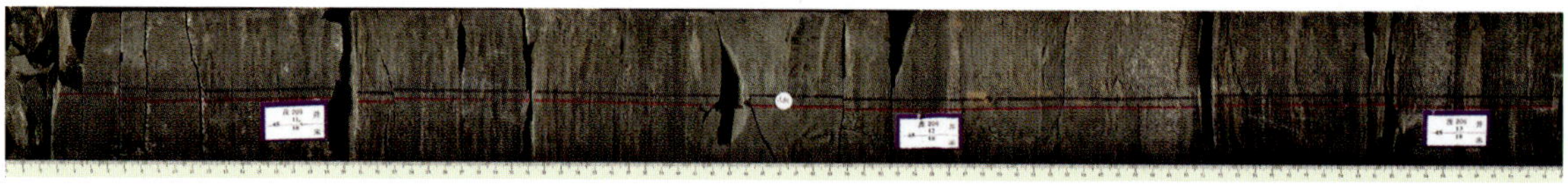

45-18-(11-13)

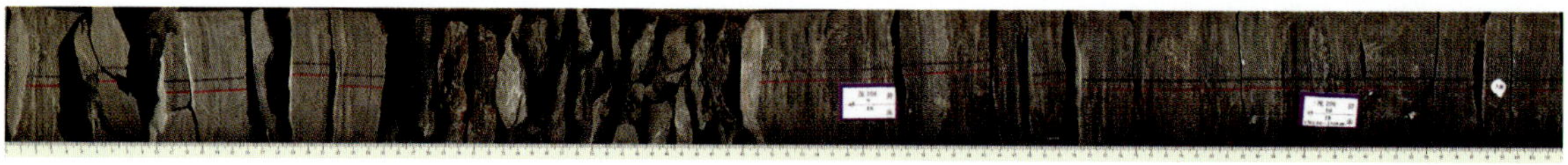

45-18-(8-10)

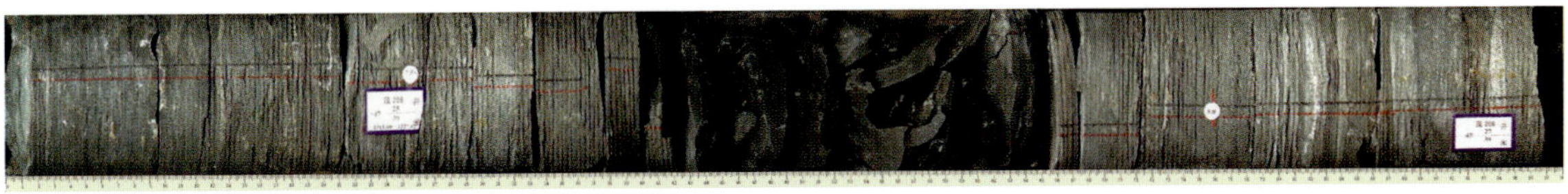

47-39-(25-27)

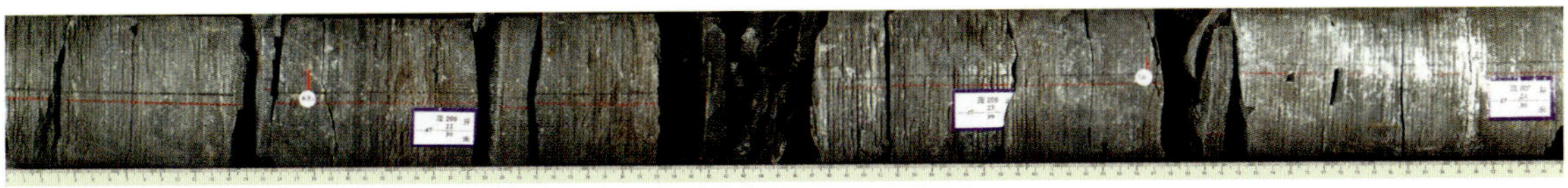

47-39-(21-24)

47-39-(19-20)

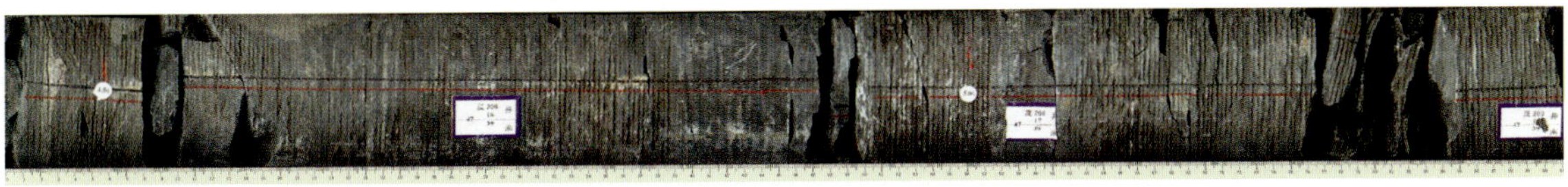

47-39-(16-18)

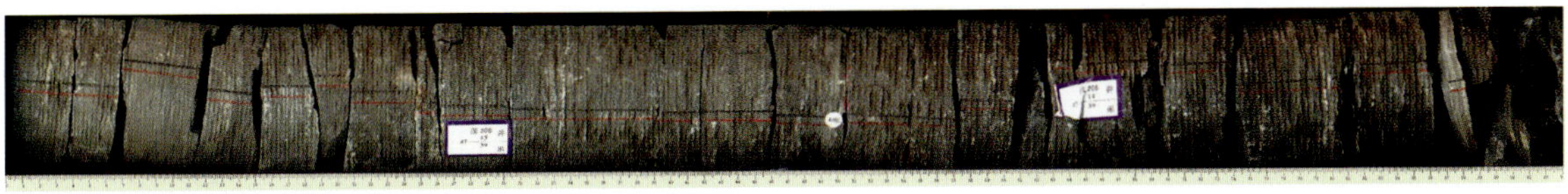

47-39-(13-15)

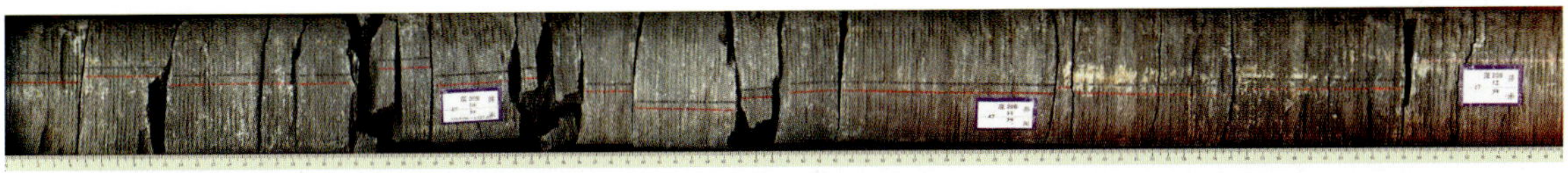

47-39-(10-12)

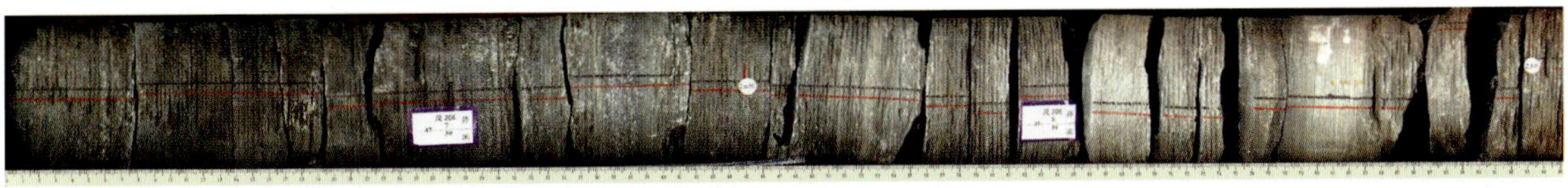

47-39-(7-9)

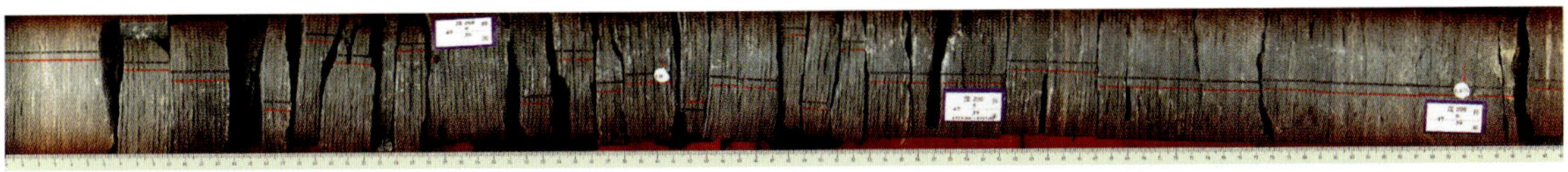

47-39-(4-6)

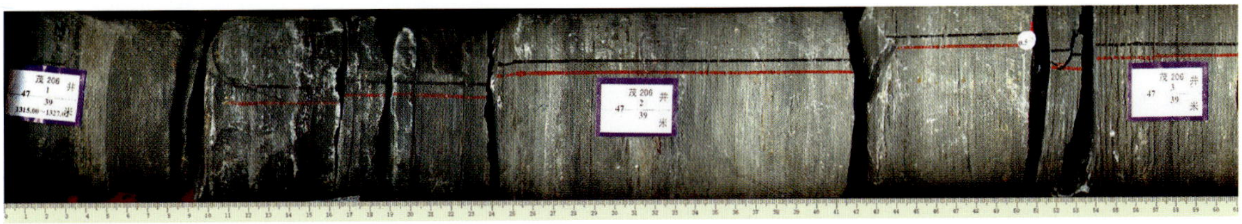

47-39-(1-3)

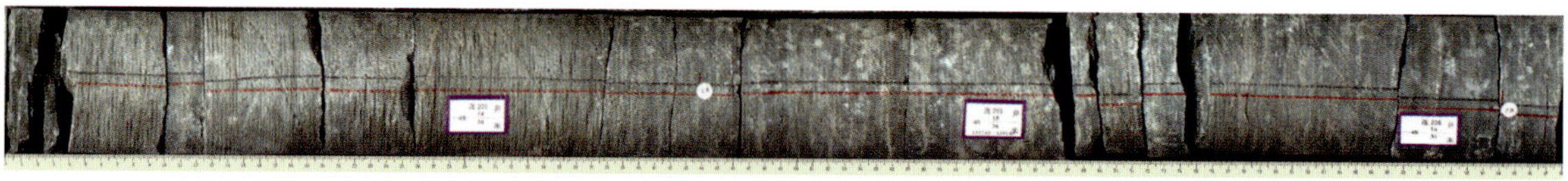
48-38-(14-16)

48-38-(11-13)

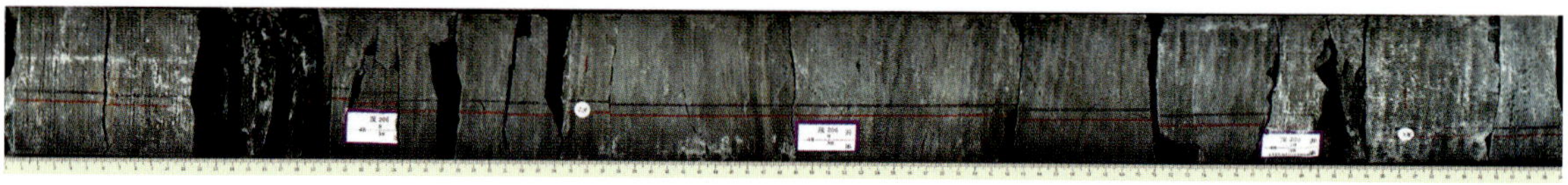
48-38-(8-10)

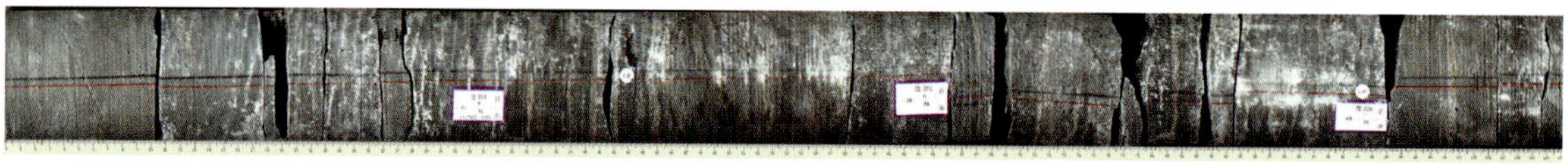
48-38-(5-7)

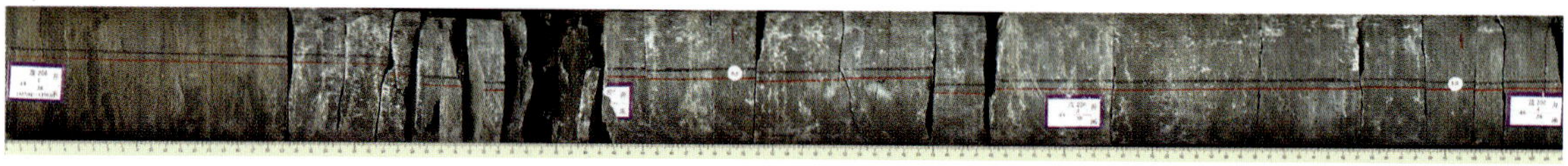
48-38-(1-4)

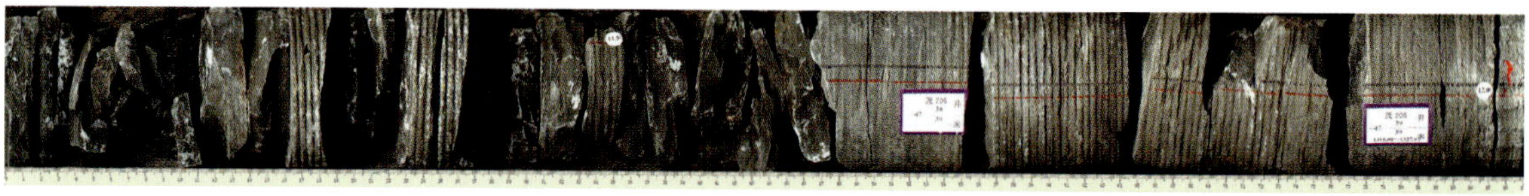
47-39-(37-39)

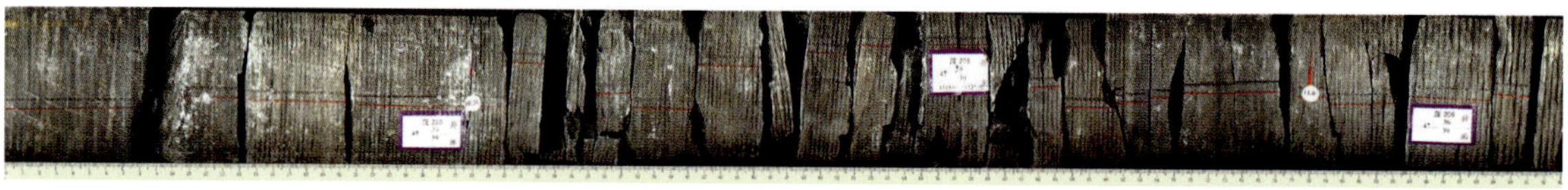
47-39-(34-36)

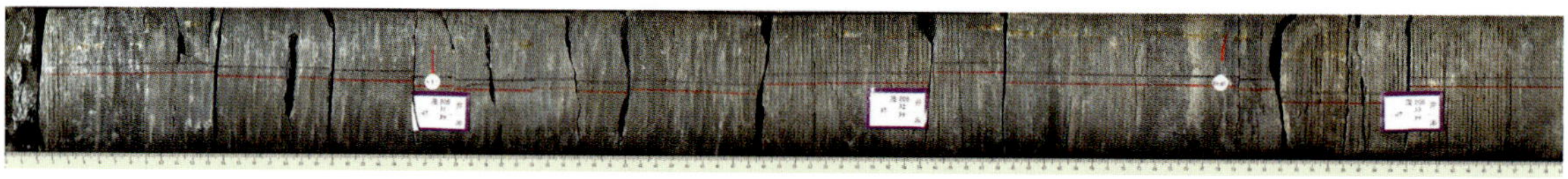
47-39-(31-33)

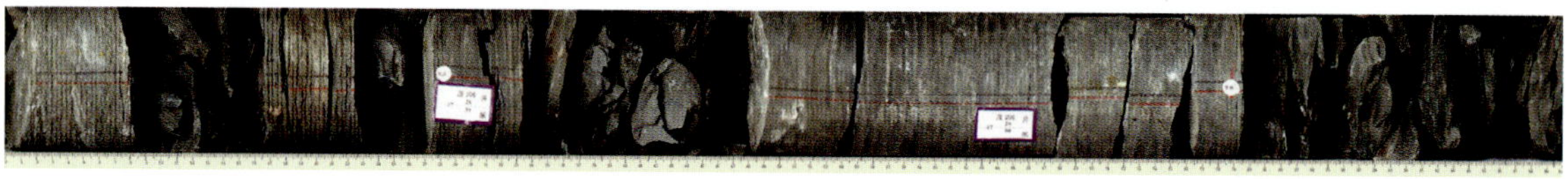
47-39-(28-30)

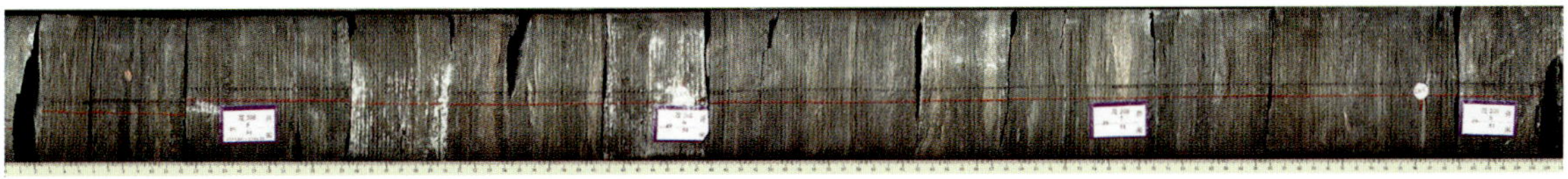

49-51-(5-8)

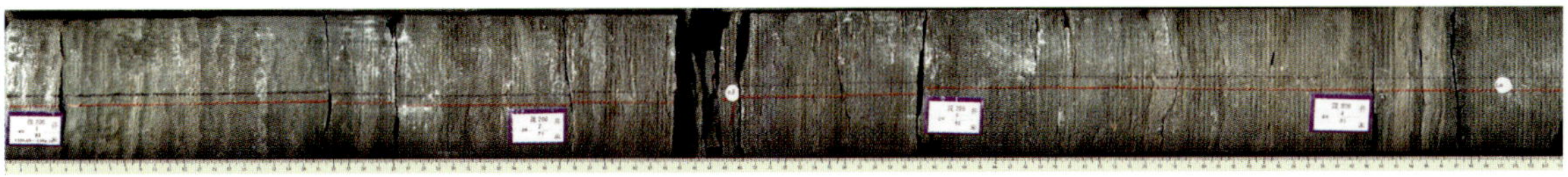

49-51-(1-4)

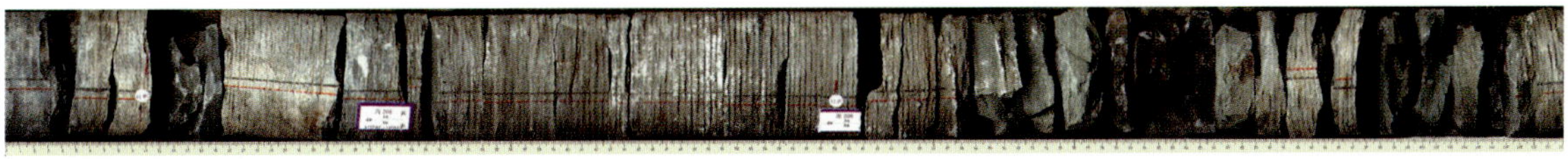

48-38-(36-38)

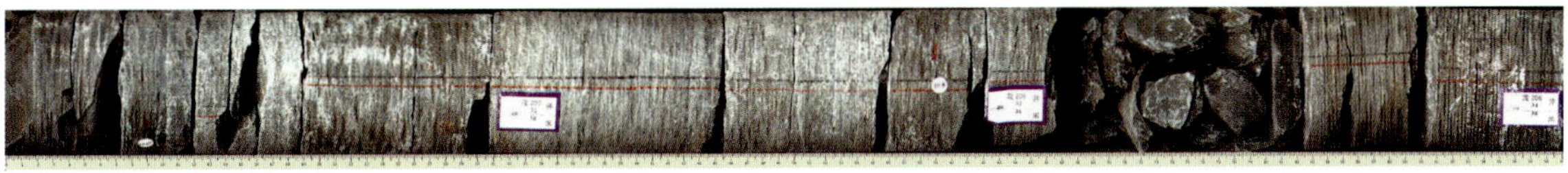

48-38-(32-35)

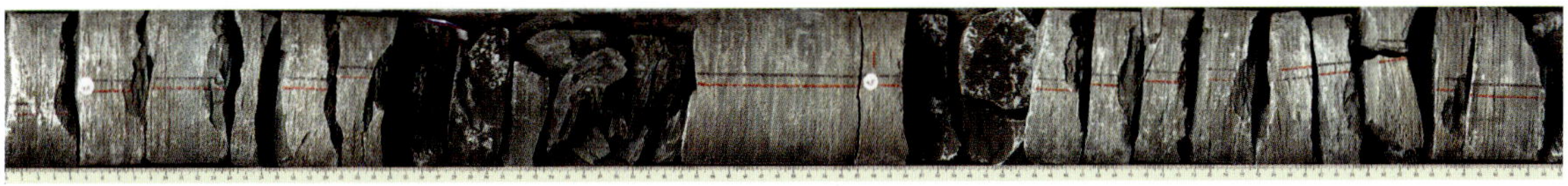

48-38-(29-31)

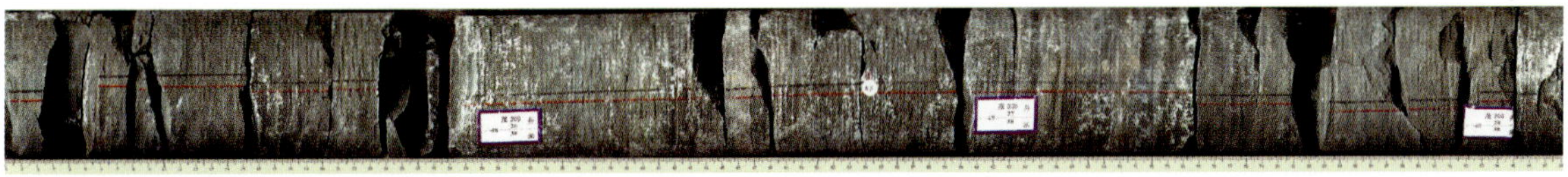

48-38-(26-28)

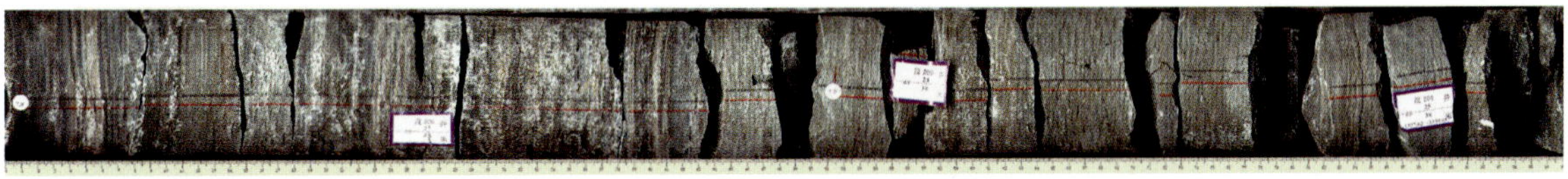

48-38-(23-25)

48-38-(20-22)

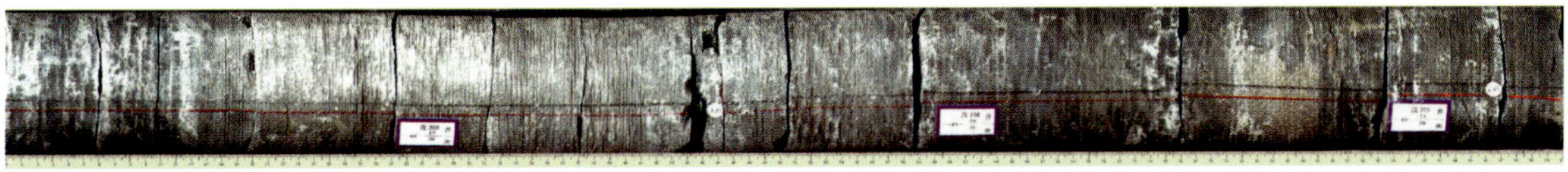

48-38-(17-19)

49-51-(34-36)

49-51-(31-33)

49-51-(28-30)

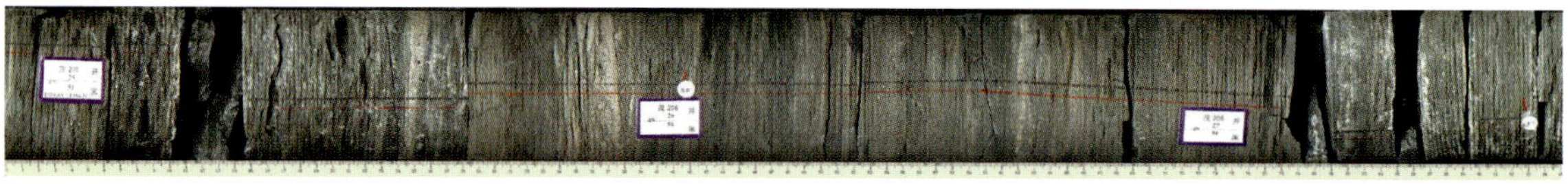
49-51-(25-27)

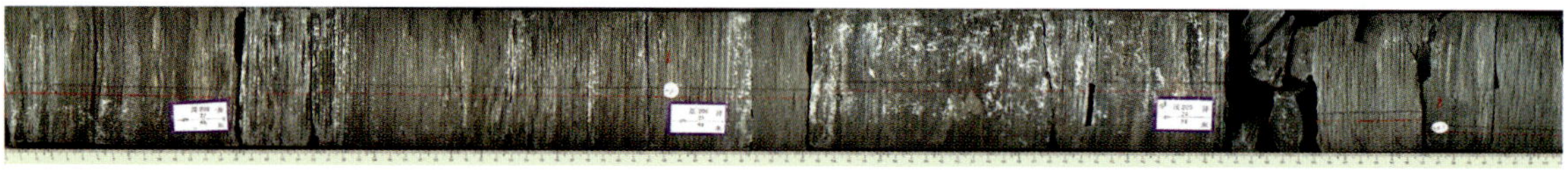
49-51-(22-24)

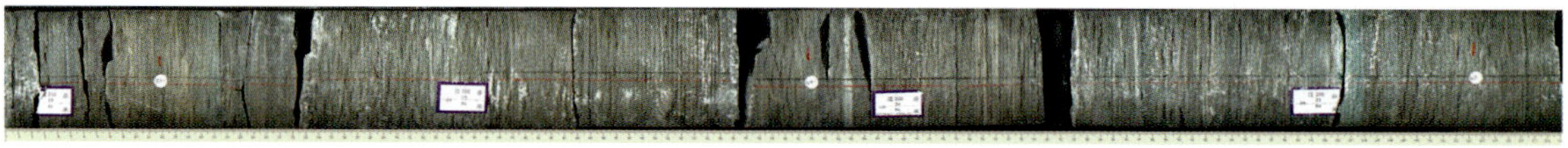
49-51-(18-21)

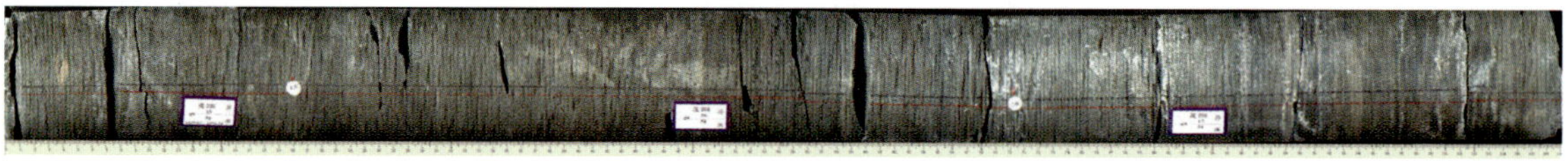
49-51-(15-17)

49-51-(12-14)

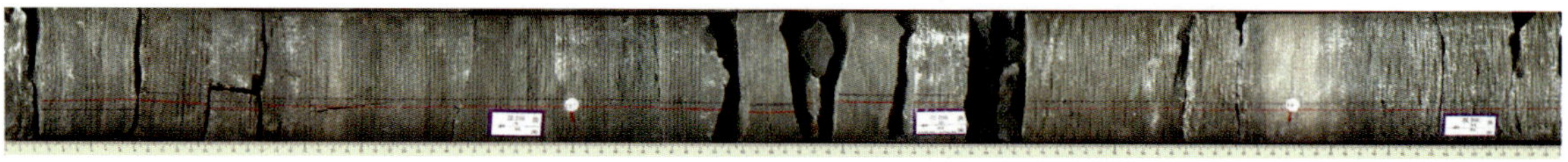
49-51-(9-11)

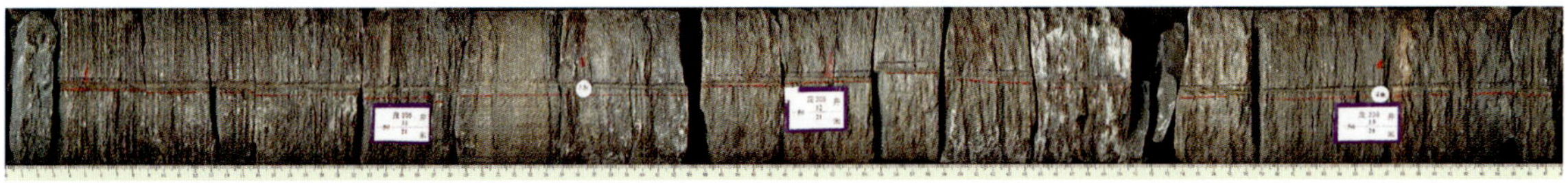
50-21-(11-13)

50-21-(8-10)

50-21-(5-7)

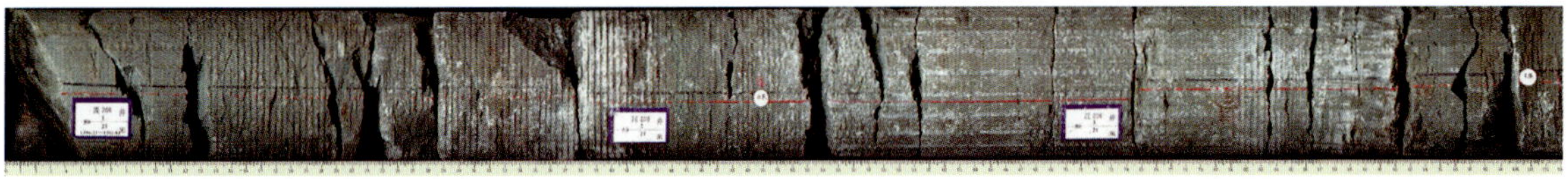
50-21-(1-4)

49-51-(49-51)

49-51-(46-48)

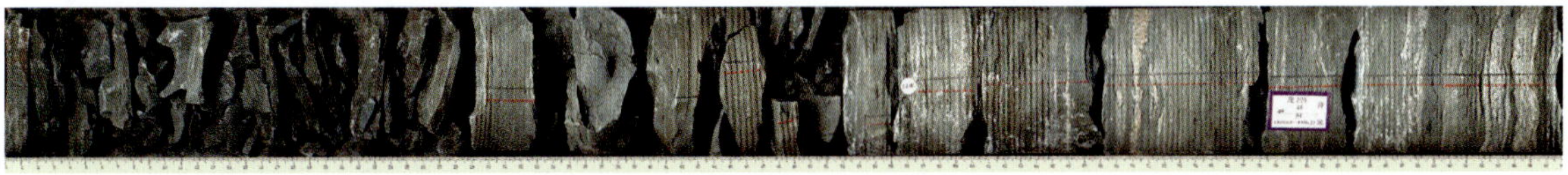
49-51-(43-45)

49-51-(40-42)

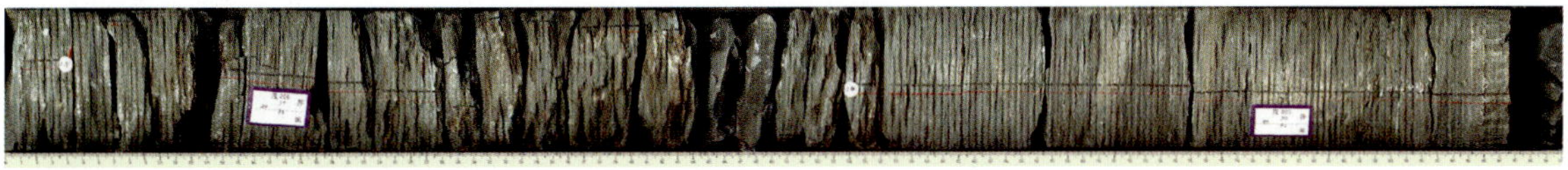
49-51-(37-39)

51-38-(16-18)

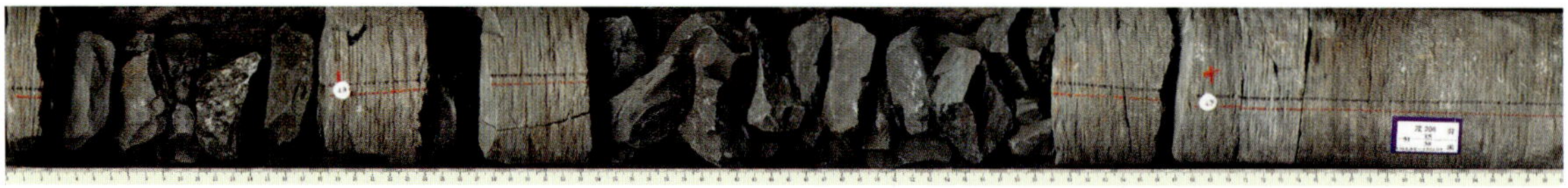
51-38-(13-15)

51-38-(11-12)

51-38-(8-10)

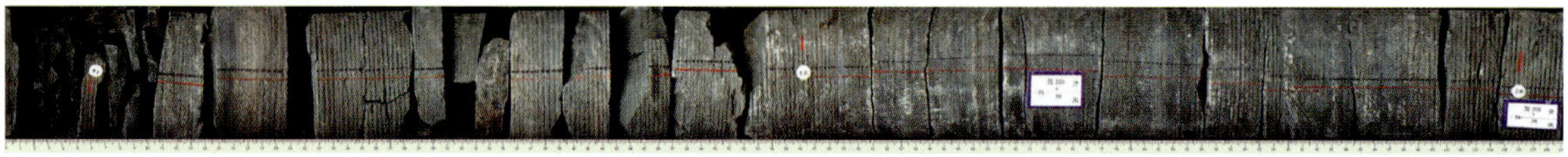
51-38-(4-7)

51-38-(1-3)

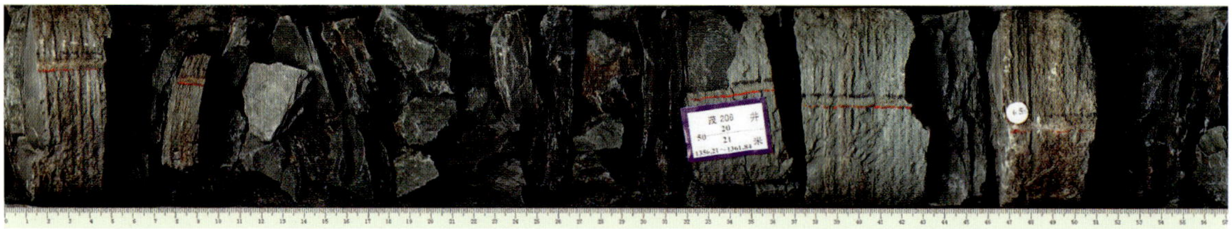
50-21-(20-21)

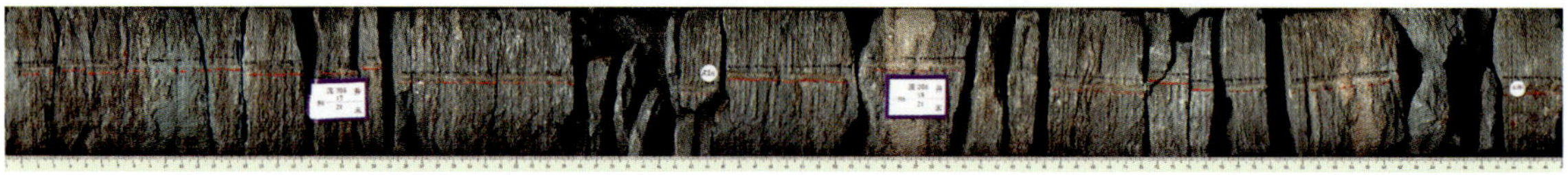
50-21-(17-19)

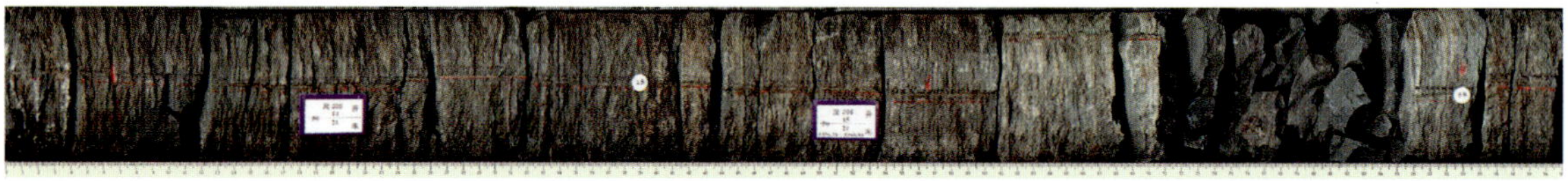
50-21-(14-16)

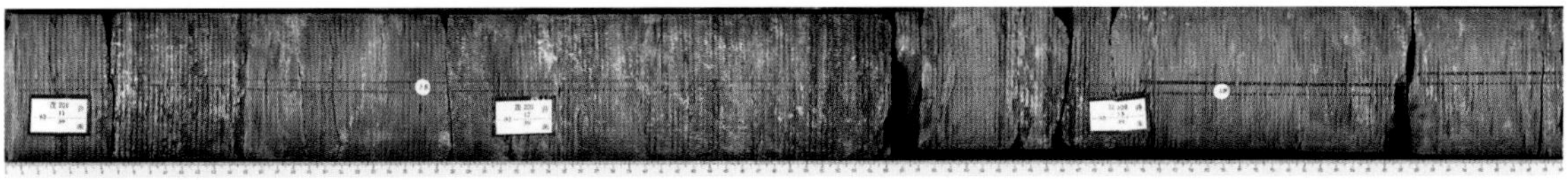
52-39-(11-13)

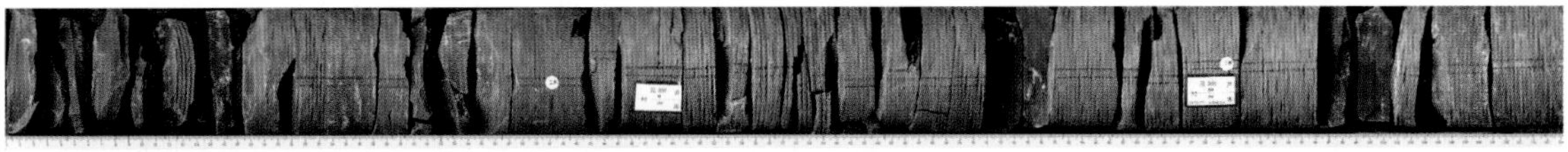
52-39-(8-10)

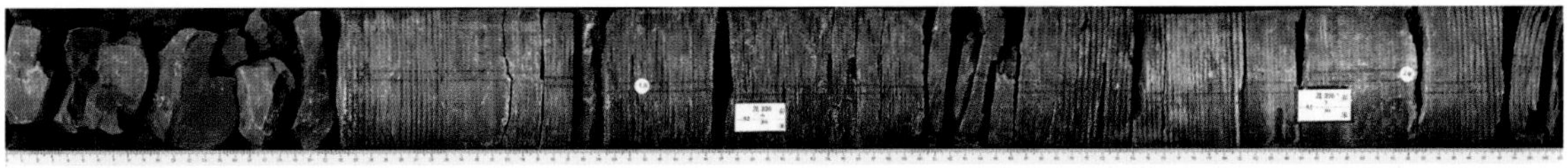
52-39-(5-7)

52-39-(1-4)

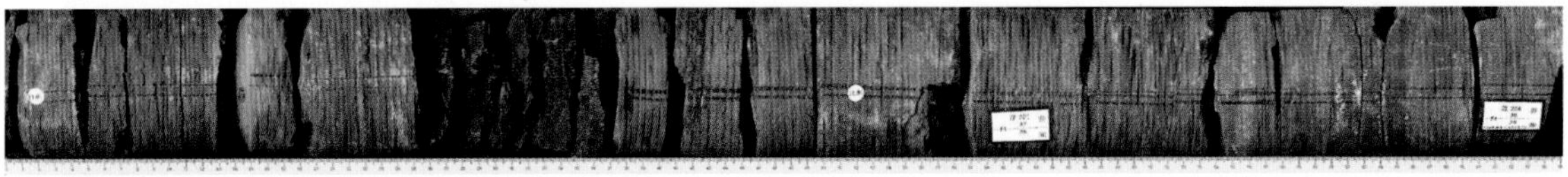
51-38-(35-38)

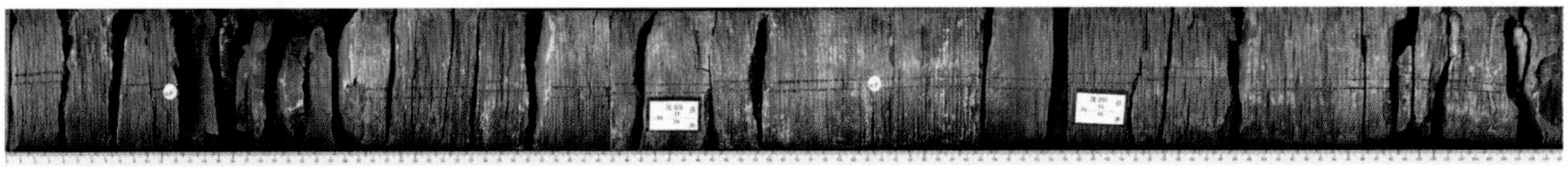
51-38-(32-34)

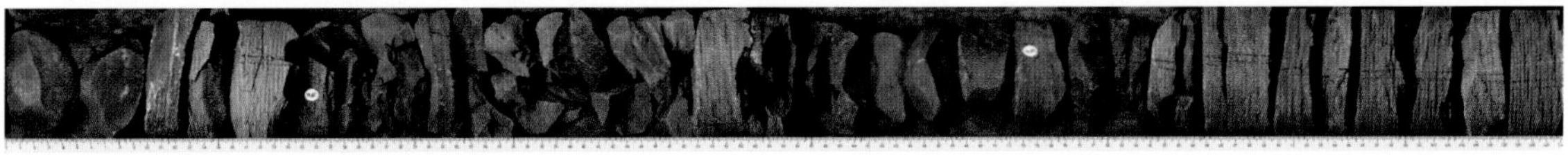
51-38-(29-31)

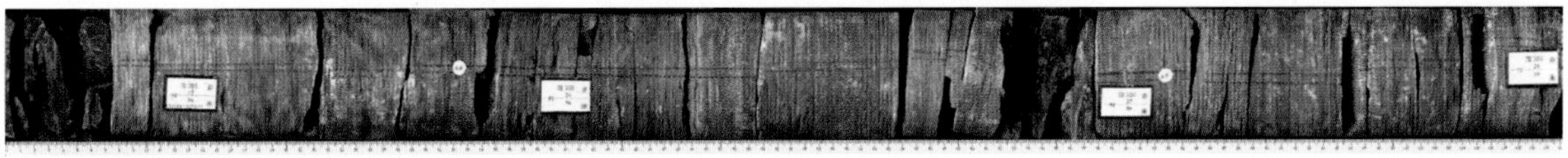
51-38-(25-28)

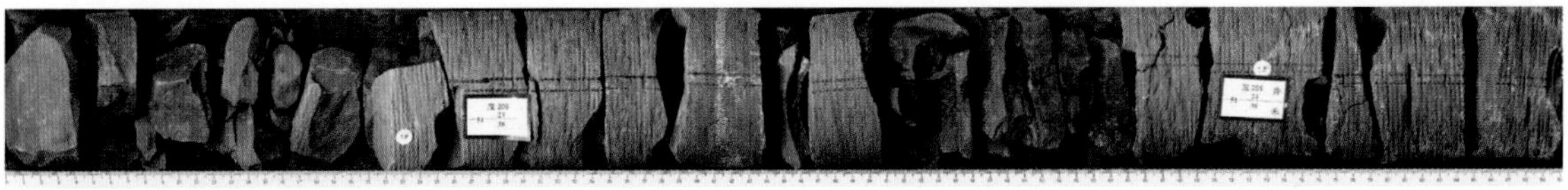
51-38-(23-24)

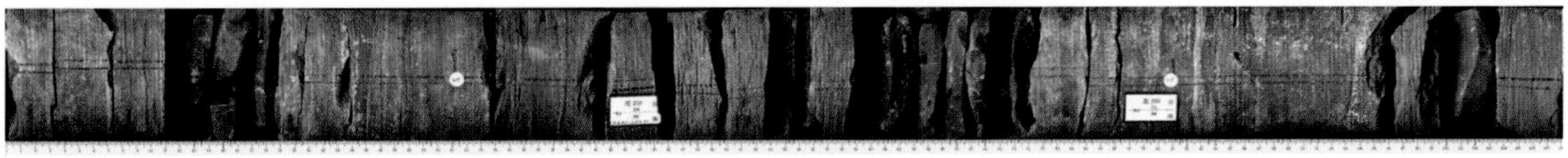
51-38-(19-22)

53-39-(1-3)

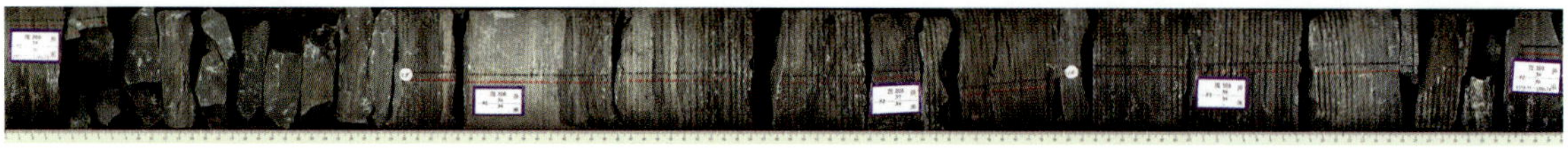

52-39-(35-39)

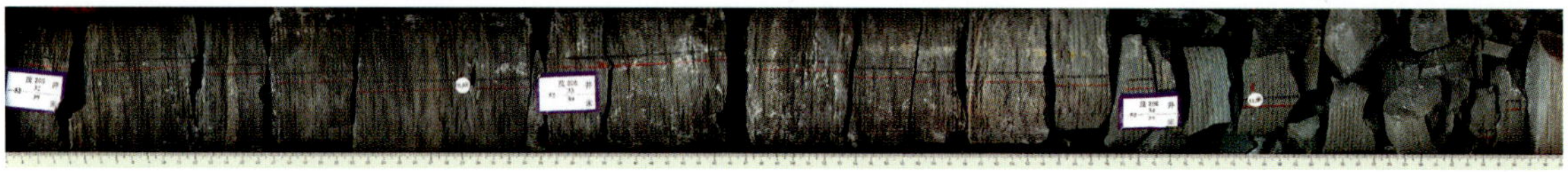

52-39-(32-34)

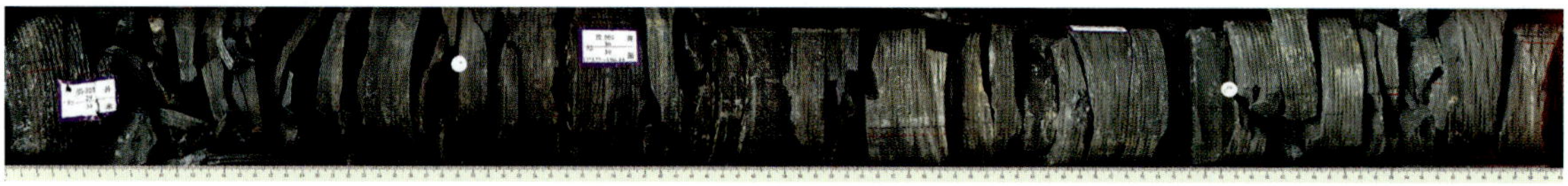

52-39-(29-31)

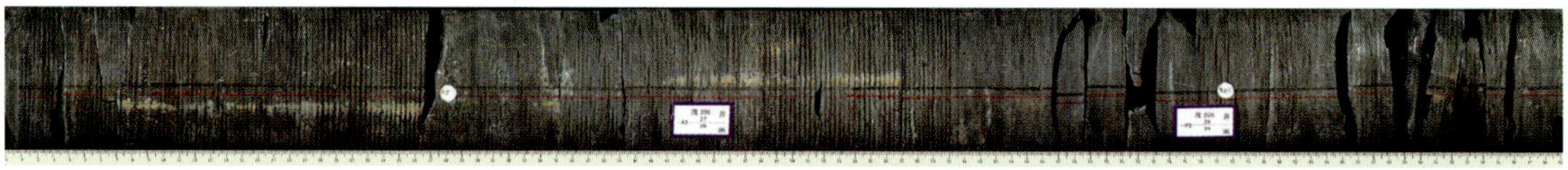

52-39-(26-28)

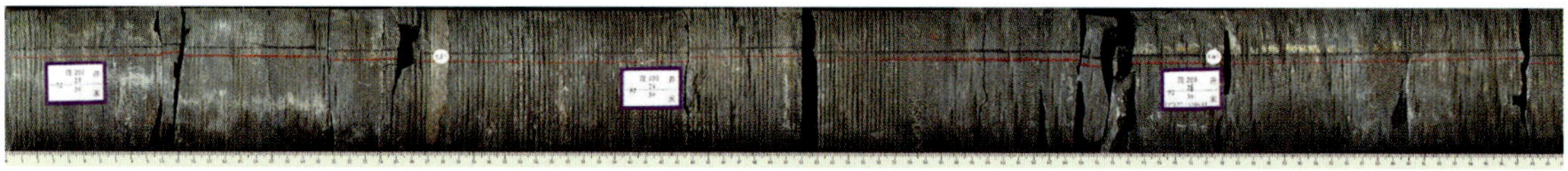

52-39-(23-25)

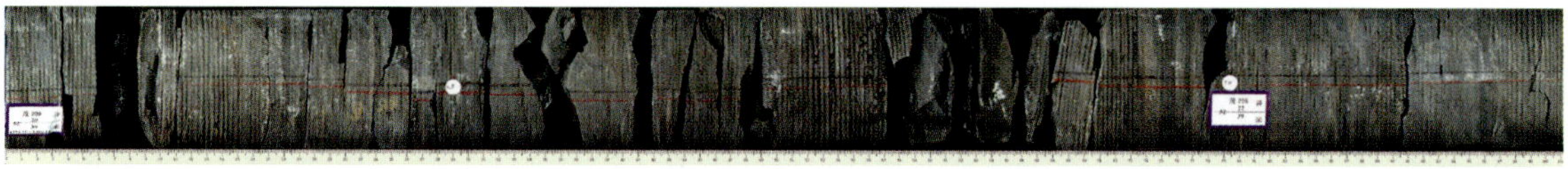

52-39-(20-22)

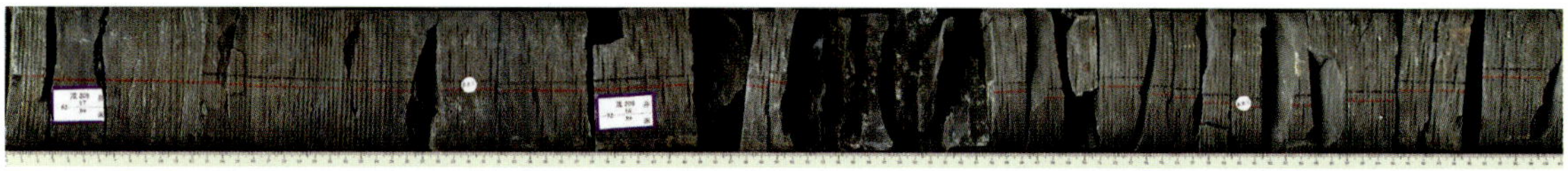

52-39-(17-19)

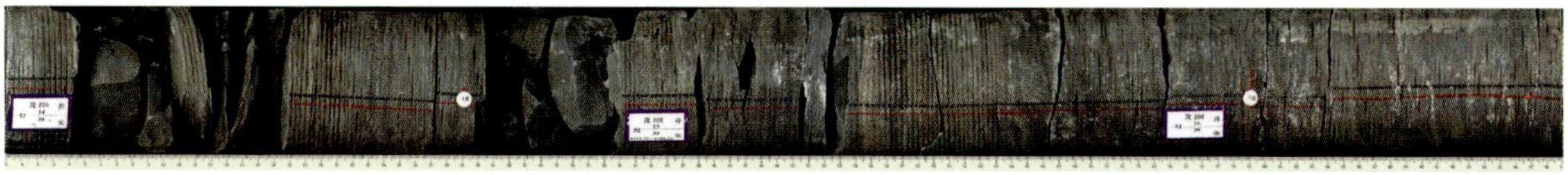

52-39-(14-16)

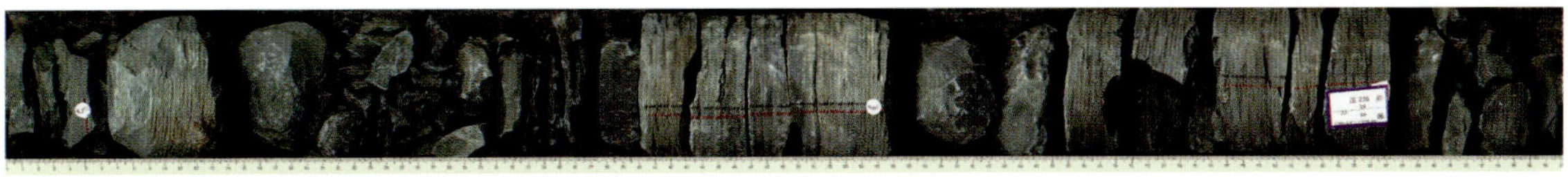
53-39-(28-30)

53-39-(25-27)

53-39-(22-24)

53-39-(19-21)

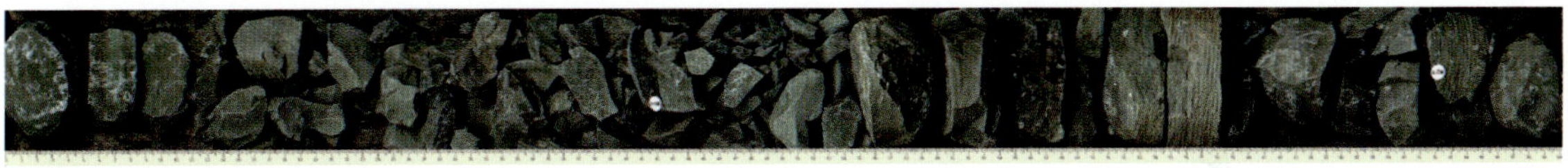
53-39-(16-18)

53-39-(13-15)

53-39-(10-12)

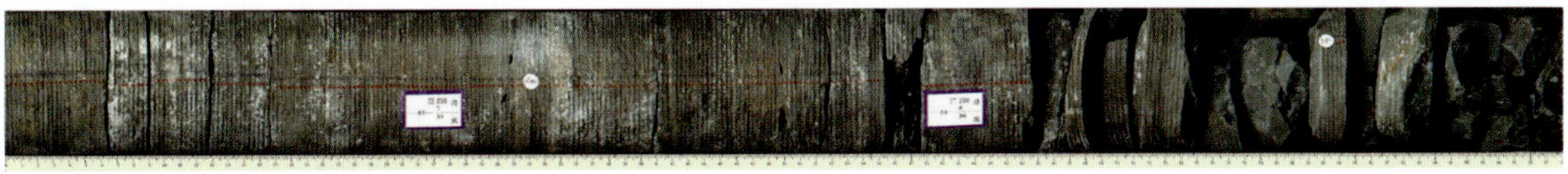
53-39-(7-9)

53-39-(4-6)

54-39-(16-17)

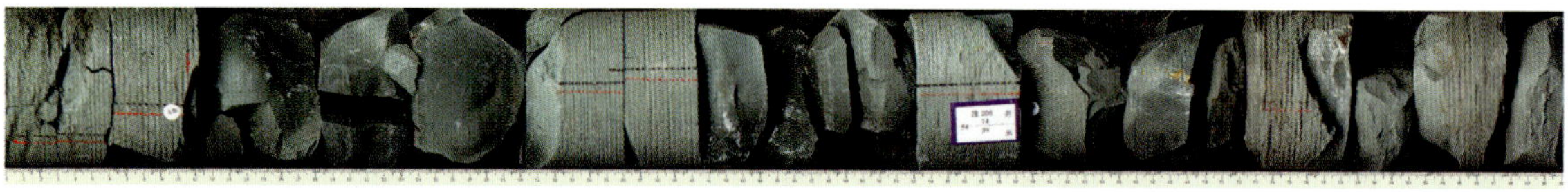

54-39-(13-15)

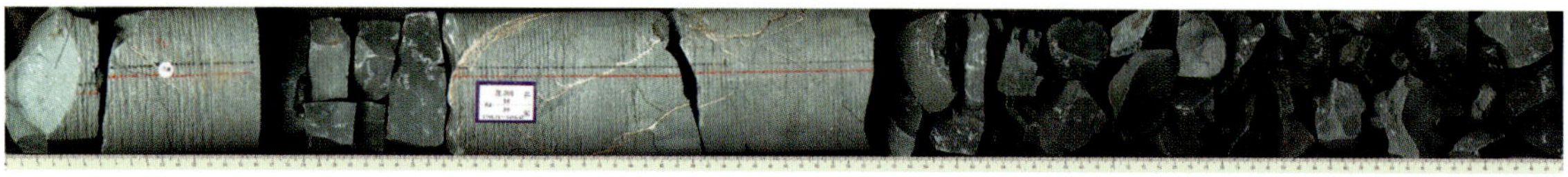

54-39-(10-12)

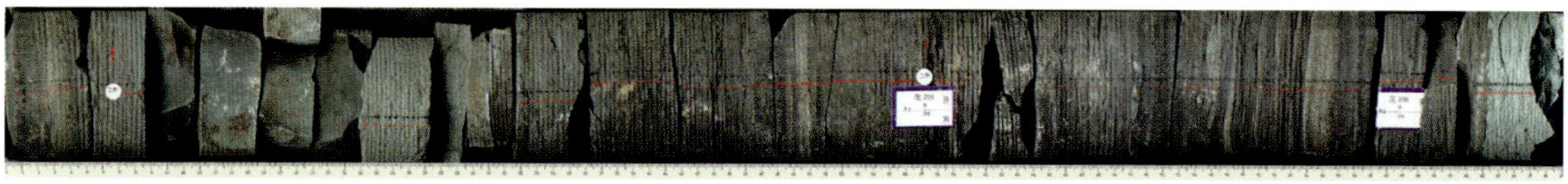

54-39-(7-9)

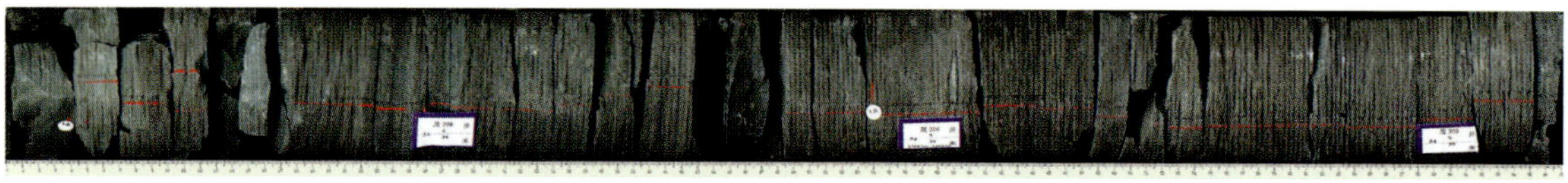

54-39-(4-6)

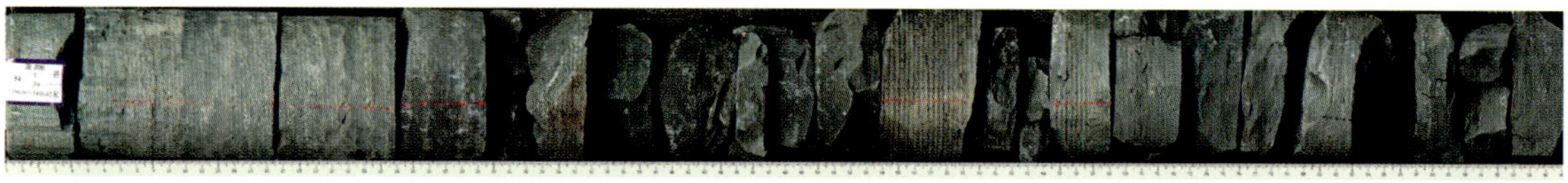

54-39-(1-3)

53-39-(37-39)

53-39-(34-36)

53-39-(31-33)

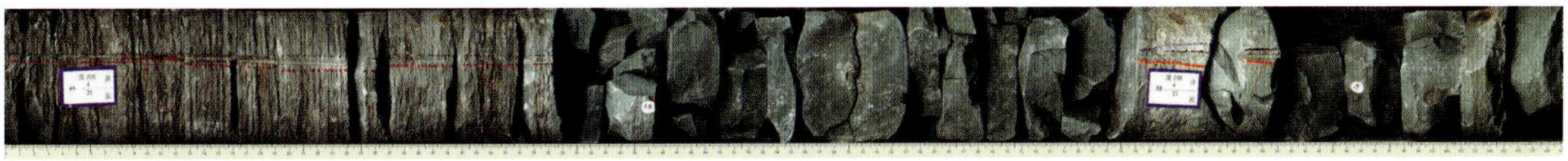

55-21-(4-7)

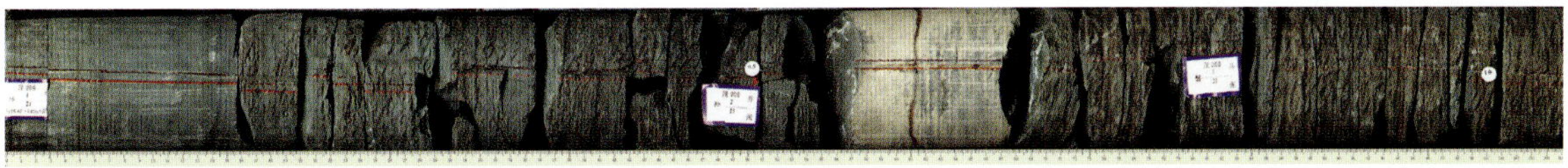

55-21-(1-3)

54-39-(37-39)

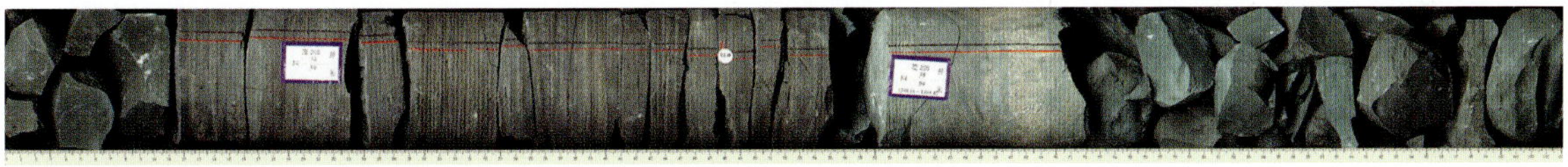

54-39-(34-36)

54-39-(31-33)

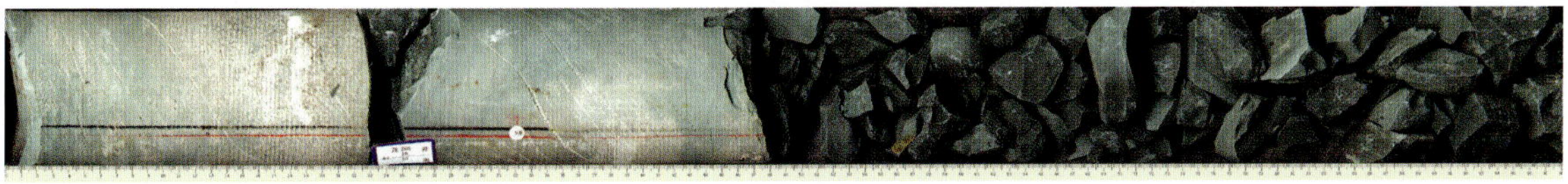

54-39-(28-30)

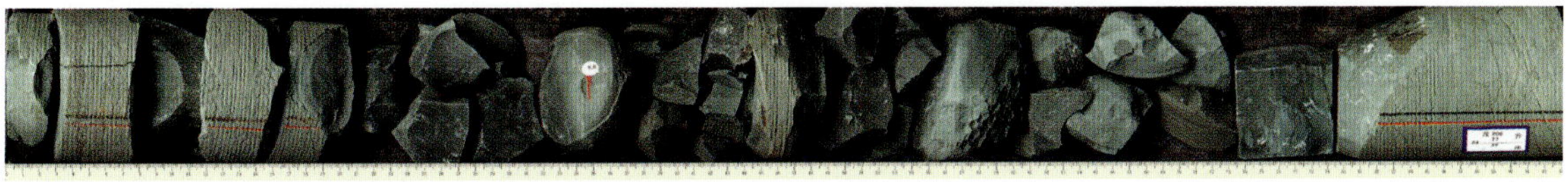

54-39-(25-27)

54-39-(22-24)

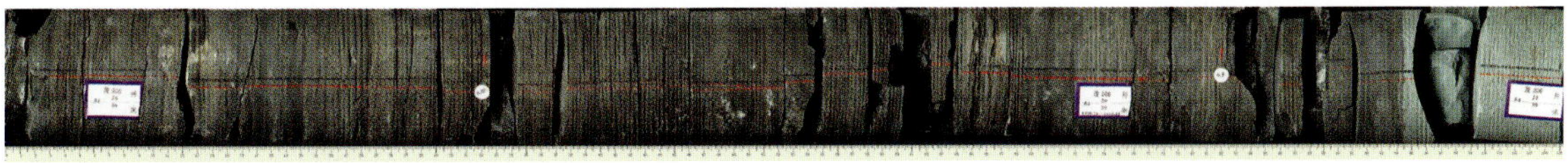

54-39-(18-21)

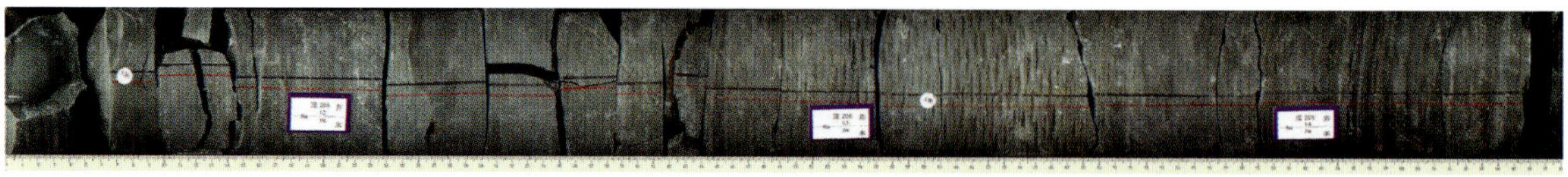

56-38-(12-14)

56-38-(9-11)

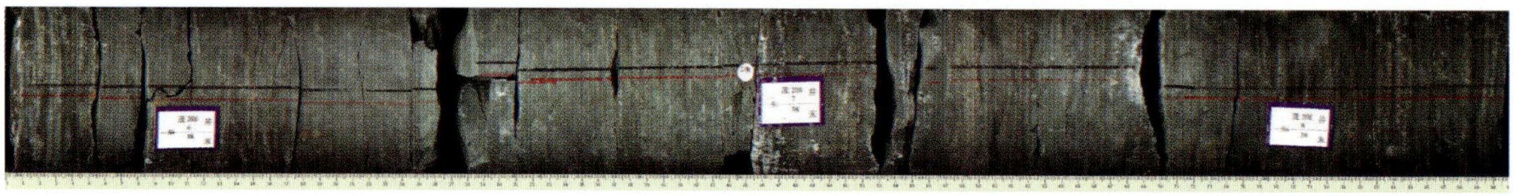

56-38-(6-8)

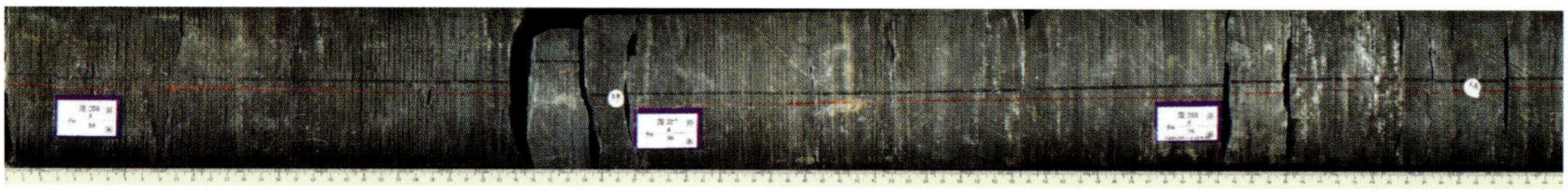

56-38-(3-5)

56-38-(1-2)

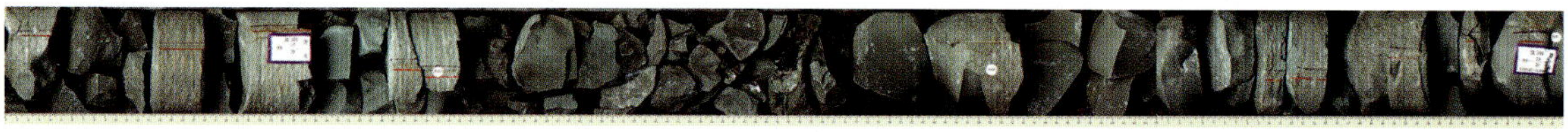

55-21-(17-21)

55-21-(14-16)

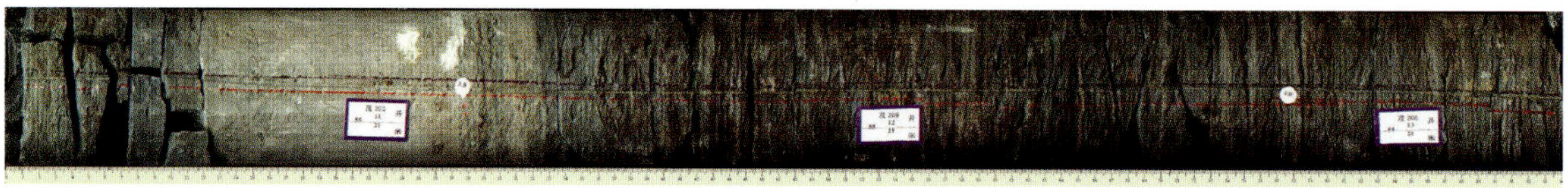

55-21-(11-13)

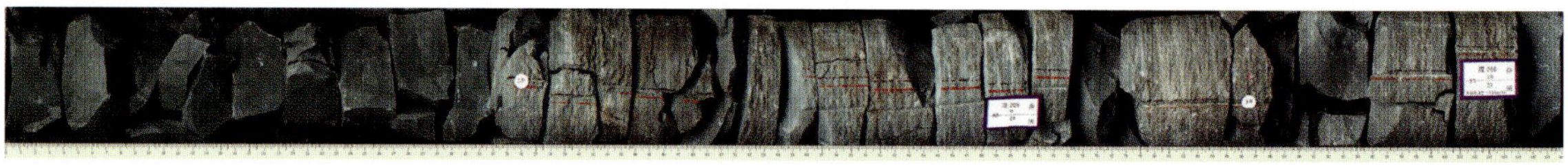

55-21-(8-10)

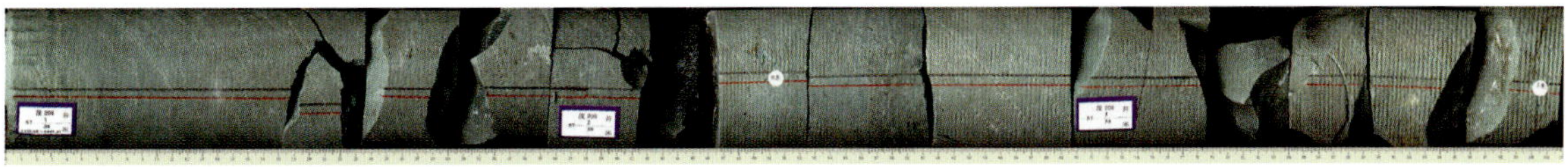

57-38-(1-3)

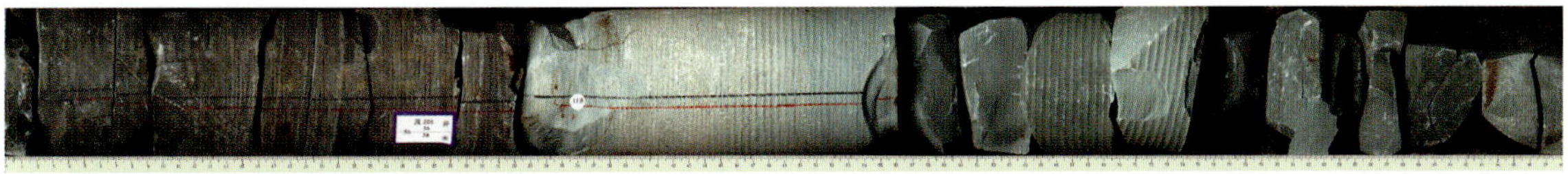

56-38-(36-38)

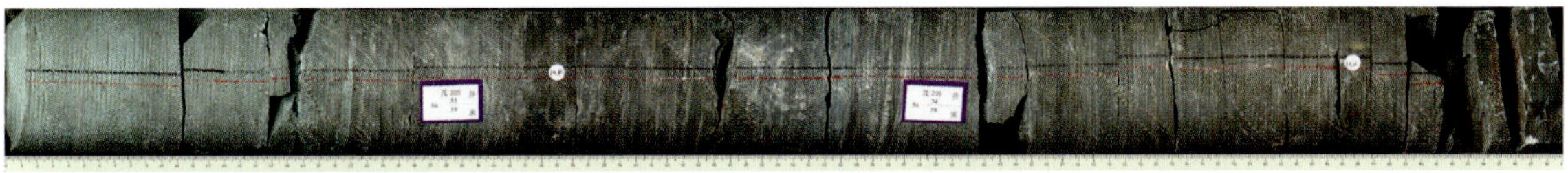

56-38-(33-35)

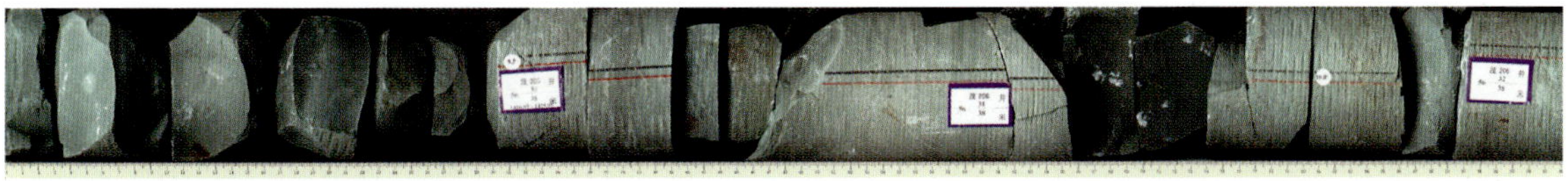

56-38-(30-32)

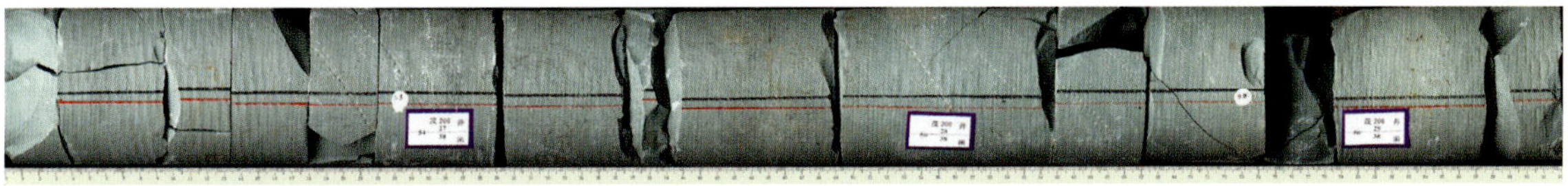

56-38-(27-29)

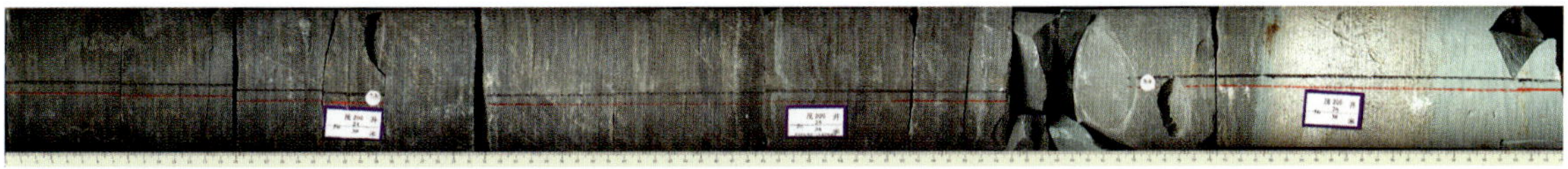

56-38-(24-26)

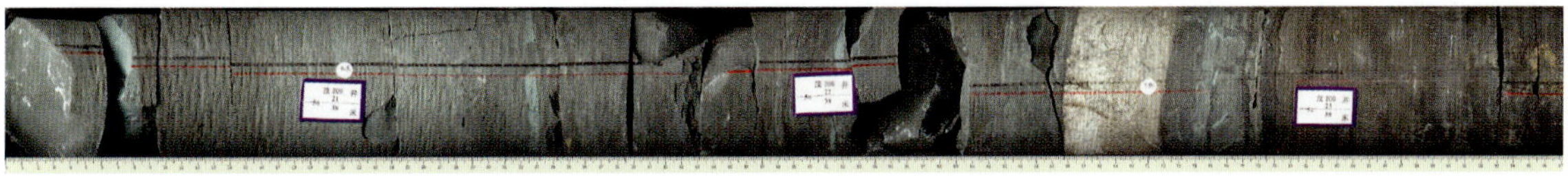

56-38-(21-23)

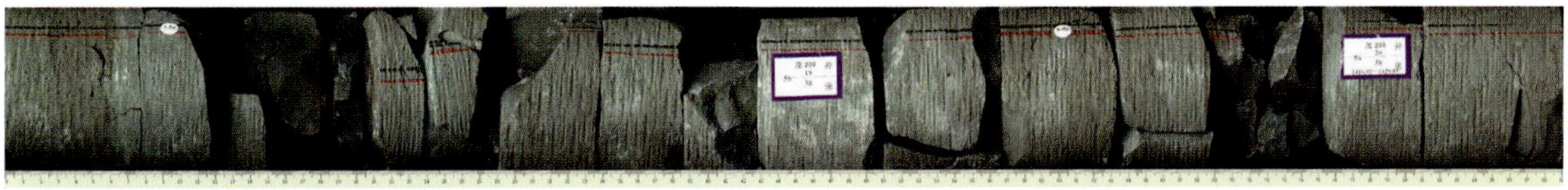

56-38-(18-20)

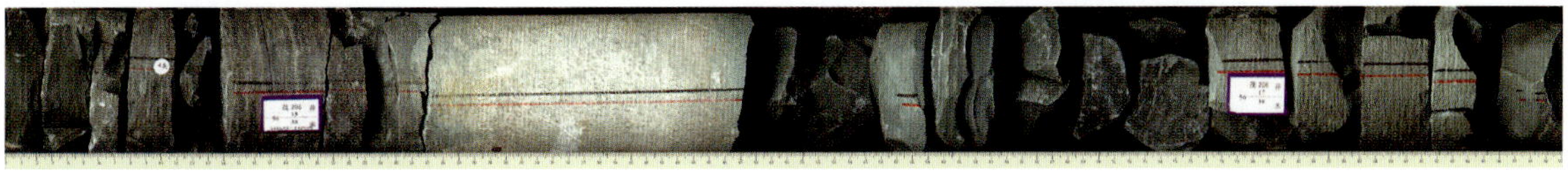

56-38-(15-17)

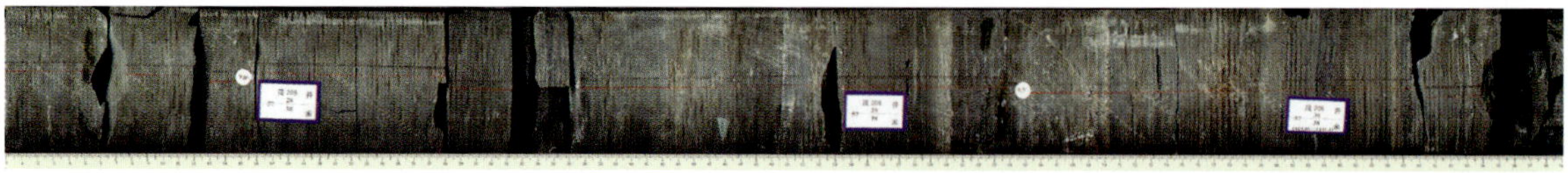

57-38-(28-30)

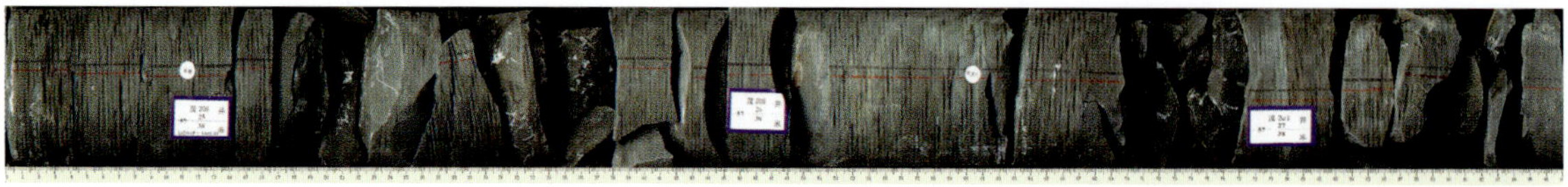

57-38-(25-27)

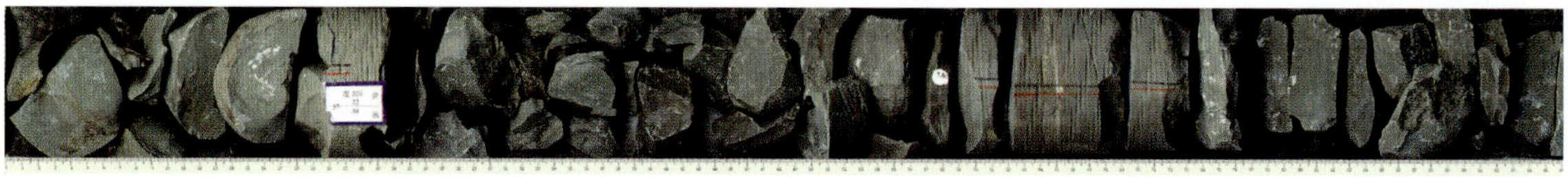

57-38-(22-24)

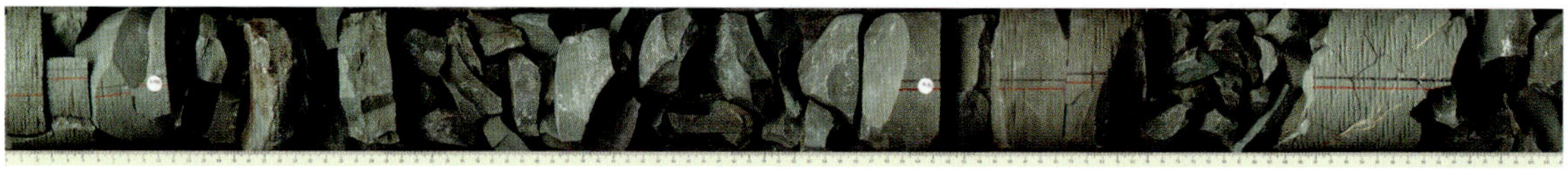

57-38-(19-21)

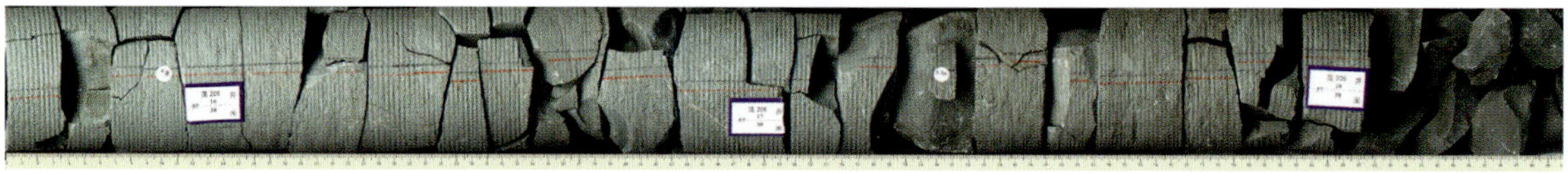

57-38-(16-18)

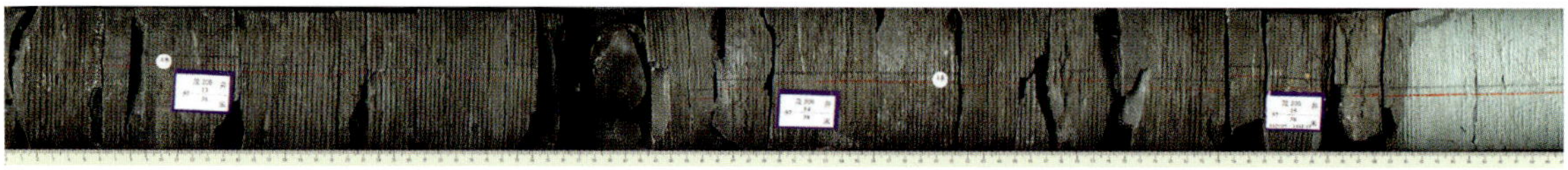

57-38-(13-15)

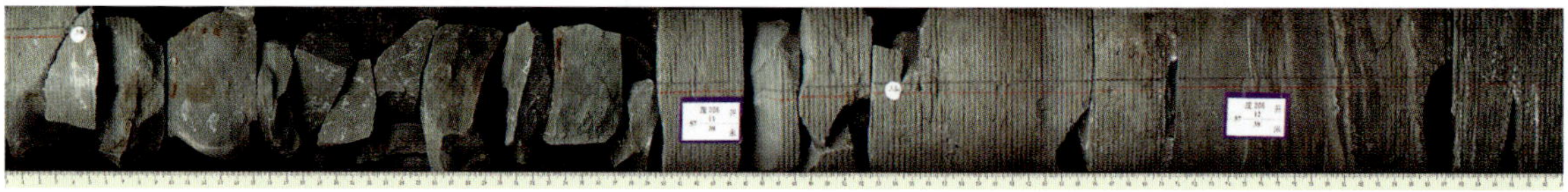

57-38-(10-12)

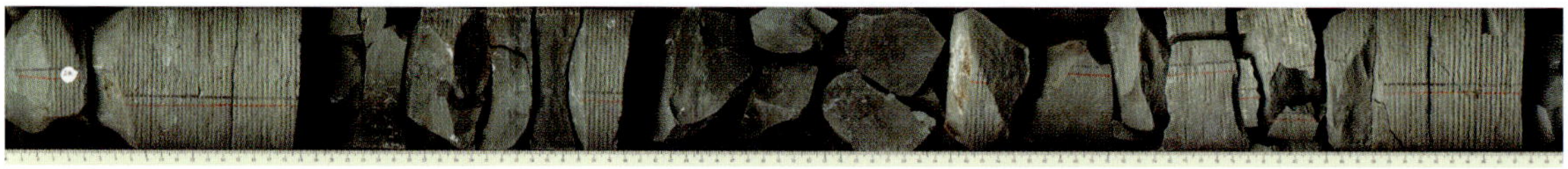

57-38-(7-9)

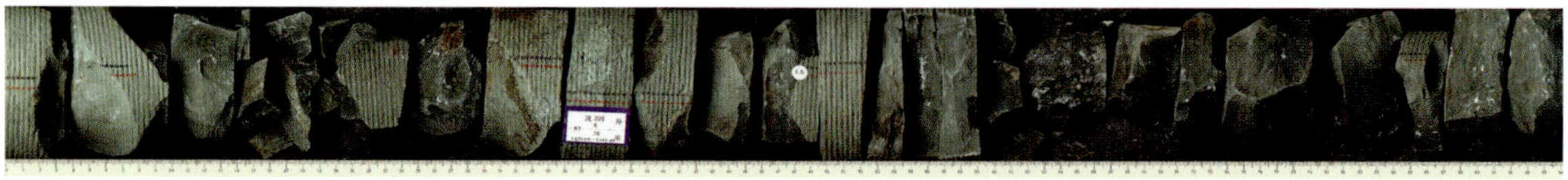

57-38-(4-6)

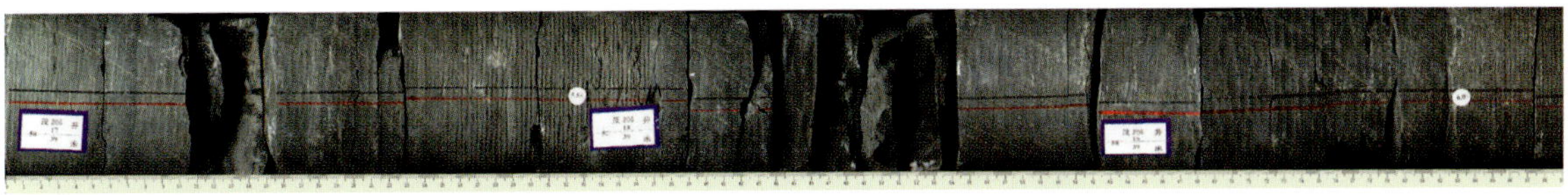
59-34-(17-19)

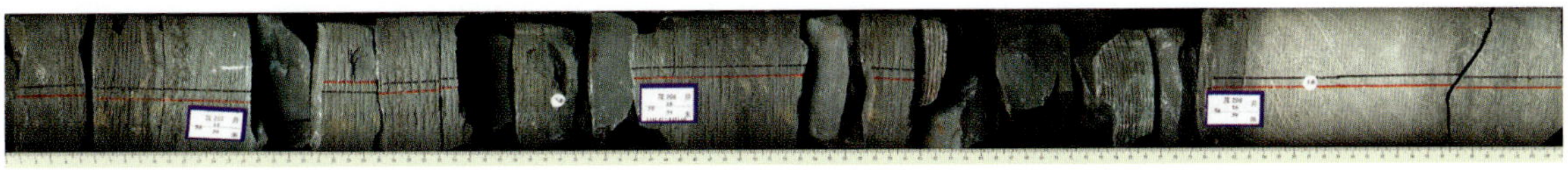
59-34-(14-16)

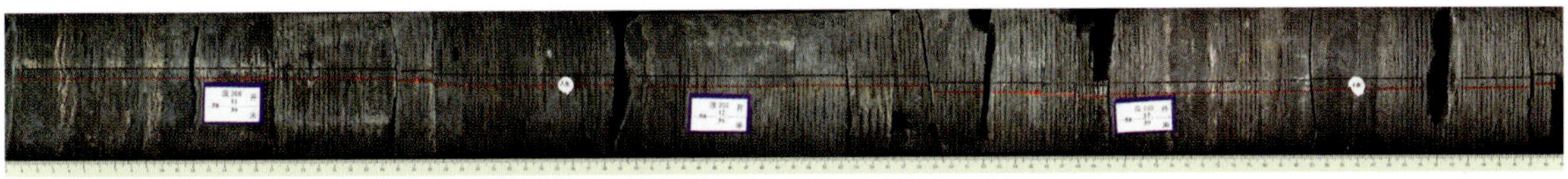
59-34-(11-13)

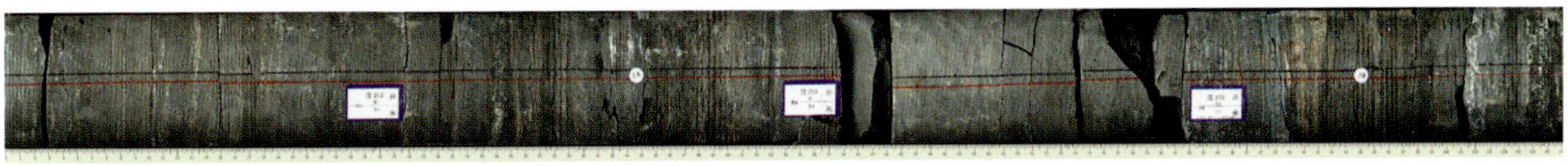
58-39-(8-10)

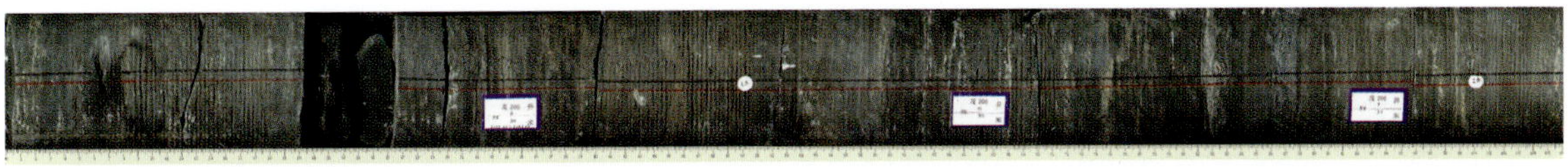
58-39-(5-7)

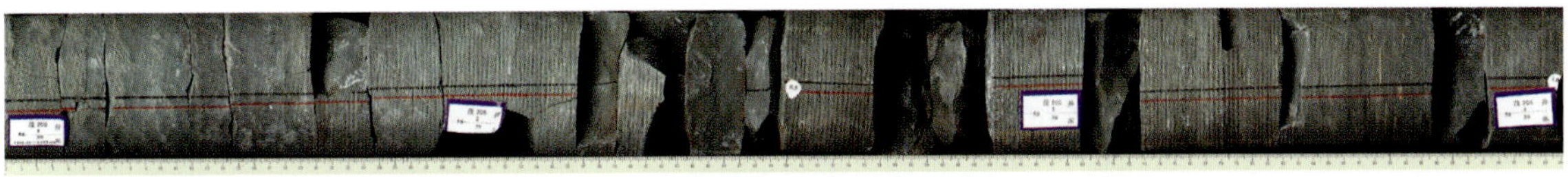
58-39-(1-4)

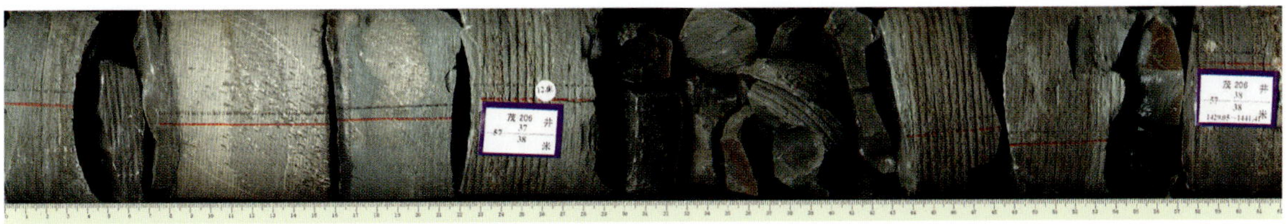
57-38-(37-38)

57-38-(34-36)

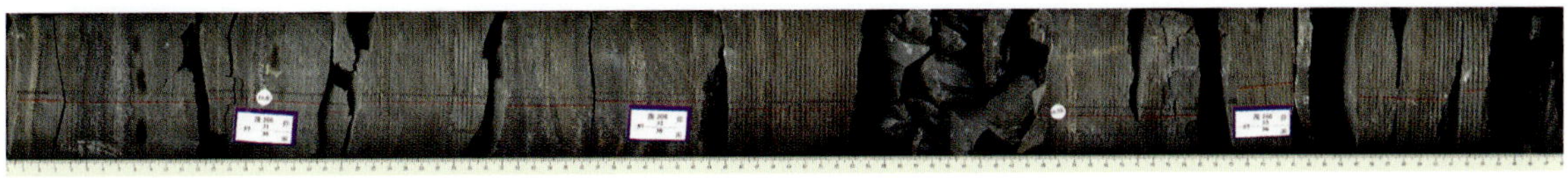
57-38-(31-33)

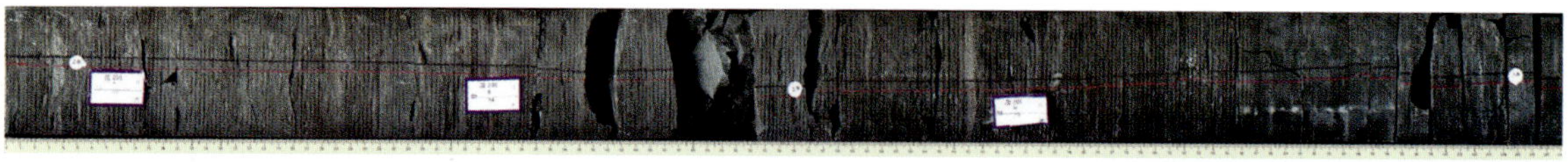

59-34-(7-10)

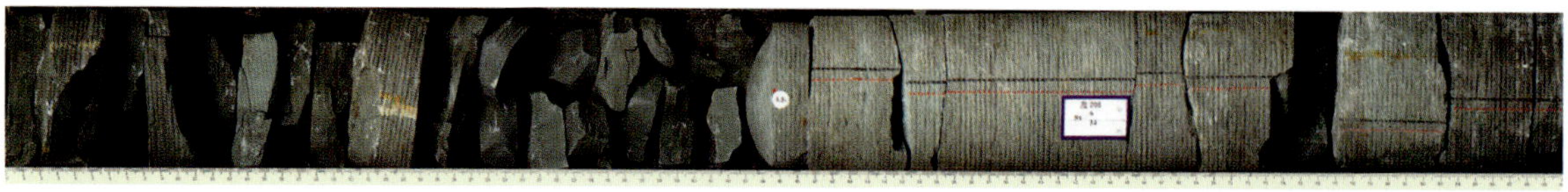

59-34-(4-6)

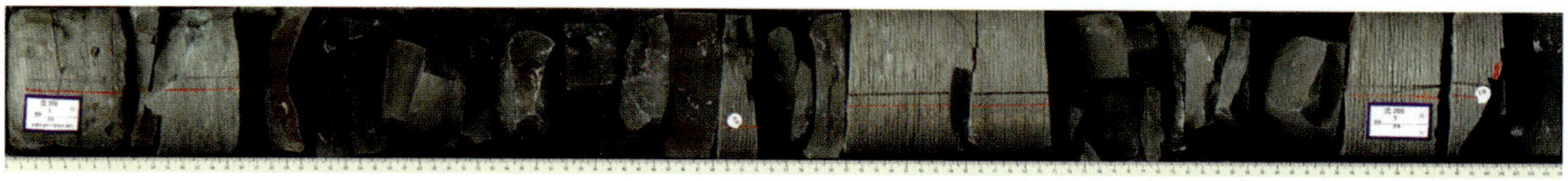

59-34-(1-3)

58-39-(35-39)

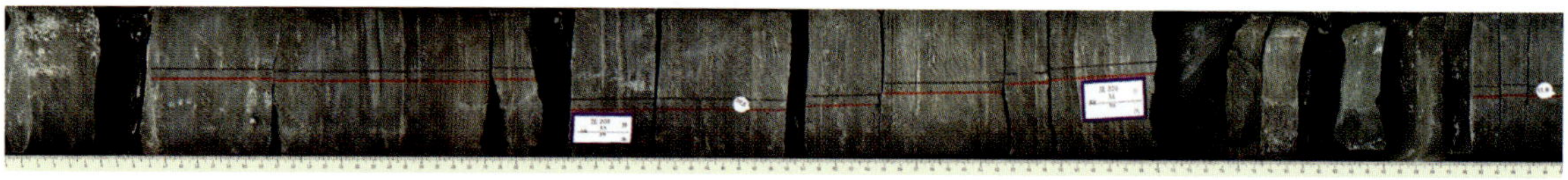

58-39-(32-34)

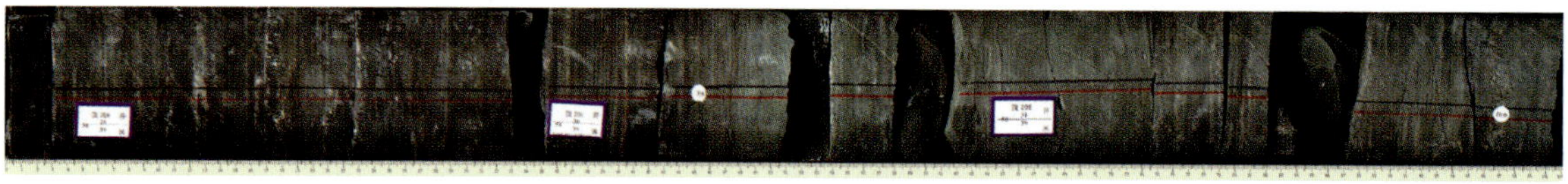

58-39-(29-31)

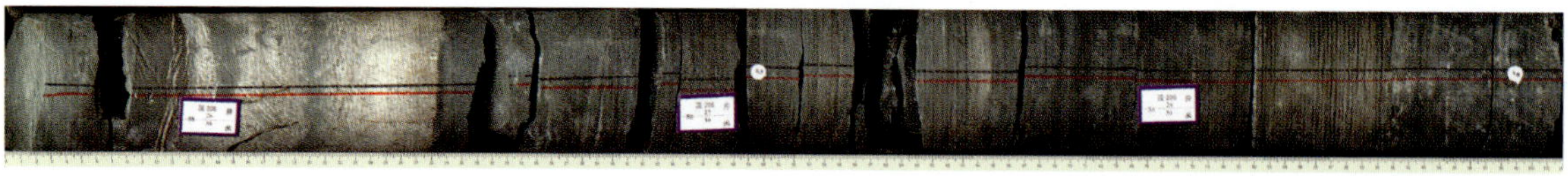

58-39-(26-28)

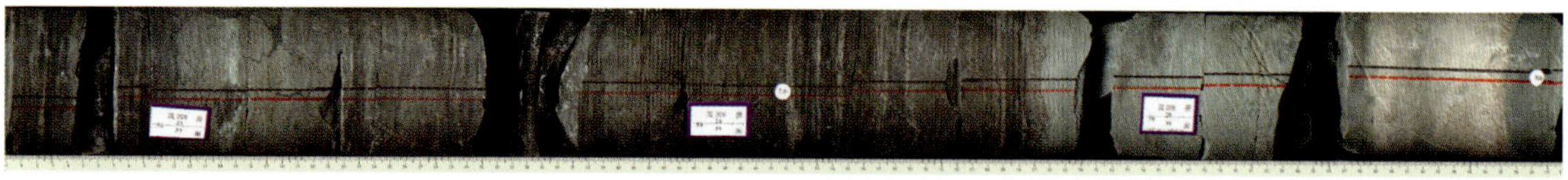

58-39-(23-25)

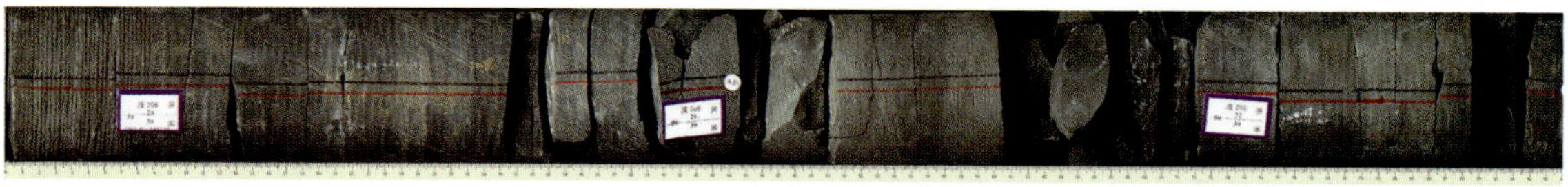

58-39-(20-22)

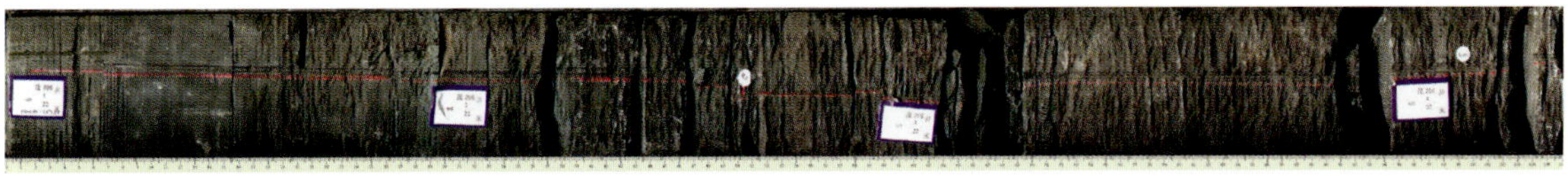

60-22-(1-4)

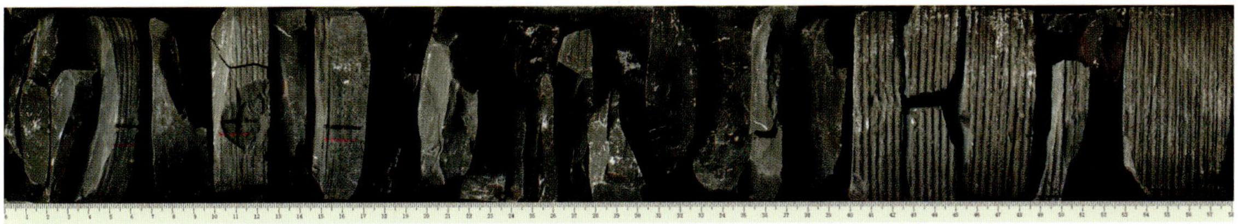

59-34-(33-34)

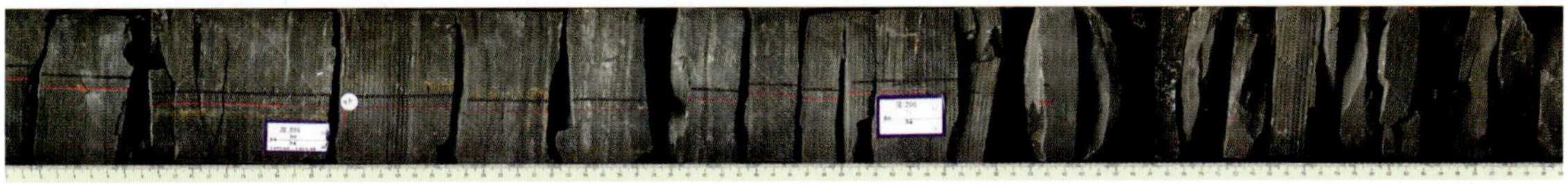

59-34-(30-32)

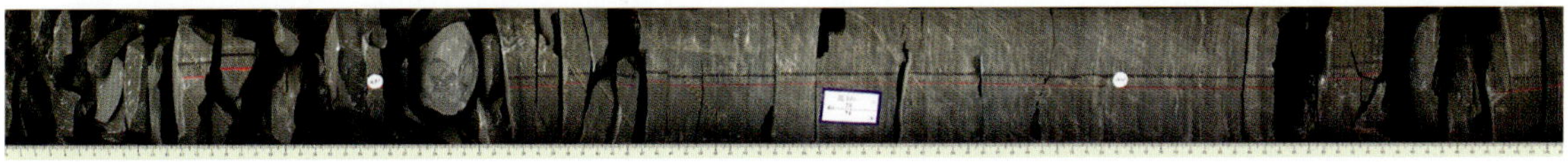

59-34-(27-29)

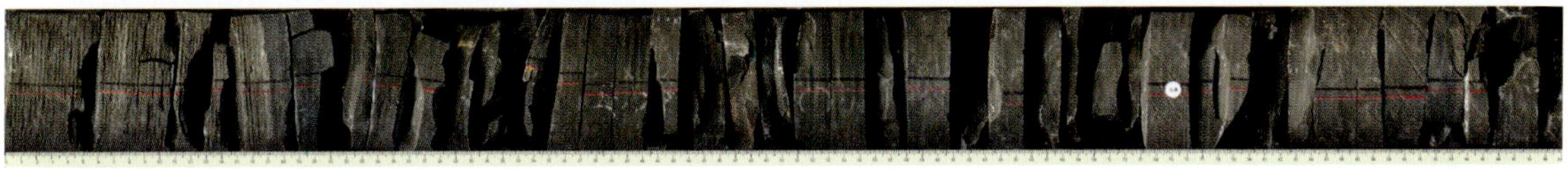

59-34-(24-26)

59-34-(20-23)

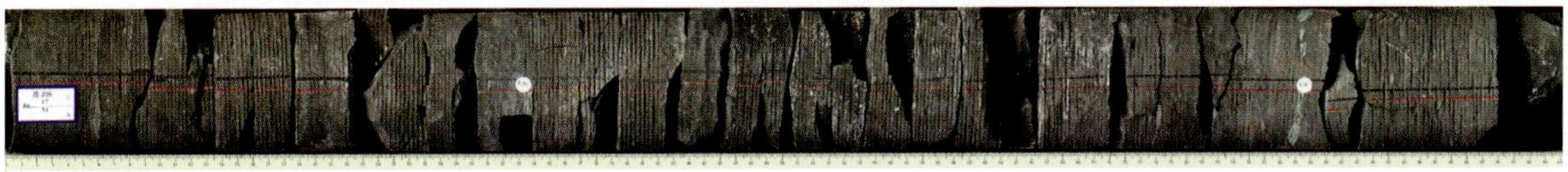

59-34-(17-19)

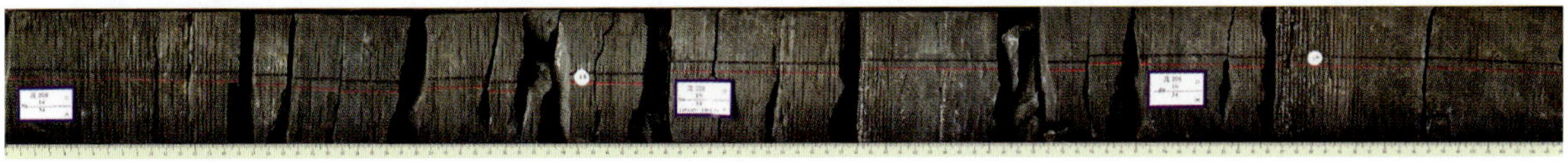

59-34-(14-16)

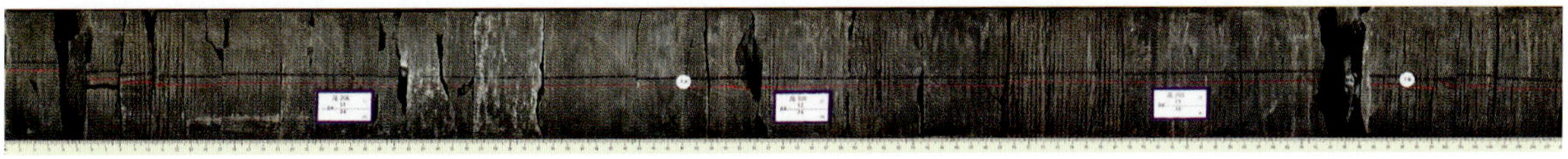

59-34-(11-13)

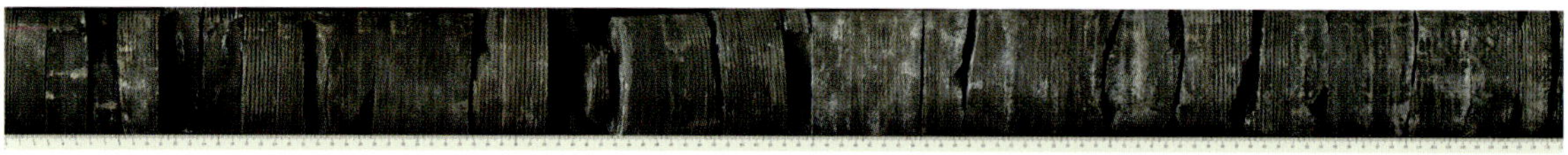
61-38-(11-13)

61-38-(7-10)

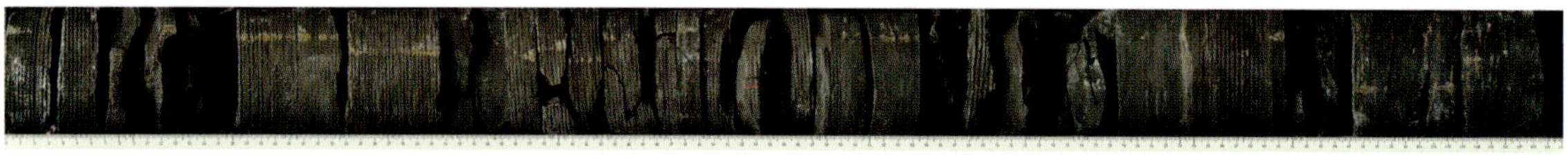
61-38-(4-6)

61-38-(1-3)

60-22-(18-22)

60-22-(15-17)

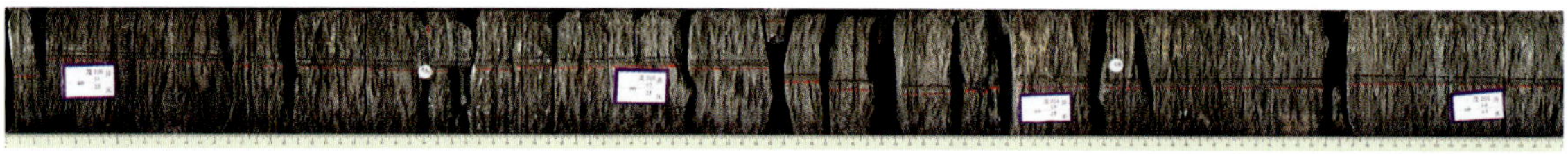
60-22-(11-14)

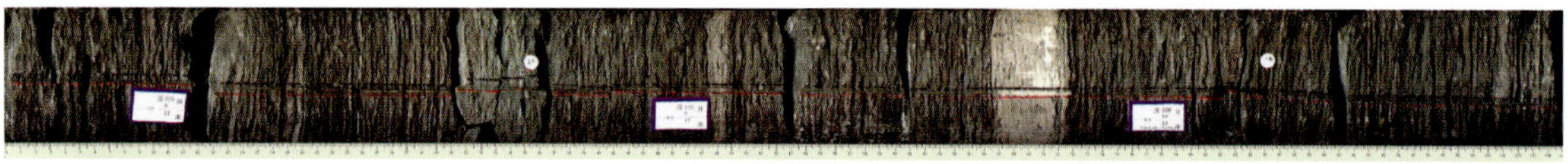
60-22-(8-10)

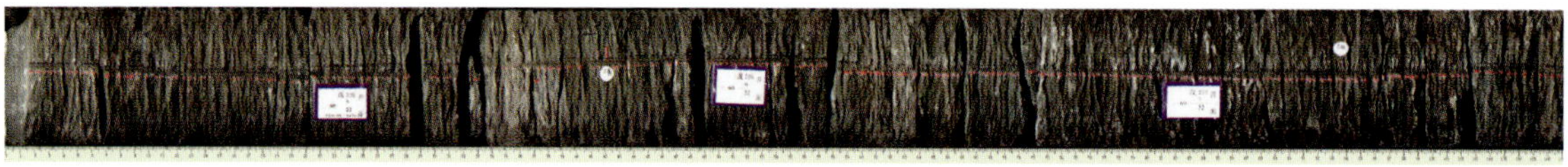
60-22-(5-7)

62-39-(1-4)

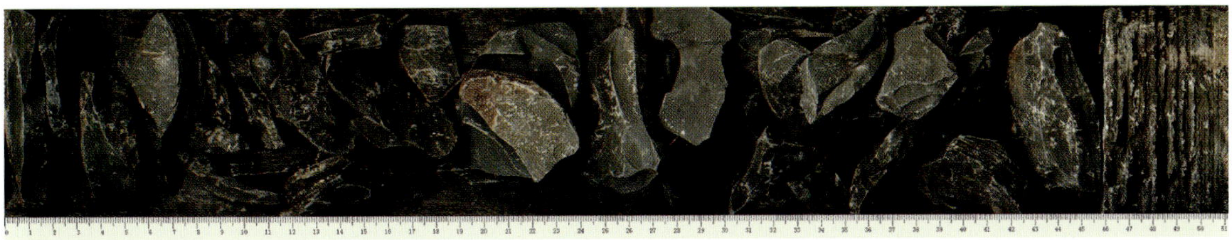
61-38-(37-38)

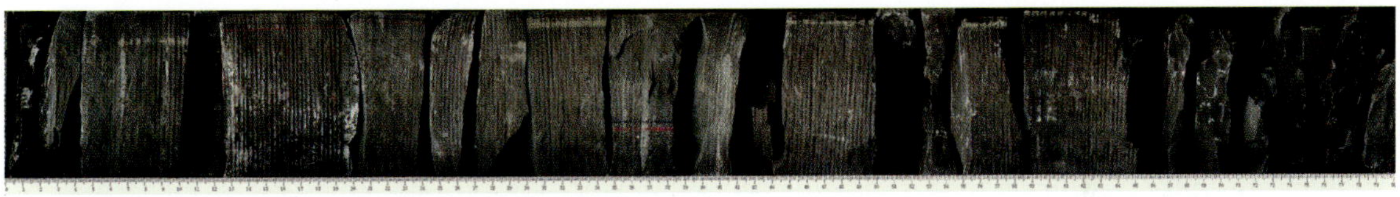
61-38-(35-36)

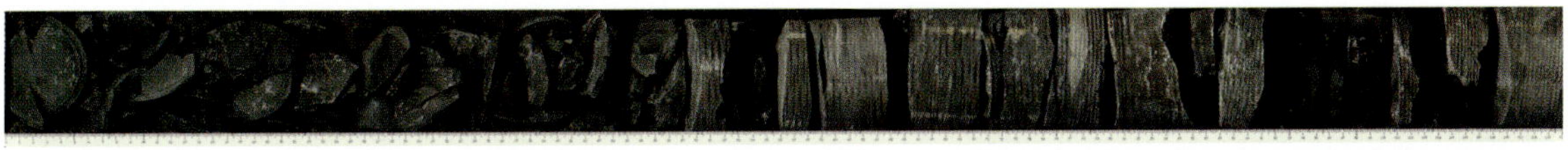
61-38-(32-34)

61-38-(28-31)

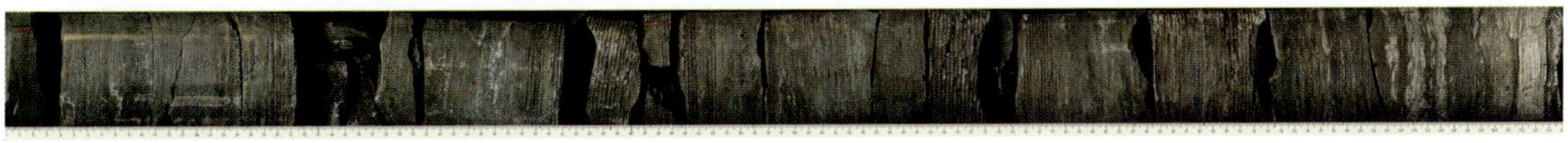
61-38-(24-27)

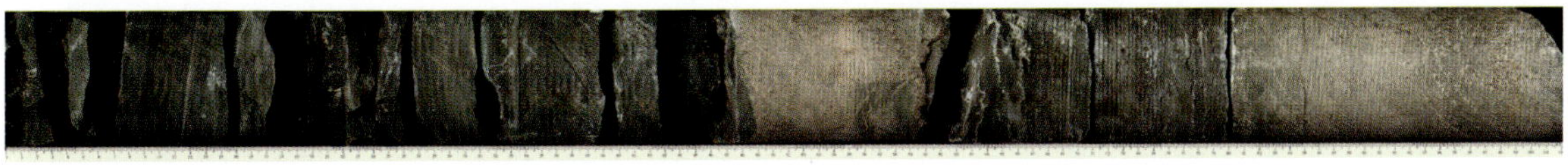
61-38-(21-23)

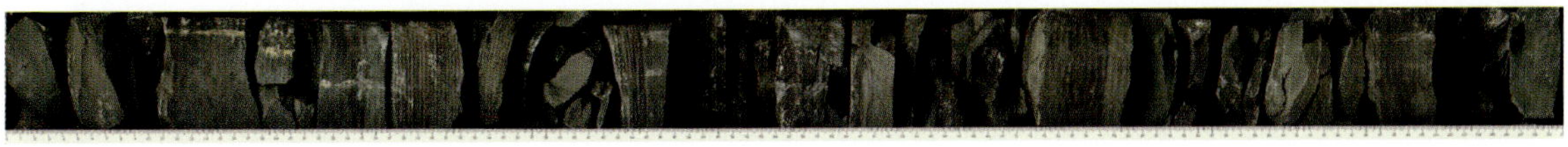
61-38-(18-20)

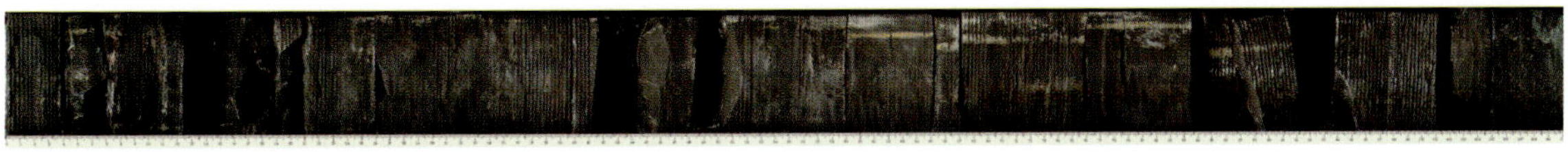
61-38-(14-17)

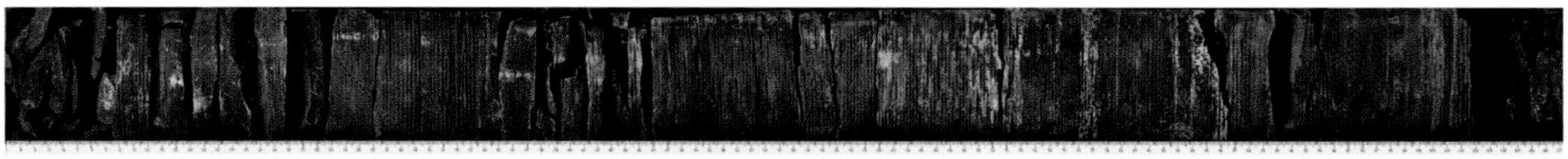
62-39-(32-34)

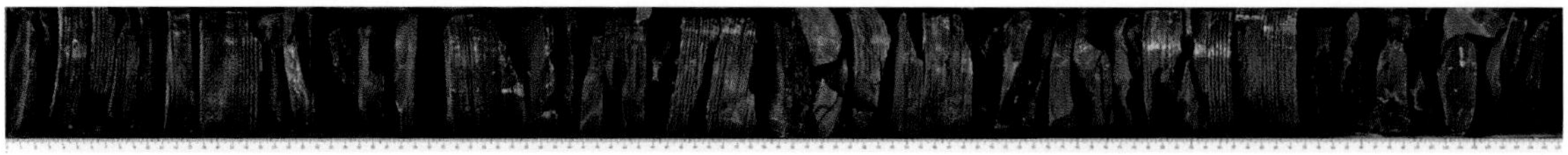
62-39-(28-31)

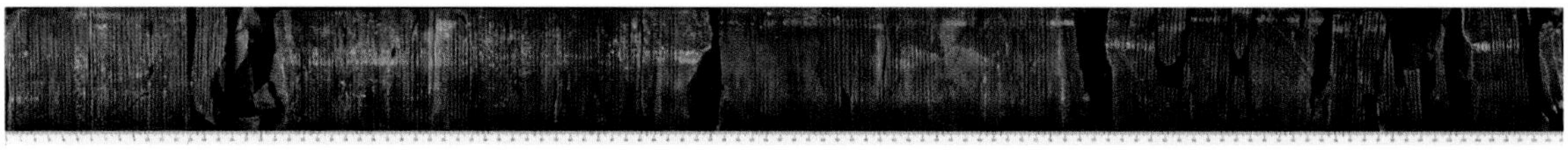
62-39-(25-27)

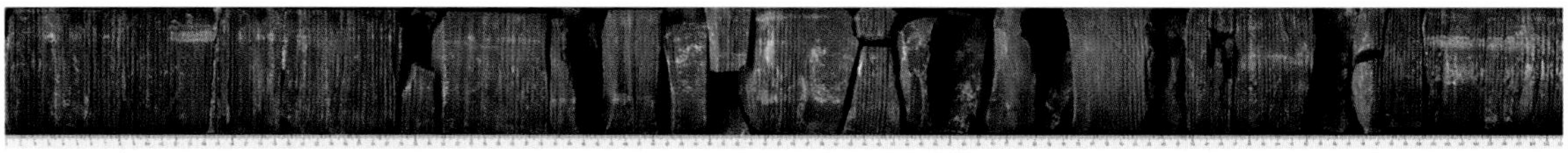
62-39-(21-24)

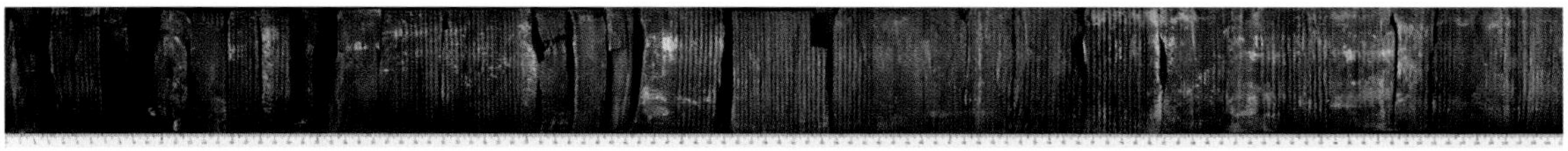
62-39-(18-20)

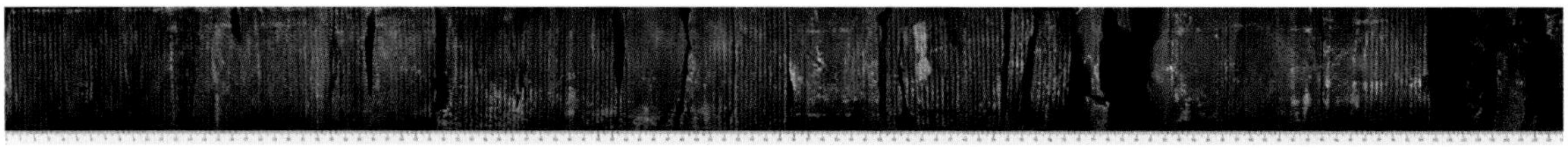
62-39-(14-17)

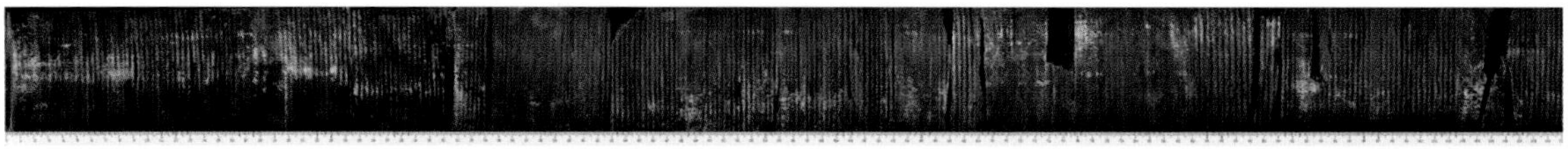
62-39-(11-13)

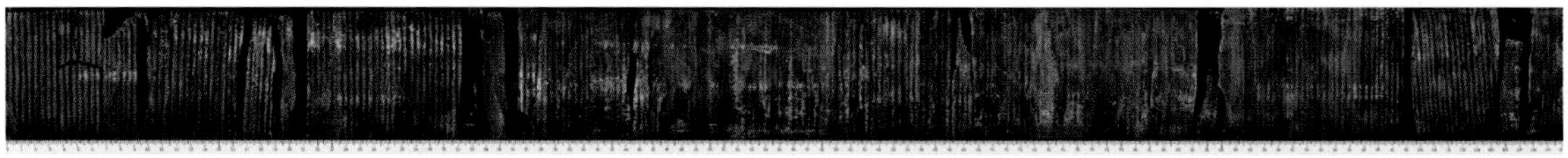
62-39-(8-10)

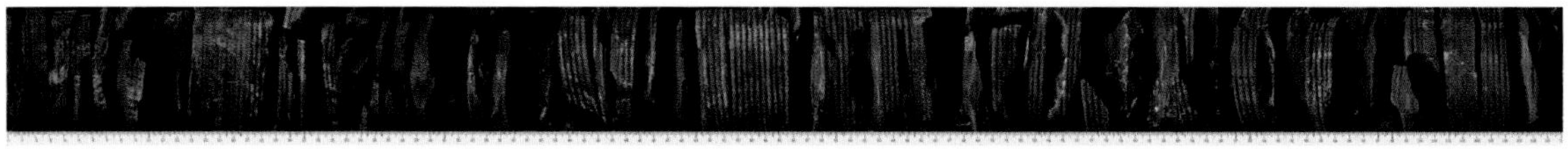
62-39-(5-7)

63-37-(21-23)

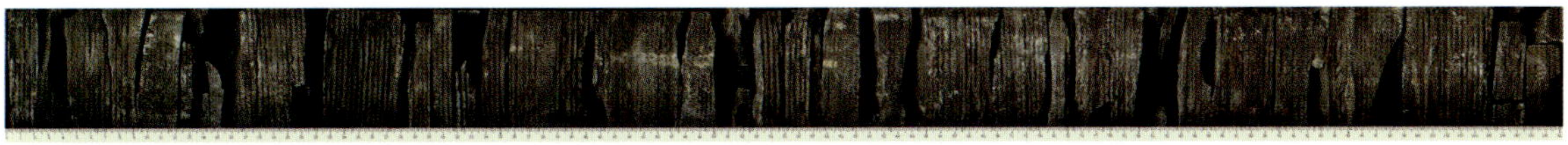
63-37-(18-20)

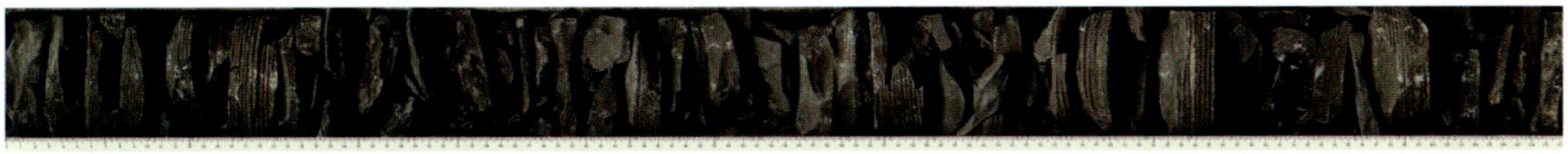
63-37-(15-17)

63-37-(12-14)

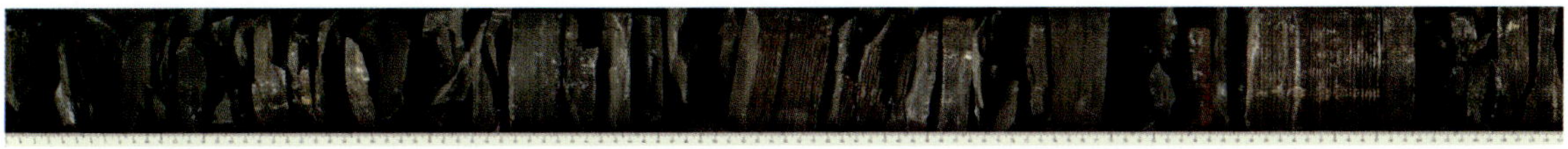
63-37-(8-11)

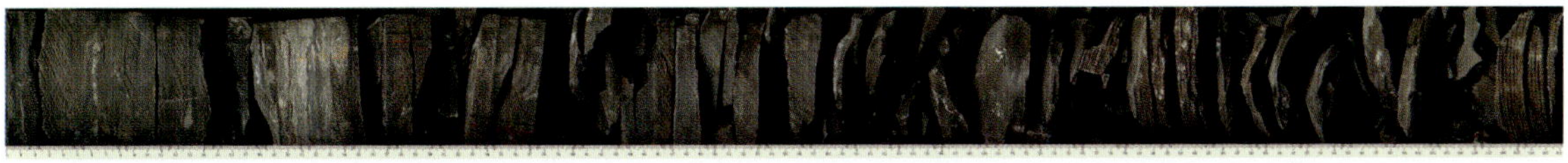
63-37-(5-7)

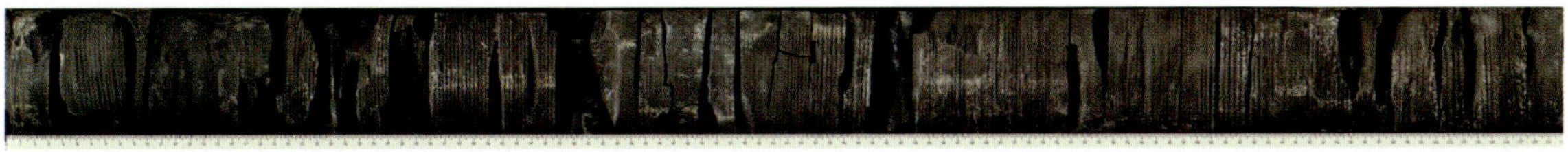
63-37-(1-4)

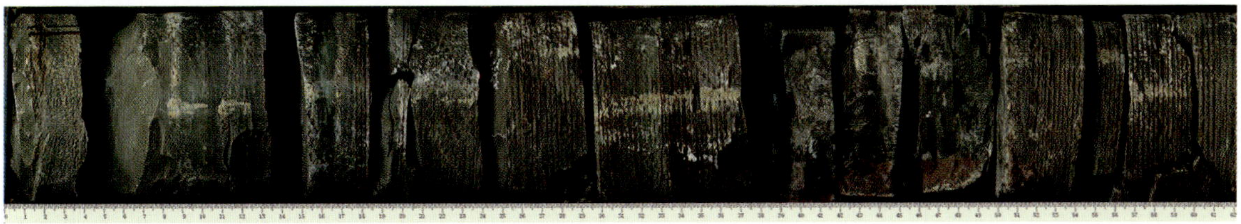
62-39-(38-39)

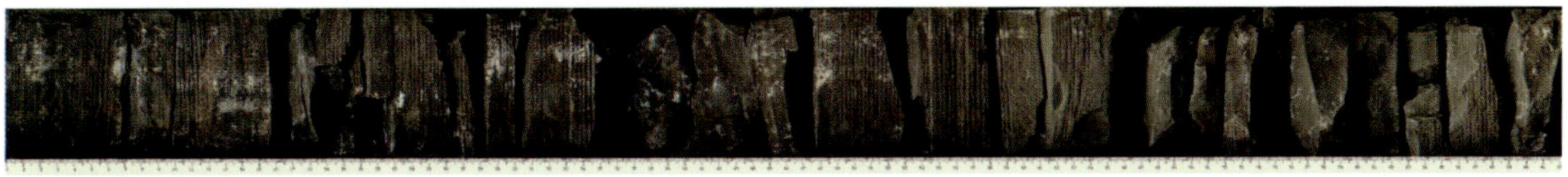
62-39-(35-37)

64-26-(14-16)

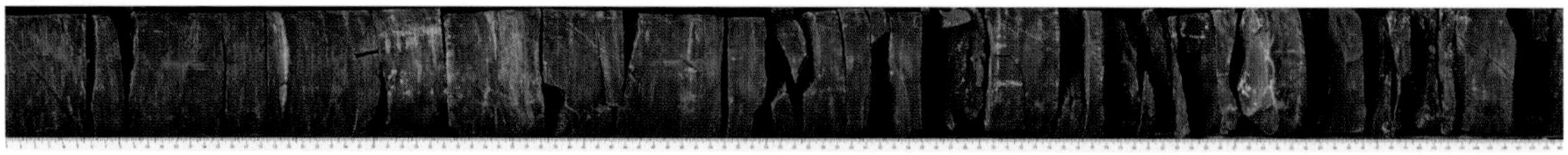

64-26-(11-13)

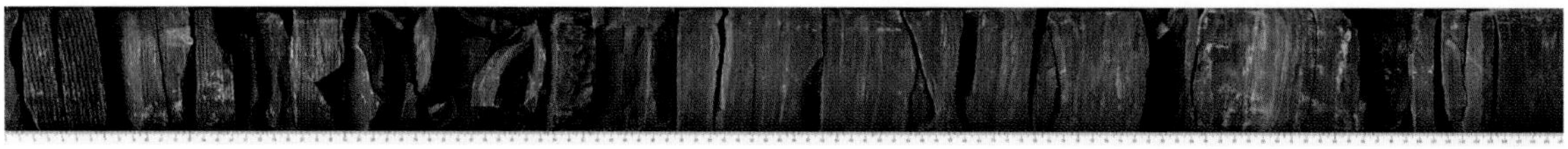

64-26-(8-10)

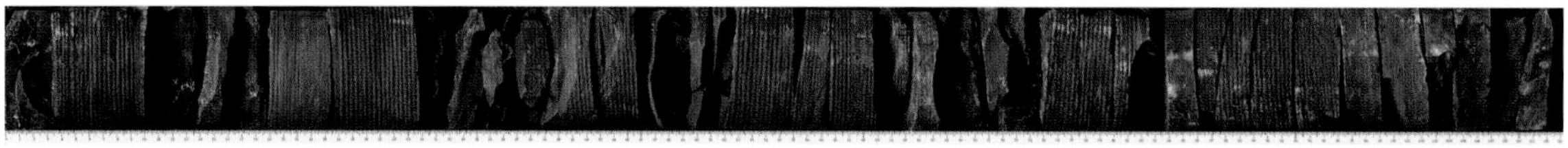

64-26-(4-7)

64-26-(1-3)

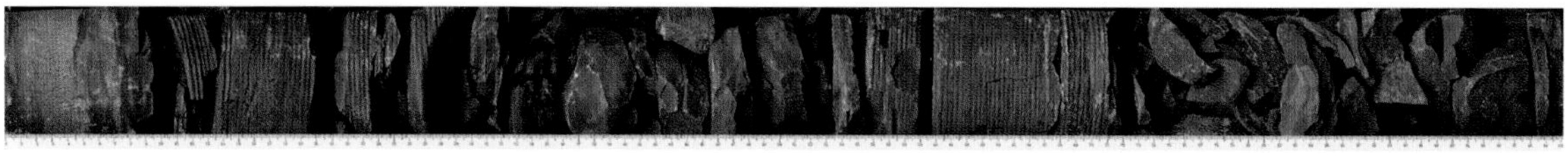

63-37-(35-37)

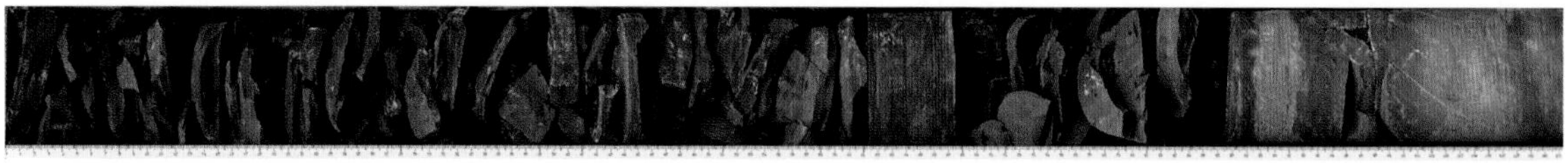

63-37-(30-34)

63-37-(27-29)

63-37-(24-26)

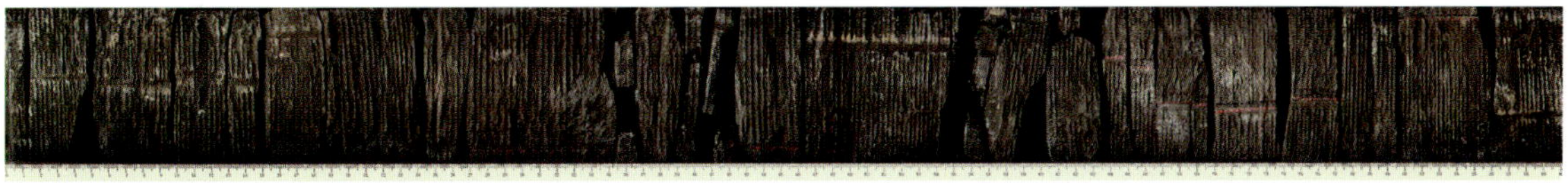
65-22-(18-20)

65-22-(15-17)

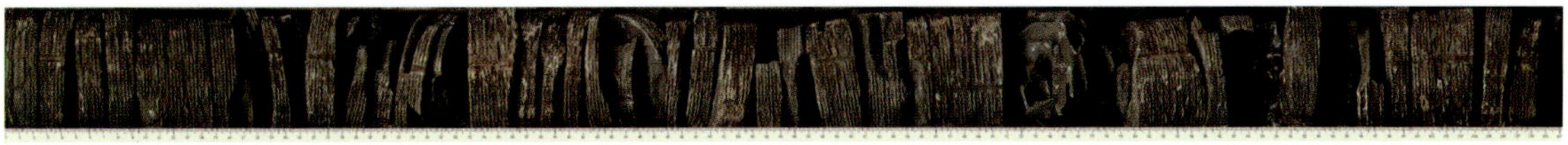
65-22-(11-14)

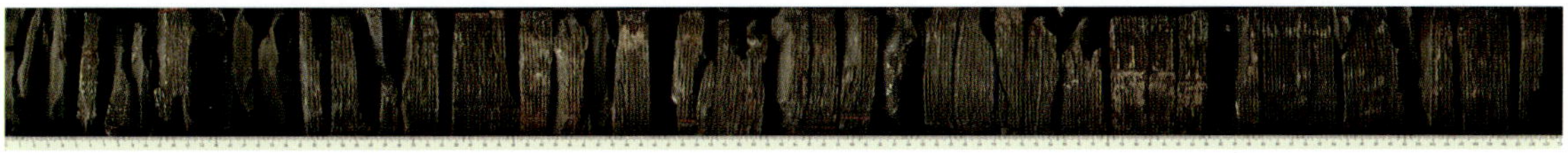
65-22-(8-10)

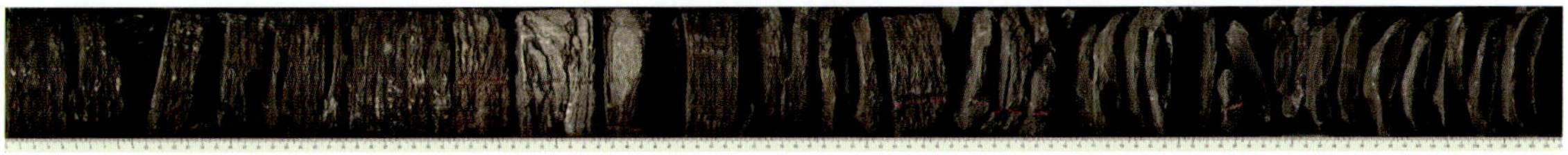
65-22-(5-7)

65-22-(1-4)

64-26-(24-26)

64-26-(21-23)

64-26-(17-20)

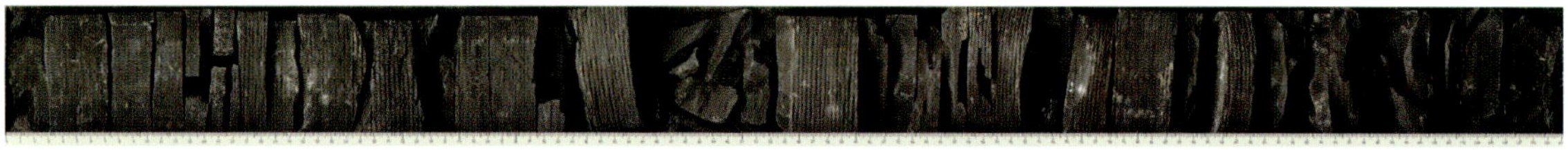
66-38-(25-27)

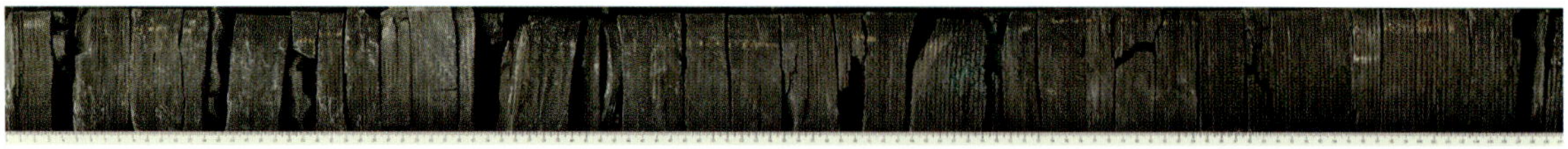
66-38-(21-24)

66-38-(18-20)

66-38-(15-17)

66-38-(10-14)

66-38-(8-9)

66-38-(5-7)

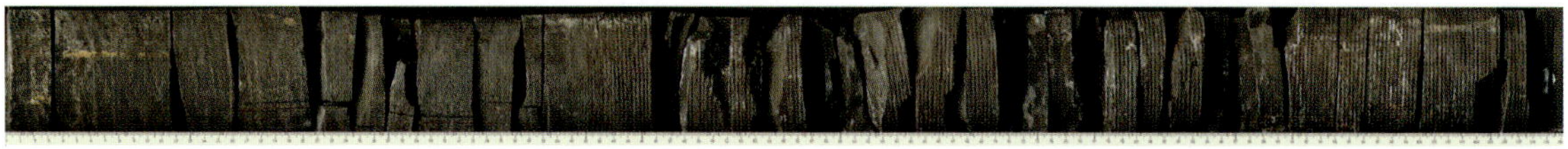
66-38-(1-4)

65-22-(21-22)

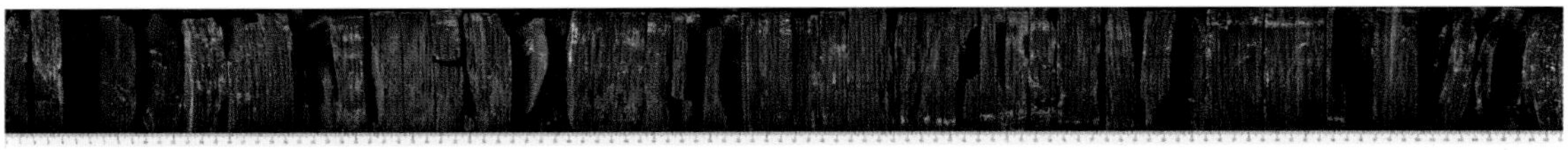
67-38-(17-20)

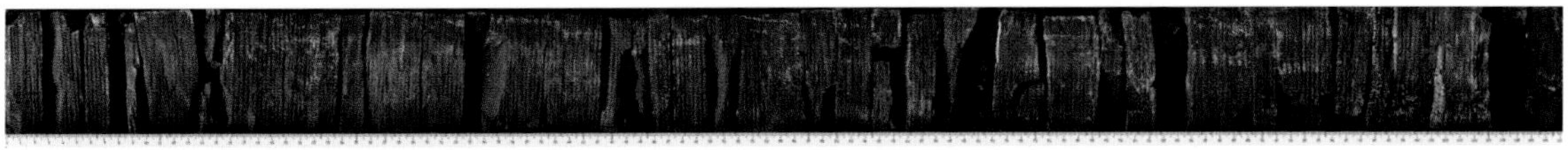
67-38-(15-16)

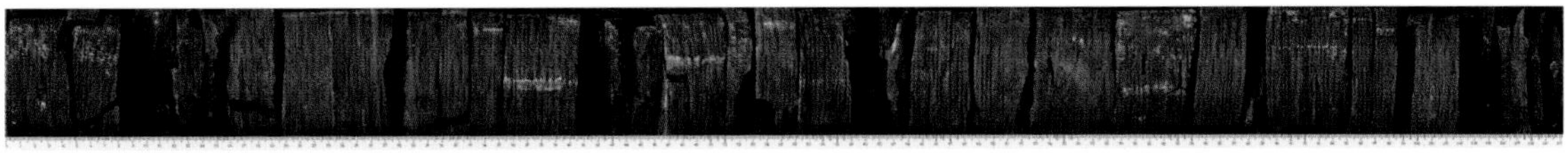
67-38-(11-14)

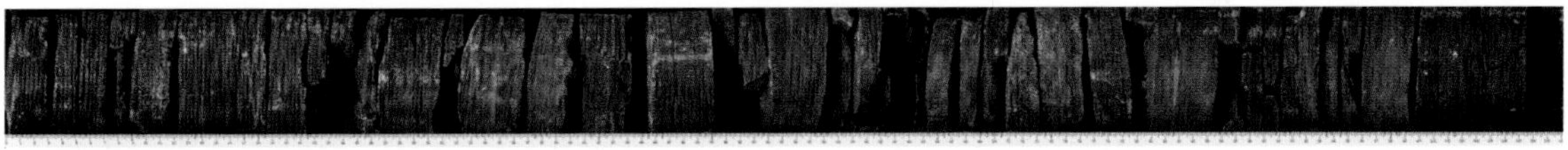
67-38-(8-10)

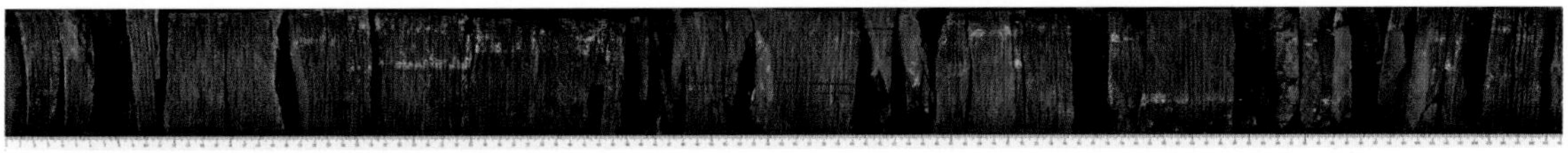
67-38-(5-7)

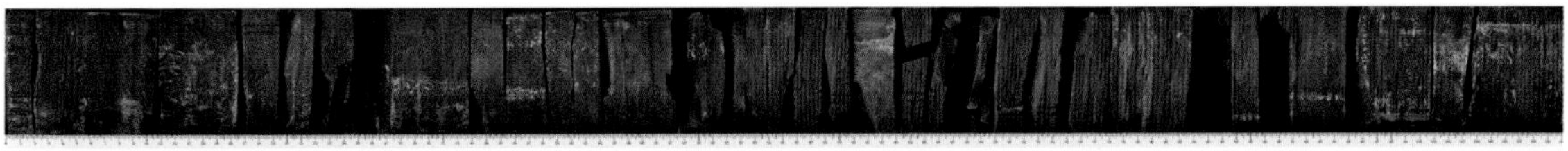
67-38-(1-4)

66-38-(35-38)

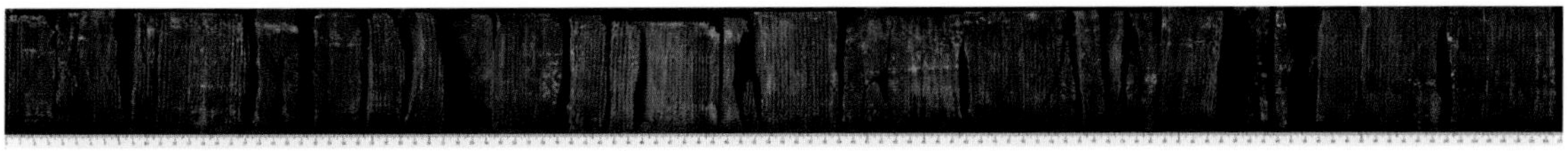
66-38-(32-34)

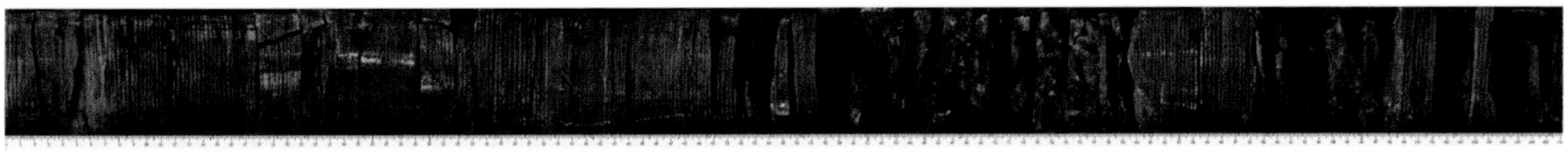
66-38-(28-31)

68-39-(11-13)

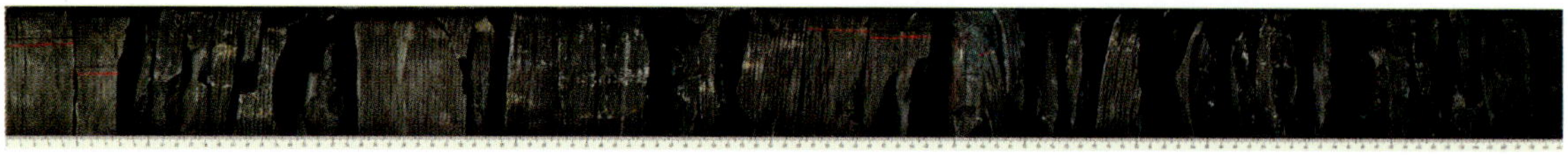

68-39-(7-10)

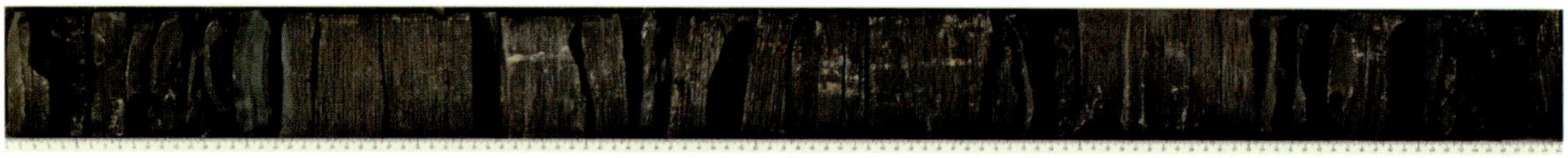

68-39-(4-6)

68-39-(1-3)

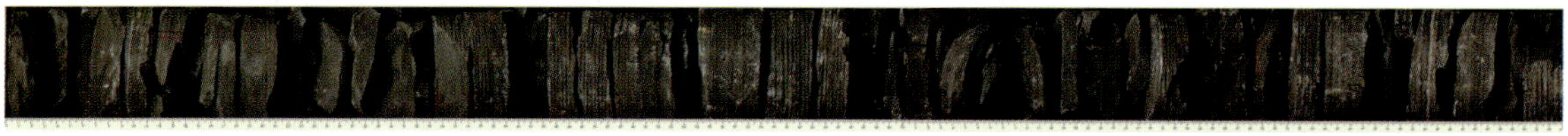

67-38-(35-38)

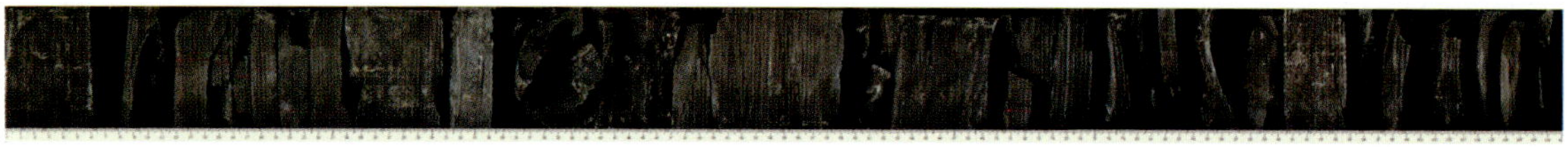

67-38-(31-34)

67-38-(28-30)

67-38-(25-27)

67-38-(21-24)

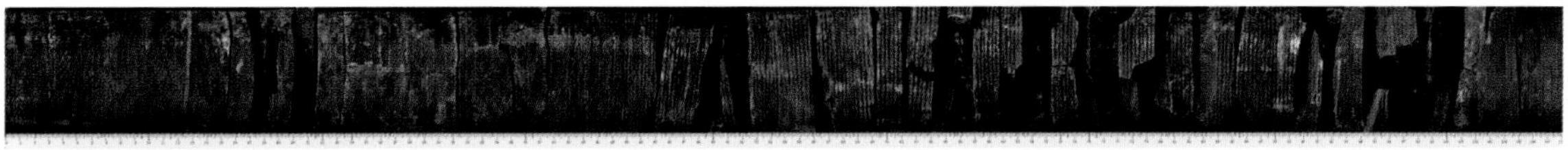

69-28-(1-4)

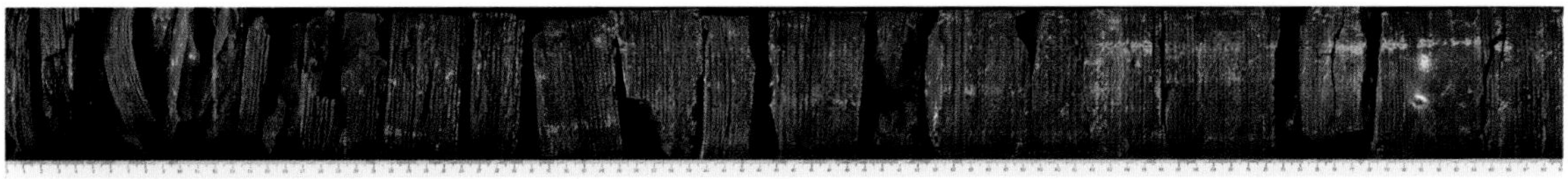

68-39-(37-39)

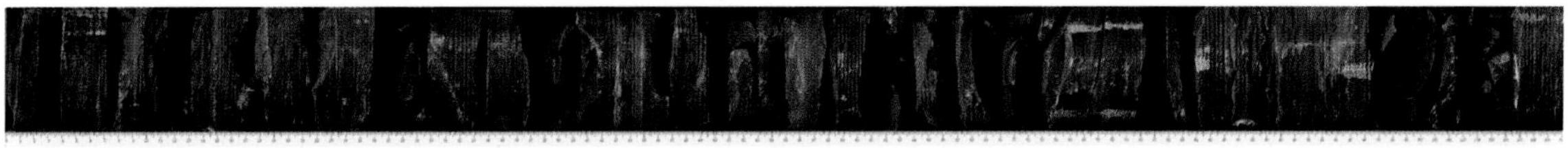

68-39-(34-36)

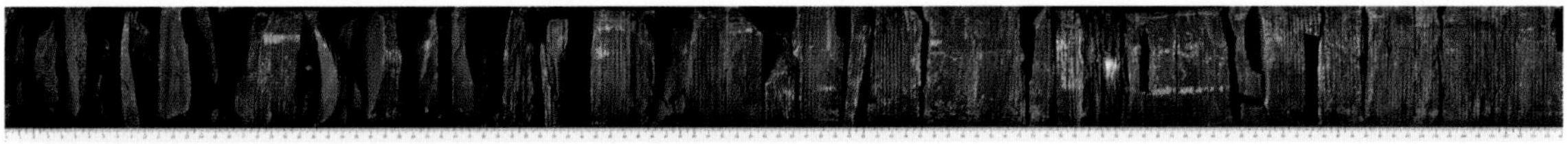

68-39-(30-33)

68-39-(27-29)

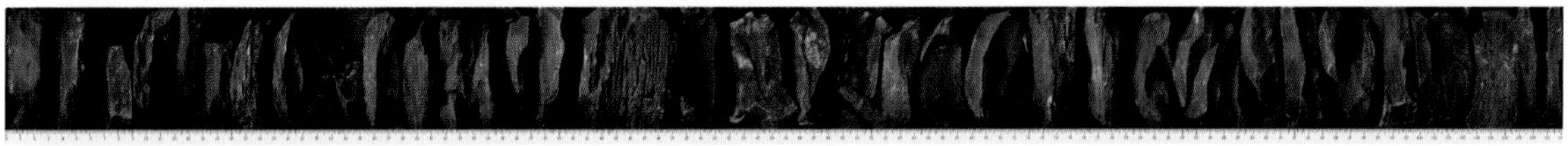

68-39-(24-26)

68-39-(21-23)

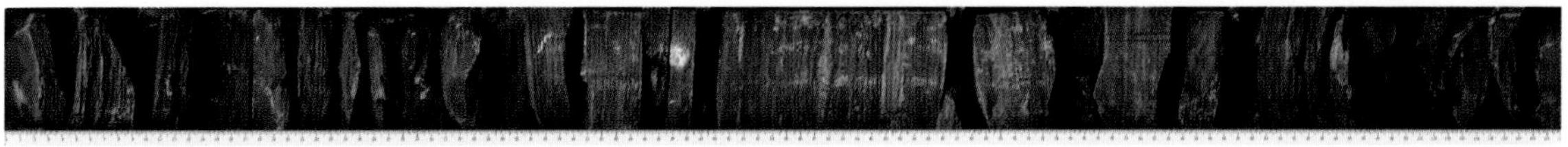

68-39-(17-20)

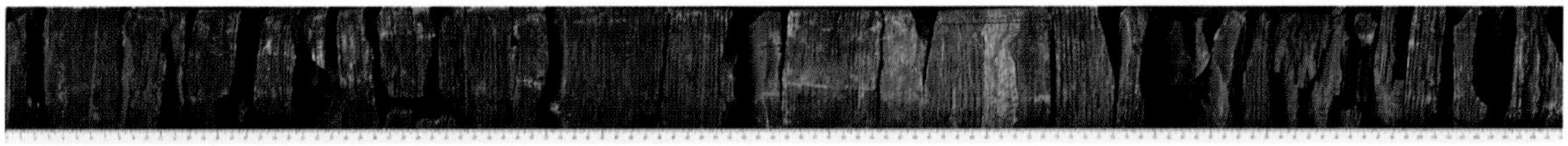

68-39-(14-16)

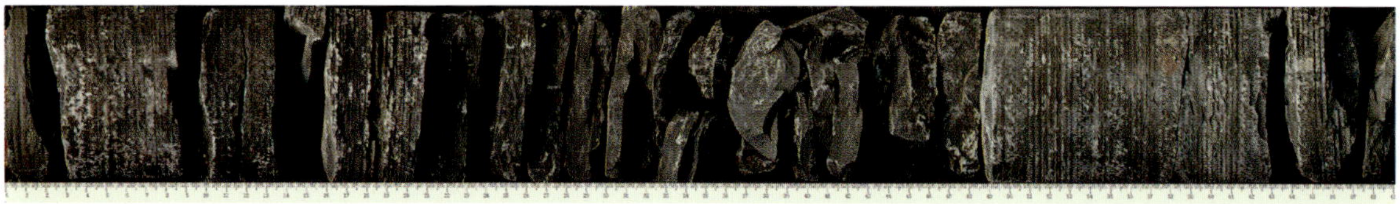

69-28-(26-28)

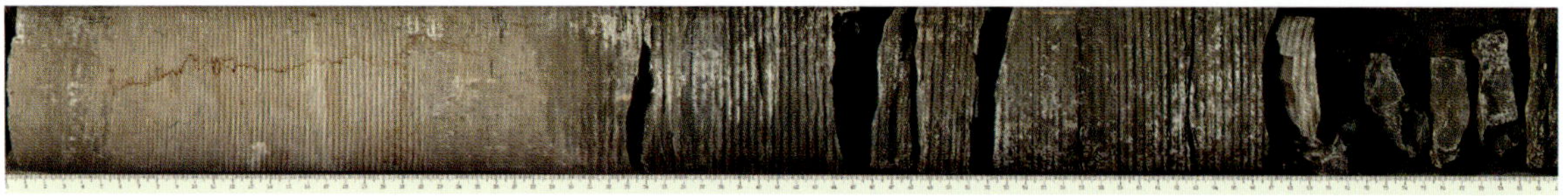

69-28-(24-25)

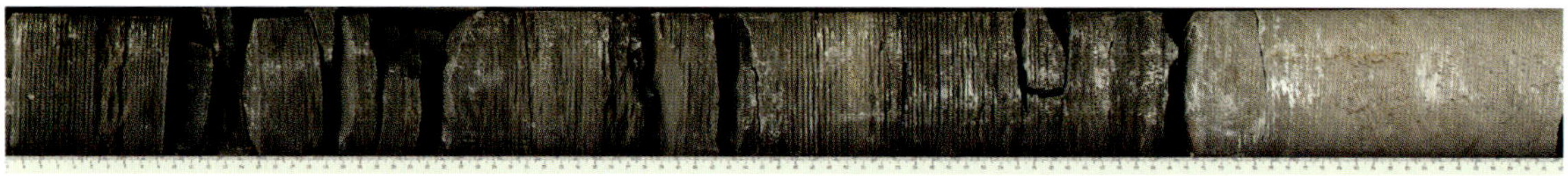

69-28-(21-23)

69-28-(17-20)

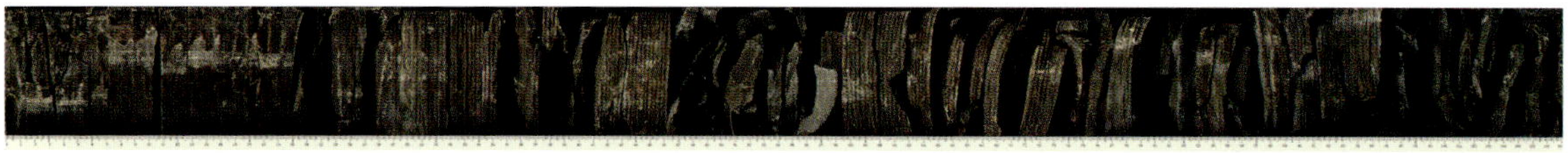

69-28-(14-16)

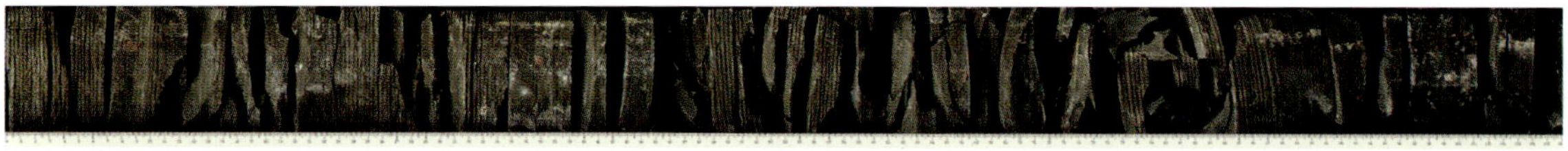

69-28-(11-13)

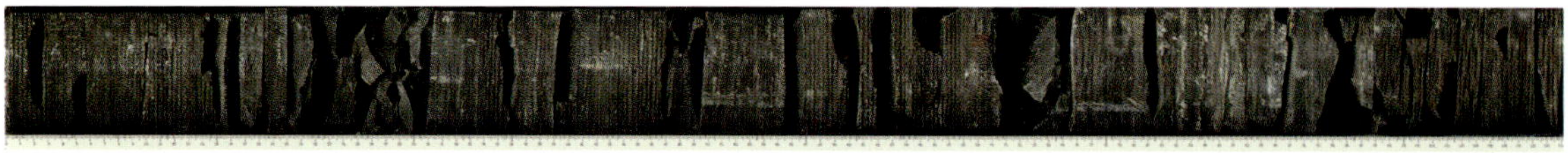

69-28-(8-10)

69-28-(5-7)

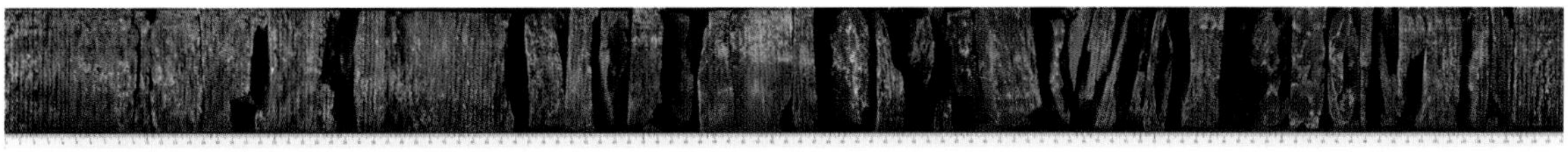
71-39-(8-10)

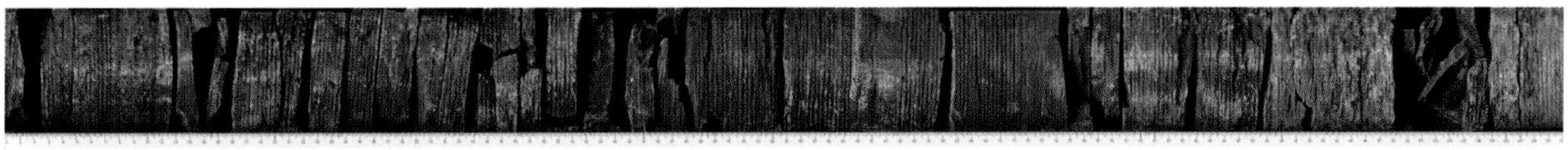
71-39-(5-7)

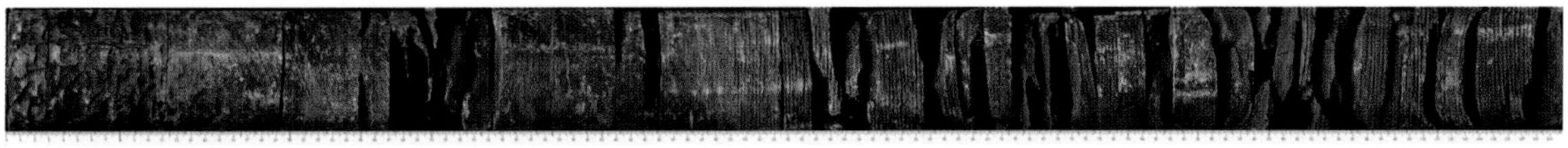
71-39-(1-4)

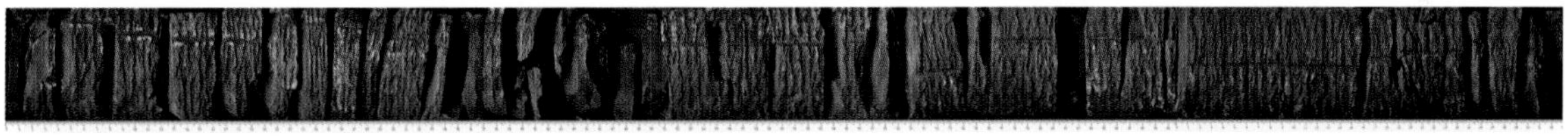
70-21-(17-21)

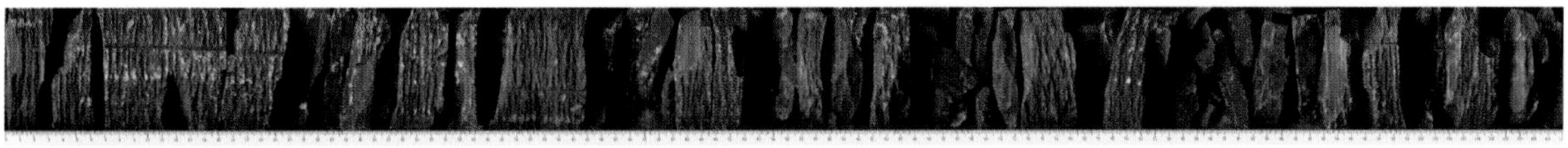
70-21-(14-16)

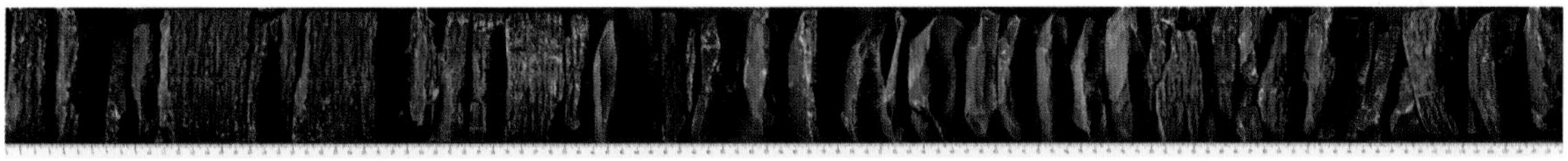
70-21-(11-13)

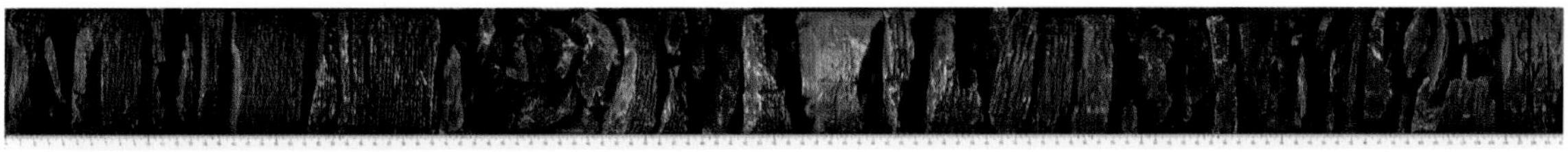
70-21-(8-10)

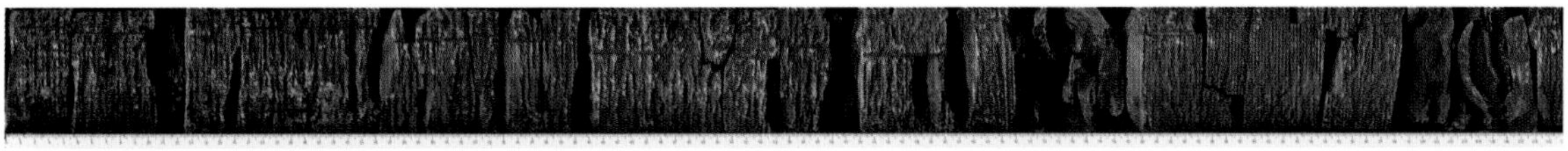
70-21-(5-7)

70-21-(1-4)

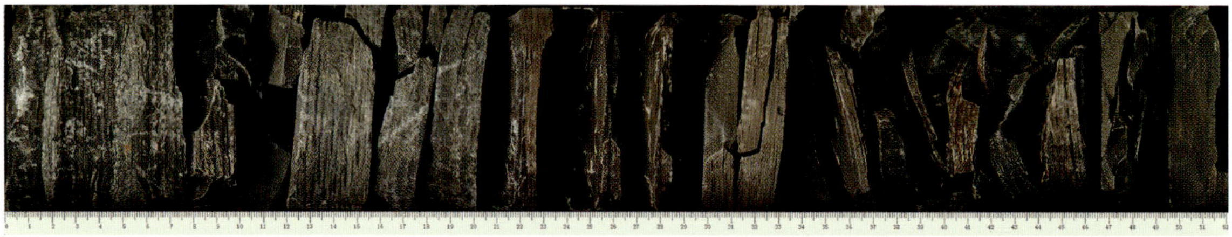
71-39-(37-39)

71-39-(35-36)

71-39-(32-34)

71-39-(28-31)

71-39-(25-27)

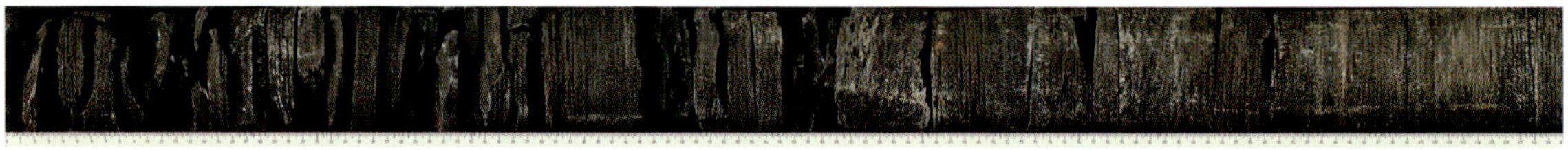
71-39-(22-24)

71-39-(18-21)

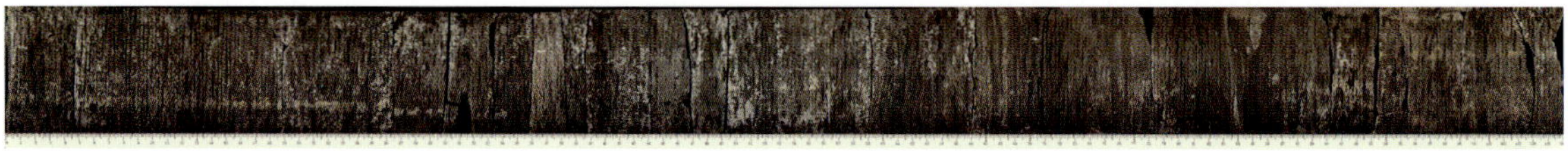
71-39-(15-17)

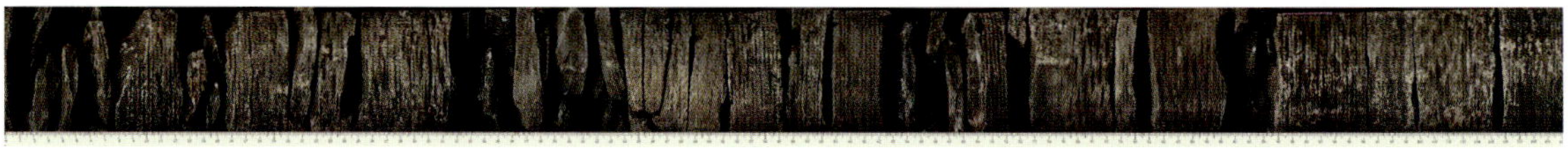
71-39-(11-14)

72-32-(29-30)

72-32-(25-28)

72-32-(22-24)

72-32-(18-21)

72-32-(15-17)

72-32-(12-14)

72-32-(9-11)

72-32-(5-8)

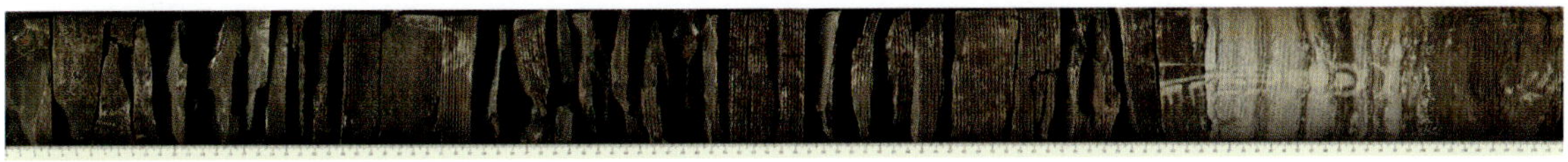
72-32-(1-4)

73-40-(25-28)

73-40-(22-24)

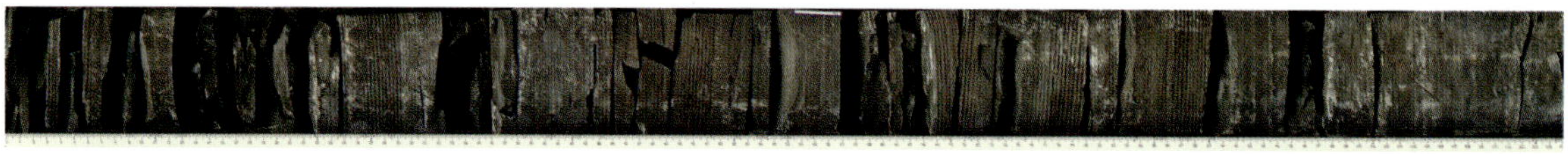

73-40-(18-21)

73-40-(15-17)

73-40-(11-14)

73-40-(8-10)

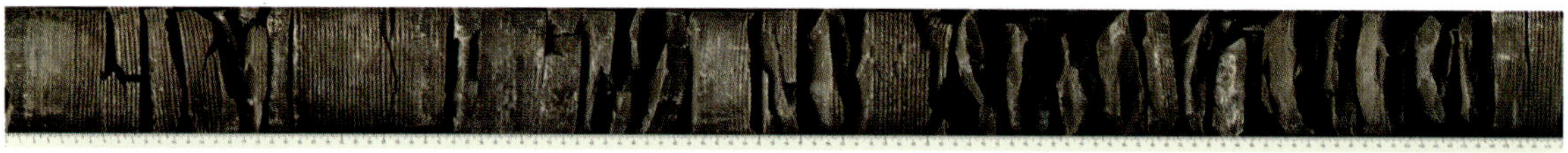

73-40-(5-7)

73-40-(1-4)

72-32-(31-32)

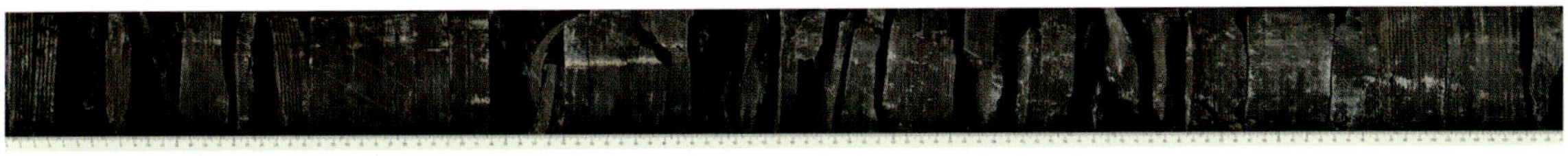
74-33-(15-17)

74-33-(12-14)

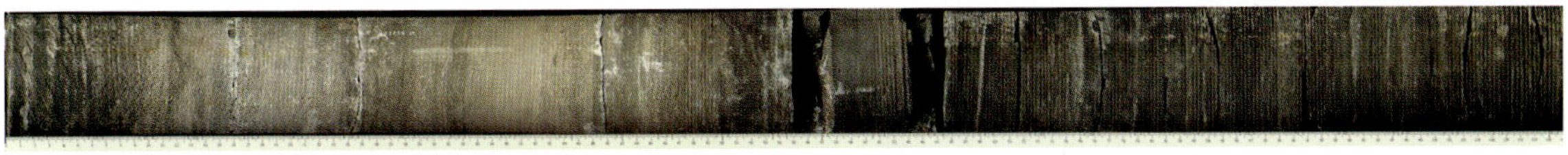
74-33-(8-11)

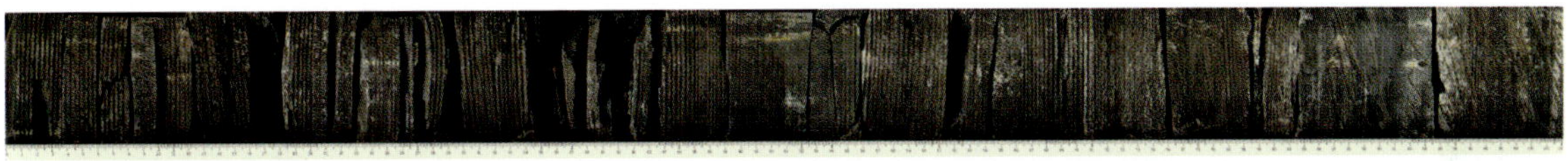
74-33-(5-7)

74-33-(1-4)

73-40-(39-40)

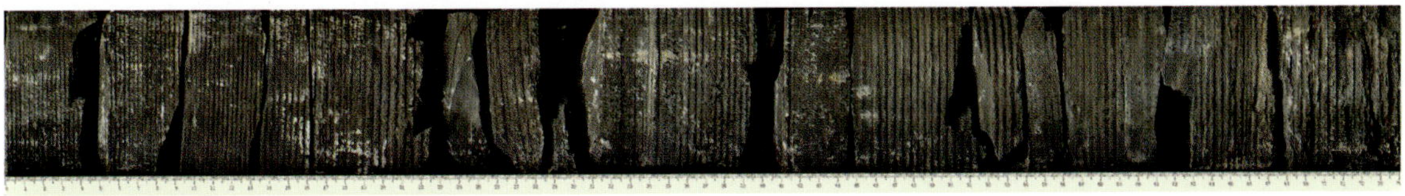
73-40-(36-38)

73-40-(32-35)

73-40-(29-31)

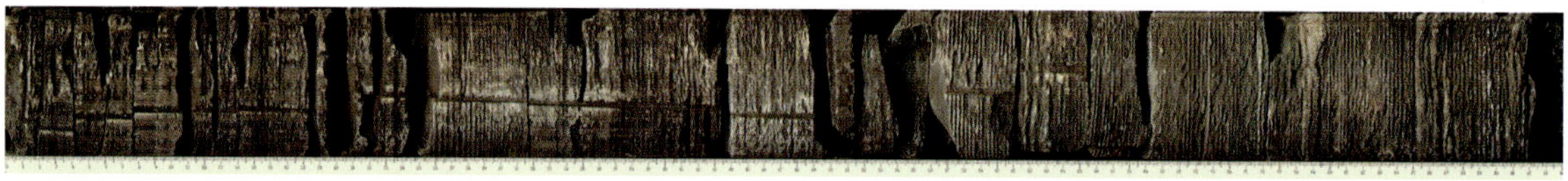

75-22-(10-12)

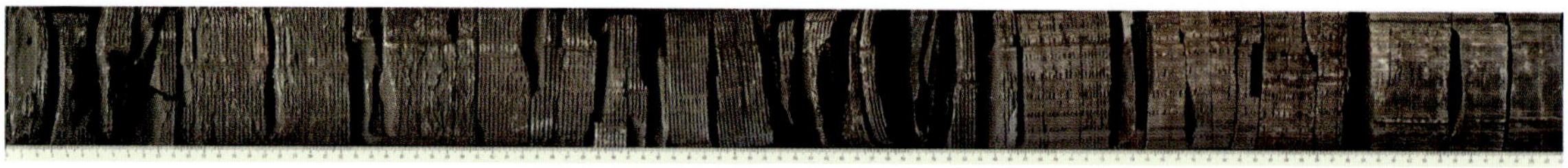

75-22-(7-9)

75-22-(4-6)

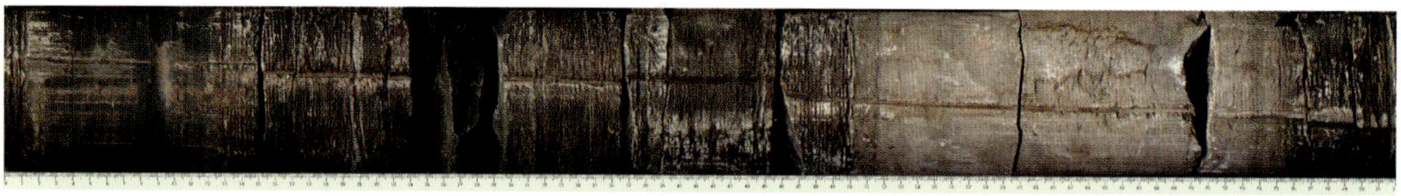

75-22-(1-3)

74-33-(31-33)

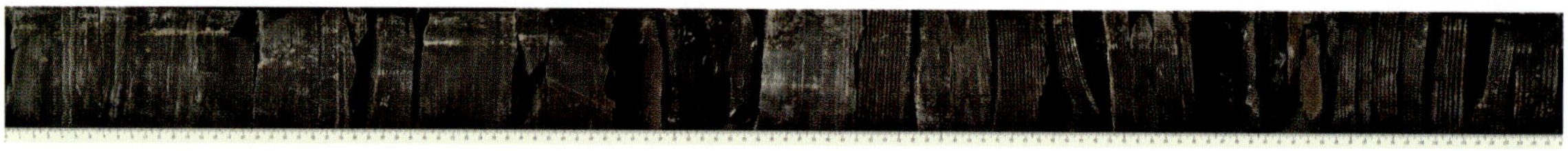

74-33-(27-30)

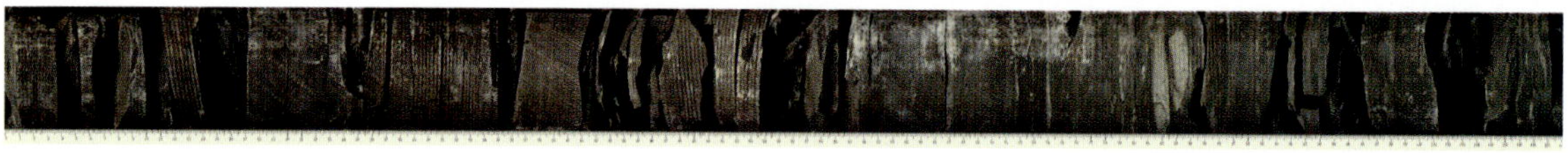

74-33-(24-26)

74-33-(21-23)

74-33-(18-20)

76-36-(18-20)

76-36-(15-17)

76-36-(11-14)

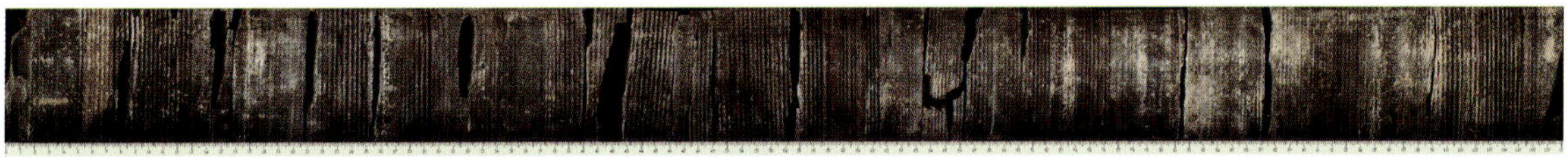

76-36-(8-10)

76-36-(5-7)

76-36-(1-4)

75-22-(19-22)

75-22-(16-18)

75-22-(13-15)

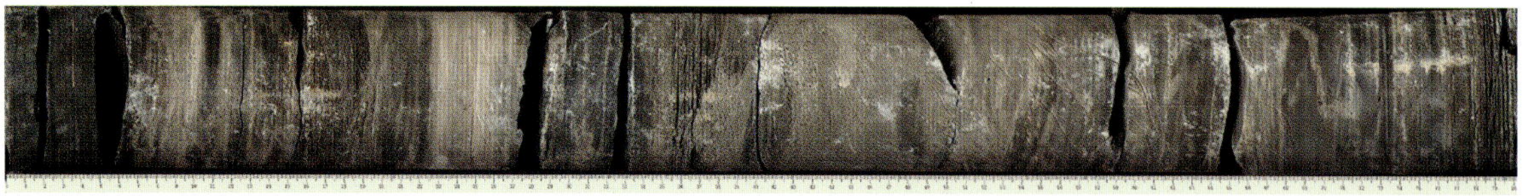
77-22-(11-12)

77-22-(8-10)

77-22-(5-7)

77-22-(1-4)

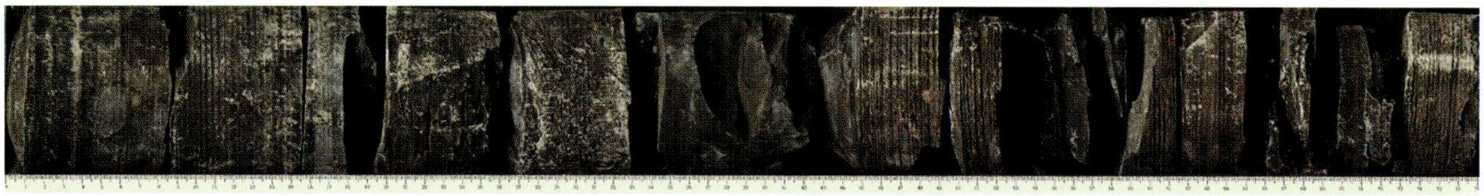
76-36-(34-36)

76-36-(31-33)

76-36-(28-30)

76-36-(25-27)

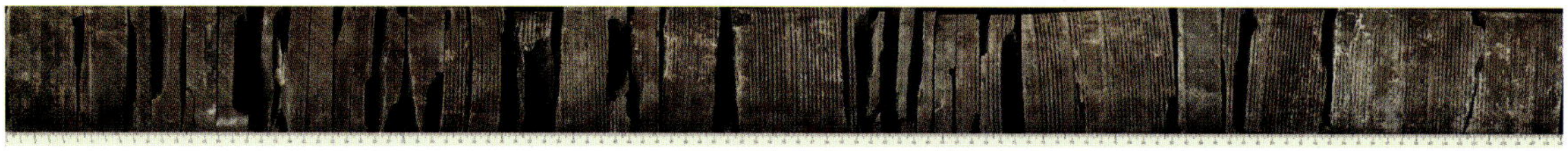
76-36-(21-24)

79-32-(13-16)

79-32-(10-12)

79-32-(7-9)

79-32-(4-6)

79-32-(1-3)

78-4-(1-4)

77-22-(20-22)

77-22-(17-19)

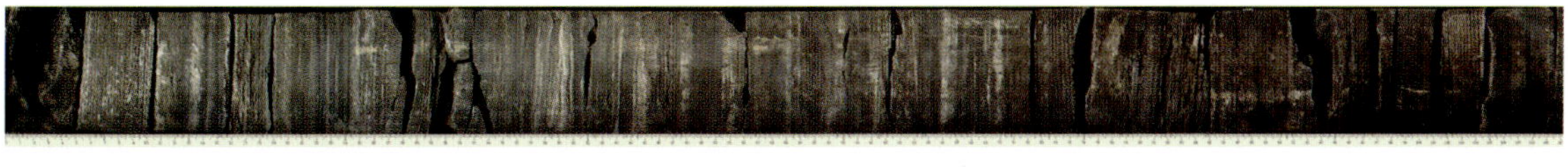

77-22-(13-16)

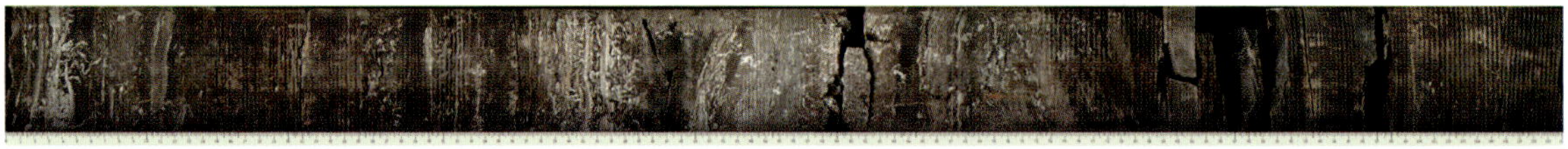

80-45-(12-14)

80-45-(8-11)

80-45-(5-7)

80-45-(1-4)

79-32-(30-32)

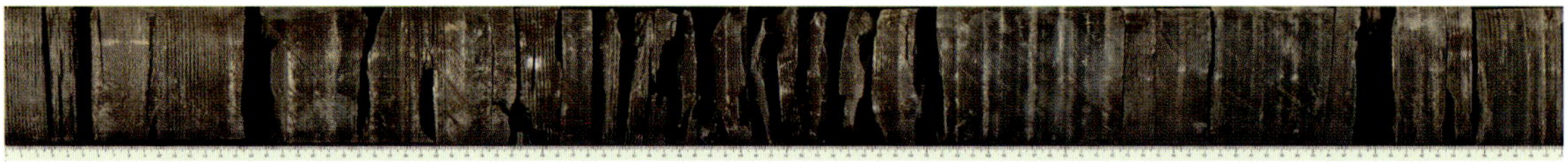

79-32-(27-29)

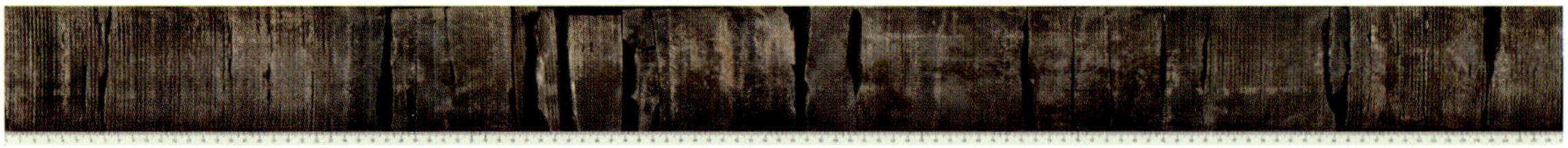

79-32-(23-26)

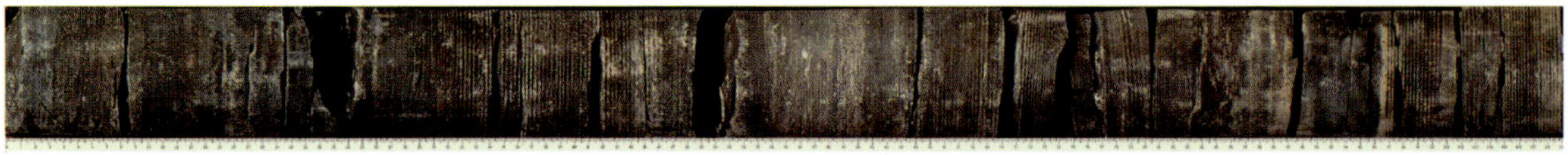

79-32-(20-22)

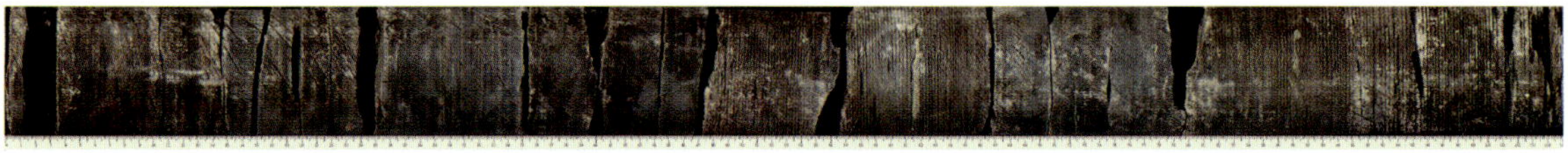

79-32-(17-19)

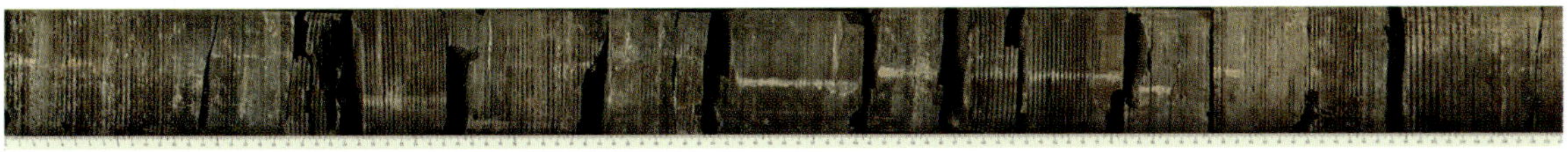

80-45-(41-43)

80-45-(38-40)

80-45-(34-37)

80-45-(30-33)

80-45-(27-29)

80-45-(24-26)

80-45-(22-23)

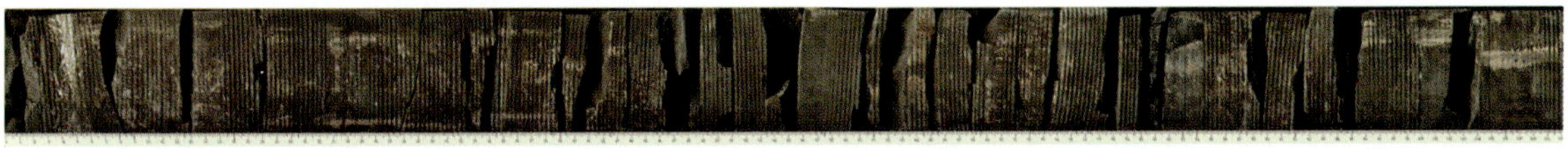

80-45-(18-21)

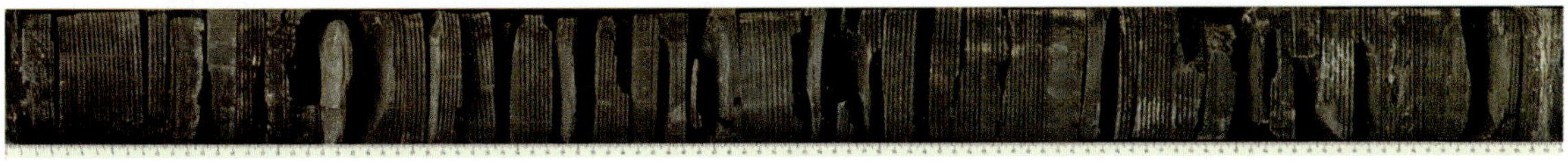

80-45-(15-17)

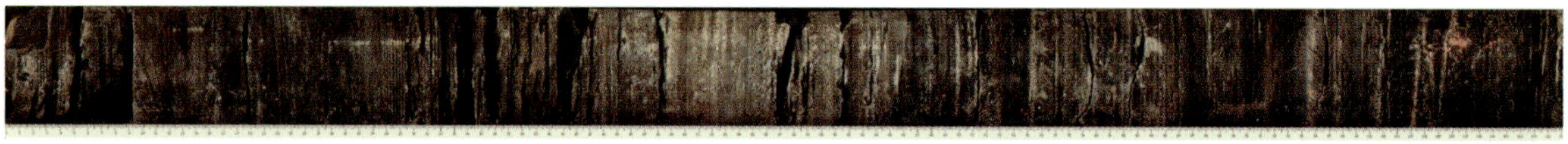

82-38-(1-4)

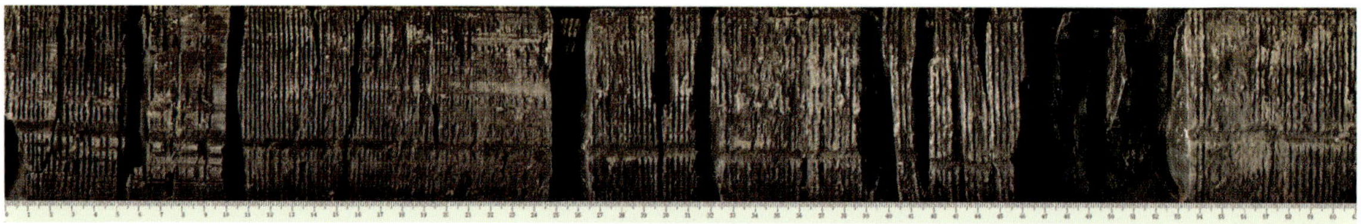

81-22-(21-22)

81-22-(18-20)

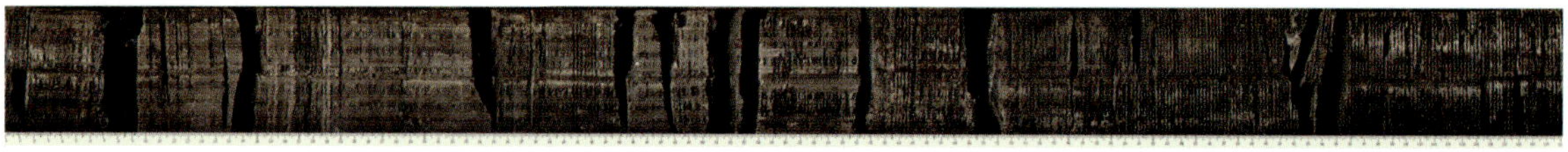

81-22-(15-17)

81-22-(11-14)

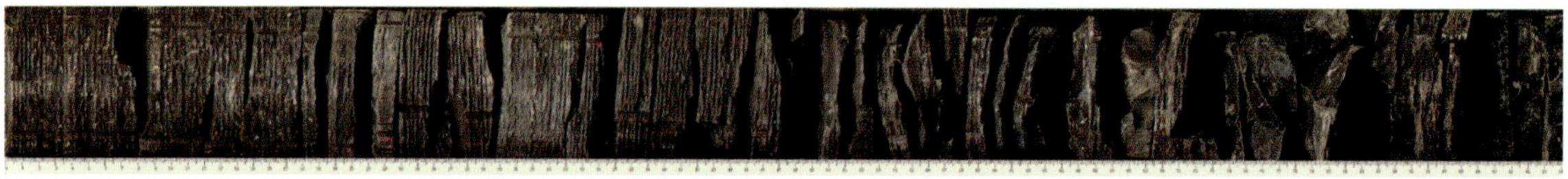

81-22-(8-10)

81-22-(5-7)

81-22-(1-4)

80-45-(44-45)

82-38-(31-33)

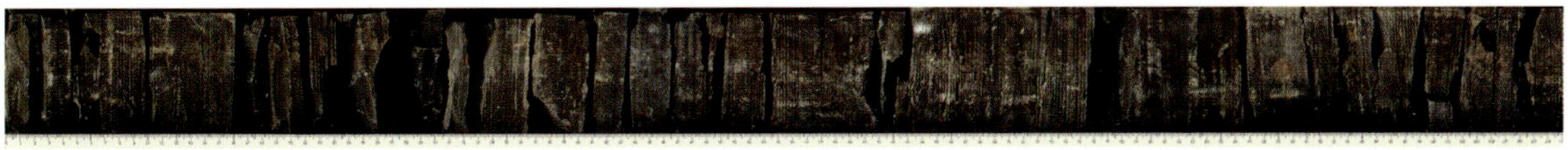

82-38-(27-30)

82-38-(24-26)

82-38-(20-23)

82-38-(17-19)

82-38-(13-16)

82-38-(10-12)

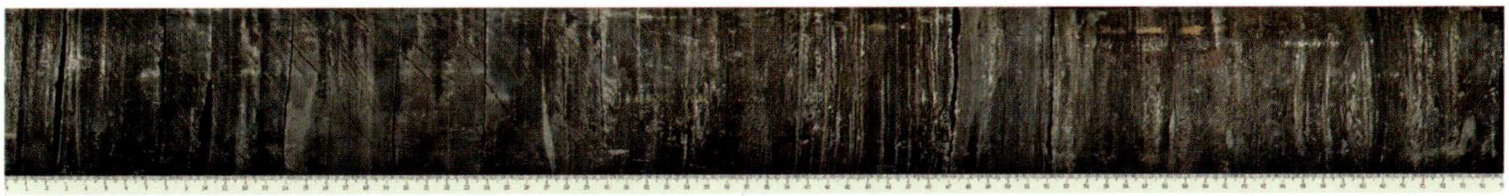

82-38-(7-9)

82-38-(5-6)

83-38-(21-23)

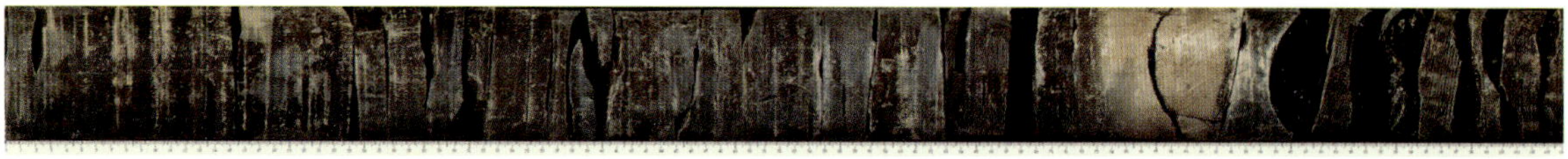
83-38-(18-20)

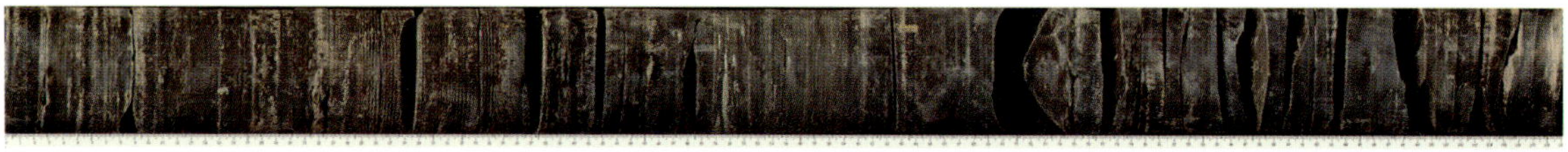
83-38-(15-17)

83-38-(12-14)

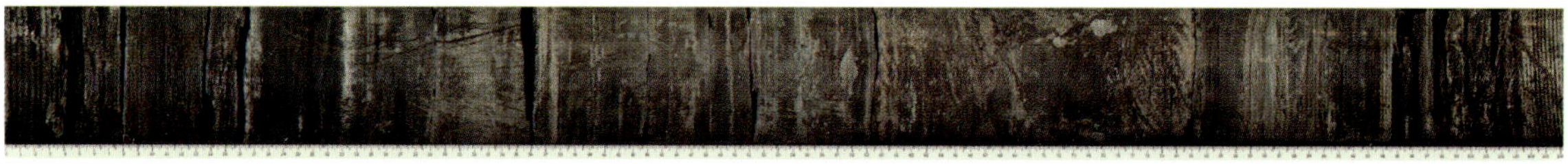
83-38-(9-11)

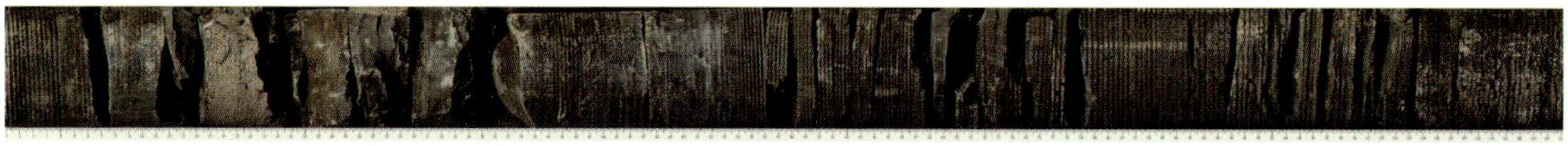
83-38-(5-8)

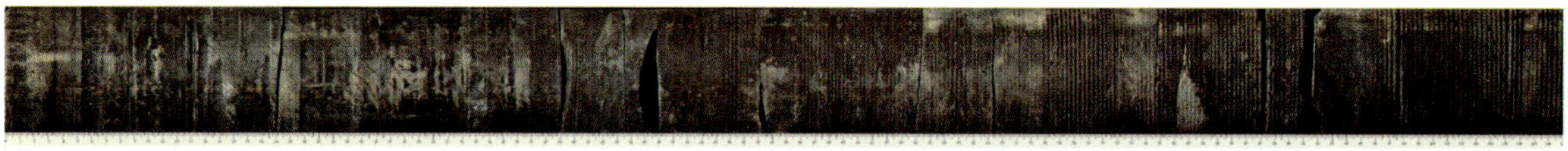
83-38-(1-4)

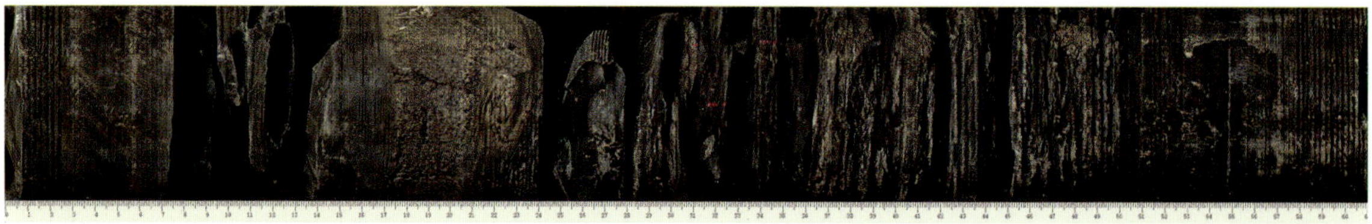
82-38-(37-38)

82-38-(34-36)

84-37-(11-13)

84-37-(8-10)

84-37-(5-7)

84-37-(1-4)

83-38-(36-38)

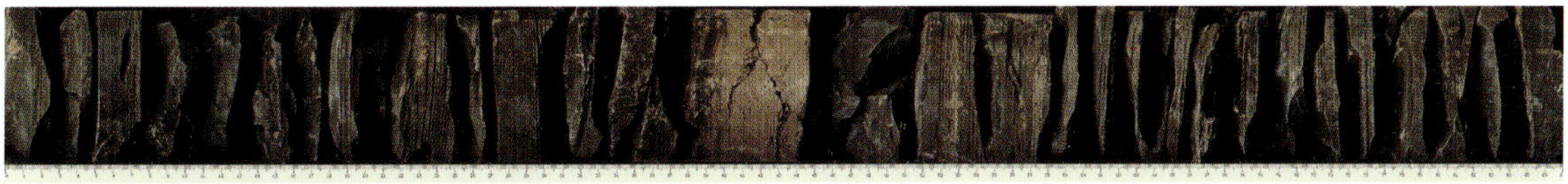
83-38-(34-35)

83-38-(31-33)

83-38-(28-30)

83-38-(24-27)

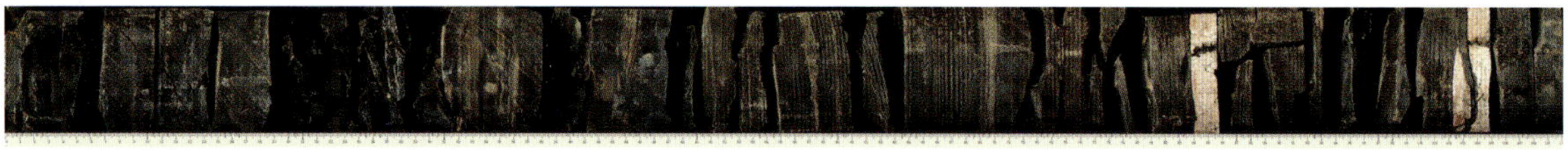

86-36-(1-3)

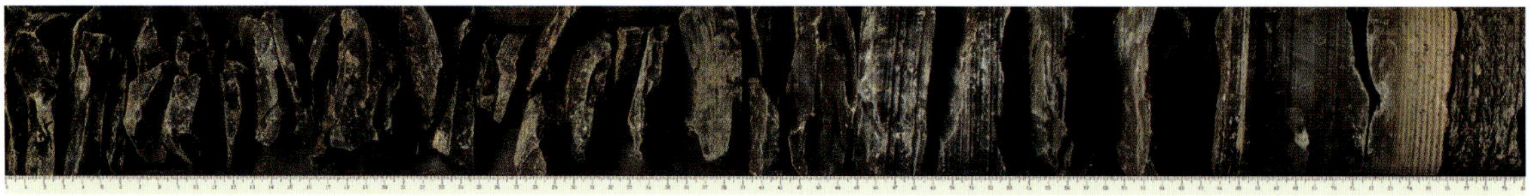

85-3-(1-3)

84-37-(35-37)

84-37-(31-34)

84-37-(28-30)

84-37-(25-27)

84-37-(21-24)

84-37-(18-20)

84-37-(14-17)

86-36-(31-33)

86-36-(27-30)

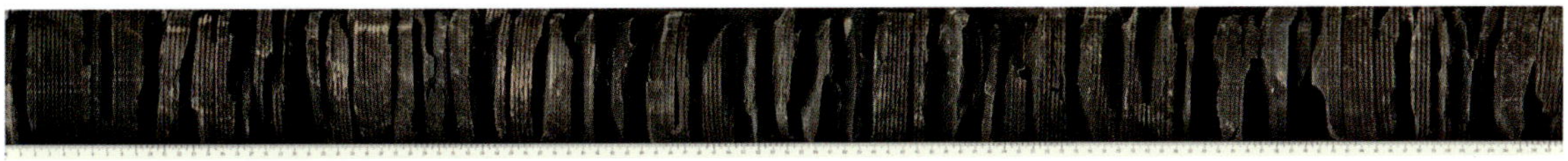
86-36-(24-26)

86-36-(21-23)

86-36-(17-20)

86-36-(14-16)

86-36-(11-13)

86-36-(8-10)

86-36-(4-7)

87-39-(24-26)

87-39-(21-23)

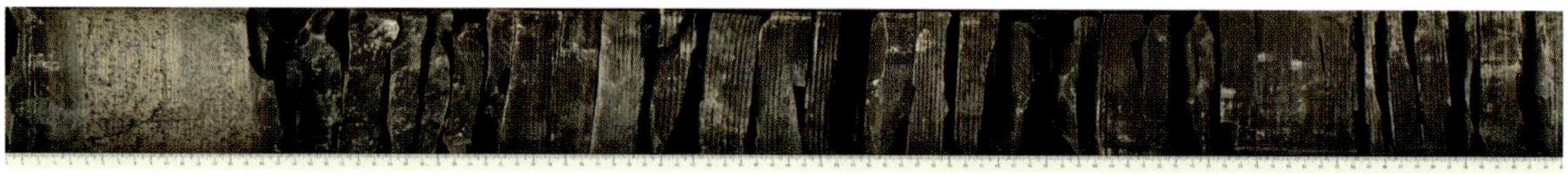
87-39-(18-20)

87-39-(15-17)

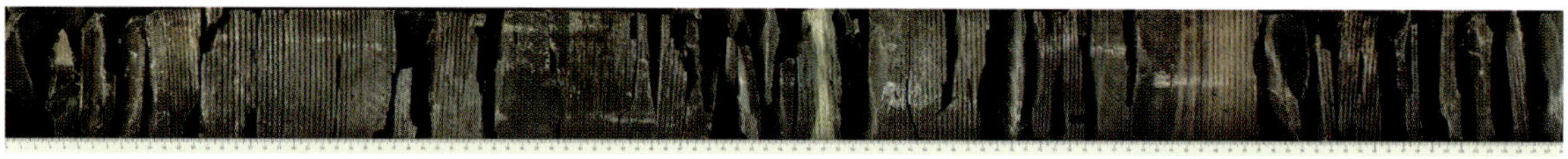
87-39-(11-14)

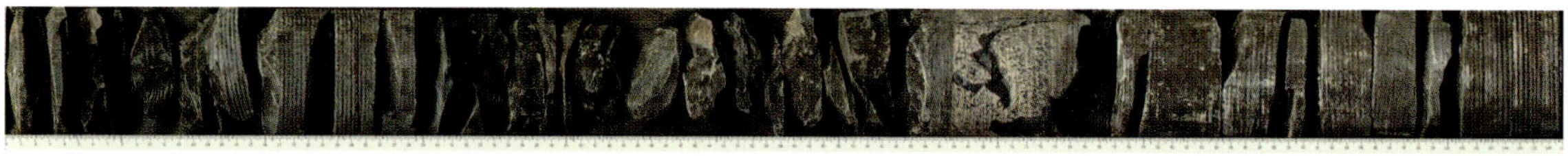
87-39-(8-10)

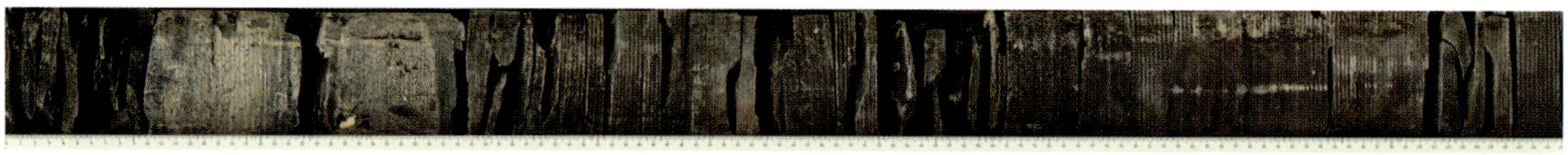
87-39-(5-7)

87-39-(1-4)

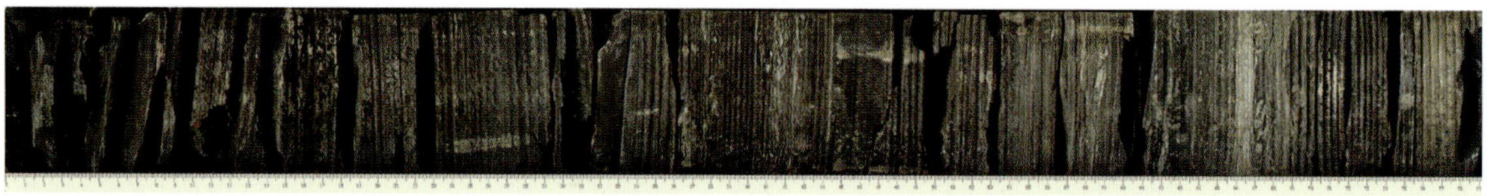
86-36-(34-36)

88-38-(14-16)

88-38-(10-13)

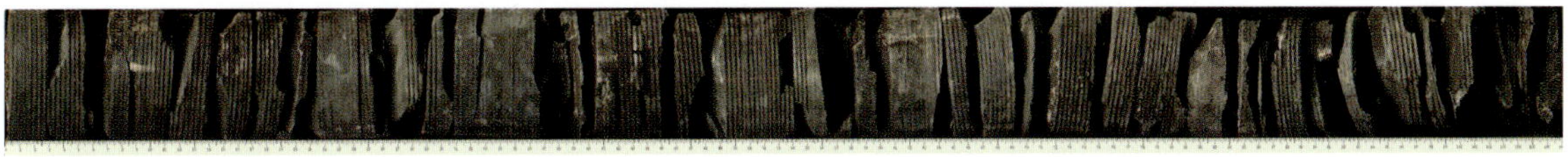
88-38-(7-9)

88-38-(4-6)

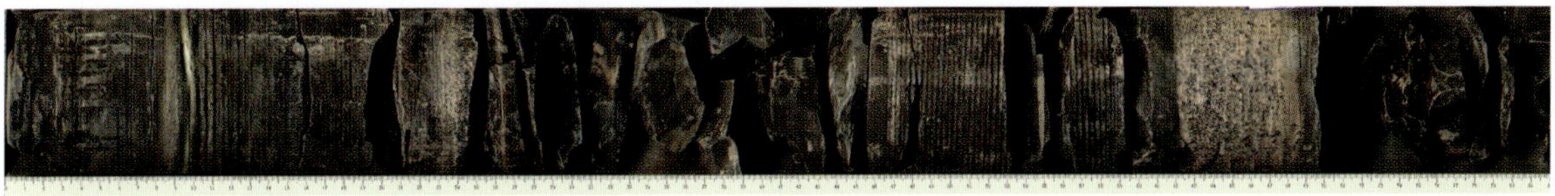
88-38-(1-3)

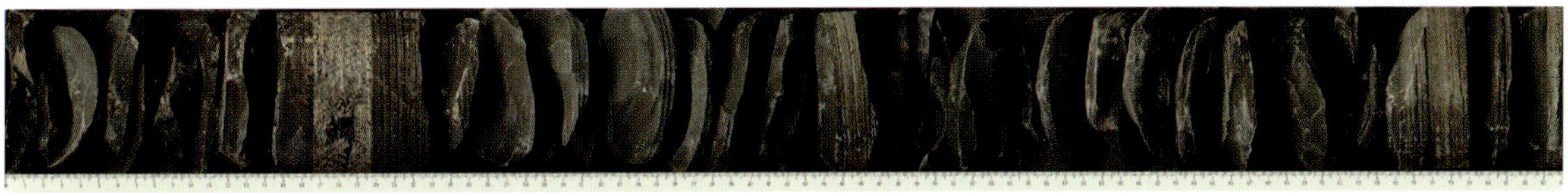
87-39-(37-39)

87-39-(34-36)

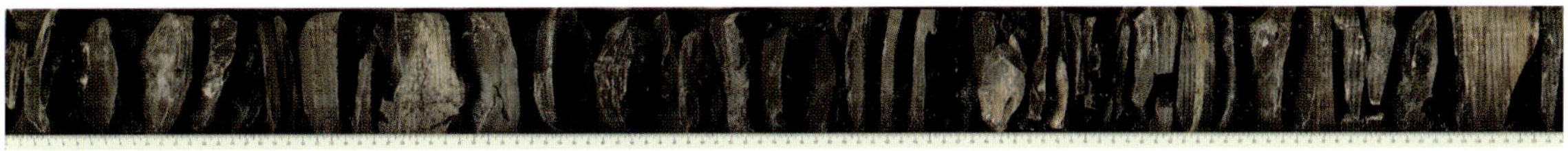
87-39-(31-33)

87-39-(27-30)

89-22-(4-7)

89-22-(1-3)

88-38-(36-38)

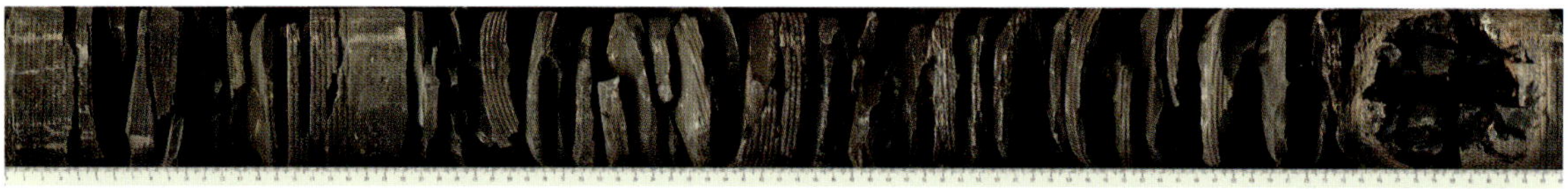

88-38-(33-35)

88-38-(30-32)

88-38-(27-29)

88-38-(23-26)

88-38-(20-22)

88-38-(17-19)

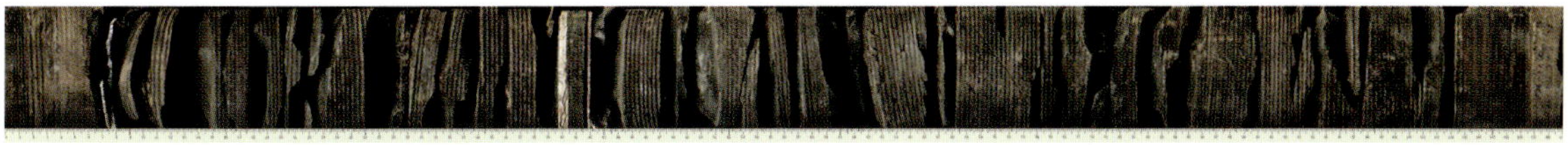
90-40-(11-14)

90-40-(8-10)

90-40-(5-7)

90-40-(1-4)

89-22-(21-22)

89-22-(18-20)

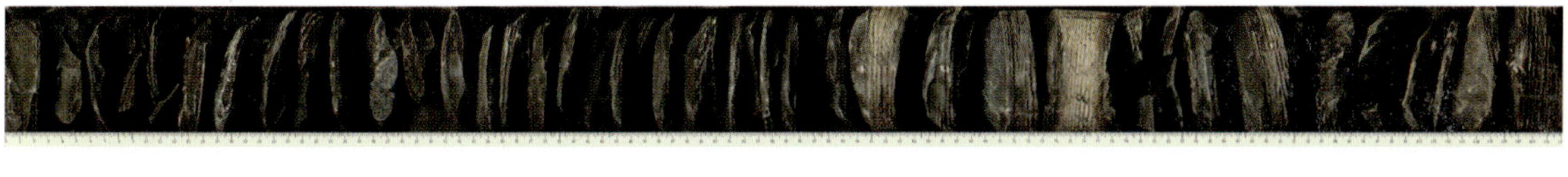
89-22-(15-17)

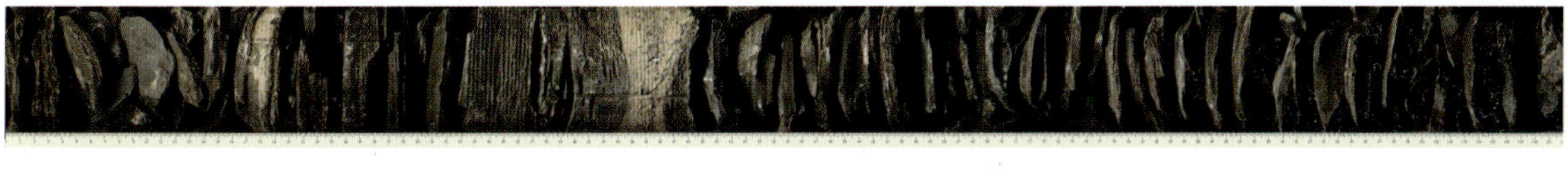
89-22-(12-14)

89-22-(8-11)

91-37-(5-7)

91-37-(1-4)

90-40-(38-40)

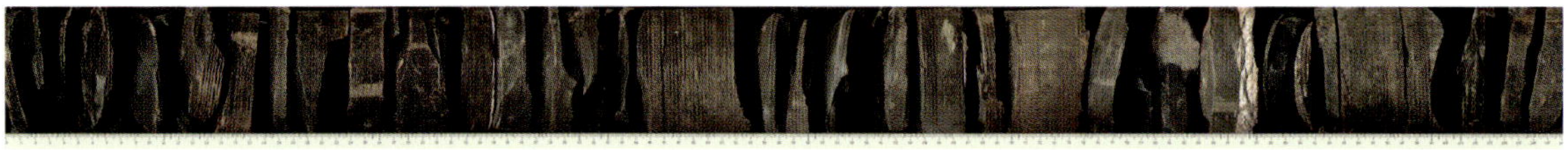
90-40-(35-37)

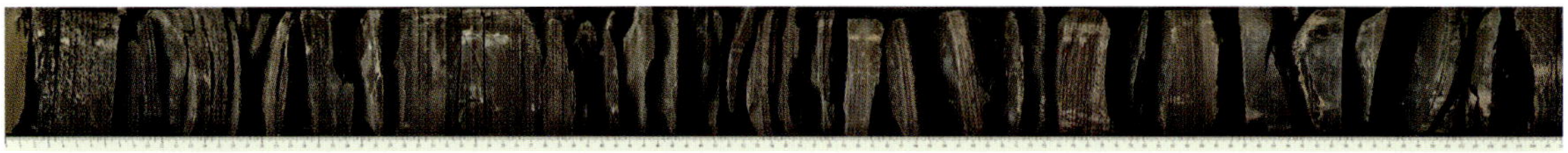
90-40-(31-34)

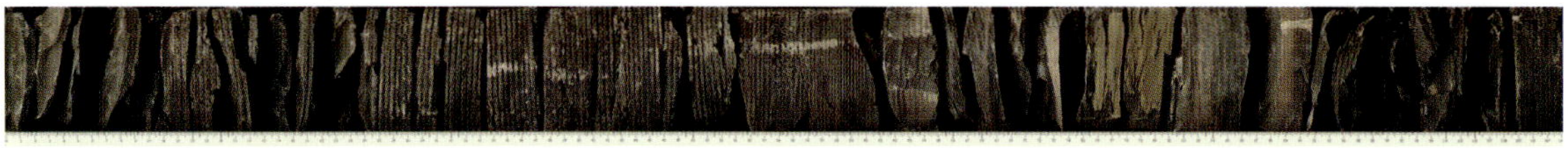
90-40-(27-30)

90-40-(24-26)

90-40-(21-23)

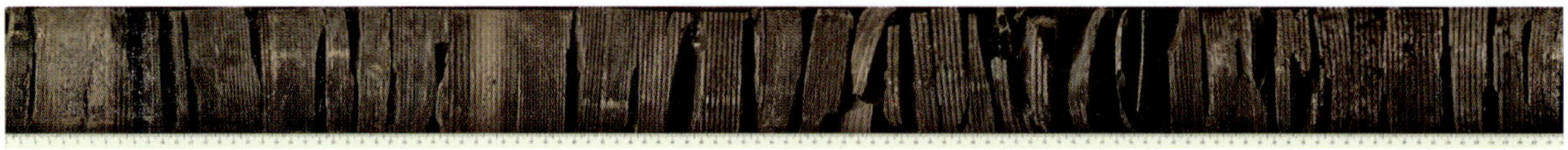
90-40-(18-20)

90-40-(15-17)

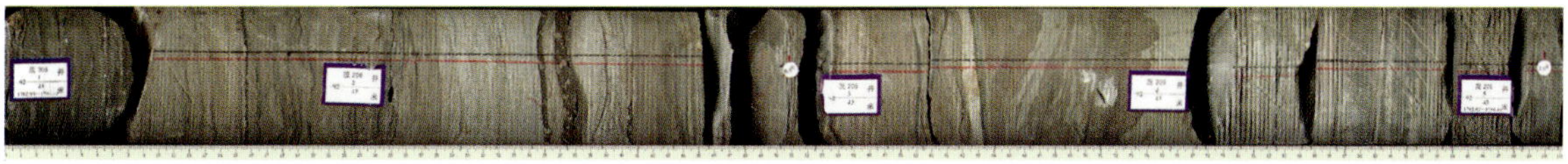
92-43-(1-5)

91-37-(35-37)

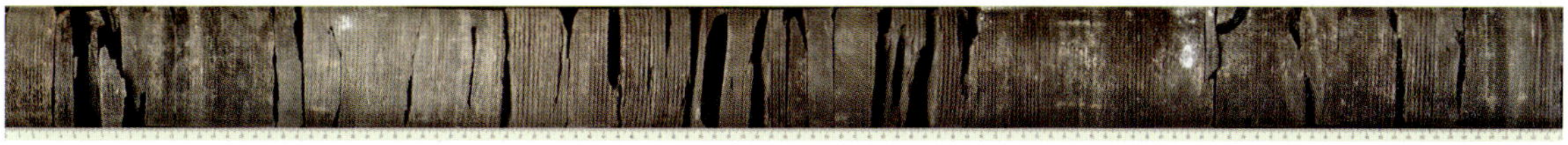
91-37-(31-34)

91-37-(28-30)

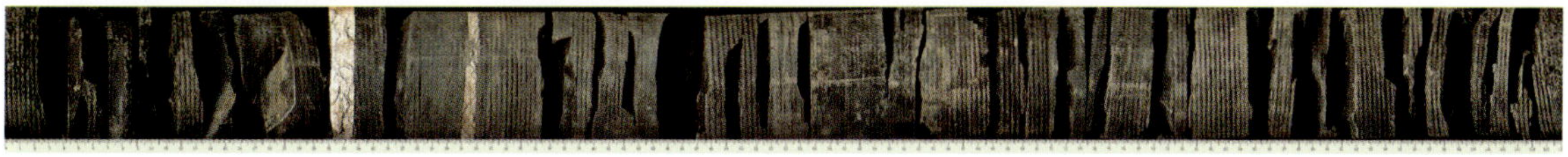
91-37-(25-27)

91-37-(21-24)

91-37-(18-20)

91-37-(15-17)

91-37-(12-14)

91-37-(8-11)

92-43-(40-43)

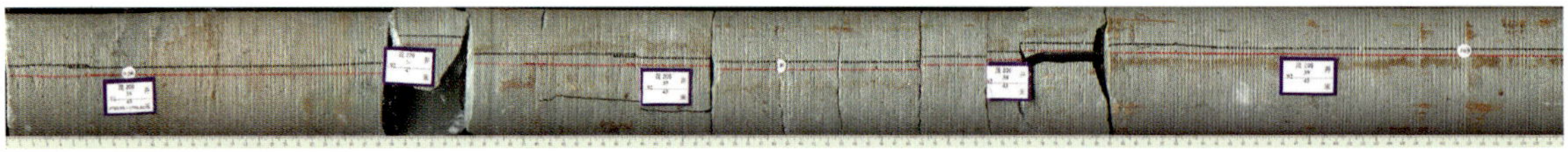

92-43-(35-39)

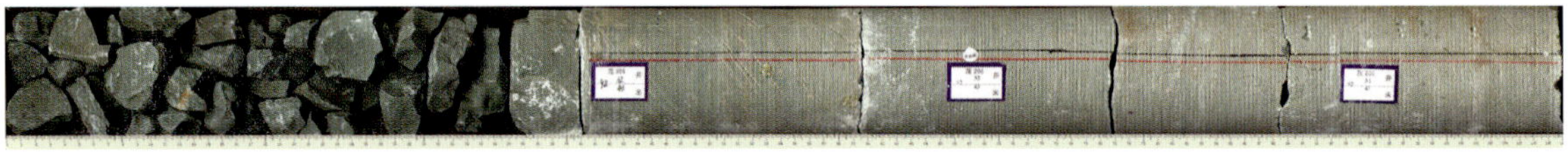

92-43-(31-34)

92-43-(28-30)

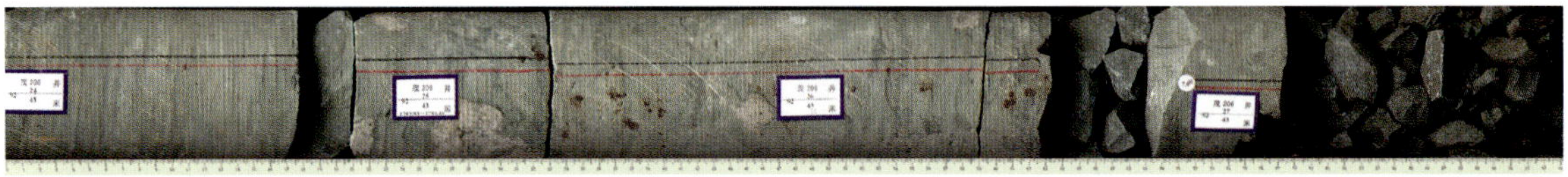

92-43-(24-27)

92-43-(21-23)

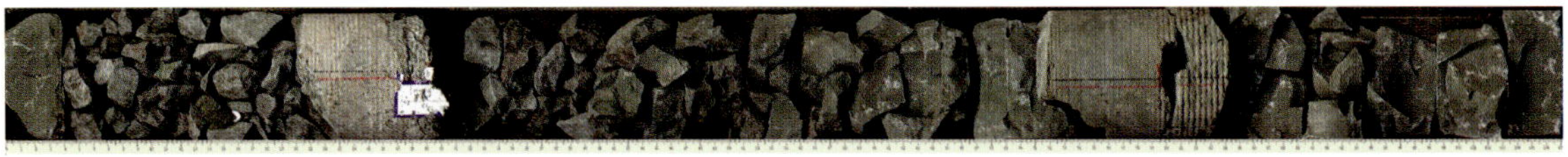

92-43-(18-20)

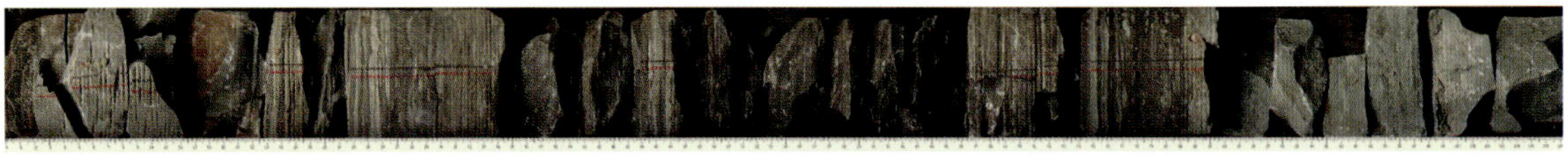

92-43-(15-17)

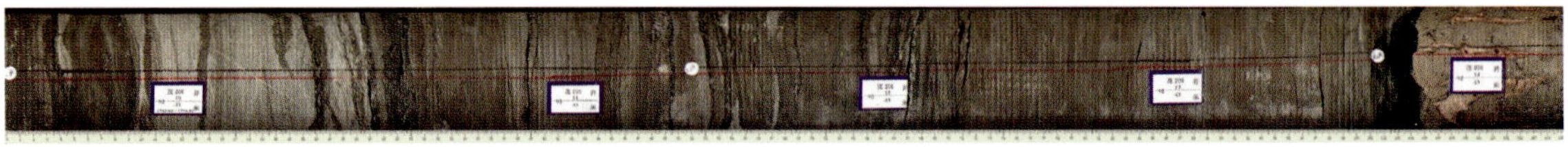

92-43-(10-14)

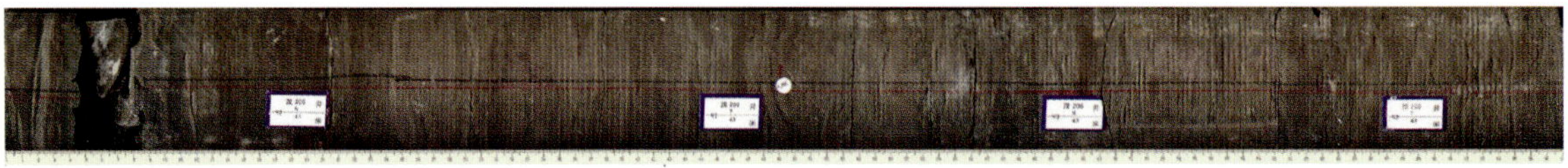

92-43-(6-9)

93-45-(37-40)

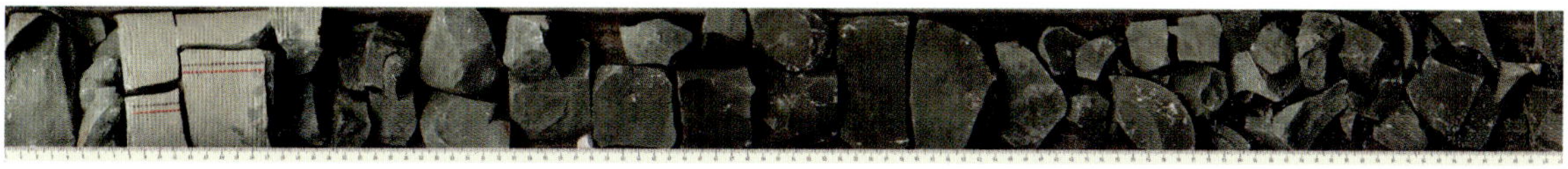
93-45-(34-36)

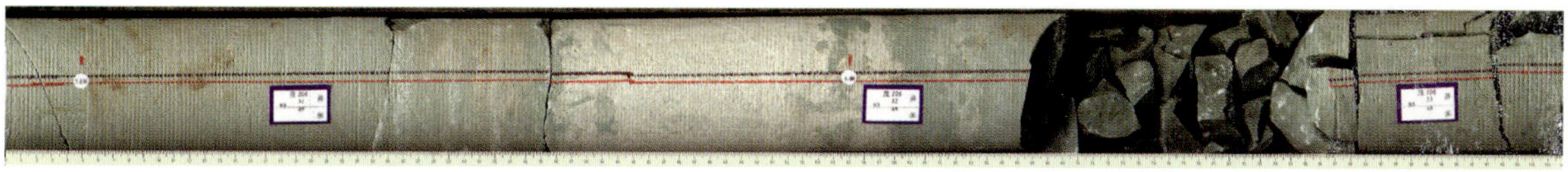
93-45-(31-33)

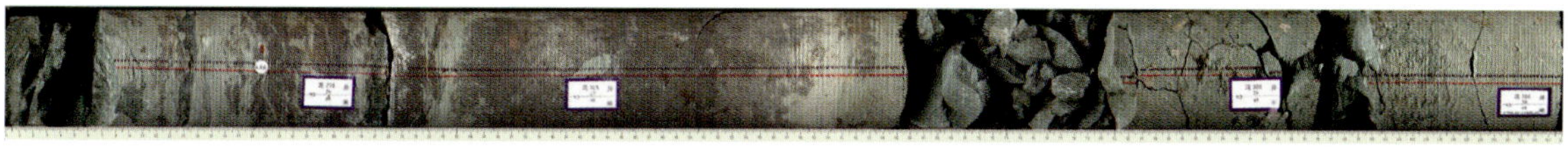
93-45-(25-30)

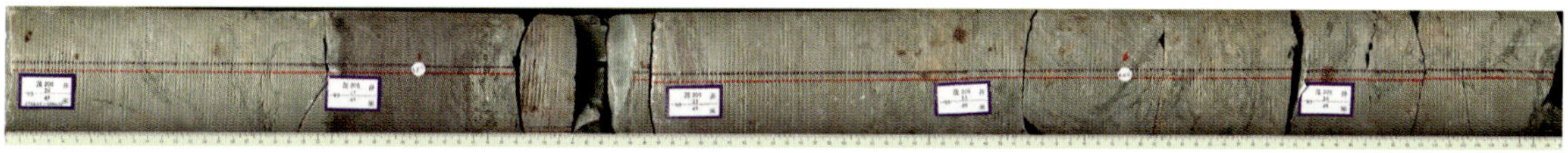
93-45-(20-24)

93-45-(17-19)

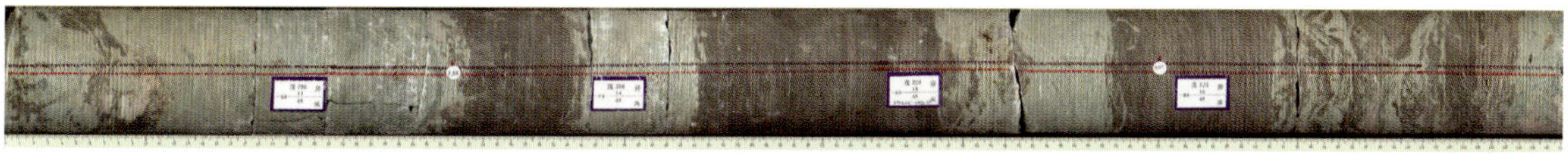
93-45-(13-16)

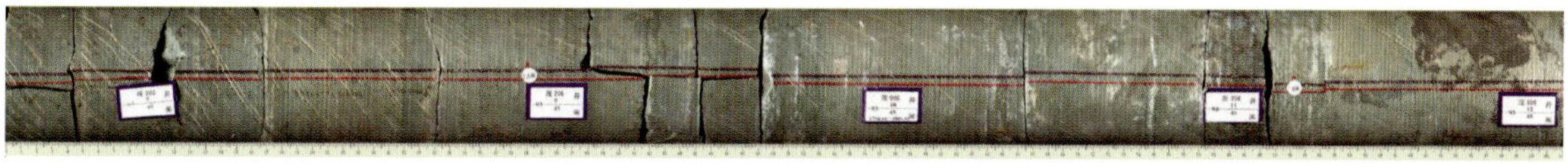
93-45-(8-12)

93-45-(5-7)

93-45-(1-4)

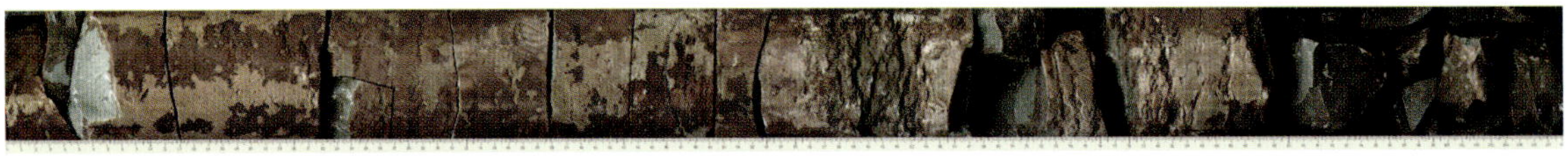

95-30-(4-7)

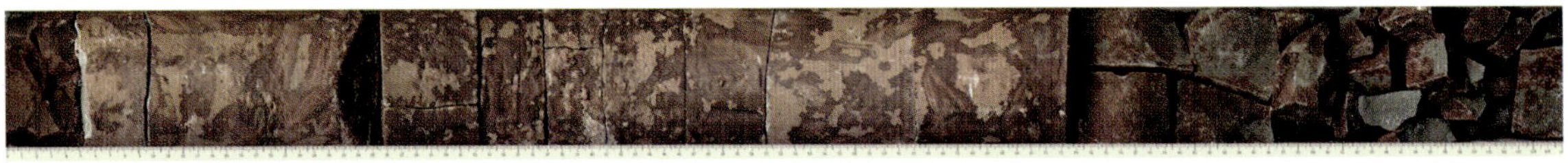

95-30-(1-3)

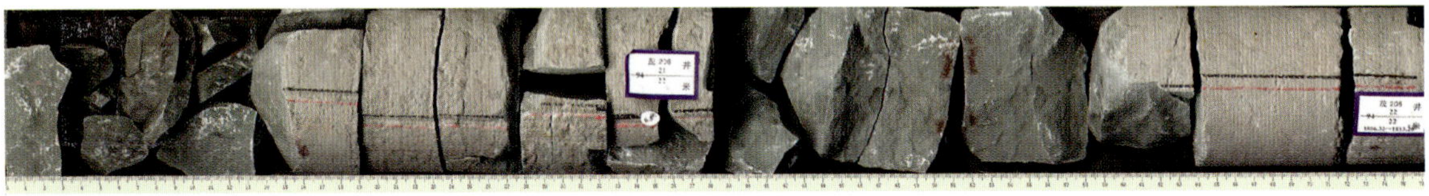

94-22-(20-22)

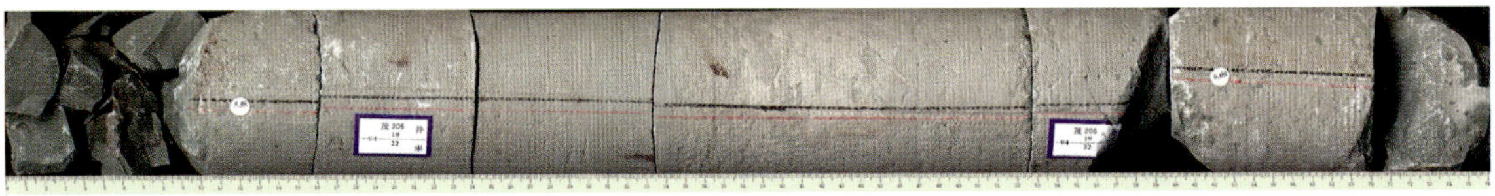

94-22-(18-19)

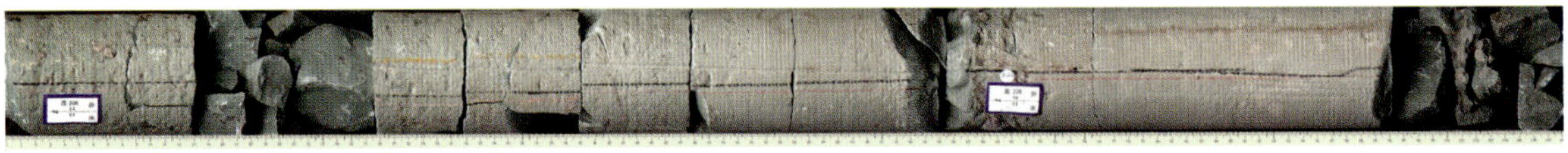

94-22-(14-17)

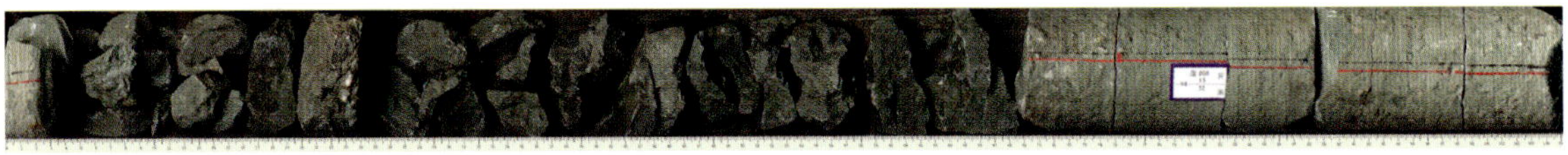

94-22-(11-13)

94-22-(8-10)

94-22-(5-7)

94-22-(1-4)

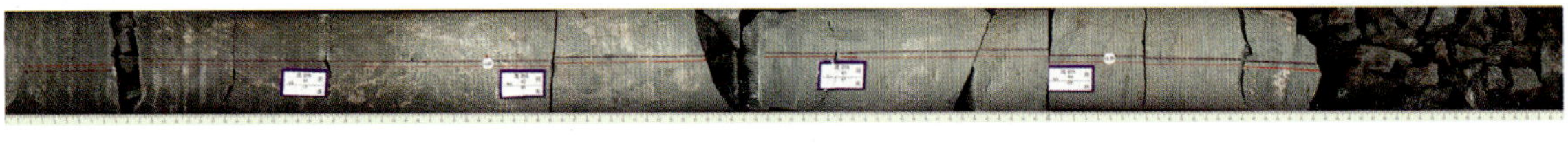

93-45-(41-45)

96-42-(11-13)

96-42-(9-10)

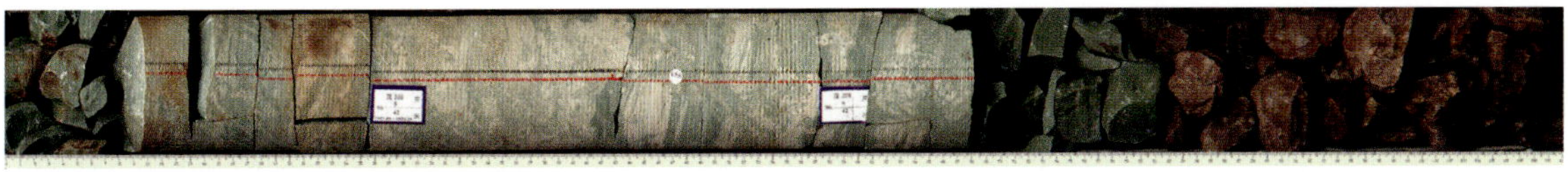
96-42-(5-8)

96-42-(1-4)

95-30-(26-30)

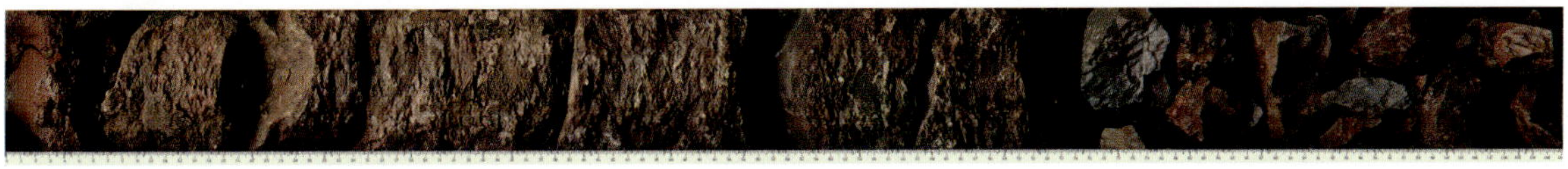
95-30-(23-25)

95-30-(20-22)

95-30-(17-19)

95-30-(12-16)

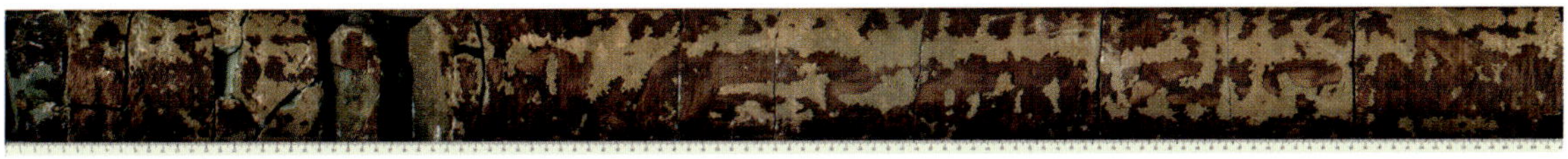
95-30-(8-11)

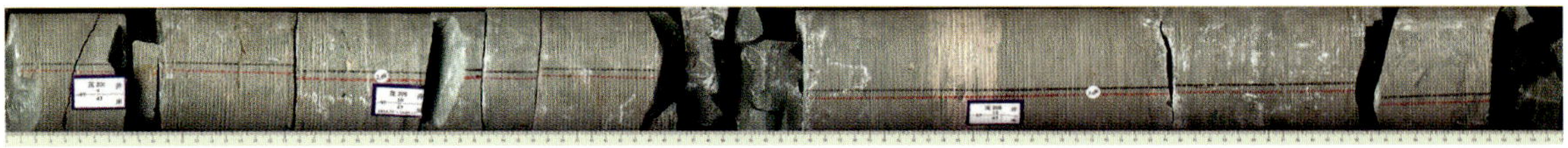

97-43-(9-13)

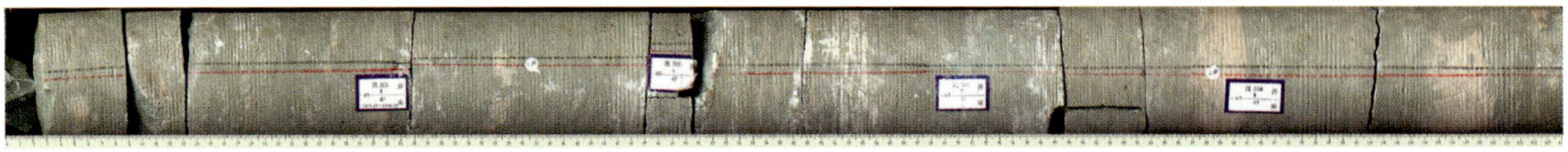

97-43-(5-8)

97-43-(1-4)

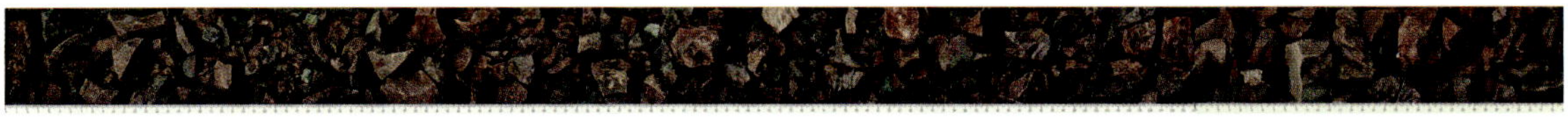

96-42-(38-42)

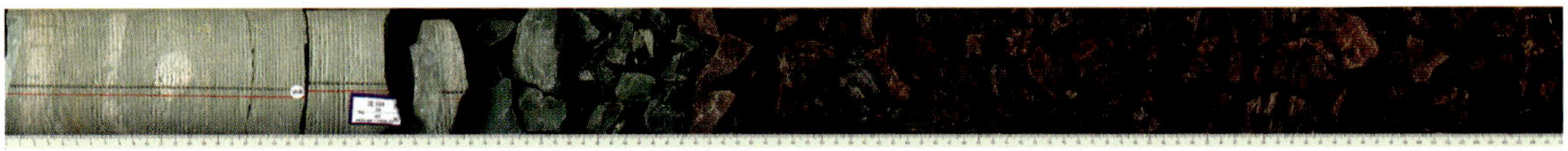

96-42-(35-37)

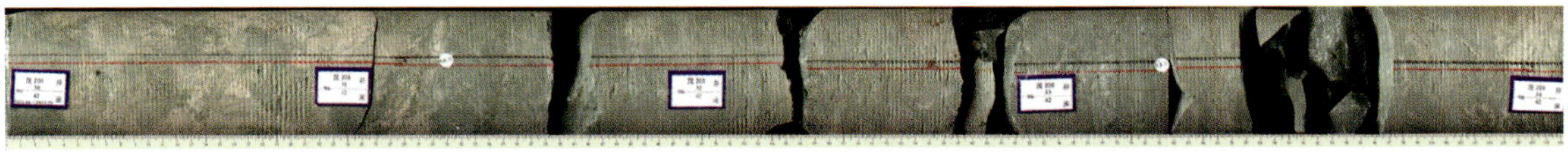

96-42-(30-34)

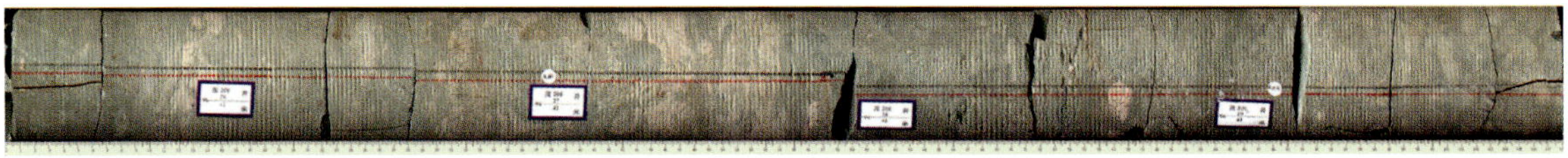

96-42-(26-29)

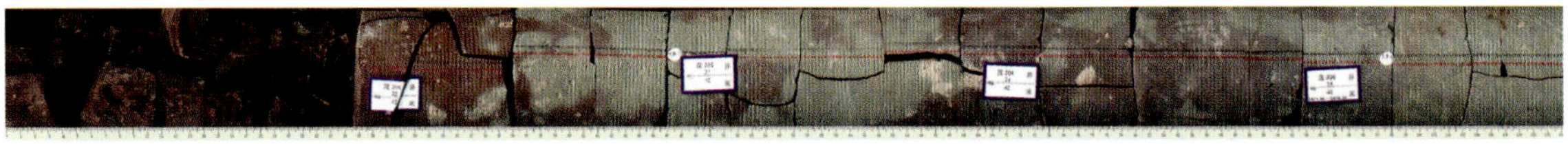

96-42-(22-25)

96-42-(18-21)

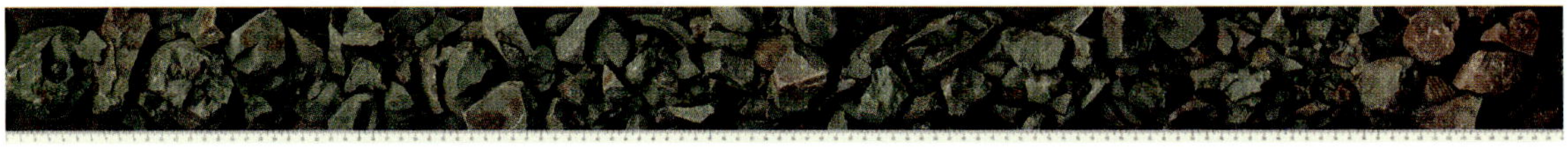

96-42-(14-17)

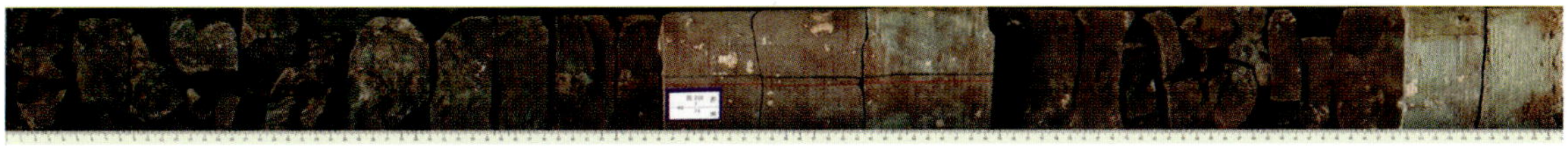
98-38-(1-4)

97-43-(40-43)

97-43-(36-39)

97-43-(33-35)

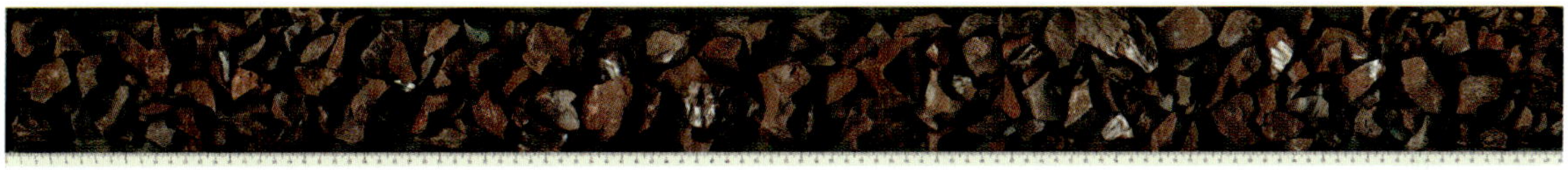
97-43-(31-32)

97-43-(27-30)

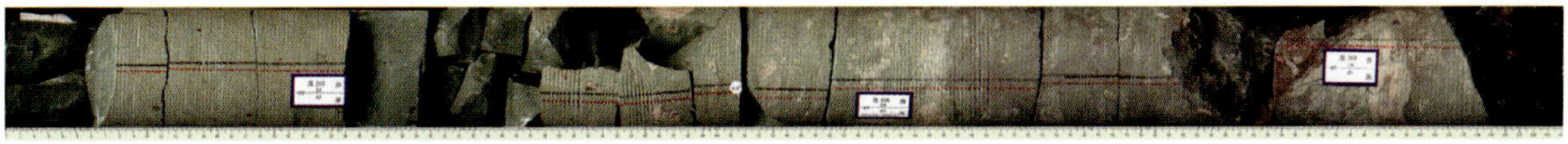
97-43-(23-26)

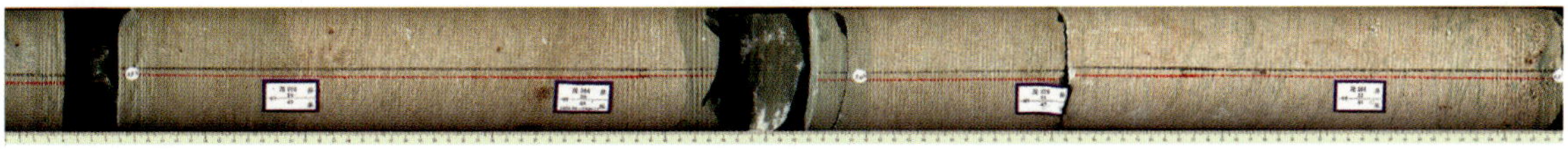
97-43-(19-22)

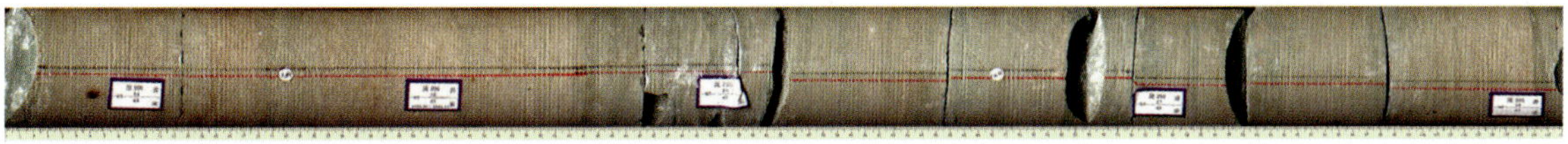
97-43-(14-18)

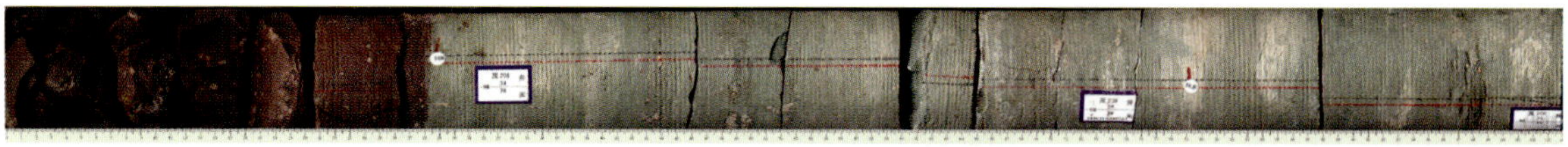

98-38-(33-36)

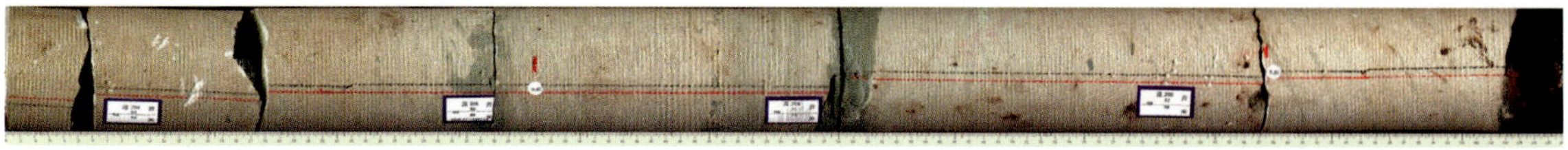

98-38-(29-32)

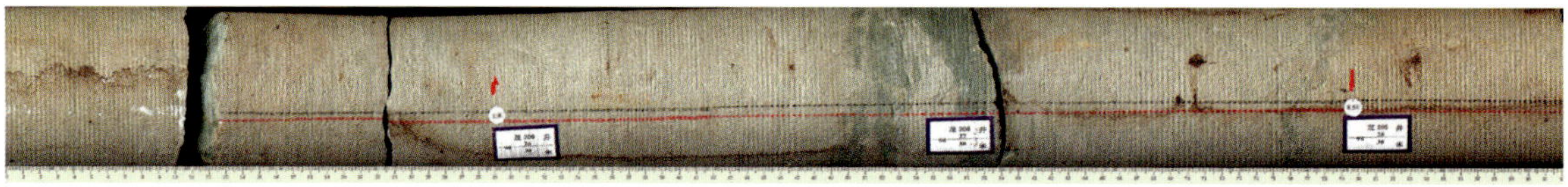

98-38-(26-28)

98-38-(22-25)

98-38-(18-21)

98-38-(15-17)

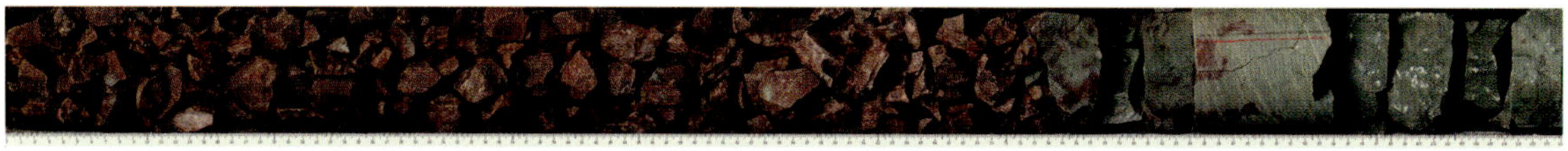

98-38-(12-14)

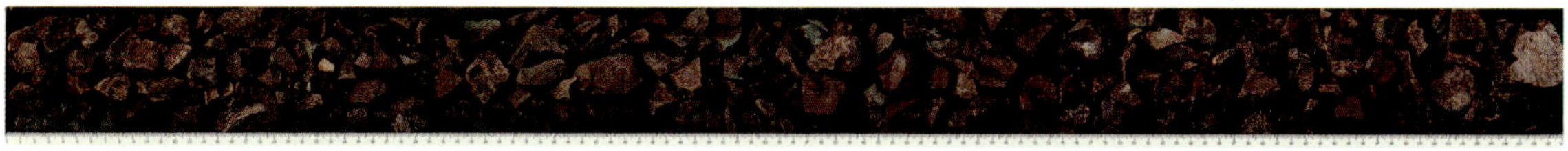

98-38-(8-11)

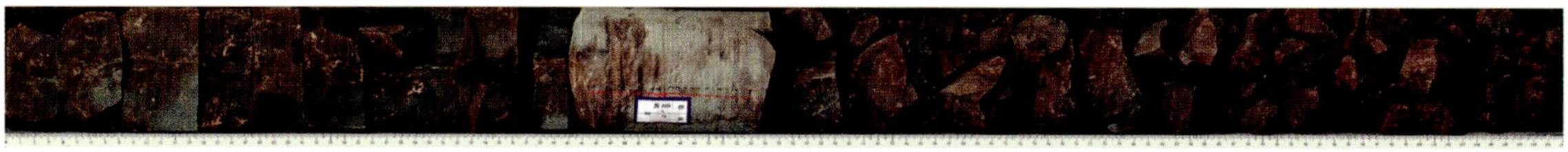

98-38-(5-7)

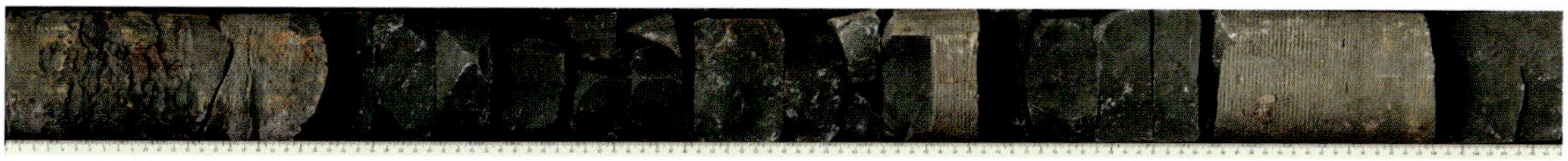

100-50-(1-4)

99-23-(21-23)

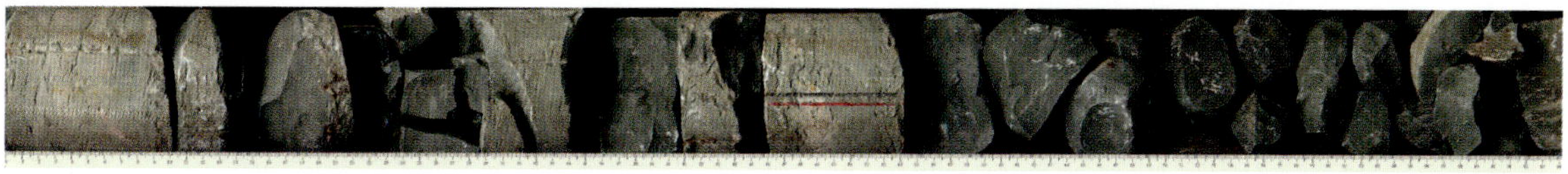

99-23-(18-20)

99-23-(15-17)

99-23-(11-14)

99-23-(8-10)

99-23-(5-7)

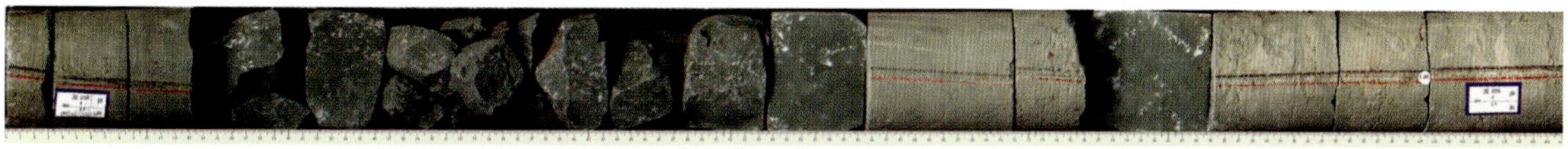

99-23-(1-4)

98-38-(37-38)

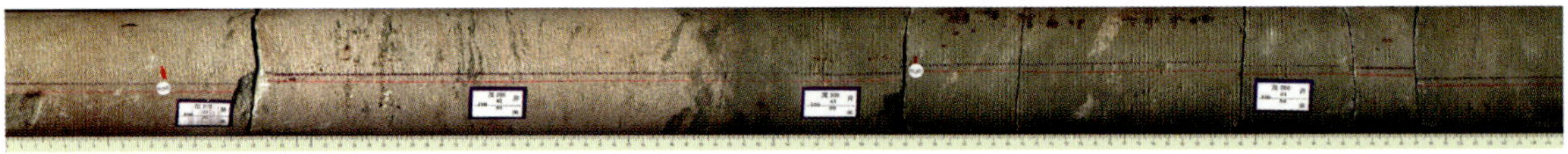
100-50-(41-44)

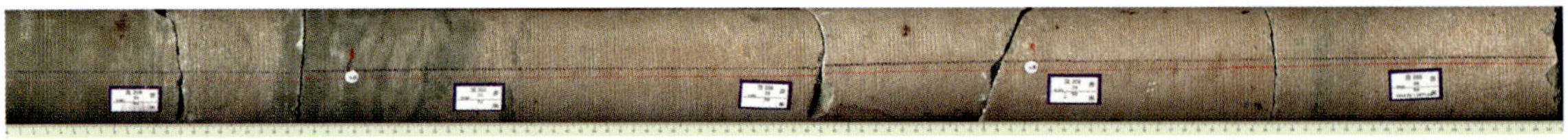
100-50-(36-40)

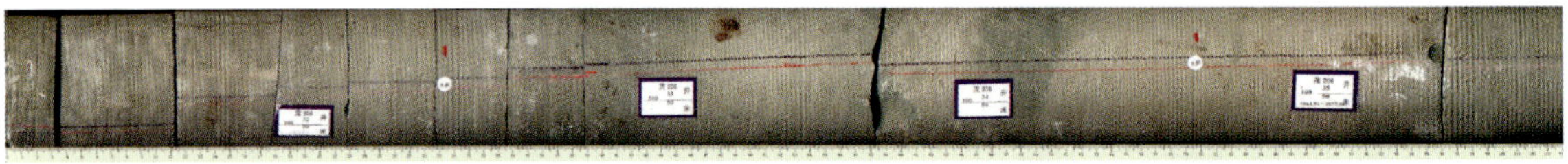
100-50-(32-35)

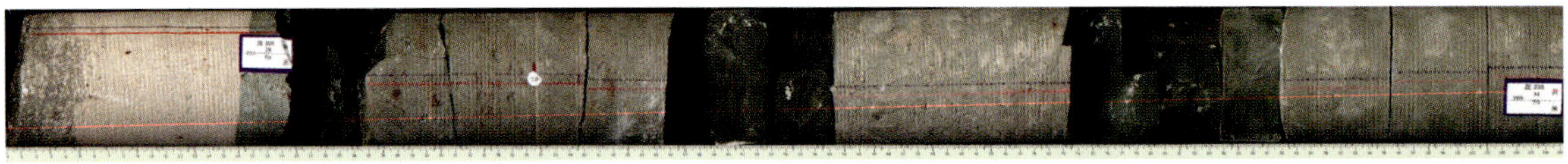
100-50-(28-31)

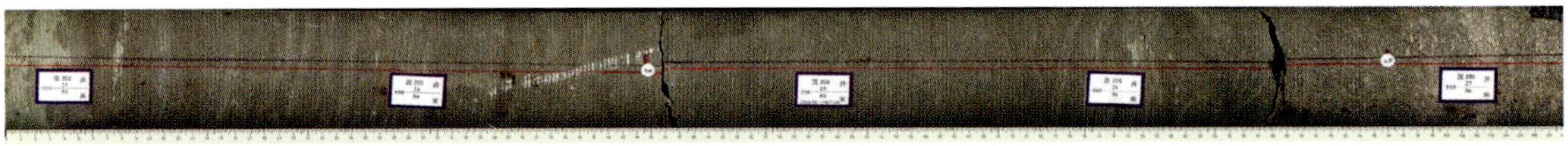
100-50-(23-27)

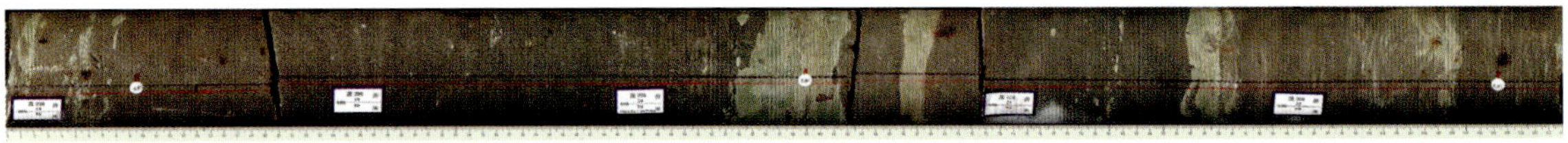
100-50-(18-22)

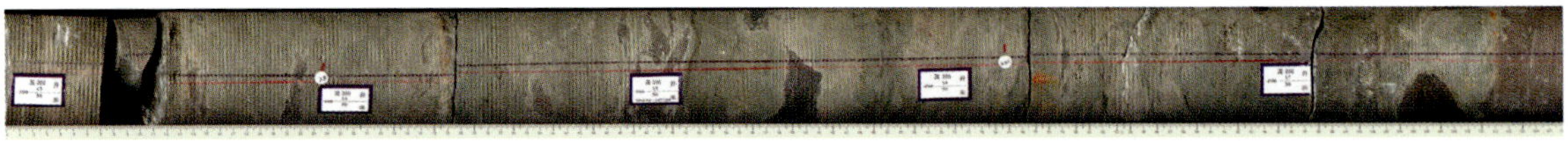
100-50-(13-17)

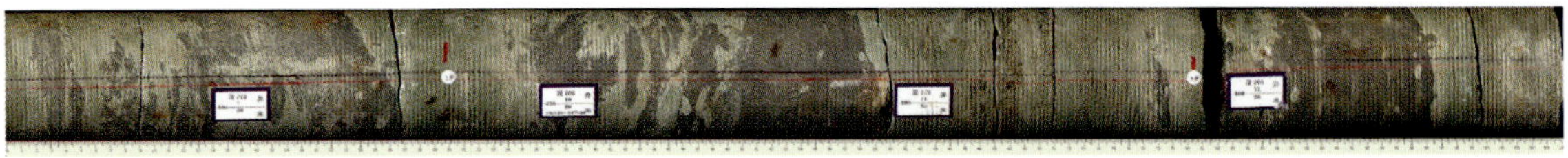
100-50-(9-12)

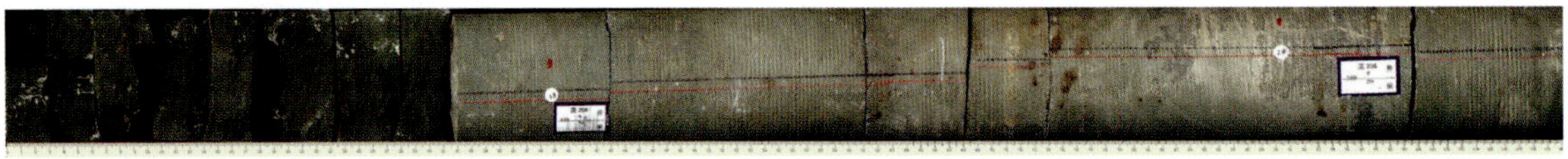
100-50-(5-8)

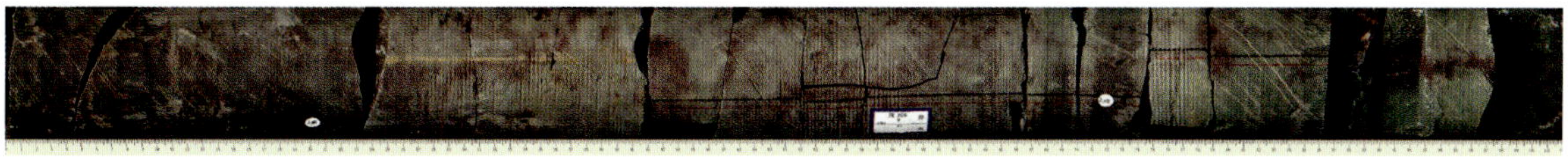
101-41-(24-27)

101-41-(21-23)

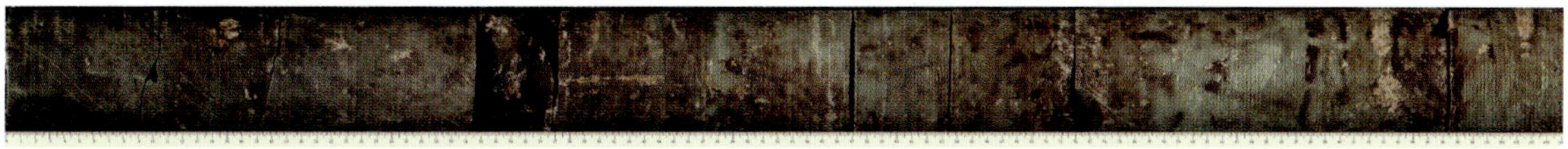
101-41-(16-20)

101-41-(14-15)

101-41-(11-13)

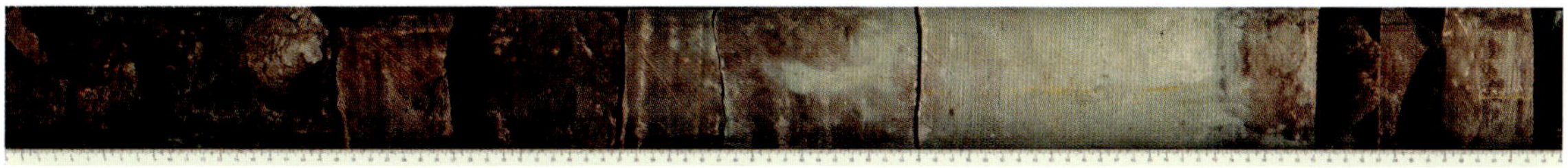
101-41-(8-10)

101-41-(5-7)

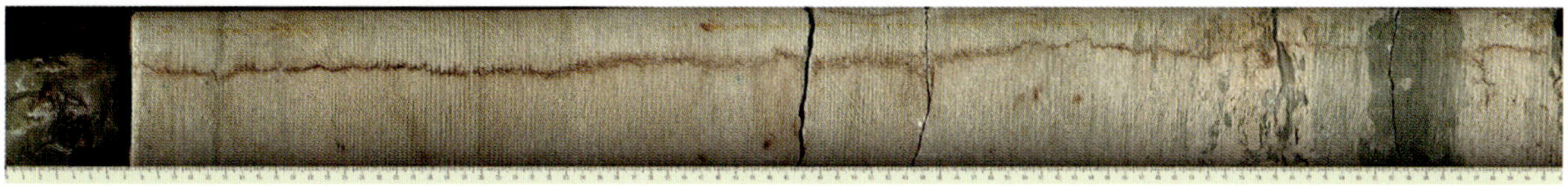
101-41-(1-4)

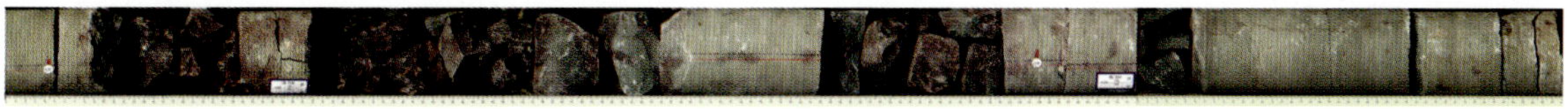
100-50-(45-50)

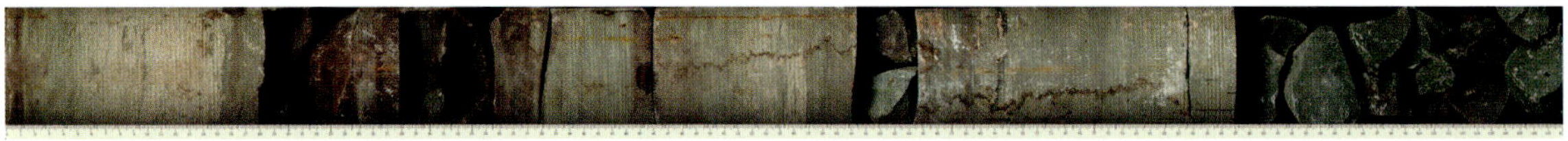
102-42-(16-18)

102-42-(12-15)

102-42-(8-11)

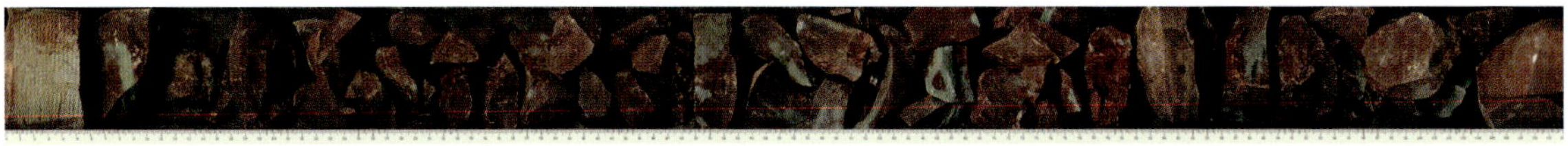
102-42-(5-7)

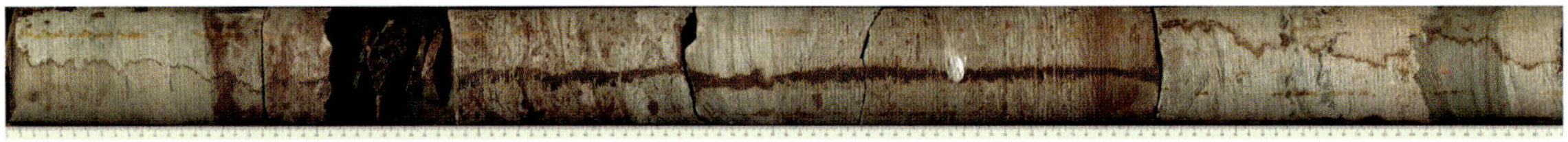
102-42-(1-4)

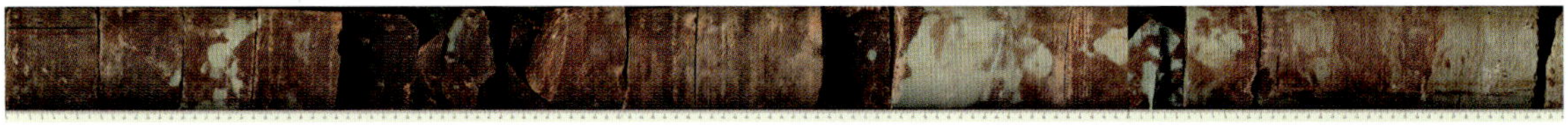
101-41-(38-41)

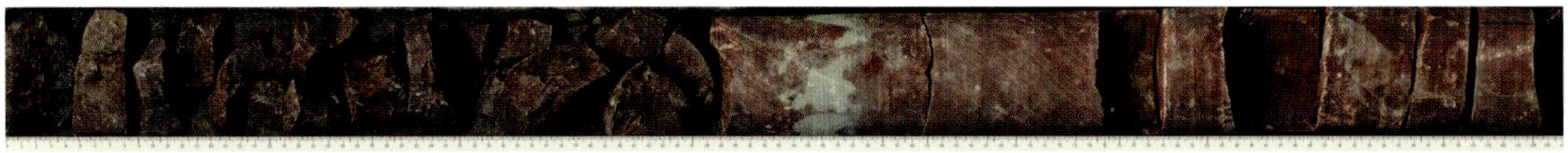
101-41-(34-37)

101-41-(31-33)

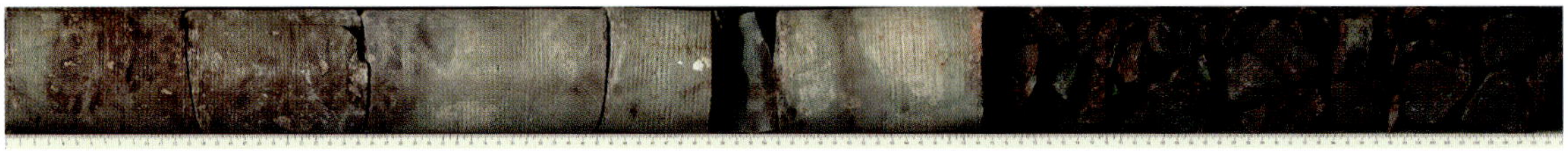
101-41-(28-30)

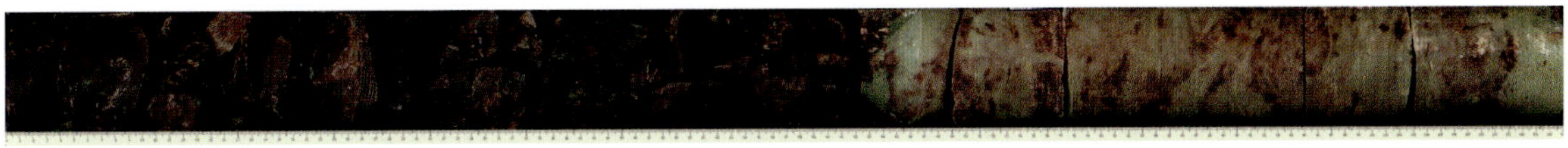

103-31-(8-11)

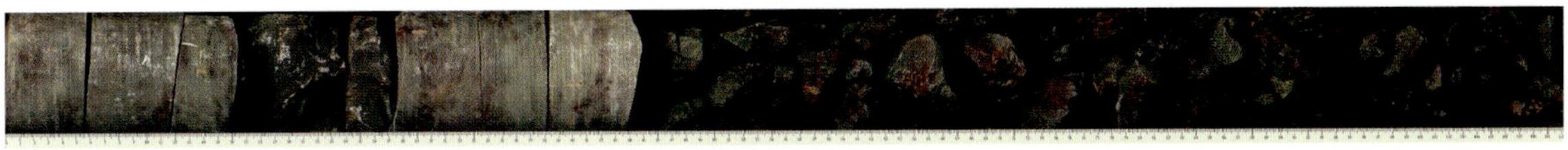

103-31-(5-7)

103-31-(1-4)

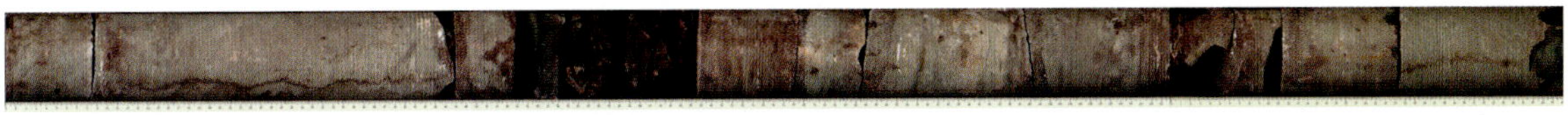

102-42-(37-42)

102-42-(34-36)

102-42-(30-33)

102-42-(25-29)

102-42-(22-24)

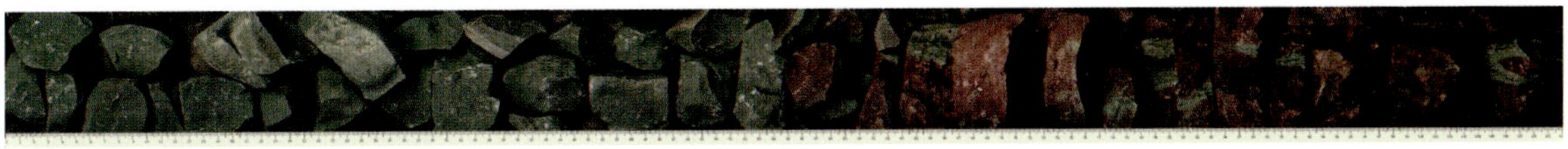

102-42-(19-21)

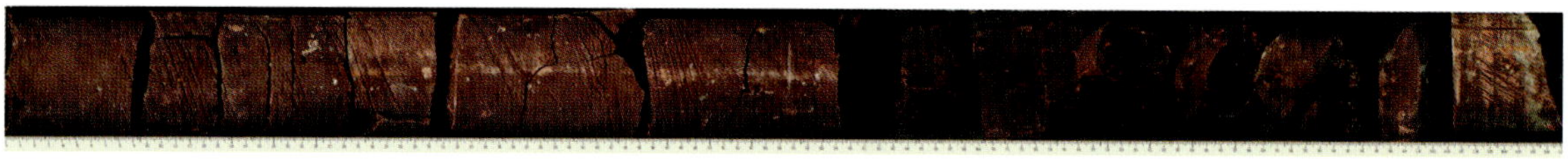
104-12-(8-12)

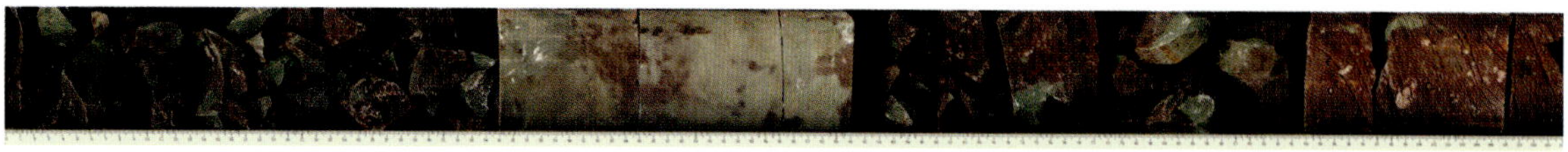
104-12-(5-7)

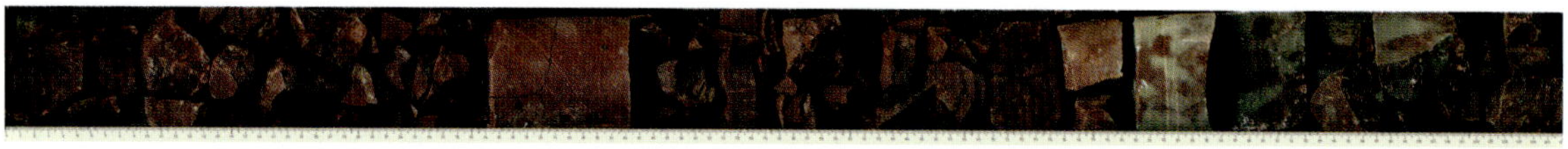
104-12-(1-4)

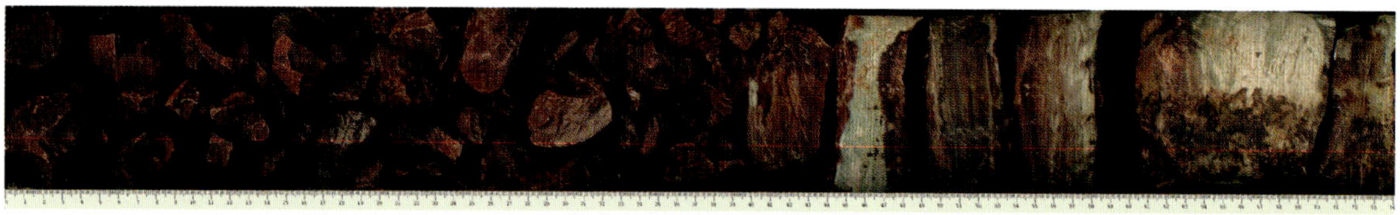
103-31-(29-31)

103-31-(26-28)

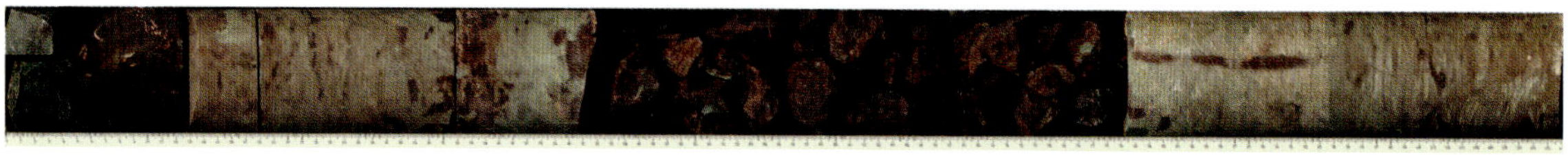
103-31-(22-25)

103-31-(18-21)

103-31-(15-17)

103-31-(12-14)

5.2.2 “松科1井”北孔岩心扫描照片

“松科1井”北孔岩心扫描照片如下。

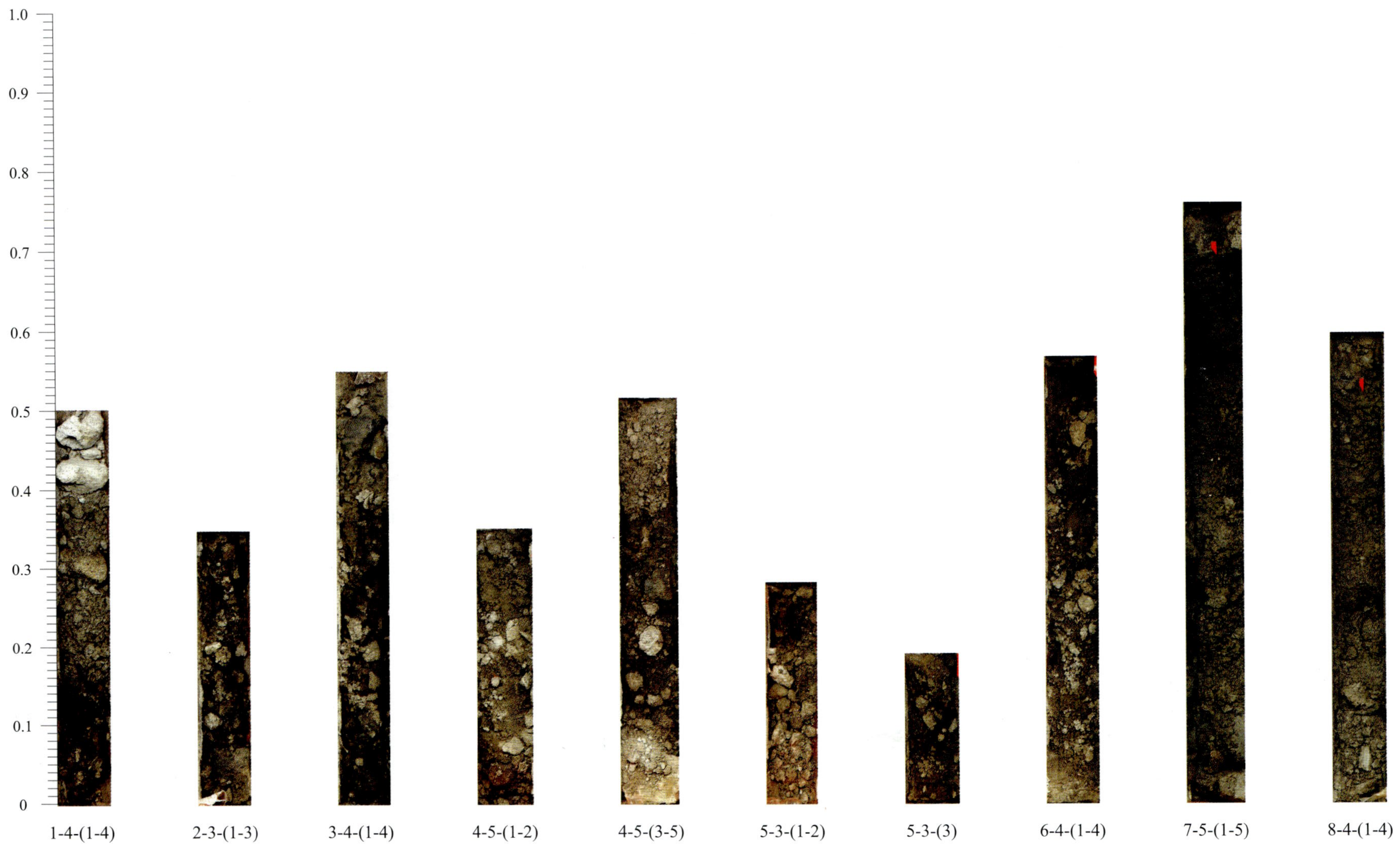
1.0
0.9
0.8
0.7
0.6
0.5
0.4
0.3
0.2
0.1
0
1-4-(1-4)
2-3-(1-3)
3-4-(1-4)
4-5-(1-2)
4-5-(3-5)
5-3-(1-2)
5-3-(3)
6-4-(1-4)
7-5-(1-5)
8-4-(1-4)

14-6-(5-6)
14-6-(1-4)
13-3-(2-3)
13-3-(1)
12-7-(4-7)
12-7-(1-3)
11-3-(1-3)
10-4-(1-4)
9-4-(3-4)
9-4-(1-2)
1.0
0.9
0.8
0.7
0.6
0.5
0.4
0.3
0.2
0.1
0

22-6-(1-5)
21-4-(1-4)
20-2-(1-2)
19-3-(1-3)
18-4-(2-4)
18-4-(1)
17-4-(1-4)
16-10-(10)
16-10-(5-9)
16-10-(1-4)
1.0
0.9
0.8
0.7
0.6
0.5
0.4
0.3
0.2
0.1
0

29-4-(1)
27-3-(1-3)
26-7-(6-7)
26-7-(1-5)
25-3-(1-3)
24-6-(4-6)
24-6-(1-3)
23-7-(5-7)
23-7-(1-4)
22-6-(6)
1.0
0.9
0.8
0.7
0.6
0.5
0.4
0.3
0.2
0.1
0

38-7-(4-7)
38-7-(1-3)
36-3-(1-3)
35-3-(1-3)
34-5-(3-5)
34-5-(1-2)
33-4-(1-4)
32-5-(1-5)
31-3-(1-3)
29-4-(2-4)
1.0
0.9
0.8
0.7
0.6
0.5
0.4
0.3
0.2
0.1
0

45-5-(3-5)
45-5-(1-2)
44-5-(2-5)
44-5-(1)
43-3-(1-3)
42-4-(4)
42-4-(1-3)
41-4-(1-4)
40-3-(1-3)
39-4-(1-4)
1.0
0.9
0.8
0.7
0.6
0.5
0.4
0.3
0.2
0.1
0

51-7-(1-4)
50-6-(6)
50-6-(1-5)
49-5-(1-5)
48-6-(6)
48-6-(1-5)
47-5-(5)
47-5-(1-4)
46-3-(3)
46-3-(1-2)
1.0
0.9
0.8
0.7
0.6
0.5
0.4
0.3
0.2
0.1
0

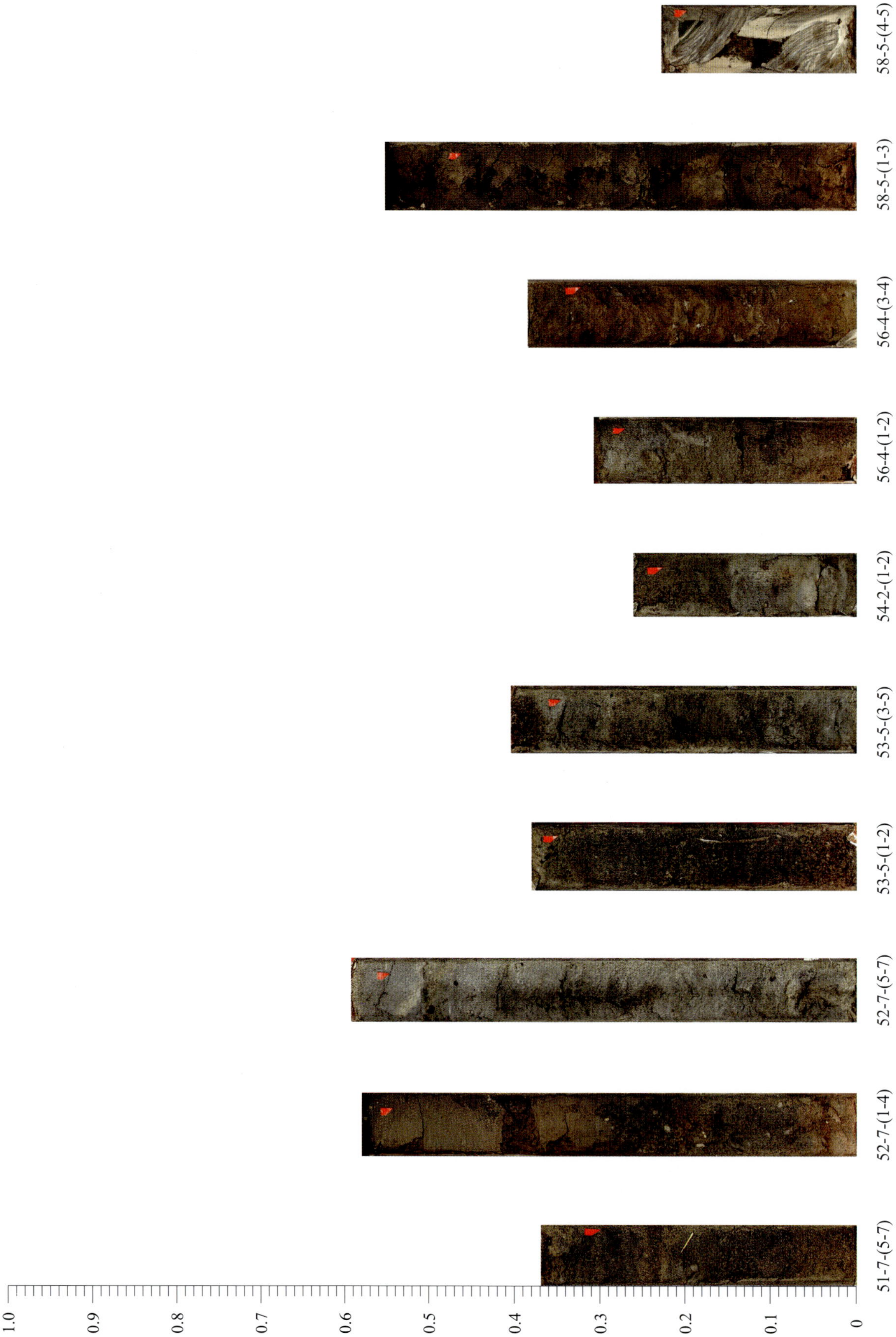
58-5-(4-5)
58-5-(1-3)
56-4-(3-4)
56-4-(1-2)
54-2-(1-2)
53-5-(3-5)
53-5-(1-2)
52-7-(5-7)
52-7-(1-4)
51-7-(5-7)
1.0
0.9
0.8
0.7
0.6
0.5
0.4
0.3
0.2
0.1
0

66-5-(1-2)
65-3-(3)
65-3-(1-2)
64-5-(4-5)
64-5-(2-3)
64-5-(1)
62-5-(3-5)
62-5-(1-2)
60-3-(3)
60-3-(1-2)
1.0
0.9
0.8
0.7
0.6
0.5
0.4
0.3
0.2
0.1
0

71-5-(4-5)
71-5-(1-3)
69-5-(3-5)
69-5-(1-2)
68-5-(4-5)
68-5-(2-3)
68-5-(1)
67-4-(2-4)
67-4-(1)
66-5-(3-5)
1.0
0.9
0.8
0.7
0.6
0.5
0.4
0.3
0.2
0.1
0

75-4-(3-4)
75-4-(1-2)
74-5-(5)
74-5-(2-4)
74-5-(1)
73-4-(3-4)
73-4-(1-2)
72-5-(5)
72-5-(2-4)
72-5-(1)
1.0
0.9
0.8
0.7
0.6
0.5
0.4
0.3
0.2
0.1
0

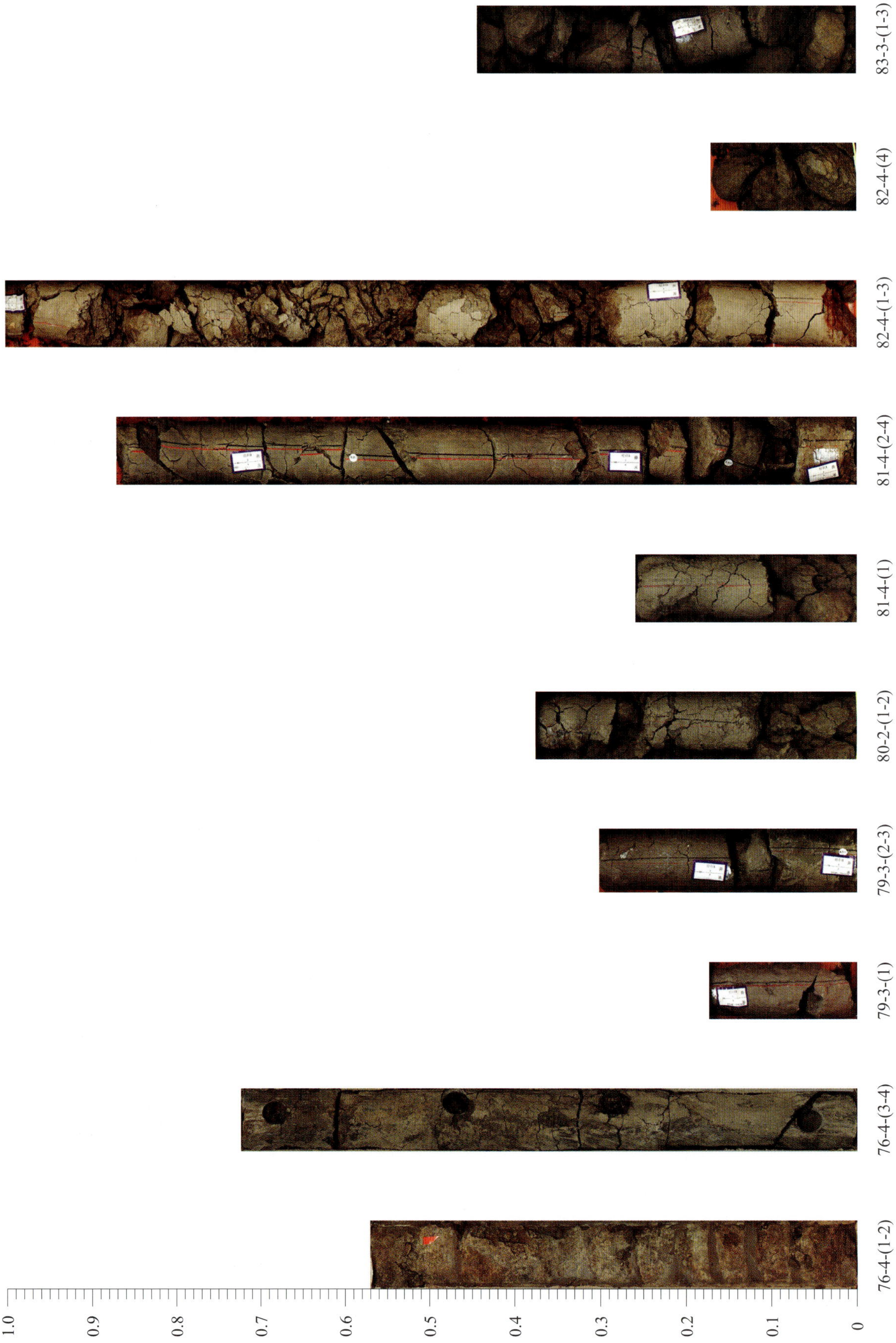

83-3-(1-3)
82-4-(4)
82-4-(1-3)
81-4-(2-4)
81-4-(1)
80-2-(1-2)
79-3-(2-3)
79-3-(1)
76-4-(3-4)
76-4-(1-2)
1.0
0.9
0.8
0.7
0.6
0.5
0.4
0.3
0.2
0.1
0

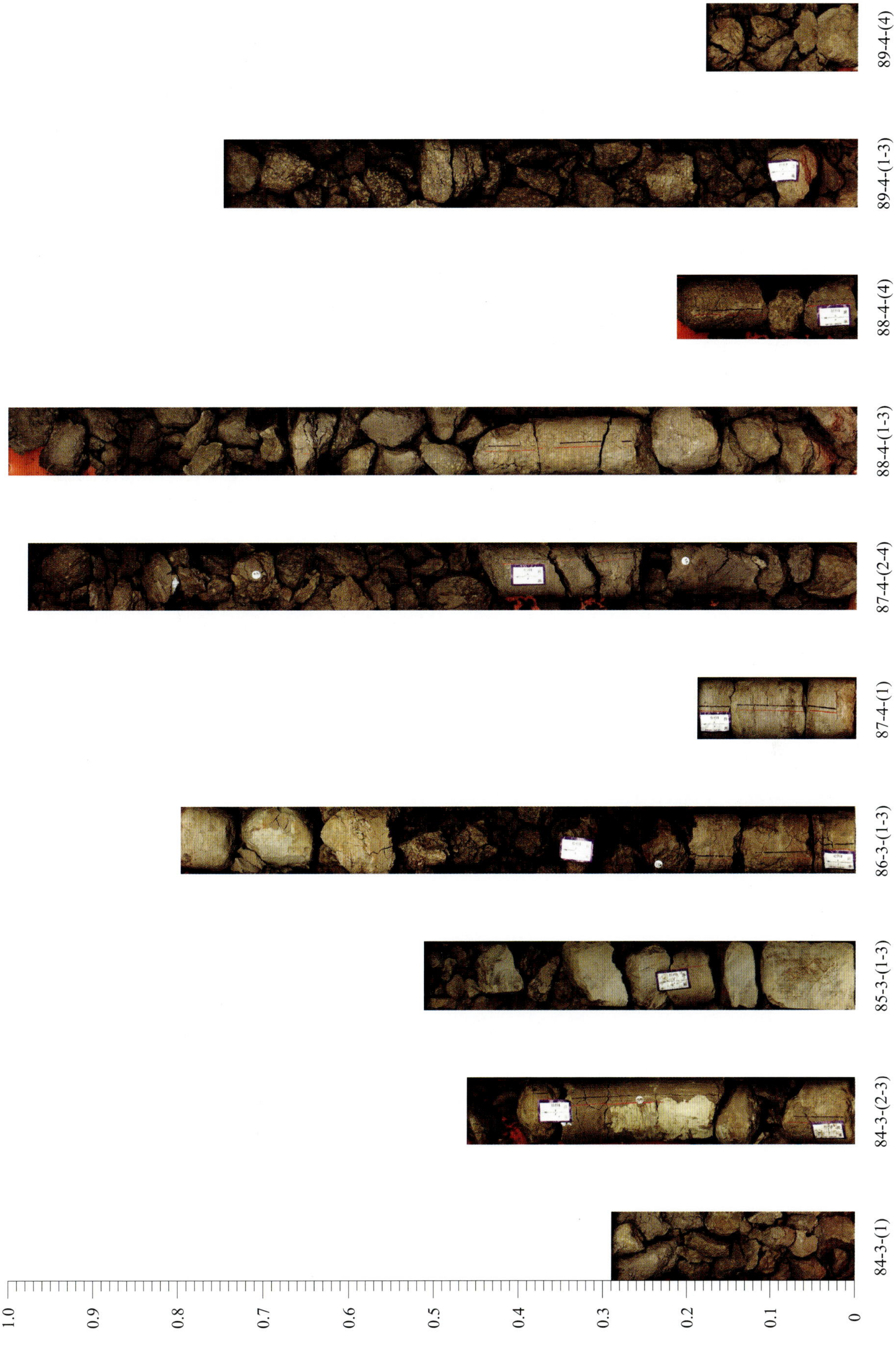
89-4-(4)
89-4-(1-3)
88-4-(4)
88-4-(1-3)
87-4-(2-4)
87-4-(1)
86-3-(1-3)
85-3-(1-3)
84-3-(2-3)
84-3-(1)
1.0
0.9
0.8
0.7
0.6
0.5
0.4
0.3
0.2
0.1
0

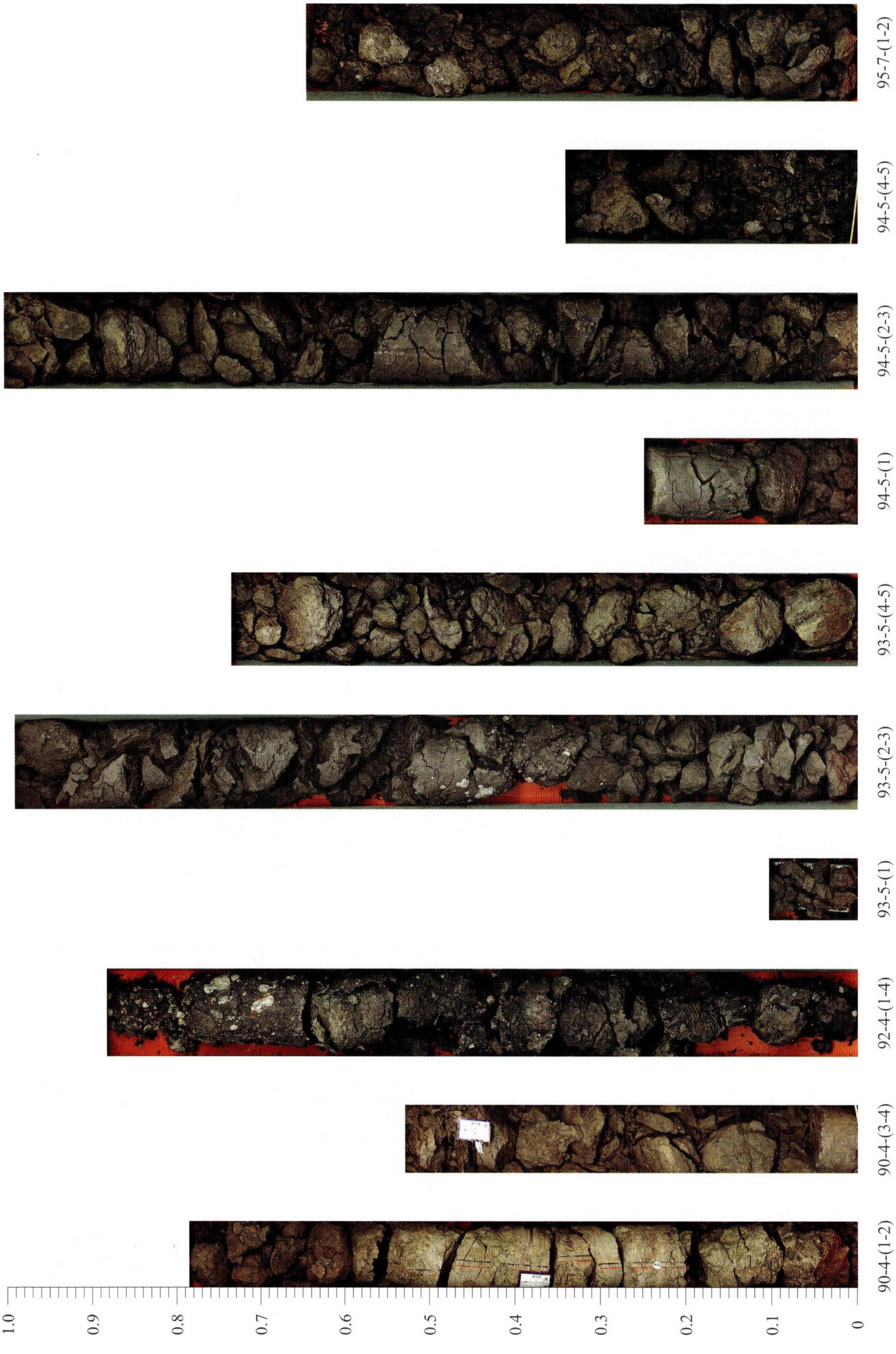
95-7-(1-2)
94-5-(4-5)
94-5-(2-3)
94-5-(1)
93-5-(4-5)
93-5-(2-3)
93-5-(1)
92-4-(1-4)
90-4-(3-4)
90-4-(1-2)
1.0
0.9
0.8
0.7
0.6
0.5
0.4
0.3
0.2
0.1
0

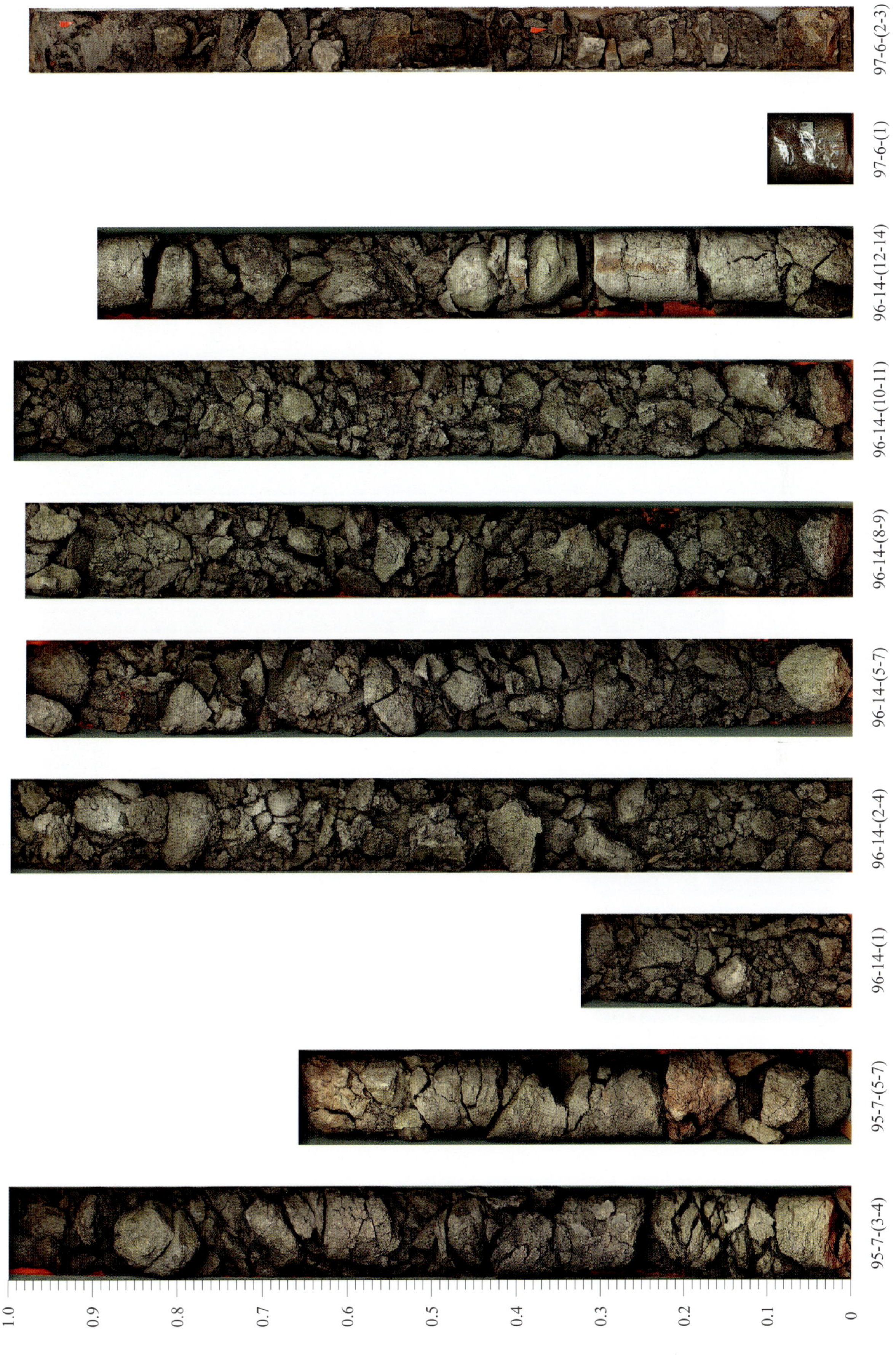
97-6-(2-3)
97-6-(1)
96-14-(12-14)
96-14-(10-11)
96-14-(8-9)
96-14-(5-7)
96-14-(2-4)
96-14-(1)
95-7-(5-7)
95-7-(3-4)
1.0
0.9
0.8
0.7
0.6
0.5
0.4
0.3
0.2
0.1
0

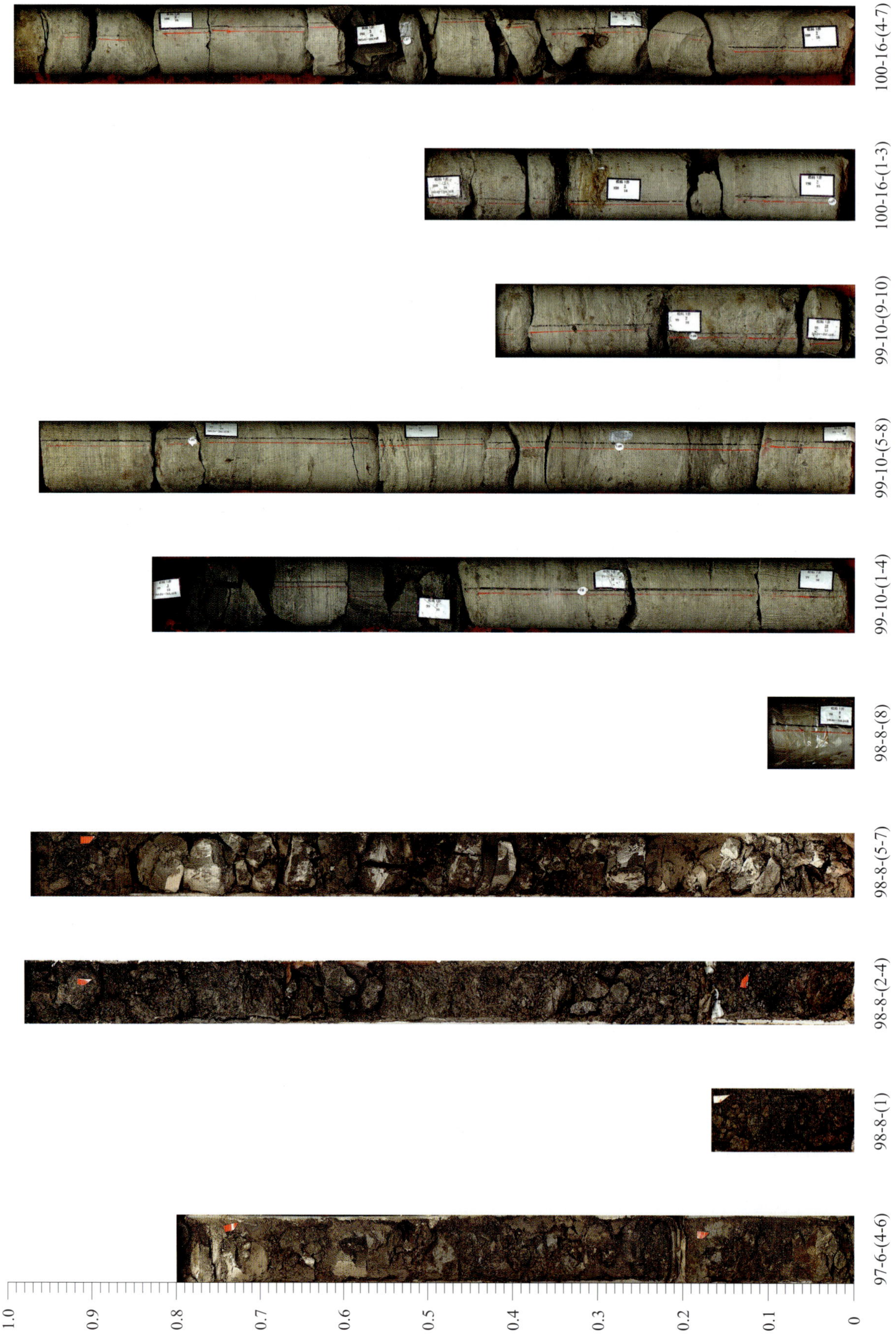
100-16-(4-7)
100-16-(1-3)
99-10-(9-10)
99-10-(5-8)
99-10-(1-4)
98-8-(8)
98-8-(5-7)
98-8-(2-4)
98-8-(1)
97-6-(4-6)
1.0
0.9
0.8
0.7
0.6
0.5
0.4
0.3
0.2
0.1
0

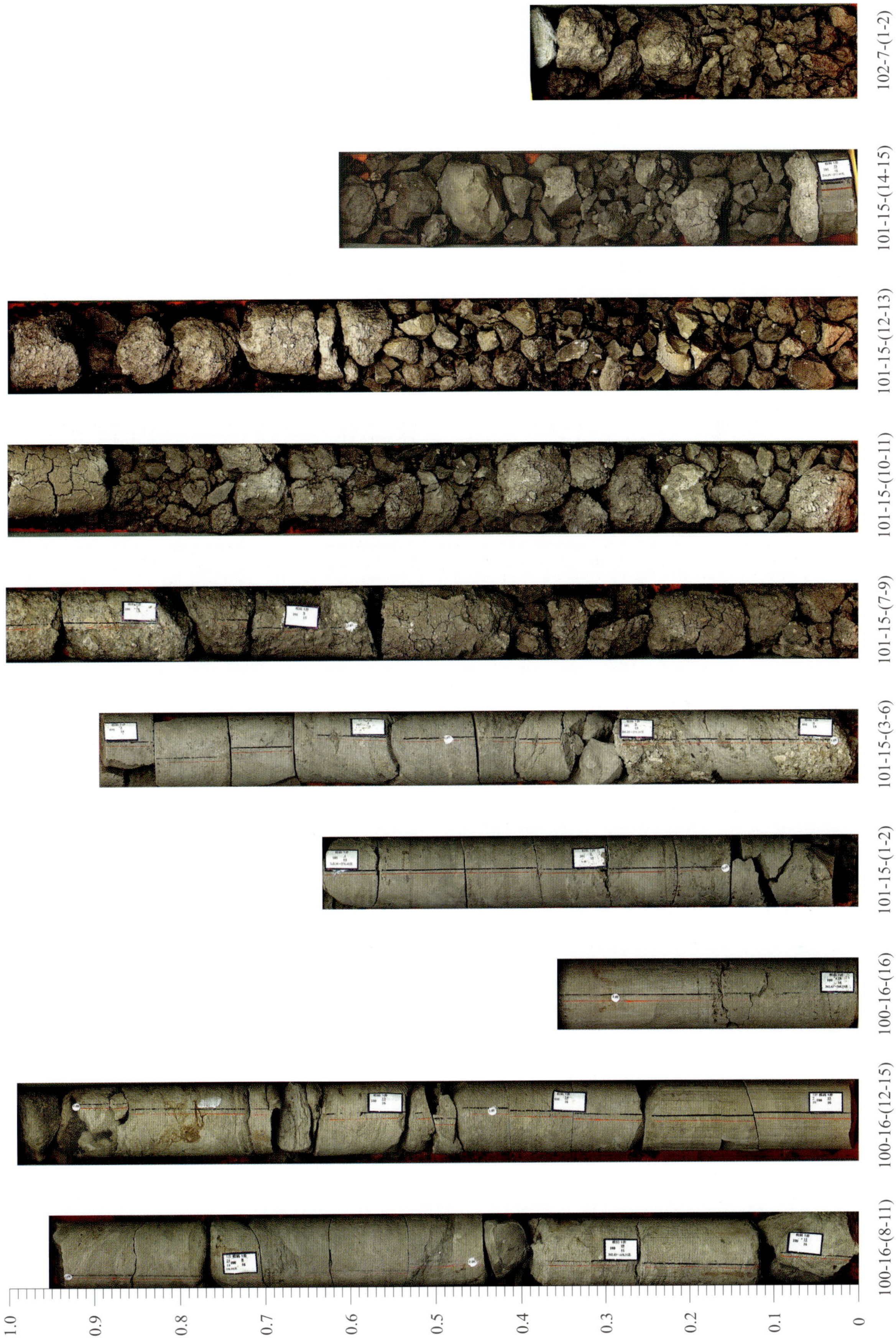
102-7-(1-2)
101-15-(14-15)
101-15-(12-13)
101-15-(10-11)
101-15-(7-9)
101-15-(3-6)
101-15-(1-2)
100-16-(16)
100-16-(12-15)
100-16-(8-11)
1.0
0.9
0.8
0.7
0.6
0.5
0.4
0.3
0.2
0.1
0

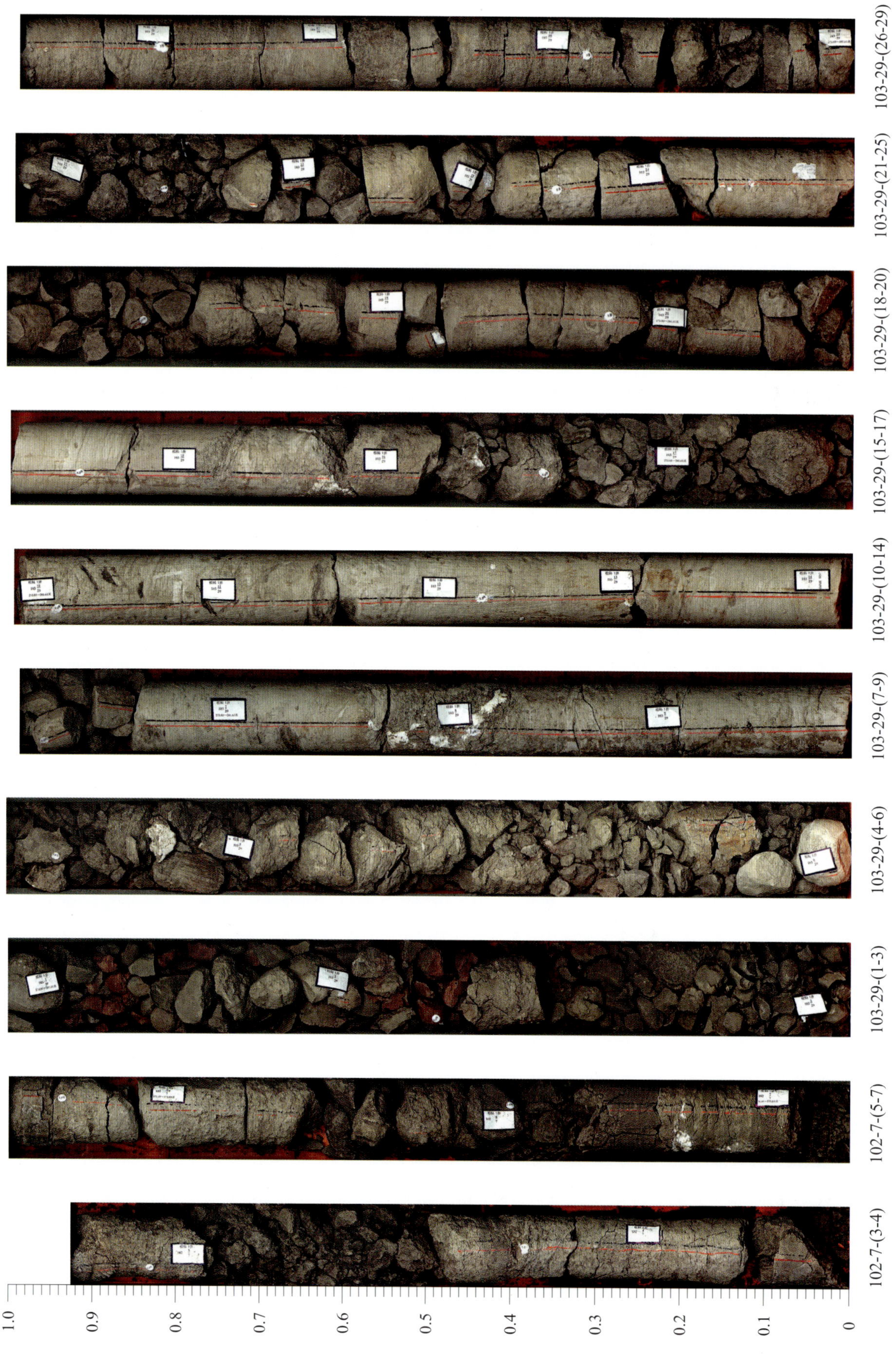
103-29-(26-29)
103-29-(21-25)
103-29-(18-20)
103-29-(15-17)
103-29-(10-14)
103-29-(7-9)
103-29-(4-6)
103-29-(1-3)
102-7-(5-7)
102-7-(3-4)
1.0
0.9
0.8
0.7
0.6
0.5
0.4
0.3
0.2
0.1
0

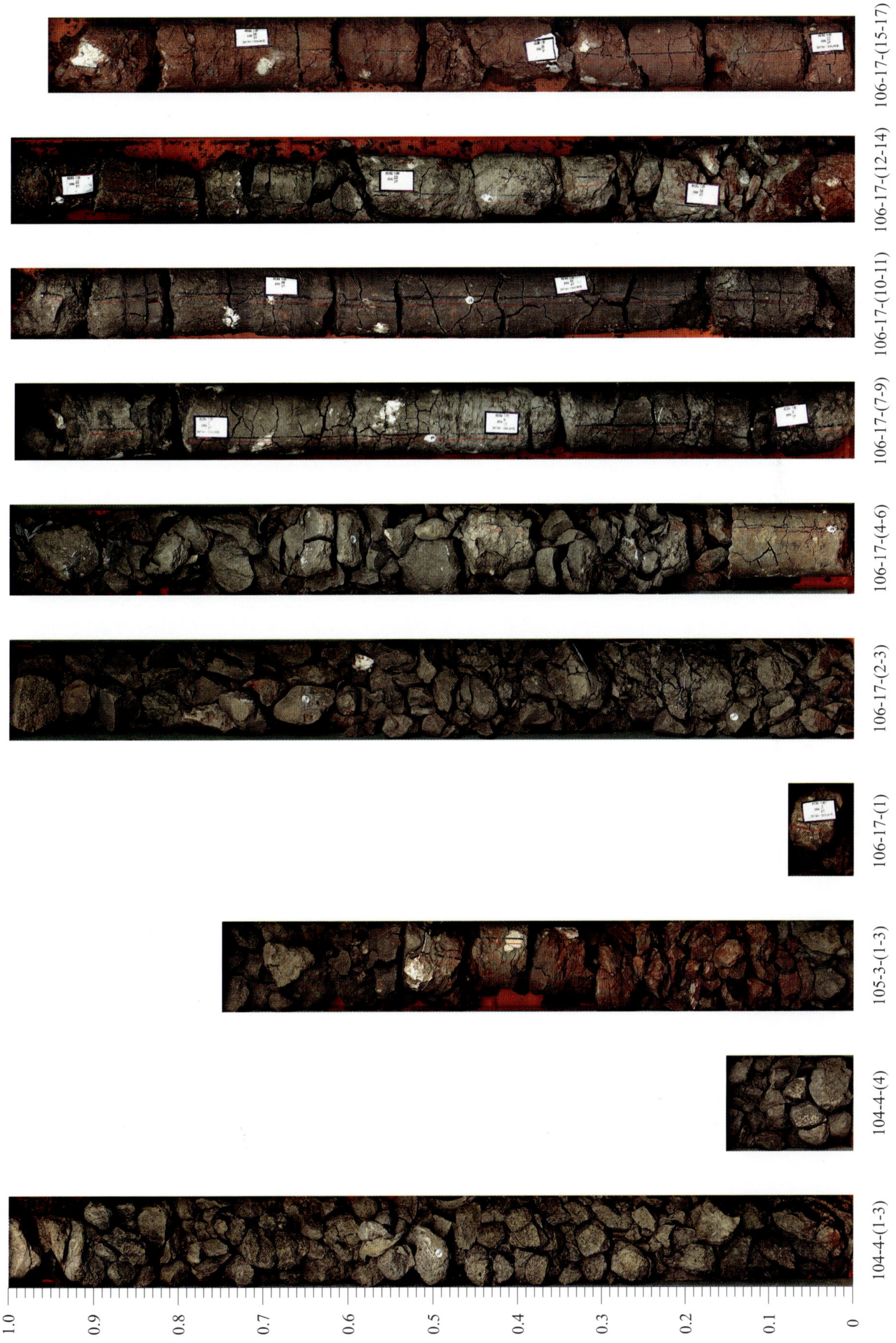
106-17-(15-17)
106-17-(12-14)
106-17-(10-11)
106-17-(7-9)
106-17-(4-6)
106-17-(2-3)
106-17-(1)
105-3-(1-3)
104-4-(4)
104-4-(1-3)
1.0
0.9
0.8
0.7
0.6
0.5
0.4
0.3
0.2
0.1
0

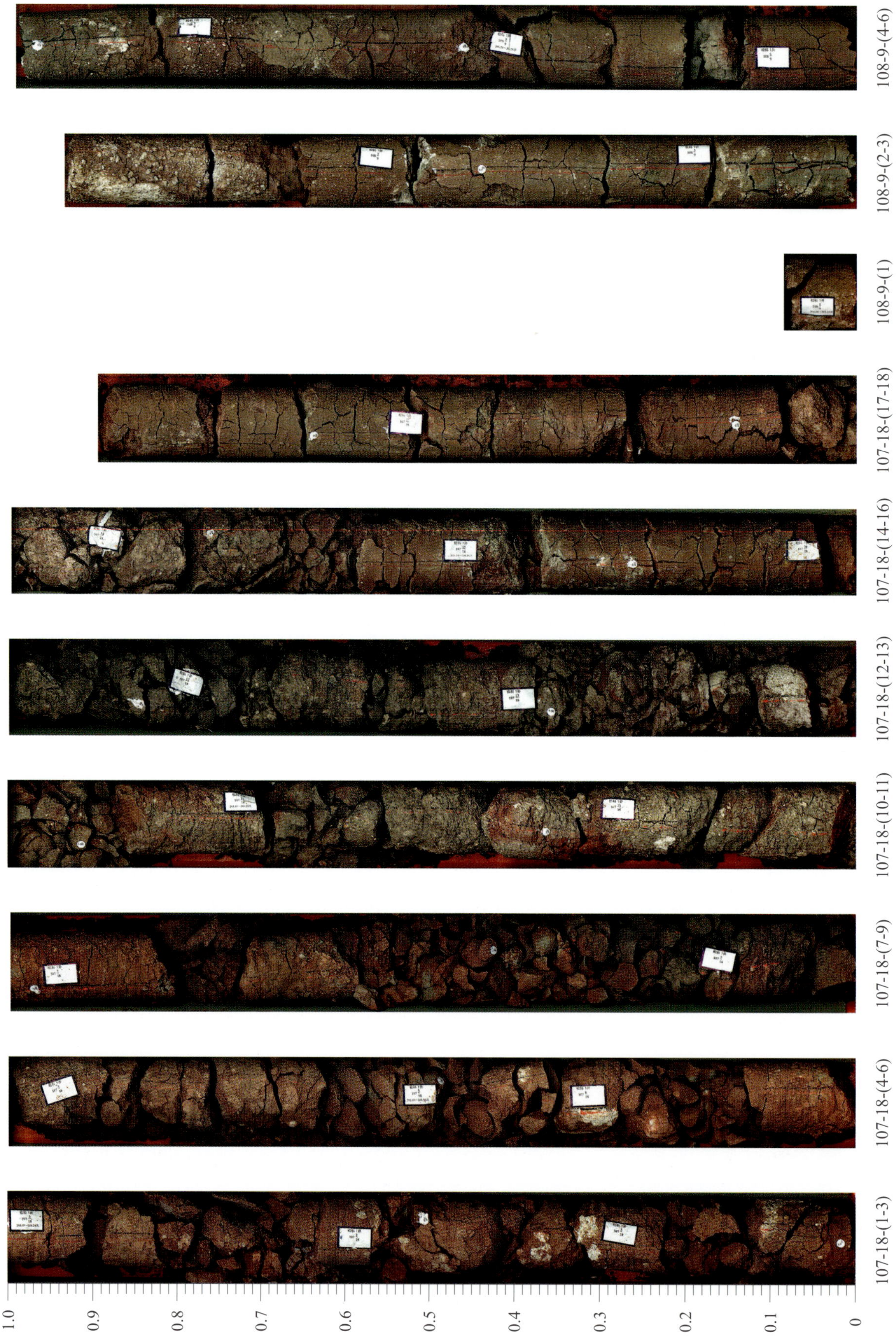
108-9-(4-6)
108-9-(2-3)
108-9-(1)
107-18-(17-18)
107-18-(14-16)
107-18-(12-13)
107-18-(10-11)
107-18-(7-9)
107-18-(4-6)
107-18-(1-3)
1.0
0.9
0.8
0.7
0.6
0.5
0.4
0.3
0.2
0.1
0

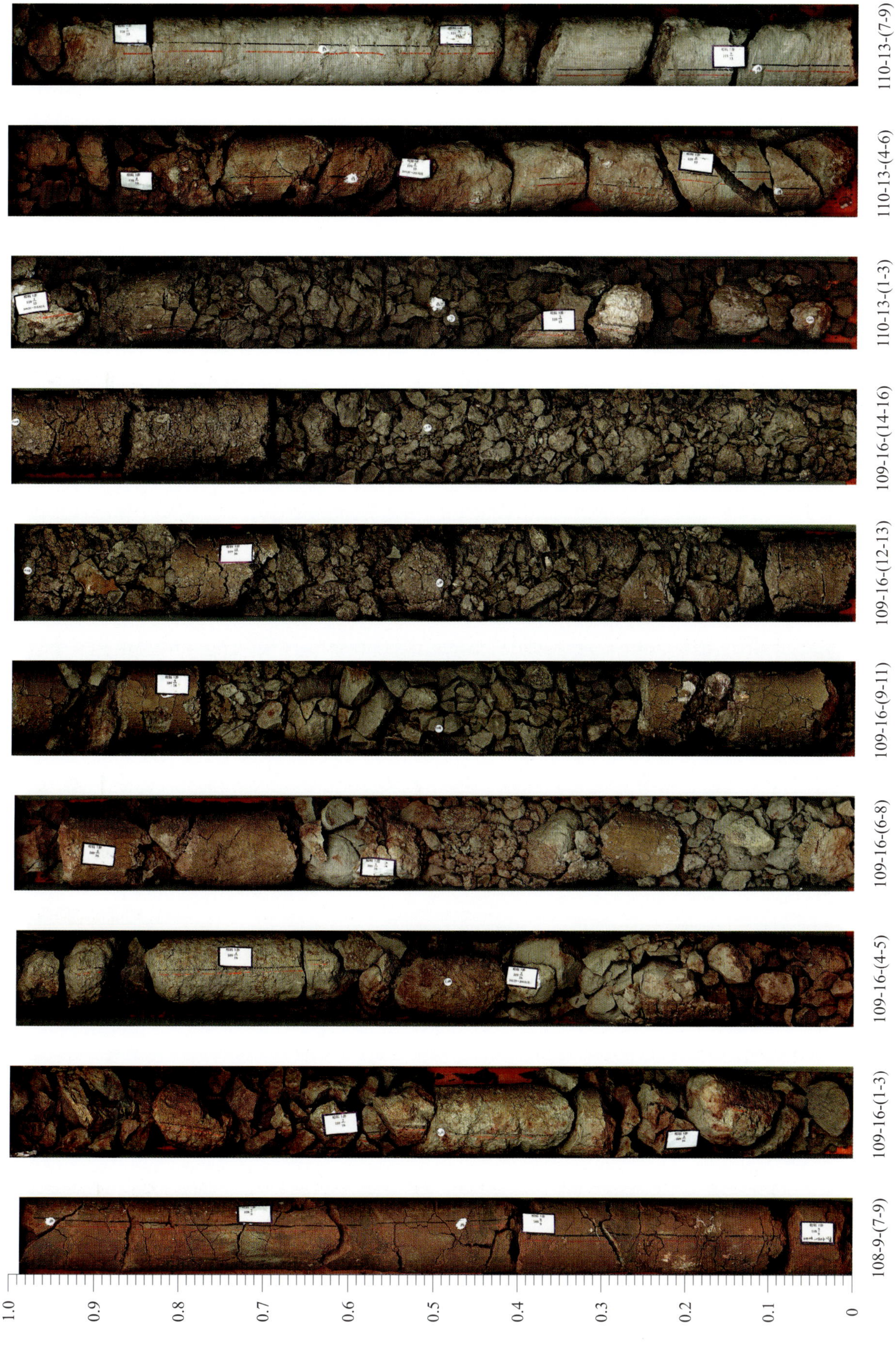
110-13-(7-9)
110-13-(4-6)
110-13-(1-3)
109-16-(14-16)
109-16-(12-13)
109-16-(9-11)
109-16-(6-8)
109-16-(4-5)
109-16-(1-3)
108-9-(7-9)
1.0
0.9
0.8
0.7
0.6
0.5
0.4
0.3
0.2
0.1
0

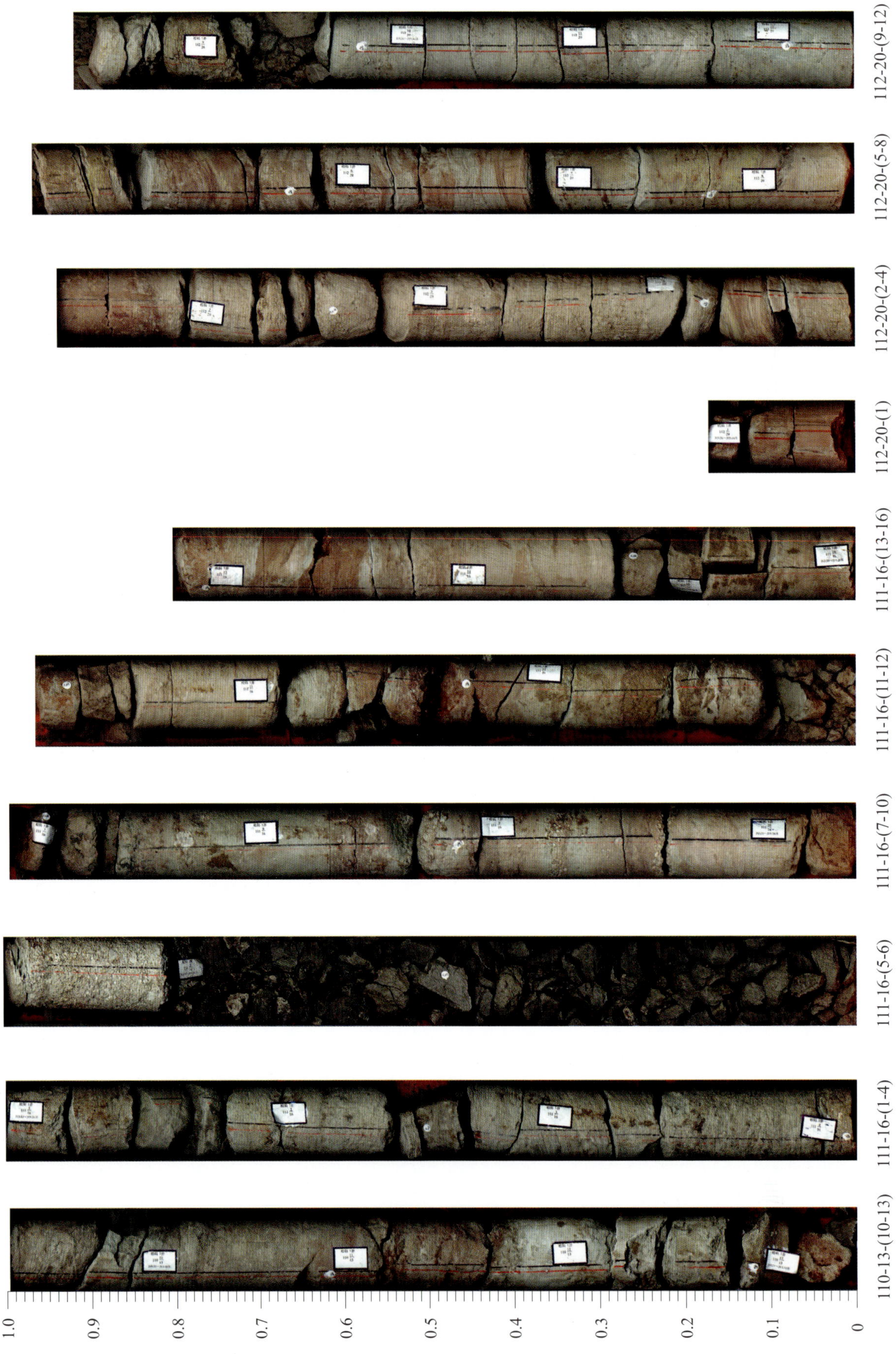
112-20-(9-12)
112-20-(5-8)
112-20-(2-4)
112-20-(1)
111-16-(13-16)
111-16-(11-12)
111-16-(7-10)
111-16-(5-6)
111-16-(1-4)
110-13-(10-13)
1.0
0.9
0.8
0.7
0.6
0.5
0.4
0.3
0.2
0.1
0

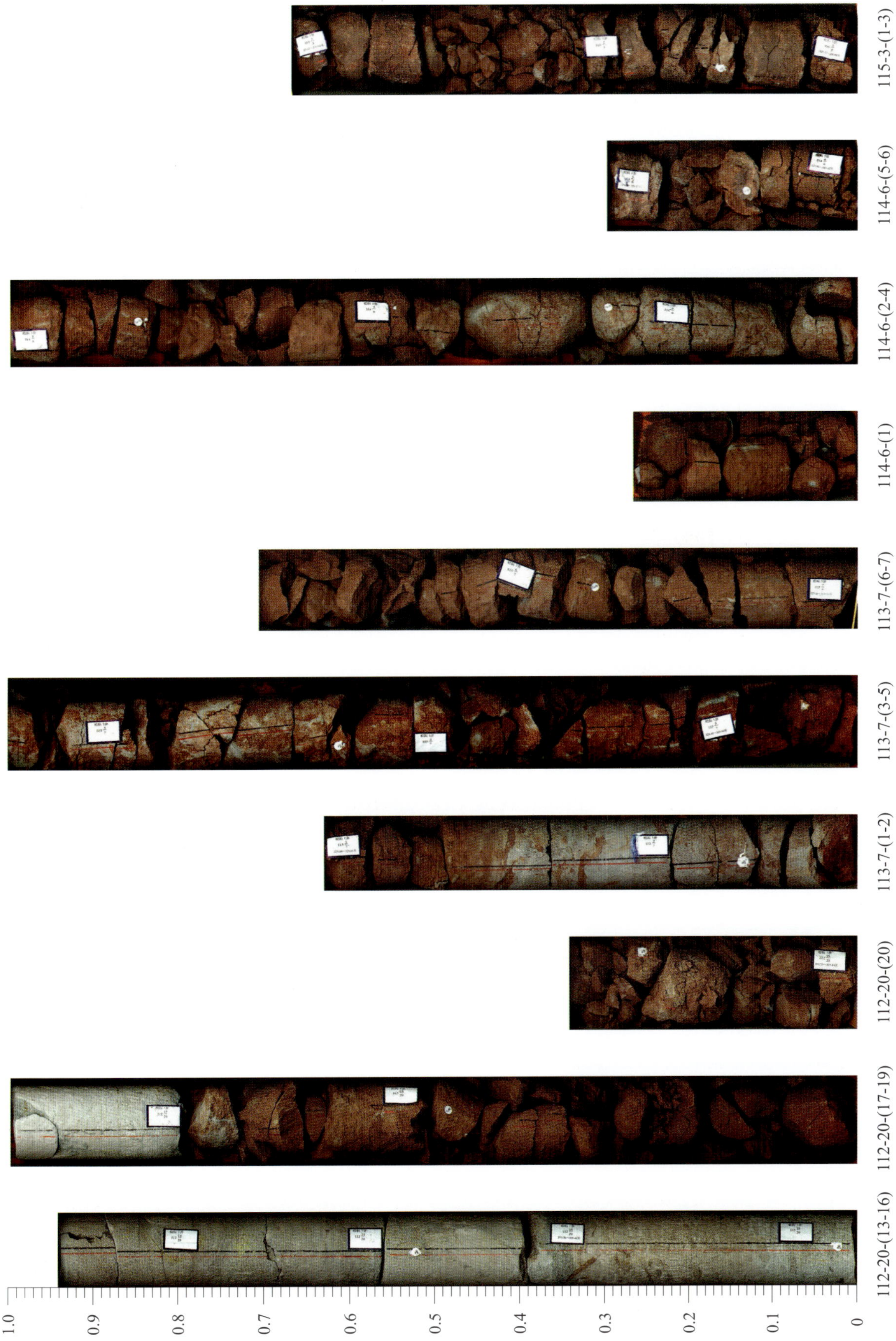
115-3-(1-3)
114-6-(5-6)
114-6-(2-4)
114-6-(1)
113-7-(6-7)
113-7-(3-5)
113-7-(1-2)
112-20-(20)
112-20-(17-19)
112-20-(13-16)
1.0
0.9
0.8
0.7
0.6
0.5
0.4
0.3
0.2
0.1
0

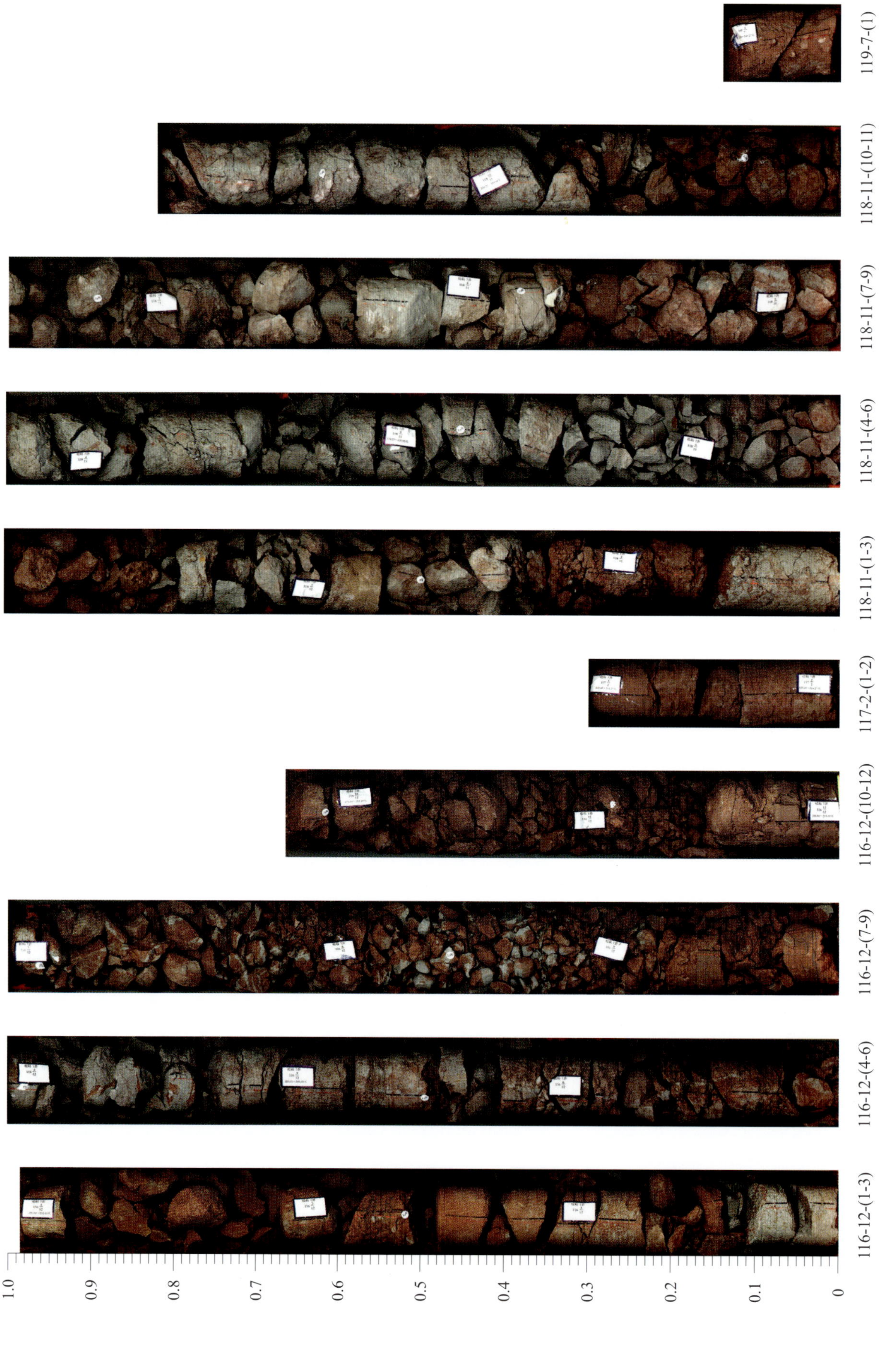
119-7-(1)
118-11-(10-11)
118-11-(7-9)
118-11-(4-6)
118-11-(1-3)
117-2-(1-2)
116-12-(10-12)
116-12-(7-9)
116-12-(4-6)
116-12-(1-3)
1.0
0.9
0.8
0.7
0.6
0.5
0.4
0.3
0.2
0.1
0

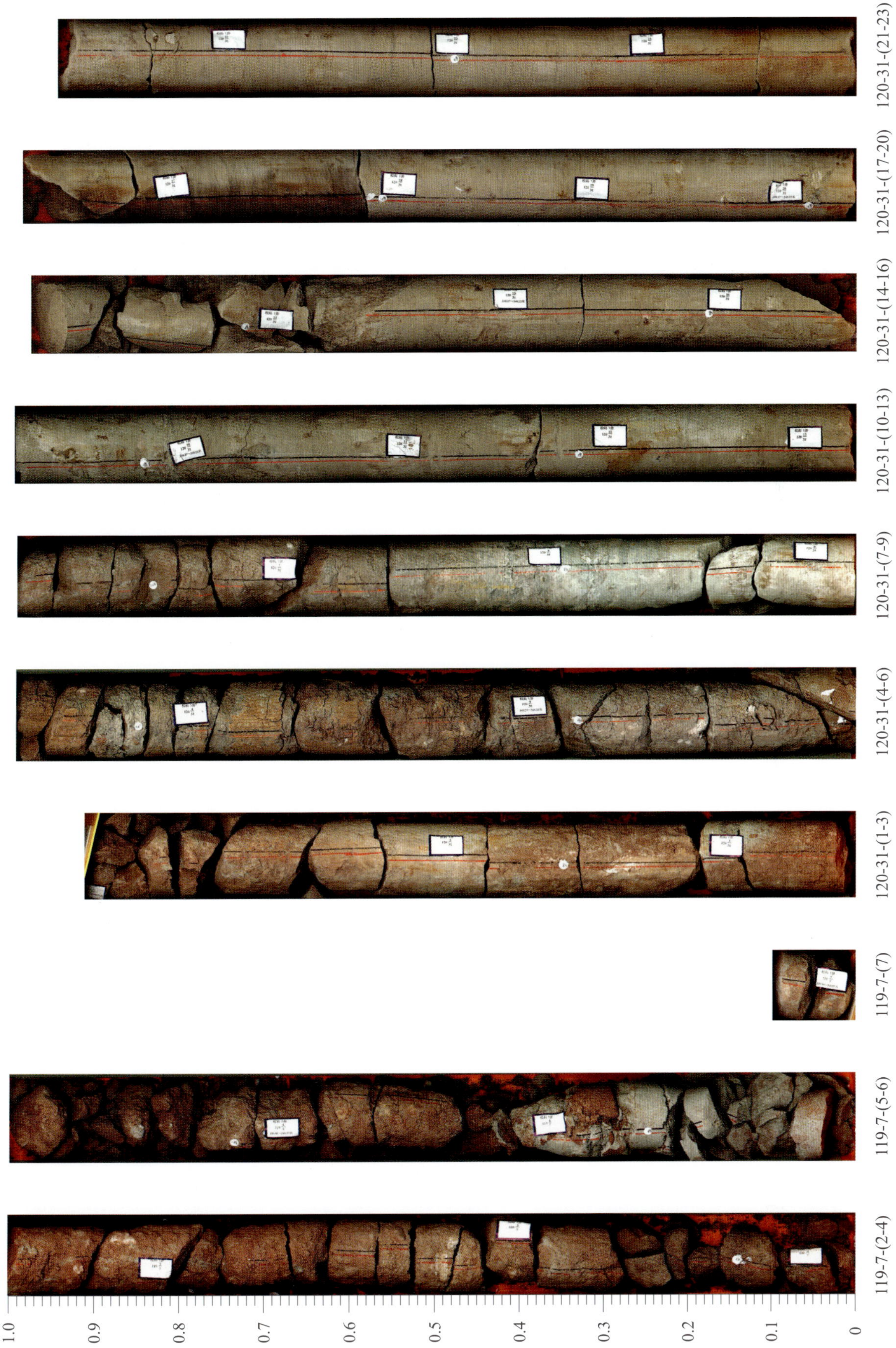
120-31-(21-23)
120-31-(17-20)
120-31-(14-16)
120-31-(10-13)
120-31-(7-9)
120-31-(4-6)
120-31-(1-3)
119-7-(7)
119-7-(5-6)
119-7-(2-4)
1.0
0.9
0.8
0.7
0.6
0.5
0.4
0.3
0.2
0.1
0

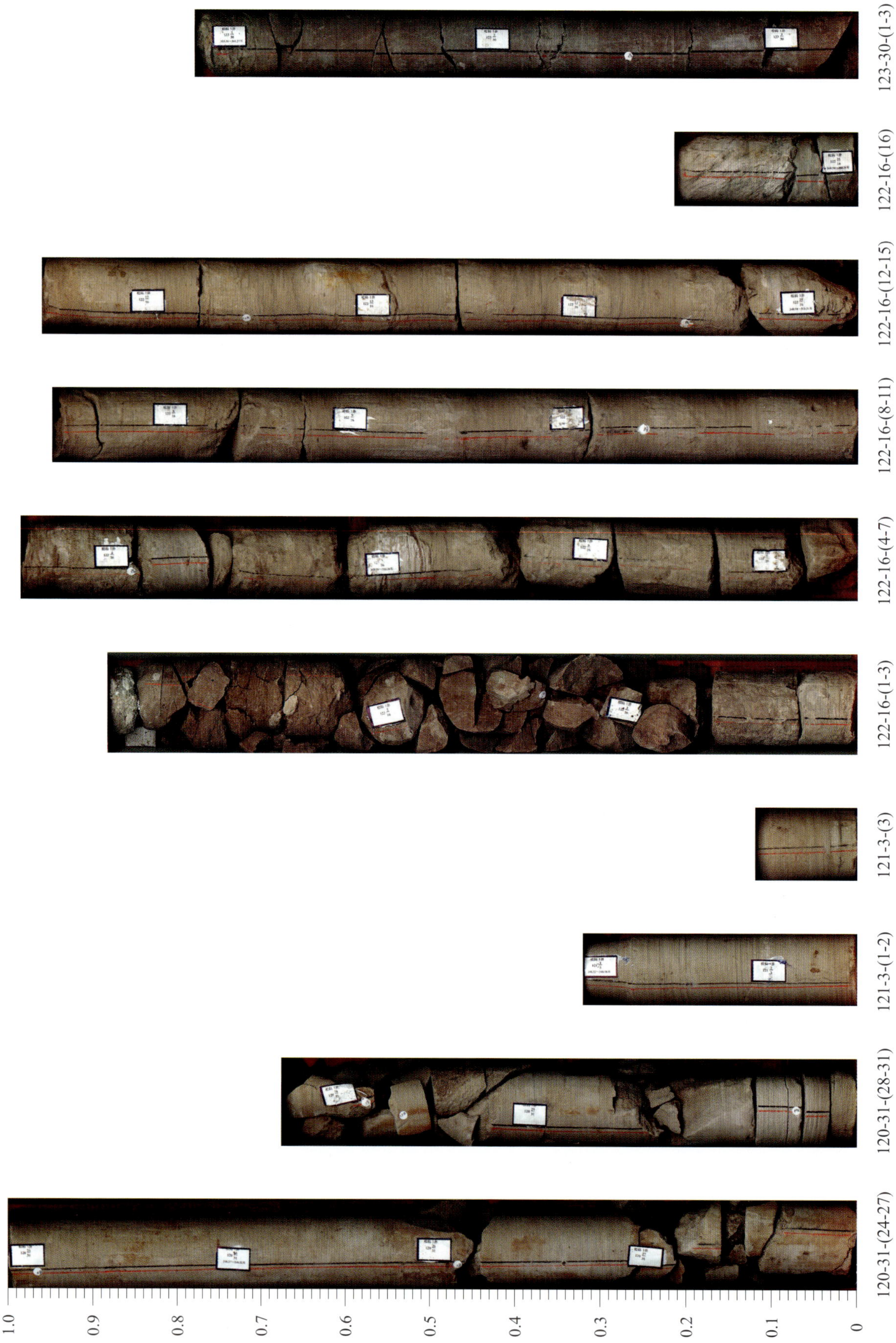
123-30-(1-3)
122-16-(16)
122-16-(12-15)
122-16-(8-11)
122-16-(4-7)
122-16-(1-3)
121-3-(3)
121-3-(1-2)
120-31-(28-31)
120-31-(24-27)
1.0
0.9
0.8
0.7
0.6
0.5
0.4
0.3
0.2
0.1
0

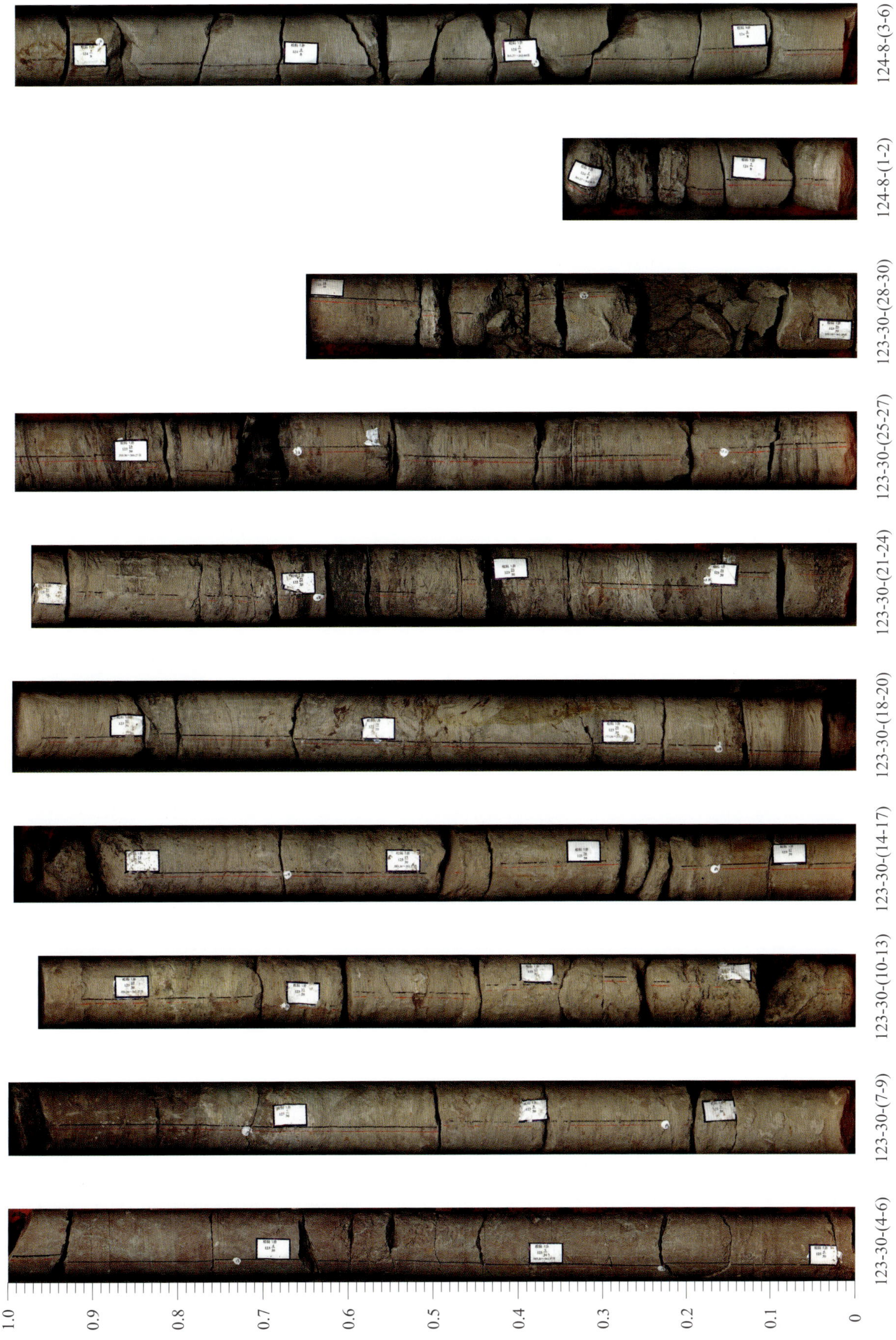
124-8-(3-6)
124-8-(1-2)
123-30-(28-30)
123-30-(25-27)
123-30-(21-24)
123-30-(18-20)
123-30-(14-17)
123-30-(10-13)
123-30-(7-9)
123-30-(4-6)
1.0
0.9
0.8
0.7
0.6
0.5
0.4
0.3
0.2
0.1
0

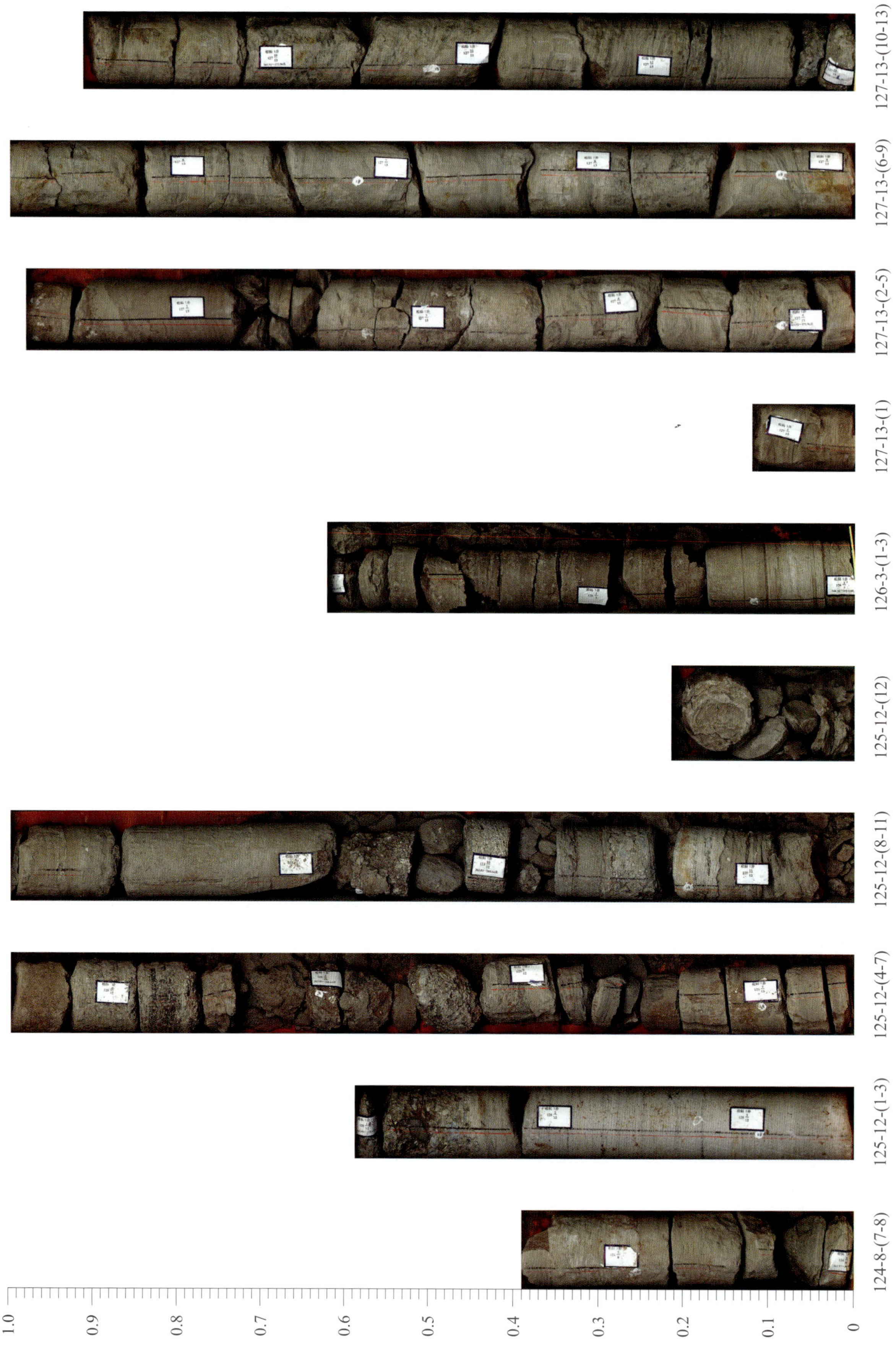
127-13-(10-13)
127-13-(6-9)
127-13-(2-5)
127-13-(1)
126-3-(1-3)
125-12-(12)
125-12-(8-11)
125-12-(4-7)
125-12-(1-3)
124-8-(7-8)
1.0
0.9
0.8
0.7
0.6
0.5
0.4
0.3
0.2
0.1
0

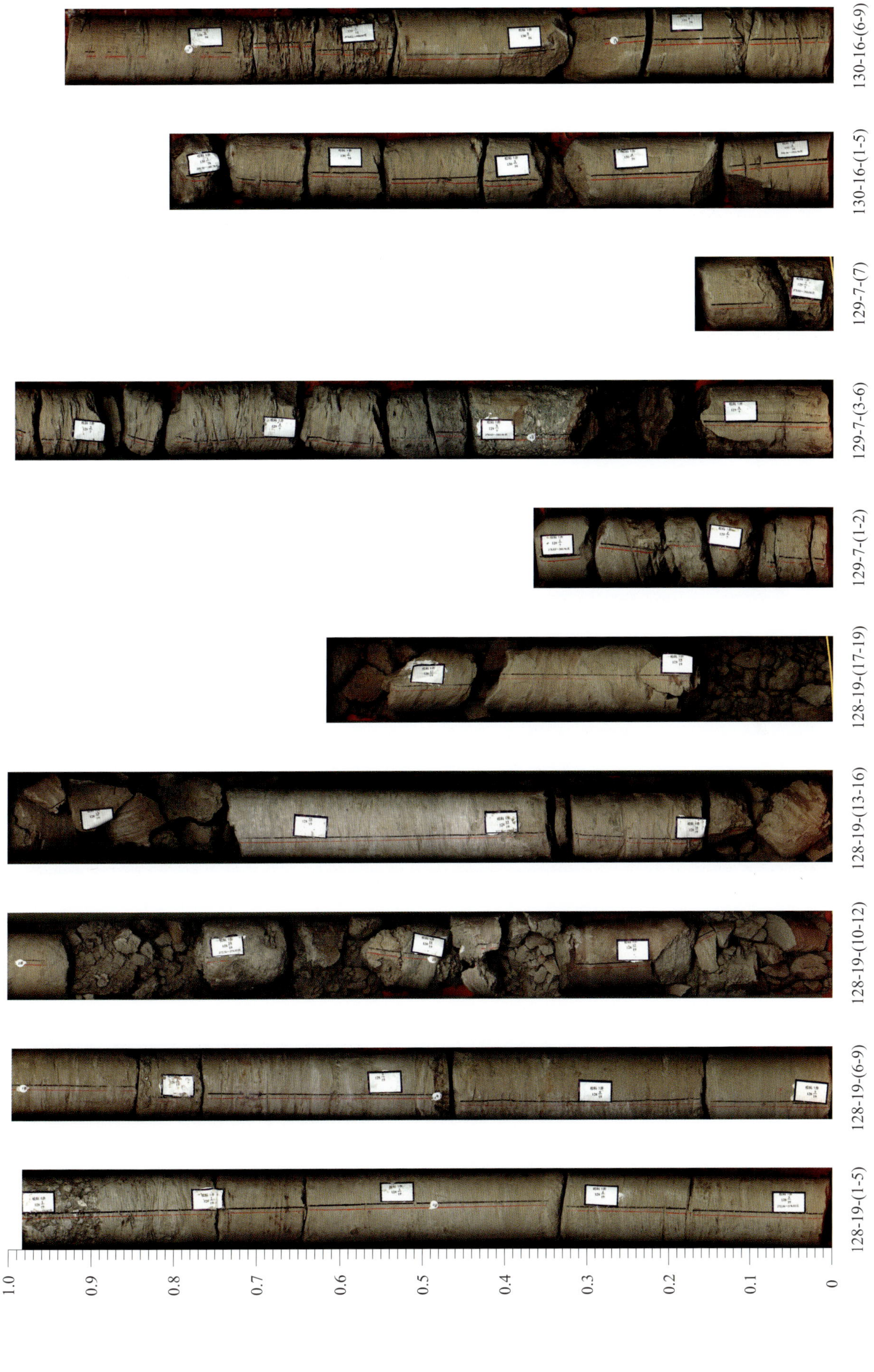
130-16-(6-9)
130-16-(1-5)
129-7-(7)
129-7-(3-6)
129-7-(1-2)
128-19-(17-19)
128-19-(13-16)
128-19-(10-12)
128-19-(6-9)
128-19-(1-5)
1.0
0.9
0.8
0.7
0.6
0.5
0.4
0.3
0.2
0.1
0

132-26-(19-23)
132-26-(14-18)
132-26-(12-13)
132-26-(10-11)
132-26-(7-9)
132-26-(5-6)
132-26-(1-4)
131-2-(1-2)
130-16-(14-16)
130-16-(10-13)
1.0
0.9
0.8
0.7
0.6
0.5
0.4
0.3
0.2
0.1
0

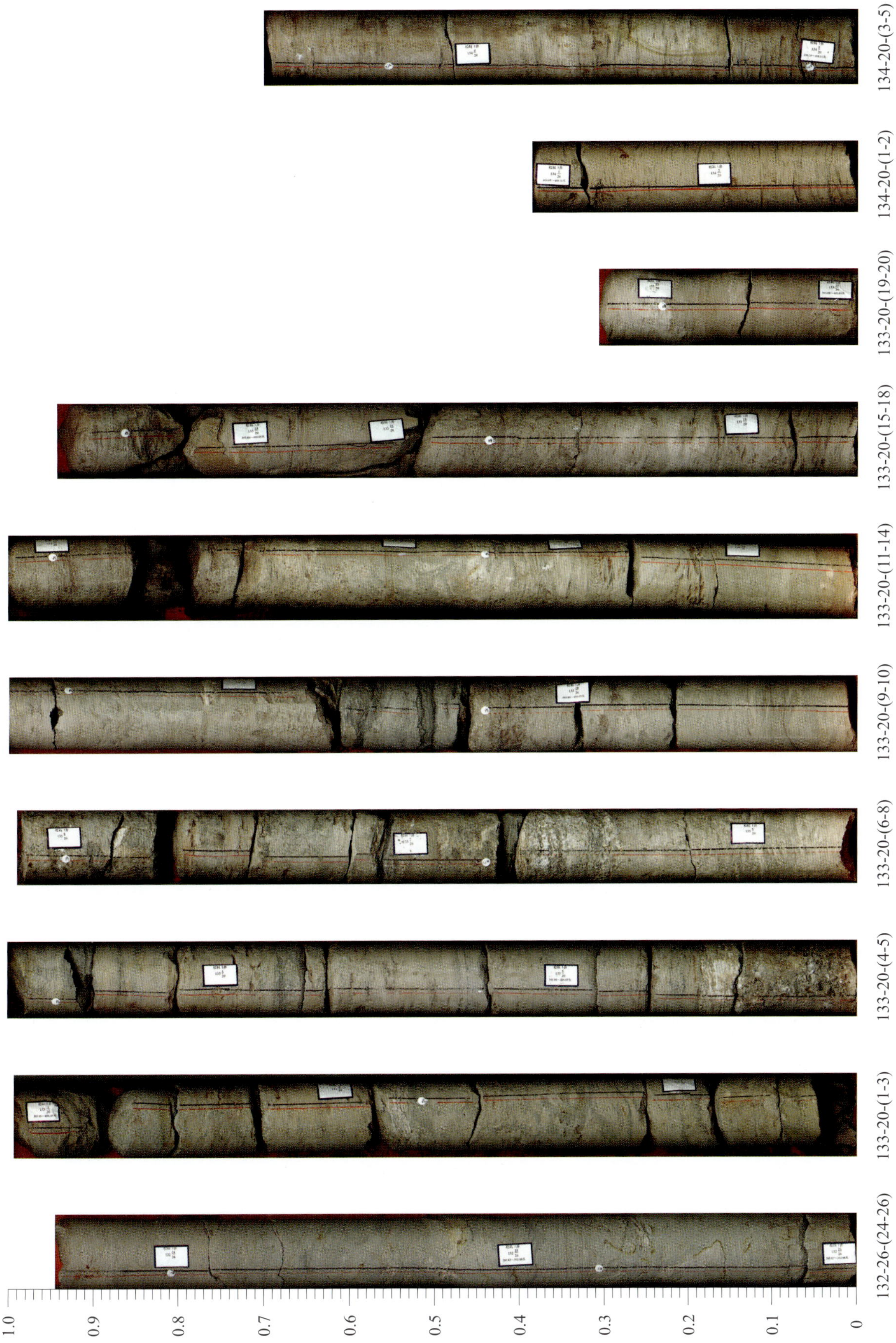

134-20-(3-5)
134-20-(1-2)
133-20-(19-20)
133-20-(15-18)
133-20-(11-14)
133-20-(9-10)
133-20-(6-8)
133-20-(4-5)
133-20-(1-3)
132-26-(24-26)
1.0
0.9
0.8
0.7
0.6
0.5
0.4
0.3
0.2
0.1
0

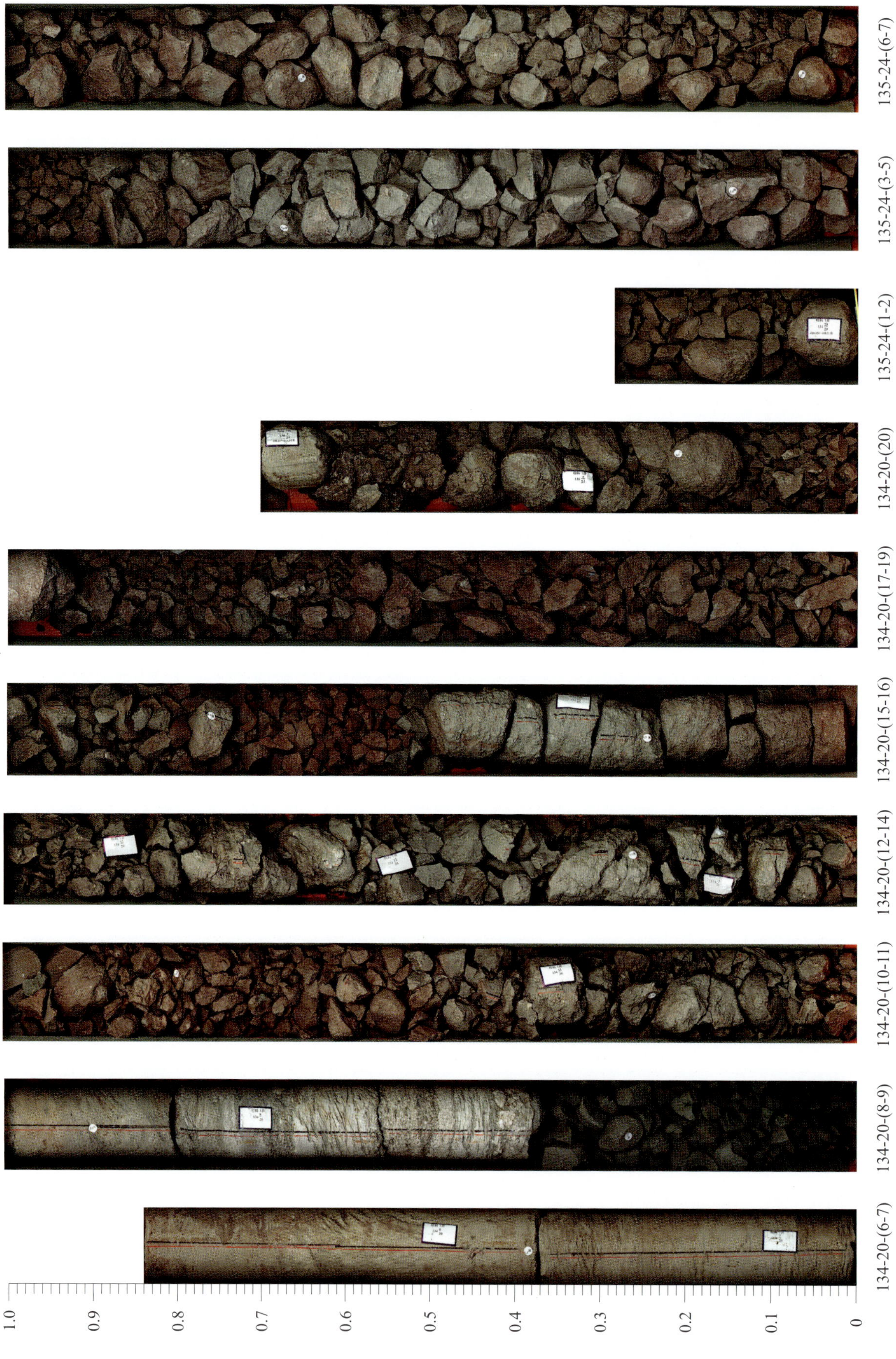
135-24-(6-7)
135-24-(3-5)
135-24-(1-2)
134-20-(20)
134-20-(17-19)
134-20-(15-16)
134-20-(12-14)
134-20-(10-11)
134-20-(8-9)
134-20-(6-7)
1.0
0.9
0.8
0.7
0.6
0.5
0.4
0.3
0.2
0.1
0

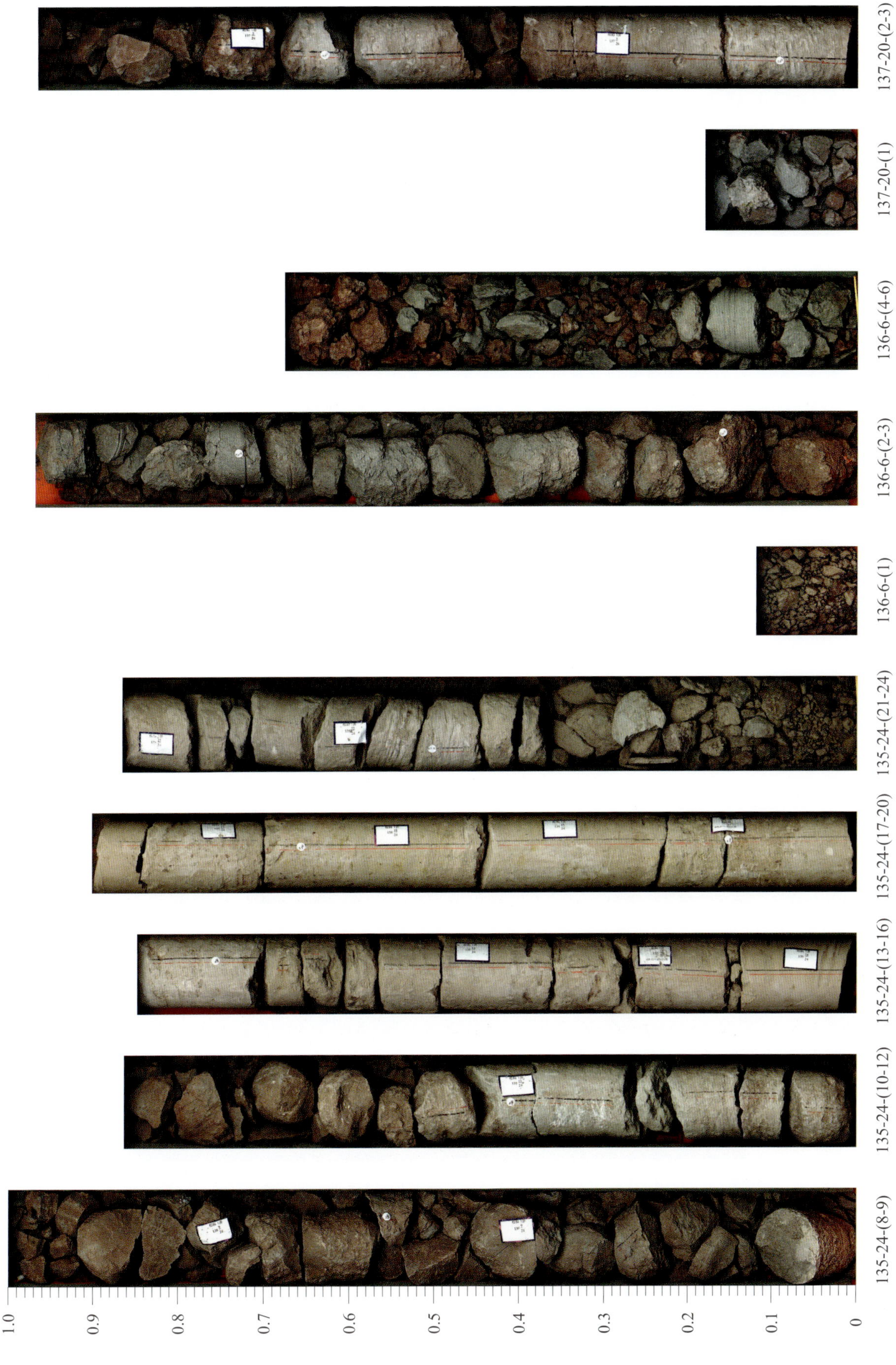
137-20-(2-3)
137-20-(1)
136-6-(4-6)
136-6-(2-3)
136-6-(1)
135-24-(21-24)
135-24-(17-20)
135-24-(13-16)
135-24-(10-12)
135-24-(8-9)
1.0
0.9
0.8
0.7
0.6
0.5
0.4
0.3
0.2
0.1
0

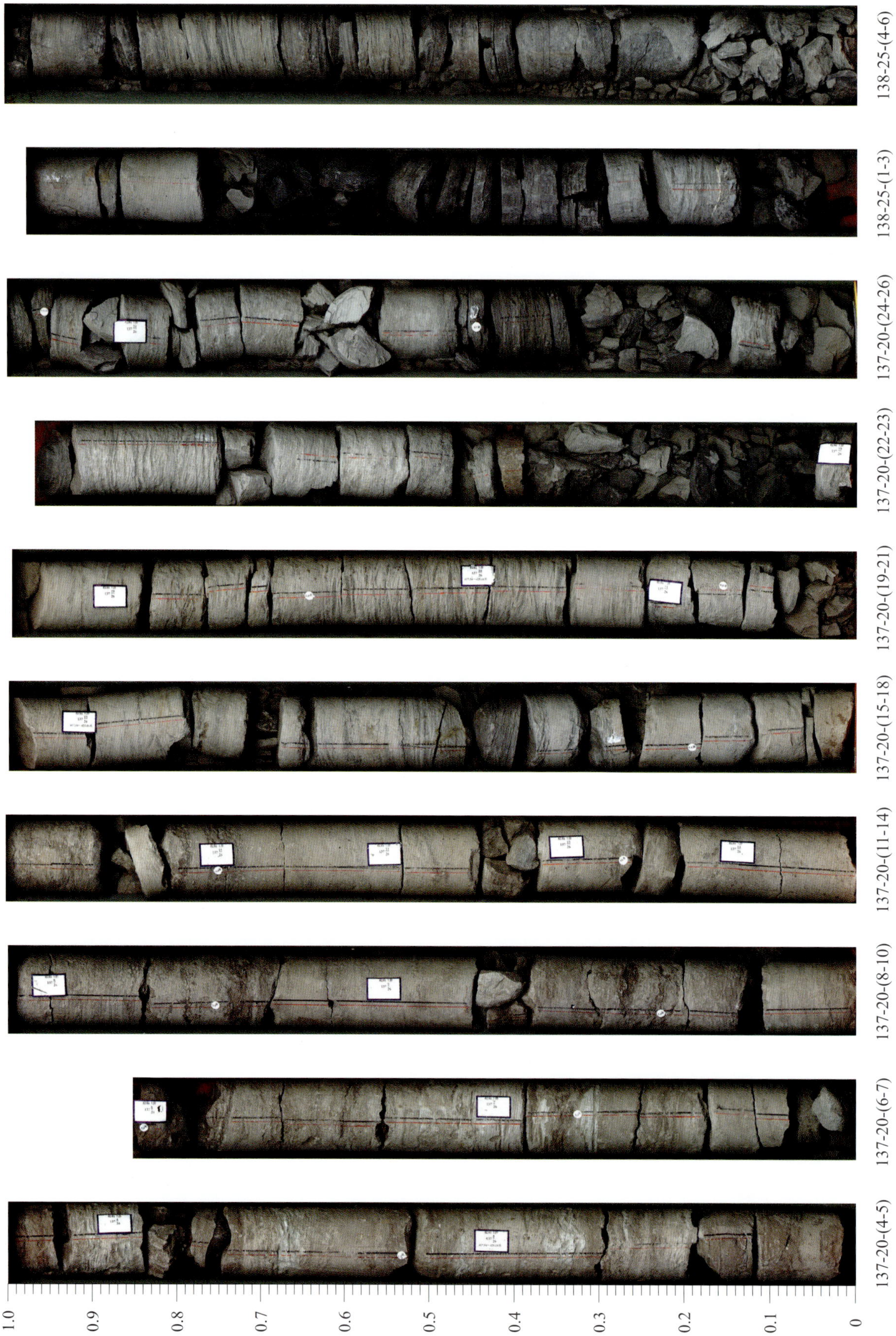
138-25-(4-6)
138-25-(1-3)
137-20-(24-26)
137-20-(22-23)
137-20-(19-21)
137-20-(15-18)
137-20-(11-14)
137-20-(8-10)
137-20-(6-7)
137-20-(4-5)
1.0
0.9
0.8
0.7
0.6
0.5
0.4
0.3
0.2
0.1
0

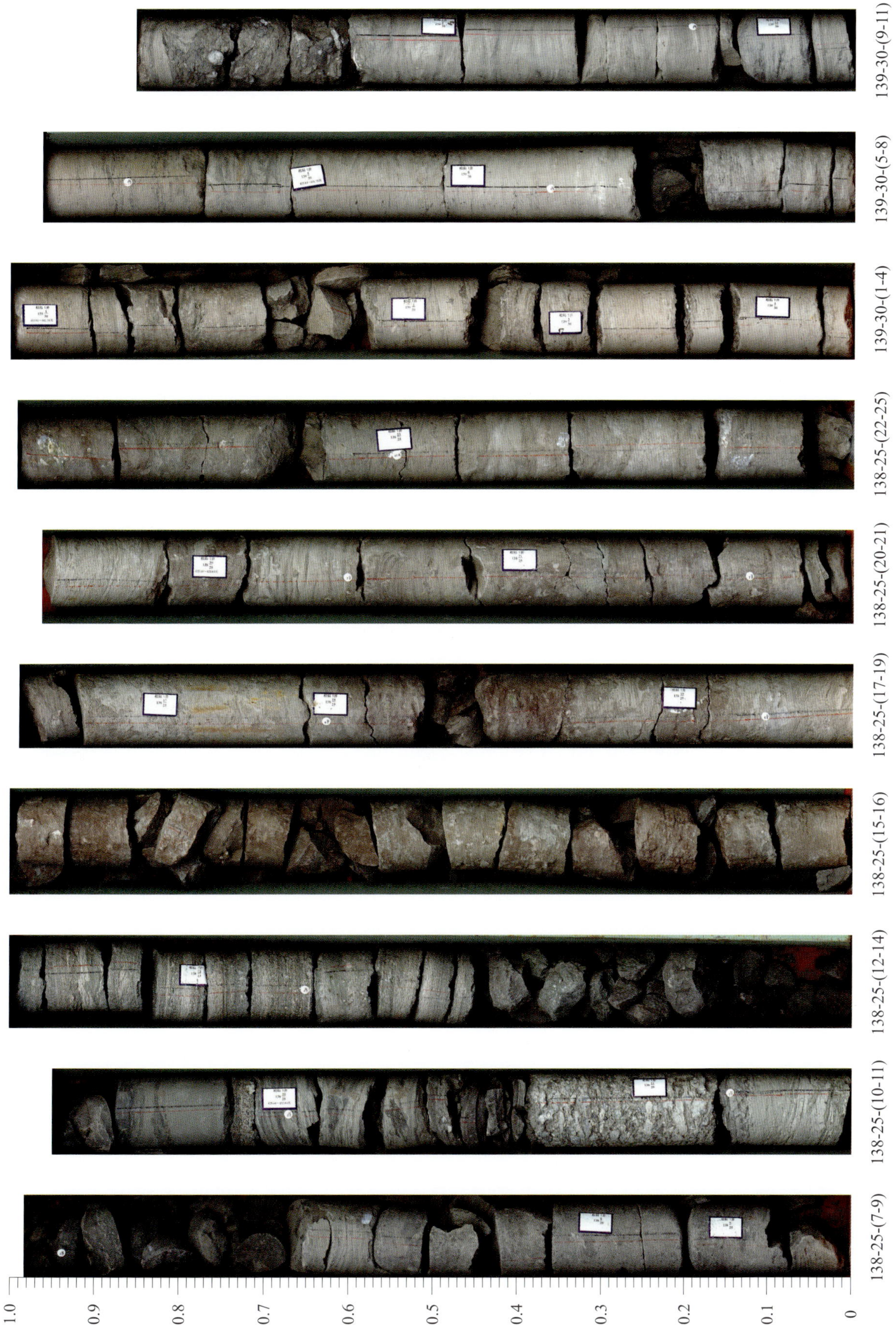
139-30-(9-11)
139-30-(5-8)
139-30-(1-4)
138-25-(22-25)
138-25-(20-21)
138-25-(17-19)
138-25-(15-16)
138-25-(12-14)
138-25-(10-11)
138-25-(7-9)
1.0
0.9
0.8
0.7
0.6
0.5
0.4
0.3
0.2
0.1
0

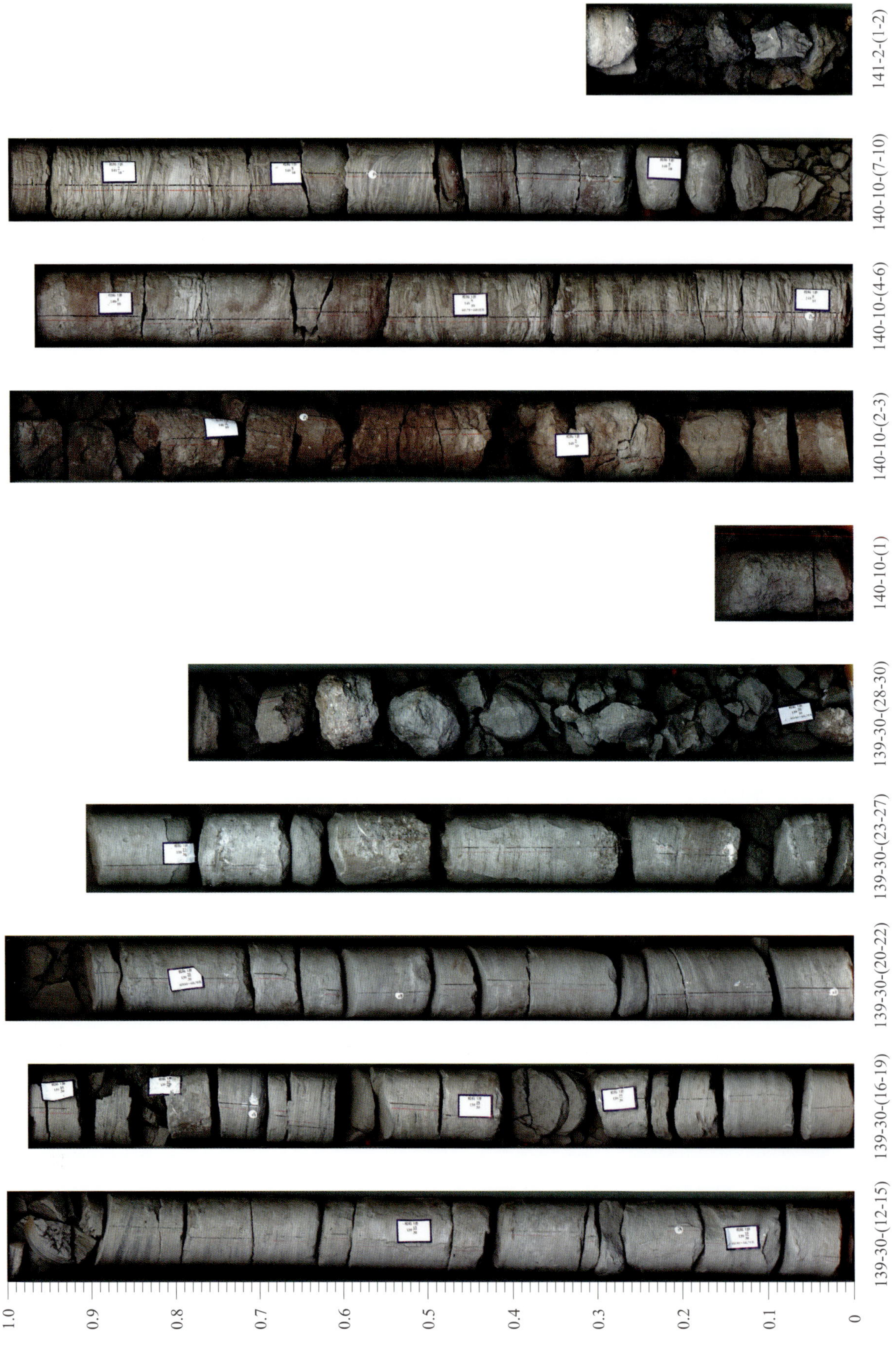
141-2-(1-2)
140-10-(7-10)
140-10-(4-6)
140-10-(2-3)
140-10-(1)
139-30-(28-30)
139-30-(23-27)
139-30-(20-22)
139-30-(16-19)
139-30-(12-15)
1.0
0.9
0.8
0.7
0.6
0.5
0.4
0.3
0.2
0.1
0

144-20-(1)
143-21-(19-21)
143-21-(16-18)
143-21-(14-15)
143-21-(10-13)
143-21-(6-9)
143-21-(4-5)
143-21-(1-3)
142-5-(3-5)
142-5-(1-2)
1.0
0.9
0.8
0.7
0.6
0.5
0.4
0.3
0.2
0.1
0

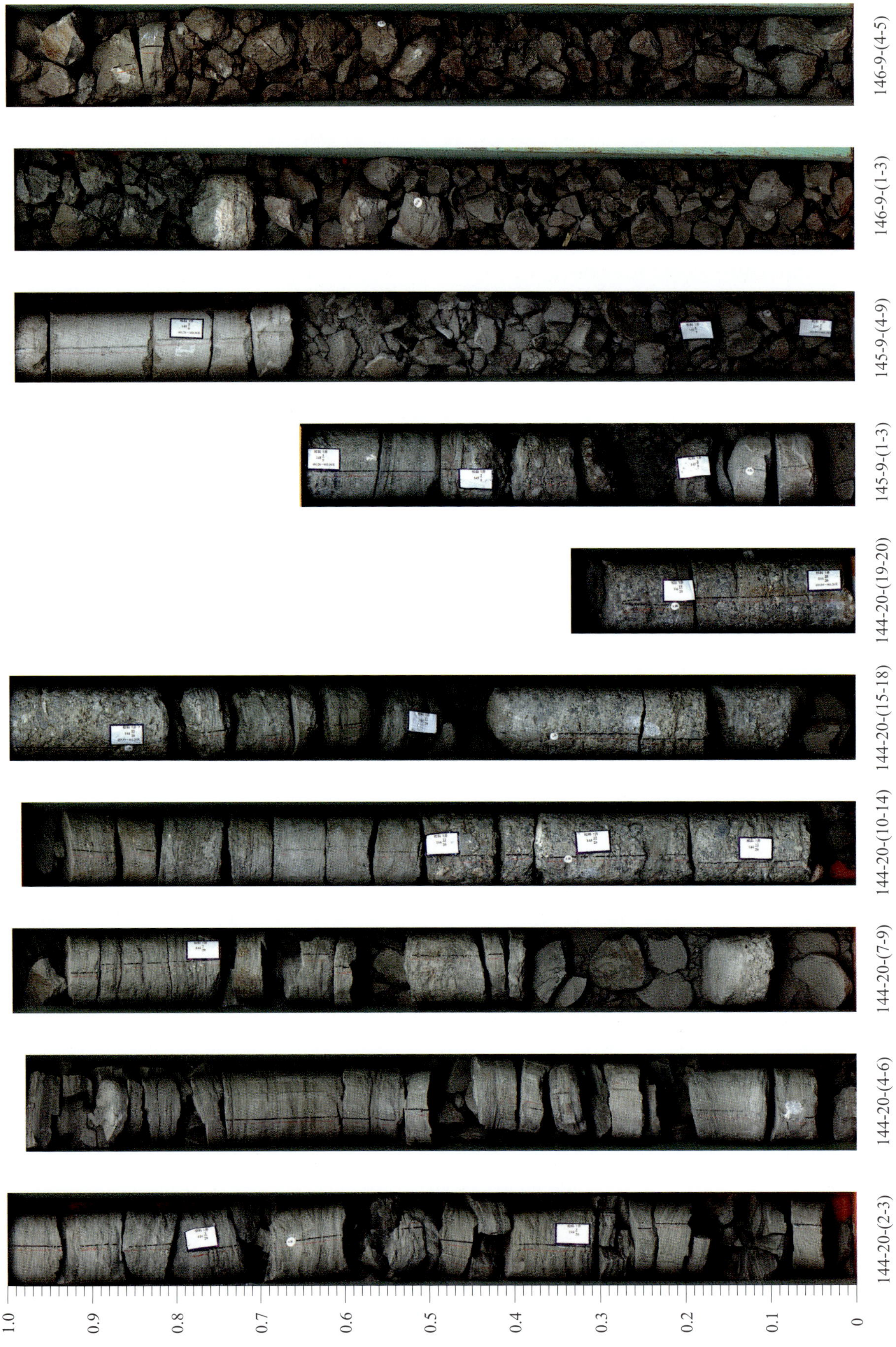
146-9-(4-5)
146-9-(1-3)
145-9-(4-9)
145-9-(1-3)
144-20-(19-20)
144-20-(15-18)
144-20-(10-14)
144-20-(7-9)
144-20-(4-6)
144-20-(2-3)
1.0
0.9
0.8
0.7
0.6
0.5
0.4
0.3
0.2
0.1
0

150-19-(1-3)
149-11-(9-11)
149-11-(7-8)
149-11-(5-6)
149-11-(2-4)
149-11-(1)
147-5-(3-5)
147-5-(1-2)
146-9-(9)
146-9-(6-8)
1.0
0.9
0.8
0.7
0.6
0.5
0.4
0.3
0.2
0.1
0

153-8-(4-6)
153-8-(1-3)
151-6-(4-6)
151-6-(1-3)
150-19-(17-19)
150-19-(15-16)
150-19-(12-14)
150-19-(10-11)
150-19-(7-9)
150-19-(4-6)
1.0
0.9
0.8
0.7
0.6
0.5
0.4
0.3
0.2
0.1
0

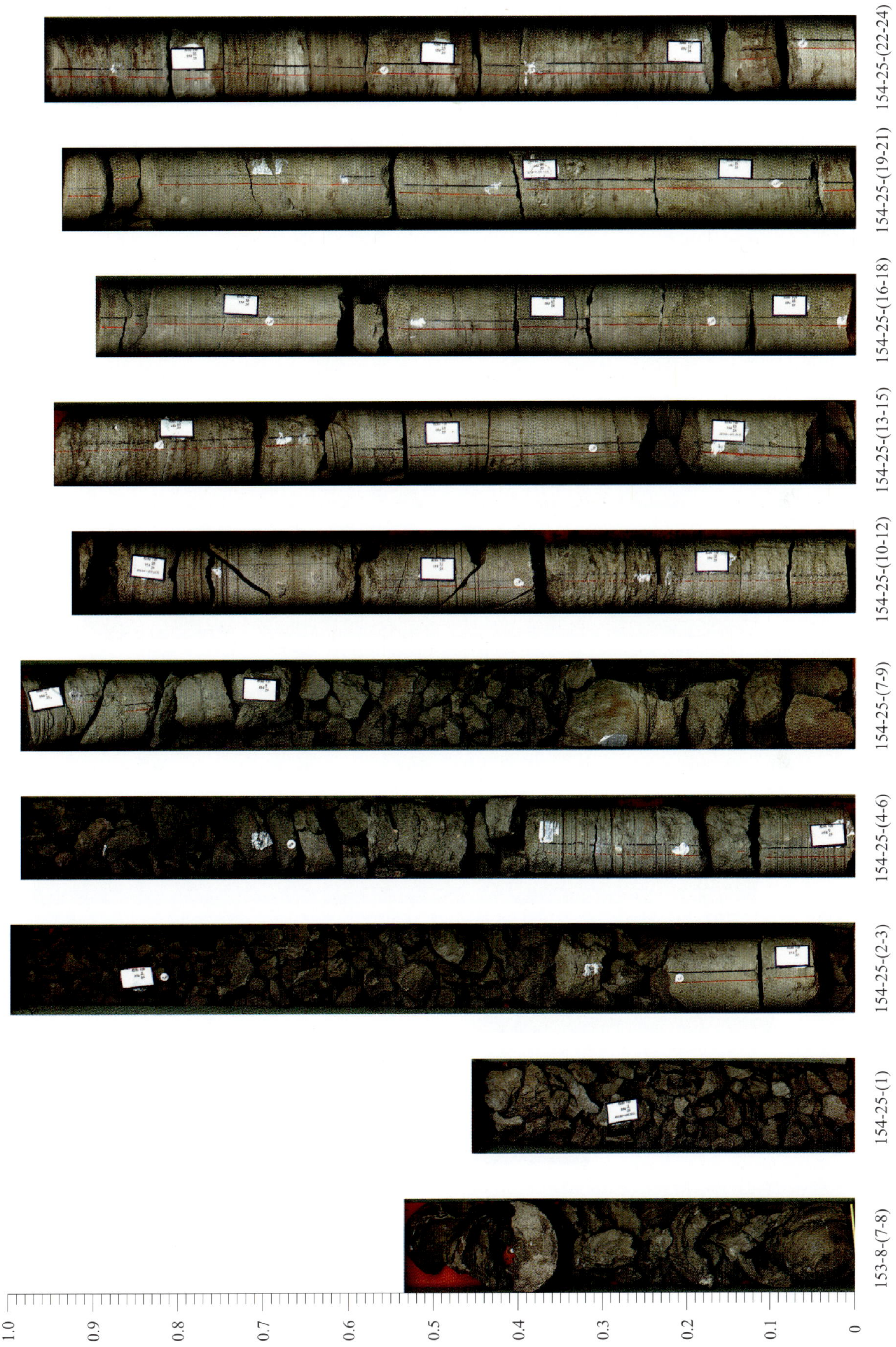
154-25-(22-24)
154-25-(19-21)
154-25-(16-18)
154-25-(13-15)
154-25-(10-12)
154-25-(7-9)
154-25-(4-6)
154-25-(2-3)
154-25-(1)
153-8-(7-8)
1.0
0.9
0.8
0.7
0.6
0.5
0.4
0.3
0.2
0.1
0

155-34-(33-34)
155-34-(31-32)
155-34-(26-30)
155-34-(22-25)
155-34-(17-21)
155-34-(13-16)
155-34-(9-12)
155-34-(5-8)
155-34-(1-4)
154-25-(25)
1.0
0.9
0.8
0.7
0.6
0.5
0.4
0.3
0.2
0.1
0

157-9-(1)
156-21-(20-21)
156-21-(18-19)
156-21-(15-17)
156-21-(13-14)
156-21-(11-12)
156-21-(8-10)
156-21-(5-7)
156-21-(3-4)
156-21-(1-2)
1.0
0.9
0.8
0.7
0.6
0.5
0.4
0.3
0.2
0.1
0

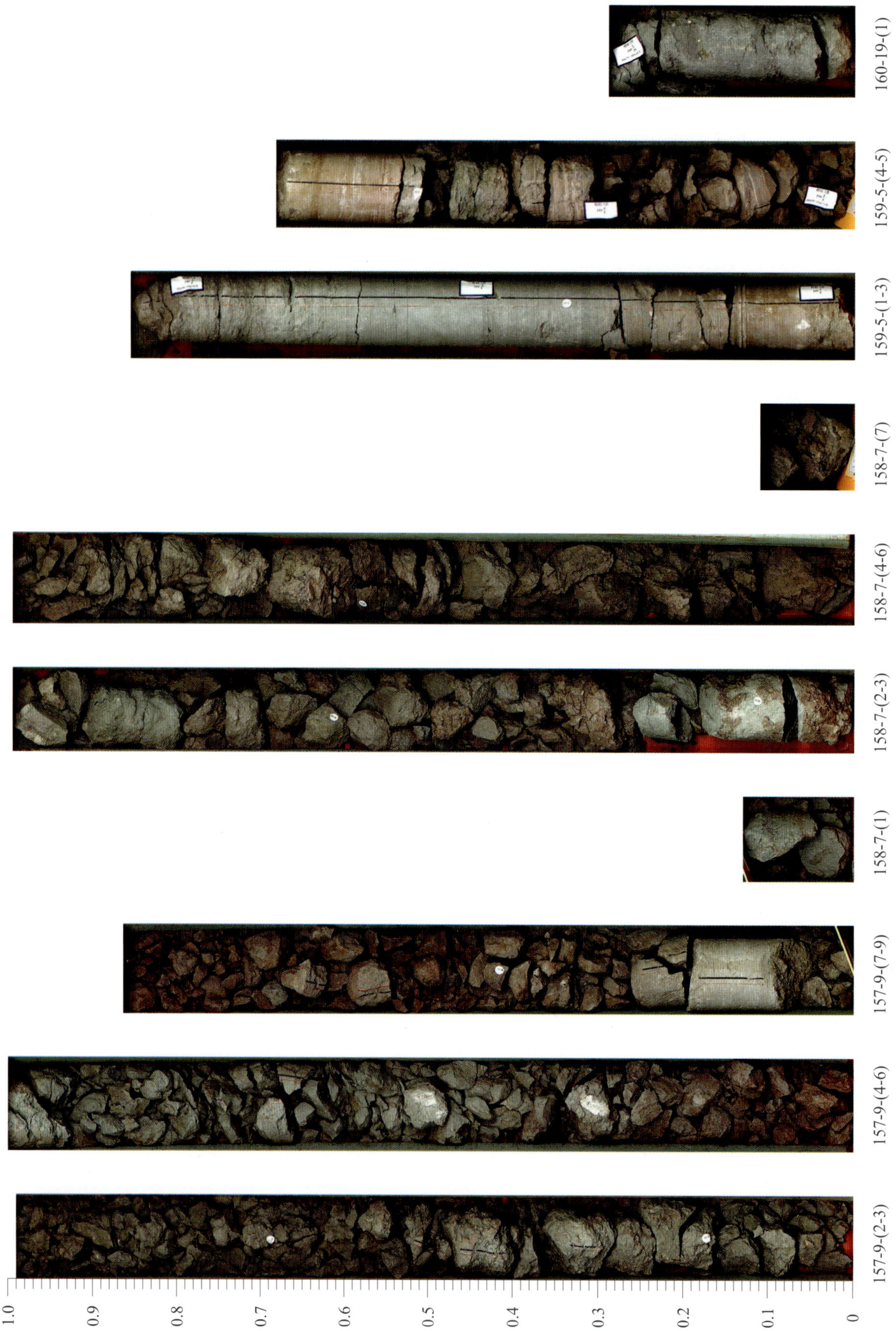
160-19-(1)
159-5-(4-5)
159-5-(1-3)
158-7-(7)
158-7-(4-6)
158-7-(2-3)
158-7-(1)
157-9-(7-9)
157-9-(4-6)
157-9-(2-3)
1.0
0.9
0.8
0.7
0.6
0.5
0.4
0.3
0.2
0.1
0

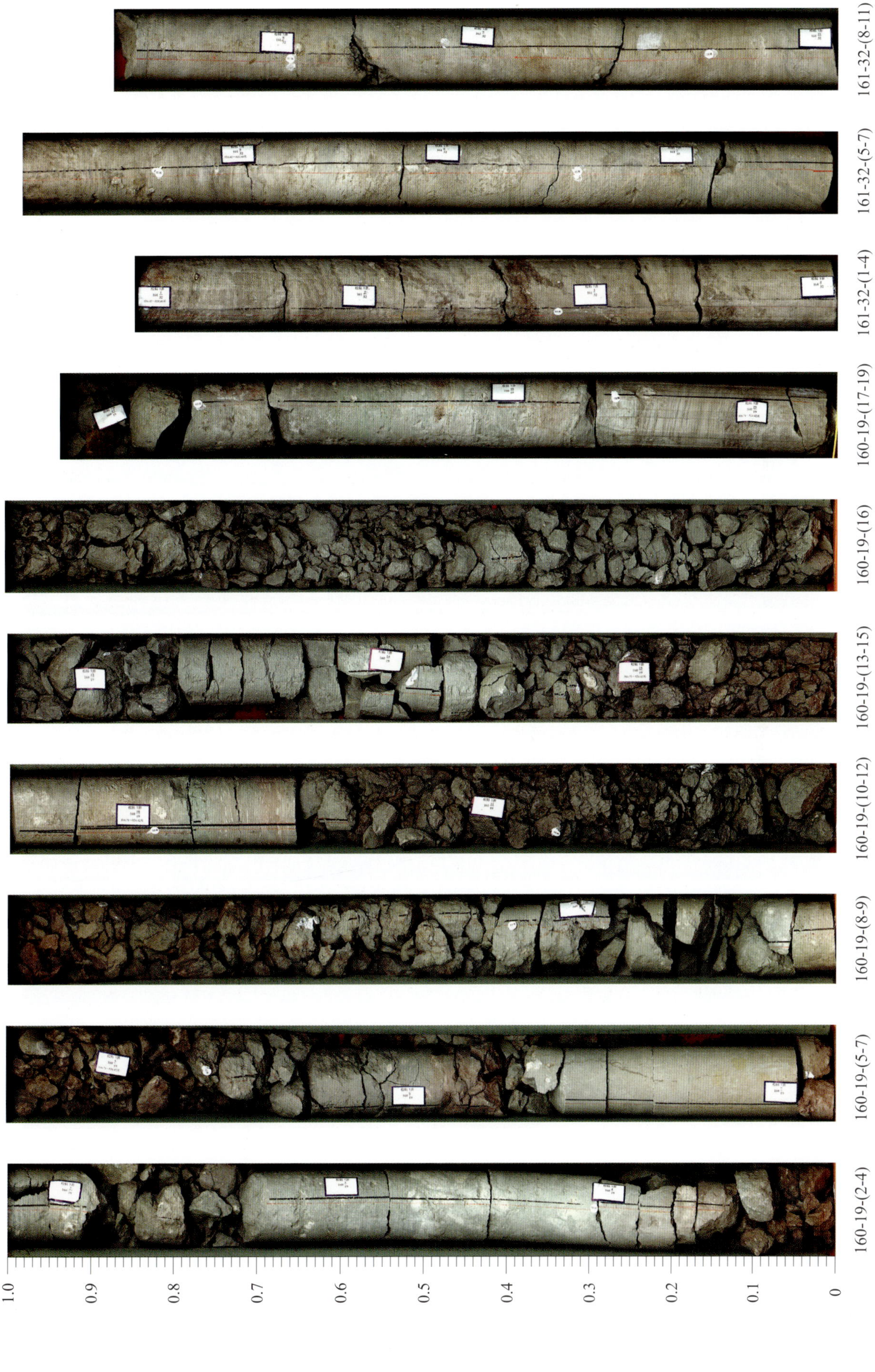
161-32-(8-11)
161-32-(5-7)
161-32-(1-4)
160-19-(17-19)
160-19-(16)
160-19-(13-15)
160-19-(10-12)
160-19-(8-9)
160-19-(5-7)
160-19-(2-4)
1.0
0.9
0.8
0.7
0.6
0.5
0.4
0.3
0.2
0.1
0

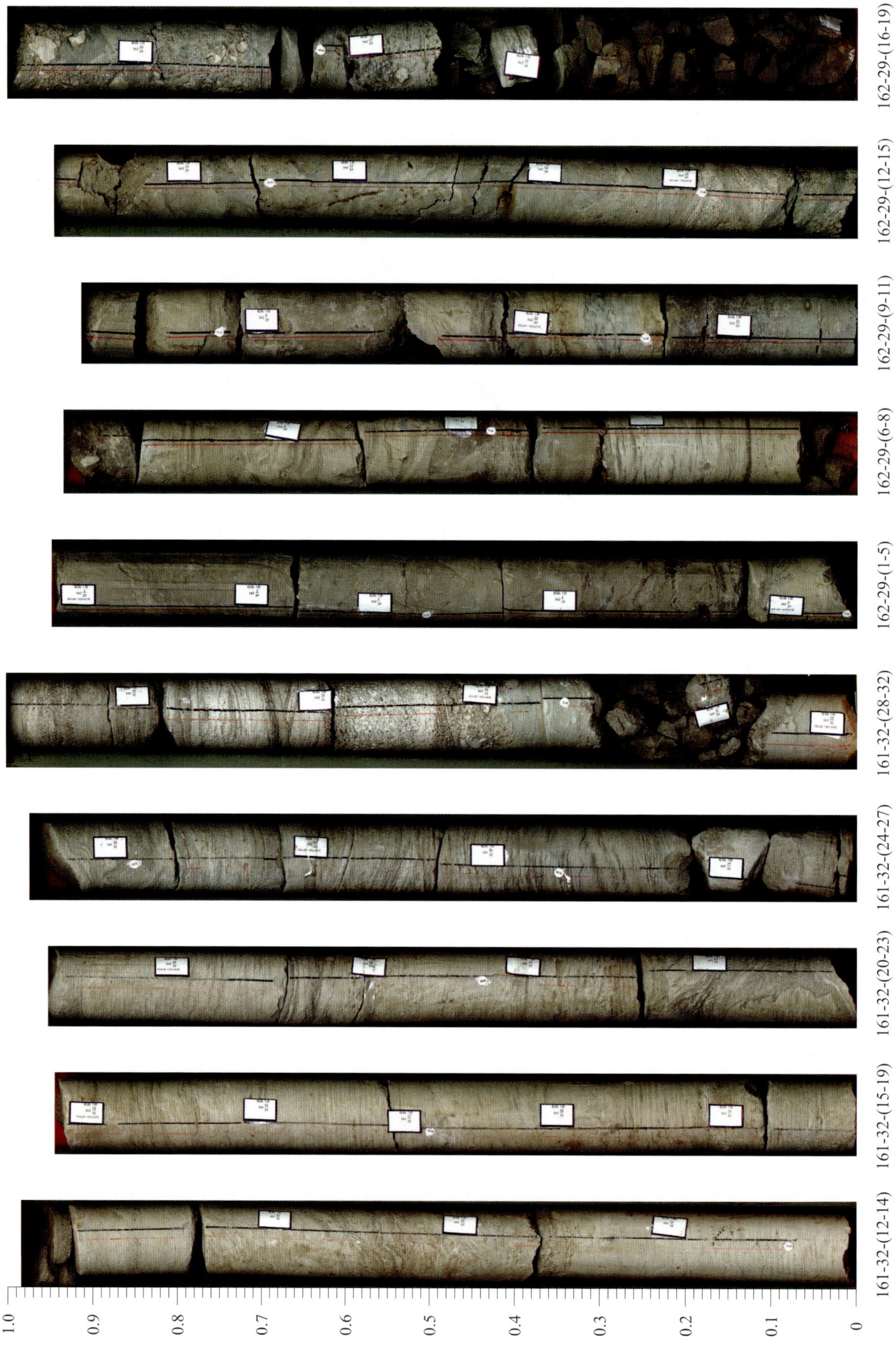
162-29-(16-19)
162-29-(12-15)
162-29-(9-11)
162-29-(6-8)
162-29-(1-5)
161-32-(28-32)
161-32-(24-27)
161-32-(20-23)
161-32-(15-19)
161-32-(12-14)
1.0
0.9
0.8
0.7
0.6
0.5
0.4
0.3
0.2
0.1
0

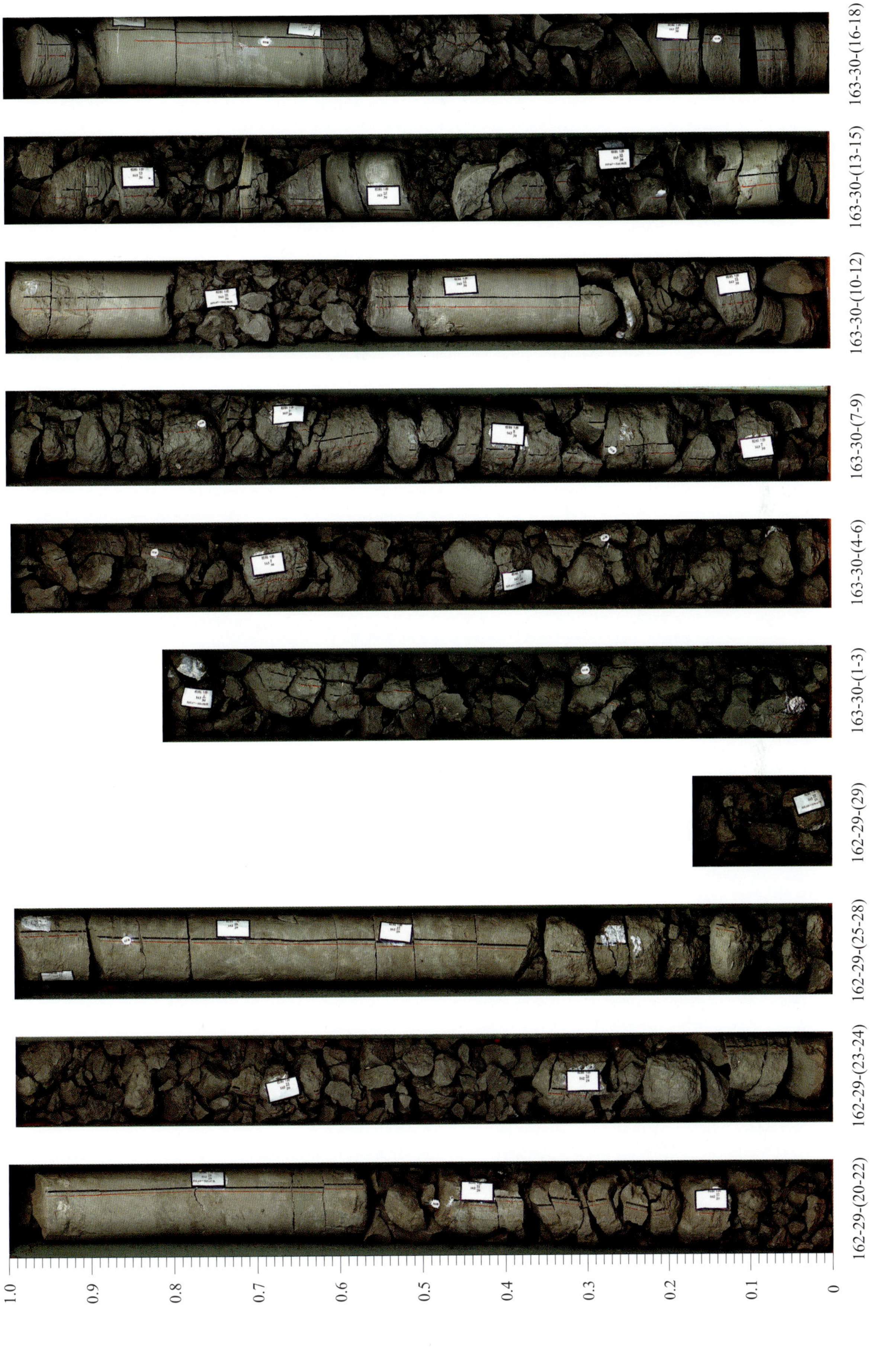
163-30-(16-18)
163-30-(13-15)
163-30-(10-12)
163-30-(7-9)
163-30-(4-6)
163-30-(1-3)
162-29-(29)
162-29-(25-28)
162-29-(23-24)
162-29-(20-22)
1.0
0.9
0.8
0.7
0.6
0.5
0.4
0.3
0.2
0.1
0

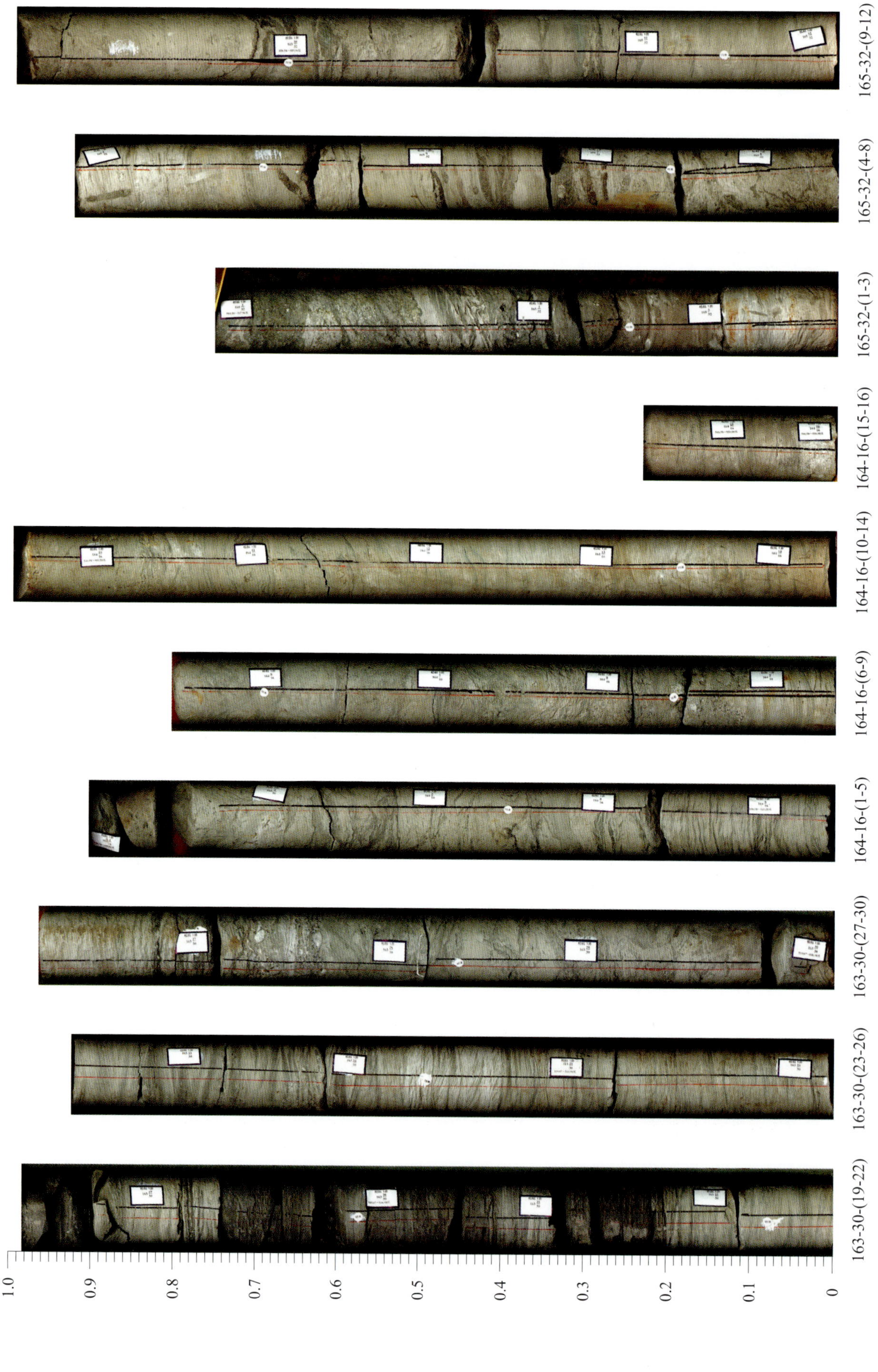
165-32-(9-12)
165-32-(4-8)
165-32-(1-3)
164-16-(15-16)
164-16-(10-14)
164-16-(6-9)
164-16-(1-5)
163-30-(27-30)
163-30-(23-26)
163-30-(19-22)
1.0
0.9
0.8
0.7
0.6
0.5
0.4
0.3
0.2
0.1
0

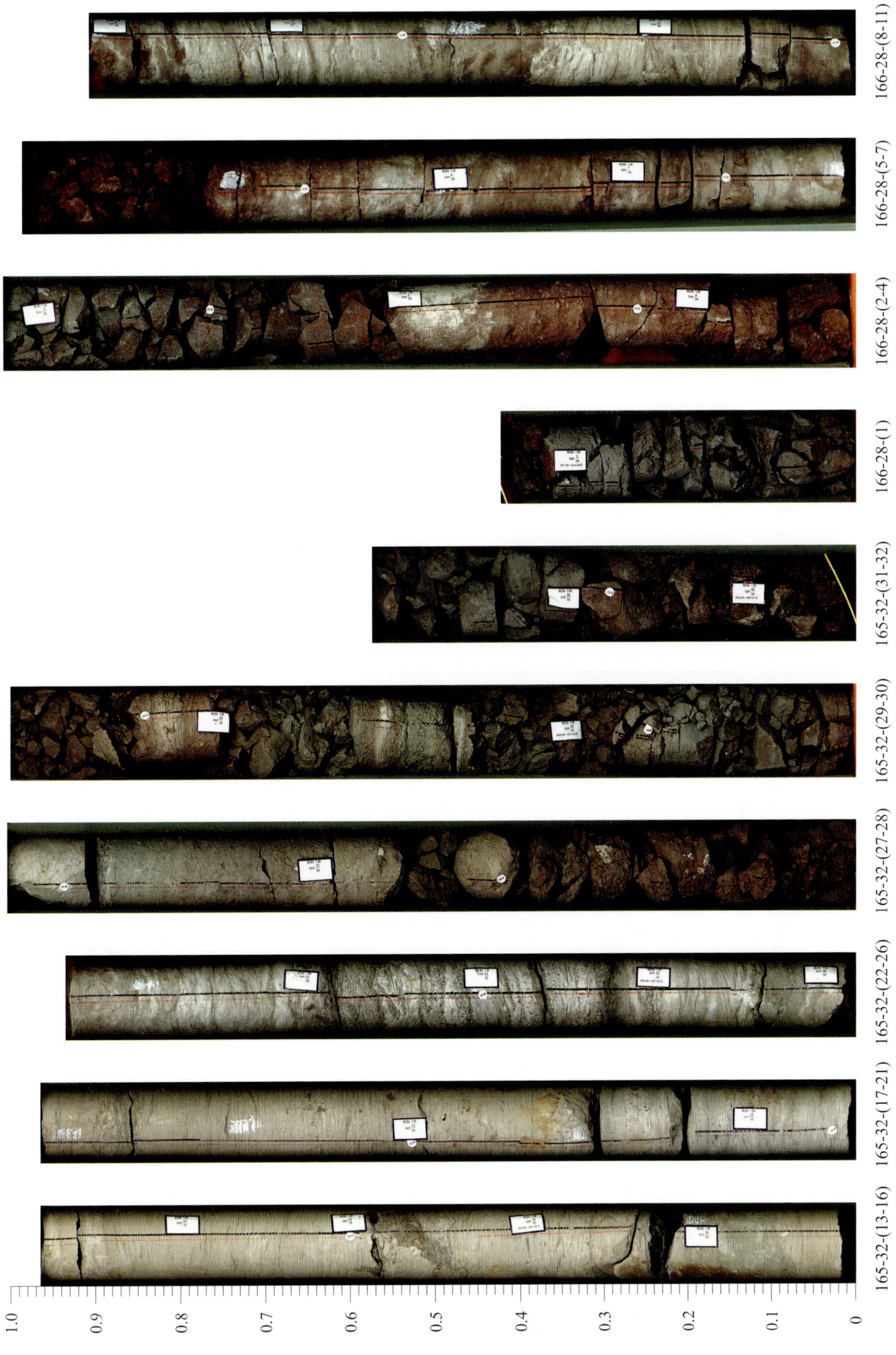
166-28-(8-11)
166-28-(5-7)
166-28-(2-4)
166-28-(1)
165-32-(31-32)
165-32-(29-30)
165-32-(27-28)
165-32-(22-26)
165-32-(17-21)
165-32-(13-16)
1.0
0.9
0.8
0.7
0.6
0.5
0.4
0.3
0.2
0.1
0

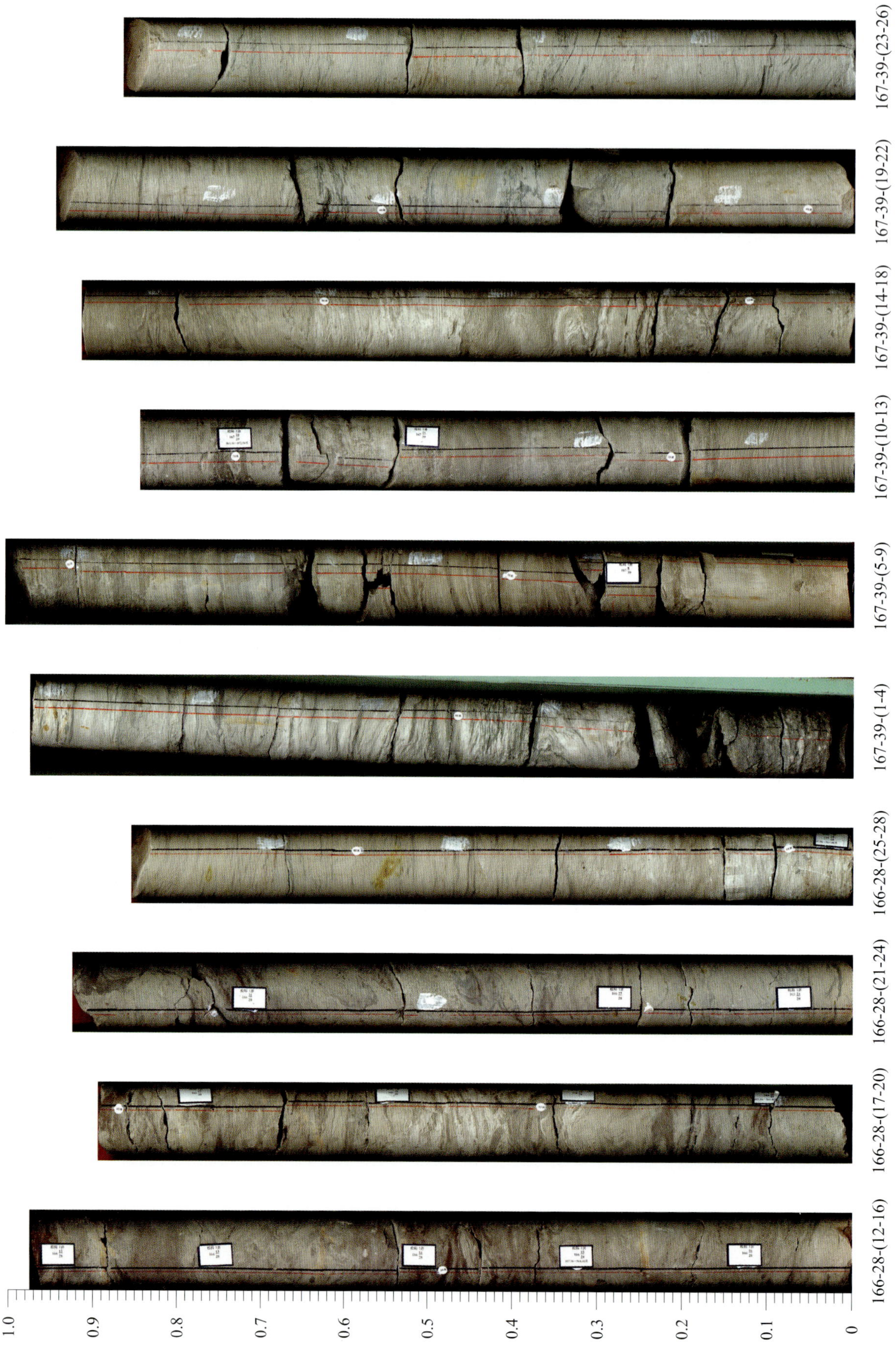
167-39-(23-26)
167-39-(19-22)
167-39-(14-18)
167-39-(10-13)
167-39-(5-9)
167-39-(1-4)
166-28-(25-28)
166-28-(21-24)
166-28-(17-20)
166-28-(12-16)
1.0
0.9
0.8
0.7
0.6
0.5
0.4
0.3
0.2
0.1
0

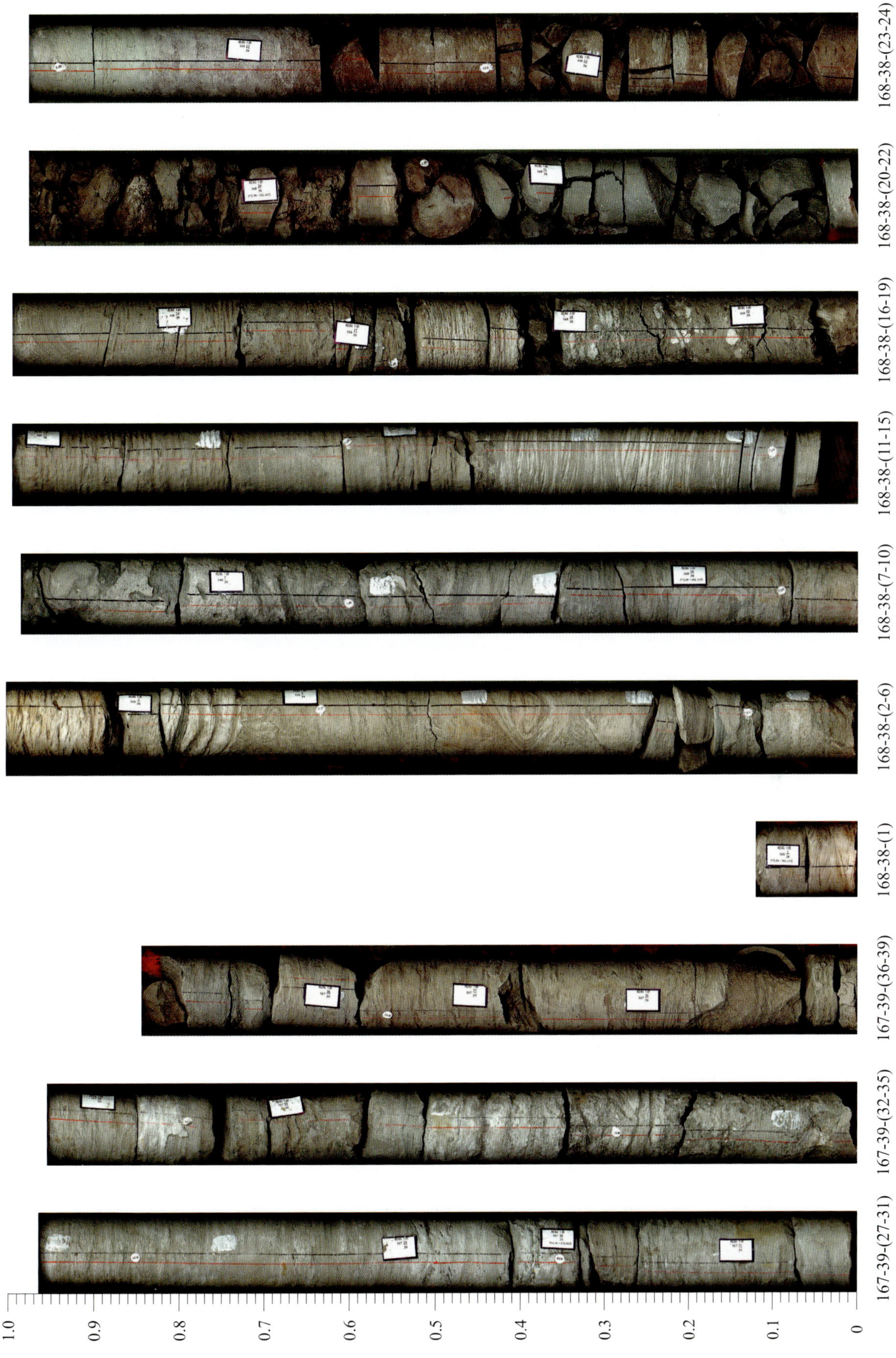
168-38-(23-24)
168-38-(20-22)
168-38-(16-19)
168-38-(11-15)
168-38-(7-10)
168-38-(2-6)
168-38-(1)
167-39-(36-39)
167-39-(32-35)
167-39-(27-31)
1.0
0.9
0.8
0.7
0.6
0.5
0.4
0.3
0.2
0.1
0

169-38-(24-28)
169-38-(20-23)
169-38-(15-19)
169-38-(11-14)
169-38-(6-10)
169-38-(2-5)
169-38-(1)
168-38-(34-38)
168-38-(30-33)
168-38-(25-29)
1.0
0.9
0.8
0.7
0.6
0.5
0.4
0.3
0.2
0.1
0

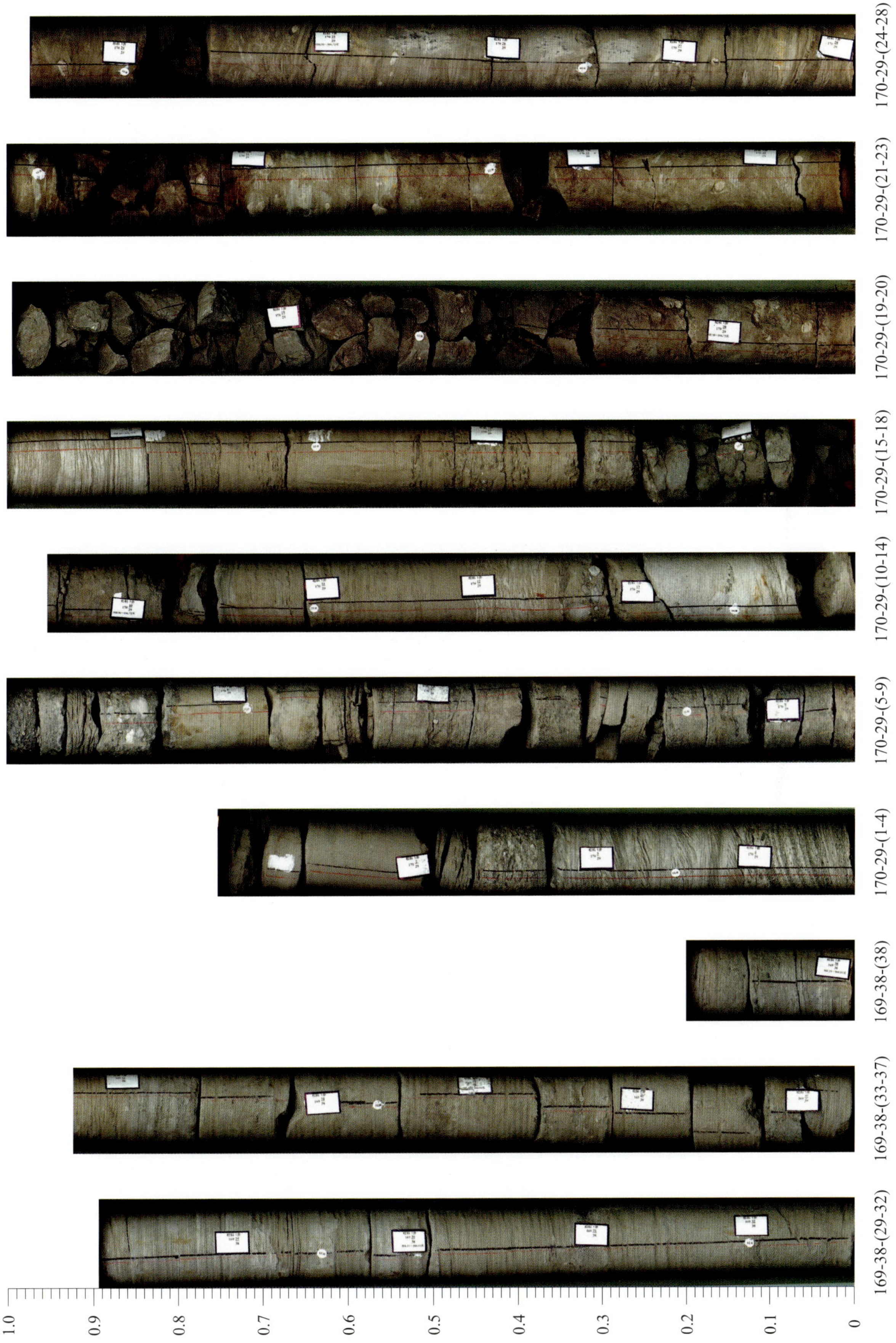
170-29-(24-28)
170-29-(21-23)
170-29-(19-20)
170-29-(15-18)
170-29-(10-14)
170-29-(5-9)
170-29-(1-4)
169-38-(38)
169-38-(33-37)
169-38-(29-32)
1.0
0.9
0.8
0.7
0.6
0.5
0.4
0.3
0.2
0.1
0

172-20-(6-8)
172-20-(1-5)
171-32-(29-32)
171-32-(24-28)
171-32-(20-23)
171-32-(15-19)
171-32-(10-14)
171-32-(5-9)
171-32-(1-4)
170-29-(29)
1.0
0.9
0.8
0.7
0.6
0.5
0.4
0.3
0.2
0.1
0

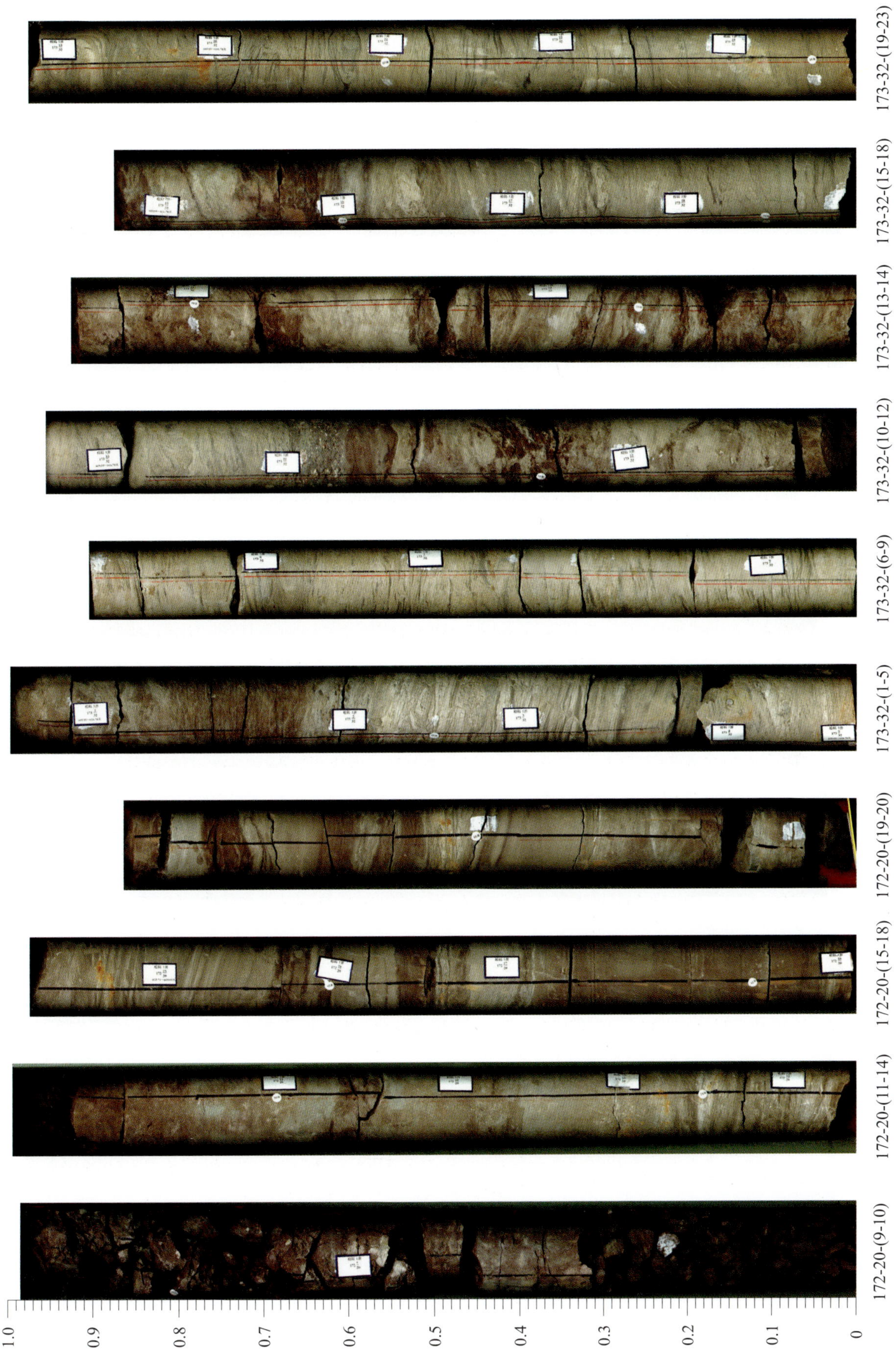

173-32-(19-23)
173-32-(15-18)
173-32-(13-14)
173-32-(10-12)
173-32-(6-9)
173-32-(1-5)
172-20-(19-20)
172-20-(15-18)
172-20-(11-14)
172-20-(9-10)
1.0
0.9
0.8
0.7
0.6
0.5
0.4
0.3
0.2
0.1
0

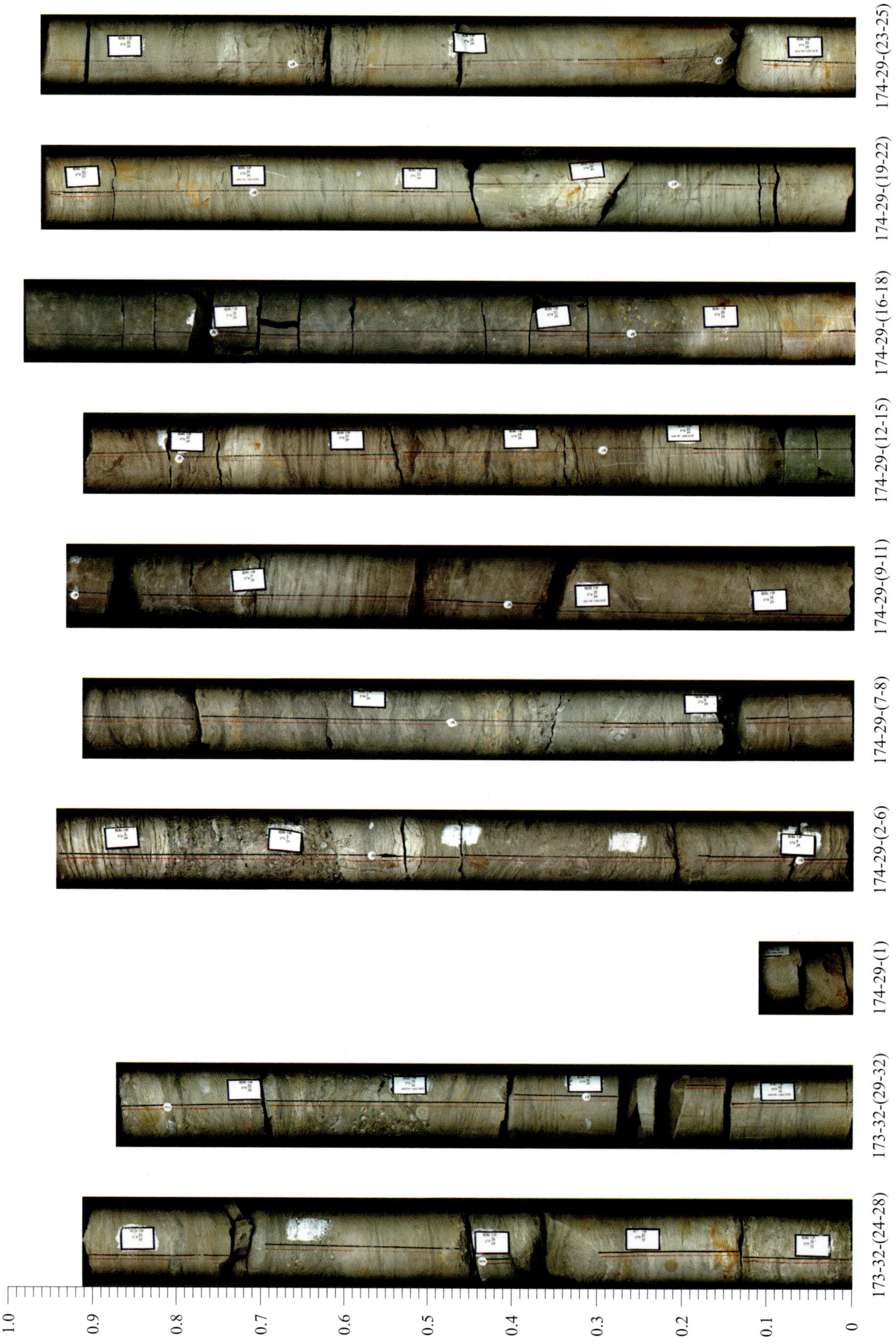
174-29-(23-25)
174-29-(19-22)
174-29-(16-18)
174-29-(12-15)
174-29-(9-11)
174-29-(7-8)
174-29-(2-6)
174-29-(1)
173-32-(29-32)
173-32-(24-28)
1.0
0.9
0.8
0.7
0.6
0.5
0.4
0.3
0.2
0.1
0

177-32-(1-5)
175-31-(27-31)
175-31-(22-26)
175-31-(17-21)
175-31-(12-16)
175-31-(10-11)
175-31-(7-9)
175-31-(5-6)
175-31-(1-4)
174-29-(26-29)
1.0
0.9
0.8
0.7
0.6
0.5
0.4
0.3
0.2
0.1
0

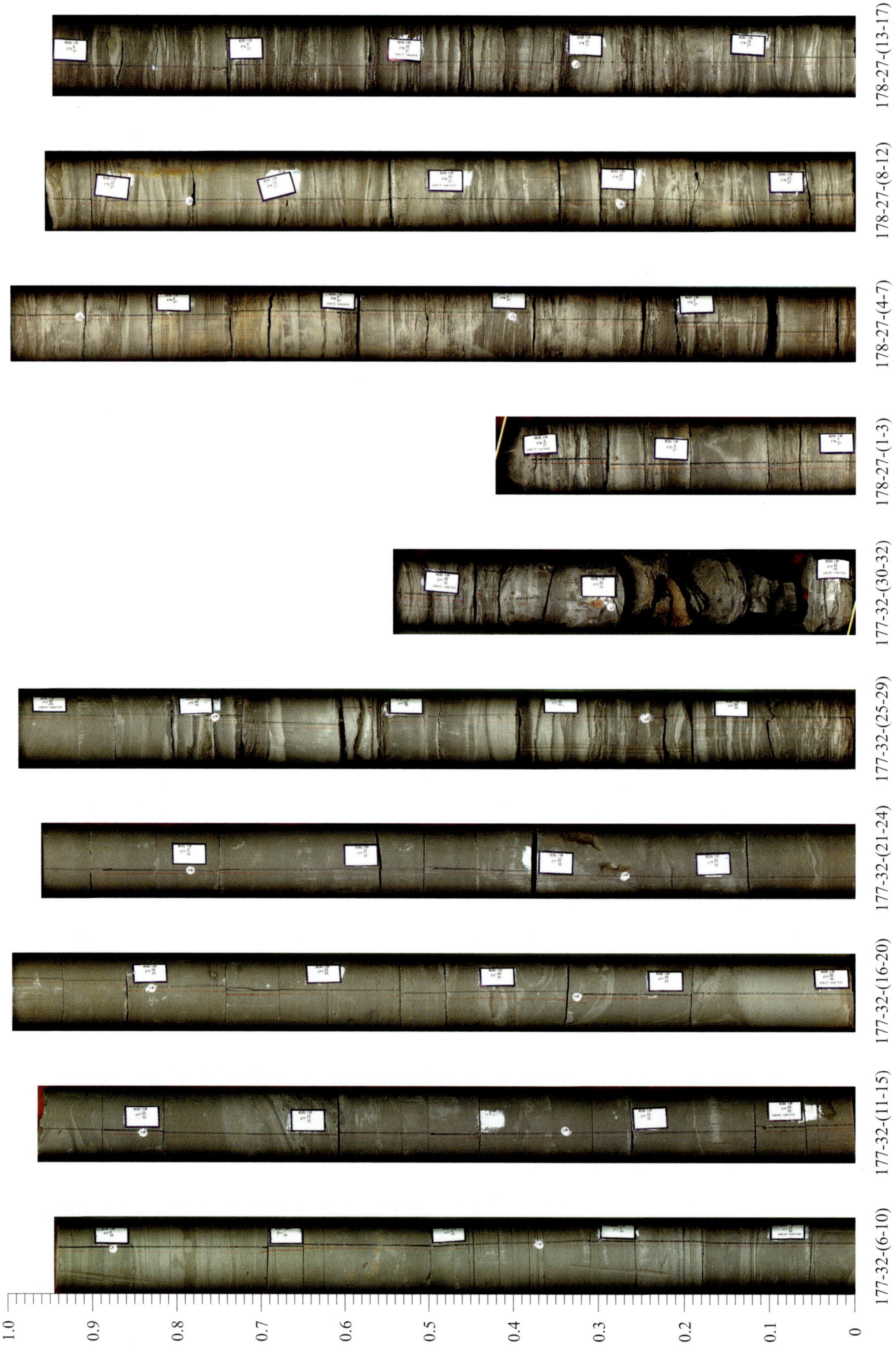
178-27-(13-17)
178-27-(8-12)
178-27-(4-7)
178-27-(1-3)
177-32-(30-32)
177-32-(25-29)
177-32-(21-24)
177-32-(16-20)
177-32-(11-15)
177-32-(6-10)
1.0
0.9
0.8
0.7
0.6
0.5
0.4
0.3
0.2
0.1
0

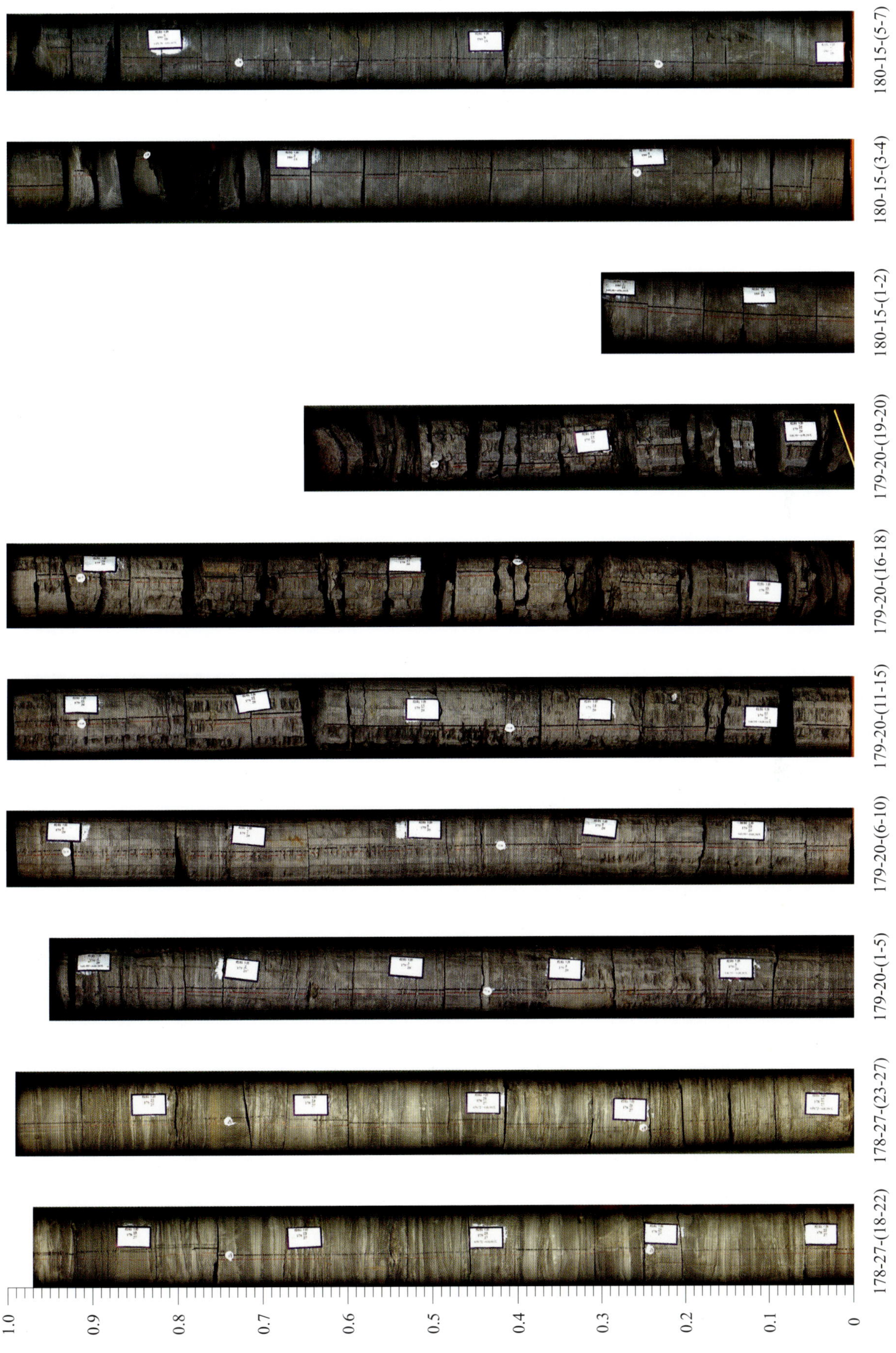
180-15-(5-7)
180-15-(3-4)
180-15-(1-2)
179-20-(19-20)
179-20-(16-18)
179-20-(11-15)
179-20-(6-10)
179-20-(1-5)
178-27-(23-27)
178-27-(18-22)
1.0
0.9
0.8
0.7
0.6
0.5
0.4
0.3
0.2
0.1
0

181-28-(12-14)
181-28-(10-11)
181-28-(7-9)
181-28-(5-6)
181-28-(3-4)
181-28-(1-2)
180-15-(15)
180-15-(12-14)
180-15-(10-11)
180-15-(8-9)
1.0
0.9
0.8
0.7
0.6
0.5
0.4
0.3
0.2
0.1
0

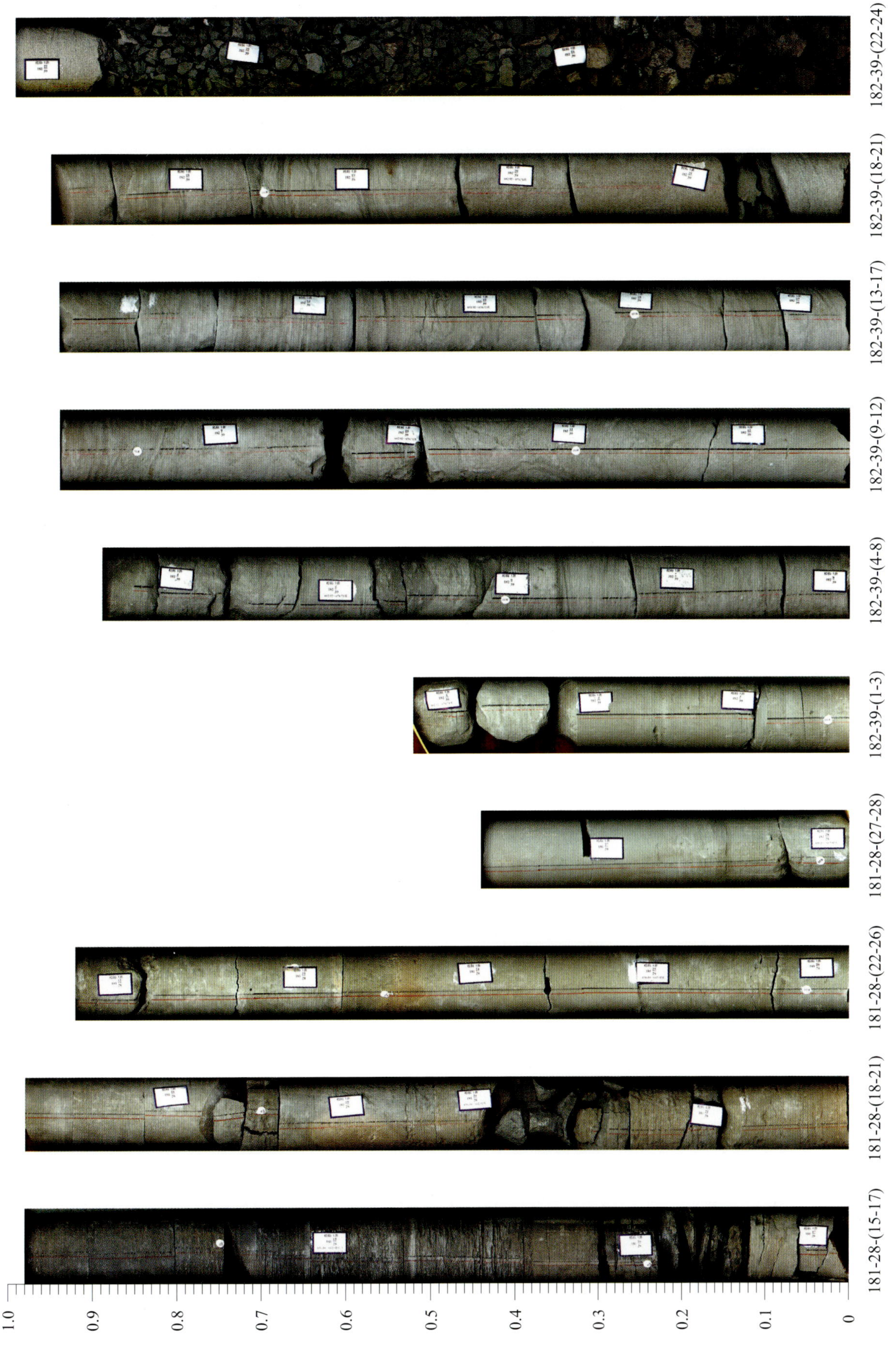
182-39-(22-24)
182-39-(18-21)
182-39-(13-17)
182-39-(9-12)
182-39-(4-8)
182-39-(1-3)
181-28-(27-28)
181-28-(22-26)
181-28-(18-21)
181-28-(15-17)
1.0
0.9
0.8
0.7
0.6
0.5
0.4
0.3
0.2
0.1
0

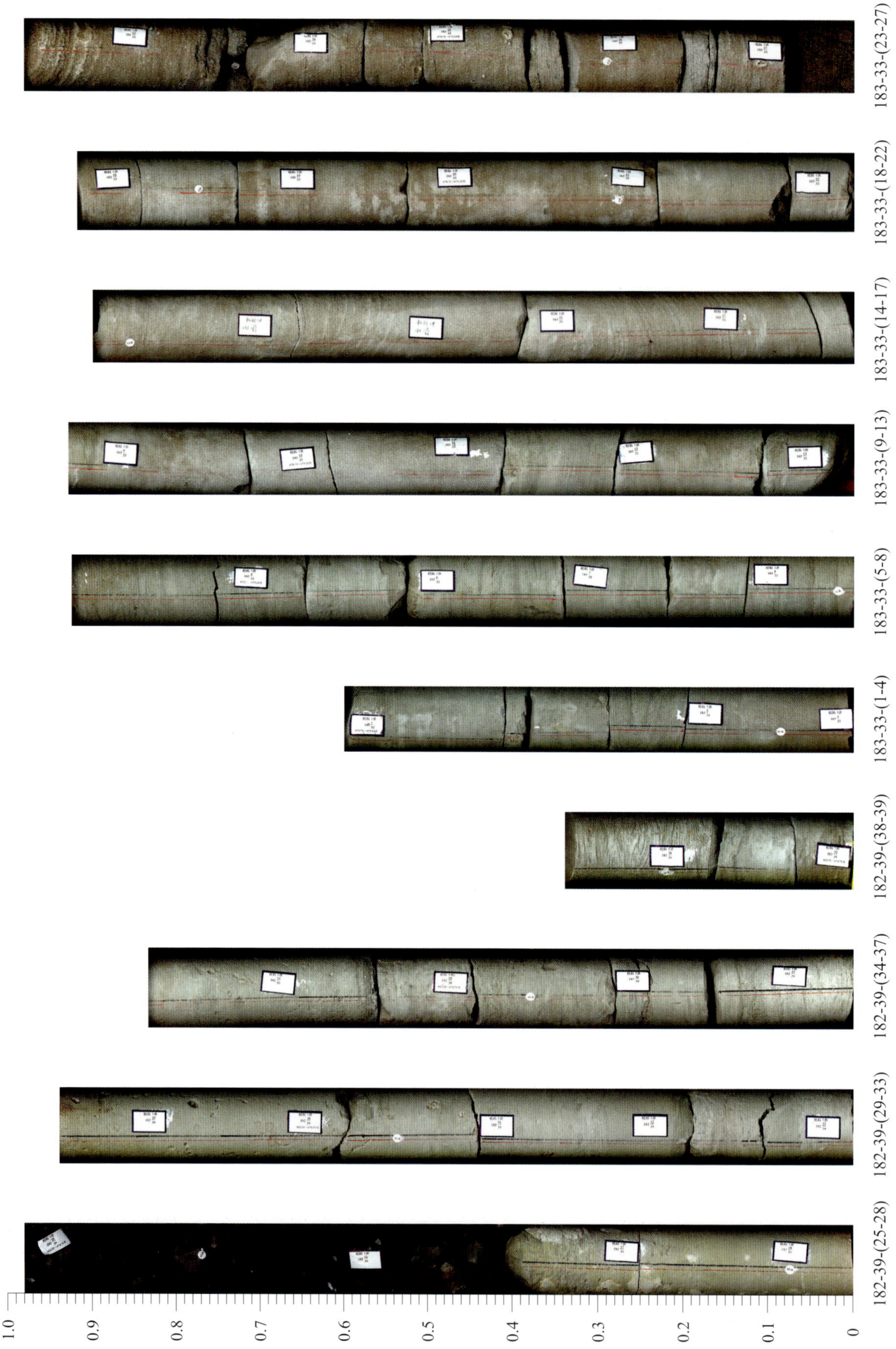
183-33-(23-27)
183-33-(18-22)
183-33-(14-17)
183-33-(9-13)
183-33-(5-8)
183-33-(1-4)
182-39-(38-39)
182-39-(34-37)
182-39-(29-33)
182-39-(25-28)
1.0
0.9
0.8
0.7
0.6
0.5
0.4
0.3
0.2
0.1
0

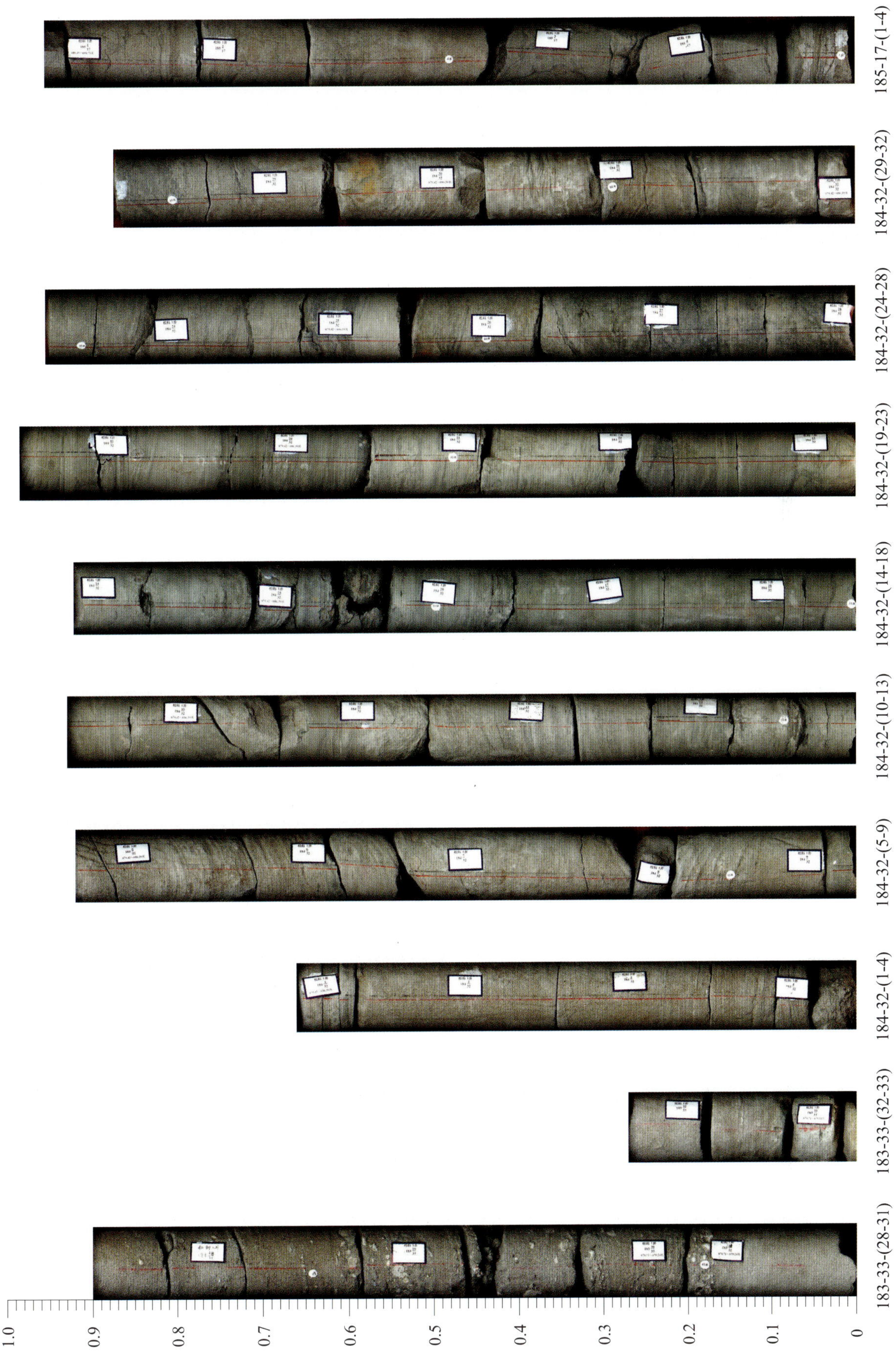
185-17-(1-4)
184-32-(29-32)
184-32-(24-28)
184-32-(19-23)
184-32-(14-18)
184-32-(10-13)
184-32-(5-9)
184-32-(1-4)
183-33-(32-33)
183-33-(28-31)
1.0
0.9
0.8
0.7
0.6
0.5
0.4
0.3
0.2
0.1
0

188-20-(6-7)
188-20-(3-5)
188-20-(1-2)
187-12-(11-12)
187-12-(6-10)
187-12-(1-5)
186-3-(1-3)
185-17-(15-17)
185-17-(10-14)
185-17-(5-9)
1.0
0.9
0.8
0.7
0.6
0.5
0.4
0.3
0.2
0.1
0

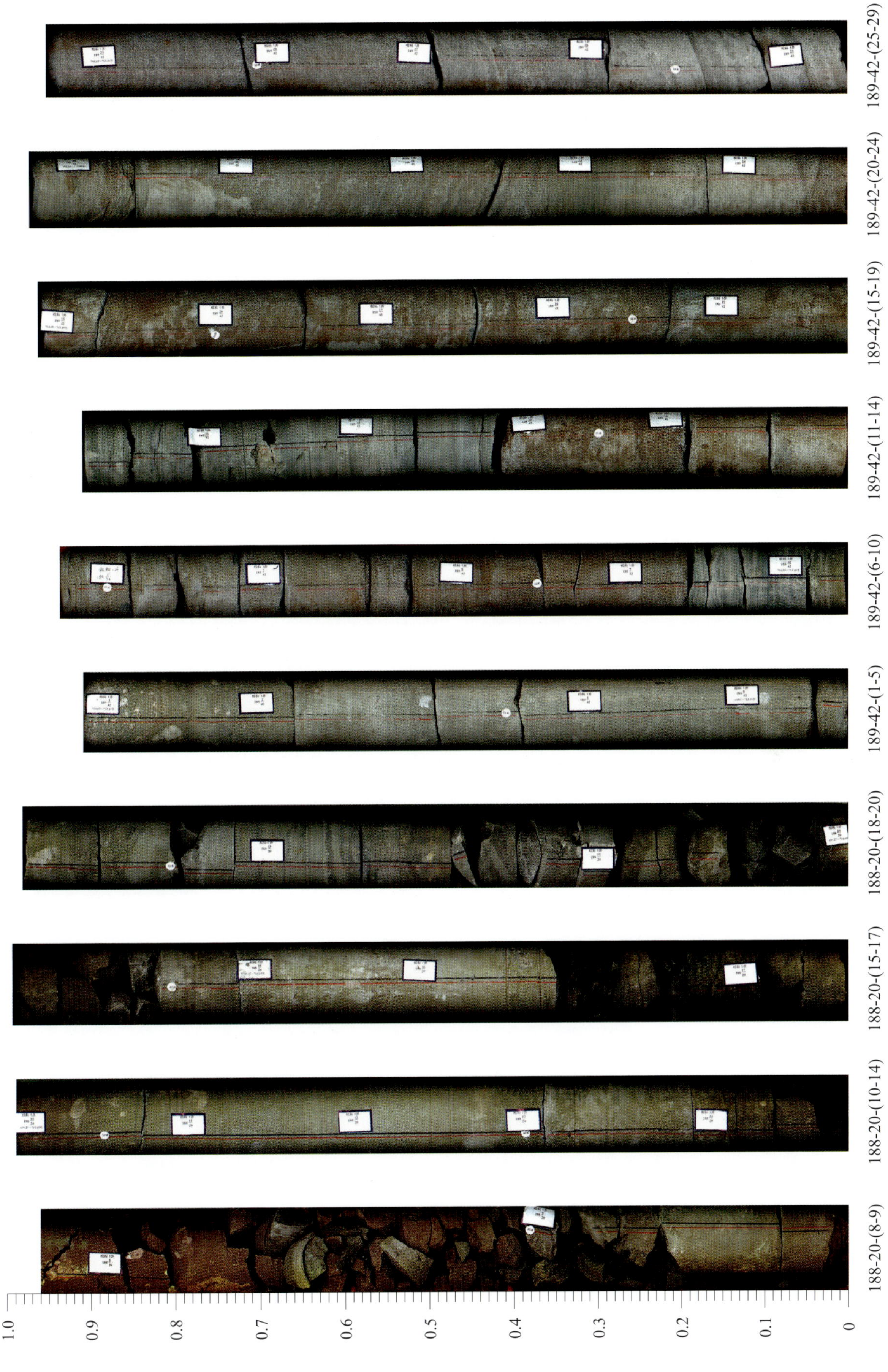
189-42-(25-29)
189-42-(20-24)
189-42-(15-19)
189-42-(11-14)
189-42-(6-10)
189-42-(1-5)
188-20-(18-20)
188-20-(15-17)
188-20-(10-14)
188-20-(8-9)
1.0
0.9
0.8
0.7
0.6
0.5
0.4
0.3
0.2
0.1
0

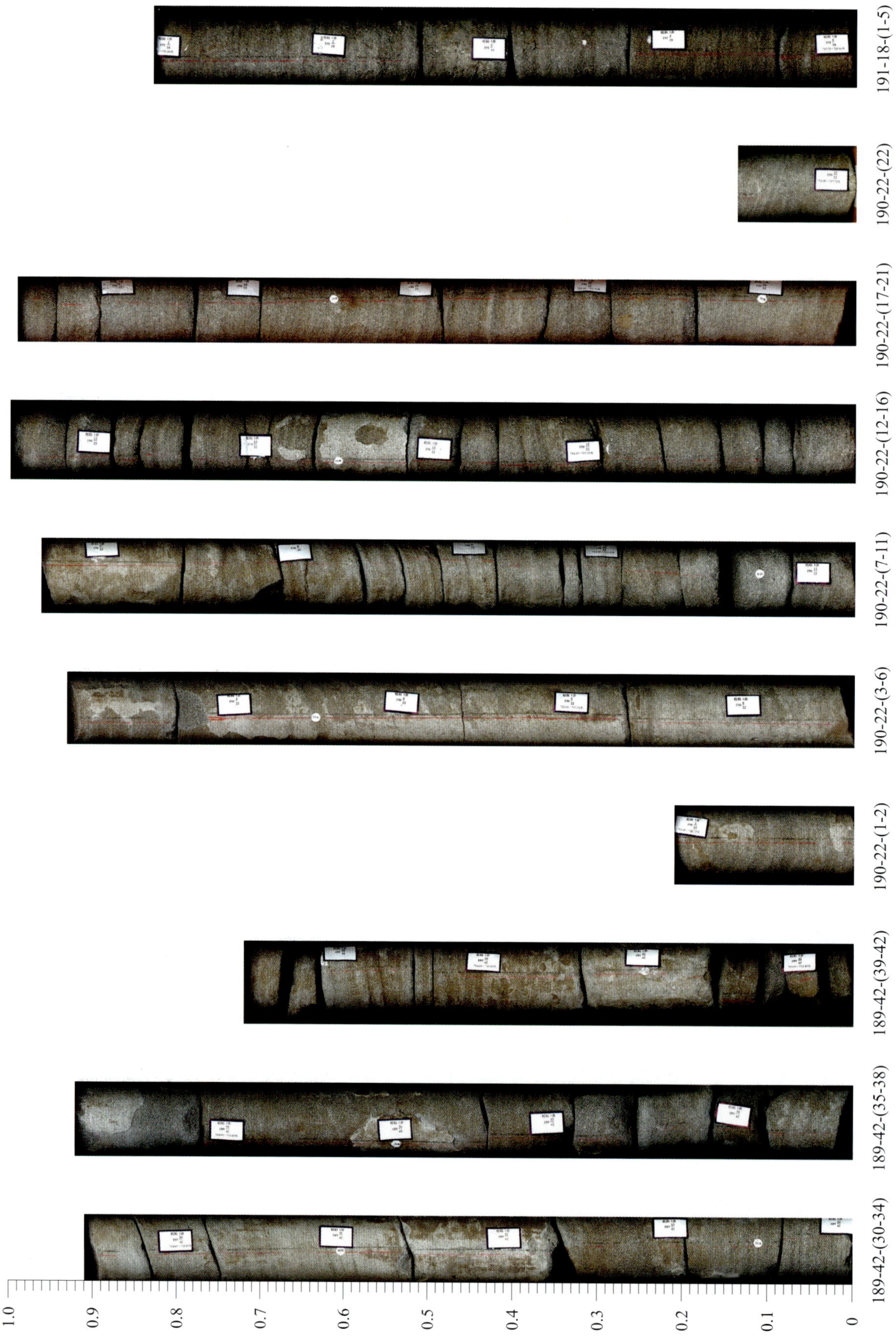
191-18-(1-5)
190-22-(22)
190-22-(17-21)
190-22-(12-16)
190-22-(7-11)
190-22-(3-6)
190-22-(1-2)
189-42-(39-42)
189-42-(35-38)
189-42-(30-34)
1.0
0.9
0.8
0.7
0.6
0.5
0.4
0.3
0.2
0.1
0

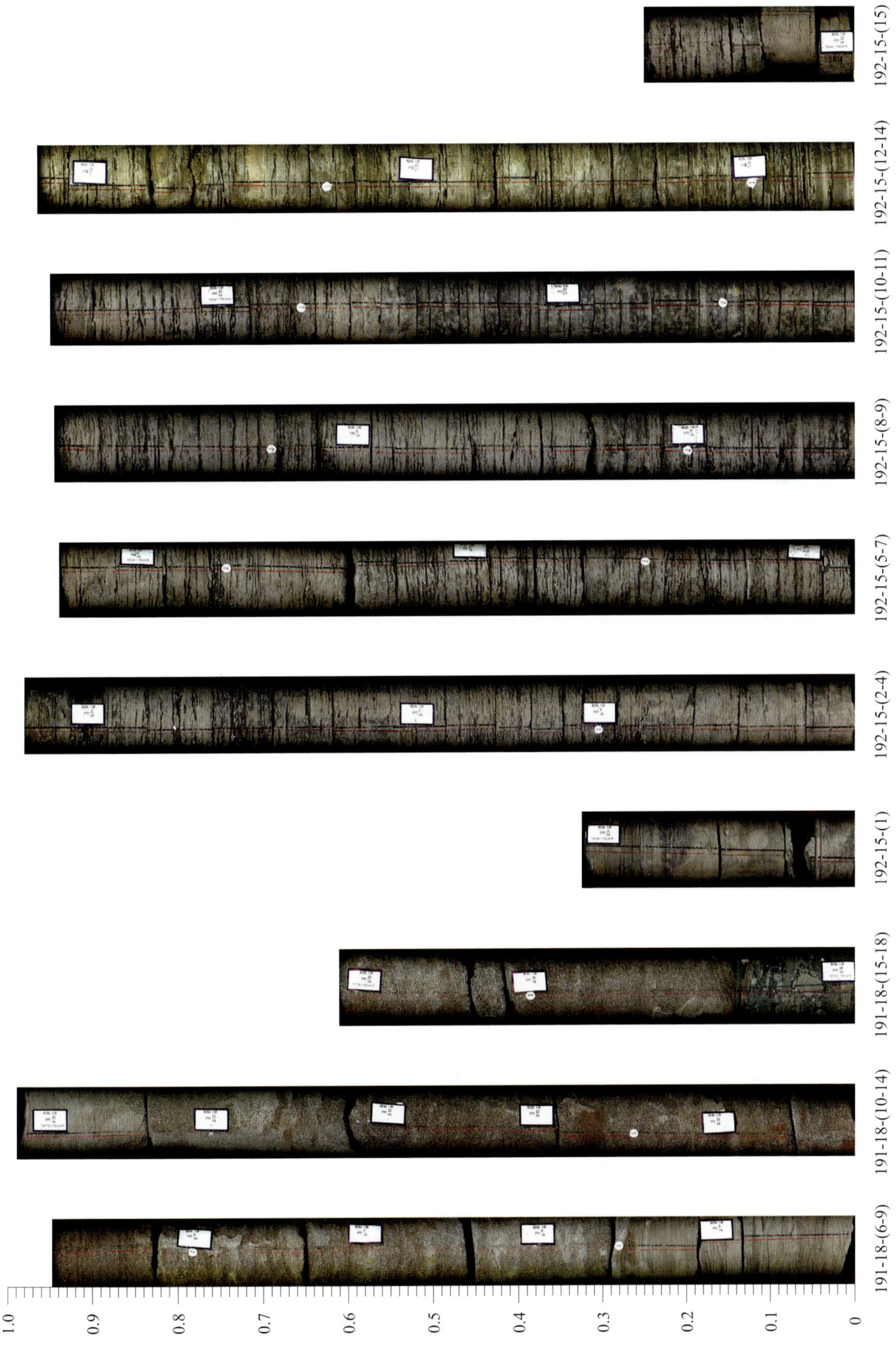
192-15-(15)
192-15-(12-14)
192-15-(10-11)
192-15-(8-9)
192-15-(5-7)
192-15-(2-4)
192-15-(1)
191-18-(15-18)
191-18-(10-14)
191-18-(6-9)
1.0
0.9
0.8
0.7
0.6
0.5
0.4
0.3
0.2
0.1
0

194-4-(3-4)
194-4-(1-2)
193-17-(17)
193-17-(15-16)
193-17-(12-14)
193-17-(10-11)
193-17-(8-9)
193-17-(5-7)
193-17-(3-4)
193-17-(1-2)
1.0
0.9
0.8
0.7
0.6
0.5
0.4
0.3
0.2
0.1
0

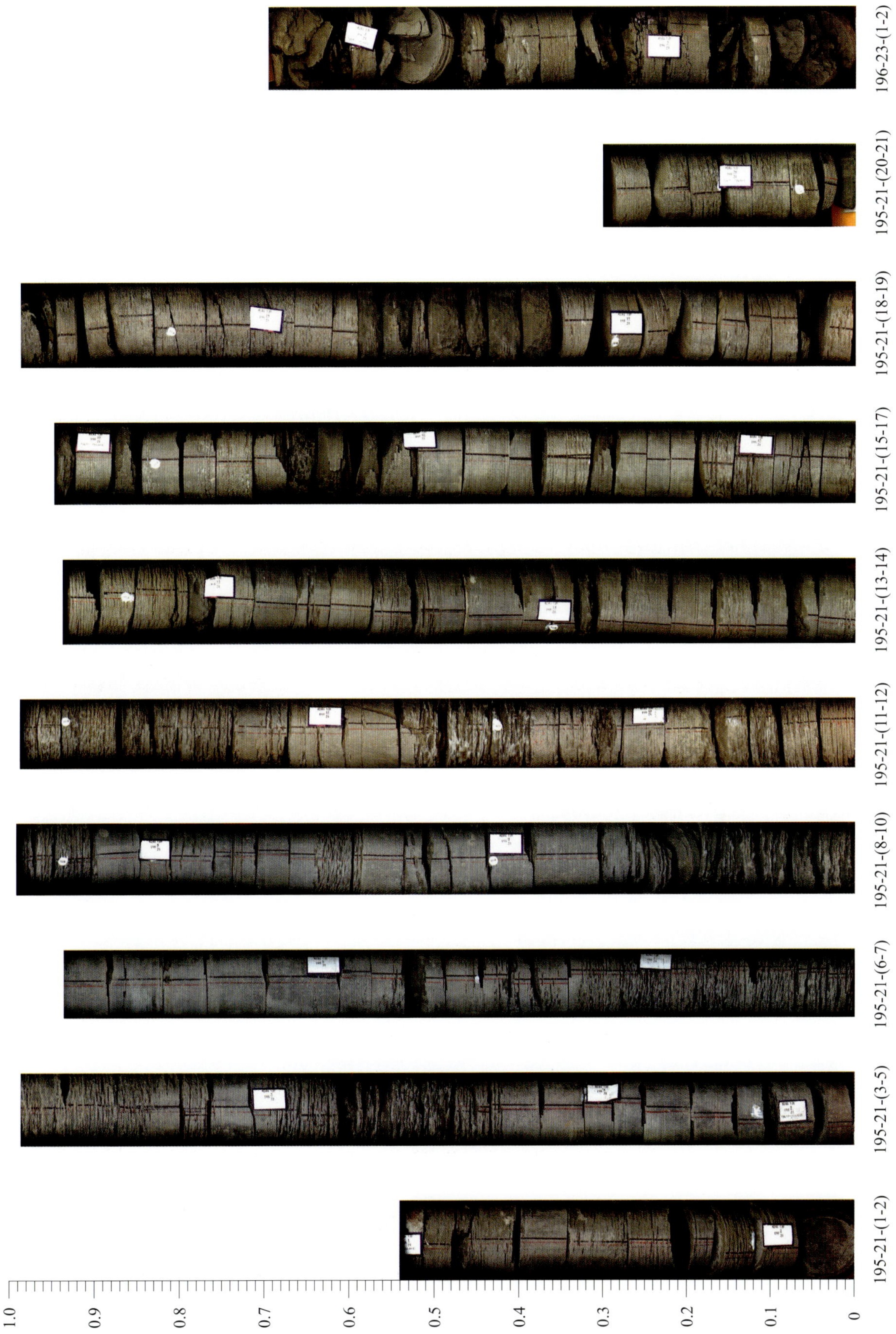
196-23-(1-2)
195-21-(20-21)
195-21-(18-19)
195-21-(15-17)
195-21-(13-14)
195-21-(11-12)
195-21-(8-10)
195-21-(6-7)
195-21-(3-5)
195-21-(1-2)
1.0
0.9
0.8
0.7
0.6
0.5
0.4
0.3
0.2
0.1
0

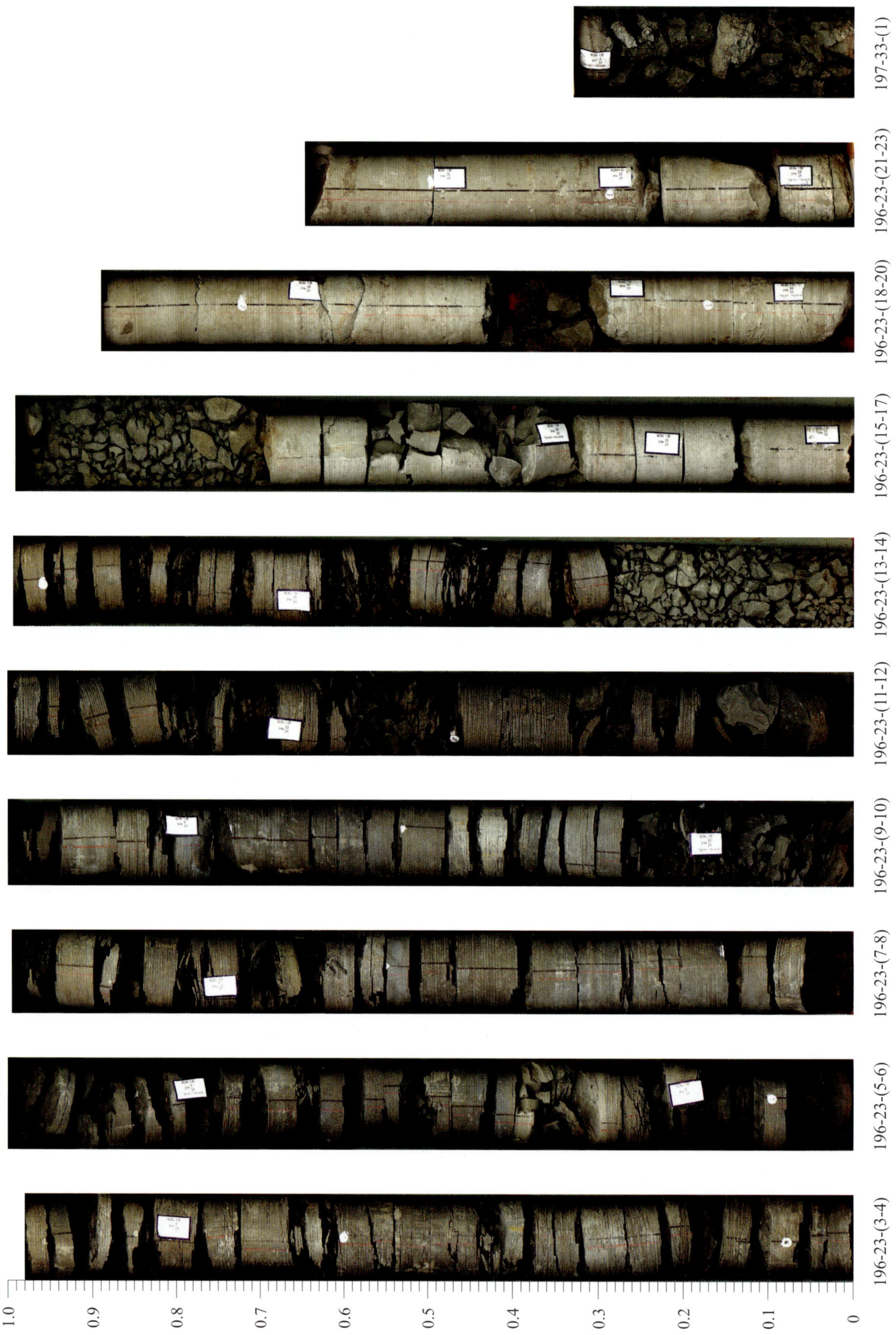
197-33-(1)
196-23-(21-23)
196-23-(18-20)
196-23-(15-17)
196-23-(13-14)
196-23-(11-12)
196-23-(9-10)
196-23-(7-8)
196-23-(5-6)
196-23-(3-4)
1.0
0.9
0.8
0.7
0.6
0.5
0.4
0.3
0.2
0.1
0

198-31-(1-3)
197-33-(31-33)
197-33-(26-30)
197-33-(21-25)
197-33-(17-20)
197-33-(12-16)
197-33-(9-11)
197-33-(7-8)
197-33-(4-6)
197-33-(2-3)
1.0
0.9
0.8
0.7
0.6
0.5
0.4
0.3
0.2
0.1
0

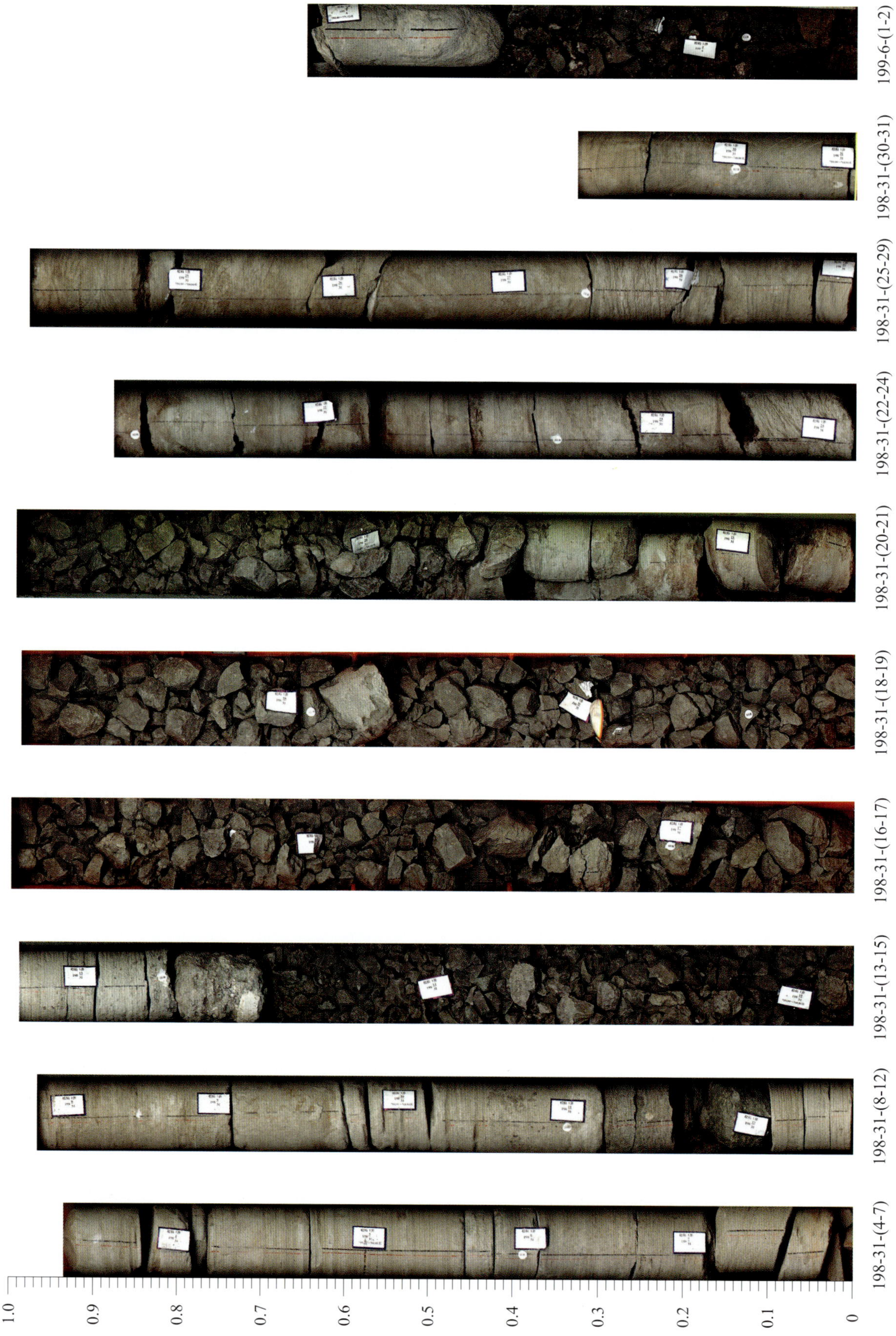
199-6-(1-2)
198-31-(30-31)
198-31-(25-29)
198-31-(22-24)
198-31-(20-21)
198-31-(18-19)
198-31-(16-17)
198-31-(13-15)
198-31-(8-12)
198-31-(4-7)
1.0
0.9
0.8
0.7
0.6
0.5
0.4
0.3
0.2
0.1
0

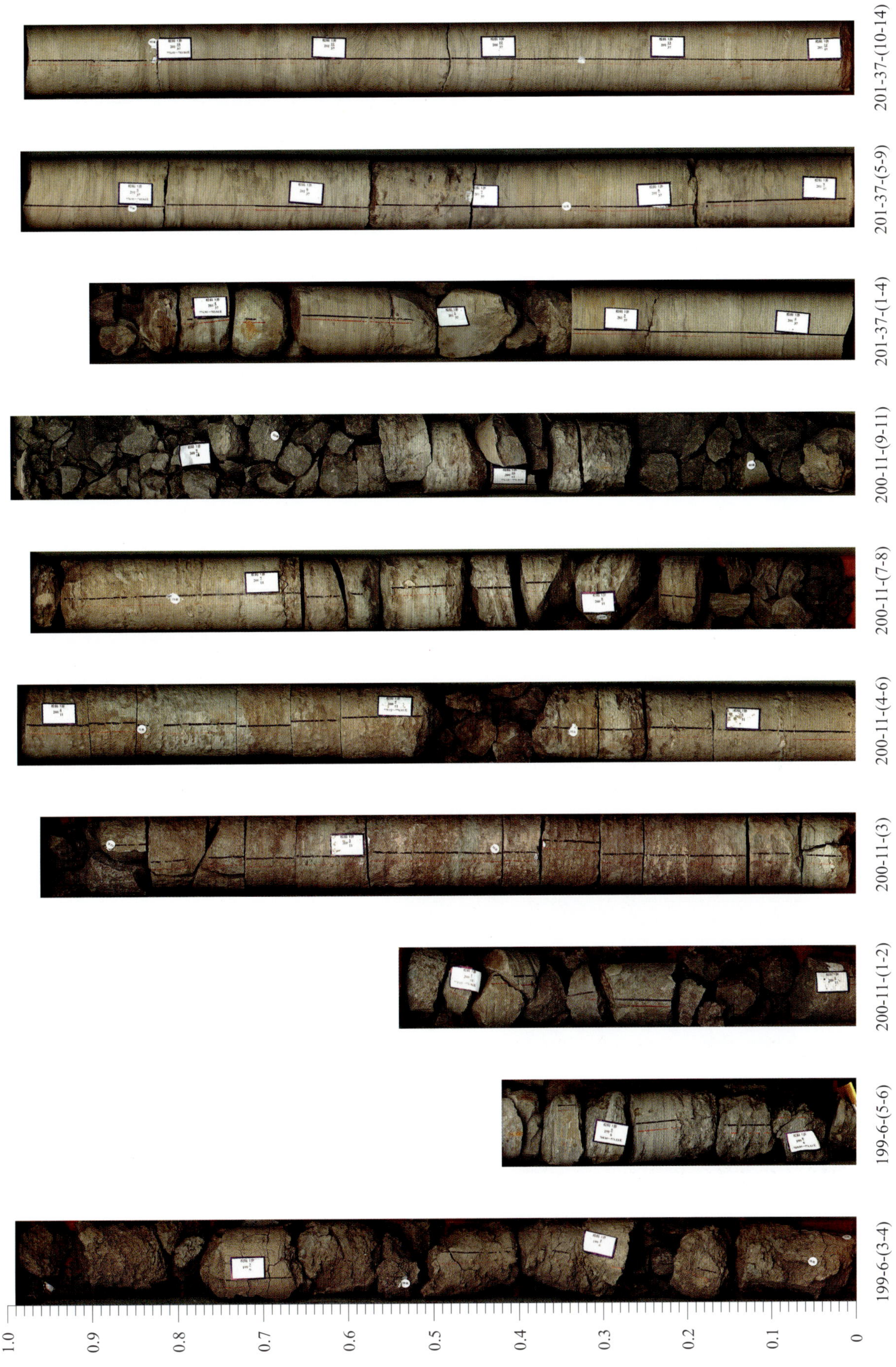
201-37-(10-14)
201-37-(5-9)
201-37-(1-4)
200-11-(9-11)
200-11-(7-8)
200-11-(4-6)
200-11-(3)
200-11-(1-2)
199-6-(5-6)
199-6-(3-4)
1.0
0.9
0.8
0.7
0.6
0.5
0.4
0.3
0.2
0.1
0

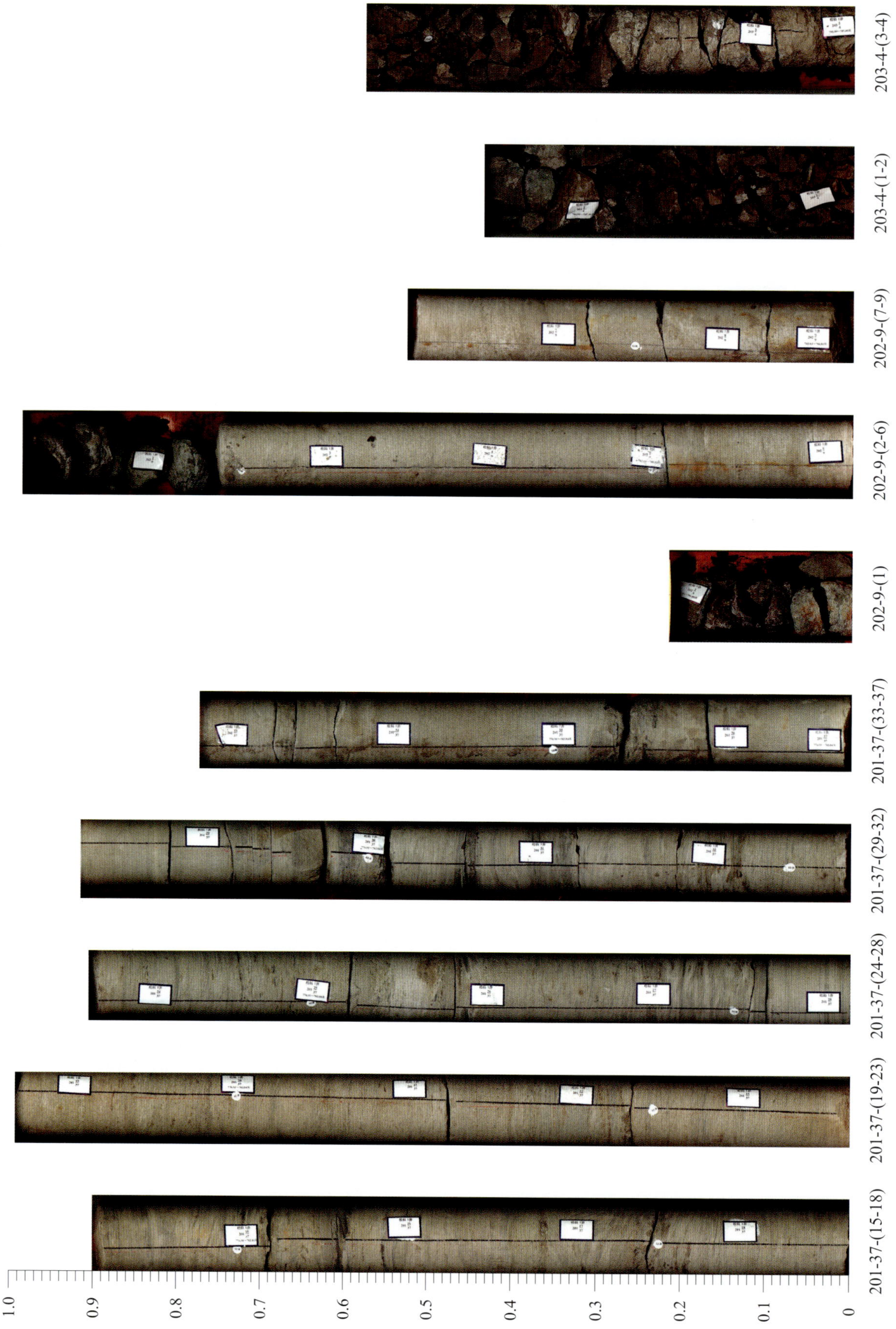
203-4-(3-4)
203-4-(1-2)
202-9-(7-9)
202-9-(2-6)
202-9-(1)
201-37-(33-37)
201-37-(29-32)
201-37-(24-28)
201-37-(19-23)
201-37-(15-18)
1.0
0.9
0.8
0.7
0.6
0.5
0.4
0.3
0.2
0.1
0

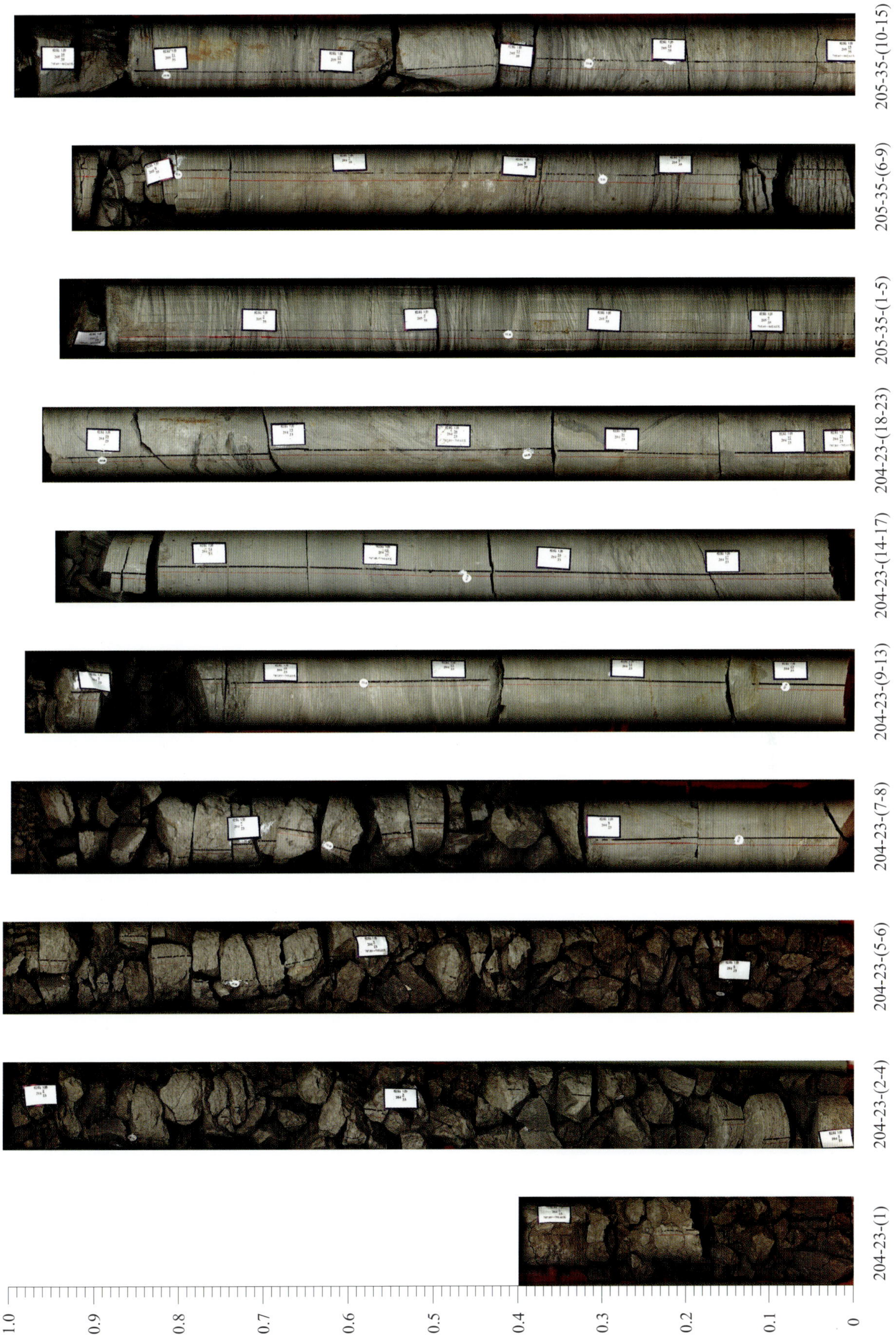
205-35-(10-15)
205-35-(6-9)
205-35-(1-5)
204-23-(18-23)
204-23-(14-17)
204-23-(9-13)
204-23-(7-8)
204-23-(5-6)
204-23-(2-4)
204-23-(1)
1.0
0.9
0.8
0.7
0.6
0.5
0.4
0.3
0.2
0.1
0

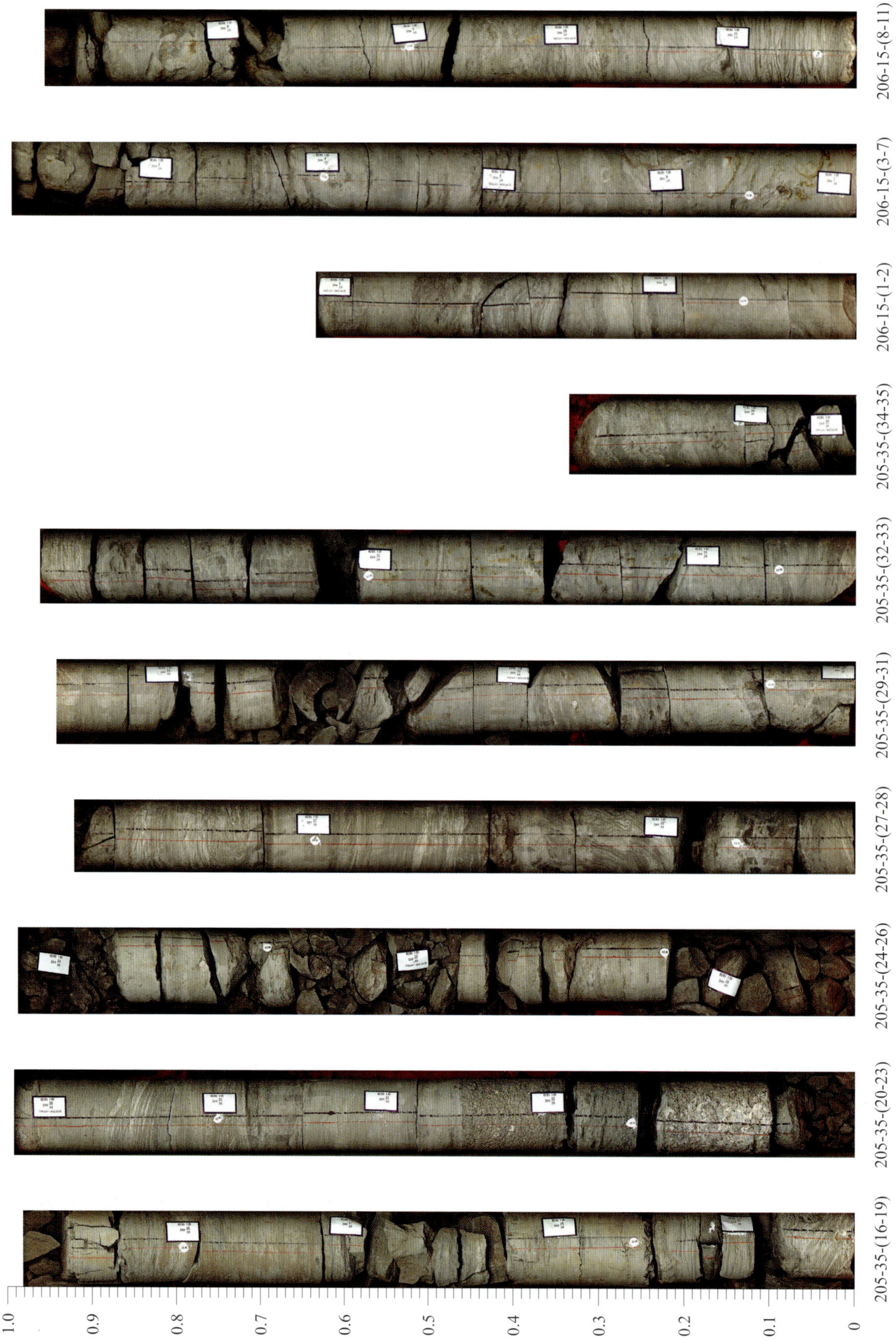
206-15-(8-11)
206-15-(3-7)
206-15-(1-2)
205-35-(34-35)
205-35-(32-33)
205-35-(29-31)
205-35-(27-28)
205-35-(24-26)
205-35-(20-23)
205-35-(16-19)
1.0
0.9
0.8
0.7
0.6
0.5
0.4
0.3
0.2
0.1
0

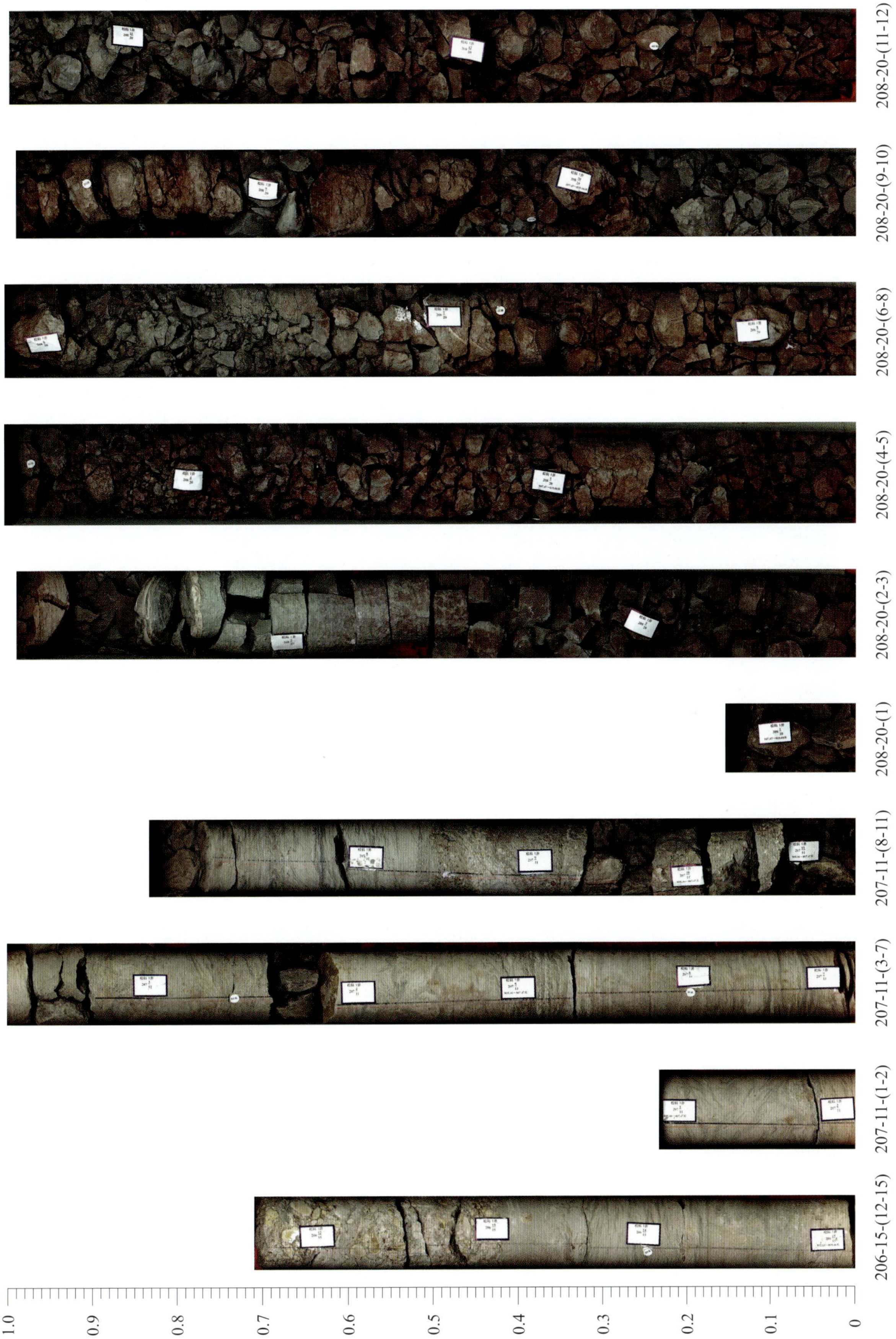
208-20-(11-12)
208-20-(9-10)
208-20-(6-8)
208-20-(4-5)
208-20-(2-3)
208-20-(1)
207-11-(8-11)
207-11-(3-7)
207-11-(1-2)
206-15-(12-15)
1.0
0.9
0.8
0.7
0.6
0.5
0.4
0.3
0.2
0.1
0

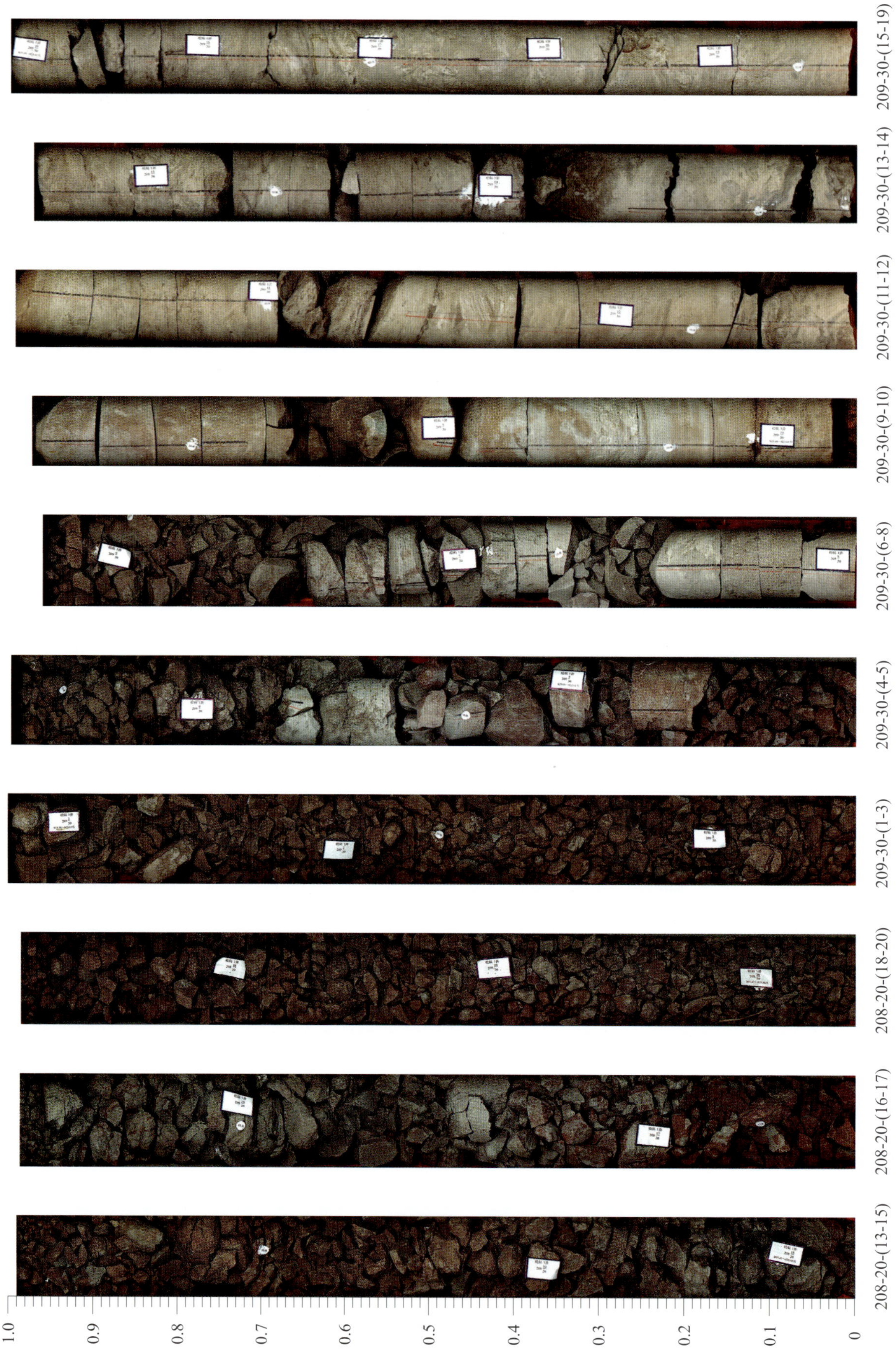
209-30-(15-19)
209-30-(13-14)
209-30-(11-12)
209-30-(9-10)
209-30-(6-8)
209-30-(4-5)
209-30-(1-3)
208-20-(18-20)
208-20-(16-17)
208-20-(13-15)
1.0
0.9
0.8
0.7
0.6
0.5
0.4
0.3
0.2
0.1
0

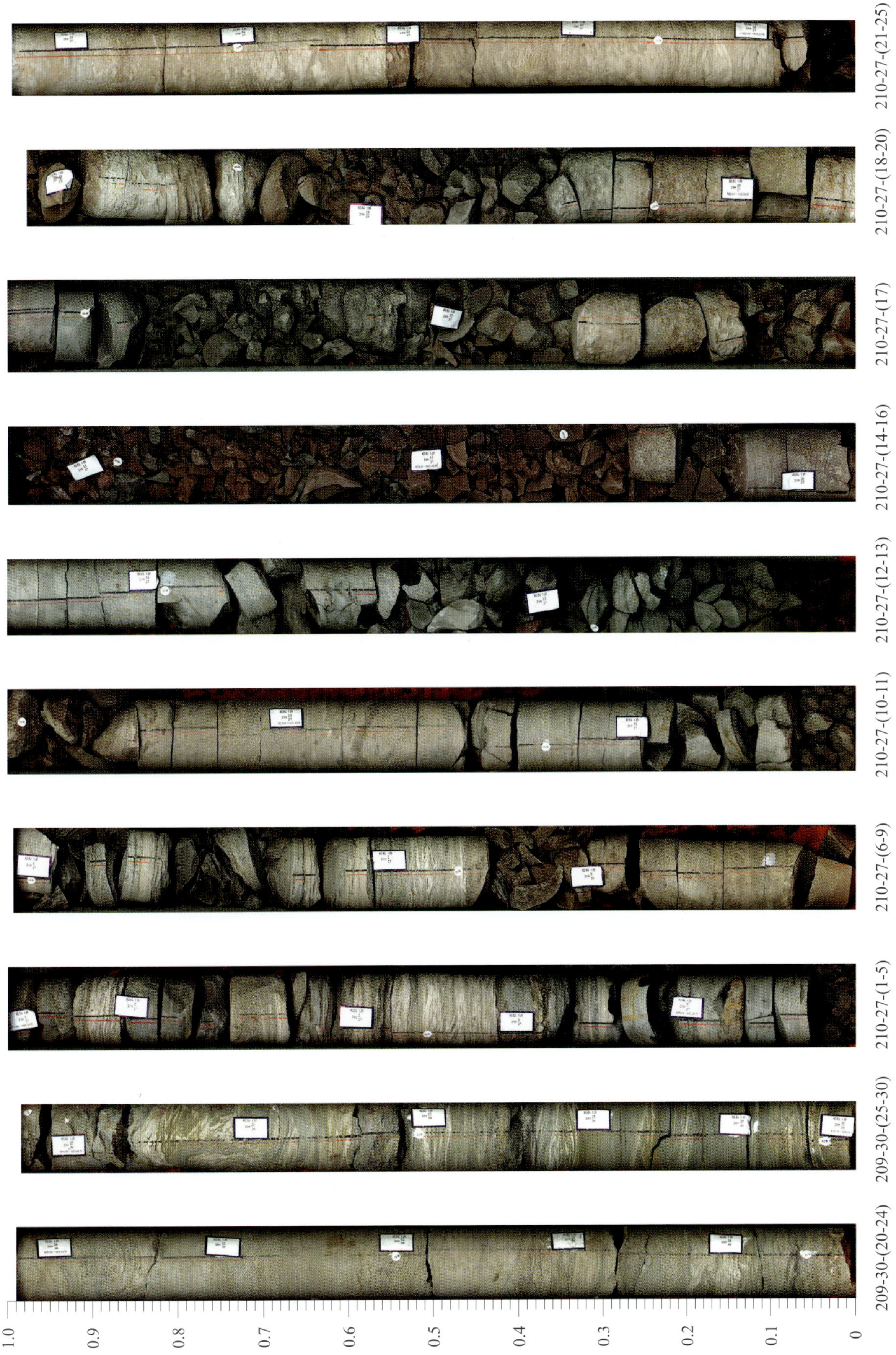
210-27-(21-25)
210-27-(18-20)
210-27-(17)
210-27-(14-16)
210-27-(12-13)
210-27-(10-11)
210-27-(6-9)
210-27-(1-5)
209-30-(25-30)
209-30-(20-24)
1.0
0.9
0.8
0.7
0.6
0.5
0.4
0.3
0.2
0.1
0

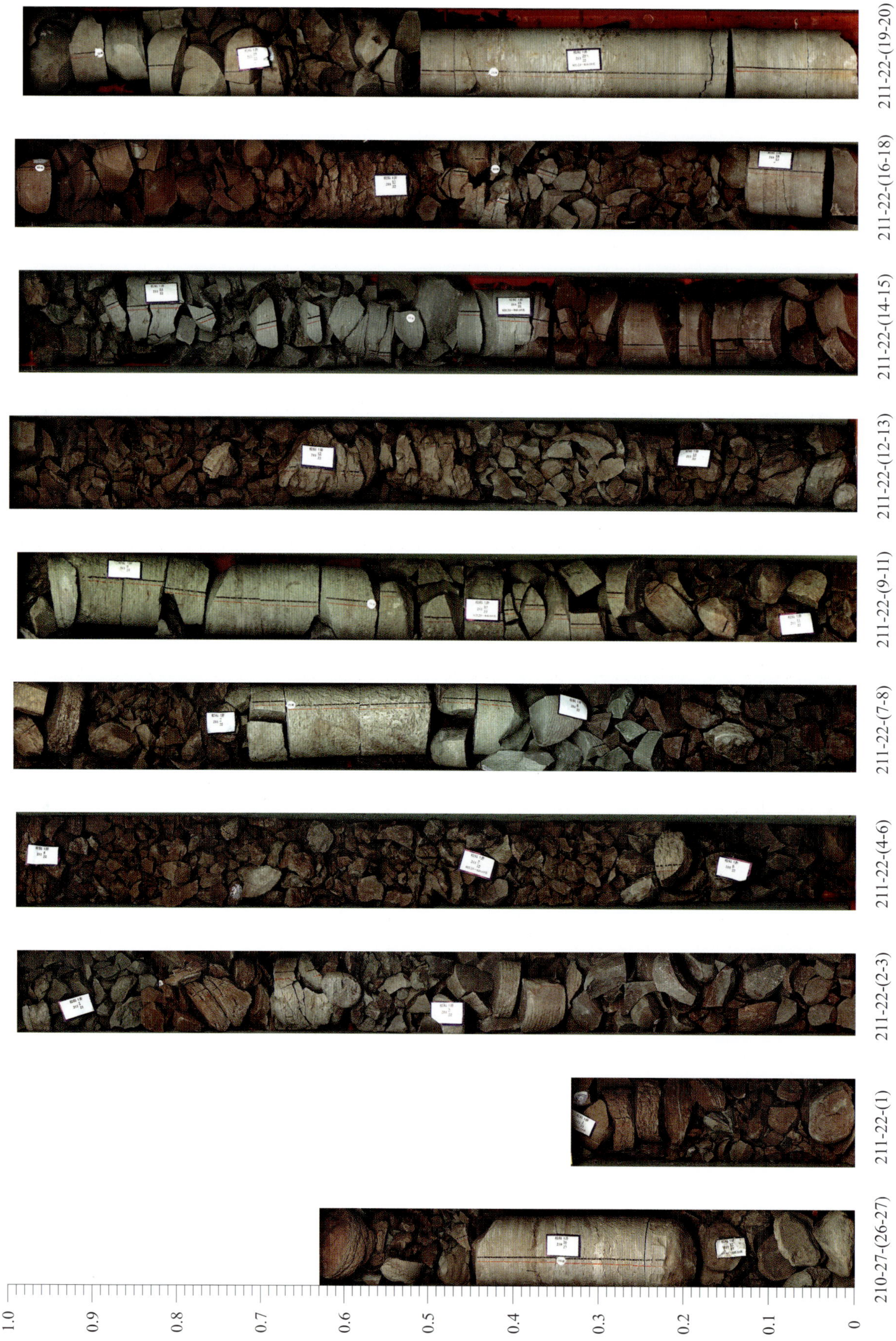
211-22-(19-20)
211-22-(16-18)
211-22-(14-15)
211-22-(12-13)
211-22-(9-11)
211-22-(7-8)
211-22-(4-6)
211-22-(2-3)
211-22-(1)
210-27-(26-27)
1.0
0.9
0.8
0.7
0.6
0.5
0.4
0.3
0.2
0.1
0

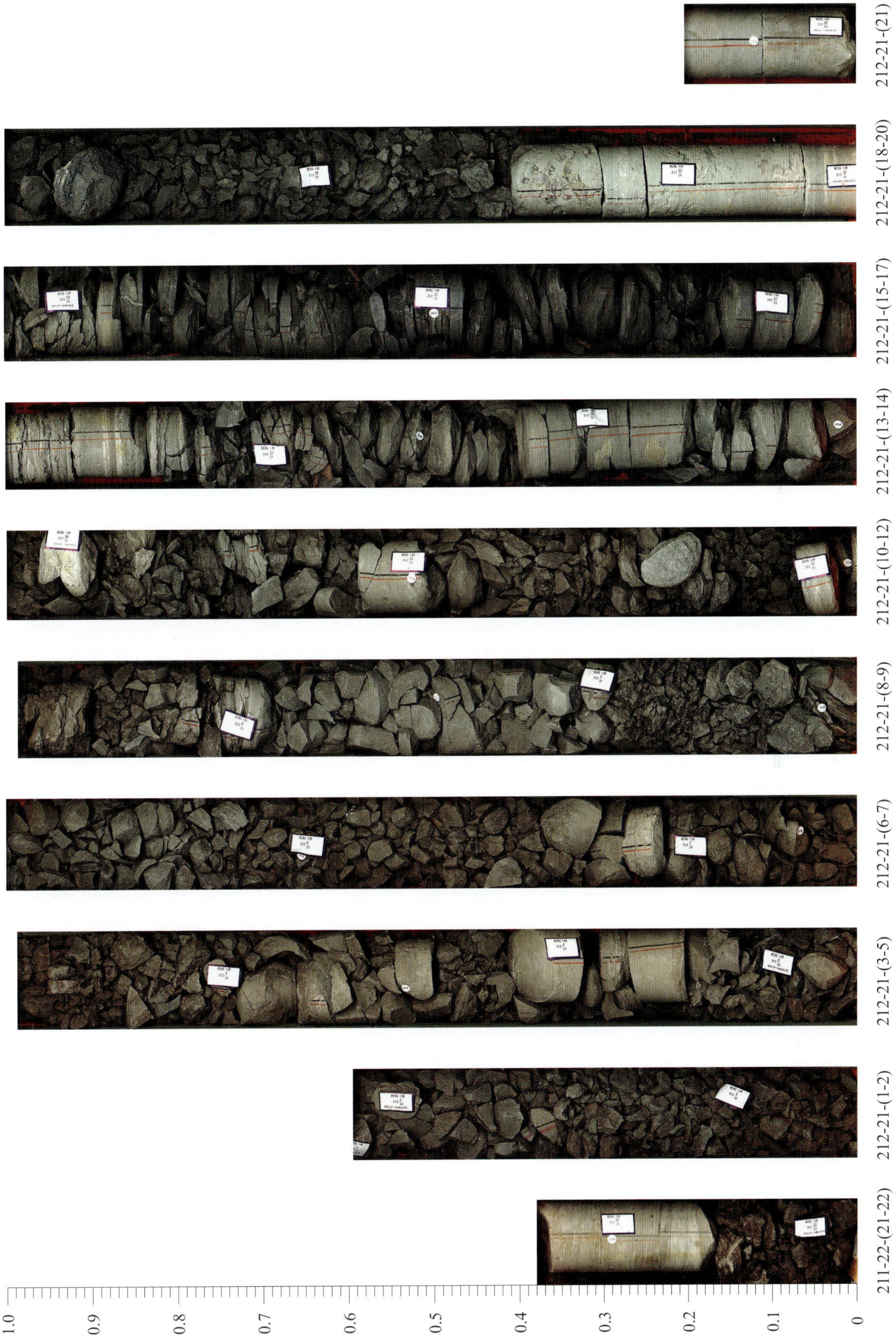
212-21-(21)
212-21-(18-20)
212-21-(15-17)
212-21-(13-14)
212-21-(10-12)
212-21-(8-9)
212-21-(6-7)
212-21-(3-5)
212-21-(1-2)
211-22-(21-22)
1.0
0.9
0.8
0.7
0.6
0.5
0.4
0.3
0.2
0.1
0

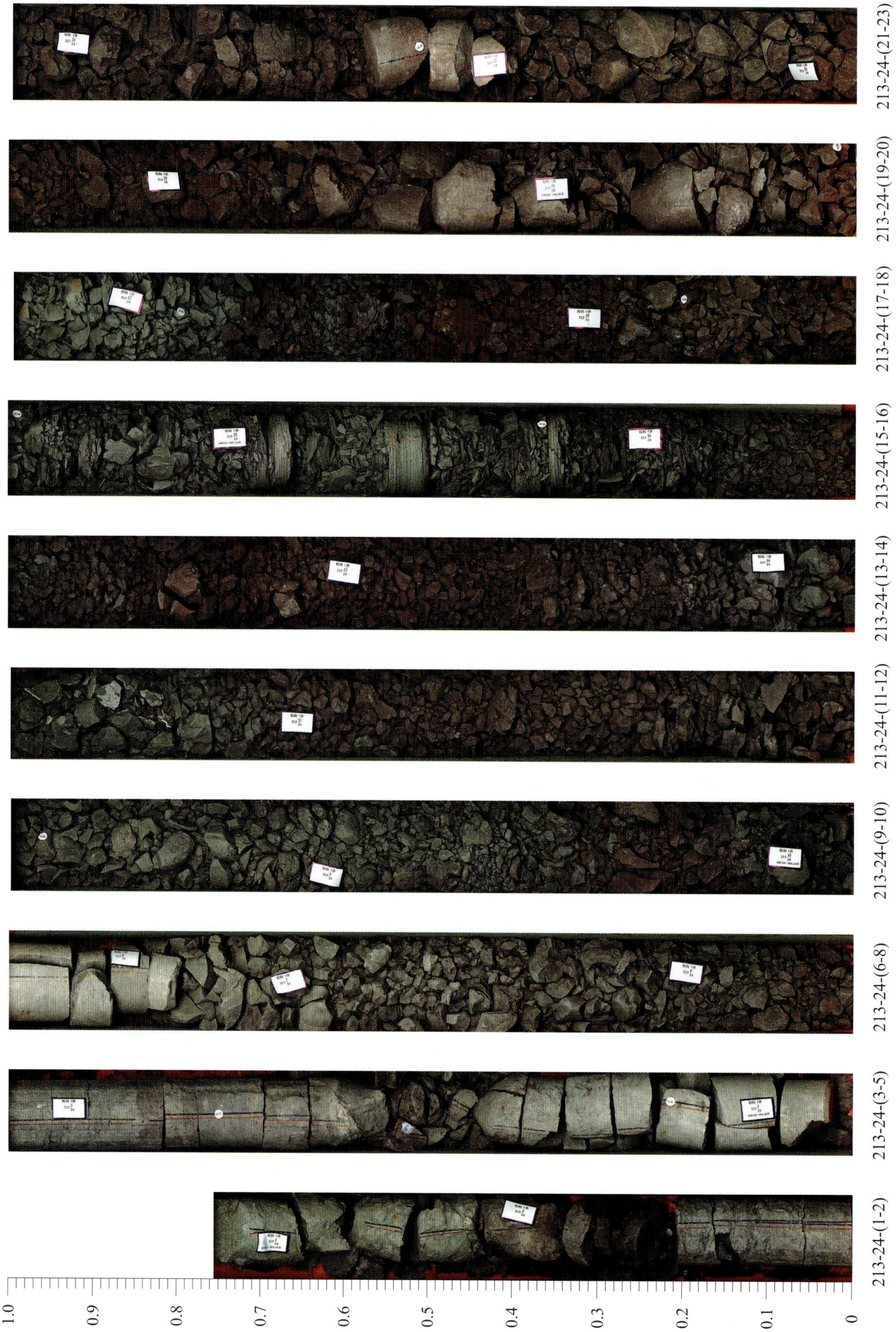
213-24-(21-23)
213-24-(19-20)
213-24-(17-18)
213-24-(15-16)
213-24-(13-14)
213-24-(11-12)
213-24-(9-10)
213-24-(6-8)
213-24-(3-5)
213-24-(1-2)
1.0
0.9
0.8
0.7
0.6
0.5
0.4
0.3
0.2
0.1
0

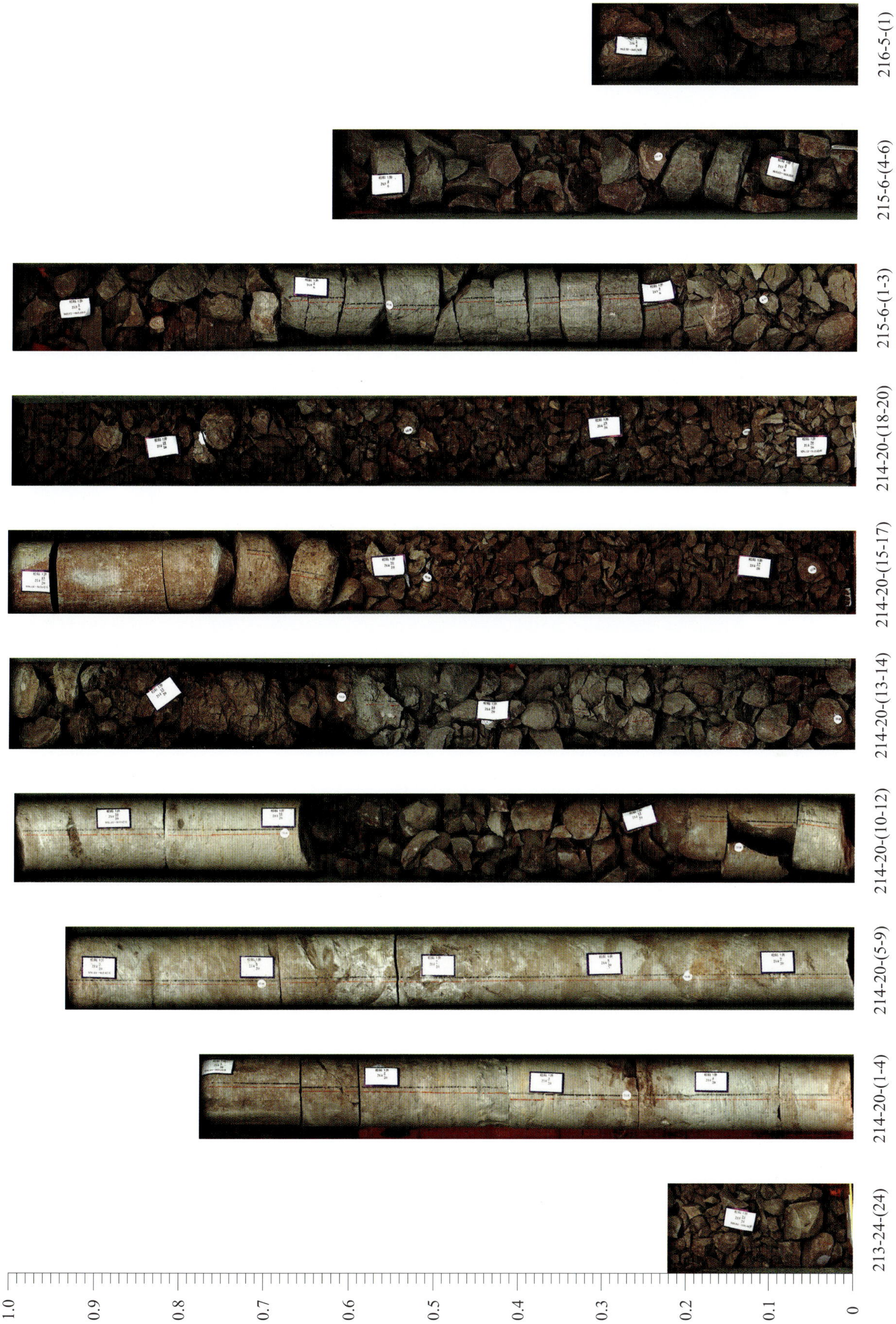
216-5-(1)
215-6-(4-6)
215-6-(1-3)
214-20-(18-20)
214-20-(15-17)
214-20-(13-14)
214-20-(10-12)
214-20-(5-9)
214-20-(1-4)
213-24-(24)
1.0
0.9
0.8
0.7
0.6
0.5
0.4
0.3
0.2
0.1
0

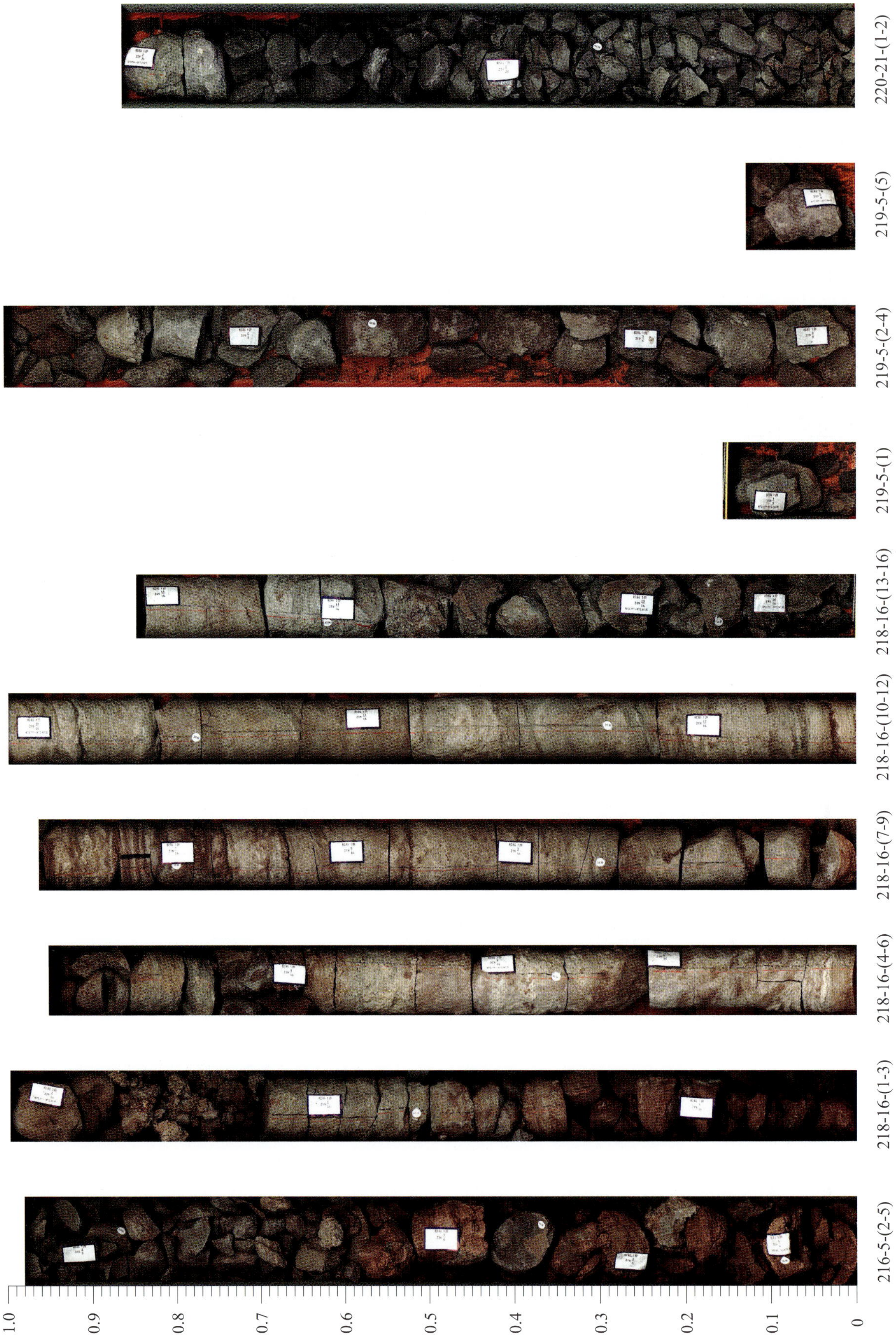
220-21-(1-2)
219-5-(5)
219-5-(2-4)
219-5-(1)
218-16-(13-16)
218-16-(10-12)
218-16-(7-9)
218-16-(4-6)
218-16-(1-3)
216-5-(2-5)
1.0
0.9
0.8
0.7
0.6
0.5
0.4
0.3
0.2
0.1
0

221-26-(13-14)
221-26-(9-12)
221-26-(6-8)
221-26-(4-5)
221-26-(1-3)
220-21-(21)
220-21-(16-20)
220-21-(12-15)
220-21-(7-11)
220-21-(3-6)
1.0
0.9
0.8
0.7
0.6
0.5
0.4
0.3
0.2
0.1
0

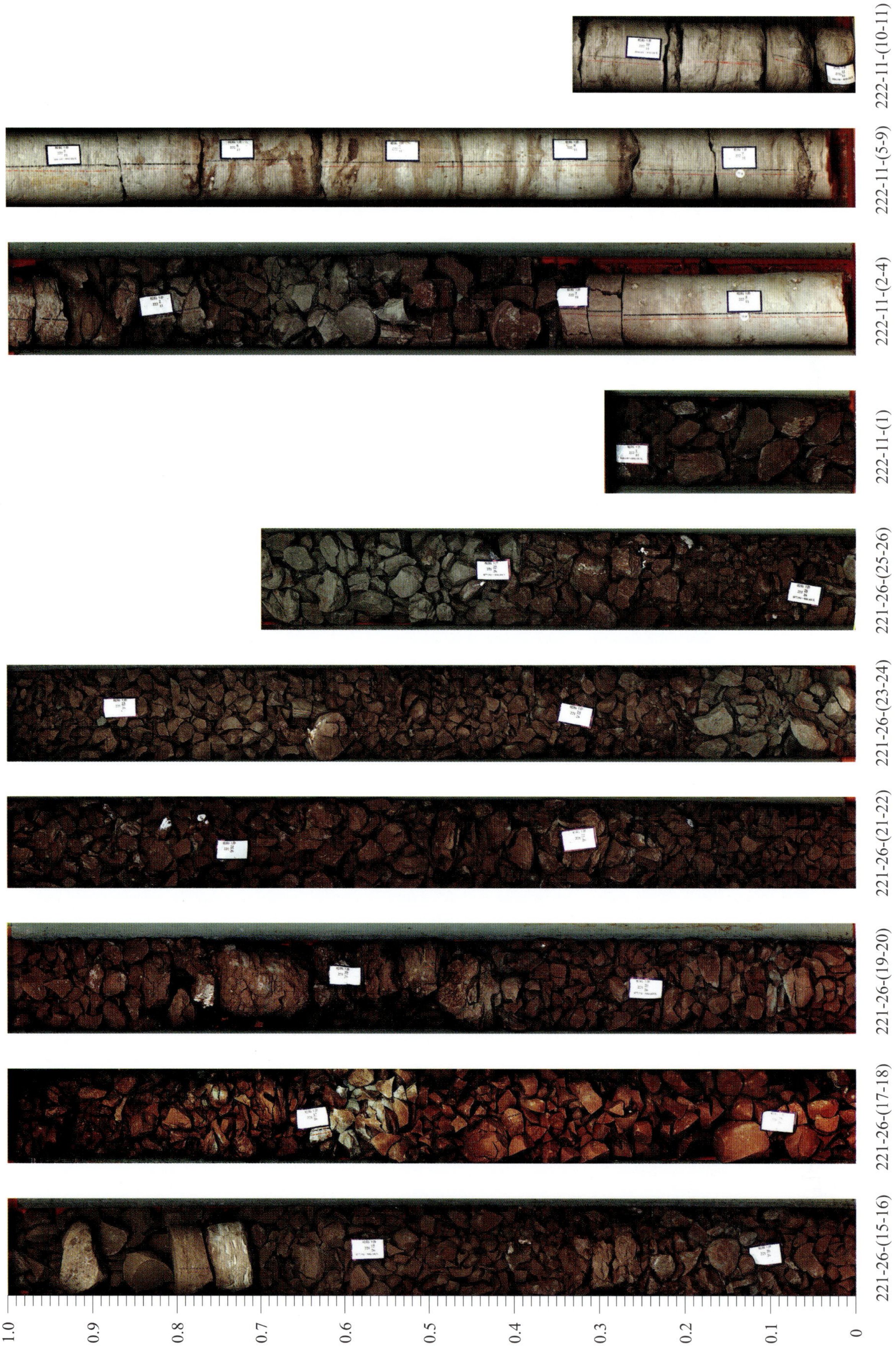
222-11-(10-11)
222-11-(5-9)
222-11-(2-4)
222-11-(1)
221-26-(25-26)
221-26-(23-24)
221-26-(21-22)
221-26-(19-20)
221-26-(17-18)
221-26-(15-16)
1.0
0.9
0.8
0.7
0.6
0.5
0.4
0.3
0.2
0.1
0

224-30-(27-28)
224-30-(24-26)
224-30-(20-23)
224-30-(16-19)
224-30-(14-15)
224-30-(9-13)
224-30-(4-8)
224-30-(1-3)
223-6-(4-6)
223-6-(1-3)
1.0
0.9
0.8
0.7
0.6
0.5
0.4
0.3
0.2
0.1
0

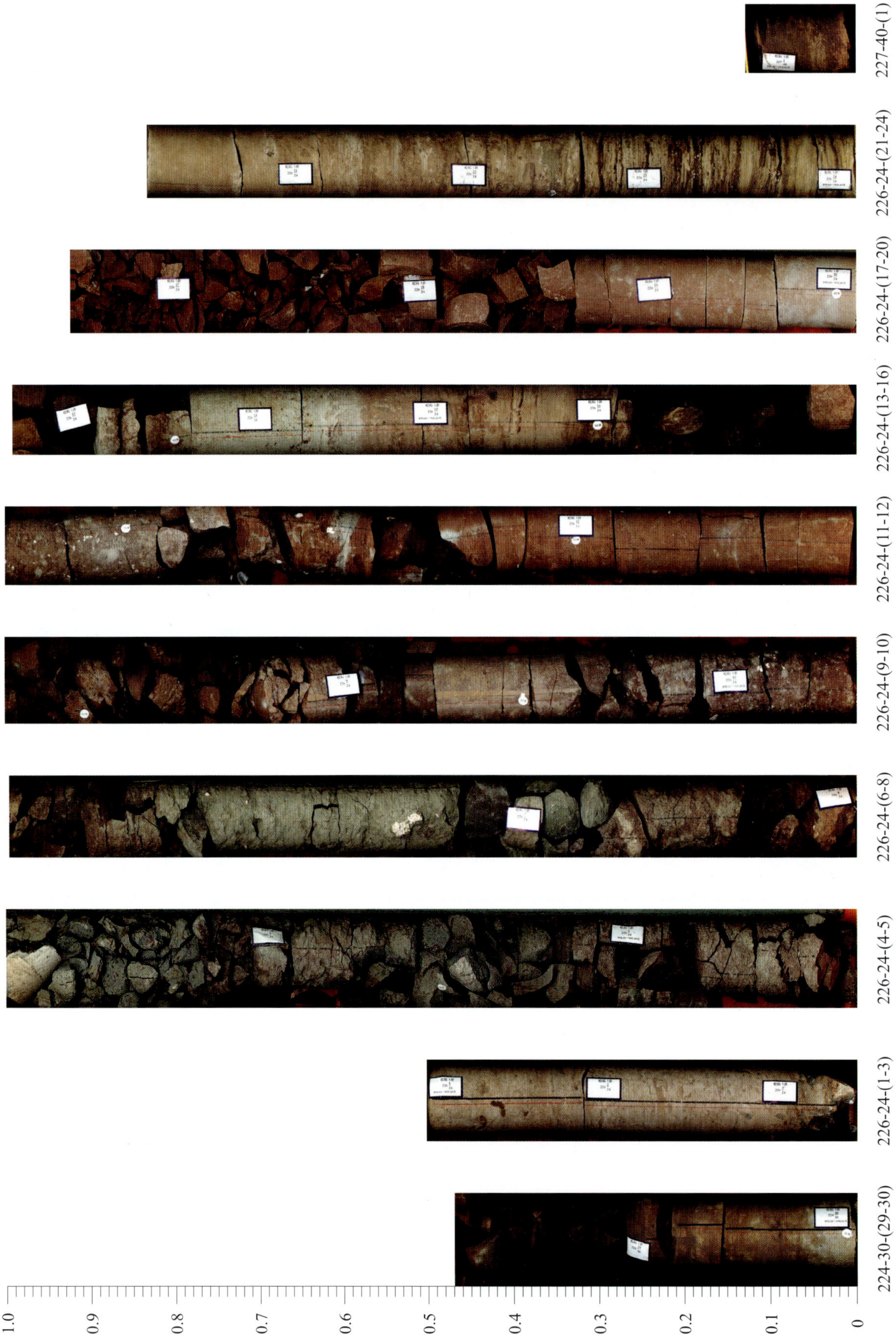
227-40-(1)
226-24-(21-24)
226-24-(17-20)
226-24-(13-16)
226-24-(11-12)
226-24-(9-10)
226-24-(6-8)
226-24-(4-5)
226-24-(1-3)
224-30-(29-30)
1.0
0.9
0.8
0.7
0.6
0.5
0.4
0.3
0.2
0.1
0

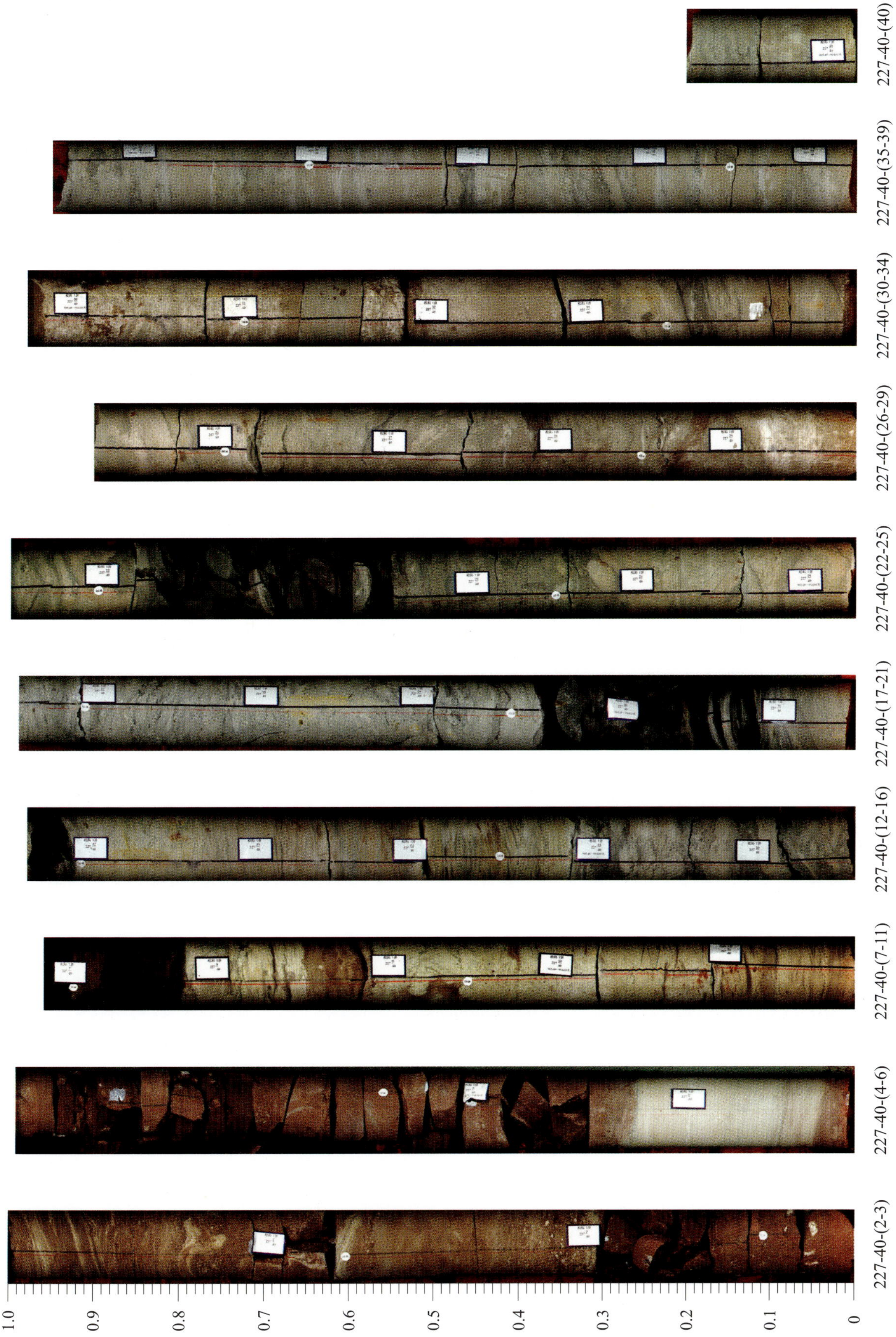
227-40-(40)
227-40-(35-39)
227-40-(30-34)
227-40-(26-29)
227-40-(22-25)
227-40-(17-21)
227-40-(12-16)
227-40-(7-11)
227-40-(4-6)
227-40-(2-3)
1.0
0.9
0.8
0.7
0.6
0.5
0.4
0.3
0.2
0.1
0

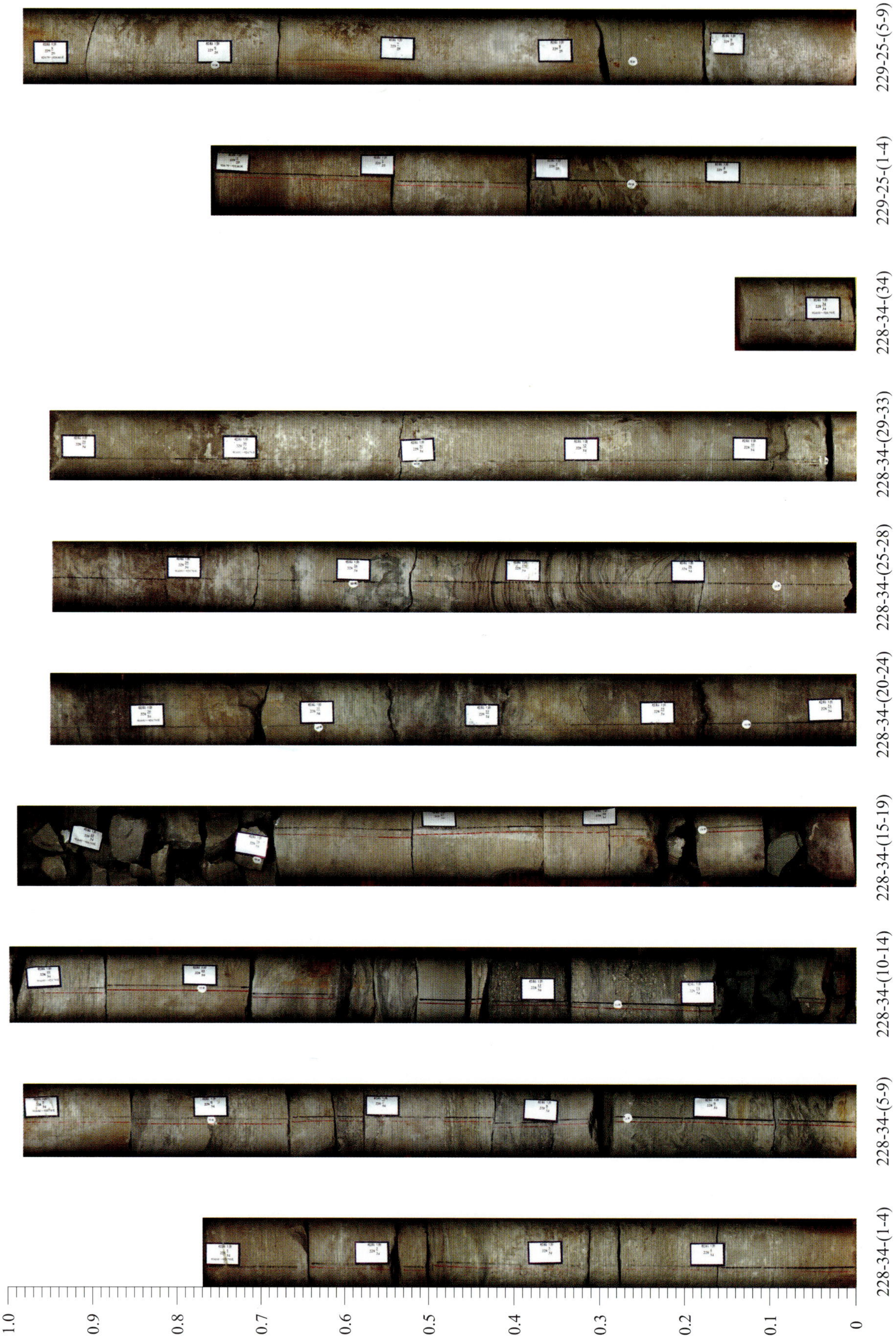
229-25-(5-9)
229-25-(1-4)
228-34-(34)
228-34-(29-33)
228-34-(25-28)
228-34-(20-24)
228-34-(15-19)
228-34-(10-14)
228-34-(5-9)
228-34-(1-4)
1.0
0.9
0.8
0.7
0.6
0.5
0.4
0.3
0.2
0.1
0

230-44-(25-29)
230-44-(20-24)
230-44-(15-19)
230-44-(10-14)
230-44-(6-9)
230-44-(1-5)
229-25-25
229-25-(20-24)
229-25-(15-19)
229-25-(10-14)
1.0
0.9
0.8
0.7
0.6
0.5
0.4
0.3
0.2
0.1
0

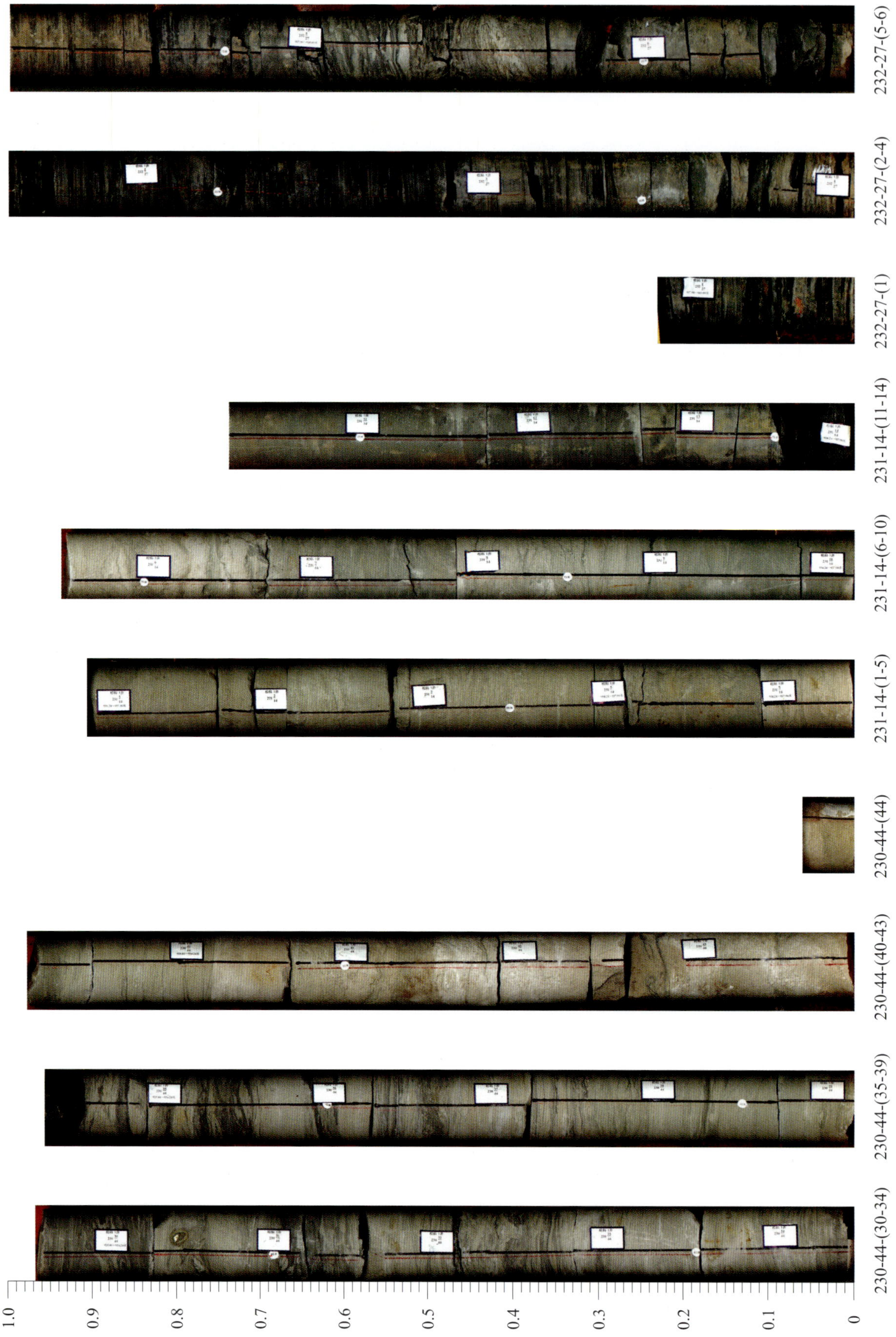
232-27-(5-6)
232-27-(2-4)
232-27-(1)
231-14-(11-14)
231-14-(6-10)
231-14-(1-5)
230-44-(44)
230-44-(40-43)
230-44-(35-39)
230-44-(30-34)
1.0
0.9
0.8
0.7
0.6
0.5
0.4
0.3
0.2
0.1
0

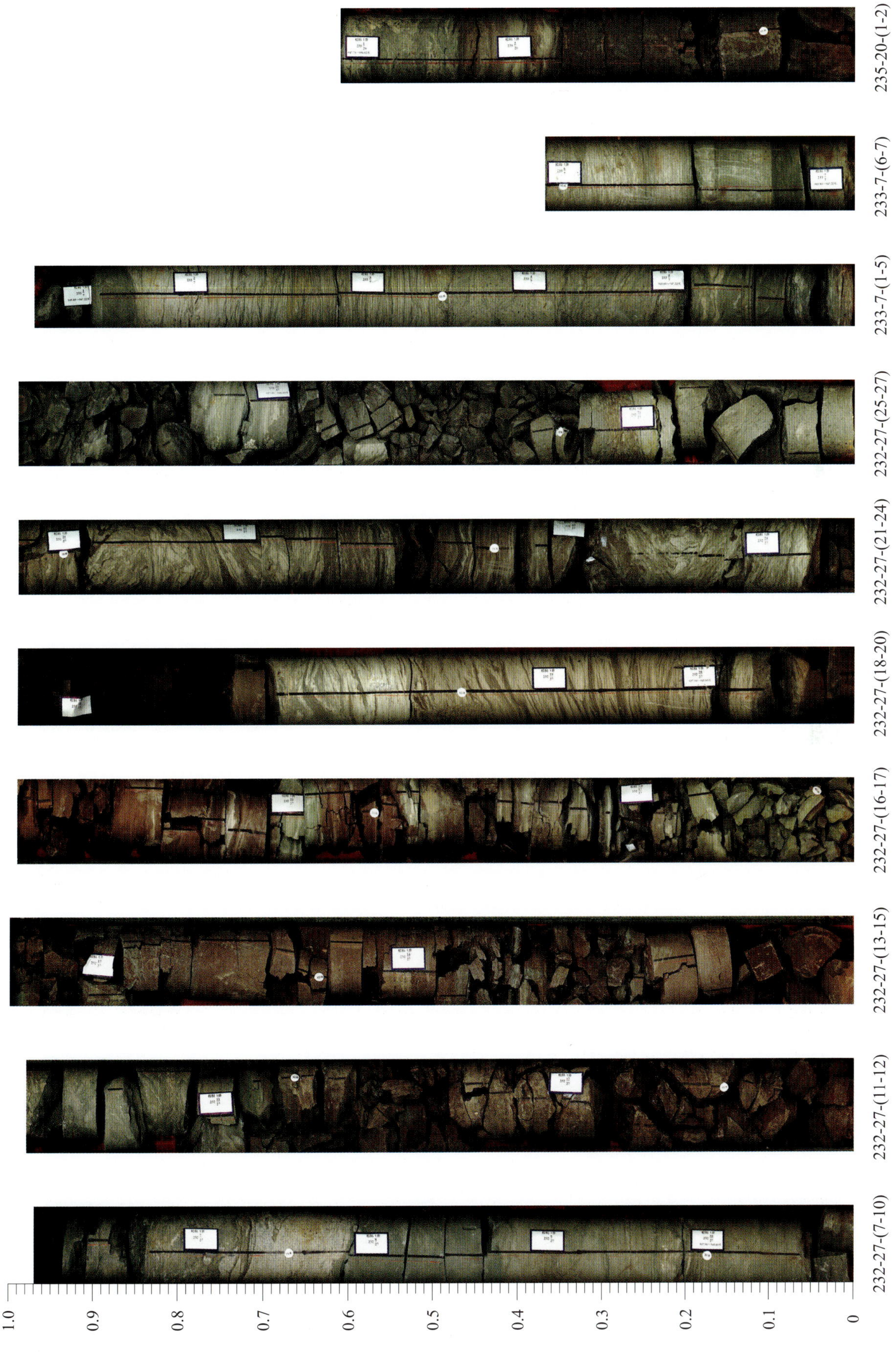
235-20-(1-2)
233-7-(6-7)
233-7-(1-5)
232-27-(25-27)
232-27-(21-24)
232-27-(18-20)
232-27-(16-17)
232-27-(13-15)
232-27-(11-12)
232-27-(7-10)
1.0
0.9
0.8
0.7
0.6
0.5
0.4
0.3
0.2
0.1
0

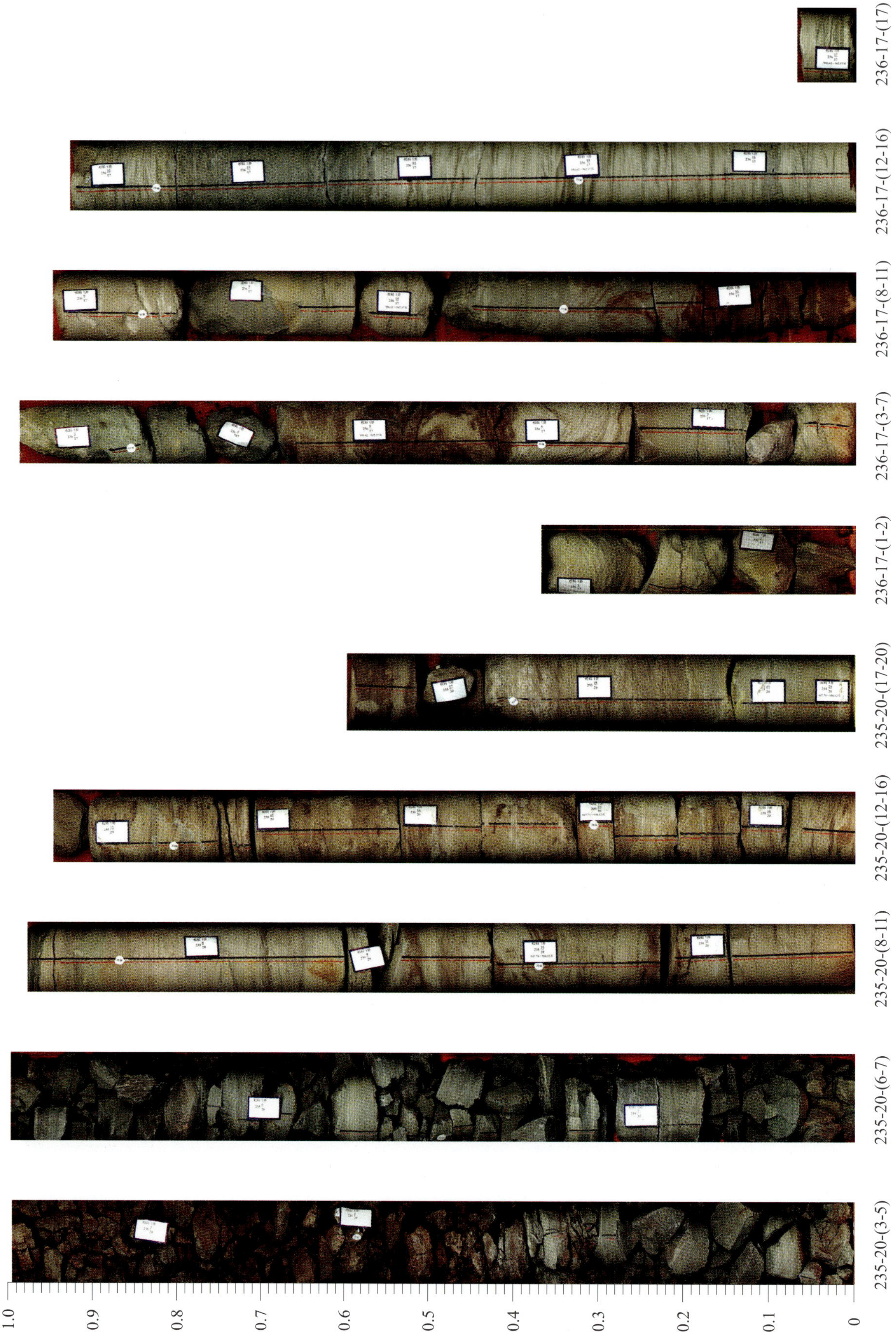
236-17-(17)
236-17-(12-16)
236-17-(8-11)
236-17-(3-7)
236-17-(1-2)
235-20-(17-20)
235-20-(12-16)
235-20-(8-11)
235-20-(6-7)
235-20-(3-5)
1.0
0.9
0.8
0.7
0.6
0.5
0.4
0.3
0.2
0.1
0

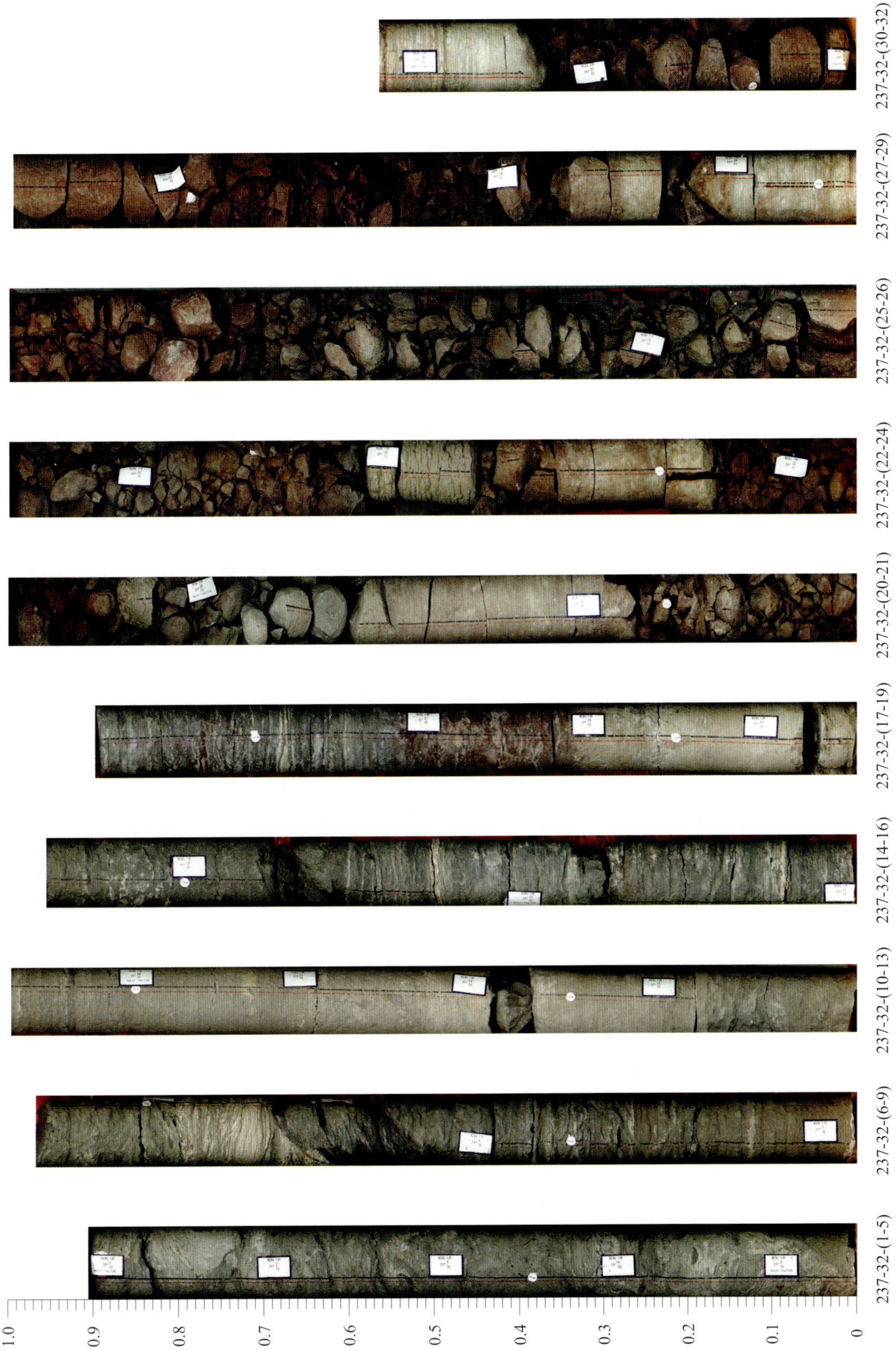
237-32-(30-32)
237-32-(27-29)
237-32-(25-26)
237-32-(22-24)
237-32-(20-21)
237-32-(17-19)
237-32-(14-16)
237-32-(10-13)
237-32-(6-9)
237-32-(1-5)
1.0
0.9
0.8
0.7
0.6
0.5
0.4
0.3
0.2
0.1
0

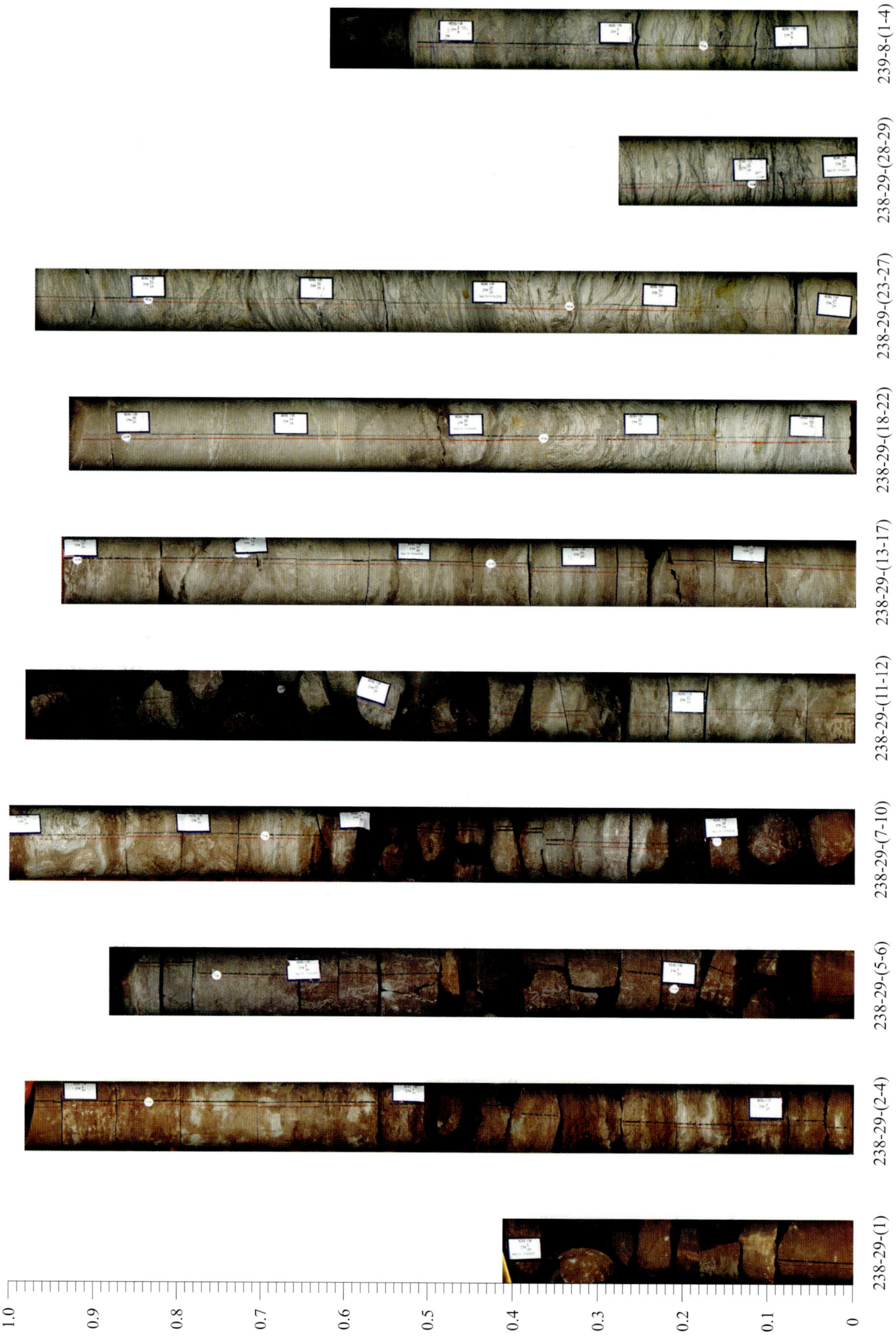

239-8-(1-4)
238-29-(28-29)
238-29-(23-27)
238-29-(18-22)
238-29-(13-17)
238-29-(11-12)
238-29-(7-10)
238-29-(5-6)
238-29-(2-4)
238-29-(1)
1.0
0.9
0.8
0.7
0.6
0.5
0.4
0.3
0.2
0.1
0

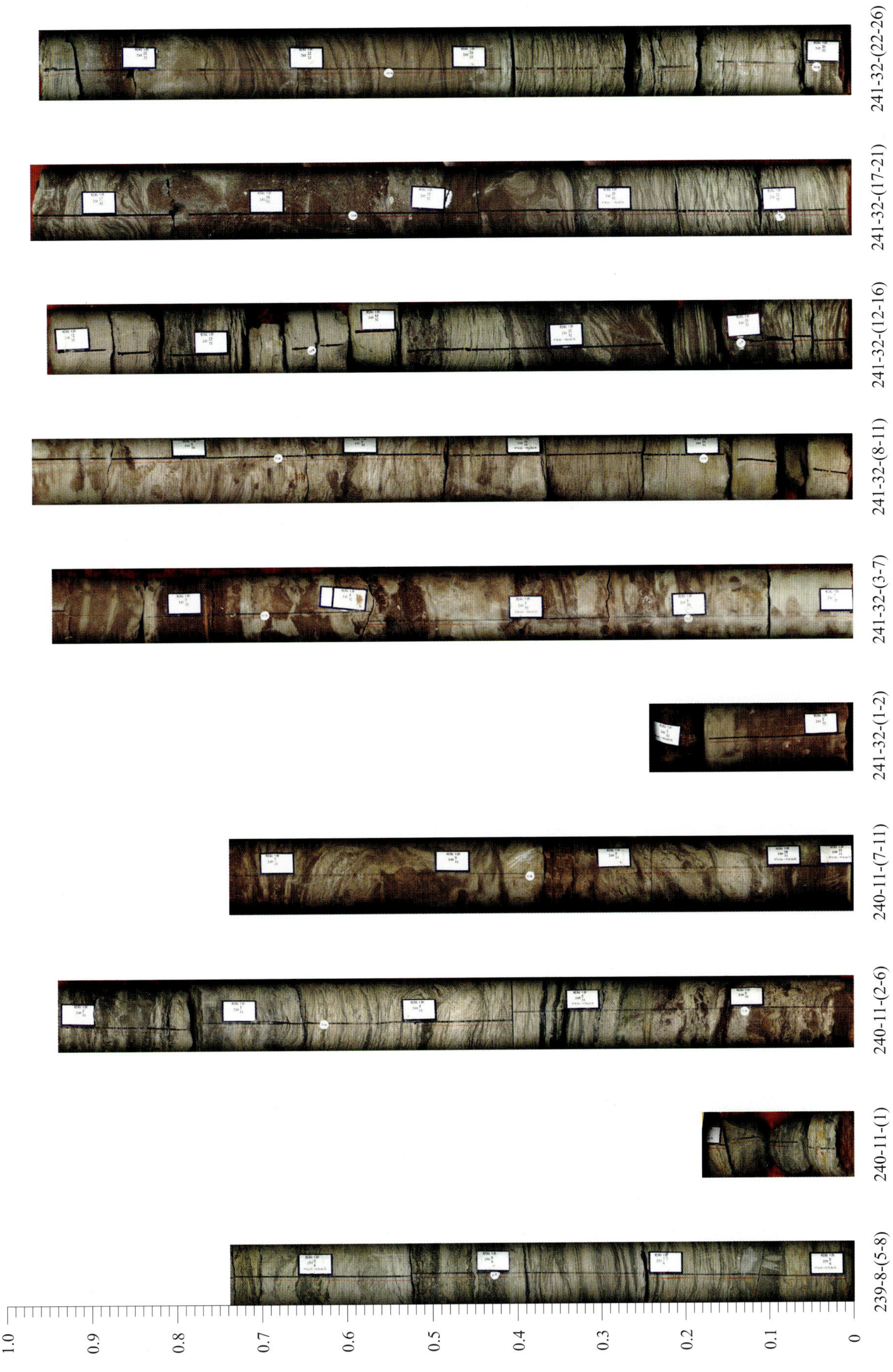
241-32-(22-26)
241-32-(17-21)
241-32-(12-16)
241-32-(8-11)
241-32-(3-7)
241-32-(1-2)
240-11-(7-11)
240-11-(2-6)
240-11-(1)
239-8-(5-8)
1.0
0.9
0.8
0.7
0.6
0.5
0.4
0.3
0.2
0.1
0

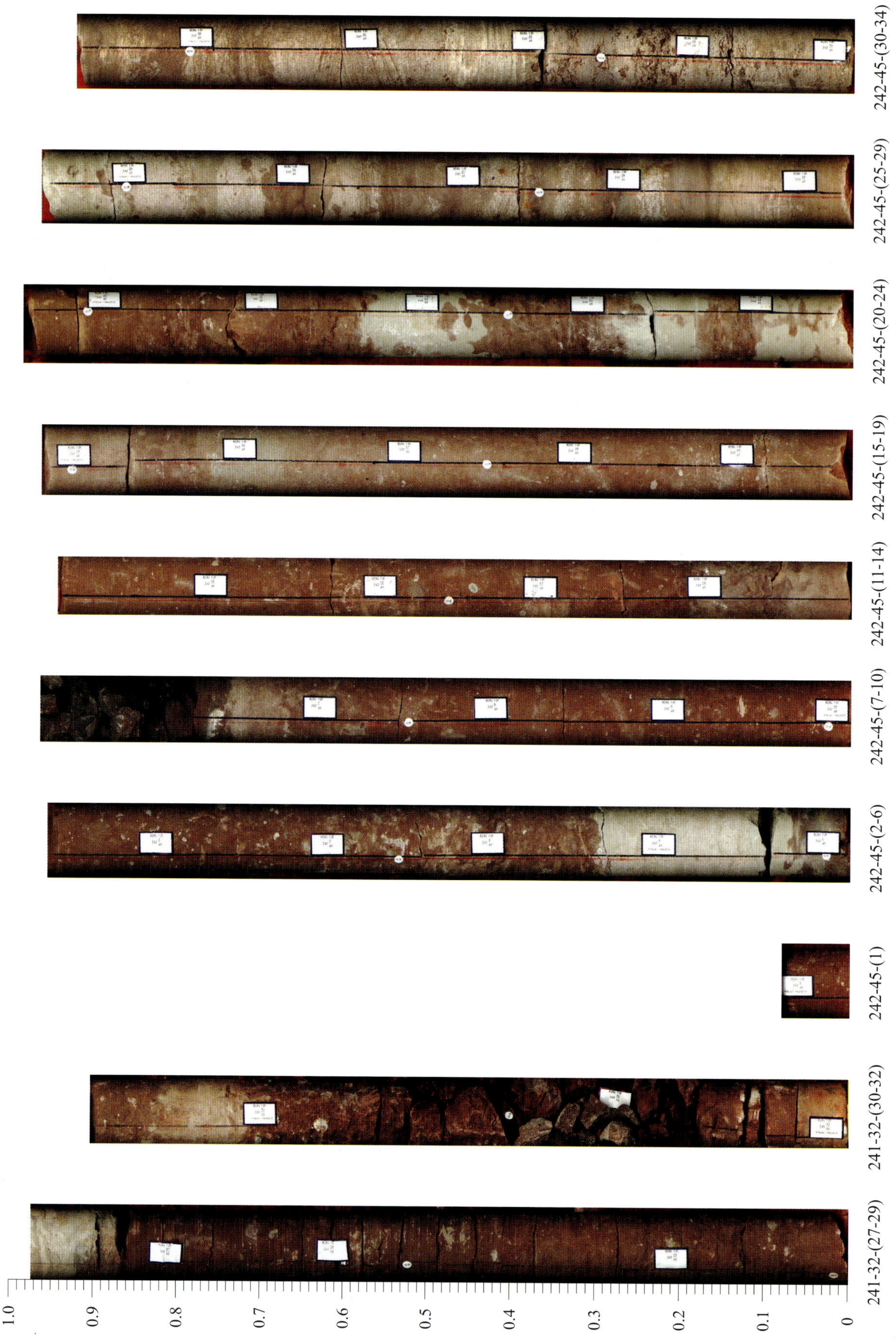
242-45-(30-34)
242-45-(25-29)
242-45-(20-24)
242-45-(15-19)
242-45-(11-14)
242-45-(7-10)
242-45-(2-6)
242-45-(1)
241-32-(30-32)
241-32-(27-29)
1.0
0.9
0.8
0.7
0.6
0.5
0.4
0.3
0.2
0.1
0

243-27-(27)
243-27-(22-26)
243-27-(17-21)
243-27-(13-16)
243-27-(10-12)
243-27-(5-9)
243-27-(1-4)
242-45-(44-45)
242-45-(39-43)
242-45-(35-38)
1.0
0.9
0.8
0.7
0.6
0.5
0.4
0.3
0.2
0.1
0

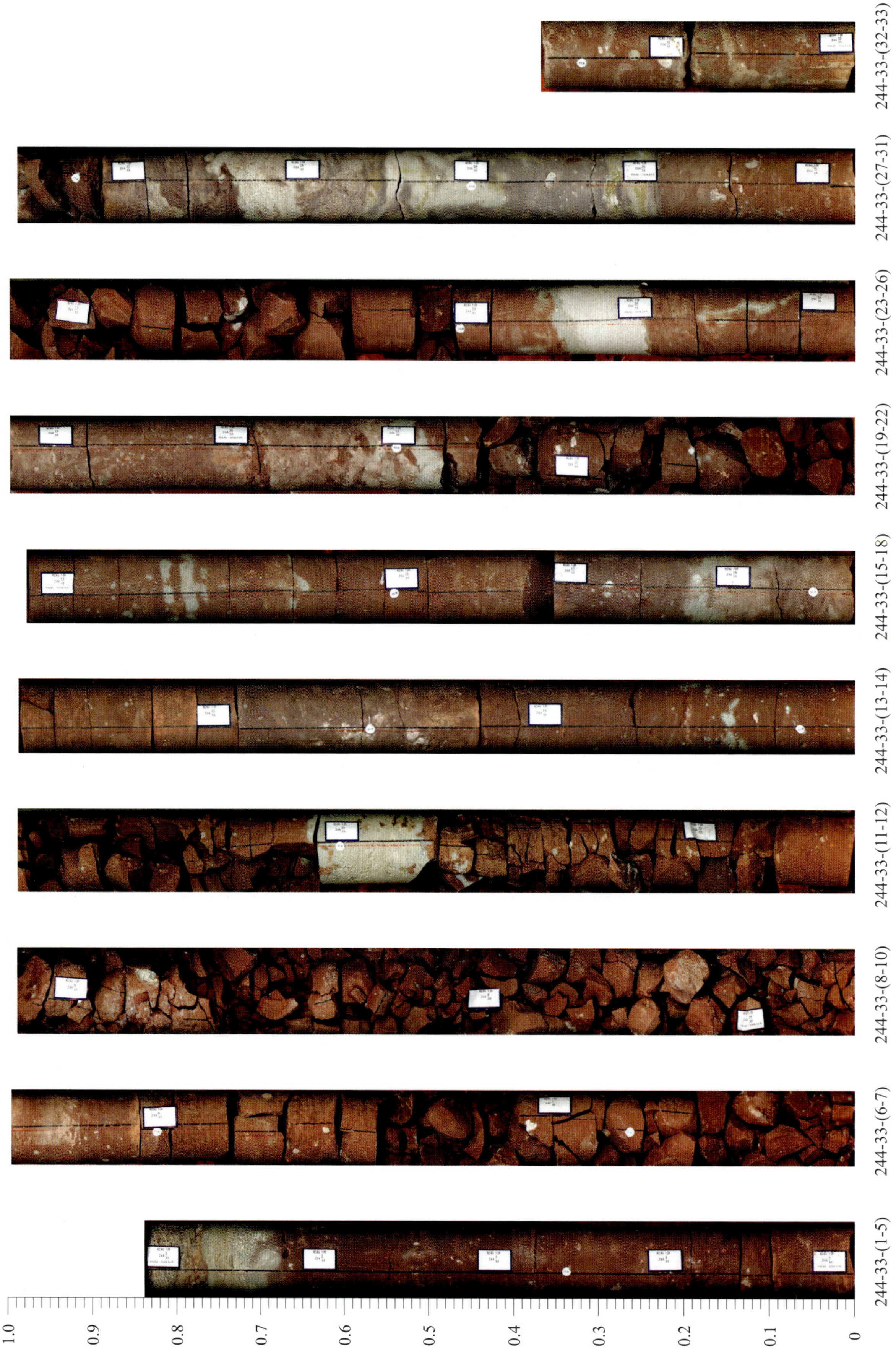
244-33-(32-33)
244-33-(27-31)
244-33-(23-26)
244-33-(19-22)
244-33-(15-18)
244-33-(13-14)
244-33-(11-12)
244-33-(8-10)
244-33-(6-7)
244-33-(1-5)
1.0
0.9
0.8
0.7
0.6
0.5
0.4
0.3
0.2
0.1
0

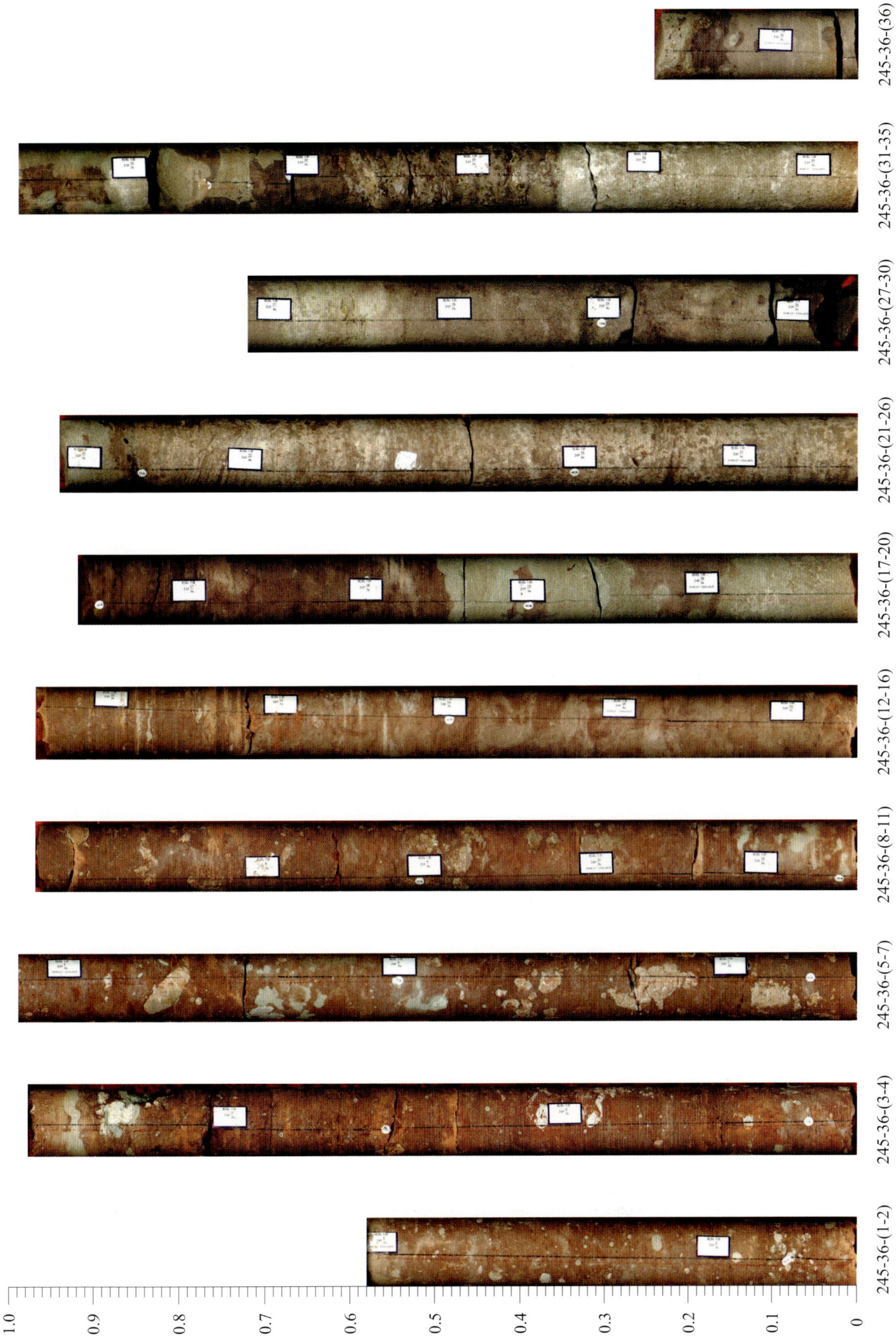
245-36-(36)
245-36-(31-35)
245-36-(27-30)
245-36-(21-26)
245-36-(17-20)
245-36-(12-16)
245-36-(8-11)
245-36-(5-7)
245-36-(3-4)
245-36-(1-2)
1.0
0.9
0.8
0.7
0.6
0.5
0.4
0.3
0.2
0.1
0

248-25-(7-10)
248-25-(5-6)
248-25-(1-4)
247-4-(3-4)
247-4-(1-2)
246-22-(19-22)
246-22-(15-18)
246-22-(10-14)
246-22-(5-9)
246-22-(1-4)
1.0
0.9
0.8
0.7
0.6
0.5
0.4
0.3
0.2
0.1
0

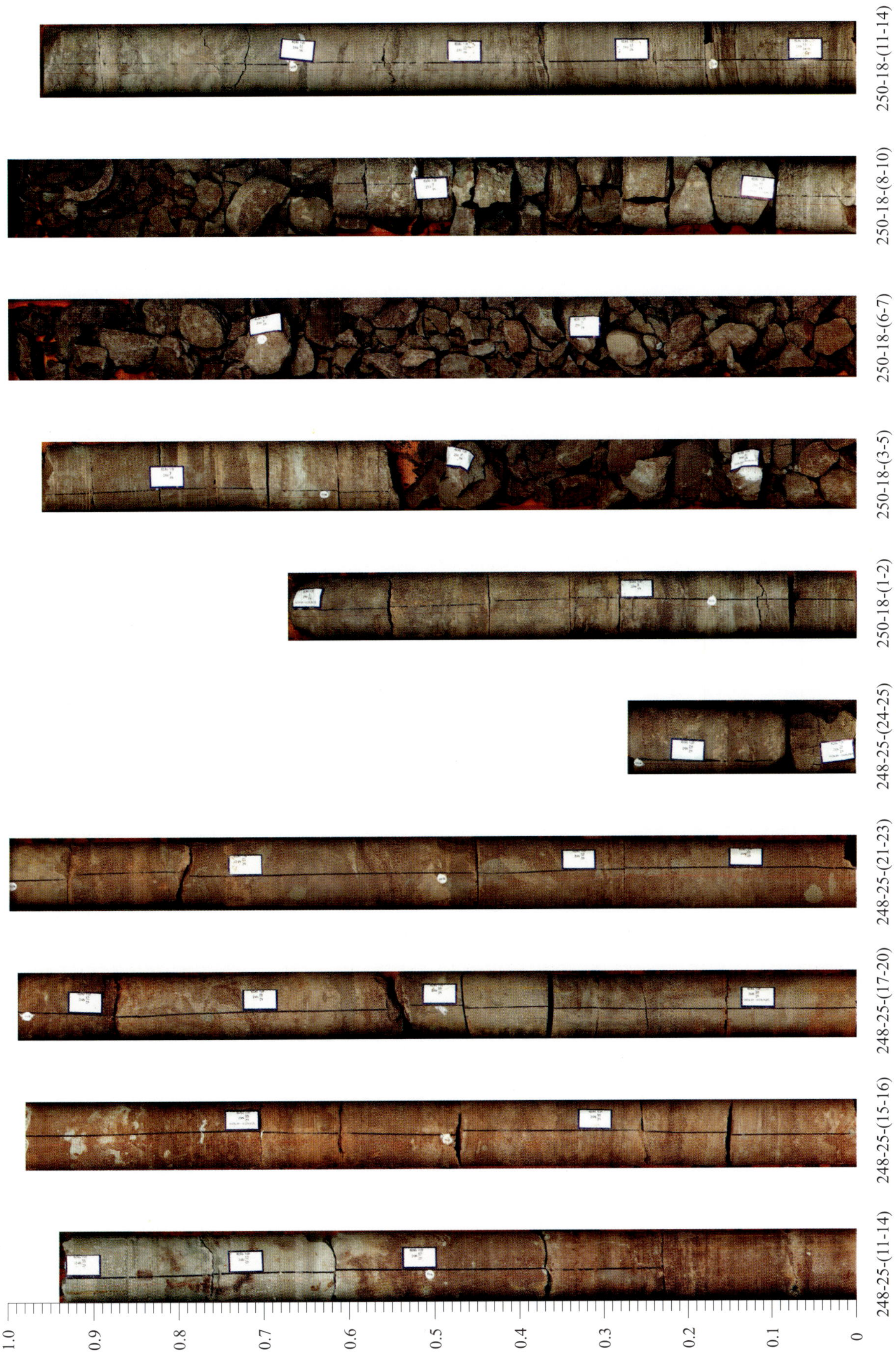
250-18-(11-14)
250-18-(8-10)
250-18-(6-7)
250-18-(3-5)
250-18-(1-2)
248-25-(24-25)
248-25-(21-23)
248-25-(17-20)
248-25-(15-16)
248-25-(11-14)
1.0
0.9
0.8
0.7
0.6
0.5
0.4
0.3
0.2
0.1
0

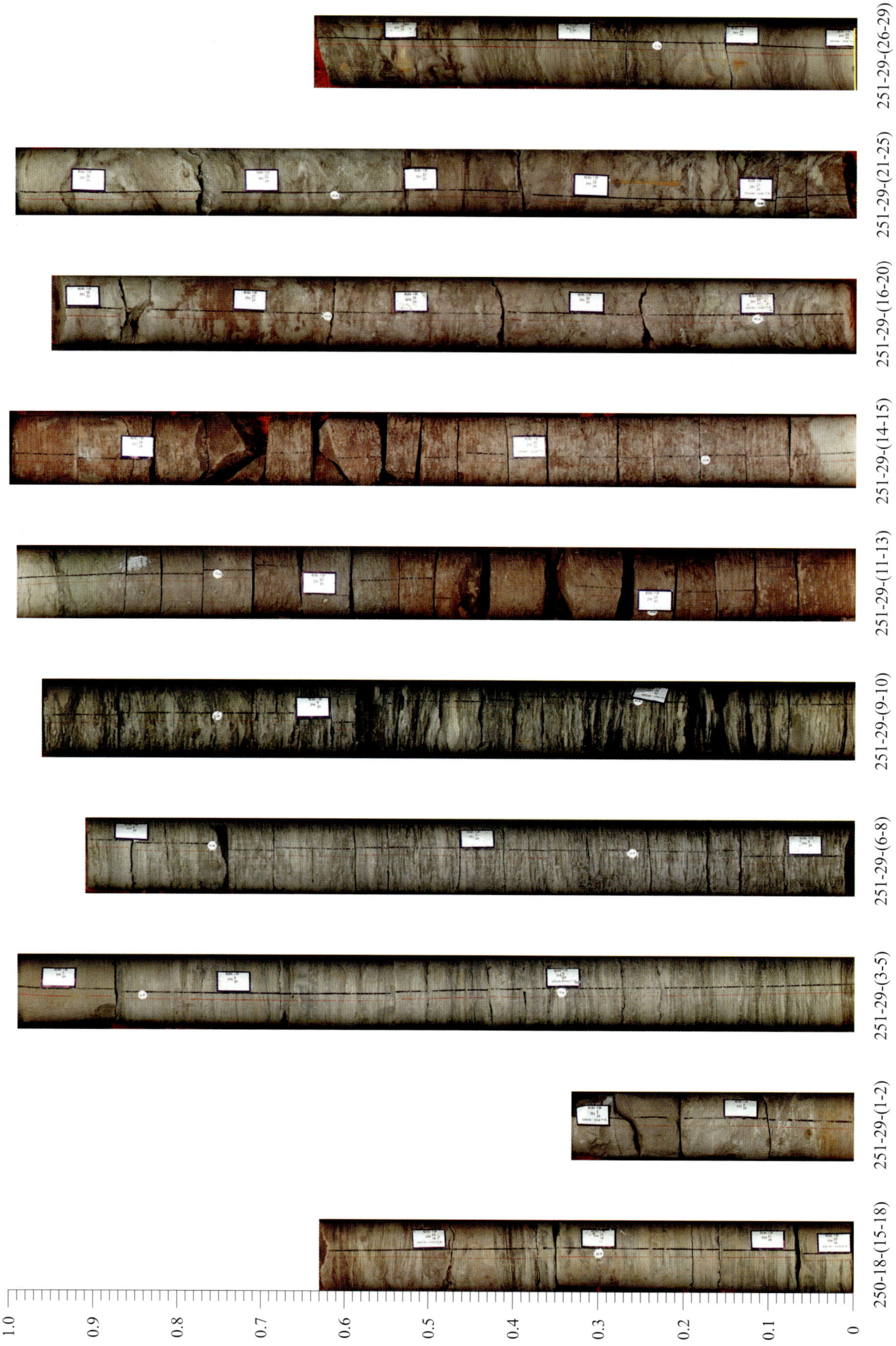
251-29-(26-29)
251-29-(21-25)
251-29-(16-20)
251-29-(14-15)
251-29-(11-13)
251-29-(9-10)
251-29-(6-8)
251-29-(3-5)
251-29-(1-2)
250-18-(15-18)
1.0
0.9
0.8
0.7
0.6
0.5
0.4
0.3
0.2
0.1
0

253-16-(8-12)
253-16-(3-7)
253-16-(1-2)
252-30-(27-30)
252-30-(22-26)
252-30-(18-21)
252-30-(13-17)
252-30-(8-12)
252-30-(3-7)
252-30-(1-2)
1.0
0.9
0.8
0.7
0.6
0.5
0.4
0.3
0.2
0.1
0

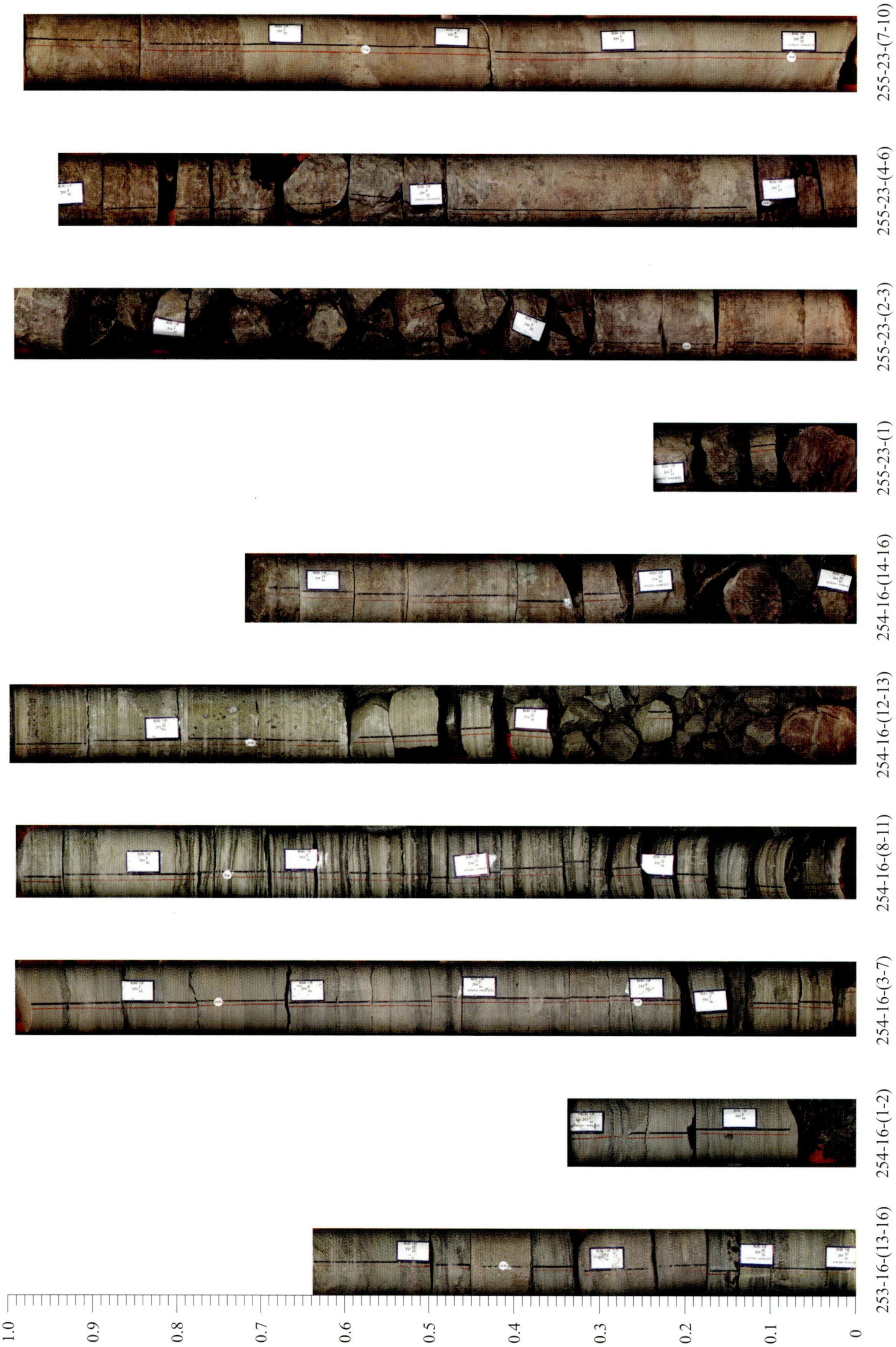
255-23-(7-10)
255-23-(4-6)
255-23-(2-3)
255-23-(1)
254-16-(14-16)
254-16-(12-13)
254-16-(8-11)
254-16-(3-7)
254-16-(1-2)
253-16-(13-16)
1.0
0.9
0.8
0.7
0.6
0.5
0.4
0.3
0.2
0.1
0

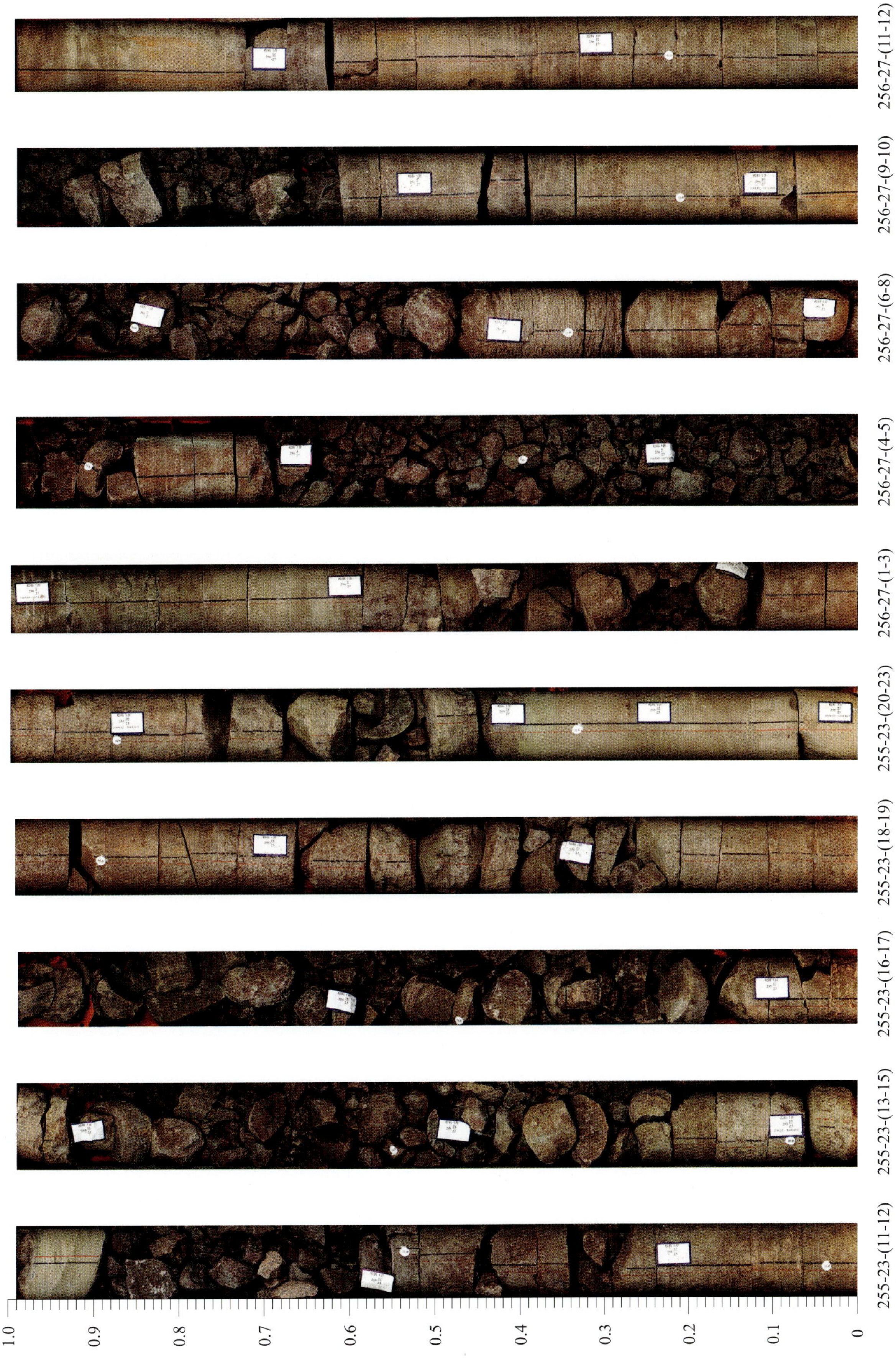
256-27-(11-12)
256-27-(9-10)
256-27-(6-8)
256-27-(4-5)
256-27-(1-3)
255-23-(20-23)
255-23-(18-19)
255-23-(16-17)
255-23-(13-15)
255-23-(11-12)
1.0
0.9
0.8
0.7
0.6
0.5
0.4
0.3
0.2
0.1
0

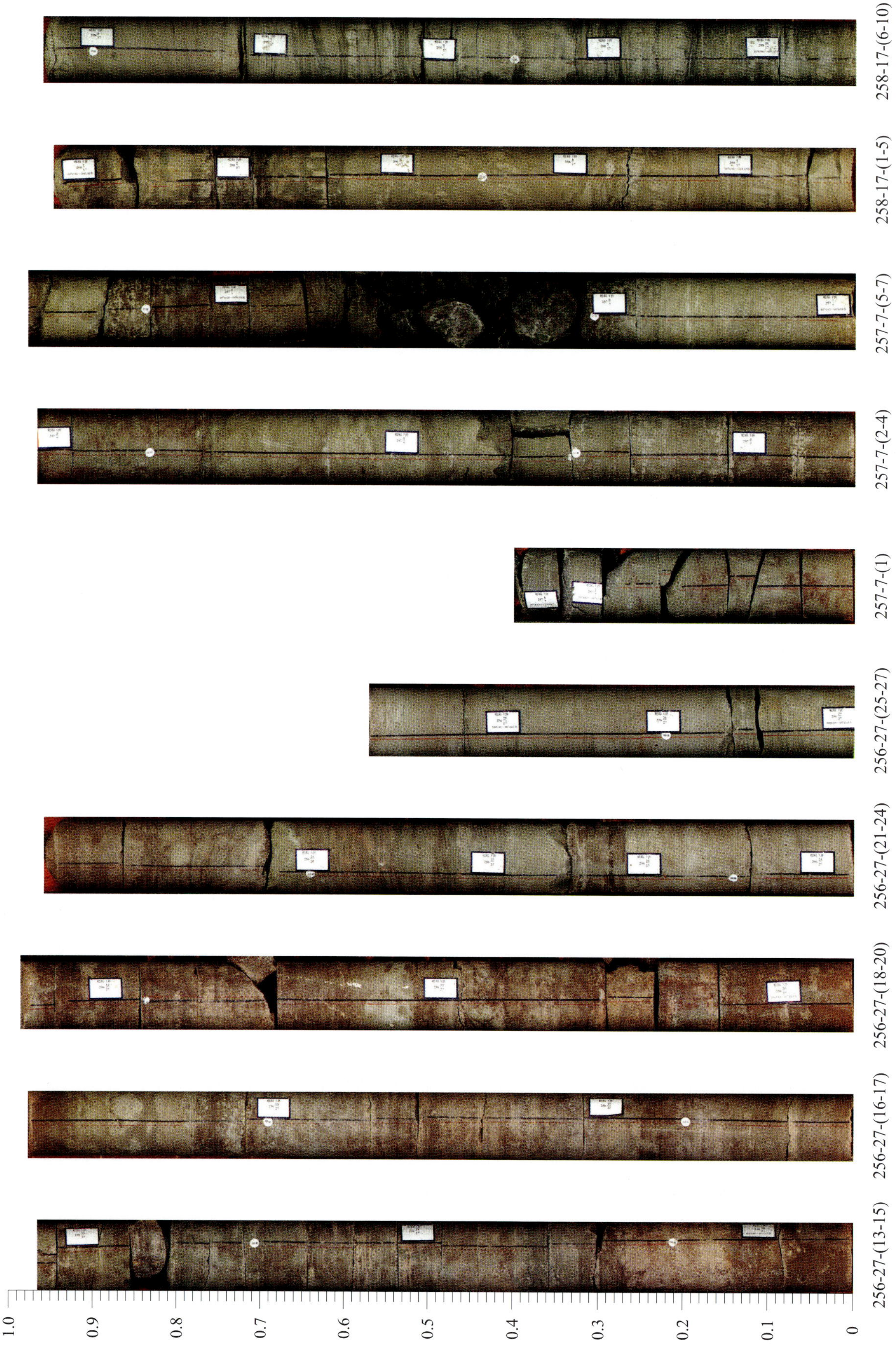
258-17-(6-10)
258-17-(1-5)
257-7-(5-7)
257-7-(2-4)
257-7-(1)
256-27-(25-27)
256-27-(21-24)
256-27-(18-20)
256-27-(16-17)
256-27-(13-15)
1.0
0.9
0.8
0.7
0.6
0.5
0.4
0.3
0.2
0.1
0

260-32-(6-8)
260-32-(1-5)
259-18-(17-18)
259-18-(12-16)
259-18-(10-11)
259-18-(6-9)
259-18-(1-5)
258-17-(16-17)
258-17-(14-15)
258-17-(11-13)
1.0
0.9
0.8
0.7
0.6
0.5
0.4
0.3
0.2
0.1
0

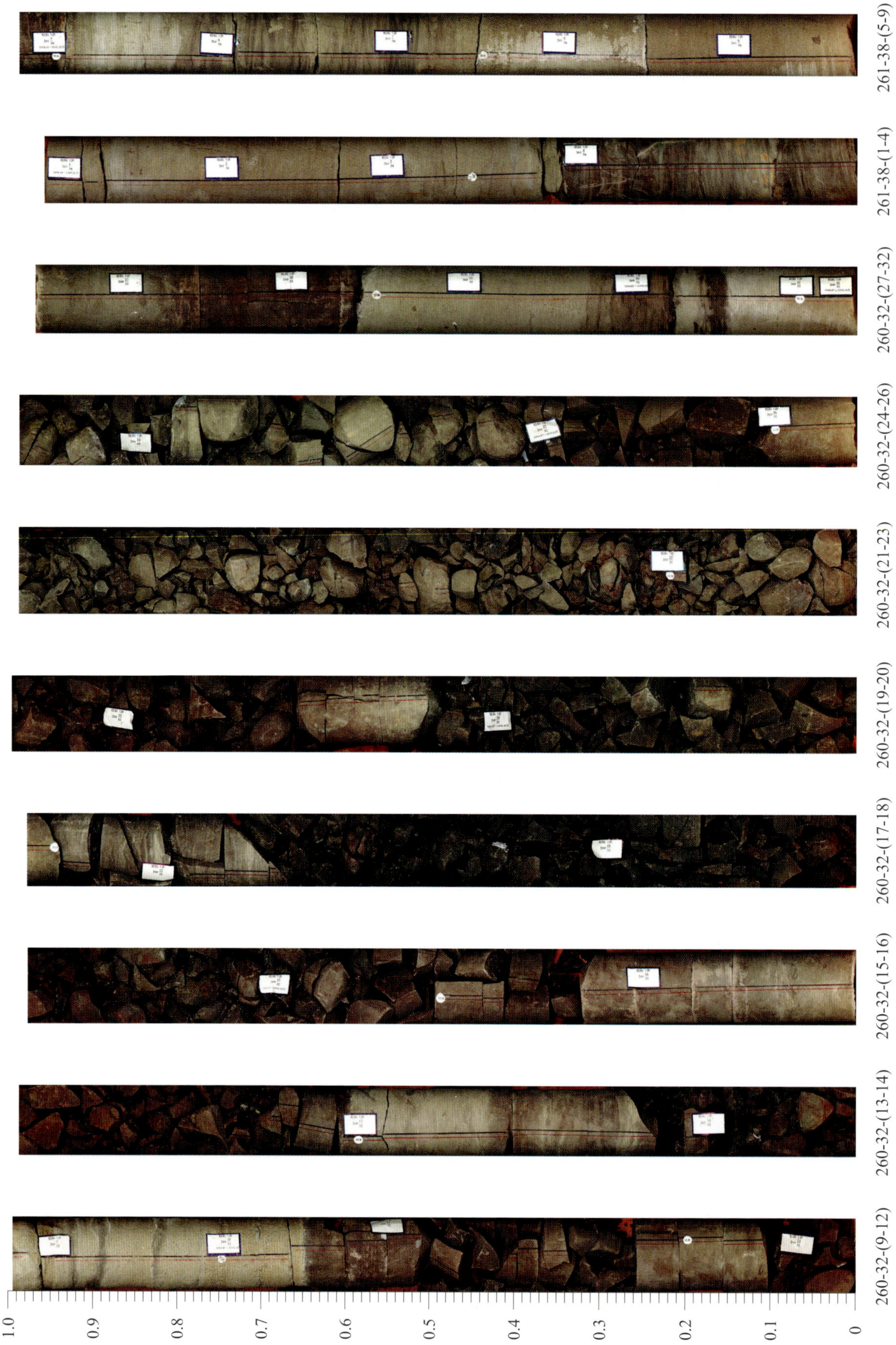
261-38-(5-9)
261-38-(1-4)
260-32-(27-32)
260-32-(24-26)
260-32-(21-23)
260-32-(19-20)
260-32-(17-18)
260-32-(15-16)
260-32-(13-14)
260-32-(9-12)
1.0
0.9
0.8
0.7
0.6
0.5
0.4
0.3
0.2
0.1
0

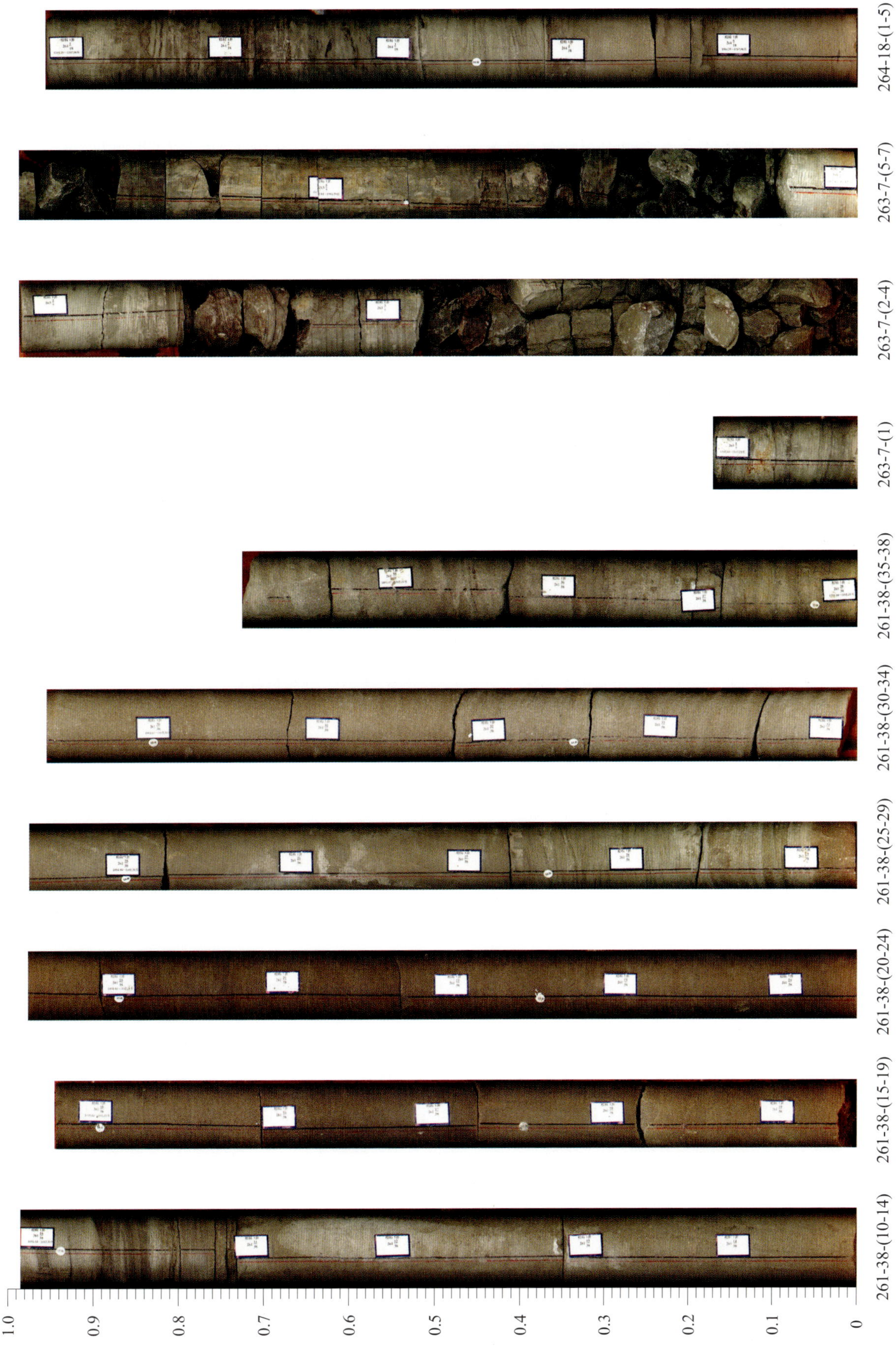
264-18-(1-5)
263-7-(5-7)
263-7-(2-4)
263-7-(1)
261-38-(35-38)
261-38-(30-34)
261-38-(25-29)
261-38-(20-24)
261-38-(15-19)
261-38-(10-14)
1.0
0.9
0.8
0.7
0.6
0.5
0.4
0.3
0.2
0.1
0

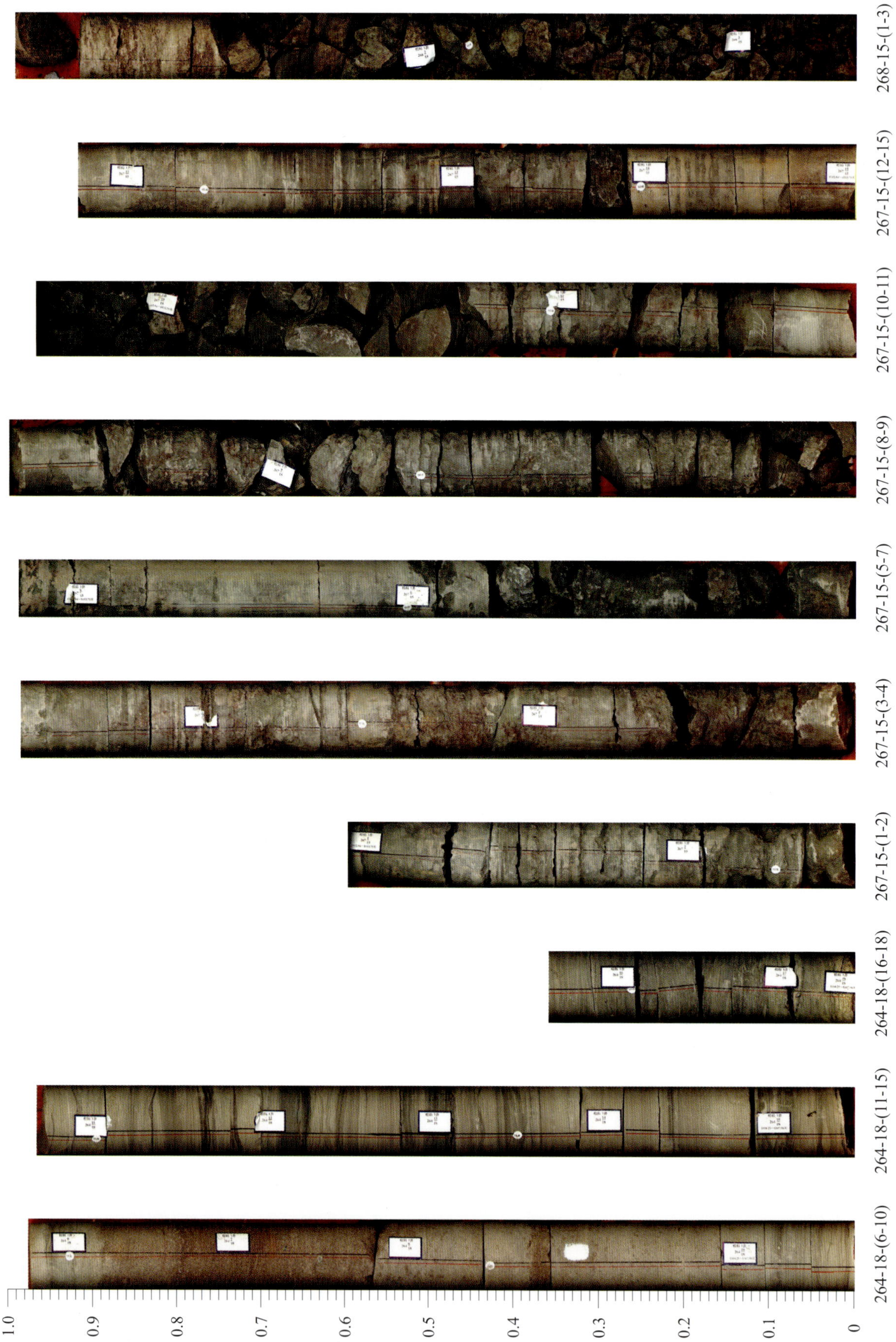
268-15-(1-3)
267-15-(12-15)
267-15-(10-11)
267-15-(8-9)
267-15-(5-7)
267-15-(3-4)
267-15-(1-2)
264-18-(16-18)
264-18-(11-15)
264-18-(6-10)
1.0
0.9
0.8
0.7
0.6
0.5
0.4
0.3
0.2
0.1
0

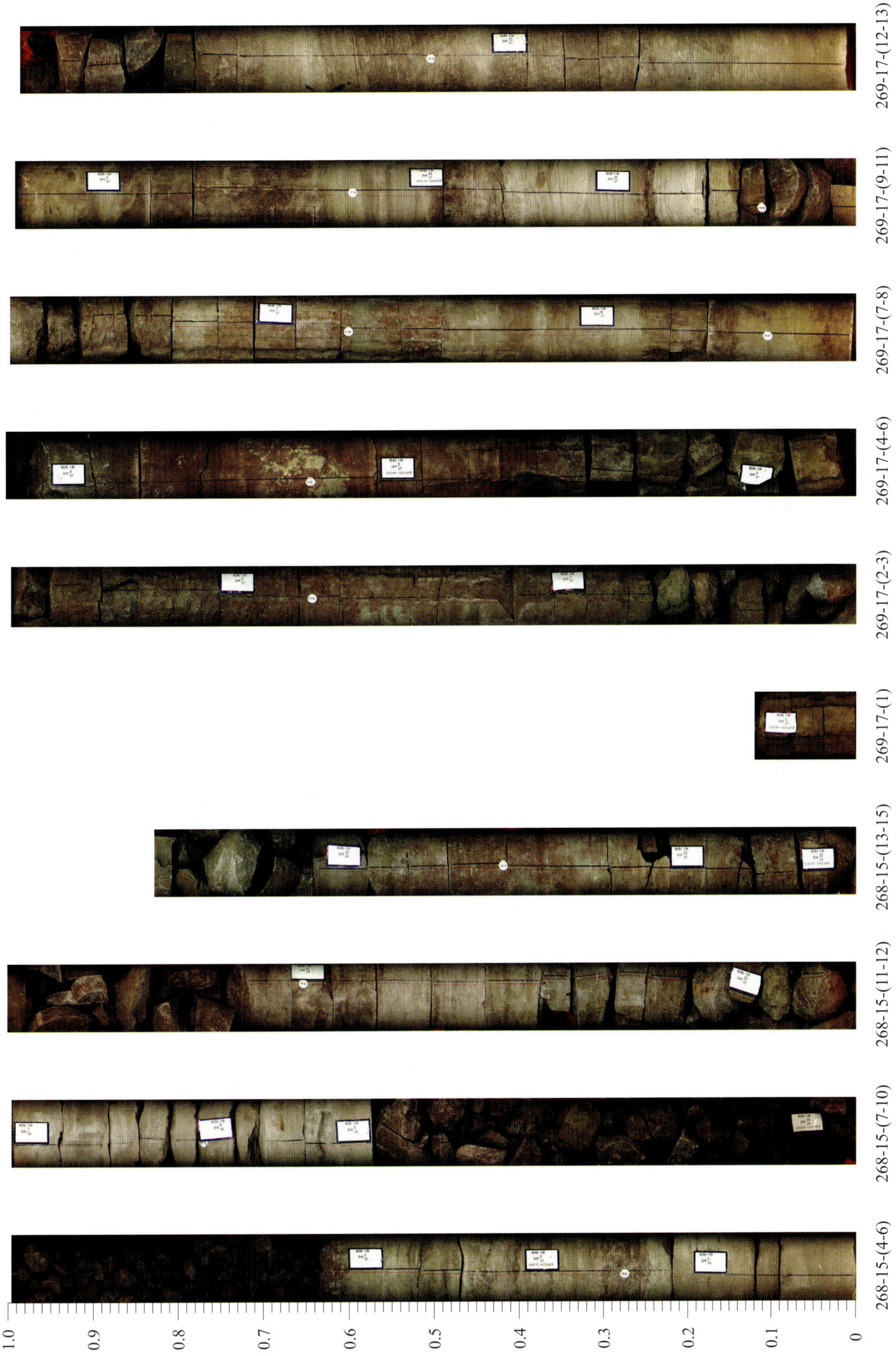

269-17-(12-13)
269-17-(9-11)
269-17-(7-8)
269-17-(4-6)
269-17-(2-3)
269-17-(1)
268-15-(13-15)
268-15-(11-12)
268-15-(7-10)
268-15-(4-6)
1.0
0.9
0.8
0.7
0.6
0.5
0.4
0.3
0.2
0.1
0

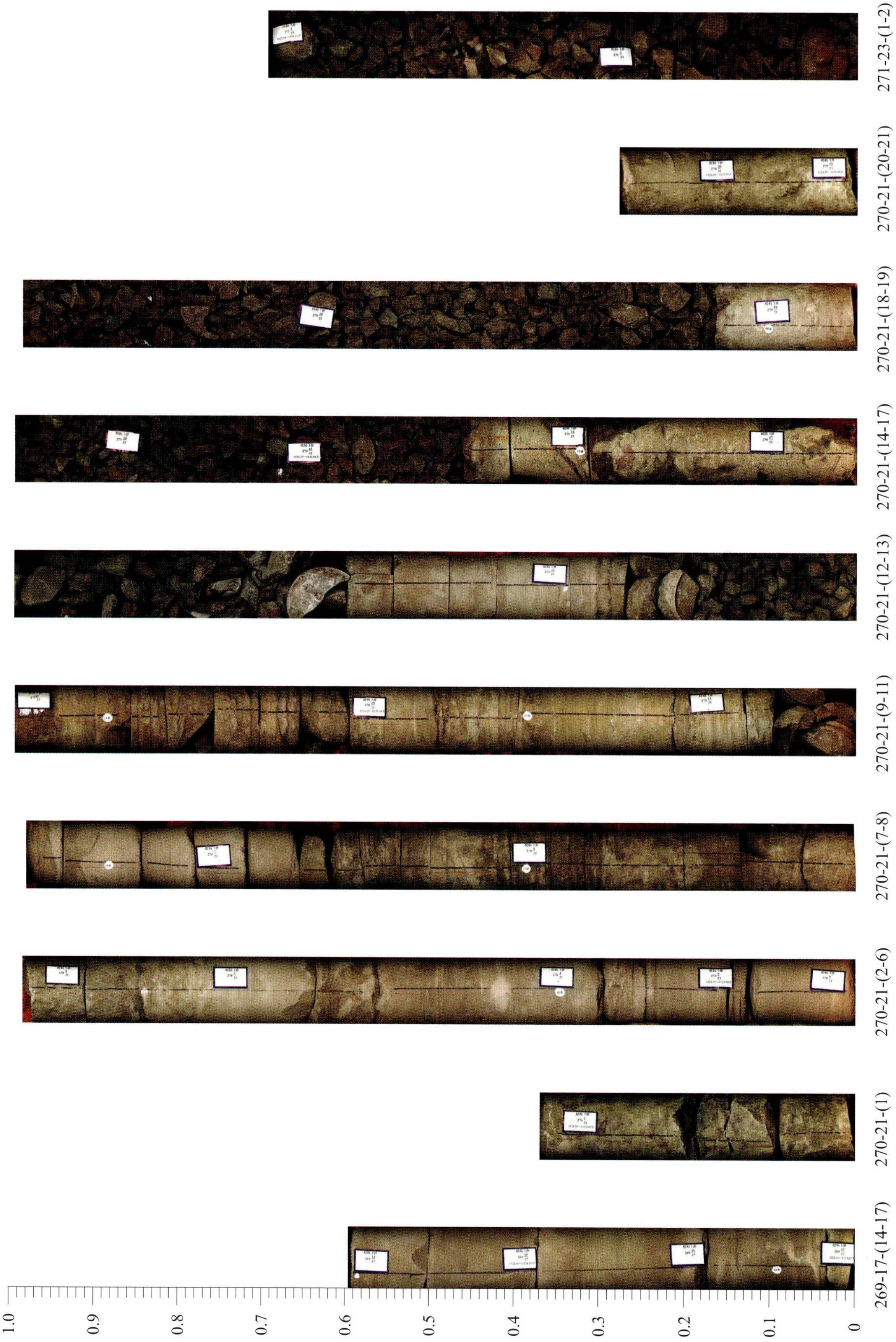
271-23-(1-2)
270-21-(20-21)
270-21-(18-19)
270-21-(14-17)
270-21-(12-13)
270-21-(9-11)
270-21-(7-8)
270-21-(2-6)
270-21-(1)
269-17-(14-17)
1.0
0.9
0.8
0.7
0.6
0.5
0.4
0.3
0.2
0.1
0

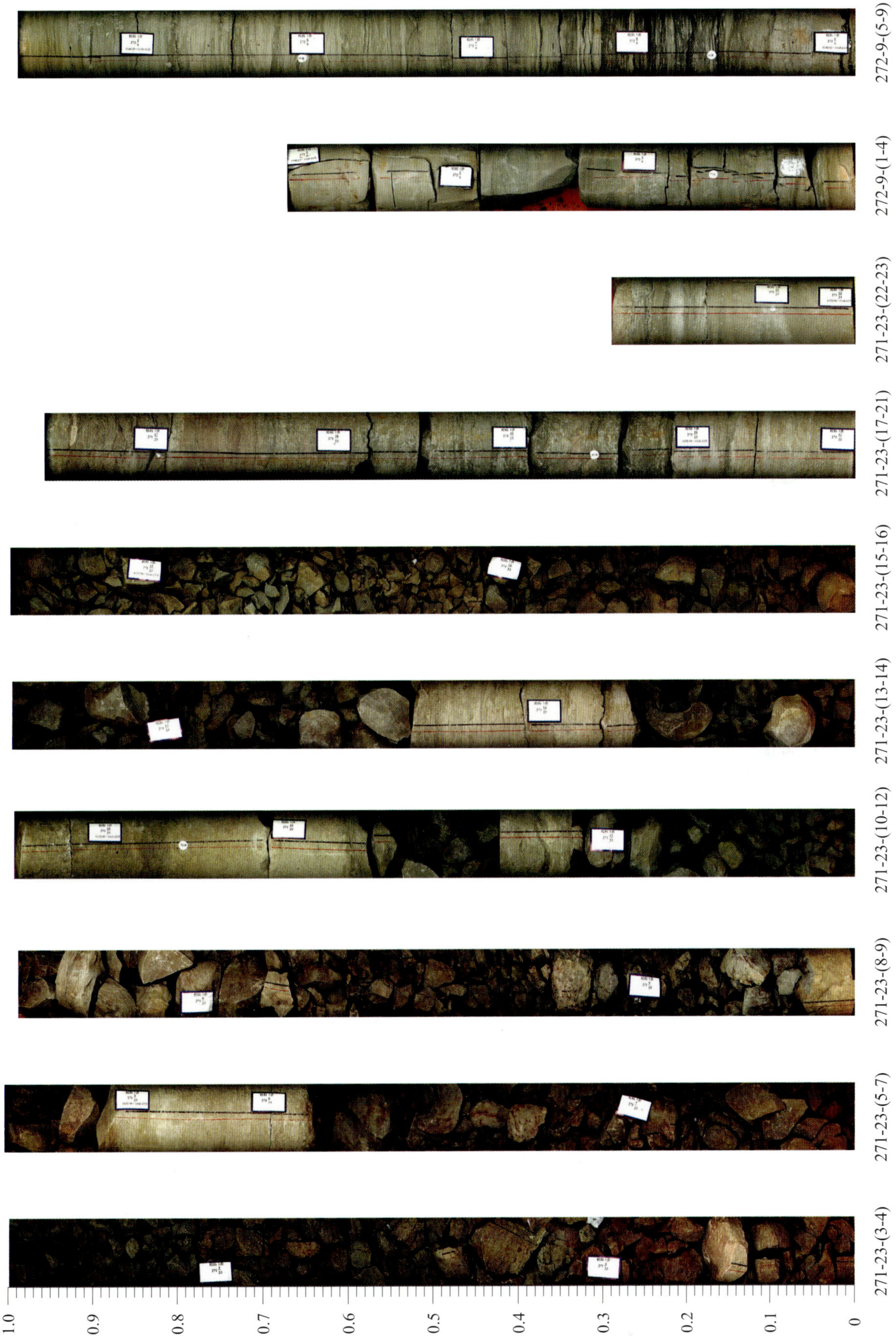
272-9-(5-9)
272-9-(1-4)
271-23-(22-23)
271-23-(17-21)
271-23-(15-16)
271-23-(13-14)
271-23-(10-12)
271-23-(8-9)
271-23-(5-7)
271-23-(3-4)
1.0
0.9
0.8
0.7
0.6
0.5
0.4
0.3
0.2
0.1
0

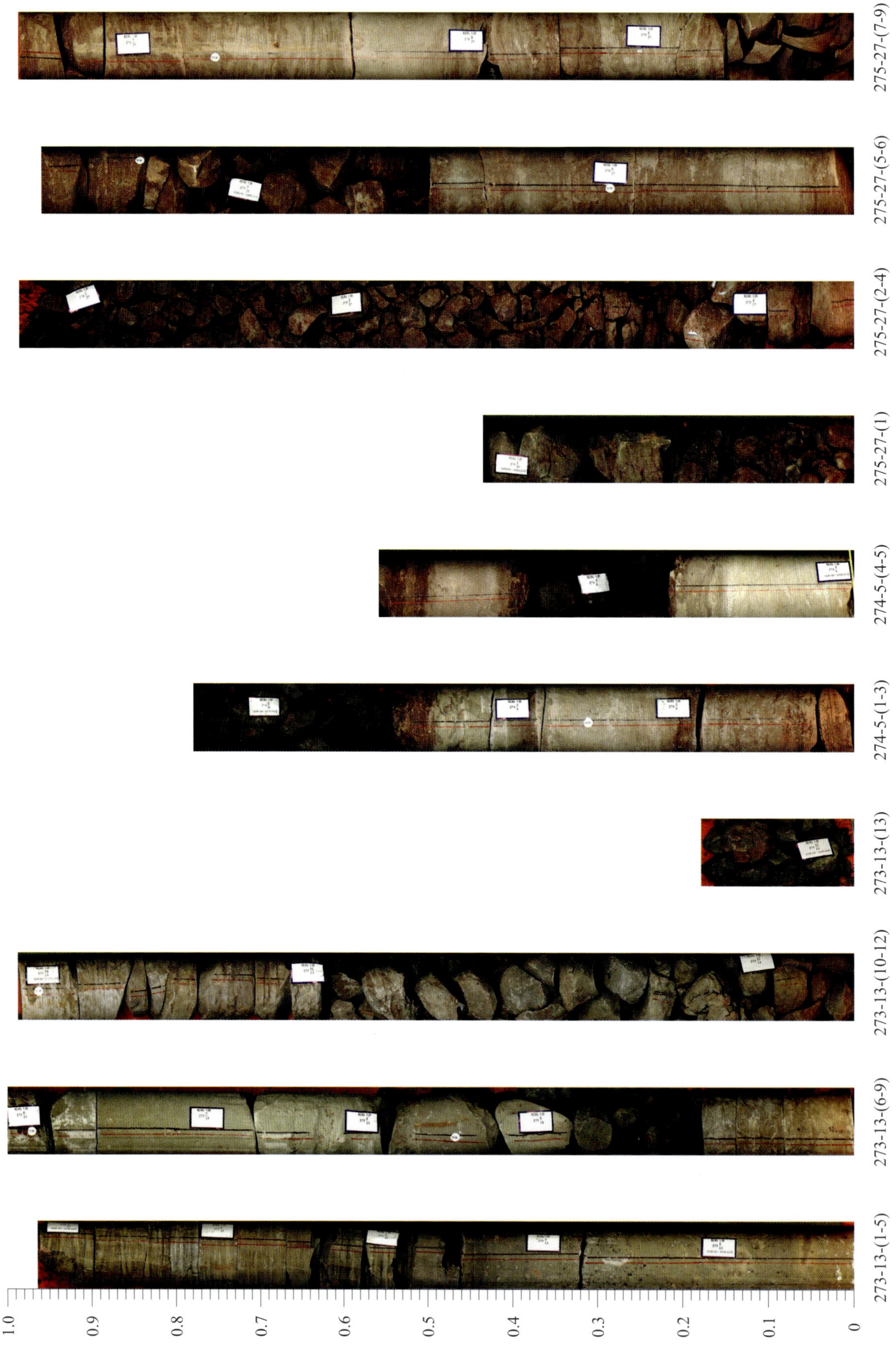
275-27-(7-9)
275-27-(5-6)
275-27-(2-4)
275-27-(1)
274-5-(4-5)
274-5-(1-3)
273-13-(13)
273-13-(10-12)
273-13-(6-9)
273-13-(1-5)
1.0
0.9
0.8
0.7
0.6
0.5
0.4
0.3
0.2
0.1
0

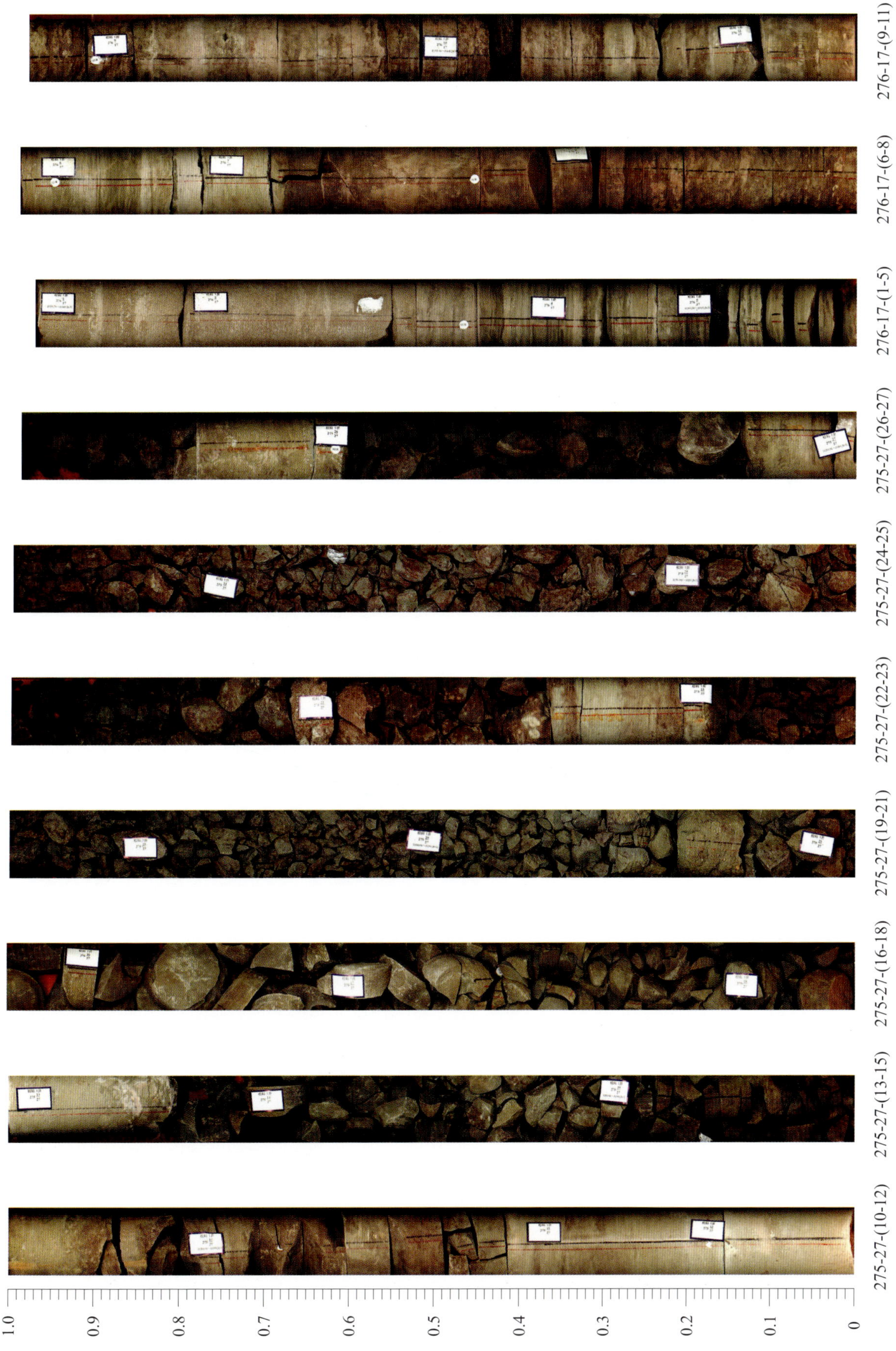
276-17-(9-11)
276-17-(6-8)
276-17-(1-5)
275-27-(26-27)
275-27-(24-25)
275-27-(22-23)
275-27-(19-21)
275-27-(16-18)
275-27-(13-15)
275-27-(10-12)
1.0
0.9
0.8
0.7
0.6
0.5
0.4
0.3
0.2
0.1
0

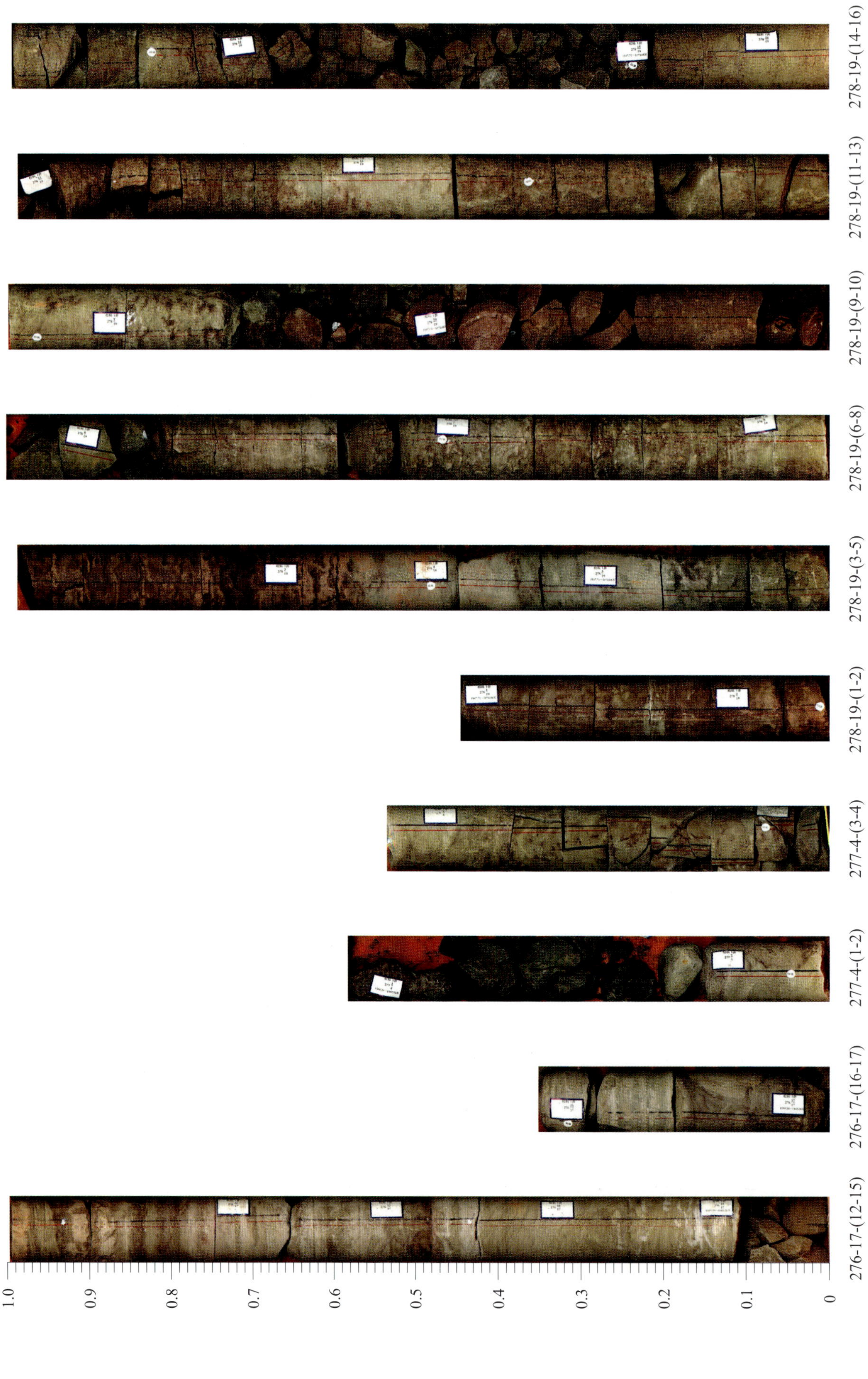
278-19-(14-16)
278-19-(11-13)
278-19-(9-10)
278-19-(6-8)
278-19-(3-5)
278-19-(1-2)
277-4-(3-4)
277-4-(1-2)
276-17-(16-17)
276-17-(12-15)
1.0
0.9
0.8
0.7
0.6
0.5
0.4
0.3
0.2
0.1
0

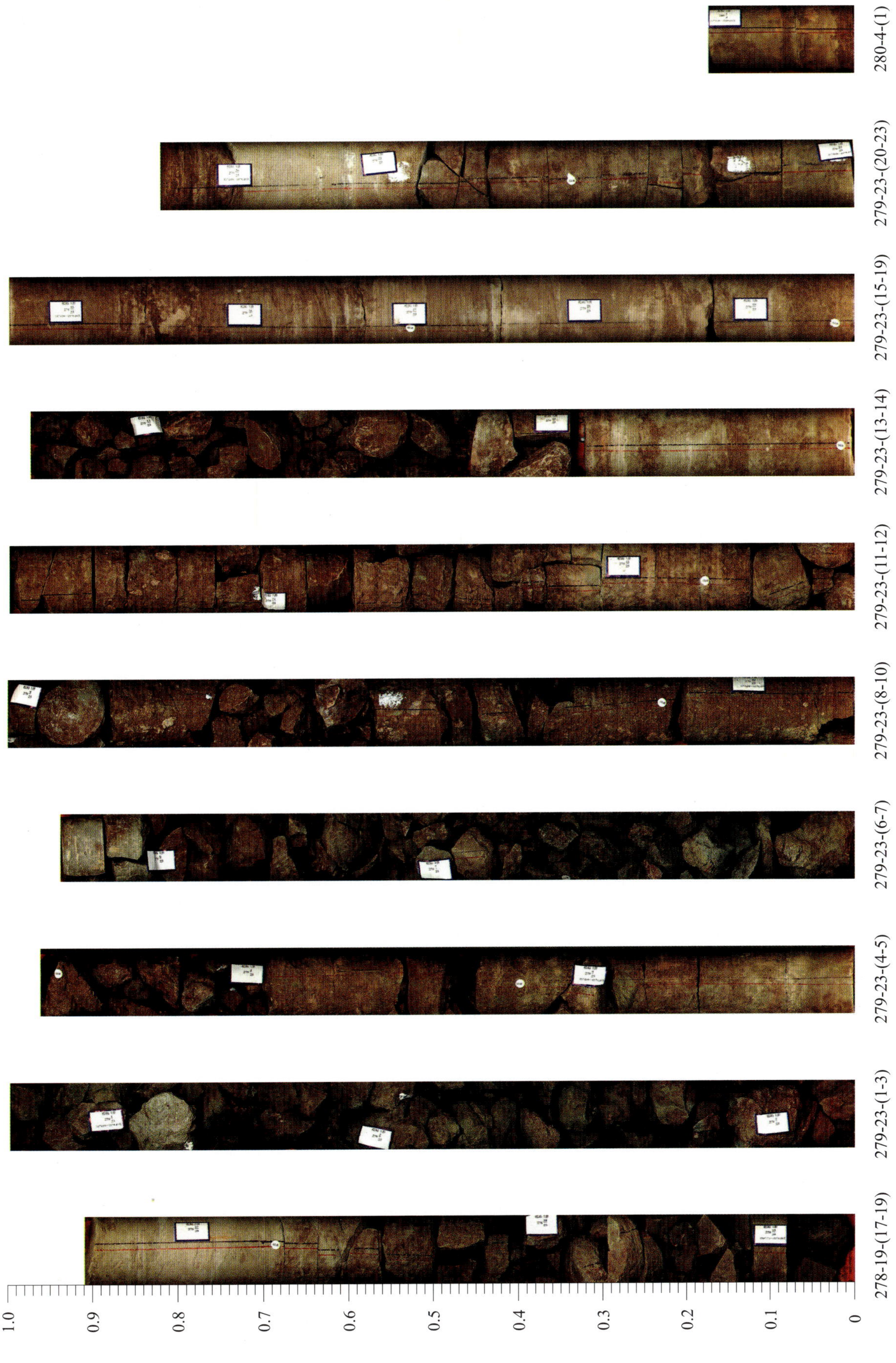
280-4-(1)
279-23-(20-23)
279-23-(15-19)
279-23-(13-14)
279-23-(11-12)
279-23-(8-10)
279-23-(6-7)
279-23-(4-5)
279-23-(1-3)
278-19-(17-19)
1.0
0.9
0.8
0.7
0.6
0.5
0.4
0.3
0.2
0.1
0

285-14-(1-4)
284-7-(7)
284-7-(3-6)
284-7-(1-2)
283-6-(4-6)
283-6-(1-3)
282-6-(4-6)
282-6-(2-3)
282-6-(1)
280-4-(2-4)
1.0
0.9
0.8
0.7
0.6
0.5
0.4
0.3
0.2
0.1
0

289-21-(1-2)
288-7-(6-7)
288-7-(4-5)
288-7-(1-3)
287-5-(5)
287-5-(3-4)
287-5-(1-2)
286-2-(1-2)
285-14-(10-14)
285-14-(5-9)
0
0.1
0.2
0.3
0.4
0.5
0.6
0.7
0.8
0.9
1.0

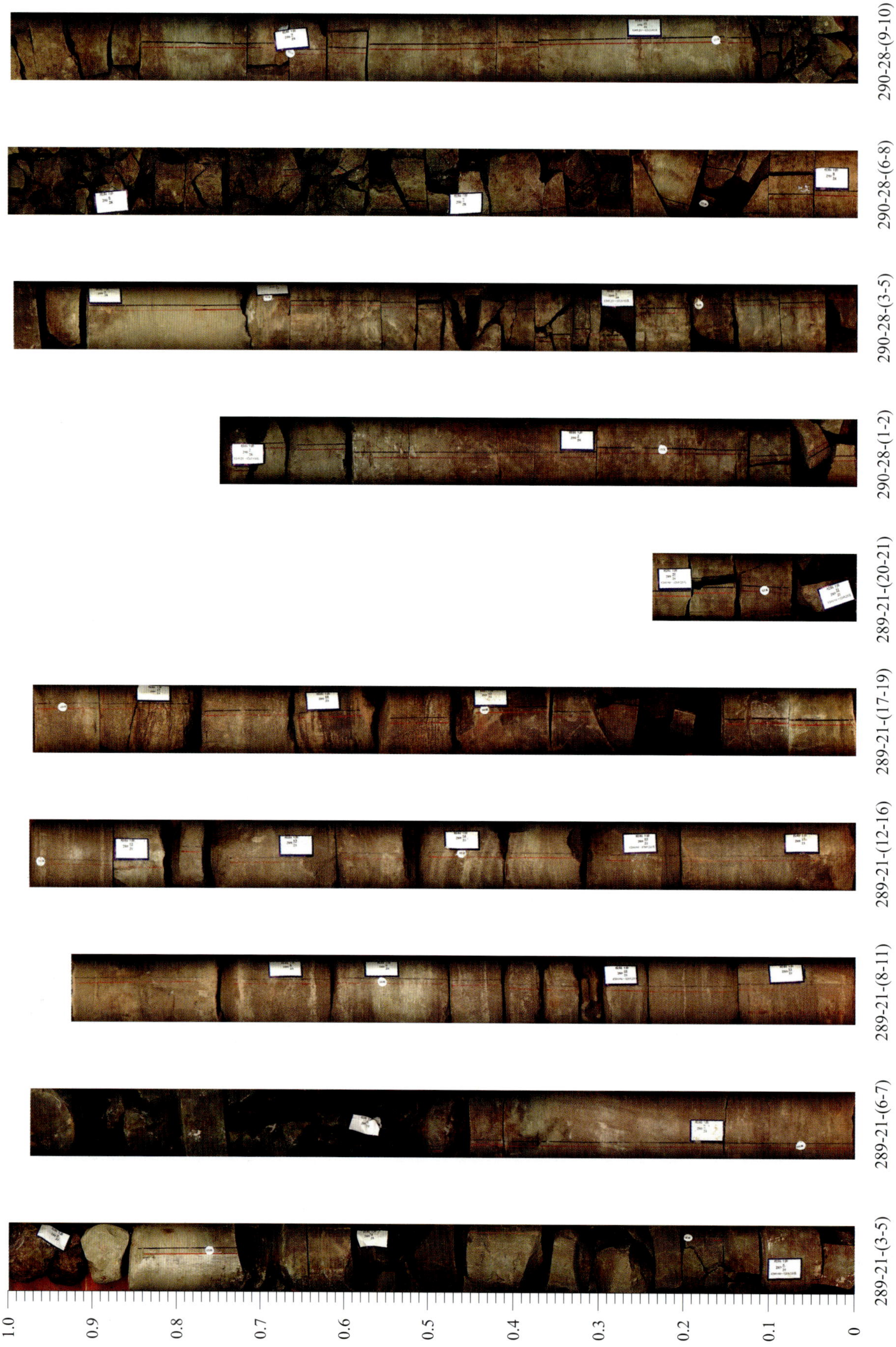
290-28-(9-10)
290-28-(6-8)
290-28-(3-5)
290-28-(1-2)
289-21-(20-21)
289-21-(17-19)
289-21-(12-16)
289-21-(8-11)
289-21-(6-7)
289-21-(3-5)
1.0
0.9
0.8
0.7
0.6
0.5
0.4
0.3
0.2
0.1
0

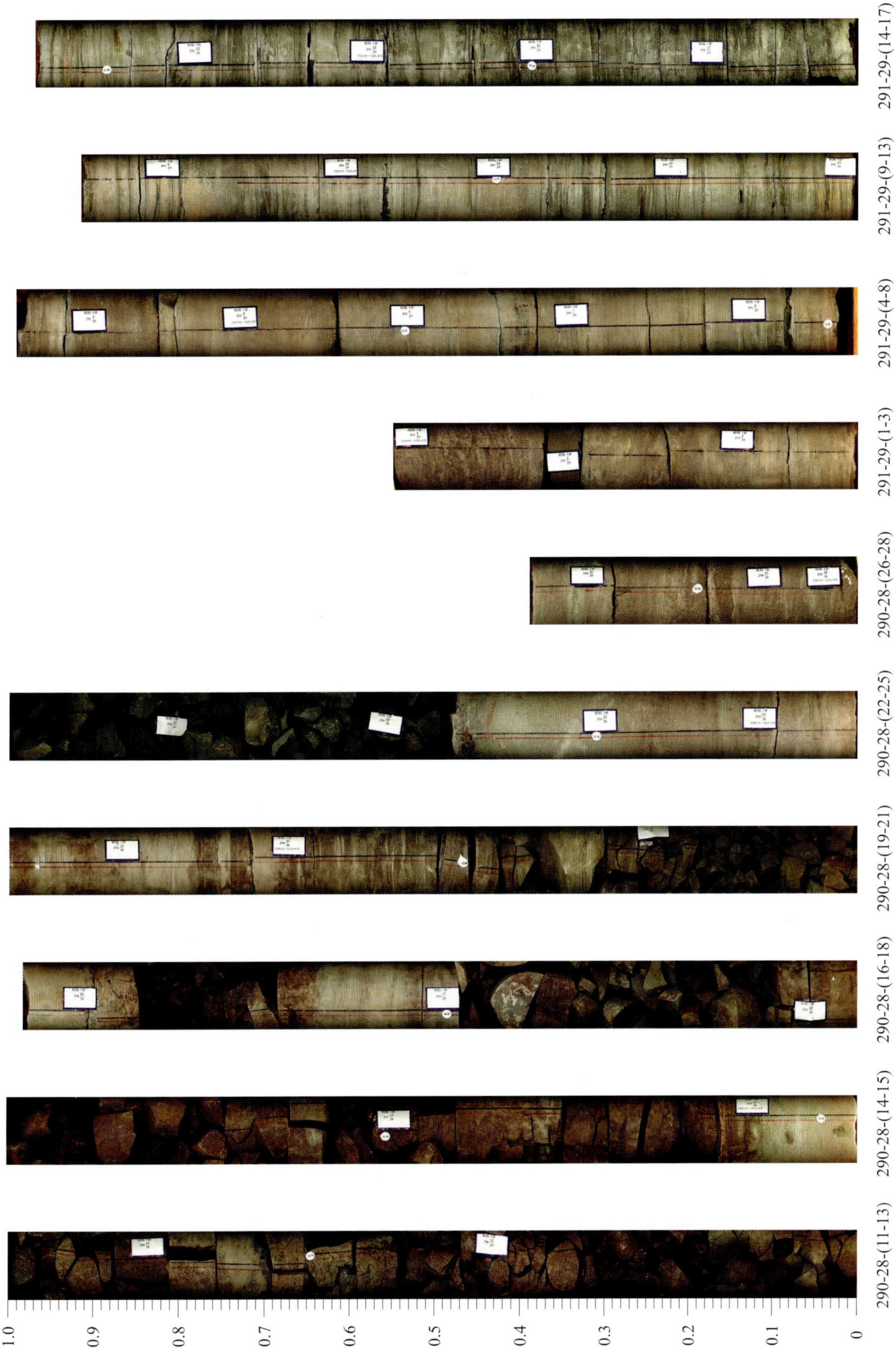
291-29-(14-17)
291-29-(9-13)
291-29-(4-8)
291-29-(1-3)
290-28-(26-28)
290-28-(22-25)
290-28-(19-21)
290-28-(16-18)
290-28-(14-15)
290-28-(11-13)
1.0
0.9
0.8
0.7
0.6
0.5
0.4
0.3
0.2
0.1
0

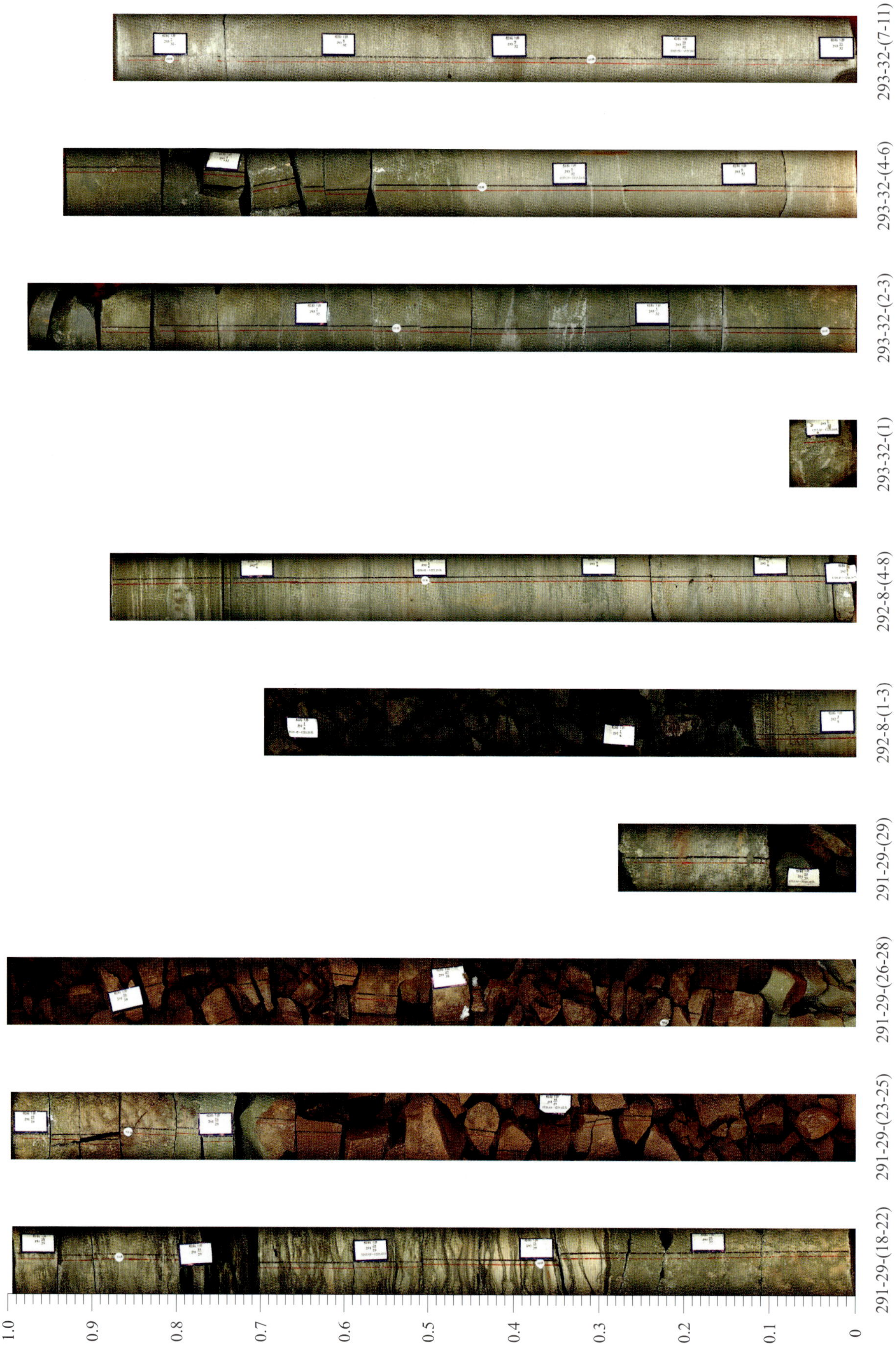
293-32-(7-11)
293-32-(4-6)
293-32-(2-3)
293-32-(1)
292-8-(4-8)
292-8-(1-3)
291-29-(29)
291-29-(26-28)
291-29-(23-25)
291-29-(18-22)
1.0
0.9
0.8
0.7
0.6
0.5
0.4
0.3
0.2
0.1
0

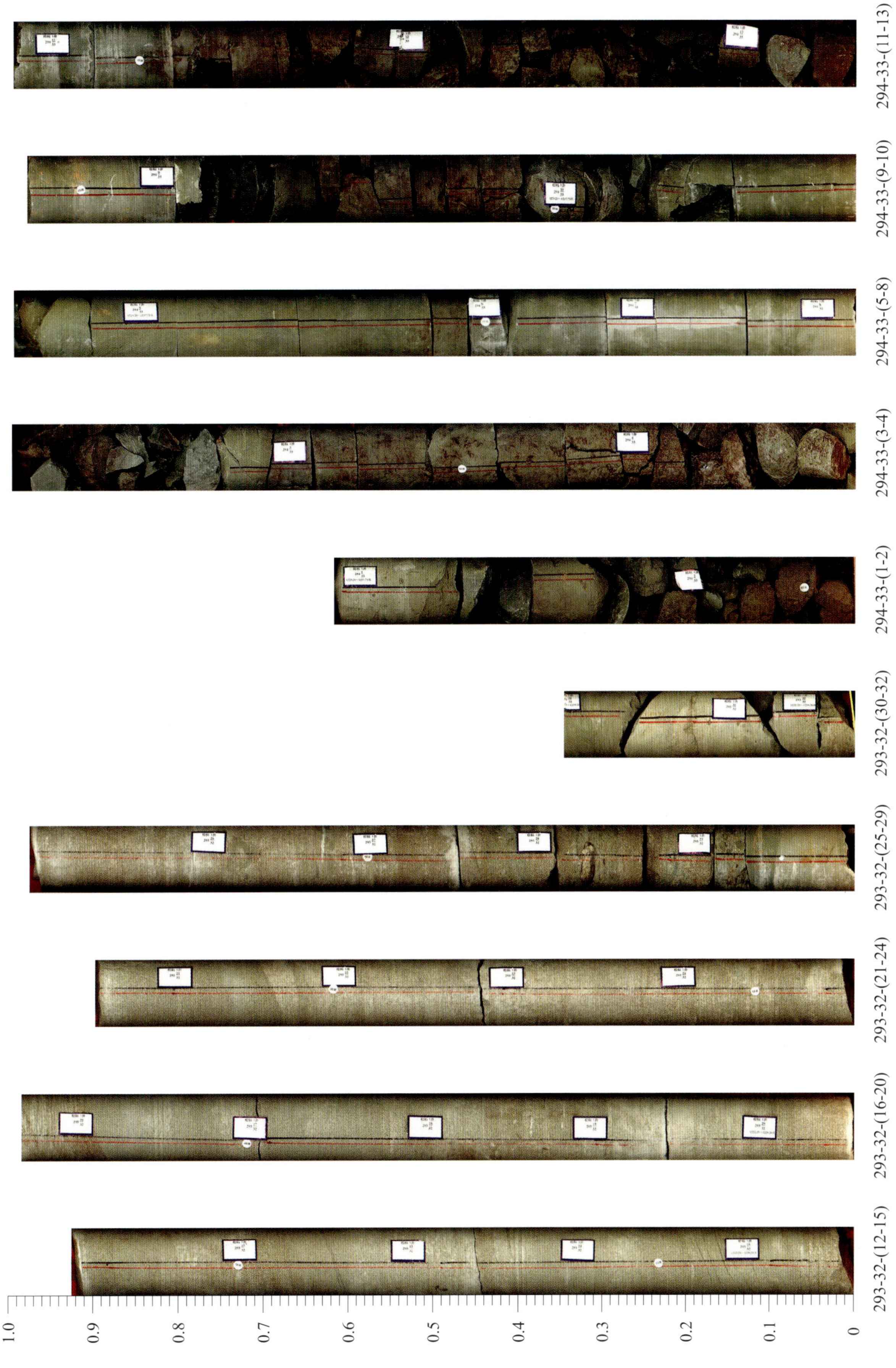
294-33-(11-13)
294-33-(9-10)
294-33-(5-8)
294-33-(3-4)
294-33-(1-2)
293-32-(30-32)
293-32-(25-29)
293-32-(21-24)
293-32-(16-20)
293-32-(12-15)
1.0
0.9
0.8
0.7
0.6
0.5
0.4
0.3
0.2
0.1
0

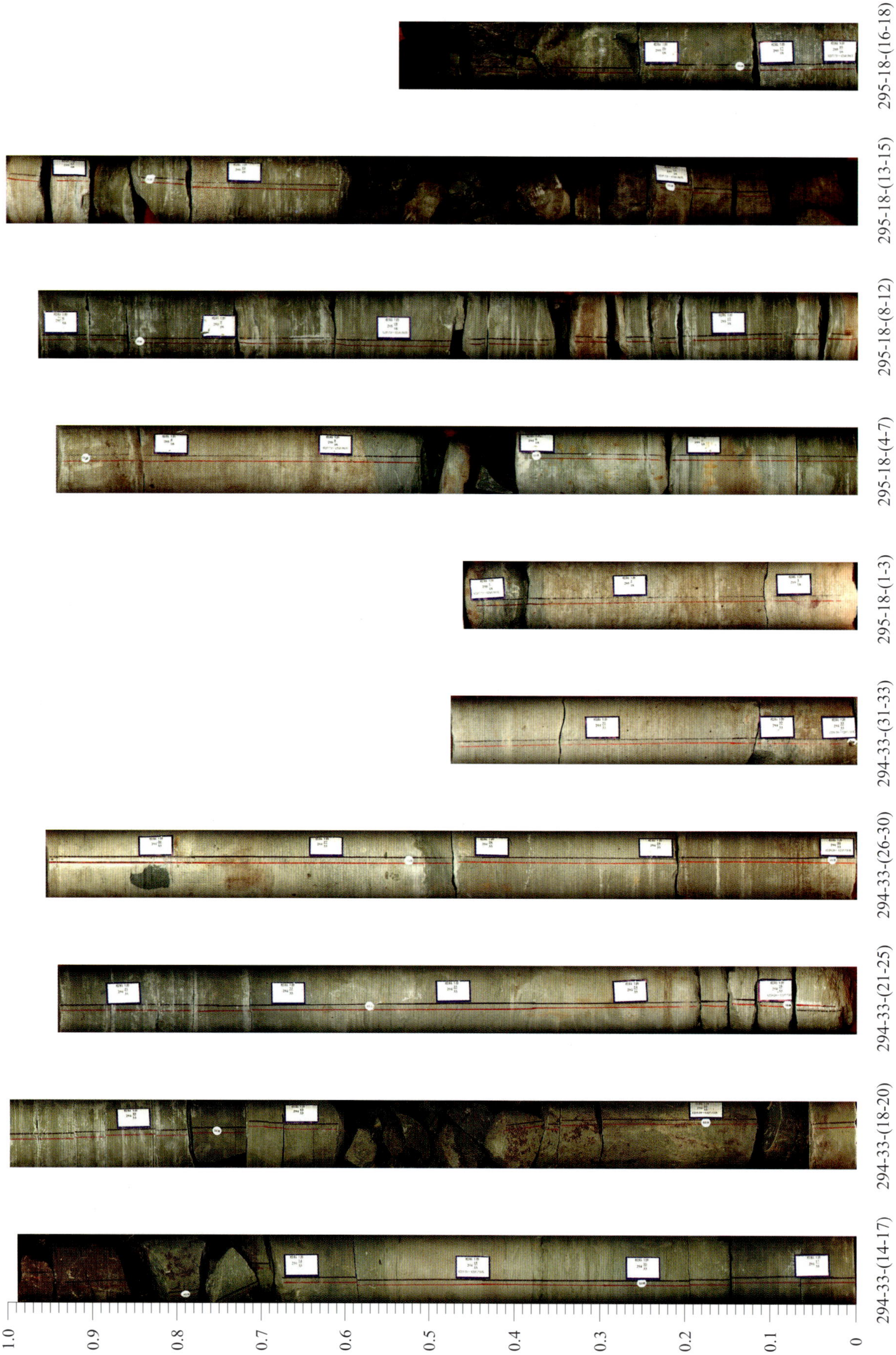
295-18-(16-18)
295-18-(13-15)
295-18-(8-12)
295-18-(4-7)
295-18-(1-3)
294-33-(31-33)
294-33-(26-30)
294-33-(21-25)
294-33-(18-20)
294-33-(14-17)
1.0
0.9
0.8
0.7
0.6
0.5
0.4
0.3
0.2
0.1
0

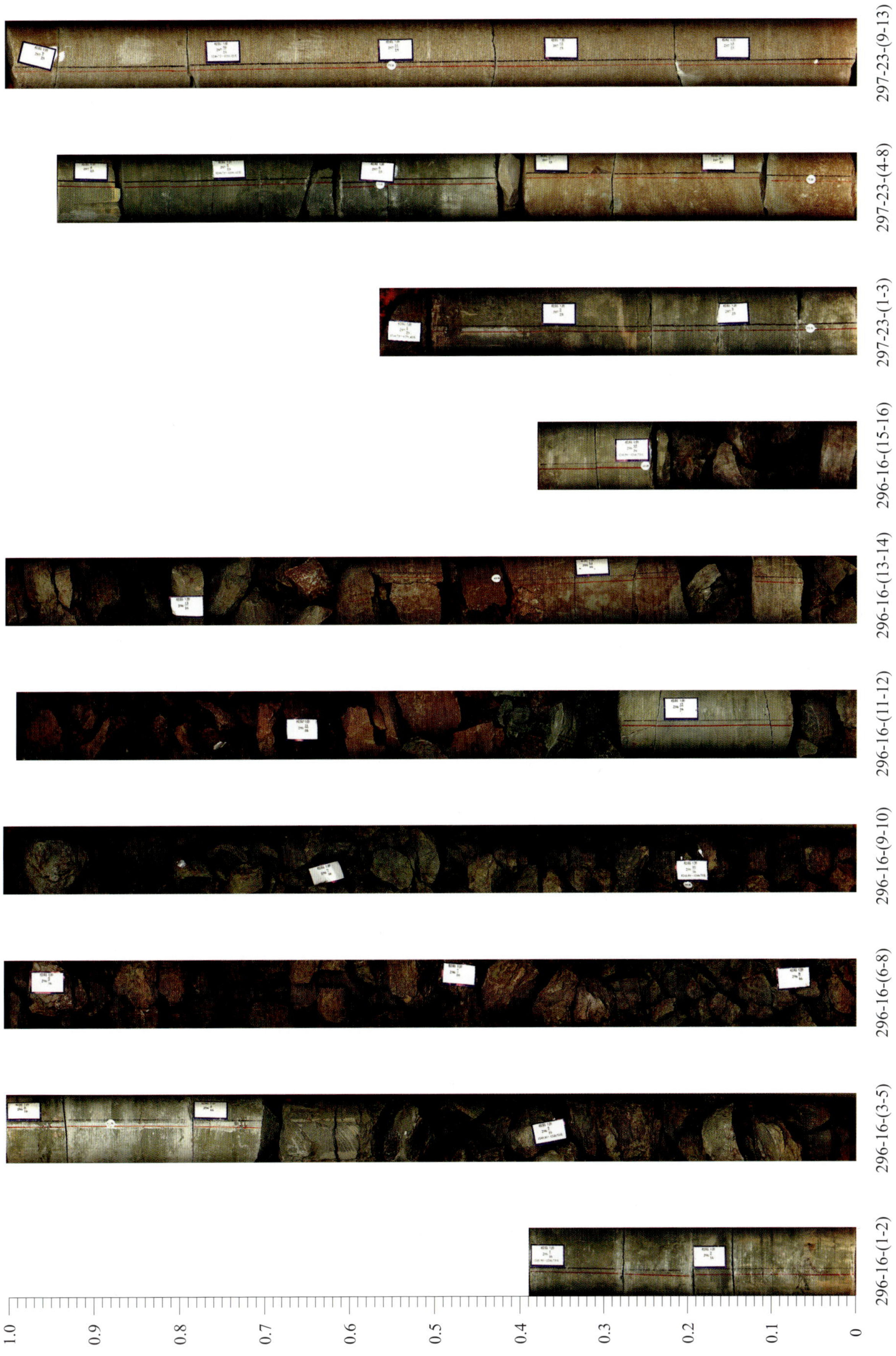
297-23-(9-13)
297-23-(4-8)
297-23-(1-3)
296-16-(15-16)
296-16-(13-14)
296-16-(11-12)
296-16-(9-10)
296-16-(6-8)
296-16-(3-5)
296-16-(1-2)
1.0
0.9
0.8
0.7
0.6
0.5
0.4
0.3
0.2
0.1
0

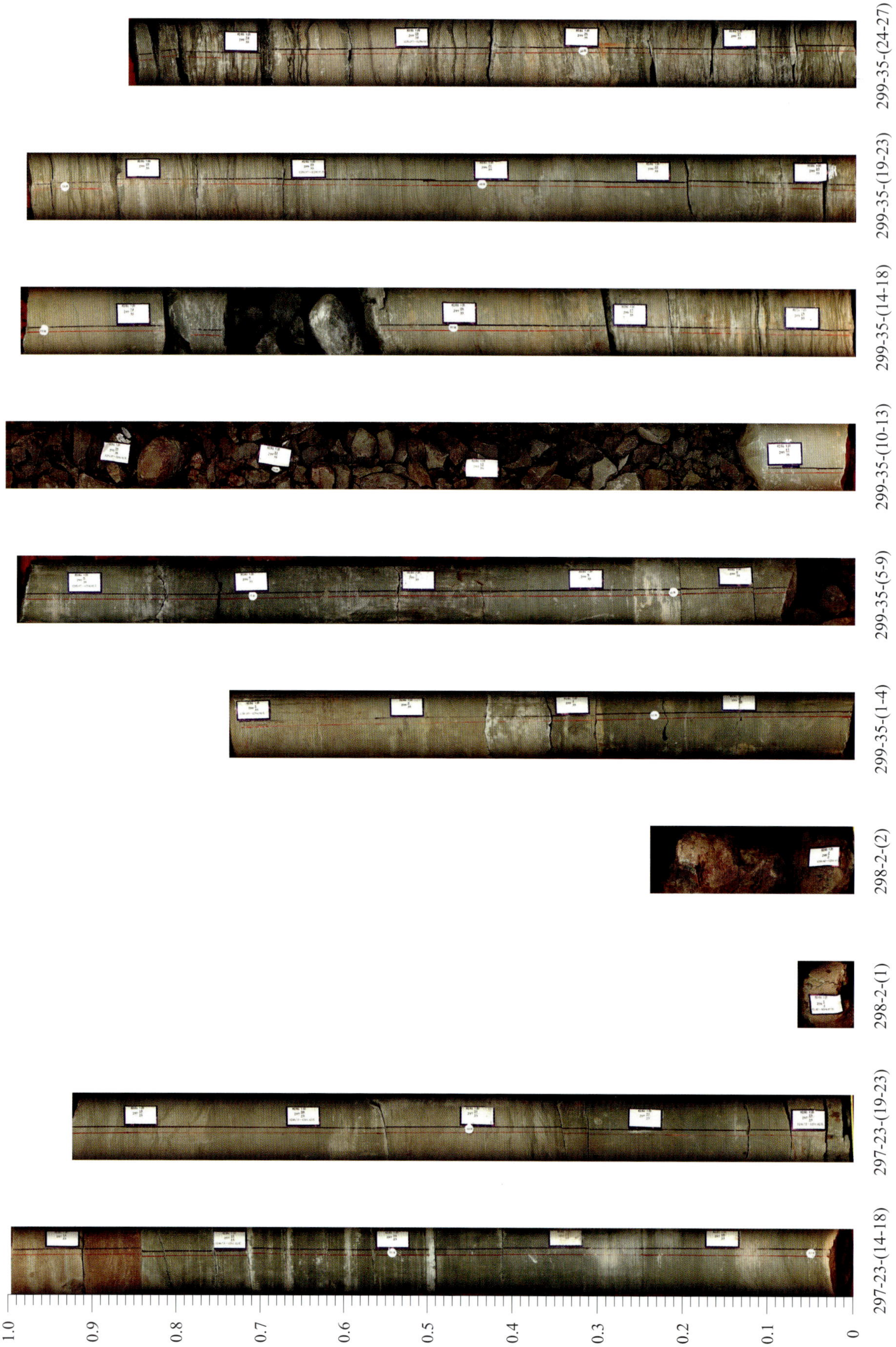
299-35-(24-27)
299-35-(19-23)
299-35-(14-18)
299-35-(10-13)
299-35-(5-9)
299-35-(1-4)
298-2-(2)
298-2-(1)
297-23-(19-23)
297-23-(14-18)
1.0
0.9
0.8
0.7
0.6
0.5
0.4
0.3
0.2
0.1
0

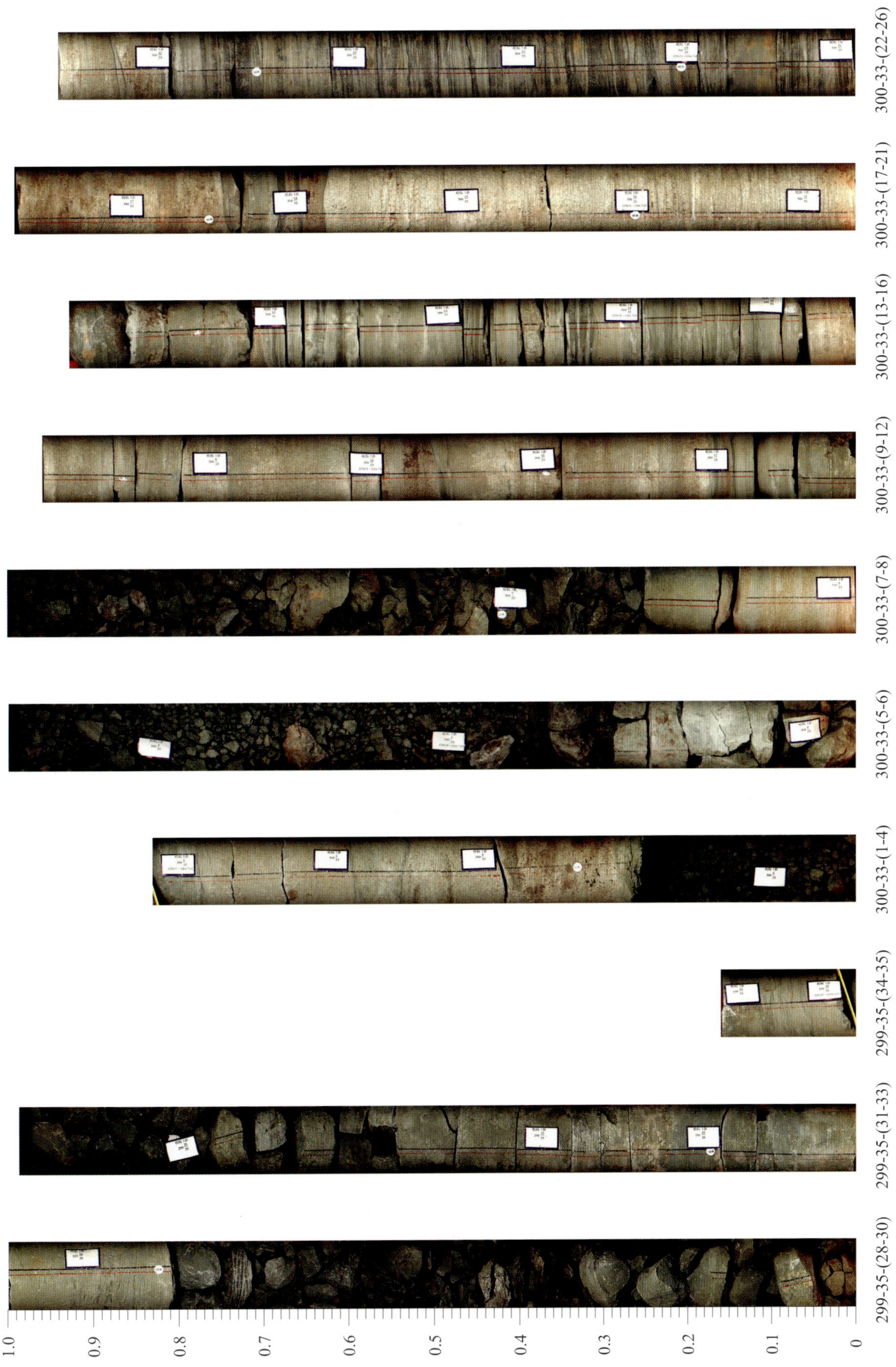
300-33-(22-26)
300-33-(17-21)
300-33-(13-16)
300-33-(9-12)
300-33-(7-8)
300-33-(5-6)
300-33-(1-4)
299-35-(34-35)
299-35-(31-33)
299-35-(28-30)
1.0
0.9
0.8
0.7
0.6
0.5
0.4
0.3
0.2
0.1
0

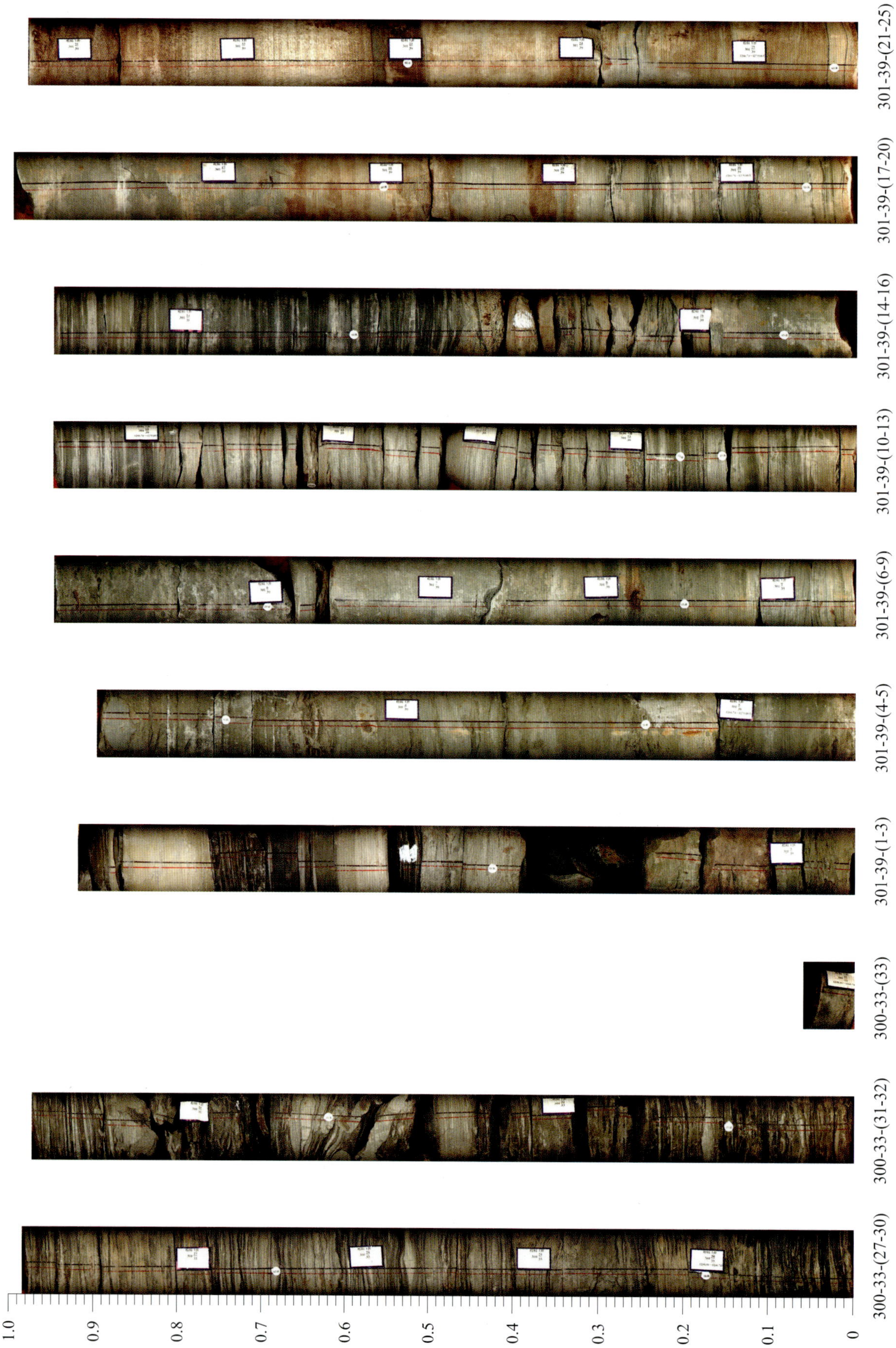
301-39-(21-25)
301-39-(17-20)
301-39-(14-16)
301-39-(10-13)
301-39-(6-9)
301-39-(4-5)
301-39-(1-3)
300-33-(33)
300-33-(31-32)
300-33-(27-30)
1.0
0.9
0.8
0.7
0.6
0.5
0.4
0.3
0.2
0.1
0

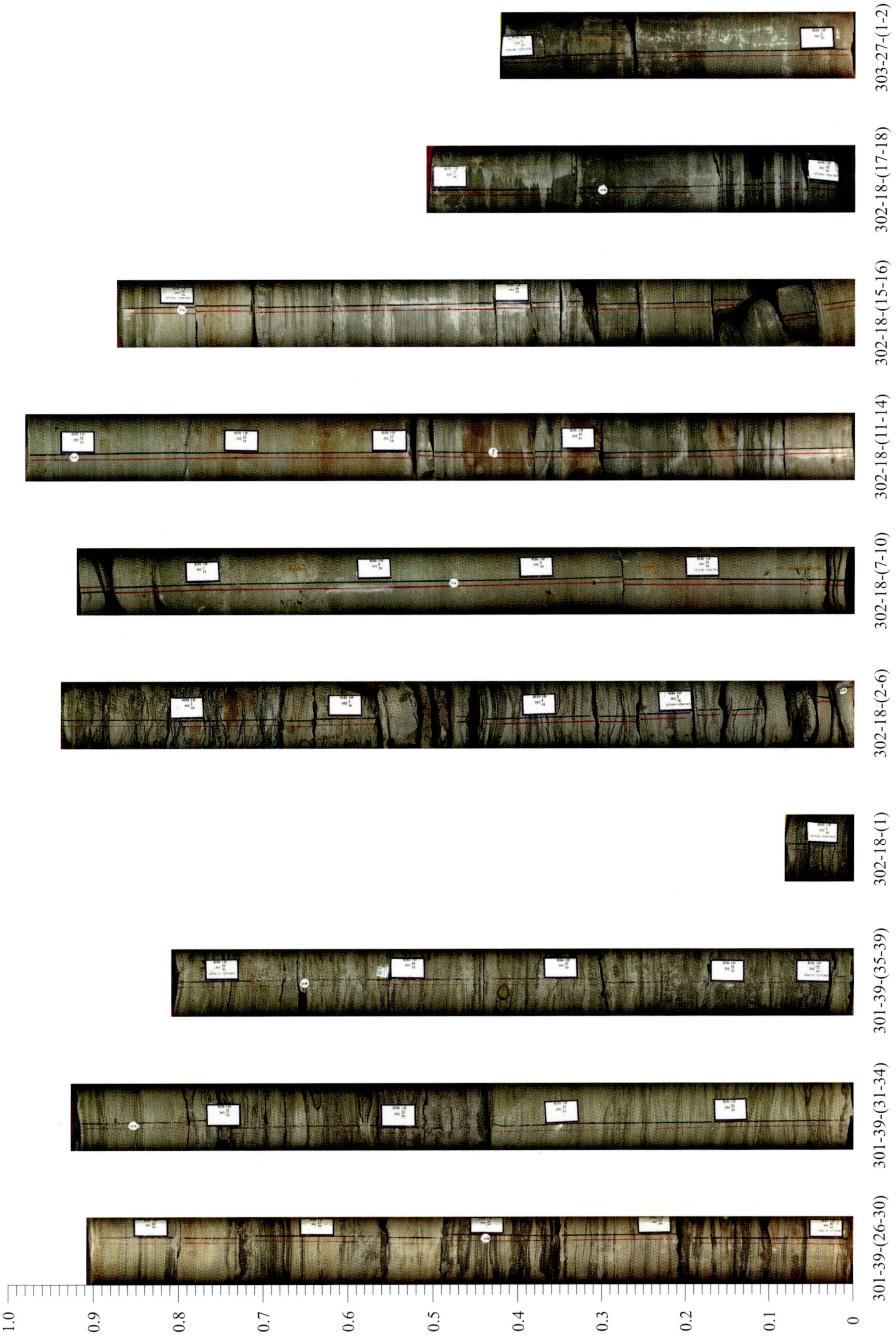
303-27-(1-2)
302-18-(17-18)
302-18-(15-16)
302-18-(11-14)
302-18-(7-10)
302-18-(2-6)
302-18-(1)
301-39-(35-39)
301-39-(31-34)
301-39-(26-30)
1.0
0.9
0.8
0.7
0.6
0.5
0.4
0.3
0.2
0.1
0

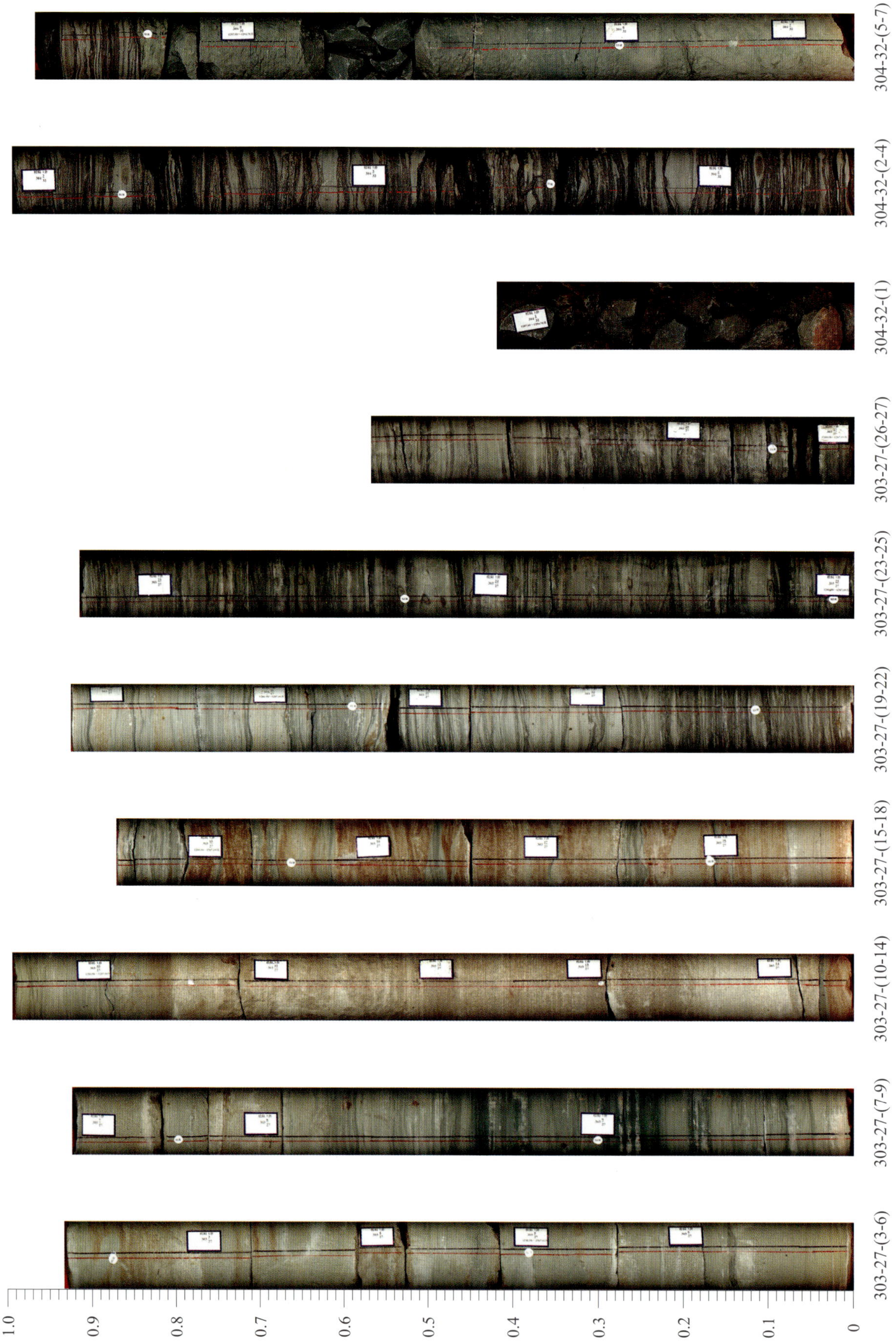
304-32-(5-7)
304-32-(2-4)
304-32-(1)
303-27-(26-27)
303-27-(23-25)
303-27-(19-22)
303-27-(15-18)
303-27-(10-14)
303-27-(7-9)
303-27-(3-6)
1.0
0.9
0.8
0.7
0.6
0.5
0.4
0.3
0.2
0.1
0

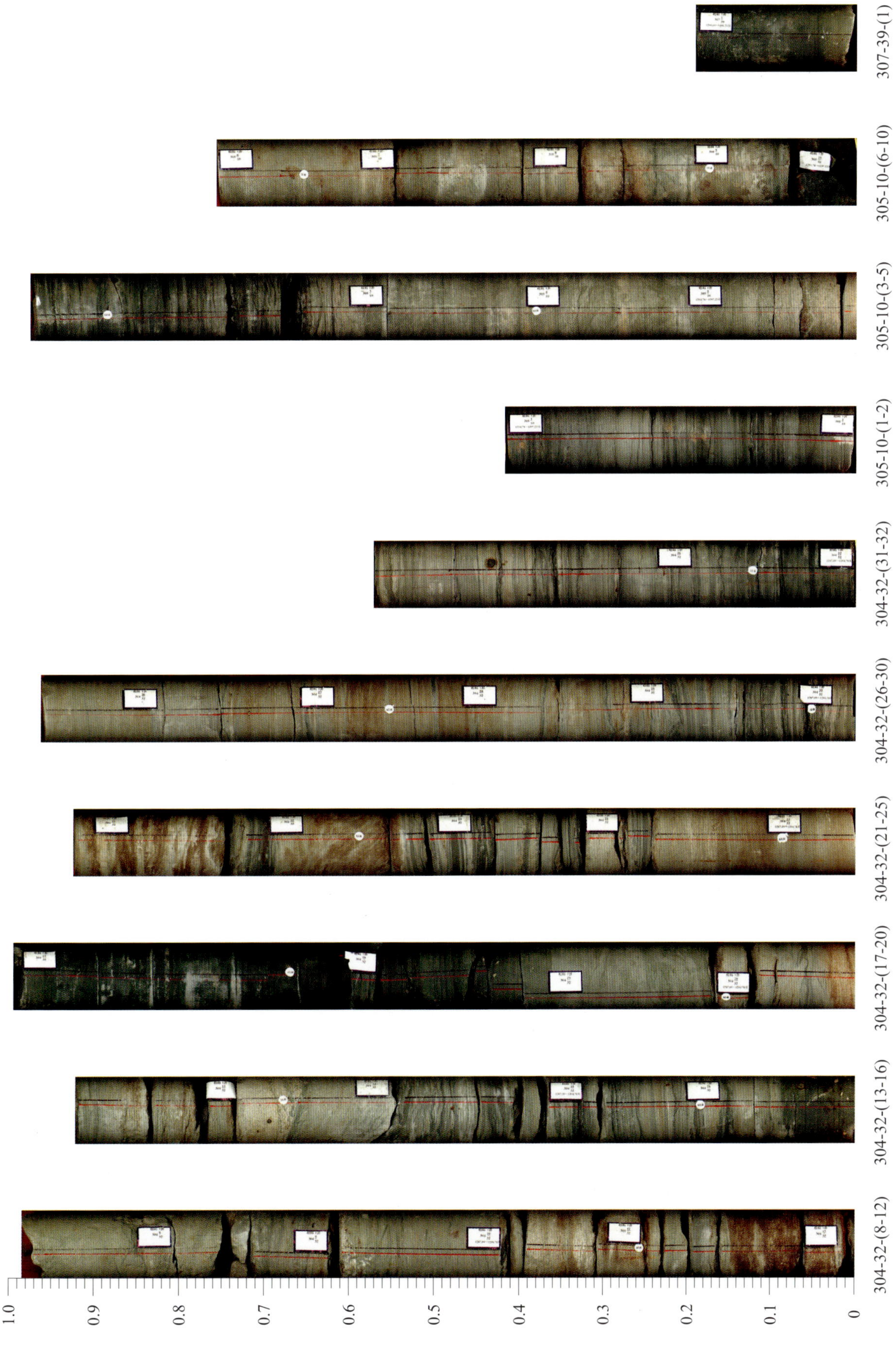
307-39-(1)
305-10-(6-10)
305-10-(3-5)
305-10-(1-2)
304-32-(31-32)
304-32-(26-30)
304-32-(21-25)
304-32-(17-20)
304-32-(13-16)
304-32-(8-12)
1.0
0.9
0.8
0.7
0.6
0.5
0.4
0.3
0.2
0.1
0

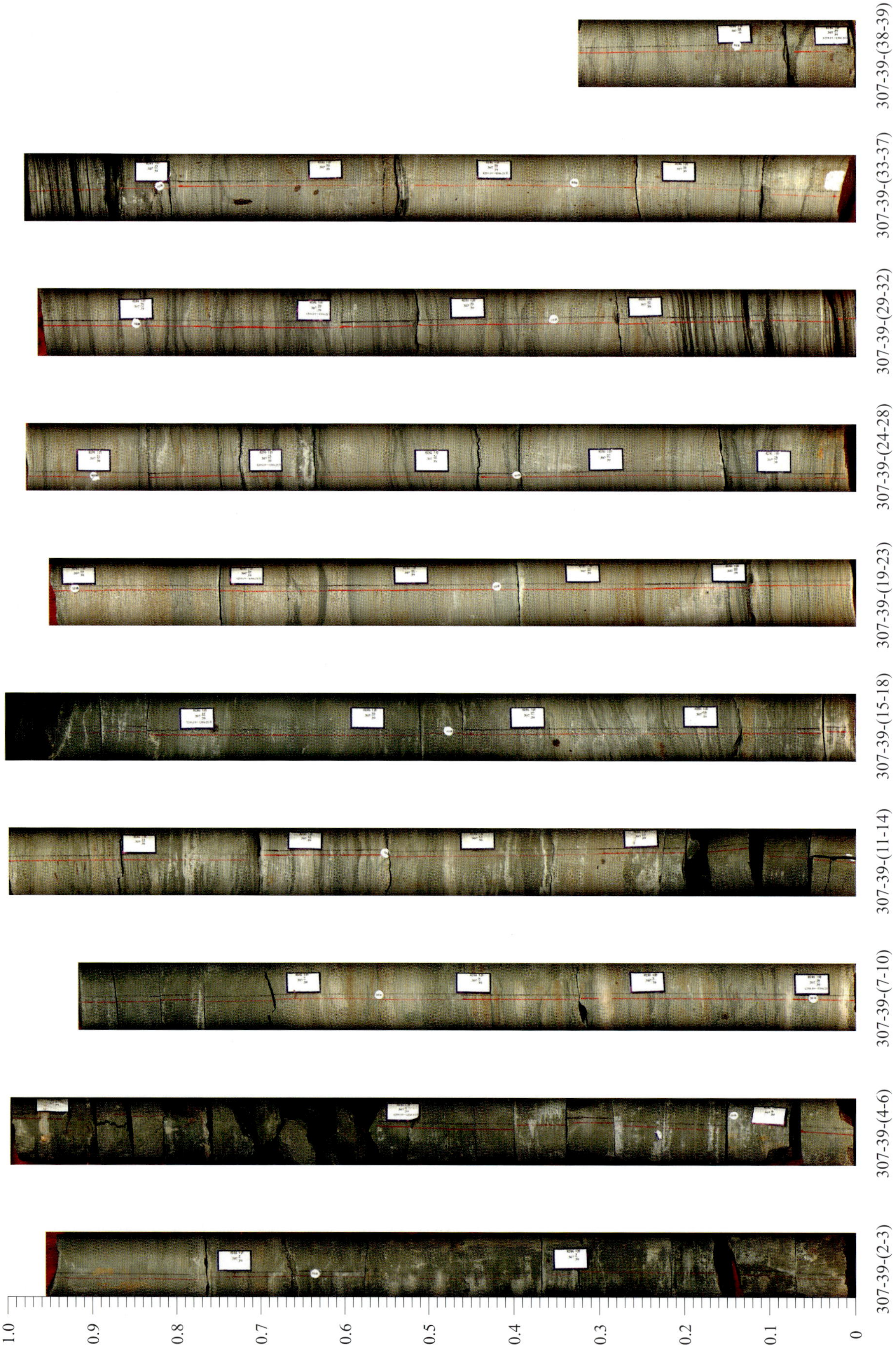
307-39-(38-39)
307-39-(33-37)
307-39-(29-32)
307-39-(24-28)
307-39-(19-23)
307-39-(15-18)
307-39-(11-14)
307-39-(7-10)
307-39-(4-6)
307-39-(2-3)
1.0
0.9
0.8
0.7
0.6
0.5
0.4
0.3
0.2
0.1
0

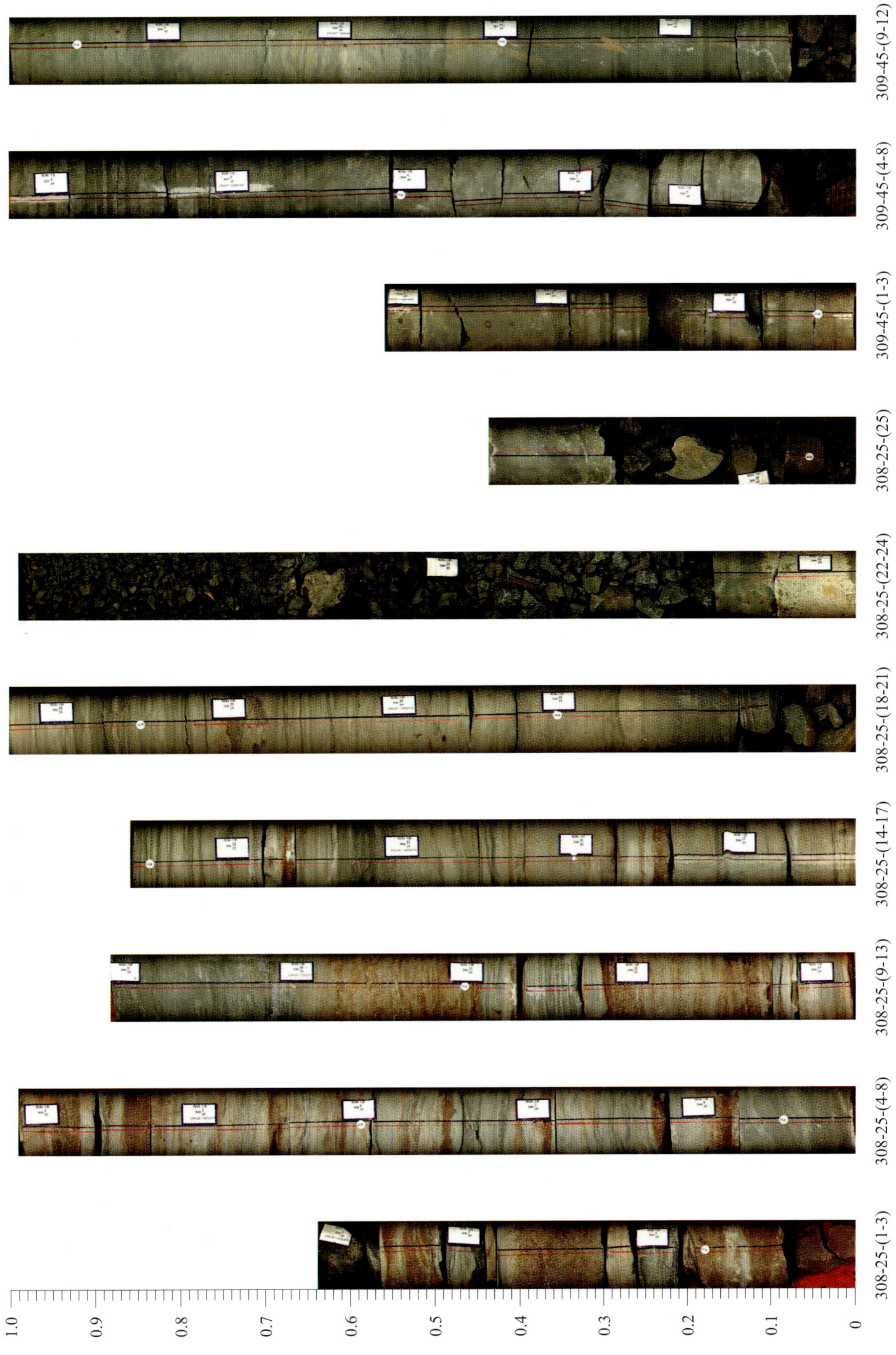
309-45-(9-12)
309-45-(4-8)
309-45-(1-3)
308-25-(25)
308-25-(22-24)
308-25-(18-21)
308-25-(14-17)
308-25-(9-13)
308-25-(4-8)
308-25-(1-3)
1.0
0.9
0.8
0.7
0.6
0.5
0.4
0.3
0.2
0.1
0

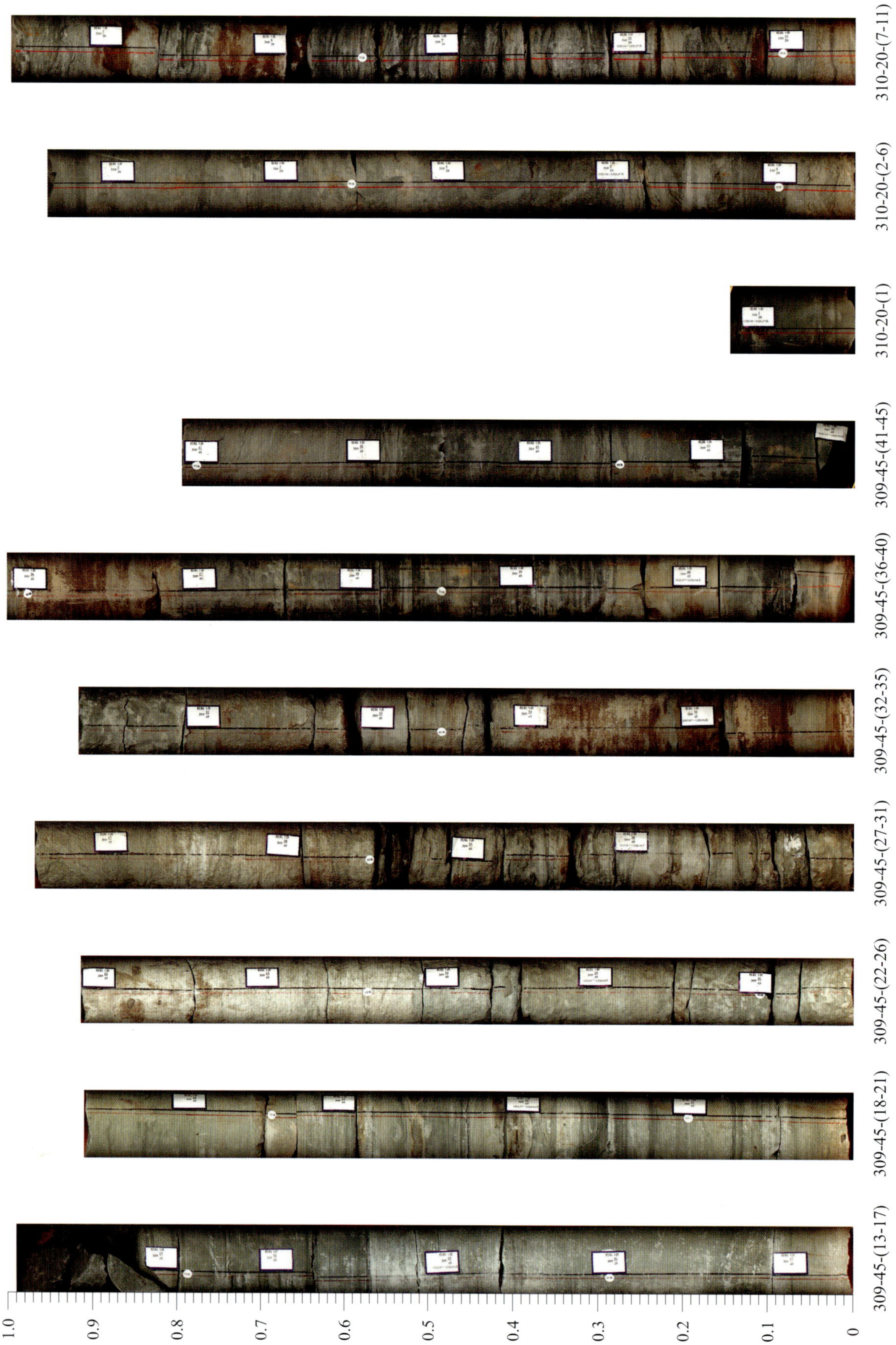
310-20-(7-11)
310-20-(2-6)
310-20-(1)
309-45-(41-45)
309-45-(36-40)
309-45-(32-35)
309-45-(27-31)
309-45-(22-26)
309-45-(18-21)
309-45-(13-17)
1.0
0.9
0.8
0.7
0.6
0.5
0.4
0.3
0.2
0.1
0

312-34-(1-3)
311-24-(22-24)
311-24-(19-21)
311-24-(14-18)
311-24-(10-13)
311-24-(5-9)
311-24-(1-4)
310-20-(19-20)
310-20-(16-18)
310-20-(12-15)
1.0
0.9
0.8
0.7
0.6
0.5
0.4
0.3
0.2
0.1
0

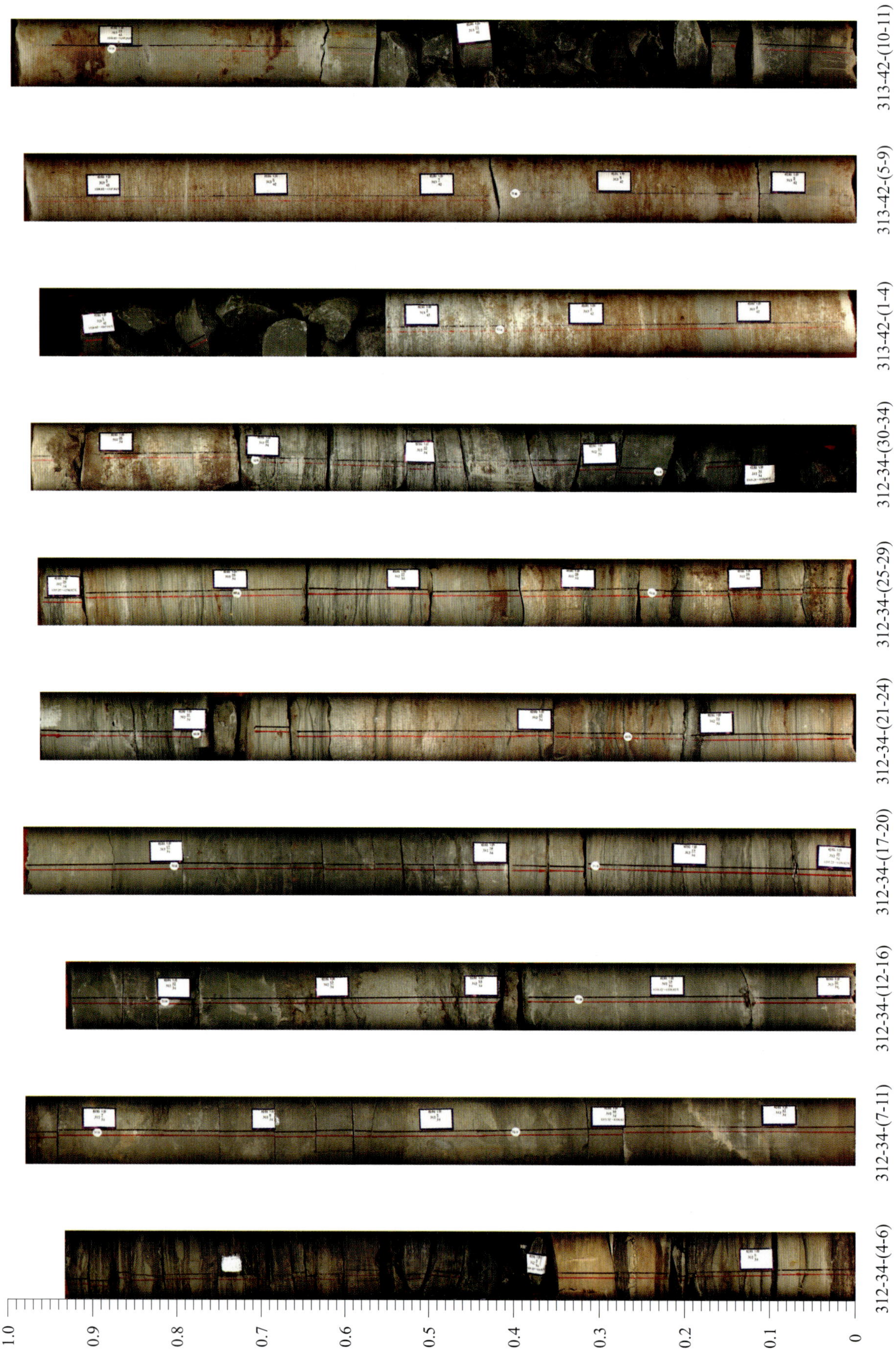
313-42-(10-11)
313-42-(5-9)
313-42-(1-4)
312-34-(30-34)
312-34-(25-29)
312-34-(21-24)
312-34-(17-20)
312-34-(12-16)
312-34-(7-11)
312-34-(4-6)
1.0
0.9
0.8
0.7
0.6
0.5
0.4
0.3
0.2
0.1
0

314-43-(7-11)
314-43-(2-6)
314-43-(1)
313-42-(39-42)
313-42-(34-38)
313-42-(29-33)
313-42-(25-28)
313-42-(21-24)
313-42-(16-20)
313-42-(12-15)
1.0
0.9
0.8
0.7
0.6
0.5
0.4
0.3
0.2
0.1
0

315-21-(7-10)
315-21-(3-6)
315-21-(1-2)
314-43-(40-43)
314-43-(36-39)
314-43-(31-35)
314-43-(26-30)
314-43-(21-25)
314-43-(16-20)
314-43-(12-15)
1.0
0.9
0.8
0.7
0.6
0.5
0.4
0.3
0.2
0.1
0

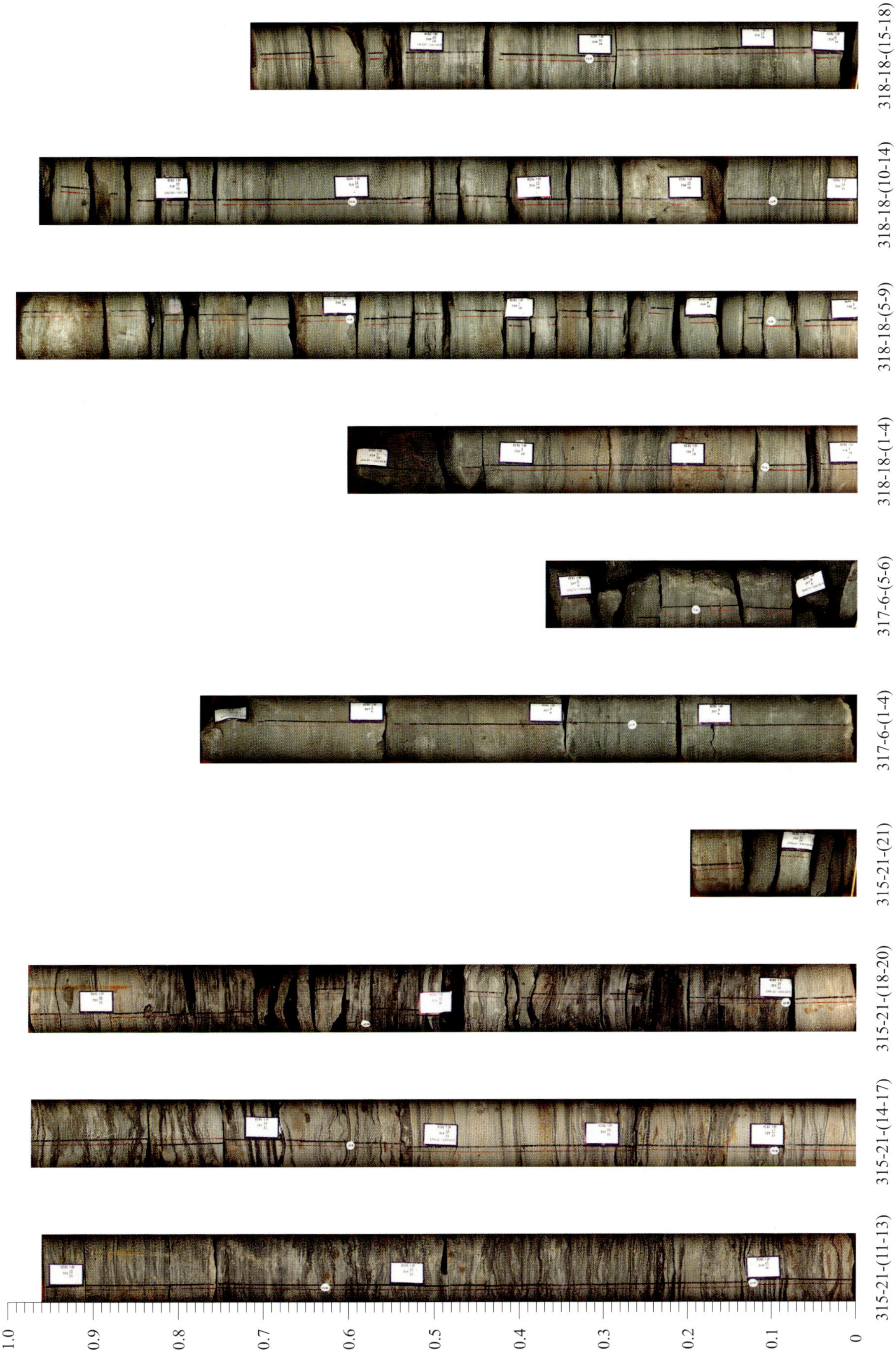
318-18-(15-18)
318-18-(10-14)
318-18-(5-9)
318-18-(1-4)
317-6-(5-6)
317-6-(1-4)
315-21-(21)
315-21-(18-20)
315-21-(14-17)
315-21-(11-13)
1.0
0.9
0.8
0.7
0.6
0.5
0.4
0.3
0.2
0.1
0

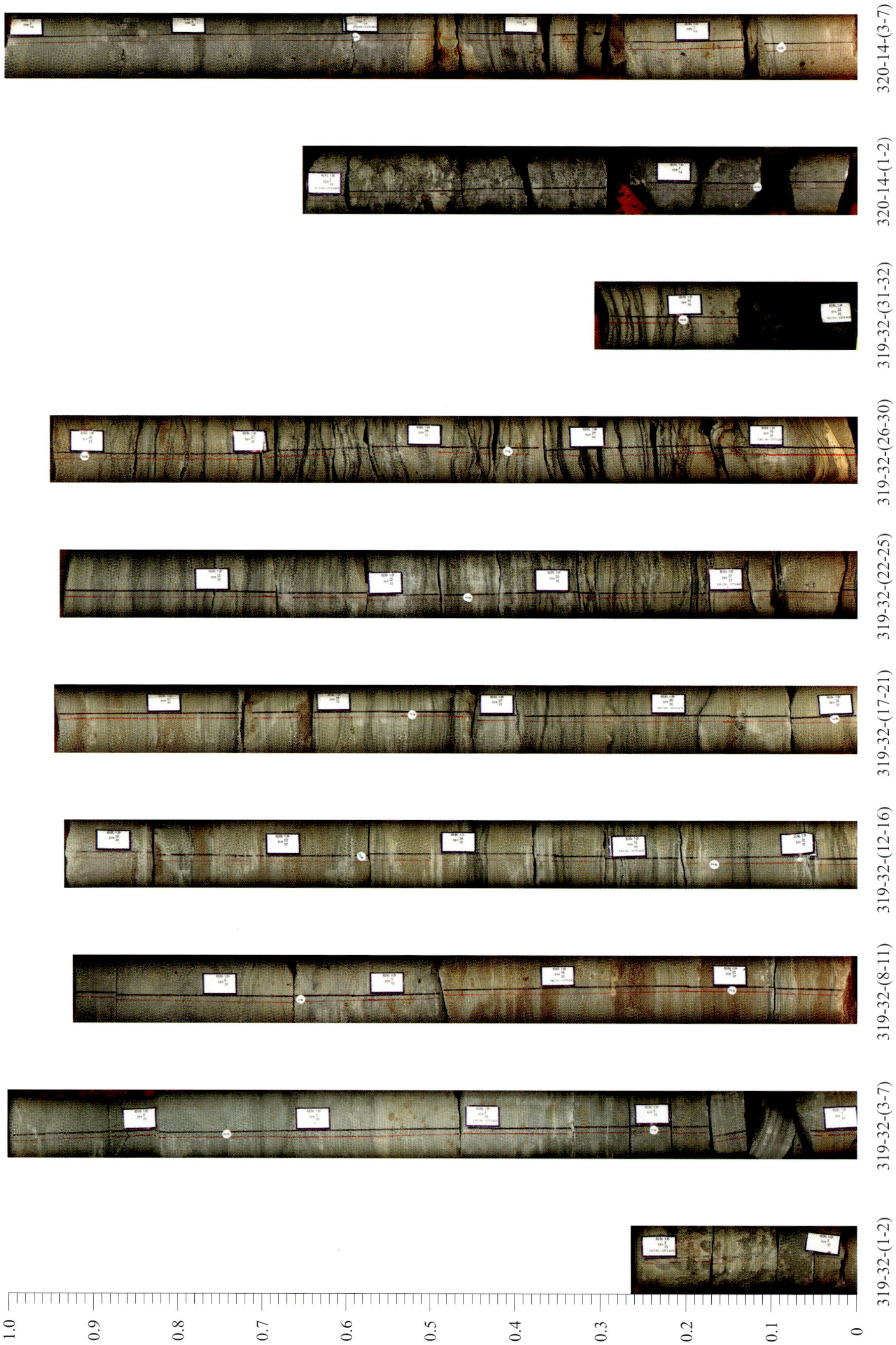
320-14-(3-7)
320-14-(1-2)
319-32-(31-32)
319-32-(26-30)
319-32-(22-25)
319-32-(17-21)
319-32-(12-16)
319-32-(8-11)
319-32-(3-7)
319-32-(1-2)
1.0
0.9
0.8
0.7
0.6
0.5
0.4
0.3
0.2
0.1
0

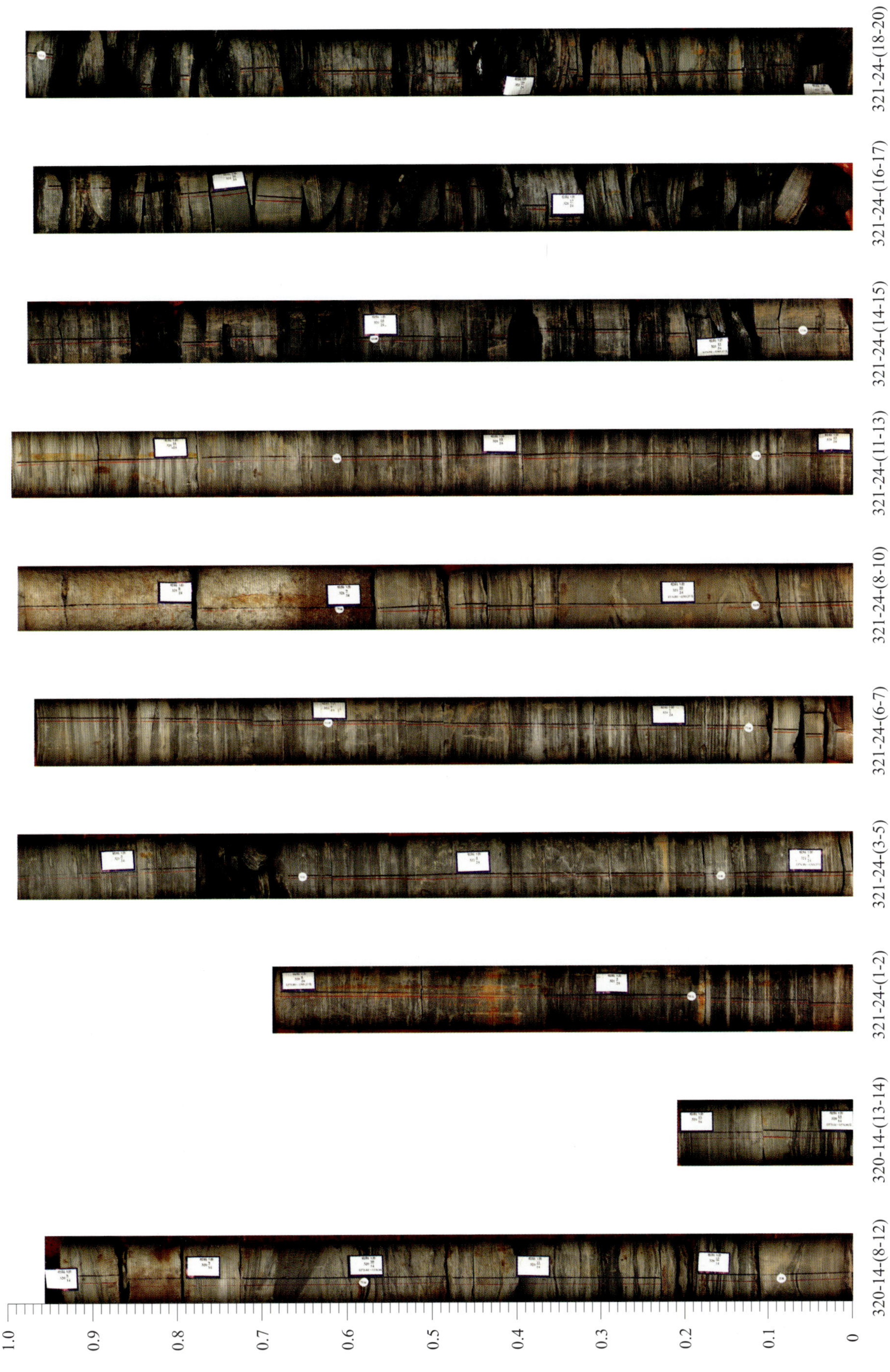
321-24-(18-20)
321-24-(16-17)
321-24-(14-15)
321-24-(11-13)
321-24-(8-10)
321-24-(6-7)
321-24-(3-5)
321-24-(1-2)
320-14-(13-14)
320-14-(8-12)
1.0
0.9
0.8
0.7
0.6
0.5
0.4
0.3
0.2
0.1
0

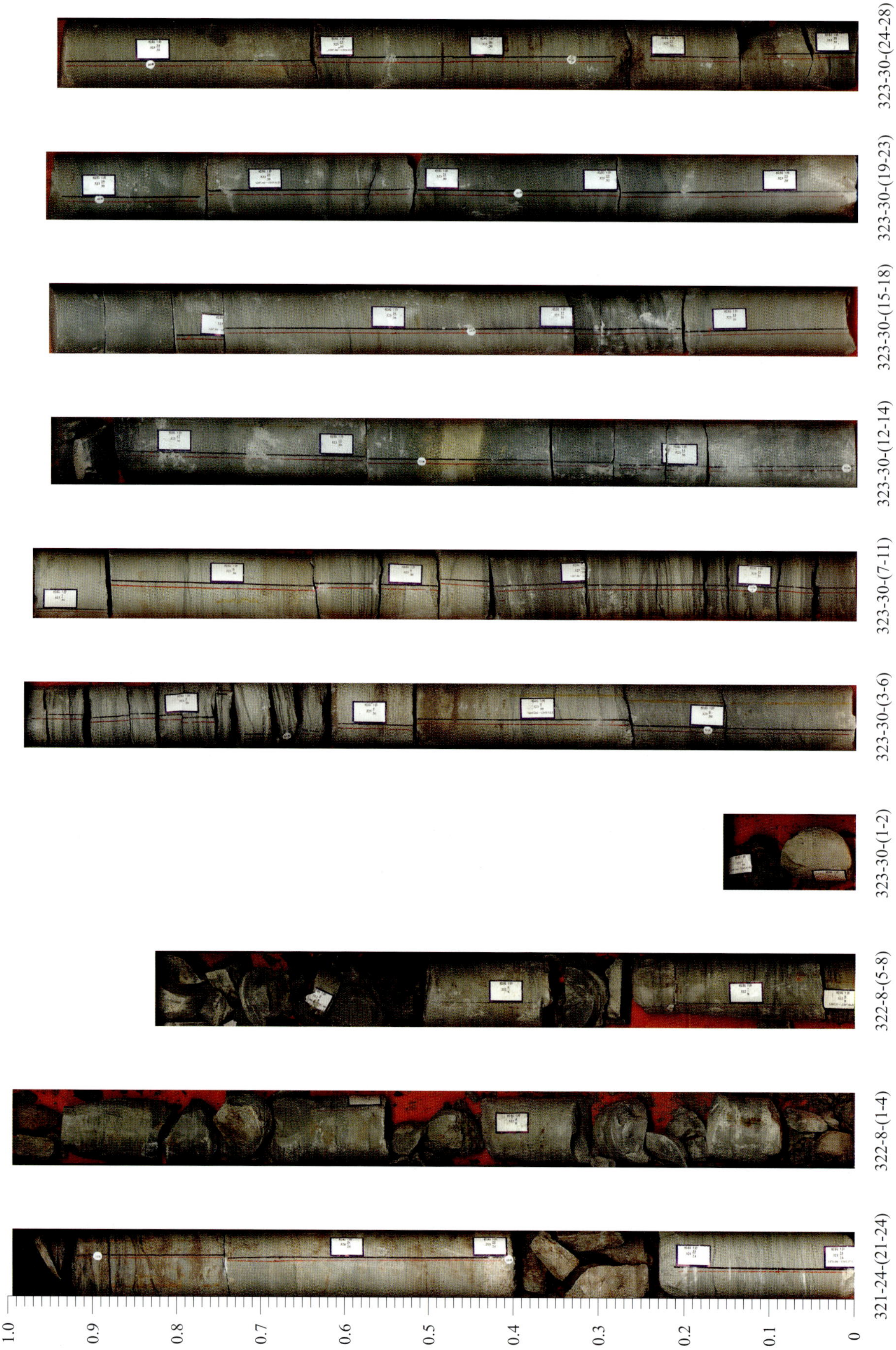
323-30-(24-28)
323-30-(19-23)
323-30-(15-18)
323-30-(12-14)
323-30-(7-11)
323-30-(3-6)
323-30-(1-2)
322-8-(5-8)
322-8-(1-4)
321-24-(21-24)
1.0
0.9
0.8
0.7
0.6
0.5
0.4
0.3
0.2
0.1
0

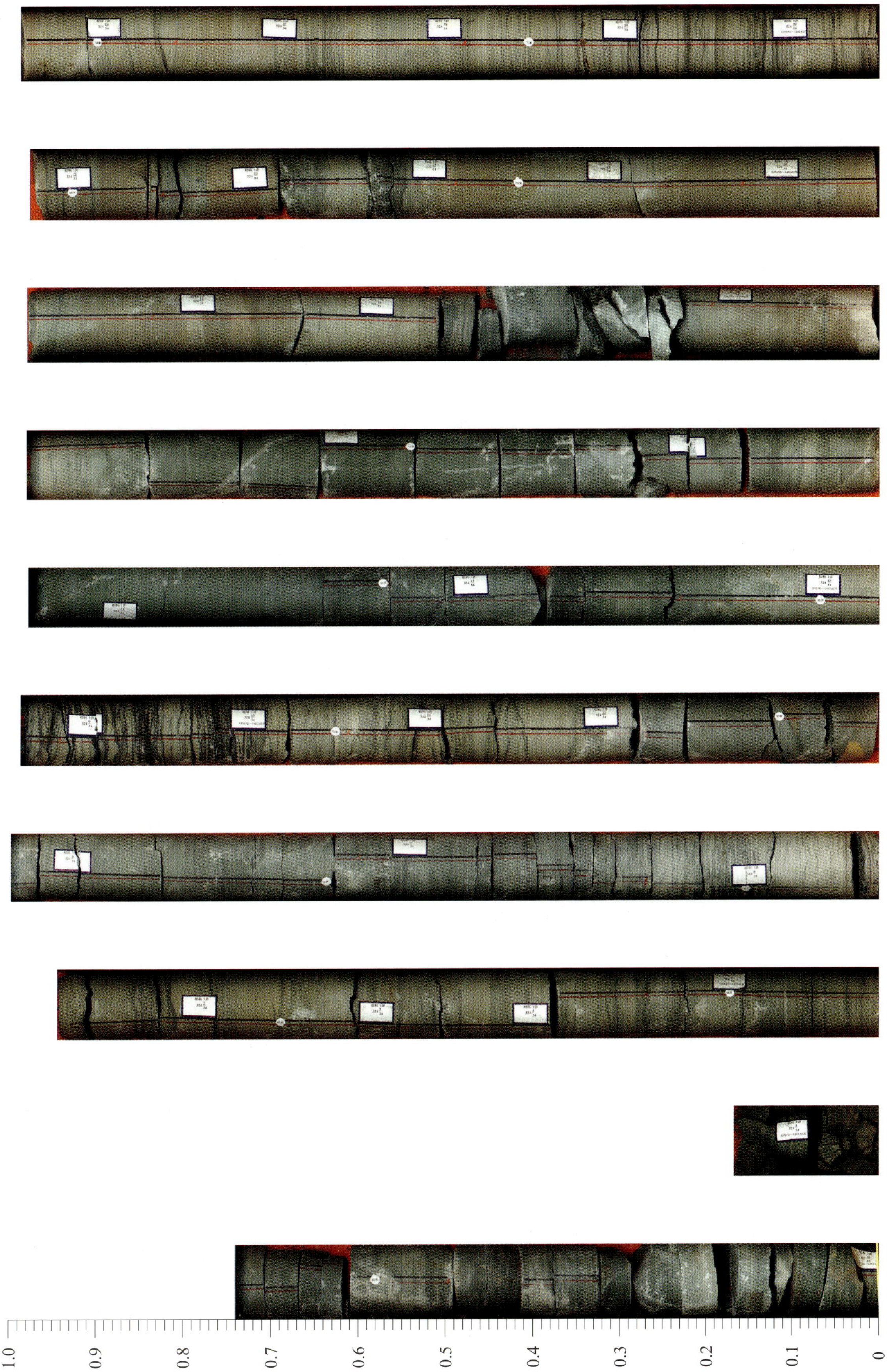
324-34-(26-30)
324-34-(21-25)
324-34-(18-20)
324-34-(16-17)
324-34-(13-15)
324-34-(9-12)
324-34-(6-8)
324-34-(2-5)
324-34-(1)
323-30-(29-30)
1.0
0.9
0.8
0.7
0.6
0.5
0.4
0.3
0.2
0.1
0

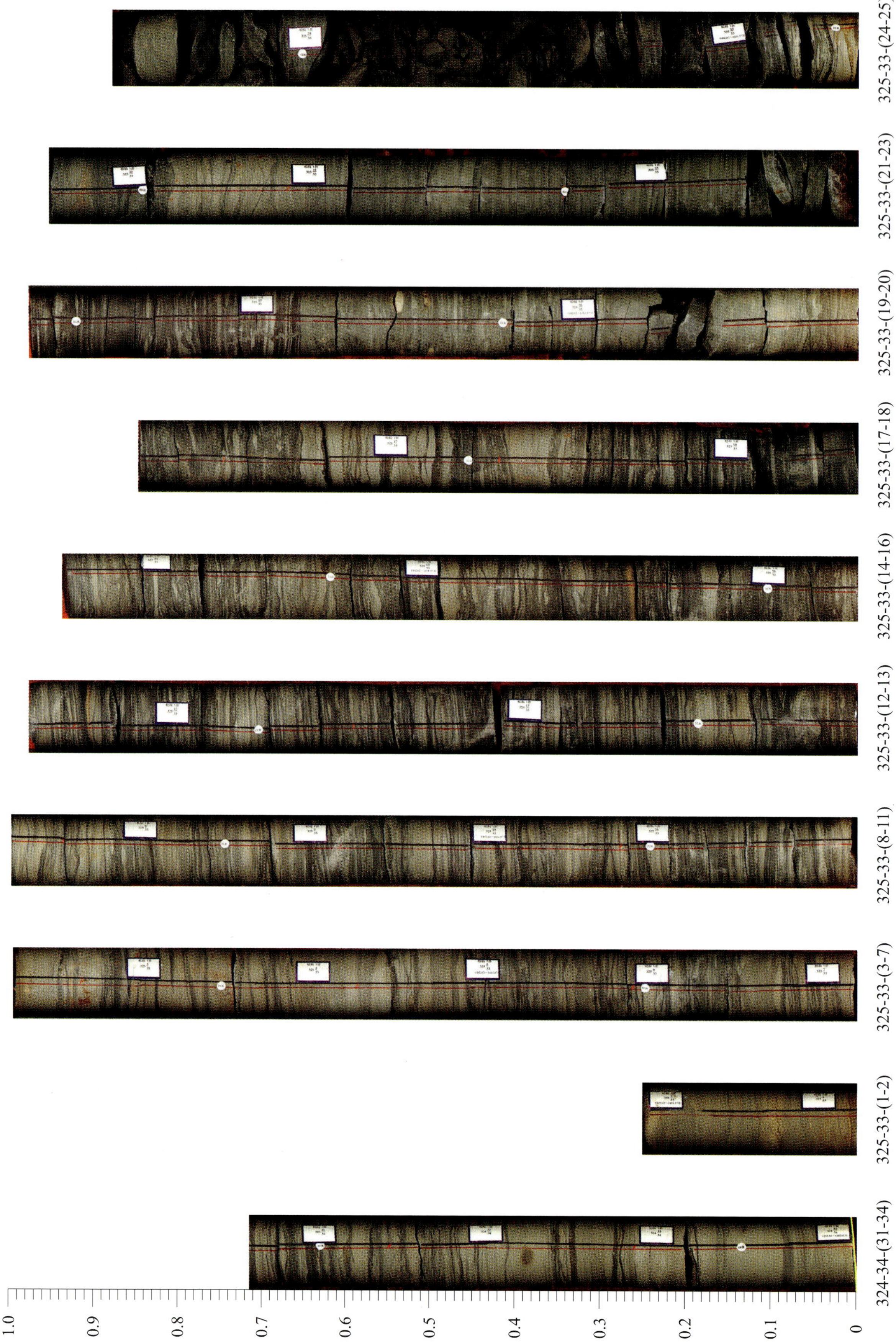
325-33-(24-25)
325-33-(21-23)
325-33-(19-20)
325-33-(17-18)
325-33-(14-16)
325-33-(12-13)
325-33-(8-11)
325-33-(3-7)
325-33-(1-2)
324-34-(31-34)
1.0
0.9
0.8
0.7
0.6
0.5
0.4
0.3
0.2
0.1
0

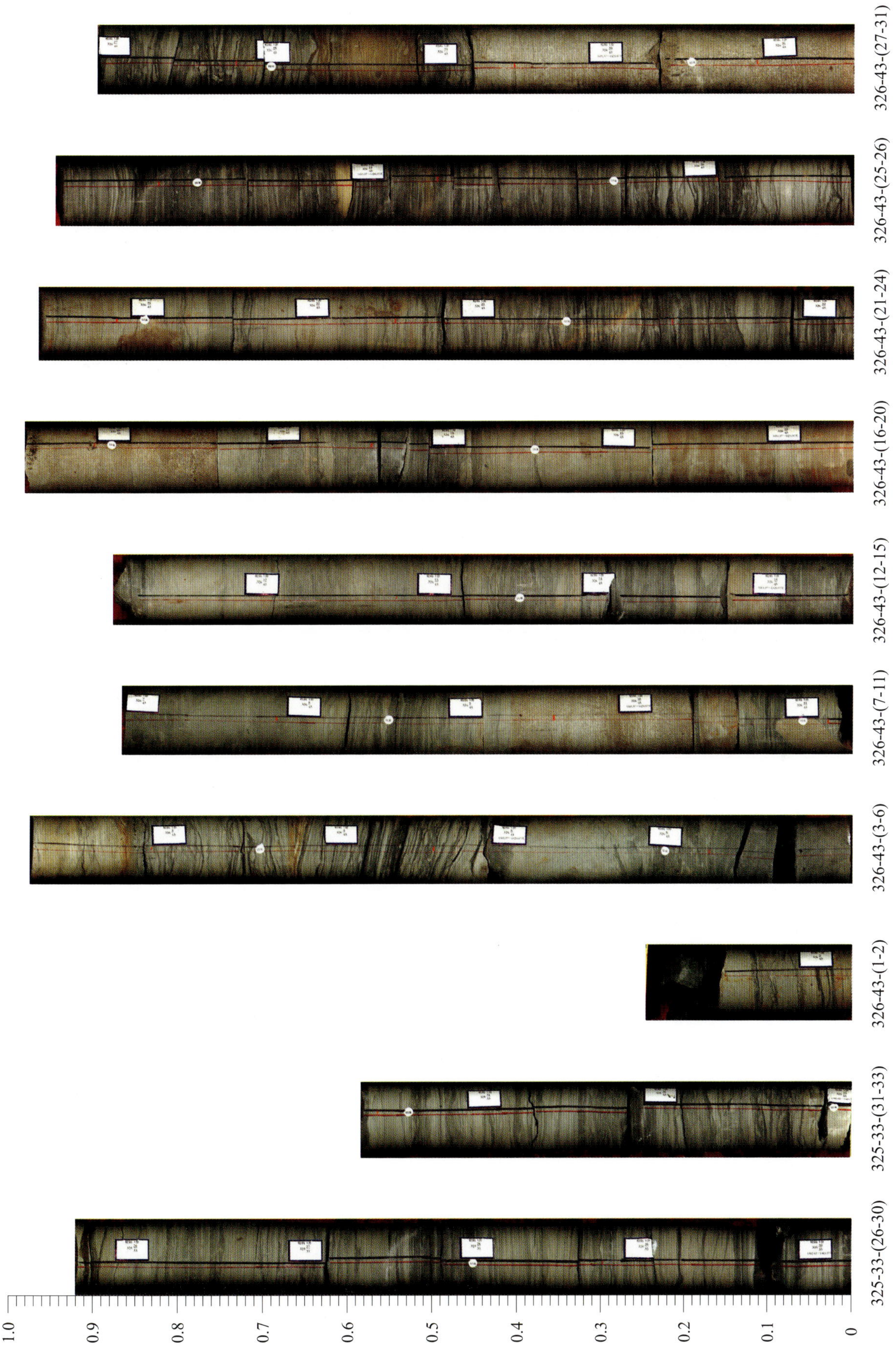
326-43-(27-31)
326-43-(25-26)
326-43-(21-24)
326-43-(16-20)
326-43-(12-15)
326-43-(7-11)
326-43-(3-6)
326-43-(1-2)
325-33-(31-33)
325-33-(26-30)
1.0
0.9
0.8
0.7
0.6
0.5
0.4
0.3
0.2
0.1
0

327-35-(24-27)
327-35-(20-23)
327-35-(15-19)
327-35-(13-14)
327-35-(9-12)
327-35-(4-8)
327-35-(1-3)
326-43-(41-43)
326-43-(37-40)
326-43-(32-36)
1.0
0.9
0.8
0.7
0.6
0.5
0.4
0.3
0.2
0.1
0

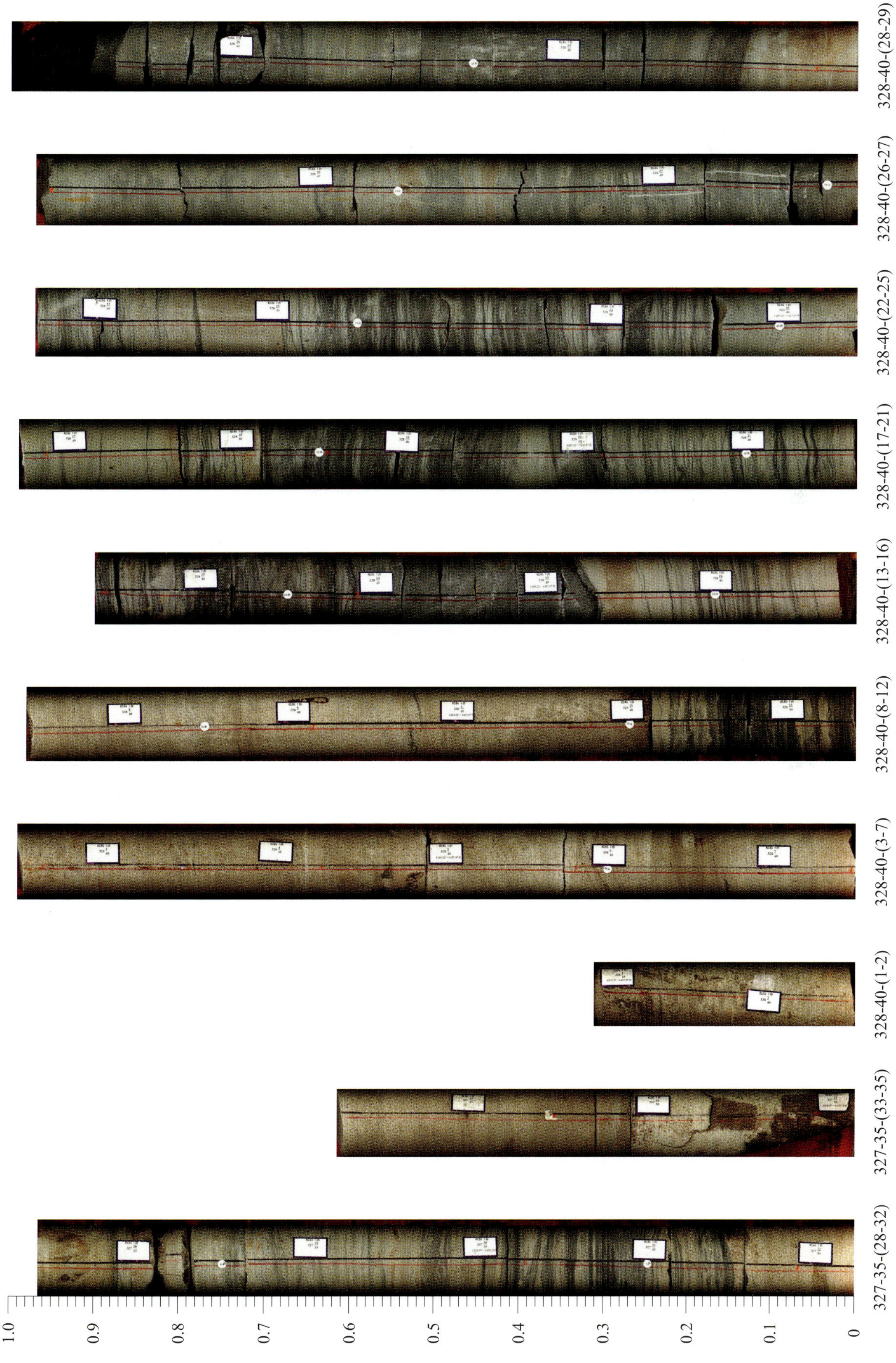
328-40-(28-29)
328-40-(26-27)
328-40-(22-25)
328-40-(17-21)
328-40-(13-16)
328-40-(8-12)
328-40-(3-7)
328-40-(1-2)
327-35-(33-35)
327-35-(28-32)
1.0
0.9
0.8
0.7
0.6
0.5
0.4
0.3
0.2
0.1
0

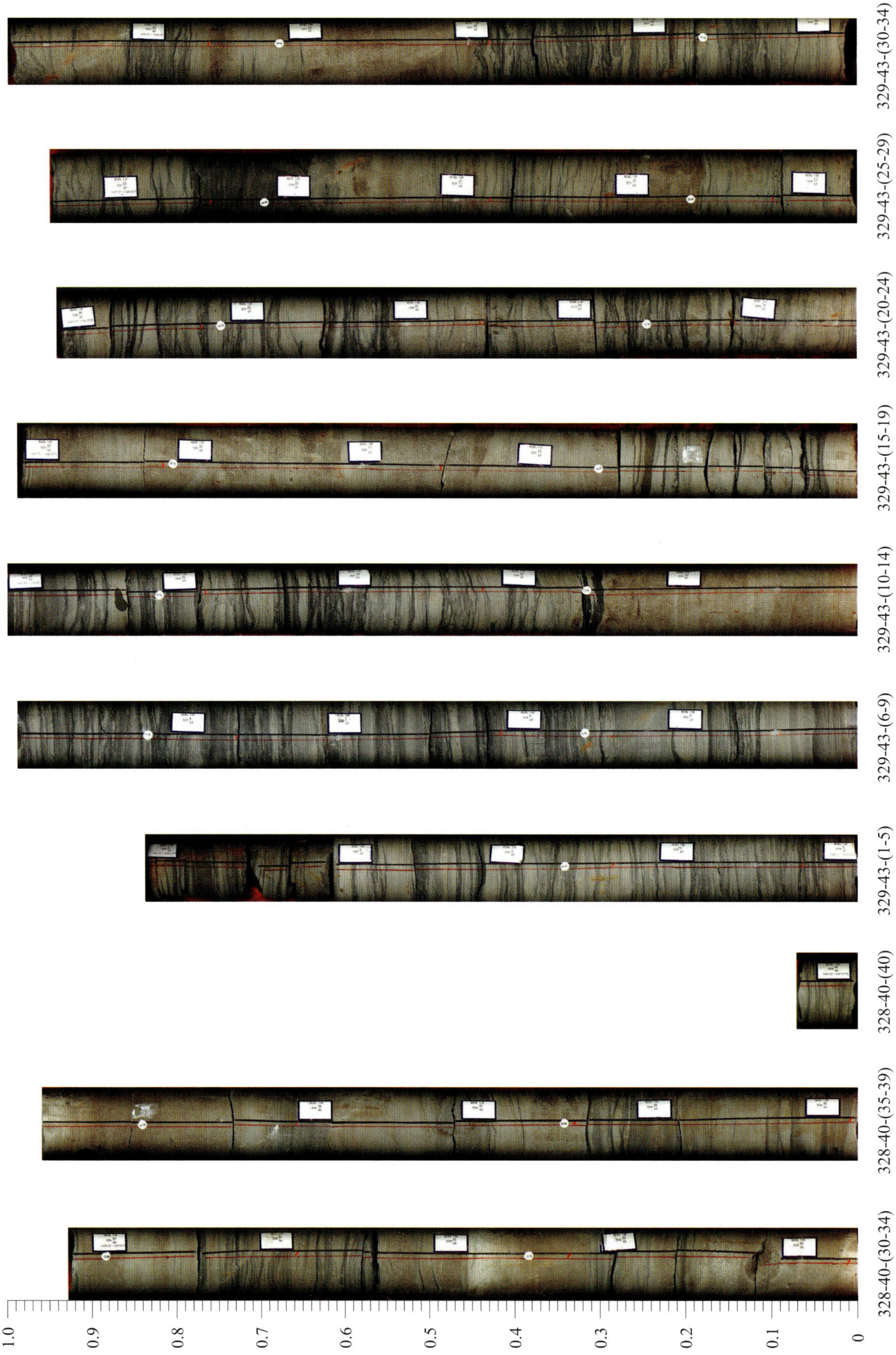
329-43-(30-34)
329-43-(25-29)
329-43-(20-24)
329-43-(15-19)
329-43-(10-14)
329-43-(6-9)
329-43-(1-5)
328-40-(40)
328-40-(35-39)
328-40-(30-34)
1.0
0.9
0.8
0.7
0.6
0.5
0.4
0.3
0.2
0.1
0

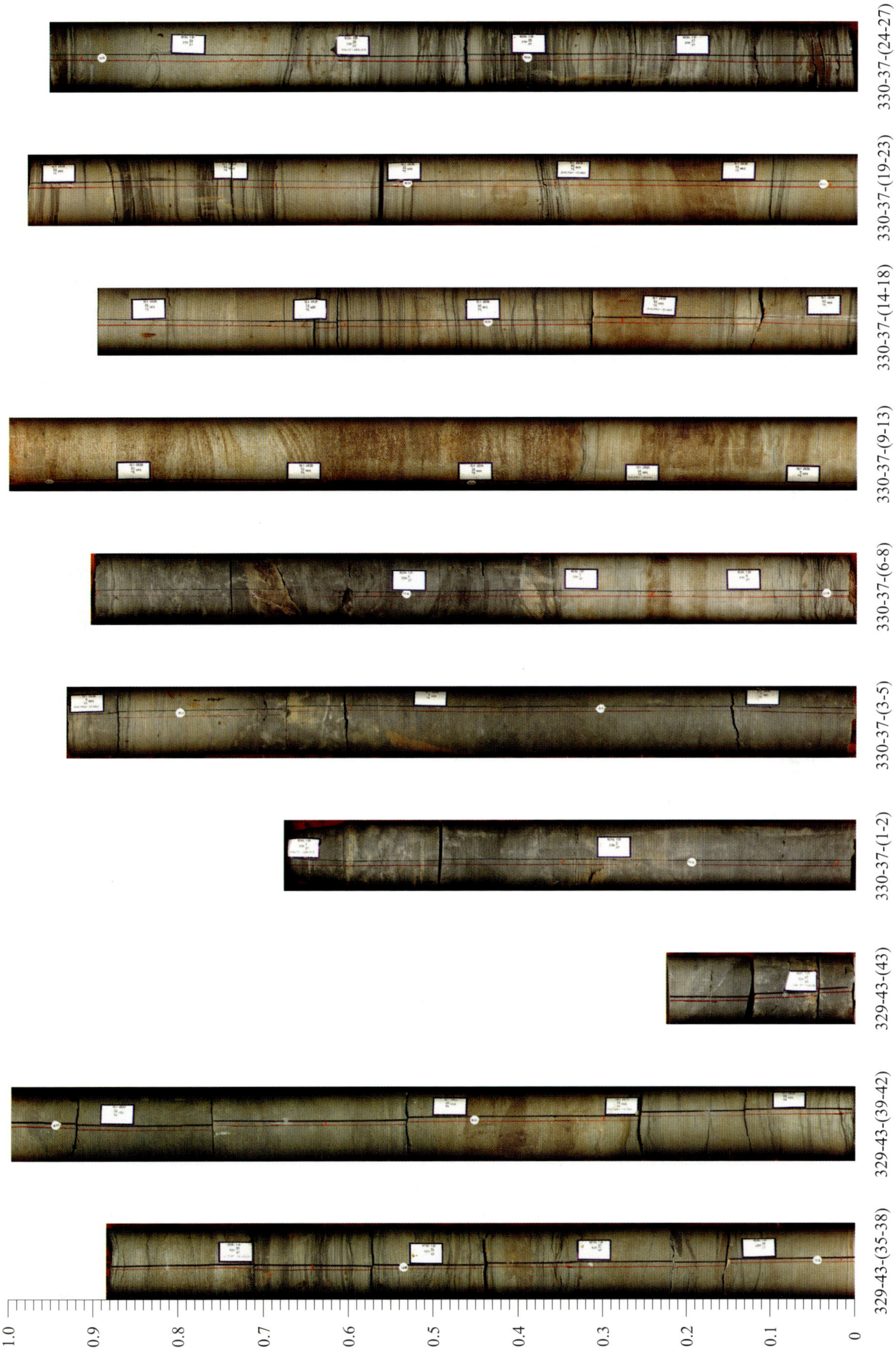
330-37-(24-27)
330-37-(19-23)
330-37-(14-18)
330-37-(9-13)
330-37-(6-8)
330-37-(3-5)
330-37-(1-2)
329-43-(43)
329-43-(39-42)
329-43-(35-38)
1.0
0.9
0.8
0.7
0.6
0.5
0.4
0.3
0.2
0.1
0

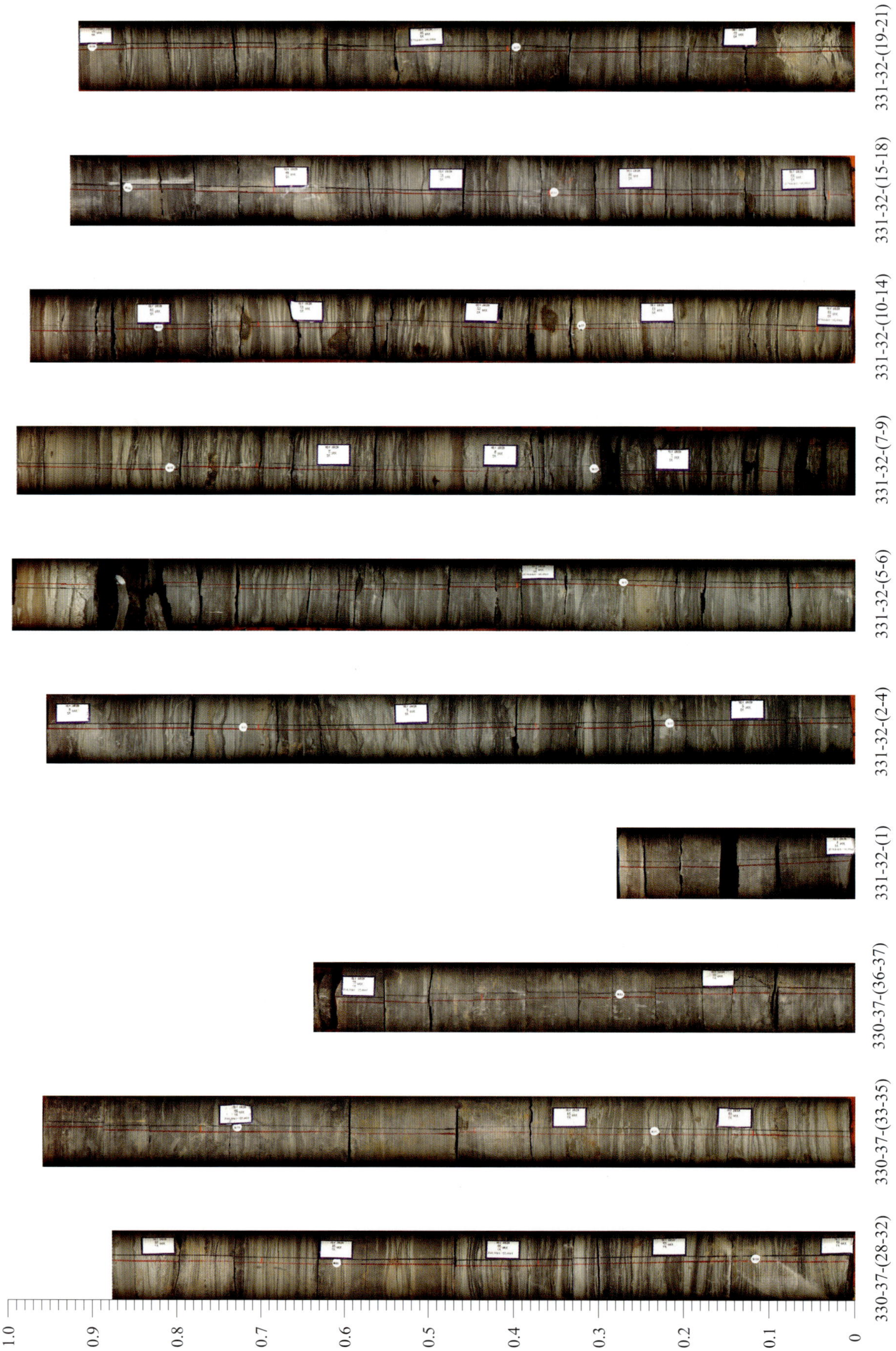
331-32-(19-21)
331-32-(15-18)
331-32-(10-14)
331-32-(7-9)
331-32-(5-6)
331-32-(2-4)
331-32-(1)
330-37-(36-37)
330-37-(33-35)
330-37-(28-32)
1.0
0.9
0.8
0.7
0.6
0.5
0.4
0.3
0.2
0.1
0

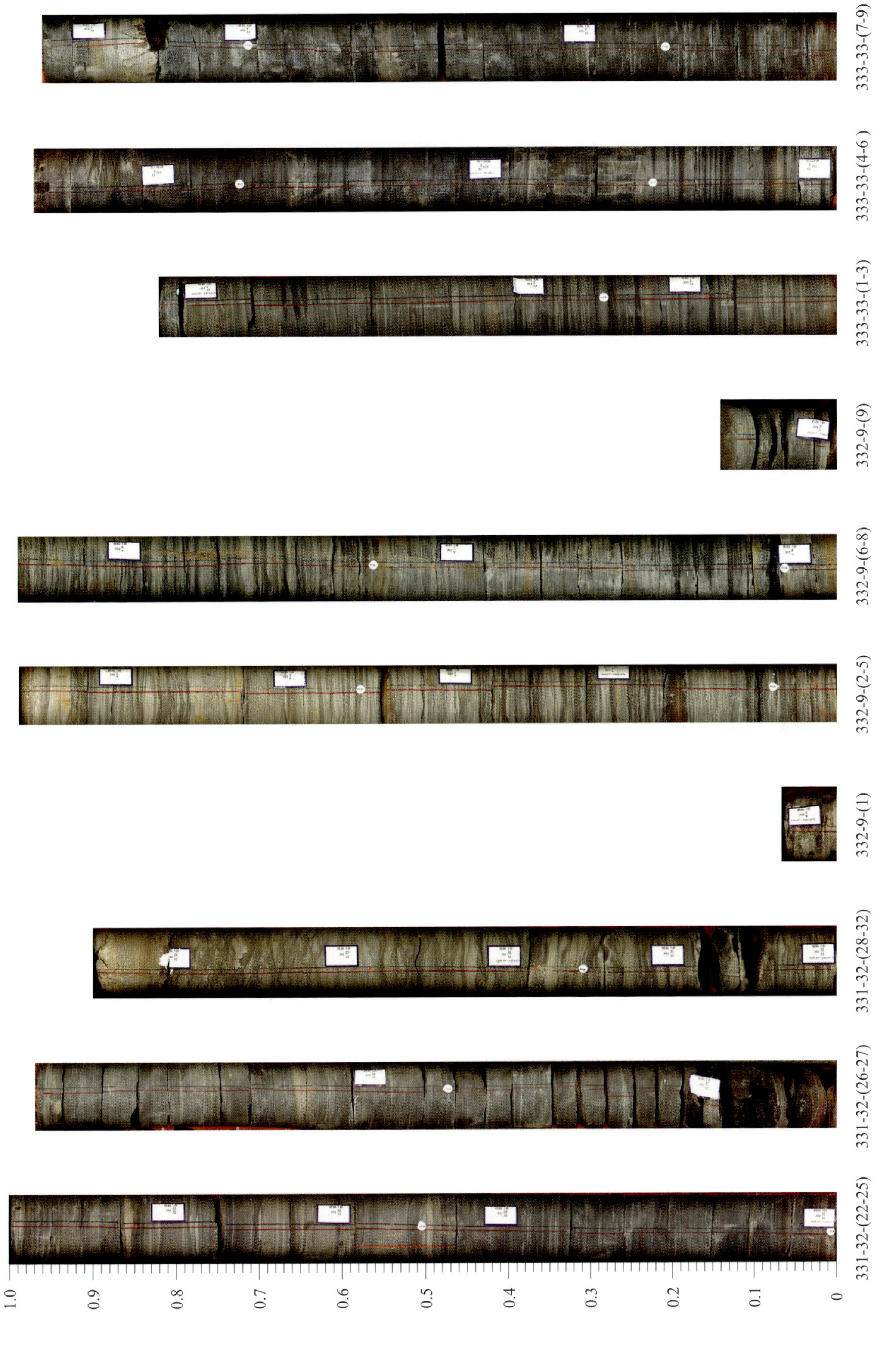
333-33-(7-9)
333-33-(4-6)
333-33-(1-3)
332-9-(9)
332-9-(6-8)
332-9-(2-5)
332-9-(1)
331-32-(28-32)
331-32-(26-27)
331-32-(22-25)
1.0
0.9
0.8
0.7
0.6
0.5
0.4
0.3
0.2
0.1
0

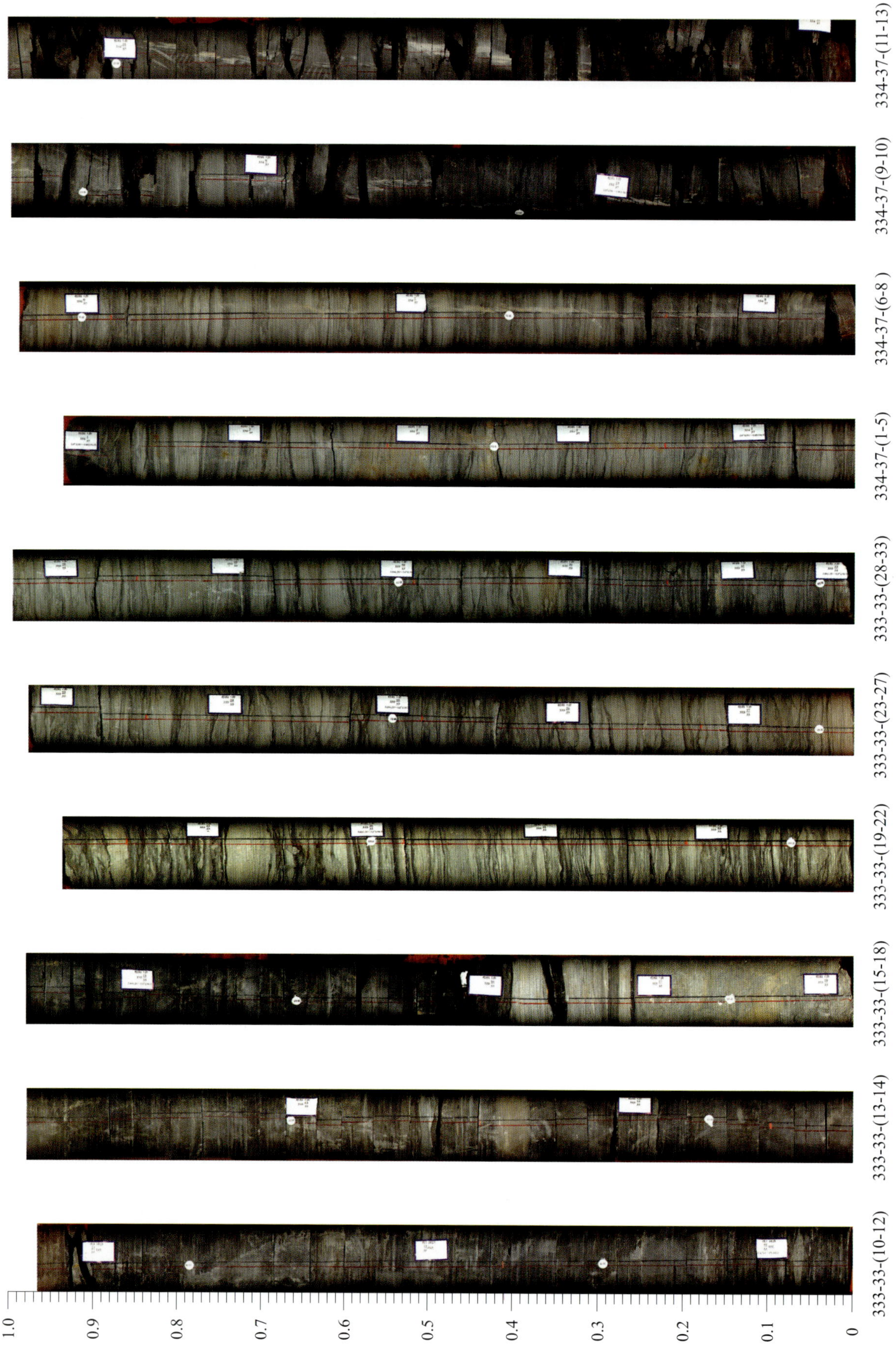
334-37-(11-13)
334-37-(9-10)
334-37-(6-8)
334-37-(1-5)
333-33-(28-33)
333-33-(23-27)
333-33-(19-22)
333-33-(15-18)
333-33-(13-14)
333-33-(10-12)
1.0
0.9
0.8
0.7
0.6
0.5
0.4
0.3
0.2
0.1
0

335-42-(14-16)
335-42-(9-13)
335-42-(4-8)
335-42-(1-3)
334-37-(35-37)
334-37-(31-34)
334-37-(26-30)
334-37-(21-25)
334-37-(16-20)
334-37-(14-15)
1.0
0.9
0.8
0.7
0.6
0.5
0.4
0.3
0.2
0.1
0

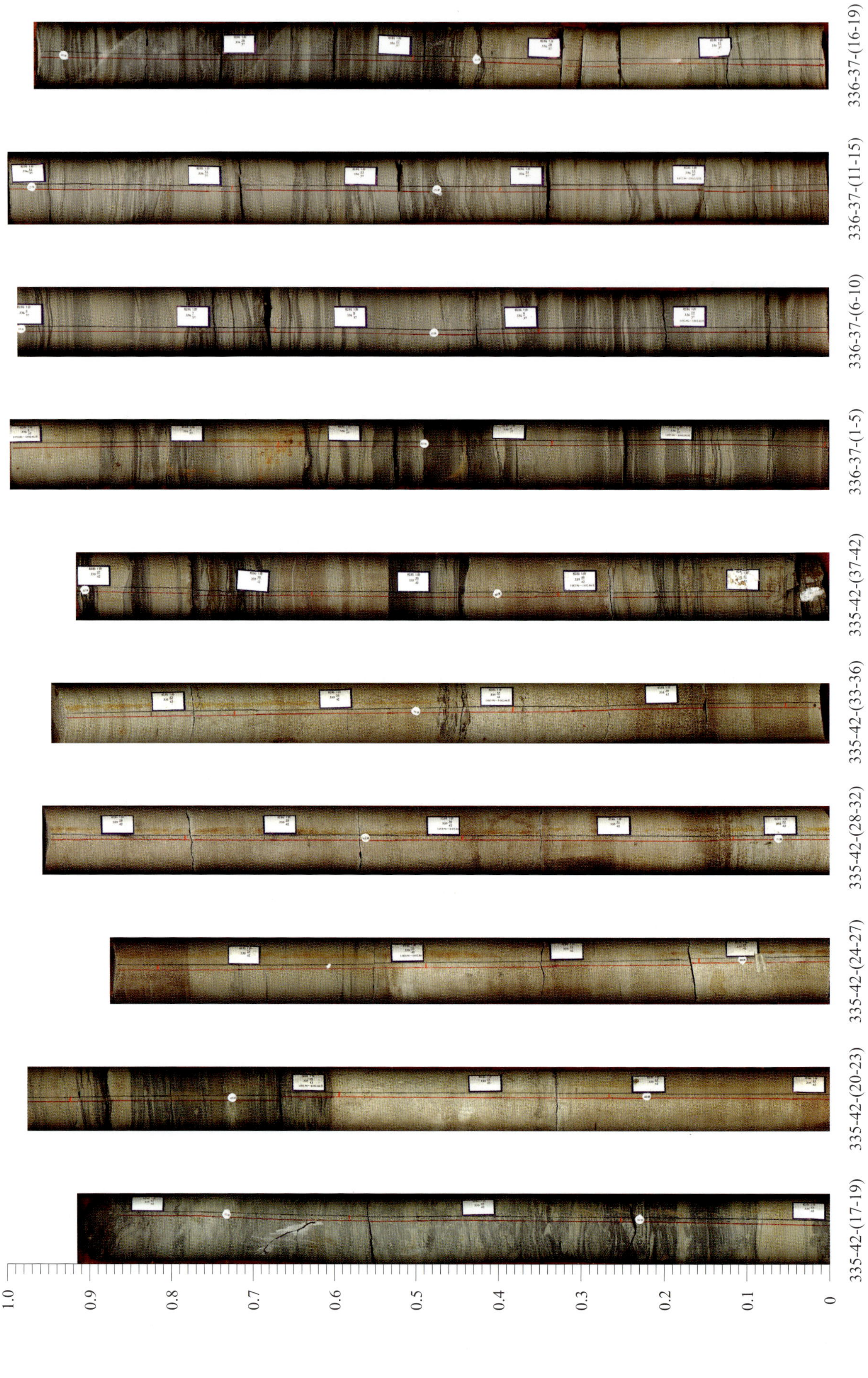
336-37-(16-19)
336-37-(11-15)
336-37-(6-10)
336-37-(1-5)
335-42-(37-42)
335-42-(33-36)
335-42-(28-32)
335-42-(24-27)
335-42-(20-23)
335-42-(17-19)
1.0
0.9
0.8
0.7
0.6
0.5
0.4
0.3
0.2
0.1
0

337-33-(14-18)
337-33-(9-13)
337-33-(5-8)
337-33-(1-4)
336-37-(36-37)
336-37-(36-37)
336-37-(27-30)
336-37-(24-26)
336-37-(22-23)
336-37-(20-21)
1.0
0.9
0.8
0.7
0.6
0.5
0.4
0.3
0.2
0.1
0

338-15-(7-8)
338-15-(4-6)
338-15-(2-3)
338-15-(1)
337-33-(31-33)
337-33-(29-30)
337-33-(26-28)
337-33-(24-25)
337-33-(22-23)
337-33-(19-21)
1.0
0.9
0.8
0.7
0.6
0.5
0.4
0.3
0.2
0.1
0

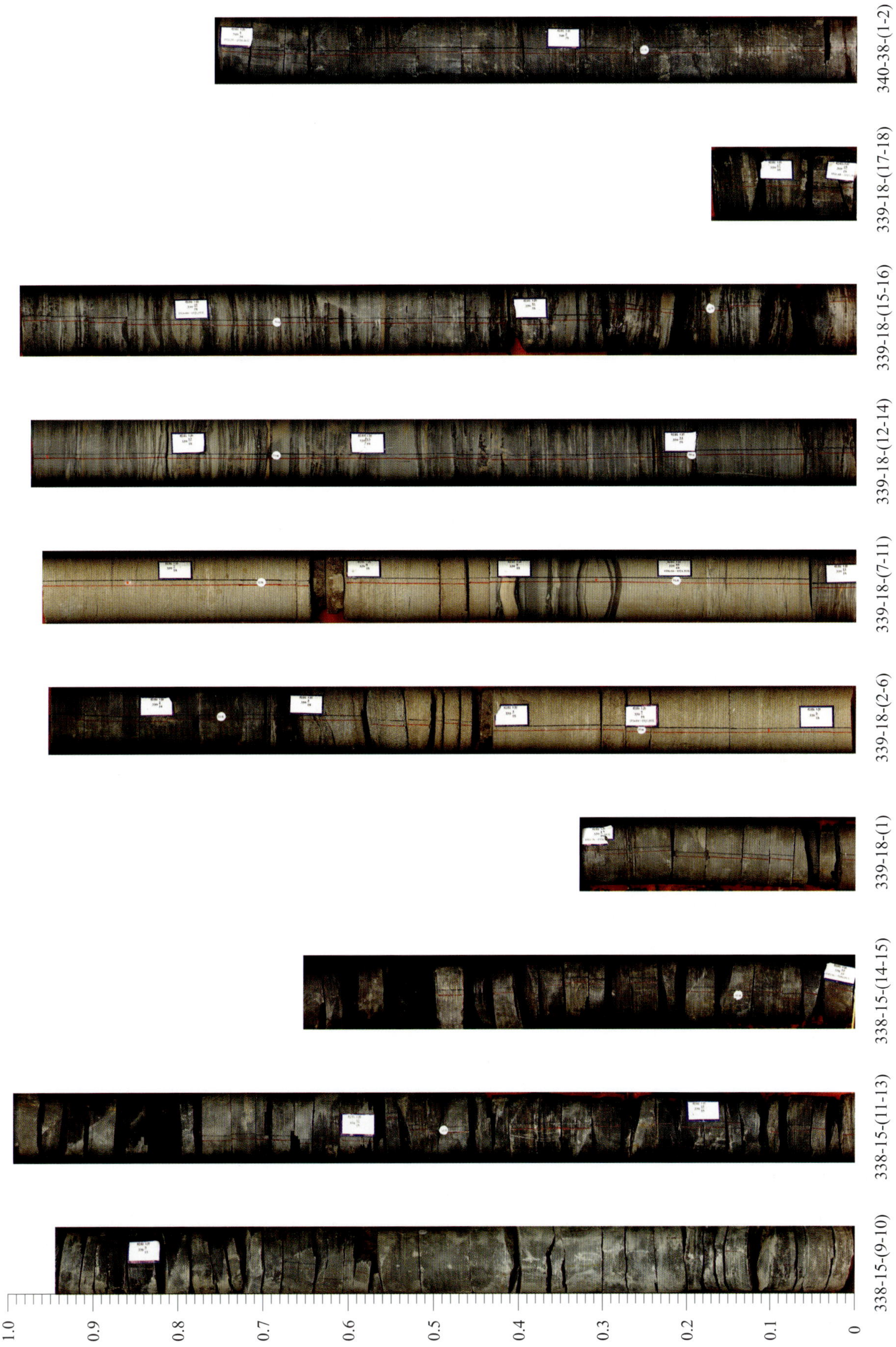
340-38-(1-2)
339-18-(17-18)
339-18-(15-16)
339-18-(12-14)
339-18-(7-11)
339-18-(2-6)
339-18-(1)
338-15-(14-15)
338-15-(11-13)
338-15-(9-10)
1.0
0.9
0.8
0.7
0.6
0.5
0.4
0.3
0.2
0.1
0

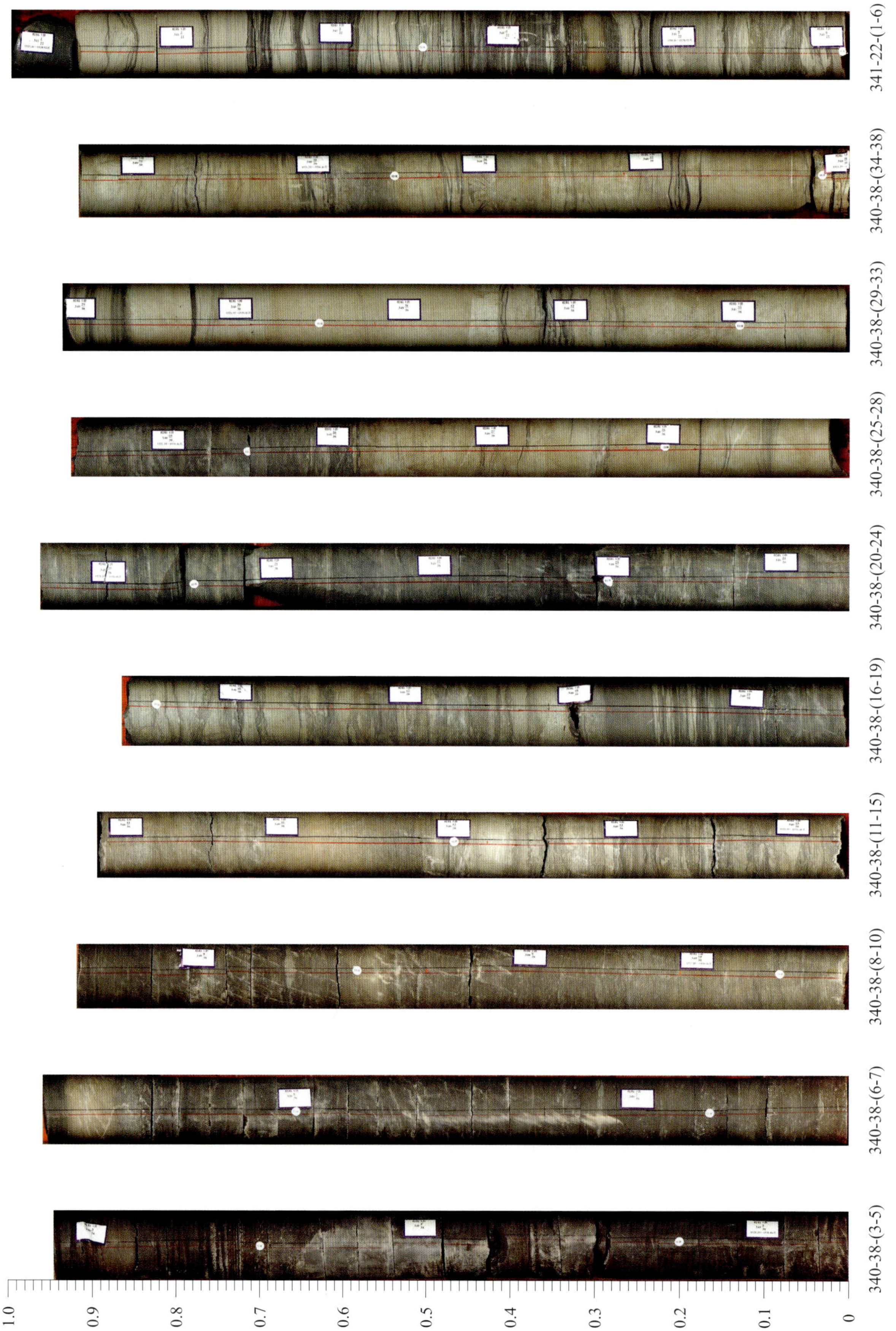
341-22-(1-6)
340-38-(34-38)
340-38-(29-33)
340-38-(25-28)
340-38-(20-24)
340-38-(16-19)
340-38-(11-15)
340-38-(8-10)
340-38-(6-7)
340-38-(3-5)
1.0
0.9
0.8
0.7
0.6
0.5
0.4
0.3
0.2
0.1
0

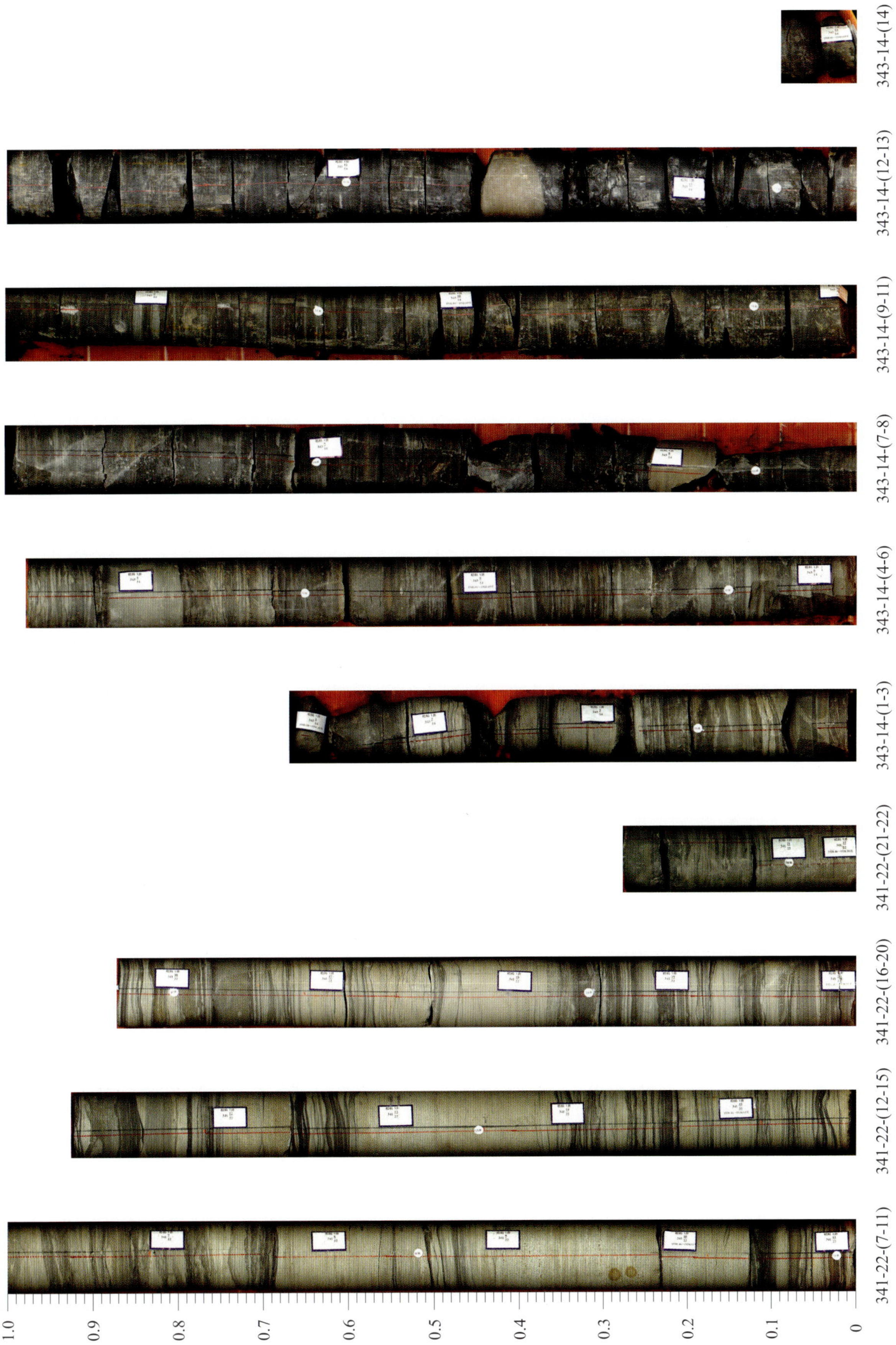
343-14-(14)
343-14-(12-13)
343-14-(9-11)
343-14-(7-8)
343-14-(4-6)
343-14-(1-3)
341-22-(21-22)
341-22-(16-20)
341-22-(12-15)
341-22-(7-11)
1.0
0.9
0.8
0.7
0.6
0.5
0.4
0.3
0.2
0.1
0

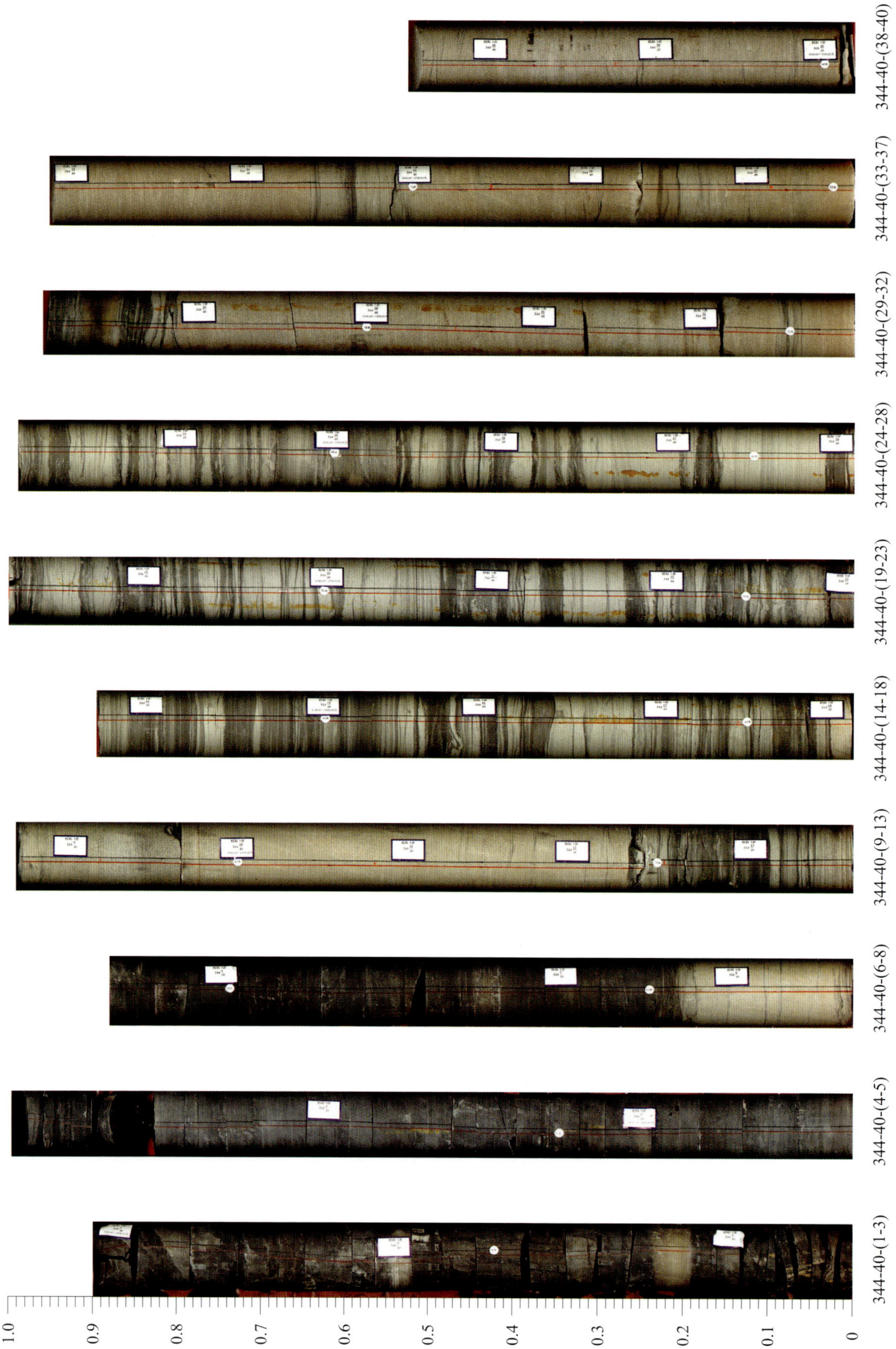
344-40-(38-40)
344-40-(33-37)
344-40-(29-32)
344-40-(24-28)
344-40-(19-23)
344-40-(14-18)
344-40-(9-13)
344-40-(6-8)
344-40-(4-5)
344-40-(1-3)
1.0
0.9
0.8
0.7
0.6
0.5
0.4
0.3
0.2
0.1
0

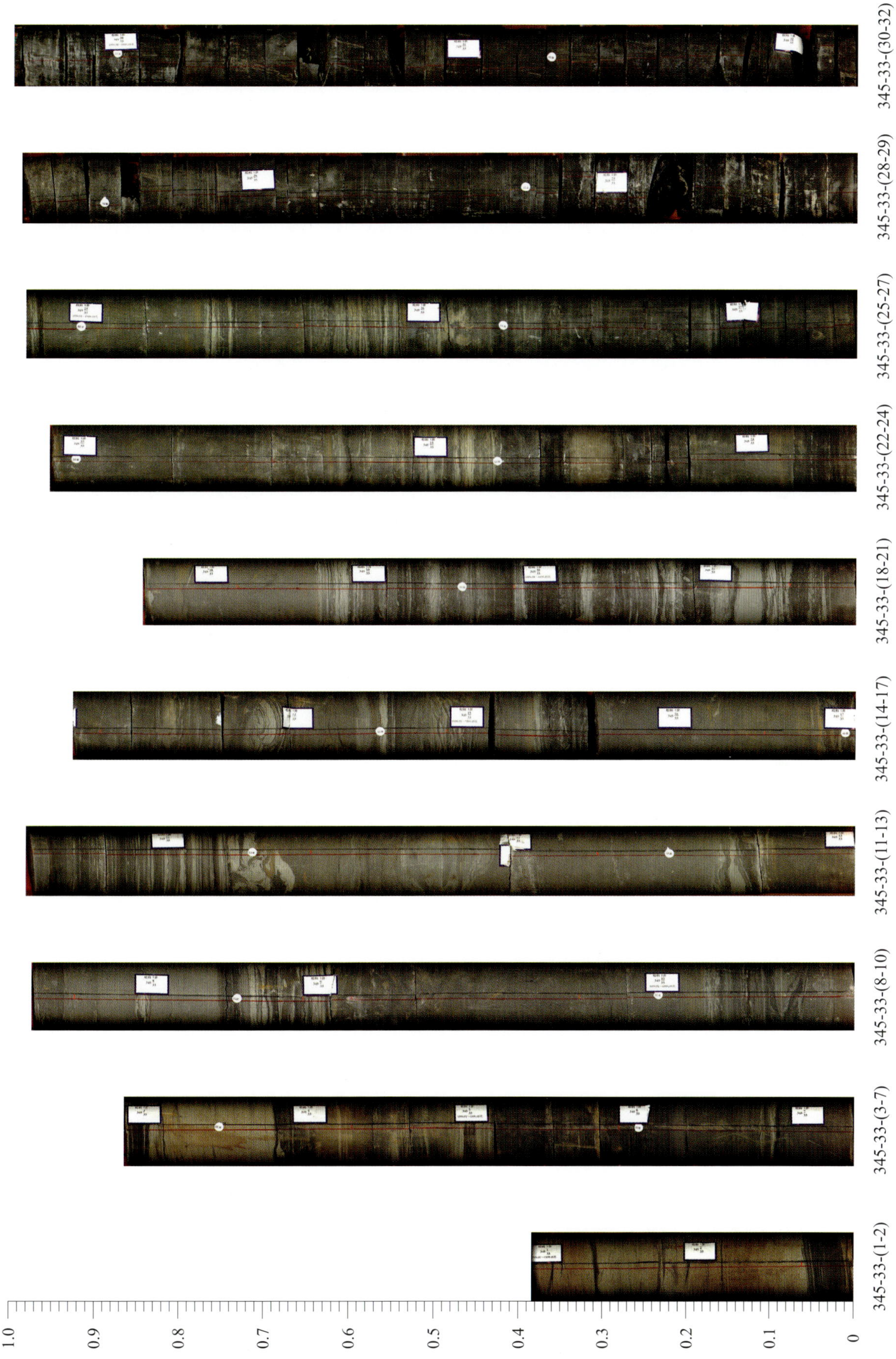
345-33-(30-32)
345-33-(28-29)
345-33-(25-27)
345-33-(22-24)
345-33-(18-21)
345-33-(14-17)
345-33-(11-13)
345-33-(8-10)
345-33-(3-7)
345-33-(1-2)
1.0
0.9
0.8
0.7
0.6
0.5
0.4
0.3
0.2
0.1
0

347-22-(10-12)
347-22-(8-9)
347-22-(5-7)
347-22-(3-4)
347-22-(1-2)
346-9-(8-8)
346-9-(6-7)
346-9-(4-5)
346-9(1-3)
345-33-(33)
1.0
0.9
0.8
0.7
0.6
0.5
0.4
0.3
0.2
0.1
0

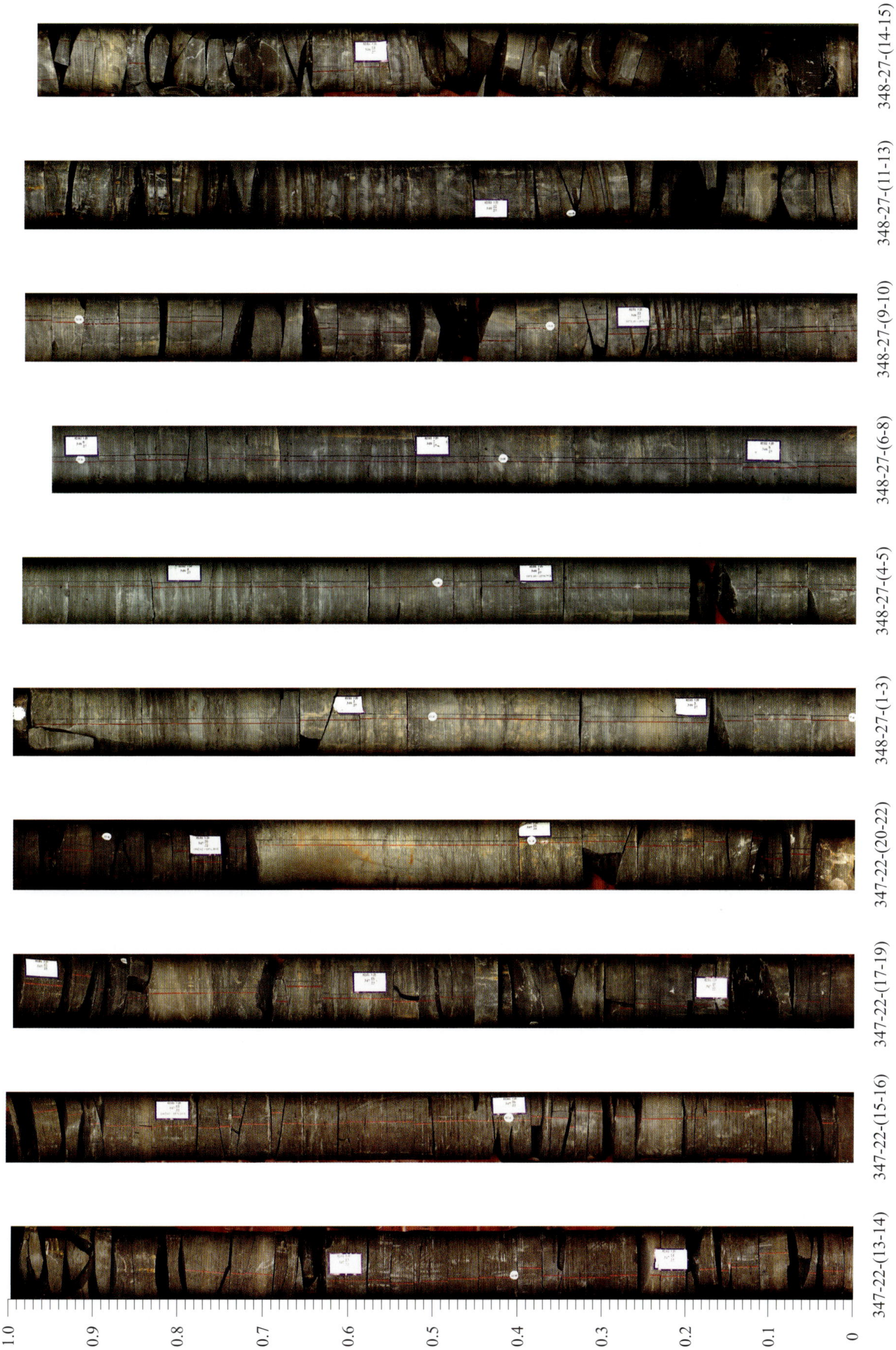
348-27-(14-15)
348-27-(11-13)
348-27-(9-10)
348-27-(6-8)
348-27-(4-5)
348-27-(1-3)
347-22-(20-22)
347-22-(17-19)
347-22-(15-16)
347-22-(13-14)
1.0
0.9
0.8
0.7
0.6
0.5
0.4
0.3
0.2
0.1
0

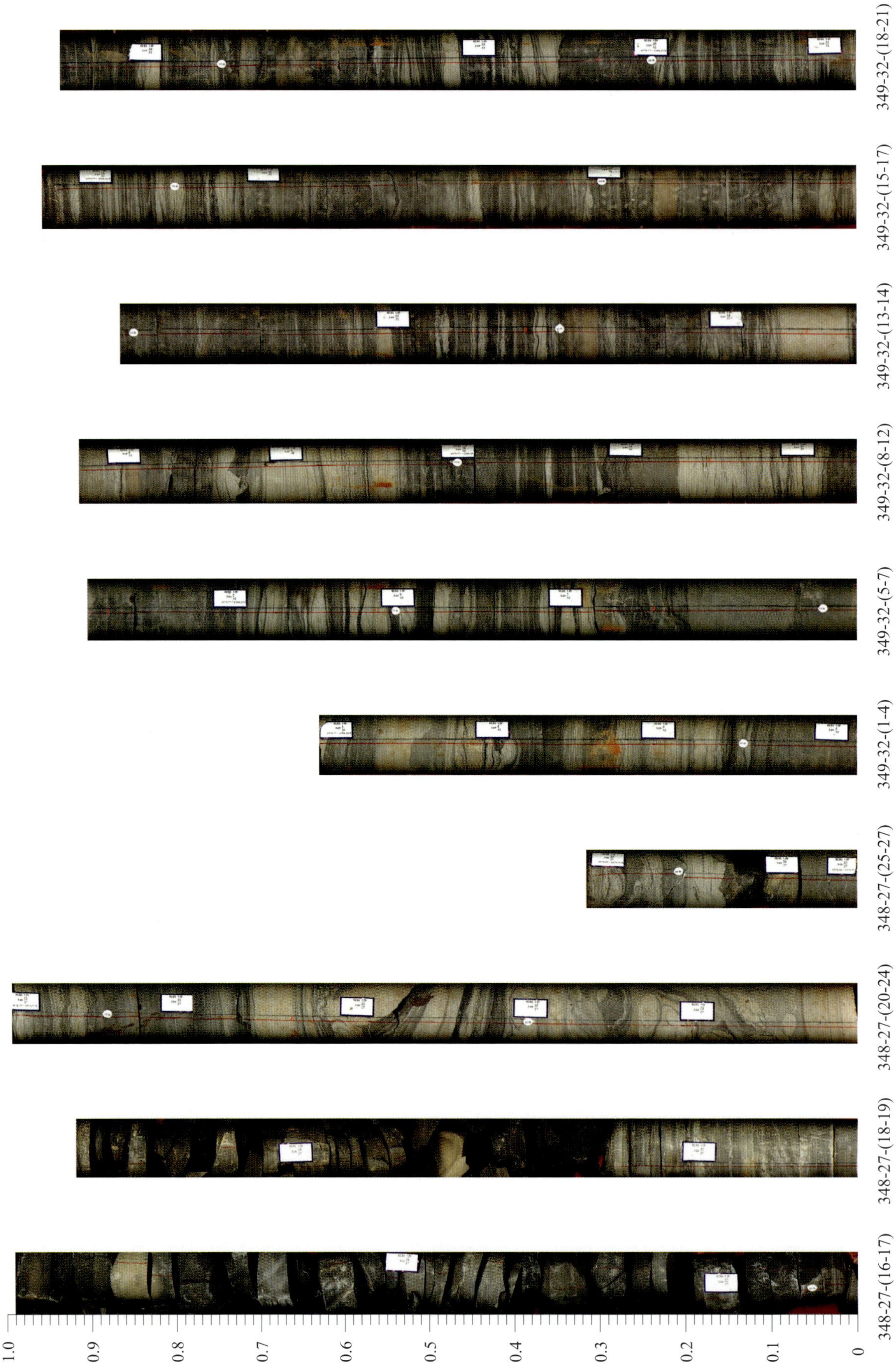
349-32-(18-21)
349-32-(15-17)
349-32-(13-14)
349-32-(8-12)
349-32-(5-7)
349-32-(1-4)
348-27-(25-27)
348-27-(20-24)
348-27-(18-19)
348-27-(16-17)
1.0
0.9
0.8
0.7
0.6
0.5
0.4
0.3
0.2
0.1
0

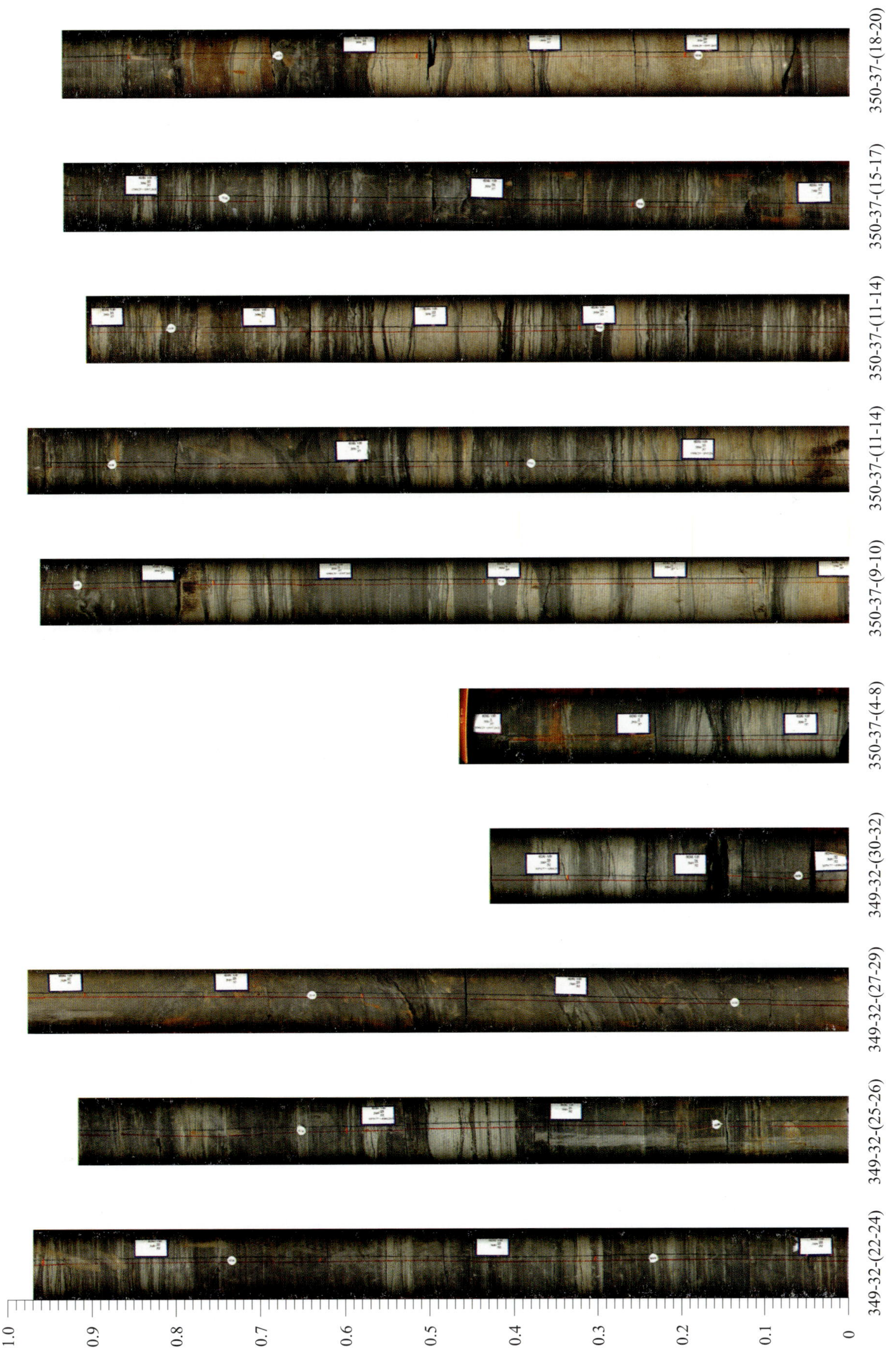
350-37-(18-20)
350-37-(15-17)
350-37-(11-14)
350-37-(11-14)
350-37-(9-10)
350-37-(4-8)
349-32-(30-32)
349-32-(27-29)
349-32-(25-26)
349-32-(22-24)
1.0
0.9
0.8
0.7
0.6
0.5
0.4
0.3
0.2
0.1
0

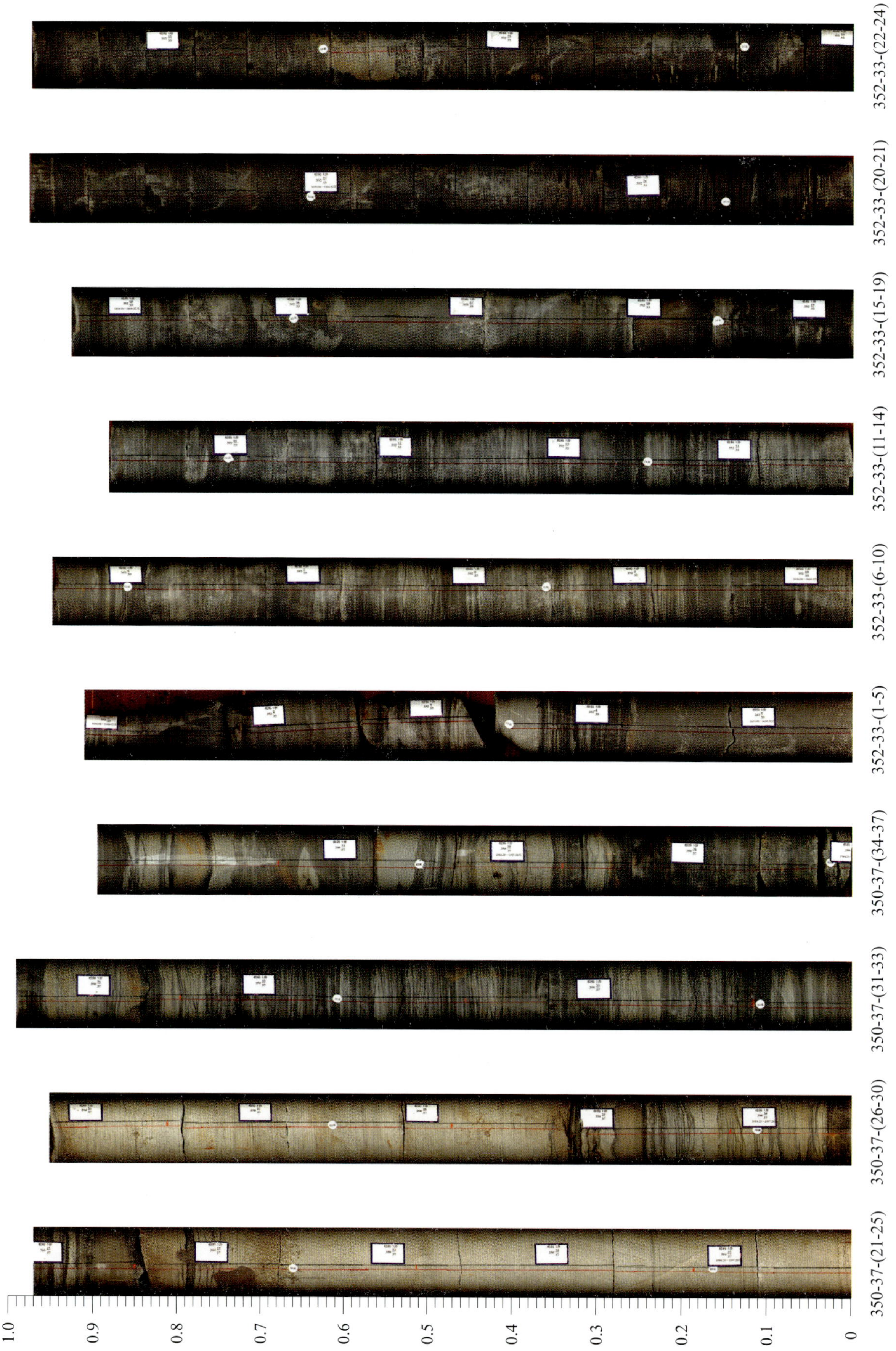
352-33-(22-24)
352-33-(20-21)
352-33-(15-19)
352-33-(11-14)
352-33-(6-10)
352-33-(1-5)
350-37-(34-37)
350-37-(31-33)
350-37-(26-30)
350-37-(21-25)
1.0
0.9
0.8
0.7
0.6
0.5
0.4
0.3
0.2
0.1
0

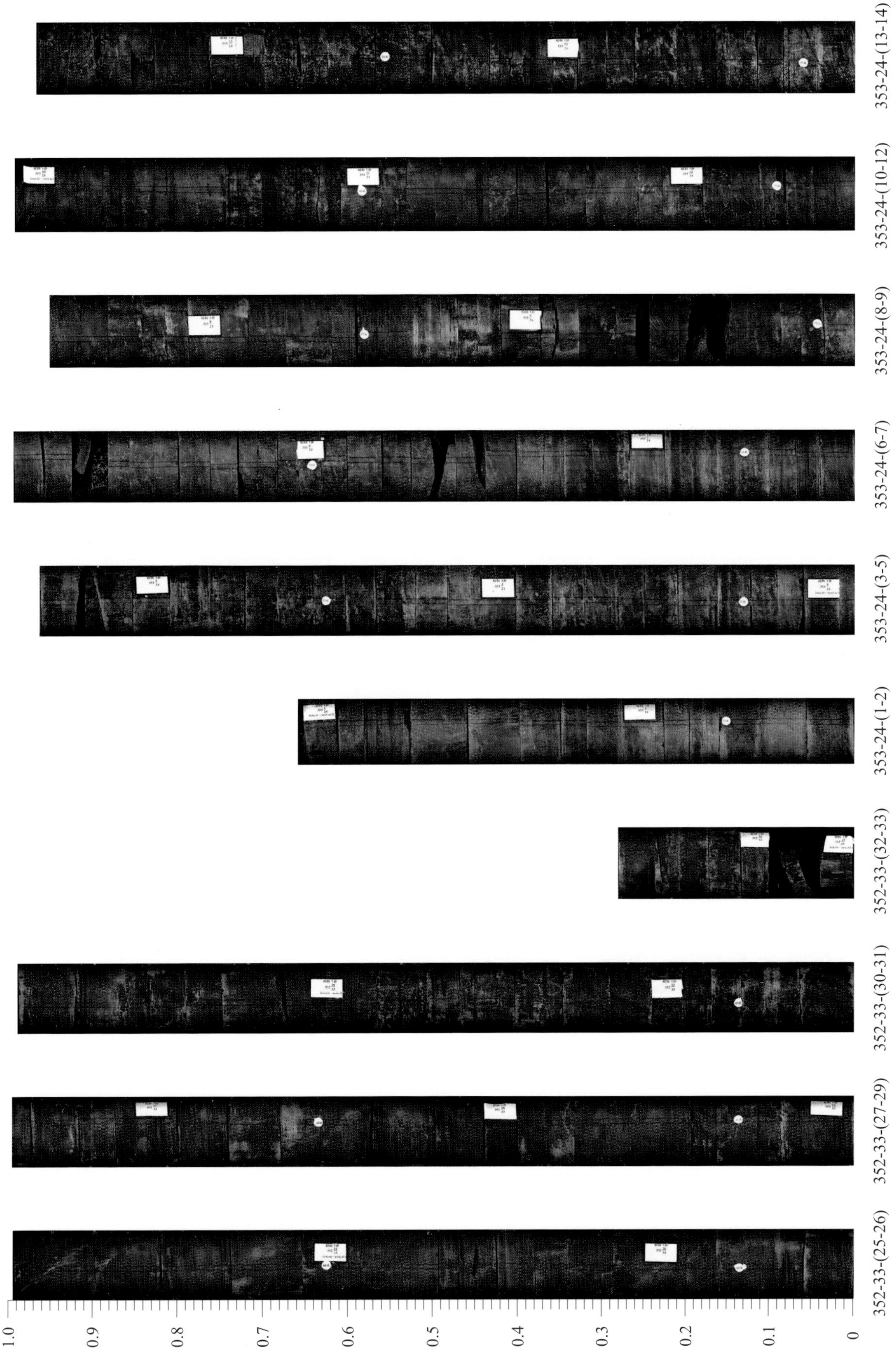
353-24-(13-14)
353-24-(10-12)
353-24-(8-9)
353-24-(6-7)
353-24-(3-5)
353-24-(1-2)
352-33-(32-33)
352-33-(30-31)
352-33-(27-29)
352-33-(25-26)
1.0
0.9
0.8
0.7
0.6
0.5
0.4
0.3
0.2
0.1
0

354-23-(12-14)
354-23-(10-11)
354-23-(8-9)
354-23-(5-7)
354-23-(3-4)
354-23-(1-2)
353-24-(23-24)
353-24-(20-22)
353-24-(18-19)
353-24-(15-17)
1.0
0.9
0.8
0.7
0.6
0.5
0.4
0.3
0.2
0.1
0

355-23-(13-14)
355-23-(10-12)
355-23-(8-9)
355-23-(5-7)
355-23-(3-4)
355-23-(1-2)
354-23-(22-23)
354-23-(20-21)
354-23-(17-19)
354-23-(15-16)
1.0
0.9
0.8
0.7
0.6
0.5
0.4
0.3
0.2
0.1
0

356-22-(13-15)
356-22-(11-12)
356-22-(8-10)
356-22-(6-7)
356-22-(3-5)
356-22-(1-2)
355-23-(23)
355-23-(20-22)
355-23-(18-19)
355-23-(15-17)
1.0
0.9
0.8
0.7
0.6
0.5
0.4
0.3
0.2
0.1
0

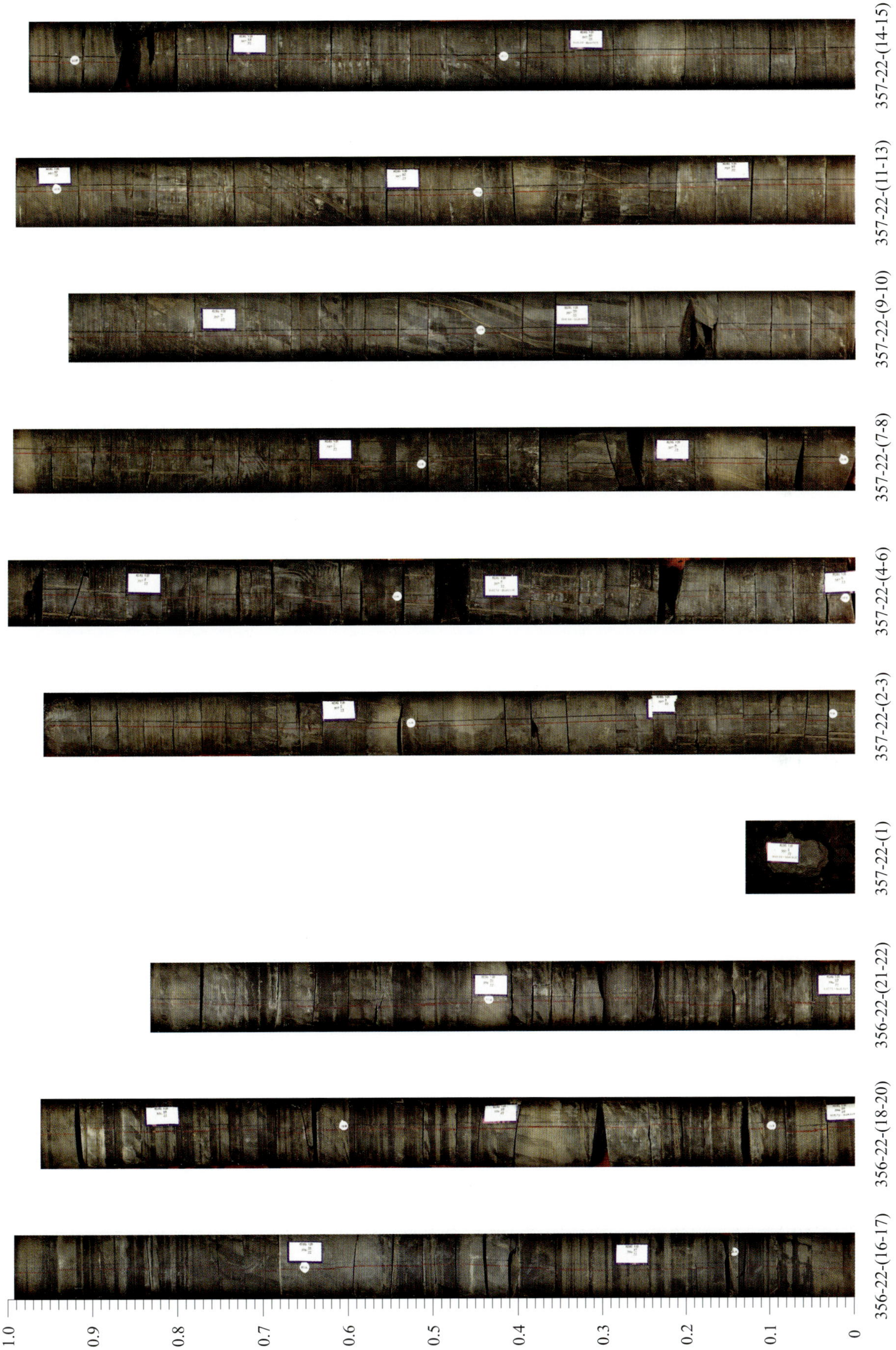
357-22-(14-15)
357-22-(11-13)
357-22-(9-10)
357-22-(7-8)
357-22-(4-6)
357-22-(2-3)
357-22-(1)
356-22-(21-22)
356-22-(18-20)
356-22-(16-17)
1.0
0.9
0.8
0.7
0.6
0.5
0.4
0.3
0.2
0.1
0

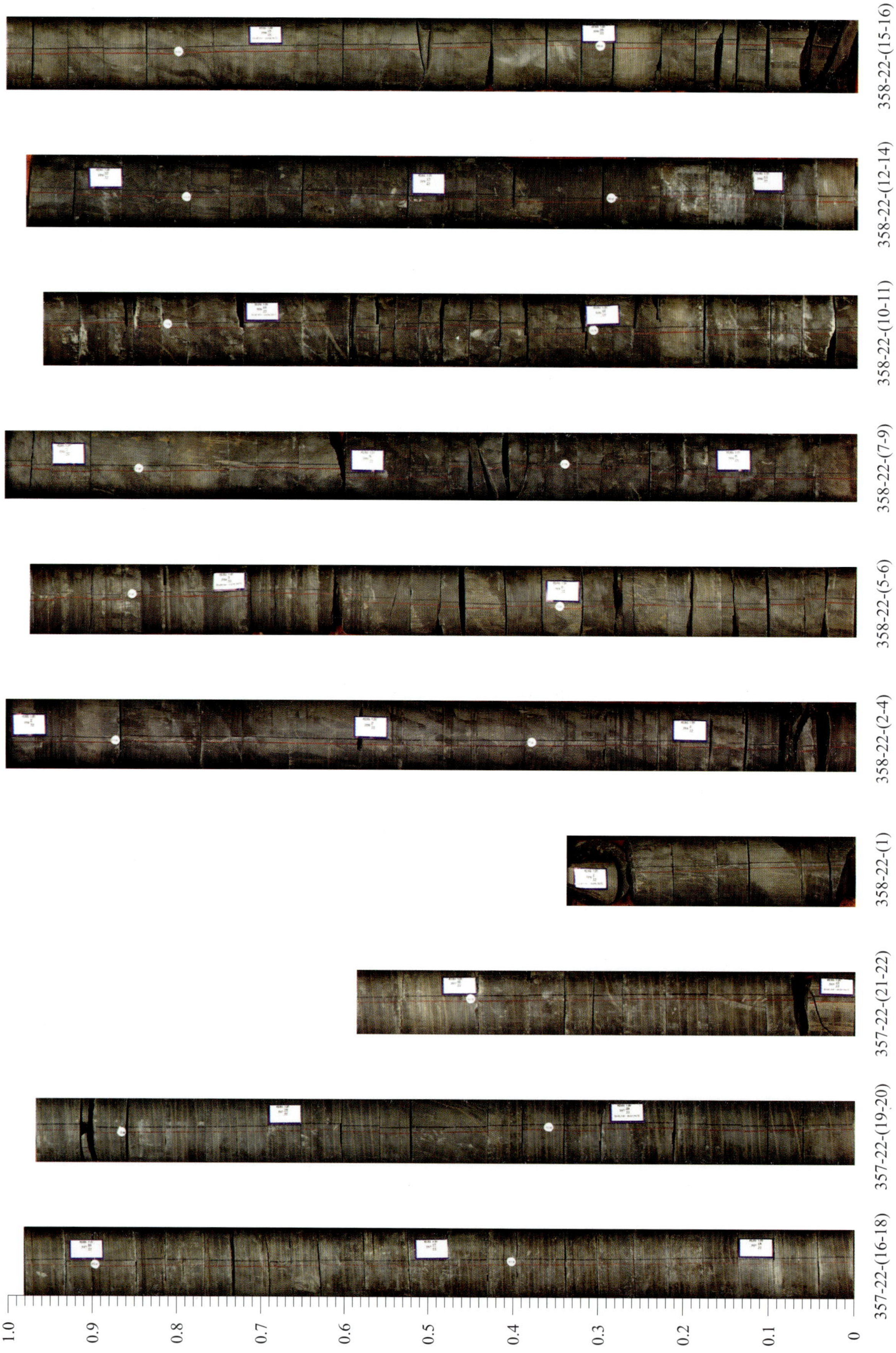
358-22-(15-16)
358-22-(12-14)
358-22-(10-11)
358-22-(7-9)
358-22-(5-6)
358-22-(2-4)
358-22-(1)
357-22-(21-22)
357-22-(19-20)
357-22-(16-18)
1.0
0.9
0.8
0.7
0.6
0.5
0.4
0.3
0.2
0.1
0

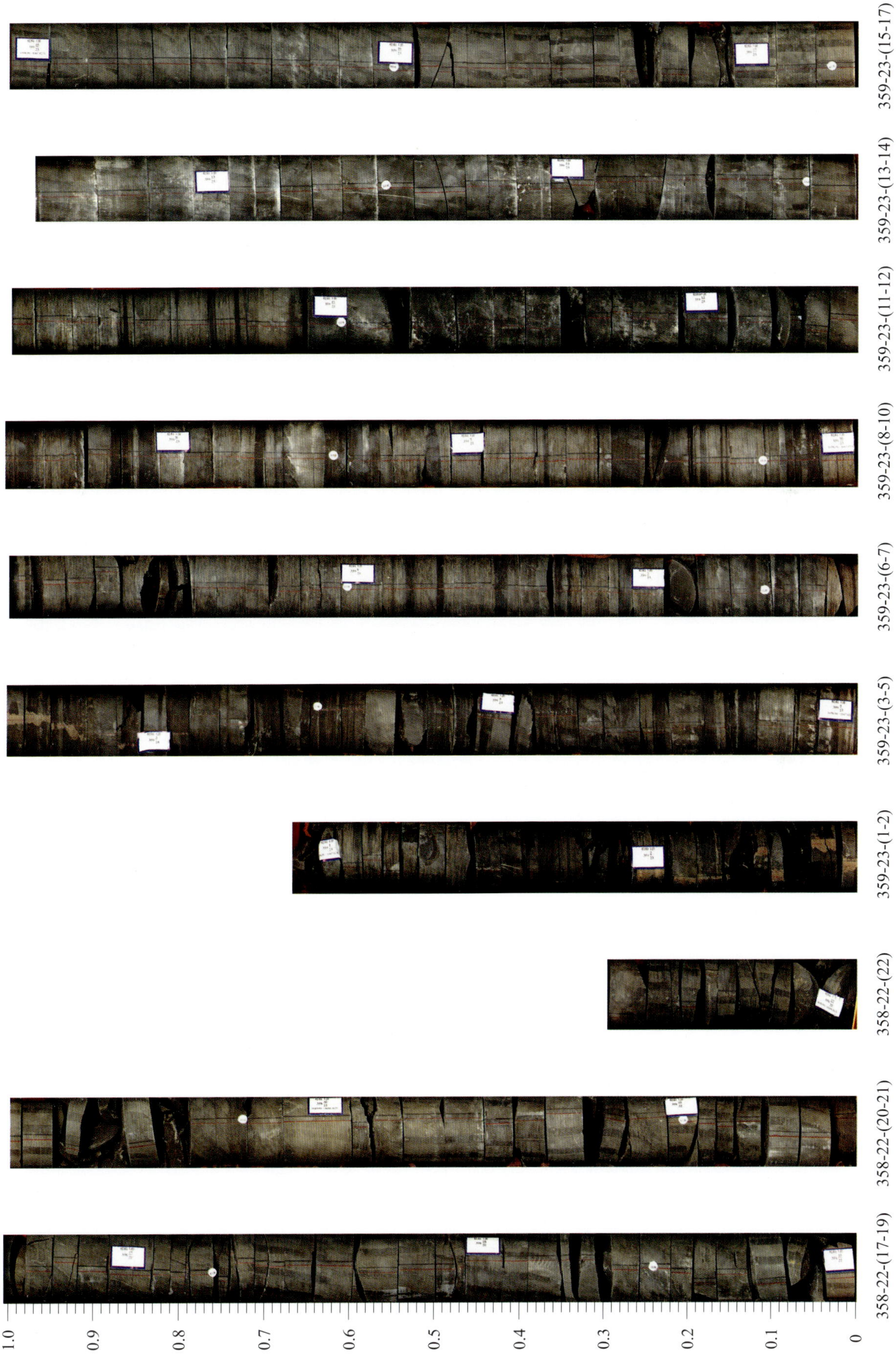
359-23-(15-17)
359-23-(13-14)
359-23-(11-12)
359-23-(8-10)
359-23-(6-7)
359-23-(3-5)
359-23-(1-2)
358-22-(22)
358-22-(20-21)
358-22-(17-19)
1.0
0.9
0.8
0.7
0.6
0.5
0.4
0.3
0.2
0.1
0

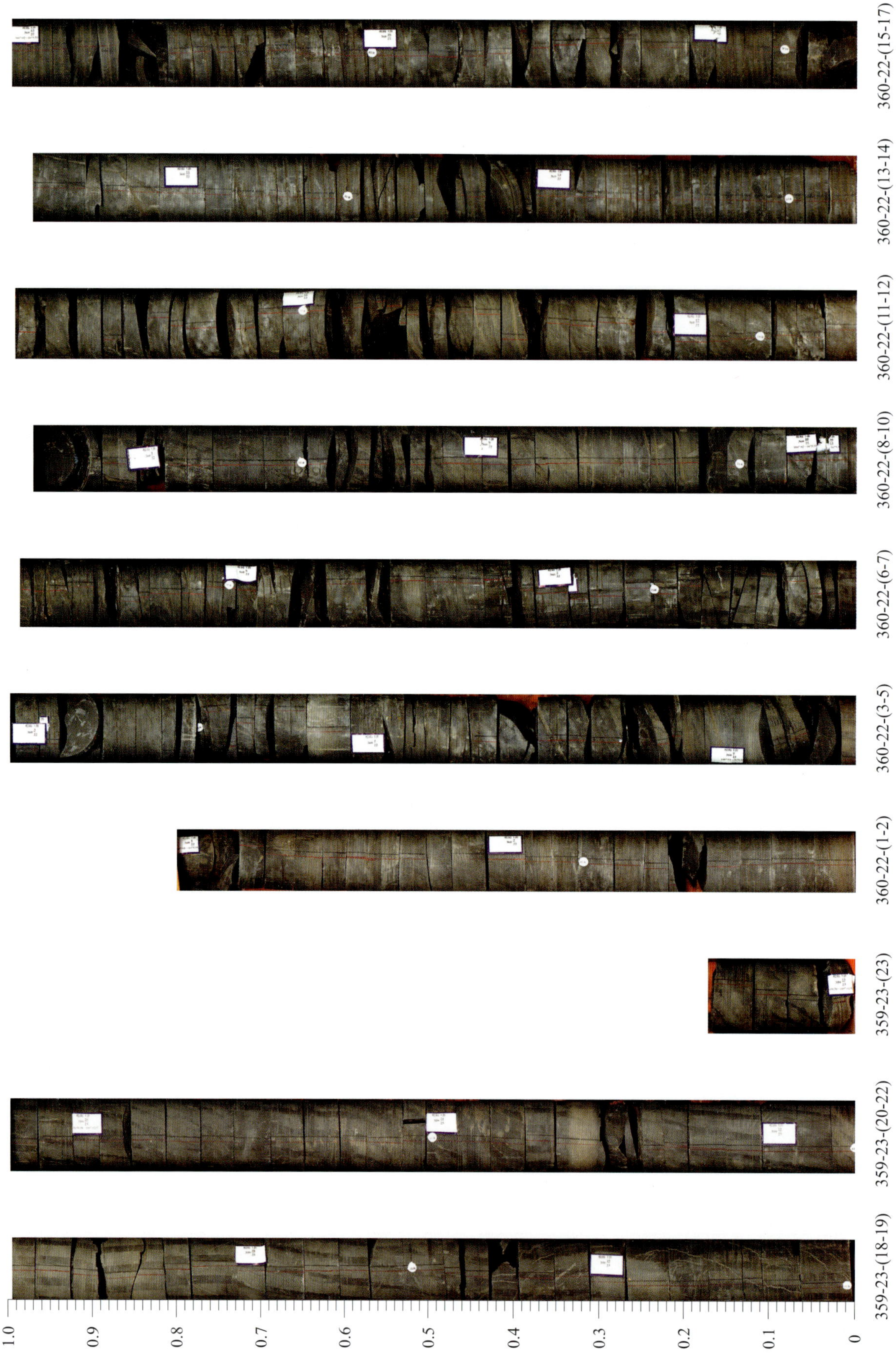
360-22-(15-17)
360-22-(13-14)
360-22-(11-12)
360-22-(8-10)
360-22-(6-7)
360-22-(3-5)
360-22-(1-2)
359-23-(23)
359-23-(20-22)
359-23-(18-19)
1.0
0.9
0.8
0.7
0.6
0.5
0.4
0.3
0.2
0.1
0

361-23-(16-18)
361-23-(14-15)
361-23-(11-13)
361-23-(9-10)
361-23-(7-8)
361-23-(4-6)
361-23-(2-3)
361-23-(1)
360-22-(20-22)
360-22-(18-19)
1.0
0.9
0.8
0.7
0.6
0.5
0.4
0.3
0.2
0.1
0

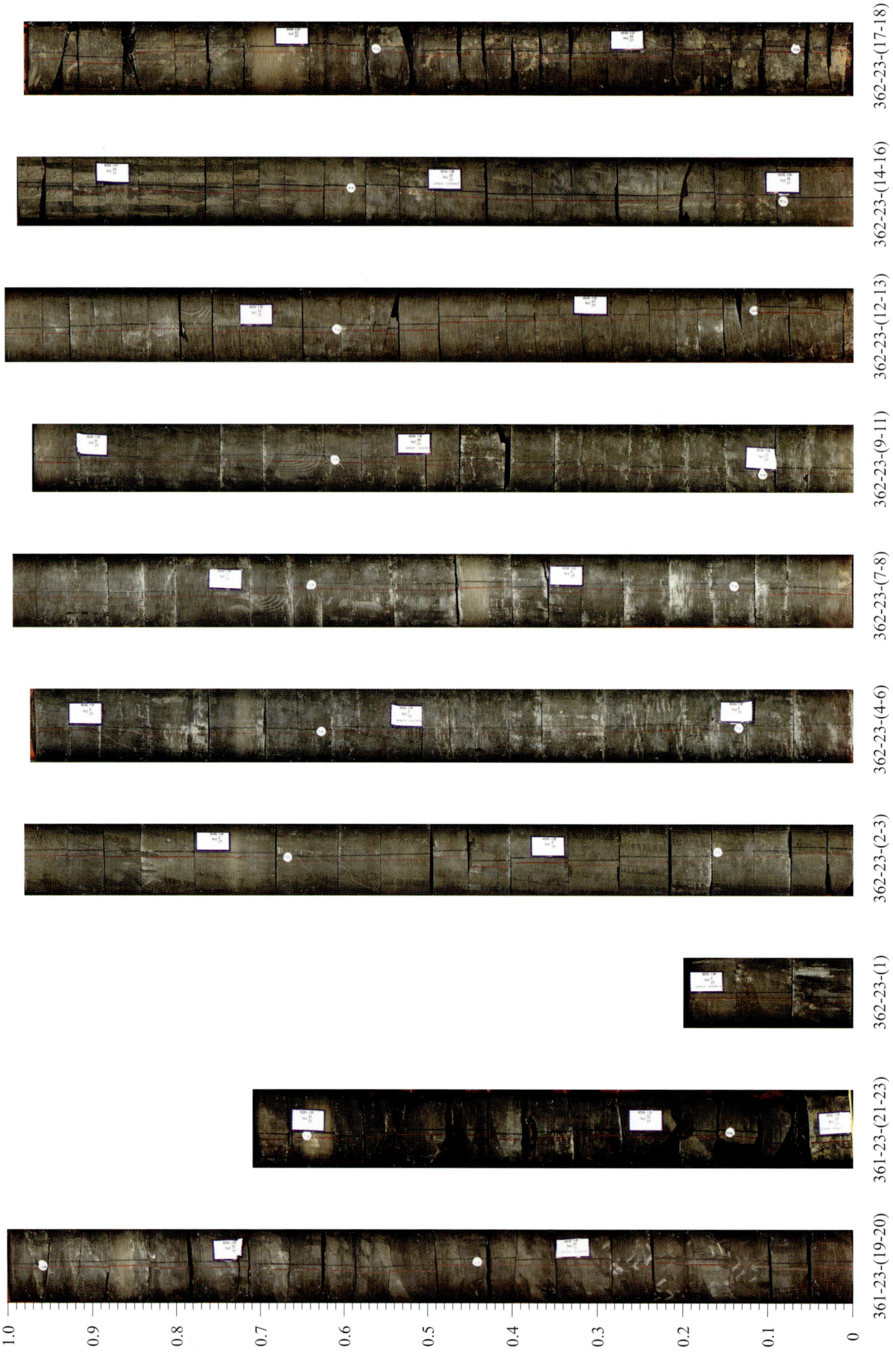
362-23-(17-18)
362-23-(14-16)
362-23-(12-13)
362-23-(9-11)
362-23-(7-8)
362-23-(4-6)
362-23-(2-3)
362-23-(1)
361-23-(21-23)
361-23-(19-20)
1.0
0.9
0.8
0.7
0.6
0.5
0.4
0.3
0.2
0.1
0

363-22-(17-18)
363-22-(15-16)
363-22-(12-14)
363-22-(10-11)
363-22-(7-9)
363-22-(5-6)
362-22-(2-4)
362-22(1)
362-23-(22-23)
362-23-(19-21)
1.0
0.9
0.8
0.7
0.6
0.5
0.4
0.3
0.2
0.1
0

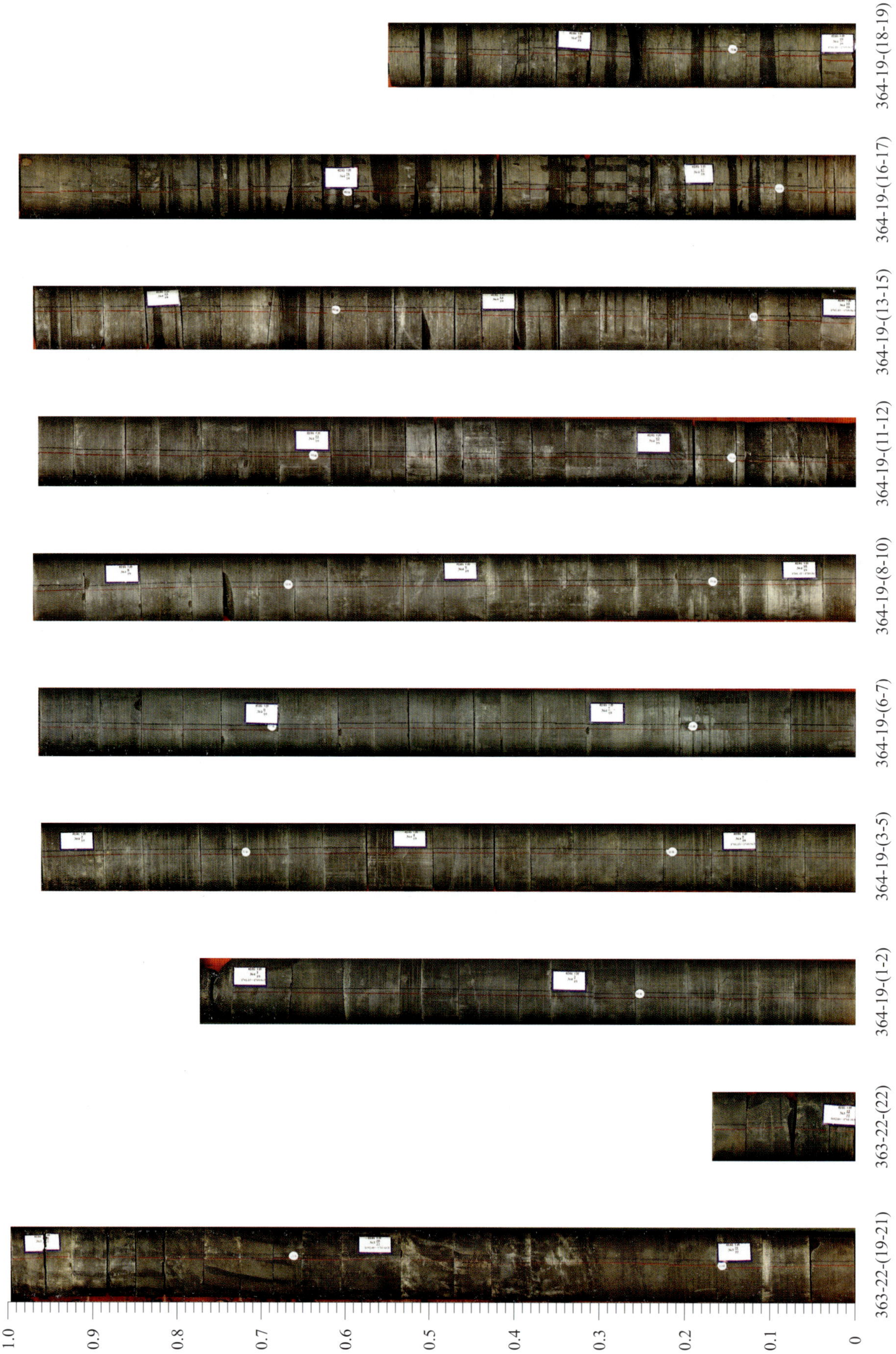
364-19-(18-19)
364-19-(16-17)
364-19-(13-15)
364-19-(11-12)
364-19-(8-10)
364-19-(6-7)
364-19-(3-5)
364-19-(1-2)
363-22-(22)
363-22-(19-21)
1.0
0.9
0.8
0.7
0.6
0.5
0.4
0.3
0.2
0.1
0

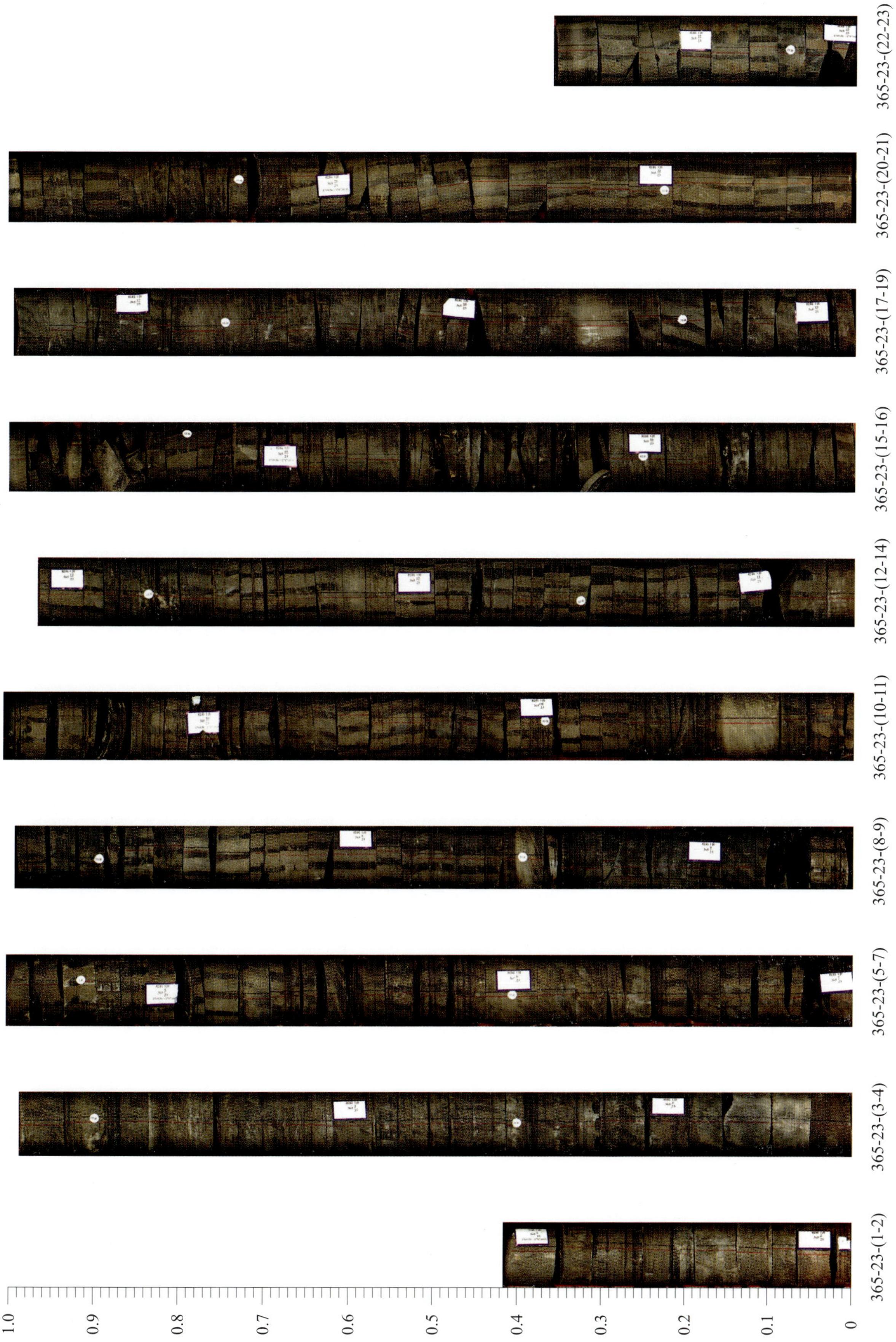
365-23-(22-23)
365-23-(20-21)
365-23-(17-19)
365-23-(15-16)
365-23-(12-14)
365-23-(10-11)
365-23-(8-9)
365-23-(5-7)
365-23-(3-4)
365-23-(1-2)
1.0
0.9
0.8
0.7
0.6
0.5
0.4
0.3
0.2
0.1
0

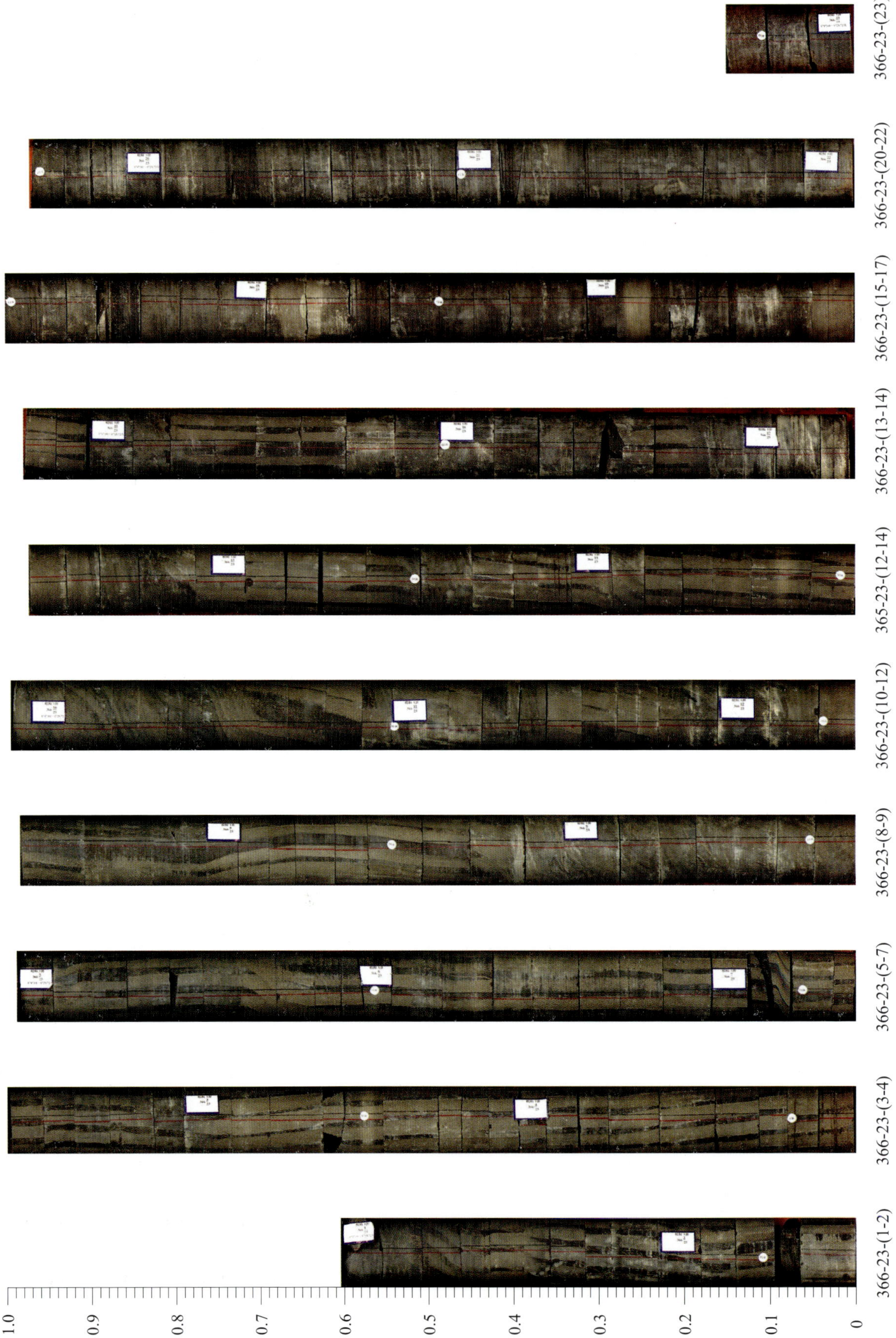
366-23-(23)
366-23-(20-22)
366-23-(15-17)
366-23-(13-14)
365-23-(12-14)
366-23-(10-12)
366-23-(8-9)
366-23-(5-7)
366-23-(3-4)
366-23-(1-2)
1.0
0.9
0.8
0.7
0.6
0.5
0.4
0.3
0.2
0.1
0

368-22-(1-3)
367-23-(21-23)
367-23-(18-20)
367-23-(16-17)
367-23-(13-15)
367-23-(11-12)
367-23-(8-10)
367-23-(6-7)
367-23-(3-5)
367-23-(1-2)
1.0
0.9
0.8
0.7
0.6
0.5
0.4
0.3
0.2
0.1
0

369-9-(3-4)
369-9-(1-2)
368-22-(21-22)
368-22-(18-20)
368-22-(16-17)
368-22-(13-15)
368-22-(11-12)
368-22-(9-10)
368-22-(6-8)
368-22-(4-5)
1.0
0.9
0.8
0.7
0.6
0.5
0.4
0.3
0.2
0.1
0

370-23-(17-18)
370-23-(14-16)
370-23-(12-13)
370-23-(10-11)
370-23-(7-9)
370-23-(5-6)
370-23-(2-4)
370-23-(1)
369-9-(7-9)
369-9-(5-6)
1.0
0.9
0.8
0.7
0.6
0.5
0.4
0.3
0.2
0.1
0

371-23-(17-18)
371-23-(14-16)
371-23-(12-13)
371-23-(10-11)
371-23-(7-9)
371-23-(5-6)
371-23-(2-4)
371-23-(1)
370-23-(22-23)
370-23-(19-21)
1.0
0.9
0.8
0.7
0.6
0.5
0.4
0.3
0.2
0.1
0

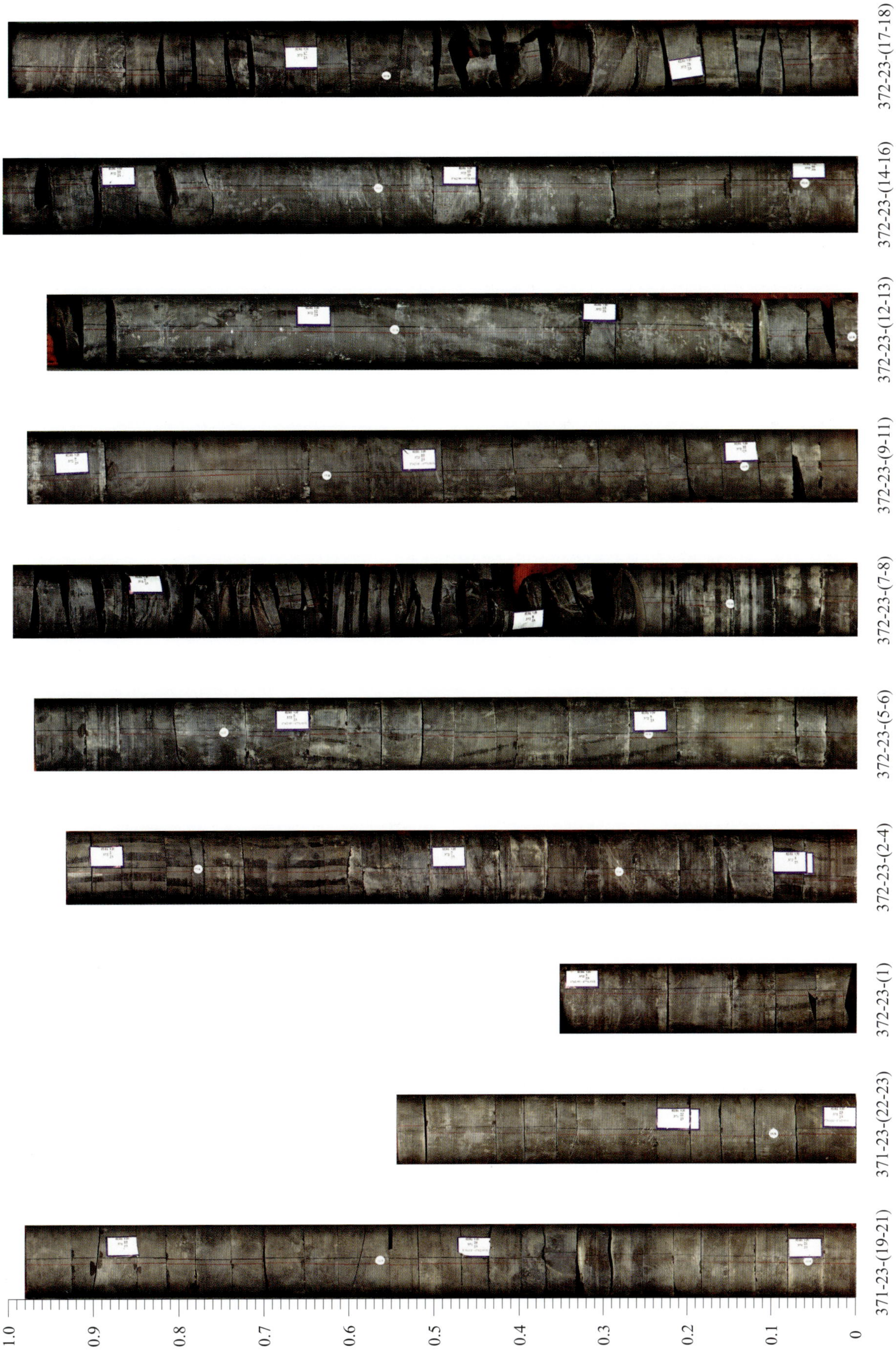
372-23-(17-18)
372-23-(14-16)
372-23-(12-13)
372-23-(9-11)
372-23-(7-8)
372-23-(5-6)
372-23-(2-4)
372-23-(1)
371-23-(22-23)
371-23-(19-21)
1.0
0.9
0.8
0.7
0.6
0.5
0.4
0.3
0.2
0.1
0

373-23-(17-18)
373-23-(15-16)
373-23-(12-14)
373-23-(10-11)
373-23-(7-9)
373-23-(5-6)
373-23-(2-4)
373-23-(1)
372-23-(21-23)
372-23-(19-20)
1.0
0.9
0.8
0.7
0.6
0.5
0.4
0.3
0.2
0.1
0

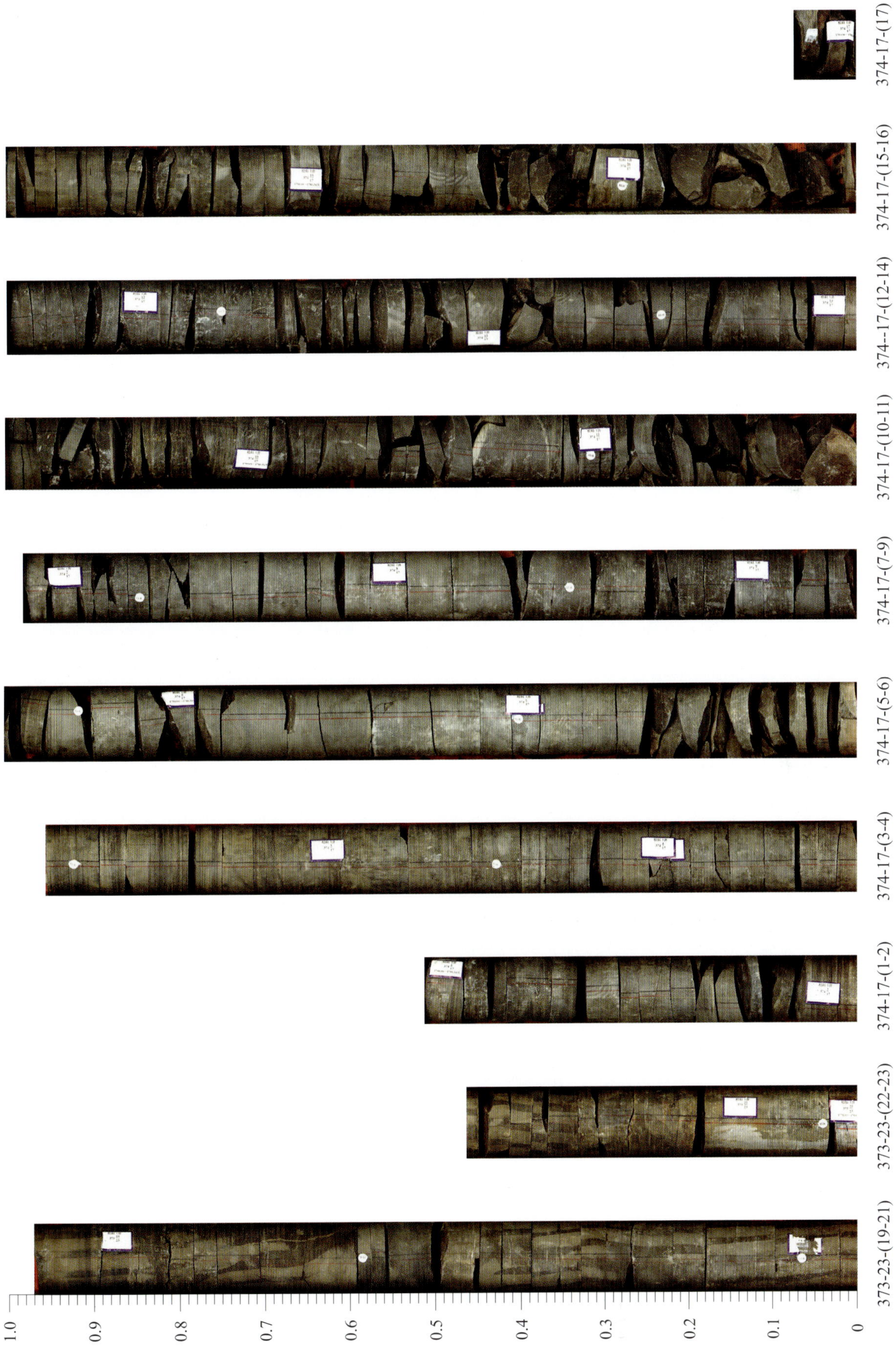
374-17-(17)
374-17-(15-16)
374--17-(12-14)
374-17-(10-11)
374-17-(7-9)
374-17-(5-6)
374-17-(3-4)
374-17-(1-2)
373-23-(22-23)
373-23-(19-21)
1.0
0.9
0.8
0.7
0.6
0.5
0.4
0.3
0.2
0.1
0

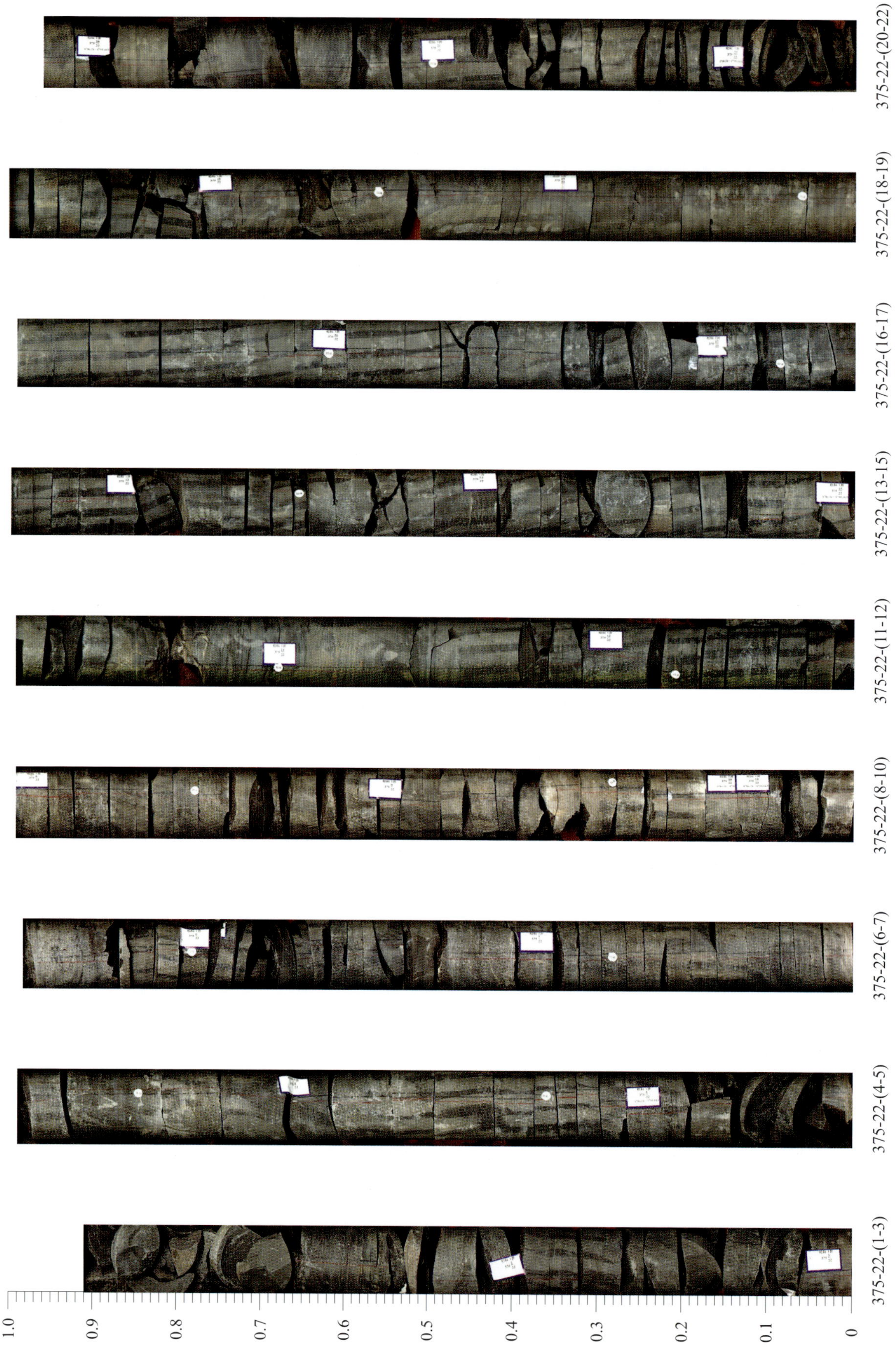
375-22-(20-22)
375-22-(18-19)
375-22-(16-17)
375-22-(13-15)
375-22-(11-12)
375-22-(8-10)
375-22-(6-7)
375-22-(4-5)
375-22-(1-3)
1.0
0.9
0.8
0.7
0.6
0.5
0.4
0.3
0.2
0.1
0

参考文献

安芷生，王平，沈吉等．2006. 青海湖湖底构造及沉积物分布的地球物理勘探研究．中国科学，36(4): 332~341
蔡记华，谷穗，乌效鸣．2008a. 松科1井（主井）取心钻进钻井液技术．煤田地质与勘探，36(6): 77~80
蔡记华，乌效鸣，朱永宜等．2008b. 松科1井（主井）防塌钻井液技术．石油钻探技术，36(5): 54~57
陈俊，姚素平．2005. 地质微生物学及其发展方向．高校地质学报，11(2): 154~166
程日辉，王国栋，王璞珺．2008. 松辽盆地白垩系泉三段—嫩二段沉积旋回与米兰科维奇周期．地学报，82(1): 55~64
程日辉，王国栋，王璞珺等．2009a. 松科1井南孔白垩系姚家组沉积序列精细描述：岩石地层、沉积相与旋回地层．地学前缘，16(2)：272~287
程日辉，王国栋，王璞珺，高有峰．2009b. 松科1井北孔四方台组—明水组沉积微相及其沉积环境演化．地学前缘，16(6): 85~95
迟元林，王璞珺，单玄龙，万传彪．2000. 中国陆相含油气盆地深层地层研究——以松辽盆地为例．长春：吉林科学技术出版社
丁日新，舒萍，纪学雁等．2007. 松辽盆地庆深气田储层火山岩锆石U-Pb同位素年龄及其地质意义．吉林大学学报，37(3): 525~530
方大钧，叶得泉．1989. 中国松辽盆地白垩纪岩石磁化率、剩磁强度与古气候意义．地球物理学报，32(1): 111~114
冯子辉，霍秋立，王雪等．2009. 松辽盆地松科1井晚白垩世沉积地层有机地球化学研究．地学前缘，16(5): 181~191
高瑞祺，张莹，崔同翠．1994. 松辽盆地白垩纪石油地层．北京：石油工业出版社
高瑞棋，赵传本等．1999. 松辽盆地白垩纪石油地层孢粉学．北京：地质出版社
高瑞祺，赵传本，郑玉龙等．1994. 松辽盆地深层早白垩世孢粉组合研究．古生物学报，33(6): 659
高翔，王平康，李秋英等．2010. 松科1井嫩江组湖湘含铁白云石的准确定名和矿物学特征．岩石矿物学杂志，29(2): 213~218
高有峰，王成善，王璞珺等．2009. 松科1井北孔选址、岩心剖面特征与特殊岩性层的分布．地学前缘，16(6): 104~112
高有峰，王璞珺，程日辉等．2009. 松科1井南孔白垩系青山口组一段沉积序列精细描述：岩石地层、沉积相与旋回地层．地学前缘，16(2): 314~323
高有峰，王璞珺，瞿雪姣等．2010. 松辽盆地东南隆起区白垩系嫩江组一段沉积相、旋回及其与松科一井的对比．岩石学报，26(1): 99~108
高有峰，王璞珺，王成善等．2008. 松科1井南孔选址、岩心剖面特征与特殊岩性层的分布．地质学报，82(5): 669~675
侯读杰，冯子辉，黄清华．2003. 松辽盆地白垩纪缺氧地质事件的地质地球化学特征．现代地质，17(3): 311~317
胡见义，黄第藩等．1991. 中国陆相石油地质理论基础．北京：石油工业出版社
黄福堂，黄清华等．1998. 松辽盆地中生代地质事件节律及圈层耦合．石油勘探与开发，25(5): 86~89
黄清华．2007. 松辽盆地晚白垩世地层及微体古生物群．中国地质科学院博士学位论文，1~122
黄清华，陈春瑞等．1998. 松辽盆地晚白垩世生物演化与古湖泊缺氧事件．微体古生物学报，15(4): 417~425
黄清华，梁万林，叶得泉等．2007. 松辽盆地白垩纪微体生物群分布特征与富烃源岩层的形成．古生物学报，46(3): 380~386
黄清华，谭伟，杨会臣．1999. 松辽盆地白垩纪地层序列与年代地层．大庆石油地质与开发，18(6): 15~28

黄清华，郑玉龙，杨明杰等 . 1999. 松辽盆地白垩纪古气候研究 . 微体古生物学，16(1): 95~103
贾军涛，王璞珺，万晓樵 . 2008. 松辽盆地断陷期白垩纪营城组的时代归属 . 地质论评 ,54(4): 439~448
黎文本 . 2001. 从孢粉组合论证松辽盆地泉头组的地质时代及上、下白垩统界线 . 古生物学报，40(2): 153~176
黎文本,李建国 . 2005. 吉林榆树榆 -302孔阿尔布期孢粉组合——兼论松辽盆地登娄库组的地质时代 . 古生物学报，44(2): 209~228
李国玉，吕鸣岗等 . 2002. 中国含油气盆地地图集 (第二版). 北京 : 石油工业出版社
林志强，杨甘生，张建，姜彬霖 . 2007a. 定向取心技术在松科 1 井中的应用 . 探矿工程，(10): 69~71
林志强，杨甘生，张建 . 2007b. 保形取心技术及其在松科 1 井中的应用研究 . 探矿工程，(7): 49~51
刘德来，陈发景 . 1994. 中国东北地区中生代火山岩与板块构造环境 . 大庆石油学院学报，18(2)
刘广志 . 2005. 地球科学的前沿——大陆海洋科学钻探 . 自然杂志，27(2): 67~72
刘立等 . 1993. 满洲里 – 绥芬河地学断面域内中新生代盆地基地结构与沉积构造演化 . 北京 : 地质出版社
刘远亮，乌效鸣，朱永宜等 . 2009. 松科一井长裸眼防塌钻井液技术 . 石油钻采工艺，31(4): 53~56
马杏垣等 . 1987. 中国岩石圈动力学纲要 . 北京 : 地质出版社
马杏垣等 . 1988. 中国东部中、新生代裂谷作用和伸展构造 . 地质学报，57(1): 1~12
潘裕生 . 1999. 青藏高原的形成与隆升 . 地学前缘，6(3): 153~163
钱迈平，邢光福，陈荣，蒋严根，丁保良，阎永奎，章其华 . 2007. 从浙江天台白垩纪蛋化石复原恐龙类群 . 江苏地质，31(2): 81~89
舒萍，丁日新，纪学雁，曲延明 . 2007. 松辽盆地庆深气田储层火山岩锆石地质年代学研究 . 岩石矿物学杂志，26(3): 239~246
孙平贺，乌效鸣，朱永宜等 . 2008. 松科 1 井主井眼钻井液悬渣的力学机理研究 . 钻井液与完井液，25(3): 4~6
孙庆仁，申胡成，杨新斌等 . 2007. 松科 1 井南孔钻井取心技术 . 石油钻采工艺， 29(5): 8~12
孙少亮，杨立文，李小刚等 . 2007. 松科 1 井定向取心技术 . 石油钻探技术，35(5): 49~51
孙枢，王成善 . 2009. “深时” (Deep Time) 研究与沉积学 . 沉积学报，27(5): 792~810
田在艺，韩屏 . 1993. 中国东部中新生代含油气盆地构造分析与形成机制 . 石油勘探与开发，20(4)
万晓樵，李罡，陈丕基等 . 2005. 松辽盆地白垩纪青山口阶的同位素地层标志及其与海相 Cenomanian 阶的对比 . 地质学报，79(2): 150~156
汪品先 . 2007. 从海底观察地球——地球系统的第三个观测平台 . 自然杂志，29(3): 125~130
王成善 . 2006. 白垩纪地球表层系统重大地质事件与温室气候变化研究——从重大地质事件探寻地球表层系统耦合 . 地球科学进展，21(7): 838~842
王成善，冯志强，吴河勇等 . 2008. 中国白垩纪大陆科学钻探工程 : 松科 1 井科学钻探工程的实施与初步进展 . 地质学报，82(1): 9~20
王达，张伟，张晓西等 . 2007. 中国大陆科学钻探工程科钻 : 井钻探工程技术 . 北京 : 科学出版社
王东坡 . 1993. 松辽盆地沉积建造与海平面升降 . 北京 : 地质出版社
王东坡，刘招君，刘立 . 1992. 松辽盆地的演化与海平面升降 . 北京 : 地质出版社
王国栋，程日辉，王璞珺，高有峰 . 2008. 松辽盆地嫩江组白云岩形成机理——以松科一井南孔为例 . 地质学报，82(1): 48~54
王国栋，程日辉，王璞珺等 . 2009. 松科 1 井南孔白垩系泉头组沉积序列精细描述 : 岩石地层、沉积相与旋回地层 . 地学前缘，16(2): 324~338
王国栋，程日辉，王璞珺等 . 2010. 松辽盆地青山口组震积岩的特征、成因及其构造 – 火山事件 . 岩石学报，26(1): 121~129
王国栋，程日辉，于民凤等 . 2006. 沉积物的矿物和地球化学特征与盆地构造、古气候背景 . 吉林大学学报 (地球科学版)，36(2): 202~206
王衡鉴等 . 1981. 松辽盆地白垩纪沉积相模式 . 石油与天然气地质，2(3)
王璞珺，杜小弟，王俊，王东坡 . 1995. 松辽盆地白垩纪年代地层研究及地层时代划分 . 地质学报，69(4): 372~381
王璞珺，高有峰，程日辉等 . 2009. 松科 1 井南孔白垩系青山口组二、三段沉积序列精细描述 : 岩石地层、沉积相

与旋回地层 . 地学前缘, 16(2): 288~313
王璞珺, 刘万洙, 单玄龙等 . 2001. 事件沉积 : 导论·实例·应用 . 长春 : 吉林科学技术出版社
王行信 . 1988. 松辽盆地白奎系泥岩粘土矿物成岩演变特征及其地质意义 . 石油与天然气地质, 9(1): 93~99
吴怀春, 张世红, 黄清华 . 2008. 中国东北松辽盆地晚白垩世青山口组浮动天文年代标尺的建立 . 地学前缘, 15(4): 159~169
许志琴, 杨经绥, 张泽明等 . 2005. 中国大陆科学钻探终孔及研究进展 . 中国地质, 32(2): 177~183
杨继良 . 1983. 松辽盆地断陷盆地的地质结构与油气 . 北京 : 科学出版社
杨万里等 . 1985. 松辽陆相盆地石油地质特征 . 北京 : 石油工业出版社
叶得泉, 黄清华等 . 2002. 松辽盆地白垩纪介形类生物地层学 . 北京 : 石油工业出版社
张立平, 王东坡 . 1994. 松辽盆地白垩纪古气候特征及其变化机制 . 岩相古地理, 14(1): 11~16
张秋冬, 朱永宜, 李旭东等 . 2008. 松科 1 井 (主井) 钻探工程技术配套 . 探矿工程, (12): 1~5
张宗命 . 1982. 中国石油大地构造 . 北京 : 石油工业出版社 . 158~172
章凤奇, 陈汉林, 董传万 . 2008. 松辽盆地北部火山岩锆石 SHRIMP 测年与营城组时代探讨 . 地层学杂志, 32(1): 15~20
章凤奇, 庞彦明, 杨树锋等 . 2007. 松辽盆地北部断陷去营城组火山岩锆石 SHRIMP 年代学、地球化学及其意义 . 地质学报, 81(9): 1248~1258
钟艳飞, 郭江涛, 王丽等 . 2009. 松辽盆地松科 1 井青山口组沉积有机质特征与生烃潜力 . 地球化学, 38(5): 487~497
朱永宜, 王稳石 . 2008a. 松科 1 井 (主井) 取心钻进工艺 . 探矿工程, (9): 1~10
朱永宜 , 王稳石 . 2008b. 中国白垩纪科学钻探松科一井 (主井) 钻探工程概要 . 探矿工程, (3): 1~4
朱永宜, 王稳石 . 2009. 中国陆相白垩纪科学钻探松科 1 井 (北井) 钻探工程技术配套 . 探矿工程, 增刊 : 388~392
Argenio d'B, Fischer A G, Premoli-Silva I, *et al*. 2004. Approaches andcase histories. Society for Sedimentary Geology (SEPM) Special Publication, Cyclostratigraphy, 81: 1~311
Arthur M A, Dean W E, Pratt L M. 1988. Geochemical and climatic effects of increased marine organic carbon burial at the Cenomanian/Turonian boundary. Nature, 335: 714~717
Barron E, Gomez J J, Goy A, Pieren A P. 2006. The Triassic-Jurassic boundary in Asturias (northern Spain): Palynological characterisation and facies. Review of Palaeobotany and Palynology, 138: 187~208
Batten D J. 1996. Upper Jurassic and Cretaceous miospores. In: Jansonius J, McGregor D C (eds). Palynology, Principles and Applications. American Association of Stratigraphic Palynologists Foundation 2. 807~830
Beckmann B, Flögel S, Hofmann P, Schulz M, Wagner T. 2005. Orbital forcing of Cretaceous river discharge in tropical Africa and ocean response. Nature, 437: 241~244
Berger A, Loutre M F. 1994. Astronomical forcing through geologic time. In: de Boer P L, Smith D G(eds). Orbital Forcing and Cyclic Sequences. International Association of Sedimentologists Special Publication, 19. 15~24
Berner R A. 1994. GEOCARB II: A revised model of atmospheric CO_2 over phanerozoic time. American Journal of Science, 294(1): 56~91
Berner R A, Kothavala Z. 2001. GEOCARB III: A revised model of atmospheric CO_2 over phanerozoic time. American Journal of Science, 301(2): 182~204
Bice K L, Birgel D, Meyers P A, Dahl K A, Hinrichs K U, Norris R D. 2006. A multiple proxy and model study of Cretaceous upper ocean temperatures and atmospheric CO_2 concentrations. Paleoceanography, 21: PA2002
Bice K L, Huber B T, Norris R D. 2003. Extreme polar warmth during the Cretaceous greenhouse? Paradox of the late Turonian delta O-18 record at Deep Sea Drilling Project Site 511. Paleoceanography, 18(2): 1031~1041
Bornemann A, Pross J, Reichelt K, Herrle J O, Hemleben C, Mutterlose J. 2005. Reconstruction of short-term palaeoceanographic changes during the formation of the Late Albian "Niveau Breistroffer" black shales (Oceanic Anoxic Event 1d, SE France). Journal of the Geological Society, 162: 623~639
Boucot A J, Chen X, Scotese C R, Fan J X. 2009. Reconstruction of Global Paleoclimate in Phanerozoic. Beijing: Science Press (in Chinese)

Broecker W S. 1997. Thermohaline circulation, the achilles heel of our climate system: will man-made CO_2 upset the current balance? Science, 278(5343): 1582~1588

Buonocunto F P, Sprovieri M, Bellanca A, *et al*. 2002. Cyclostratigraphy and high-frequency carbon isotope fluctuations in Upper Cretaceous shallow-water carbonates, southern Italy. Sedimentology, 49: 1321~1337

Cande S C, Kent D V. 1995. Revised calibration of the geomagnetic polarity timescale for the Late Cretaceous and Cenozoic. Journal of Geophysical Research, 100: 6093~6095

Caron M, Robaszynski F, Amedro F, *et al*. 1999. Estimation de la durée de lévénement anoxique global au passage Cénomanien/Turonien: Approche cyclostratigraphique dans la formation Bahloul en Tunisie central. Bulletin de la Société Géologique de France, 170(2): 145~160

Chamberlain C P, Wan X Q, Graham S A, Carroll A R, Doebbert A C, Sageman B B, Blisniuk P, Kent-Corson M L, Wang Z, Wang C S. 2013. Stable Isotopic Evidence for Climate and Basin Evolution of the Late Cretaceous Songliao Basin, China. Palaeogeography, Palaeoclimatology, Palaeoecology, 385: 106~124

Chen P J. 1987. Cretaceous paleogeography of China. Palaeogeography, Palaeoclimatology, Palaeoecology, 59: 49~56

Chen P J. 1997. Coastal Mountains of Se China, desertization and saliniferous lakes of Central China during the Upper Cretaceous. Journal of Stratigraphy, 21: 203~213 (in Chinese with English Abstract)

Chen P J. 2003. Cretaceous biostratigraphy of China. In: Zhang W T, Chen P J, Palmer A R(eds). Biostratigraphy of China. Beijing: Science Press. 465~524

Chen P J, Chang Z L. 1994. Nonmarine Cretaceous stratigraphy of eastern China. Cretaceous Research, 5: 245~257

Chen P J, Dong Z M , Zhen S N. 1999. An exceptionally well preserved theropod dinosaur from the Yixian Formation of China. Nature, 391: 147~152

Cheng R H, Wang G D, Wang P J, Gao Y F. 2007. Microfacies of Deep-water Deposits and Forming Models of the Chinese Continental Scientific Drilling-SKII. Acta Geologica Sinica, 81(6): 1026~1032

Cheng R H, Wang G D, Wang P J, *et al*. 2009. Description of Cretaceous sedimentary sequence of the Yaojia Formation recovered by CCSD-SK-Is borehole in Songliao Basin: lithostratigraphy, sedimentary facies and cyclic stratigraphy. Earth Science Frontiers, 16(2): 140~151

Clarke L J, Jenkyns H C. 1999. New oxygen isotope evidence for long-term Cretaceous climatic change in the Southern Hemisphere. Geology, 27(8): 699~702

Cohen A, Coe A, Harding L, Schwark L. 2004. Osmium isotope evidence for the regulation of atmospheric CO_2 by continental weathering. Geology, 32: 157~160

Colman S M, Yu S Y, An Z, Shen J, Henderson A C G. 2007. Late Cenozoic climate changes in China' s western interior: a review of research on Lake Qinghai and comparison with other records. Quaternary Science Reviews, 26(17-18): 2281~2300

Coolen M J L, Overmann J. 2007. 217, 000-year-old DNA sequences of green sulfur bacteria in Mediterranean sapropels and their implications for the reconstruction of the paleoenvironment. Environmental Microbiology, 9(1): 238~249

Daniel L, Albritton D L, Allen M R. 2001. Summary for Policymakers, IPCC Third Assessment Report 2 Climate Change: The Scientific Basis. WMO &UNEP, 201

DeConto R M, Hay W W, Thompson S L, Bergengren J. 1999. Late Cretaceous climate and vegetation interactions: Cold continental interior paradox. In: Barrera E, Johnson C C(eds). Evolution of the Cretaceous Ocean-Climate System. Colorado: Geological Society of America Special Paper 332. 391~406

DeConto R M, Pollard D. 2003. Rapid Cenozoic glaciation of Antarctica induced by declining atmospheric CO_2. Nature, 421(6920): 245~249

Demaison G J, Moore G T. 1980. Anoxic environments and oil source bed genesis. Organic Geochemistry, 2(1): 9~31

Demaison G J, Holck A J J, Jones R W, Moore G T. 1984. Predictive source bed stratigraphy; a guide to regional petroleum occurrence. Congres Mondial du Petrole, 11(2): 17

Deng C L, He H Y, Pan Y X, Zhu R X. 2013. Chronology of the terrestrial Upper Cretaceous in the Songliao Basin, northeast Asia. Palaeogeography Palaeoclimatology Palaeoecology, 385: 44~54

Deng S W, Chen F. 1998. Paleobotanological assemblage and age in early Cretaceous strata of NE China. Petroleum Exploration and Development, 25(1): 35~38(in Chinese with English Abstract)

Detlev R, Vlad G, Heinz H, Andrea F. 2004. The AIG10 drilling project (Aigion, Greece): interpretation of the litholog in the context of regional geology and tectonics. Comptes Rendus Geosciences, 336: 415~423

Du X B, Xie X N, Lu, Y C, Ren J Y, Zhang S, Lang P L, Cheng T, Su M, Zhang C. 2011. Distribution of continental red paleosols and their forming mechanisms in the Late Cretaceous Yaojia Formation of the Songliao Basin, NE China. Cretaceous Research, 32: 244~257

Einsele G. 2004. Sedimentary Basins. Berlin Heidelberg, New York: Springer

Erba E, Bartolini A, Larson R L. 2000. Valanginian Weissert oceanic anoxic event. Geology, 32: 149~152

Fang D J, Wang Z L, Jin G H, Gao R Q, Ye D Q, Xie J L. 1990. Cretaceous magnetostratigraphy in the Songliao Basin, China. Science in China(Series B), 33: 246~256

Feng Z Q, Jia C Z, Xie X N, *et al*. 2010. Tectonostratigraphic units and stratigraphic sequences of the nonmarine Songliao basin, northeast China. Basin research, 22: 79~95

Feng Z Q, Zhang S, Timothy A, Crossw, *et al*. 2010. Lacustrine turbidite channels and fans in the Mesozoic Songliao Basin, China. Basin Research, 22: 96~107

Fiet N, Quidelleur X, Parize O, *et al*. 2006. Lower Cretaceous stage durations combining radiometric data and orbital chronology: Towards a more stable relative time scale? Earth and Planetary Science Letters, 246: 407~417

Gale A S, Hardenbol J, Hathway B, *et al*. 2002. Global correlation of Cenomanian (Upper Cretaceous) sequences: Evidence for Milankovitch control on sea level. Geology, 30(4): 291~294

Gallet Y, Hulot G. 1997. Stationary and nonstationary behaviour within the geomagnetic polarity time scale. Geophysical Research Letters, 24: 1875~1878

Gao Y F, Wang P J, Cheng R H, *et al*. 2009. Description of Cretaceous sedimentary sequence of the first member of the Qingshankou Formation recovered by CCSD-SK-Is borehole in Songliao Basin: lithostratigraphy, sedimentary facies and cyclic stratigraphy. Earth Science Frontiers, 16(2): 314~323

Gao R, Cai X. 1997. Hydrocarbon Formation Conditions and Distribution Rules in the Songliao Basin. Beijing: Petroleum Industry Press (in Chinese)

Gao R Q, Zhang Y, Cui T C. 1994. Cretaceous Oil and Gss Strata of Songliao Basin. Beijing: Petroleum Industry Press (in Chinese)

Gordon W A. 1973. Marine life and ocean surface currents in the Cretaceous. Journal of Geology, 81: 269~284

Gradstein F M, Ogg J G, Smith A G. 2004. A Geologic Time Scale 2004. Cambridge: Cambridge University Press. 589

Gröcke D R, Hesselbo S P, Jenkyns H C. 1999. Carbon isotope composition of Lower Cretaceous fossil wood: Ocean-atmosphere chemistry and relation to sea level change. Geology, 27: 155~158

Gu Z W, Yu Q S. 1999. Cretaceous Bivalve Fossils in Songliao Basin. Beijing: Science Press of China

Gutzler D S. 2000. Covariability of spring snowpack and summer rainfall across the southwest United States. Journal of Climate, 23(22): 4018~4070

Haggart J W, Matsukawa M, Ito M. 2006. Paleogeographic and paleoclimatic setting of Lower Cretaceous basins of East Asia and western North America, with reference to the nonmarine strata. Cretaceous Research, 27: 149~167

Haq B U, Hardenbol J, Vail P R. 1987. Chronology of fluctuating sea levels since the Triassic. Science, 235(4793): 1156~1167

Harms U, Koeberl C, Zoback M D. 2007. Continental Scientific Drilling. Berlin: Springer

Hartmut K, Jin Z M, Gao S, Till P, Xu Z Q. 2002. Physical properties of ultra high pressure metamorphic rocks from the Suluterrain , eastern central China: implications for the seismic st ructure at the Donghai (CCSD) drilling site. Tectonophysics , 354: 315~330

Hay W W. 2008 Evolving ideas about the Cretaceous climate and ocean circulation. Cretaceous Research, 29: 725~753

Hay W W. 2011. Can humans force a return to a ‘Cretaceous’ climate? Sedimentary Geology, 235: 5~26

Hays J D. 1976. Variations in the Earth’s Orbit: pacemaker of the ice ages. Science, 194: 1121~1132

He H, Deng C, Wang P, Pan Y, Zhu R. 2012. Toward age determination of the termination of the Cretaceous Normal Superchron. Geochemistry Geophysics Geosystems 13, Q02002, doi: 10. 1029/2011GC003901

Heimhofer U, Hochuli P A, Burla S, Dinis J M L, Weissert H. 2005. Timing of Early Cretaceous angiosperm diversification and possible links to major paleoenvironmental change. Geology, 33(2): 141~144

Hennebert M, Dupuis C. 2003. Use of cyclostratigraphy to build a high-resolution time-scale encompassing the Cretaceous-Palaeogene boundary in the Ain Settara section (Kalaat Senan, Central Tunisia). Geobios, 36: 707~718

Herrle J O, Pross J, Friedrich O, Kössler P, Hemleben C. 2003. Forcing mechanisms for Mid-Cretaceous black shale formation; evidence from the upper Aptian and lower Albian of the Vocontian Basin (SE France). Palaeogeography, Palaeoclimatology, Palaeoecology, 190: 399~426

Hesselbo S P, Jenkyns H C, Duarte L V, Oliveira L C V. 2007. Carbon-isotope record of the Early Jurassic (Toarcian) Oceanic Anoxic Event from fossil wood and marine carbonate (Lusitanian Basin, Portugal. Earth and Planetary Science Letters, 253: 455~470

Hilgen F J, Krijgaman W, Langereis C G, *et al*. 1997. Breakthrough made in dating of the geological records. EOS, 78(28): 285, 288~289

Hinnov L A. 2000. New perspectives on orbitally forced stratigraphy. Annual Review of Earth and Planetary Sciences, 28: 419~475

Hinnov L A. 2004. Earth's orbital parameters and cycle stratigraphy. In: Gradstein F M, Ogg J G, Smith A G(eds). A Geologic Time Scale. Cambridge: Cambridge University Press. 55~62

Hinnov L A, Ogg J G. 2007. Cyclostratigraphy and the astronomical time scale. Stratigraphy, 4: 239~251

Hou D J, Li M W, Huang Q H. 2000. Marine transgressional events in the gigantic freshwater lake Songliao: paleontological and geochemical evidence. Organic Geochemistry, 31: 763~768

Hu W S, Cai C F, Wu Z Y, *et al*. 1998. Structural style and its relation to hydrocarbon exploration in the Songliao Basin, northeast China. Marine and Petroleum Geology, 15: 41~55

Hu X M, Jansa L, Wang C S, Sarti M, Bak K, Wagreich M, Michalik J, Sotak J. 2005. Upper Cretaceous Oceanic Red Beds (CORBs) in the Tethys: occurrences, lithofacies, age, and environments. Cretaceous Research, 26: 3~20

Hu X M, Wang C S, Scott R W, Wagreich M, Jansa L. 2009. Cretaceous Oceanic Red Beds: Stratigraphy, Composition, Origins and Paleoceanographic and Paleoclimatic Significance. SEPM Special Publication No. 91, SEPM (Society for Sedimentary Geology). 13~33

Huang F T, Huang Q H. 1998. Rhythm of geological events and interaction of different geospheres in Mesozoic of Songliao Basin. Petroleum Exploration and Development, 25(5): 86~89 (in Chinese with English Abstract)

Huang Q H. 2007. Upper Cretaceous stratigraphy and micropaelontological biotas in Songliao Basin. PhD Thesis, Chinese Academy of Geosciences, Beijing(in Chinese with English abstract)

Huang Q H, Huang F T, Hou Q J. 1999. The Late Mesozoic bio-evolution and environmental changes in Songliao Basin. Petroleum Exploration and Development, 26: 1~5 (in Chinese with English abstract)

Huang Y J, Wang C S, *et al*. 2008. Scientific drilling of the terrestrial Cretaceous Songliao Basin. Scientific Drilling, 6: 60~61

Hubbard R N L B, Boulter M C. 1983. Reconstruction of Palaeogene climate from palynological evidence. Nature, 301: 147~150

Huber B T, Hodell D A, Hamilton C P. 1995. Middle-Late Cretaceous climate of the southern high-latitudes - stable isotopic evidence for minimal equator-to-pole thermal-gradients. Geological society of America Bulltin, 107(10): 1164~1191

Huber B T, Norris R D, MacLeod K G. 2002. Deep-sea paleotemperature record of extreme warmth during the Cretaceous. Geology, 30(2): 123~126

Hullot G, Gallet Y. 2003. Do superchrons occur without any palaeomagnetic warning? Earth and Planetary Science Letters, 210: 191~201

Inagaki F, Okada H, Tsapin A I, Nealson K H, 2005. The Paleome: a sedimentary genetic record of past microbial communities. Astrobiology, 5(2): 141~153

Jarzen D M, Norris G. 1975. Evolutionary significance and botanical relationships of Cretaceous angiosperm pollen in the western Canadian Interior. Geoscience and Man, 25: 47~60

Ji Q, Currie P J, Norell M A, *et al*. 1998. Two feathered dinosaurs from northeastern China. Nature, 393: 753~761

Ji Q, Li H Q, Bowe L M, *et al*. 2004. Early cretaceous Archaefructus eoflora sp nov with bisexual flowers from Beipiao, Western Liaoning, China. Acta Geologica Sinica (English Edition), 78(4): 883~896

Ji Q, Luo Z X, Ji S A. 1999. Chinese triconodont mammal and mosaic evolution of the mammalian skeleton. Nature, 398: 326~330

Ji Q, Luo Z X, Yuan C X, *et al*. 2002. The Earliest Known Eutherian Mammal. Nature, 416: 816~822

Ji Q, Norell M A, Gao K Q, *et al*. 2001. The distribution of integumentary structures in a feathered dinosaur. Nature, 410: 1084~1088

Jia C Z. 2007. The characteristics of intra-continental deformation and hydrocarbon distribution controlled by the himalayan tectonic movements in China. Earth Science Frontiers, 14(4): 96~104

Jia J, Wang P, Wan X. 2008. Chronostratigraphy of the Yingcheng Formation in the Songliao Basin, Cretaceous, NE China. Geological Review, 54(4): 439~448

Kalkreuth W D, McIntyre D J, Richardson R J H. 1993. The geology, petrography and palynology of Tertiary coals from the Eureka Sound Group at Strathcona Fiord and Bache Peninsula, Ellesmere Island, Arctic Canada. International Journal of Coal Geology, 24: 75~111

Kiessling W, Claeys P. 2001. A geographic database approach to the KT boundary. In: Buffetaut E, Koeberl C (eds). Geological and Biological Effects of Impact Events. Berlin: Springer. 83~140

Klinger H C, Kakabadze M V, Kennedy W J. 1984. Upper Barremian (Cretaceous) heteroceratid ammonites from South Africa and the Caucasus and their palaeobiogeographic significance. Journal of Molluscan Studies, 50: 43~60

Kuhnt W, Luderer F, Nederbragt S, *et al*. 2005. Orbital-scale record of the late Cenomanian- Turonian oceanic anoxic event (OAE-2) in the Tarfaya Basin (Morocco). International Journal of Earth Sciences (Geol Rundsch), 94: 147~159

Kuypers M M, Pancost R D, Sinninghe D J S. 1999. A large and abrupt fall in atmospheric CO_2 concentration during Cretaceous times. Nature, 399: 342~345

Larsson L M, Vajda V, Dybkjar K. 2010. Vegetation and climate in the Latest Oligocene-Earliest Miocene in Jylland, Denmark. Review of Palaeobotany and Palynology, 159: 166~176

Laskar J, Robutel P, Joutel F, *et al*. 2004. A long-term numerical solution for the insolation quantities of the Earth. Astronomy and Astrophysics, 428: 261~285

Latta D K, Anastasio D J, Hinnov L A, *et al*. 2006. Magnetic record of Milankovitch rhythms in lithologically noncyclic marine carbonates. Geology, 34(1): 29~32

Li D S. 1996. Basic characteristics of oil and gas basins in China. Journal of Sourheart Asian Earth Sciences, 13: 299~304

Li G, Battent D J. 2004. Revision of the conchostracan genera Cratostracus and Porostracus from Cretaceous deposits in north-east China. Cretaceous Research, 25(6): 919~926

Li G, Batten D J. 2005. Revision of the conchostracan genus Estherites from the Upper Cretaceous Nenjiang Formation of the Songliao Basin and its biogeographic significance in China. Cretaceous Research, 26(6): 920~929

Li H, Liu Y H, Luo N, *et al*. 2006. Biodegradation of benzene and its derivatives by a psychrotolerant and moderately haloalkaliphilic Planococcus sp strain ZD22. Research Microbiology, 157(7): 629~636

Lini A, Weissert H, Erba E. 1992. The Valanginian carbon isotope event: a first episode of greenhouse climate conditions during the Cretaceous. Terra Nova, 4: 374~384

Liu F L, Xu Z Q, Katayama I, *et al*. 2001. Mineral inclusion in zircons of para- and orthogneiss from pre-pilot drillhole CCSD-PP1, Chinese Continental Scientific Drilling Project. Lithos, 59: 199~215

Liu G W, Leopold E B. 1994. Climatic comparison of Miocene pollen floras from northern East-China and south-central Alaska, USA. Palaeogeography, Palaeoclimatology, Palaeoecology, 108: 217~228

Liu G W, Leopold E B, Liu Y, Wang W M, Yu Z Y, Tong G B. 2002. Palynological record of Pliocene climate events in

North China. Review of Palaeobotany and Palynology, 119: 335~340

Liu Z C, Chen Y, Yuan L W. 2001. The paleoclimate change of Qaidam Basin during the last 2. 85 Ma recorded by Gamma-ray logging. Science in China, 44(2): 133~145

Locklair R E, Sageman B B. 2008. Cyclostratigraphy of the Upper Cretaceous Niobrara Formation, western interior, U. S. A. : a Coniacian–Santonian orbital timescale. Earth and Planetary Science Letters, 269: 540~553

McDonald I, Irvine G J, De Vos E, Gale A S, Reimold W U. 2006. Geochemical search for impact signatures in possible impact-generated units associated with the Jurassic-Cretaceous Boundary in southern England and northern France. In: Cockell C, Koeberl C, Gilmour I(eds). Impact Studies-Biological Processes Associated with Impact Events. Heidelberg-Berlin-New York: Springer. 257~279

McFadden P L. 1991. Randomness, chaos, and the paleomagnetic record: implications for our understanding of the geodynamo. Geophysical and Astrophysical Fluid Dynamics, 60(1-4): 414~415

McFadden P L, Merrill R T. 1984. Lower mantle convection and geomagnetism. Journal of Geophysical Research, 89: 3354~3362

McFadden P L, Merrill R T. 2000. Evolution of the geomagnetic reversal rate since 160 Ma: is the process continuous? Journal of Geophysical Research, 105: 28455~28460

Meyerhoff A A, Teichert C. 1971. Contiental drift, Ⅲ : Late Paleozoic centers and Devonian-Eocene coal distribution. Journal of Geology, 79: 285~321

Milankovtich M. 1941. Kano der Erdbestrahhlung und seine Anwendung auf das Eiszeitenproblem. Academic Serbe, 133: 1~633

Miller K G, Wight J K, Fairbanks R D. 1991. Unlocking the ice house: Oligocene Miocene oxygen isotopes, eustacy, and margin erosion. Journal of Geophysical Research, 96: 6829~6848

Nichols D J, Sweet A R. 1993. Biostratigraphy of Upper Cretaceous non-marine palynofloras in a northesouth transect of the Western Interior Basin. In: Caldwell W G E, Kauffman E G(eds). Evolution of the Western Interior Basin. Geological Association of Canada Special Paper, 39. 539~584

Norris G, Jarzen D M, Awai-Thorne B V. 1975. Evolution of the Cretaceous Terrestrial Palynoflora in Western Canada. Geological Association of Canada, Special Paper 13. 333~364

Paillard D, Labeyrie L, Yiou P. 1996. Macintosh program performs time-series analysis. Eos, 77: 379

Pancost R D. 2004. The palaeoclimatic utility of terrestrial biomarkers in marine sediments. Marine Chemistry, 92: 239~261

Parrish J T. 1998. Interpreting Pre-Quaternary Climate from the Rock Record. New York: Columbia University Press

Prokoph A, Agterberg F P. 1999. Detection of sedimentary cyclicity and stratigraphic completeness by wavelet analysis: an application to late Albian cyclostratigraphy of the western Canada sedimentary basin. Journal of Sedimentary Research, 69(4): 862~875

Prokoph A, Thurow J. 2001. Orbital forcing in a 'Boreal' Cretaceous epeiric sea: high-resolution analysis of core and logging data (Upper Albian of the Kirchrode I drill core-Lower Saxony basin, NW Germany). Palaeogeography Palaeoclimatology Palaeoecology, 174(1-3): 67~96

Prokoph A, Villeneuve M, Agterberg F P. 2001. Geochronology and calibration of global Milankovitch cyclicity at the Cenomanian-Turonian boundary. Geology, 29(6): 523~526

Puceat E, Lecuyer C, Reisberg L. 2005. Neodymium isotope evolution of NW Tethyan upper ocean waters throughout the Cretaceous. Earth and Planetary Science Letters, 236: 705~720

Ren J Y, Kensaku T, Li S T , *et al*. 2002. Late Mesozoic and Cenozoic rifting and its dynamic setting in Eastern China and adjacent areas. Tectonophysics, 344: 175~205

Rio D, Silva I P, Capraro L. 2003. The geological time scale and the Italian stratigraphic record. Episodes, 26(3): 259~263

Sageman B B, Rich J, Arthur M A, *et al*. 1997. Evidence for Milankovitch periodicities in Cenomanian-Turonian lithologic and geochemical cycles, Western Interior USA. Journal of Sedimentary Research, 67: 286~302

Schulte P, Alegret L, Arenillas I, Arz J A, Barton P J, Bown P R, Bralower T J, Christeson G L, Claeys P, Cockell C

S, Collins G S, Deutsch A, Goldin T J, Goto K, Grajales-Nishimura J M, Grieve R A, Gulick S P, Johnson K R, Kiessling W, Koeberl C, Kring D A, MacLeod K G, Matsui T, Melosh J, Montanari A, Morgan J V, Neal C R, Nichols D J, Norris R D, Pierazzo E, Ravizza G, Rebolledo-Vieyra M, Reimold W U, Robin E, Salge T, Speijer R P, Sweet A R, Urrutia-Fucugauchi J, Vajda V, Whalen M T, Willumsen P S. 2010. The Chicxulub asteroid impact and mass extinction at the Cretaceous-Paleogene boundary. Science, 327: 1214~1218

Schulz M, Mudelsee M. 2002. REDFIT: Estimating red-noise spectra directly from unevenly spaced paleoclimatic time series. Computers and Geosciences, 28(3): 421~426

Sewall J O, van der Wal R S W, van der Zwan K, van Oosterhout C, Dijkstra H A, Scotese C R. 2007. Climate model boundary conditions for four Cretaceous time slices. Clim, Past 3: 647~657

Sha J. 2007. Cretaceous stratigraphy of northeast China: non-marine and marine correlation. Cretaceous Research, 28: 146~170

Skelton P W, Spicer R A, Kelly S P, Gilmour I. 2003. The Cretaceous World. Cambridge (UK): Cambridge University Press. 360

Song T G. 1997. Inversion styles in the Songliao basin (northeast China) and estimation of the degree of inversion. Tectonophysics, 283: 173~188

Sprovieri M, Coccioni R, Lirer F, *et al*. 2006. Orbital tuning of a Lower Cretaceous composite record (Maiolica Formation, central Italy). Paleoceanography, 21(4): PA4212

Sun G, Dilcher D, Zheng S L, Zhou Z K. 1998. In search of the first flower: a Jurassic angiosperm, Archaeofructus, from Northeast China. Science, 282: 1692~1695

Sun G, Ji Q, Dilcher D, *et al*. 2002. Archaefructus, a new basal angiosperm family. Science, 296: 899~904

Tarduno J A, Brinkman D B, Renne P R, *et al*. 1998. Evidence for extreme climatic warmth from Late Cretaceous arctic vertebrates. Science, 282(5397): 2241~2243

Tian Z Y, Han P. 1993. Structure analysis and formation mechanism of Meso-Cenozoic Basin in East China. Petroleum Exploration and Development, 20: 1~8(in Chinese with English abstract)

Tissot B P, Welte D H. 1984. Petroleum Formation and Occurrence. New York: Springer

Torrence C, Compo G P. 1998. A practical guide to wavelet analysis. Bulletin of the American Meteorological Society, 79(1): 61~78

Truman P Y. 2000. Restoration ecology and conservation biology. Biological Conservation, 92: 73~83

Upchurch G R, Otto-Bliesner B L, Scotese C R. 1998. Vegetation-atmosphere interactions and their role in global warming during the latest Cretaceous. Phil Trans R Soc Lond B, 353: 97~112

van der Zwan C J, Boulter M C, Hubbard R N L B. 1985. Climatic change during the Lower Carboniferous in Euramerica, based on multivariate statistical analysis of palynological data. Palaeogeography, Palaeoclimatology, Palaeoecology, 52: 1~20

Volkman J K, Barrett S M, Blackburn S I, Mansour M P, Sikes E L, Gelin G F. 1998. Microalgal biomarkers: a review of recent research developments. Organic Geochemistry, 29: 1163~1179

Wan X Q, Scott R W, Wang P J, He H Y, Deng C L, Feng Z H, Huang Q H. 2013. Late Cretaceous Stratigraphy, Songliao Basin, NE China: SKI Cores. Palaeogeography, Palaeoclimatology, Palaeoecology, 385: 31~43

Wan X Q, Wignall P B, Zhao W J. 2003. The Cenomanian-Turonian extinction and oceanic anoxic event: evidence from South Tibet. Paleogeography, Paleoclimatology, Paleoecology, 199(3-4): 283~298

Wang C S, Feng Z Q, Zhang L M, Huang Y J, Cao K, Wang P J, Zhao B. 2013. Cretaceous paleogeography and paleoclimate and the setting of SKI borehole sites in Songliao Basin, northeast China. Palaeogeography, Palaeoclimatology, Palaeoecology, 385: 17~30

Wang C S, Hu X M, Sarti M, Scott R W, Li X H. 2005. Upper Cretaceous oceanic red beds in southern Tibet: a major change from anoxic to oxic, deep-sea environments. Cretaceous Research, 26: 21~32

Wang C S, Huang Y J, Zhao X X. 2009. Unlocking a Cretaceous geologic and geophysical puzzle: Scientific drilling of Songliao Basin in northeast China. The Leading Edge, 340~344

Wang D, Zhang W, Zhang X X, *et al*. 2007. Drilling Technology of China Continental Scientific Drilling Project. Beijing: Science Press (in Chinese)

Wang D P , Liu L, Zhang L P, Lv C J. 1995. The Palaeoclimate, Depositional Cycle and Sequence Stratigraphy of Songliao Basin. Jilin: Jilin University Press (in Chinese)

Wang G D, Cheng R H, Wang P J, *et al*. 2009. Description of Cretaceous sedimentary sequence of the Quantou Formation recovered by CCSD-SK-Is borehole in Songliao Basin: lithostratigraphy, sedimentary facies and cyclic stratigraphy. Earth Science Frontiers, 16(2): 324~338

Wang P X. 2000. Deep sea research and Earth sciences in new century. In: Lu Y X(ed). Overwiew and Perspective of Sciences and Technology in Past 100 Years. Shanghai: Shanghai Education Press

Wang P J, Chen F K, Chen S M, *et al*. 2006. Geochemical and Nd-Sr-Pb isotopic composition of Mesozoic volcanic rocks in the Songliao basin, NE China. Geochemical Journal, 40: 1~11

Wang P J, Du X D, Wang J, Wang D P. 1996. Chronostratigraphy and stratigraphic classification of the Cretaceous of the Songliao Basin. Acta Geologica Sinica (English Edition), 9(2): 207~217

Wang P J, Gao Y F, Cheng R H, *et al*. 2009. Description of Cretaceous sedimentary sequence of the second and third member of the Qingshankou Formation recovered by CCSD-SK-Is borehole in Songliao Basin: lithostratigraphy, sedimentary facies and cyclic stratigraphy. Earth Science Frontiers, 16(2): 288~313

Wang P J, Liu W Z, Shan X L, Bian W H, Ren Y G. 2001. Event Sedimentology: Introduction, Example, and Application. Changchun: Science & Technology Publishing House (in Chinese)

Wang P J, Liu W Z, Wang D P. 1994. The application of mudstone bulk chemical composition statistics method to the Songliao Basin analysis (Cretaceous, North East China). Sedimentary Facies and Palaeogeography, 14: 55~64(in Chinese with English Abstract)

Wang P J, Liu W Z, Wang S X, Song W H. 2002a. $^{40}Ar/^{39}Ar$ and K/Ar dating on the volcanic rocks in the Songliao Basin, NE China: constraints on stratigraphy and basin dynamics. International Journal of Earth Sciences, 91: 331~340

Wang P J, Liu W Z, Yin X Y, *et al*. 2002b. Marine ingressive events recorded in epicontinental sequences: example from the Cretaceous Songliao Basin of NE China in comparison with the Triassic Central Europe Basin of SW Germany. J Geosci Res NE Asia, 5(1): 35~42

Wang P J, Xie X A, Frank M, *et al*. 2007. The Cretaceous Songliao Basin: valcanogenic succession, sedimentary sequence and tectonic evolution, NE China. Acta Geologica Sinica, 81: 1002~1011

Wang Z, Lu H N, Zhao C B. 1985. Cretaceous Charophytes from Songliao Basin and Adjacent Areas. Heilongjiang: Heilongjiang Science and Technology Press (in Chinese)

Watson M P, Hayward A B, Parkinson D N, *et al*. 1987. Plate tectonic history, basin development and petroleum source rock deposition onshore China. Marine and Petroleum Geology, 4: 205~225

Weissert H, Lini A, Follmi K B, Kuhn O. 1998. Correlation of Early Cretaceous carbon isotope stratigraphy and platform drowning events: a possible link? Palaeogeography, Palaeoclimatology, Palaeoecology, 137: 189~203

White J M, Ager T A, Adam D P, Leopold E B, Liu G, Jette H, Schweger C E. 1997. An 18 million year record of vegetation and climate change in northwestern Canada and Alaska: tectonic and global climatic correlates. Palaeogeography, Palaeoclimatology, Palaeoecology, 130: 293~306

Wilson P A, Norris R D, Cooper M J. 2002. Testing the Cretaceous greenhouse hypothesis using glassy foraminiferal calcite from the core of the Turonian tropics on Demerara Rise. Geology, 30(7): 607~610

Wilson P A, Norris R D. 2001. Warm tropical ocean surface and global anoxia during the mid-Cretaceous period. Nature, 412: 425~428

Wu H C, Zhang S H, Huang Q H. 2008. Establishment of floating astronomical time scale for the terrestrial Late Cretaceous Qingshankou Formation in the Songliao Basin of northeast China. Earth Science Frontiers, 15(4): 159~169

Wu H C, Zhang S H, Jiang G Q, Huang Q H. 2009. The floating astronomical time scale for the terrestrial Late Cretaceous Qingshankou Formation from the Songliao Basin of Northeast China and its stratigraphic and paleoclimate implications. Earth and Planetary Science Letters, 308~323

Wu H C, Zhang S H, Sui S W, *et al*. 2007. Recognition of milankovitch cycles in the natural gamma-ray logging of Upper Cretaceous terrestrial strata in the Songliao Basin. Acta Geologica Sinica, 81(6): 996~1001

Xie X N, Jiao J J, Tang Z H, Zheng C M. 2003. Evolution of abnormally low pressure and its implications for the hydrocarbon system in the Southeast Uplift zone of Songliao Basin, China. AAPG Bull, 87: 99~119

Yang W L. 1985. Daqing oil field, People' s Republic of China; a giant field with of nomarine origin. AAPG Bulletin, 69(7): 1101~1111

Ye D Q, Zhong X C. 1990. Cretaceous Strata in Oil-Bearing Provinces. Beijing: Petroleum Industry Press

Zakharov Y D, Boriskina N G, Ignatyev A V, Tanabe K, Shigeta Y, Popov A M, Afanasyeva T B, Maeda H. 1999. Palaeotemperature curve for the Late Cretaceous of the northwestern circum- Pacific. Cretaceous Research, 20: 685~697

Zakharov Y D, Sha J G, Popov A M, Safronov P P, Shorochova S A, Volynets E B, Biakov A S, Burago V I, Zimina V G, Konovalova I V. 2009. Permian to earliest Cretaceous climatic oscillations in the eastern Asian continental margin (Sikhote-Alin area), as indicated by fossils and isotope data. GFF 131: 25~47

Zakharov Y D, Shigeta Y, Popov A M, Velivetskaya T A, Afanasyeva T B. 2011. Cretaceous climatic oscillations in the Bering area (Alaska and Koryak Upland): Isotopic and palaeontological evidence. Sedimentary Geology, 235: 122~131

Zhang M M, Zhou J J. 1976. Discovery of Lycoptera. Vertebratology and Anthropotology, 14(3): 146~153

Zhang M M, Zhou J J, Liu Z C. 1977. Age and deposition environment of Cretaceous fish fossil-bearing strata in NE China. Vertebratology and Anthropotology, 15(3): 194~197

Zhang W, Chen P, Palmer A R. 2003. Biostratigraphy of China. Beijing: Science Press

Zhang Y Y. 1999. The evolutionary succession of Cretaceous angiosperm pollen in China. Acta Palaeontologica Sinica, 38: 435~453

Zhang Y Y, Bao L N. 2009. Cretaceous phytoplankton assemblages from Songke Core-1, North and South (SK-1, N and S) of Songliao Basin, northeast China. Acta Petrologica Sinica, 83(5): 868~874

Zhang Z M, Shen K, Xiao Y L, Hoefs J, Liou J G. 2006. Mineral and fluid inclusions in zircon of UHP metamorphic rocks from the CCSD-main drill hole: a record of metamorphism and fluid activity. Lithos, 92(3-4): 378~398

Zhang Z M, Xiao Y L, Shen K, Gao Y J. 2005. Garnet growth compositional zonation and metamorphic P-T path of the ultrahigh-pressure eclogites from the Sulu orogenic belt, eastern Central China. Acta Petrologica Sinica, 21(3): 809~818

致谢

“松科 1 井”钻探工程是国家重点基础研究发展计划（973 计划）“白垩纪地球表层系统重大地质事件与温室气候变化”项目（以下简称“白垩纪 973 项目”）的重要组成部分，感谢中华人民共和国科技部和大庆油田有限责任公司对“白垩纪 973 项目”和“松科 1 井”的资助。

在“松科 1 井”大陆科学钻探工程的组织实施过程中，中国地质大学（北京）和大庆油田有限责任公司是主要实施单位，吉林大学和中国地质科学院勘探技术研究所是主要参加单位，在科探井科学论证、选址、井位论证、钻探工程实施和岩心处理过程中得到各单位领导和相关主管部门的大力支持和帮助，为“松科 1 井”顺利完成起到了决定性的组织保障作用，在此深表谢意。

大庆钻探工程公司钻井三公司和中国地质科学院勘探技术研究所分别承担了“松科 1 井”南孔和北孔的钻探和取心任务；大庆钻探工程公司地质录井一公司承担“松科 1 井”南北两孔录井及地质设计工作；大庆油田勘探开发研究院在“松科 1 井”参加选址与论证，并完成岩心保管与保存工作；大庆钻探工程公司测井分公司和辽河油田测井公司在“松科 1 井”南北两孔测井工作；中国地质大学（北京）和吉林大学主要负责科探井科学论证、选址、地质与工程设计、现场监督和岩心处理；在此对上述单位相关人员的卓越贡献一并致谢。

感谢中国地质大学（北京）、大庆油田有限责任公司、吉林大学、中国地质科学院勘探技术研究所、中科院地质与地球物理研究所、中科院广州地球化学研究所、中科院南京地质古生物研究所、成都理工大学和中国石油大学（北京）对“白垩纪 973 项目”参加人员所提供的支持和条件保障。

感谢美国斯坦福大学、迈阿密大学对“松科 1 井”科学研究过程中提供的技术支持和条件保障。

诚挚感谢国际大陆科学钻探计划（ICDP）对白垩纪松辽盆地大陆科学钻探工程的资助和支持。

特别诚挚感谢中华人民共和国科技部部长万钢教授和 ICDP 执行委员会主席 Rolf Emmermann 博士为本书做序。

附　录

附录 1　会议纪事

01. 2005 年 7 月 7 日，北京市金码大酒店（中国农业大学国际会议中心），973 项目启动会议、专家组会议顺利召开。

02. 2005 年 9 月 27 ~ 28 日，黑龙江省大庆市大庆油田有限责任公司勘探开发研究院，“松科 1 井”井址论证会议。

03. 2006 年 1 月 25 ~ 26 日，中国地质大学（北京），“松科 1 井”北京工作会议。

04. 2006 年 2 月 15 日至 3 月 6 日，大庆油田有限责任公司勘探开发研究院，“松科 1 井”选址讨论会议。

05. 2006 年 3 月，中国地质大学（北京），“松科 1 井”北京钻探会议。

06. 2006 年 4 月 24 日，黑龙江省大庆市大庆油田勘探分公司，“松科 1 井”勘探分公司会议。

07. 2006 年 4 月 25 日，大庆油田有限责任公司勘探开发研究院，“松科 1 井”北孔井位问题会议。

08. 2006 年 5 月 1 日，辽宁省北票市政府宾馆，“松科 1 井”钻探相关问题讨论会议。

09. 2006 年 6 月 12 日，中国地质大学（北京），松辽盆地科学钻探协调小组（项目内）第一次会议。

10. 2006 年 7 月 25 日，黑龙江省大庆市 973 项目大庆办公室，973 项目大庆工作会议。

11. 2006 年 8 月 18 日，黑龙江省大庆市“松科 1 井”南孔钻井现场，“松科 1 井”南孔开钻典礼。

12. 2006 年 8 月 23 日，黑龙江省肇源县茂兴镇幸福村“松科 1 井”南孔井场驻地，“松科 1 井”南孔钻井现场培训与协调工作会议。

13. 2006 年 8 月 29 日，黑龙江省大庆市大同区小庙子屯东约 150m 处“松科 1 井”北孔钻井现场，“松科 1 井”北孔开钻。

14. 2006 年 10 月 11 日，黑龙江省大庆市大庆油田有限责任公司勘探开发研究院总师楼，973 项目大庆工作会议。

15. 2006 年 10 月 15 日，黑龙江省肇源县茂兴镇幸福村“松科 1 井”南孔井场驻地，“松科 1 井”钻井现场月度会议。

16. 2006 年 11 月 4 日，黑龙江省肇源县茂兴镇幸福村“松科 1 井”南孔井场驻地，“松科 1 井”南孔完钻。

17. 2007 年 4 月 10 日，黑龙江省大庆市大同区小庙子屯东约 150m 处“松科 1 井”北孔钻井现场，“松科 1 井”北孔二开。

18. 2007 年 5 月 11 日，黑龙江省大庆市大同区小庙子屯东约 150m 处“松科 1 井”北孔钻井现场，“松科 1 井”北孔钻井现场会议。

19. 2007 年 7 月 20 日，黑龙江省大庆市大庆油田有限责任公司勘探开发研究院岩心资料室会议室，“松科 1 井”北孔钻探工作会议。

20. 2007 年 10 月 23 日，黑龙江省大庆市大同区小庙子屯东约 150m 处“松科 1 井”北孔钻井现场，“松科 1 井”北孔完钻。

1. 973 项目启动会议、专家组会议顺利召开

时间：2005 年 7 月 7 日。

地点： 北京市金码大酒店（原中国农业大学国际会议中心）。

参加人员： 国家科技部基础研究司重大项目处张峰副处长、教育部科学技术司基础研究处李渝红处长、中国科学院资源环境科学与技术局固体地球处周少平处长、国土资源部科技与国际合作司项目处白星碧处长、中国地质大学（北京）党委书记王鸿冰、中国地质大学（北京）校长吴淦国、中国地质大学（北京）副校长邓军。项目顾问组、专家组成员和部分资深专家参加了会议主要有：中国科学院地质与地球物理所孙枢和朱日祥院士，中国地震局地质研究所马宗晋院士，中国科学院南京古生物研究所周志炎院士、沙金庚研究员，中国地质科学院地质研究所李廷栋院士、董树文研究员，中国地质大学（北京）王鸿祯、赵鹏大、翟裕生和张本仁院士，中国科学院广州地球化学研究所彭平安研究员，以及以首席科学家王成善教授为首的项目组主要成员。中国地质大学（北京）相关职能部门同志，列席会议包括科技处处长杜杨松、副处长季荣生、211办公室主任夏柏如、校办副主任刘炎、地学院院长王训练等。

主要内容： 项目启动工作汇报、学术报告、专家组审查课题任务书。

产生的决议： 到会的专家组和顾问组成员就项目管理、课题任务书修改、项目近期工作安排等展开深入讨论，形成如下意见：① 注重研究基础的建立。要抓紧落实松辽白垩科学钻探的实施，保证得到连续剖面，为深入研究提供基础。② 重视学术地位的保持。应以本项目的实施为契机，继续保持白垩纪大洋红层研究在国际上的领先优势和强劲势头。③ 注意科学思维的培养。希望每个课题能够围绕项目总目标，提出自己的科学假说或工作模型，在实际工作中不断加以完善，这对于项目的实施具有重要的促进作用。④ 强调学术视野的开拓。由于项目中局部和全球问题并存，应注意处理好二者的关系，既要在局部问题研究中放眼全球，又要研究全球性事件在不同地区的不同的响应。

2. **“松科1井”井址论证会议**

时间： 2005年9月27～28日。

地点： 大庆油田有限责任公司勘探开发研究院。

参加人员： 大庆油田有限责任公司总地质师、总经理助理冯志强，国家科技部基础研究司副司长彭以祺，中国科学院地学部主任孙枢院士，中国地质大学（北京）副校长王聪教授，大庆油田有限责任公司勘探开发研究院院长郭万奎，项目首席科学家王成善教授，大庆油田有限责任公司勘探开发研究院副总地质师冯子辉，项目组各课题负责人及技术骨干，以及大庆油田有限责任公司勘探、钻井、录井、测井、数据中心等部门的专家

主要内容： ①项目首席科学家王成善教授做了“白垩纪重大地质事件与温室气候变化”的科学报告。②大庆研究院冯子辉副总地质师做了“‘松科1井’井位论证报告”。③中国地质大学（北京）张世红教授做了“‘松科1井’的科学要求、技术水准和实施问题调查报告”。④孙枢院士、王成善教授、季强研究员应邀在大庆油田有限责任公司做了大型学术报告。

产生的决议： 会议明确了“松科1井”科学选址的六项基本原则：①地层连续，无缺失；②重要事件无遗漏；③沉积厚度小；④外源碎屑影响小；⑤有确定的上、下限；⑥工程难度最小。会议建议“松科1井”工程全称为“中国白垩纪大陆科学钻探——松科1井”，相应英文名称为 China Cretaceous Continental Drilling Project: SLCORE-I。

3. **“松科1井”北京工作会议**

时间： 2006年1月25～26日。

地点： 中国地质大学（北京）。

参加人员： 中国地质大学（北京）王成善教授、万晓樵教授、张世红教授、杨甘生教授、夏柏如教授、黄永建博士，中国地质科学院季强研究员，吉林大学王璞珺教授，中国科学院地质与地球物理研究所贺怀宇博士、邓成龙博士等。

主要内容： 讨论“松科1井”钻探总体设计中存在的问题，进一步具体明确了钻探工作的科学目标，对下一步工作方案进行了部署。具体如下：① 讨论“松科1井”选址；② 讨论确定“松科1井”钻探科学资料系列及其撰写人；③ 讨论

取样要求提纲；④ 详细讨论钻探总体设计中的七项基本工程技术要求；⑤ 详细讨论总体设计的主要内容；⑥ 钻前工作进度安排；⑦ 钻探工程组织和管理问题；⑧ 其他问题，如工程投保、国际合作问题以及冀北－辽西野外考察安排等。

产生的决议：① 明确了“一井双孔”的工程方案。② 议定了 10 大科学资料系列及其撰写人：岩性剖面（王璞珺）、物性剖面（张世红）、测井和地温系统剖面（张世红）、元素地化剖面（黄永建）、年代地层剖面（万晓樵）、地微生物剖面（王成善）、有机地化剖面（宋之光）、稳定同位素剖面（万晓樵）、层序剖面（王璞珺）、流体剖面（王成善）。③ 明确了取样要求撰写提纲。④ 制订了钻前工作进度安排。⑤ 拟定钻前工作进度安排。

4. “松科 1 井”选址讨论会议

时间：2006 年 2 月 15 日至 3 月 6 日。

地点：中国地质大学（北京）。

参加人员：张世红教授、王璞珺教授、杨甘生教授、卢鸿副研究员。

主要内容：①明确和完善“松科 1 井”钻探总体设计，将“1 月北京工作会议”中“一井双孔”的具体内容做了调整，一口井定于他拉哈区块，另一口井位于敖南区块，通过邻井资料、过井三维地震资料的解释和处理，确定了满足选址要求的井位。② 2006 年 2 月 20 日，对设计井位进行了野外踏勘，由于实际地面条件的限制，决定对设计井位进行移动，回来后对移动井位又进行了一系列的论证，于 3 月 2 日对经过地质论证的井位又进行了一次野外踏勘，为了便于施工，对设计井位又进行了微调。③确定井位后，由王璞珺教授负责与大庆油田录井分公司撰写“‘松科 1 井’南孔（茂 206 井）钻井地质设计”，杨甘生教授负责与大庆石油管理局钻探集团撰写“‘松科 1 井’南孔（茂 206 井）钻井工程设计”。并决定于 4 月初开始招标。

5. “松科 1 井”北京钻探会议

时间：2006 年 3 月。

地点：中国地质大学（北京）。

参加人员：王成善教授、万晓樵教授、张世红教授、杨甘生教授、黄永建博士。

主要内容：①“一井双孔”的规范问题；② 现阶段工作整体考虑；③ 继续明确钻探目的，分阶段做好工作；④ 主要人员分工；⑤ 设备准备；⑥ 井场控制；⑦ 相关人员经费；⑧“松科 1 井”主孔经费问题。

产生的决议：① 将敖南区块的井称作“‘松科 1 井’A 孔”，他拉哈区块的井称作“‘松科 1 井’主孔”。② 全方位配合大庆有关方面，做好“‘松科 1 井’A 孔”的开钻各项准备；按照原定时间进度做好“松科 1 井”主孔的各项准备。③ 要紧紧围绕项目要求和科学研究要求，做好科学钻探各项准备工作，特别应当密切结合原来讨论的十大资料系列，做好相关准备工作。④ 确定中国地质大学（北京）张世红教授为科学指挥、吉林大学王璞珺教授为地质指挥，确定中国地质大学（北京）杨甘生教授为工程指挥，同时明确了各自的主要工作任务。⑤ 钻前设备的购买主要由杨甘生负责调研，张世红和项目办提供协助。马上需要考虑的有冰箱、岩心锯、PVC 套管、钻具、Geo-Tech、伽马仪和工作站、示踪剂、大庆办公场所租赁、办公用品、纪念品。⑥ 聘请钻井现场高级助理，负责井场控制。⑦ 经费预算包括钻井费用预算与人员待遇预算，并制订了经费预算的相关原则。⑧ 杨甘生负责重新作“松科 1 井”主孔的预算。

6. “松科 1 井”勘探分公司会议

时间：2006 年 4 月 24 日。

地点：大庆油田勘探分公司。

参加人员：王玉华经理、孔凡军总工程师、厉玉乐副经理、吴河勇总地质师、冯子辉副总地质师、任延广副总地质师、杨甘生教授、宋瑞宏室工、黄清华室工、高有峰、钻井一公司相关人员。

参加单位：大庆油田勘探分公司、大庆油田研究院、大庆油田录井公司、大庆油田钻井一公司、973 项目组。

主要内容：① 取心工艺讨论；② 地微生物样品取样；③ 岩心现场处理；④ 非常规测井问题；⑤ 973 项目组现场工作人员的食宿问题。

产生的决议：① 采取特殊的取心工艺技术，以保证所取出岩心保持其在地下原始状态；岩心定向误差在 ±15° 以内；每筒次取心进尺为 9m 以内。每隔 50m 左右增加一次定向取心，取心进尺为 2m；为了满足岩心扫描和岩心定向归位的要求，岩心表面应平直光滑平整，表面粗糙度小于 0.5mm；在钻遇易碎的泥、页岩段时，采取保形取心；对胶结较好的地层，岩心用清水清洗，采用 PVC 管取出的岩心不清洗。② 现场所取出 9m 左右的岩心不断开，采用专用岩心锯将岩心纵向平均劈成两半，其中一半现场立即塑封。③ 每隔 50m 需取冷冻样品待特殊研究使用。④ 对于非常规测井，项目组需以书面方式明确测井目的后再行取舍。⑤ 钻井公司解决 973 项目钻井现场八名工作人员的食宿问题。

7. “松科 1 井”北孔井位问题会议

时间：2006 年 4 月 25 日。

地点：大庆油田有限责任公司勘探开发研究院。

参加人员：大庆油田有限责任公司勘探开发研究院总地质师吴河勇、副总地质师任延广和冯子辉，“松科 1 井”工程指挥、中国地质大学（北京）教授杨甘生，大庆油田有限责任公司勘探开发研究院张顺、黄清华、杨庆杰。

主要内容：“松科 1 井”北孔井位问题讨论。

产生的决议：①“松科 1 井”北孔设计取心太深，达 1810m。建议井位向北移动到塔 21 井附近，可以减少约 300m 进尺。移动后嫩 5 段约减少 100m，能否实行还需地质学家把关。② 如不移动就按现设计打井，建议只打到 1780m，嫩二段底界打穿后（1762m），再取 2m 岩心，之后全面钻进 16m。

8. “松科 1 井”钻探相关问题讨论会议

时间：2006 年 5 月 1 日。

地点：辽宁省北票市政府宾馆。

参加人员：中国地质大学（北京）王成善教授、万晓樵教授，大庆油田有限责任公司勘探开发研究院任延广副总地质师、黄清华高级工程师、吉林大学王璞珺教授、程日辉教授，中国科学院广州地球化学研究所宋之光研究员、卢鸿副研究员，成都理工大学李祥辉教授，中国科学院南京地质古生物研究所李罡副研究员。

主要内容：①“松科 1 井”南孔岩心的出芯、清洗、截断、扫描、存放与运输、复原与复位、入库到切分前的保管以及非常规测井内容的确定；②“松科 1 井”主孔井位问题；③ 钻井现场项目组人员安排问题；④ 钻前、钻后的记录与描述；⑤ 初始报告格式；⑥ 其他问题，包括 973 项目大庆办公室租房及其设备购买、钻井现场网络、岩心描述规范、取样问题、项目组现场工作人员意外伤害保险购买等。

产生的决议：

（1）现井位不能移动，设计井深由 1810m 改为 1780m，岩心取至 1764m，即嫩二段底界（1762m）打穿后再取 2m 岩心，然后再钻 16m 不取心（为测井留出空间）。

（2）岩心存放于研究院现 2 号与 3 号岩心库之间的岩心观察室，存放设备的制作与购买由王璞珺教授与大庆研究院岩心室人员协商解决，相关费用由 973 项目支付。

（3）岩心的扫描争取采用研究院给岩心库下生产任务单的方式，973 项目负责承担岩心库的场地占用费和工作人员补助费及雇工费。具体事宜责成王璞珺代表 973 项目组与大庆研究院（录井分公司）商讨解决，遇到问题及时与有关负责人沟通。

（4）钻井现场岩心存放于钻井公司提供的专用板房中（2006 年 4 月 24 日勘探分公司会议讨论解决），运输采用录井公司的岩心运输车，运输过程中采取何种保护措施，由 04 课题试验并反馈意见。

（5）岩心出筒人员由 973 项目组安排，并派出监督人，费用由 973 项目组承担。

（6）岩心用高压水蒸气清洗，横向截断采用现行的常规操作规程中的铁锤敲断方法。

（7）岩心的单筒次复原主要在现场完成，筒次间的对接复原要依靠成像测井、定向取心（每隔 50m 左右进行一次）和古地磁的方法实现。

（8）岩心入库到切分前，原则上任何人都不能动用岩心，无损探测和岩心观察也应当在岩心归位后进行。否则，难以做到岩心精确复原和归位。

（9）“松科 1 井”南孔非常规测井处理如下：①把 X-MAC 测井改为地层倾角测井；②其他非常规测井项目即斯伦贝谢电成像 FMI、ECS、伽马能谱测井都按原设计进行。

（10）03 课题组钻井现场需要 4~5 人（聘用现场地质总监、岩心描述，王璞珺和程日辉轮流到现场处理问题）。杨甘生等负责钻井工程的人员，也需要 2~3 人。

（11）研究院租房由黄清华办理；办公用电脑在北京购买后托运至大庆，网络和电话在大庆解决；岩心描述参照 IODP 记录全规范，颜色参照 GSA 标准；特殊取样必须有课题负责人或其指派的专人到场亲自取样，钻后常规取样由项目组统一安排；钻井现场 973 项目组工作人员以及所雇民工都要买意外伤害保险。

9. 松辽盆地科学钻探协调小组（项目内）第一次会议

时间：2006 年 6 月 12 日。

地点：中国地质大学（北京）。

参加人员：首席科学家王成善教授、03 课题负责人万晓樵教授、地质指挥王璞珺教授、工程指挥杨甘生教授、项目办李娟

主要内容：“松科 1 井”的准备工作，包括组织管理、经费预算、工程管理人员施工补贴、经费使用、“松科 1 井”两孔标识及“松科 1 井”两孔钻探相关问题。

产生的决议：

（1）建立协调制度。

（2）建立定编制度：① 科学指挥的职责；② 工程指挥的职责；③ 地质指挥的职责；④ 钻井监督的职责；⑤ 地质监督的职责；⑥岩心编录与精细描述人员职责。

（3）建立行文制度：① 科学钻探协调小组会议纪要；② 指挥通报；③ 传真要件。

（4）例会与日报制度。

（5）建立有关津贴和相关补助标准。享受津贴人员分三类：工程专职管理人员、外聘人员、在井场工作的研究生；补贴包括伙食补贴和电话费补贴。

（6）“松科 1 井”南孔钻探相关问题：① 岩心存放于大庆油田勘探开发研究院岩心库 1 号库和 2 号库之间的岩心观察室中，产生的一系列费用按相关规定办理；② 岩心出筒由钻井公司自行解决；③ 岩心切割暂缓；④ 岩心的复位由常规测井解决，岩心的复原通过古地磁、成像测井和定向取心解决，复原、复位问题 973 项目组将另聘请专门的人员完成；⑤ 岩心扫描地点由王璞珺调研后商讨决定。

（7）“松科 1 井”主孔钻探相关问题：① 录井由王璞珺调研了解情况后再定；② 完井后使用中国地质大学（北京）提供的 Geotech 仪器在研究院岩心库扫描岩心；③ 岩心切割暂缓；④ 雇用录井公司的槽子车运输岩心，王璞珺负责槽子车的租用及其费用预算；⑤“松科 1 井”主孔钻井现场 973 项目工作人员的食宿和现场岩心存放问题由 973 项目组与钻井队协调解决；⑥ 需订做双盒岩心盒 1000 个，费用由王璞珺老师调研后报相关负责人。

（8）经费使用问题：① 现场要建立经费保管、使用和批准制度；② 大宗经费支出超过一万元按上述的传真要件方式处理；③现场经费处理由工程指挥统一在学校借款和报销。

（9）标示问题：经与中国大陆科学钻探委员会商量，我们钻探标示为 CCSD-SK1（北井），CCSD-SK2（南井）。需马上启动礼品制作，由项目办负责。

10. 973 项目大庆工作会议

时间：2006 年 7 月 25 日。

地点：973 项目大庆办公室。

参加人员：973 项目首席科学家王成善教授，地质指挥王璞珺教授，工程指挥杨甘生教授、973 项目大庆办公室高有峰、王国栋、张静。

主要内容：① 拟定“松科 1 井”南孔开钻仪式；② 撰写培训教材；③ 973 项目大庆办公室布置；④ 聘请“松科 1 井”钻井监督、地质监督、测井专家；⑤ 井场人员意外伤害保险购买；⑥ 钻井现场通信。

产生的决议：① 拟定了“松科 1 井”南孔开钻仪式的初步方案；② 要求培训教材内容简要、细致，明确与钻探现场有关的一切事宜，可作为一本简明的查询手册；③ 973 项目大庆办公室布置，如门牌的制作、挂图、“松科 1 井”钻井进程表等；④ 钻井现场采用无线网卡上网；⑤ 现场经费运转采取计划用款制度，按季度作经费预算并上报项目办审批拨款，账目确定由张静统一管理；⑥ 聘请钻井监督、地质监督各一人，聘请测井专家吉林大学潘保芝教授；⑦ 统计项目组钻井现场人员（姓名、身份证号、单位），购买人身意外伤害保险。

11. “松科 1 井”南孔开钻典礼

时间：2006 年 8 月 18 日。

地点：“松科 1 井”南孔钻井现场。

参加人员：国土资源部党组成员、中国地质调查局局长、中国地质科学院院长、国际大陆科学钻探计划中国委员会主席孟宪来同志，大庆油田有限责任公司董事长、总经理王玉普同志，中国科学院院士、全国人大常委许志琴研究员，中国科学院院士、中国地质大学（武汉）殷鸿福教授，中国工程院院士、中国石油天然气集团公司顾问童晓光教授级高级工程师，中国地质大学（北京）校长吴淦国教授，973 项目首席科学家、中国地质大学（北京）王成善教授，大庆石油管理局局长助理、钻探集团总经理刘富，中国地质大学（北京）副校长王聪教授、雷涯邻教授，国际大陆科学钻探计划专家组专家、中国地质科学院杨经绥研究员，大庆油田有限责任公司副总工程师王玉华，大庆石油管理局钻探集团钻井一公司吴俊辉经理，大庆油田有限责任公司勘探部主任金成志、研究院总地质师吴河勇和勘探分公司总工程师、“松科 1 井”钻探总指挥孔凡军，973 项目组部分成员，以及大庆油田有限责任公司勘探开发研究院、大庆油田有限责任公司录井分公司 03 录井队和大庆石油管理局钻井一公司 30645 钻井队的相关人员。

参加单位：国土资源部、中国地质调查局、中国地质科学院、中国地质大学（北京）、中国地质大学（武汉）、吉林大学、成都理工大学、中国科学院广州地球化学研究所、国际大陆科学钻探计划中国委员会、中油集团股份有限公司、黑龙江省地质矿产勘查开发局、大庆石油管理局及大庆油田有限责任公司。

新闻媒体：新华通讯社、中央电视台、中央人民广播电台、科技日报、经济参考报、中国经济时报、科学时报、国土资源报、中国石油报及大庆市的各新闻单位。

孟宪来局长在讲话中认为“‘松科 1 井’工程在组织形式上，创造性地走了一条政、产、学、研有机结合的路子，这不仅对“松科 1 井”项目本身，而且对其他基础研究和科技创新项目的组织和实施，都具有重要的启示和有益的借鉴”。王玉普总经理说，这一研究项目的实施，不仅对于国际地学界了解白垩纪重大地质事件在陆相盆地中的作用，推动我国地球科学的发展具有重大的实践意义，而且对于我们进一步深化对松辽盆地的地质认识，提高综合地质研究水平，推进钻井和实验室分析测试技术的发展，密切同国内外专家的交流与协作，也将起到积极的促进作用，“实现大庆油田‘持续有效发展，创建百年油田’的发展目标，科技是关键、是支撑、是根本”。973 项目组首席科学家王成善教授，“我们项目全体成员将以最严谨的科学态度，最先进的科学方法，最严格的求实精神，既刻苦‘开钻’，又科学‘研究’，做好‘松科 1 井’的科学钻探工程及后期的研究工作，为建设‘百年大庆’奠定坚实的科学基础，为我国地球科学进入世界强国之列做出应有的贡献！”。

“‘松科 1 井’南孔”的顺利开钻标志着“973 白垩纪项目”进程向前迈进了一大步。

下午，在大庆油田有限责任公司研究院地物宾馆举行了“大庆油田科持续发展座谈会”。此外，在开钻典礼前一天，在大庆油田有限责任公司勘探开发研究院培训中心学术报告厅举行了“院士、专家学术报告”，许志琴、殷鸿福、童晓光三位院士分别作了题为“国际大陆科学钻探（IODP）与中国”、“地球生命学”和“国家石油公司国际化经营战略”的报告。

12. “松科 1 井”南孔钻井现场培训与协调工作会议

时间：2006 年 8 月 23 日。

地点：黑龙江省肇源县茂兴镇幸福村“松科 1 井”南孔井场驻地。

参加人员：孔凡军、张野、黄清华、党毅敏、王树学、王升永、白刚、辛明峰、袁福祥、何启儒、杨新斌、张玉泉、朱更新、刘玉胜、李金山、杨立文、李志运、韩连胜、申忠元、孙少亮、刘兴欣、张世忠、张健、高有峰、王国栋、林志强等。

参加单位：大庆油田勘探分公司、大庆油田研究院、大庆油田录井公司、大庆油田钻井一公司、辽河油田工程研究院和 973 项目组。

主要内容：进行“松科 1 井”钻井现场培训与钻井现场有关工作安排，主要包括五个方面内容，即

（1）由各单位负责人简要介绍“松科 1 井”前期准备工作落实情况及存留问题；

（2）“松科 1 井”钻井地质和钻井工程培训（973 项目组王国栋、林志强）；

（3）“松科 1 井”钻井特殊取心工艺培训（辽河油田杨立文副总工程师）；

（4）钻井一公司钻井施工井场材料与要求（钻井一公司杨新斌）；

（5）关于“松科 1 井”钻井施工总的要求（勘探分公司孔凡军副总工程师）。

产生的决议：

（1）建立“松科 1 井”钻井现场组织管理机构，明确职责。

（2）由钻井一公司负责编写“松科 1 井”钻井施工实施细则。

（3）由 973 项目组驻井场人员编写钻井取心设计计划，具体落实到每一筒。

（4）关于钻井生产运行，要形成班前会、日生产小结会和月度生产例会。日生产会后统一下达生产指令性计划，月度生产例会由孔凡军主持，根据需要在每个月的月末或月初在钻井现场召开，要求井场组织人员全部参加。

（5）实施钻井日报、周报汇报制度，周报要及时上报有关项目负责人。

（6）建立和完善相应的保密制度，加强对现场钻井取心资料、影像资料等的管理，未经相关技术负责人批准，不得擅自向外传播。

（7）建立和完善相应的安全保证措施，编制相应的应急遇案细则，实施应急遇案演练。

（8）建立“松科 1 井”南孔钻井施工现场组织机构明确各自职责，具体如下。

组长：孔凡军；

副组长：吴河勇、张书瑞、杨甘生；

成员（按姓氏笔画）：王升永、王国栋、王树学、王璞珺、冯子辉、申忠元、白刚、刘玉胜、刘兴欣、孙少亮、任延广、朱更新、何启儒、张世忠、张玉泉、张 建、张 野、李志运、李金山、杨立文、杨新斌、辛明峰、林志强、党毅敏、袁福祥、高有峰、黄清华、韩连胜；

联络员：黄清华、李金山。

13. “松科 1 井”北孔开钻

时间：2006 年 8 月 29 日。

地点：黑龙江省大庆市大同区小庙子屯东约 150m 处“松科 1 井”北孔钻井现场。

2006 年 8 月 29 日 19 时 16 分，“松科 1 井”北孔正式开钻，标志着“松科 1 井”钻井工程的全面启动。

钻井取心工程由河北廊坊勘探技术研究所组织实施，钻井队伍是河南省地质矿产勘查开发局第二水文地质工程地质队，录井队伍是大庆油田地质录井分公司资料采集一大队录井 34 队，泥浆工程由中国地质大学（武汉）负责，钻探技师来自安徽省地质矿产勘查局三二一地质队，973 项目组聘请了地质监督和工程监督各一位，聘请两位研究生负责现场岩心编录和工程记录。

14. “松科 1 井”大庆工作会议

时间：2006 年 10 月 11 日。

地点：大庆油田有限责任公司勘探开发研究院总师楼。

参加人员：项目首席科学家王成善教授，地质指挥王璞珺教授，工程指挥杨甘生教授， 大庆油田有限责任公司勘探开发研究院任延广副总地质师、冯子辉副总地质师、黄清华室工、党毅敏工程师，“松科 1 井”北孔钻井项目经理朱永宜、钻井监督李旭东。

主要内容：①“松科 1 井”北孔冬季施工可行性；②“松科 1 井”南孔完钻后初步工作安排；③“松科 1 井”取样方案制定安排；④“松科 1 井”南孔岩心剖切。

产生的决议：

（1）经讨论决定“松科 1 井”北孔冬季停工，停工时间在表层套管下完之后，针对“松科 1 井”北孔的停工，朱永宜经理应提供书面报告，经工程指挥杨甘生签字后，报“松科 1 井”钻探总指挥孔凡军总指挥。

（2）“松科 1 井”南孔时间进度安排：① 按目前进度，“松科 1 井”南孔预计在 11 月下旬完钻；② 到 12 月中旬“松科 1 井”南孔井场工作全部完成，包括测井；③ 到 1 月中、下旬“松科 1 井”南孔岩心扫描的初步工作基本完成；④ 1 月中、下旬“松科 1 井”南孔的全部岩心都以运到岩心库；⑤ 争取在 1 月中、下旬出一批测井曲线；⑥ 对于取样工作，1 月中、下旬 973 项目年会（常州会议）定最后方案；⑦ 取样与分样工作将在春节（2 月 18 日）前后进行。

（3）由地质指挥王璞珺先拟定一个取样的基本原则、规则和顺序，报项目首席科学家王成善教授和万晓樵教授修改，再由项目办发给各课题负责人。各课题负责人收到后将意见反馈给项目办，项目办返给王璞珺老师修改，然后在 1 月中、下旬 973 项目常州年会上详细讨论确定最终方案。

（4）初步确定使用与岩心直径匹配的半圆形模具（PVC 管即可），完整的岩心剖切完后将画方向线的一半直接放入模具中，饼状岩心用手提式切割机沿中线切割后放入模具，蒜瓣状岩心人工摆放到模具中注入胶合剂胶合。剖切完的岩心对剖切面全部剖光，然后连 PVC 管一起塑封，塑封采用热收缩包装机。“松科 1 井”南北两孔的岩心剖切均在岩心库进行。

15. “松科 1 井”钻井现场月度会议

时间：2006 年 10 月 15 日。

地点：黑龙江省肇源县茂兴镇幸福村“松科 1 井”南孔井场驻地。

参加人员：孔凡军、王璞珺、仇吉亮、申付成、杨春和、党毅敏、王升永、辛明峰、杨新斌、张玉泉、刘玉胜、李金山、张伟、李同润、李志远、孙少亮、张世忠、张建、王国栋、林志强等。

参加单位：大庆油田勘探分公司、大庆油田研究院、大庆油田录井公司、大庆油田钻井一公司、大庆油田钻井三公司、辽河油田工程研究院和 973 项目组。

主要内容：① 参加“松科 1 井”南孔钻探工程各单位代表进行月度工作总结及下一步工作安排发言；② 冬季安全施工问题；③ 项目组对前段工作的评价。

产生的决议：

（1）会议否决了井队提出的在地层比较好的层位用常规取心代替保形取心的方案，认为确保取心率是重中之重，应该严格按照设计执行。

（2）为了在严冬到来之前完钻，且减小工作强度，井队提出接单根的取心方案，会议讨论后认为在保证取心率的前提下可以试取，若成功则可以采用接单根的方式取心。

（3）井队提出针对不同的地层，采用适合的钻头提高取心速度，钻井三公司表示在设备的提供上会全力支持。

（4）对于项目组提出的荧光羧化微球示踪实验，现场技术人员通过讨论，一致认为“密闭取心方案”最佳，要求会后现场项目组驻井人员、钻井队技术人员、录井队技术人员共同拟定具体的实验方案和细节要求，提交项目组有关负责人审核通过后，以生产指令的形式下达。

（5）进入冬季，严格按照冬季施工规范执行，确保生产安全。

（6）为保证后续工作的顺利进行，提出了以下要求①继续高度重视，优先保证安全生产；②继续严格按设计要求，保证高质量、高水平；③保证安全的情况下积极推进施工进度；④搞好现场组织，协调工作，多沟通；⑤搞好施工总结，为了能使井队的各项记录符合科探井的记录规范，要求项目组在一周内拿出钻井现场记录的提纲和格式。

（7）项目组高度评价了工程的进展情况，提出了以下几点：① 取心率现在达到并超过项目组的要求，值得肯定；② 要认真总结工程施工情况，从技术上、管理上、人员素质上总结，可翻译成英文，公开的资料可以向国际上推广；③ 做好每天的工程总结和日常档案管理，所有岗位人员的都要有工作照，以后备用；④ 岩心一半放地质博物馆中，配套相关的研究资料；⑤ 现场取出的岩心尽最大可能保持前后不变，顺序不乱，有利于岩心的复原。

16. “松科 1 井”南孔完钻

时间：2006 年 11 月 4 日。

地点：黑龙江省肇源县茂兴镇幸福村“松科 1 井”南孔井场驻地。

主要内容：2006 年 11 月 3 日，“松科 1 井”南孔完成全部钻探取心任务，11 月 4 日全面钻进至 1935m 后提钻，进入测井阶段，标志着“松科 1 井”南孔钻探工程的结束。

自 2006 年 8 月 18 日钻探开始至 2006 年 11 月 4 日完钻，共计 79 天，“‘松科 1 井’南孔”完成了 104 筒取心，累计心长 944.23m，岩心累计收获率为 99.73%。其中常规取心 71 筒，心长共计 793.14m；定向取心 19 筒，心长共计 95.44m；保形取心 13 筒，心长共计 46.97m；密闭取心 1 筒，心长 8.68m。成功并超额完成设计取心任务。钻井现场全体工作人员为成功完成科学钻探任务举行了庆祝活动，并留影纪念。

17. “松科 1 井”北孔二开

时间：2007 年 4 月 10 日。

地点：黑龙江省大庆市大同区小庙子屯东约 150m 处“松科 1 井”北孔钻井现场。

主要内容：2007 年 4 月 10 日，“松科 1 井”北孔二开开始。进入 4 月上旬，大庆地区天气逐渐变暖，按照“‘松科 1 井’

北孔二开设计”，“松科1井”北孔如期二开。二开后的钻探取心工作较一开顺利，钻探取心的速度加快，同时单筒取心率也明显提高，主要是因为钻遇地层已经初步成岩。

18. “松科1井”北孔钻井现场会议

时间：2007年5月11日。

地点：黑龙江省大庆市大同区小庙子屯东约150m处“松科1井”北孔钻井现场。

参加人员：项目首席科学家王成善教授，大庆油田有限责任公司勘探开发研究院总地质师吴河勇、副总地质师任延广、冯子辉，03课题负责人万晓樵教授，“松科1井”工程总指挥孔凡军，“松科1井”地质指挥王璞珺教授，“松科1井”工程指挥杨甘生教授，“松科1井”北孔项目经理朱永宜教授级高工，地质录井分公司资料收集一大队副队长王成永，大庆油田资料室主任汪忠兴以及“松科1井”北孔钻井现场主要负责人。

主要内容：

（1）朱永宜经理介绍了“松科1井”北孔二开后的钻探取心情况，包括目前井深、取心率、液压出心、钻头结构改造等。

（2）王璞珺提出在岩心剖切后，将带标签和方向线的部分用于浇铸和保存，在U形槽内壁正下方画方向线（汪灵教授提出在U形槽制作中就可以将方向线印制上去），在另外2/3上重新画线。

（3）为了防止剖切过程中岩心的碎裂和便于剖切，吴河勇提出购买液氮（液氮钢瓶），进行冷冻切割，即岩心出筒后马上用购买的U形管扣住，液氮冷冻切割，让岩心室调研液氮的价格。

（4）为了减轻现场岩心切劈压力，吴河勇提出只有易碎岩心在现场剖切，其余岩心在完成扫描后再切，不一定在现场切。

（5）关于中途测井，吴河勇提出，若中途不测井，等到8月井壁质量太差了，不利于测井，也不符合测井的相关规定。中途测井一是有利于完整保存测井资料，二是通过测井资料来分析井壁情况，决定是否需要下套管。会议讨论决定：不论钻到什么层位，6月10日开始中途测井。

（6）责成汪灵尽快买到U形管，使岩心剖切工作尽快进行，有利于岩心的后期处理和保存。

19. “松科1井”北孔钻探工作会议

时间：2007年7月20日。

地点：大庆油田有限责任公司勘探开发研究院岩心资料室会议室。

参加人：王成善（973项目首席科学家）、任延广（研究院副总地质师）、王璞珺（“松科1井”地质指挥）、宋瑞宏（大庆石油管理局钻井研究院设计室主任）、王永吉（大庆石油管理局钻井研究院设计中心设计员）、李旭东（“松科1井”北孔钻井监督）、蔡记华（“松科1井”北孔泥浆研究人员）、高有峰（“松科1井”北孔岩心编录研究生）、王国栋（“松科1井”北孔岩心编录研究生）。

主要内容：①“松科1井”北孔钻探进展；②“松科1井”北孔钻探中存在的主要问题；③针对“松科1井”北孔目前的钻探情况、井壁条件，讨论是否下技术套管。

针对主要问题的具体讨论情况如下。截至2007年7月20日，“松科1井”北孔井深已达到1250m，测井已经完成，目前泥浆失水量还是比较高，钻速比较小。目前“松科1井”北孔钻井速度较慢，泥浆失水量较高，同时井壁存在掉块现象。对于上述问题，大庆油田钻井研究院设计室主任宋瑞宏提出了以下几个解决方案：①钻头质量问题，购买质量比较好的钻头，如川石等；②钻铤质量不够，加大钻铤质量，提高钻速；③泥浆失水量过高，应把泥浆的失水量控制在6%以下，才能保证井壁的稳定性；④泥浆排量太低，应提高泥浆排量；⑤泥浆密度太低，改变泥浆药品，提高泥浆密度。

测井过程中出现卡测井仪器的井段，通过对井径测井曲线与地层岩性的对比，认为出现卡钻具的情况，主要是由于砂岩段的径缩，通过对泥浆性能的改变、钻具组合的改进，基本可以解决目前遇到的问题，因此，宋瑞宏认为目前还没有到非下套管的时候。

产生的决议：通过以上问题的讨论，由王成善首席、任延广副总和王璞珺指挥讨论形成以下决议：①“松科 1 井”北孔目前还没有到非下套管的时候，首先应对泥浆性能、钻具组合进行改进；② 泥浆失水量降到 6%以下、密度在 1.18g/cm^3 以上，改进钻头，增加钻进速度；③ 2007 年必须完成“松科 1 井”北孔钻探取心任务，如不能完钻，执行合同相应条款；④ 对下套管的安全稳定性测算，同时对套管来源进行调查，即使下套管，也要保证合同中的施工工期；⑤ 基于泥浆、钻进等工程原因（如高失水量和泥浆比重过低对井壁有影响），如果下套管，费用应由甲方和乙方共同承担。

20. “松科 1 井”北孔完钻

时间：2007 年 10 月 23 日。

地点：黑龙江省大庆市大同区小庙子屯东约 150m 处“松科 1 井”北孔钻井现场。

参加人员：白垩纪 973 项目首席科学家王成善教授、大庆油田有限责任公司勘探开发研究院任延广副总地质师、“松科 1 井”工程指挥杨甘生教授、大庆油田有限责任公司地质录井分公司一大队单双东书记。参加此次开钻典礼的还有 973 项目组部分成员，大庆油田有限责任公司勘探开发研究院、大庆油田有限责任公司录井分公司一大队 34 录井小队、负责钻井工程的国土资源部勘探技术研究所和河南地质矿产局第二水文地质工程队的相关人员。

主要内容：2007 年 10 月 23 日，“松科 1 井”北孔完成全部钻探取心任务。

松科 1 井北孔自 2006 年 8 月 29 日开钻，于 2006 年 10 月 23 日一开完钻，2007 年 4 月 10 日二开，于 2007 年 10 月 22 日二开完钻，完成全部设计取心任务。完钻井深为 1811.18m，一开共完成 90 回次取心，进尺为 80.23m，心长为 66.71m，取心收获率为 83.15%，二开共完成 285 回次取心，进尺为 1550.18m，心长 1474.95m，收获率为 95.15%，综合一开、二开的总取心进尺为 1630.41m，总心长为 1541.66m，总收获率为 94.56%，高于设计的 90%。“松科 1 井”北孔取泰康组底部至嫩一段顶部的所有地层，由下而上依次是嫩一段顶部、嫩二段、嫩三段、嫩四段、嫩五段、四方台组、明水组和泰康组底部。

首席科学家王成善教授表示“松科 1 井”北孔的完钻标志着整个“松科 1 井”钻探工程的胜利完成，并对参与“松科 1 井”

北孔钻探施工的各单位与成员表示感谢。“松科 1 井”所获得的连续岩心为白垩纪 973 项目提供了丰富的研究资料，项目组相关人员正认真开展钻探结束后岩心保存和取样等工作，为后续的研究打好基础。

完钻典礼结束后王成善教授和杨甘生教授代表 973 项目组对参与“松科 1 井”北孔钻探的所有钻井和录井人员进行慰问，赠送了慰问品并留影纪念。

附录 2 “松科 1 井”南孔取心情况表

筒次	井段 /m	层位	取心工艺	进尺 /m	心长 /m	单筒收获率 /%	累计进尺（不包括试取）/m	累计心长（不包括试取）/m	累计收获率（不包括试取）/%
试 1	955.00 ~ 959.70	嫩二段	常规	4.7	3.21	68.3			
试 2	959.70 ~ 963.58	嫩二段	保形	3.88	5.05	130.15			
试 3	963.58 ~ 967.96	嫩二段	定向	4.38	0	0			
试 4	967.96 ~ 968.17	嫩二段	保形	0.21	4.55	2166.7			
1	968.17 ~ 968.27	嫩二段	定向	0.1	0	0	0.1	0	0
2	968.27 ~ 971.76	嫩二段	定向	3.49	0	0	3.59	0	0
3	961.76 ~ 972.26	嫩二段	保形	0.5	4.09	818	4.09	4.09	100
4	972.26 ~ 981.27	嫩二段	常规	9.01	8.62	95.67	13.1	12.71	97.02
5	981.27 ~ 991.07	嫩二段	常规	9.8	10.19	103.98	22.9	22.9	100
6	991.07 ~ 1000.62	嫩二段	常规	9.55	9.55	100	32.45	32.45	100
7	1000.62 ~ 1011.86	嫩二段	常规	11.24	11.24	100	43.69	43.69	100
8	1011.86 ~ 1022.50	嫩一、二段	常规	10.64	10.49	98.59	54.33	54.18	99.72
9	1022.50 ~ 1025.13	嫩一段	定向	2.63	2.63	100	56.96	56.81	99.74
10	1025.13 ~ 1035.96	嫩一段	常规	10.83	5.19	47.92	67.79	62	91.46
11	1035.96 ~ 1036.28	嫩一段	常规	0.32	4.09	1278.13	68.11	66.09	97.03
12	1036.28 ~ 1048.24	嫩一段	常规	11.96	12.11	101.3	80.07	78.2	97.66
13	1048.24 ~ 1060.25	嫩一段	常规	12.01	12.01	100	92.08	90.21	97.97
14	1060.25 ~ 1065.19	嫩一段	保形	4.94	4.94	100	97.02	95.15	98.07
15	1065.19 ~ 1069.21	嫩一段	保形	4.02	4.02	100	101.04	99.17	98.15
16	1069.21 ~ 1074.32	嫩一段	保形	5.11	5.11	100	106.15	104.28	98.24
17	1074.32 ~ 1078.82	嫩一段	保形	4.5	4.5	100	110.65	108.78	98.31

续表

筒次	井段 /m	层位	取心工艺	进尺 /m	心长 /m	单筒收获率 / %	累计进尺（不包括试取）/m	累计心长（不包括试取）/m	累计收获率（不包括试取）/%
18	1078.82 ~ 1083.50	嫩一段	保形	4.68	4.68	100	115.33	113.46	98.38
19	1083.50 ~ 1087.96	嫩一段	保形	4.46	4.46	100	119.79	117.92	98.44
20	1087.96 ~ 1092.54	嫩一段	保形	4.58	4.58	100	124.37	122.5	98.5
21	1092.54 ~ 1097.12	嫩一段	保形	4.58	4.58	100	128.95	127.08	98.55
22	1097.12 ~ 1100.57	嫩一段	保形	3.45	3.45	100	132.4	130.53	98.69
23	1100.57 ~ 1105.14	嫩一段	定向	4.57	3.35	73.3	136.97	133.88	97.71
24	1105.14 ~ 1105.24	嫩一段	保形	0.1	0.67	670	137.07	134.55	98.16
25	1105.24 ~ 1116.22	嫩一段	常规	10.98	10.98	100	148.05	145.53	98.3
26	1116.22 ~ 1127.33	姚二、三段	常规	11.11	11.11	100	159.64	156.64	98.42
27	1127.33 ~ 1139.54	姚二、三段	常规	12.21	12.21	100	171.37	168.85	98.53
28	1139.54 ~ 1150.54	姚二、三段	常规	11	11	100	182.37	179.85	98.62
29	1150.54 ~ 1153.42	姚二、三段	定向	2.88	2.7	98.75	185.25	182.55	98.54
30	1153.42 ~ 1165.25	姚二、三段	常规	11.83	11.95	101.01	197.08	194.5	98.69
31	1165.25 ~ 1169.92	姚二、三段	常规	4.67	4.67	100	201.75	199.17	98.72
32	1169.92 ~ 1181.35	姚二、三段	常规	11.43	11.43	100	213.18	210.6	98.79
33	1181.35 ~ 1188.13	姚二、三段	常规	6.78	6.78	100	219.96	217.38	98.83
34	1188.13 ~ 1200.72	姚二、三段	常规	12.59	12.4	98.49	232.55	229.78	98.81
35	1200.72 ~ 1204.76	姚二、三段	定向	4.04	4.22	104.46	236.59	234	98.91
36	1204.76 ~ 1215.51	姚二、三段	常规	10.75	10.75	100	247.34	244.75	98.95
37	1215.51 ~ 1227.04	姚二、三段	常规	11.53	11.53	100	258.87	256.28	99

续表

筒次	井段 /m	层位	取心工艺	进尺 /m	心长 /m	单筒收获率 / %	累计进尺（不包括试取）/m	累计心长（不包括试取）/m	累计收获率（不包括试取）/%
38	1227.04 ~ 1238.84	姚二、三段	常规	11.8	11.8	100	270.67	268.08	99.04
39	1238.84 ~ 1249.95	姚二、三段	常规	11.11	11.11	100	281.78	279.19	99.08
40	1249.95 ~ 1256.53	姚一段	定向	6.58	6.58	100	288.36	285.77	99.1
41	1256.53 ~ 1268.51	姚一段	常规	11.98	11.98	100	300.24	297.75	99.14
42	1268.51 ~ 1280.85	姚一段	常规	12.34	12.34	100	312.68	310.09	99.17
43	1280.85 ~ 1292.63	青二、三段	常规	11.78	11.78	100	324.46	321.87	99.2
44	1292.63 ~ 1304.50	青二、三段	常规	11.87	11.87	100	336.33	333.74	99.23
45	1304.50 ~ 1310.00	青二、三段	常规	5.5	5.5	100	341.83	339.24	99.24
46	1310.00 ~ 1315.00	青二、三段	定向	5	5	100	346.83	344.24	99.25
47	1315.00 ~ 1327.02	青二、三段	常规	12.02	12.02	100	358.85	356.26	99.28
48	1327.02 ~ 1339.03	青二、三段	常规	12.01	12.01	100	370.86	368.27	99.3
49	1339.03 ~ 1356.21	青二、三段	常规	17.18	16.2	94.3	388.04	384.47	99.08
50	1356.21 ~ 1361.84	青二、三段	定向	5.63	6.6	117.23	393.67	391.07	99.34
51	1361.84 ~ 1373.77	青二、三段	常规	11.93	11.93	100	405.6	403	99.36
52	1373.77 ~ 1386.14	青二、三段	常规	12.37	12.37	100	417.97	415.37	99.38
53	1386.14 ~ 1398.16	青二、三段	常规	12.02	12.02	100	429.99	427.39	99.4
54	1398.16 ~ 1410.42	青二、三段	常规	12.26	12.26	100	442.25	439.65	99.41
55	1410.42 ~ 1416.93	青二、三段	定向	6.51	6.51	100	448.76	446.16	99.42
56	1416.93 ~ 1429.05	青二、三段	常规	12.12	12.12	100	460.88	458.28	99.44
57	1429.05 ~ 1441.41	青二、三段	常规	12.36	12.36	100	473.24	470.64	99.45
58	1441.41 ~ 1453.69	青二、三段	常规	12.28	12.28	100	485.52	482.92	99.46

续表

筒次	井段 /m	层位	取心工艺	进尺 /m	心长 /m	单筒收获率 / %	累计进尺（不包括试取）/m	累计心长（不包括试取）/m	累计收获率（不包括试取）/%
59	1453.69 ~ 1464.48	青二、三段	常规	10.79	10.79	100	496.31	493.71	99.48
60	1464.48 ~ 1471.24	青二、三段	定向	6.76	6.76	100	503.07	500.47	99.48
61	1471.24 ~ 1483.55	青二、三段	常规	12.31	12.31	100	515.38	512.78	99.5
62	1483.55 ~ 1496.09	青二、三段	常规	12.54	12.54	100	527.92	525.32	99.51
63	1496.09 ~ 1508.09	青二、三段	常规	12	12	100	539.92	537.32	99.52
64	1508.09 ~ 1516.39	青二、三段	常规	8.3	8.3	100	548.22	545.62	99.53
65	1516.39 ~ 1523.23	青二、三段	定向	6.84	6.84	100	555.06	552.46	99.53
66	1523.23 ~ 1535.55	青二、三段	常规	12.32	12.32	100	567.38	564.78	99.54
67	1535.55 ~ 1547.78	青二、三段	常规	12.23	12.23	100	579.61	577.01	99.55
68	1547.78 ~ 1560.38	青二、三段	常规	12.6	12.6	100	592.21	589.61	99.56
69	1560.38 ~ 1569.34	青二、三段	常规	8.96	8.96	100	601.17	598.57	99.57
70	1569.34 ~ 1576.07	青二、三段	定向	6.73	6.73	100	607.9	605.3	99.57
71	1576.07 ~ 1588.23	青二、三段	常规	12.13	12.13	100	620.06	617.46	99.58
72	1588.23 ~ 1598.23	青二、三段	常规	12.16	12.16	100	630.06	627.46	99.59
73	1598.23 ~ 1610.49	青二、三段	常规	12.26	12.26	100	642.32	639.73	99.6
74	1610.49 ~ 1620.97	青二、三段	常规	10.48	10.48	100	652.8	650.2	99.6
75	1620.97 ~ 1627.69	青二、三段	定向	6.72	6.72	100	659.52	656.92	99.61
76	1627.69 ~ 1639.11	青二、三段	常规	11.42	11.42	100	670.94	668.34	99.61
77	1639.11 ~ 1646.01	青二、三段	常规	6.9	6.9	100	677.84	675.24	99.62
78	1646.01 ~ 1647.10	青二、三段	保形	1.09	1.09	100	678.93	676.33	99.62
79	1647.10 ~ 1659.10	青二、三段	常规	12	10.4	100	690.93	686.733	99.62

附录 3 “松科 1 井”北孔取心情况表

筒次	井段 /m	层位	取心工艺	进尺 /m	心长 /m	单筒收获率 /%	累计进尺 /m	累计心长 /m	累计收获率 /%
1	163.28 ~ 165.31	泰康组	保形取心	0.54	0.54	100.00	0.54	0.54	100.00
2	165.31 ~ 165.85	泰康组	保形取心	0.54	0.40	74.07	1.08	0.94	87.04
3	165.85 ~ 166.95	泰康组	保形取心	1.10	0.60	54.55	2.18	1.54	70.64
4	166.95 ~ 167.87	泰康组	常规取心	0.92	0.92	100.00	3.10	2.46	79.35
5	167.87 ~ 168.70	泰康组	常规取心	0.83	0.50	60.24	3.93	2.96	75.32
6	168.70 ~ 169.36	泰康组	常规取心	0.66	0.62	93.94	4.59	3.58	78.00
7	169.36 ~ 170.19	泰康组	常规取心	0.83	0.83	100.00	5.42	4.41	81.37
8	170.19 ~ 171.09	泰康组	常规取心	0.90	0.64	71.11	6.32	5.05	79.91
9	171.09 ~ 172.27	泰康组	保形取心	1.18	0.60	50.85	7.50	5.65	75.33
10	172.27 ~ 173.01	泰康组	保形取心	0.74	0.70	94.59	8.24	6.35	77.06
11	173.01 ~ 173.53	泰康组	保形取心	0.52	0.52	100.00	8.76	6.87	78.42
12	173.53 ~ 174.70	泰康组	保形取心	1.17	1.17	100.00	9.93	8.04	80.97
13	174.70 ~ 175.25	泰康组	保形取心	0.55	0.50	90.91	10.48	8.54	81.49
14	175.25 ~ 176.18	泰康组	保形取心	0.93	0.93	100.00	11.41	9.47	83.00
15	176.18 ~ 177.44	泰康组	保形取心	1.26	0	0	12.67	9.47	74.74
16	177.44 ~ 177.96	泰康组	保形取心	0.52	1.78	342.31	13.19	11.25	85.29
17	177.96 ~ 179.16	泰康组	保形取心	1.20	0.60	50.00	14.39	11.85	82.35
18	179.16 ~ 179.72	泰康组	保形取心	0.56	0.56	100.00	14.95	12.41	83.01
19	179.72 ~ 180.30	泰康组	保形取心	0.58	0.45	77.59	15.53	12.86	82.81
20	180.30 ~ 180.57	泰康组	保形取心	0.27	0.27	100.00	15.80	13.13	83.10
21	180.57 ~ 181.26	泰康组	保形取心	0.69	0.66	95.65	16.49	13.79	83.63

续表

筒次	井段 /m	层位	取心工艺	进尺 /m	心长 /m	单筒收获率 /%	累计进尺 /m	累计心长 /m	累计收获率 /%
22	181.26 ~ 182.32	泰康组	保形取心	1.06	1.06	100.00	17.55	14.85	84.62
23	182.32 ~ 183.62	泰康组	保形取心	1.30	1.30	100.00	18.85	16.15	85.68
24	183.62 ~ 184.71	泰康组	保形取心	1.09	1.03	94.50	19.94	17.18	86.16
25	184.71 ~ 186.08	泰康组	保形取心	1.37	0.38	27.74	21.31	17.56	82.40
26	186.08 ~ 187.35	泰康组	保形取心	1.27	1.23	96.85	22.58	18.79	83.22
27	187.35 ~ 188.14	泰康组	保形取心	0.79	0.46	58.23	23.37	19.25	82.37
28	188.14 ~ 188.80	泰康组	保形取心	0.66	0	0	24.03	19.25	80.11
29	188.80 ~ 189.46	泰康组	保形取心	0.66	0.65	98.48	24.69	19.90	80.60
30	189.46 ~ 189.88	泰康组	保形取心	0.42	0	0	25.11	19.90	79.25
31	189.88 ~ 190.22	泰康组	保形取心	0.34	0.45	132.35	25.45	20.35	79.96
32	190.22 ~ 191.22	泰康组	保形取心	1.00	0.89	89.00	26.45	21.24	80.30
33	191.22 ~ 192.20	泰康组	保形取心	0.98	0.60	61.22	27.43	21.84	79.62
34	192.2 ~ 192.99	泰康组	保形取心	0.79	0.80	101.27	28.22	22.64	80.23
35	192.99 ~ 193.54	泰康组	保形取心	0.55	0.50	90.91	28.77	23.14	80.43
36	193.54 ~ 194.41	泰康组	保形取心	0.87	0.44	50.57	29.64	23.58	79.55
37	194.41 ~ 194.69	泰康组	保形取心	0.28	0	0	29.92	23.58	78.81
38	194.69 ~ 195.52	泰康组	保形取心	0.83	1.32	159.04	30.75	24.90	80.98
39	195.52 ~ 196.55	泰康组	保形取心	1.03	0.63	61.17	31.78	25.53	80.33
40	196.55 ~ 197.52	泰康组	保形取心	0.97	0.32	32.99	32.75	25.85	78.93
41	197.52 ~ 198.05	泰康组	保形取心	0.53	0.53	100.00	33.28	26.38	79.27
42	198.05 ~ 198.69	泰康组	保形取心	0.64	0.64	100.00	33.92	27.02	79.66

续表

筒次	井段 /m	层位	取心工艺	进尺 /m	心长 /m	单筒收获率 /%	累计进尺 /m	累计心长 /m	累计收获率 /%
43	198.69 ~ 199.44	泰康组	保形取心	0.75	0.49	65.33	34.67	27.51	79.35
44	199.44 ~ 200.36	泰康组	保形取心	0.92	0.88	95.65	35.59	28.39	79.77
45	200.36 ~ 201.34	泰康组	保形取心	0.98	0.93	94.90	36.57	29.32	80.18
46	201.34 ~ 201.88	泰康组	保形取心	0.54	0.39	72.22	37.11	29.71	80.06
47	201.88 ~ 202.77	泰康组	保形取心	0.89	0.89	100.00	38.00	30.60	80.53
48	202.77 ~ 203.74	泰康组	保形取心	0.97	0.97	100.00	38.97	31.57	81.01
49	203.74 ~ 204.81	泰康组	保形取心	1.07	0.80	74.77	40.04	32.37	80.84
50	204.81 ~ 205.88	泰康组	保形取心	1.07	1.07	100.00	41.11	33.44	81.34
51	205.88 ~ 207.07	泰康组	保形取心	1.19	1.19	100.00	42.30	34.63	81.87
52	207.07 ~ 208.24	泰康组	保形取心	1.17	1.17	100.00	43.47	35.80	82.36
53	208.24 ~ 209.43	泰康组	保形取心	1.19	0.77	64.71	44.66	36.57	81.89
54	209.43 ~ 210.28	泰康组	保形取心	0.85	0.25	29.41	45.51	36.82	80.91
55	210.28 ~ 210.51	泰康组	保形取心	0.23	0	0	45.74	36.82	80.50
56	210.51 ~ 210.57	泰康组	保形取心	0.06	0.69	1150.00	45.80	37.51	81.90
57	210.57 ~ 210.93	明二段	保形取心	0.36	0	0	46.16	37.51	81.26
58	210.93 ~ 211.44	明二段	保形取心	0.51	0.78	152.94	46.67	38.29	82.04
59	211.44 ~ 212.48	明二段	保形取心	1.04	0	0	47.71	38.29	80.26
60	212.48 ~ 213.03	明二段	常规取心	0.55	0.87	158.18	48.26	39.16	81.14
61	213.03 ~ 214.33	明二段	常规取心	1.30	0	0	49.56	39.16	79.02
62	214.33 ~ 214.62	明二段	常规取心	0.29	1.59	548.28	49.85	40.75	81.75
63	214.62 ~ 216.01	明二段	保形取心	1.39	0	0	51.24	40.75	79.53

续表

筒次	井段 /m	层位	取心工艺	进尺 /m	心长 /m	单筒收获率 /%	累计进尺 /m	累计心长 /m	累计收获率 /%
64	216.01 ~ 216.48	明二段	常规取心	0.47	1.40	297.87	51.71	42.15	81.51
65	216.48 ~ 217.52	明二段	保形取心	1.04	0.70	67.31	52.75	42.85	81.23
66	217.52 ~ 218.58	明二段	保形取心	1.06	1.40	132.08	53.81	44.25	82.23
67	218.58 ~ 220.09	明二段	保形取心	1.51	1.15	76.16	55.32	45.40	82.07
68	220.09 ~ 221.29	明二段	保形取心	1.20	1.40	116.67	56.52	46.80	82.80
69	221.29 ~ 222.85	明二段	保形取心	1.56	1.56	100.00	58.08	48.36	83.26
70	222.85 ~ 224.62	明二段	保形取心	1.77	0	0	59.85	48.36	80.80
71	224.62 ~ 225.02	明二段	常规取心	0.40	1.56	390.00	60.25	49.92	82.85
72	225.02 ~ 226.36	明二段	保形取心	1.34	1.58	117.91	61.59	51.50	83.62
73	226.36 ~ 227.59	明二段	保形取心	1.23	1.23	100.00	62.82	52.73	83.94
74	227.59 ~ 229.19	明二段	保形取心	1.60	1.60	100.00	64.42	54.33	84.34
75	229.19 ~ 231.12	明二段	保形取心	1.93	1.00	51.81	66.35	55.33	83.39
76	231.12 ~ 232.09	明二段	保形取心	0.97	1.27	130.93	67.32	56.60	84.08
77	232.09 ~ 233.56	明二段	保形取心	1.47	0	0	68.79	56.60	82.28
78	233.56 ~ 233.85	明二段	常规取心	0.29	0	0	69.08	56.60	81.93
79	233.85 ~ 234.24	明二段	常规取心	0.39	0.51	130.77	69.47	57.11	82.21
80	234.24 ~ 234.79	明二段	常规取心	0.55	0.42	76.36	70.02	57.53	82.16
81	234.79 ~ 235.78	明二段	常规取心	0.99	1.12	113.13	71.01	58.65	82.59
82	235.78 ~ 236.98	明二段	常规取心	1.20	1.10	91.67	72.21	59.75	82.74
83	236.98 ~ 237.35	明二段	常规取心	0.37	0.47	127.03	72.58	60.22	82.97
84	237.35 ~ 238.15	明二段	常规取心	0.80	0.73	91.25	73.38	60.95	83.06

续表

筒次	井段 /m	层位	取心工艺	进尺 /m	心长 /m	单筒收获率 /%	累计进尺 /m	累计心长 /m	累计收获率 /%
85	238.15 ~ 239.18	明二段	常规取心	1.03	0.53	51.46	74.41	61.48	82.62
86	239.18 ~ 240.04	明二段	常规取心	0.86	0.80	93.02	75.27	62.28	82.74
87	240.04 ~ 241.23	明二段	常规取心	1.19	1.19	100.00	76.46	63.47	83.01
88	241.23 ~ 242.73	明二段	常规取心	1.50	1.23	82.00	77.96	64.70	82.99
89	242.73 ~ 244.00	明二段	常规取心	1.27	0.90	70.87	79.23	65.60	82.80
90	244.00 ~ 245.00	明二段	常规取心	1.00	1.11	111.00	80.23	66.71	83.15
91	245.00 ~ 245.82	明二段	常规取心	0.82	0	0	81.05	66.71	82.31
92	245.82 ~ 245.92	明二段	常规取心	0.10	0.90	900.00	81.15	67.61	83.31
93	245.92 ~ 247.42	明二段	常规取心	1.50	1.49	99.33	82.65	69.10	83.61
94	247.42 ~ 248.79	明二段	常规取心	1.37	1.36	99.27	84.02	70.46	83.86
95	248.79 ~ 251.04	明二段	常规取心	2.25	2.18	96.89	86.27	72.64	84.20
96	251.04 ~ 256.18	明二段	常规取心	5.14	5.04	98.05	91.41	77.68	84.98
97	256.18 ~ 258.08	明二段	保形取心	1.90	1.80	94.74	93.31	79.48	85.18
98	258.08 ~ 260.24	明二段	保形取心	2.16	2.16	100.00	95.47	81.64	85.51
99	260.24 ~ 262.43	明二段	常规取心	2.19	2.16	98.63	97.66	83.80	85.81
100	262.43 ~ 266.35	明二段	常规取心	3.92	3.80	96.94	101.58	87.60	86.24
101	266.35 ~ 271.49	明二段	常规取心	5.14	5.10	99.22	106.72	92.70	86.86
102	271.49 ~ 273.83	明二段	常规取心	2.34	2.30	98.29	109.06	95.00	87.11
103	273.83 ~ 281.61	明二段	常规取心	7.78	7.78	100.00	116.84	102.78	87.97
104	281.61 ~ 287.20	明二段	常规取心	5.59	1.20	21.47	122.43	103.98	84.93
105	287.20 ~ 287.81	明二段	常规取心	0.61	0.70	114.75	123.04	104.68	85.08

续表

筒次	井段 /m	层位	取心工艺	进尺 /m	心长 /m	单筒收获率 /%	累计进尺 /m	累计心长 /m	累计收获率 /%
106	287.81 ~ 293.49	明二段	常规取心	5.68	5.83	102.64	128.72	110.51	85.85
107	293.49 ~ 300.28	明二段	常规取心	6.79	6.70	98.67	135.51	117.21	86.50
108	300.28 ~ 303.25	明二段	常规取心	2.97	2.97	100.00	138.48	120.18	86.79
109	303.25 ~ 309.51	明二段	常规取心	6.26	6.00	95.85	144.74	126.18	87.18
110	309.51 ~ 313.53	明二段	常规取心	4.02	4.02	100.00	148.76	130.20	87.52
111	313.53 ~ 319.26	明二段	常规取心	5.73	4.77	83.25	154.49	134.97	87.36
112	319.26 ~ 325.44	明二段	常规取心	6.18	5.26	85.11	160.67	140.23	87.28
113	325.44 ~ 329.06	明二段	常规取心	3.62	2.28	62.98	164.29	142.51	86.74
114	329.06 ~ 329.42	明二段	常规取心	0.36	1.60	444.44	164.65	144.11	87.53
115	329.42 ~ 330.01	明二段	常规取心	0.59	0.68	115.25	165.24	144.79	87.62
116	330.01 ~ 333.49	明二段	常规取心	3.48	3.62	104.02	168.72	148.41	87.96
117	333.49 ~ 334.27	明二段	常规取心	0.78	0.32	41.03	169.50	148.73	87.75
118	334.27 ~ 339.95	明二段	常规取心	5.68	3.62	63.73	175.18	152.35	86.97
119	339.95 ~ 340.27	明二段	常规取心	0.32	2.27	709.38	175.50	154.62	88.10
120	340.27 ~ 348.22	明二段	常规取心	7.95	8.05	101.26	183.45	162.67	88.67
121	348.22 ~ 348.98	明二段	常规取心	0.76	0.45	59.21	184.21	163.12	88.55
122	348.98 ~ 353.36	明二段	常规取心	4.38	3.94	89.95	188.59	167.06	88.58
123	353.36 ~ 361.27	明二段	常规取心	7.91	8.24	104.17	196.50	175.30	89.21
124	361.27 ~ 363.80	明二段	常规取心	2.53	1.74	68.77	199.03	177.04	88.95
125	363.80 ~ 368.64	明二段	常规取心	4.84	2.87	59.30	203.87	179.91	88.25
126	368.64 ~ 369.93	明二段	常规取心	1.29	0.62	48.06	205.16	180.53	87.99

续表

筒次	井段 /m	层位	取心工艺	进尺 /m	心长 /m	单筒收获率 /%	累计进尺 /m	累计心长 /m	累计收获率 /%
127	369.93 ~ 372.56	明二段	常规取心	2.63	3.00	114.07	207.79	183.53	88.32
128	372.56 ~ 378.83	明二段	常规取心	6.27	4.53	72.25	214.06	188.06	87.85
129	378.83 ~ 380.96	明二段	常规取心	2.13	1.46	68.54	216.19	189.52	87.66
130	380.96 ~ 385.78	明二段	常规取心	4.82	3.41	70.75	221.01	192.93	87.29
131	385.78 ~ 385.83	明二段	常规取心	0.05	0.15	300.00	221.06	193.08	87.34
132	385.83 ~ 393.88	明二段	常规取心	8.05	7.80	96.89	229.11	200.88	87.68
133	393.88 ~ 400.05	明二段	常规取心	6.17	6.23	100.97	235.28	207.11	88.03
134	400.05 ~ 408.11	明二段	常规取心	8.06	6.90	85.61	243.34	214.01	87.95
135	408.11 ~ 414.61	明二段	常规取心	6.50	6.90	106.15	249.84	220.91	88.42
136	414.61 ~ 417.54	明二段	常规取心	2.93	1.70	58.02	252.77	222.61	88.07
137	417.54 ~ 425.44	明二段	常规取心	7.90	8.44	106.84	260.67	231.05	88.64
138	425.44 ~ 433.84	明二段	常规取心	8.40	8.49	101.07	269.07	239.54	89.03
139	433.84 ~ 441.75	明二段	常规取心	7.91	7.30	92.29	276.98	246.84	89.12
140	441.75 ~ 445.01	明二段	常规取心	3.26	3.00	92.02	280.24	249.84	89.15
141	445.01 ~ 445.38	明二段	常规取心	0.37	0.33	89.19	280.61	250.17	89.15
142	445.38 ~ 449.58	明二段	常规取心	4.20	1.50	35.71	284.81	251.67	88.36
143	449.58 ~ 455.59	明二段	常规取心	6.01	6.38	106.16	290.82	258.05	88.73
144	455.59 ~ 461.26	明二段	常规取心	5.67	5.20	91.71	296.49	263.25	88.79
145	461.26 ~ 463.38	明二段	常规取心	2.12	1.56	73.58	298.61	264.81	88.68
146	463.38 ~ 465.82	明二段	常规取心	2.44	3.09	126.64	301.05	267.90	88.99
147	465.82 ~ 468.18	明二段	保形取心	2.36	1.32	55.93	303.41	269.22	88.73

续表

筒次	井段 /m	层位	取心工艺	进尺 /m	心长 /m	单筒收获率 /%	累计进尺 /m	累计心长 /m	累计收获率 /%
148	468.18 ~ 468.32	明二段	常规取心	0.14	0	0	303.55	269.22	88.69
149	468.32 ~ 472.53	明二段	常规取心	4.21	3.96	94.06	307.76	273.18	88.76
150	472.53 ~ 479.31	明二段	常规取心	6.78	6.93	102.21	314.54	280.11	89.05
151	479.31 ~ 481.13	明二段	常规取心	1.82	1.92	105.49	316.36	282.03	89.15
152	481.13 ~ 483.71	明二段	常规取心	2.58	0	0	318.94	282.03	88.43
153	483.71 ~ 483.84	明二段	常规取心	0.13	2.46	1892.31	319.07	284.49	89.16
154	483.84 ~ 491.33	明二段	常规取心	7.49	7.74	103.34	326.56	292.23	89.49
155	491.33 ~ 499.20	明二段	常规取心	7.87	7.50	95.30	334.43	299.73	89.62
156	499.20 ~ 507.20	明二段	常规取心	8.00	8.00	100.00	342.43	307.73	89.87
157	507.20 ~ 514.71	明二段	常规取心	7.51	2.90	38.62	349.94	310.63	88.77
158	514.71 ~ 514.99	明二段	常规取心	0.28	2.20	785.71	350.22	312.83	89.32
159	514.99 ~ 516.71	明二段	常规取心	1.72	1.46	84.88	351.94	314.29	89.30
160	516.71 ~ 524.42	明二段	常规取心	7.71	7.27	94.29	359.65	321.56	89.41
161	524.42 ~ 531.61	明二段	常规取心	7.19	7.39	102.78	366.84	328.95	89.67
162	531.61 ~ 539.67	明二段	常规取心	8.06	7.50	93.05	374.90	336.45	89.74
163	539.67 ~ 546.98	明二段	常规取心	7.31	8.45	115.60	382.21	344.90	90.24
164	546.98 ~ 550.58	明二段	常规取心	3.60	2.90	80.56	385.81	347.80	90.15
165	550.58 ~ 557.96	明二段	常规取心	7.38	7.78	105.42	393.19	355.58	90.43
166	557.96 ~ 564.46	明二段	常规取心	6.50	6.61	101.69	399.69	362.19	90.62
167	564.46 ~ 572.58	明二段	常规取心	8.12	8.07	99.38	407.81	370.26	90.79
168	572.58 ~ 581.10	明二段	常规取心	8.52	8.56	100.47	416.33	378.82	90.99

续表

筒次	井段 /m	层位	取心工艺	进尺 /m	心长 /m	单筒收获率 /%	累计进尺 /m	累计心长 /m	累计收获率 /%
169	581.10 ~ 588.90	明二段	常规取心	7.80	7.80	100.00	424.13	386.62	91.16
170	588.90 ~ 596.72	明二段	常规取心	7.82	6.50	83.12	431.95	393.12	91.01
171	596.72 ~ 603.71	明二段	常规取心	6.99	6.25	89.41	438.94	399.37	90.99
172	603.71 ~ 609.09	明二段	常规取心	5.38	5.38	100.00	444.32	404.75	91.09
173	609.09 ~ 616.78	明二段	常规取心	7.69	7.29	94.80	452.01	412.04	91.16
174	616.78 ~ 625.30	明二段	常规取心	8.52	7.60	89.20	460.53	419.64	91.12
175	625.30 ~ 632.52	明二段	常规取心	7.22	7.62	105.54	467.75	427.26	91.34
176	632.52 ~ 638.52	明二段	常规取心	6.00	0	0	473.75	427.26	90.19
177	638.52 ~ 638.72	明二段	常规取心	0.20	6.20	3100.00	473.95	433.46	91.46
178	638.72 ~ 646.90	明二段 / 明一段	常规取心	8.18	5.23	63.94	482.13	438.69	90.99
179	646.90 ~ 648.38	明一段	常规取心	1.48	4.50	304.05	483.61	443.19	91.64
180	648.38 ~ 656.10	明一段	常规取心	7.72	5.53	71.63	491.33	448.72	91.33
181	656.10 ~ 662.92	明一段	常规取心	6.82	8.51	124.78	498.15	457.23	91.79
182	662.92 ~ 670.71	明一段	常规取心	7.79	8.23	105.65	505.94	465.46	92.00
183	670.71 ~ 679.24	明一段	常规取心	8.53	6.39	74.91	514.47	471.85	91.72
184	679.24 ~ 686.39	明一段	常规取心	7.15	6.31	88.25	521.62	478.16	91.67
185	686.39 ~ 694.71	明一段	常规取心	8.32	3.37	40.50	529.94	481.53	90.87
186	694.71 ~ 695.08	明一段	常规取心	0.37	0.55	148.65	530.31	482.08	90.91
187	695.08 ~ 699.27	明一段	常规取心	4.19	2.32	55.37	534.50	484.40	90.63
188	699.27 ~ 704.69	明一段	常规取心	5.42	6.30	116.24	539.92	490.70	90.88
189	704.69 ~ 713.49	明一段	常规取心	8.80	8.23	93.52	548.72	498.93	90.93

续表

筒次	井段 /m	层位	取心工艺	进尺 /m	心长 /m	单筒收获率 /%	累计进尺 /m	累计心长 /m	累计收获率 /%
190	713.49 ~ 717.72	明一段	常规取心	4.23	4.29	101.42	552.95	503.22	91.01
191	717.72 ~ 721.66	明一段	常规取心	3.94	3.39	86.04	556.89	506.61	90.97
192	721.66 ~ 730.31	明一段	常规取心	8.65	5.38	62.20	565.54	511.99	90.53
193	730.31 ~ 734.50	明一段	常规取心	4.19	6.72	160.38	569.73	518.71	91.04
194	734.50 ~ 738.77	明一段	常规取心	4.27	1.10	25.76	574.00	519.81	90.56
195	738.77 ~ 743.59	明一段	常规取心	4.82	7.67	159.13	578.82	527.48	91.13
196	743.59 ~ 751.09	明一段	常规取心	7.50	8.76	116.80	586.32	536.24	91.46
197	751.09 ~ 759.99	明一段	常规取心	8.90	8.43	94.72	595.22	544.67	91.51
198	759.99 ~ 768.80	明一段	常规取心	8.81	8.15	92.51	604.03	552.82	91.52
199	768.80 ~ 771.13	明一段	常规取心	2.33	2.02	86.70	606.36	554.84	91.50
200	771.13 ~ 776.91	明一段	常规取心	5.78	4.15	71.80	612.14	558.99	91.32
201	776.91 ~ 783.84	明一段	常规取心	6.93	7.35	106.06	619.07	566.34	91.48
202	783.84 ~ 786.80	明一段	常规取心	2.96	1.75	59.12	622.03	568.09	91.33
203	786.80 ~ 787.89	明一段	常规取心	1.09	0.96	88.07	623.12	569.05	91.32
204	787.89 ~ 795.69	明一段 / 四方台组	常规取心	7.80	5.99	76.79	630.92	575.04	91.14
205	795.69 ~ 802.63	四方台组	常规取心	6.94	8.89	128.10	637.86	583.93	91.55
206	802.63 ~ 805.46	四方台组	常规取心	2.83	3.25	114.84	640.69	587.18	91.65
207	805.46 ~ 807.47	四方台组	常规取心	2.01	2.01	100.00	642.70	589.19	91.67
208	807.47 ~ 815.08	四方台组	常规取心	7.61	7.61	100.00	650.31	596.80	91.77
209	815.08 ~ 823.61	四方台组	常规取心	8.53	8.53	100.00	658.84	605.33	91.88
210	823.61 ~ 832.23	四方台组	常规取心	8.62	8.31	96.40	667.46	613.64	91.94

续表

筒次	井段 /m	层位	取心工艺	进尺 /m	心长 /m	单筒收获率 /%	累计进尺 /m	累计心长 /m	累计收获率 /%
211	832.23 ~ 840.19	四方台组	常规取心	7.96	8.27	103.89	675.42	621.91	92.08
212	840.19 ~ 848.84	四方台组	常规取心	8.65	7.62	88.09	684.07	629.53	92.03
213	848.84 ~ 856.44	四方台组	常规取心	7.60	8.53	112.24	691.67	638.06	92.25
214	856.44 ~ 865.02	四方台组	常规取心	8.58	5.55	64.69	700.25	643.61	91.91
215	865.02 ~ 865.55	四方台组	常规取心	0.53	1.72	324.53	700.78	645.33	92.09
216	865.55 ~ 865.74	四方台组	常规取心	0.19	1.51	794.74	700.97	646.84	92.28
217	865.74 ~ 872.77	四方台组	常规取心	7.03	0	0	708.00	646.84	91.36
218	872.77 ~ 872.87	四方台组	常规取心	0.10	4.58	4580.00	708.10	651.42	92.00
219	872.87 ~ 872.96	四方台组	常规取心	0.09	1.30	1444.44	708.19	652.72	92.17
220	872.96 ~ 877.94	四方台组	常规取心	4.98	4.70	94.38	713.17	657.42	92.18
221	877.94 ~ 886.68	四方台组	常规取心	8.74	9.04	103.43	721.91	666.46	92.32
222	886.68 ~ 890.08	四方台组	常规取心	3.40	2.46	72.35	725.31	668.92	92.23
223	890.08 ~ 890.93	四方台组	常规取心	0.85	1.08	127.06	726.16	670.00	92.27
224	890.93 ~ 898.56	四方台组	常规取心	7.63	7.53	98.69	733.79	677.53	92.33
225	898.56 ~ 898.60	四方台组	常规取心	0.04	0	0	733.83	677.53	92.33
226	898.60 ~ 905.45	四方台组	常规取心	6.85	6.85	100.00	740.68	684.38	92.40
227	905.45 ~ 914.01	四方台组	常规取心	8.56	8.84	103.27	749.24	693.22	92.52
228	914.01 ~ 920.79	四方台组	常规取心	6.78	6.68	98.53	756.02	699.90	92.58
229	920.79 ~ 925.80	四方台组	常规取心	5.01	4.75	94.81	761.03	704.65	92.59
230	925.8 ~ 934.24	四方台组	常规取心	8.44	8.68	102.84	769.47	713.33	92.70
231	934.24 ~ 937.90	四方台组	常规取心	3.66	2.62	71.58	773.13	715.95	92.60

续表

筒次	井段 /m	层位	取心工艺	进尺 /m	心长 /m	单筒收获率 /%	累计进尺 /m	累计心长 /m	累计收获率 /%
232	937.90 ~ 945.89	四方台组	常规取心	7.99	8.83	110.51	781.12	724.78	92.79
233	945.89 ~ 947.22	四方台组	常规取心	1.33	1.33	100.00	782.45	726.11	92.80
234	947.22 ~ 947.70	四方台组	常规取心	0.48	0	0	782.93	726.11	92.74
235	947.70 ~ 956.62	四方台组	常规取心	8.92	4.92	55.16	791.85	731.03	92.32
236	956.62 ~ 962.17	四方台组	常规取心	5.55	3.40	61.26	797.40	734.43	92.10
237	962.17 ~ 966.73	四方台组	常规取心	4.56	9.11	199.78	801.96	743.54	92.72
238	966.73 ~ 973.87	四方台组	常规取心	7.29	7.13	97.81	809.25	750.67	92.76
239	973.87 ~ 975.56	四方台组	常规取心	1.54	1.47	95.45	810.79	752.14	92.77
240	975.56 ~ 977.30	四方台组	常规取心	2.50	1.86	74.40	813.29	754.00	92.71
241	977.30 ~ 984.82	四方台组	常规取心	6.76	6.90	102.07	820.05	760.90	92.79
242	984.82 ~ 993.78	四方台组	常规取心	8.96	8.95	99.89	829.01	769.85	92.86
243	993.78 ~ 999.81	四方台组	常规取心	6.03	5.64	93.53	835.04	775.49	92.87
244	999.81 ~ 1008.13	四方台组	常规取心	8.32	8.83	106.13	843.36	784.32	93.00
245	1008.13 ~ 1016.68	四方台组	常规取心	8.55	8.60	100.58	851.91	792.92	93.08
246	1016.68 ~ 1020.76	四方台组 / 嫩五段	常规取心	4.08	4.10	100.49	855.99	797.02	93.11
247	1020.76 ~ 1028.49	嫩五段	常规取心	7.73	0.56	7.24	863.72	797.58	92.34
248	1028.49 ~ 1028.54	嫩五段	常规取心	0.05	6.87	13740.00	863.77	804.45	93.13
249	1028.54 ~ 1029.50	嫩五段	常规取心	0.96	0	0	864.73	804.45	93.03
250	1029.50 ~ 1034.81	嫩五段	常规取心	5.31	5.31	100.00	870.04	809.76	93.07
251	1034.81 ~ 1041.77	嫩五段	常规取心	6.96	7.76	111.49	877.00	817.52	93.22
252	1041.77 ~ 1047.80	嫩五段	常规取心	6.03	5.67	94.03	883.03	823.19	93.22

续表

筒次	井段 /m	层位	取心工艺	进尺 /m	心长 /m	单筒收获率 /%	累计进尺 /m	累计心长 /m	累计收获率 /%
253	1047.80 ~ 1054.57	嫩五段	常规取心	6.77	2.92	43.13	889.80	826.11	92.84
254	1054.57 ~ 1058.92	嫩五段	常规取心	4.35	3.80	87.36	894.15	829.91	92.82
255	1058.92 ~ 1065.89	嫩五段	常规取心	6.97	7.85	112.63	901.12	837.76	92.97
256	1065.89 ~ 1074.63	嫩五段	常规取心	8.74	9.23	105.61	909.86	846.99	93.09
257	1074.63 ~ 1076.94	嫩五段	常规取心	2.31	2.31	100.00	912.17	849.30	93.11
258	1076.94 ~ 1081.43	嫩五段	常规取心	4.49	3.91	87.08	916.66	853.21	93.08
259	1081.43 ~ 1084.87	嫩五段	常规取心	3.44	3.92	113.95	920.10	857.13	93.16
260	1084.87 ~ 1094.44	嫩五段	常规取心	9.57	9.07	94.78	929.67	866.20	93.17
261	1094.44 ~ 1102.31	嫩五段	常规取心	7.87	7.55	95.93	937.54	873.75	93.20
262	1102.31 ~ 1102.84	嫩五段	常规取心	0.53	0.00	0	938.07	873.75	93.14
263	1102.84 ~ 1104.25	嫩五段	常规取心	1.41	2.08	147.52	939.48	875.83	93.22
264	1104.25 ~ 1107.98	嫩五段	常规取心	3.73	3.28	87.94	943.21	879.11	93.20
265	1107.98 ~ 1110.49	嫩五段	常规取心	2.51	0	0	945.72	879.11	92.96
266	1110.49 ~ 1112.69	嫩五段	常规取心	2.35	0	0	948.07	879.11	92.73
267	1112.69 ~ 1113.75	嫩五段	常规取心	0.91	5.26	578.02	948.98	884.37	93.19
268	1113.75 ~ 1122.00	嫩五段	常规取心	8.25	4.43	53.70	957.23	888.80	92.85
269	1122.00 ~ 1124.35	嫩五段	常规取心	2.35	5.59	237.87	959.58	894.39	93.21
270	1124.35 ~ 1132.98	嫩五段	常规取心	8.63	6.37	73.81	968.21	900.76	93.03
271	1132.98 ~ 1140.12	嫩五段	常规取心	7.14	7.10	99.44	975.35	907.86	93.08
272	1140.12 ~ 1149.10	嫩五段	常规取心	8.98	1.67	18.60	984.33	909.53	92.40
273	1149.10 ~ 1149.44	嫩五段	常规取心	0.34	3.10	911.76	984.67	912.63	92.68

续表

筒次	井段 /m	层位	取心工艺	进尺 /m	心长 /m	单筒收获率 /%	累计进尺 /m	累计心长 /m	累计收获率 /%
274	1149.44 ~ 1150.91	嫩五段	常规取心	1.47	1.34	91.16	986.14	913.97	92.68
275	1150.91 ~ 1159.30	嫩五段	常规取心	8.39	9.43	112.40	994.53	923.40	92.85
276	1159.30 ~ 1165.26	嫩五段	常规取心	5.96	4.30	72.15	1000.49	927.70	92.72
277	1165.26 ~ 1167.71	嫩五段	常规取心	2.45	1.03	42.04	1002.94	928.73	92.60
278	1167.71 ~ 1174.08	嫩五段	常规取心	6.37	6.12	96.08	1009.31	934.85	92.62
279	1174.08 ~ 1179.49	嫩五段	常规取心	5.41	7.34	135.67	1014.72	942.19	92.85
280	1179.49 ~ 1185.60	嫩五段	常规取心	6.11	1.01	16.53	1020.83	943.20	92.40
281	1185.60 ~ 1189.20	嫩五段	常规取心	3.60	0.00	0	1024.43	943.20	92.07
282	1189.20 ~ 1189.50	嫩五段	常规取心	0.30	1.75	583.33	1024.73	944.95	92.21
283	1189.50 ~ 1191.49	嫩五段	常规取心	1.99	0.92	46.23	1026.72	945.87	92.13
284	1191.49 ~ 1192.26	嫩五段	常规取心	0.77	1.50	194.81	1027.49	947.37	92.20
285	1192.26 ~ 1194.71	嫩五段	常规取心	2.45	2.68	109.39	1029.94	950.05	92.24
286	1194.71 ~ 1196.77	嫩五段	常规取心	2.06	0.49	23.79	1032.00	950.54	92.11
287	1196.77 ~ 1197.53	嫩五段	常规取心	0.76	1.52	200.00	1032.76	952.06	92.19
288	1197.53 ~ 1200.94	嫩五段	常规取心	3.41	2.08	61.00	1036.17	954.14	92.08
289	1200.94 ~ 1205.23	嫩五段	常规取心	4.29	5.62	131.00	1040.46	959.76	92.24
290	1205.23 ~ 1213.93	嫩五段	常规取心	8.70	8.70	100.00	1049.16	968.46	92.31
291	1213.93 ~ 1220.42	嫩五段	常规取心	6.49	6.49	100.00	1055.65	974.95	92.36
292	1220.42 ~ 1222.25	嫩五段	常规取心	1.83	1.51	82.51	1057.48	976.46	92.34
293	1222.25 ~ 1229.20	嫩五段	常规取心	6.95	6.95	100.00	1064.43	983.41	92.39
294	1229.20 ~ 1237.73	嫩五段	常规取心	8.53	8.50	99.65	1072.96	991.91	92.45

续表

筒次	井段 /m	层位	取心工艺	进尺 /m	心长 /m	单筒收获率 /%	累计进尺 /m	累计心长 /m	累计收获率 /%
295	1237.73 ~ 1241.50	嫩五段	常规取心	3.77	3.70	98.14	1076.73	995.61	92.47
296	1241.50 ~ 1246.73	嫩五段	常规取心	5.23	5.18	99.04	1081.96	1000.79	92.50
297	1246.73 ~ 1251.42	嫩五段 / 嫩四段	常规取心	4.69	4.44	94.67	1086.65	1005.23	92.51
298	1251.42 ~ 1251.57	嫩四段	常规取心	0.15	0.15	100.00	1086.80	1005.38	92.51
299	1251.57 ~ 1258.91	嫩四段	常规取心	7.34	7.34	100.00	1094.14	1012.72	92.56
300	1258.91 ~ 1266.74	嫩四段	常规取心	7.83	8.20	104.73	1101.97	1020.92	92.64
301	1266.74 ~ 1275.88	嫩四段	常规取心	9.14	9.14	100.00	1111.11	1030.06	92.71
302	1275.88 ~ 1280.58	嫩四段	常规取心	4.70	4.36	92.77	1115.81	1034.42	92.71
303	1280.58 ~ 1287.09	嫩四段	常规取心	6.51	6.59	101.23	1122.32	1041.01	92.76
304	1287.09 ~ 1294.78	嫩四段	常规取心	7.69	7.62	99.09	1130.01	1048.63	92.80
305	1294.78 ~ 1297.22	嫩四段	常规取心	2.44	2.20	90.16	1132.45	1050.83	92.79
306	1297.22 ~ 1299.19	嫩四段	常规取心	1.97	0	0	1134.42	1050.83	92.63
307	1299.19 ~ 1306.21	嫩四段	常规取心	7.02	9.14	130.20	1141.44	1059.97	92.86
308	1306.21 ~ 1312.07	嫩四段	常规取心	5.86	5.58	95.22	1147.30	1065.55	92.87
309	1312.07 ~ 1320.94	嫩四段	常规取心	8.87	8.83	99.55	1156.17	1074.38	92.93
310	1320.94 ~ 1325.37	嫩四段	常规取心	4.43	4.20	94.81	1160.60	1078.58	92.93
311	1325.37 ~ 1331.22	嫩四段	常规取心	5.85	5.46	93.33	1166.45	1084.04	92.93
312	1331.22 ~ 1338.82	嫩四段	常规取心	7.60	7.58	99.74	1174.05	1091.62	92.98
313	1338.82 ~ 1347.84	嫩四段	常规取心	9.02	9.24	102.44	1183.07	1100.86	93.05
314	1347.84 ~ 1356.42	嫩四段	常规取心	8.58	8.47	98.72	1191.65	1109.33	93.09
315	1356.42 ~ 1361.62	嫩四段	常规取心	5.20	5.25	100.96	1196.85	1114.58	93.13

续表

筒次	井段 /m	层位	取心工艺	进尺 /m	心长 /m	单筒收获率 /%	累计进尺 /m	累计心长 /m	累计收获率 /%
316	1361.62 ~ 1363.71	嫩四段	常规取心	2.09	0	0	1198.94	1114.58	92.96
317	1363.71 ~ 1363.81	嫩四段	常规取心	0.10	1.17	1170.00	1199.04	1115.75	93.05
318	1363.81 ~ 1367.50	嫩四段	常规取心	3.69	3.30	89.43	1202.73	1119.05	93.04
319	1367.50 ~ 1373.44	嫩四段	常规取心	5.94	6.20	104.38	1208.67	1125.25	93.10
320	1373.44 ~ 1376.88	嫩四段	常规取心	3.44	2.80	81.40	1212.11	1128.05	93.06
321	1376.88 ~ 1385.37	嫩四段	常规取心	8.49	8.43	99.29	1220.60	1136.48	93.11
322	1385.37 ~ 1387.86	嫩四段	常规取心	2.49	1.73	69.48	1223.09	1138.21	93.06
323	1387.86 ~ 1393.93	嫩四段	常规取心	6.07	6.60	108.73	1229.16	1144.81	93.14
324	1393.93 ~ 1402.62	嫩四段	常规取心	8.69	8.63	99.31	1237.85	1153.44	93.18
325	1402.62 ~ 1411.57	嫩四段	常规取心	8.95	9.02	100.78	1246.80	1162.46	93.24
326	1411.57 ~ 1420.57	嫩四段	常规取心	9.00	8.98	99.78	1255.80	1171.44	93.28
327	1420.57 ~ 1429.22	嫩四段	常规取心	8.65	7.87	90.98	1264.45	1179.31	93.27
328	1429.22 ~ 1437.57	嫩四段 / 嫩三段	常规取心	8.35	8.89	106.47	1272.80	1188.20	93.35
329	1437.57 ~ 1446.22	嫩三段	常规取心	8.65	8.76	101.27	1281.45	1196.96	93.41
330	1446.22 ~ 1455.30	嫩三段	常规取心	9.08	8.86	97.58	1290.53	1205.82	93.44
331	1455.30 ~ 1464.07	嫩三段	常规取心	8.77	8.77	100.00	1299.30	1214.59	93.48
332	1464.07 ~ 1466.35	嫩三段	常规取心	2.28	2.23	97.81	1301.58	1216.82	93.49
333	1466.35 ~ 1474.96	嫩三段	常规取心	8.61	8.53	99.07	1310.19	1225.35	93.52
334	1474.96 ~ 1483.96	嫩三段	常规取心	9.00	9.00	100.00	1319.19	1234.35	93.57
335	1483.96 ~ 1492.86	嫩三段	常规取心	8.90	8.90	100.00	1328.09	1243.25	93.61
336	1492.86 ~ 1502.02	嫩三段	常规取心	9.16	8.99	98.14	1337.25	1252.24	93.64

续表

筒次	井段 /m	层位	取心工艺	进尺 /m	心长 /m	单筒收获率 /%	累计进尺 /m	累计心长 /m	累计收获率 /%
337	1502.02 ~ 1511.06	嫩三段	常规取心	9.04	9.09	100.55	1346.29	1261.33	93.69
338	1511.06 ~ 1516.68	嫩三段	常规取心	5.62	5.62	100.00	1351.91	1266.95	93.72
339	1516.68 ~ 1521.35	嫩三段 / 嫩二段	常规取心	4.67	4.32	92.51	1356.58	1271.27	93.71
340	1521.35 ~ 1530.46	嫩二段	常规取心	9.11	9.04	99.23	1365.69	1280.31	93.75
341	1530.46 ~ 1538.93	嫩二段	常规取心	8.47	4.08	48.17	1374.16	1284.39	93.47
342	1538.93 ~ 1541.00	嫩二段	常规取心	2.07	0.00	0	1376.23	1284.39	93.33
343	1541.00 ~ 1541.65	嫩二段	常规取心	0.65	4.73	727.69	1376.88	1289.12	93.63
344	1541.65 ~ 1550.51	嫩二段	常规取心	8.86	9.03	101.92	1385.74	1298.15	93.68
345	1550.51 ~ 1559.45	嫩二段	常规取心	8.94	9.02	100.89	1394.68	1307.17	93.73
346	1559.45 ~ 1562.62	嫩二段	常规取心	3.17	3.26	102.84	1397.85	1310.43	93.75
347	1562.62 ~ 1571.35	嫩二段	常规取心	8.73	8.38	95.99	1406.58	1318.81	93.76
348	1571.35 ~ 1579.77	嫩二段	常规取心	8.42	8.71	103.44	1415.00	1327.52	93.82
349	1579.77 ~ 1588.25	嫩二段	常规取心	8.48	8.48	100.00	1423.48	1336.00	93.85
350	1588.25 ~ 1597.28	嫩二段	常规取心	9.03	9.03	100.00	1432.51	1345.03	93.89
351	1597.28 ~ 1606.06	嫩二段	常规取心	8.78	8.70	99.09	1441.29	1353.73	93.92
352	1606.06 ~ 1606.52	嫩二段	常规取心	0.46	0.21	45.65	1441.75	1353.94	93.91
353	1606.52 ~ 1615.41	嫩二段	常规取心	8.89	9.00	101.24	1450.64	1362.94	93.95
354	1615.41 ~ 1624.12	嫩二段	常规取心	8.71	8.71	100.00	1459.35	1371.65	93.99
355	1624.12 ~ 1632.72	嫩二段	常规取心	8.60	8.60	100.00	1467.95	1380.25	94.03
356	1632.72 ~ 1641.14	嫩二段	常规取心	8.42	8.42	100.00	1476.37	1388.67	94.06
357	1641.14 ~ 1649.90	嫩二段	常规取心	8.76	8.45	96.46	1485.13	1397.12	94.07

续表

筒次	井段 /m	层位	取心工艺	进尺 /m	心长 /m	单筒收获率 /%	累计进尺 /m	累计心长 /m	累计收获率 /%
358	1649.90 ~ 1658.38	嫩二段	常规取心	8.48	8.48	100.00	1493.61	1405.60	94.11
359	1658.38 ~ 1667.02	嫩二段	常规取心	8.64	8.64	100.00	1502.25	1414.24	94.14
360	1667.02 ~ 1675.55	嫩二段	常规取心	8.53	8.26	96.83	1510.78	1422.50	94.16
361	1675.55 ~ 1684.13	嫩二段	常规取心	8.58	8.65	100.82	1519.36	1431.15	94.19
362	1684.13 ~ 1692.80	嫩二段	常规取心	8.67	8.67	100.00	1528.03	1439.82	94.23
363	1692.80 ~ 1701.15	嫩二段	常规取心	8.35	8.30	99.40	1536.38	1448.12	94.26
364	1701.15 ~ 1709.56	嫩二段	常规取心	8.41	7.16	85.14	1544.79	1455.28	94.21
365	1709.56 ~ 1717.01	嫩二段	常规取心	7.45	8.59	115.30	1552.24	1463.87	94.31
366	1717.01 ~ 1725.72	嫩二段	常规取心	8.71	8.63	99.08	1560.95	1472.50	94.33
367	1725.72 ~ 1734.39	嫩二段	常规取心	8.67	8.60	99.19	1569.62	1481.10	94.36
368	1734.39 ~ 1742.58	嫩二段	常规取心	8.19	8.19	100.00	1577.81	1489.29	94.39
369	1742.58 ~ 1745.62	嫩二段	常规取心	3.04	3.00	98.68	1580.85	1492.29	94.40
370	1745.62 ~ 1754.14	嫩二段	常规取心	8.52	8.71	102.23	1589.37	1501.00	94.44
371	1754.14 ~ 1762.95	嫩二段	常规取心	8.81	8.65	98.18	1598.18	1509.65	94.46
372	1762.95 ~ 1771.53	嫩二段	常规取心	8.58	8.74	101.86	1606.76	1518.39	94.50
373	1771.53 ~ 1780.06	嫩二段	常规取心	8.53	8.53	100.00	1615.29	1526.92	94.53
374	1780.06 ~ 1786.34	嫩二段 / 嫩一段	常规取心	6.28	6.28	100.00	1621.57	1533.20	94.55
375	1786.34 ~ 1795.18	嫩一段	常规取心	8.84	8.45	95.59	1630.41	1541.65	94.56
合计	一开共完成 90 回次取心，进尺为 80.23m，心长为 66.71m，取心收获率为 83.15%，二开共完成 285 回次取心，进尺为 1550.18m，心长 1474.94m，收获率为 95.15%，综合一开、二开的总取心进尺为 1630.41m，总心长为 1541.65m，总收获率为 94.56%								

附录 4 “松科 1 井”南孔钻孔井史记录

1) 设备情况

名称		型号	载荷 /kN 或功率 /kW	工作时间 / (时：分)		运转情况	零部件更换情况
				本 井	累 计		
井架		JJ170/41-A	2 000 kN	1580:00	10677:00	正常	
天车		TC170	2 000 kN	1580:00	10677:00	正常	
游动滑车		YG170	2 000 kN	1580:00	10677:00	正常	
大钩		YG170	2 200 kN	1580:00	10677:00	正常	
水龙头		XSL-170	2 250 kN	1050:00	5543:00	正常	
转盘		ZP — 205	开口直径	906:00	7428:00	正常	
绞车		JC30DBS	快绳拉力	1350:00	10403:00	正常	
钻井泵	1#	3NB — 1300C	1 300 kW	400:00	2836:00	正常	
柴油机	1#	A12V190PZL-3	1 200 kW	682:00	3031:00	正常	
	2#	A12V190PZL-3	1 200 kW	685:00	3555:00	正常	
自动压风机	1#	DLG6-/1.0		1302:00	4879:00	正常	
	2#	DLG6-/1.0		106:00	6527:00	正常	
发电机	1#	WV400GF	400 kW	1199:00	8559:00	正常	
	2#	WV400GF	400 kW	1384:00	8497:00	正常	
振动筛	1#	BL-60		1035:00	5826:00	正常	
	2#	BL-60		1035:00	5826:00	正常	
除砂器							
除泥器							
除气器							
清洁器							
离心机	1#	LW450		336:00	903:00	正常	

2）井身结构

井身结构示意图如附图 1 所示，包括：井眼尺寸、井段、套管尺寸、层次、尾管串喇叭口位置、尾管鞋位置及水泥返高。

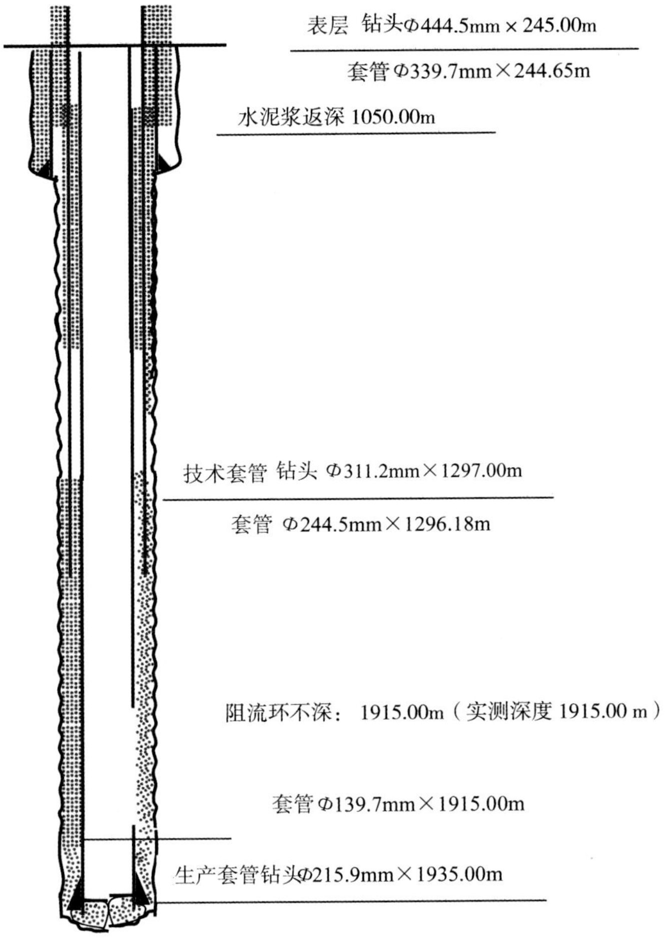
表层 钻头Φ444.5mm×245.00m
套管Φ339.7mm×244.65m
水泥浆返深 1050.00m
技术套管 钻头 Φ311.2mm×1297.00m
套管 Φ244.5mm×1296.18m
阻流环不深：1915.00m（实测深度 1915.00 m）
套管Φ139.7mm×1915.00m
生产套管钻头Φ215.9mm×1935.00m

附图 1 深结构示意图

3）井身结构数据表

项目		导管	表层套管	技术套管			生产层套管
固井时井眼直径/mm			444.5	311.2			215.9
固井时井深/m			245.00	1297.00			1935.00
套管外径/mm			339.7	244.5			139.7
分级箍	下人深度/m						
	最小内径/mm						
套管顶部深度/m			5.20	5.00			4.75
尾管挂	下人深度/m						
	最小内径/mm						
套管鞋深度/m			245.65	1296.18			
阻流环深度/m				1291.60			
水泥外返深度/m			地面	地面			
套管扶正器个数/只				42			

4）井口装置

一开井口装置参数如下。①圆井或方井：尺寸，0.80m；深度，0.50m。②导管：直径（m）；深度（m）③钻井液出口温度：

④一开井口装置示意图如附图 2 所示。

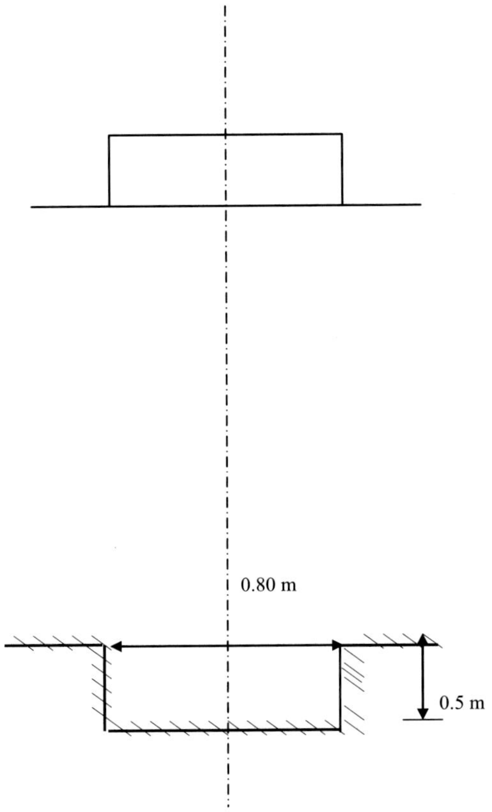
0.80 m
0.5 m

附图 2　一开井口装置示意图

二开井口装置参数如下。①防喷器型号规范：2FZ35—35。②试压结果：35.0MPa/10min×0。③控制系统：FK2403。④二开井口装置示意图如附图3所示，包括放喷管线流向和长度。

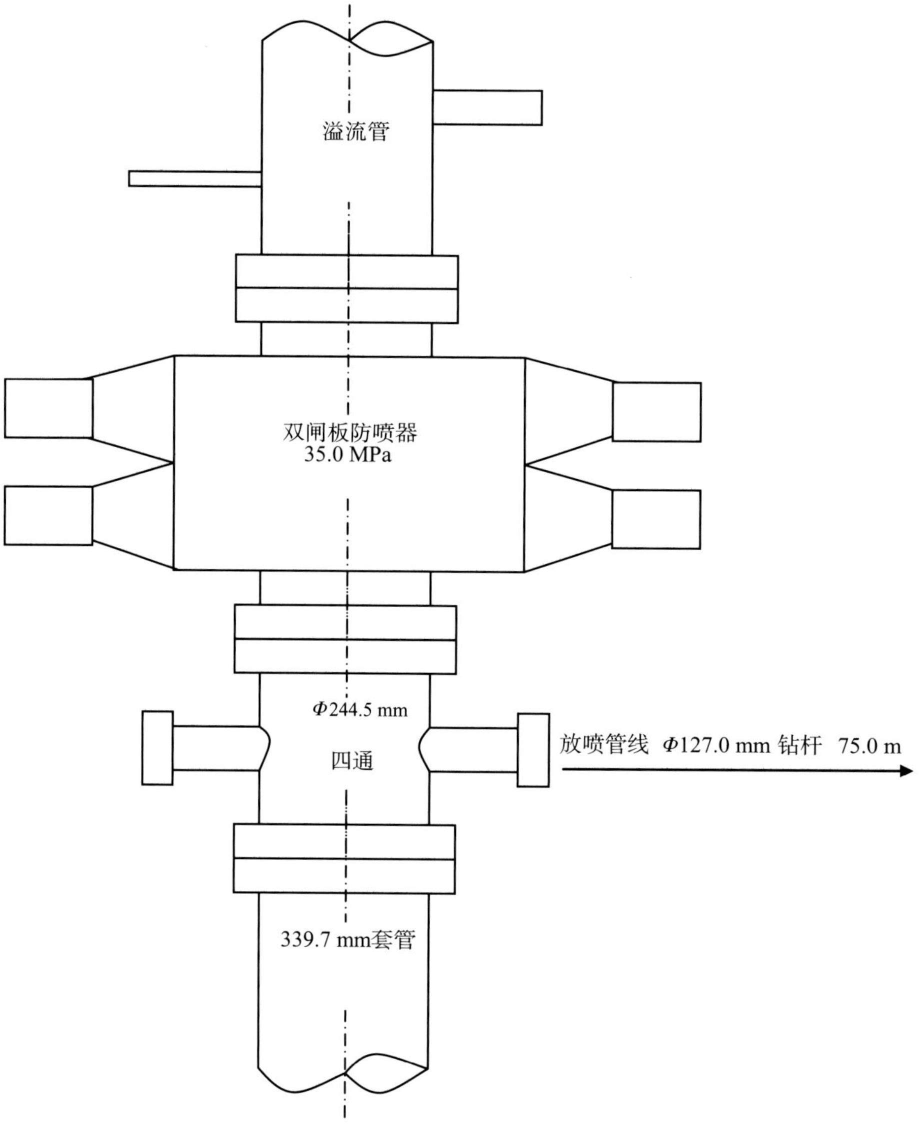
溢流管
双闸板防喷器
35.0 MPa
Φ244.5 mm
四通
放喷管线 Φ127.0 mm 钻杆 75.0 m
339.7 mm套管

附图3 二开井口装置示意图

三开井口装置参数如下。①防喷器型号规范：2FZ35—35。②试压结果：35.0MPa/10min×0。③控制系统：FK2403。④三开井口装置示意图如附图 4 所示，包括放喷管线流向和长度。

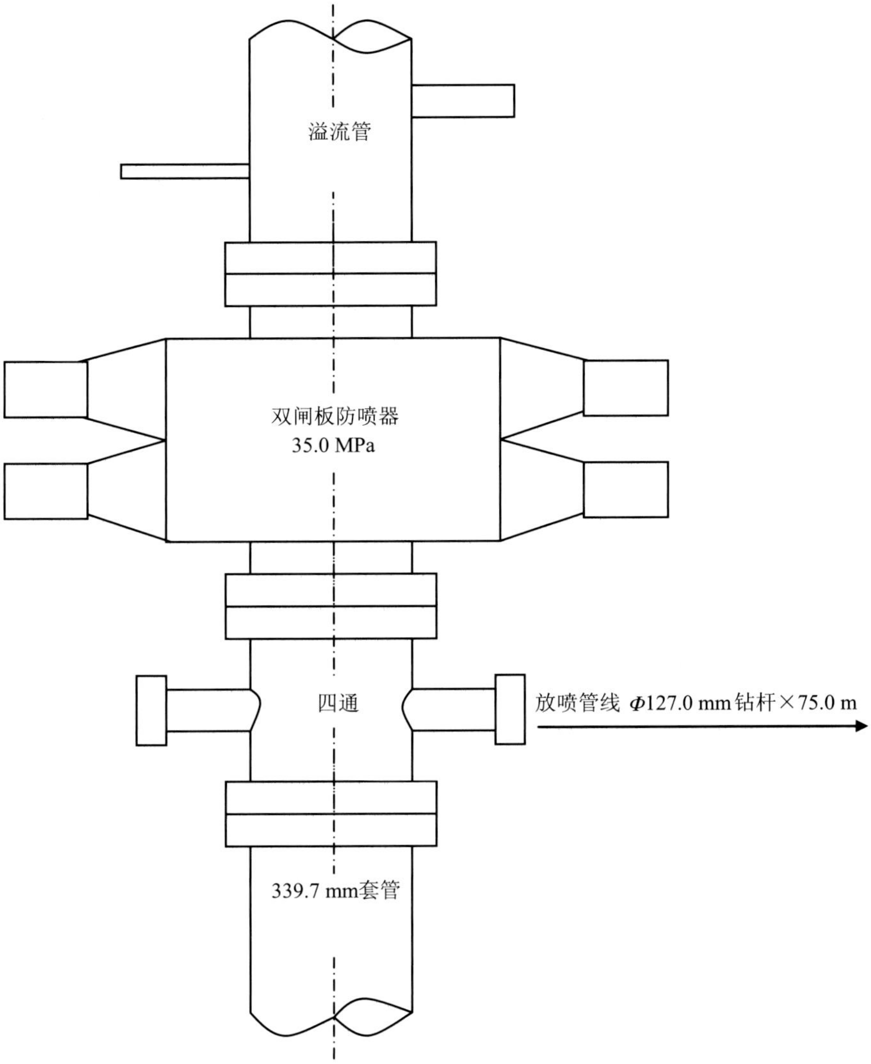
溢流管
双闸板防喷器
35.0 MPa
四通
放喷管线 Φ127.0 mm钻杆×75.0 m
339.7 mm套管

附图 4　三开井口装置示意图

完井井口装置参数如下。①采油树规范。②试压结果。③完井井口装置示意图如附图5所示。

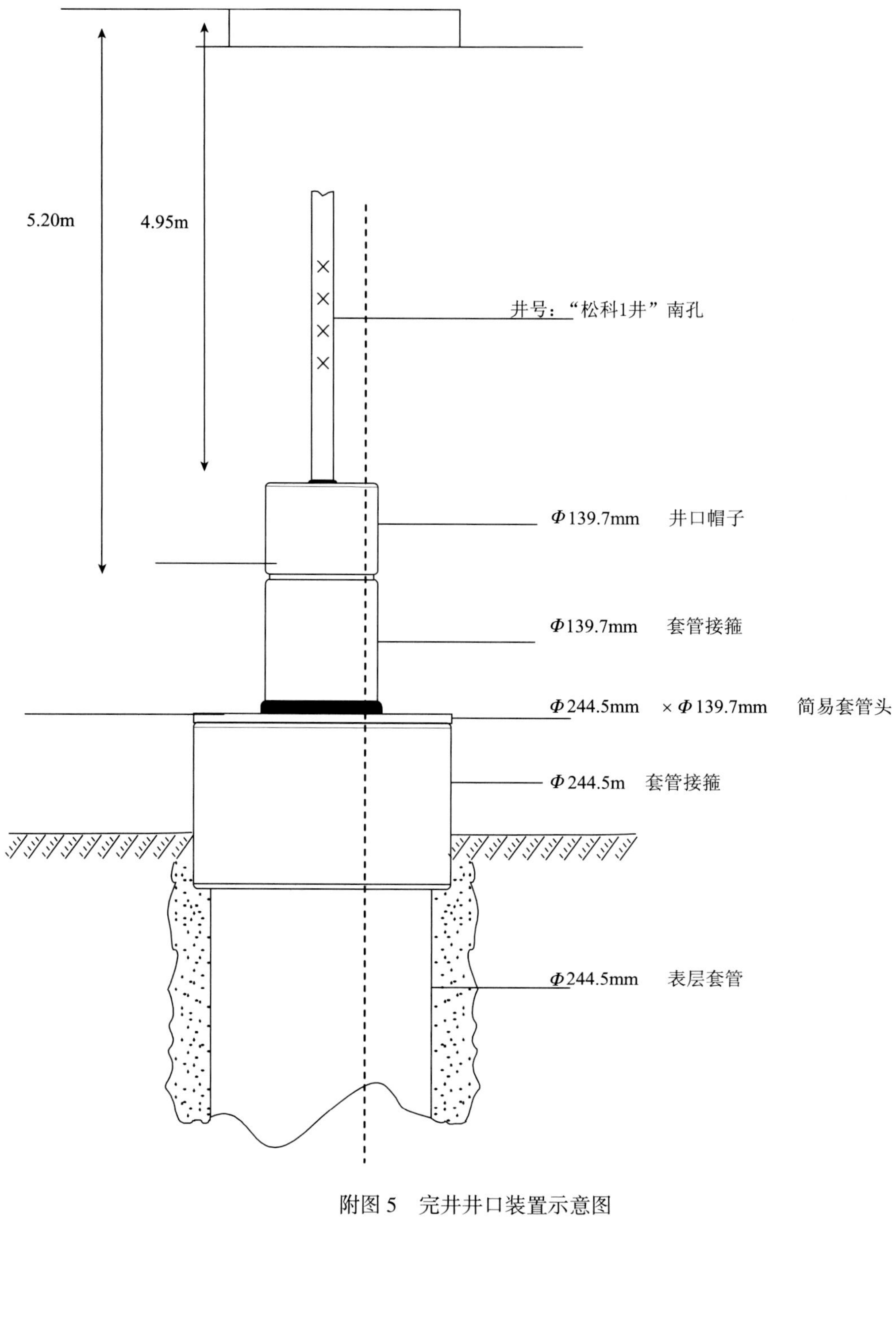
5.20m
4.95m
井号："松科1井" 南孔
Φ139.7mm 井口帽子
Φ139.7mm 套管接箍
Φ244.5mm ×Φ139.7mm 简易套管头
Φ244.5m 套管接箍
Φ244.5mm 表层套管

附图5 完井井口装置示意图

5）钻具组合

钻进井段 /m	钻 具 组 合	备注
0.00 ~ 238.00	Φ444.5mmBIT × 0.68m+Φ203mmDC × 27.25m+Φ178mmDC × 84.94m+Φ159mmDC × 27.78m +Φ127mmDP	一开钻进
238.00 ~ 245.00	Φ444.5mmBIT × 0.50m+Φ203mmDC × 27.25m+Φ178mmDC × 84.94m+Φ159mmDC × 27.78m +Φ127mmDP	一开钻进
245.00 ~ 955.00	Φ311.2mmBIT × 0.40m+Φ203mmDC × 18.15m+Φ308mmSTB × 1.88m+Φ203mmDC × 9.10m+Φ308mmSTB × 1.90m +Φ203mmDC × 27.47m+Φ178mmDC × 84.94m+Φ159mmDC × 27.78m +Φ127mmDP	二开一次钻进
955.00 ~ 959.70	Φ215.9mmBIT × 0.29m+Φ180mmCB × 19.53m+Φ178mmDC × 84.94m+Φ159mmDC × 55.63m+Φ127mmDP	常规取心钻进
972.26 ~ 1022.50		
1025.13 ~ 1060.25		
1105.24 ~ 1150.54		
1153.42 ~ 1200.72		
1204.76 ~ 1249.95		
1256.53 ~ 1310.00		
1315.00 ~ 1356.21		
1361.84 ~ 1410.42		
1416.93 ~ 1464.48		
1471.24 ~ 1516.39		
1523.23 ~ 1569.34		
1576.07 ~ 1620.97		
1627.69 ~ 1646.01		
1647.10 ~ 1671.87		
1678.73 ~ 1714.47		
1715.27 ~ 1751.63		
1758.46 ~ 1806.32		
1821.88 ~ 1857.61		
1864.54 ~ 1911.70		

续表

钻进井段 /m	钻 具 组 合	备注
959.70 ~ 963.58	Φ215.9mmBIT × 0.32m+Φ194mmCB × 5.69m+Φ178mmDC × 84.94m+Φ159mmDC × 55.63m+Φ127mmDP	保形取心钻进
967.96 ~ 968.17		
971.76 ~ 972.26		
1060.25 ~ 1100.57		
1105.14 ~ 1105.24		
1646.01 ~ 1647.10		
1714.47 ~ 1715.27		
963.58 ~ 967.96	Φ215.9mmBIT × 0.29m+Φ173mmCB × 8.30m+Φ178mmMDC × 9.39m+Φ178mmDC × 84.94m+Φ159mmDC × 55.63m+Φ127mmDP	定向取心钻进
968.17 ~ 971.76		
1022.50 ~ 1025.13		
1100.57 ~ 1105.14		
1150.54 ~ 1153.42		
1200.72 ~ 1204.76		
1249.95 ~ 1256.53		
1310.00 ~ 1315.00		
1356.21 ~ 1361.84		
1410.42 ~ 1416.93		
1464.48 ~ 1471.24		
1516.39 ~ 1523.23		
1569.34 ~ 1576.07		
1620.97 ~ 1627.69		
1671.87 ~ 1678.73		
1751.63 ~ 1758.46		
1806.32 ~ 1813.20		
1857.61 ~ 1864.54		
1911.70 ~ 1915.00		
1813.20 ~ 1821.88	Φ215mmBIT × 0.31m+Φ178mmCB × 10.11m+Φ178mmDC × 84.94m+Φ159mmDC × 55.63m+Φ127mmDP	密闭取心钻进

6）钻铤及钻杆

钻进井段 /m	钻铤尺寸									加重钻杆			钻杆尺寸		
	外径 /mm	内径 /mm	长度 /m	外径 /mm	内径 /mm	长度 /m	外径 /mm	内径 /mm	长度 /m	外径 /mm	内径 /mm	长度 /m	外径 /mm	内径 /mm	长度 /m
0.00 ~ 245.00	203	74.0	27.25	178	74.0	84.94	159	74.0	27.78				127	108.61	95.42
245.00 ~ 955.00	203	74.0	54.72	178	74.0	84.94	159	74.0	27.78				127	108.61	774.42
955.00 ~ 963.58															803.11
967.96 ~ 968.17															812.65
971.76 ~ 1022.50															841.33
1025.13 ~ 1100.57															945.95
1105.14 ~ 1150.54															974.77
1153.42 ~ 1200.72															1022.75
1204.76 ~ 1249.95															1089.62
1256.53 ~ 1310.00															1137.36
1315.00 ~ 1356.21															1185.14
1361.84 ~ 1410.42	178	74.0	84.94	159	74.0	55.63							127	108.61	1233.14
1416.93 ~ 1464.48															1290.06
1471.24 ~ 1516.39															1337.95
1523.23 ~ 1569.34															1395.56
1576.07 ~ 1620.97															1453.02
1627.69 ~ 1671.87															1491.39
1678.73 ~ 1751.63															1567.40
1758.46 ~ 1806.32															1624.63
1813.20 ~ 1857.61															1682.03
1864.54 ~ 1911.70															1739.57

续表

取样日期（月·日）	取样深度 /m	出口温度 /℃	常规性能						旋转黏度计读数			中压失水			高温高压失水		立管泵压 /MPa	钻井液类型	工况	备注（包括处理配方）
			密度 /（g/cm³）	黏度 /s	含砂 /%	pH	切力		3 转读数	300 转读数	600 转读数	滤失量 /mL	滤饼 /mm	摩擦系数	滤失量 /mL	滤饼 /mm				
							10s · Pa	10min · Pa												
2.24	2364.65	53	1.15	64	0.3	9	3.0	6.0	6/12	47	70	4.0	0.5				9.0	两性复合离子	取心钻进	
2.26	2393.73	54	1.15	64	0.3	9	4.0	6.5	8/13	45	68	4.0	0.5				14.0		三开钻进	
2.28	2429.36	54	1.15	64	0.3	9	3.0	6.0	6/12	44	68	4.0	0.5				14.0		处理卡钻	白油 8.8t；解卡剂 0.6 t
3.3	2493.18	56	1.15	64	0.3	9	3.5	6.5	7/13	50	74	4.0	0.5				14.0		三开钻进	土粉 4.0t；石粉 2.0t；防塌剂 0.8 t；$Na_2CO_3$0.16t；堵漏剂 0.5 t；NPAN0.85t；SAKH0.8t；降滤失剂 1.5 t
3.4	2520.00	57	1.15	68	0.3	9	3.5	7.5	7/15	50	74	4.0	0.5				14.0		三开钻进	土粉 4.0t；石粉 2.0t；堵漏剂 2.0 t；SAKH 0.6t；NPAN0.9t；SPNH 1.0 t；降滤失剂 0.5 t
3.7	2520.00	57	1.15	68	0.3	9	3.5	7.0	7/14	50	74	4.0	0.5				3.0		通 井	
3.10	2520.00	57	1.15	70	0.3	9	3.0	6.5	6/13	45	68	4.0	0.5				10.0		通 井	
3.13	2520.00	58	1.15	55	0.3	9	3.0	6.5	6/13	56	84	4.0	0.5				5.0		固 井前	

9）钻头

序号	尺寸 /mm	型号	厂家	喷嘴直径 /mm					钻进井段 /m	所钻地层	进 尺 /m	机械钻速 /(m/h)	进尺工作时间 /h			
				1 号	2 号	3 号	4 号	5、6、7 号					合计	纯钻时	起下钻	扩划眼
1	444.5	螺旋刮刀	大庆	15.0	15.0	15.0	15.0		0.00~238.00	嫩五段	238.00	7.03	37.33	33.83	3.5	
2	444.5	P2	上石	20.0	20	20			238.00~245.00	嫩五段	7.00	9.33	2.42	0.75	1.67	
3	311.2	M1951SGU	百施特	16.0	16.0	16.0	16.0	16×3	245.00~955.00	嫩二段	710.00	17.04	46.17	41.67	4.5	
4	215.9	R225Z	大庆	9	9	9		10×3	1915.00~1935.00	泉三段	20.00	4. 90		4.08		

序号	钻 井 参 数				水力参数								磨损情况			下入新度 /%	出厂编号	备 注
	钻压 /kN	转速 /(r/min)	排量 /(L/s)	立管压力 /MPa	钻头压降 /MPa	环空压耗 /MPa	冲击力 /N	喷射速度 /(m/s)	钻头水功率 /kW	比水功率 /(W/mm^2)	功率利用率 /%	上返速度 /(m/s)	牙齿 (Y)	轴承 (Z)	直径 (J)			
1	40	60	46	5.0	2.60	2.40	3419.16	65.06	116.85	0.75	51.97	0.32	Y4		J4	100	0123	正常使用
2	40	60	36	5.0	0.90	4.10	1570.62	38.19	31.51	0.86	17.90	1.50	Y1	Z1	J1	100	01008	正常使用
3	40	120	52	11.0	0.89	10.1	2331.55	36.94	45.24	0.59	8.09	0.82	Y1		J1	100	213662	正常使用
4	40	130	32	11.0	3.95	7.05	3232.23	75.02	123.55	3.37	35.90	1.34	Y1		J1	90	04-26	正常使用

10）钻时记录

井深 /m	地层	钻时		钻井参数				钻井液性能				
		/(min)	/(min/m)	钻压 /kN	转速 /(r/min)	排量 /(L/s)	泵压 /MPa	密度 /(g/cm^3)	黏度 s	3 转读数	300 转读数	600 转读数
0.00 ~ 15.00	第四系	10	0.60			46	3.0	1.05	55			
15.00 ~ 125.00	泰康组	425	3.86	40	60	46	4.0	1.05	56			
125.00 ~ 225.00	四方台组	1180	11.8	40	60	46	5.0	1.10	57			
225.00 ~ 445.00	嫩五段	480	2.18	40	120	52	10.0	1.08	51			
445.00 ~ 700.00	嫩四段	925	3.63	40	120	52	10	60	55			
700.00 ~ 810.00	嫩三段	765	6.95	40	120	52	11.0	1.17	56			
810.00 ~ 1025.00	嫩二段	1320	6.14	40	60	35	10.0	1.34	68			
1025.00 ~ 1127.00	嫩一段	4275	41.91	40	60	31	10.0	1.33	65			
1127.00 ~ 1250.00	姚二、三段	1610	13.09	40	60	32	10.0	1.34	64			
1250.00 ~ 1284.00	姚一段	445	13.09	40	60	32	10.0	1.34	64			
1284.00 ~ 1710.00	青二、三段	4485	10.53	40	60	32	10.0	1.31	67			
1710.00 ~ 1783.00	青一段	595	8.15	40	60	32	11.0	1.31	68			
1783.00 ~ 1878.00	泉四段	1230	12.95	40	60	31	11.0	1.32	68			
1878.00 ~ 1935.00	泉三段	1145	20.82	50	150	32	10.0	1.32	66			

11）测斜记录

井深 /m	井斜角 /（°）	方位角 /（°）	闭合距 /m	全角变化率 /[（°）/25m]	钻进中投测井斜角 /（°）
250.00	0.90	330	3.93		
275.00	0.93	332	4.33	0.04	
300.00	0.77	329	4.70	0.17	
325.00	0.89	333	5.06	0.13	
350.00	1.07	326	5.49	0.22	
375.00	0.92	317	5.92	0.22	
400.00	0.99	329	6.33	0.21	
425.00	1.11	337	6.79	0.19	
450.00	1.01	337	7.25	0.10	
475.00	0.98	338	7.68	0.03	
500.00	0.75	347	8.05	0.27	
525.00	0.68	348	8.35	0.07	
550.00	0.52	334	8.60	0.22	
575.00	0.73	341	8.87	0.22	506.16m 投测 0.2°
600.00	0.86	344	9.22	0.14	
625.00	0.83	349	9.57	0.08	
650.00	0.68	201	9.75	1.96	
675.00	0.57	355	9.54	1.68	
700.00	0.66	19	9.38	3.61	
725.00	0.74	26	9.57	0.12	
750.00	0.68	29	9.75	0.07	
775.00	0.72	31	9.93	0.05	
800.00	0.65	30	10.10	0.07	
825.00	0.67	28	10.28	0.03	
850.00	0.73	25	10.49	0.07	807.06m 投测 1.1°
875.00	0.62	28	10.70	0.12	
900.00	0.37	9	10.87	0.30	
全井最大井斜角：1.11° ；所在井深：425.00m；方位角：337°					

续表

井深 /m	井斜角 / (°)	方位角 / (°)	闭合距 /m	全角变化率 / [(°) /25m]	钻进中投测井斜角 / (°)
925.00	0.47	6	11.03	0.10	
950.00	0.44	6	11.21	0.03	
975.00	0.42	332	11.15	2.45	
1000.00	0.34	331	11.16	0.08	
1025.00	0.46	339	11.33	0.13	
1050.00	0.49	321	11.53	0.15	
1075.00	0.49	319	11.73	0.02	
1100.00	0.59	322	11.95	0.10	
1125.00	0.48	302	12.15	0.22	
1150.00	0.52	299	12.32	0.05	
1175.00	0.46	296	12.48	0.07	
1200.00	0.47	304	12.64	0.07	1200.72m 定向测 0.5°
1225.00	0.50	298	12.81	0.06	
1250.00	0.39	304	12.96	0.12	
1275.00	0.44	297	13.11	0.07	
1300.00	0.47	304	13.26	0.06	
1325.00	0.75	292	13.47	0.31	
1350.00	0.70	279	13.68	0.17	
1375.00	0.70	273	13.84	0.07	
1400.00	0.66	274	13.99	0.04	1410.42m 定向测 0.3°
1425.00	0.66	273	14.13	0.01	
1450.00	0.65	276	14.29	0.04	
1475.00	0.74	276	14.47	0.09	
1500.00	0.84	284	14.69	0.15	
1525.00	0.90	287	14.97	0.08	
1550.00	0.88	289	15.27	0.04	
1575.00	0.85	286	15.56	0.05	
1600.00	0.84	286	15.85	0.01	1621.27m 定向测 0.3°
1625.00	0.84	285	16.13	0.01	
全井最大井斜角：0.90° ；所在井深：1525.00m；方位角：287°					

续表

井深 /m	井斜角 /（°）	方位角 /（°）	闭合距 /m	全角变化率 /[（°）/25m]	钻进中投测井斜角 /（°）
1650.00	0.81	283	16.41	0.04	
1675.00	0.80	288	16.68	0.07	
1700.00	0.81	294	16.98	0.08	
1725.00	0.83	293	17.30	0.02	
1750.00	0.75	295	17.60	0.08	
1775.00	0.75	294	17.90	0.01	
1800.00	0.72	294	18.18	0.03	1806.37m 定向测 0.6°
1825.00	0.81	296	18.49	0.09	
1850.00	0.88	305	18.84	0.15	
1875.00	0.92	301	19.21	0.07	
1900.00	0.89	311	19.60	0.16	
1925.00	0.56	308	19.91	0.33	
全井最大井斜角：0.92° ；所在井深：1875.00m；方位角：301°					

12）“松科1井”南孔底水平位移投影图

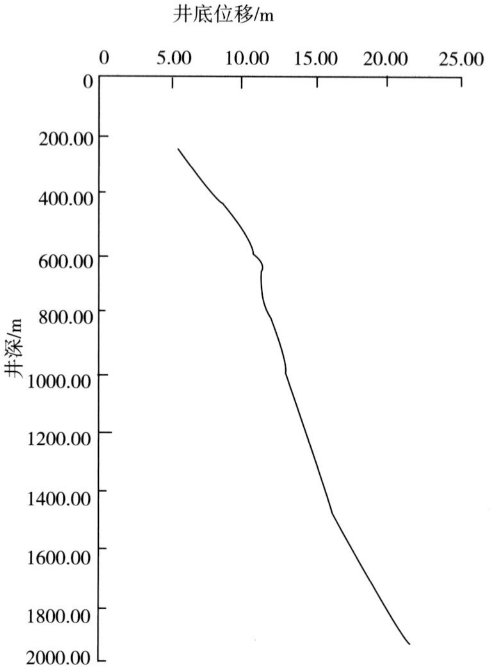
井底位移/m
0
5.00
10.00
15.00
20.00
25.00
0
200.00
400.00
600.00
800.00
1000.00
1200.00
1400.00
1600.00
1800.00
2000.00
井深/m

附图6 “松科1井”南孔底水平位移投影图

13）井径记录

井段 /m		钻头外径 /mm	测量井径 1/mm	测量井径 2/mm	平均井径 /mm
自	至				
	245.00	311.2	325.1	309.9	317.5
	270.00		309.9	315.0	312.4
	295.00		312.4	304.8	308.6
	320.00		315.0	315.0	315.0
	345.00		325.1	315.0	320.0
	370.00		345.4	312.4	328.9
	395.00		335.3	304.8	320.0
	420.00		302.3	332.7	317.5
	445.00		312.4	315.0	313.7
	470.00		360.7	302.3	331.5
	495.00		309.9	330.2	320.0
	520.00		325.1	315.0	320.0
	545.00		378.5	396.2	387.4
	570.00		325.1	307.3	316.2
	595.00		312.4	315.0	313.7
	620.00		317.5	315.0	316.2
	645.00		330.2	307.3	318.8
	670.00		309.9	317.5	313.7
	695.00		307.3	309.9	308.6
	720.00		299.7	312.4	306.1
	745.00		302.3	327.7	315.0
	770.00		309.9	299.7	304.8
	795.00		325.1	322.6	323.9
	820.00		299.7	322.6	311.2
	845.00		317.5	340.4	328.9
	870.00		322.6	327.7	325.1
	895.00		320.0	327.7	323.9
本井段最大井径 387.4mm，井深 545.00m 处					
本井段最小井径 304.8mm，井深 770.00m 处					
平均井径扩大率 6.13%，目的层平均井径扩大率 7.83%					

续表

井段 / m		钻头外径 /mm	测量井径 1/mm	测量井径 2/mm	平均井径 /mm
自	至				
895.00	920.00	311.2	312.4	342.9	327.7
	945.00		307.3	388.6	348.0
	970.00		312.4	393.7	353.1
	995.00		327.7	475.0	401.3
	1020.00		309.9	315.0	312.4
	1045.00		312.4	358.1	335.3
	1070.00		309.9	340.4	325.1
	1095.00		332.7	312.4	322.6
	1120.00		322.6	317.5	320.0
	1145.00		358.1	315.0	336.6
	1170.00		307.3	322.6	315.0
	1195.00		322.6	370.8	346.7
	1220.00		317.5	337.8	327.7
	1245.00		345.4	434.3	389.9
	1270.00		368.3	386.1	377.2
	1295.00		388.6	462.3	425.5
本井段最大井径 425.5mm，井深 1295.00m 处					
本井段最小井径 312.4mm，井深 1020.00m 处					

续表

井段 /m		钻头外径 /mm	测量井径 1/mm	测量井径 2/mm	平均井径 /mm
自	至				
	1290.00	215.9	226.1	226.1	226.1
	1315.00		231.1	266.4	248.8
	1340.00		221.0	254.0	237.5
	1365.00		221.0	254.0	237.5
	1390.00		221.0	284.5	252.7
	1415.00		218.4	259.1	238.8
	1440.00		218.4	241.3	229.9
	1465.00		221.0	264.2	242.6
	1490.00		221.0	254.0	237.5
	1515.00		221.0	254.0	237.5
	1540.00		223.5	276.9	250.2
	1565.00		221.0	287.0	254.0
	1590.00		218.4	264.2	241.3
	1615.00		218.4	264.2	241.3
	1640.00		221.0	236.2	228.6
	1665.00		223.5	254.0	238.8
	1690.00		223.5	226.1	224.8
	1715.00		215.9	221.0	218.4
	1740.00		213.4	218.4	215.9
	1765.00		223.5	223.5	223.5
	1790.00		236.2	223.5	229.9
	1815.00		223.5	228.6	226.1
	1840.00		223.5	231.1	227.3
	1865.00		238.8	223.5	231.1
	1890.00		221.0	221.0	221.0
	1915.00		221.0	223.5	222.3
本井段最大井径 254.0mm，井深 1565.00m 处					
本井段最小井径 215.9mm，井深 1740.00m 处					

14）固井

（1）总表：

套管层次		表层套管	技术套管 I	技术套管 II	生产层套管
井深 /m		245.00	1315.00		2520.00
套管外径 /mm		339.7	244.5		139.7
套管鞋深度 /m		244.65	1297.18		2517.59
固井方式		插入式固井	常规		常规
水泥量 /t	设计	66.0	85.0		60.0
	实际	66.0	75.0		46.0
固井前钻井液密度 /(g/cm^3)		1.18	1.35		1.15
水泥品种及标号		A 级	G 级		G 级
外加剂品种及数量 /kg			1.2%DSJ		1.2%DSHJ
隔离液（前置液）	名称	清水	清水 +SF260		SAPP
	替入量 /m^3	2.0	5.5		6.0/6.0
	药品量 /kg		400		400/400
水泥浆密度 /(g/cm^3)	设计	1.92	1.58		1.60/1.60
	实际	1.92	1.57		1.57/1.55
替入液量 /m^3	设计	2.0	65.58		30.26/19.41
	实际	2.0	65.5		25.0/18.4
胶塞相碰压力 /MPa			8.0		10/5
水泥塞面深度 /m	设计		1694.56		2501.02
	实际		1693.10		2501.00
水泥外返深度 /m	设计	地面	地面		1000.00
	实际	地面	地面		1050.00
上返速度 /(m/s)			1.1		1.5
试压结果 /MPa	压力		15		15.0/8.0
	30min 压降		0		0
备注					

（2）技术套管水泥检验报告：

水泥类别	G 级	G 级
水灰比	44%	44%
密度 /（g/cm^3）	1.60	1.60
细度		
CaO 含量		
MgO 含量		
烧失量		
不溶物		
流动度 /cm	26.8	26.8
游离液 /mL		
稠化时间 /min		
初稠 BC	9	9
8 小时抗压强度 /MPa		
实验人	高素华	
审核人	肖海东	
实验日期	2006 年 1 月 15 日	

检验单位：钻技技术研究开发中心。

（3）技术套管水泥外加剂检验报告：
水泥浆配方：四川嘉华高强低密度 +1.2%DSHJ。

水泥浆方案	领浆 +0.03%DQH-4	
水灰比	0.59	0.59
密度 /（g/cm^3）	1.60	1.60
流动度 /cm	26.8	26.8
失水量 /mL	325	325
游离液 /mL		
稠化时间 /min	215/30BC 218/50BC 223/100BC	215/30BC 218/50BC 223/100BC
初稠 BC	9	9
凝结时间（时：分）		5:18/0:20
48 小时抗压强度 /MPa		24.8
实验人	高素华	
审核人	肖海东	
实验日期	2006 年 1 月 15 日	

检验单位：钻技技术研究开发中心。

（4）油层（一级）套管水泥外加剂检验报告：
水泥浆配方：四川嘉华高强低密度 +1.2%DSHJ。

水泥浆方案	**领浆 +0.03%DQH-4**	
水灰比	0.59	0.59
密度 /（g/cm^3）	1.60	1.60
流动度 /cm	26	25
失水量 /mL	—	42
游离液 /mL		
稠化时间 /min	205/30BC 209/50BC 215/100BC	135/30BC 140/50BC 143/100BC
初稠 BC	8	10
凝结时间（时：分）	7:30/0:20	4:10/0:19
48 小时抗压强度 /MPa	—	24.8
实验人	孙金凤	
审核人	肖海东	
实验日期	2006 年 3 月 10 日至 2006 年 3 月 12 日	

（5）油层（二级）套管水泥外加剂检验报告：
水泥浆配方：四川嘉华高强低密度 +1.2%DSHJ。

水泥浆方案	**领浆 +0.02%DQH-4**	
水灰比	0.59	0.59
密度 /（g/cm^3）	1.60	1.60
流动度 /cm	26	25
失水量 /mL	—	38
游离液 /mL		
稠化时间 /min	251/30BC 256/50BC 263/100BC	175/30BC 179/50BC 181/100BC
初稠 BC	8	10
凝结时间（时：分）	8:50/0:32	6:21/0:20
48 小时抗压强度 /MPa	—	22.3
实验人	张玉花	
审核人	肖海东	
实验日期	2006 年 3 月 10 日至 2006 年 3 月 12 日	

（6）套管强度

层次	下入井段 /m	外径 /mm	钢级	壁厚 /mm	段长 /m	重量 /kN		安全系数		
						段重	累计	抗拉	抗挤	抗内压
表层	5.20 ~ 244.65	339.7	J55	9.65						
技套	5.00 ~ 1296.18	244.5	N80	11.05						
油层	1296.18 ~ 1915	139.7	J55	7.01						

15）套管记录（表层套管）

外径：339.7mm；扣型：短圆。

下井序号	钢级	壁厚 /mm	长度 /m	累计长度 /m	下入深度 /m	下井序号	钢级	壁厚 /mm	长度 /m	累计长度 /m	下入深度 /m
浮鞋			0.40	0.40	244.65	20	J55	9.65	11.39	228.10	27.94
1	J55	9.65	11.44	11.84	244.3				11.30	239.40	16.55
2			11.44	23.28	232.81						
3			11.44	34.72	221.37						
4			11.21	45.93	209.93						
5			11.39	57.32	198.72						
6			11.39	68.71	187.33						
7			11.44	80.15	175.94						
8			11.39	91.54	164.50						
9			11.44	102.98	153.11						
10			11.39	114.37	141.67						
11			11.39	125.76	130.28						
12			11.44	137.20	118.89						
13			11.44	148.64	107.45						
14			11.42	160.06	96.01						
15			11.31	171.37	84.59						
16			11.43	182.80	73.28						
17			11.39	194.19	61.85						
18			11.42	205.61	50.46						
19			11.10	216.71	39.04						

注：有扶正器的，在序号前面注上“*”号。

套管记录（技术套管）：

外径：244.5mm；扣型：长圆。

下井序号	钢级	壁厚 /mm	长度 /m	累计长度 /m	下入深度 /m	下井序号	钢级	壁厚 /mm	长度 /m	累计长度 /m	下入深度 /m
浮鞋			0.5	0.50	1296.18	18	J55	10.05	10.70	200.57	1106.31
*1	J55	10.05	11.19	11.69	1295.68	*19			11.21	211.78	1095.61
2			11.23	22.92	1284.49	20			10.95	222.73	1084.40
浮箍			0.42	23.34	1273.26	21			11.20	233.93	1073.45
3	J55	10.05	11.19	34.53	1272.84	*22			11.23	245.16	1062.25
*4			11.23	45.76	1261.65	23			11.09	256.25	1051.02
*5			11.22	56.98	1250.42	24			10.75	267.00	1039.93
*6			10.68	67.66	1239.20	*25			10.98	277.98	1029.18
*7			11.21	78.87	1228.52	26			11.20	289.18	1018.20
*8			11.10	89.97	1217.31	27			11.22	300.40	1007.00
*9			10.98	100.95	1206.21	*28			11.22	311.62	995.78
10			11.18	112.13	1195.23	29			11.12	322.74	984.56
11			11.19	123.32	1184.05	30			10.96	333.70	973.44
*12			11.12	134.44	1172.86	*31			11.19	344.89	962.48
13			10.97	145.41	1161.74	32			11.20	356.09	951.29
14			11.19	156.60	1150.77	33			11.20	367.29	940.09
*15			11.20	167.80	1139.58	*34			10.76	378.05	928.89
*16			11.23	179.03	1128.38	35			10.93	388.98	918.13
17			10.84	189.87	1117.15	36			11.22	400.20	907.20

续表

下井序号	钢级	壁厚 /mm	长度 /m	累计长度 /m	下入深度 /m	下井序号	钢级	壁厚 /mm	长度 /m	累计长度 /m	下入深度 /m
*37	J55	10.05	11.20	411.40	895.98	57	J55	10.05	11.12	634.70	672.60
38			11.23	422.63	884.78	*58			11.10	645.80	661.48
39			11.22	433.85	873.55	59			11.09	656.89	650.38
*40			10.90	444.75	862.33	60			11.20	668.09	639.29
41			11.19	455.94	851.43	*61			11.22	679.31	628.09
42			11.12	467.06	840.24	62			11.22	690.53	616.87
*43			11.20	478.26	829.12	63			11.22	701.75	605.65
44			11.19	489.45	817.92	*64			11.23	712.98	594.43
45			11.22	500.67	806.73	65			11.13	724.11	583.20
*46			11.12	511.79	795.51	66			11.10	735.21	572.07
47			11.19	522.98	784.39	*67			11.09	746.30	560.97
48			11.12	534.10	773.20	68			11.23	757.53	549.88
*49			11.19	545.29	762.08	69			11.21	768.74	538.65
50			11.22	556.51	750.89	*70			10.61	779.35	527.44
51			11.19	567.70	739.67	71			11.19	790.54	516.83
*52			11.20	578.90	728.48	72			11.00	801.54	505.64
53			11.20	590.10	717.28	*73			11.15	812.69	494.64
54			11.17	601.27	706.08	74			11.10	823.79	483.49
*55			11.12	612.39	694.91	75			11.12	834.91	472.39
56			11.19	623.58	683.79	*76			11.22	846.13	461.27

续表

下井序号	钢级	壁厚 /mm	长度 /m	累计长度 /m	下入深度 /m	下井序号	钢级	壁厚 /mm	长度 /m	累计长度 /m	下入深度 /m
77	J55	10.05	11.19	857.32	450.05	*97	J55	10.05	11.12	1079.54	227.76
78			10.94	868.26	438.86	98			11.12	1090.66	216.64
*79			10.94	879.20	427.92	99			11.12	1101.78	205.52
80			11.10	890.30	416.98	*100			11.19	1112.97	194.40
81			11.12	901.42	405.88	101			11.00	1123.97	183.21
*82			11.10	912.52	394.76	102			11.12	1135.09	172.21
83			11.12	923.64	383.66	*103			11.20	1146.29	161.09
84			11.09	934.73	372.54	104			11.19	1157.48	149.89
*85			11.20	945.93	361.45	105			11.22	1168.70	138.70
86			11.19	957.12	350.25	*106			11.20	1179.90	127.48
87			11.19	968.31	339.06	107			10.90	1190.80	116.28
*88			11.20	979.51	327.87	108			11.20	1202.00	105.38
89			10.77	990.28	316.67	*109			11.23	1213.23	94.18
90			11.22	1001.50	305.90	110			11.20	1224.43	82.95
*91			11.19	1012.69	294.68	111			11.20	1235.63	71.75
92			11.22	1023.91	283.49	*112			11.12	1246.75	60.55
93			11.20	1035.11	272.27	113			10.83	1257.58	49.43
*94			11.22	1046.33	261.07	114			11.20	1268.78	38.60
95			10.87	1057.20	249.85	*115			11.20	1279.98	27.40
96			11.22	1068.42	238.98	116			11.20	1291.18	16.20

续表

下井序号	钢级	壁厚 /mm	长度 /m	累计长度 /m	下入深度 /m	下井序号	钢级	壁厚 /mm	长度 /m	累计长度 /m	下入深度 /m
*117						*137					
118						138					
119						139					
120						140					
*121						*141					
122						142					
123						143					
124						144					
*125						*145					
126						146					
127						147					
128						148					
*129						*149					
130						150					
131						151					
132						152					
*133						153					
134						154					
135						155					
136						156					

注：有扶正器的，在序号前面注上“*”号。

外径：139.7mm；扣型：长圆。

下井序号	钢级	壁厚 /mm	长度 /m	累计长度 /m	下入深度 /m	下井序号	钢级	壁厚 /mm	长度 /m	累计长度 /m	下入深度 /m
浮鞋			0.50	0.50	2517.59	*19	N80	7.72	9.87	191.17	2336.29
*1	J55	7.72	5.51	6.01	2517.09	*20			9.88	201.05	2326.42
2			10.14	16.15	2511.58	*21			9.95	211.00	2316.54
浮箍			0.42	16.57	2501.44	22			11.15	222.15	2306.59
3	J55	7.72	0.24	16.81	2501.02	*23			10.93	233.08	2295.44
*4			12.49	29.30	2500.78	24			10.60	243.68	2284.51
*5			11.60	40.90	2488.29	*25			10.93	254.61	2273.91
*6			11.11	52.01	2476.69	26			10.71	265.32	2262.98
*7			11.37	63.38	2465.58	*27			10.87	276.19	2252.27
*8			10.78	74.16	2454.21	28			10.79	286.98	2241.40
*9			10.94	85.10	2443.43	*29			11.14	298.12	2230.61
*10			11.18	96.28	2432.49	30			11.04	309.16	2219.47
*11			11.03	107.31	2421.31	*31			11.21	320.37	2208.43
*12			11.01	118.32	2410.28	32			11.02	331.39	2197.22
*13			11.20	129.52	2399.27	*33			10.70	342.09	2186.20
*14			11.16	140.68	2388.07	34			10.55	352.64	2175.50
*15			9.88	150.56	2376.91	*35			10.81	363.45	2164.95
*16			11.04	161.60	2367.03	36			10.91	374.36	2154.14
*17			9.77	171.37	2355.99	*37			10.51	384.87	2143.23
*18			9.93	181.30	2346.22	38			11.08	395.95	2132.72

续表

下井序号	钢级	壁厚 /mm	长度 /m	累计长度 /m	下入深度 /m	下井序号	钢级	壁厚 /mm	长度 /m	累计长度 /m	下入深度 /m
*39	N80	7.72	10.97	406.92	2121.64	*59	J55	7.72	11.42	626.90	1902.11
40			10.79	417.71	2110.67	60			11.37	638.27	1890.69
*41			10.52	428.23	2099.88	*61			11.32	649.59	1879.32
42			10.75	438.98	2089.36	*62	N80	7.72	9.67	659.26	1868.00
*43			10.61	449.59	2078.61	*63			9.88	669.14	1858.33
44			10.60	460.19	2068.00	*64			9.83	678.97	1848.45
*45			11.17	471.36	2057.40	*65			9.96	688.93	1838.62
46			11.13	482.49	2046.23	*66			9.89	698.82	1828.66
*47			10.94	493.43	2035.10	*67			9.87	708.69	1818.77
48			10.72	504.15	2024.16	*68			9.95	718.64	1808.90
*49			11.08	515.23	2013.44	69	J55	7.72	11.71	730.35	1798.95
50	J55	7.72	11.00	526.23	2002.36	*70			10.93	741.28	1787.24
*51			11.11	537.34	1991.36	71			11.03	752.31	1776.31
52			11.19	548.53	1980.25	*72			11.22	763.53	1765.28
*53			10.99	559.52	1969.06	73			10.88	774.41	1754.06
54			11.17	570.69	1958.07	*74			11.30	785.71	1743.18
*55			11.65	582.34	1946.90	75			10.99	796.70	1731.88
56			10.95	593.29	1935.25	*76			10.62	807.32	1720.89
*57			11.19	604.48	1924.30	77			10.78	818.10	1710.27
58			11.00	615.48	1913.11	*78			11.39	829.49	1699.49

续表

下井序号	钢级	壁厚 /mm	长度 /m	累计长度 /m	下入深度 /m	下井序号	钢级	壁厚 /mm	长度 /m	累计长度 /m	下入深度 /m
79	J55	7.72	11.17	840.66	1688.10	*99	J55	7.72	11.24	1055.25	1473.58
*80			10.96	851.62	1676.93	100			11.18	1066.43	1462.34
81			11.27	862.89	1665.97	*101			11.32	1077.75	1451.16
*82			10.98	873.87	1654.70	102			11.27	1089.02	1439.84
83			11.67	885.54	1643.72	*103			11.19	1100.21	1428.57
*84			10.88	896.42	1632.05	104			10.82	1111.03	1417.38
85			11.47	907.89	1621.17	*105			11.19	1122.22	1406.56
*86			11.51	919.40	1609.70	106			11.32	1133.54	1395.37
87 双级箍			2.19	921.59	1598.19	*107			11.28	1144.82	1384.05
88			11.10	932.69	1596.00	108			10.82	1155.64	1372.77
*89			11.30	943.99	1584.90	*109			11.39	1167.03	1361.95
90			11.27	955.26	1573.60	110			11.30	1178.33	1350.56
*91			11.04	966.30	1562.33	*111			11.33	1189.66	1339.26
92			10.93	977.23	1551.29	112			11.38	1201.04	1327.93
*93			10.84	988.07	1540.36	*113			11.03	1212.07	1316.55
94			11.10	999.17	1529.52	114			11.35	1223.42	1305.52
*95			11.27	1010.44	1518.42	*115			10.96	1234.38	1294.17
96			11.21	1021.65	1507.15	116			11.05	1245.43	1283.21
*97			11.30	1032.95	1495.94	*117			11.48	1256.91	1272.16
98			11.06	1044.01	1484.64	118			11.67	1268.58	1260.68

续表

下井序号	钢级	壁厚 /mm	长度 /m	累计长度 /m	下入深度 /m	下井序号	钢级	壁厚 /mm	长度 /m	累计长度 /m	下入深度 /m
119	J55	7.72	10.80	1279.38	1249.01	139	J55	7.72	11.27	1502.47	1026.39
120			11.06	1290.44	1238.21	140			11.25	1513.72	1015.12
121			11.22	1301.66	1227.15	141			11.22	1524.94	1003.87
122			11.18	1312.84	1215.93	142			11.40	1536.34	992.65
123			11.25	1324.09	1204.75	143			11.22	1547.56	981.25
124			10.74	1334.83	1193.50	144			11.56	1559.12	970.03
125			10.75	1345.58	1182.76	145			11.06	1570.18	958.47
126			11.32	1356.90	1172.01	146			11.16	1581.34	947.41
127			11.71	1368.61	1160.69	147			11.43	1592.77	936.25
128			11.48	1380.09	1148.98	148			11.20	1603.97	924.82
129			10.97	1391.06	1137.50	149			11.05	1615.02	913.62
130			11.25	1402.31	1126.53	150			11.20	1626.22	902.57
131			11.20	1413.51	1115.28	151			11.19	1637.41	891.37
132			10.80	1424.31	1104.08	152			11.13	1648.54	880.18
133			11.33	1435.64	1093.28	153			11.38	1659.92	869.05
134			11.42	1447.06	1081.95	154			11.39	1671.31	857.67
135			10.90	1457.96	1070.53	155			11.34	1682.65	846.28
136			11.24	1469.20	1059.63	156			11.10	1693.75	834.94
137			11.03	1480.23	1048.39	157			11.32	1705.07	823.84
138			10.97	1491.20	1037.36	158			11.37	1716.44	812.52

续表

下井序号	钢级	壁厚 /mm	长度 /m	累计长度 /m	下入深度 /m	下井序号	钢级	壁厚 /mm	长度 /m	累计长度 /m	下入深度 /m
159	J55	7.72	11.41	1727.85	801.15	179	J55	7.72	10.88	1951.69	576.78
160			11.10	1738.95	789.74	180			11.19	1962.88	565.90
161			11.17	1750.12	778.64	181			11.45	1974.33	554.71
162			11.56	1761.68	767.47	182			11.05	1985.38	543.26
163			11.58	1773.26	755.91	183			11.22	1996.60	532.21
164			11.31	1784.57	744.33	184			11.10	2007.70	520.99
165			10.76	1795.33	733.02	185			11.42	2019.12	509.89
166			11.46	1806.79	722.26	186			11.35	2030.47	498.47
167			11.18	1817.97	710.80	187			11.07	2041.54	487.12
168			10.85	1828.82	699.62	188			11.22	2052.76	476.05
169			11.16	1839.98	688.77	189			11.37	2064.13	464.83
170			11.01	1850.99	677.61	190			11.00	2075.13	453.46
171			11.44	1862.43	666.60	191			11.20	2086.33	442.46
172			11.18	1873.61	655.16	192			11.38	2097.71	431.26
173			11.21	1884.82	643.98	193			11.35	2109.06	419.88
174			11.27	1896.09	632.77	194			10.85	2119.91	408.53
175			10.85	1906.94	621.50	195			10.83	2130.74	397.68
176			10.98	1917.92	610.65	196			11.14	2141.88	386.85
177			11.34	1929.26	599.67	197			11.23	2153.11	375.71
178			11.55	1940.81	588.33	198			10.95	2164.06	364.48

续表

下井序号	钢级	壁厚 /mm	长度 /m	累计长度 /m	下入深度 /m	下井序号	钢级	壁厚 /mm	长度 /m	累计长度 /m	下入深度 /m
199	J55	7.72	10.93	2174.99	353.53	219	N80	7.72	11.12	2394.11	134.60
200			10.88	2185.87	342.60	220			10.80	2404.91	123.48
201			10.80	2196.67	331.72	221			10.64	2415.55	112.68
202			11.16	2207.83	320.92	222			10.85	2426.40	102.04
203			10.87	2218.70	309.76	223			10.49	2436.89	91.19
204			11.14	2229.84	298.89	224			10.92	2447.81	80.70
205			11.48	2241.32	287.75	225			10.70	2458.51	69.78
206			11.23	2252.55	276.27	226			11.25	2469.76	59.08
207			11.19	2263.74	265.04	227			10.66	2480.42	47.83
208			10.78	2274.52	253.85	228			10.28	2490.70	37.17
209			11.45	2285.97	243.07	229	J55	9.17	10.82	2501.52	26.89
210			10.94	2296.91	231.62	230			11.12	2512.64	16.07
211			11.24	2308.15	220.68						
212	N80	7.72	11.11	2319.26	209.44						
213			10.60	2329.86	198.33						
214			10.63	2340.49	187.73						
215			10.55	2351.04	177.10						
216			10.40	2361.44	166.55						
217			10.80	2372.24	156.15						
218			10.75	2382.99	145.35						

注：有扶正器的，在序号前面注上“*”号。

16）复杂情况记录

序号	类别	井深及层位 /m	发生时间	解除时间	损失时间	发生经过及原因	处理概况	直接损失金额 / 元
1	断电缆	957.00	2006 年 9 月 23 日	2006 年 9 月 24 日	1.3575 天（包括等测井车探鱼顶 0.462 天）	大港测井电缆的拉断张力为 13000 ~ 15000 磅，而测井时仅拉到 3600 磅，电缆就被拉断，其原因是拉断位置处的电缆，远低于正常电缆的强度		38181.05

17）井下事故记录

序号	事故名称	事故概况		发生事故时井下状况	事故发生经过及原因	事故处理情况
1	卡钻	发生	2006 年 9 月 23 日 1:25	测井	经过：2006 年 9 月 23 日 0:30 测量双侧向，侧至井深 957m 时，仪器发生电缆跳槽，最大上提拉力 3600 磅，1:00 解降完跳槽后，上体电缆张力 930 磅，1:25 起出电缆仪器落井。 原因：测井在上提仪器时速度过快，遇卡时，减速已来不及，致使电缆与电极薄弱部位被拉断，造成电缆跳槽，同时，仪器落井	2006 年 9 月 23 日 13:20 测井下微电极测量落井仪器位置。14:00 测量井仪器位置在 1299m。14:30 打捞矛。16:50 下钻完在井深 1267.80m 开泵循环。18:20 停泵打捞。19:00 开始起钻。21:30 起钻完，捞获电极长 10.90m，井下余电极长 14.17m 和 18.54m 仪器。 9 月 23 日 22:00 第二次下入打捞茅，没有捞获。9 月 24 日 4:00 第三次下入打捞茅，7:10 停泵开始打捞作业。7:30 起钻 10:00 起完，捞获电极约 12m 及测井仪器（双侧向、微侧向）
		解除	2006 年 9 月 24 日 10:00			
		损失	32.58 小时			
		直接经济损失	元			
		发生				
		解除				
		损失				
		直接经济损失	元			

18）钻井日志（2006年8月）

日期	井深 /m	日进尺 /m	钻头规范	技术措施				钻井液常规性能				本日主要工作
				钻压 /kN	转速 /（r/min）	排量 /（L/s）	泵压 /MPa	密度 /（g/cm^3）	黏度（s）	含砂 /%	失水 /mL	
1												
2												
3												
4												
5												
6												
7												
8												
9												
10												
11												
12												
13												
14												
15												
16												
17												
18	128.94	128.94	444.5	40	60	46	4.0	1.06	56			一开钻进
19	227.81	98.87	444.5	40	60	46	5.0	1.10	59			钻进起下钻循环
20	245.00	17.19	444.5	40	60	46	5.0	1.15	80			钻进循环起下钻换钻头下套管固井候凝
21	245.00	0.00										候凝安装封井器试压二开准备
22	245.00	0.00										二开准备防喷演习配钻具

续表

日期	井深 /m	日进尺 /m	钻头规范	技术措施				钻井液常规性能				本日主要工作
				钻压 /kN	转速 /（r/min）	排量 /（L/s）	泵压 /MPa	密度 /（g/cm^3）	黏度（s）	含砂 /%	失水 /mL	
23	488.22	243.22	311.2	40	120	52	10.0	1.09	53			二开准备循环钻进钻水泥塞洗井
24	765.83	277.61	311.2	40	120	52	11.0	1.16	55			二开钻进检查泵
25	955.00	189.17	311.2	40	120	52	11.0	1.33	55			钻进循环起下钻测井
26	963.58	8.58	215.9	30	60	21	5.0	1.33	54			起下钻检查取心筒循环取心钻进投球割心出心
27	968.17	4.59	215.9	30	60	21	5.0	1.31	53			起下钻循环套心取心钻进
28	972.26	4.09	215.9	40	60	21	5.0	1.31	54			起下钻循环套心取心钻进
29	972.26	0	215.9			32	7.0	1.34	63			起下钻循环处理钻井液树心划眼
30	990.27	18.01	215.9	40	60	35	4.0	1.34	66			划眼取心钻进循环起下钻出心
31	1011.86	21.59	215.9	40	60	35	8.0	1.34	66			取心钻进起下钻循环出心检查取心筒
合计												备注：

钻井日志（2006年8月）：

日期	生产时间（时：分）											非生产时间（时：分）							时间总计（时：分）
	进尺工作时间							测井	固井	辅助工作	合计	事故	修理	组织停工	自然停工	处理复杂	其他	合计	
	纯钻进	起下钻	接单根	扩划眼	换钻头	循环钻井液	小计												
1																			
2																			
3																			
4																			
5																			
6																			
7																			
8																			
9																			
10																			
11																			
12																			
13																			
14																			
15																			
16																			
17																			
18	7:15		1:45				9:00				9:00								9:00
19	19:40	2:30	1:10			0:40	24:00				24:00								24:00
20	7:40	2:40	0:10		0:20	1:00	11:50		12:00	0:10	24:00								24:00
21							0:00		10:00	14:00	24:00								24:00
22							0:00		24:00		24:00								24:00
23	11:35		2:10				13:45		10:00	0:15	24:00								24:00

续表

日期	生产时间（时：分）											非生产时间（时：分）							时间总计（时：分）
	进尺工作时间							测井	固井	辅助工作	合计	事故	修理	组织停工	自然停工	处理复杂	其他	合计	
	纯钻进	起下钻	接单根	扩划眼	换钻头	循环钻井液	小计												
24	16:50		2:25			0:25	19:45			4:20	24:00								24:00
25	13:15	0:30	1:40			6:00	21:25			2:35	24:00								24:00
26	1:40	14:50	0:15			2:15	19:00			5:00	24:00								24:00
27	0:45	13:10				2:10	16:05			7:55	24:00								24:00
28	1:10	17:00				1:45	19:55			4:05	24:00								24:00
29		10:00	0:05	2:00		10:50	22:55			1:05	24:00								24:00
30	5:30	10:25		2:00		4:20	12:15			1:45	24:00								24:00
31	3:30	14:20	0:15			2:30	20:35			3:25	24:00								24:00
钻机月 0.25 台月						钻机月速 1540.00m/ 台月						机械钻速 m/h							

钻井日志（2006年9月）：

日期	井深 /m	日进尺 /m	钻头规范	技术措施				钻井液常规性能				本日主要工作
				钻压 /kN	转速 /(r/min)	排量 /(L/s)	泵压 /MPa	密度 /(g/cm³)	黏度 (s)	含砂 /%	失水 /mL	
1	1025.13	13.27	215.9	60	90	36	9.0	1.33	67			取心钻进起下钻循环出心检查取心筒
2	1048.24	23.11	215.9	40	60	36	9.0	1.33	65			取心钻进起下钻循环出心检查取心筒
3	1060.25	12.01	215.9	40	60	36	9.0	1.34	69			取心钻进起下钻循环出心检查取心筒甩钻具划眼
4	1069.21	8.96	215.9	50	60	21	6.0	1.34	69			取心钻进起下钻循环出心检查取心筒
5	1083.50	14.29	215.9	50	60	21	6.0	1.34	67			取心钻进起下钻循环出心检查取心筒防喷演习
6	1097.12	13.62	215.9	40	65	21	5.0	1.34	68			取心钻进起下钻循环出心检查取心筒
7	1105.24	8.12	215.9	40	65	30	8.5	1.34	68			取心钻进起下钻循环出心检查取心筒
8	1105.24	0.00	215.9	10	60	31	6.0	1.33	66			起下钻循环出心检查取心筒配钻具划眼换钻头
9	1127.33	22.09	215.9	40	60	31	10.0	1.33	65			取心钻进起下钻循环出心检查取心筒
10	1150.54	23.21	215.9	40	60	31	10.0	1.35	69			取心钻进起下钻循环出心检查取心筒换大绳
11	1168.50	17.96	215.9	40	60	31	10.0	1.35	68			取心钻进起下钻循环出心检查取心筒保养天车大钩
12	1188.13	19.63	215.9	40	60	31	10.0	1.35	68			取心钻进起下钻循环出心检查取心筒
13	1204.76	16.63	215.9	40	60	30	9.0	1.34	63			取心钻进起下钻循环出心检查取心筒
14	1215.51	10.75	215.9	20	60	35	10.0	1.35	62			取心钻进起下钻循环出心检查取心筒甩钻具划眼
15	1238.84	23.33	215.9	40	60	32	10.0	1.34	64			取心钻进起下钻循环出心检查取心筒设备保养
16	1261.10	22.26	215.9	40	60	32	10.0	1.34	66			取心钻进起下钻循环出心检查取心筒防喷演习
17	1292.63	31.53	215.9	40	60	32	10.0	1.34	64			取心钻进起下钻循环出心检查取心筒保养设备
18	1310.00	17.37	215.9	40	60	32	10.0	1.34	65			取心钻进起下钻循环出心检查取心筒
19	1315.00	5.00	215.9	40	66	32	10.0	1.35	65			取心钻进起下钻循环出心甩钻具划眼
20	1315.00	0.00	215.9	10	30	31	8.0	1.35	67			起下钻循环配钻具划眼
21	1315.00	0.00	215.9			32	8.0	1.35	67			短起下循环等测井测井
22	1315.00	0.00										测井

续表

日期	井深 /m	日进尺 /m	钻头规范	技术措施				钻井液常规性能				本日主要工作
				钻压 /kN	转速 /(r/min)	排量 /(L/s)	泵压 /MPa	密度 /(g/cm³)	黏度 (s)	含砂 /%	失水 /mL	
23	1315.00	0.00				31	5.0	1.35	66			测井等测井车探鱼顶探鱼顶下打捞茅循环打捞测井仪器起钻
24	1315.00	0.00				31	5.0	1.35	66			下打捞茅循环打捞测井仪器起下钻测井甩仪器测井
25	1315.00	0.00										测井甩钻具配钻具下钻
26	1315.00	0.00	311.2	10	60	50	14.0	1.35	65			下钻循环划眼扩眼
27	1315.00	0.00	311.2	10	60	50	14.0	1.35	67			扩眼循环短起下测斜起下钻
28	1315.00	0.00	311.2	10	60	50	14.0	1.35	69			扩眼循环起钻
29	1315.00	0.00	215.9			31	8.0	1.35	68			起下钻循环通井测井
30	1315.00	0.00	311.2			50	14.0	1.35	67			测井换大绳循环起下钻通井下钻
31												
合计												备注：

钻井日志（2006年9月）：

日期	生产时间（时：分）											非生产时间（时：分）							时间总计（时：分）
	进尺工作时间							测井	固井	辅助工作	合计	事故	修理	组织停工	自然停工	处理复杂	其他	合计	
	纯钻进	起下钻	接单根	扩划眼	换钻头	循环钻井液	小计												
1	3:55	10:40	0:20			2:35	17:30			6:30	24:00								24:00
2	5:35	10:45	0:15			4:15	20:50			3:10	24:00								24:00
3	3:00	9:55	0:10	2:00		3:40	18:45			5:15	24:00								24:00
4	6:15	11:00				2:40	19:55			4:05	24:00								24:00
5	5:15	11:30				2:40	19:25			4:35	24:00								24:00
6	2:55	13:55				1:50	18:40			5:20	24:00								24:00
7	3:25	13:30	0:05			2:50	19:50			4:10	24:00								24:00
8		13:15		3:15	0:10	3:20	20:00			4:00	24:00								24:00
9	2:30	13:10	0:10		0:10	5:50	21:50			2:10	24:00								24:00
10	2:45	12:40	0:20			1:50	17:35			6:25	24:00								24:00
11	6:45	9:30	0:20			2:20	18:55			5:05	24:00								24:00
12	5:40	13:15	0:20			2:10	21:25			2:35	24:00								24:00
13	2:30	13:15	0:05			4:50	20:40			3:20	24:00								24:00
14	2:15	13:40	0:10	1:50		1:50	19:45			4:15	24:00								24:00
15	4:45	11:35				2:45	19:05			4:55	24:00								24:00
16	3:40	10:55				3:15	17:50			6:10	24:00								24:00
17	5:55	11:10				3:05	20:10			3:50	24:00								24:00
18	3:05	14:45	0:10			2:40	20:40			3:20	24:00								24:00
19	0:40	4:45				0:45	6:10	16:00		1:50	24:00								24:00
20								24:00			24:00								24:00

续表

日期	生产时间（时：分）											非生产时间（时：分）							时间总计（时：分）
	进尺工作时间							测井	固井	辅助工作	合计	事故	修理	组织停工	自然停工	处理复杂	其他	合计	
	纯钻进	起下钻	接单根	扩划眼	换钻头	循环钻井液	小计												
21								15:00			15:00			9:00				9:00	24:00
22								24:00			24:00								24:00
23								1:25			1:25			22:35				22:35	24:00
24								14:00			14:00			10:00				10:00	24:00
25		0:30					0:30	15:00		8:30	24:00								24:00
26		1:50	1:20	17:10		2:00	22:20			1:40	24:00								24:00
27		9:30	0:40	10:30		1:15	21:55			1:40	23:35		0:25					0:25	24:00
28		3:00	1:05	17:20		1:00	22:25			1:35	24:00								24:00
29		5:00					5:00	19:00			24:00								24:00
30								3:00	21:00		24:00								24:00
31																			
钻机月 0.62 台月						钻机月速 2153.23m/ 台月						机械钻速 13.41m/h							

钻井日志（2006年10月）：

日期	井深 /m	日进尺 /m	钻头规范	技术措施				钻井液常规性能				本日主要工作
				钻压 /kN	转速 /（r/min）	排量 /（L/s）	泵压 /MPa	密度 /（g/cm^3）	黏度（s）	含砂 /%	失水 /mL	
1	1315.00	0.00	311.2			32	9.0	1.35	68			通井下钻准备起下钻循环下技套准备下技套
2	1315.00	0.00				21	2.0	1.35	67			下技套接循环接头循环固井装封井器
3	1315.00	0.00										候凝
4	1315.00	0.00										候凝试压测声变三开准备
5	1315.00	0.00	215.9	30	50	32	6.0	1.31	56			三开准备下钻循环钻水泥塞
6	1327.02	12.02	215.9	30	60	34	9.0	1.31	56			取心钻进起下钻循环出心检查取心筒钻水泥塞
7	1356.21	29.19	215.9	40	60	34	9.0	1.30	56			取心钻进起下钻循环出心检查取心筒
8	1380.14	23.93	215.9	40	60	34	10.0	1.30	56			取心钻进起下钻循环出心检查取心筒
9	1410.42	30.28	215.9	30	60	34	10.0	1.30	56			取心钻进起下钻循环出心检查取心筒
10	1441.41	30.99	215.9	40	60	34	11.0	1.31	67			取心钻进起下钻循环出心检查取心筒
11	1464.48	23.07	215.9	40	60	34	11.0	1.30	68			取心钻进起下钻循环出心检查取心筒
12	1483.55	19.07	215.9	40	60	34	11.0	1.30	68			取心钻进起下钻循环出心检查取心筒
13	1508.09	24.54	215.9	40	60	34	11.0	1.30	68			取心钻进起下钻循环出心检查取心筒
14	1523.23	15.14	215.9	50	65	32	10.0	1.30	68			取心钻进起下钻循环出心检查取心筒检查定向取心筒
15	1560.38	37.15	215.9	40	60	34	11.0	1.30	69			取心钻进起下钻循环出心检查取心筒
16	1576.07	15.69	215.9	40	60	34	11.0	1.30	68			取心钻进起下钻循环出心检查取心筒检查定向取心筒换大绳
17	1588.23	12.16	215.9	40	60	34	11.0	1.30	68			取心钻进起下钻循环出心检查取心筒泵房修理
18	1610.49	22.26	215.9	30	60	32	10.0	1.30	69			取心钻进起下钻循环出心检查取心筒
19	1639.11	28.62	215.9	30	60	32	10.0	1.30	68			取心钻进起下钻循环出心检查取心筒检查定向取心筒
20	1647.10	7.99	215.9	60	65	18	5.0	1.30	69			取心钻进起下钻循环出心检查取心筒检查保形取心筒
21	1671.87	24.77	215.9	40	60	32	10.0	1.30	69			取心钻进起下钻循环出心检查取心筒

续表

日期	井深 /m	日进尺 /m	钻头规范	技术措施				钻井液常规性能				本日主要工作
				钻压 /kN	转速 /（r/min）	排量 /（L/s）	泵压 /MPa	密度 /（g/cm^3）	黏度（s）	含砂 /%	失水 /mL	
22	1690.77	18.90	215.9	40	60	32	10.0	1.30	67			取心钻进起下钻循环出心检查取心筒检查定向取心筒
23	1714.47	23.70	215.9	40	60	32	10.0	1.31	67			取心钻进起下钻循环出心检查取心筒
24	1715.27	0.80	215.9	50	65	18	5.0	1.31	67			取心钻进起下钻循环出心检查保形取心筒倒大绳
25	1739.54	24.27	215.9	40	60	32	10.0	1.31	65			取心钻进起下钻循环出心检查取心筒
26	1758.46	18.92	215.9	40	65	28	10.0	1.31	67			取心钻进起下钻循环出心检查取心筒
27	1792.93	34.47	215.9	40	60	32	10.0	1.31	67			取心钻进起下钻循环出心检查取心筒
28	1806.32	13.39	215.9	40	60	32	11.0	1.31	70			取心钻进起下钻循环出心检查取心筒保养设备
29	1820.20	13.88	215.9	40	60	28	10.0	1.32	65			取心钻进起下钻循环出心检查取心筒
30	1834.20	14.00	215.9	40	60	33	11.5	1.32	68			取心钻进起下钻循环出心检查取心筒
31	1857.61	23.41	215.9	40	60	32	10.0	1.32	67			取心钻进起下钻循环出心检查取心筒换大绳
合计												备注：

钻井日志（2006 年 10 月）：

日期	生产时间（时：分）											非生产时间（时：分）							时间总计（时：分）
	进尺工作时间							测井	固井	辅助工作	合计	事故	修理	组织停工	自然停工	处理复杂	其他	合计	
	纯钻进	起下钻	接单根	扩划眼	换钻头	循环钻井液	小计												
1									24:00		24:00								24:00
2									20:00	4:00	24:00								24:00
3									24:00		24:00								24:00
4									23:20	0:40	24:00								24:00
5									24:00		24:00								24:00
6	1:15	5:55				2:10	9:20		12:30	2:10	24:00								24:00
7	4:00	12:05	0:25			5:05	21:35			2:25	24:00								24:00
8	3:05	14:30	0:15			2:45	20:35			3:25	24:00								24:00
9	3:10	13:45				2:50	19:45			4:15	24:00								24:00
10	3:55	13:55	0:10			3:10	21:10			2:50	24:00								24:00
11	3:00	16:05	0:10			2:10	21:25			2:35	24:00								24:00
12	2:20	15:55	0:05			3:20	21:40			2:20	24:00								24:00
13	3:15	15:05	0:20			2:05	20:45			3:15	24:00								24:00
14	2:40	11:10	0:20			2:25	16:35			7:25	24:00								24:00
15	4:15	14:10	0:20			2:50	21:35			2:25	24:00								24:00
16	2:35	13:35	0:10			2:15	18:35			5:25	24:00								24:00
17	1:30	16:25			0:25	1:55	20.15			2:10	22:25		1:35					1:35	24:00
18	3:45	15:15	0:05			2:50	21:55			2:05	24:00								24:00
19	5:20	12:20				2:30	20:10			3:50	24:00								24:00
20	5:55	12:25	0:10			2:10	20:40			3:20	24:00								24:00
21	4:35	11:00				2:30	18:05			5:55	24:00								24:00

续表

日期	生产时间（时：分）											非生产时间（时：分）							时间总计（时：分）
	进尺工作时间							测井	固井	辅助工作	合计	事故	修理	组织停工	自然停工	处理复杂	其他	合计	
	纯钻进	起下钻	接单根	扩划眼	换钻头	循环钻井液	小计												
22	5:05	13:50	0:05			2:25	21:25			2:35	24:00								24:00
23	5:25	13:30	0:10			2:40	21:45			2:15	24:00								24:00
24	2:00	13:55	0:05			2:50	18:50			5:10	24:00								24:00
25	2:55	15:40	0:05		0:10	2:30	21:20			2:40	24:00								24:00
26	2:00	14:10	0:15			3:25	19:50			4:10	24:00								24:00
27	4:50	12:25	0:30			3:15	21:00			3:00	24:00								24:00
28	3:45	13:00	0:15			1:50	18:50			5:10	24:00								24:00
29	4:40	13:25	0:15		0:10	3:35	22:05			1:55	24:00								24:00
30	2:55	14:25	0:05			3:10	20:35			3:25	24:00								24:00
31	3:55	12:25	0:10			1:35	18:05			5:55	24:00								24:00
钻机月 0.80/台月						钻机月速 886.70m/台月						机械钻速 3.28m/h							

钻井日志（2006 年 11 月）：

日期	井深 /m	日进尺 /m	钻头规范	技术措施				钻井液常规性能				本日主要工作
				钻压 /kN	转速 /(r/min)	排量 /(L/s)	泵压 /MPa	密度 /(g/cm^3)	黏度 (s)	含砂 /%	失水 /mL	
1	1880.00	22.39	215.9	40	60	31	11.0	1.32	68			取心钻进起下钻循环出心检查取心筒
2	1902.10	22.10	215.9	40	60	31	11.0	1.32	66			取心钻进起下钻循环出心检查取心筒
3	1915.00	12.90	215.9	50	60	31	11.0	1.32	68			取心钻进起下钻循环出心检查定向取心筒
4	1935.00	20.00	215.9	50	150	32	11.0	1.32	66			钻进起下钻循环配钻具测井
5	1935.00	0.00										测井
6	1935.00	0.00										测井下钻
7	1935.00	0.00										起下钻循环测井等测井
8	1935.00	0.00										等测井起下钻循环测井
9												
10												
11												
12												
13												
14												
15												
16												
17												
18												
19												
20												
21												
22												

续表

日期	井深 /m	日进尺 /m	钻头规范	技术措施				钻井液常规性能				本日主要工作
				钻压 /kN	转速 /(r/min)	排量 /(L/s)	泵压 /MPa	密度 /(g/cm^3)	黏度 (s)	含砂 /%	失水 /mL	
23												
24												
25												
26												
27												
28												
29												
30												
31												
合计												备注：

钻井日志（2006 年 11 月）：

日期	生产时间（时：分）											非生产时间（时：分）							时间总计（时：分）
	进尺工作时间							测井	固井	辅助工作	合计	事故	修理	组织停工	自然停工	处理复杂	其他	合计	
	纯钻进	起下钻	接单根	扩划眼	换钻头	循环钻井液	小计												
1	3:35	13:50	0:15			3:20	21:00			3:00	24:00								24:00
2	7:45	12:50	0:05			1:10	21:50			2:10	24:00								24:00
3	7:15	12:35	0:10			2:25	22:25			1:35	24:00								24:00
4	4:05	8:10	0:10			1:55	14:20	8:30		1:10	24:00								24:00
5								24:00			24:00								24:00
6								24:00			24:00								24:00
7								12:00			12:00			12:00					24:00
8								17:00			17:00			7:00					24:00
9																			
10																			
11																			
12																			
13																			
14																			
15																			
16																			
17																			
18																			
19																			
20																			
21																			

续表

日期	生产时间（时：分）											非生产时间（时：分）							时间总计（时：分）
	进尺工作时间：纯钻进	起下钻	接单根	扩划眼	换钻头	循环钻井液	小计	测井	固井	辅助工作	合计	事故	修理	组织停工	自然停工	处理复杂	其他	合计	
22																			
23																			
24																			
25																			
26																			
27																			
28																			
29																			
30																			
钻机月 0.58/ 台月							钻机月速 156.27m/ 台月					机械钻速 1.52m/h							

附录 5　“松科 1 井”北孔钻孔井史记录

1）设备情况

TSJ-2000 钻机配置

序号	设备名称	型号规格	单位	数量	载荷 /kN	功率 /kW	生产厂家
1	天车	TC1000	台	1	1000		石煤厂
2	游车	YC800	台	1	800		石煤厂
3	大钩	DG800	台	1	800		石煤厂
4	水龙头	SL120	台	1	1200		石煤厂
5	转盘	ZP660	台	1		21	石煤厂
6	绞车	JC110	台	1		110	石煤厂
7	井架	JJ120	套	1	1200		石煤厂
8	钢绳	24	米				
9	副卷扬	SPJ-300	台	1	5kN	15	上探厂
10	方钻杆	108 × 108	根	1			
11	钢机架	2m	座	2	5000		兰石厂

泥浆泵与循环系统配置

序号	设备名称	型号规格	单位	数量	参数	功率 /kW	生产厂家
1	泥浆泵	TBW1200/7	台	1		110	石煤厂
2	泥浆泵	TBW850/5	台	1		90	石煤厂
3	泥浆泵	BW-320	台	2		60	衡探厂
4	振动筛	5A	台	1	$5m^3/h$		宜昌黑旋风
5	除砂器	200T	台	1	$200m^3/h$		宜昌黑旋风

现场运输车辆配置

序号	设备名称	型号规格	单位	数量	参数	功率 /kW	生产厂家
1	载人车	大众 / 普桑	台	1			上海
2	货　车		台	1			

钻头与钻具

序号	名 称	型号规格 /mm	单位	数量	生产厂家	备 注
1	牙轮钻头	Φ311.2	只	1	江汉	
2	领眼钻头	Φ311.2	只	1	国土资源部勘探技术研究所	
3	PDC 钻头	Φ140(152)	只	2	大港油田	保形与常规各 1
4	合金钻头	Φ140(152)	只	50	国土资源部勘探技术研究所	
5	扩孔器	Φ140(152)	只	6	北京探矿工程研究所	
6	取心钻具	Φ140(152)	套	20	中国地质大学（北京）	常规 12、保形 8

管材与井口工具

钻具名称	工具名称	数量	钻具名称	工具名称	数量
Φ89 mm 钻杆	垫叉	2	Φ203 mm 钻铤	钻铤卡瓦安全卡瓦	每种钻铤各配 2
Φ89 mm 钻杆	拨叉	2	Φ178 mm 钻铤		
Φ89 mm 钻杆	钻杆吊卡	3	Φ159 mm 钻铤		
Φ245 mm 套管	套管吊卡	3	Φ146 mm 钻铤		
Φ203 mm 钻铤	提升短节	2	Φ159 mm 钻铤	提升短节	3
Φ178 mm 钻铤	提升短节	3	内、外岩心管	自由钳 B 型大钳	各 102

打捞工具

序号	名 称	型号规格	单位	数量	生产厂家
	螺旋打捞筒	所有井下钻具的规格		全套	自制
	平底磨鞋	Φ140(152)mm	只	2	自制
	公锥	有关规格	只	2	山东海龙

2）井身结构

井身结构示意图（包括井眼尺寸、井段、套管尺寸）如附图 7 所示。

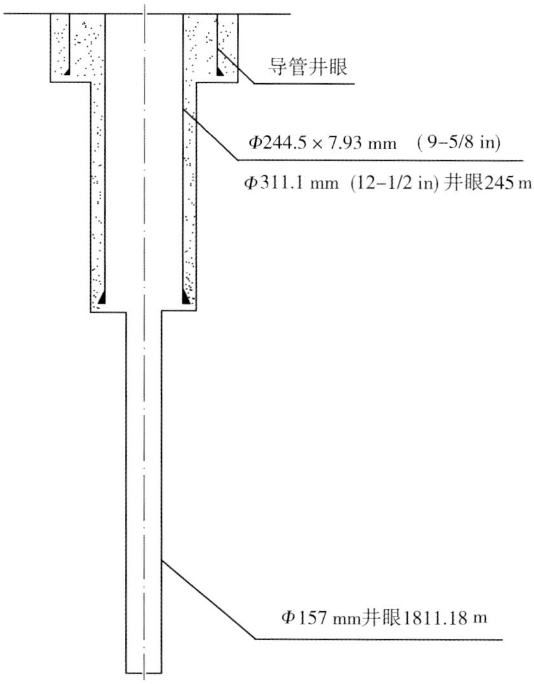
导管井眼
Φ244.5 × 7.93 mm (9–5/8 in)
Φ311.1 mm (12–1/2 in) 井眼245 m
Φ157 mm井眼1811.18 m

附图 7 井身结构示意图

3）钻具组合

序号	钻进井段 /m	主要钻具组合	备注
1	0.00~152.77	Φ311 mm 三牙轮钻头 +Φ203 mm 钻铤 +Φ89 mm 钻杆 + 方钻杆	一开钻进
2	152.77~163.28	Φ154 mm 钻头 +Φ140 mm 取心筒 +Φ140 mm 钻铤 +Φ89 mm 钻杆 + 方钻杆	一开钻进
3	163.28~1521.35 1538.93~1541.65 1606.06~1606.52	Φ157 mm 钻头 +Φ157.3 mm 扩孔器 +Φ140 mm 取心筒 +Φ157.3 mm 扩孔器 +Φ140 mm 钻铤 +Φ89 mm 钻杆 + 方钻杆	二开钻进
4	1521.35~1530.46 1541.65~1606.06	Φ157 mm 钻头 +Φ157.3 mm 扩孔器 +Φ140 mm 取心筒 +Φ157.3 mm 扩孔器 +Φ120 mm 螺杆马达 +Φ140 mm 钻铤 +Φ89mm 钻杆 + 方钻杆	二开钻进
5	1795.18~1811.18	Φ152 mm 三牙轮钻头 +Φ120 mm 变丝接头 +140 mm 钻铤 Φ+Φ89 mm 钻杆 + 方钻杆	全面钻进

4）钻井液

“松科 1 井”（北）一开泥浆性能测试记录：

日期	密度 /(g/cm^3)	黏度 (s)	滤失量 /mL	滤饼 /mm	pH	含砂量 /%	初切压力 / 终切压力 /Pa	Φ600 /(MPa·s)	Φ300 /(MPa·s)	Φ200 /(MPa·s)	Φ100 /(MPa·s)	Φ6 /(MPa·s)	Φ3/(mPa·s)
2006.08.29	1.14	21.47	32	2	10	5	0.7/5.0	20.2	13	11.1	8.3	5.5	5.2
2006.08.30-2006.09.02	1.16-1.17	22.4-24.53	15-22	0.6-0.8	9-10	3-6	1.0/8.2-4.4/13	15.2-19	7.8-16	4.9-6	3.1-3.6	0.1-0.2	0.05-0.1
2006.09.03	1.17	24.53	15.6	0.5	10	3	4.4/13	26	16	13	8	3.9	3.1
2006.09.04	1.15	20.75	14.8	0.7	9	8	3.7/10.5	+26	12.1	10	6	4	3.5
2006.09.09	1.12	38.28	15.6	1	9	6.5		38.5	23	18	12.6	7	6.8
2006.09.21	1.195	24.47	12	1.2	9	8	8/16.5	30.7	21	17	12.6	6.8	6.5
2006.09.22	1.147	30.34	16.6	1.2	9	4.8	7.5/16	31.5	21	17.2	13	8.5	8
2006.09.23	1.165	28.9	14.4	1	9	5.2	7.5/14.2	29.6	19	15.2	11.2	6.6	6.2
2006.09.24	1.15	25.13	14	1	9.5	5	8.5/14	31.2	21	17.3	13	8.8	8
2006.09.26	1.153	24.66	14.2	1	9.5	6	8.5/16.5	30.4	19.8	16.4	12.5	9	8.2
2006.09.27	1.138	25.94	14.6	1	9.5	4.2	8.5/14.5	29.2	19.2	15	11	7.6	7
2006.09.28	1.151	26.75	14.8	1	9	5	8.2/15.5	29.2	19	15.4	11.5	7.7	6.8
2006.09.29	1.156	26.25	14.8	1	9	6	8.5/14.5	30.5	20.4	16.4	12.5	8.2	7.7

续表

日期（月－日）	密度 /(g/cm^3)	漏斗黏度 (*s*)	失水量 /mL	滤饼 /mm	pH	含砂量 /%	初切压力 / 终切压力 /Pa	Φ600 /(MPa · s)	Φ300 /(MPa · s)	Φ200 /(MPa · s)	Φ100 /(MPa · s)	Φ6 /(MPa · s)	Φ3 /(MPa · s)
5-4	1.09	20.7/32	14.6	0.5	9.5	0.7	2/5.5	19.0	12.0	9	6	2.5	2
5-5	1.105	22.9/35.5	15.6	0.6	9.5	0.8	4.75/8.5	23.5	16.0	13.5	10.5	8	7
5-6	1.11	24.2/35.2	16	0.5	9.5	0.7	4.5/8.5	24.0	16.0	11	8	4.5	4
5-7	1.105	28.6/37.8	14.4	0.5	10.5	0.7	4.75/7	30.5	21.5	17.5	13.5	8.5	7.5
5-8	1.1	32.1/40.2	7.2	0.5	10	0.7	4.75/8.25	33.0	24.0	20.5	16	9	8
5-9	1.11	23.1/33.7	14	0.5	9.5	0.7	4.25/8	24.0	16.5	13.5	10.5	6.5	5.5
5-10	1.12	23.3/34.9	12.8	0.5	9.5	0.7	4.5/9.5	25	17	14	11	7.5	6.5
5-11	1.12	24.75/36.31	10	0.5	9.5	0.7	4/11	28.5	20	17	14	10	9.5
5-12	1.13	25.8	14.4	0.5	8.5	0.7	5/11	25.5	19	14	12	8.5	8
5-13	1.098	25/35.41	15	0.6	10		3.5/11	25.5	18	15.5	11.5	8	8
5-14	1.09	24.72/35.59	15.6	0.5	8.5	1.3	4/13	27.5	19.5	17	13.5	9.5	9
5-15	1.11	21.0	15.2	0.5	9.5		3/8.5	22.5	15	12	9.5	6	5.5
5-16	1.118	26/37.17	14.4	0.6	9.5	1	4.5/15	31	22	19	15	10.5	10
5-17	1.125	24.1/34.78	14.8	0.6	8.5	1.2	5/17.5	30.5	22	18.5	15.5	11	10.5
5-18	1.11	23.38/34.88	14.4	0.3	9.5		3.5/10	26	18	15.5	12	8	8
5-19	1.112	19.13/31.06	18.6	0.5	8.5		2/6.5	19.5	13	10	8	4.5	4
5-20	1.135	22.91/33.47	15.6	0.4	8.5	1.2	4/14	30	21.5	18	14.5	10.5	10
5-21	1.155	49.9	15.2	0.8	8.5		6.5/24	43.5	35	32	27	22	21
5-22	1.152	33.62/43.34	17.2	0.6	9	1.0	5.5/21.5	39.5	31.0	27	22	17	17
5-23	1.15	29.66/39.37	17.6	0.8	8.5	1.2	6/18.5	36.0	28.0	25	20.5	16.5	16
5-24	1.14	30.87/37.88	19.8	0.8	9	0.9	6.5/17.5	36.0	28.0	24	20.5	18	17
5-25	1.115	20.6/32.29	20.8	0.5	10	1.0	3.5/8	24.0	17.5	15	12.5	9.5	9
5-26	1.12	24.07/35.09	22.4	0.6	9.5	0.5	4.5/11	30.0	22.5	20	16.5	13	12.5

续表

日期（月－日）	密度/(g/cm^3)	漏斗黏度(s)	失水量/mL	滤饼/mm	pH	含砂量/%	初切压力/终切压力/Pa	Φ600/(MPa·s)	Φ300/(MPa·s)	Φ200/(MPa·s)	Φ100/(MPa·s)	Φ6/(MPa·s)	Φ3/(MPa·s)
5-27	1.118	21/32.85	25.2	0.6	8	0.2	3.5/8.5	24.0	17.5	15	12.5	9.5	9
5-28	1.1	20.28/31.22	24.6	0.7	8	0.5	2.5/8	20.5	14.0	12	10	6.5	6
5-29	1.095	20/31.22	24.6	0.5	8	0.8	2.5/8	20.5	14.0	12	9	6.5	6
5-30	1.075	21.75/32.87	25.8	0.9 剥落	7	0.2	2.5/8	22.0	15.0	12.5	10.5	7.5	7
5-31	1.103	26/36.22	25.8	1.2	7	1.0	5/9	29.0	22.5	19.5	17.5	13	12
6-1	1.06	23.05/33.50	<15	0.3	10		0.5/	22.0	13.0	9.5	6	1.5	1
6-2	1.1	18.5/29.85	24.2	0.6	9	0.4	2/5	16.0	10.5	8	6	3.5	3
6-3	1.12	24.5/34.69	18.8	0.5	9		5/8	27.0	20.5	18	15	11.5	11
6-4	1.11	20.32/31.81	22.8	0.5	8	0.4	2.5/8	20.0	14.0	11.5	9	6.5	6
6-5	1.1	21.66/33.38	24.4	0.6	8	0.4	4/9	24.0	18.5	16	13.5	11	10.5
6-6	1.118	24.16/34.78	24	0.5	8	0.8	6/19	27.5	21.0	18	15.5	13	12.5
6-7	1.112	25.18/36.18	23.6	0.6	8	0.8	6/19	28.5	22.5	20	17.5	15	14
6-8	1.107	24.15/35.63	24.4	0.5	8.5	0.7	6/16.5	30.0	24.0	22	19	13	13
6-9	1.08	25.2	20	0.4	10		1.5/4	26.0	17.0	13	9.5	4.5	4
6-11	1.135	26.2	24	1.2	8	0.8	9/18	32.5	26.5	23.5	21	18	18
6-12	1.125	27.19/38.75	22	1.2	8	0.7	6.2/16	31.5	26.0	23.5	21	18	17
6-13	1.101	29.7	20.8	0.7	8.7		7/19.5	32.5	27.0	24.5	22	18.5	18
6-15	1.1	27.84/37.63	20.8	0.7	8	0.3	6/19	30.0	23.0	21	18	15	14.5
6-16	1.062	28.0	22	0.4	10		2.5/	24.0	17.5	15	12.5	8	8
6-17	1.059	21.2/32.94	22	0.4	8.5	0.2	3.5/10.5	21.0	15.0	13	11	8	8
6-18	1.079	24.8/36.36	22	0.6	8	0.2	4.5/12	26.0	20.0	17.5	15	11	10
6-19	1.08	31.13/39.57	23.6	0.7	8.5	0.3	10.5/12	34.0	30.5	28.5	25	21	20.5
6-20	1.07	2 5 ./36	22.4	0.6	8.5	0.3	5/11	26.5	19.0	16.5	13	9.5	9
6-21	1.08	25 /37	22	0.5	8	0.4	6.5/12.5	27.0	20.0	17	14	11	10.7
6-22	1.09	24.93 /35.5	22.4	0.5	8	0.4	3/14	26.0	19.5	17.5	13.5	9	9

续表

日期（月－日）	密度 /(g/cm^3)	漏斗黏度 (s)	失水量 /mL	滤饼 /mm	pH	含砂量 /%	初切压力 / 终切压力 /Pa	Φ600 /(MPa · s)	Φ300 /(MPa · s)	Φ200 /(MPa · s)	Φ100 /(MPa · s)	Φ6 /(MPa · s)	Φ3 /(MPa · s)
6-23	1.09	28.6/39	22.8	0.4	8.5	0.3	6.25/14	28.5	21.0	18	15	12	11.8
6-24	1.085	28.6/35.3	19.8	0.4	8	0.3	2.4/5.6	29.5	20.3	16.0	11.5	8.0	7.0
6-25	1.06	31.4 /40.5	20.4	0.5	8	0.4	3/13	29.0	20.0	16	12	9	8.7
6-26	1.095	30.5 /39.3	18.8	0.5	8	0.4	3/13.5	27.5	19.2	15.5	11.8	8.3	8
6-27	1.082	33/45.6	19.6	0.6	8.5	0.4	4.9/9.3	33.0	24.0	20	15.8	11	10.9
6-28	1.078	29/39.6	19.8	0.4	8.5	0.3	2/10	32.0	21.0	16	11	4.2	4.2
6-29	1.088	23.5/31.8	17.6	0.4	8.5	0.5	0.9/7.5	24.0	16.0	12.4	8	2	1.8
6-30	1.085	22/31.4	16.8	0.3	8.5	0.3	0.6/11	22.0	15.0	11.2	7.5	1.8	1.8
7-1	1.11	22.0	15.6	0.3	8.5	0.3	0.3/8.5	22.0	13.8	10.3	6.4	0.9	0.8
7-2	1.12	27.0	16	0.5	8	0.2	3.5/9.5	32.0	21.0	16	11	3	2.5
7-4	1.102	45.2	17.2	0.4	8		3.6/15	37.0	27.0	22	17	11	9
7-5	1.11	39.53/45.22	16	0.5	8.5		2.5/14.5	37.0	26.0	22	16	7	6
7-6	1.108	36.9	16	0.4	8.5	0.3	2/14	38	26.0	21.0	15	7	6
7-7	1.1	29.0	15.6	0.4	8.5	0.3	1/9	32.0	21.0	17	11	2	1.5
7-8	1.078	24.4	15.4	0.3	8.5	0.2	0.8/11	28.0	19.0	15	10	2.5	2
7-9	1.108	24.5	15.4	0.4	8	0.3	1/13.5	30.0	21.0	16	11	3	2
7-10	1.082	34.0	16	0.5	8.5	0.3	2/14	36.0	25.0	20	14	7	5
7-11	1.106	29.2	14.8	0.4	8.5	0.3	1.5/12	32.0	22.0	18.0	12.0	3.0	2.5
7-12	1.11	33.1	15	0.5	8.5	0.4	1.5/13	37.5	25.5	20	14	3	2.5
7-14	1.118	27.9	14.8	0.4	9.0	0.4	1/13	34.0	21.0	17.0	11.0	3.0	2.4
7-15	1.11	31.2	13	0.4	9	0.4	1/12	35	23	18	12	3.6	3
7-16	1.125	28.8	12	0.4	9	0.4	1/13.5	33.5	21.5	17	11	2.5	2
7-17	1.118	23.8	11.8	0.4	9	0.4	0.5/10.5	26.5	16.5	12.5	7.5	2.2	1.8
7-18	1.095	21.2	12	0.4	8.5	0.2	1/9	23	15	11	8	2	1.8
7-21	1.11	37.4	11.2	0.4	9	0.5	1.75/15	40	26	22	15	6	5
7-22	1.125	38.0	10.8	0.4	9	0.5	1/14.5	40	26	21	14	4	3

续表

日期（月－日）	密度/(g/cm³)	漏斗黏度(s)	失水量/mL	滤饼/mm	pH	含砂量/%	初切压力/终切压力/Pa	Φ600/(MPa·s)	Φ300/(MPa·s)	Φ200/(MPa·s)	Φ100/(MPa·s)	Φ6/(MPa·s)	Φ3/(MPa·s)
7-23	1.12	44.2	10	0.4	8.5	0.5	1.5/17	48	33	27	19	4	3
7-24	1.12	43.8	9.2	0.4	9	0.5	2/15	48	33	27	18	7	6
7-25	1.132	31.7	8.8	0.4	9	0.5	1/12.5	40	26	20	14	4	3
7-26	1.14	37.6	8.8	0.4	9	0.5	1.25/15.5	42	28	22	14	4	3
7-27	1.142	34.9	8.6	0.5	9	0.5	1/15	44	30	23	15	3	2.5
7-28	1.15	49.0	8.6	0.5	9	0.7	3/16.5	52.5	36.5	29	19	8	7
7-29	1.15	33.3	8.2	0.5	9	0.6	1/14.5	42.5	27.5	21	13.5	3	2
7-30	1.15	38.1	8.4	0.5	9	0.6	1/15	42	26.5	21	13.5	3	2.5
7-31	1.15	43.4	8.4	0.5	9	0.5	1/16	50	33	26	17	4	3
8-1	1.15	50.6	8.2	0.4	9	0.4	1/15.5	51	34	27	18	4	3
8-2	1.13	30.7	9.6	0.4	9	0.3	0.75/15	41.5	26	20	12.5	2	1.5
8-3	1.16	29.9	7.4	0.4	8.5	0.4	1/8.5	41	26	19.5	12	2	1.5
8-4	1.16	32.9	7.8	0.4	9	0.4	0.9/9.5	45	23	15	3	2	1.5
8-7	1.15	32.3	7.4	0.4	9	0.4	0.9/9	43	28	22	14	3	2
8-9	1.15	44.8	7.5	0.5	8.5	0.4	1/10	60	38	30	19	4	3
8-10	1.15	37.8	7.5	0.5	9	0.4	0.9/9	47.5	30	23.5	15	3	2
8-11	1.16	37.7	7.2	0.4	9	0.4	1/10.5	53	34	26	17	4	2.5
8-12	1.17	43.7	7.1	0.4	9	0.4	1/12	58	38	29	19	4	3
8-14	1.15	53.3	7.4	0.4	9	0.4	1.4/13	58	39	30	21	4	3
8-15	1.15	50.8	7.3	0.4	9	0.4	1.23/13	57	36.5	29	18	4	3
8-16	1.14	38.2	7.8	0.4	9	0.2	0.8/10.5	46	31	25	16	3	2.5
8-17	1.13	44.3	7.8	0.4	8.5	0.25	0.7/11	47	31	24.5	16	3	2
8-18~8-19	1.15	39.2	7.4	0.4	8	0.2	0.8/9	51	32.5	24.5	2	2.5	
8-20	1.155	32.1	7.5	0.4	8.5	0.2	0.8/8	48.5	30	23.5	14.5	2.5	1.5

续表

日期（月－日）	密度/(g/cm³)	漏斗黏度(s)	失水量/mL	滤饼/mm	pH	含砂量/%	初切压力/终切压力/Pa	Φ600/(MPa · s)	Φ300/(MPa · s)	Φ200/(MPa · s)	Φ100/(MPa · s)	Φ6/(MPa · s)	Φ3/(MPa · s)
8-21	1.15	43.7	7	0.4	8.5	0.2	0.8/11	51	33	26	16	3	2
8-22	1.15	54.7	7.2	0.4	9	0.2	1/12	60	41	33	22	4	3
8-23~8-24	1.145	58.0	7.1	0.5	8.5	0.2	2/15	62	40	31	19	4	3
8-24~8-25	1.13	36.5	7.2	0.4	9	0.2	0.7/5.5	45	29	22.5	14	2	1.5
8-26~8-27	1.145	55.0	6.8	0.5	9	0.2	1.5/10	78	54	43	29	5	3.5
8-28~8-29	1.15	51.3	6.8	0.4	8.5	0.4	1/9	61	43	33	23	4	3
8-29~8-30	1.14	55.0	6.6	0.4	9	0.4	1.5/12	80	56	45	31	5	4
8-30~8-31	1.14	58.0	6.8	0.4	9	0.4	1.5/13	71	52	42	29	5	4
8-31~9-1	1.15	54.0	6.8	0.4	9	0.4	1/10	63	45	36	24	4	3
9-2~9-3	1.135	38.0	6.2	0.4	9	0.4	0.9/7	51	35	28	18	3	2.2
9-3~9-4	1.14	47.8	6	0.4	9	0.4	1/7	56	40	32	21	4	3
9-4~9-5	1.13	30.0	6.2	0.4	9	0.4	0.5/4	41	27	21	14	3	2
9-6~9-7	1.125	24.5	6.2	0.3	9	0.3							
9-7~9-8	1.14	49.7	5.8	0.3	8.5	0.3	1/9	58	41	34	22	4	3
9-8~9-9	1.14	28.7	5.4	0.3	9	0.3	0.5/4	38	24	18	11	2	1.5
9-9~9-10	1.14	27.1	5.2	0.3	9	0.3	0.5/4	35.5	21	15.5	8.5	1	0.8
9-10~9-11	1.15	34.1	5.2	0.4	9	0.3	0.8/6	46.5	31	24.5	15.5	2	1.5
9-11~9-12	1.14	26.3	5.1	0.3	9.5	0.3	0.5/3.5	35	22	17	10	2	1.5
9-12~9-13	1.145	31.2	5	0.3	9.5	0.3	0.8/5.5	41	26.5	20	12	1.5	1
9-14~9-15	1.14	23	5.2	0.3	10	0.3	0.5/6	29	20	15	10	2	1.5
9-15~9-16	1.15	24.4	5	0.3	9.5	0.3	0.5/3	27	18	14	8	2	1.5
9-16~9-17	1.15	26.4	4.9	0.3	9.5	0.3	0.7/7	36	23	17	11	2	1.4
9-17~9-18	1.14	54.8	4.8	0.4	9	0.3	2/11	50	35	28	18	4	3
9-18~9-19	1.14	30.7	4.8	0.4	9.5	0.3	0.9/8	38	24.5	18.5	12	2	1.2

续表

日期（月－日）	密度/(g/cm^3)	漏斗黏度(*s*)	失水量/mL	滤饼/mm	pH	含砂量/%	初切压力/终切压力 Pa	Φ600/(MPa·s)	Φ300/(MPa·s)	Φ200/(MPa·s)	Φ100/(MPa·s)	Φ6/(MPa·s)	Φ3/(MPa·s)
9-19~9-20	1.14	31.1	4.7	0.4	9.5	0.3	0.9/8.5	41	27	20.5	13	2	1.2
9-20~9-21	1.14	29	4.6	0.4	10	0.3	0.8/9	41	28	22	14	3	2
9-21~9-22	1.135	31.4	4.8	0.3	9.5	0.3	0.9/8	39	25	19.5	12	1.8	1.2
9-23~9-24	1.145	36.6	4.6	0.3	9.5	0.4	0.9/9.5	48	30	23	14.5	2	1
9-24~9-25	1.12	27	4.5	0.3	9.5	0.2							
9-25~9-26	1.13	38.5	4.8	0.3	9.5	0.3	1.1/13	45	31.5	25	16	2.5	1.5
9-27~9-28	1.14	38.2	4.2	0.4	9.5	0.3	1/11.5	51	33	25	16	3	2
9-28~9-29	1.15	44	4.2	0.4	9.5	0.3	2/13.5	56	37.5	30	20	3.5	2.5
9-29~9-30	1.14	29.6	4.5	0.3	9.5	0.3	0.9/10.5	37	25	19.5	12.5	2	1.5
10-1~10-2	1.14	46.5	4.6	0.3	9.5	0.3	1.4/13.5	51	35	27.5	19	3	2
10-2~10-3	1.14	37	4.8	0.3	9.5	0.4	1.4/12	46	30	23.5	15	2.5	2
10-3~10-4	1.14	41.7	4.8	0.4	9.5	0.4	1.75/14	47	32.5	26.5	19	5	4
10-4~10-5	1.13	34	5	0.4	9.5	0.4	1/11	36	24	20	13.5	3	2
10-6~10-7	1.14	44.2	4.8	0.4	9.5	0.4	4.5/14.5	49	34	28.5	21	9	8
10-7~10-8	1.14	42.6	5	0.5	9.5	0.4	2.1/16	47	33	27.5	19	9	
10-9~10-10	1.16	50	4.4	0.5	9.5	0.4	5/20	87	68	60	48	30	27
10-10~10-11	1.14	36.2	5.2	0.5	9.5	0.4	3.5/13.5	44	31	24	19	9	8
10-11~10-12	1.14	48.5	4.8	0.5	9.5	0.4	7/16	54	41	36	30	20	18
10-12~10-13	1.13	34.1	5.1	0.5	9.5	0.4	3.5/12.5	44	31	26	18	10	9
10-14~10-15	1.15	48	4.8	0.4	9.5	0.4	4.75/14.5	54	38	31	22	11	10
10-15~10-16	1.125	23.9	5.4	0.4	9.5	0.3	1/9	29	20	16	11	2.5	2
10-16~10-17	1.13	31	5.4	0.4	9.5	0.4	3.5/11	38	26.5	22	17	9	8
10-17~10-18	1.125	47.9	5.1	0.4	9.5	0.4	5.5/14.5	49	36.5	37	24	13	12
10-19~10-20	1.13	44.7	5.2	0.5	9.5	0.4	7/15.5	49.5	37.5	32.5	26	16	15
10-20~10-22	1.13	44.6	5.2	0.5	9.5	0.4	8/16.5	51.0	40.0	35	29.5	20	19

续表

编号（原始尺寸）	累计进尺 /m	累计心长 /m	累计采取率 /%	纯钻时间（时：分）	机械钻速 /(h/m)
KDP21-23	313.69	300.72	95.87	423:25	0.74
KDP22-24	51.62	51.72	100.19	76:15	0.68
HHP28-25	4.67	4.32	92.51	12:30	0.37
HPP24-26	8.67	8.67	100.00	10:15	0.84
KRP22-27	8.41	7.16	85.14	10:50	0.78

6）测斜记录

井深 /m	井斜角 /（°）	方位角 /（°）	闭合距 /m	全角变化率 /[（°）/25m]	钻进中投测井斜角 /（°）
245	0.5				
500	0.5				
800	0.5				

7）固井

“松科 1 井”表层套管数据：

序号	产地	钢级	壁厚 /mm	外径 /mm	长度 /m	累计长度 /m	下深 /m	序号	产地	钢级	壁厚 /mm	外径 /mm	长度 /m	累计长度 /m	下深 /m
1	中国		7.50	244.50	11.09	11.09	244.83	16	中国				11.13	178.10	77.86
2					11.18	22.27	233.74	17					11.18	189.28	66.73
3					11.05	33.32	222.56	18					11.16	200.44	55.55
4					11.23	44.55	211.51	19					11.22	211.66	44.39
5					11.20	55.75	200.28	20					11.21	222.87	33.17
6					11.17	66.92	189.08	21					11.06	233.93	21.96
7					11.06	77.98	177.91	22					9.63	243.56	10.90
8					11.05	89.03	166.85								
9					11.12	100.15	155.80					联入：	1.27		
10					11.12	111.27	144.68								
11					11.12	122.39	133.56								
12					11.11	133.50	122.44								
13					11.13	144.63	111.33								
14					11.20	155.83	100.20								
15					11.14	166.97	89.00								

8）井下事故记录

序号	事故名称	事 故 概 况		发生事故时井下状况	事故发生经过及原因	事 故 处 理 情 况
1	溜钻	发 生	2007 年 7 月 20 日 11:30	下钻	经过：井深为 1251.57 m，下钻到 1016.15 m，水刹车轴突然断裂，钻具下落速度急剧加快，操作班长立即刹车，但由于提引器距井口只有 1 m 左右，刹车距离太小，难以刹住卷扬机，致使溜钻事故发生 原因：水刹车轴使用时期过长，轴的机械强度有所降低。且下钻速度较快，水刹车承受的机械力较大，造成水刹车轴的瞬间断裂	事故发生后，立刻召开现场会议，制定处理方案。分析钻杆接头应该在表层套管内（表套下深为 245m，内径为 228mm，钻杆锁接头外径为 121mm）。决定采取继续下钻杆对扣的方法处理。所下钻具余尺为 8.59m，考虑钻杆弯曲情况，预计余尺在 8m 左右接触到钻杆接头，实际余尺 10.13m 遇上井内钻具。采用用人工上扣，人力旋转转盘五圈对上扣后，活动钻具，上提拉力 400kN，由于刹车较松，又迅速回落到 350kN。提升 30~50cm，开泵循环，排量 320L/min，泵压升至 7MPa。瞬间又降至 3MPa，井口返浆，泥浆循环系统恢复正常。钻压仪显示拉力降低至 270kN，接近钻具悬重 260kN。使用 320L/min 排量，循环 30 分钟后，提出全部钻具
		解 除	2007 年 7 月 2 日 02:50			
		损 失	15 小时 20 分钟			
		直接经济损失	元			

续表

“松科1井”（北井）钻井日报

2007年4月

日期	井深/m	进尺/m	生产时间(时:分)										非生产时间(时:分)					时间总计(时:分)
			进尺工作时间								测井	合计	事故	修理	复杂	其他	合计	
			纯钻进	起下钻	划眼	装配取心筒	循环泥浆	其他	辅助	小计								
9	245.00																	
10	245.92	0.92	1:04	4:35		1:15	0:51	6:25	13:06	14:10		14:10		1:50			1:50	16:00
11	256.18	10.26	5:10	6:55		3:00	0:40	7:40	18:15	23:25		23:25		0:35			0:35	24:00
12	266.42	10.24	7:39	8:40		2:00	1:10	4:31	16:21	24:00		24:00					0:00	24:00
13	287.20	20.78	10:20	8:40		2:00	0:40	2:20	13:40	24:00		24:00					0:00	24:00
14	296.97	9.77	4:48	7:55	4:10	2:55	0:52	3:20	19:12	24:00		24:00					0:00	24:00
15	309.51	12.54	14:00	6:10		1:35	1:10	1:05	10:00	24:00		24:00					0:00	24:00
16	325.44	15.93	13:02	3:54		0:20	2:34	3:35	10:23	23:25		23:25				0:35	0:35	24:00
17	330.71	5.27	8:10	7:55		2:40	2:05	3:10	15:50	24:00		24:00					0:00	24:00
18	339.95	9.24	12:00	6:45		2:05	0:50	1:40	11:20	23:20		23:20		0:40			0:40	24:00
19	352.93	12.98	8:10	6:30			1:35	0:12	8:17	16:27		16:27				7:33	7:33	24:00
20	366.60	13.67	8:18	5:38		0:57	0:47	2:15	9:37	17:55		17:55				6:05	6:05	24:00
21	375.81	9.21	9:06	7:53			1:01	0:50	9:44	18:50		18:50		3:50		1:20	5:10	24:00
22	386.89	11.08	10:40	9:15		0:20	0:50	2:55	13:20	24:00		24:00					0:00	24:00
23	413.51	26.62	13:55	9:00	0:05		0:30	0:30	10:05	24:00		24:00					0:00	24:00
24	433.84	20.33	11:10	9:50	0:05		0:35	2:20	12:50	24:00		24:00					0:00	24:00
25	445.38	11.54	5:05	10:30	0:15	0:10	0:30	0:25	11:50	16:55		16:55		7:05			7:05	24:00
26	461.26	15.88	10:47	8:25			0:58	2:00	11:23	22:10		22:10		1:50			1:50	24:00
27	468.32	7.06	8:46	10:57	0:35	2:20	0:35	0:47	15:14	24:00		24:00					0:00	24:00
28	480.17	11.85	12:00	10:40	0:10		0:10	1:00	12:00	24:00		24:00					0:00	24:00
29	491.33	11.16	8:55	13:40	0:10	0:25	0:40	0:10	15:05	24:00		24:00					0:00	24:00

续表

“松科 1 井”（北井）钻井日报

2007 年 4 月

日期	井深 /m	进尺 /m	生产时间 (时：分)										非生产时间 (时 : 分)					时间总计（时：分）
			进尺工作时间								测井	合计	事故	修理	复杂	其他	合计	
			纯钻进	起下钻	划眼	装配取心筒	循环泥浆	其他	辅助	小计								
30	514.71	23.38	10:35	11:35	0:10		0:40	1:00	13:25	24:00		24:00					0:00	24:00
31																		
总计		269.71	193:40	175:22	5:40	22:02	19:43	48:10	270:57	464:37		464:37		15:50		15:33	31:23	496:00

2007 年 5 月

日期	井深 /m	进尺 /m	生产时间 (时：分)										非生产时间 (时 : 分)					时间总计（时：分）
			进尺工作时间								测井	合计	事故	修理	复杂	其他	合计	
			纯钻进	起下钻	划眼	装配取心筒	循环泥浆	其他	辅助	小计								
1	519.60	4.89	4:50	10:30	0:25	0:20	1:10	5:05	17:30	22:20		22:20		0:30		1:10	1:40	24:00
2	531.61	12.01	4:40	7:45	2:25	0:20		0:20	10:50	15:30		15:30		7:30		1:00	8:30	24:00
3	550.58	18.97	11:10	9:30	1:00	1:00	0:30	0:50	12:50	24:00		24:00					0:00	24:00
4	581.10	30.52	7:10	13:25	0:40	0:20	0:50	1:35	16:50	24:00		24:00					0:00	24:00
5	605.12	24.02	7:29	12:58	1:00		0:50	0:40	15:28	22:57		22:57		1:03			1:03	24:00
6	625.30	20.18	13:15	8:35	0:10	0:20	0:20	1:20	10:45	24:00		24:00					0:00	24:00
7	638.55	13.25	11:00	11:25		0:30	0:25	0:40	13:00	24:00		24:00					0:00	24:00
8	656.10	17.55	8:07	13:38	0:10		0:40	1:25	15:53	24:00		24:00					0:00	24:00
9	679.24	23.14	6:35	13:10			0:30	1:45	15:25	22:00		22:00		2:00			2:00	24:00
10	695.08	15.84	9:55	12:15		0:30	0:30	0:10	13:25	23:20		23:20		0:40			0:40	24:00
11	711.17	16.09	9:15	11:00	0:30	0:10	0:25	2:40	14:45	24:00		24:00					0:00	24:00
12	721.76	10.59	6:50	13:35	0:30	1:00	0:10	1:55	17:10	24:00		24:00					0:00	24:00

续表

"松科1井"（北井）钻井日报

2007年5月

日期	井深/m	进尺/m	生产时间（时：分）										非生产时间（时：分）					时间总计（时：分）
			进尺工作时间								测井	合计	事故	修理	复杂	其他	合计	
			纯钻进	起下钻	划眼	装配取心筒	循环泥浆	其他	辅助	小计								
13	738.77	17.01	10:35	11:20	0:30	0:10	0:35	0:30	13:05	23:40		23:40		0:20			0:20	24:00
14	759.99	21.22	5:20	14:10	0:10	1:00	0:20	3:00	18:40	24:00		24:00					0:00	24:00
15	776.91	16.92	10:00	11:00	0:30		0:35	0:45	12:50	22:50		22:50		1:10			1:10	24:00
16	787.29	10.38	6:00	15:35	0:10		0:30	0:50	17:05	23:05		23:05		0:55			0:55	24:00
17	802.63	15.34	8:30	12:35	0:50		0:30	1:35	15:30	24:00		24:00					0:00	24:00
18	806.71	4.08	4:45	8:35		0:30	1:10	1:00	11:15	16:00		16:00				8:00	8:00	24:00
19	821.81	15.10	8:20	10:15	0:30	2:00	1:10	1:45	15:40	24:00		24:00					0:00	24:00
20	840.19	18.38	8:20	14:15	0:10	0:20	0:25	0:30	15:40	24:00		24:00					0:00	24:00
21	856.44	16.25	3:45	16:00	0:15		0:50	1:00	18:05	21:50		21:50				2:10	2:10	24:00
22	865.74	9.30	4:00	16:35	0:20	0:30	0:25	1:20	19:10	23:10		23:10				0:50	0:50	24:00
23	872.96	7.22	2:50	16:05	1:10	0:50	0:45	0:35	19:25	22:15		22:15		1:45			1:45	24:00
24	886.68	13.72	5:15	13:30	0:25	0:20	1:00	1:20	16:35	21:50		21:50				2:10	2:10	24:00
25	890.93	4.25	3:15	15:40	1:15	0:10	0:25	3:15	20:45	24:00		24:00					0:00	24:00
26	904.75	13.82	7:50	14:05	1:15	0:20	0:20	0:10	16:10	24:00		24:00					0:00	24:00
27	920.79	16.04	8:30	13:30	0:20	0:15	0:50	0:35	15:30	24:00		24:00					0:00	24:00
28	925.80	5.01	5:35	6:15	0:15		0:30	2:15	9:15	14:50		14:50		7:20		1:50	9:10	24:00
29	937.27	11.47	9:50	10:10	1:40	1:35	0:20	0:25	14:10	24:00		24:00					0:00	24:00
30	946.29	9.02	6:55	12:15	0:20	0:40	0:25	1:10	14:50	21:45		21:45				2:15	2:15	24:00
31	950.00	3.71	8:55	12:30	0:35	0:30	0:35	0:10	14:20	23:15		23:15		0:45			0:45	24:00
总计		435.29	228:46	382:06	17:30	13:40	18:00	40:35	471:51	700:37		700:37		23:58		19:25	43:23	744:00

续表

“松科 1 井”（北井）钻井日报

2007 年 6 月

日期	井深 /m	进尺 /m	生产时间(时:分)										非生产时间(时:分)					时间总计(时:分)
			进尺工作时间								测井	合计	事故	修理	复杂	其他	合计	
			纯钻进	起下钻	划眼	装配取心筒	循环泥浆	其他	辅助	小计								
1	956.62	6.62	7:15	8:35			1:45	6:25	16:45	24:00		24:00					0:00	24:00
2	962.17	5.55	1:35	9:20	7:20	1:10	3:00	1:35	22:25	24:00		24:00					0:00	24:00
3	966.73	4.56	3:00	6:40	9:00		2:40	0:50	19:10	22:10		22:10				1:50	1:50	24:00
4	975.56	8.83	7:40	8:20	2:30	1:30	0:30	2:05	14:55	22:35		22:35		0:30		0:55	1:25	24:00
5	983.12	7.56	10:45	11:05	0:10	0:20	1:00	0:40	13:15	24:00		24:00					0:00	24:00
6	993.78	10.66	11:15	10:55	0:10	0:45	0:20	0:35	12:45	24:00		24:00					0:00	24:00
7	1008.13	14.35	9:15	12:25	0:25	0:40	0:30	0:30	14:30	23:45		23:45				0:15	0:15	24:00
8	1016.68	8.55	8:20	8:40	0:35	2:00	0:25	3:25	15:05	23:25		23:25		0:35			0:35	24:00
9	1024.79	8.11	8:35	8:25	0:55		1:30	0:50	11:40	20:15		20:15		2:55		0:50	3:45	24:00
10	1028.54	3.75	6:40	13:30		2:20	0:10	1:20	17:20	24:00		24:00					0:00	24:00
11	1034.81	6.27	9:00	11:45	0:10	0:40	1:20	0:05	14:00	23:00		23:00		1:00			1:00	24:00
12	1045.38	10.57	6:55	12:35	0:30	2:15	0:40	0:35	16:35	23:30		23:30		0:30			0:30	24:00
13	1054.57	9.19	12:15	10:25	0:10	0:15	0:40	0:15	11:45	24:00		24:00					0:00	24:00
14	1062.76	8.19	9:25	10:10	0:40	1:00	0:45	0:30	13:05	22:30		22:30		1:20		0:10	1:30	24:00
15	1074.63	11.87	8:05	10:55	0:15	0:20	0:05	0:50	12:25	20:30		20:30		3:10		0:20	3:30	24:00
16	1081.03	6.40	9:25	10:40	0:05		0:45	2:25	13:55	23:20		23:20		0:30		0:10	0:40	24:00
17	1085.27	4.24	8:00	14:15	0:15	0:25	0:20	0:25	15:40	23:40		23:40		0:20			0:20	24:00
18	1102.31	17.04	13:40	8:20	0:15		0:05	0:20	9:00	22:40		22:40		1:20			1:20	24:00
19	1103.19	0.88	3:25	15:10	0:20	2:20	0:15	0:15	18:20	21:45		21:45		2:15			2:15	24:00
20	1107.63	4.44	14:15	7:55	0:20	0:50	0:20	0:20	9:45	24:00		24:00					0:00	24:00
21	1110.49	2.86	8:15	12:20	0:45	1:30	0:15	0:20	15:10	23:25		23:25		0:35			0:35	24:00
22	1113.75	3.26	9:25	11:55		0:40	0:05	1:15	13:55	23:20		23:20		0:40			0:40	24:00

续表

松科1井”（北井）钻井日报

2007年6月

日期	井深/m	进尺/m	生产时间(时:分)										非生产时间(时:分)					时间总计(时:分)
			进尺工作时间								测井	合计	事故	修理	复杂	其他	合计	
			纯钻进	起下钻	划眼	装配取心筒	循环泥浆	其他	辅助	小计								
23	1122.00	8.25	5:35	9:40	0:45	1:20	0:35	3:25	15:45	21:20		21:20		2:40			2:40	24:00
24	1132.98	10.98	5:34	13:35		0:30	1:30	1:35	17:10	22:44		22:44		0:40		0:36	1:16	24:00
25	1140.45	7.47	2:15	14:20	2:30	0:40	0:20	2:00	19:50	22:05		22:05		1:15		0:40	1:55	24:00
26	1149.44	8.99	8:05	12:20		1:20		0:35	14:15	22:20		22:20		1:20		0:20	1:40	24:00
27	1159.30	9.86	4:55	15:25	0:30	1:00	1:10	1:00	19:05	24:00		24:00					0:00	24:00
28	1165.26	5.96	11:50	7:10	0:10	1:00	0:10	0:20	8:50	20:40		20:40				3:20	3:20	24:00
29	1167.71	2.45	5:50	14:05	0:40	0:40	0:40	1:05	17:10	23:00		23:00		1:00			1:00	24:00
30	1176.69	8.98	9:15	12:00	0:05	0:30	0:35	1:35	14:45	24:00		24:00					0:00	24:00
总计		226.69	239:44	332:55	29:30	26:00	22:25	37:25	448:15	687:59		687:59		22:35		9:26	32:01	720:00

2007年7月

日期	井深/m	进尺/m	生产时间(时:分)										非生产时间(时:分)					时间总计(时:分)
			进尺工作时间								测井	合计	事故	修理	复杂	其他	合计	
			纯钻进	起下钻	划眼	装配取心筒	循环泥浆	其他	辅助	小计								
1	1185.60	8.91	8:50	9:10	1:20	0:40	0:30	1:20	13:00	21:50		21:50		2:10			2:10	24:00
2	1189.20	3.60	3:10	14:38	0:10	0:30	0:50	1:07	17:15	20:25	3:35	24:00					0:00	24:00
3	1191.00	1.80	2:00	8:00	1:10		0:30	0:40	10:20	12:20	11:40	24:00					0:00	24:00
4	1191.66	0.66	2:45	7:20	0:25		0:10	1:10	9:05	11:50	12:10	24:00					0:00	24:00
5	1192.43	0.77	3:25	8:10	0:15		0:10	0:10	8:45	12:10	11:50	24:00					0:00	24:00
6	1194.71	2.28	4:00	8:20			0:50	0:10	9:20	13:20	9:20	22:40				1:20	1:20	24:00
7	1196.77	2.06	5:00	7:45	0:15		0:12	0:15	8:27	13:27	9:55	23:22		0:38			0:38	24:00
8	1200.94	4.17	8:55	8:45			0:10	1:45	10:40	19:35		19:35		4:25			4:25	24:00
9	1205.23	4.29	6:10	16:00	0:10	0:40	0:20	0:40	17:50	24:00		24:00					0:00	24:00

续表

松科1井”（北井）钻井日报

2007年7月

日期	井深/m	进尺/m	生产时间（时：分）										非生产时间（时：分）					时间总计（时：分）
			进尺工作时间								测井	合计	事故	修理	复杂	其他	合计	
			纯钻进	起下钻	划眼	装配取心筒	循环泥浆	其他	辅助	小计								
10	1214.71	9.48	9:55	8:25	2:00	1:10	0:10	0:20	12:05	22:00		22:00		2:00			2:00	24:00
11	1221.05	6.34	4:45	7:30	0:10		0:20	0:15	8:15	13:00	11:00	24:00					0:00	24:00
12	1222.25	1.20	3:30	4:00				0:10	4:10	7:40	16:20	24:00					0:00	24:00
13	1222.25	0.00	0:00	3:00				0:00	3:00	3:00	21:00	24:00					0:00	24:00
14	1231.73	9.48	5:10	9:45	0:55		0:30	0:20	11:30	16:40	5:00	22:00		2:00			2:00	24:00
15	1241.00	9.27	13:00	8:50	0:20	0:40	0:20	0:20	10:30	23:30		23:30		0:30			0:30	24:00
16	1244.65	3.65	10:05	8:30	0:15	0:30	0:30	4:10	13:55	24:00		24:00					0:00	24:00
17	1246.73	2.08	6:20	14:20				3:20	17:40	24:00		24:00					0:00	24:00
18	1251.42	4.69	9:40	8:50	3:50			1:25	14:05	23:45		23:45		0:15			0:15	24:00
19	1251.42	0.00	0:50	18:00	0:20	1:40	0:20	0:50	21:10	22:00		22:00		2:00			2:00	24:00
20	1251.57	0.15	0:15	9:40	1:00			2:35	13:15	13:30		13:30			10:30		10:30	24:00
21	1258.91	7.34	5:00	8:50	6:50	0:35	0:30	1:05	17:50	22:50		22:50		1:10			1:10	24:00
22	1267.28	8.37	8:30	12:20	2:10	0:30	0:10	0:20	15:30	24:00		24:00					0:00	24:00
23	1278.58	11.30	11:10	10:20	0:10	0:10	0:10	0:25	11:15	22:25		22:25		1:35			1:35	24:00
24	1283.18	4.60	10:08	9:20			0:10	0:47	10:17	20:25		20:25		3:35			3:35	24:00
25	1294.78	11.60	12:10	10:00	0:10	0:05	0:20	1:15	11:50	24:00		24:00					0:00	24:00
26	1297.22	2.44	4:20	15:05	0:20	1:25	0:15	1:10	18:15	22:35		22:35		1:15		0:10	1:25	24:00
27	1304.41	7.19	9:07	12:50	0:13	0:35	0:10	0:50	14:38	23:45		23:45				0:15	0:15	24:00
28	1312.07	7.66	12:05	10:00	0:45	0:30		0:40	11:55	24:00		24:00					0:00	24:00
29	1319.58	7.51	11:25	9:05	0:15	0:10	0:10	0:55	10:35	22:00		22:00		1:45		0:15	2:00	24:00
30	1325.37	5.79	13:05	9:30	0:05		0:10	0:10	9:55	23:00		23:00		1:00			1:00	24:00
31	1330.39	5.02	8:35	9:20	0:25		0:10	0:25	10:20	18:55		18:55		5:05			5:05	24:00
总计		153.70	213:20	305:38	23:58	9:50	8:07	29:04	376:37	589:57	111:50	702:07		29:23	10:30	2:00	41:53	744:00

续表

松科1井”（北井）钻井日报

2007年10月

日期	井深/m	进尺/m	生产时间（时：分）										非生产时间（时：分）					时间总计（时：分）
			进尺工作时间								测井	合计	事故	修理	复杂	其他	合计	
			纯钻进	起下钻	划眼	装配取心筒	循环泥浆	其他	辅助	小计								
15	1762.95	5.83	5:50	14:20		0:30		0:10	15:00	20:50		20:50		3:10			3:10	24:00
16	1771.53	8.58	7:25	13:20	0:35	0:20		0:20	14:35	22:00		22:00		2:00			2:00	24:00
17	1780.06	8.53	9:10	14:00	0:50			0:00	14:50	24:00		24:00					0:00	24:00
18	1786.34	6.28	6:05	16:10	0:25	1:00		0:20	17:55	24:00		24:00					0:00	24:00
19	1795.18	8.84	8:25	12:40	0:30	1:00		0:20	14:30	22:55		22:55		1:05			1:05	24:00
20	1795.58	0.40	1:35	13:25	0:15			0:40	14:20	15:55		15:55		1:10		6:55	8:05	24:00
21	1806.06	10.48	24:00	0:00				0:00	0:00	24:00		24:00					0:00	24:00
22	1811.18	5.12	18:18	0:00			5:42	0:00	5:42	24:00		24:00					0:00	24:00
23	1811.18	0.00		12:20			3:00	0:00	15:20	15:20	8:40	24:00					0:00	24:00
24																		
25																		
26																		
27																		
28																		
29																		
30																		
31																		
总计		135.70	198:43	261:35	14:55	7:20	9:07	5:50	298:47	497:30	8:40	506:10		38:55		6:55	45:50	552:00

附录 6 图版

“松科一井” 钻探纪实 之 踏勘
2005 年 9 月在大庆台开松科一井井位论证会并举行系列学术讲座
中科院孙枢院士、科技部彭以祺司长、项目主要研究骨干及大庆油田有关人员参加
2006 年 2 月在大庆台开松科一井工程论证会
中国地调局原副局长王达总工、中科院王苏民研究员、中国地质大学（北京）刘保林教授、松科一井钻井总指挥
孔凡军及项目主要科研人员：王成善、王璞珺、杨甘生和张世红等教授在大庆现场考察
2006 年 3 月在松辽盆地进行野外井址考察
大庆油田任延广地质师、吉林大学王璞珺教授、中国地质大学（北京）杨甘生教授、张世红教授等参加了此次考察
2006 年 7 月中国地质大学（北京）王成善教授、杨甘生教授、吉林大学王璞珺教授等在松科一井井址定位
EXPLORATION

“松科一井”钻探纪实之开钻

中国地质调查局局长孟宪来致词

中国科学院院士许志琴致词

大庆油田总经理王玉普致词

地大（北京）校长吴淦国致词

项目首席王成善教授致欢迎词

松科1井开钻典礼
大庆油田副总冯志强主持开钻典礼

殷鸿福院士及其他贵宾莅临现场

松科1井开钻典礼
“松科1井”开钻剪彩仪式

冯志强向专家们介绍钻井情况

“松科1井”开钻仪式气氛热烈

项目技术科研人员合影留念

“松科1井”正式开钻

DRILLING

“松科一井” 钻探纪实之取心

用于钻探用的各种钻头

钻井控制平台

工作人员进行钻前准备

工作人员进行取心工作

工作人员进行岩心清洗工作

工作人员进行岩心编录工作

采用常规取心工艺所获岩心

采用定向取心工艺所获岩心

采用保形取心工艺所获岩心

采用密闭取心工艺所获岩心

岩心断面见叶肢介化石

岩心断面见介形虫化石

岩心断面见沥青

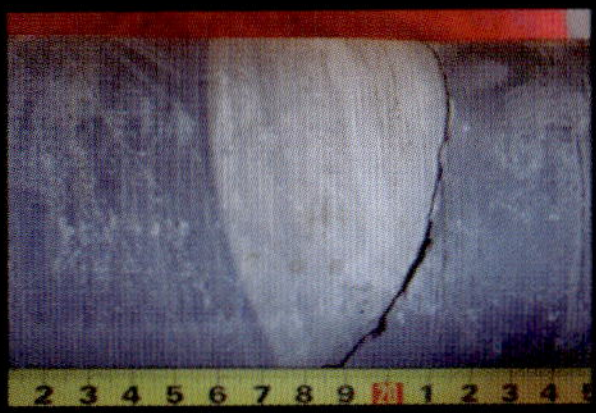

岩心见透镜状白云岩结核

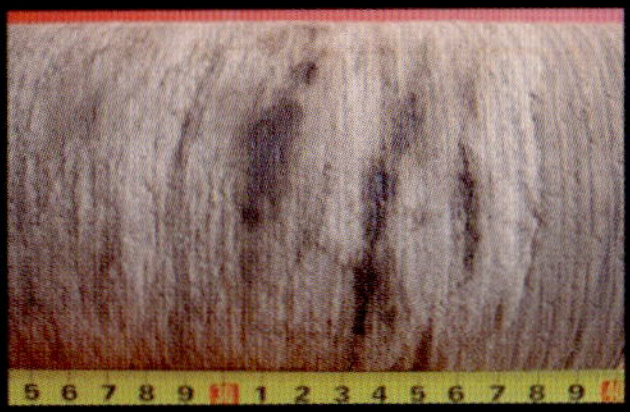

棕红色砂岩见油浸现象

CORING

“松科一井”钻探纪实之剖切

岩心的归位和整理

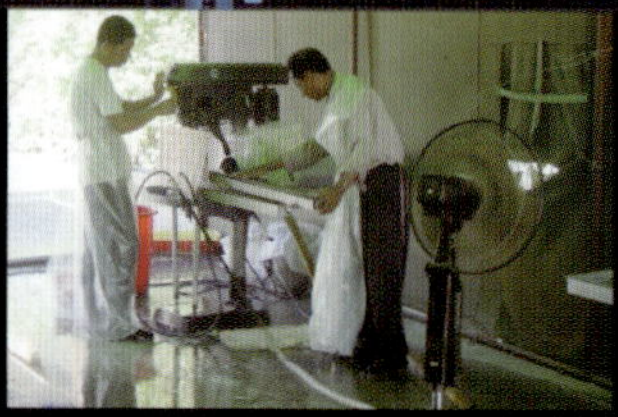

岩心切割机

清理岩心切割留在岩心表面的粉尘

岩心一次浇铸

岩心一次抛光

岩心二次浇铸

岩心二次抛光

抛光后岩心整体效果

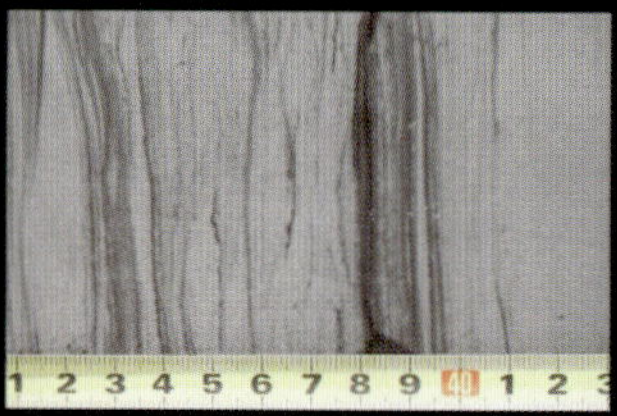

抛光后岩心局部表面效果

塑封后的岩心与原岩心对应放置

为塑封后的岩心贴标

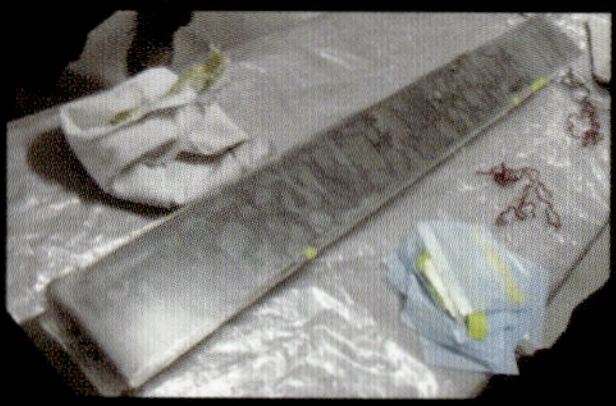

贴标后的塑封岩心用于馆藏

CUTTING

“松科一井”钻探纪实之研究

2007年初项目组召开以“松科1井”为主题的学术年会

白垩纪地球表层系统重

“热河生物群与古气候”报告人：陈丕基教授

白垩纪地球表层系统重

“湖泊沉积与环境变化研究”报告人：王苏民研究员

王成善教授对一年来项目的工作进展情况作了详细汇报

万晓樵教授对分课题工作进展情况作了详细汇报

白垩纪地球表层系统

宋之光研究员对分课题工作进展情况作了详细汇报

白垩纪地球表层系统重大地

“松科1井南、北钻井取心情况工作汇报”报告人：王璞珺教授

“松科1井施工总结与工作安排”报告人：杨甘生教授

“松科1井南孔取心技术汇报”大庆油田钻井三公司

“松辽盆地高蜡油成因研究”报告人：冯子辉地质师

白垩纪地球表层系统重大地

“早白垩世缺氧事件的地球化学记录”报告人：郝艳荣研究员

“热河生物群研究的新进展”报告人：李罡副研究员

RESEARCH

“松科一井” 钻探纪实 之 交流

白垩纪重大地质事件与地球系统国际学术研讨会
International Symposium on Cretaceous Major Geological Events and Earth System

2006年9月“白垩纪重大地质事件与地球系统”国际学术研讨会在北京成功召开

2007年8月“白垩纪温室世界的快速环境/气候变化与松辽盆地大陆科学深钻计划”国际研讨会在大庆成功召开

中国科学院院士殷鸿福作主题报告

全球高精度地层委员会主席Robert W. Scott教授作主题报告

原国际古海洋学会理事长William W. Hay教授作主题报告

国科司司长彭齐鸣教授作主题报告

中国地质大学（北京）王成善教授作主题报告

美国Stanford大学Steve Graham教授作主题报告

奥地利Vienna大学Christian Koeberl教授作主题报告

奥地利Vienna大学Michael Wagreich教授作主题报告

孙枢、金振民和刘嘉祺院士会后合影

COMMUNICATION